Lehrbuch

der

Muskel- und Gelenkmechanik

Von

Dr. H. Straßer

o. ö Professor der Anatomie und Direktor des anatomischen Instituts
der Universität Bern

II. Band: Spezieller Teil

Mit 231 zum Teil farbigen Textfiguren

Berlin
Verlag von Julius Springer
1913

ISBN 978-3-642-47301-2   ISBN 978-3-642-47744-7 (eBook)
DOI 10.1007/978-3-642-47744-7

Druck der Königl. Universitätsdruckerei H. Stürtz A. G., Würzburg.

Inhaltsverzeichnis.

Inhaltsverzeichnis. V

Inhaltsverzeichnis. VII

Einleitung.

a) Aufgabe und Plan der Darstellung.

Die spezielle Untersuchung der Maschinerie des Körpers muß ausgehen von der Betrachtung des anatomischen Baues des Skelettes und seiner Junkturen. Es müssen dabei namentlich die Form- und die Festigkeitsverhältnisse der Skelettstücke und der sie verbindenden Elemente berücksichtigt werden. Hieraus ergibt sich ein Einblick in die Möglichkeiten der Formveränderung der Skelettstücke und ihrer Stellungsänderung in den Junkturen, soweit diese Änderung durch die überhaupt in Betracht kommenden Kräfte ohne bleibende Schädigung des Apparates hervorgerufen werden kann (Kinematik). Daran hat sich die Untersuchung der Kräfte zu schließen, welche zur Feststellung der Junkturen und zu der Bewegung in denselben zur Verfügung stehen, vor allem der Muskeln. Die letzte Frage ist diejenige nach den Stellungen und Bewegungen, welche im Leben wirklich vorkommen, und nach der Art des Zusammenwirkens der äußeren und inneren Kräfte bei jedem besonderen Fall der Feststellung und der Bewegung des gegliederten Systems.

So lange es sich nur um den anatomischen Bau und die Bewegungsmöglichkeiten handelt, kann die Untersuchung in beliebiger Weise mit den einzelnen Skelettstücken und Junkturen beginnen und von da aus zur Untersuchung der Bewegungskombinationen weitergehen. Sobald aber die tatsächlich wirksamen Kräfte in Frage kommen, ist ein wirklicher Fortschritt der Erkenntnis im allgemeinen nicht zu erzielen, wenn die Verhältnisse des einzelnen Skelettstückes und der einzelnen Junktur nur für sich allein und nicht im Rahmen der Gleichgewichts- oder Bewegungsbedingungen des ganzen Systems betrachtet werden. Streng genommen läßt sich also die Mechanik des Stammes nicht von derjenigen der Extremitäten trennen. Ebensowenig können die mechanischen Verhältnisse einzelner Extremitätengelenke, oder diejenigen der Wirbelsäule, des Brustkorbes, der Bauch- und Beckenwand ganz für sich allein behandelt werden. Manche Junkturen sind auch nicht einmal in kinematischer Hinsicht für sich allein vollkommen zu verstehen. So stellt der Brustkorb ein geschlossenes Gestänge dar. Auch die ganze Rumpfstammwand mit ihrem Skelett und ihren Muskeln ist eine geschlossene Konstruktion, in welcher kaum an einem Gelenk Verschiebung ohne gleichzeitige Verschiebungen in anderen Gelenken möglich ist. Aber auch der Stamm und die Extremitäten zusammen bilden, wenn mindestens zwei der letzteren am Boden festgehalten sind, mit diesem eine geschlossene Kette. Unabhängiger voneinander in ihren Bewegungen sind die Gelenke der frei gehaltenen Extremitäten, oder des Halses und Kopfes, oder — bei Tieren — des Schwanzes. Doch bedingen hier immer noch die Muskeln, welche mehrere Gelenke überspringen, eine engere konstruktive Verknüpfung.

Trotz der mechanischen Wechselbeziehungen zwischen den verschiedenen Abschnitten des Körpers sehen wir uns nun aber doch gezwungen, den Stamm und die beiden Extremitäten in gesonderten Abschnitten zu behandeln. Wir müssen dabei einige Kenntnisse von den mechanischen Verhältnissen der Extremitäten, wie sie übrigens auch schon der Laie hat, voraussetzen, um die Statik des Stammes unter Berücksichtigung des ganzen Körpers behandeln zu können. So lange nur statische Verhältnisse in Betracht kommen, läßt sich für alle anderen Junkturen, welche nicht Gegenstand der Untersuchung bilden, auch wenn wir ihre näheren Verhältnisse nicht kennen, die Annahme machen, daß sie auf irgend eine Weise festgestellt sind. Aus guten Gründen aber sind es vorzugsweise die Fragen der Feststellung der Junkturen und der damit verbundenen Inanspruchnahme der aktiven und passiven inneren Kräfte, welche uns im folgenden hauptsächlich beschäftigen werden. Die schwierigeren kinetischen Probleme entziehen sich vorläufig noch fast vollständig einer speziellen Behandlung.

In wissenschaftlichen Kreisen ist das Interesse am Ausbau der Gelenk- und Muskelmechanik in neuerer Zeit ein sehr reges geworden. Die Untersuchungsmethoden haben sich vervollkommnet und erweitert. Durch die glänzenden Untersuchungen und theoretischen Darlegungen von O. Fischer scheint eine neue wissenschaftliche Grundlage gewonnen zu sein. Die Chirurgen und Orthopäden haben mit unermüdlichem Fleiß Material zur Aufklärung der mechanischen Verhältnisse unter normalen und pathologischen Umständen gesammelt. In ihren Arbeiten und Auffassungen zeigt sich ein grosses praktisches Verständnis für mechanische Fragen und ein ernstes Streben zu klarer theoretischer Einsicht. Auf dem Gebiete der Muskelphysiologie und der Muskellähmungen sind die Lehren des genialen Duchenne vielfach geprüft und weiter ausgebaut worden. Doch scheint es mir, daß gerade in den Untersuchungen der praktischen Mediziner und auch in der Lehre, welche dem Studierenden zuteil wird, der entscheidende Schritt noch nicht getan ist, welcher von einer mehr dilettantischen Betrachtungsweise zu einer wissenschaftlich korrekten Behandlung der mechanischen Probleme führt. Man begnügt sich immer noch zu sehr mit einer Beurteilung der einen Seite der Wirkung der Kräfte, statt die Bedingungen der Feststellung der Junkturen und die Bewegungsbedingungen in ihrer Totalität ins Auge zu fassen. Die wünschenswerte Klarheit und Einheitlichkeit der Ausdrucksweise ist noch durchaus nicht erreicht.

Auf diese Punkte habe ich in der folgenden Darstellung das Hauptgewicht gelegt. Ich habe keine mir entgegentretende Schwierigkeit in der Analyse der statischen Verhältnisse beiseite geschoben, sondern mich ernstlich bemüht, eine richtige Fragestellung und eine annehmbare vorläufige Lösung zu finden. Die Größe der Aufgabe ist mir namentlich bei der Behandlung der mechanischen Verhältnisse des Fußes, der Schulter, des Stammes klar geworden und hat den Zeitpunkt des Erscheinens des vorliegenden Buches hinausgeschoben.

Daß unterdessen der II. und III. Band von R. Ficks fundamentalem Werke über die Anatomie und Mechanik der Gelenke erschienen ist, macht, wie ich glaube, meine Arbeit nicht ganz überflüssig. Der unendliche Fleiß, der in dem Handbuche von R. Fick zutage tritt, läßt sich freilich nicht überbieten, ein so genaues Eindringen in alle Details der Gelenkanatomie auf Grund eigener Beobachtung, eine so vollkommene Berücksichtigung der gesamten einschlägigen Literatur und aller auf den Gegenstand irgendwie bezüglicher Fragen kann von einem Zweiten nicht nachgeahmt werden. In dieser Hinsicht mußte ich mich bescheiden. Mein Ziel war von vornherein und in der Folge noch ausgesprochener auf die Klärung der eigentlichen mechanischen Probleme gerichtet. In dieser Beziehung, hoffe ich, wird die folgende Darstellung von einigem Nutzen sein.

Es hat sich gezeigt, daß der Augenblick zu einer abgekürzten Darstellung, welche nur die Hauptergebnisse der Forschung in knappester Form wiedergibt, noch nicht gekommen ist. Was einer neuen Generation, die in mechanischen Fragen von früh an besser geschult ist, als selbstverständlich erscheinen wird, muß heute noch verhältnismäßig breit und ausführlich dargelegt werden.

Indem aus dem Angeführten hervorgeht, daß die folgende Darstellung nicht ausschließlich und vielleicht auch nicht in erster Linie für den Anfänger bestimmt ist, bedarf es einer besonderen Rechtfertigung, wenn in ihr die anatomischen Verhältnisse in besonders elementarer Weise behandelt sind.

Man wird alsbald erkennen, daß eine Darstellung aller Details der Gelenkanatomie nicht versucht, ja geflissentlich vermieden wurde. Es sind soweit möglich nur die Hauptzüge in dem Bau der Gelenke, der Anordnung der Bänder und Muskeln usw. besprochen, soweit sie zu den Bewegungen in den Gelenken und zu der Feststellung der letzteren in deutlich nachweisbarer Beziehung stehen. Andererseits aber sind gerade die einfachsten und wesentlichsten Verhältnisse der Form und Lagerung der Skelettstücke eindringlich erläutert worden. Dies könnte als völlig überflüssig erscheinen, da ja anscheinend dem Anfänger genügende Hilfsmittel zur Orientierung nach dieser Hinsicht zur Verfügung stehen, und dem anatomisch Geschulten nichts Neues geboten wird. Wenn ich trotzdem in die folgenden Darstellungen kurze Besprechungen der elementarsten Verhältnisse im Bau des Skelettes eingefügt habe, so leitete mich dabei folgende Erwägung.

Für die erfolgreiche Beschäftigung mit der speziellen Muskel- und Gelenkmechanik ist die erste und wichtigste Vorbedingung eine möglichst klare und möglichst vereinfachte räumliche Vorstellung von den Formen und Lagebeziehungen der Teile. Diese erhält man nur, indem man die wesentlichen Züge der Form und Anordnung heraussucht und begrifflich verarbeitet, unter möglichster Abstraktion von allem Detail. Eine kurze Wegleitung nun, welche den Anfänger zunächst nur gerade auf die allereinfachsten und allerwichtigsten Verhältnisse der Form und Materialanordnung in bestimmter zweckmäßiger Reihenfolge aufmerksam macht und ihm bei dem ersten Stadium des Skelettes und der Gelenkpräparate von besonderem Nutzen sein könnte, ist meines Wissens kaum irgendwo zu finden.

Unsere anatomischen Lehrbücher und Atlanten, so kommt es mir vor, dienen dieser Hauptaufgabe um so weniger, je reicher an prachtvollen Abbildungen und an interessanten Einzelheiten sie geworden sind. Die Grundzüge der Form und Anordnung kommen bei all dem Detail und Ornament nicht mehr genügend zur Geltung.

Der anatomisch gut Ausgebildete aber weiß aus Erfahrung, wie schwer es ist, alle Vorstellungen von den Einzelheiten des Bildes zurückzudrängen und nur die Grundlinien der Form und Anordnung im Auge zu behalten, so daß eine klare und einfache Vorstellung von den wechselnden Stellungen und von den Bewegungen der Teile möglich ist. Er wird unter Umständen froh darüber sein, sobald er sich mit speziellen Aufgaben der Gelenk- und Muskelmechanik beschäftigt, auf jene allerwichtigsten und allereinfachsten Verhältnisse hingewiesen zu werden. Es sind gerade diejenigen, welche auch von dem Anfänger in erster Linie beachtet werden sollten.

Über die Notwendigkeit, Stamm und Extremitäten getrennt zu behandeln, ohne den mechanischen Zusammenhang gänzlich außer acht zu lassen, habe ich mich bereits geäußert.

Bei den Extremitäten konnte dem ursprünglichen Plane gemäß ein Gang der Darstellung gewählt werden, der sich genau an das Fortschreiten der Arbeit bei der Präparation der Muskeln und Gelenke anschließt. Beim Stamm ist solches nicht möglich, indem sich hier eine bestimmte Norm der Reihenfolge der Präparation aus äußeren Gründen nicht aufstellen läßt. Hier ist eine freiere Anordnung des Stoffes gewählt worden, welche aber doch auch wieder möglichst im Einklang stehen soll mit einer rationellen Anordnung der anatomischen Untersuchung und des anatomischen Studiums. Hier wie dort wurde darauf Bedacht genommen, daß zugleich mit einer zweckmäßigen, geregelten und praktisch durchführbaren Analyse der Konstruktion Schritt um Schritt und von sicherer Grundlage aus das Interesse und Verständnis für die mechanische und funktionelle Bedeutung der Körpermaschinerie vermehrt wird. Schwierigere und weitläufigere theoretische Fragen wurden zwar in ihrem natürlichen Zusammenhang mit dem Ganzen belassen, aber möglichst in besonderen Kapiteln behandelt, so daß sie bei Zeit und Muße für sich studiert werden können.

b) Grundzüge des Aufbaues und der Gliederung des Körpers.

Der menschliche Körper zeigt wie der Körper der Wirbeltiere im allgemeinen als wichtigste Gliederung diejenige in den Stamm und in die Extremitäten.

Am **Stamm** unterscheiden wir die Stammwand und die Stammhöhle mit ihrer Eingeweidefüllung. Die Stammwand ist durch Skeletteinlagerungen gestützt, die dorsale Stammwand durch ein kontinuierliches axiales Skelettrohr, welches das Gehirn, das Rückenmark und die Anfänge der Cerebrospinalnerven beherbergt, die übrige Stammwand durch mehr oder weniger quer verlaufende, schlankere oder breitere Skelettstücke, welche vom dorsalen Skelettrohr aus mehr oder weniger weit nach der Seite und vorn herumgreifen. Zum Teil erreichen sie die ventrale Mittellinie und verbinden sich dort miteinander oder mit einem daselbst gelegenen unpaaren Skelettstück.

In der Länge gliedert sich der Stamm in den Kopf-, Hals-, Brust-, Bauchlenden- und Beckenteil. Ein besonderer, äußerlich abgrenzbarer Schwanz- oder Caudalteil ist beim Menschen, abgesehen von frühen Entwickelungsstadien, nicht vorhanden.

Durch die Erweiterung des dorsalen Skelettrohres zur Schädelkapsel, welche das Gehirn umschließt, und durch die Anfügung eines mächtigen ventralen Bogensystems, welches die Nasenhöhle, die Mundhöhle und den Rachen umfaßt, ist der Kopfteil des Stammes charakterisiert. Der erste Bogen dieses Systems, der Nasenbogen, greift um die Nasenhöhle herum und bildet die Skeletteinlage der seitlichen Nasenwand, des Nasenrückens und des harten Gaumens, welch letzterer die Nasenhöhle von der Mundhöhle trennt; der Nasenbogen bildet auch die obere Kinnlade. Der zweite ventrale Skelettbogen im Kopfgebiet ist der Unterkiefer; er umgreift den Rachen und die Mundhöhle und ist mit seinem ventralen, zahntragenden Teil in die Mundhöhlenwand eingeschaltet. Der dritte, viel unansehnlichere ventrale Skelettbogen des Kopfes ist der sog. Zungenbeinbogen, welcher den Rachen umgreift und zum Teil vorn in dessen Wand eingelagert ist, aber jederseits auch mit dem Hirnschädel in Verbindung steht.

Im ganzen übrigen Teil des Stammes wird das dorsale Achsenskelett durch die Wirbelsäule gebildet. Die Wirbel haben kurze seitliche Fortsätze. An diese schließen sich im Brustteil die Rippen, welche sich in der ventralen Brustwand zum Teil über die Mittellinie hinüber durch das Brustbein miteinander verbinden und zusammen mit dem zugehörigen Stück Wirbelsäule den Brustkorb bilden. Im Beckenteil sind in die Stammwand jederseits von der Wirbelsäule die Hüftbeine eingeschaltet. Indem sie sich in der vorderen Mittellinie miteinander verbinden, entsteht ein vollständiger Beckenring. Dem Halsteil des Stammes zwischen Kopf- und Brustteil und dem Bauchlendenteil zwischen Brust und Becken fehlen besondere abgegliederte seitliche und ventrale Skelettstücke.

Im Brust- und Bauchlendenteil wird die Stammwand vervollständigt durch Muskeln, welche die Zwischenräume zwischen den ventralen Skelettstücken ausfüllen und den letzteren zum Teil auch innen und außen aufgelagert sind. Eine unvollständige, gitterartig durchbrochene Muskulatur in der Fortsetzung der Brustwand ist aber auch am Hals neben der Wirbelsäule und nach der vorderen Peripherie des Rachens (Zungenbein) hin nachweisbar; ebenso eine Muskellage zwischen Zungenbein und Unterkiefer, welche die muskulöse Grundschicht des Mundhöhlenbodens bildet, und eine Muskellage zwischen Unterkiefer und Nasenbogen, nach außen von den zahntragenden Rändern und unmittelbar hinter den letzten Zähnen, welche die muskulöse Grundschicht der seitlichen und der vorderen (von der Mundöffnung durchbrochenen) Mundhöhlenwand darstellt.

Die äußeren Rachenmuskeln (Paquetum Riolani), welche sich um den dorsalen, der Schädelkapsel benachbarten Teil des Zungenbeinbogens gruppieren, und die Kaumuskeln, welche sich dem dorsalen Teil des Unterkiefers anschließen, können ebenfalls als Fortsetzungen der Stammwand aufgefaßt werden. Danach setzt sich die Stammhöhle bis in den Kopf hinein fort. Während aber die Skelettwand der Nasenhöhle und der Mundhöhle und die muskulöse Grundschicht der Mundhöhlenwand zusammen mit einem verhältnismäßig dünnen inneren Weichteilbelag, der nur in der Zunge mächtiger anschwillt, zugleich die Wände des Anfangsteiles des Luftweges (Nasenhöhle) und des Anfanges des Speiseweges (Mundhöhle) darstellen, löst sich die nach hinten sich anschließende Wand des Rachens, jenes Raumes, in welchem Luft- und Speiseweg zusammen münden, von dem Unterkiefer und den Kaumuskeln und von dem dorsalen Teil des Zungenbeinbogens und seinen Muskeln ab. So wird der Rachen zum Eingeweide, welches im Inneren der Stammwand (der sie markierenden Skelettteile und Muskeln) gelegen ist. Vom Rachen an durchzieht dann der seine Fortsetzung bildende Speiseweg als abgelöstes Eingeweide die ganze Stammhöhle bis zum After. Ebenso liegt der untere Luftweg, der sich von der vorderen Rachenwand ablöst und in den im Brustraum gelegenen Lungen endet, als Eingeweide in der Stammhöhle, im Gegensatz zum oberen Luftweg, der Nasenhöhle, deren Wand mit der Stammwand verschmolzen ist. Vom kaudalen Ausgang des Beckenringes spannt sich zum Caudalteil der Wirbelsäule, als Fortsetzung der Stammwand das musculotendinöse Beckendiaphragma; es umfaßt eng die Afteröffnung des Eingeweiderohres.

Bei den Tieren ist meist ein über den After und den Rumpfteil des Stammes hinausragender Caudalteil des Stammes vorhanden, der keine Eingeweide mehr umschließt. Ventrale Bogen können allerdings in demselben noch vorhanden sein als sog. Hamapophysen, welche um ventrale Längsgefäße des Schwanzes herumgehen, wie sich ähnliche mitunter auch am Hals finden. Beim Menschen ist das caudale Ende der Wirbelsäule ganz in die Flucht des Beckendiaphragmas einbezogen.

Für die Untersuchung und Würdigung der mechanischen Verhältnisse sind möglichst einfache Vorstellungen über den konstruktiven Aufbau des Körpers unumgänglich notwendig. Dieses Interesse rechtfertigt die von uns im vorigen vertretene Auffassung, nach welcher sich die Stammwand und die Stammhöhle

auch in den Hals- und Kopfteil des Stammes fortsetzen. Es muß aber ausdrücklich hervorgehoben werden, daß die verschiedenen Skelettbogen, welche in
die seitliche und vordere Stammwand eingelassen sind, nicht analoge, aus ähnlichen Abschnitten der verschiedenen Körpersegmente hervorgegangene Teile
sind; letzteres gilt nur für die Rippen. Die Hüftbeine aber und die Skelettbogen
des ventralen Kopfgebietes sind aus ganz anderen Anlagen hervorgegangen, welche
von denen der Rippen und unter sich selbst verschieden und einander nicht „homo-
dynam" sind.

Gestattet man für die topographische und mechanische Betrachtung
des Körpers die Annahme, daß sich die Stammhöhle bis in den Kopf
hinein fortsetzt, und daß im Hals- und Kopfgebiet Eingeweiderohr und
Stammwand bis zur ventralen Peripherie des Rachens hin voneinander
gesondert bleiben, so ergibt sich doch hinsichtlich der Art der Sonderung
ein wichtiger Unterschied zwischen dem Kopf- und dem Halsteil des
Stammes einerseits und dem darauffolgenden Abschnitt, den wir als
Rumpfteil (s. u.) bezeichnen wollen, andererseits. Die Eingeweide
des Rumpfteiles — es gehören zu denselben außer dem Luft- und
Speiseweg und ihren Dependenzen auch noch andere Eingeweide, wie
das Herz mit den großen davon abgehenden Gefäßstämmen, die Milz,
Teile des Urogenitalapparates usw. — sind zum Teil voneinander und von
der Stammwand im Interesse der Beweglichkeit durch wirkliche Spalten
getrennt, während im Halsteil solche trennende Spalten nicht vorhanden sind.

Diese Spalten gehören zu dem System der serösen Höhlen des Körpers,
ebenso wie die Höhlen der Blut- und Lymphgefäße. Sie sind aber ungleich den
letzteren nicht bloß von einem dünnen epithelialen Grenzhäutchen ausgekleidet;
vielmehr verbindet sich mit der oberflächlichen Epithelschicht in der Regel eine
besondere, auf der Unterlage mehr oder weniger locker befestigte Bindegewebsschicht
zu einer besonderen Membran, der Serosa.

Quer oder „zwerch" durch die Rumpfhöhle hindurch spannt sich
als musculo-tendinöse Scheidewand das „Zwerchfell". Dasselbe heftet
sich vorn und seitlich an der Innenseite der Brustwand, nah ihrem
caudalen Rande fest, dorsalerseits aber greift es auf die Bauchwand
über. Es ist in die Thoraxwand hineingewölbt und trennt die Brusthöhle von der Bauchhöhle. Unter der Bauchhöhle im weiteren
Sinne des Wortes versteht man den ganzen caudal vom Zwerchfell gelegenen Teil der Rumpfstammhöhle bis zum Becken-Diaphragma. Der
vom Becken umgriffene Teil derselben oder auch nur der verengte Endteil desselben stellt den „Beckenraum" dar. Der verengte Endteil
ist die „Kleinbeckenhöhle". Den übrigen Raum der Bauchhöhle
könnte man als ihren Hauptraum bezeichnen.

Im Brustraum, cranial vom Zwerchfell, finden die Lungen, das
Herz und die von ihm ausgehenden grossen Gefäße Platz. Der Speiseweg
durchzieht ihn in kürzestem Verlauf als einfacher Schlauch. Erst jenseits
des Zwerchfells, in der Bauchhöhle erweitert sich der Speiseweg zum
Magen und windet sich als Darm in komplizierter Weise hin und her.
Außerdem liegen in der Bauchhöhle die großen Darmdrüsen (Leber und
Pankreas), die Milz und ein Teil des Urogenitalapparates.

Bei den Säugern sind alle Organe des Brustraumes außer den Lungen
zu einer kompakten mittleren Schicht zusammengedrängt, welche sich

zwischen der Wirbelsäule und der ventralen Brustwand ausbreitet (Mediastinum). In ihr befindet sich das Herz, von der **Pericardial-spalte** umgeben. Die Wand der letzteren ist vom **Pericard** bekleidet. Die beiden seitlichen Räume bleiben für die Lungen frei. Jede Lunge ist ringsum, außer an ihrer Wurzel, an welcher der Luftweg, die Blut- und Lymphgefäße und die Nerven, zu einem Strang zusammengedrängt eintreten, von der Umgebung abgespalten (**Pleuralspalt**, von der **Pleura** als seröser Membran austapeziert). In der Bauchhöhle trennt die **Peritonealspalte** die Baucheingeweide an gewissen Stellen voneinander und von der Bauchwand; die seröse Membran, welche hier die freien Flächen bekleidet, ist das **Peritoneum**.

Der Stamm als Ganzes dient als Unterlage für die **Extremitäten**.

An den frei über den Stamm vorragenden **Extremitätenab-schnitten** findet sich ein **axiales Skelett**, welchem die Weichteile und vornehmlich die Muskeln von außen aufgelagert und angeheftet sind. An der Basis der Extremitäten aber, der Oberfläche der Stamm-wand entlang breiten sich flache, gürtel- oder plattenförmige Skelett-stücke aus (die **Extremitätengürtel** der vergleichenden Anatomie). Auf ihnen ist das Achsenskelett der Extremität eingelenkt. Die basalen Skelettstücke sind entweder in die Stammwand selbst eingeschaltet (Hüftbeine der höheren Wirbeltiere) oder derselben als besondere Stücke an- und aufgelagert (Schultergürtel). An beiden Seiten der basalen Stücke und zum Teil auch jenseits derselben am Stamm entspringen die Muskeln, welche die Extremitäten gegen den Stamm bewegen. Wo die Basalstücke gegenüber dem Stamm gesondert und beweglich sind, sind auch Stammgürtelmuskeln vertreten.

Jedenfalls sind breitere, durch reichliche Muskelmaße ausgezeichnete Verbindungsgebiete zwischen dem Stamm und den freien Extremitäten gebildet, welche für die äußere Betrachtung mehr als zum Rumpf gehörig erscheinen. Letzteres gilt besonders für den Sockel der vorderen (oberen) Extremität, die **Schulter**, während die **Hüften**, die Übergangsgebiete zwischen dem Stamm und den hinteren (unteren) Extremitäten bei mäch-tiger Entwickelung der letzteren je nach der Stellung und nach dem Standpunkt der Betrachtung bald mehr zum Stamm, bald mehr zu den Extremitäten zu gehören scheinen. Soweit nun der Stamm mit den ihm angeschlossenen Teilen der Schultern und der Hüften gegenüber den freien Extremitäten, dem Rest des Halses und dem Kopf (bei Tieren auch gegenüber dem Schwanz) als eine einheitliche zentrale Masse sich darstellt, verwenden wir dafür die Bezeichnung „Rumpf". Dieser Begriff umfaßt also nicht alle Teile des Stammes, bedeutet aber mehr als den bloßen Rumpfstamm. Zu den Bedeckungen des Stammes rechnen wir natürlich auch die Haut mit den zu ihr gehörigen Muskeln, Gefäßen und Nerven.

Erster Abschnitt.

Der Stamm.

I. Grundzüge der Anatomie der Stammwand.

A. Die Schädelkapsel (Hirnschädel).

Die Schädelkapsel steht in kontinuierlicher Skelettverbindung mit der Wand des Wirbelkanals. Der von ihr umschlossene Hohlraum (Schädelhöhle) erscheint als erweiterte Fortsetzung des Hohlraumes des Wirbelkanals. Der unmittelbar auf den Wirbelkanal folgende Teil der Schädelhöhle erweitert sich nach oben trichter- oder schalenförmig. Dann biegt die Schädelhöhle über die deutlich nach vorn abgeknickte Schädelbasis nach vorn um. Das vordere Ende liegt im Stirnpol der Schädelkapsel (Fig. 1). Der hintere, mit der Wirbelsäule und den Wirbelsäulenmuskeln verbundene Teil der Schädelbasis kann als Nackenteil bezeichnet werden, seine untere Fläche als Nackenfeld (Fig. 2); er ist vom Foramen occipitale magnum durchbohrt. Vorn neben dem letzteren ragen beiderseits die Hinterhauptkondylen, seitlich davon im Außenrand des Nackenfeldes ragen die Warzenfortsätze nach

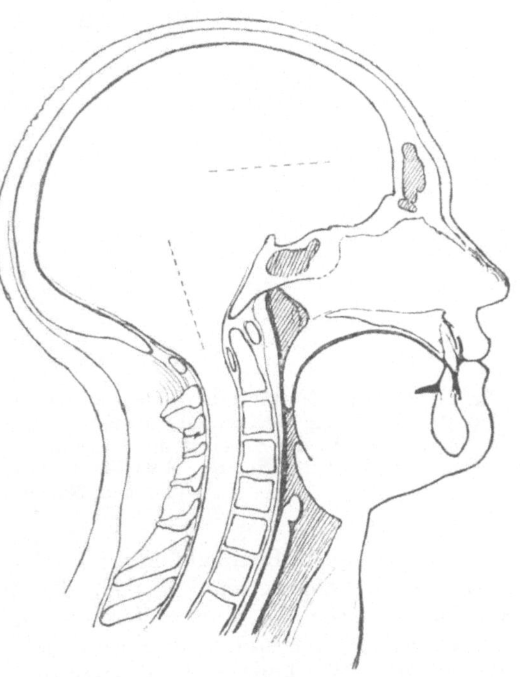

Fig. 1. Medianschnitt durch den Kopf.

unten vor. Zwischen den letzteren hinten herum ist die mehr abgeplattete Basis (Nackenfeld) von der glatten Rundung des Schädelgewölbes durch die Linea nuchae externa abgegrenzt. In der hinteren Mittellinie ragt öfters an Stelle derselben die Protuberantia occipitalis externa nach unten vor. Am Nackenfeld setzen sich außer den Muskeln der Wirbelsäule auch noch Muskeln an, welche von der vorderen Brustwand emporsteigen (Sternocleidomastoidei), sowie Muskeln der Schulter (Trapezius). Der ganze übrige Teil der Schädelbasis grenzt an das ventrale Kopfgebiet (ventrales Feld der Unterseite der Schädelbasis); von ihm gehen die drei ventralen Skelettbogen des Kopfgebietes aus. Hier setzen sich auch die äußeren Strebepfeiler an, durch welche die

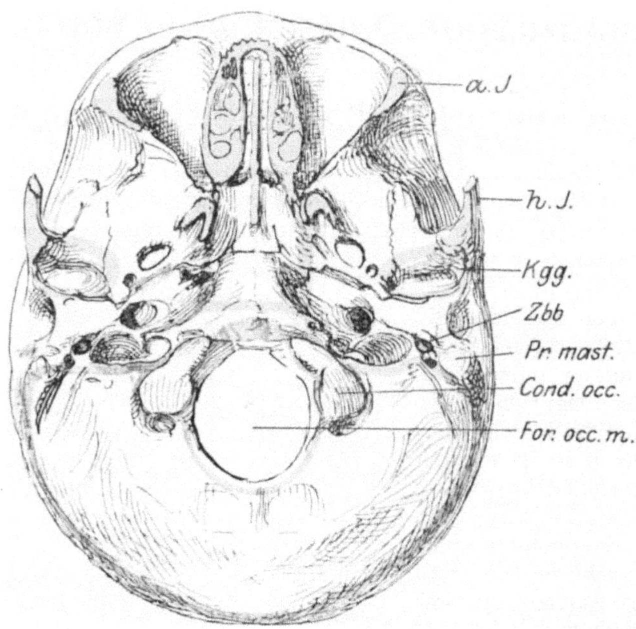

Fig. 2. Schädelbasis von unten. Gelb, in der Mitte: der Ansatz des Nasenrückens und der seitlichen Nasenwand, sowie die Grenzen der Anlagerungsstelle des Rachens; seitlich: die Ansatzstellen des aufsteigenden und des horizontalen Jochbogens und des Unterkiefers. Rot: die Grenzen der Verbindung mit der Wirbelsäule und den Nackenmuskeln.

Nasenbogen (obere Kinnlade) mit der Schädelbasis verstrebt sind. Die in diesem Gebiet angehefteten Muskeln des Zungenbeins, des Rachens und der Zunge, sowie des Unterkiefers etc. haben für die Feststellung und Bewegung der Wirbelsäule und des Kopfes nur geringere oder gar keine Bedeutung. Wir können die anatomischen und mechanischen Verhältnisse dieser Teile und besonders des Kiefergelenkes völlig getrennt für sich, nach Besprechung des ganzen übrigen Stammes behandeln. Ein weiteres Eingehen auf den Bau des Schädels ist deshalb vorläufig nicht notwendig.

B. Die Wirbelsäule.

a) Die Wirbel und ihre Verbindungen.

Als Wirbel bezeichnet unsere Sprache etwas um eine mittlere Achse sich Drehendes oder Drehbares, insbesondere auch Maschinenteile, welche um eine mittlere Achse drehbar und mit Handgriffen oder Fortsätzen zum Angriff der Kräfte versehen sind. Bekanntlich besitzt die menschliche Wirbelsäule beim Erwachsenen in der Norm 7 Hals-, 12 Brust-, 5 Lenden-, 5 Kreuzbein- und 3—5 (in der Regel 4) Steißbeinwirbel. Der erste (oberste) Halswirbel wird als Atlas (Träger des Kopfes), der zweite als Epistropheus oder Axis bezeichnet. Die Kreuzbeinwirbel vereinigen sich im Verlauf der Jugendjahre synostotisch zum Kreuzbein (Os sacrum), die Steißbeinwirbel im späteren Alter, nach der Pubertätszeit ebenso zum Steißbein (Os coccygis). Als Abschnitte der Wand des Wirbelkanales stellen die Wirbel im allgemeinen Ringe oder Teile von Ringen dar, mit longitudinalen Fortsätzen in der Wand des Wirbelkanals und mit abstehenden Fortsätzen. Das vordere Mittelstück des Wirbelrings ist im allgemeinen durch quere Verdickung und größere Höhe zur Hauptmasse des Wirbels, dem Wirbelkörper, vergrößert.

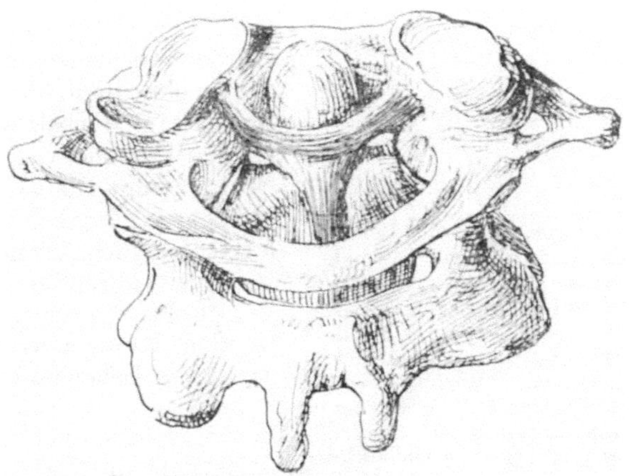

Fig. 3. Die zwei ersten Halswirbel von hinten oben gesehen; das Lig. transversum atlantis und seine Verbindung mit dem Epistropheus.

Der schlankere übrige Teil stellt den Wirbelbogen dar. Hauptsächlich vom Wirbelring gehen die zwei Arten von Fortsätzen aus: die longitudinalen Gelenkfortsätze, welche zu der unmittelbaren Wand des Wirbelkanals gehören, und die abstehenden Dorn- und Querfortsätze, welche aus dieser Wand nach außen ragen.

Die Entwickelungsgeschichte zeigt, wie beim Embryo der knorpelig angelegte Wirbelring zunächst hinten noch nicht geschlossen ist, so daß man auf dieser Stufe neben einem Wirbelkörper noch zwei seitliche knorpelige Bogen zu unterscheiden hat. An den letzten Sacralwirbeln bleibt der Bogen hinten zeitlebens in wechselndem Umfang offen. Die Wand des Wirbelkanals wird hier nur durch Bandmasse geschlossen. Am ersten Steißbeinwirbel ist der Bogen nur durch zwei seitliche, vom Körper ausgehende Stummel vertreten, an den übrigen Steißwirbeln fehlt er ganz und auch ein Wirbelkanal ist nicht mehr vorhanden, indem die fibröse Membran, welche die hintere Wand des Wirbelkanals am Kreuzbein vervollständigt, in ihrer Fortsetzung nach unten sich mit dem hinteren Periost der Wirbelkörper zusammenschließt.

Der mittlere Teil des ursprünglichen Körpergebietes des ersten Halswirbels ist mit dem ursprünglichen Körper des zweiten Halswirbels verbunden und hilft mit ihm den sekundären zweiten Halswirbel, den Epistropheus bilden, dessen Zahnfortsatz er darstellt. Der Atlas ist der Rest des ersten primären Halswirbels. Sein vorderer Teil ist aus der Anlage hervorgegangen, welche den primären ersten Wirbelkörper oben umgibt; er besteht aus einer vorderen, schlanken knöchernen Spange (vorderem Bogen), zwei seitlichen mächtigen Massae laterales und einem hinteren Band, dem Lig. transversum (s. Fig. 3).

Die Wirbelkörper sind vom zweiten Halswirbel an abwärts miteinander synarthrotisch durch Zwischenzonen von kompliziertem geweblichem Baue, die sog. Zwischenwirbelscheiben (Wirbelsymphysen, Wirbelsynchondrosen, Zwischenwirbelligamente) miteinander verbunden. Die zwischen den fünf Sacralwirbeln anfänglich vorhandenen Zwischenwirbelscheiben verknöchern bis zur Pubertätszeit und während derselben, so daß es zur synostotischen Vereinigung der aufeinander folgenden Kreuzbeinwirbelkörper kommt. Im mittleren Lebensalter beginnt auch die Verschmelzung der Elemente des Steißbeins. Sie schreitet nach oben fort, und schließlich kann auch noch die Verbindung zwischen Steißbein und Kreuzbein synostosieren. Vorn und hinten an der Körpersäule verlaufen bis zum Kreuzbeine die Ligamenta longitudinalia anterius und posterius.

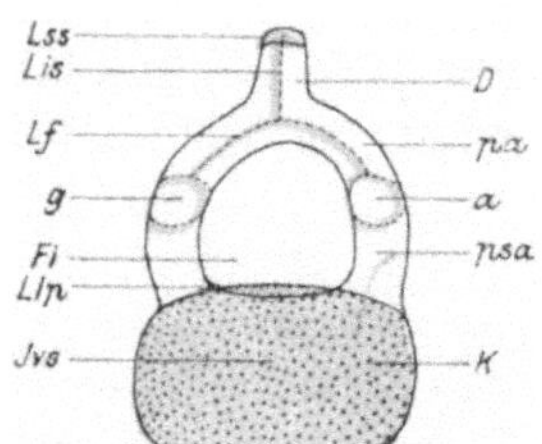

Fig. 4. Ein subepistrophikaler Wirbel (ohne die Seitenfortsätze) und seine Verbindung mit dem benachbarten Wirbel. Schematisch *K* Wirbelkörper, *a* Artikulärportion, *psa* präartikuläres, *pa* postartikuläres Bogenstück, *D* Wirbeldorn. *Ivs* Intervertebralscheibe, *Lla* u. *Llp* Ligamentum longitud. ant. und post., *g* Gelenkfortsatz umgeben von der Gelenkkapsel, *L* Lig. flavum, *Lis* Lig. interspinale, *Lss* Lig. supraspinale.

An den Wirbelbogen unterscheiden wir vom Epistropheus (inkl.) an nach abwärts bis zum 5. Sacralwirbel jederseits ein präartikuläres, ein artikuläres und ein postartikuläres Stück. Die beiden postartikulären Stücke können hinten durch eine Lücke voneinander getrennt bleiben (letzte Sacralwirbel), oder sich zu einem gemeinsamen postartikulären Stück, dem sog. hinteren Schlußstück des Wirbelbogens vereinigen (Fig. 4).

Die präartikulären Bogenstücke aufeinander folgender Wirbel bleiben jederseits voneinander durch die Foramina intervertebralia getrennt, durch welche die Spinalnerven (von Gefäßen begleitet) aus dem Wirbelkanal nach außen treten. Indem sich jede Präartikularportion mit dem oberen Teil des zugehörigen Wirbelkörpers verbindet, liegen die Foramina spinalia (intervertebralia) hinter dem unteren

Teil des oberen Wirbels und hinter der unten angrenzenden Zwischenwirbelscheibe. Die Artikulärportionen benachbarter Wirbel ragen
einander jederseits bis zur Berührung entgegen, unter Bildung eines
oberen und eines unteren Gelenkfortsatzes. Sie berühren sich
mit überknorpelten Gelenkflächen, bleiben durch Gelenkspalten voneinander getrennt und verbinden sich im Umkreis der Gelenkhöhle
durch Gelenkkapseln (Bogengelenke). Die Foramina intervertebralia
werden auf diese Weise hinten durch die gegeneinander ragenden Gelenkfortsätze zweier Wirbel und durch die Kapsel des verbindenden Gelenkes begrenzt. Im Vergleich zur Präartikulärportion verbindet sich
die Postartikulärportion mit der Gelenkpor-
tion etwas tiefer. Sie ist der ersteren gegenüber gleichsam nach unten verworfen und
steigt außerdem mehr oder weniger deutlich nach hinten ab (besonders steil an den
mittleren Brustwirbeln).

In den Zwischenräumen zwischen den
postartikulären Stücken aufeinander folgender Wirbel spannen sich die stark elastischen
Ligg. flava aus (Ligg. intercruralia),
und wo die Wirbelringe hinten offen sind,
wird die Lücke durch eine Fortsetzung dieser
Bänder geschlossen. Man kann also sagen:
die Wirbelkörper sind durch die Zwischenwirbelscheiben (und Ligg. longitudinalia), die
Gelenkteile der Bogen durch die Gelenkkapseln, die Schlußstücke durch die Ligg. flava
miteinander verbunden. Die präartikulären
Bogenstücke aber lassen die Foramina spinalia zwischen sich frei (Fig. 5).

Wesentlich andere Verhältnisse liegen vor
hinsichtlich der Verbindung des Atlas
nach unten mit dem Epistropheus und
nach oben mit der Schädelkapsel
(Fig. 6). Die von den Wirbelkörpern und

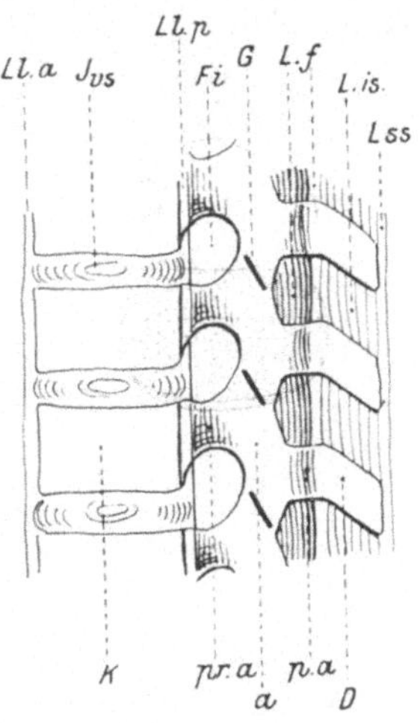

Fig. 5. Medianschnitt durch
die Wirbelsäule zwischen
Epistropheus und Kreuzbein.
pra praartikuläres Bogenstück, *Fi* Foramen intervertebrale, die übrigen Bezeichnungen wie in Fig. 4.

den Zwischenwirbelscheiben gebildete Säule in der Vorderwand des
Wirbelkanals (Körpersäule) setzt sich oben in den Körper des Epistropheus fort. Dieser verbreitert sich nach oben und ladet gleichsam
unter Bildung zweier Schultern mit seitlich abfallenden oberen
Flächen zur Seite aus, während die Mitte sich als Zahnfortsatz, vergleichbar einem Hals und Kopf nach oben fortsetzt. Auf den Schultern
des Epistropheus liegen die mächtigen Massae laterales des Atlas,
die Keilen gleichen mit lateralwärts gewendetem Rücken und innerer
stumpfer Schneide. Auf ihnen ruhen die Condyli occipitales der
Schädelbasis, entsprechend dem vorderen seitlichen Umfang des Foramen
occipitale magnum. So verbindet sich die Körpersäule der vorderen
Wand des Wirbelkanals, in zwei seitliche Balken auseinander
tretend, durch die Massae laterales des Atlas mit der Schädelbasis.

Der Zusammenhang aber ist oberhalb und unterhalb der Massae laterales jederseits je durch eine Gelenkspalte unterbrochen und nur in den Gelenkkapseln und ihren Bändern aufrecht erhalten (Fig. 7).

Ein Teil des vom Schädel her durch die Massae laterales des Atlas auf die Schultern des Epistropheus übertragenen Druckes setzt sich übrigens seitlich in den beiden Säulen fort, welche von den Gelenkportionen der Halswirbel gebildet werden (Fig. 6 und 7). Im Brust- und Lendenteil der Wirbelsäule wird der Längsdruck nach unten zu immer ausschließlicher durch die Körpersäule fortgepflanzt. Im Becken überträgt er sich durch die Seitenteile der ersten Kreuzbeinwirbel auf die Hüftbeine.

Außerdem aber verbindet sich in der Mitte der Zahnfortsatz des Epistropheus durch drei Bänder (Fig. 6 und 7) mit dem vorderen Rande des großen Hinterhauptloches, nämlich durch ein mittleres

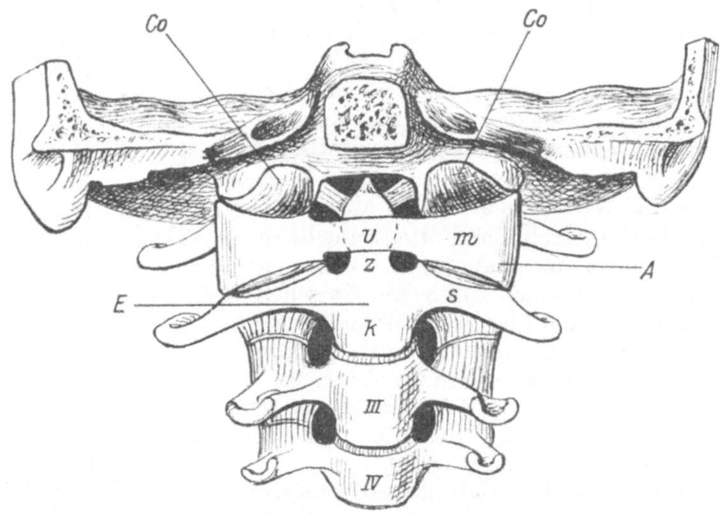

Fig. 6. Die vier ersten Halswirbel mit dem hinteren Teil der Schädelbasis von vorn, halbschematisch. *Co* Condylus occipitalis, *A* Atlas, *m* Massa lateralis, *v* vorderer Bogen des Atlas, *E* Epistropheus, *K* Körper, *S* Schultern desselben.

schwaches, unpassend als Lig. suspensorium bezeichnetes Spitzenband (Lig. apicis dentis) und durch zwei starke, aufwärts divergierende, seitliche Ligg. alaria. Die beiden Massae laterales des Atlas sind wie erwähnt in der Vorderwand, vor dem Zahnfortsatz des Epistropheus vorbei, durch den sog. vorderen Bogen des Atlas, und hinter dem Zahnfortsatz vorbei durch das Lig. transversum atlantis miteinander verbunden. Von diesen zwei Gebilden ist der Zahnfortsatz eng zwischengefaßt. Vorn am Zahnfortsatz, zwischen ihm und dem vorderen Atlasbogen, besteht eine Gelenkspalte mit Kapselabschluß (Articulatio atlanto-epistrophica oder atlanto-axialis mediana), hinten zwischen Zahn und Lig. transversum aber findet sich ein Schleimbeutel (Bursa dentis posterior).

Die beiden Gelenke zwischen den Schultern des Epistropheus und den Massae laterales des Atlas sind die **Artt. atlanto-epistrophicae** (atlanto - axiales) **laterales,** die Gelenke zwischen den Massae laterales des Atlas und den Hinterhauptkondylen sind die **Artt. atlanto-occipitales** (Fig. **6** und 7).

R. Fick will die Bezeichnung Gelenk durch „Articulus" statt durch „Articulatio" im Lateinischen wiedergeben. In der Tat ist die ursprüngliche Bedeutung von Articulatio durchaus nicht diejenige von „Gelenk". Es scheint mir aber, daß man sich mit der historischen Wandlung des Begriffes in diesem Fall zufrieden geben sollte, so gut wie wir auf der anderen Seite uns damit abfinden müssen, daß der Ausdruck „Artikel" heute für Formwörter der Sprache, für Gesetzesparagraphen und für Kategorien von Verkaufsgegenständen verwendet wird. Führen wir Ausdrücke ein wie Articulus humeri, coxae, genu, so müssen wir auch gewartig sein, daß man in Zukunft von einem Schulterartikel, einem Hüftartikel, einem Knieartikel usw. sprechen wird!

Der vordere Bogen des Atlas ist abwärts zu, zwischen den seitlichen Atlantoepistrophicalgelenken durch die **Membrana obturatoria atlantoepistrophica anter.** mit der Vorderfläche des Epistropheuskörpers,

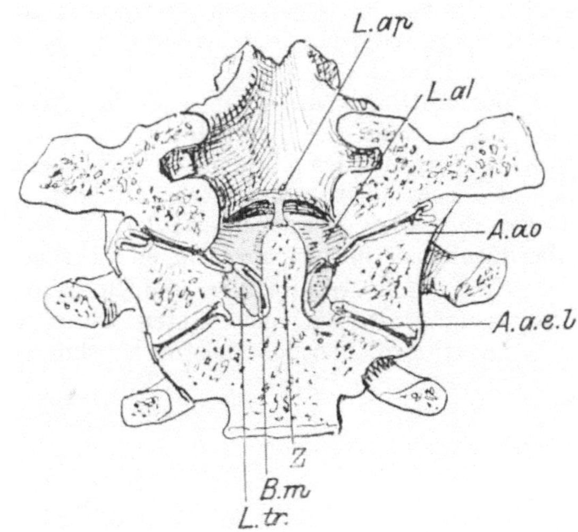

Fig. 7. Bilateraler Längsschnitt durch die zwei ersten Halswirbel und die Pars basilaris des Hinterhauptbeines (nach Toldt). *Z* Zahn des Epistropheus, *L. tr.* Lig. transversum atlantis, *B. m.* Bursa mucosa zwischen diesen beiden Teilen, *L. al* Lig. alare, *L. ap.* Lig. apicis dentis, *A. a. e. l.* Articulatio atlantoepistrophica lateralis (unteres seitliches Atlasgelenk), *A. ao* Art. atlanto-occipitalis (oberes seitliches Atlasgelenk) *L. tr.* Lig. transversum atlantis.

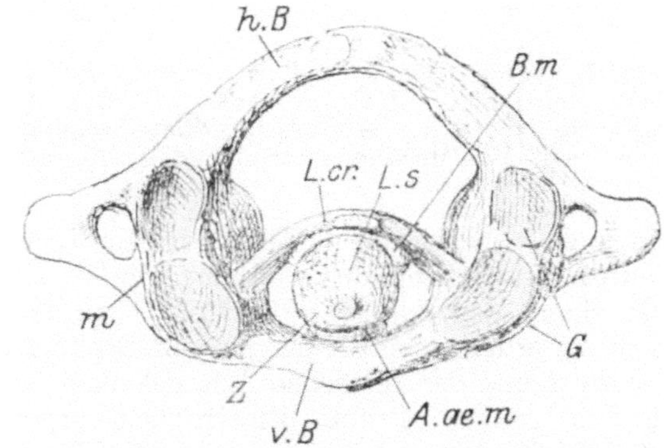

Fig. 8. Atlas und Zahn des Epistropheus von oben, *L. s.* Ansatz des Lig. apicis dentis, *h. B* hinterer Bogen des Atlas, *m* Massa lat., *v. B* vorderer Bogen, *G* Gelenkfläche für den Condylus occ., *L. cr.* Lig. cruciatum (L. transversum atlantis), *A. ae. m* Articulatio atlanto-epistrophica mediana, *B. m* Bursa mucosa zwischen Zahn und Lig. transversum.

und nach oben, zwischen den Atlantooccipitalgelenken durch die Membrana obturatoria atlanto-occipitalis ant. mit der Schädelbasis verbunden (Fig. 85).

Der mittlere verstärkte Teil der letztgenannten Membran kann als oberes Ende des Lig. longitudinale ant. betrachtet werden, welches vorn an der übrigen Wirbelkörpersäule in der ganzen Länge, soweit Biegsamkeit besteht, zu verfolgen ist (siehe S. 169. Die tiefen Fasern dieses Längsbandes verlaufen von Wirbel zu Wirbel; die längeren oberflächlichen Fasern aber ziehen über mehrere Wirbel hinweg).

Hinten am Zahnfortsatz und Spitzenband ist die Mitte des Lig. transversum altantis nach unten durch einen isolierten Bandzipfel mit der Hinterfläche des Epistropheuskörpers und nach oben zu durch

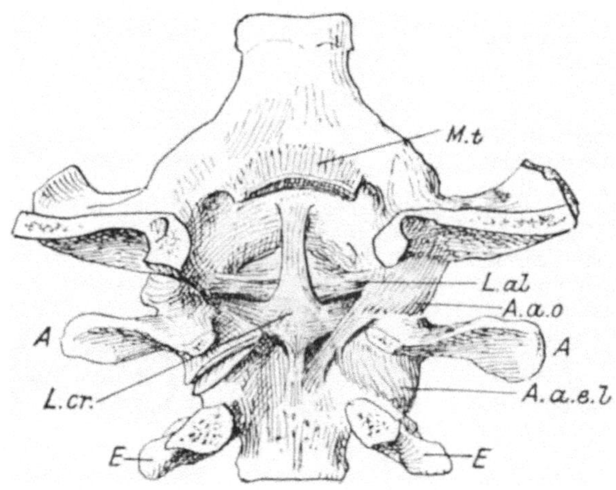

Fig. 9. Vordere Wand des Wirbelkanales und angrenzender Teil der Schädelbasis, von hinten. *E* Epistropheus, *A* Atlas, *A. a. e. l* Articulatio atlanto-epistrophica lat., *A. a. o* Articulatio atlanto-occipitalis, *L. al* Lig. alare, *L. cr.* Lig. cruciatum, *M. t* Membrana tectoria (oberer Ansatz). Umzeichnung nach Toldt.

einen ebensolchen mit der Mitte des vorderen Randes des großen Hinterhauptloches verbunden. Beide Zipfel bilden zusammen mit dem Querband das Lig. cruciatum atlantis (Fig. 9). Dahinter spannt sich außerdem noch in der ganzen Breite zwischen den beiden Massae laterales und den seitlichen Atlasgelenken eine fibröse Membran (Membrana tectoria) vom Epistropheuskörper bis zum vorderen Rand des Hinterhauptloches (Figg. 9 und 87), gleichsam an Stelle des an der übrigen Wirbelsäule hinten an den Körpern und Zwischenwirbelscheiben verlaufenden Lig. longitudinale post.

Alle Gelenke am Atlas und alle besprochenen Gelenkkapseln und Bänder am Atlas sind aus der vorderen Wand des Wirbelkanals hervorgegangen. Die beiden lateralen Gelenke, welche jederseits oben und unten an den Massae lateralis des Atlas vorhanden sind, liegen zwar stark seitlich, aber doch noch nach vorn von dem Austritt des ersten und zweiten Spinalnerven. Unterhalb des Epistropheus aber liegen alle Wirbelgelenke nach hinten von den austretenden Spinalnerven und werden für letztere wirkliche Foramina intervertebralia frei gelassen (Fig. 10, 11, 12).

Oben und unten am Atlas fehlen solche hinter den Spinalnerven gelegene Gelenke und fehlen auch die Foramina intervertebralia (Fig. 10). Die fibrösen Verschlußmembranen, welche sich an der übrigen Wirbelsäule auf die Zwischenräume zwischen den postartikulären Bogenstücken beschränken (Ligg. flava), erstrecken sich hier nach vorn bis zu den seitlichen Atlasgelenken und werden von den austretenden Spinalnerven durchbohrt. Sie stellen hier umfänglichere und an elastischen Elementen weit ärmere Membranen dar (Membrana obturatoria atlanto - epistrophica posterior und Membrana obturatoria atlanto-occipitalis posterior).

Eine Modifikation in der Art der Verbindung der Wirbel liegt auch am unteren Ende der Wirbelsäule vor. In der Sacralregion wird im Laufe der Entwickelung nicht bloß zwischen den Wirbelkörpern an Stelle

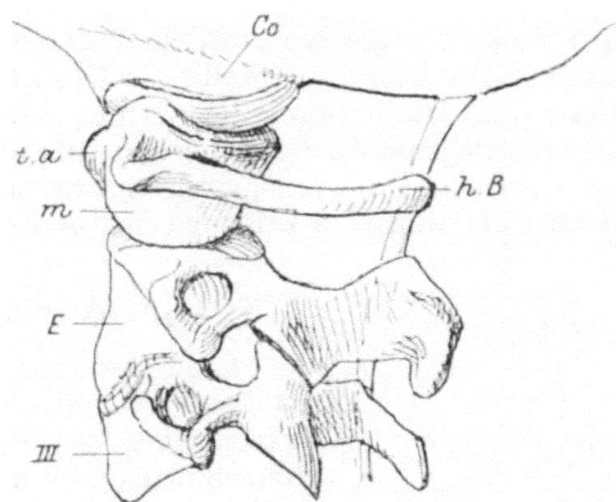

Fig. 10. Die drei ersten Halswirbel mit dem benachbarten Teil der Schädelbasis von der Seite. *m* Massa lateralis des Atlas, *t. a* Tuberculum anterius am vorderen Bogen des Atlas. *h. B* hinterer Bogen, *Co* Condylus occipitalis. Man beachte die Lage der Gelenke.

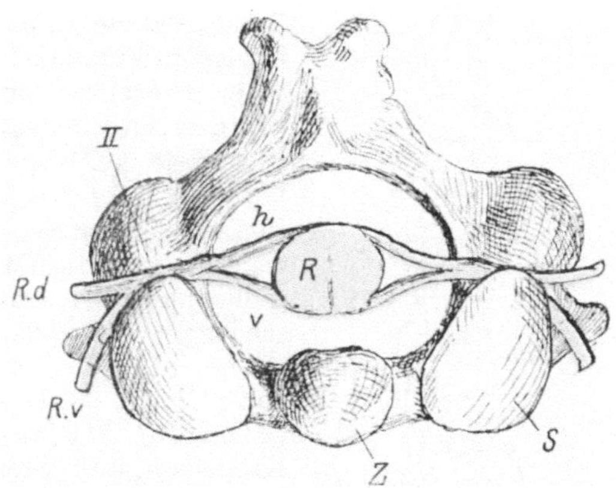

Fig. 11. Epistropheus von oben, *Z* Zahnfortsatz, *S* Schultern, *R* Rückenmark, *II* Stamm des 2. Spinalnerven, *h* hintere, *v* vordere Wurzel, *R. d* hinterer Ast, *R. v* vorderer Ast desselben.

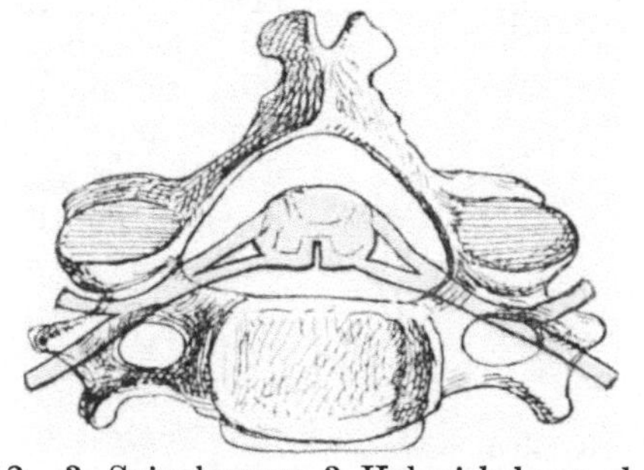

Fig. 12. 3. Spinalnerv u. 3. Halswirbel von oben.

ler Symphysen eine synostotische Verbindung hergestellt, sondern auch
zwischen den Bogen an Stelle der Gelenke, und auch die Ligg. intercruralia und die hinteren Verschlußmembranen zwischen getrennt gebliebenen Bogenhälften verknöchern in größerem oder geringerem Umfang ebenso wie die Verbindungen zwischen den Seitenfortsätzen, s. u.
(S. die Abbildungen des Kreuzbeins und Steißbeins Figg. 19—22).

β) Die Wirbelsäule als Ganzes.

Sieht man von den abstehenden Fortsätzen
zunächst ab und verfolgt man nur die sich entsprechenden Teile der Wirbelkanalwand in ihrer
Reihenfolge, nach dem Vorgang von Henle und
Aeby, so ergibt sich folgendes:

1. Die typischen Krümmungen der Wirbelsäule.

Die Wirbelsäule zeigt schon beim Fötus und
Neugeborenen, immer ausgesprochener aber in der
folgenden Entwickelungsperiode, eine Anzahl typischer, alternierender Krümmungen, die deutlich
an der Körpersäule zutage treten: 1. eine
rückwärts konkave Halskrümmung, 2. eine
vorwärts konkave Brustkrümmung, 3. eine
rückwärts konkave Lendenkrümmung, an
welcher auch schon die untersten Brustwirbel
teilnehmen, 4. eine daran sich anschließende
schärfere, ebenfalls rückwärts konkave Krümmung oder Knickung zwischen dem letzten Lendenwirbel und dem Kreuzbein
(Promontorium) und endlich 5. eine vom
Kreuzbein und Steißbein gebildete nach vorn
konkave Sacrococcygealkrümmung. Die
Lendenkrümmung läßt sich mit der Abknickung
an der Grenze zwischen Lendenteil und Kreuzbein als Lumbosacralkrümmung zusammenfassen (Fig. 13).

Die lumbosacrale Abknickung verteilt sich
mitunter mehr gleichmäßig auf die Junkturen
unter dem letzten und dem vorletzten Lendenwirbel, so daß dann an der Körpersäule zwei
weniger deutlich ausgeprägte Promontoria vorhanden sind.

Diese Krümmungen sind sogar an der isolierten Körpersäule des Erwachsenen in der elastischen Gleichgewichtslage noch leicht angedeutet,
am wenigsten im Hals- und Lendenteil. Sie
sind namentlich an den beiden letztgenannten

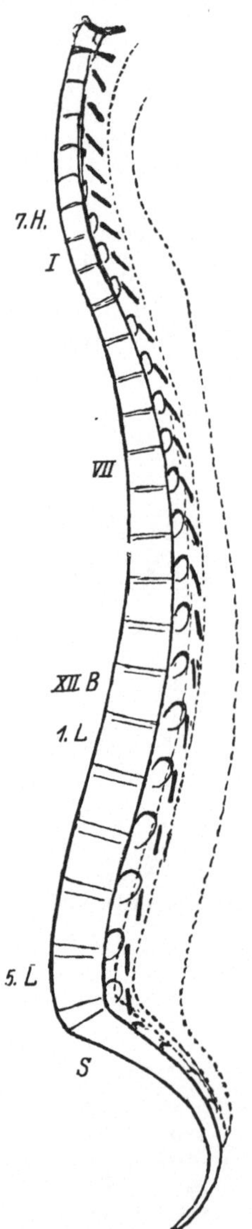

Fig. 13. Medianschnitt
durch die Wirbelsäule.

Abschnitten deutlicher ausgeprägt in der elastischen Gleichgewichtsform des Bänderpräparates der ganzen Wirbelsäule; noch deutlicher aber beim Lebenden im aufrechten Stand. Sie sind für die gleiche Haltung (z. B. den aufrechten Stand) beim Erwachsenen mehr ausgebildet als beim Kind und Neugeborenen.

Sie verändern sich aber je nach der Stellung und Haltung des Körpers. Wir werden auf alle diese Verhältnisse in einem späteren Kapitel genauer eintreten.

2. Der Wirbelkanal.

Der Querschnitt des Lumens ist rundlich im mittleren Brustteil; von da an aufwärts verbreitert er sich allmählich zur Seite, ist queroval am 7. Halswirbel und weiter oben dreieckig mit hinterer gerundeter Ecke und vordern seitlichen Winkeln, welche den Wirbelkörper seitlich überragen. Gegen das obere Ende der Halswirbelsäule erweitert sich der Wirbelkanal allmählich auch im sagittalen Durchmesser; am Epistropheus ist er rundlich quadratisch, am Atlas zeigt er sich vorn seitlich jederseits am stärksten ausgebuchtet.

Von den mittleren Brustwirbeln an nimmt die Weite des Lumens auch nach unten hin bis zum Kreuzbein zu; sein Querschnitt wird dreieckig in der Lendenwirbelsäule, mit zwei vorderen seitlichen und einem hinteren Winkel. Die Vorderseite, anfänglich noch gerundet, flacht sich weiter nach unten mehr und mehr ab und ist am letzten Lendenwirbel ganz eben. Am ersten Kreuzbeinwirbel erreicht die absolute Breite des Wirbelkanals ihren größten Wert, um von hier an rasch abzunehmen.

Im Bereich des Kreuzbeins ist der Wirbelkanal von vorn und hinten her abgeplattet, Vorder- und Hinterwand sind einander fast parallel. Das Lumen des Kanals verschmälert sich nun rasch gegen das untere Ende des Kreuzbeins hin und schließt sich völlig am Steißbein. Abgesehen von der unteren Endverengerung zeigt sich der Wirbelkanal am engsten im Bereich der mittleren Brustwirbel. Seine Weite ist abhängig von dem Inhalt (Rückenmark und Wurzeln der Spinalnerven, Hüllen dieser Teile), wobei aber das Andrängen dieses Inhaltes gegen die Wände bei den Formveränderungen der Wirbelsäule und den Bewegungen des Kopfes mitberücksichtigt werden muß.

Über die Momente, durch welche die Weite des Wirbelkanals entwickelungsmechanisch bestimmt wird, habe ich mich in den Comptes rendus de l'association des anatomistes. 3. Session, Lyon 1901 (H. Straßer, Über die Hüllen des Gehirns und des Rückenmarks, ihre Funktionen und ihre Entwickelung) ausgesprochen.

3. Die Körpersäule im ganzen.

Die unterhalb des Atlas von den Wirbelkörpern und ihren Verbindungen gebildete **Körpersäule** zeigt folgendes Verhalten: sie hat ihre größte Mächtigkeit an den untersten Lendenwirbeln. Von dieser Stelle aus verjüngt sie sich aufwärts und abwärts, und zwar nach oben allmählich bis zum untersten Teil des Epistropheuskörpers, rascher dagegen nach unten bis zum letzten Ende des Steißbeins, das in eine stumpfe Spitze ausläuft. Doch ändern sich der sagittale und der bilaterale Querdurchmesser nicht genau übereinstimmend. Der bilaterale Querdurchmesser zeigt sich am größten am 5. Lendenwirbel (z. B. 4½ und 5 cm in der Mitte und am unteren Ende gemessen); er verkleinert sich von hier an nach oben zu, anfänglich langsam, dann etwas rascher bis zu den oberen Brustwirbeln (3½ und 4 cm im gleichen Beispiel am 1. Lendenwirbel, ca. 3 cm an den oberen Brustwirbeln), um in der Halswirbelsäule nochmals rascher abzunehmen (bis zu 2 cm, am unteren Teil des Wirbelkörpers gemessen).

Der sagittale Querdurchmesser ist dagegen maximal am 2. und 3. Lendenwirbel (3—3½ cm). Er verkleinert sich von hier aus ganz allmählich bis zum Kreuzbein, um nun in letzterem rasch abzunehmen. Im oberen Teil der Lendenwirbelsäule und in der Brustwirbelsäule verringert sich der sagittale Querdurchmesser nur ganz allmählich nach oben zu; er erreicht noch an den mittleren Brustwirbeln fast die Größe von 3 cm und erst an den oberen Brustwirbeln und unteren Halswirbeln verkleinert er sich rasch um die Hälfte (zu 1½ cm an den mittleren Halswirbeln).

Damit stimmt, daß an den Halswirbeln und andererseits an den Lenden- und Kreuzbeinwirbeln (und zwar hier nach unten zu immer mehr) der bilaterale Querdurchmesser über den sagittalen Querdurchmesser überwiegt, während an den mittleren Brustwirbeln der letztere relativ größer ist als der erstere; an den mittleren Brustwirbeln ist gleichzeitig eine Art keilförmiger Zuschärfung der Wirbelkörper nach vorn zu bemerken. Für weitere Details, die Form der Wirbelkörper betreffend, sei auf die Atlanten und Lehrbücher der Anatomie verwiesen.

Die Mitten der Wirbelkörper sind im allgemeinen etwas eingeengt gegenüber dem oberen und unteren Ende. An den Halswirbeln bis hinauf zum dritten ist seitlich an der mittleren und oberen Partie des Wirbelkörpers eine sockelartige Partie aufgesetzt, welche auch noch an der Seite der oberen Zwischenwirbelscheibe randleistenartig als Marginalfortsatz nach oben ragt (Figg. 10 und 12). Aus ihr gehen nach hinten und außen die präartikuläre Portion des Bogens und der vordere Balken des durchbohrten Halswirbelquerfortsatzes hervor.

Dadurch wird die obere Fläche der betreffenden Halswirbelkörper zu einer von vorn nach hinten verlaufenden Rinne umgestaltet.

Die genannte, seitlich dem übrigen Wirbelkörper aufgesetzte resp. sich aus ihm heraushebende Partie entspricht dem vorderen Ende der ursprünglichen Bogenverknöcherung und dem inneren Ende der verknöchernden Rippenanlage, welche Teile zusammen in den definitiven Halswirbelkörper aufgenommen werden. Indem diese Partien am Epistropheus noch mächtiger entwickelt und verbreitert sind, bilden sie dessen Schultern. Am 1. Halswirbel aber werden die entsprechenden Teile zu den Massae laterales.

Im übrigen sind die Endflächen der Wirbelkörper an ihrer Vereinigungsstelle mit den Zwischenwirbelscheiben ziemlich eben und nur ganz leicht ausgehöhlt. (Dementsprechend sind natürlich die Zwischenwirbelscheiben in der Mitte dicker als durchschnittlich an den Rändern.) Eine ausgesprochene Keilform bei vorderer größerer Höhe kommt dem

5. Lendenwirbelkörper zu. In geringerem Maße sind auch die Brustwirbelkörper keilförmig zugeschnitten, nur überwiegt hier der hintere Höhendurchmesser über den vorderen.

4. Die Reihe der Gelenke.

Sie nähert sich beim Menschen nach unten bis zu den untersten Brust- und obersten Lendenwirbeln mehr und mehr der hinteren Mittellinie des Wirbelkanals, entfernt sich aber an den letzten Lendenwirbeln wieder etwas von derselben. Oben endet die Reihe der Bogengelenke mit dem Gelenk zwischen dem 2. und 3. Halswirbel.

Die seitlichen Gelenke am Atlas liegen nicht in der Fortsetzung dieser Reihe, sondern deutlich weiter nach vorn, ungefähr in der Fortsetzung der Reihe der Bogenwurzeln und der Formina intervertebralia (siehe o. Fig. 10). Die hinter ihnen austretenden zwei ersten Spinalnerven jeder Seite sind immerhin durch sie nach hinten verschoben und aus der Linie der Foramina intervertebralia etwas nach hinten herausgedrängt.

Gegenüber den Bogenwurzeln und den Interartikularstrecken, an die sich die hinteren Schlußstücke anschließen, treten die Gelenkteile im Interesse der Verbreiterung der Gelenkflächen überall seitlich heraus. Am Lendenteil sind die hierdurch entstehenden seitlichen Wülste von einem Gelenk zum nächsten durch große Zwischenräume voneinander getrennt. Sie wölben sich mehr nach hinten heraus und sind an der Außenseite des (vom unteren Wirbel stammenden) Gelenkfortsatzes durch die höckerartigen Processus mamillares verstärkt. (In der Hohlkehle zwischen diesen Wülsten und dem benachbarten Seitenfortsatz des unteren Wirbels finden sich nach unten zu die Processus accessorii. Beides sind kleine Muskelfortsätze.)

An der Halswirbelsäule jedoch bilden die Gelenkswülste, die nah übereinander liegen, mit den Interartikularportionen jederseits zusammen einen gemeinsamen nach außen vortretenden Längswulst, der oben zylindrisch ist und im Bogen des Epistropheus endet, nach unten aber sich mehr und mehr zu einer seitlichen Leiste verschmälert.

Bezüglich der Richtung und der Gestalt der Gelenkflächen sei auf den folgenden Abschnitt verwiesen. Dort wird auch über die Gelenkkapseln und die übrigen Zwischenbogenbänder (Ligg. flava) das Nötige angegeben werden.

5. Die abstehenden Fortsätze der Wirbel.

Die **Dornfortsätze** bilden eine einfache Reihe und ragen aus der Mitte des hinteren Schlußstückes der Bogen nach hinten vor. An den untersten Wirbeln, soweit die Bogen fehlen oder hinten nicht geschlossen sind, fehlen auch die Dornfortsätze. Am Atlas findet sich an Stelle des Dornfortsatzes nur eine unbedeutende Prominenz (Tuberculum atlantis). An den übrigen Wirbeln, vom Epistropheus bis zu den letzten hinten geschlossenen Kreuzbeinwirbeln sind sie vorhanden, aber verschieden lang und bald direkt nach hinten, bald verschieden stark schräg zur Querebene des Wirbelkanals nach hinten unten gerichtet (Fig. 13). Das Ende ist an den Halswirbeldornen gabelförmig gespalten. Die Gabelung wird an den unteren Halswirbeln undeutlicher; die Brustwirbeldornen verjüngen sich allseitig gegen ihr Ende hin, enden aber meist mit knopfartiger Verdickung; die Lendenwirbeldornen bleiben sagittal verbreitert bis zum aufgetriebenen Endrand. Am Kreuzbein werden die Dornen nach unten mehr und mehr zu niedrigen Leisten, an denen mitunter eine Zweiteilung bemerkbar ist.

Der Dorn des Epistropheus ist mächtig und ragt relativ weit rückwärts und etwas nach abwärts. Die folgenden Halswirbeldornen sind relativ klein, nehmen aber allmählich gegen die Brust hin wieder an Länge zu.

Ein erster Kulminationspunkt bezüglich des Vorragens der Spitzen der Dornfortsätze ist demnach am Epistropheus gegeben.

Ein zweiter bildet sich an der Grenze der Brust- und Halswirbelsäule, indem zwar die Länge der Dornen an den Brustwirbeln unterhalb dieser Stelle noch zunimmt, die Dornen des letzten Halswirbels und der ersten Brustwirbel jedoch mehr quer gestellt sind als die folgenden Brustwirbeldornen (Vertebrae prominentes). Die zunehmende Länge und Schrägstellung der Dornen, verbunden mit der Verschiebung (und Abknickung) der Bogenschlußstücke gegenüber den Bogenwurzeln nach der caudalen Seite hin hat zur Folge, daß an den nächst untersten Brustwirbeln die Spitzen der Dornfortsätze bis in das Niveau des Wirbelkörpers des zweitnächsten unteren Nachbarwirbels hinabreichen. An den untersten Brust und oberen Lendenwirbeln werden die Dornen rasch wieder mehr quer gestellt; nur das Ende verbreitert sich nach unten hin. Der letzte Brustwirbeldorn aber und die Kreuzwirbeldornen sind deutlich caudalwärts gerichtet.

Die Wirbeldornen sind durch Ligamenta interspinalia verbunden und über ihre Spitzen hinweg spannt sich das Lig. supraspinale. An der Halswirbelsäule tritt an Stelle des letztgenannten Bandes das Nackenband (Lig. occipito-dorsale Fick). Diese Bildungen sollen in einem späteren Kapitel genauer gewürdigt werden.

Richtung und Höhe der Dornfortsätze (Fig. 13). Die Mächtigkeit und Höhe der Dornen steht beim Menschen kaum in genauerem Verhältnis zu der Mächtigkeit des Lig. occipito-dorsale und der Ligg. supraspinalia, sondern wesentlich nur zu den Muskeln. Bereits Barthez[1] hat über die Bedeutung der Schrägstellung der Dornfortsätze bei Mensch und Tieren eine allerdings nicht befriedigende Theorie aufgestellt.

Eine vergleichende Betrachtung ergibt, daß die Höhe und Mächtigkeit der Dornen und die Menge resp. das Ausbreitungsgebiet der an ihnen sich anheftenden Muskel- und Bandmassen in enger Korrelation zueinander stehen.

---

[1] P. J. Barthez, Nouvelle mécanique 1798.

Die abstehenden Fortsätze stellen überhaupt Hebelarme und Handgriffe dar, an welchen die der Wirbelsäule dicht anliegenden Muskeln der dorsalen Stammwand angreifen.

Trotz der Geschlossenheit der an die Wirbelsäule angelagerten Muskulatur können unmöglich alle Fasern derselben direkt an der Kanalwand selbst sich ansetzen; die Höhe der abstehenden Fortsätze steht daher in einem engen Abhängigkeitsverhältnis vor allem zu der Dicke der aufliegenden Muskulatur.

Außerdem ist noch zu berücksichtigen, daß weiter hervorragende Dornen noch aus größerer Entfernung, namentlich von gewölbten Oberflächen des Stammes her, Fasern (von Bändern oder Muskeln) auf sich beziehen können (vgl. S. 225). Was aber die Richtung der Dornfortsätze betrifft, so scheint sich mir aus einer vergleichenden Betrachtung zu ergeben, daß sich die Längsrichtung des Wirbeldorns in die resultierende mittlere Richtung des Zuges oder Druckes einstellt, welcher durch die Spannung der von der cranialen und von der caudalen Seite her auf den Dornfortsatz einwirkenden Zugkräfte zwischen den Angriffspunkten der Spannungen und dem Wirbelbogen wachgerufen wird. Dieser Erklärung entsprechen, so weit ich sehe, die Verhältnisse an der Wirbelsäule der Tiere sowohl, als an derjenigen des Menschen. Was z. B. die auffällige Schrägstellung der Brustwirbeldornen betrifft, so ist zu beachten, daß sich an denselben, namentlich an ihren Endteilen, hauptsächlich von oben kommende Muskelfasern anheften (Fig. 14).

Seitliche Fortsätze (Processus laterales). Die seitlichen Fortsätze sind einander nicht gleichwertig. Vor den Querfortsätzen der Brustwirbel befinden sich abgegliederte Rippen. In den seitlichen Fortsätzen der übrigen Wirbel aber sind Elemente, welche den Rippen entsprechen, implicite enthalten. So sind die seitlichen Fortsätze der Halswirbel von einem Foramen durchbohrt und·in einen vorderen und hinteren Balken getrennt; der vordere entspricht einem Rippenelement, welches auf der knorpeligen Stufe zeitweilig vom übrigen knorpeligen Wirbel abgegrenzt ist und erst später mit ihm verschmilzt. Man kann ihn als Pars costaria des seitlichen Fortsatzes bezeichnen; nur der hintere Balken entspricht einem Brustwirbelquerfortsatz und stellt eine Pars transversaria dar. Bei solcher Bezeichnungsweise dürfte man eigentlich nur die Brustwirbelquerfortsätze als Processus transversi bezeichnen und müßte für das Foramen in den Halswirbelquerfortsätzen statt des Namens Foramen transversarium eine andere Benennung finden.

An den Lendenwirbeln repräsentiert der schlanke spatelförmige Teil des seitlichen Fortsatzes im wesentlichen ein Rippenelement, das in den Wirbel aufgenommen wurde; dem Brustwirbelquerfortsatz ist nur der hintere Teil der Basis des Seitenfortsatzes zu vergleichen.

Die seitlich von den Wirbelkörpern und -bogen der Kreuzwirbel gelegenen Massae laterales bestehen vor der knöchernen Verschmelzung miteinander aus einer vorderen Pars costaria, welche an den 2—3 oberen

Halswirbeln die Gelenkfläche für das Hüftbein bildet, und einer dorsal anschließenden Pars transversaria.

Die hier zwischen den Wirbelbogen nach außen tretenden Spinalnerven teilen sich wie anderwärts jenseits des Bogengebietes in einen dorsalen und einen ventralen Ast. Die Dorsaläste wenden sich zwischen den Partes transversariae der Massae laterales nach hinten, die vorderen Äste aber gehen zwischen den Partes costariae nach vorn. Jenseits der Gabel aber vereinigen sich die Massae laterales zu einer einheitlichen seitlichen Partie des Kreuzbeins. Indem auch die Körper und Bogen aufeinander folgender Sacralwirbel miteinander verschmelzen, bleibt jederseits ein Y-förmiger Kanal frei, dessen innerer Schenkel dem Foramen intervertebrale entspricht, während die beiden äußeren Schenkel aus dem Zwischenraum zwischen den Massae laterales entstanden sind. Der hintere äußere Schenkel mündet in einem Foramen sacrale posterius aus, der vordere in einem Foramen sacrale anterius. Die Gelenkgegenden befinden sich natürlich medial von den Foramina sacralia posteriora (Fig. 14 D).

In der übrigen Wirbelsäule sind die seitlichen Fortsätze jederseits durch Bänder untereinander verbunden, die sich aber mit den Zwischenquerfortsatzmuskeln und den oberen Rippenhalsbändern in den Zwischenraum teilen müssen und hierdurch sowie durch die Spinalnervenäste etc. in einzelne Züge zerlegt werden, also lange nicht ein so gleichmäßiges und typisches Verhalten zeigen wie die Ligg. interspinalia.

Die seitlichen Fortsätze ragen mehr oder weniger weit in der hinteren Stammwand nach außen. Wo abgegliederte Rippen vorhanden sind, verbinden sich diese mit der Vorderseite der Querfortsätze und mit der Seitenfläche der Körpersäule (bei Tieren wird oft ein abweichendes Verhalten beobachtet) und bilden eine weitere Fortsetzung des an den Wirbeln angreifenden Hebelwerkes, welche stellenweise bis in die vordere Mittellinie des Stammes hineinreicht.

Indem die Körpersäule den hauptsächlichen Widerstand gegen die Biegung der Wirbelsäule liefert, die Kräfte zur Vor- und Rückbiegung

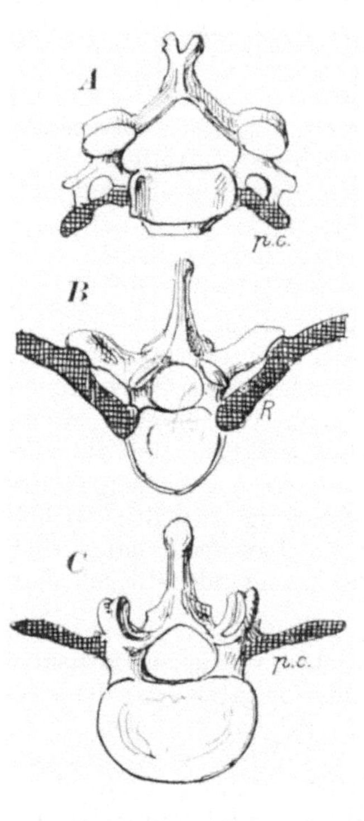

Fig. 14. Verhalten der seitlichen Fortsatze. *B* Brustwirbel, *R* Rippe, *A* Halswirbel, *C* Lendenwirbel, *D* Kreuzbeinwirbel. *p. c.* pars costaria der seitlichen Fortsätze, doppelt schraffiert.

aber, wenigstens im Rumpfgebiet, vorzugsweise in der vorderen und hinteren Stammwand wirken, erscheint es für die Festigkeit der Konstruktion von Nutzen, daß die Körpersäule möglichst aus der hinteren Stammwand ventralwärts nach der Rumpfhöhle vorgeschoben ist. Aus diesem Grunde, so könnte man glauben, verbinden sich, namentlich im Rumpfgebiet, nicht nur die hinteren sondern auch die seitlich abstehenden Fortsätze im wesentlichen mit den Bogen. Doch zeigt sich gerade nach dieser Richtung hin in verschiedenen Regionen der Wirbelsäule und namentlich beim Vergleich des Menschen mit verschiedenen Tieren ein wechselndes Verhältnis.

Genauere Prüfung lehrt, daß man für das stärkere Ventralwärtsragen der Körper gegenüber den Seitenfortsätzen, welches die Rumpfwirbelsäule des Menschen auszeichnet, als weiteres ursächliches Moment die aufrechte Körperhaltung in Betracht zu ziehen hat (siehe S. 269).

Richtung der seitlichen Fortsätze. Die Massae laterales der Kreuzwirbel sind im ganzen nach der Seite, die stilett- oder spatelförmigen Querfortsätze der Lendenwirbel sind etwas rückwärts, die Querfortsätze der Brustwirbel sind stärker rückwärts und wenigstens an den mittleren Brustwirbeln ebenso sehr nach hinten als nach außen gerichtet. An den oberen Brustwirbeln wenden sie sich allmählich wieder mehr direkt nach außen. Die Seitenfortsätze der Halswirbel aber, abgesehen von demjenigen des Atlas, welcher direkt nach außen geht, sind deutlich nach vorn und außen gerichtet und etwas absteigend (Fig. 10).

6. Konstruktionsprinzip der seitlichen und hinteren Wand des Wirbelkanals.

Ohne der Untersuchung der mechanischen Verhältnisse allzusehr vorzugreifen, darf doch hier schon hervorgehoben werden, daß die Körpersäule den hauptsächlichen stützenden Teil der Wirbelsäule darstellt, der gegenüber dem Längsdruck und den biegenden (und abscherenden) Einflüssen den größten Widerstand leistet. Die Achsen für die Drehung der Wirbelkörper gegeneinander gehen durch die Körpersäule. Die Bogen aber mit ihren Gelenkfortsätzen bilden ein korb- oder fachwerkartig durchbrochenes Gewölbe, welches sich auf die Körpersäule stützt, mit ihm einen tunellartigen Raum begrenzt für die Einlagerung des Rückenmarkes und der Nervenanfänge und ihn offen hält und schützt gegenüber dem von außenher einwirkenden Druck der aufgelagerten mächtigen Rückenmuskeln (Fig. 15 A und B).

Die seitliche und dorsale Wand des Wirbelkanales hinter der Körpersäule muß aus getrennten Bogenstückchen gebildet sein, welche im Interesse der Beweglichkeit der Wirbel gegeneinander und mit Rücksicht auf den Austritt der Spinalnerven Zwischenräume zwischen sich lassen. Es erscheint natürlich, daß der Nervenaustritt in nächster Nähe der Körpersäule stattfindet, wo die Annäherung und Entfernung zwischen den Bogen am geringsten ist. Eine Berührung zwischen den Bogen aber, welche die Bewegung der Wirbel noch zuläßt, aber einschränkt und senkrecht zu den Gelenkflächen die Vorteile der Verstrebung bietet, wird, wenn sie überhaupt möglich und notwendig ist, am ehesten unmittelbar hinter den austretenden Spinalnerven vorbei zu erwarten sein, an einer Stelle, wo die Exkursion der Punkte gegeneinander noch nicht so groß ist als an der Hinterwand.

Die Erkenntnis der Bedeutung des Kontaktes zwischen den Bogen mittels der Gelenkfortsätze bildet gewissermaßen den schwierigsten Punkt beim Verständnis der Konstruktion der Wirbelsäule. Um diese Frage richtig zu lösen, wird eine umfassendere vergleichend anatomische und entwickelungsgeschichtliche Untersuchung notwendig sein.

Ein flüchtiger Blick auf den Verlauf der Trennungsflächen zwischen den auf- und absteigenden Gelenkfortsätzen, mittels welcher die Bogen der benachbarten Wirbel miteinander in Verbindung treten, lehrt aber

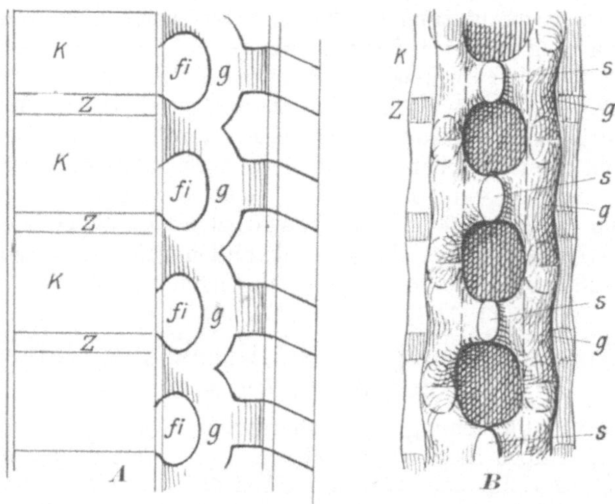

Fig. 15. *A* Medianschnitt durch die Wirbelsäule, schematisch, *K* Wirbelkorper, *Z* Zwischenwirbelscheiben, *g* longitudinale Gewölbebogen in der Seitenwand des Wirbelkanals; *fi* foramen intervertebrale. *B* Ansicht von hinten, schematisch, *s* hintere Schlußgewölbe.

schon, daß die anscheinend jederseits hergestellte Kontinuität in der Linie der Gelenke nicht die Herstellung einer gemeinsamen Stützsäule gegenüber longitudinal zusammenpressender Einwirkungen bedeuten kann. Vielmehr wird durch die Artikularportionen der Bogen mit ihren Gelenkfortsätzen und durch die präartikulären Portionen der Bogen offenbar jederseits ein longitudinales System von Gewölbebogen hergestellt. Jeder dieser seitlichen Gewölbebogen ist von einer Gelenkspalte in seiner ganzen Dicke durchschnitten und gestattet eine gleitende Verschiebung parallel diesen Trennungsflächen oder bestimmten Linien derselben. Dagegen funktioniert jeder Gewölbebogen als eine starre Einheit und leistet Widerstand gegenüber Gewalten, welche mehr oder weniger quer zu den

Wirbeln auf die Schlußstücke ihrer Bogen von außen her einwirken. Ein auf den postartikulären Bogenteilen lastender oder durch die abstehenden Fortsätze mehr oder weniger quer zur Körpersäule wirkender Druck kann offenbar durch die seitlichen longitudinalen Bogen übernommen und immer zugleich auf mehr als einen Wirbelkörper übertragen werden.

Die präartikulären Portionen der Wirbelbogen, die wir als die freien Bogenwurzeln bezeichnen, bilden die Pfeiler der seitlichen Längsgewölbe; die Interartikularportionen, unter denen wir den Teil des Wirbelbogens verstehen, von welchem die Gelenkfortsätze abgehen, stellen die Gewölbescheitel dar. Die Gewölbescheitel von je zwei auf gleicher Höhe befindlichen seitlichen Längsgewölben sind nun über die hintere Mittellinie hinüber durch ein hinteres Quergewölbe, das sog. Schlußstück des Bogens miteinander verbunden. Letzteres bildet die Basis und Wurzel des Dornfortsatzes. So stützt sich jeder Dornfortsatz auf ein queres Gewölbe, welches sich seinerseits wieder jederseits durch ein seitliches Längsgewölbe mit zwei Pfeilern auf zwei Wirbelkörper der Körpersäule stützt. Stellenweise ist deutlich geradezu der Charakter eines Kreuzgewölbes hergestellt. Solches ist beim Menschen besonders auffällig an den Brust- und Lendenwirbeln, wo die seitlichen Gewölbebogen mit ihren Scheiteln direkt nach hinten oder sogar nach hinten und innen sehen, mächtig und groß sind und bis nah an die hintere Mittellinie des Wirbelkanals reichen. Am ersten Lendenwirbel berühren sich die Scheitel von beiden Seiten fast direkt; gegen das Kreuzbein zu stellen sie sich mehr und mehr sagittal und lassen einen größeren Abstand zwischen sich. An den unteren Brustwirbeln stoßen die Scheitel je zweier korrespondierender seitlicher Gewölbe in größerem Umfang gleichsam fast direkt zusammen, gegen die oberen Brustwirbel hin treten sie allmählich weiter auseinander, und noch mehr ist dies an den Halswirbeln der Fall, indem sie hier mit ihren Scheiteln nach hinten und außen sehen und relativ niedrig sind. Immerhin kann man auch an den Brustwirbeln noch von einem Schlußstück sprechen; dasselbe hat hier vom oberen zum unteren Rand gemessen die größte Breite, während an den Halswirbeln diese Dimension verhältnismäßig gering ist.

Je mehr die Dornen schräg absteigen, desto mehr ist der untere Rand des Schlußstückes in den Unterrand des Dorns allmählich ausgezogen; an den Halswirbeln bis hinauf zum dritten ist zugleich der obere Rand nach unten eingeknickt. Man muß sich fragen, ob in diesem Charakter ebenso wie in der Schrägstellung der Dornen mehr der überwiegende Einfluß eines abwärts gerichteten Zuges, oder eines auf die Bogen einwirkenden Seitendruckes vom Dornfortsatz her zur Geltung kommt (siehe S. 25).

Das hintere Schlußstück erscheint gegenüber der freien Bogenwurzel des gleichen Wirbels etwas nach unten, gegen den Scheitel des unteren Längsgewölbebogens verschoben, stützt sich aber immerhin noch mehr auf die Bogenwurzel des gleichen Wirbels, also auf den oberen Pfeiler des seitlichen Gewölbebogens. Die Bogenwurzel, als Pfeiler zweier seitlicher Gewölbebogen betrachtet teilt sich demnach ungleich in einen schwächeren oberen und einen stärkeren unteren Schenkel. Letzterer hinwieder teilt sich gleichsam in das einwärts biegende postartikuläre Stück und in einen kleinen seitlich zur Bogenwurzel des unteren Wirbels weiter laufenden Schenkel. Dieser untere Teil des seitlichen Gewölbebogens ist es, welcher in seiner ganzen Dicke von einer Trennungsfläche durchsetzt ist und aus dem die beiden zusammentreffenden Gelenkfortsätze des oberen und unteren Wirbels gebildet sind.

Die lateralen Fortsätze können dem Bogen seitlich an verschiedener Stelle aufgesetzt sein, an der Interartikulärportion oder etwas tiefer, gegen das untere Gelenk hin, oder mehr nach oben und vorn an der Bogenwurzel. Noch weiter

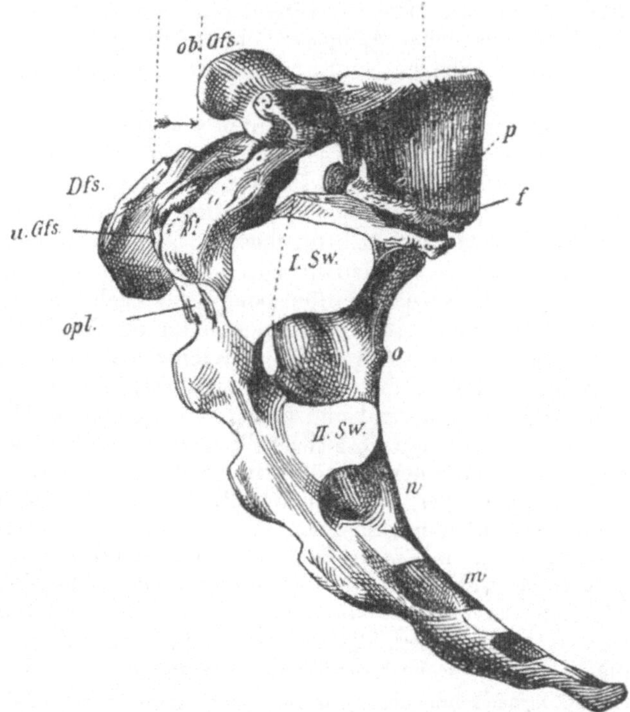

Fig. 16. Kreuzbein und letzte Lendenwirbel bei Spondylolisthesis bei einem von H. Straßer beschriebenen Präparat der Breslauer anatomischen Sammlung.

gehende Verschiebungen des Ansatzes finden sich bei Tieren. Aus diesem wechselnden Ansatz der lateralen Fortsätze schließen wir, daß die seitlichen Längsgewölbe nicht in erster Linie zu den lateralen Fortsätzen, wohl aber zu den Schlußstücken der Wirbelbogen und zu den Wirbelkörpern in mechanischer und konstruktiver Wechselbeziehung stehen. Das hier erläuterte Prinzip hat, soweit ich sehe, auch für die Wirbelsäule der Tiere Gültigkeit.

Nach der Auffassung von W. A. Freund würde die Reihe der Gelenkportionen eine Stützsäule darstellen, welche für die Übertragung der Belastung von oberen auf untere Wirbel neben der Körpersäule wesentlich in Betracht kommt. Ganz besonders soll sich der Druck von der Lendenwirbelsäule durch die unteren Gelenkfortsätze des letzten Lendenwirbels auf den Bogen des ersten Kreuzbeinwirbels und von da direkt auf die Massae laterales des Kreuzbeins und auf die Hüftbeine fortsetzen. **Freund** macht auf eine Grube aufmerksam, welche man häufig am Kreuzbein hinter den oberen Gelenkfortsätzen, zum Teil noch im Bereiche der Gelenkhöhle findet und welche vom Aufstemmen der unteren Gelenkfortsätze des letzten Lendenwirbels herrührt. **Beyer** hat diese Lehre durch den Hinweis auf die Anordnung der Knochentrajektorien zu stützen gesucht. Auch **Waldeyer** pflichtet ihr bei. Es ist aber zu bemerken, daß ein solches Anstemmen nur bei stärkster „Streckung" in der Iliosacraljunktur stattfindet, nicht aber beim gewöhnlichem aufrechten Stand oder bei Vorbeugung.

Eine andere Frage ist, ob nicht die oberen Gelenkfortsätze des ersten Kreuzbeinwirbels die Vorwärtsabwärtsbewegung des letzten Lendenwirbels (mit der darüber gelegenen Körpermasse) parallel der Hauptebene der Zwischenwirbelscheibe verhindern, indem sie gleich **Sperrzähnen** vor den unteren Gelenkfortsätzen des letzten Lendenwirbels emporragen. In ähnlicher Weise sind auch an den übrigen Wirbeljunkturen jeweilen die oberen Gelenkfortsätze des unteren Wirbels vor den unteren Gelenkfortsätzen seines oberen Nachbars gelegen. Indem der untere Wirbel beim Niedersprung nach vorn zuerst gehemmt ist, hält er mit seinen oberen Gelenkfortsätzen den oberen Wirbel in seiner Bewegung (Nachschweren) nach vorn unten zurück. In ähnlicher Weise könnte die Abscheerung oberer Wirbel gegenüber ihren unteren Nachbarn parallel der Zwischenwirbelscheibe beim Stand in vorgebeugter Stellung gehindert sein. Diese Sperrzahnvorrichtung zeigt sich nach unten hin in der Wirbelsäule des Menschen immer deutlicher ausgeprägt und scheint besonders wichtig zu sein für die Iliosacraljunktur, deren Zwischenwirbelscheibe stark nach vorn absteigt.

Diese Auffassung scheint gestützt zu werden durch die Befunde am **spondylolisthetischen Becken**, bei welchem der letzte Lendenwirbelkörper auf der cranialen Endfläche in abnormer Weise ventralwärts verschoben ist (es handelt sich gleichsam um ein Abgleiten, Olisthesis). Gewöhnlich sind die unteren Gelenkfortsätze des letzten Lendenwirbels durch die oberen Gelenkfortsätze des Kreuzbeins zurückgehalten, unter Elongation der Interartikularportionen des letzten Lendenwirbels (Fig. 16). In diesen Fällen liegt entweder eine primäre Bildungsanomalie der Artikularportion (Bestehenbleiben einer Trennung zwischen einer vorderen und hinteren Knochenanlage in jeder Bogenhälfte) oder eine Fraktur zugrunde (**Neugebauer**), und es liegt deshalb der Schluß nahe, daß gerade an dieser Stelle die Zwischenwirbelscheibe für sich allein den abscheerenden Einflüssen nicht genügend Widerstand zu leisten vermag. Da indessen eine angeborene oder erworbene Knochentrennung in der Artikularportion, welche zwischen dem oberen und unteren Gelenkfortsatz durchgeht, vielfach beobachtet ist als bloße „Spondylolysis", ohne daß ein Abgleiten des letzten Lendenwirbelkörpers (Spondylolisthesis) stattgefunden hat, so muß man annehmen, daß doch auch hier öfters noch besondere Umstände hinzukommen müssen, um das Abgleiten zu bewirken, eine stärkere Inanspruchnahme der Zwischenwirbelscheibe auf Abscheerung (Tragen schwerer Lasten, Vorbeugung, wiederholtes heftiges Niederspringen) oder im Fall der Fraktur der Artikularportion vielleicht eine gleichzeitige Schädigung des Gefüges der Zwischenwirbelscheibe.

(Siehe namentlich Fr. **Neugebauer** jun., H. **Chiari**, **Waldeyer**; die näheren Angaben im Literaturverzeichnis.)

C. Das Becken.

Das Becken des Menschen besteht aus einem Stück Wirbelsäule (Kreuzbein und Steißbein) und aus den beiden Hüftbeinen (Ossa coxae). Nur die drei ersten Kreuzwirbel sind direkt durch die Iliosacralgelenke mit den Hüftbeinen verbunden. Doch brücken weiter caudal auch noch lange Bänder von den Hüftbeinen zum benachbarten Seitenrand des Kreuzbeins hinüber. In der vorderen Mittellinie ver-

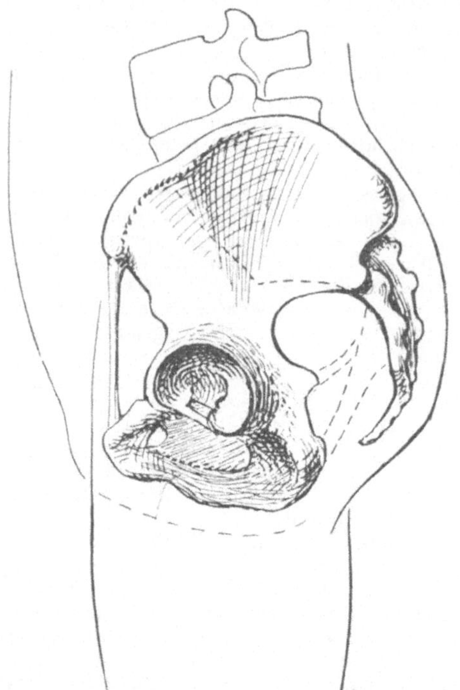

Fig. 17. Becken mit den 3 untersten Lendenwirbeln in situ von der Seite.

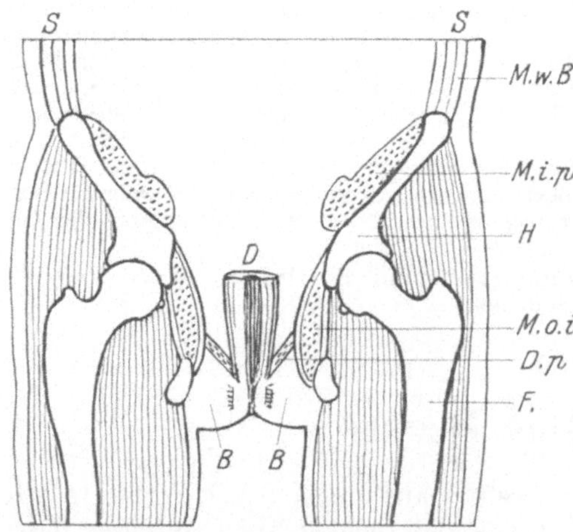

Fig. 18. Bilateraler Längsschnitt durch das untere Stammende, schematisch. *B* Beckenboden,
D Darm, *H* Hüftbein, *M. w. B* Weiche Bauchdecken, *F* Femur, *M* Musc. ilio-psoas, *M. o. i*
Musc. obturator int., *Dp* Diaphragma pelvis.

einigen sich die Hüftbeine
durch die Schamfuge (Sym-
physis pubis) miteinander.
So stellt das ganze Skelettbecken mit jenen Bändern
einen breiten durchbrochenen Ring dar, welcher jederseits der unteren Extremität
als Basis dient und mit den
aufgelagerten Teilen und den
zur Innenseite übergreifen-
den Muskeln den caudalen
Abschnitt der Stammhöhle
rings umgibt (Fig. 17). Der
ganze Skelettring mit seiner
inneren Muskelbepolsterung
ist dabei in die Grundschicht
der Stammwand, zwischen
die Muskeln der weichen
Bauchdecken und die Len-
denwirbelsäule mit ihren
Muskeln einerseits und die
Muskulatur des Beckendia-
phragmas andererseits eingeschaltet. Indem aber das
letztere sich seitlich nicht
genau am caudalen Rand des
Skelettringes anheftet, sondern an der Innenseite desselben und seiner inneren
Muskelpolsterung hinauf-
greift, so hebt sich die Basal-
platte der Extremität mit
dem caudalen Ende aus der
Stammwand gleichsam her-
aus (siehe Fig. 18).

Andererseits ragt beim
Menschen der Schwanzteil
der Wirbelsäule nicht wie
bei vielen Tieren mit begleitenden Muskeln aus dem
Rumpfstamm heraus, son-
dern ist, wie schon erwähnt,
in die Flucht seiner Wand (des
Beckendiaphragma, siehe unten) miteinbezogen.

Wegen seiner Beziehungen
sowohl zum Stamm als zu den

unteren Extremitaten müssen
wir mit der Konstruktion des
Beckens ganz besonders gut
vertraut sein. Da es nicht
ganz leicht ist, sich von demselben eine wirklich klare
räumliche Vorstellung zu verschaffen, so sei im folgenden
eine etwas eingehendere Wegleitung zum Studium der
Beckenform am Skelett ge-
geben.

Das Kreuzbein und
Steißbein bilden zusam-
men eine unpaare, in der
Mitte der dorsalen Wand
des Beckenringes gele-
gene, caudalwärts ver-
schmälerte und verdünnte
Skelettplatte, die in der
Längsrichtung ventral-
wärts konkav gekrümmt
ist. Ihr Bau wird in den
Grundzügen als bekannt
vorausgesetzt. Wir begnügen uns mit
dem Hinweis auf die Figg. 19—21.

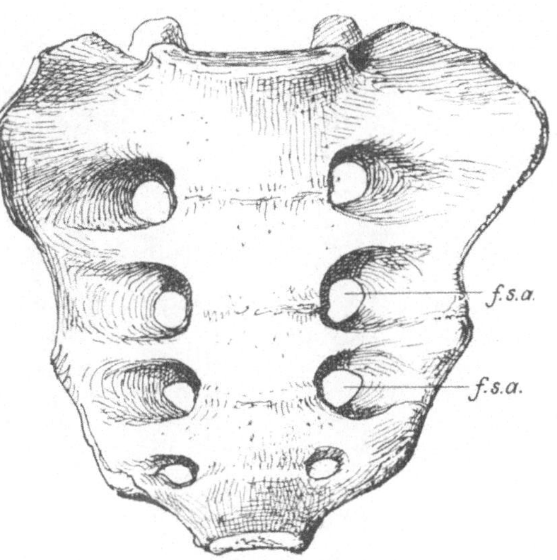

Fig. 19. Kreuzbein von vorn. *f. s. a.* Foramen
sacrale anterius.

Die Hüftbeine (Figg. 17, 23
und 24) denken wir uns am besten
jedes aus zwei fächerförmigen Platten gebildet, aus denen wir zwei
Seitenränder, einen Endrand und das
Schmalende oder den Stiel unterscheiden. Die Stiele sind gegeneinander gerichtet und setzen sich in der
Mitte der seitlichen Stammwand ineinander fort.

Bei aufrechter Körperhaltung ist
die eine der beiden Fächerplatten
oberhalb der anderen gelegen. Die
obere Fächerplatte ist das Darmbein (Os ilei), die untere das Leistenbein (Os inguinale Henle, Os
ischiopubicum); der vordere Teil des
letzteren wird als Schambein (Os
pubis), der hintere Teil als Sitzbein
(Os ischii) bezeichnet. Diese Unterscheidung rührt davon her, daß beim
Kind das Hüftbein noch aus drei getrennten größeren Knochenstücken besteht, die sich in einer gemeinsamen

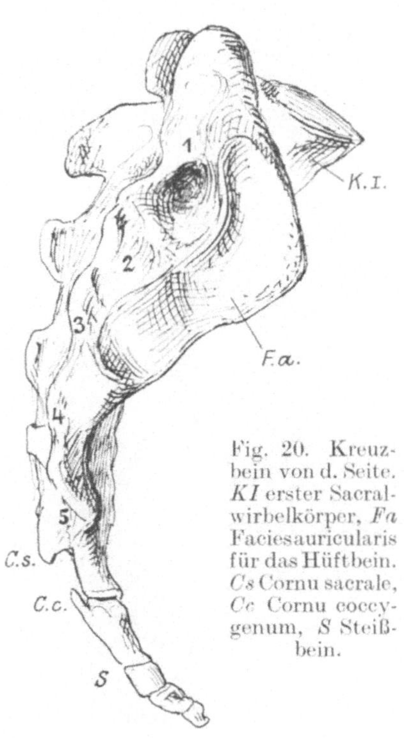

Fig. 20. Kreuz-
bein von d. Seite.
KI erster Sacral-
wirbelkörper, *Fa*
Facies auricularis
für das Hüftbein.
Cs Cornu sacrale,
Cc Cornu coccy-
genum, *S* Steiß-
bein.

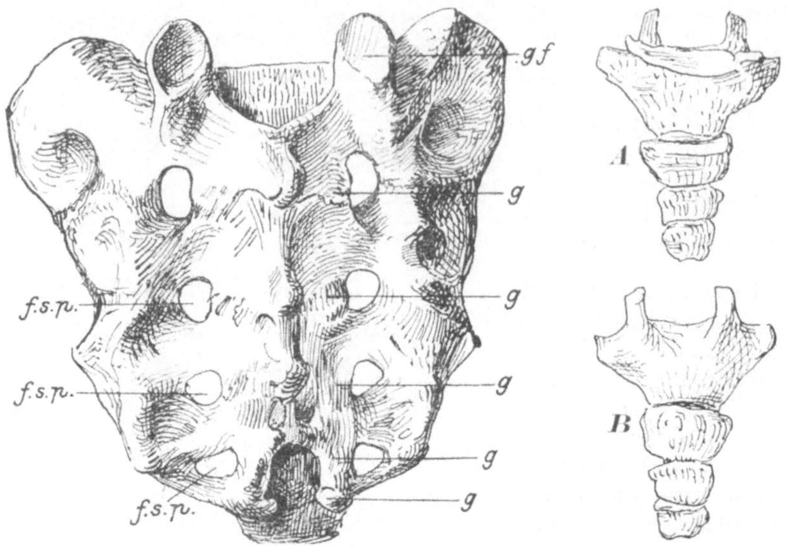

Fig. 21. Kreuzbein von hinten, *gf* Gelenkflächen
für den letzten Lendenwirbel, *f. s. p.* Foramen sacrale
posterius, *g* ossifizierte Gelenke.

Fig. 22.
A Steißbein von vorn
B von hinten.

knorpeligen Anlage gebildet haben (Fig. 23). Nahe der hinteren Ecke der
oberen Fächerplatte findet sich immer die gelenkige Verbindung des
Hüftbeins mit der Wirbelsäule und zwar mit der Außenfläche der
Massae laterales des 1. und 2. und einem Teil der Außenfläche der
Massa lateralis des 3. Sakralwir-
bels (Iliosacralgelenk). Über
die Lage und Gestalt der Gelenkfläche (Facies auricularis) orientiert vorläufig Fig. 24. Rings im
Umkreis, hinten oben in breitem
rauhem Feld setzen sich die Gelenkkapsel und die Gelenkbänder
an. Die Verbindung der Hüftbeine unter sich geschieht an der
vorderen Ecke der unteren Fächerplatte in der Schamfuge (Fig.
26). Der hintere Seitenrand der
oberen und der vordere Seitenrand der unteren Fächerplatte
bilden zusammen einen durchgehenden Balken, der sich vom
Iliosacralgelenk bis zur Schamfuge erstreckt (Hauptbalken).

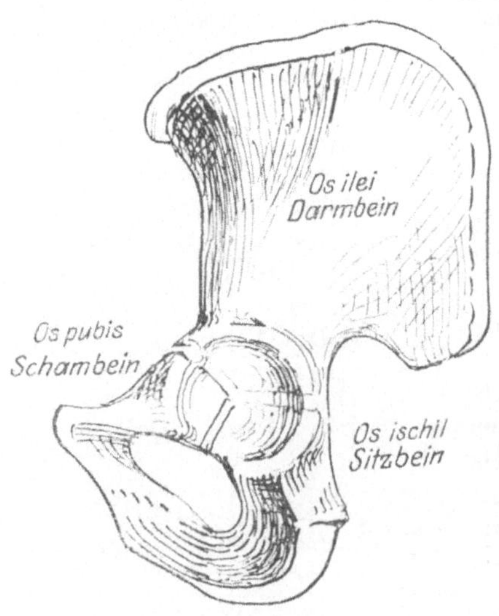

Fig. 23. Hüftbein des Kindes.

Die Ebene des von dem oberen

Kreuzbeinteil und den **Hauptbalken** der **Hüftbeine** gebildeten Ringes ist beim aufrechten Stand zur Horizontalebene im Winkel von 50—65⁰ geneigt; die dazu senkrecht stehende Achse der vom Ring umgriffenen Lichtung ist um ebensoviel aus der Vertikalen nach vorn abgelenkt (**Beckenneigung**). Berücksichtigt man diesen Teil der Stammhöhle und seine Orientierung, so ergibt sich, daß die obere Fächerplatte in der dorsalen Stammwand neben der Wirbelsäule und cranial, die untere Fächerplatte aber in der ventralen Stammwand und caudal gelegen ist. Das Darmbein ist gewissermaßen eine flügelförmige Verbreiterung des Dorsalabschnittes des Hauptbalkens nach der cranialen Seite, das Leistenbein aber eine flügelförmige Verbreiterung seines ventralen Abschnittes nach der Caudalseite hin.

Das **Leistenbein** ist von einer großen Öffnung, dem **Foramen ovale s. obturatum** durchbohrt und umgibt dasselbe wie ein Rahmen.

Das Foramen ist durch eine fibröse Membran (**Membrana obturatoria**) bis an eine kleine vorn gelegene Stelle, den **Canalis obturatorius**, zugeschlossen. Die hintere Ecke der unteren Fächerplatte bildet den **Sitzhöcker** (Tuber ischii), die vordere Ecke ist die **Symphysenecke**; der dazwischen gelegene Endrand der Fächerplatte begrenzt die sog. Damm- oder Perinealregion; wir nennen ihn **perinealen Rand des Leistenbeins**.

Der nach oben gewendete gebogene Endrand der oberen Facherplatte, an welchem sich die Muskeln der weichen Bauchdecken ansetzen, ist der **Darmbeinkamm** (Crista ossis ilei). Die vordere Ecke der oberen Fächerplatte bildet die **Spina ossis ilei ant. sup.** (oberer Darmbeinstachel). Die hintere Ecke überragt als **Spina posterior superior** am Ende des Darmbeinkammes dorsalwärts den Seitenrand des Kreuzbeins. Unmittelbar darunter findet sich ein zweiter, am Rand des Kreuzbeins caudalwärts greifender Höcker, die **Spina posterior inferior**.

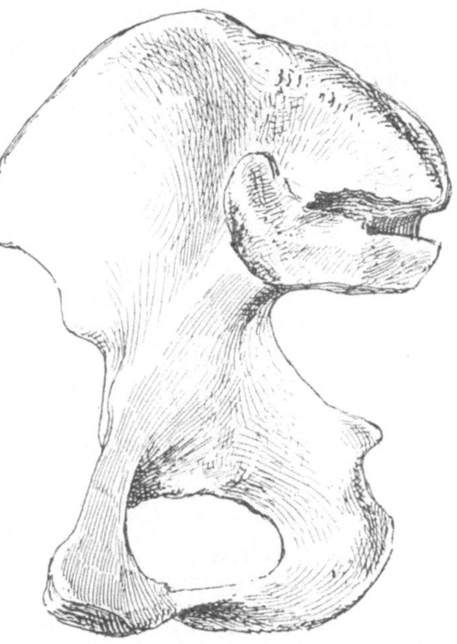

Fig. 24. Hüftbein des Erwachsenen von innen.

Berücksichtigt man die verschiedene Lage der beiden Fächerplatten, der oberen in der dorsalen und der unteren in der ventralen Stammwand und die Neigung des Beckenringes, so ergibt sich, daß die beiden nicht in der gleichen Ebene liegen können, sondern gleichsam gegeneinander gedreht sein müssen. Die **äußere Breitseite des Leistenbeins** ist nach aussen, vorn und unten gewendet (Fig. 17), diejenige des **Darmbeins** aber müßte nach außen hinten und dorsalwärts sehen, wenn nicht die Darmbeine wie die hinteren Wände eines Trichters nach außen und dorsalwärts auseinander gingen. Infolge davon kommen sie bei aufrechter Körperhaltung annähernd vertikal zu stehen und sind mit ihrer äußeren Breitseite direkt nach außen und hinten gerichtet.

Wegen der verschiedenen Orientierung der Fächerplatten ist die **Randfläche des dorsalen Seitenrandes des Leistenbeines** ebenfalls nach außen und dorsalwärts gerichtet und verläuft in der Fortsetzung der äußeren Breitseite des Darmbeines. Sie ist stark verbreitert, indem sich das Leistenbein im dorsalen Rand stark verdickt, und indem die innere Kante des dorsalen Randes in der Flucht des Darmbeins weit nach dem Kreuzbein hin ragt und nach diesem hin in der Mitte noch zu einem scharfen Stachel, dem **Sitzbeinstachel** (Spina ossis ischii) ausgezogen ist.

Mit der ventralen Breitseite des Leistenbeins liegt der **ventrale Seitenrand des Darmbeins** ungefähr in gleicher Flucht. In das obere Ende der ventralen Breitseite des Leistenbeins oberhalb des Foramen ovale und in den anstoßenden Teil des Darmbeins ist die Hüftgelenkpfanne von unten vorn und außen her eingesenkt. Der Pfannenrand ist ringsum stark emporgewulstet (als ob der Oberschenkelkopf sich hier in plastisches Material eingedrückt hätte) mit Ausnahme der Stelle zunächst dem Foramen ovale (Incisura acetabuli). Nah über der Pfanne ist am ventralen Rande des Darmbeins die Spina ossis ilei anterior inferior bemerkbar. Die Ränder der knöchernen Pfanne liegen fast in gleicher Flucht mit einer Ebene, welche die übrigen vorragenden Randteile des Leistenbeines von außen tangiert; doch sieht die Pfannenrandebene etwas weniger nach unten und nach vorn, ist also etwas mehr lateralwärts gewendet.

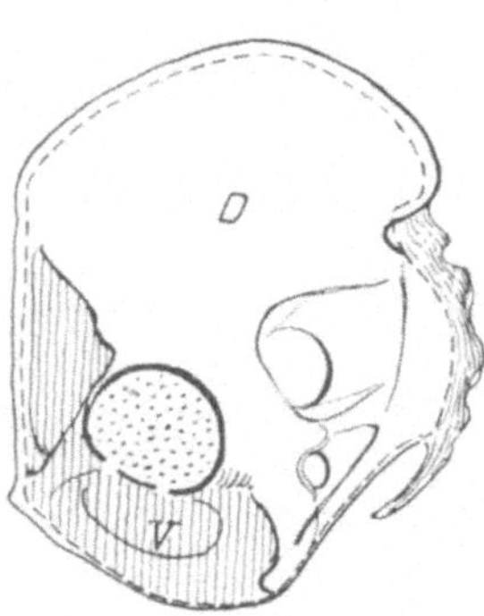

Fig. 25. Becken von der Seite; die Hüftgelenkpfanne punktiert, *V* das ventrale, *D* das dorsale Basisfeld der unteren Extremitat.

Der dorsale Pfannenrand und die Außenkante des dorsalen Randes des Leistenbeins nach unten davon bilden eine Art äußerer longitudinaler First, welche durch den schmalen ventralen äußeren Seitenrand des Darmbeins fortgesetzt wird und an der Außenseite des Hüftbeins eine dorsale und eine ventrale Facette trennt. Trotz der Unregelmäßigkeiten dieses First können wir sie als Crista longitudinalis lateralis bezeichnen.

Die dorsale Außenfacette des Hüftbeins ist durch die äußere Breitseite des Darmbeins und die breite Randfläche des dorsalen Leistenbeinrandes gebildet. In ihrer Flucht liegen annähernd das von der Spina ischiadica zum Seitenrand des Kreuzbeins hinübergespannte Lig. spinoso-sacrum sowie das vom Tuber ischii zum Kreuzbeinrand ausgespannte, den Ansatz des vorigen Bandes deckende Lig. tuberososacrum (Fig. 17). Annähernd in gleicher Flucht liegen ferner die Ebenen der Incisura ischiadica major, welche dem hinteren

Winkel zwischen der oberen und unteren Fächerplatte bis zum Darmbeinstachel hin entspricht, die Ebene der Incisura ischiadica minor zwischen Darmbeinstachel und innerer Einladung des Sitzhöckers, sowie die Ebenen des Foramen ischiadicum majus und minus. Das Foramen ischiadicum majus wird von der Incisura ischiadica major und dem Lig. spinoso-sacrum umgrenzt, das Foramen ischiadicum minus von der Incisura minor und den beiden Bändern. Durch die beiden Foramina greifen Hüftmuskeln (M. piriformis und M. obturator internus) an die Innenseite des Beckens (des Kreuzbeins und des Leistenbeins); auch treten durch sie Gefäße und Nerven hindurch. So erstreckt sich das Basisfeld der Extremität bis zu den Spinae posteriores des Darmbeines bis zum Seitenrand des Kreuzbeins caudal vom Iliosacralgelenk und bis zum Lig. tuberoso-sacrum.

In der Flucht der ventralen Facette findet sich ebenfalls ein Einschnitt zwischen der oberen und unteren Fächerplatte; wir wollen ihn als Incisura inguinalis bezeichnen. Über den äußeren oberen Teil derselben greift der M. iliopsoas vom Bein aus an die Innenseite des Beckens. Näher nach der Symphyse zu treten große Blutgefäße (Arteria und Vena femoralis) sowie zahlreiche Lymphgefäßstämme vom Stamm zur Extremität.

Die Muskeln der weichen vorderen Bauchwand verbinden sich mit der Fascie, welche diese Teile überzieht. Ihr Zug setzt sich in dieser Fascie unter Verstärkung derselben zu beiden Seiten des Muskels und einwärts von den Gefäßen zum Rand der Incisur fort. So entsteht das sog. Leistenband (Lig. Pouparti). Die ganze Lücke zwischen ihm und der Incisur nennen wir Lacuna inguinalis; sie zerfällt in die obere äußere Lacuna musculorum und in die innere untere Lacuna vasorum. Die Leistenlücke gehört so gut wie die Foramina ischiadica zum Basisfeld der Extremität. Das letztere erstreckt sich also von dem Lig. tuberoso-sacrum bis zum Leistenband, vom freien Seitenrand des Kreuzbeins und von den Spinae iliacae posteriores bis nahe an die Symphyse und vom Darmbeinkamm bis zum perinealen Rande des Leistenbeins. Die Crista lateralis teilt dasselbe in einen ventralen und in einen dorsalen Abschnitt.

Die verschiedene Orientierung der oberen und unteren Fächerplatte ist von außen deutlicher, wo die Breitenseiten im ganzen ziemlich eben sind. Doch zeigt das Darmbein eine nach dem oberen Rande hin deutlich hervortretende, doppelte seitliche Biegung, indem sich der hinterste Teil in mehr sagittaler Richtung neben die Massae laterales des oberen Kreuzbeinwirbels legt und sie nach oben dorsalwärts noch überragt. Der nach vorn davon gelegene Teil steht im ganzen deutlich schräg zur Mittelebene und ist (über Längslinien des Fächers) nach außen ausgebogen. Der stark nach oben konvexe Endrand der Fächerplatte, an welchen sich die Muskeln der seitlichen Bauchwand ansetzen (Darmbeinkamm, Crista ossis ilei), ist auf diese Weise deutlich S-förmig nach innen und außen gebogen.

Der mit den Massae laterales des Kreuzbeins zusammenstoßende hintere untere, verdickte Randteil der Darmbeinplatte springt in flacher

First nach innen vor. Diese First wird an der Wirbelsäule durch die
Vorderkante der Massa lateralis des ersten Kreuzwirbels
fortgesetzt. Andererseits geht sie innen an der Verbindungsstelle
der beiden Fächerplatten in allmählicher Biegung in die Innenkante
des oberen vorderen Randes des Leistenbeins über und verschärft
sich dort zum Schambeinkamm (Pecten pubis). Die ganze Kante,
welche mehr oder weniger quer zum Anfang des Kreuzbeins verläuft,
wird als Linea arcuata interna oder Linea innominata bezeichnet.
Der darüber gelegene Teil der inneren Breitseite des Darmbeins ist auch
in der Richtung von dieser Linie nach dem Darmbeinkamm hin leicht

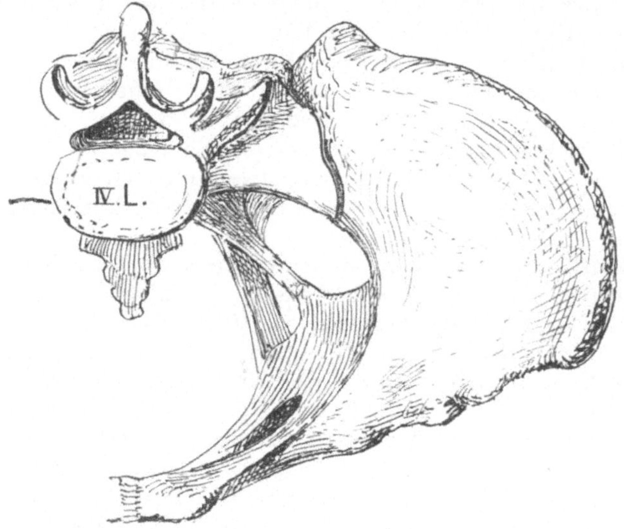

Fig. 26. Linke Beckenhälfte, in der Normalen der Beckeneingangsebene gesehen.

ausgehöhlt und bildet die Fossa iliaca. Die Randfläche des vorderen
Randes des Leistenbeins erscheint als Ausläufer derselben. Indem die
Innenkante des Hinterrandes des Leistenbeines, wie schon erwähnt,
nach dem Kreuzbein zu unter Bildung der Spina ischiadica ausgezogen ist, erhält auch die innere Breitseite des Leistenbeins eine
deutliche Konkavität parallel der Linea arcuata. Der Streifen der inneren
Darmbeinfläche unterhalb dieser Linie erscheint als eine Fortsetzung
der inneren Breitseite des Leistenbeins. Die Lineae innominatae, zusammen mit den Vorderkanten des Massae laterales des Kreuzbeins
verlaufen annähernd quer; sie markieren zusammen mit dem Promontorium, der Abknickungsstelle der Körpersäule an der Verbindung
des Lendenteils und des Kreuzbeins die Grenze zwischen dem Hauptraum der Bauchhöhle und der Höhle des großen Beckens einerseits und der Höhle des kleinen Beckens andererseits (Fig. 26).

D. Der Brustkorb (Thorax).

Die Brustwirbelsaule, die 12 Paare von Rippen und das Brustbein bilden zusammen den Brustkorb oder Thorax. Die sieben oberen Rippenknochen jeder Seite verbinden sich ventral durch knorpelige Zwischenstücke (Rippenknorpel) direkt mit dem Brustbein und stellen zusammen mit diesen Rippenknorpeln die „wahren Rippen" dar. Die folgenden Rippen erreichen mit ihren ventralen knorpeligen Teilen nicht das Brustbein und auch nicht die vordere Mittellinie, sondern bleiben von letzterer mehr und mehr seitlich entfernt (falsche Rippen). Jedem Brustwirbel entspricht ein Rippenpaar. Das vertebrale Stück des Rippenknochens legt sich jederseits vor den Querfortsatz des Brustwirbels und erreicht innen den oberen Rand des zugehörigen Wirbelkörpers mit dem zum Köpfchen verdickten Ende. Von der zweiten Rippe an bis zur zehnten stößt das Köpfchen auch noch an die oben angrenzende Zwischenwirbelscheibe und den unteren Rand des nach oben folgenden Wirbelkörpers.

Die Rippenknochen steigen von den Querfortsätzen aus in der hinteren und seitlichen Brustwand, schrag nach der vorderen Mittellinie hin annähernd parallel zueinander ab. Sie enden in einer Linie, welche sich oben nah am Brustbein befindet, nach unten aber der Seitenlinie des Rumpfes nähert. Der erste Rippenknorpel setzt den absteigenden Verlauf bis zum Seitenrande des Brustbeins fort. Der zweite nähert sich mehr und mehr dem horizontalen Verlauf, noch besser horizontal verlauft im ganzen der dritte Rippenknorpel, die folgenden Rippenknorpel biegen nach kurzem absteigendem Verlauf in den aufsteigenden Verlauf um und verlaufen, jede folgende immer steiler gegen das Brustbein. Der 8. Rippenknorpel legt sich mit seinem vorderen Ende an den 7. von unten heran, und ebenso endet, mehr seitlich und tiefer das Ende des 9. Knorpels an dem 8. Solches kann sich

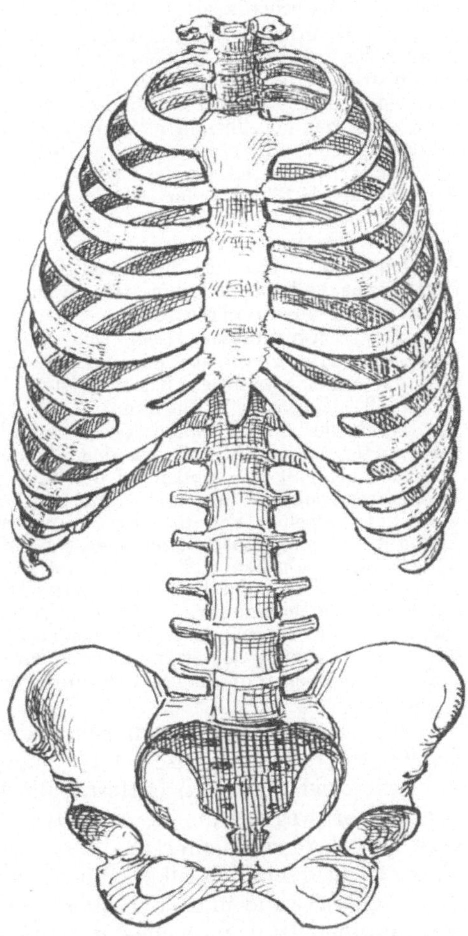

Fig. 27. Skelett des Rumpfstammes und 7. Halswirbel von vorn.

weiterhin am 10. Rippenknorpel wiederholen. Doch endet haufig schon der (kurze) 10. Rippenknorpel frei in den weichen Bauchdecken. Dies ist dann regelmaßig der Fall mit den kurzen knorpeligen Enden des 11. und 12. Rippenknorpels. Das Ende der 12. Rippe findet sich in der hinteren Bauchwand, mehr oder weniger weit vertebralwärts von der seitlichsten Flankenausladung entfernt.

Das in der Mitte der vorderen Brustwand zwischen die Enden der Knorpel der wahren Rippen eingeschaltete Brustbein, dessen Länge beiläufig gesagt etwa der halben Höhe des Brustkorbes entspricht, zerfällt so in seine drei Hauptabschnitte, den Handgriff (Manubrium), den Körper und den Schwertfortsatz, daß der 1. Rippenknorpel am seitlich vorragenden Mittelteil des Seitenrandes des Manubrium, etwas näher dessen oberem Ende ansetzt; der 2. Rippenknorpel fügt sich an den Seitenrand des Brustbeins an der Grenze zwischen dem Manubrium und dem Körper; der 7. Rippenknorpel aber ist in die Grenze zwischen Körper und Schwertfortsatz eingelassen. Der 4. Rippenknorpel verbindet sich ungefähr mit der Mitte des Seitenrandes des Brustbeinkörpers. Über ihm tritt an den Seitenrand des Brustbeins noch der dritte, unter ihm der 5. und der 6. Rippenknorpel.

Der Handgriff des Brustbeins übertrifft den Körper an Breite und Dicke; er überragt den Ansatz des ersten Rippenknorpels soweit nach oben, daß zwischen beiden oben ein Winkel gebildet ist, in welchem das sternale Ende der Clavicula mit seiner halben Höhe Platz findet (Sternoclaviculargelenk), während der obere Rand über das Manubrium nach oben vorsteht. Der Brustbeinkörper hat etwas unterhalb seiner Mitte seine größte Breite und verschmälert sich von da aus allmählich nach oben und rascher nach unten hin. Die Enden des 7., 8. und 9. (ev. 10.) Rippenknorpels bilden jederseits einen kontinuierlichen Knorpelbogen (Rippenbogen). Die Rippenbogen beider Seiten mit den Enden der 10. und 11. Rippe begrenzen den Bauchausschnitt der vorderen Brustwand. Doch wird der Scheitel desselben noch verkleinert durch das Einragen des an Größe variablen Schwertfortsatzes und die von ihm zum 7. und 8. Rippenknorpel hinübergespannten Ligamenta costo-xiphoidea.

Der Schwertfortsatz zeigt sich am Ende öfters noch knorpelig und oft gespalten. Hierin verrät sich die ursprüngliche Entstehung des knorpeligen Sternum am 2. getrennten Knorpelleisten (Sternalleisten), in welchen die Enden der 8—9—10 ersten Rippenknorpel jederseits miteinander zusammenhängen. Ein Stück des 8. Rippenknorpels unterhalb der Vereinigung der Sternalleisten wird später ligamentös umgewandelt (Lig. costo-xiphoideum), der darauffolgende Teil aber schließt sich außen an den 7. Rippenknorpel an. Die Verknöcherung beginnt segmentweise je zwischen aufeinander folgenden Rippenansätzen und teilweise mit doppelten Verknöcherungspunkten, die später zusammenfließen. Während aber bei vielen vierfüßigen Tieren zeitlebens in der Höhe aller Rippenansätze Knorpelfugen erhalten bleiben, zeichnet sich das Brustbein des Menschen durch seine weitgehende Vereinheitlichung aus. Eine Knorpelfuge ist beim Erwachsenen nur zwischen dem Manubrium und dem Corpus sterni erhalten. An ihnen ist meist eine leichte Richtungsänderung der beiden benachbarten Stücke im Sinn einer ganz flachen Ausknickung des Sternums nach vorn zu erkennen. Auch die Verbindungsstelle des Körpers mit dem Schwertfortsatz kann auf dem knorpeligen Zustand verharren.

Man studiert am besten zuerst die Gestalt des Bruststammes und der Thoraxwand im ganzen, an wohlgebauten Leichnamen, an welchen die Arme und Schultern entfernt, die tiefen Rückenmuskeln präpariert und später weggenommen, die Rippen- und Zwischenrippenmuskeln aber freigelegt sind, oder an guten Abgüssen nach solchen Präparaten (His - Stegersche Modelle). Man verfolgt den Längsverlauf der Rippen in der Thoraxwand und konstatiert, daß die größere Breitenausdehnung der einzelnen Rippenknochen und Rippenknorpel sowie des Brustbeins der Oberfläche des Brustkorbes parallel geht. So ergibt sich für jede Rippe die besondere Art der Kanten- und Flächenkrümmung.

An dem hinteren Hauptbalken der Thoraxwand, der Brustwirbelsäule, konstatiert man die mehr oder weniger ausgeprägte, vorwärts konkave Brustkrümmung und den allmählichen Umschlag derselben in die vorwärts konvexe Lendenkrümmung im unteren Teil der Brustwirbelsäule, und in die vorwärts konvexe Halskrümmung am oberen Ende. Die Körpersäule ist von hinten her in den Thoraxraum eingesenkt, am meisten in den mittleren Teilen. Dabei ragen die Wirbelkörper nach unten zu immer mehr über die vertebralen Enden der Rippen (Rippenköpfchen) nach vorn vor. Zugleich aber sind die vertebralen

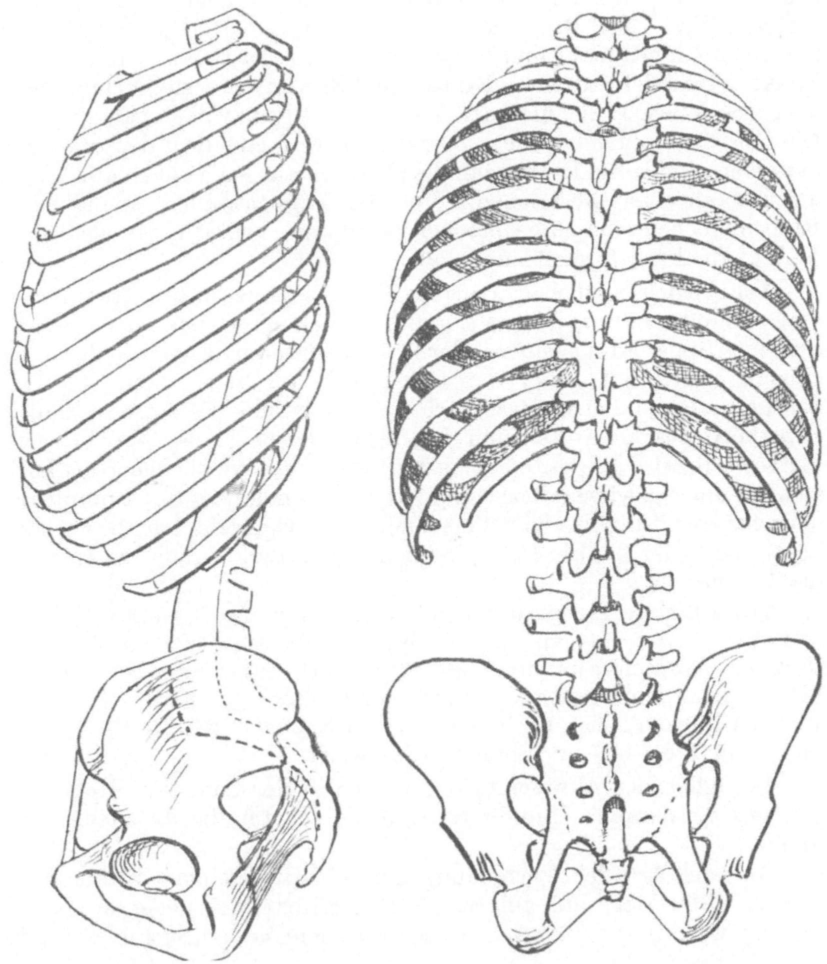

Fig. 28. Skelett des Rumpfstammes von der Seite.

Fig. 29. Skelett des Rumpfstammes und 7. Halswirbel von hinten.

Endstücke der Rippen nach vorn abgebogen und zwar in der mittleren Thoraxregion mehr als an der untersten und obersten. Die Stelle der hinteren Umbiegung der Rippenwand und der Rippen entspricht den sog. Rippenwinkeln (Anguli costarum).

Der Brustkorb erscheint im ganzen von vorn und von hinten her abgeplattet und nach den Seiten verbreitert. Am meisten nach vorn liegen beim aufrechten Stand das untere Ende des Brustbeins und die beiden knorpeligen Rippenbogen, so daß das ganze Brustbein mit dem benachbarten Teil der Rippenwand nach rückwärts aufsteigt. Am meisten rückwärts ragend finden wir die Rippenwinkel der mittleren und nächst höheren Rippen, was beides bei der seitlichen Betrachtung deutlich wird. Der äußerste Punkt der Rippen liegt oben näher dem hinteren Ende des Rippenknochens und nähert sich an den abwärts folgenden Rippen mehr und mehr seinem vorderen Ende. Die von diesen Punkten gebildete seitliche Kontur der Rippenwand steigt auch gegenüber der Wirbelsäule und der Linie der Rippenwinkel nach vorn ab. Die vorwärts umgebogenen vertebralen Endteile der Rippenknochen verlaufen annähernd horizontal, die oberen etwas nach außen aufsteigend, die unteren etwas absteigend. Von den Rippenwinkeln an haben alle Rippenknochen eine ausgesprochenere schräge, ventralwärts absteigende Verlaufsrichtung (Fig. 28 und 29).

Die beiden seitlichen Längsprofile des Brustkorbes (Betrachtung von vorn oder hinten) biegen sich oben, namentlich von der vierten und dritten Rippe an gegeneinander. Ihre unteren Enden nähern sich einander nach unten hin nur unmerklich am männlichen, deutlicher dagegen am weiblichen Brustkorb; darauf beruht die Angabe, daß der Brustkorb des Mannes mehr konisch, derjenige des Weibes mehr faßförmig ist. Die untere Verschmälerung des weiblichen Brustkorbes steht in einer gewissen Beziehung zur Verschmälerung des Rumpfes von oben her zur Taille, welche Verschmälerung vielleicht nur durch künstliche, verbildende Einflüsse in nennenswertem Grade zustande gebracht wird.

Die allseitige Zurundung des oberen Endes des Brustkorbes bringt es mit sich, daß an den oberen Rippen und namentlich an der ersten Rippe die Kantenkrümmung besonders stark ausgesprochen ist und die Flächenkrümmung (über Querlinien der Breitseite) zurücktritt, während an den Rippenknochen nach dem unteren Ende des Brustkorbes zu mehr und mehr die Flächenkrümmung überwiegt.

Bezüglich der Abweichungen, welche in der Zahl der Rippen vorkommen (Halsrippe, Lumbalrippe usw.) sei auf die Lehrbücher verwiesen.

Auf die Art der Verbindung der konstituierenden Elemente des Thorax unter sich und auf die Möglichkeiten ihrer gegenseitigen Bewegung wird in einem späteren Kapitel genauer eingegangen werden.

E. Die Muskeln des Stammes (Übersicht).

Es handelt sich hier nur darum, die Muskeln des Stammes in möglichst übersichtlicher Weise zu gruppieren und die Reihenfolge anzugeben, in welcher man sich dieselben an das Skelett und aufeinander aufzubauen hat, um auf sicherste und anschaulichste Weise zu einer klaren Vorstellung der ganzen Anordnung zu gelangen. Bezüglich der Einzelheiten muß vorläufig auf die Lehrbücher und Atlanten der deskriptiven Anatomie verwiesen werden.

Wir unterscheiden:

A. **Muskeln zwischen und unmittelbar an den Querfortsätzen und Rippen.**

 1. Musculi intertransversarii und
  M. rectus capitis lateralis zwischen Atlasquerfortsatz und Schädelbasis.

 2. Mm. intercostales.
  Mm. intercostales interni, ventralwärts aufsteigend, fehlen im vertebralen Ende des Interkostalraumes. Ihnen sind innen aufgelagert die Mm. intercostales interni longi (Transversus thoracis posterior).
  Mm. intercostales externi, ventralwärts absteigend, fehlen im vordersten Teil der Interkostalräume zwischen den Rippenknorpeln.

 3. Mm. scaleni medius und posterior. M. scalenus anterior zwischen den Halswirbelquerfortsätzen und den ersten Rippen.

 4. M. triangularis sterni (transversus thoracis anterior), an der tiefen Seite der vorderen Thoraxwand.

 5. Mm. levatores costarum breves und longi, den vertebralsten Teilen der Intercostales externi außen aufgelagert, oben an den Querfortsätzen angeheftet.

B. **Muskulatur der weichen Bauchdecken.**

 a) Longitudinale:
  1. M. quadratus lumborum hinten.
  2. M. rectus abdominis und
  3. M. pyramidalis vorn.

 b) Breite:
  1. M. obliquus abdominis internus.
  2. M. transversus abdominis., nach innen von letzterem, an die Innenseite der Rippenwand eingreifend.
  3. M. obliquus externus, außen am O. int., an der Außenseite der Rippenwand weit hinaufgreifend.

C. **Prävertebrale Stammuskeln.**

 1. M. rectus capitis ant. minor.
 2. M. longus colli inklusive M. longus atlantis.
 3. M. rectus capitis anticus major.
 4. M. sacro-coccygeus anterior.

D. **Stammuskeln hinten an der Wirbelsäule und an den Rippen** (Muskeln der Rückenrinne, Stammuskeln des Rückens, tiefe Rückenmuskeln).

 a) Tiefe mediale Partie.
  1. Tiefe Schicht.
   α) Oberhalb des Epistropheus: 1. Die hinteren kurzen Muskeln am Atlas (kurze hintere Kopfmuskeln);

Rectus capitis post. minor; Obliquus superior und Obliquus inferior; Rectus capitis posticus major.

β) Unterhalb des Epistropheus:

Mm. interspinales.

Tiefe Schicht der transversospinalen (einwärts aufsteigenden) Muskeln:

Submultifidus: Rotatores breves, (Rotatores longi).

Multifidus.

Semispinalis cervicis und Semispinalis dorsi.

2. Oberflächliche Schicht der Transversospinalmuskeln:

Semispinalis capitis (Biventer und Complexus major).

3. Übergangsmuskeln zwischen dem Transverso spinalis und den folgenden Muskeln, oben mit den transversospinalen Muskeln endend, unten mit den spinotransversalen Muskeln entspringend:

Mm. spinales, cervicis und dorsi;

M. spinalis capitis.

b) Oberflächliche und laterale Partie:

1. Das System der spinotransversalen Muskeln. Es liegen nebeneinander:

α) M. longissimus dorsi, vom Becken bis zum Kopf (Longissimus dorsi, cervicis, capitis)

β) M. iliocostalis, vom Becken bis zur Mitte des Halses, nach außen vom Longissimus. (I. lumborum, dorsi, cervicis).

γ) M. splenius (cervicis und capitis), vom Kopf bis nahe an die Mitte der Brustwirbelsäule, einwärts vom Longissimus. Doch schiebt sich oben der Splenius cervicis über den Longissimus; der Splenius capitis aber deckt oben teilweise den Splenius colli.

2. Spino-costale Muskeln:

Mm. serratus post. superior und inferior. (Hinten an der Kreuzbein-Steißbeinverbindung der M. sacrococcygeus posterior als einziger Muskel.)

(E.) Nicht zu den eigentlichen Stammuskeln gehörige, aber vom Bein her an den Rändern des Hüftbeins vorbei an die Innenseite der Stammwand **eingeschobene Hüftmuskeln**:

Der M. ilio-psoas, der M. obturator internus und der M. piriformis. Der nicht immer vorhandene Psoas minor beschränkt sich auf den Stamm.

F. Muskulöse Grundschicht des Beckenbodens: **Diaphragma pelvis.**

1. Diaphragma rectale (M. levator ani: Pars pubica, obturatoria und ischio-coccygea).

2. Diaphragma urogenitale (M. transversus perinei profundus). Ihm sind unten angelagert die Muskeln der Schwellkörper und der M. sphincter ani externus.

G. **Das Zwerchfell.**

H. Die **Unterzungenbeinmuskeln,** zwischen Brust (Schulter) und Zungenbein:
> Sternothyreoideus und Thyreohyoideus.
> Sternohyoideus. Omohyoideus, unten in die Schulter eingreifend.

J. **Muskulöse Grundschicht des Mundhöhlenbodens** (Diaphragma oris).
> M. mylohyoideus.
> M. geniohyoideus.
> Vorderer Bauch des Biventer mandibulae.

K. Muskeln der **Grundschicht der vorderen und seitlichen Mundhöhlen-wand.**
> Sphincter oris, Incisivi, Caninus, Buccinatorius.

(L.) Daran schließen sich die Muskeln in der von der Stammwand abgespaltenen Wand des Eingeweiderohres (siehe S. 6):
> Die Konstriktoren des Rachens, der M. crico thyreoideus, die Muskeln der Speiseröhre etc. — Innen angelagert an die muskulöse Grundschicht der Mundhöhlen- und Rachenwand die inneren Mundhöhlen und Rachenmuskeln (Zungenmuskeln, Muskeln des weichen Gaumens und innere Kehlkopfmuskeln).

M. Die Muskeln des **Paquetum Riolani** (hinterer Bauch des Biventer mandibulae, Stylohyoideus, Styloglossus und Stylopharyngeus); die Muskeln der Paukenhöhle und der Tuba Eustachii.

N. Die **Muskeln des Kieferastes:**
> Mm. pterygoidei internus und externus.
> M. temporalis.
> M. masseter.

O. **M. sternocleidomastoideus** (muß teilweise auch zu den Schultermuskeln gerechnet werden).

Q. **Muskeln der Augenhöhle:**
> Vier Recti, ein Levator palpebrae superioris, zwei Obliqui.

(R.) Die übrigen bei K nicht genannten, vom N. facialis versorgten Hautmuskeln des Halses und Kopfes, z. T. auf die Muskulatur der dem Stamm aufgelagerten Schulter übergreifend.

II. Die Mechanik der Bauchwand.

Orientierung.

Die Bauchhöhle kann als die geschlossene Höhlung einer Blase, die Bauchwand als die Wand dieser Blase betrachtet werden. Ihre Grundschicht ist aus Muskeln und Skeletteilen gebildet; letztere sind teilweise gegeneinander verstellbar. Als Skeletteinlagerungen kommen in Betracht ein unterer und ein oberer Querrahmen und eine hintere Längsstütze, welche die beiden Rahmen hinten schließt, miteinander verbindet und teilweise überragt. Als solche Längsstütze figuriert die Wirbelsäule und zwar das untere Ende des Brustteils, der Lendenteil, das Kreuzbein und das Steißbein.

Der untere Ringrahmen wird von dem unteren Ende der Wirbelsäule und den beiden Hüftbeinen gebildet (Beckenring), der obere Ringrahmen durch den unteren Rand des Brustkorbes oder genauer gesagt durch das untere Ende des Brustbeines, die beiden Rippenbogen, die Enden der letzten Rippen und das untere Ende der Brustwirbelsäule. Obschon diese Skeletteile nicht einen kontinuierlichen Skelettbogen darstellen, bilden sie doch durch ihre Versteifung mit der Brustwirbelsäule als Bestandteile der Thoraxwand einen wenigstens annähernd starren Komplex.

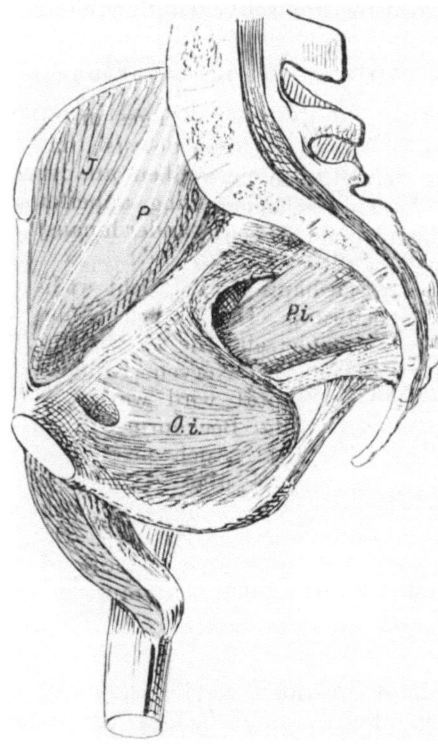

Fig. 30. Hüftmuskeln, welche an die Innenwand des knöchernen Beckens übergreifen. *J* Musc. iliacus, *P* Psoas (major), *P. i.* Piriformis, *O. i.* Musculus obturator internus.

Die Bauchwand wird nun in ihrem Grundteil folgendermaßen durch Muskeln vervollständigt:

1. Hüftgelenkmuskeln greifen über die Ränder der Hüftbeine an die Bauchhöhlenseite der Hüftbeine und der Wirbelsäule und überpolstern diese Teile in einem gewissen Umfang (M. obturator internus, M. piriformis und M. psoas major).

2. Zwischen dem oberen und unteren Rahmen spannen sich, soweit nicht die Lendenwirbelsäule zwischen eingeschoben ist, die **Muskeln der weichen Bauchdecken** aus.

3. **Hintere Stammuskeln des Rückens** lagern sich zwischen die Wirbeldornen und namentlich oberflächlich hinten auf die Wirbelsäule und greifen seitlich auch noch auf die Hüftbeine und auf die vertebralen Enden der Rippen hinüber.

4. Der obere Abschluß der Bauchhöhle gegen die Brusthöhle hin wird durch das **Zwerchfell** bewerkstelligt, das ringsum an der tiefen Seite der sternocostalen Thoraxwand nah ihrem unteren Rand, hinten aber noch tiefer an den Muskeln der weichen Bauchdecken (Quadratus lumborum), am prävertebralen Psoas major (und minor) und an der Wirbelsäule selbst angeheftet ist. Es wölbt sich in die Lichtung des Brustkorbes nach oben empor.

5. In ähnlicher Weise wird die Lichtung des Beckenringes unten überspannt und geschlossen durch das **Diaphragma pelvis**, das sich teils am Rand des Beckenringes, teils oberhalb desselben an der Innenseite des Skelettbeckens und seiner Muskelpolsterung anheftet und durch die Lichtung des Ringes (z. T. sogar über seine Ränder hinaus) nach unten vorwölbt.

Die hier genannten Teile bilden die in mechanischer Hinsicht wichtigen, integrierenden Bestandteile der Bauchwand. Dazu kommen nun weitere äußere Auflagerungen: am Becken beiderseits die Muskulatur und das Skelett der Extremitäten mit Gefäßen und Nerven, Bindegewebe und Hautüberzug. Die Basis der Extremität wird wesentlich durch das Hüftbein gebildet, das als Bestandteil des Beckenringes zum größeren Teil in die Stammwand eingeschaltet ist. Auch ein Muskel der oberen Extremität greift auf die Bauchwand über (Latissimus dorsi). Die Weichteile, welche dem Diaphragma pelvis unten angelagert sind, bilden mit diesem zusammen den „Beckenboden". Das **Diaphragma pelvis** ist der **musculotendinöse Grundteil** des letzteren. Er ist als ein integrierender Bestandteil der Rumpf- und Bauchwand aufzufassen.

Unter „Lende" ist die ganze verdickte hintere Bauchwand zwischen Becken und Brustteil des Körpers zu verstehen. Unter den **weichen Bauchdecken** die relativ dünne und biegsame Weichteilschicht, welche neben den Lenden seitlich und vorn herum die Bauchhöhle zwischen Brust und Beckenteil abschließt.

Oben spaltet sich gewissermaßen die Bauchwand, die bis hierher zugleich Rumpfwand ist, und setzt sich einenteils in das Zwerchfell, anderenteils in die seitlichen Wände des Bruststammes fort.

A. Das Diaphragma pelvis.

Das Beckendiaphragma, die musculotendinöse Grundschicht des Beckenbodens (s. o.) ist in seinem hinteren Teil vom Ende des Darmes (Mastdarm) durchbohrt, vorn aber vom Harn- und Geschlechtsweg. Im

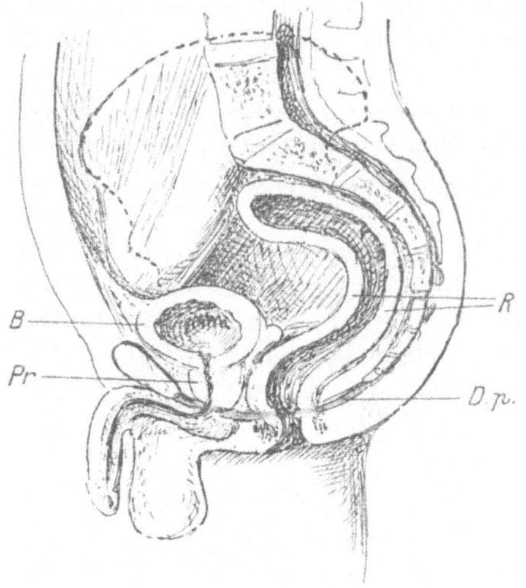

Fig. 31. Schnitt durch das männliche Becken, halbschematisch. *D. p.* Mittellinie des Diaphragma pelvis (Kiellinie), *R* Mastdarm. *B* Blase, *Pr* Prostata.

männlichen Geschlecht (Fig. 31) vereinigen sich zwei getrennte Geschlechtskanäle schon oberhalb des Beckendiaphragma mit der Harnröhre, welche von da an einen Canalis urogenitalis darstellt. So tritt hier vor dem Rektum durch das Diaphragma pelvis nur ein einfacher Kanal. Im weiblichen Geschlecht (Fig. 32) wird das Diaphragma pelvis vor dem Rectum von der Scheide und unmittelbar davor von der Harnröhre durchsetzt; erst unmittelbar nach unten davon münden beide Wege in einen gemeinsamen Raum, den Scheidenvorhof (Vestibulum), der ebenfalls als Sinus urogenitalis bezeichnet werden kann.

Der oberflächlich vom Beckendiaphragma gelegene einfache Urogenitalweg wird in beiden Geschlechtern von Schwellkörpern eingefaßt, denen sich quergestreifte Muskeln anschließen. Doch soll uns die Mechanik dieser Teile hier nicht beschäftigen. Wir begnügen uns mit der Würdigung des eigentlichen Beckendiaphragmas und seiner Bedeutung für den Abschluß der Rumpf-, Bauch- und Beckenhöhle.

Der Beckenraum (Cavum pelvis) der topographischen Anatomie, der die „Beckeneingeweide" enthält, und den untersten Teil der Rumpf- und Bauchhöhle darstellt, ist nicht gleichbedeutend mit dem vom Skelettbecken umfaßten Raum, ebenso wenig wie der „Brustraum" gleichbedeutend ist mit dem Thoraxraum. Nur in der Mittelebene erstreckt sich der Beckenraum bis in die Linie, welche in der Fortsetzung der Krümmung des Kreuzbeins und Steißbeins unten zur Schamfuge herumbiegt (s. Fig. 18). Unter dieser

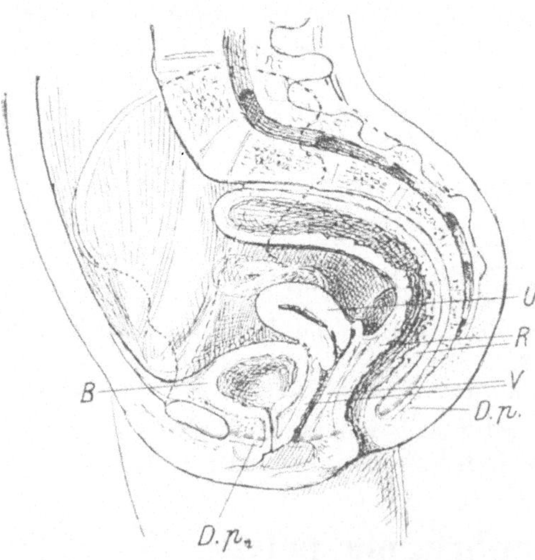

Fig. 32. Medianschnitt durch das weibliche Becken, halbschematisch. *D. p.* (rot) Mittellinie des Diaphragma pelvis, *R* Rectum, *U* Uterus, *V* Vagina, *B* Blase.

„Kiellinie des Beckenraumes" vereinigen sich die beiden seitlichen Hälften des Beckendiaphragmas, soweit nicht die oben genannten Kanäle durchtreten. Seitlich aber heftet sich das Beckendiaphragma nicht an den Rand des Skelettbeckens an, sondern greift an der Innenseite seiner Seitenwände und der sie überpolsternden Muskeln höher hinauf bis zu einer Linie, welche von der tiefen Seite des Schambeins neben der Symphyse, in der Fascie des M. obturator internus bis zur Spina ossis ischii und von dort, dem Lig. spinoso-sacrum folgend, bis zum Kreuzbein weitergeht (siehe Fig. 18 und nebenstehende Fig. 33).

Wir unterscheiden am Beckendiaphragma einen hinteren größeren Teil, das Diaphragma rectale und einen vorderen kleineren Abschnitt, das Diaphragma urogenitale.

Das Diaphragma rectale spannt sich zwischen der ganzen Länge der oben beschriebenen seitlichen Ansatzlinie einerseits, der Kiellinie hinter dem After und den Seitenrändern des Steißbeins andererseits in einer von beiden Seiten gegen die Mittellinie zu absteigenden Fläche aus. In derselben verlaufen die Muskelfasern allerdings stark rückwärts, so daß die hintersten sich dem Lig. sacro-spinosum an-

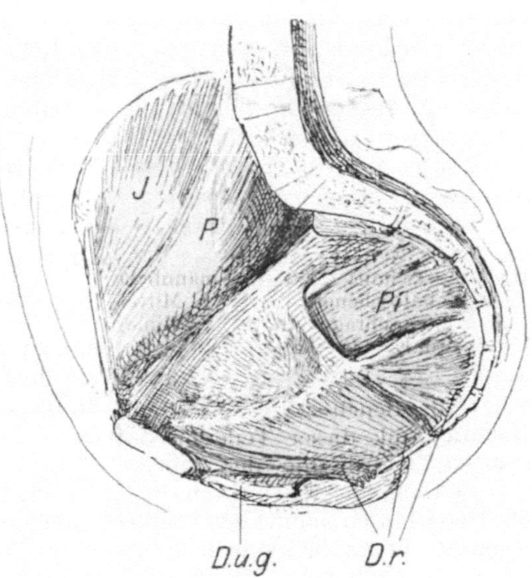

Fig. 33. Diaphragma pelvis, rechte Hälfte, von innen, *D. u. g.* Diaphragma urogenitale, *D. r.* Diaphragma rectale, *J* Iliacus, *P* Psoas (major).

legen, die vordersten aber das Rectum von beiden Seiten her zwischen sich fassen und vor demselben bis zur Symphyse einen schmalen Zwischenraum zwischen sich offen lassen, der durch die Urogenitalwege nicht ausgefüllt wird.

Die vordersten Fasern entspringen an der Hinterseite des Schambeins neben der Symphyse als Pars pubo-rectalis, die folgenden an der Fascia obturatoria in einem aufwärts konkaven Sehnenbogen (Arcus tendineus) als Pars obturatorio-rectalis; diese beiden Portionen erreichen wesentlich hinter dem After, zwischen ihm und dem Steißbein die Mittellinie und hangen dort teils fleischig, teils in einer Sehnennaht mit den korrespondierenden Teilen der Gegenseite zusammen. Die letzte Portion entspringt am Sitzbeinstachel und breitet sich facherförmig zum Seitenrande des Steißbeins aus (Pars ischio-coccygea). Sie hat die Möglichkeit, sich zu verkürzen fast nur nach Maßgabe der Beweglichkeit des Steißbeins gegenüber dem Kreuzbein und den Hüftbeinen.

Der Endteil des Mastdarms ruht auf der Vorderfläche des Steißbeins wie auf einer Lehne und biegt erst in einiger Entfernung vor seiner

Spitze fast rechtwinklig nach unten zur Kòrperoberfläche ab. Die beiden
vorderen Muskelportionen des Diaphragma rectale umfassen vor dem
Steißbein und hinter diesem abgebogenen Teil das Rectum wie eine
(teils fleischige, teils in der Mitte sehnige) Halfter. Diese Halfter wird
vervollständigt durch die Pars ischio-coccygea mit dem Steißbein,
wobei das letztere gleichsam eine knöcherne Raphe zwischen den beiden
Muskelportionen darstellt. So bildet also das ganze Diaphragma rectale
eine wesentlich muskulóse Halfter mit fleischiger, sehniger oder knö-
cherner Mitte, welche von vorn nach hinten absteigend den After
hinten und das supraanale Mastdarmende unten herum umfaßt, hoch-
hält und nach vorn oben zu ziehen vermag. Diese Mitte bildet oder
stützt gleichsam die hintere Afterlehne oder Afterlippe. Die
Kontraktion des Muskels hebt allerdings den vorderen Rand dieser
Lippe am stärksten, während nach hinten zu die Hebung allmählich
geringer wird.

Mit vollem Recht kann man aber trotzdem alle drei Portionen des
Muskels zusammen als Afterheber (M. levator ani) bezeichnen
und ist kein Grund vorhanden, wie dies neuerdings üblich geworden ist,
die Portio ischio-coccygea als besonderen M. ischio-coccygeus von dieser
Bezeichnung auszuschließen.

Der Zwischenraum, der zwischen den vorderen Rändern der Mm.
levatores ani der beiden Seiten vorhanden ist, wird hinten vollkommen
durch das Rectum, vorn aber, zwischen dem Rectum und der Symphyse
nur unvollkommen durch die Urogenitalwege ausgefüllt. Hier, vor dem
Rectum, unter den vordersten Rändern der Levatores ani vorbei spannt
sich das Diaphragma urogenitale aus.

Seitlich heftet es sich an der Innenseite des perinealen Randbalkens
des Os ischio-pubicum fest. Dieser Anheftungsrand liegt für gewöhnlich,
wenn der Beckenboden nicht in abnormer Weise nach unten vorgedrängt
ist, nur wenig höher als die Kiellinie; doch laufen namentlich die hinteren
Fasern etwas im Bogen vor dem Rectum herum von einer Seite zur
anderen. Die Verkürzungsmöglichkeit der Fasern ist aber gering im
Vergleich zu derjenigen der stark schlingenförmig hinter dem After
um das Rectum herumbiegenden Fasern des Diaphragma rectale. Es
ist deshalb jederseits nur eine unansehnliche Muskelportion mit relativ
kurzen Muskelfasern in die im übrigen sehnigen Fasern eingeschaltet
(M. transversus perinei profundus). Die Zahl der mehr oder weniger
schräg zur Ebene des Diaphragma gestellten Fasern kann eine recht
erhebliche sein. Die ganze Fasermasse des Diaphragma urogenitale stellt
eine dreieckige Platte (Trigonum urogenitale) dar.

Man kann immerhin sagen, es sei das Ende des Rectum zwischen
zwei Systeme bogenförmig verlaufender Muskelfasern gefaßt, die sich
seitlich zum Teil verschränken und überkreuzen und zwar so, daß die
Fasern des Diaphragma urogenitale weniger stark gekrümmt und bei
der Kreuzung oberflächlicher gelagert sind. Es ist klar, daß durch die
Kontraktion dieser Fasern die vordere und hintere Afterlippe gehoben
und gegeneinander bewegt werden müssen, wobei allerdings die hintere
Afterlippe mit der ganzen um das Ende des Rectum herumgehenden

Halfter eine erheblich größere Exkursion zu machen vermag. Die Kontraktion dieser Muskeln sichert also den Verschluß des Afters; sie wird hierin durch die Kontraktion des unmittelbar oberflächlich angelagerten M. sphincter ani volontarius (s. ext.) unterstützt und zwar in so weitgehendem Maße, daß die unter Umständen vorkommende Abzweigung einiger Muskelfasern des Levator in die seitliche und vordere Wand der Pars analis recti und die regelmäßig vorkommende Abzweigung einer größeren Portion zur hinteren Scheidenwand beim Weib den After-

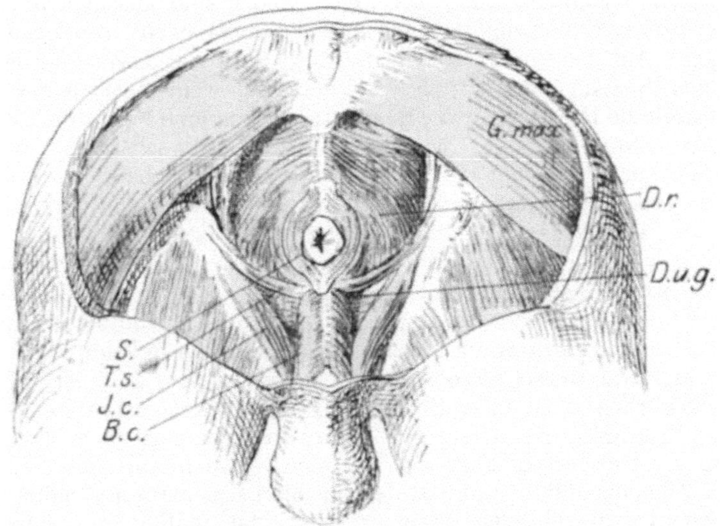

Fig. 34. Interfemineum des Mannes. *D. r.* Diaphragma rectale, *D. u. g.* Diaphragma urogenitale. Oberflachlich aufgelagerte Muskeln: *S.* Sphincter ani externus, *T. s.* M. transversus perinei superficialis, *J. c.* Ischio-cavernosus, *B. c.* Bulbo-cavernosus. In der Umrahmung: *G. max.* Musc. glutaeus maximus.

schluß nicht gefährdet, selbst wenn man annimmt, daß diese Teile sich gleichzeitig mit den anderen kontrahieren.

Eine Erschlaffung der Muskeln des Diaphragma pelvis führt umgekehrt infolge des Andrängens des Bauchinhaltes und namentlich des Rectuminhaltes zu einer Herabdrängung der hinteren Rectumlehne und der beiden Afterlippen und damit zugleich zu einem Auseinandertreten derselben nach vorn und hinten und zur Erweiterung der Afteröffnung. Die Muskelfasern des Diaphragma pelvis dehnen sich dabei.

Eine solche Erschlaffung und Verlängerung der Muskeln des Beckendiaphragma und namentlich des Levator, verbunden mit Senkung der Kiellinie und Auseinandergehen der hinteren und vorderen Afterlippe muß bei der Defäcation stattfinden.

Das Diaphragma pelvis ist der wichtigste Faktor zur Sicherung des Beckenverschlusses. Indem das Rectum, bevor es nach außen abbiegt, über dem Steißbein und der hinteren Afterlehne nach vorn läuft und durch letztere getragen wird, trägt es auch seinerseits auf seiner ventralen Wand einen Teil der Baucheingeweide und wird durch den gegen diese Wand wirkenden Druck geschlossen gehalten, um sich erst bei stärkerem Andrängen des Darminhaltes von oben her zu öffnen und zu füllen.

Im weiblichen Geschlecht liegt in der Halfter des Diaphragma rectale nicht bloß das Ende des Rectum, sondern auch die schräg nach vorn absteigende Scheide. Dieselbe besteht gleichsam aus zwei übereinandergelegten, durch einen Spalt getrennten Platten (Vorder- und Hinterwand), die seitlich verbunden sind. Die Seitenränder sind anscheinend durch starke Fascienverbindung (aus der Fascia pelvis) nach vorn oben festgehalten. Auf der Vorderwand lastet der Druck der davor und darüber gelegenen Baucheingeweide; sie wird indessen wenigstens in der Mitte mehr durch die Hinterwand der Scheide als durch jene Fascienbefestigung getragen. Noch geringer ist der Einfluß der seitlichen Faserbefestigung zur Fixierung der Hinterwand, indem diese an und für sich in größerem Betrag nach hinten ausweichen und von der zwischen den Seitenrändern festgehaltenen Vorderwand abgehoben werden kann. Unter gewöhnlichen Verhältnissen wird also die Hinterwand der Scheide wesentlich vom Ende des Rectum und von der hinteren Afterlehne getragen und gestützt. Indem nun aber eine nicht unerhebliche Portion des Levator ani in das Gewebe zwischen Rektum und Vagina einstrahlt, wird durch diese Anordnung ermöglicht, daß bei Wirkung der Bauchpresse zwar unter Erschlaffung der Hauptportion des Levator ani die Eröffnung des Afters zur Defäcation vor sich gehen kann, die hintere Scheidenwand aber doch wegen Anspannung des „Levator vaginae" hochgehalten wird und der vorderen Scheidenwand nahe bleibt. Der Scheidenverschluß ist dabei erhalten; die Senkung des Uterus in die Scheide hinein, die sonst unter der Einwirkung der Bauchpresse bei dem verminderten Druck des Mastdarminhaltes allein zustande kommen könnte, wird verhindert.

Man muß dabei freilich annehmen, daß die Portio vaginalis des Muskels kontrahiert bleiben kann, während der Levator ani im engeren Sinn des Wortes erschlafft.

Die Faserung der Beckenfascie, welche von der Beckenwand und vom Beckenboden her an die Beckeneingeweide ausstrahlt, möchte ich wenigstens zum großen Teil nicht sowohl als eine Faserung aufgefaßt wissen, welche die betreffenden Beckeneingeweide nach oben zurückhält, denn vielmehr als eine solche, welche sich bei Verschiebungen der Eingeweide nach vorn, hinten oder nach den Seiten und namentlich bei ihrer Verschiebung nach oben hin anspannt. Es gilt dies auch für die sog. Prostatabänder im männlichen Geschlecht.

Die oben auseinander gesetzte Auffassung von der Bedeutung des Levator ani und des Levator vaginae erfährt eine interessante Bestätigung durch neuere Erfahrungen, nach welchen Verletzungen dieser Muskeln (infolge von Geburten etc.) besonders häufig zu Prolaps des Uterus führen.

B. Die Muskeln der weichen Bauchdecken.

Die Muskulatur der weichen Bauchdecken besteht aus einem Paar vorderer und einem Paar hinterer longitudinaler Muskeln und aus den drei breiten Bauchmuskeln, welche jederseits annähernd die ganze Breite der Wand von der Wirbelsäule bis zur vorderen Mittellinie einnehmen (Fig. 35).

Die hinteren longitudinalen Muskeln liegen seitlich von der Lendenwirbelsäule, die vorderen unmittelbar neben der vorderen Mittellinie.

Indem das Muskelfleisch der breiten Muskeln gleichsam der longitudinalen Muskeln ausweicht und wesentlich nur in der von den letzteren freigelassenen Strecke der Bauchwand Platz nimmt, während nur dünne sehnige Fortsetzungen an den longitudinalen Muskeln vorbei zu der vorderen Mittellinie und zu den Lendenwirbelquerfortsätzen ziehen, erhält der musculotendinöse Grundteil der weichen Bauchdecken überall annähernd die gleiche Mächtigkeit und bildet zusammen mit der äußeren Bedeckung der

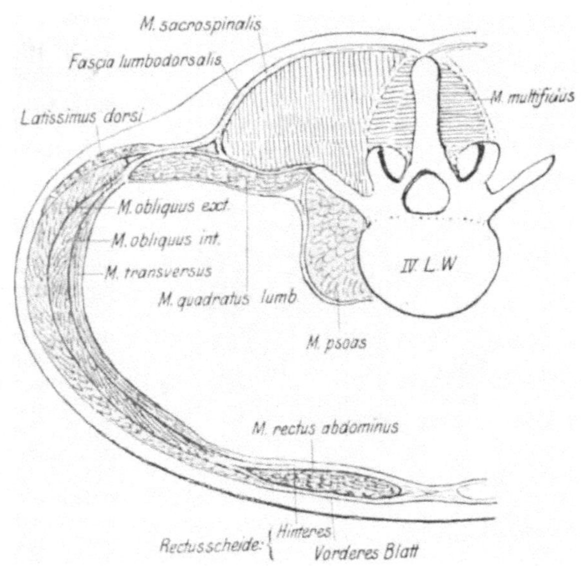

Fig. 35. Querschnitt der Stammwand zwischen Brustkorb und Becken.

Haut und dem innen angelagerten Bauchfell einen verhältnismäßig dünnen und gleichmäßig biegsamen Abschnitt der Wand, im Vergleich zu dem mächtig verdickten hinteren Lendenteil der Bauchwand, welcher die Wirbelsäule und die ihr unmittelbar angelagerten Muskeln enthält. In der vorderen Mittellinie entsteht durch das Zusammenstrahlen und die gegenseitige Durchkreuzung der Sehnenfasern der breiten Muskeln die sog. Linea alba.

a) Die longitudinalen Muskeln.

1. Der **M. quadratus lumborum** zieht als eine breite, relativ kurze Muskelplatte jederseits von der Wirbelsäule, vor und neben den Spitzen der Lendenwirbelquerfortsätze und vor den ilio-lumbo-costalen Bändern vom Darmbein bis zur 12. Rippe. (Näheres siehe die Lehrbücher.)

2. Die beiden **geraden Bauchmuskeln** (Recti abdominis) liegen als breite Fleischriemen in der vorderen Bauchwand neben der vorderen Mittellinie. Sie sind ziemlich gleich breit oberhalb des Nabels und verschmälern sich unterhalb,

was wohl mit einer Faserabgabe von oben her an die Linea alba zusammenhängt. Sie greifen vorn an der Thoraxwand hinauf, um sich in ziemlich gleicher Höhe am Schwertfortsatz, am Lig. costo-xiphoideum und an den Knorpeln der 5., 6. und 7. Rippe anzuheften. Der untere Ansatz geschieht, namentlich im Außenteil sehnig, am oberen Rande des Schambeins neben der Symphyse, näher der vorderen Peripherie derselben. Die beiden Muskeln sind durch den Besitz einer größeren Zahl annähernd symmetrischer, querer Inscriptionen ausgezeichnet. Ihnen schließt sich der inkonstante M. pyramidalis an.

Der M. pyramidalis. Er liegt, wenn vorhanden, vor dem Innenrand des unteren Endes des Rectus neben der Linea alba. Er kann verschieden stark entwickelt, gut fingerlang oder kürzer sein, oder auf der einen Seite oder ganz fehlen.

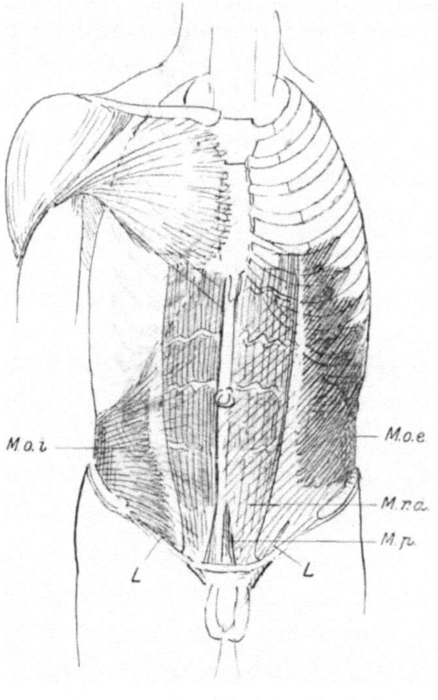

b) Die breiten Bauchmuskeln.

Sie sind jederzeit in dreifacher Schicht vorhanden. Von außen nach innen folgen aufeinander:

1. Der M. obliquus externus,
2. der M. obliquus internus,
3. der M. transversus.

Der mittlere der drei breiten Muskeln ist der **innere schräge Bauchmuskel** (M. obliquus internus sive oblique ascendens). Seine Fasern, soweit sie an der mittleren Lippe des Darmbeinkammes fleischig und vermittels einer Sehne entspringen, ziehen in der Bauchwand schräg aufsteigend ventralwarts; die hintersten inserieren an den Enden der letzten Rippen, die folgenden ziehen in gleicher Flucht mit den inneren Zwischenrippenmuskeln und teilweise direkt an sie anschließend tangential am Rippenbogen vorbei gegen den Seitenrand des Rectus, so daß zwischen ihrer sehnigen Fortsetzung und dem Rippenbogen gleichsam ein toter Winkel freigelassen wird (Fig. 37). Die vorn am Darmbeinkamm entspringenden Fasern verlaufen mehr horizontal; daran schließen sich Fasern, welche aus der Fascie des M. iliacus in der Linie zwischen Spina ossis ilei ant. sup. und Tuberculum pubicum entspringen, wobei sie dazu beitragen, diese Fascie zum äußeren Teil des Leistenbandes zu verstärken;

Fig. 36. Muskulatur der weichen Bauchdecken von vorn. *M. r. a.* Musc. rectus abdominis, *M. o. e.* M. obliquus externus, *M. o. i.* M. obliquus internus, *M. p.* M. piriformis, *L.* Leistenkanal. (Das vordere Blatt der Rectusscheide ist durchscheinend gedacht.)

je tiefer diese Fasern, desto mehr ist ihr Verlauf horizontal und zuletzt einwarts absteigend. Die letzten Fasern erreichen mit ihrer sehnigen Fortsetzung nicht mehr den Rectus, sondern das Tuberculum pubicum und das mediale Ende des sog. Leistenbandes. Wo sich der freie untere Rand des Muskels auf eine kleine Strecke vom Leistenband entfernt, schiebt sich der Samenstrang (im weiblichen Geschlecht das runde Mutterband) zwischen durch.

Das Muskelfleisch geht im allgemeinen etwas nach außen vom Rectus in die Endsehne über; letztere spaltet sich der Fläche nach in zwei Blätter, welche den Rectus zwischen sich fassen, um sich innen an demselben untereinander und mit den Sehnen der anderen breiten Bauchmuskeln der gleichen und der entgegengesetzten Seite in einem Faserfilzstreifen (Linea alba) zu vereinigen und zu durchflechten. Das hintere Sehnenblatt fehlt hinter dem obersten Teil und hinter dem unteren Drittel des Rectus. Seine untersten Fasern zeigen sich in ihrer Verlaufsrichtung eigentümlich abgelenkt. Doch kann auf eine genauere Würdigung dieser und anderer Details in der Sehnenfaserung der breiten Bauchmuskeln hier nicht eingegangen werden.

Wahrend so der Obliquus internus in der Flucht und Fortsetzung der Rippenwand und inneren Intercostalmuskeln liegt, greift der innen angelagerte **quere Bauchmuskel** (M. transversus abdominis) mit seinen oberen (Rippen-) Ursprüngen etwas an die Innsenseite des unteren Thoraxrandes. Die oberste Zacke entspringt hinten am 7. Rippenknorpel und endet hinten an der Spitze des Schwertfortsatzes. Die folgenden Fasern gehen zur Linea alba. Die hinten zwischen dem Ende der XII. Rippe und dem Darmbeinkamm gelegenen Fasern entspringen sehnig aus der Fascia lumbodorsalis, wo sie sich um den Seitenrand des Erector trunci herumkrümmt, um sich an den Lendenwirbelquerfortsatzen anzuheften; und zwar entspringt der Muskel teils aus dem vorderen Schenkel der Krümmung und durch dessen Vermittelung von den Lendenwirbelquerfortsatzen, teils mit einem auf eine kurze Strecke selbstandigen Sehnenblatt aus dem hinteren Schenkel der Krümmung. Der M. quadratus lumborum liegt vor dem Ursprung des Transversus (s. Fig. 35).

Die untere Partie des Transversus entspringt vom vorwarts abschüssigen Teil des Darmbeinkammes (innere Lippe) und, immer steiler ventralwarts absteigend, je tiefer der Ursprung, vom äußeren Teil des Leistenbandes (Fascie des Iliacus). Die letzten Fasern reichen nicht soweit hinab als die unterste Partie des Obliquus internus, sind aber meist von letzteren nicht genau zu scheiden.

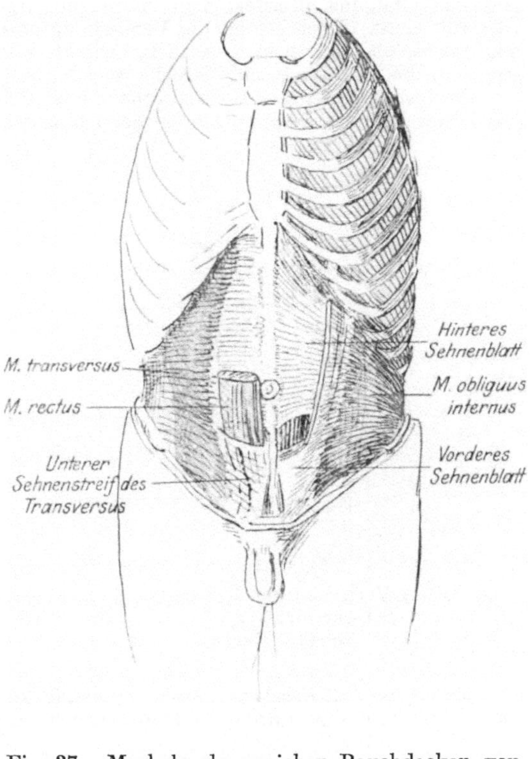

Fig. 37. Muskeln der weichen Bauchdecken von vorn. M. intercostalis internus links. Vorderes Blatt der Rectusscheide teilweise entfernt, ebenso der ganze Rectus links, der obere Teil desselben rechts. M. obliquus internus, und M. transversus.

Das Muskelfleisch des Transversus geht in die Sehne über in einer flach medianwarts konkaven Linie, welche oben hinter den Rectus einrückt. Die Sehne sondert sich der Breite nach in zwei Teile, einen oberen größeren, welcher sich mit dem hinteren Blatt des Obliquus internus vereinigt und hinter dem Rectus zur Linea alba geht, und in einen unteren, dem unteren Drittel des Rectus entsprechenden Streifen, welcher vor dem Rectus vorbeizieht und sich dem vorderen Blatt der Obliquus internus-Sehne anschließt.

Der oberflächliche der drei breiten Bauchmuskeln ist der **äußere schräge Bauchmuskel** (Obliquus externus, M. oblique descendens). Er steigt im ganzen Verlauf deutlich schräg gegen die ventrale Mittellinie ab (Fig. 36). Er greift oben an der Außenseite der Brustwand weit hinauf und entspringt mit getrennten

Zacken von horizontalen Linien, welche die Rippen von der 5. an bis zur 12. überqueren, oft auch mit Zwischenfasern aus Sehnenbogen der die Intercostalmuskeln bedeckenden Fascie. Das Muskelfleisch reicht nicht weit über den Darmbeinkamm hinaus nach vorn. Die untersten und hintersten Fasern erreichen fleischig den vorderen Teil des Darmbeinkammes, die folgenden sehnig das Leistenband; durch eine Lücke für den Samenstrang (oder das runde Mutterband) davon getrennt folgen Fasern, die sich direkt zum Tuberculum pubicum und zum oberen Rand des Schambeins neben der Symphyse begeben. Alle übrigen Fasern ziehen vor dem Rectus vorbei zur Linea alba. Sie vereinigen sich mit dem vorderen Sehnenblatt des Obliquus internus (dem unten auch die Sehnenfasern des Transversus beigesellt sind). Doch erfolgt die Vereinigung unten erst ziemlich nah der Mittellinie, weiter oben schon mehr seitlich. Die obersten Fasern des Obliquus externus erreichen die Mittellinie eine Strecke nach unten vom Schwertfortsatz.

Die beiden außen am Rectus voneinander sich trennenden, innen am Rectus sich in der Linea alba vereinigenden Sehnenblätter des Obliquus internus, mit den sich ihnen anschließenden Sehnen des Transversus und Obliquus externus bilden die sog. Rectusscheide (Fig. 38). Das vordere Blatt heftet sich unten vor dem Ansatz des Rectus an das Schambein, oben wird es durch Sehnenfasern, welche zum Teil einer abdominalen Randzacke des Pectoralis major entsprechen, resp. durch analog schräg verlaufende Fascienfasern vervollständigt. Das hintere Blatt fehlt angeblich hinter dem unteren Drittel des Rectus, indem es in einer abwarts konkaven Linie (Linea semilunaris Douglasii) aufhört. Doch ist eine Art dünner, teilweise mit dem Peritoneum innig verbundener Fortsetzung, welche zugleich als

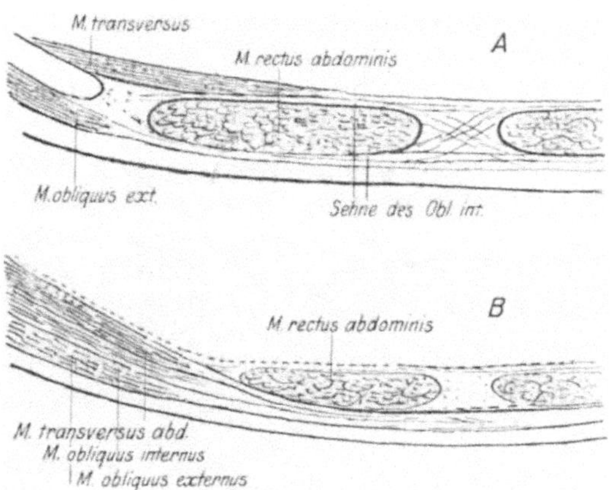

Fig. 38. *A* Verhalten der Rectusscheide zwischen Nabel und Schwertfortsatz, *B* am unteren Viertel des Rectus.

Fortsetzung der sog. Fascia transversa aufgefaßt werden kann, auch hier vorhanden. Ganz oben wird das hintere Blatt wesentlich nur vom Transversus gebildet.

Die Inskriptionen des Rectus und ihr Verhalten zur Rectusscheide.

Der Rectus abdominis ist (Fig. 36) durch sehnige Inskriptionen unvollkommen in einzelne Unterabteilungen zerlegt. Die zwischen Brustkorb und Becken gelegenen Inskriptionen durchsetzen nicht die ganze Dicke der Muskelplatte, sondern lassen die hinterste Peripherie frei und ungeteilt; vorn liegen sie zutage und sind mit dem vorderen Blatt der Rectusscheide verwachsen. Namentlich strahlen von oben her Sehnenfasern des Obliquus descendens in dieselben ein. Eine unterste Inskription, welche nur im äußersten Teil des Muskels ausgeprägt ist, findet sich zwischen Nabel und Schambein, etwas über der Mitte des Abstandes. Eine vollständige, d. h. die ganze Breite des Muskels einnehmende Inskription liegt unmittelbar über dem Nabel, eine zweite solche halbwegs zwischen Nabel und Schwertfortsatz. Eine letzte Inskription, welche meist die ganze Dicke des Muskels durchsetzt, liegt vor dem Rippenbogen.

Die so unvollkommen getrennten Längsabschnitte des Rectus erhalten getrennte motorische Nerven. Nach den Untersuchungen von Ramström werden die drei über dem Nabel gelegenen Segmente wesentlich je aus dem 7., 8. und 9.

Intercostalnerven versorgt; je nur wenige Fasern kommen aus dem caudal angrenzenden Intercostalnerven.

Das Segment unter dem Nabel wird aus dem 10. Intercostalnerven versorgt ebenfalls mit etwelcher Beteiligung des 11. Intercostalnerven, das letzte Segment aus dem 11. und 12. Intercostalnerven, mit etwelcher Beteiligung des N. iliolumbalis (Fig. 42).

Es unterliegt also keinem Zweifel, daß die Urwirbel, die den Lendenwirbelkörpern entsprechen, zur Bildung des M. rectus abdominis nichts Wesentliches beitragen. Dafür werden sie für die Bildung der Muskulatur der unteren Extremität in Anspruch genommen (M. iliopsoas, Sartorius und Quadriceps, Adductoren).

Daß nun das zwischen den basalen Muskelanlagen der Extremität sich entwickelnde knorpelige Gürtelstück (Hüftbein) in seinem primitivsten Auftreten ventral bis hinten an das 12. Brustsegment sich erstrecke und erst nachtraglich von demselben sich entferne unter Mitnahme des caudalen Endes des Rectus und entsprechender Dehnung der ventralen Bauchwand, hat Bolk wahrscheinlich zu machen gesucht.

Auch nach Warren H. Lewis (Handbuch der Entwickelungsgeschichte des Menschen von Keibel und Mall I. S. 479) scheinen sich die lumbalen Myotome, von den ersten vielleicht abgesehen, nicht an der Bildung der breiten Bauchmuskeln und der Recti zu beteiligen. Nach diesem Autor ist die Segmentierung des M. rectus möglicherweise ein sekundärer Vorgang. In frühen Stadien (11 mm langer Embryo), wenn die ventralen Kanten der Myotome zur Bildung des Rectus zusammenfließen, war Lewis nicht imstande, in ihm Myosepta zu entdecken.

Die allgemeine Annahme geht dahin, daß sich im Rectus abdominis die Spuren der Metamerie erhalten haben, während sie in den Obliqui und im Transversus vollständig verschwunden sind.

Stellen wir uns vorderhand auf den Boden dieser Theorie, so müssen wir als Ursache für die Erhaltung der metameren Gliederung im Rectus wohl vor allem den Umstand in Rechnung ziehen, daß dieser Muskel im Vergleich zu dem Transversus und den Obliqui eine geringere Umlagerung des Faserverlaufes erfahren hat. Immerhin kann man sich fragen, ob nicht vielleicht das Vorhandensein der Inskriptionen in den Recti gewisse Vorteile bietet, welche unter Zuhilfenahme des Prinzipes der Auslese das weitere hartnäckige Persistieren derselben verständlich machen könnten, oder ob vielleicht zwischen den Inskriptionen und der Umgebung frühzeitig besondere mechanische Wechselbeziehungen sich ausbilden, welche das Erhaltenbleiben der Inskriptionen begünstigen.

Ohne auf diese Fragen zurzeit eine entscheidende Antwort geben zu können, möchte ich doch auf folgendes aufmerksam machen.

1. Die Inscriptiones tendineae dienen als Rahmen, in welchen die Fleischfasern eingespannt sind und durch welche sie in ihrer Lage nebeneinander erhalten werden. Es wird durch sie verhindert, daß die Fasern des Muskels bei seitlichen Biegungen zu einem rundlichen Strang zusammenrücken. Durch die Verbindung der Inskriptionen mit dem vorderen Blatt der Rectusscheide werden die Fasern in ihrer Lage neben der vorderen Mittellinie des Bauches erhalten. Dieser Nutzen wird erreicht, auch wenn die Inskriptionen nicht vollständig durch die ganze Dicke des Muskels hindurchgehen. Daß es sich hier aber um einen der selbständigen Variation unterworfenen Charakter handelt, der ausschlaggebend sein konnte bei der Auslese im Kampf ums Dasein, darf füglich bezweifelt werden.

2. Ein eigentümliches Zusammentreffen ist, daß bei der Vorbeugung älterer Kinder und Erwachsener die Hauptknickung der vorderen Bauchwand durch die Nabelgegend geht und der Nabelinskription entspricht (Fig. 39). Es unterschneidet die betreffende Knickungsfurche den Thorax im ganzen. Eine zweite höhere Nebenfurche, etwa der Verschiebung zwischen den fluktuierenden und nicht fluktuierenden Rippen entsprechend, fällt mit der nächst höheren Inskription zusammen. Bei seitlicher Biegung endlich (Fig. 40) zieht sich die Hauptknickungslinie der Beugeseite meist ungefähr nach der unvollständigen

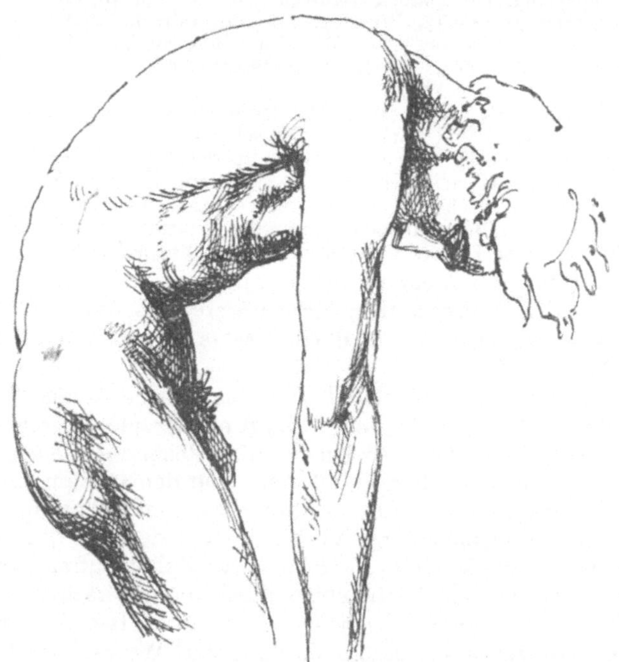

Fig. 39. Verhalten der vorderen Bauchwand bei der geraden Vorbeugung im Stamm. Nach Harleß.

Incisur am Seitenrande des Rectus unter dem Nabel hin. Die Figuren 39 und 40 nach Harleß illustrieren das Zustandekommen dieser Knickungsfurchen.

Die Vermutung, es möchte das Erhaltenbleiben (oder allenfalls die sekundäre Entstehung) der betreffenden Inskriptionen durch diese Knickungen bedingt sein, muß jedoch zurückgewiesen werden, indem diese Knickungen beim Fötus und auch beim Neugeborenen noch nicht in der späteren typischen Weise vorhanden sind, während die Inskriptionen im wesentlichen schon das gleiche Verhalten zeigen wie beim Erwachsenen. Eher könnte man annehmen, daß die Knickungslinien sich in ihrer genaueren Lokalisierung nach den Inskriptionen richten.

3. Bei der Einziehung der weichen Bauchdecken, namentlich aber
bei der Vorbeugung des Bruststammes gegen das Becken bleiben die
Recti nicht geradlinig, werden vielmehr durch die quere Spannung der
breiten Bauchmuskeln namentlich in ihrem oberen Teil und in der
Nabelgegend nach hinten zurückgehalten. Es kommt hier zu einer
Druckwirkung zwischen dem Rectus und dem vorderen Blatt der Rectusscheide. Man darf sich vielleicht vorstellen, daß für viele Fasern der

Fig. 40. Verhalten der vorderen Bauchwand bei der Seitenbeugung im Stamm.
Nach Harleß.

breiten Bauchmuskeln die Verkürzungs- und Arbeitsgelegenheit günstiger ist, wenn sie sich mit den vorhandenen Inskriptionen des Rectus
in Verbindung setzen. In der Tat sind die Inskriptionen mit dem vorderen
Blatt der Rectusscheide verbunden, und diese Verbindung geschieht
z. T. in der Weise, daß die Sehnenfasern des Obliqui beim Auf- resp.
Absteigen portionenweise in die Inskriptionen einstrahlen und in denselben z. T. stecken bleiben, ohne jenseits wieder aufzutauchen und
weiterzugehen. Ihr Zug kann durch Vermittelung der Inskription einmal auf die Linea alba, andererseits in der Längsrichtung im Rectus

aufwärts oder abwärts fortgesetzt werden. Ein solches Verhalten der Sehnenfasern der Obliqui habe ich schon beim Neugeborenen und Fötus nachweisen können; es ist ganz besonders ausgeprägt an den Inskriptionen unterhalb des Rippenbogens und beim Obliquus externus. Durch ein solches Verhalten muß erreicht werden, daß sich der Rectus in den Inskriptionen etwas schärfer krümmt, während die Fleischabschnitte etwas besser gestreckt bleiben können.

4. In der schärferen Krümmung liegt nun ein Moment zur besonderen Verstärkung des Druckes und Gegendruckes zwischen dem Rectus und dem vorderen Blatte der Rectusscheide gerade an der Stelle der Inskriptionen. Durch eine solche stärkere Druckwirkung wird an der Druckstelle die Entwickelung von Fleischfasern, die Einengung der Inskription und ihr gänzliches Verschwinden gehindert nach einem allgemeinen Prinzip, auf welches ich im ersten Bande dieses Lehrbuches (S. 120) hingewiesen habe. An der hinteren Seite des Rectus, an welcher eine solche Druckwirkung sich nicht mehr geltend macht, besteht dieser hindernde Einfluß nicht; hier verschwindet im Laufe der Entwickelung die sehnige Unterbrechung. Die verstärkte Druckwirkung zwischen Inskription und vorderem Blatt der Rectusscheide begünstigt andererseits die weitergehende Verwachsung.

Bei den Inskriptionen, welche sich vor den Rippenknorpeln befinden, sind die mechanischen Verhaltnisse zum Teil etwas andere. Es durchsetzt hier häufiger die Inskription die ganze Dicke des Muskels. Der Druck an der Vorderseite ist hier weniger ausgesprochen; dafür kommt auch an der Rückseite zeitweilig ein Druck und Gegendruck zwischen Muskel und Unterlage zur Geltung. Wegen der gegenseitigen Verschiebung hält sich der Muskel gegenüber der Unterlage frei. An der Vorderseite laßt sich auch hier eine Einstrahlung von Obliquus externus- oder Pectoralis-Sehnenfasern in die Inskriptionen beobachten.

Ob ahnliche Gesichtspunkte mit Rücksicht auf das Verhalten bei den Vierfüßlern wirklich zur Erklarung herbeigezogen werden können, muß eine genauere Untersuchung lehren.

Im vorigen konnte ich auf einige Verhältnisse der Inskriptionen und der Rectusscheide hinweisen, welche sich heute schon entwickelungsmechanisch erklären lassen. Es scheinen mir aber auch noch einige andere Punkte in dem Verhalten der Rectusscheide aus entwickelungsmechanischen Gründen gut verständlich zu sein.

Vor allem das Fehlen einer Transversus- und Obliquifaserung hinter dem unteren Drittel des Rectus abdominis (Fig. 38 B).

Beim Transversus und Obliquus internus kommen hier nur solche Fasern in Betracht, welche am vorwärts abschüssigen Teil des Darmbeinkammes und am Leistenband, also direkt oder indirekt am Becken entspringen und welche gegen die Linea alba (eventuell auch über sie hinüber zur Leiste der anderen Seite) oder gegen den oberen Rand der Schambeine neben der Symphyse, oder allenfalls gegen das untere Ende des gleichseitigen Leistenbandes absteigen (vom M. cremaster sehen wir ab). Die einzige Verkürzungsgelegenheit für diese Fasern ist gegeben in der Abflachung der vorgewölbten Bauchwand des Hypogastrium.

Diese Verkürzungsgelegenheit ist größer für Fasern, welche vor dem Rectus, als für solche, welche hinter ihm vorbeigehen, weil die ersteren stärker und länger ausgebogen bleiben. Man versteht, daß die kontraktilen Elemente der genannten Muskelportionen, welche mit der vorderen Faserlage am Rectus in Konnex treten, vor den anderen bevorzugt sind, also gewissermaßen diesen Konnex aufsuchen.

Für die Fasern des Obliquus externus aber, welche sich vor dem Darmbeinstachel mit denen des Obliquus internus und transversus kreuzen und durch sie oberflächlich gehalten sind, besteht zwar einerseits die Möglichkeit der Verkürzung durch Abwärtsbewegung der Rippen; andererseits aber ist auch für sie die Abflachung des vorgewölbten Hypogastrium eine Verkürzungsgelegenheit, welche bei möglichst oberflächlichem Verlauf ihrer im Hypogastrium gelegenen Faserung am besten ausgenutzt werden kann.

Verhalten im Epigastrium. Der Teil des Obliquus internus, welcher gegen die mittleren und oberen Teile der vorderen Mittellinie des Bauches hinzieht, hat bei der Einziehung der Linea alba gegenüber dem Rippenbogen und der Brustwirbelsäule, wie sie namentlich mit vorderer Annäherung des Brustkorbes an das Becken oder mit asymmetrischer Annäherung gegen die Beckenhälfte seiner Seite verbunden ist, genügende Verkürzungsgelegenheit nicht bloß in den vor, sondern auch in den hinter dem Rectus vorbei zur Linea alba ziehenden Fasern, während andererseits bei Feststellung des unteren Thoraxrandes gegenüber dem Becken die vor dem Rectus vorbeiziehenden Fasern immer noch merklich günstiger gestellt sind. Man versteht deshalb, daß die Obliquus internus-Faserung sowohl vor als hinter dem mittleren (und oberen) Teil des Rectus vorbeigeht. (Beim Tier scheint die dorsale Lage öfters ganz zu fehlen.) Dagegen sind beim M. transversus die hinter dem Rectus vorbei horizontal zur Mittellinie ziehenden Fasern günstiger gestellt. Sie haben vollständig genügende Verkürzungsgelegenheit bei der queren Verengerung des Bauches zwischen Becken und Brustkorb und bei der Verengerung des unteren Umfanges des Brustkorbes und seines Bauchausschnittes, so daß sie auf die Mitwirkung zur Abflachung des Epigastriums, das ja auch nicht so stark vorgewölbt wird wie der untere Teil der vorderen Bauchwand, verzichten können. Zudem zwingt der Ursprung des Muskelfleisches an der tiefen Seite des Thoraxrandes nahe der ventralen Mittellinie bei der großen Breite des Rectus in dieser Gegend zur Fortsetzung des Verlaufes an die Hinterseite des Rectus.

Für den Obliquus externus aber ist gar kein Einfluß auffindbar, welcher einen anderen Verlauf seiner Faserung als vor dem Rectus auch an dessen mittlerem und oberem Teil veranlassen könnte.

Linea alba. Wenn die Linea alba, dem symmetrischen Zuge korrespondierender Muskelfasern beider Seiten folgend, in resultierender mittlerer Richtung in der Medianebene bewegt wird, entfernt sie sich, sei's vom Becken, sei's von den Rippenbogen, auch in den Linien, welche die Fortsetzung jener Muskelfasern über die Mittellinie hinaus zur anderen Seite entsprechen. Noch mehr und genauer ist solches der Fall bei einseitiger Muskeleinwirkung auf die Linea alba, wobei sie zur Seite abgelenkt wird. Es würde sonach verständlich sein, daß von der Linea alba aus, auch wenn sie einen vollständig geschlossenen Faserfilz und nicht bloß eine lockere Faserkreuzung darstellt, Sehnen- resp. Fascien-fasern ausgehen, deren Richtung der Fortsetzung der auf der anderen Seite einwirkenden Muskelfaserung annähernd entspricht, ohne daß dabei jede einzelne eine direkte und isolierte Fortsetzung einer Muskel- oder Sehnenfaser darstellt. An gewissen Stellen scheint es sich aber tatsächlich um eine lockere Kreuzung zu handeln, in welcher die Sehnen-fasern unter Erhaltung ihrer Selbständigkeit, wenn auch mit etwelcher Abbiegung und gegenseitigen Verhackung ihren Weg zur anderen Seite fortsetzen. So läßt sich namentlich durch den unteren Teil der Linea alba die Faserung des Obliquus internus über die Mittellinie hinüber verfolgen, wobei sie sich im wesentlichen enger dem Rectus anschließt und mit der vom Obliquus internus und Transversus der anderen Seite gebildeten Lamelle der Vorderwand der Rectusscheide verwebt.

M. pyramidalis. Dieser Muskel entspringt unten vor dem Ansatz des Rectus neben der Symphyse und inseriert oben an der Linea alba. Er kann beiderseitig oder nur auf einer Seite vorhanden sein oder beider-seits fehlen. Auf die vergleichend anatomischen Verhältnisse soll hier nicht eingegangen werden. Was aber seine Funktion beim Menschen betrifft, so begnügt man sich im allgemeinen mit der Angabe, daß er die Linea alba spannt. Man muß wohl annehmen, daß ihm namentlich Gelegenheit zur Verküszung gegeben ist bei Annäherung des Schwert-fortsatzes und des Nabels an die Symphyse, wenn die unteren Teile der Recti nicht vorgewolbt, sondern stärker angespannt und gestreckt sind unter Einziehung des Unterbauches. Dann muß an und für sich die Linea alba unter dem Nabel erschlaffen und kann durch die Mm. pyramidales gespannt werden. Aber auch bei oben eingezogenem, unten vorgewölbtem Bauch wird die Längsspannung der vorderen Mittellinie unterhalb des Nabels durch den Zug des Pyramidalis vergrößert und wird ihrer Vorbuchtung zwischen den Recti entgegengewirkt. Dies scheint namentlich von Wichtigkeit zu sein, wenn die breiten Bauchmuskeln im Bereich der vorderen Bauchwand unterhalb des Nabels erschlafft sind.

C. Das Zwerchfell (Anatomie).

Das Zwerchfell. Das Zwerchfell ist eine musculotendinöse Scheidewand zwischen der Brust- und Bauchhöhle. Sie wölbt sich nach oben in den Thoraxraum hinein, so daß der darüber befindliche Brust-raum nur einen Teil des Thoraxraumes ausmacht; durch die Abflachung des Zwerchfells kann dieser Raum erweitert werden. Die Fasern des Zwerchfells laufen im allgemeinen meridional zur Wölbung, in den steil-sten Linien derselben (meist auch annähernd in Ebenen, welche senkrecht zu der Rumpfwand durch Längslinien derselben gehen) und kreuzen sich in einem mittleren Bezirk. Da die Verkürzungsmöglichkeit des Zwerchfells in diesen Bogenlinien im Verhältnis zu ihrer Länge relativ gering ist, so kann nicht in der ganzen Länge derselben Muskelfleisch vorhanden, sondern muß eine sehnige Strecke eingeschaltet sein.

Und weil sich im mittleren Teil die Faserrichtungen durchkreuzen, während sie an den Randteilen des Zwerchfells mehr parallel stehen, so ist der kontraktile fleischige Teil der Faserung randständig angeordnet, während die mittlere sich durchkreuzende und durchflechtende Faserung aus den Sehnenfasern gebildet ist und das Centrum tendineum darstellt. (S. Allgem. Teil S. 120).

Der fleischige Randteil heftet sich ringsum an der Innenseite der Rumpfwand fest. Wir unterscheiden den sternocostalen und den lumbalen Teil der Anheftung resp. des Ursprunges des Zwerchfells.

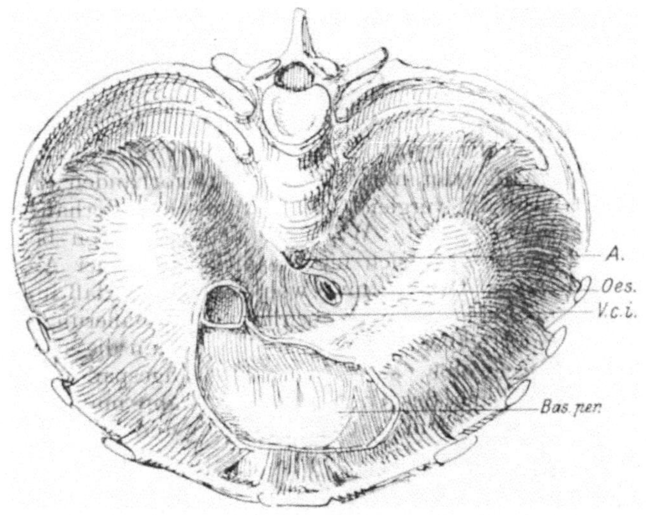

Fig. 41. Zwerchfell von oben. *A.* Aortenschlitz, *Oes.* Foramen oesophageum, *V.c.i.* Durchtrittsstelle der Vena cava inferior, *Bas. per.* Basis pericardii.

Sternocostalteil. Vorn schiebt sich der Ursprungsrand des Zwerchfells zwischen den M. transversus abdominis und den M. transversus thoracis ant. (M. triangularis sterni) ein. Die Anheftung geschieht auch weiter seitlich unmittelbar über derjenigen des Transversus abdominis, nah dem Rande des Bauchausschnittes der Thoraxwand. Eine sternale Zacke entspringt von der Hinterseite des Schwertfortsatzes. Die nächsten Fasern, von ihr meist durch eine Lücke getrennt, kommen von der Hinterseite des 7. und 8. Rippenknorpels. Von da geht die Ursprungslinie weiter zur tiefen Seite der Knochenknorpelgrenze der 9. Rippe und der Knochenenden der 10., 11. und 12. Rippe. Wo hier Zwischenrippenräume übersprungen werden, können Fasern auch von der tiefen Fascie der Zwischenrippenmuskulatur (aus Sehnenbogen) entspringen, wodurch die sonst getrennten Ursprungszacken miteinander verbunden werden.

Lumbalteil (Fig. 42). Zwischen dem Ende der 12. Rippe und den Querfortsätzen des 1. und 2. Lendenwirbels entspringen Muskelfasern des Zwerchfells, die schon zum Lumbalteil gehören, an der Fascie der Vorderfläche des Quadratus lumborum unter Bildung eines aufwärts konvexen Sehnenbogens, welcher den Zug auf jene Skelettpunkte am Rand des Muskels fortleitet; daran schließen sich die Fasern aus der Vorderseite des M. psoas, aus einem Sehnenbogen, der mit aufwärts ge-

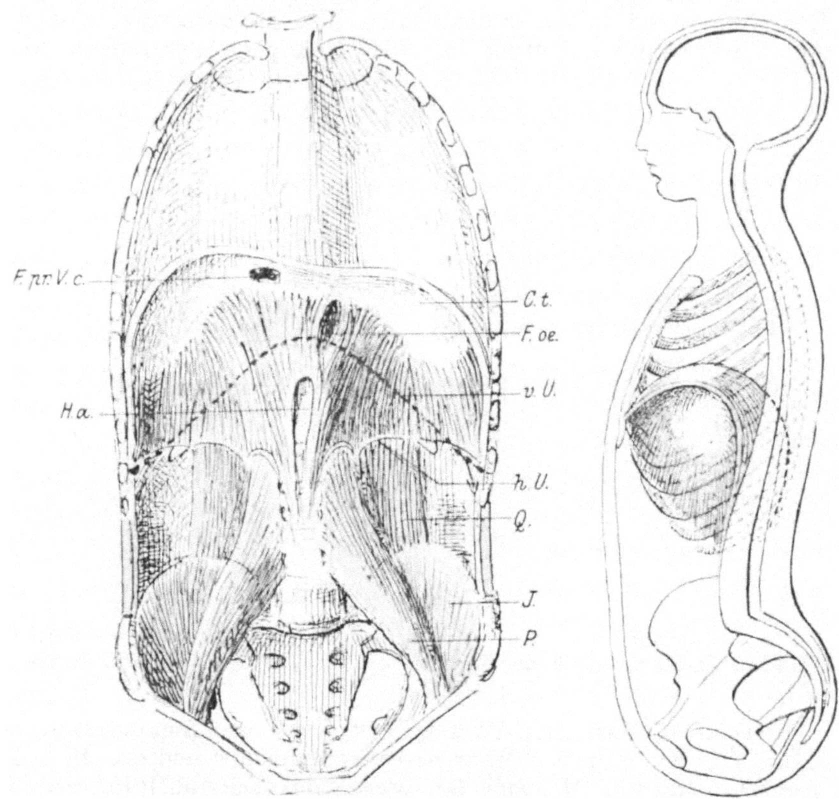

Fig. 42. Zwerchfell und hintere Bauchwand von vorn. *F. pr. V. c.* Foramen pro Vena cava inf., *F. oe.* Foramen oesophageum, *H. a.* Hiatus aorticus, *C. t.* Centrum tendineum, *v. U.* vordere Ursprungslinie des Zwerchfells, *h. U.* hintere Ursprungslinie, *Q.* Quadratus lumborum, *J.* Iliacus, *P.* Psoas.

Fig. 43.
Rechte Hälfte des Stammes und rechte Hälfte des Zwerchfells.

richteter Konvexität von jenen Querfortsätzen zur Vorderseite der Wirbelkörpersäule hinüberbrückt. Die mittlere Partie des Lumbalteils greift an der Körpersäule zwischen beiden Psoasmuskeln bis zum 3. und 4. Lendenwirbelkörper, links und rechts von der Aorta hinab, entspringt aber auch an der Gefäßscheide der Aorta selbst in einem enggekrümmten aufwärts konvexen Sehnenbogen.

Es ist einleuchtend, daß das Zwerchfell an der Wirbelkörpersäule soweit hinabgreift, als deren Vorderfläche nach oben der Faserung des Zwerchfelles zugewendet ist. Da die Aorta noch etwas nach links liegt, so ist natürlich die rechts von ihr befindliche Zacke die größere und weiter abwärts reichende (Fig. 42 und 43).

Die Wölbung des Zwerchfells entspricht nicht einer runden Kuppel mit kreisförmigem Rand; vielmehr ist sie in eine Rumpfhöhle hineingebaut, die beiderseits von der Wirbelsäule stark nach hinten ausgebuchtet ist (siehe Fig. 41).

Der mittlere Teil des Brustraumes über dem Zwerchfell ist zwischen Wirbelsäule und vorderer Brustwand durch eine Schicht relativ fester und eng aneinander geschlossener Eingeweide (Speiseröhre, Luftröhre und Luftröhrenäste, Herz und große Gefäße) eingenommen, die als Mediastinum bezeichnet wird (S. Fig. 49). Sie kann wohl etwas nach oben zusammengeschoben und verbreitert resp. nach unten zu ausgezogen und verschmälert werden, wobei das Herz im ersten Fall sich mehr quer, mit der Spitze mehr nach links hin, im zweiten Fall aber mehr senkrecht und mit der Spitze mehr nach unten hin stellt. Aber die größere Exkursionsmöglichkeit haben unzweifelhaft die jederseits seitlich vom Mediastinum gelegenen Teile des Zwerchfells, über welchen die ausdehnungs- und verengerungsfähigen Lungen liegen. Die beiderseits vom Mediastinum gelegenen Teile des Brustraumes sind ja bekanntlich von den Lungen ausgefüllt; wir wollen sie die „Lungenräume" nennen.

Die luftdicht in sie eingefügten Lungen bestehen 1. aus den kanalförmigen, offengehaltenen Verzweigungen der Luftröhrenäste (Bronchi, Bronchien, Bronchiolen), den begleitenden ernahrenden Blutgefäßen, Lymphgefaßen und Nerven, sowie den mehr oder weniger eng angeschlossenen Verzweigungen der vom Herzen kommenden Lungenarterie und der zum Herzen zurückkehrenden Lungenvenen. 2. Der übrig bleibende Raum des Organes wird durch das Lungenparenchym ausgefüllt, d. h. von den dünnwandigen Endverzweigungen der Luftwege (Alveolengänge und Alveolen) und den in den Alveolenscheidewänden sich ausbreitenden respiratorischen Blutkapillarnetzen, welche zwischen die Verzweigungen der Lungenarterie und der Lungenvenen eingeschoben sind.

Die Lungen sind in die „Lungenräume" luftdicht eingefügt. Erweitern sich die letzteren, so dehnen sich die dünnwandigen Endteile des Luftweges im Lungenparenchym aus, unter Zuströmen von Luft aus der Trachea. Umgekehrt entweicht aus ihnen bei Verengerung der Lungenräume Luft nach der Trachea hin (Inspiration — Exspiration).

Dementsprechend sind es namentlich die Seitenteile des Zwerchfells unter den Lungen, welche sich in stärkerem Grade abwechselnd abflachen und stärker in den Brustraum hinaufwölben lassen. In Übereinstimmung damit verlaufen nur die mittleren Fasern des Zwerchfells von vorn und hinten her gegen den Mittelpunkt des Zwerchfells. Die mehr seitlich gelegenen Fasern ziehen von vorn und hinten und dann auch von vorn außen, hinten außen und von außen her zur Hohe der Seitenteile empor. Die Fasern des mittleren Lumbalteils strahlen nach oben auseinander. Statt einer rundlichen hat das Centrum tendineum eine mehr halbmondförmige Gestalt, mit hinterer Konkavität und mit gerundeten breiten Enden jederseits, die sich vorn von einem kleinen mittleren Lappen deutlicher abgrenzen (siehe Fig. 41).

Die Länge und Richtung der Fleischfasern richtet sich nach der Verkürzungsgelegenheit, wobei aber nicht allein die Abflachung und Abänderung der Wölbung des Zwerchfells in Betracht kommt, sondern auch die Längenänderung bei den Biegungen des Stammes, insbesondere der Vor- und Rückbiegung.

Sie nimmt vorn und hinten von der Mitte nach den Seiten allmählich zu, ist aber in der Mitte vorn sehr viel geringer als hinten. Wir bringen dies in Zusammenhang 1. mit der Möglichkeit stärkerer Exkursion der hinten unter dem Herzen und näher an der Wirbelsäule gelegenen Teile bei der Atmung, 2. mit dem Umstand, daß bei den Vor- und Rückbiegungen der Wirbelsäule die hinteren, an der Lendenwirbelsäule und am Psoas entspringenden Fasern eine besondere Längenänderung erfahren, welche sich zu derjenigen aus der Wölbungsänderung des Zwerchfells hinzu summieren kann. Solches muß angenommen werden, insofern als bei der Vor- und Rückbiegung die mittleren Teile des Centrum tendineum einigermaßen die Exkursion des Brustkorbes (vordere Brustwand) gegenüber den mittleren Lendenwirbeln mitmachen. Die genaueren Verhältnisse der Beteiligung des Zwerchfells und des Bauches bei der Atmung sollen erst später im Zusammenhang besprochen werden.

D. Die Unterstützung der Baucheingeweide und der intraabdominale Druck.

Der Druck in der Bauchhöhle und die Spannung in der Bauchwand. Unter der Annahme, daß der Inhalt der Bauchhöhle allseitig verschieblich ist, gelten für den Druck desselben gegen die Bauchwand annähernd die hydrostatischen Gesetze. Wir unterscheiden in dem Druck, der vom Inhalt gegen die Wand an irgend einer Stelle ausgeübt wird, zwei Bestandteile:

a) den vom Gewicht abhängigen Anteil (Belastungsdruck);

b) den hiervon unabhängigen Teil (genereller intraabdominaler Druck). Letzterer ist gleich dem Druck, der im höchsten Punkt der geschlossenen Bauchhöhle vorhanden ist. Er kann gleich 0, d. h. = dem Atmosphärendruck, oder positiv oder negativ, d. h. größer oder geringer als der Atmosphärendruck sein.

Der Belastungsdruck ist für ein bestimmtes Flächenelement der Wand gleich dem Gewicht einer Inhaltssäule, deren Querschnitt gleich diesem Flächenelement und deren Höhe gleich der Niveaudifferenz seiner Mitte vom höchsten Punkt der Bauchhöhle ist (N—n und M—m in Fig. 44). Dabei kann wohl ein mittleres spezifisches Gewicht des Inhaltes in Betracht gezogen werden.

Je nach der Richtung des Flächenstückes ist bei gleichem Druck die vertikale Komponente des Druckes eine verschiedene.

Den aufwärts gerichteten Flächen der geschlossenen Wand stehen abwärts gerichtete Flächen von gleich großer Horizontalprojektion gegenüber, an welchen der vertikale Anteil des Druckes aufwärts gerichtet ist. Zerlegt man den Bauchhöhlenraum in vertikale prismatische Räume, so ist für jeden derselben der vertikale Anteil des Belastungsdruckes an der unteren begrenzenden Wandfläche, vermindert um den vertikalen Anteil des Belastungsdruckes an der oberen begrenzenden Wandfläche gleich dem Gewicht der betreffenden Inhaltssäule. In Fig. 44 (Vertikalschnitt durch die Bauchhöhle) sind zwei solche prismatische Säulen dargestellt, deren Querschnitte $= d$, deren Höhen $N—n = h$ und $M—m = H$ sind. Die Summe aller an der Bauchwand aufwärts oder abwärts wirkenden vertikalen Komponenten des Belastungsdruckes ist also gleich dem Gewicht des Inhaltes der Bauchhöhle, die betreffende Resultierende müßte durch den Schwerpunkt des Bauchhöhleninhaltes nach unten gerichtet sein.

Die horizontalen Komponenten des gesamten Belastungsdruckes und auch diejenigen des generellen Druckes sind für eine bestimmte Höhenzone der Wand in zwei senkrecht zueinander stehenden horizontalen Hauptrichtungen jeweilen zusammen $= 0$.

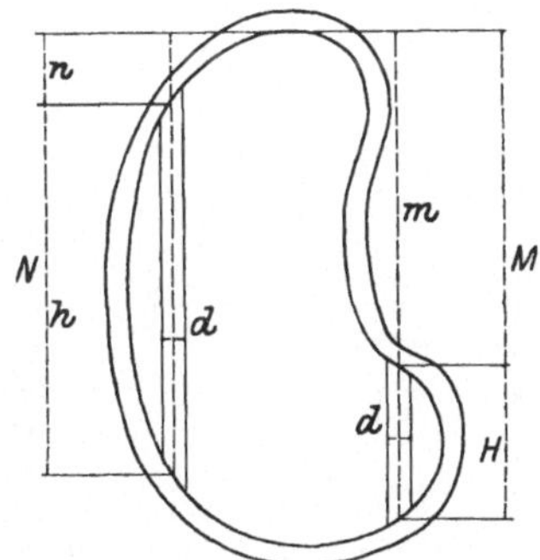

Fig. 44. Erklärung im Text.

Es versteht sich von selbst, daß im Innern der einzelnen Organe, im Darm, in der Harnblase, im Uterus ein besonderer Partialdruck bestehen kann, dem zum Teil durch die Eigenspannung der Wand Gleichgewicht gehalten wird, der also größer sein kann als der von außen auf dem Eingeweide lastende Druck. Insofern in Unterabteilungen der Bauchhöhle eine Schicht von Weichteilen zwischen einander gegenüberstehenden Flächen ohne die Möglichkeit des Ausweichens eingeklemmt ist, kann hier statt des nach obigen Prinzipien bestimmten Druckes ein besonders erhöhter partieller Wanddruck bestehen. Auf diese Weise ist es möglich, daß stärker wachsende oder durch stärkere Füllung ausgedehnte Eingeweide von festerer Konsistenz vorübergehend einen stärkeren Wanddruck an beschränkter Stelle ausüben und die Umgestaltung der Form der Wand lokal beeinflussen können (Beeinflussung der Gestalt des Beckens durch die Beckeneingeweide usw.).

Im allgemeinen haben wir uns vorzustellen, daß der gesamte intraabdominale Druck in der gleichen Höhenzone der Wand rings herum der gleiche ist, daß er aber in den verschiedenen Höhenzonen von oben nach unten zunimmt.

Einem von innen auf die weichen Bauchdecken wirkenden Druck kann nun ganz sicher bloß dadurch Gleichgewicht gehalten werden, daß die Bauchwand auswärts gekrümmt ist und daß in ihr in der Richtung dieser Krümmung eine Spannung vorhanden ist. Denken wir uns in dieser Richtung einen Streifen von der Breite d, und ist für die Länge d des Streifens die Richtungsänderung $= \varrho$, so ergibt sich bei einer Längsspannung σ dieses Streifens für das Flächenelement d^2 eine in der Normalrichtung des Flächenstückes nach der konkaven Seite hinwirkende Komponente $V = \sigma \cdot \cos \varrho$. Würde in der dazu senkrechten Richtung der Fläche eine Spannung Σ und eine Richtungsänderung r vorhanden sein, so ergäbe sich hieraus allein ein Normaldruck $n = \Sigma \cdot \cos r$ pro Flächenelement. Sind beide Bedingungen erfüllt, so ist die gesamte Druckwirkung des Flächenelementes d^2 nach innen $\sigma \cdot \cos \varrho + \Sigma_i \cdot \cos r$.

In der Fig. 45 ist ein Streifen ab der Bauchwand dargestellt, dessen Länge $= \lambda$ und dessen Bogenwert $= \varphi$ ist. Auf seine Enden wirken tangential zur Krümmung von den Nachbarteilen her die Spannungen s in a und z in b (wobei natürlich s absolute $= z$). Nach dem Schnittpunkt c der Tangenten verlegt, ergibt sich für s in der Richtung, welche den Bogen senkrecht trifft, eine Komponente $s^1 (= s) \cdot \cos \cdot \chi$ und in der dazu senkrechten Richtung eine Komponente $s \cdot \cos \chi$, wenn χ den Winkel darstellt, den die Normale der Krümmung in a mit der normal zur Krümmung durch c verlaufenden Geraden bildet. Für z aber ergibt sich analog in c eine Komponente normal zur Krümmung $= z \cdot \cos \psi$ und eine Komponente senkrecht dazu $= z \cdot \sin \psi$. Wird der Streifen kurz genug genommen, so daß sich im Verlauf desselben die Krümmung nicht merklich ändert, so treffen sich die 3 Normalen der Krümmung durch a, b und c im Punkte 0, Winkel $\chi = \psi$. Sind die Winkel χ und ψ klein genug, so ist $z \cdot \cos \psi + s \cdot \cos \chi = z$ (oder s) $\cdot \cos \varphi$, wenn $\varphi = \psi + \chi$ ist. Die beiden anderen Komponenten der Spannungen im Punkte c heben sich gegenseitig auf. Der von der konkaven Seite her auf den Wandstreifen einwirkende Druck kann bei gleichmäßiger Krümmung des Flächenstückes durch eine Resultierende ersetzt werden, welche ebenfalls in der Linie co, nur in umgekehrter Richtung wirkt. Soll der Wandstreifen festgestellt sein, so muß dieser Druck $= s \cdot \cos \psi$ sein. Den Punkt c muß man sich natürlich mit den Angriffsstellen des Druckes starr, d. h. durch genügend komprimierte Wandmaße verbunden denken.

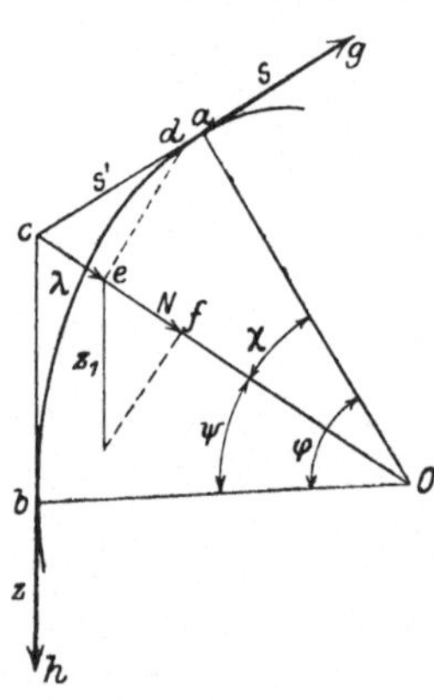

Fig. 45.
Erklärung im Text.

In den weichen Bauchdecken sind nun verschiedene Arten des Verhaltens denkbar.

1. In der longitudinalen sowohl als in der queren Richtung ist eine Konvexität nach außen und eine Spannung in der Wand vorhanden. Es summieren sich dann die nach innen gerichteten Druckkomponenten, um dem intraabdominalen Druck Gleichgewicht zu halten (Fig. 46 C).

2. In der einen Richtung des Flächenstückes fehlt jede Krümmung. Mag die Spannung in dieser Richtung noch so groß sein, so trägt sie zum Gleichgewicht entgegen dem intraabdominalen Druck nichts bei; dieses Gleichgewicht muß dann einzig durch die Spannung in der dazu senkrechten Richtung bewirkt, die Krümmung in dieser Richtung muß nach der Bauchhöhle zu konkav sein (Fig. 46 A).

3. In zwei zueinander senkrechten Richtungen ist das Wandstück umgekehrt gekrümmt. Jede Spannung in der Richtung der auswärts gewendeten Konkavität ergibt dann eine auswärts gerichtete Komponente und hält einem Teil des Normaldruckes nach innen, der von der Spannung der nach der Tiefe gewendeten Konkavität herrührt, Gleich-

gewicht. Der resultierende Druck ist $\sigma \cdot \cos \varrho - \Sigma \cdot \cos r$ oder $\Sigma \cdot \cos r$ $- \sigma \cdot \cos \varrho$ (Fig. 46 B).

Berücksichtigt man diese drei Möglichkeiten, und daß im allgemeinen der intraabdominale Druck von oben nach unten allmählich zunimmt, so lassen sich gewisse Beziehungen zwischen Form und Spannung der weichen Bauchdecken besser verstehen. So läßt sich bw. erwarten, daß im gleichen horizontalen Querschnitt bei der ungefähr gleichmäßigen Dicke der weichen Bauchdecken eine Krümmung ringsherum gleich groß sein müßte, wenn nicht in der Längsrichtung an verschiedenen Stellen verschiedene Verhältnisse herrschten. Man findet z. B. in einer Horizontalebene durch die Nabelgegend die horizontale Krümmung seitlich, in der Flanke größer als vorn. Dies könnte entweder darauf beruhen, daß vorn eine starke Längsspannung zugleich mit Längsauswölbung nach vorn vorhanden ist; daran ist nun bei wirklich abgeplatteter vorderer

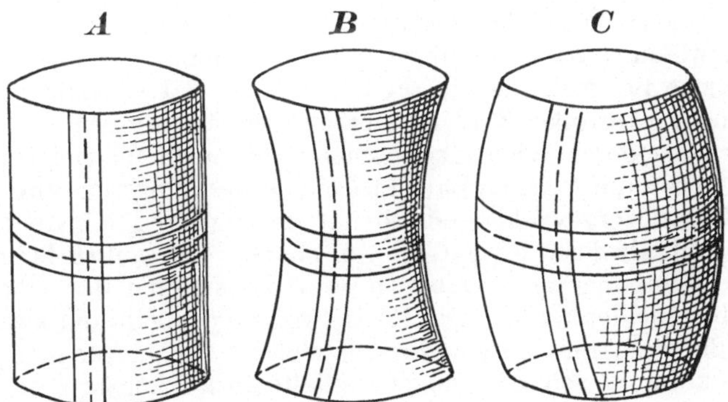

Fig. 46. Erklärung im Text.

Bauchwand im Mesogastrium nicht zu denken. Oder aber es muß in den Flanken eine Längskonkavität nach der Bauchhöhle zu vorhanden sein, zugleich mit Längsspannung (Spannung der beiden Obliqui). Durch den Brustkorb und die Darmbeinschaufeln ist oberhalb und unterhalb die Bauchdecke außen gehalten, zwischeninne aber ist sie wirklich durch die Anspannung des Transversus entgegen widerstehenden Längsspannungen eingebogen. Durch letztere wird der nach innen gerichtete Normaldruck in der Flanke vermindert.

Oder es handelt sich um Vorbeugung des Rumpfes entgegen Widerständen, unter starker Anspannung vor allem der Recti aber auch der Obliqui descendentes. Diese Muskeln suchen sich wohl möglichst zu strecken und die vordere Bauchwand aus der Ebene des Bauchausschnittes des Thorax nach vorn heranzuheben, bleiben aber doch in vorwärts konkaver Längswölbung oder Knickung zurück. Der M. transversus, aber auch die oberen und mittleren Fasern des Obliquus internus müssen stark gespannt sein, die weiche Bauchdecke muß vorn in der Nabel- und Taillengegend der Quere nach vorgewölbt sein, damit trotz der nach außen wirkenden Längsspannung der resultierende

Normaldruck nach hinten gerichtet ist und dem intraabdominalen Druck Gleichgewicht halten kann.

Verläuft der Rectus bei aufrechter Haltung völlig gestreckt vom Brustkorb bis zur Symphyse, so kann er zur Entwickelung eines Normaldruckes nach der Bauchhöhle hin nichts beitragen. Hier müssen also mehr oder weniger quer verlaufende Fasern angespannt sein, um dem intraabdominalen Druck im Hypogastrium Gleichgewicht zu halten, und sie müssen in einem Bogen verlaufen, der nach außen konvex ist, was teilweise nur möglich ist, wenn sie sich vor den Recti vorbeikrümmen — wie wir dies oben auseinander gesetzt haben.

Bei starker Auswölbung der ganzen unteren und mittleren Bauchgegend sind die Recti und Obliqui externi zum mindesten passiv angespannt. Die Längswölbung kann dabei gleichmäßig sein, während doch der intraabdominale Druck nach unten zunimmt; dann muß die Querspannung (in den breiten Bauchmuskeln) nach unten zunehmen. Oder die Spannung der letzteren ist oben und unten gleich; dann muß die Längswölbung nach unten zu größer werden.

Ähnliche Beispiele, die sich aus den obigen Sätzen verstehen lassen, würden noch in großer Zahl beigebracht werden können.

Von besonderer Wichtigkeit scheint mir noch folgendes Verhalten zu sein: Wenn die weichen Bauchdecken in der Längsrichtung nach der Oberfläche zu vorgewölbt sind, so hat der intraabdominale Druck im unteren Teil abwärts gerichtete, im oberen Teil aufwärts gerichtete vertikale Komponenten. Dabei müssen die ersteren das Übergewicht haben über die letzteren. Die Recti, wenn sie allein und zwar überall gleichmäßig gespannt wären, dürften nicht in der ganzen Länge gleichmäßig gekrümmt sein. Vielmehr müsste ihre Längskrümmung nach unten hin zunehmen; die beiden Muskeln tragen dann gleichsam mit ihrem unteren, stärker eingekrümmten Teil ein Quotum der Last der Eingeweide und vermitteln dessen Aufhängung an die vordere Brustwand. Wenn aber die Längskrümmung der Recti eine mehr gleichmäßige ist, so müssen unten die schräg ventralwärts absteigenden breiten Muskeln (unten der Transversus und die beiden Obliqui, weiter oben nur der Oblique descendens) zu Hilfe kommen; diese tragen dann z. T. das Gewicht der Baucheingeweide und vermitteln dessen Aufhängung an die Außenteile des Leistenbandes (Darmbeinschaufeln) und an die Rippen.

Man kann sich vorstellen, die Bauchwand sei unter dem Brustkorb quer durchgeschnitten; der untere Teil bildet dann eine Art Sack mit vorderer elastischer, biegsamer Wand, der bis oben mit Baucheingeweiden vollgefüllt ist. Die Vorderwand spannt sich vor allem der Quere nach, aber auch zum Teil der Länge nach resp. in schrägen Linien, welche seitlich einen festen Rückhalt haben. Denkt man sich jetzt die Lendenwirbelsäule vervollständigt und den Thorax oben angeschlossen, die Bauchwand sukzessive wieder hinzugefügt und den Bauchraum entsprechend aufgefüllt, so können nun auch die unteren Teile der vorderen Bauchwand (in welchen die Vorwölbung beträchtlicher ist) an den Brustkorb aufgehängt werden, während weiter oben, zwischen den Rippenbogen, die Querspannung des Transversus an sich genügen dürfte, um dem abdominalen Druck an dieser Stelle Gleichgewicht zu halten. Unter Umständen ist hier sogar die Anspannung der medianwärts aufsteigenden Internusfasern nötig, um die Zusammenschiebung der Transversusfasern nach oben zu verhindern resp. der aufwärts gerichteten Komponente des intraabdominalen Druckes an der Oberseite der Bauchvorwölbung Gleichgewicht zu halten.

Man erkennt also, daß und wie bei bestimmter Konfiguration der weichen Bauchdecken die verschiedenen Elemente ihrer musculotendinösen Grundschicht verschiedenartig in Spannung versetzt sein müssen, um die Wand entgegen dem intraabdominalen Druck in dieser Form zu erhalten.

Beim aufrechten Stand und straffen Bauchdecken ist offenbar nur ein geringer Teil der Last des Bauchinhaltes durch Vermittelung der Bauchdecken selbst am Brustkorb aufgehängt, während bei vorgewölbtem und vorwärts geneigtem Bauch solches in viel erheblicherem Maße der Fall ist. (Man vergleiche zu diesem Kapitel die oben über die Mm. pyramidales gemachten Bemerkungen.)

Je stärker der Rumpf vorgeneigt ist, desto mehr lastet das Gewicht der Baucheingeweide statt auf dem Becken, auf der vorderen Bauchwand und zwar immer mehr auch auf dem cranialen Teil derselben. In den Linien des Transversus ist der Inhaltsdruck senkrecht zur Wand nicht mehr ringsherum gleich, sondern an der ventralen Seite vermehrt, an der dorsalen vermindert. Es würde sich dies bei alleiniger Inanspruchnahme des Transversus in einer stärkeren ventralen Auswölbung bei Abflachung der dorsalen Teile äußern. Es unterstützen und halten nun aber mehr und mehr auch die Spannungen in den beiden Obliqui (ihren zur Linea alba und den Inskriptionen gehenden Fasern) die ventrale Bauchwand. Das Gewicht der Baucheingeweide lastet unter allen Umständen nicht mehr auf dem Becken allein, sondern ist immer mehr auch an der Lendenwirbelsäule, am Sternum und an den Rippen aufgehängt. Die Recti können auch jetzt zur Unterstützung der Last nur insofern beitragen, als sie zugleich ventralwärts ausgebogen und gespannt sind.

Man hat den Eindruck, als ob auch jetzt die breiten Bauchmuskeln zur Unterstützung des Bauchinhaltes genügen und die Recti zur Regelung des ventralen Abstandes zwischen Brustkorb und Becken und als Antagonisten gegen die Streckkräfte der Wirbelsäule zur Disposition bleiben. Für letzteres kann auch der Obliquus externus in Betracht kommen, der Obliquus internus aber nur teilweise, mit seinen oberen hinteren Fasern; der Transversus endlich spielt dabei keine Rolle.

Selbstverständlich ist, daß auch am Zwerchfell bei vorgebeugtem Rumpf in den ventralen, unteren Teilen der Belastungsdruck wächst, so daß diese Teile stärker gegen den Brustraum ausgebogen werden müssen, während die dorsalen Teile entlastet werden und sich strecken. Bei den Vierfüßlern ist diese Gestalt des Zwerchfells gleichsam zu einer bleibenden fixiert.

Bei den Vierfüßlern wird die Last der Baucheingeweide durch die Recti getragen, nur insofern sie ausgesprochen ventralwarts ausgebogen sind, außerdem aber vor allem durch den Transversus und die Obliqui. Durch die breiten Bauchmuskeln und die „elastische Bauchhaut" ist die Last der Baucheingeweide an der Lendenwirbelsaule, aber auch am Brustkorb und am Becken aufgehangt. Man muß sich vorstellen, daß hier beim normalen Stand die unteren und seitlichen Teile der Bauchwand nach Art einer Hängematte belastet und gespannt sind. Ihre Spannung setzt sich nach hinten auf das Becken, nach vorn teilweise in das Zwerchfell, teilweise durch das Brustbein und die Rippen weiter kopfwärts und gegen die Wirbelsäule fort, zum großen Teil aber ist die ventrale Bauchwand vermittels querer und schrager Gurtung oben an den Rippen, den Hüftbeinen und der Rumpfwirbelsaule aufgehangt.

Wie der Langsspannung vorn schließlich Gleichgewicht gehalten wird, ist eine schwierige und spater genauer zu prüfende Frage. Was die hintere Anheftungsstelle der Langsgurte betrifft, so soll vorlaufig nur angedeutet werden, daß der schrag rückwarts absteigende Verlauf des Beckenringes und die Zurücklagerung der Hüftgelenke gegenüber den Iliosacralverbindungen offenbar mit dem Vorhandensein der ventralen Zugspannung in Zusammenhang stehen. Ein solches Verhalten ermöglicht, daß beim Stand die Resultierende aus der Zugspannung der Bauchwand und aus den Einwirkungen, welche von der hinteren Extremität her durch die Gegend der Hüftgelenke auf den Rumpf stattfinden, nach den Iliosakralgelenken hin gerichtet ist.

Bei den Kriechtieren mit Becken und hinterer Extremitat, welche platt auf dem Bauche liegen, besteht diese Langsspannung nicht. Hier werden vielmehr bei der direkten Unterstützung des Bauches der hintere und vordere Rumpfteil an der Ventralseite eher auseinander gedrängt. (Die Hüftbeine haben hier nicht einen rückwarts, sondern einen vorwarts absteigenden Verlauf, wobei sie gewissermaßen die ventrale Druckspannung bis zur Wirbelsaule fortsetzen.)

Daß der Mensch bei aufrechter Rumpfhaltung im Leben das Gewicht des Bauchinhaltes allenfalls ohne erhebliche Anspannung der Recti und der auf den Thorax herabziehend wirkenden Teile der Obliqui zu tragen vermag, selbst bei etwas vorgewölbtem Unterbauch, geht aus unseren Darlegungen hervor. Es muß dabei aber eine genügende Anspannung der Transversi und des größeren Teiles der Obliquus internus vorhanden sein. An der Leiche, bei völliger Erschlaffung auch dieser Muskeln, muß die Sachlage etwas anderes sein. Dann hängt ein größerer Teil des Gewichtes der Baucheingeweide in den weichen Bauchdecken und durch ihre Vermittelung am Brustkorb.

Es lag mir daran zu zeigen, daß die vordere Bauchwand mit ihrer Belastung bald mehr durch die Spannung der Recti, bald mehr durch diejenige der absteigenden Fasern der breiten Bauchmuskeln oben gehalten und getragen sein kann. Die Last kann mehr an der vorderen Brustwand oder weiter nach hinten am Brustkorb, ja z. T. an der Lendenwirbelsäule und an den Darmbeinen aufgehängt sein. In der Regel werden wohl die Recti mit den breiten Bauchmuskeln zusammenwirken, um die vordere Bauchwand zu halten. Schon bei aufrechter Korperhaltung, namentlich aber bei vorgeneigtem Bauchteil des Stammes spielt demnach die vordere Bauchwand die Rolle eines der Länge nach oder in schrägen Linien gespannten, tragenden Gurtes.

Auch für den Menschen muß also der Frage nähergetreten werden, wie einer solchen Längsspannung am Thorax Gleichgewicht gehalten ist, ohne daß dabei die Atembewegung unmöglich gemacht wird.

E. Formveränderung, Verengerung und Erweiterung der Bauchhöhle.

Die Hebung und Senkung des Diaphragma pelvis trägt nicht viel zur Erweiterung und Verengerung der Bauchhöhle und demnach auch nicht viel zur Druckveränderung in derselben bei. Wir lassen sein Verhalten im folgenden außer Betracht.

Sehr stark ist die Formveränderung, welche die Bauchhöhle durch die Vor- und Rückbewegung der Wirbelsäule erfährt. Nehmen wir an, daß der Brustkorb dabei in seiner Form unverändert bleibt, was nicht vollkommen zutrifft, so führt die **Vorbewegung** der Lendenwirbelsäule (Fig. 39) zu einer Vorbewegung des Brustbeinendes über die Symphyse und gleichzeitig zu einer Annäherung an dieselbe, indem der Schwertfortsatz gleichsam um die Mitte der Zwischenwirbelscheibe zwischen dem 5. Lendenwirbel und dem Kreuzbein, aber zugleich auch um die Mitten der darüber gelegenen Zwischenwirbelscheiben eine Drehung nach vorn ausführen muß, sofern der Thorax sich als starres Ganzes bewegt. Durch den Widerstand der Baucheingeweide werden allerdings das Zwerchfell und die Rippen und damit das Brustbein etwas zurückgehalten. Es wird aber doch die Bauchhöhle vorn im Längsdurchmesser verengt; zugleich aber verlängert sich wegen der Geradestreckung der Lendenwirbelsäule die Hinterwand und entfernt sich die vordere Bauchwand von der Mitte der Lendenwirbelsäule, der sie bei normaler Aufrechterhaltung nahe kommt. Dieser Entfernung wird dann allerdings rasch ein Ende gesetzt, indem die vordere Bauchwand in ihrem unteren Teil nicht weit über die Ebene des Bauchausschnittes des Beckens vorzutreten vermag. Die Spitzen der 11. und 10. Rippe sind mit ihrer Bewegung nach vorn bald am Ende und gehen nur noch abwärts gegen den Darmbeinkamm; zwischen dem oberen Teil der vorderen Bauchwand, der mit dem Brustkorb geht, und dem unteren Teil, welcher zwar etwas mehr über den Bauchausschnitt des Beckens vorgewölbt wird, aber im ganzen doch dem Becken nahe bleibt, entsteht die große quere Einknickung der vorderen Bauchwand (Fig. 39).

Daraus ergibt sich, daß im Anfang der Vorbeugung der Raum der Bauchhöhle nicht wesentlich verkleinert wird. Der weitere Fortgang der Vorbeugung aber ist notwendigerweise mit einem Aufeinanderdrängen der oberen falschen Rippen gegen die unteren und dieser selbst gegen die Darmbeinkämme und weiterhin mit einem Andrängen des oberen und unteren Teiles der vorderen Bauchwand in der Knickungsfurche verbunden. Diese wird nach hinten in den Bauchraum hinein, die letzten Rippen aber und die Flanken werden seitlich hinausgedrängt. Die Baucheingeweide werden zusammengedrückt, was ja bis zu einem gewissen Grade wegen der in ihnen enthaltenen Luft, und weil zahlreiche Gefäße aus dem Bauchraum hinausführen, unter Erhöhung des intraabdominalen Druckes und Behinderung der Zirkulation möglich ist.

Die Beugung kann zustande gebracht sein durch äußere Kräfte, vor allem durch die Schwere bei Nachlassen der Spannung der Rückenstrecker, wobei das beugende Moment der Schwere in bezug auf die Wirbeljunkturen mit dem Fortschritt der Beugung erheblich anwächst. — Von den Muskeln aber erweist sich als besonders wirkungsvoll zur Beugung der M. rectus, der trotz der Einbiegung und Einknickung fortfahren kann, sich zu kontrahieren, namentlich in seinem oberen Teil, ferner der Obliquus externus im Anfang der Vorbeugung, während für den Schluß derselben wenigstens seine hinteren Teile sich nicht weiter zu verkürzen vermögen. Umgekehrt ist der Obliquus internus im Anfang der Vorbeugung ohne Nutzen, während sein oberer hinterer Teil zur stärksten Vorbeugung beizutragen vermag. Der Psoas major und minor sind aktive Mithelfer der Vorbeugung in den untersten Junkturen der Lendenwirbel.

Die **Rückbeugung** der Wirbelsäule aus der Stellung, welche sie bei aufrechter Körperhaltung einnimmt (Fig. 47) führt zwar zur Verlängerung der vorderen Bauchwand und des vorderen Teiles der Bauchhöhle; der Schwertfortsatz geht, weil Bewegung auch in den mittleren und oberen Lendenjunkturen stattfindet, mehr nach hinten in die Höhe, als es bei bloßer Bewegung in der Lumbosacraljunktur der Fall wäre. Zugleich aber nähert sich die vordere Bauchwand der vorwärts ausgebogenen Lendenwirbelsäule, so daß schon im Anfang die Erweiterung der Bauchhöhle nicht so bedeutend ist, als man vielleicht

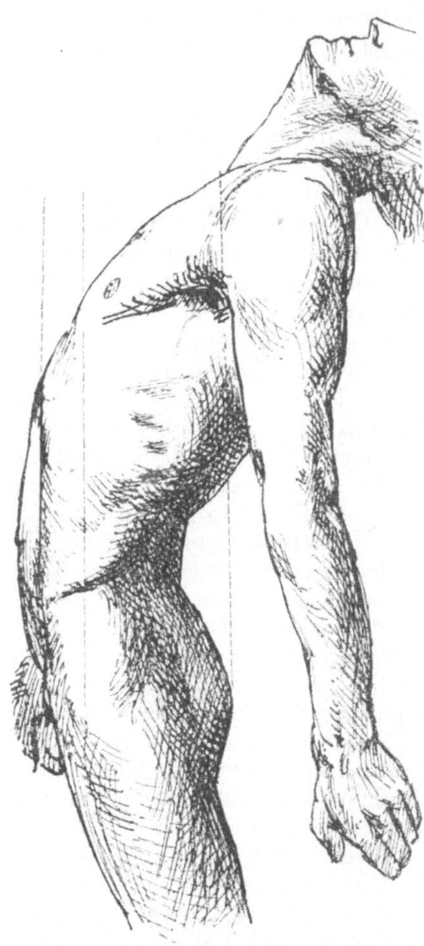

Fig. 47. Rückbeugung im Stamm.
Nach Harleß.

erwartet, um so mehr als die letzten Rippen durch die vermehrte Spannung der seitlichen Bauchdecken zurückgehalten werden, resp. in ihrem Emporsteigen gehindert sind.

Da im allgemeinen wie bei der Vorbeugung so auch bei der Rückbeugung die Bewegung zuerst meist stärker in den unteren Junkturen geschieht, so geht von Anfang an die letzte Rippe stark rückwärts, ohne daß deshalb, wegen seiner Lage vor den Wirbelkörpern, der hintere Teil des M. obliquus internus zu der Rückbewegung beizutragen vermag. Es sind natürlich wesentlich die Rückenstrecker der Lendengegend aktiv beteiligt.

Bei den **seitlichen Biegungen** des Rumpfes (Fig. 40) wird der Bauchraum im ganzen nicht wesentlich hinsichtlich seiner Weite beeinflußt. Was er auf der einen Seite im Höhendurchmesser einbüßt, gewinnt er auf der anderen an Ausdehnung. Der untere Thoraxrand nähert sich in der Regel an der Konvexseite etwas der Wirbelsäule und entfernt sich von derselben an der Beugeseite. Übrigens kann die seitliche Biegung in etwas verschiedener Weise geschehen, wie später genauer auseinander gesetzt werden soll.

Auch die **Torsion** des Rumpfes beeinträchtigt zunächst nicht wesentlich die Gesamtausdehnung der Bauchhöhle.

Sehen wir von dem Einfluß der Biegungen der Wirbelsäule und des Rumpfes zur Erweiterung und Verengerung der Bauchhöhle ab, so bleibt noch die mögliche **Veränderung der Form und Weite der Bauchhöhle bei festgestellter Wirbelsäule** zu besprechen.

Tier und Mensch sind darauf angewiesen, Nahrung und Getränke periodisch aufzunehmen und unterhalb des für die Atmung eingerichteten Bezirkes im Vorrat aufzustapeln, um sie dann langsam zu verarbeiten. Die Bedeutung des Bauchausschnittes am Becken und am Brustkorb an der von der Wirbelsäule abliegenden Seite für die **passive** Erweiterungsfähigkeit der Bauchhöhle liegt klar zu tage. Dieselbe spielt eine wichtige Rolle auch noch speziell für die Möglichkeit der weitgehenden Entwickelung der Jungen resp. des Kindes im Mutterleibe. Sie scheint deshalb wenigstens beim Menschen im weiblichen Geschlecht besonders begünstigt zu sein.

Es ist andererseits nützlich und notwendig, daß die Verkleinerung der Bauchhöhle bis zur völligen Austreibung der Frucht aus dem Mutterleib und unter gewöhnlichen Umständen bis zur völligen Entleerung der Harnblase und des größten Teiles des Darmkanales aktiv unterstützt werden kann. Die muskulöse Beschaffenheit der weichen Teile der Wand mit verhältnismäßig nur kurzen sehnigen Abschnitten steht damit in Übereinstimmung.

Der Beckenring und der Thoraxrahmen sichern mehr oder weniger gut die **Offenhaltung des Raumes** in seinen Endteilen, und gerade hier sind die Organe eingelagert, welche in ihrer Form und in ihrem Volum weniger veränderlich sind, immerhin unter Zwischenlagerung besser verschieblicher und kompressibler Teile.

Eine **aktive Erweiterung** des Bauchraumes könnte wohl durch Streckung der in der Längsrichtung eingesunkenen vorderen Bauchwand, oder durch Auseinanderbewegung der Skeletteile herbeigeführt werden, wenn die übrigen Teile der Wand nicht um ebensoviel nachgeben und nach dem Bauchraum zu sich bewegen würden. Da im Gegensatz zum Brustraum und zu den Luftwegen, welche in die Lungen führen, die Kanäle, welche durch die Bauchwand in die Hohlräume der Baucheingeweide führen, nicht durch starre Teile offen gehalten werden, so ist hier Einsaugung von Luft nicht möglich. Die Ausweitung der Venen und die Ansaugung von Blut in dieselben wird zum Teil durch die Muskulatur der Venenwand verhindert. Die in die Milz und Leber eingelagerten Venen schützt in dieser Hinsicht einigermaßen das umgebende Gewebe. Vor allem aber bildet das Zwerchfell einen nachgiebigen Teil der Wand, welcher bei Verminderung des intraabdominalen Druckes infolge des Auseinanderrückens der übrigen Bauchwände in der Regel ziemlich prompt, einfach durch den Überdruck vom Brustraum her nach dem Bauchraum zu bewegt wird. So kommt es im allgemeinen nicht zu höheren negativen Werten des generellen Druckes in der Bauchhöhle, außer wenn zugleich im Brustraum, durch Ausweitung seiner Wände der Druck herabgesetzt wird. Hiermit nicht zu verwechseln ist die partielle Herabsetzung des Druckes in den Lebervenen, welche durch das umgebende Leberparenchym offen gehalten bleiben, bei Verminderung des Druckes in der Brusthöhle. Hier kann eine Saugwirkung zustande kommen, wie namentlich Hasse plausibel zu machen gesucht hat.

Eine starkere Saugwirkung auf die Venen müßte eintreten, wenn bei geschlossener Glottis Einflüsse zu wirklichem Auseinandertreten der Brust- und Bauchwände wirksam sind. Wird so der intraabdominale Druck starker vermindert, und sind die Muskeln der Venenwande erschlafft oder gelahmt, so kann wohl eine Art von Entblutung des Korpers nach den Bauchhöhlenvenen hin stattfinden.

Eine merkbare Erweiterung der Bauchhöhle wird in der Regel nur durch die stärkere Füllung des Magendarmkanals oder der Blase, oder durch die Vergrößerung des Uterus in der Schwangerschaft, oder durch krankhafte Vergrößerung von Unterleibsorganen, Geschwülste, Flüssigkeitsergüsse in die Peritonealhöhle usw. veranlaßt. Die Ausweitung der Wände ist dann passiv. Bei der Schwangerschaft könnte allenfalls die Vergrößerung der Lendenkrümmung (Rückbeugung der Wirbelsäule) als ein Mittel zur Raumgewinnung durch die Anstrengung der Rückenstrecker unterstützt werden. Doch ist das Wesentliche bei dieser Rückbeugung wohl eher die notwendige Rücksicht auf die richtige Lage des Schwerpunktes.

Eine aktive Verengerung der Bauchhöhle kann leichter zustande kommen als eine aktive Erweiterung. Erstens ist ein Ausweichen des Zwerchfells beim Zusammenrücken der übrigen Bauchwände nicht bloß beim Glottisverschluß verhindert, sondern kann auch schon direkt durch seine stärkere aktive Spannung gehemmt werden. So ist es möglich, den generellen intraabdominalen Druck erheblich zu steigern. Eine wirkliche Verkleinerung der Bauchhöhle aber ist nicht bloß möglich durch Kompression der in den Hohlorganen enthaltenen Luft, sondern in erheblich höherem Grade durch Austreiben von Inhalt aus diesen Hohlorganen (Harnentleerung, Defäcation, Geburt).

Der ganze Apparat, der bei der aktiven Verengerung der Bauchhöhle zur Erhöhung des intraabdominalen Druckes und Austreibung des Inhaltes von Baucheingeweiden in Aktion tritt, wird als Bauchpresse bezeichnet.

Es ist klar, daß es sich dabei vornehmlich um die Muskeln der weichen Bauchdecken handelt, deren aktive Verkürzung zur queren Verengerung des Bauchraumes beiträgt (wobei auch eine Verengerung des unteren Randteiles des Brustkorbes mit inbegriffen sein kann), ferner um das Zwerchfell, dessen Aktion resp. Kontraktion mit Abflachung und Absteigen nach unten verbunden ist. Die Anstrengung dieser Teile kann unterstützt sein durch eine Aktion zur Vorbeugung der Wirbelsäule. Ob eine merkliche Verengerung der Bauchhöhle und nicht bloß eine Druckerhöhung in derselben wirklich zustande kommt, hängt davon ab, ob ein austreibbarer Inhalt in Baucheingeweiden vorhanden ist, und ob die Austrittspforten für denselben geöffnet sind.

Wesentlich verschieden von der Aktion der Bauchpresse ist die isolierte Kontraktion entweder nur des Zwerchfells oder nur der weichen Bauchdecken, wobei jeweilen noch verschiedene Möglichkeiten im Verhalten des unteren Sternocostalrandes gegeben sein können. Hier handelt es sich im wesentlichen nur um eine Form- und nicht um eine Volumsveränderung der Bauchhöhle, mit Verschiebung des Bauchinhaltes von der Seite der stärker andrängenden Wand nach der Seite, an welcher die Spannung und der Druck der Wand vermindert sind. Eine derartige Aktion steht namentlich im Dienst der Erweiterung und Verengerung der Brusthöhle, also der inspiratorischen und exspiratorischen Atembewegung.

Die wirksamste Kombination für die Inspiration ist die aktive Anspannung des Zwerchfells, verbunden mit Erschlaffung der weichen Bauchdeckenmuskulatur und mit Aktion der Muskeln zur Ausweitung der Thoraxwand.

Die wirksamste Kombination für die Exspiration ist umgekehrt eine Aktion zur Verengerung der Thoraxwand, verbunden mit aktiver Kontraktion der Bauchdeckenmuskeln und Erschlaffung des Zwerchfells.

Bauchpresse.

Die Wirkung der Kontraktion des M. transversus zur Verengerung des Bauchraumes ist völlig klar. Sein oberer im Bauchausschnitt des Thorax ausgespannter Teil führt zugleich die Knochenknorpelgrenzen der falschen Rippen gegeneinander in einer Weise, welche der in den Wirbelrippengelenken möglichen Bewegung konform ist, nämlich so, daß diese Grenzen zugleich mehr oder weniger nach unten gehen; ob dabei das Brustbein nach oben gedrängt wird oder nicht, soll später untersucht werden. Die unteren Teile des Obliquus internus unterstützen den Transversus in der Abflachung des Unterbauches. Im übrigen stellt der Obliquus internus mit dem externus ein gekreuztes Fasersystem dar, welches ebensowohl die Rippen herabzieht und nach innen drängt, als auch in der Gegend der Taille die weichen Bauchdecken in longitudinaler und querer Richtung verkürzt.

Es darf nicht übersehen werden, daß der Kraft der Bauchdeckenmuskeln gegenüber das Zwerchfell weit zurücksteht. Bei offenen Luftwegen kann die Steigerung der Anstrengung der Bauchdeckenmuskeln zur Verengerung der unteren Brustapertur und der Bauchhöhle nur den Effekt haben, das Zwerchfell trotz seiner aktiven Spannung noch weiter in den Brustraum hinaufzuwölben, fast ebensoviel als solches bei erschlafftem Zwerchfell zur stärksten Exspiration geschieht. Einen besseren Schutz gegen dieses Emporsteigen erhält das Zwerchfell erst durch den Verschluß der abführenden Luftwege. Derselbe tritt bei angestrengtem Pressen, sofern dabei die Austreibung von Bauchinhalt bezweckt ist, nicht bei voll ausgeweitetem Thorax ein, sondern erst wenn die Verengerung des Brustkorbes und seiner unteren Apertur, da sie eine Bedingung darstellt für eine weitgehende Verkürzungsexkursion der breiten Bauchmuskeln, bis zu einer gewissen Grenze fortgeschritten ist. Bei der letzten Pressungsanstrengung wirken dann bei geschlossenem Luftweg die Muskeln zur Verengerung der Brust und der Bauchhöhle und das Zwerchfell energisch zusammen, während zugleich — bei der Defäcation — der M. levator ani und die Sphincteren des Mastdarms erschlaffen. Es handelt sich also dabei im Grunde nicht bloß um eine Bauch-, sondern um eine Rumpfpresse. In ähnlicher Weise unterstützt die Bauchpresse die Entleerung der Harnblase bei Erschlaffung des Sphincters der Harnblase und der Harnröhre, aber angespanntem Afterheber und kontrahierten Sphincteren des Afters. Wieweit bei der Defäcation auch noch die oberen glatten Muskeln des Mastdarms und bei der Entleerung der Harnblase der glatte Detrusor beteiligt sind, braucht hier nicht erläutert zu werden. Bekanntlich erschlaffen in der Regel bei der Wirkung der Bauchpresse zur Defäcation mit den Schließmuskeln des Afters (im weiteren Sinne des Wortes) nicht gleichzeitig auch die Schließmuskeln der Blase und der Harnröhre.

F. Die Bauchatmung.

Sie besteht darin, daß abwechselnd das Zwerchfell sich abflacht und senkt, unter Verdrängung der Baucheingeweide nach unten, und dann wieder sich stärker in den Brustraum emporgewölbt wird, unter Nachrücken der Baucheingeweide.

Die erstgenannte Bewegung wird veranlaßt durch aktive Spannungszunahme des Zwerchfells und eventuell unterstützt durch Nachlassen der aktiven Spannung in den weichen Bauchdecken, wenn eine solche überhaupt vorhanden war.

Das Herabrücken des Zwerchfells geschieht im allgemeinen unter Vorwölbung der weichen Bauchdecken und unter Arbeitsleistung entgegen der Spannung derselben. Soweit es sich um elastische Spannungen in den weichen Bauchdecken und nicht um aktive Spannung handelt, ist diese Arbeitsleistung nicht nutzlos, sondern wird durch sie potentielle Energie für die Rückbewegung gewonnen. Die Rückbewegung kann veranlaßt sein durch Nachlassen der aktiven Spannung des Zwerchfells, wodurch die fortbestehende passive Spannung der weichen Bauchdecken das Übergewicht bekommt. Die Arbeitsleistung der letzteren besteht in der Hinaufschiebung der Baucheingeweide und des Zwerchfells gegen den Brustraum entgegen Widerständen verschiedener Art (Schwere, anwachsende passive Spannung des Zwerchfells, eventuell Überdruck der Lungenluft über die elastischen Kräfte der Lungenwände und den äußeren Luftdruck); sie kann unterstützt werden durch aktive Spannungszunahme in den weichen Bauchdecken.

Die Bauchatmung kann also einzig und allein durch die aktive Tätigkeit des Zwerchfells bewirkt sein. Es kann aber auch eine Aktion der Muskeln der Bauchdecken alternierend und antagonistisch zu der Aktion des Zwerchfells hinzutreten. Endlich kann für einen gewissen Spielraum der Bewegung unter Umständen die aktive Beteiligung des Zwerchfells gegenüber derjenigen der weichen Bauchdecken zurücktreten.

Eine reine Bauchatmung ist dann gegeben, wenn in der Wand des Brustkorbes oberhalb des Zwerchfells keine aktiven Kräfte zur Erweiterung oder Verengerung des Brustraumes tätig sind. Dabei ist aber eine passive Formveränderung des unteren Randes des Brustkorbes unter dem Einfluß der Spannungsänderungen in den Bauchwänden nicht ausgeschlossen.

Von vornherein ist wahrscheinlich, daß beim Tiefertreten des Zwerchfells die weichen Bauchdecken nicht ringsherum gleichmäßig nach außen vorgewölbt werden, sondern daß die Vorwölbung namentlich an der Vorderwand deutlich sein wird. Nehmen wir eine gleiche Konstruktion der Bauchdeckenwand und eine gleichgroße longitudinale Anfangskrümmung und Anfangsspannung an, und setzen wir voraus, daß der Druck des Bauchinhaltes gegen die Bauchdecken überall in gleicher Weise zunimmt, so wird überall eine gleiche Vermehrung der Krümmung und der Spannung pro Flächenelement nötig sein, damit diesem Druck auch weiter Gleichgewicht gehalten wird. Man sieht leicht ein, daß in den Flanken, wo der Abstand der Rippen vom Becken gering ist, nur eine geringe Vorwölbung zustande kommen kann und nur wenig Raum gewonnen wird, während an der vorderen Bauchwand die Ausbiegung und Dehnung der einzelnen Flächenelemente sich zu einer großen Gesamtausbiegung summiert. Umgekehrt ist auch ersichtlich, daß eine aktive Spannungszunahme in den Muskeln der Flanke, welche die letzten Rippen gegen das Becken herabziehen, wenn sie aus anderen Gründen nützlich und notwendig ist, die Verschiebung der Baucheingeweide unter dem herabdrückenden Zwerchfell nicht wesentlich hemmen wird, wenn nur in der vorderen Bauchwand jede aktive Muskelspannung in Wegfall kommt.

Von Muskeln, welche die seitliche Bauchwand gespannt halten und die letzten Rippen nach unten ziehen, ohne zugleich die Spannung der vorderen Bauchwand zu vermehren, können in Betracht kommen der M. quadratus lumborum, der Serratus posticus inferior und die hintersten Teile der beiden schrägen Bauchmuskeln, allenfalls auch Teile des Iliocostalis.

Dagegen muß man eine möglichste Erschlaffung des Rectus abdominis, der übrigen Teile der Obliqui und des Transversus postulieren. Jede stärkere Anspannung dieser Muskeln hemmt in ganz besonderem Grade das Abwärtsgehen des Zwerchfells.

Verhalten der letzten Rippen.

Es fragt sich nun, ob eine aktive (inspiratorische) Anspannung der genannten Muskeln der Flanke zur Fixierung resp. Herabziehung der letzten Rippen aus irgend welchen Gründen nützlich und notwendig ist. Und zwar stellen wir diese Frage zunächst für die reine Bauchatmung. Daß der Effekt der Zwerchfellkontraktion für die Abwärtsverschiebung der Baucheingeweide aus dem Brustkorb und für die vertikale Erweiterung der letzteren eingeschränkt wird, wenn die Ursprungspunkte des Zwerchfells, namentlich die seitlichen unteren nachgeben und emporsteigen, liegt auf der Hand.

Einige Autoren wie Beau und Maissiat, Sappey, H. v. Meyer, Duchenne nehmen an, daß bei isolierter Zwerchfellkontraktion (isolierte Reizung des N. phrenicus) die unteren Rippen über den Baucheingeweiden, namentlich über der Leber als Unterlage nach oben gezogen werden.

Nach A. Fick, welchem R. Fick folgt, müßte bei bloßer Kontraktion und Abflachung des Zwerchfells beim Menschen die untere Thoraxgegend eingezogen, das Epigastrium aber vorgewölbt werden. Wirklich beobachte man bei eingeübter Zwerchfellkontraktion (Bauchatmung in der ersten Phase der Inspiration) eine derartige Einziehung, wahrend allerdings darauf eine zweite Phase mit Ausweitung der unteren Thoraxgegend nach den Seiten zu folgen scheine.

D. Gerhardt (Zeitschr. f. klin. Med. 1896) hat an Patienten mit schlaffen Bauchdecken deutliche Einziehung der unteren Brustpartien bei Zwerchfellkontraktion gesehen. Die seitliche Einziehung der unteren Brustgegend führt R. Fick darauf zurück, daß die Bauchhöhle des Menschen seitlich verbreitert ist (querovaler Querschnitt) und bei der Anspannung des Zwerchfells der Kugelgestalt, also auch einem mehr kreisförmigen Querschnitt zustrebe, unter Verschmälerung im bilateralen und Erweiterung im dorsoventralen Durchmesser. Das gleiche Prinzip führe bei den Tieren mit einer von den Seiten her abgeplatteten Bauchhöhle umgekehrt zur sagittalen Verengerung und seitlichen Verbreiterung, indem die letzten Rippen und die Flanken rein passiv durch den Druck der Baucheingeweide nach außen gedrangt werden. Bei reiner Abdominalinspiration an Hunden und Kaninchen beobachtete R. Fick tatsachlich ein solches Nachaußengehen, das nicht mehr stattfand, wenn die Bauchhöhle eröffnet war. Diese Beobachtung scheint durchaus beweisend. Doch darf man nicht übersehen, daß auch der größte frontale Umfang der Bauchhöhle oberhalb des Beckens der Kreisform zustrebt.

Meiner Meinung nach genügt eine ganz geringe passive Dehnung der seitlichen Bauchwand, damit die Längsspannung der letzteren in gleichem Maße anwächst wie diejenige der hier entspringenden Zwerchfellfasern. Es ist also eine nennenswerte aktive Anspannung seitlicher Muskeln nicht nötig, um die letzten Rippen am Aufsteigen zu verhindern. Was aber eine allfällige horizontale Verschiebung betrifft, so ist nicht ohne weiteres zu entscheiden, welcher der beiden Einflüsse, derjenige zur Einwärtsbewegung oder derjenige zur Auswärtsbewegung das Übergewicht haben wird. Je schärfer der Winkel ist, in welchem Zwerchfell und Rippenwand zusammentreffen, desto eher ist ein Nach-innen-gehen der Vereinigungsstelle zu erwarten. So dürfte wohl eine nennenswerte horizontale Komponente zur Einwärtsbewegung der Zwerchfellansätze eher bei bereits ausgeweitetem Brustraum und stärker abgeflachtem Zwerchfell zu erwarten sein und läßt es sich verstehen, daß eine besonders energische und krampfhafte Kontraktion des Zwerchfells am ehesten zur Einziehung des Zwerchfellansatzes führt, wenn Lungen und Thorax durch krankhafte Prozesse ausgedehnt und in ihrer Erweiterung- und Verengerungsfähigkeit beschränkt sind. Eine solche Einziehung wird sich aber mehr an den unteren Teilen der Brustwand als an der Bauchwand geltend machen.

Bei normaler kombinierter Atmung ist weder am Brustkorb noch an den Flanken eine solche Einziehung bemerkbar, ist aber auch kein starkes Nach-außen-gehen der Flanken gegenüber den letzten Rippen wahrzunehmen. Die Befunde bei künstlicher Thoraxaufblähung können hier nicht maßgebend sein (siehe S. 117).

Ich habe an mir selbst und an Modellen bei reiner Bauchatmung keine irgendwie erhebliche Ein- oder Auswärtsbewegung der Flanke konstatieren können. Eine inspiratorische Abwärtsbewegung der letzten Rippen fehlte vollständig. Hasse konstatierte (1903) bei einem jungen Mann bei reiner Bauchatmung ein gänzliches Fehlen jeder seitlichen Ausweitung.

Stand des Zwerchfells. Exkursionen.
Frage nach der Bewegung des Centrum tendineum.

Die Frage, ob und wie stark die mittlere mediastinale Partie des Zwerchfells bei der Atmung auf- und absteigen kann, ist viel diskutiert worden. Zuerst hat man wohl ziemlich allgemein nur an eine gleichmäßige Abflachung des Zwerchfells bei der Kontraktion gedacht. Andererseits haben Senac (1829), Hamernik (1858) und Hyrtl bestritten, daß der mittlere Teil des Centrum tendineum bei der gewöhnlichen Atmung sich bewege. Ganz besonders Henke (1884) vertrat die Meinung, daß nur die Seitenteile sich abflachen und daß das Zwerchfell bei der Kontraktion gewissermaßen dachförmig werde. Eine nur geringe Mitbewegung der mittleren Teile des Centrum tendineum haben Teutleben (1877) und Töpken (1885) angenommen. Nach Gerhardt (1860) und Luschka (1862), Henle (1871) und Sappey (1876) beteiligt es sich unzweifelhaft an den Exkursionen, wenn auch in geringerem Maße.

Daß in der Tat auch die mediastinalen Teile des Zentrums nicht unerheblich mitbewegt werden, wurde in neuerer Zeit wieder durch Hasse 1886 verteidigt, auf Grund der Beobachtung, daß auch der linke Leberlappen sich erheblich nach unten verschiebt, auf Grund ferner der Beobachtung des Zwerchfells an Leichen mit eventrierter Bauchhöhle bei künstlicher Aufblasung und Wiederentleerung der Lungen, endlich im Hinweis auf die Länge der Muskelfasern, welche von hinten zur Mitte des Centrum tendineum aufsteigen. Die Röntgenbilder scheinen in der Tat diese Meinung zu bestätigen.

Fig. 48 gibt in schematischer Darstellung die Exkursionen des Zwerchfells und des Herzens nach den im anatomischen Atlas von Toldt (4. Lieferung, VII. Aufl. 1910) reproduzierten Röntgenaufnahmen. b ist die vordere Ursprungslinie des Zwerchfells bei der Exspiration, z das höchste Frontalprofil des Zwerchfells bei Exspiration. Die punktierten Linien b' und z' bedeuten die Lagen dieser Linien bei der Inspirationsstellung, alles bei unverrückter Wirbelsäule. Die Linien k und k' sind die Konturen des Herzens bei der Exspirations- und Inspirationsstellung. Die Linie $e'i$ ist die Bahn des Flankenpunktes der 10. Rippe bei der Inspirationsbewegung, e die seitliche Lungengrenze in der Exspirationsstellung.

Die höchste Stelle des Herzbodens ist bei maximaler Inspiration mindestens um die Höhe eines Brustwirbels (9. oder 10. Brw.) tiefer gelegen, als bei maximaler Exspiration, und doch steht der Sternalansatz des Zwerchfells, da es sich um die Kombination von Brust- und Bauchatmung handelte, bei der inspiratorischen Stellung mindestens um eine Rippenbreite höher als in der exspiratorischen Stellung. Die relative Senkung und Hebung der hochsten Stelle des Herzbodens gegenüber dem Sternalansatz ist also noch größer (annähernd $1^1/_2$ Wirbelhöhe). Auch wenn man annimmt, daß bei gleichzeitiger Hebung der Rippen die hinteren Teile des Herzbodens gegenüber der Wirbelsaule mehr als sonst inspiratorisch gesenkt werden können (?) und daß es sich hier um maximale Ein- und Ausatmung handelte, so darf doch auf die Möglichkeit einer nicht unerheblichen Exkursion des Herzbodens bei reiner Bauchatmung geschlossen werden.

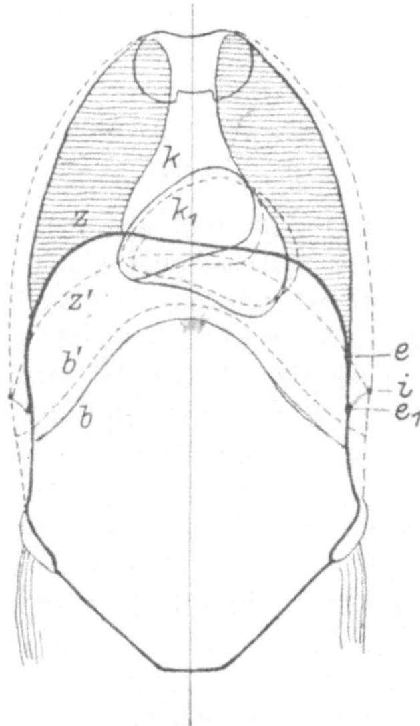

Fig. 48. Erklärung im Text.

Was die Länge der Fleischfasern des Zwerchfells betrifft, so kann sie an den vor dem Centrum tendineum gelegenen Fasern durchaus bloß von der Exkursion des vorderen Randes dieses Sehnenfeldes gegenüber der vorderen Thoraxwand abhängig sein. Aus der Kürze der Fasern schließen wir auf den geringen Betrag der Exkursion: Die von hinten zum Centrum tendineum aufsteigenden Fasern sind erheblich länger. Dies ist um so auffälliger, als schon bei rein fibröser Beschaffenheit dieser Fasern bei der inspiratorischen Hebung des Brustbeins eine relative Senkung des hinteren Randes des Centrum tendineum (seines mittleren Lappens) gegenüber dem Brustbein, bei der exspiratorischen Senkung des Brustbeins aber desgleichen ein relatives Aufsteigen dieses Randes gegenüber dem Brustbein stattfinden müßte. Das Hinzutreten der Rippenatmung zur Zwerchfellsatmung bewirkt also nicht etwa eine besonders viel größere Längenänderung dieser Fasern. Wohl aber müssen sich die hinteren Zwerchfellsfasern bei der Vorbeugung des Oberkörpers erheblich verkürzen, bei der Streckung und Rückbeugung verlängern. Auch die Verengerung und Erweiterung des Ösophagus mag für die zunächst gelegenen Fasern eine größere Länge nötig machen. Doch möchte ich bezweifeln, daß allein durch die beiden zuletzt genannten Momente die bedeutende Länge der von der Wirbelsäule zur Mitte des Centrum tendineum aufsteigenden Fasern genugsam erklärt wird. Vielmehr scheint die große Länge der hinteren Zwerchfellsfasern ebenfalls dafür zu sprechen, daß eine nicht unerhebliche ex- und inspiratorische Auf- und Abbewegung des hinteren Randes des Zentrum gegenüber der Wirbelsäule bei der Zwerchfellatmung stattfindet.

Das Zwerchfell steht absolut, gegenüber der Wirbelsäule am höchsten beim Mangel jeder aktiven Kontraktion, offenen Luftwegen (Exspiration), mäßiger Füllung der Bauchhöhle und straff kontrahierten weichen Bauchdecken mit gleichzeitiger Verengerung der seitlichen Thoraxwand. An der Leiche, bei muskelstarken jugendlichen Individuen, stärker gefüllter Bauchhöhle, straffen Bauchdecken, verengter Taille, in der Rücken- oder Bauchlage hat es fast höchsten Stand. Nach Luschka findet sich dann die rechte Zwerchfellkuppe in der Höhe der Horizontalebene durch den Sternalansatz des 4. Rippenknorpels; die linke Kuppe liegt etwas tiefer, ungefähr in der Höhe des Sternalendes des 5. Rippenknorpels oder 5. Intercostalraumes. Das höchste bilaterale Profil ist in der Mitte abgeflacht resp. etwas eingesenkt.

Diese Befunde werden durch Röntgenbilder bestätigt.

Bei schlaffen Bauchdecken (im Alter) und aufrechter Rumpfhaltung erreicht aber das Zwerchfell auch in stärkster Exspirationsstellung nicht diese hohe Lage. Auch Vergrößerung des Herzens oder mangelhafte Verengerungsfähigkeit der Lungen (Anschoppung, Emphysem) halten den Hochstand des Zwerchfells niedriger.

Bei stärkster Abflachung ist unter normalen Verhältnissen das Zwerchfell wohl kaum eigentlich dachförmig, sondern bildet von einer Seite zur anderen einen einheitlichen Bogen; der höchste Punkt fällt dann ungefähr in die Mitte, die nicht viel höher liegt als der Schwertfortsatz. Hasse schätzt die Hebung resp. Senkung der Mitte des Zwerchfells bei ruhiger Atmung auf ca. 1 cm, bei künstlicher Atmung an der Leiche fand er, nach der Leber zu urteilen, 2,6 cm Verschiebung.

Gegen 3 cm beträgt die Exkursion der Mitte zwischen maximaler Exspiration und Inspiration nach den Röntgenbildern von Toldt.

R. Fick (1911) bemißt die Senkung des Zwerchfells bei ruhiger Atmung auf 1½ cm, bei angestrengter Atmung auf 3 cm. Hultkrantz (Skandinav. Arch. f. Phys. 1890, zitiert nach R. Fick) fand an der linken Zwerchfellkuppe, nach den Verschiebungen eines verschluckten Gummiballes zu schließen, zwischen maximaler Ein- und Ausatmung eine Exkursion von 10 cm!

Kräfte am Zwerchfell.

Bei auswärts gewölbten Bauchdecken halten sich im Mittel die Spannung der Bauchdecken und der äußere Atmosphärendruck auf der einen Seite, der Druck der Lungenwand auf das Zwerchfell und die Spannung des Zwerchfells auf der anderen Seite durch den Inhalt der Bauchhöhle hindurch Gleichgewicht, resp. es folgt bei dem Überwiegen der einen Gruppe von Kräften über die andere Verschiebung, bis das Gleichgewicht hergestellt ist. Der Druck der Lungenwand auf das Zwerchfell ist gleich dem Druck der Luft in den Lungen, vermindert um die entgegengesetzt gerichteten, aus der Spannung der Lungenwand sich ergebenden Kräfte. Die Spannungen in gebogenen Wänden ergeben natürlich resultierende Druckwirkungen nach der Konkavität der Krümmung der Wand hin. Diese Druckeinwirkungen sind es, welche in Rechnung gesetzt werden müssen. Am besten berechnet man die vom Zwerchfell und von den Bauchdecken her auf den Bauchinhalt wirkenden Kräfte pro Quadratzentimeter Fläche.

Wäre der Bauchinhalt vollständig überall in kleinen Inhaltsportionen (etwa den Dünndarmschlingen entsprechend) verschieblich, und ebenso der Druck vom Brustraum her vollständig gleichmäßig, so müßte man erwarten, daß am Zwerchfell, das wir in den Linien der Faserung als gleichmäßig gespannt ansehen, jederzeit eine einheitliche, symmetrische und annähernd gleichmäßige Krümmung vorhanden ist.

In Wirklichkeit sind aber die Profillinien des Zwerchfells, welche vom Lenden- zum Sternocostalteil oder auch von einer Seite zur anderen hinüber durch das Centrum tendineum gehen, wenigstens bei Hochstand des Zwerchfells nicht gleichmäßig parabolisch gekrümmt, vielmehr bewirkt das oben aufliegende Herz eine Abflachung der mittleren Wölbung, wenn nicht sogar eine geringe Ausbiegung nach der Bauchseite (Fig. 49). Es steht namentlich bei nicht kontrahiertem, aber durch den Überdruck von unten gegen die Lungen möglichst emporgewölbtem Zwerchfell nicht die Mitte am höchsten, sondern die rechts vom Herzen gelegene Partie. Dies hängt, wie allgemein angenommen wird, damit zusammen, daß das Herz als ein relativ festeres und stärker von oben her belastendes Gebilde etwas nach links liegt, während an der Bauchhöhlenseite die Leber als ein relativ festeres, wenn auch in der Form veränderliches Gebilde mehr rechts liegt und durch die Gedärme

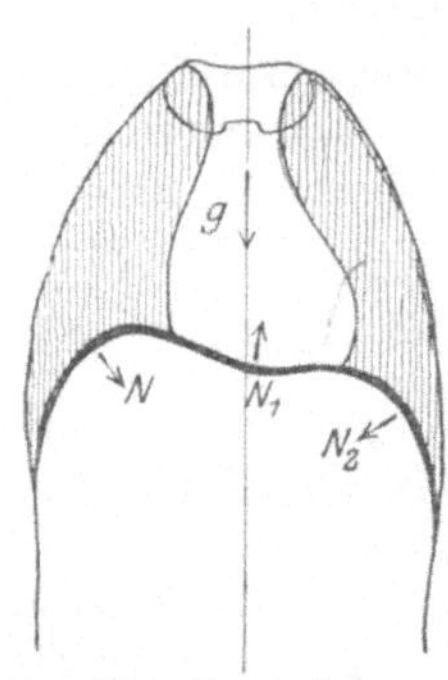

Fig. 49. *g* der auf dem Zwerchfell lastende Anteil des Gewichtes des Mediastinum. N, N_1, N_2 Normalkomponenten der Spannung des Zwerchfells.

von unten und links her gegen die mittlere und rechte Seite des Zwerchfells und nach vorn in die Höhe gedrängt wird.

Dies entspricht der gewöhnlichen Auffassung. Aber auch dann, wenn wir uns die Leber des Lebenden viel weicher und verschieblicher vorstellen, so müßte doch bei der Linkslage des Herzens das rechts davon gelegene größere Feld des Zwerchfells weiter nach oben emporgewölbt werden als das linksseitige kleinere Feld.

An einem bestimmten kleinen Flächenstück des Zwerchfells, sagen wir der Flächeneinheit, muß bei irgend einer Ruhestellung des Zwerchfells Gleichgewicht bestehen zwischen dem von oben und dem von unten wirkenden Druck und der aus der Spannung des Zwerchfellstückes und seiner Krümmung sich ergebenden, nach der konkaven Seite hinwirkenden Normalkomponente. Der Druck von oben seitens der Lungen ist der sog. intrapleurale Druck, der gleich ist dem Druck der Luft in den Lungenalveolen (J), vermindert um die senkrecht zur Lungenoberfläche nach innen wirkende Kraft (E) zur Verengerung der Lungenhohlräume, die sich aus der Anspannung der elastischen Wande dieser Hohlräume ergibt — beides natürlich berechnet für das gleiche Flächenstück der Oberfläche (Flächeneinheit).

Sobald der Druck der Lungenluft gleich dem Atmosphärendruck ist, muß natürlich der intrapleurale Druck geringer sein als der Atmosphärendruck (also

negativ nach der üblichen Ausdrucksweise), da sich ja die in den Brustraum einge-
fügte Lunge unter normalen Verhältnissen im ausgedehnten Zustand befindet. (Sie
sinkt stets zusammen, sobald Luft in den Pleuralspalt eindringt und der intrapleurale Druck dem äußeren Luftdruck gleich wird.)

Ist nun der generelle intraabdominale Druck (also der Druck unter der höchsten
Stelle des Zwerchfells) dem Atmospharendruck A gleich, so muß hier im Gleichge-
wichtsfall die aus der Spannung des Zwerchfells sich ergebende Normalkomponente K
nach unten gerichtet und absolut so groß sein, als die Differenz zwischen dem
intrapleuralen Druck und dem Atmospharendruck. $A - K = J - E$. Es muß
also die Konkavität der Zwerchfellstrecke nach unten gewendet, das Zwerchfell
muß gespannt und nach dem Lungenraum zu emporgewölbt sein. Öfters findet
sich nun aber eine umgekehrte Krümmung des Zwerchfells unter dem Mediastinum.
Da wir hier keine andere Spannung des Zwerchfells als an den emporgewölbten
Teilen annehmen dürfen, so ergibt sich, daß hier der vom Mediastinum her einwirkende Druck größer als der Atmospharendruck sein muß. Offenbar lastet hier
ein Teil des Gewichtes des Mediastinum auf dem Zwerchfell und wird
von ihm getragen. Es wird dies kaum das ganze Gewicht der Mediastinalorgane sein, indem dasselbe doch zum Teil in der oberen Thoraxapertur und auch an
der Brustwand aufgehängt ist. Von einer Kompression des Mediastinum, durch
welche nicht bloß diese Aufhangung aufgehoben, sondern auch noch ein positiver
Druck auf die darübergelegenen Brustwande ausgeübt würde, kann unter normalen
Verhaltnissen nicht die Rede sein. Wenn nun aber das Centrum tendineum einen
Teil der Last des Mediastinum tragt, wahrend doch der generelle Druck im Bauchraum nicht größer als der Atmospharendruck ist, so muß der entsprechende Teil
des Zwerchfells, wie wir gesehen haben, nach unten wenn auch noch so wenig ausgebogen sein, wenigstens in der einen Richtung seiner Krümmung, und er muß durch
die jenseits dieser Ausbiegung gelegenen emporgewölbten Teile getragen werden.
Der Widerstand des Mediastinum beschrankt insofern die Emporwölbung der Seitenteile, als diese schon bei geringerer Höhe jenen Spannungsgrad und jene Scharfe
der Krümmung erreichen, welche zum Gleichgewicht notwendig ist.

Bei einer Zunahme des generellen intraabdominalen Druckes (durch Kontraktion der weichen Bauchwande oder aus anderen Gründen) muß das Zwerchfell
nach oben gehen, falls nicht durch stärkere Innervation seine Spannung entsprechend
aktiv gesteigert wird. Falls die Lungen sich ungehindert entleeren können, wird
in einer neuen Gleichgewichtslage der intrapleurale Druck nicht vermehrt, sondern
vermindert sein. Die Emporwolbung wird trotzdem schließlich, durch die anwachsende (passive) Spannung des Zwerchfells sistiert. Bei abnorm steifen oder
vergrößerten Mediastinalorganen muß hierbei der unter letzteren gelegene Teil
des Zwerchfells in starkerem Maße zurückbleiben und nach unten ausgewölbt werden.
Dementsprechend wachst natürlich auch der zwischen ihm und dem Mediastinum
wirkende Druck. Man erkennt, daß die Abwartsbewegung der Zwerchfellmitte beim
Hochstand des Zwerchfells deutlicher werden muß und daß sie ganz besonders
durch Vergrößerung und Versteifung der Organe des Mediastinum (z. B. des Herzens)
begünstigt wird.

III. Die Rippenbewegung und die Atmung.

A. Die Bewegungsmöglichkeiten der Rippen und des Brustbeins.

α) Die Verbindungen der Rippenknorpel mit den Rippenknochen und mit dem Brustbein.

Die Rippenknorpel schließen sich kontinuierlich an die Rippenknochen als deren Fortsetzung an. Sie können als stark verlängerte Synchondrosen zwischen den Rippenknochen und dem Brustbein betrachtet werden. Ob es korrekt ist, die Verbindung der Rippenknorpel mit den Rippenknochen als Synarthrosen zu bezeichnen (R. Fick), darüber läßt sich streiten. Eher kommt den Verbindungen zwischen den Rippenknorpeln und dem Brustbein (Fig. 50) die Bedeutung besonderer Junkturen zu (Articulationes und Synarthroses sterno-costales). Eine enge, spaltförmige Gelenkhöhle ist meistens an der 2.—5. Sternocostaljunktur vorhanden. An den übrigen wahren Rippen ist die Verbindung mit dem Brustbein meist eine geschlossene, doch zeigt die Mittelzone öfters etwelche Abänderung und Auflockerung der Struktur. Nur ausnahmsweise (Rauber-Kopsch 9. Aufl. Fig. 370) findet sich an der ersten Sternocostalverbindung oben eine kleine Gelenkspalte; etwas häufiger ist eine solche am Ansatz der 6. und 7. Rippe zu beobachten. Die nebenstehende Abbildung nach R. Fick zeigt Gelenkspalten am Ansatz der 2.—7. Rippe.

Da noch zur Pubertätszeit das Sternum aus 5—6 aufeinanderfolgenden knöchernen Segmenten besteht, welche den Ansätzen der zweiten bis vierten oder fünften Rippenknorpel und der Grenze zwischen dem Brustbeinkörper und dem Schwertfortsatz entsprechend durch Knorpelfugen voneinander getrennt sind, so sind die Gelenkspalten häufig durch eine faserknorpelige Platte in der Fortsetzung der ursprünglichen Knorpelfuge voneinander getrennt. Dies ist an der zweiten Sternocostaljunktur die Regel und findet sich an der dritten Junktur in $^1/_5$, an der 4. in $^1/_{10}$ der Fälle, an den folgenden, wenn überhaupt eine Abspaltung vorhanden ist, noch seltener (W. Tschaussow, Anat. Anz. 1891). Die periphere Faserlage der Junkturen verbindet das Perichondrium der Rippenknorpel mit dem Periost an den Rändern und an der vorderen Fläche des Brustbeins. Wo Gelenkspalten vorhanden sind, stellt sie eine Art Gelenkkapsel dar. Charakteristisch für diese periphere Faserlage ist überall das Vorhandensein von Faserzügen, welche nach dem Sternum zu, namentlich auf seiner vorderen und hinteren Fläche fächerartig auseinander strahlen (Ligg. radiata anteriora und posteriora Fig. 50). Die oberen Faserzüge spannen sich bei der Abwärtsdrehung, die unteren bei der Aufwärtsdrehung der Rippenknorpel gegenüber dem Brustbein. Die Vor- und Rückwärtsablenkung der Rippenknorpel erfährt durch die hinteren resp. vorderen Fächerbänder eine rasche Hemmung.

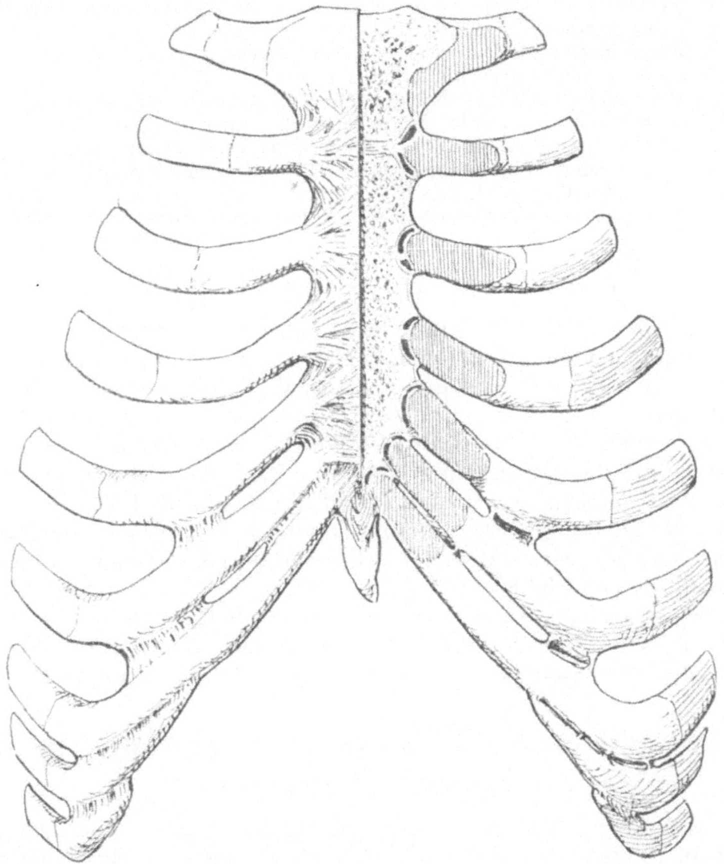

Fig. 50. Brustbein und vordere Rippenenden. Linkerseits eine Substanzschicht abgetragen zur Eröffnung der Sternocostal- und Intercostalgelenke. Umzeichnung nach R. Fick.

Die Rippenknorpel beginnen in spateren Jahren von den oberflächlichen und oberen Teilen und den beiden Enden her zu verknöchern, beim Mann in der Regel früher als beim Weib, die oberen Knorpel früher als die unteren. W. A. Freund fand (1858 u. 1859) perichondrale Ossifikation, oft mit Gelenkbildung mitten im Knorpel an auffallend kurzen ersten Rippenknorpeln bei jugendlichen Phthisikern. Nach Anthony (1906) entsteht in $^1/_3$ der Fälle nach dem 60. Lebensjahr mitten im obersten Rippenknorpel ein richtiges Gelenk, gleichsam als Ersatz für die eingebüßte Biegsamkeit des Knorpels selbst.

Im Faserknorpel zwischen dem Körper und dem Handgriff des Brustbeins ist mitunter ebenfalls eine Spalte vorhanden. Lange Zeit hindurch sichert diese Junktur dem Brustbein eine gewisse, wenn auch nicht allzugroße sagittale Biegungsmöglichkeit, bis auch hier, individuell verschieden spat, eine vollkommen synostotische Verbindung hergestellt wird.

Handgriff und Körper des Brustbeins bilden unter gewissen Bedingungen, manchmal bei völlig normaler Lunge, anscheinend häufiger bei Lungenphthise, namentlich aber bei jugendlichen Emphysematikern einen sehr flachen, nach hinten offenen, nach vorn vorspringenden Winkel miteinander. Derselbe wird als „Angulus Ludovici" von den Klinikern bezeichnet, obschon in den Schriften von Louis seiner keine Erwähnung geschieht (Braune, Thierfelder, Rothschild). Braune nannte ihn „Sternalwinkel".

Rothschild hat die Lehre vertreten, daß dieser Winkel bei frühzeitiger Synostose vergrößert sei, was durchaus nicht immer zutrifft. Freund sowie dessen Schüler Hart und Harris führen seine Verschärfung hauptsachlich auf angeborene geringere Längenentwicklung oder auf stärkere Neigung der 1. Rippe (Phthisischer Habitus) zurück (s. S. 128), wahrend er sich nach Braune infolge stärkerer Inspirationsbewegungen bei noch biegsamem Brustbein ausbilden kann.

β) Die Verbindung der Rippenknorpel unter sich.

Die Enden des 8., 9. und öfters auch des 10. Rippenknorpels legen sich unter Zuspitzung von unten her an den Rand des jeweiligen nächstoberen Rippenknorpels an und sind durch Bindegewebe mit demselben verbunden.

Es senden sich die Knorpel der 6. und 7. Rippe in der Regel, diejenigen der 5. und 6. Rippe häufig (in 38% der Fälle nach v. Bardeleben), diejenigen der 8. und 7. und der 9. und 8. Rippe in manchen Fällen durch den Intercostalraum hindurch knorpelige Fortsätze entgegen, welche sich in richtigen „Rippenknorpelgelenken" miteinander verbinden. (Fig. 50.)

Bei Vermehrung und Verminderung der Schrägstellung der Rippenknorpel zum Sternum findet hier eine gleitende Verschiebung des unteren Rippenknorpels am oberen nach außen resp. innen statt.

γ) Die Costovertebraljunkturen und die in ihnen möglichen Bewegungen.

Jede Rippe liegt mit ihrem vertebralen Endteil vor dem gleichseitigen Querfortsatz des entsprechend numerierten Brustwirbels und stößt mit köpfchenartig verdickter Endanschwellung (Capitulum costae) an die Körpersäule. Vor der Spitze des Querfortsatzes ist ihrer hinteren Peripherie ein mehr oder weniger scharf abgegrenzter Höcker aufgesetzt (Tuberculum costae). An den letzten Rippen wird dieser Höcker unscheinbarer, ja er kann zuletzt durch eine bloße Rauhigkeit vertreten sein. An der 12. und 11. Rippe fehlt der gelenkige Kontakt mit dem Querfortsatz, während oberhalb Querfortsatz-Rippenhöckergelenke vorhanden sind.

Wie der Querfortsatz, so liegt auch das Rippenende im Niveau des oberen Randes des zugehörigen Wirbelkörpers. Das Rippenköpfchen der 1. Rippe und auch dasjenige der 11. und der 12. Rippe steht einzig

mit der Seitenfläche des zugehörigen Wirbelkörpers in gelen-
kiger Verbindung (einfache Gelenkspalte). Die Köpfchen der
übrigen Rippen aber stoßen
auch an die oben angrenzende
Zwischenwirbelscheibe und an
den unteren Seitenrand des darüber gelegenen Wirbelkörpers.
An der 2.—10. Rippe, wo das
Köpfchen in dieser Weise zwischen die einander benachbarten
Seitenränder zweier Wirbel ein-
springt, sind an ihm zwei schräge
Gelenkfacetten vorhanden und
bestehen zwei Gelenkspalten,
welche voneinander durch die
fibröse Verbindungsplatte zwischen dem Rippenköpfchen und
der Zwischenwirbelscheibe getrennt sind. Das Rippenköpf-
chengelenk ist also hier zwei-
kammerig (Fig. 51).

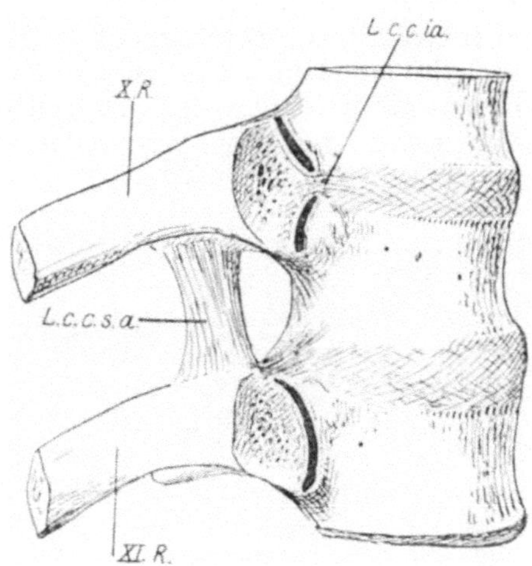

Fig. 51. Köpfchengelenke der 10. und
11. Rippe, durch Abtragung der vorderen
Kapselwände und vorderen Teile der Köpfchen eröffnet. Umzeichnung nach R. Fick.
L.c.c.ia. Lig. capituli costae intraarticulare, *L.c.c.s.a.* Lig. colli costae sup. ant.

Der Rippenhals zwischen der Höckergegend und dem Rippenköpfchen ist mit dem Querfortsatz nur durch eine schwache Faserung

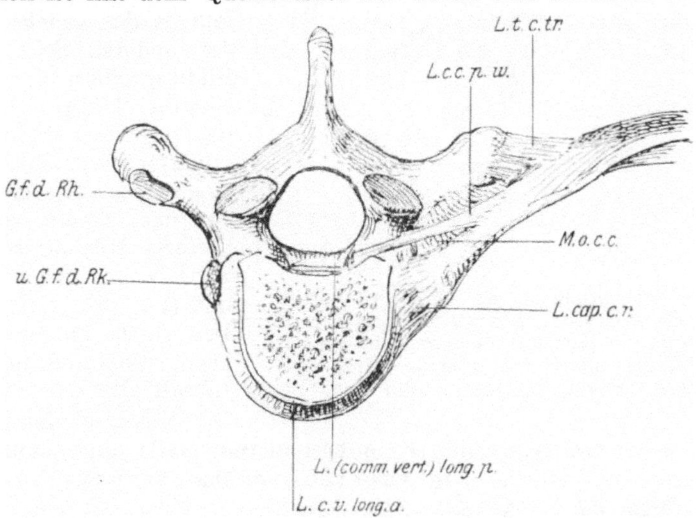

Fig. 52. Wirbel und vertebrales Rippenende von oben. Umzeichnung nach R.
Fick. *M.o.c.c.* Membrana obturatoria costo-transversaria, *L.cap.c.r.* Lig. ca-
pituli costae radiatum, *L.c.c.p. iv.* Lig. capituli costae posterius intervertebrale,
L.t.c.tr. Lig. tuberculi costae transversum, *G.f.d.Rh.* Gelenkfläche für den
Rippenhöcker, *u.G.f.d.Rk.* untere Gelenkfacette für das Rippenköpfchen.

verbunden, welche am ehesten den Namen einer Membrana obturatoria costo-transversaria (R. Fick) verdient. (Fig. 52.)

Größere Bedeutung für die Festhaltung der vertebralen Rippenenden haben die Ligg. capitulorum intraarticularia, welche
von der 2.—10. Rippe vorhanden sind; ganz besonders aber kommen

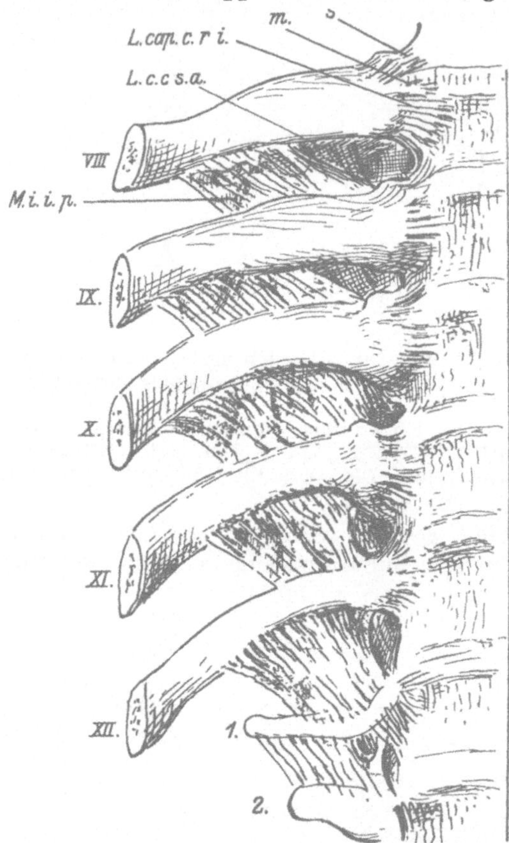

als Befestigungsbänder der
Rippen und Hemmungsapparate für die Rippenbewegung in Betracht:

Das Lig. capituli costae radiatum, welches
beim Übergang aus der
Gelenkkapsel auf die Körpersäule nach allen Seiten
auseinanderstrahlt und
namentlich in vorderen
und in vorwärts auf- und
absteigenden Zügen stark
entwickelt ist (Figg. 52 und
53). Ein hinterer Zug, der
am vorderen Umfang des
Foramen intervertebrale
und an der Hinterseite
der Körpersäule verläuft,
von letzterer sich ablöst
und in das gleiche Band
der anderen Seite unter
Bildung eines Lig. transversum übergeht, kommt
bei Tieren vor. Beim Menschen ist er jederseits durch
einen Faserzug vertreten,
der nach außen von der
hinteren Mittellinie an der
Zwischenwirbelscheibe endet (Fig. 52). R. Fick
bezeichnet ihn als L. colli
costae posterius intervertebrale.

Fig. 53. Verbindung der 8.—12. Rippe mit der
Wirbelsäule von vorn. *L. cap. c. r. i.* Lig. capituli
costae radiatum pars inf., *m.* pars media; *s.* pars
sup., *M. i. i. p.* Membrana interossea int. post.,
L. c. c. s. a. Lig. colli costae sup. ant.

Die Kapsel der Articulationes costo-transversariae ist in besonderem Maße hinten außen zu
dem kurzen und starken Lig. tuberculi costae transversum verstärkt (Figg. 52 u. 54).

Das Lig. capituli radiatum hindert (mit dem Lig. intraarticulare)
bei festgehaltenem Rippenhöcker vor allem die Emporhebelung und
die Vorwärts- oder Abwärtshebelung des Rippenköpfchens. Insoweit aber
das Rippenköpfchen festgehalten wird, und eine Neigungsänderung des
Vertebralendes der Rippe zur Körpersäule unter Verschiebung der Rippe

am Querfortsatz stattfindet, spannen sich bei äußerer Senkung des Rippenhalses die oberen, bei äußerer Hebung des Rippenhalses die unteren Züge des Lig. radiatum. Das wichtigste Band aber zur Beschränkung der Bewegung der Rippe gegenüber dem Querfortsatz, vorab in Achsenebenen, ist das Lig. tuberculi costae transversum.

Die bis jetzt besprochenen Bänder sind kurze Bänder, welche die Rippe mit dem ursprünglich zugehörigen Wirbel (und der oberen Zwischenwirbelscheibe etc.) verbinden. Dazu kommen lange Bänder zwischen der Rippe und dem nächstoberen Wirbel. Sie sind gewissermaßen zweigelenkig. Sie erlauben die allerdings geringe Bewegung von Wirbel zu Wirbel und können deshalb unmöglich exakt wirkende Hemmungsbänder der isolierten Rippenbewegung sein.

Sie ziehen vom oberen Rand des Rippenhalses zum nächstoberen Wirbel. In der Fortsetzung des M. interosseus internus des nach oben von der Rippe gelegenen Intercostalraumes spannen sich (einwärts vom nicht besonders kräftigen Lig. intertransversarium) vom Rippenhals zum Querfortsatz des oberen Wirbels mehr oder weniger getrennte Züge eines Lig. colli costae superius, an dem man einen vorderen

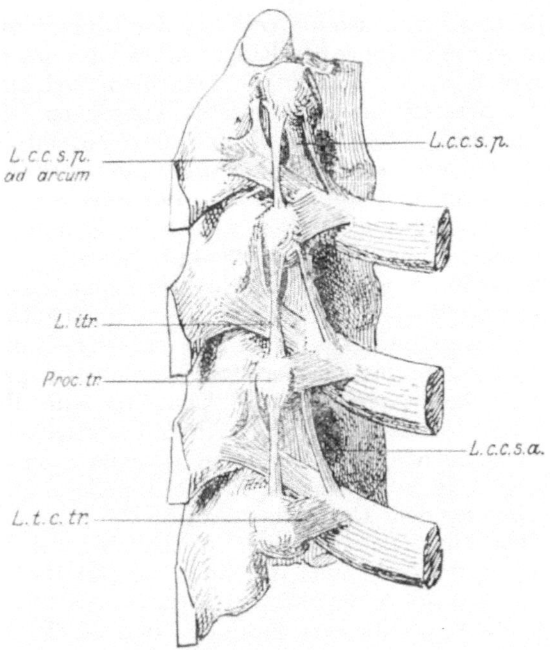

Fig. 54. Intertransversal- und Costovertebralverbindungen von der Seite und hinten. Umzeichnung nach R. Fick. *L.c.c.s.a.* Lig. colli costae sup. ant., *L.c.c.s.p.* Lig. colli costae sup. post., *L.c.c.s.p. ad arcum*, Lig. colli costae sup. post. ad arcum, *L.t.c.tr.* Lig. tuberculi costae transversum, *L.itr.* Lig. intertransversarium.

und einen hinteren Teil (Lig. anterius und posterius, Fick) unterschieden hat. An den hinteren Teil schließen sich kräftige Faserzüge, welche sich der vorderen Wand der Gelenkkapsel des Wirbelgelenkes anlegen und in oder auf derselben zum unteren Gelenkfortsatz und Bogen des nächst oberen Wirbels verlaufen. R. Fick nennt dieses Band Lig. colli costae superius ad arcum (Fig. 54). Dem vorderen Teil schließt sich seitlich die Membrana interossea interna (posterior) an (Fig. 53).

Indem der Rippenknochen am Köpfchen und am Höcker an zwei auseinander liegenden Stellen mit der Wirbelsäule gelenkig verbunden ist, beschränkt sich die Möglichkeit seiner Bewegung gegenüber der Wirbelsäule auf die Drehung um Achsen, welche durch die Mitte des Rippenköpfchens und die Gegend des Rippenhöckergelenkes gehen.

An mittleren und oberen Rippenhöckergelenken findet man mitunter genau kongruente Gelenkflächen, welche hintere Teile eines ziemlich eng gekrümmten Zylindermantels darstellen. Die Achse des Zylinders liegt annähernd horizontal vor der Gelenkspalte und verläuft schräg von außen hinten nach innen vorn zur Mitte des Rippenköpfchens. Hier geschieht also die Drehung der Rippe bloß um diese eine, ungefähr mit der Mittellinie des Rippenhalses zusammenfallende Achse. An den unteren Höckergelenken und manchmal auch an den mittleren und oberen fehlt aber eine derartige genaue Kongruenz. Die Gelenkflächen klaffen oben und unten: Die Rippenhöckergegend läßt sich im ganzen vor dem Querfortsatz nach oben und unten schieben, oder auf dem letzteren nach oben und unten rollen. Bei letzterer Bewegung handelt es sich um Drehungen um Achsen, welche jeweils durch das Rippenköpfchen und die Berührungslinie der Gelenkflächen des Höckergelenkes gehen. Am leichtesten verbindet sich die Abrollung nach oben mit Verschiebung der ganzen Höckergegend nach oben und die Rollung nach unten mit Verschiebung abwärts. Da an unteren Wirbeln das Gelenk etwas nach der oberen Seite des Querfortsatzes gerückt ist, geschieht die Verschiebung nach oben zugleich etwas rückwärts, die Verschiebung nach unten zugleich etwas nach vorn. An den letzten Rippen, die mit den Querfortsätzen nur durch ein Band verbunden sind, ist die Bewegung noch freier; es ist hier auch eine direkte Annäherung und Entfernung der Rippe gegenüber dem Querfortsatz möglich; doch gelingt auch hier am leichtesten und sichersten eine Verschiebung der Höckergegend nach oben und hinten verbunden mit einer Längsrotation des Rippenendteils nach oben und die entsprechende entgegengesetzte Bewegung.

Man möchte also vermuten, daß als Typus und Regel die oberen Rippen sich mehr oder weniger genau um Achsen drehen, welche vor den Querfortsätzen vorbeigehen und mit dem Rippenhals zusammenfallen, daß aber weiter nach unten die Achsen der bequemsten Rippendrehung durch die Höckergelenkfläche selbst gehen und an noch tiefer gelegenen Rippen durch die Spitze des Querfortsatzes oder auch nach hinten oder unten von demselben vorbeiziehen. Es möchte dies der Bewegung der Rippen bei der gewöhnlichen Atmung entsprechen, während allerdings an unteren Rippen bei anderen Anlässen (Biegungen des Rumpfes etc.) auch Drehungen um etwas anders gelegene Achsen vorkommen können. Die zwei oder drei untersten Rippen sind Costae fluctuantes, da sie frei in den Bauchdecken enden. Gerade sie müssen bei den Biegungen des Rumpfes aus dem Verlauf parallel den übrigen Rippen am meisten abgelenkt werden.

Schon Trendelenburg (1779) kannte die Schiefstellung der Drehungsachsen der Costovertebralgelenke. Sie ist aber von Späteren übersehen und erst durch Helmholtz (1856) wieder entdeckt und gewürdigt worden. Meißner bestimmte ihre Richtung genauer. Die von ihm berücksichtigte Verbindungslinie der Mitte des Rippenköpfchens mit der Mitte der Höckergelenkfläche entspricht allerdings höchstens an unteren Gelenken genau der Achse; an oberen verläuft sie mehr schief als die letztere. Die genannte Linie bildet nach Meißner mit der Frontalebene Winkel von 36⁰ an der ersten, 56⁰ an der zweiten, 64⁰ an der dritten und 72⁰ an der siebten Rippe. Die anderen Autoren legten die Achse durch den Rippenhals, was für die oberen Rippen richtiger ist. Henke fand als hinteren Winkel zwischen den korrespondierenden Achsen beider Seiten 95⁰ am ersten, 70⁰ am zweiten Rippenpaar (42½⁰ und 55⁰ Neigung zur Frontalebene). Trendelenburg fand an der 1., 2. und 3. Rippe 10⁰, 35⁰ und 47⁰ Abweichung gegenüber der Frontalebene. Das Maximum der Schiefstellung zeigt nach ihm die Achse der 4. Rippe mit 52⁰; von da an nimmt die Schiefstellung wieder ab bis zu 42⁰ (von Ebner und Landerer). R. Fick konstatiert bei den ersten drei Rippen Winkel von 16, 35 und 40⁰; von da an zeigt sich eine weitere allmähliche Zunahme der Schiefstellung bis zu 50⁰ an den letzten Rippen. Unsere eigenen Bestimmungen halten sich innerhalb der Grenzen dieser verschiedenen Angaben, wenn wir von Meißner absehen; nur für die letzten Rippen mit Höckergelenk finden wir eine etwas größere Schrägstellung, wenn wir die Achsen durch die Höckergelenkfläche selbst legen.

In Übereinstimmung mit Henke sehen wir die Drehungsachsen der obersten Rippen nicht unerheblich schrag nach vorn absteigen.

Die einzige oder doch die bequemste Drehung der Rippenknochen erfolgt also um Achsen, welche annähernd horizontal, schräg von hinten und außen nach vorn und innen durch die Rippenköpfchen gehen. Oben verlaufen sie etwas mehr frontal; unten mehr sagittal. Oben steigen sie etwas nach vorn ab.

Um solche Achsen müssen sich nun alle Punkte der Rippenknochen, wenn wir die letzteren als starr annehmen, in Kreislinien herumbewegen. Bei gleichem Drehungswinkel wächst natürlich die Exkursion des Punktes mit der Entfernung von der Achse. Die vorderen Enden des schräg absteigenden Rippenknochens bewegen sich also in vorwärts und auswärts aufsteigenden Kreisbogen. Bei den oberen Rippen wiegt die Bewegung nach vorn etwas vor über die Bewegung nach außen; nach unten zu überwiegt mehr und mehr die Bewegung nach außen, weil die vertebralen Drehungsachsen hier stärker schräg zur Frontalebene verlaufen. Wenn die Achse der ersten Rippe im Mittel einen Winkel von 20⁰ mit der Frontalebene macht und dabei deutlich nach vorn und innen, beinahe in der Ebene der ersten Rippe absteigt, so ist es möglich, daß die tatsächliche Exkursionsbahn des vorderen Endes des ersten Rippenknochens der Mittelebene annähernd parallel geht, während sie sich an allen folgenden Rippen im Aufsteigen deutlich von der Mittelebene entfernt.

Die größten Exkursionen machen bei gleicher Winkeldrehung die Enden der 5., 6., 7. und 8. Rippe.

Da der untere Rand des Rippenknochens zumeist von der Achse weiter entfernt ist als der obere, so bewegt er sich stärker, so daß die vorderen Knochenenden gleichsam neben einer Verschiebung nach vorn oben (und außen) noch eine Aufwärtsdrehung um ihre Längsachse ausführen. Am größten ist diese Längsdrehung an der ersten Rippe.

In dieser Weise würde sich jeder Rippenknochen bewegen, wenn er völlig starr und in seiner Bewegung nur durch die Verbindung mit der Wirbelsäule beschränkt wäre. Durch seine Verbindung mit dem

Brustbein aber erfährt seine Bewegung gewisse Widerstände; seine Biegsamkeit aber gestattet die Weiterführung der Bewegung in größerem Umfang, als es bei völliger Starrheit möglich wäre.

Die vorderen Enden der Rippenknochen sind, wenn wir von den falschen Rippen absehen, durch die Rippenknorpel mit dem Brustbein verbunden. Von dem letzteren wollen wir einstweilen annehmen, daß es sich nur sagittal in der Mittelebene resp. parallel derselben bewegen kann, von den Rippen, daß sie sich je paarweise symmetrisch zur Mittelebene verhalten und bewegen.

δ) Verhalten der Rippenknorpel bei der Bewegung der Rippenknochen.

Wenn die Rippenknochen als starr angenommen werden, so bewegen sich ihre vorderen Enden bei der Hebung in annähernd vertikalen Ebenen, welche um so mehr schräg von hinten innen nach vorn außen statt rein sagittal verlaufen, je mehr es sich um eine weiter unten gelegene Rippe handelt. Ferner ist wenigstens an den obersten Rippen die Ebene auch etwas nach der anderen Seite zu geneigt. In dieser Ebene beschreiben die Knochenenden nach vorn aufsteigende Kreisbahnen, welche um so mehr zugleich nach außen verlaufen, je tiefer in der Reihe die Rippe liegt.

Dabei müssen sich die vorderen Enden der einander entsprechenden Rippenknochen voneinander und von der Mittelebene entfernen. Solches kann durch verschiedene Momente möglich gemacht sein.

Vor allem kommt in Betracht die Verminderung der Schiefstellung der Rippenknorpel zur Sagittalebene. Rippenknorpel, welche im ganzen (mit der Verbindungslinie ihrer Enden) vom Brustbein aus schräg nach unten und außen absteigen, können durch Hebung gegenüber dem Brustbein in einen besser senkrecht zur Sagittalebene gerichteten Verlauf übergeführt werden und sich mit ihrem äußeren Ende von der Mittelebene entfernen. Bei einem Verlauf nach außen und hinten hat eine Vorführung denselben Effekt. Steigt der Rippenknorpel nach außen auf, so führt nicht seine Hebung, sondern seine Senkung gegenüber dem Sternum zu einer Entfernung des äußeren Endes von der Mittelebene. Kann auf diese Weise eine bestimmte Auswärtsbewegung der Knochenknorpelgrenze vom Betrage a durch Drehung des Rippenknorpels gegenüber dem Brustbein erreicht werden, so ist damit in jedem einzelnen Fall eine bestimmte sagittale Bewegung s dieser Knorpelknochengrenze gegenüber dem Sternum verbunden. Diese Bewegung s braucht durchaus nicht gleich zu sein der sagittalen Bewegung σ, welche das Ende des Rippenknochens vollführt bei einer Drehung um die costovertebrale Achse, durch welche es die gleiche Auswärtsbewegung a erfährt. Es muß demnach der Sternalansatz des betreffenden Rippenknorpels im allgemeinen eine ergänzende Sagittalbewegung S ausführen, welche mit s zusammen die Bewegung σ ergibt. Nur in diesem Fall kann die Länge und Form des Rippenknorpels gänzlich unverändert bleiben. Wo diese Bedingung nicht erfüllt ist, muß entweder bei der Hebung des Rippenknochens die Länge und Form des Rippenknorpels, oder es muß die Gestalt des Rippenknochens durch Biegung verändert werden, oder es müssen beide Anteile des Rippenbogens zugleich eine Gestaltveränderung erfahren.

In dieser Hinsicht ist zu bemerken, daß durch Dehnung des Rippenknorpels der Abstand der Knochenknorpelgrenze von dem Sternalansatz vergrößert werden kann; auch eine Verminderung einer vorhandenen Flächen- oder Kantenkrümmung des Rippenknorpels hat ähnlichen Effekt. Andererseits hat eine Vermehrung der Flächenkrümmung beim Rippenknochen zur Folge, daß sein vorderes Ende sich bei gleicher Hebung weniger weit von der Mittelebene des Körpers entfernt.

1. Verhalten bei unbewegtem Brustbein.

Wir wollen zunächst annehmen, daß die Rippenknorpel sowohl gegenüber dem Brustbein als in den Knochenknorpelgrenzen um die Mitte der Verbindung in beliebiger Richtung drehbar sind, das Brustbein aber seine Lage und Stellung gegenüber der Wirbelsäule nicht ändert. Das Knochenende des starr angenommenen Rippenknochens bewegt sich in einer Ebene, welche zu der Achse der vertebralen Gelenke senkrecht steht. Insofern das äußere Ende des zugehörigen Rippenknorpels in dieser Ebene verbleibt, kann die Bewegung des Rippenknorpels aufgefaßt werden als eine Drehung gegenüber dem Sternum in einem Kegelmantel um eine durch den Sternalansatz hindurchgehende Achse S (Fig. 55), welche der vertebralen Achse V parallel läuft. Da die genannte Achse des Sternalansatzes jedenfalls näher an der Knochenknorpelgrenze liegt, als die Vertebralachse, so würde das äußere Ende des Rippenknorpels, wenn es frei wäre, um die erstere Achse einen Kreis beschreiben, der enger ist als die von dem Ende des Rippenknochens um die vertebrale Achse beschriebene Kreislinie. Am besten fallen die beiden Kreislinien zusammen, wenn die Knochenknorpelgrenze in der Ebene liegt, welche durch die beiden einander parallelen Achsen gelegt ist, und welche wir als **Achsenebene** bezeichnen wollen. In der Richtung der Achsen V und S gesehen, würden sich die Kreislinien darstellen wie Fig. 55 zeigt. Man erkennt, daß sich das vordere Ende des Rippenknochens sowohl bei der Hebung als bei der Senkung aus der Lage k in der Achsenebene A V S A von der Achse des Sternalansatzes und von diesem selbst entfernen muß.

Befindet sich aber die Knochenknorpelgrenze in der Ausgangslage oberhalb der Achsenebene, z. B. in k', so muß sie sich bei der Hebung von der Achse des Sternalansatzes und von diesem selbst entfernen, bei der Senkung aber muß sie sich demselben nähern. Das Umgekehrte wird der Fall sein, wenn die Knochenknorpelgrenze sich in der Ausgangslage nach unten von der Achsenebene in k'' befindet.

Diese Betrachtung ermöglicht die Veränderungen zu beurteilen, welche der Rippenbogen bei der Hebung und Senkung erfahren muß für den Fall, daß dabei das Brustbein unbewegt bleibt.

Die Beobachtung an einem gut montierten Skelett und am Bänderthorax ergibt nun, daß die Knochenknorpelgrenze an den obersten Rippen etwas oberhalb der Achsenebene oder in derselben gelegen ist; von der dritten oder vierten Rippe an liegt sie nach unten von der zugehörigen Achsenebene, am meisten an der siebenten Rippe. Der Sachverhalt kann am besten beurteilt werden, wenn man von hinten außen her von der Costovertebralachse aus auf die Rippe visiert.

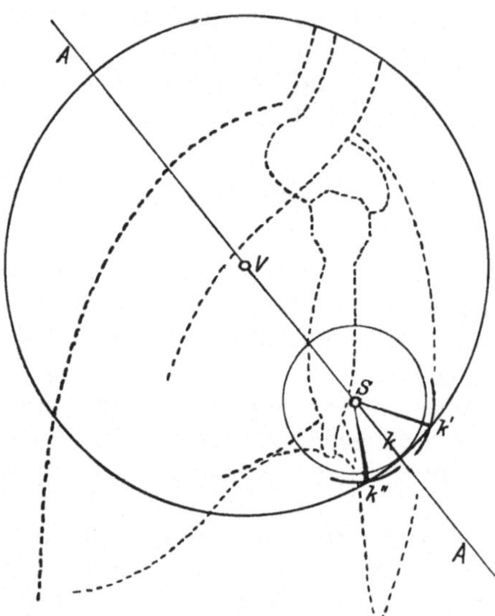

Fig. 55. Brustkorb von vorn außen, in der Richtung der Costovertebralachse V der 6. Rippe betrachtet. S Sternalansatz der 6. Rippe, $A\,V\,S\,A$ Achsenebene, K, K' und K'' drei verschiedene Lagestellen der Knochenknorpelgrenze der 6. Rippe.

Die Bahnkurve der Knochenknorpelgrenze der obersten Rippen entfernt sich demnach, wenn wir die Rippenknochen als starr ansehen, bei der Hebung vom Sternalansatz und nähert sich ihm bei der Senkung; das Umgekehrte gilt für die unteren wahren Rippen. Was die falschen Rippen betrifft, welche sich mit ihren Knorpeln an obere Nachbarn anlegen, so befinden sich ihre Knochenknorpelgrenzen nicht bloß unterhalb der Ebene, welche man durch die Achse ihres Vertebralansatzes und den Sternalansatz der siebenten Rippe gelegt denkt, sondern auch unterhalb der Ebene, welche durch jene Achse und den Ansatz des betreffenden Rippenknorpels an seinem oberen Nachbar hindurchgeht.

An den obersten Rippenknorpeln muß sich demnach bei der Rippenhebung ein Einfluß zur Dehnung geltend machen, an den Rippenknorpeln vom 3. oder 4. abwärts aber ein Einfluß zur Zusammenschiebung in der Längsrichtung. Bei der Senkung der Rippen erfolgt das Umgekehrte. Wenn die Rippenknorpel innen mit dem Brustbein (resp. dem oberen Rippenknorpel, an den sie sich anlehnen), außen aber mit dem Rippenknochen nur in einem Punkt resp. in einem Kugelgelenk allseitig drehbar verbunden wären, so müßten sich in der Tat bei der Hebung der Rippenknochen (abgesehen von der Hebung und der Vorbewegung aller Rippenknorpel gegenüber dem unbewegt gehaltenen Brustbein) an den ersten Rippen, soweit sie zum Brustbein absteigen, jederseits Zugkräfte geltend machen. Die beiderseits wirkenden Zugkräfte müßten sich zu einer in der Mittelebene des Brustbeins nach oben und etwas nach hinten wirkenden Resultierenden vereinigen. An den schräg zum Brustbein aufsteigenden Rippenknorpeln aber würden in ihrer Längsrichtung Druckkräfte nach dem Brustbein hin wirken, welche eine in der Medianebene des Brustbeins nach oben und etwas nach vorn gerichtete Resultierende ergeben. Wir nehmen dabei an, daß die Kräfte zur Hebung der Rippenknochen an diesen selbst angreifen.

2. Verhalten bei mitbewegtem Brustbein.

Jede sagittale, zur Mittelebene symmetrische Bewegung des Brustbeins kann nur aus folgenden Komponenten bestehen:

1. Einer Progressivbewegung in der Richtung seiner Längsachse; sie muß an sämtlichen Punkten dieselbe Geschwindigkeit haben.

2. Einer Bewegung seiner Teile senkrecht zur Hauptebene des Brustbeins, symmetrisch zur Mittelebene. Dabei können entweder alle Teilchen gleich stark bewegt werden (Progressivbewegung), oder es muß sich die Geschwindigkeit von einem Ende zum anderen für die gleiche Distanzänderung um den gleichen Betrag ändern. Irgendwo im Sternum oder seiner gedachten starren Fortsetzung müßte die Geschwindigkeit in einer horizontalen frontalen Linie $= 0$ sein. Um diese Linie als Achse würde die instantane Aufwärts- oder Abwärtsdrehung stattfinden. (Unter Aufwärtsdrehung verstehen wir eine Drehung, bei welcher sich die Vorderseite mehr nach oben wendet, unter Abwärtsdrehung die entgegengesetzte sagittale Drehung.)

Diejenigen Beträge nun, um welche sich der Sternalansatz einer Rippe in der Richtung des Brustbeins nach oben und senkrecht zu der Hauptebene des Brustbeins nach vorn bewegt, muß man sich von der absoluten Bewegung der Knochenknorpelgrenze abgezogen denken. Nur der Rest ist die wirkliche Bewegung der Knochenknorpelgrenze gegenüber dem Sternalansatz der betreffenden Rippe. Analog verhält es sich bei der Abwärtsbewegung des Rippenknochens, wenn das Brustbein nachgibt und der Bewegung nach unten und hinten mehr oder weniger folgt. Die wirkliche sagittale Bewegung der Knochenknorpelgrenze gegenüber dem Sternalansatz entspricht nur der Differenz zwischen ihrer absoluten sagittalen Bewegung und derjenigen des Sternalansatzes.

Kräfte in der Längsrichtung der Rippenknorpel.

Ist bei unbewegtem Brustbein mit der Hebung des Rippenknochens eine Annäherung der Knochenknorpelgrenze an den Sternalansatz und demnach auch eine Druckwirkung in der Längsrichtung des Knorpels nach dem Sternum hin verbunden, so ist andererseits klar, daß bei genügender gleichzeitiger Bewegung des Sternalansatzes nach vorn und oben die Abstandänderung auf 0 reduziert sein kann; ja bei noch stärkerer Bewegung des Sternalansatzes nach vorn oben könnte die Abstandsänderung im entgegengesetzten Sinn erfolgen und müßte eine Zugeinwirkung stattfinden.

Nehmen wir aber an, daß die Kräfte zur Vorbewegung und Hebung des Brustbeins oben an den Rippen angreifen und

durch Druckkräfte in der Längsrichtung der zum Brustbein aufsteigenden Knorpel einwirken, so kann natürlich das Ausweichen
des Brustbeins nur so weit stattfinden, daß immer noch in der Längsrichtung der Knorpel eine Druckwirkung stattfindet, groß genug, um
die Widerstände, welche sich der Aufwärts- und Vorwärstschiebung des
Brustbeins in den Weg stellen, zu überwinden.

Ähnliches gilt, wenn bei unbewegtem Brustbein durch die Hebung der
Rippenknochen in den zugehörigen, zum Brustbein absteigenden
Knorpeln ein Zug in der Längsrichtung hervorgerufen wird, und
wenn dieser Zug zur Hebung des Brustbeins beitragen soll, solange die
Hebung andauert. Solches trifft bei den ersten Rippen zu, wenn ihre
Knochenknorpelgrenzen über ihren „Achsenebenen" liegen. (Bei voll-
ständiger Freiheit der Bewegung in den Junkturen der Rippenknorpel
würde sich hier mit einem Einfluß zur Hebung des Brustbeins ein
Einfluß zur Rückbewegung seines oberen Abschnittes kombinieren.)

Eine Senkung des Brustbeins könnte allenfalls in analoger Weise
durch die Herabbewegung der Rippenknochen zustande kommen, indem in den ersten Rippenknorpeln Druck in der Längsrichtung gegen
das Brustbein wirkt und sein oberes Ende nach unten und vorn schiebt,
während in den unteren mit dem Sternum verbundenen Knorpeln
eine Zugspannung in der Längsrichtung wachgerufen wird, durch welche
das Brustbein nach unten und in seinem unteren Ende nach hinten
gezogen wird; die Bewegung des Brustbeins dürfte nicht so groß sein,
daß die Inanspruchnahme der Rippenknorpel in das Gegenteil verkehrt wird.

. Wir müssen nun aber auch noch den Fall ins Auge fassen, in welchem
die direkt am Brustbein angreifenden Kräfte, welche dieses Skelettstück
nach unten oder oben ziehen, über die Kräfte zur Hebung resp. Senkung
der Rippenknochen das Übergewicht haben.

Wirken direkt am Brustbein Kräfte emporziehend, während
die Rippenknochen zurückgehalten werden, so müßte bei unbewegten
Rippenknochen eine Vergrößerung des Abstandes zwischen Knochenknorpelgrenze und Sternalansatz stattfinden. Die Rippenknorpel
müßten in ihrer Längsrichtung gedehnt werden; diese Zugspannung
müßte sich an dem Rippenknochen als Einfluß zur Hebung geltend
machen. Wenn aber eine solche Hebung bei völlig starrer Beschaffenheit
um die schrägen Achsen der Costovertebralgelenke wirklich stattfindet,
so müssen sich dabei die äußeren Rippenknorpelenden stärker bewegen
als die inneren, so daß sich die Rippenknorpel auch relativ zum Brustbein
heben und besser quer stellen, nur kann dies nicht in dem Maße geschehen, daß die Längsbeanspruchung der Rippenknorpel ins Gegenteil
verkehrt wird.

Der entgegengesetzte Fall wird tatsächlich wohl eher verwirklicht
sein: Nachlassen der an den Rippen angreifenden hebenden Kräfte und
Übergewicht der am Brustbein angreifenden Längsspannung der vorderen
Bauchwand. Gesetzt der Fall, es weiche z. B. der 6. Rippenknorpel aus
der „Achsenebene", welche durch die Vertebralachse der 6. Rippe und
ihren Sternalansatz gelegt ist, mit seinem äußeren Ende nach unten ab, so

müßte ein vom Sternum her in diesem Rippenknorpel hervorgerufener Längsdruck ein Moment zur Abwärtsbewegung des 6. Rippenknochens um die Vertebralachse haben. Eine solche Senkung wäre aber nur möglich unter Annäherung der Knochenknorpelgrenze an die Mittelebene und Vermehrung der Schiefstellung des Rippenknorpels gegenüber dem Stamm; durch letztere Bewegung allein würde bei unbewegtem Brustbein der Rippenknorpel gedehnt. Auch hier ist also die Wirkung zur Abwärtsbewegung der 6. Rippe nur so lange denkbar, als die resultierende Längsbeanspruchung des 6. Rippenknorpels immer noch eine Druckbeanspruchung ist.

Kräfte, die an den Rippenknorpeln angreifen und sie nach unten gegen das Becken oder gegen die Mittellinie hin ziehen, könnte man je durch zwei Kräfte ersetzen, von denen die eine am Sternalansatz, die andere an der Knochenknorpelgrenze angreift. Auch für die letztere würde sich jedenfalls ein Moment zur Abwärtsdrehung des Rippenknochens ergeben.

In der angedeuteten Weise müssen die Verhältnisse analysiert werden, wenn man einzig und allein den in der Längsrichtung der Rippenknorpel wirkenden Druck oder Zug in seiner Entstehungs- und Wirkungsweise beurteilen will. Eine andere Frage ist es, ob sich die Kraftübertragung von den Rippen auf das Brustbein wirklich einzig und allein in der Längsrichtung der Rippenknorpel vollzieht.

Eine solche Lehre von der ausschließlichen Geradeschiebung des Brustbeins ist tatsächlich von Volkmann (1877) aufgestellt und neuerdings noch von R. Fick (1907 und 1911) voll und ganz aufrecht erhalten worden.

Volkmann hat eine „Aufwärtstreibung" des Sternum in gerader mittlerer Richtung durch die in der Längsrichtung der Rippenknorpel wirkenden Druckkräfte angenommen und sie mit der „Geradeführung" in der Maschinentechnik verglichen. R. Fick führt diesen Gedanken weitläufig aus und weist darauf hin, daß wegen der Bewegung der Rippenknorpelenden in Kreislinien, die nach vorn außen aufsteigen, und weil die Rippenknorpel beider Seiten nicht bloß nach oben, sondern auch nach vorn gegen das Brustbein konvergieren, eine Geradeführung nicht bloß nach oben, sondern auch nach vorn stattfinden muß. Die Knorpel der wahren Rippen (es gilt das natürlich nur für die zum Brustbein aufsteigenden) bilden gleichsam Pleuelstangen, welche zwischen die

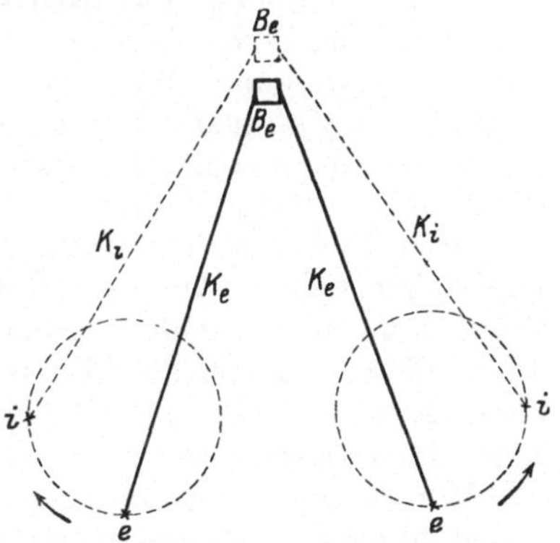

Fig. 56. Schema zur Erläuterung der Geradeschiebung, von R. Fick.

Rippenknochen und das Brustbein eingefügt sind. Der Autor erläutert seine Meinung durch das in Fig. 56 reproduzierte Schema. Die Linien

K$_e$ und K$_1$ stellen die Pleuelstangen (Rippenknorpel) in zwei verschiedenen Lagen dar. Bei der Bewegung der äußeren Endpunkte im Kreis außen herum von e nach i, bewegt sich der Vereinigungspunkt der Pleuelstangen (das untere Brustbeinende) B$_e$ in gerader Linie nach B$_i$.

Auffällig ist nun vor allem, daß R. Fick die Lehre von der Geradeschiebung des Brustbeins nach oben durch die Rippenknorpel voll und rückhaltlos vertritt, während er doch ausdrücklich behauptet, daß die Rippenknorpel bei der Rippenhebung allerorts in ihrer Längsrichtung gedehnt werden.

Wäre letzteres der Fall, so müßte das Brustbein durch die Längsspannung der zum Brustbein aufsteigenden Rippenknorpel nicht nach oben geschoben, sondern nach unten gezogen werden (s. Fig. 57). Es gibt also nur zwei Möglichkeiten. Entweder muß die Lehre von der Dehnung aller Rippenknorpel falsch sein, oder es kann die Lehre von der Geradeschiebung des Brustbeins, so wie sie von R. Fick und Volkmann vertreten wird, nicht richtig sein.

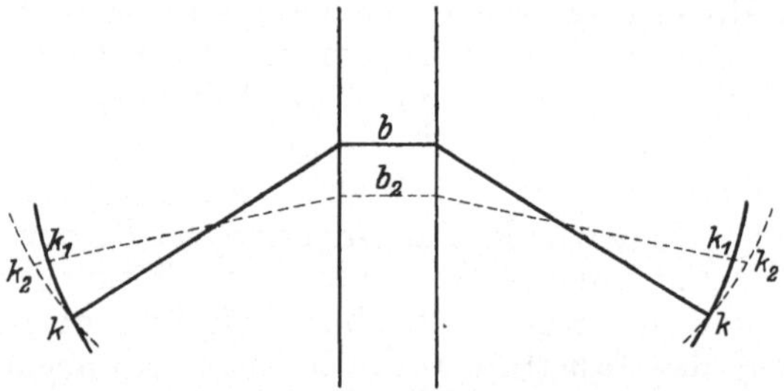

Fig. 57. Schema fur die inverse Geradeschiebung, k Knochenknorpelgrenze in der Ausgangslage, k$_1$ Lage bei gehobener Rippe und unbewegtem Brustbein b, k$_2$ Lage bei stärkerer Hebung nach außen und Abwärtsbewegung des Brustbeins von b nach b$_2$.

Im vorigen wurde gezeigt, weshalb wir zu der Annahme berechtigt sind, es finde bei der Rippenhebung in den zum Sternum aufsteigenden Rippenknorpeln wirklich Druckbeanspruchung in der Längsrichtung statt, welche zur Emporschiebung des Brustbeins in seiner Längsrichtung und zum Vorstoßen desselben beiträgt. An den ersten Rippenknorpeln, so wurde gezeigt, kann allerdings durch die Rippenhebung ein Zug in der Längsrichtung ausgeübt werden, welcher ebenfalls die Aufwärtsbewegung des Brustbeins in seiner Längsrichtung (aber nicht den Vorstoß auf dasselbe) unterstützt. Wegen der stark frontalen und nach vorn unten geneigten Richtung der Vertebralachse kann aber dieser Einfluß kein erheblicher sein. An den horizontal verlaufenden Rippenknorpeln findet wohl eine Zugeinwirkung auf das Brustbein statt, doch unterstützt dieselbe nicht die Hebung des Brustbeins und auch nicht den Vorstoß; sie wirkt eher zur Bewegung des Brustbeins (senkrecht zu seiner Hauptebene) nach hinten.

Man muß sich nun aber ferner klar machen, daß auf keinen Fall die Mitbewegung des Brustbeins mit den Rippen nach oben oder unten einzig und allein durch Kräfte in der Längsrichtung der Rippenknorpel erzwungen wird, daß vielmehr solche Kräfte bei dem Prozeß der Kraftübertragung nur einen Faktor neben anderen und wahrscheinlich durchaus nicht einmal den wichtigsten Faktor darstellen.

Hebelnde Kraftübertragung.

Eine bloße Inanspruchnahme der Rippenknorpel in der Längs-richtung, sei es auf Kompression, sei es auf Dehnung würde nur dann gegeben sein, wenn die Knorpel mit dem Brustbein einerseits, mit den Rippenknochen andererseits in Gelenken mit völliger Freiheit der Be-wegung oder nur je in einem Drehpunkt verbunden wären. Solches ist nun aber nicht der Fall. Vor allem ist die Verbindung des Rippen-knochens mit dem Rippenknorpel alles andere als ein Gelenk mit freier Drehbarkeit um einen Punkt. Es hängt ja hier der Knochen in der ganzen Dicke gleich fest mit dem Knorpel zusammen.

Demnach ist eine größere Querstellung der unteren Rippenknorpel nicht möglich, ohne daß an ihrer Verbindung mit den Rippenknochen am oberen Rande eine Dehnung, am unteren Rande eine Zusammen-schiebung stattfindet, was zu einer Abflachung der Kantenkrümmung an dieser Stelle, am sogenannten Knochenknorpelwinkel führt.

Befindet sich in der ins Auge gefaßten Ausgangsstellung der Rippen-knorpel in elastischer Gleichgewichtslage, was die in der Ebene der Kantenkrümmungen wirkenden elastischen Kräfte betrifft, so entspricht der Verminderung der Kantenkrümmung das Auftreten einer neuen Zugspannung im oberen Randteil und einer Druckspannung im unteren Randteil des äußeren Knorpelendes. (Man muß zwar mit der Mög-lichkeit rechnen, daß in der Anfangsstellung der Knorpel sich nicht in elastischer Ruhelage befindet. Aber selbst wenn im oberen Rand des äußeren Knorpelendes bereits eine Druckspannung und im unteren Rande eine Zugspannung vorhanden ist, so daß beide Spannungen nun durch die Hebung der Rippe vermindert werden, so entspricht die Veränderung der Inanspruchnahme des Knorpels dem Hinzu-treten einer Zugkraft, welche im oberen Rand des äußeren Knorpel-endes nach dem Rippenknochen hin, und einer Druckkraft, welche im unteren Knorpelrand gegen die Medianebene hin wirkt). Solche vom Rippenknochen her einwirkende Kräfte können sehr wohl neben einer in der Längsrichtung des Knorpels wirkenden Kraft vorhanden sein und mit ihr zusammen eine Resultierende ergeben resp. sich durch eine Kraft ersetzen lassen, welche senkrecht zu der Längenrichtung des Rippenknorpels durch seine Ansatzstelle am Sternum nach oben (und außen) gerichtet ist. Ihr muß natürlich im Fall der Feststellung in der neuen Lage durch Kräfte, die von anderer Seite her auf das Sternum wirken, Gleichgewicht gehalten werden.

Zu der Kraft, die in der Längsrichtung des Knorpels wirkt, kann also ein Drehungseinfluß (Widerstand) von der Knochenknorpelgrenze her hinzukommen, der am Brustbein emporhebelnd wirkt.

Die resultierende Einwirkung der Rippe auf das Brustbein braucht also nicht genau in der Längsrichtung des Knorpels stattzu-finden; sie kann mehr direkt in der Längsrichtung des Brustbeins, ja nach oben und außen geschehen.

Ebenso verhält es sich mit dem Vorstoß. Auch hier kann zu einer Komponente der in der Längsrichtung des Knorpels wirkenden

Kraft noch eine am Sternalansatz normal zur Sternalebene gerichtete Komponente hinzukommen, so daß ein Einfluß zur Vorhebelung gegeben ist, herrührend von Kräften, welche vom Rippenknochen her drehend auf den Rippenknorpel einwirken.

In beiden Fällen wird der Rippenknorpel auf Biegung in Anspruch genommen, wobei natürlich auch Abscherungswiderstände eine Rolle spielen.

Diese Betrachtungsweise macht nun verständlich, daß auch die obersten zum Brustbein absteigend oder horizontal verlaufenden Rippen, selbst wenn die Knochenknorpelgrenzen sich bei der Hebung nicht erheblich von der Mittellinie entfernen, oder wenn ihre Knorpel wegen der horizontalen Richtung durch ihre Längsspannung keine Hebung des Brustbeins bewirken, und selbst wenn die in ihren Rippenknorpeln hervorgerufene Längsspannung das Brustbein nach hinten zieht, doch

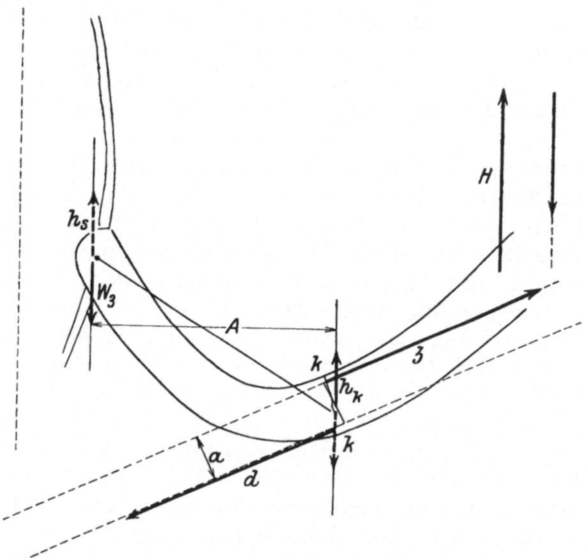

Fig. 58.

vermöge der beschriebenen Hebelwirkung, dank der Festigkeit der beiden Junkturen des Knorpels ganz erheblich sowohl zum Vorstoß als zur Hebung des Brustbeins beitragen können. Auch bei diesen Rippen muß natürlich bei der Hebung die Kantenkrümmung sich vermindern und die Flächenkrümmung verstärkt werden.

In Fig. 58 sind nur diejenigen Krafte berücksichtigt, welche in der Hauptebene eines Rippenknorpels vom Knochen her auf den Knorpel einwirken. Sie ergeben sich aus der am Rippenknochen angreifenden hebenden Kraft H. Anderen Komponenten wird durch axiale Widerstande des Vertebralgelenkes Gleichgewicht gehalten. Wir nehmen an, daß neben einer Zugspannung z im oberen Rand und einer Druckspannung d im unteren Rand der Knochenknorpelverbindung noch eine in der Knorpelebene nach oben wirkende Komponente h_k zu berücksichtigen ist. Der Rippenknorpel ist festgestellt, wenn am Sternum

(Sternalansatz der Rippe) im Abstand A von h_k eine gleichgroße, entgegengesetzte Kraft W_3 einwirkt. Dabei bilden W_3 und h_k einerseits, die an der Knochenknorpelgrenze auf den Knorpel wirkende Zugspannung z und Druckspannung d andererseits zwei Kraftepaare W_3. A und z. a, die sich gegenseitig im Gleichgewicht halten.

Man kann dann sagen, die Rippe wirke auf das Brustbein mit einer Kraft $h_s = h_k = - W_3$ durch Emporhebelung.

Kraftübertragung durch Torsion.

Ferner kann zu der Längsrichtungsbeanspruchung und zu der Biegungs- und Abscherungsbeanspruchung noch eine Torsionsbeanspruchung der Rippenknorpel hinzukommen, und auch diese Kräfte können sich durch Vermittelung der Knorpel auf das Brustbein übertragen und dessen sagittale Stellung und Bewegung beeinflussen. Solches ist namentlich an den ersten Rippenknorpeln der Fall. Wie schon erwähnt, machen die unteren Randkanten der vorderen Knochenenden bei der Hebung der Rippen eine größere Exkursion, so daß die Enden gleichsam um ihre Längsachse aufwärts rotieren. Diese Längsdrehung überträgt sich auf die Knorpel, so daß sie außen im gleichen Sinn rotiert werden, und durch sie auf das Brustbein. Denken wir uns den betreffenden längsrotatorischen Einfluß durch ein Kräftepaar repräsentiert, das senkrecht zur Ebene der Knochenknorpelgrenze wirkt, so sind diejenigen Komponenten des Kräftepaares, welche in die Sternalebene entfallen, oder zu seiner Längslinie senkrecht stehen, als Einflüsse zur Längsdurchbiegung der Rippenknorpel bereits berücksichtigt; es handelt sich nur noch um die sagittale Kräftepaarkomponente. Da summieren sich nun die Einflüsse beider Seiten; sie führen zur sagittalen Drehung des Brustbeins oder Brustbeinstückes, sofern dies nicht durch andere Einflüsse verhindert ist.

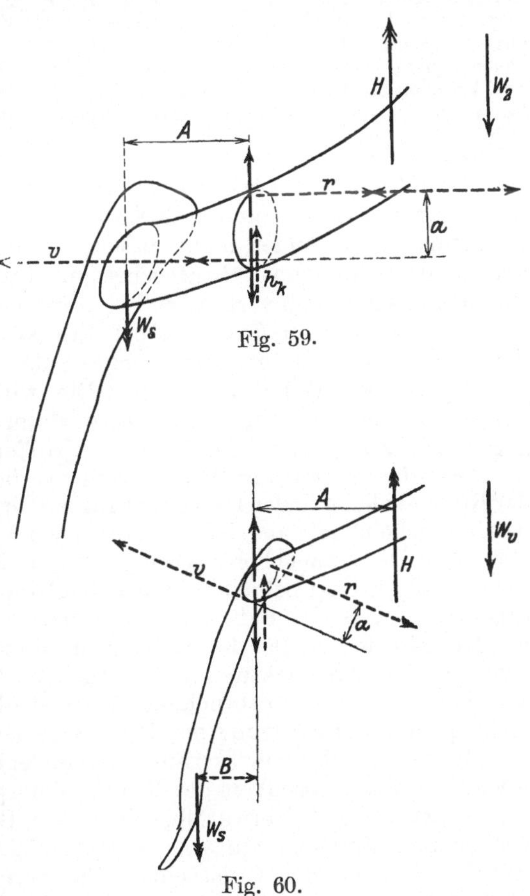

Fig. 59.

Fig. 60.

In den Figg. 59 und 60 ist die auf die erste Rippe wirkende hebende Kraft durch den Pfeil H dargestellt. Ihre Wirkung läßt sich ersetzen durch eine gegen die Achse der Costo-Vertebralverbindung wirkende Kraft, welcher durch den Widerstand W_2 resp. W_v Gleichgewicht gehalten wird, durch eine an der Knorpelknochengrenze (Fig. 59) resp. am Sternalansatz (Fig. 60) vertikal nach oben gerichtete Kraft (punktierte vertikale Pfeile) und durch je ein Kräftepaar, dessen sagittale Komponente durch die punktierten Pfeile r und v dargestellt ist.

Die Feststellung in sagittaler Richtung erfolgt durch eine am Brustbein angreifende, abwärts gerichtete Kraft W_3. In Fig. 59 greift dieselbe am Sternalansatz der Rippe, in Fig. 60 näher dem unteren Sternalende an. W_3 läßt sich durch 3 Kräfte ersetzen, indem man an der Knochenknorpelgrenze (Fig. 59) resp. am Sternalansatz der ersten Rippe (Fig. 60) zwei gleich große einander entgegengesetzte Kräfte hinzufügt. Zwei dieser 3 Kräfte geben ein Kräftepaar, welches dem Kräftepaar v—r Gleichgewicht halt; die dritte Kraft wirkt der vertikal nach oben gerichteten aus H sich ergebenden Einzelkraft an der Knochenknorpelgrenze resp. am Sternalansatz entgegen. Man kann also sagen, die Kraft, welche die Rippe hebt, wirkt durch Torsion des Rippenknorpels dem Einfluß W_3 am Brustbein entgegen.

Trennt man das Brustbein unterhalb des Ansatzes des ersten Rippenpaares oder oberhalb und unterhalb des Ansatzes eines der folgenden Rippenpaare, so findet man, daß die Hebung des Rippenpaares und des damit verbundenen Brustbeinsegmentes mit starker Aufrichtungsdrehung des letzteren verbunden ist. Eine solche findet nicht in gleichem Umfang statt, wenn das Brustbein intakt geblieben ist; sie wird in diesem Fall durch den Zusammenhang des Brustbeins mit den weiter unten gelegenen Teilen gehemmt. Die wirkliche Torsion der oberen Rippenknorpel (im Sinn der Aufwärtsrotation der äußeren Enden gegenüber den inneren) ist dann eine größere.

Daß die unteren mit dem Sternum verbundenen Rippenknorpel bei der Rippenhebung in der Längsrichtung auf Druck in Anspruch genommen werden, scheint mir aus den geometrischen Verhältnissen mit ziemlicher Gewißheit hervorzugehen. Dagegen halte ich es durchaus nicht für sicher, daß die Knorpel der beiden ersten Rippen eine erhebliche Dehnung erfahren. Ist es der Fall, so müssen nächst obere Rippenknorpel vorhanden sein, welche bei der Hebung im Mittel weder auf Zug, noch auf Druck in der Längsrichtung in Anspruch genommen werden. Jedenfalls aber hat die Längsbeanspruchung mehrerer oberster Rippenpaare auf die Hebung und Vorbewegung des Brustbeins keinen wesentlichen Einfluß. An sämtlichen mit dem Sternum verbundenen Rippen kommt dagegen wegen der Geschlossenheit der Knochenknorpelverbindung die Wirkung zur Aufwärts- und Vorwärtshebelung des Brustbeins zur Geltung, an den oberen Rippenpaaren aber außerdem der Einfluß der Torsion zur Aufwärtsdrehung des Brustbeins. Da wegen der Längsspannung der ventralen Bauchwand das untere Ende des Brustbeins ganz besonders in der Vorbewegung gehemmt wird, so kommt diese aufdrehende Wirkung der oberen Rippen gleichsam den unteren Rippen hinsichtlich der Vorbewegung ihrer Sternalansätze zu Hilfe. So ermöglicht die Verbindung der Rippen mit dem Brustbein im ganzen genommen eine mehr gleichmäßige Hebung und Vorbewegung der vorderen Brustwand.

Die Formveränderung, welche die Rippenknorpel bei der Rippenhebung erfahren, ist für die verschiedenen Rippen charakteristisch verschieden. An allen Rippenknorpeln zeigt sich, und zwar nach unten hin in gesteigertem Maße eine Abflachung der Kantenkrümmung; die Beanspruchung durch Emporhebelung hat hier jedenfalls das Übergewicht über die Kompression in der Längsrichtung. An den unteren Sternalrippenknorpeln muß wegen des verhältnismäßig stark gehemmten Vorstoßes die Flächenkrümmung stärker vermehrt sein. Dafür nimmt nach oben hin die Längstorsion durch Aufwärtsdrehung der äußeren Enden gegenüber den inneren zu.

Insofern wir aber zunächst für die einzelnen Rippen noch nicht wissen resp. noch nicht festgestellt haben, bei welcher Form sie für sich allein im elastischen Gleichgewicht sind, so ist mit obigem über den absoluten Sinn der Spannungen, welche in den Rippenknorpeln bei den verschiedenen Höhenlagen der Rippen und des Brustbeins wachgerufen sind, eigentlich noch nichts bestimmt; es ist nur der Sinn der Formveränderung charakterisiert und der Sinn der Spannungsänderung; ob es sich aber bei der Verminderung der Kantenkrümmung, der Vermehrung der Flächenkrümmung und der sagittalen Aufwärtsdrehung der äußeren Enden gegenüber den inneren bei der einzelnen Rippe um eine Annäherung an ihre Gleichgewichtslage, um eine Überschreitung derselben, oder um eine Entfernung von derselben handelt, ist zunächst unentschieden.

Wir wissen nur das eine, daß eine bestimmte mittlere oder der oberen Extremlage genäherte Hebestellung der Rippen mit dem Brustbein der elastischen Gleichgewichtsform des ganzen Thorax entspricht. Wenn diese nicht auch zugleich für jede einzelne Rippe die Gleichgewichtsform bedeutet, vielmehr in derselben einzelne Rippen, oder ihren Verbindungen mit dem Brustbein, oder das Brustbein selbst ihre elastische Gleichgewichtsform nicht erreicht haben, so müssen die in den verschiedenen Elementen der sternocostalen Wand gegebenen Spannungen derart sein, daß sich ihre Einflüsse zur Drehung der Rippen in den Costovertebralgelenken durch Vermittelung des Brustbeins gegenseitig im Gleichgewicht halten. Eine besondere Untersuchung ist nötig, um den diesbezüglichen Sachverhalt klarzustellen (s. das folgende Kapitel).

Zum Schluß muß übrigens bemerkt werden, daß weder die Rippenknochen, noch das Brustbein als vollkommen starre Gebilde anzusehen sind. Wenn also in den Rippenknorpeln irgendwo und irgendwann einseitige elastische Spannungen gegeben sind, die sich natürlich durch die Knochenknorpelverbindung auf die Rippenknochen übertragen, so muß auch die Form der Rippenknochen dadurch beeinflußt sein, sei es im Sinn der Längstorsion oder einer vermehrten oder verminderten Kanten- oder Flächenkrümmung. Am Brustbein aber können sich Kräfte, welche am oberen Ende im Sinn der Aufwärtsdrehung, am unteren Ende im Sinn der Rückbewegung einwirken, nicht anders Gleichgewicht halten, als indem ein solcher vorwärts ausbiegender Einfluß auch wirklich in einer wenn auch unbedeutenden Formveränderung deutlich wird. Länger anhaltende verstärkte Einwirkung dieser Art würde mit der Zeit eine stärkere Ausbiegung oder Ausknickung des

Brustbeins nach vorn an besonders nachgiebiger Stelle zur Folge haben. Auf derartige Einflüsse werden wir später noch zu sprechen kommen.

Wir müssen uns ferner klar zu machen suchen, daß und warum die gemeinsame Hebung und Senkung aller Rippen mit dem Brustbein mit annähernd erhaltenem Parallelismus möglich, aber nicht die einzig mögliche Bewegung der Rippen mit dem Brustbein ist. Eine bestimmte Vorbewegung ist bei den obersten Rippen und namentlich beim ersten Rippenpaar zwangsmäßig mit der Hebung verknüpft. An unteren Rippenpaaren dagegen besteht eine größere Freiheit der Bewegung.

H. v. Meyer (1885) konnte am Bänderpräparat durch einen am unteren Ende des Brustbeins nach vorn wirkenden Zug die Richtung des Brustbeins im Sinn der Aufwärtsdrehung verändern. Die Drehung erfolgte dabei um die ersten Rippenknorpel. Hierbei mußten die Rippenknochen, und zwar die unteren relativ stärker gehoben und die Kantenkrümmungen an den Knochenknorpelgrenzen mußten vermindert sein. Am ganzen Rippenbogen zeigt sich bei einem solchen Versuch jederseits hinten und vorn eine vermehrte, in der Mitte aber eine verminderte Flächenkrümmung.

Umgekehrt sinkt das Sternum unten gegenüber den Rippenknochenenden rückwärts, wenn die erste Rippe festgehalten ist, bei Belastung des Brustbeins in der Rückenlage des Körpers, oder bei starker Längsspannung der vorderen Rumpfwand (Bauchwand) am rückwärts gebeugten Körper. Die Kantenkrümmungen sind dabei verschärft, die Rippen nach unten zunehmend stärker gesenkt, die Knochenknorpelgrenzen zugleich aber auch etwas seitlich hinausgeschoben, ebenso wie die angrenzenden Teile der Rippenknochen. Die Biegsamkeit der Rippenknochen spielt bei diesen beiden Extremstellungen eine wichtige Rolle; in beiden ist noch eine gemeinsame Hebung und Senkung der Rippen mit dem Brustbein, wenn auch in eingeschränktem Maße, möglich.

Solche Versuche zeigen, daß in mittleren Lagen zwischen extremer Vor- und Rückführung des unteren Brustbeinendes ein gewisser Spielraum für die Größe des sog. Vorstoßes im Verhältnis zur Hebung des Brustbeines bei der Hebung der Rippen besteht, vor allem in Abhängigkeit von den direkt am Brustbein und etwa auch an den Rippenknorpeln angreifenden Kräften.

Andererseits läßt sich aber auch für alle Rippen eine Hebungsbewegung finden, bei welcher die Sternalenden der Rippenknorpel die gleiche bestimmte Verschiebung in der Längsrichtung des Brustbeins ausführen, während die Bewegung senkrecht zur Hauptebene des Brustbeins nach vorn entweder überall dieselbe ist, oder proportional der Entfernung vom oberen Ende des Brustbeins zu- oder abnimmt. Dabei kann der Hebungswinkel der Rippenknochen annähernd derselbe sein oder nur allmählich von oben nach unten zu- oder abnehmen; es werden dabei in der Regel die Knochenknorpelgrenzen unterer Rippen entsprechend der größeren Länge der Rippenknochen eine größere Exkursion machen als diejenigen der oberen. Die letzten Rippen lassen wir hierbei außer Betracht; sie haben einen größeren Spielraum für verschiedene Bewegung und können ebensowohl den oberen Rippen in ihrer Bewegung folgen, als hinter denselben unten zurückbleiben.

Was für die Hebung der Rippen gilt, gilt mit Umkehr aller Beziehungen auch für die Rückbewegung nach unten.

Natürlich kann bei einer solchen gemeinsamen Bewegung der Rippen miteinander und mit dem Brustbein unmöglich jeder einzelne Rippenring (bestehend aus zwei korrespondierenden Rippenbogen und dem dazwischen gelegenen Brustbeinsegment) so bewegt werden, wie es bei völliger Isolierung derselben von den übrigen Rippen und dem übrigen Brustbein, durch die Kräfte, welche an den Rippen angreifen, geschehen würde. Vielmehr muß im allgemeinen die Bewegung des einzelnen Rippenringes durch die sternale Verbindung mit den anderen modifiziert und es müssen in ihm besondere elastische Widerstände wachgerufen werden.

B. Die elastische Gleichgewichtslage des Thorax und seiner Elemente.

Elastische Gleichgewichtsform des Brustkorbes und der einzelnen Rippenringe.

Ein aufrecht gestellter Thorax in Bändern nimmt eine bestimmte Form an. In derselben sind nicht etwa die Rippen in den Costovertebralgelenken bis zu den Grenzen der möglichen Exkursion herabgedreht; vielmehr befinden sie sich in einer etwas mehr gehobenen Stellung, trotz der Einwirkung der Schwere. Durch Kräfte, welche an den Rippen oder am Brustbein abwärts ziehend wirken, können die Rippen mit dem Brustbein unter federndem Widerstand nach unten bewegt, andererseits können sie aus der Ruhestellung durch entgegengesetzt gerichtete Kräfte unter federndem Widerstand nach oben bewegt werden. Die gleiche Erscheinung zeigt sich, wenn man den Thorax in genau umgekehrter Weise, das craniale Ende nach unten, aufstellt; nur entspricht dann die Ruhelage einer etwas mehr cranialwärts abgelenkten Stellung der Rippen und des Brustbeins. Die wahre elastische Ruhe- oder Gleichgewichtsform des Brustkorbes entspricht einer zwischen diesen beiden Formen in der Mitte gelegenen. Man würde sie erhalten, wie R. Fick richtig bemerkt, bei Suspension des Thorax in einer Flüssigkeit, welche das gleiche spezifische Gewicht wie seine eigene Substanz besitzt.

Die Frage nach der elastischen Ruhelage des Thorax spielt, wie aus dem Angeführten bereits ersichtlich ist, eine wichtige Rolle in der Theorie der bei der Atembewegung beteiligten Kräfte.

Die früher allgemein verbreitete Meinung war die von Helmholtz (1856) vertretene, nach welcher die elastische Gleichgewichtslage einer Exspirationsstellung entspricht und die Ausatmung wenigstens bei ruhiger Atmung wesentlich passiv, durch das Zurückfedern des

Brustkorbes aus der Inspirationsstellung in die Ruhelage, eventuell unter Mithilfe der Schwere, ohne wesentliche Beteiligung von Exspirationsmuskeln geschieht. Dagegen hat sich Henke aufgelehnt. Er schloß vornehmlich aus der Rippenstellung am Bänderapparat, daß die elastische Gleichgewichtsform des Thorax eine inspiratorische ist. Nur bei stärkster Rippenhebung wird diese Gleichgewichtslage nach oben überschritten, so daß der Thorax aus der extrem inspiratorischen Form nach abwärts in die Gleichgewichtslage zurückfedert. Bei mittlerer Stellung der Rippen aber und bei stärkerer Rippensenkung federt der Thorax nach oben. Indessen kam die Lehre von Henke nicht zur allgemeinen Anerkennung.

Eine sicherere Begründung hat sie erst durch die schönen Versuche erhalten, welche Landerer unter Braunes Leitung angestellt hat.

Ein Leichnam wurde nach Abtragung des Kopfes auf einem Sitzbrett in aufrechter Haltung des Rumpfes und der beiden ersten Halswirbel durch einen in den Wirbelkanal eingefügten Eisenstab befestigt. Die Rippen und Intercostalmuskeln wurden freigelegt, die Intercostalraume unter sorgfaltiger Schonung der Pleura ausgeraumt. Einstich in den Pleurasack anderte an der Stellung der Rippen und des Brustbeins, welche an verschiedenen Punkten durch einen Koordinatenmesser genau bestimmt wurden, nichts Wesentliches; doch gibt Landerer zu, daß die Lungenelastizitat vielleicht durch die Leichenfaulnis etwas vermindert war. Nachdem aber das Brustbein zwischen dem Ansatz der ersten und zweiten Rippenknorpel durchsägt war, senkte sich das Unterstück des Sternum 4 mm weit; der obere Teil des Brustbeins aber mit dem ersten Rippenring stieg um 10 mm nach oben, um 4 mm nach vorn in die Höhe. Eine Belastung mit 850 g war nötig, um seine frühere Lage wieder herzustellen. Landerer führt das Aufsteigen des isolierten ersten Rippenringes auf die elastische Spannung des Rippenringes selbst zurück. Der letztere strebt also einer mehr inspiratorischen Gleichgewichtslage bei starker gehobener Rippe zu.

Es wurden nun sukzessive weitere Sageschnitte durch das Brustbein, je um einen Intercostalraum tiefer gemacht, wobei das jeweilen zuletzt abgetrennte Sternalstück mit den zugehörigen Rippenbogen folgende Exkursionen machte:

Es bewegte sich das Sternalende	nach aufwarts	nach vorwarts	Größe des angehangten Gewichtes, welches die frühere Lage wieder herstellte
der 1. Rippe	um 10 mm	um 4 mm	850 g
2. „	12 „	9 „	750 „
3. „	8 „	5 „	120 „
4. „	3,5 „	2 „	70 „
5. „	2 „	2 „	50 „
6. „	—	1 „	—.
7. „	— 2 „	—	—

Da Landerer zu dem Schluß kommt, daß die fünf ersten Rippen aus ihrer Stellung bei der Ruhelage des Brustkorbes nach oben federn, so müssen die Zahlen der zweiten und dritten Kolonne dieser Tabelle die Betrage der Hebung und Vorbewegung gegenüber derjenigen Stellung bedeuten, welche die Sternalenden bei gänzlich unversehrtem Brustbein einnehmen.

Die Zahlen der vierten Kolonne stellen die Gewichte dar, welche nötig sind, um die isolierten Rippenbogen in die Stellung zurückzuziehen, welche sie bei unversehrtem Thorax in dessen Ruhestellung einnehmen. Nur unter diesen Voraussetzungen ist auch der von Landerer gezogene Schluß zu verstehen, daß die fünf oberen Rippenpaare zusammen in der Ruhestellung mit einer Kraft von 1840 g nach oben wirken.

Ist dem so, dann muß die wirkliche Hebung des vollkommen isolierten zweiten Rippenringes aus der Stellung, welchen er nach Trennung des Brustbeins oberhalb einnahm, 4 + 12 = 16 mm betragen haben, da sich das Brustbein ja nach Abtrennung des ersten Rippenbogens um 4 mm gesenkt hat. Nach Durchtrennung des Brustbeins zwischen der 6. und 7. Rippe zeigte sich der untere Rest des Brustbeins gegenüber der Stellung bei intaktem Brustbein um 12 mm gesenkt. Nach Durchtrennung des Brustbeines unter der 7. Rippe muß der absolute Betrag der Hebung der 7. Rippe 12 — 2 = 10 mm betragen haben. Die Summe der bei unversehrtem Brustbein nach oben wirkenden elastischen Kräfte der fünf oberen Rippen beträgt nach der obigen Tabelle wie gesagt 1840 g. Die Krafte, welche die oberen Rippen bei unversehrtem Brustbein entgegen ihrer elastischen Gleichgewichtslage unten halten, sind das Gewicht der unter ihnen gelegenen Rippen und des tiefer gelegenen Brustbeinabschnittes, sowie das Gewicht der Rumpfeingeweide und der Bauchdecken, soweit es sich auf das Brustbein übertragt. Das so am Brustbein angehangte Gewicht ist jedenfalls genügend, um jenen aufwarts wirkenden elastischen Kraften Gleichgewicht zu halten.

		1000 g	1500 g	2000 g	2500 g
Weitere Belastung von					
brachte die	1. Rippe	1,5 mm	3 mm	4 mm	5 mm
	2. „	2 „	4 „	7 „	12 „
	3. „	9,5 „	15 „	18,5 „	22,5 „
	4. „	17,0 „	22 „	25 „	27,5 „

unter die „Ruhestellung", unter welcher offenbar die Stellung bei unversehrtem Brustbein verstanden sein muß.

Bei künstlichem Aufblasen der Lunge in früheren Versuchen wurden allerdings nach Landerer die Rippen so weit gehoben, daß die elastische Gleichgewichtslage der einzelnen Rippen nach oben zu überschritten wurde und der Brustkorb nach dem Öffnen des Hahns, der an dem in die Luftröhre eingebundenen Tubus angebracht war, unter Abströmen der Luft aus den Lungen schon einzig vermöge der Federkraft der Rippen in exspiratorischer Bewegung nach dem Becken hin zur Ruhelage zurückkehrte.

Wurde der Rumpf des Leichnams verkehrt, mit dem cranialen Ende nach unten, aufgestellt, nachdem die Intercostalmuskeln unter Schonung der Pleura entfernt waren, und wurden nun die Lungen künstlich aufgeblaht, so bewegte sich das Brustbein nach Öffnen des Hahnes ebenfalls gegen die Symphyse und gegen die Wirbelsaule (die 3. Rippe um 4 resp. 8, die 6. Rippe um 3½ resp. 4 mm). Nach Durchschneidung der weichen Bauchdecken und Eventration der Bauchhöhle war aber in dieser verkehrten Stellung die elastische exspiratorische Rückbewegung viel ausgiebiger; die Annaherung an die Symphyse betrug dann am Sternalende der 3. Rippe im ganzen 18 mm, an der 6. Rippe aber 13½ mm. Eröffnung der Bauchhöhle und Eventration bewirkte an einem aufrecht gestellten Rumpf ein Aufsteigen des Brustbeins von ca. 1 cm.

Aus diesen Versuchen geht hervor, daß die elastische Gleichgewichtslage des Brustkorbes, wie sie an einem Bänderapparat sich zeigen würde, welches in eine Flüssigkeit von gleichem spezifischen Gewicht eingetaucht ist (immer vorausgesetzt, daß die Wirbelsäule ihre Form nicht verändert), einer höheren Stellung der Rippen und des Brustbeins entspricht, als sie bei aufrechter Stellung des Leichnams bei unversehrten Bauchdecken eingenommen wird, daß in derselben aber Brustbein und Rippen dem Becken mehr genähert sind im Vergleich zu der Stellung, welche sie einnehmen, wenn der Rumpf mit dem Kopfende nach unten aufgestellt ist. Die Schwere (der Rumpfeingeweide etc.) zieht die Rippen und das Brustbein entgegen den federnden Widerständen der Rippen bei aufrechter Haltung aus der elastischen Gleichgewichtslage beckenwärts, bei umgekehrter Haltung aber cranialwärts. Man kann auch sagen, die elastische Gleichgewichtslage des ganzen Brustkorbes (Skelettes) sei im Vergleich zu der Stellung an der aufrechten Leiche eine mehr „inspiratorische", im Vergleich zu der Stellung in der auf den Kopf gestellten Leiche eine mehr „exspiratorische."

Es scheint, als ob durch diese Abweichung aus der Gleichgewichtslage des ganzen Thorax elastische Widerstände, welche im ersten Fall federnd zur Hebung des Brustkorbes, im zweiten Fall zur Bewegung nach dem Becken hin wirken, wesentlich nur in den 5 ersten Rippen wachgerufen werden und zwar an jeder oberen Rippe in größerem Betrag als an ihrem unteren Nachbar. Jedes dieser oberen Rippenpaare mit dem zugehörigen Sternalabschnitt nimmt nach Abtrennung vom übrigen Brustbein eine intermediäre Lage zwischen der größtmöglichen Hebung und Senkung in den Vertebralgelenken ein. An den falschen Rippen ist möglicherweise die Federwirkung in der Ruhestellung des aufrechten Rumpfes bei uneröffneter Bauchhöhle umgekehrt gerichtet (exspiratorisch).

Gegenüber der Stellung bei unversehrtem Brustbein, uneröffneter Bauchhöhle und aufrechter Rumpfhaltung am Leichnam erscheint an den isolierten und nach oben abgewichenen Rippenringen die Kantenkrümmung vermindert und der untere Rand der Knochenknorpelgrenze etwas mehr nach außen bewegt als der obere Rand. Indessen ist dabei die Abflachung des Knochenknorpelwinkels nach Landerers Beobachtung an der zweiten Rippe und in immer zunehmendem Betrage an den folgenden Rippen größer als bei einer entsprechend großen Hebung der Rippen, wie sich dieselbe bei unversehrtem Brustbein etc. durch künstliches Aufblasen der Lunge, zusammen mit einer Hebung des ganzen Brustbeins und der übrigen Rippen hatte erzielen lassen.

Der Knochenknorpelwinkel betrug

an der	bei nicht durchsägtem Brustbein bei künstlicher		nach Durchsägung des Brustbeins zur Isolierung des
	Exspiration	Inspiration	Rippenringes
1. Rippe	168 ⁰	171 ⁰	169 ⁰
2. „	154 ⁰	161 ⁰	165 ⁰
3. „	144 ⁰	150 ⁰	146 ⁰
4. „	116 ⁰	125 ⁰	126 ⁰
5. „	106 ⁰	112 ⁰	128 ⁰
6. „	97 ⁰	98 ⁰	112 ⁰

Die geringe Veranderung des Knochenknorpelwinkels der unteren Rippen bei der künstlichen Atmung erklart sich vielleicht z. T., wie wir später sehen werden, aus den besonderen Verhaltnissen der „künstlichen Thoraxaufblahung, welche an den unteren Rippen keine ausgiebige Hebung der Rippen zu erzeugen vermag. Es kommt ferner in Betracht, daß dabei durch die Spannung der vorderen Bauchwand, welche z. T. vom Gewicht der Baucheingeweide abhängt, das Brustbein unten gegen die Wirbelsaule zurückgehalten wird, so daß die Vorbewegung bei der Hebung der Rippen gering ist. An den isolierten Rippenringen aber fällt dieser Einfluß weg, so daß sich mit dem Emporsteigen des Sternalendes eine größere Vorbewegung und damit eine größere Abflachung der Kantenkrümmung kombinieren kann.

Was die Drehung der Knochenknorpelgrenze um die Längsachse der Stelle betrifft, so zeigte bei der Isolierung des Rippenringes die Auswärtsbewegung des unteren Randes der Knochenknorpelgrenze im Vergleich zu derjenigen des oberen Randes ein Plus von 3, 7, 5, 4, 1, 0, 1, 1 mm bei der 1. bis 8. Rippe.

Auf Grund aller dieser Daten läßt sich nun vielleicht die Frage nach der Art der Spannungen in den Rippen, welche das Aufsteigen der Rippenringe bei Isolierung derselben bewirken, einigermaßen beantworten. Wirbelsäule, Rippen und Brustbein bilden ein Gestänge.

Die Wirbelsäule ist als starr und festgestellt angenommen. Die Rippen sind in den Rippenwirbelgelenken nach oben und unten drehbar, wobei das Brustbein mitgenommen und die Stellung der Rippenknorpel zum Brustbein geändert wird. Wo zwischen den Rippenknorpeln und dem Brustbein keine Gelenke vorhanden sind, wird dies durch die Biegsamkeit und Torsionsfähigkeit der Rippen, insbesondere der Rippenknorpel und ihrer Verbindungen mit dem Brustbein ermöglicht. Nachgewiesen ist, daß der in den Rippenwirbelgelenken bis in die Extremstellungen gehobene oder gesenkte Thorax in eine intermediäre Gleichgewichtsstellung zurückfedert, ohne Beteiligung von Muskelkräften. Solches kann nur durch Kräfte geschehen, welche außerhalb der Achsen der Costovertebralgelenke wirken und einen Einfluß zur Drehung der Rippen in diesen Gelenken haben. Es kann sich dabei aber kaum einzig um exaxiale Widerstände der Costovertebralgelenke handeln. **Es müssen wohl auch die in den Rippen selbst und ihren Verbindungen mit dem Brustbein wachgerufenen elastischen Spannungen verantwortlich gemacht werden.**

Eine weitere Überlegung ergibt, daß Spannungen, welche die aufwärts konkave Kantenkrümmung der Rippen verschärfen (ihren Radius verkleinern), die Vertebralenden der Rippen nach oben drängen und durch eine **Art Ruderwirkung** die vorderen Rippenenden mit dem Brustbein nach unten hebeln müssen. Umgekehrt haben Spannungen, welche bei ihrem Ausgleich die Kantenkrümmungen abflachen, einen Einfluß zur Aufwärtshebelung der beweglichen Stangen und des Brustbeins.

Auch die Torsionsspannungen in den Rippenknorpeln können mit ihren in die Sagittalebene entfallenden Komponenten zur Bewegung des Gestänges beitragen. Und zwar muß eine vom Rippenknochen her erzwungene Torsionsspannung deren Ausgleich zu einer Abwärtsdrehung des inneren Endes des Rippenknorpels gegenüber dem äußeren führt, indem sie das Vertebralende des Rippenknochens nach unten treibt, zu einer Emporhebelung, umgekehrt gerichtete Torsionsspannungen aber müssen zu einer Aufwärtsbewegung des Gestänges führen.

Das Zurückfedern des aus der elastischen Gleichgewichtslage nach unten bewegten Brustkorbes nach oben könnte also dadurch zustande gebracht sein, daß bei der Abwärtsbewegung in den Rippenknorpeln (durch Verschärfung der Kantenkrümmung) im unteren Rand Zugspannungen, im oberen Rand Druckspannungen wachgerufen werden, während sie in der elastischen Ruhelage des ganzen Thorax völlig entspannt sind, oder auch dadurch, daß die inneren Enden der Rippenknorpel bei der Abwärtsbewegung der Rippen aus der elastischen Gleichgewichtslage des Brustkorbes gegenüber den äußeren Enden nach oben (resp. die äußeren Enden gegenüber den inneren nach unten) rotiert werden. Beides unter der Voraussetzung, daß bei der elastischen Ruhelage des Thorax auch die Rippen entspannt sind. —

An den oberen Rippenknorpeln macht sich bei der Hebung der Rippen mit dem unversehrten Brustbein eine starke Aufwärtsdrehung der äußeren Enden der Rippenknorpel gegenüber den inneren Enden geltend; bei der Abwärtsbewegung aus der elastischen Gleichgewichtslage des Brustkorbes findet umgekehrt eine sagittale Abwärtsdrehung der äußeren Enden gegenüber den inneren statt. Soll durch die Senkung der Rippen mit dem Brustbein eine Spannung hervorgerufen werden, welche das Aufwärts-Zurückfedern zur Gleichgewichtslage befördert, so muß in der elastischen Gleichgewichtslage des Brustkorbes die Torsionsspannung der Rippenknorpel annähernd aufgehoben sein; dann entsteht wirklich bei der Senkung des Brustkorbes eine Torsionsspannung, welche das äußere Ende des Knorpels gegenüber dem inneren aufwärts zu drehen strebt und einen emporhebelnden Einfluß hat.

Erst wenn der Thorax beim Zurückfedern nach oben die elastische Gleichgewichtslage wieder erreicht hat und aus derselben nach oben abgelenkt wird, muß eine entgegengesetzte Torsionsspannung im Rippenknorpel wachgerufen werden, indem das äußere Ende des Rippenknorpels fortfährt, sich nach oben zu drehen, während die Aufwärtsdrehung des zugehörigen Brustbeinsegmentes und des inneren Endes des Rippenknorpels durch den Zusammenhang mit dem übrigen Brustbein gehindert ist. Die Auflösung dieser Spannung wirkt zur Herabbewegung der Rippe und des Brustbeins.

Bei den obersten Rippenknorpeln spielt jedenfalls die Torsionsbeanspruchung eine große Rolle. Gewöhnlich wird angenommen, daß der elastische Torsionswiderstand bei gesenkter Rippenstellung gleich 0 ist und mit der Hebung der Rippen in der Weise anwächst, daß sich aus ihm ein Einfluß zur sagittalen Aufwärts- und Rückdrehung des Brustbeins von Anfang an ergibt.

Aus den obigen Darlegungen geht aber hervor, daß dann auch zugleich von Anfang an bei der Hebung ein Einfluß zur Abwärtsbewegung des Brustbeins wachgerufen sein müßte. Ich möchte eher vermuten, daß bei tiefstehendem Brustbein und Tiefstand der ersten Rippe die Torsionsspannung im ersten Rippenknorpel für sich einen Einfluß zur Hebung des Brustbeins hat. Solches kann nur der Fall sein, wenn die Torsionsbeanspruchung erst bei höherer Rippenstellung, z. B. bei der Landererschen elastischen Gleichgewichtsform des Thorax = 0 ist. Beim Tiefstand der ersten Rippe muß meiner Meinung nach die Torsionsspannung des Rippenknorpels das Brustbein nicht mit der Vorderseite aufwärts, sondern nach vorn und unten zu drehen bestrebt sein.

Erst wenn die Rippe über jene Gleichgewichtslage hinausgehoben wird, entsteht, wie ich glaube, die umgekehrte Torsionsspannung mit ihrem Einfluß zur Aufwärtsdrehung und gleichzeitigen Abwärtsbewegung des Brustbeins entstehen.

An den nach unten folgenden Rippenknorpeln macht sich bei der Hebung der Rippen mit dem Brustbein die Abflachung der Kantenkrümmung in stärkerem Maße geltend, als die Aufwärtsdrehung des äußeren Endes gegenüber dem inneren. Bei der Senkung der Rippen verstärkt sich die Kantenkrümmung. Sollen bei der Abwärtsbewegung der Rippen mit dem Brustbein aus der elastischen Gleichgewichtslage durch die Verschärfung der Kantenkrümmung Spannungen hervorgerufen werden, welche das Zurückfedern nach oben begünstigen, so muß angenommen werden, daß auch wieder in der elastischen Gleichgewichtslage des Thorax die Biegungsspannung in der Hauptebene der Rippenknorpel annähernd aufgehoben ist. Dann werden bei der Abwärtsbewegung Druckspannungen in den oberen Rändern und Zugspannungen in den unteren Rändern der Knorpel wachgerufen, welche den gewünschten Einfluß zur Verminderung der Kantenkrümmung und zur Emporhebelung des Gestänges entfalten können. Bei der Erhebung aus der elastischen Gleichgewichtslage müßte die umgekehrte Inanspruchnahme stattfinden.

Damit soll nun aber durchaus nicht gesagt sein, daß in der elastischen Gleichgewichtslage in samtlichen Rippenknorpeln zugleich sowohl die Torsionsspannungen als die Biegungs- und Längsspannungen überall genau $= 0$ sind. Schon aus den Versuchen von Landerer und ebenso aus unseren früheren Erörterungen über die Beanspruchung der Rippenknorpel in ihrer Längsrichtung scheint vielmehr hervorzugehen, daß sich die einzelnen Rippenknorpel nicht vollkommen genau gleichzeitig miteinander in der elastischen Gleichgewichtslage befinden.

Es ist z. B. denkbar, daß bei der Ruhehaltung des aufrechtstehenden nicht eventrierten Rumpfes und auch noch bei der elastischen Gleichgewichtslage des ganzen Thorax in Bändern die ersten Rippenknorpel in ihrer Längsrichtung und besonders in ihrem unteren Randteil noch komprimiert sind, und daß die völlige und gleichmäßige Entspannung in dieser Richtung erst bei weiterer Hebung der beiden Rippenknochen erfolgt. An mittleren und unteren Rippenknorpeln aber könnte bei der Hebung in die Stellung, welche sie bei der elastischen Ruhelage des Brustkorbes einnehmen, und darüber hinaus immer noch eine Längskompression vorhanden sein. In diesem Fall wirkt in ihnen in der elastischen Gleichgewichtslage des Brustkorbes: an den oberen Rippenknorpeln ein Einfluß zur Senkung, an den unteren ein Einfluß zur Hebung des betreffenden Rippenpaares mit dem Brustbein. Dann müssen sich die federnden Spannungen in den obersten Rippen, welche für sich allein Senkung des Brustbeins veranlassen würden, und diejenigen der unteren Rippen, welche für sich allein Hebung des Brustbeins bewirken, Gleichgewicht halten.

Ferner könnte (s. o.) in der elastischen Gleichgewichtslage des Thorax in den ersten Rippenknorpeln immer noch eine Torsionsspannung vorhanden sein, welche das äußere Ende des Knorpels nach oben, das Brustbein parallel der Mittelebene mit seiner Vorderseite nach vorn unten zu drehen strebt. Eine solche Spannung wirkt zur Emporhebelung des Rippenbogens mit dem Brustbein in den Costovertebralgelenken. An mittleren und unteren Rippen aber könnte in der elastischen Gleichgewichtslage eine elastische Spannung zur Verschärfung der Kantenkrümmung und zur Senkung des Rippenbogens mit dem Brustbein wirksam sein, so daß diese zwei Einflüsse sich durch das Brustbein hindurch in der elastischen Gleichgewichtslage des Bänderthorax Gleichgewicht halten.

Dies sind theoretische Möglichkeiten, die aber berücksichtigt werden müssen, wenn man der Frage nach den in der Brustwand wirkenden Kräften auf den Grund gehen will. Eine genauere experimentelle

Untersuchung des tatsächlichen Verhaltens der Rippenspannungen in der elastischen Gleichgewichtslage des Bänderthorax steht noch aus.

Von den Befunden Landerers ist endlich noch folgendes bemerkenswert: Nach Isolierung der Rippenringe bei unversehrter Pleura wurden die Lungen aufgeblasen und daraufhin wurde die Knochenknorpelgrenze durchschnitten. Es zeigte sich ein Abrücken und Vorspringen der vom Sternum getrennten Rippenteile (der Abstand betrug 2 mm an der 2., 3,5—4 mm an der 3., 6 mm an der 5., 9—10 mm an der 6. Rippe). Daraus geht hervor, daß bei solcher künstlicher Ausdehnung der Lungen die Rippen, welche sich bezüglich der Torsion und Kantenkrümmung wohl annähernd in elastischer Gleichgewichtslage befinden oder dieselbe überschritten haben, zugleich in der Längsrichtung gespannt sind, bevor die Knochenknorpelfuge durchschnitten ist. Ein Rückschluß auf eine analoge Spannung der durch Muskelkraft gehobenen Rippen beim Lebenden läßt sich aus diesem Befunde wohl kaum ziehen. Es ist vielmehr wahrscheinlich, daß die an den Rippen selbst angreifenden hebenden Muskelkräfte eine Komponente zur Medianwärtsbewegung der Rippen(knochen) haben, und daß vor allem durch den Druckwiderstand der Rippenknorpel die Flankenbewegung der Rippen nach außen erzwungen wird. Die Drehung in den Rippenwirbelgelenken würde dieser Bewegung konform sein. Auch wirkt bei der inspiratorischen Rippenhebung (s. Kapitel Atmung) ein Überdruck der äußeren Luft auf die Brustwand gegenüber dem auf der Innenwand lastenden Druck. Durch denselben müssen ebenfalls die Rippen nach innen gepreßt werden im Gegensatz zu dem Verhalten bei der künstlichen Thoraxblähung.

Jedenfalls müssen die Rippenknorpel während eines großen Teils der Zeit und unter den verschiedensten Verumständungen, so namentlich auch beim Liegen auf der Seite und auf dem Bauch auf Druck, Biegung und Torsion in Anspruch genommen sein. Damit stimmt ihre knorpelige Natur überein.

C. Verhalten des Brustkorbes bei der Atmung.

α) Erste Orientierung.

Nach der landläufigen Auffassung erweitert das Zwerchfell durch seine Kontraktion und Abflachung den Brustraum namentlich in seinen seitlichen, von den Lungen eingenommenen, neben dem Mediastinum gelegenen Teilen im vertikalen Durchmesser, während die Erweiterung des Brustraumes im dorsoventralen und im bilateralen Querdurchmesser durch die Rippenhebung bewerkstelligt wird. Genau genommen gilt dies nur für die oberhalb der Zwerchfellskuppen gelegenen Abschnitte der Lungenräume; dagegen wirken Zwerchfell und Rippenbewegung zusammen sowohl zur queren Erweiterung als zur Abwärtsverlängerung der im Winkel zwischen der Rippenwand und dem Zwerchfell gelegenen unteren Randteile der Lungenräume.

Wie nun auch die Erweiterung der Räume für die Lungen geschehen mag, sie führt zu einer entsprechenden Erweiterung der luftdicht eingelagerten Lunge und der im Innern derselben vorhandenen lufthaltigen Höhlen und zum Einströmen von Luft in dieselben durch die extrapulmonalen Luftwege (Inspiration). Die Verengerung der Räume für die Lungen dagegen bewirkt das Ausströmen von Luft aus der Lunge (Exspiration); beides geschieht natürlich relativ vollständig und ungehindert nur unter der Voraussetzung, daß die Luftwege offengehalten sind und die Lufträume der Lungen mit der äußeren Atmosphäre in Kommunikation setzen. Die Bewegung der Rippen und des Brustbeins bei der Atmung ist in ihren gröbsten Zügen leicht zu verstehen.

1. Die Rippen heben sich in der Phase der Lufteinatmung und senken sich bei der Ausatmung. Die Rippenknochen stellen sich bei der Einatmung mehr quer zur Wirbelsäule und mehr schräg nach vorn absteigend bei der Ausatmung. Das Brustbein steigt bei der Einatmung in die Höhe und geht nach vorn, die umgekehrte Bewegung findet bei der Ausatmung statt. Je zwei korrespondierende Rippen stellen mit dem zwischeninne liegenden Brustbeinabschnitt einen Ring dar, der hinten durch die Wirbelsäule geschlossen ist. Die beiden Rippen liegen allerdings nicht in einer Ebene, sondern biegen sich aus der Ebene, welche man durch ihre vier Enden legt, jederseits nach unten heraus. Wir können diese Ebene als die Hauptebene des Rippenringes bezeichnen. Sie hebt sich bei der Inspiration vorn und stellt sich mehr horizontal, bei der Exspiration aber senkt sie sich vorn und fällt steiler nach vorn ab. Nehmen wir zunächst den Rippenring als in sich starr an, so muß durch die Hebung desselben und seiner Hauptebene der Abstand seines Brustbeinstückes von der Wirbelsäule vergrößert werden. Die Brustwand, als ein Rohr genommen, mit einer Mehrzahl in seine Wand eingelassener, mit ihren Hauptebenen vorwärts absteigender Rippenringe, muß bei der Hebung dieser Ringe im dorsoventralen Durchmesser erweitert werden, während der bilaterale Querdurchmesser unverändert bleibt. Eine solche Bewegung der Rippenringe wäre eine Drehung um eine bilaterale Querachse, welche durch beide Vertebralverbindungen geht. Man kann sie nachahmen, indem man beide Arme, vor dem Leib leicht gekrümmt und gesenkt mit den Händen zusammenschließt und gemeinsam erhebt resp. senkt. Die Arme sollen das Rippenpaar darstellen, der Rumpf die hintere Rumpfwand.

2. Eine genauere Untersuchung zeigt nun aber, daß die Rippen bei der inspiratorischen Hebung nach außen, bei der exspiratorischen Senkung nach innen gehen. Man könnte zunächst vermuten, daß der Rippenbogen jeder Seite dabei in seiner Form unverändert, also auch der Abstand des Sternalendes vom Vertebralende derselbe bleibt. Dann müßte die Hebung des Rippenringes als ganzes um die bilaterale Querachse der Costovertebralverbindungen kombiniert sein mit zwei zueinander symmetrischen Drehungen der beiden Rippen, wobei jede um ihre „Sehne", d. h. um die Verbindungslinie des sternalen und des vertebralen Endes als Achse seitlich emporschwenkt, so daß die untere Ausbiegung mehr zu einer seitlichen Ausbiegung wird. Am Armmodell

8*

kann man diese Bewegung durch seitliches Emporheben der Ellbogen nachahmen; man kann sie auch mit einer Hebung des ganzen Armringes kombinieren. Daß durch die seitliche Nebenbewegung der beiden Rippen der dorsoventrale Durchmesser nicht verändert, der bilaterale Querdurchmesser des Ringes aber und bei ähnlichem Geschehen an allen Ringen der bilaterale Durchmesser des ganzen Rohres bei der Inspiration vergrößert wird, ist klar.

Die angenommene Nebenbewegung der einzelnen Rippe wäre eine Drehung um eine annähernd sagittale, durch das Vertebral- und Sternalende der Rippe vorwärts absteigende Achse; die gemeinsame Haupt- und Nebendrehung für jede Rippe müßte in jedem Augenblick eine Drehung sein um eine schräge Achse, welche in der Hauptebene des Rippenringes jederseits von hinten, oben und außen nach vorn, unten und innen absteigt.

3. Die Untersuchung der Costovertebralgelenke zeigt, daß sich die Rippenknochen im allgemeinen nicht um eine solche in der Hauptebene der Rippe nach vorn relativ steil absteigende Achse drehen können, sondern nur um eine Achse, welche mehr horizontal von hinten außen nach vorn innen geht. Eine genauere Überlegung ergibt, daß dementsprechend zu der bereits berücksichtigten Drehung für jeden Rippenknochen noch eine geringe Drehung um eine vertikale Achse hinzukommen muß und zwar im Sinne der Auswärtsbewegung des vorderen Endes bei der inspiratorischen Rippenhebung, der Einwärtsbewegung bei der Rippensenkung.

Man müßte in der Richtung der bilateralen Querachse von außen her, in der Richtung der Rippensehne von hinten her, in der Richtung der Vertikalachse von unten her gegen das Gelenk hin sehen, damit alle inspiratorischen Drehungen als im Sinn des Uhrzeigers vor sich gehend erscheinen. Die resultierende Achse kann in diesem Fall, bei geeignetem Verhaltnis der drei Drehungen wirklich einen annahernd horizontalen Verlauf von hinten außen nach vorn innen haben, wie er der Richtung der Drehungsachse des Costovertebralgelenkes entspricht.

Dabei muß die Achse zu der Hauptebene des Rippenringes schräg stehen. Der Sternalansatz der Rippe müßte, wenn die ganze Rippe als starr angenommen wird, bei der Drehung um eine solche Achse von der sagittalen Richtung (senkrecht zur Hauptebene) nach außen abweichen; da er sich aber tatsächlich bei Symmetrie der Thoraxbewegung nur parallel der Medianebene bewegen kann, so muß notwendigerweise die Form der Rippe durch Abänderung des Abstandes des Sternalansatzes vom vertebralen Ende verändert werden. Die hauptsächliche Formveränderung wird sich im Rippenknorpel vollziehen. Eine geringere Formveränderung können auch die Rippenknochen und das Brustbein erfahren.

Dadurch, daß zu der Drehung jeder Rippe um eine in der Hauptebene des Rippenringes gelegene Achse noch etwas Lateralbewegung des Rippenknochens, um eine vertikale oder vorwarts aufsteigende Achse hinzukommt, wird die seitliche Erweiterung des Brustkorbes auf Kosten der sagittalen noch etwas vermehrt. Übrigens kann man für die grobe Veranschaulichung der Rippenbewegung und ihres Einflusses zur Thoraxerweiterung bzw. -verengerung von dieser dritten Komponente füglich absehen.

Rippenmodell von R. Fick. Zur Veranschaulichung der Bewegung der Rippenknochen hat R. Fick ein Modell konstruiert, das durch den Mechaniker der deutschen Hochschule in Prag Krusich zu beziehen ist. Die Knochen eines Rippenpaares sind durch Metallbogen dargestellt. Die vertebralen Enden haben die Gestalt von Hülsen, welche über horizontal gestellte Bolzen gesteckt sind. Dies ermöglicht, die Hebung und Senkung der Rippenknochen nachzuahmen. Die Bolzen lassen sich in der horizontalen Ebene umstellen, so daß den Achsen jede beliebige schräge Stellung in der Horizontalebene zu einer mittleren vertikalen Symmetrieebene gegeben werden kann.

Die näheren Umstände und Bedingungen der Bewegungen, welche die Rippen gegenüber dem Brustbein und mit demselben ausführen können, sind in dem vorigen Kapitel besprochen worden. Sie lassen offenbar verschiedene Modalitäten der Atembewegung zu. Hier handelt es sich nun darum, zu untersuchen, welches die bei der Atmung wirklich vorkommenden Kombinationen sind. Diese Untersuchung begegnet großen Schwierigkeiten, sobald man auf die Einzelheiten eingeht. Gerade diese aber sind von großer Wichtigkeit für die Beurteilung der wirkenden Kräfte.

Eine genaue Kenntnis der Form und Geometrie der Atembewegung ist die Grundlage, von welcher aus allein die Fragen der Atmungsmechanik mit Aussicht auf Erfolg behandelt werden können. Die tatsächlichen geometrischen Verhältnisse der Atembewegung sind aber leider zurzeit noch nicht mit genügender Sicherheit erkannt. Die Bewegung des Zwerchfells entzieht sich unseren Blicken und auch die Bewegung der Rippen ist durch die bedeckenden Teile stark verhüllt. Zahlreiche Fehler und Irrtümer beeinträchtigen die Genauigkeit der Messungen am Lebenden. Die Beobachtungen und Versuche am Tier sind nicht ohne weiteres maßgebend für die Feststellung dessen, was beim Menschen geschieht, und was sich über die Bewegung der Brustwände an der menschlichen Leiche bei sog. künstlicher Atmung (Aufblasen der Lungen und Wiederausströmenlassen der Luft) ermitteln läßt, entspricht ebenfalls nicht vollkommen der natürlichen Atembewegung beim Menschen. Kein Zweifel, daß in der Röntgendurchleuchtung ein neues wichtiges Hilfsmittel gewonnen ist zur Lösung der noch strittigen Fragen. Doch darf man nicht glauben, daß der Erfolg hier einzig von der Schärfe und Tiefe der Durchleuchtung und von der möglichst vollkommen orthoskopischen Projektion abhängt. Vielmehr werden ganz besondere Methoden ausgebildet werden müssen, um mit Hilfe der Skiographie die Geometrie der Atembewegungen in einwandfreier Weise endgültig festzustellen.

β) Versuche an der Leiche mit künstlicher Ausweitung des Thorax durch Aufblasen der Lunge.

Man kann an der Leiche nach Abtrennung der Schultern und Arme und Freilegung der Intercostalmuskeln die natürliche Atmung dadurch nachahmen, daß man abwechselnd durch einen in die Luftröhre eingeführten Tubus mit Hahn Luft in die Lungen unter starkem Drucke hineintreibt und sie wieder ausströmen läßt. Diese Versuche haben anscheinend eine gewisse Beweiskraft, insofern als die im Leben inspiratorisch ausgedehnte Lunge in ihrer Form natürlich dem ausgeweiteten Lungenraum angepaßt ist und deshalb auch in der Leiche bei künstlicher

Aufblähung dieser Form unter Überwindung der Widerstände der Brustwand mit einer gewissen Kraft zustrebt. Indessen können dabei die äußeren Widerstände, welche sich der Herstellung dieser Form entgegensetzen, im wesentlichen nur durch den senkrecht zur Brustwand von der Lunge her wirkenden Druck überwunden werden. Wo die Bewegung der Rippen zwangsmäßig um die vertebralen Achsen erfolgt und die Richtung des Druckes der Lungen oberhalb dieser Achsen vorbeigeht, kann eine Komponente des letzteren wohl zur Hebung der Rippen beitragen; solches wird an der oberen und vorderen Brustwand der Fall sein, nicht aber bei dem auf die unteren und hinteren Teile der Rippenwand wirkenden Druck. Die untersten Rippen werden, insofern sie eine große Freiheit des Drehens um ihre Achsen haben, nicht gehoben, sondern nach außen und unten gedrängt werden.

Es müssen also bei der künstlichen Aufblähung des Thorax die unteren Rippen zurückbleiben oder nach unten gehen, während im Leben bei der Inspiration zur Hebung auch der untersten Rippen aktive Kräfte zur Verfügung stehen.

Dagegen muß an den oberen Rippen, namentlich an der besser beweglichen zweiten und dritten Rippe die Druckwirkung seitens der Lunge eine starke hebende Komponente besitzen.

Die künstliche Lungenaufblähung bewirkt natürlich auch eine Abwärtsbewegung des Zwerchfells, welche von einer Auswölbung der weichen Bauchdecken und namentlich der vorderen Bauchwand begleitet sein muß.

Wir ahmen also bei der „künstlichen Thoraxaufblähung" die bei der normalen Rippenatmung stattfindende Thoraxbewegung nur sehr ungenau und fehlerhaft nach. Kräfte zur Rippenhebung können an den unteren Rippen durch die Erhöhung des Lungendruckes nicht gewonnen werden, abgesehen von dem von den oberen Rippen her durch die Intercostalmuskeln und vom Brustbein her durch diese und die Rippenknorpel auf sie übertragenen Zug. Und auch das Verhalten des Zwerchfells und der weichen Bauchdecken ist offenbar durchaus nicht genau in Übereinstimmung mit dem, was beim Lebenden geschieht.

Das Hauptaugenmerk muß bei der Beobachtung der Bewegungen der Brustwand sowohl bei künstlicher Ventilation der Lungen als bei der Atmung des Lebenden vor allem auf die Bewegung der ersten Rippe und des Brustbeins, sowie auf die Bewegungen der Rippenknochen gerichtet sein. Es ist darauf zu achten, ob die letzteren einander annähernd parallel bleiben und in Längslinien des Brustkorbes ihren Abstand beibehalten, oder ob sie diesen Abstand nach einem bestimmten Gesetz ändern. Von großem Interesse ist auch das Verhalten der Rippenabstände in den schräg zur vorderen Mittellinie absteigenden Linien der Mm. intercostales externi und in den nach vorn aufsteigenden Linien der Intercostales interni und endlich die Bewegung der letzten Rippen.

Die Messungen von Ebners (1880) bei künstlicher Thoraxblähung beschranken sich auf die sechs oberen Intercostalraume. Er fand eine Verkürzung des Abstandes der Rippenknochen und auch der Linien der Interni interossei an den zwei ersten Intercostalräumen. In den Linien der Interni intercartilaginei erfolgte überall Verkürzung der Abstände, außer im VI. Intercostalraum; im übrigen aber verlängerten sich überall die Linien der Interni. Die Linien der Externi wurden überall kürzer. An einem Präparate fand sich am dritten Intercostalraum vorn noch Verengerung und erst weiter hinten Erweiterung (siehe unten).

Bei Versuchen, in welchen die Inspirationsbewegung nicht durch das Aufblasen der Lunge, sondern durch Hebung des Brustbeins nachgeahmt war, ließ sich im zweiten Intercostalraum vorn in der Richtung des Internus interosseus noch deutlich eine Vergrößerung des Abstandes konstatieren; über den ersten Intercostalraum liegt keine Angabe vor. Dagegen zeigte sich auffälligerweise (wenigstens nach der Tabelle) eine kleine Verlangerung der Intercartilaginei bei der Brustbeinhebung und eine Verkürzung derselben bei der Senkung (außer an den ersten resp. den beiden ersten Intercostalraumen).

Landerer (1880) fand ebenfalls an zwei Leichen bei sog. künstlicher Atmung eine „inspiratorische Annäherung der Rippen aneinander in den zwei oder drei ersten Intercostalräumen".

Bei meinen eigenen Versuchen mit künstlicher Thoraxblähung fand ich in den Linien der Intercostales externi die Abstände von der Wirbelsäule bis zur Knochenknorpelgrenze im ganzen verkürzt, in den Linien der Intercostales interni interossei aber im ganzen verlängert. In einem genauer beobachteten Fall aber hob sich die erste Rippe nur ganz wenig; die letzten Rippen gingen nicht nach oben, sondern nur nach außen und hinten. Die zweite und dritte Rippe näherten sich einander und der ersten Rippe in seitlichen Linien so stark, daß in größerer Ausdehnung zwischen den vorderen Enden der Rippenknochen die Linien der Interni interossei sich verkürzten, während sich der Abstand zwischen den letzten Rippen in seitlichen Längslinien auffallend vergrößerte, ja in den unteren Intercostalräumen vorn sogar in den Linien der Intercostales externi eine geringe Verlängerung zu konstatieren war.

γ) Beobachtungen und Messungen am Lebenden. Verschiedene Typen der Atembewegung.

Wir müssen bei Studium der Atembewegung am Lebenden von vornherein zwei verschiedene Typen der Atmung möglichst scharf auseinanderhalten und beide in ihrer möglichst reinen Erscheinung untersuchen, die sog. Rippenatmung und die Bauchatmung. Für gewöhnlich sind beide Arten der Atmung miteinander kombiniert. Man kann es aber, wie schon A. Fick (1880) hervorgehoben hat, durch Übung dazu bringen, nach Belieben entweder vorzugsweise oder ausschließlich mit dem Zwerchfell und Bauch oder mit den Rippen zu atmen.

αα) **Bauchatmung.** Im ersten Fall wölbt sich die vordere Bauchwand namentlich in ihren oberen Teilen stärker vor bei der Inspiration, offenbar weil durch die Kontraktion des Zwerchfells die Baucheingeweide unter stärkeren Druck gesetzt werden, so daß sie die weichen Bauchdecken an der Stelle ihrer größten Ausbiegungsfähigkeit, an der vorderen Bauchwand, nach vorn treiben. Bei der Exspiration verschwindet diese Ausbiegung wieder. Bei verstärkter Exspiration jedoch und Verharren in der Exspirationsstellung findet eine aktive Einziehung der vorderen Bauchwand statt, unter Verkürzung namentlich des queren Bauchmuskels. Der Rippenbogen bleibt dabei wie die Rippen überhaupt annähernd in Ruhe. Insbesondere läßt sich auch die Unbewegtheit der letzten Rippen oder wenigstens das Fehlen jeglicher Hebung und Senkung an demselben konstatieren.

Die Inspiration kann bei der Bauchatmung nur durch die aktive Kontraktion und Abflachung des Zwerchfells zustande gebracht werden. (Dabei sehen wir natürlich ab von der Möglichkeit, daß bei festgestelltem Becken, unter stärkerer Biegung der Lendenwirbelsäule der Brustkorb vorn gehoben und von dem Becken entfernt, und daß dadurch die Bauchhöhle erweitert, das Zwerchfell passiv nach unten verlagert werden kann.)

Was aber die Exspiration bei der Bauchatmung betrifft, so ist eine aktive Kontraktion der Muskeln der weichen Bauchdecken nicht durchaus und unter allen Umständen dafür notwendig.

Die Abwärtsbewegung des Zwerchfells wird durch das Ausweichen der Baucheingeweide nach den Seiten und namentlich nach vorn ermöglicht. Geschieht dasselbe entgegen elastischen Spannungswiderständen der weichen Bauchdecken (Tonus), so kann die auf diese Weise gewonnene potentielle Spannungsenergie verwendet werden, die Eingeweide in ihre ursprüngliche Lage zurückzudrängen, das Zwerchfell stärker in den Brustkorb hinaufzuwölben und so ohne Muskelanstrengung die Verkleinerung der Lunge zu bewirken. Nur wenn die Bauchdecken sehr schlaff sind, oder wenn die Exspiration beschleunigt, oder unter sehr starkem Druck, entgegen gesteigerten Widerständen vor sich gehen soll, wird eine besondere aktive Innervation der Bauchdeckenmuskeln zum unbedingten Erfordernis. Im allgemeinen wirken die verschiedenen Muskeln der weichen Bauchdecken zusammen. Doch ergibt sich für dieselben je nach der Vor- oder Rückbewegung des Stammes und je nach dem Füllungszustand der Bauchhöhle ein verschiedenes Verhalten.

ββ) **Die Rippenatmung.** Wird dagegen der Bauchraum durch die alleinige aktive Bewegung der Rippen, unter größerer oder geringerer Mitbewegung des Brustbeins erweitert, so unterbleibt die inspiratorische Vorwölbung der weichen Bauchdecken; es wird vielmehr durch die Hebung der unteren Rippen, oder durch die Hebung des Brustbeins, oder durch die Kombination einer Hebung der Rippen mit einer Hebung und Vorbewegung des Brustbeins der Abstand zwischen der Brustwand und dem Zwerchfell einerseits, dem Becken andererseits vergrößert; die vordere Bauchwand flacht sich während der Inspiration ab oder wird sogar eingezogen.

Man bekommt Atemkünstler zu sehen, welche ihren Brustraum durch Rippenbewegung allein so stark zu erweitern und dadurch die weichen Bauchdecken so stark einwärts zu saugen vermögen, daß man eine Hand in die Höhlung unter dem Rippenbogen hineinlegen kann.

Wir werden alsbald auseinandersetzen, daß die Rippenatmung durchaus nicht immer nach dem gleichen Typus stattfindet; namentlich ist das Brustbein nicht immer in gleichem Umfang mitbewegt. Eine Hebung und Senkung wenigstens eines Teiles der Rippen gehört zur effektiven Rippenatmung; ohne eine solche ist auch eine Bewegung des Brustbeins nicht möglich, während das Umgekehrte, eine Bewegung der Rippen ohne Bewegung des Brustbeins, eher unter bestimmten Umständen beobachtet werden kann.

γγ) **Kombinierter Atmungstypus.** In der Regel ist wohl die Rippenatmung mit etwas Bauchatmung kombiniert. Doch können wir, wie bereits bemerkt wurde, die eine oder andere Art der Atmung willkürlich bevorzugen und ein reines Atmen nach dem einen oder anderen Typus geradezu einüben. Es unterliegt gar keinem Zweifel, daß wir auch unbewußt bald mehr mit dem Bauch, bald mehr mit den Rippen atmen, je nachdem wir unsere Aufmerksamkeit auf die einen oder auf die anderen mit den beiden Arten der Atmung verbundenen Sensationen richten, oder aus irgend einem anderen, nicht immer ohne weiteres klar liegenden Grunde (vgl. unten). Verschiedene Individuen scheinen sich gewohnheitsmäßig etwas verschieden zu verhalten.

Ferner galt ziemlich allgemein als festgestellt, daß der Mann mehr abdominal, das Weib mehr costal atmet. Indessen wird diese Lehre neuerdings mit gewichtigen Gründen bestritten. Tschaussow fand bald die eine, bald die andere der oben skizzierten verschiedenen Atmungsarten bei 30 untersuchten Lebenden und zwar ebensowohl bei Kindern als bei Erwachsenen, und beim weiblichen wie beim männlichen Geschlecht (1891). Ähnliches konstatierte Gregor bei Kindern zwischen 7 und 14 Jahren (1902). Auch konnte Tschaussow durch genaue anatomische Untersuchung von 89 Leichen beiderlei Geschlechts im Bau des Thorax keine Unterschiede finden, welche auf eine Bevorzugung der Rippenatmung beim weiblichen Geschlecht hindeuten.

Daß die gewöhnliche sog. abdominale Atmung des Mannes in der Regel keine reine Bauchatmung ist, scheint mir außer Zweifel. Hultkrantz fand, daß dabei sogar die Rippenbewegung den größeren Anteil an der Ventilationsgröße hat (490 ccm gegen 170 ccm, die auf Rechnung der Zwerchfellatmung kommen).

Bei irgendwie vergroßerter Ein- und Ausatmung werden sowohl beim Mann als beim Weib die Bewegungen der Rippen auffalliger, und es ist die Steigerung der costalen Atmung das Mittel, durch welches ganz besonders die höchsten Werte der Lungenventilation erreicht werden. Dies gilt nach Gregor auch für Knaben, wahrend er bei Mädchen auffälligerweise die Zwerchfellsatmung mehr verstärkt fand. Nach diesem Autor tritt die thorakale Atmung in der Tierreihe und beim Menschen erst mit der Bevorzugung der caudalen Extremitat als Stützorgan (aufrechter Stand) in den Vordergrund. Diese Befunde bedürfen genauerer Nachprüfung.

Wenn nun das Weib leichter in Emotion gerät als der Mann, und wenn bei ihm die Hebung und Senkung der Brust wegen des Busens und der Kleidung auffälliger ist und mehr beachtet wird, so würde dies die allgemein verbreitete Annahme von der costalen Atmung des Weibes einigermaßen verständlich machen.

Sehr interessant sind die Beobachtungen von Mosso (Arch. f. Anat. u. Phys., Phys.-Abt. 1878) über den Unterschied des Atemtypus im Wachen und im Schlaf. Die Atmungsgröße ist im Schlaf stark herabgesetzt, unter Umständen bis auf $1/10$, und in beiden

Geschlechtern zeigt sich bei relativer Verstärkung der thorakalen
Atmung eine starke absolute Verminderung der Energie und Ausgiebigkeit der Zwerchfellsbewegungen.

Die nebenstehenden Kurven wurden von Mosso bei einem 25jährigen Mann
(in Rückenlage) erhalten. Ich gebe sie in etwas veränderter Anordnung wieder.
Unter der Voraussetzung, daß die inspiratorische und exspiratorische Innervation
der Atemmuskeln an Brust und Bauch gleichzeitig einsetzt und aufhört, zeigen
diese Kurven den Einfluß der Bauchatmung auf die Bewegung des Brustbeins
und der Brustatmung auf die Exkursion der vorderen Bauchwand, worauf
Mosso ausdrücklich aufmerksam gemacht hat. Die Bauchatmung dominiert
im Wachen so weit, daß das Brustbein schon bald nach Beginn der Zwerchfells-
kontraktion zu sinken beginnt und schon vor dem Ende des exspiratorischen

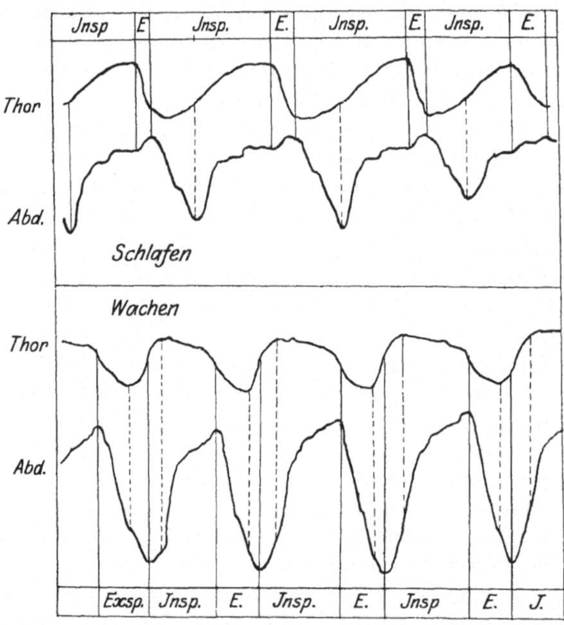

Fig. 61. Umzeichnung nach Mosso.

Emporsteigens des Zwerchfells anfängt sich zu heben. Im Schlaf aber dominiert
die Brustatmung so weit, daß die Bauchdecken zu Beginn der Brustbeinhebung
noch fortfahren, einzusinken, während der exspiratorischen Thoraxverengerung
aber noch stärker vorgewölbt werden.

Verschiedene Autoren haben daran gedacht, daß für die Bevorzugung der costalen Atmung beim Weib, wo sie vorkommt, das
Schnüren von Einfluß sein könnte. Doch ist zu bemerken, daß
wenigstens das hohe Schnüren weniger die Bauchatmung, als die Ausweitung der unteren Thoraxpartie behindert (vgl. unten). Wenn das
Schnüren nicht so weit getrieben ist, daß an der Leber eine wahre
Einschnürung entsteht, wird durch dasselbe das Herabtreten des
Zwerchfells nicht gehindert sein. Tiefes Schnüren hindert dagegen
sowohl die Bauchatmung, als die Bewegung der unteren Rippen.

Daß auch Männer gelegentlich aus diesem oder jenem Grunde sich schnüren (etwas tiefer in der Taille), ist bekannt.

Wenn auf irgend eine Weise die Erweiterung der unteren Thoraxpartie gehindert ist, so kann eine Rippenatmung noch durch stärkere Erweiterung der oberen Brustabschnitte im bilateralen Durchmesser bei nur geringer Hebung des Brustbeins zustande kommen.

Es geht schon aus dem Angeführten hervor, daß es verschiedene Unterarten der costalen Atmung geben muß. Die costale Atmung muß namentlich auch in besonderer Weise vor sich gehen, wenn das Brustbein unten durch stärkere Anspannung der geraden Bauchmuskeln oder oben durch mangelhafte Beweglichkeit der ersten Rippe an der Hebung und Vorbewegung gehindert ist. In beiden Fällen wird die Rippenatmung nicht unmöglich gemacht, indem die Flankenbewegung der mittleren oder unteren Rippen mehr in den Vordergrund der Erscheinung treten kann, unter entsprechender Abänderung der Bewegung in den Costovertebralgelenken.

Ich möchte folgende Unterarten der Rippenatmung unterscheiden, die sich auch hinsichtlich der möglichen Mitbeteiligung der Zwerchfellatmung nicht völlig gleich verhalten:

a) Die normale Rippenatmung, bei welcher die Rippenknochen möglichst parallel zueinander gehoben und zugleich, von oben nach unten zunehmend zur Seite geführt werden. Das Brustbein wird gehoben und zugleich unten annähernd so stark wie oben vorbewegt.

b) Die laterale Rippenatmung. Bei ihr tritt die seitliche Bewegung der Rippen mehr oder sozusagen allein hervor. Wir können sie einüben und zwar so, daß alle Rippen mehr gleichmäßig (die oberen mit Ausnahme der ersten relativ stark), oder daß vorzugsweise die mittleren und unteren Rippen stärker zur Seite gehen; auch können wir sie nach Belieben links oder rechts stärker hervortreten lassen.

Irgend eine Art von lateraler Rippenatmung wird namentlich zur Notwendigkeit, wenn die Hebung der ersten Rippe und des Brustbeins durch den vorgebeugten Hals und den Kopf verhindert ist, aber auch bei aufrechter Haltung, wenn durch Verknöcherung des ersten Rippenknorpels oder Veränderung in der Costovertebralverbindung der ersten Rippe die Bewegung der letzteren eingeschränkt ist. Auch beim Liegen auf dem Bauche oder in der Liegestütze ist die Bewegung des Brustbeins und der ersten Rippe gehindert. Bei der Seitenlage sehen wir an der freien Seite die laterale Rippenatmung stärker hervortreten.

Wenn die unteren Rippen hauptsächlich beteiligt sind, so handelt es sich um die „Unterrippenatmung“, von welcher Beau-Maissiat, H. v. Meyer und A. und R. Fick sprechen. Sie ist nach R. Fick bei vornübergebeugter Stellung begünstigt. Dies ist in der Tat der Fall bei erschlafften Bauchdecken (queren und schrägen Bauchmuskeln) und fehlender Behinderung durch Schnüren.

Von den obengenannten Autoren wird meist auch eine „Oberrippenatmung“ angenommen. Wie H. v. Meyer richtig hervorhebt, tritt sie auf, wenn durch die Kleidung (Schnüren) die Erweiterung der unteren Thoraxpartie gehemmt ist. Daß dabei unter Umständen eine Bauchatmung noch möglich ist, wurde bereits betont. Willkürlich können wir ohne Schnüren eine solche hohe Rippenatmung nur ausführen bei gleichzeitiger Anspannung der Bauchmuskeln, in welchem Fall eine gleichzeitige Zwerchfellatmung nicht wohl möglich ist.

Wären die Rippenknochen vollkommen starr und geschahen ihre Drehungen gegenüber der Wirbelsäule immer genau um eine und dieselbe Achse, so würde die Hebung und Senkung der verschiedenen Rippen miteinander und mit dem Brustbein im wesentlichen immer nur in der gleichen Weise kombiniert vor sich gehen können. Schon der Umstand, daß sowohl annähernd reine abdominale als annähernd reine costale Atmung möglich sind, wobei die untersten Rippen bald fast in Ruhe bleiben oder nur nach außen gehen, bald zugleich sich heben, ist nur dadurch möglich gemacht, daß namentlich den unteren Rippen eine größere Freiheit der Drehung in den Wirbelverbindungen um verschieden gerichtete Achsen zukommt, und daß sie in ihrer Form veränderlich sind.

Wenn aber Unterschiede in der Rippenatmung nach der angedeuteten Richtung vorkommen in dem Sinn, daß bei gleicher Hebung des Sternalendes die Rippenknochen bald mehr, bald weniger nach außen gehen, so wird solches zwar teilweise durch Formveränderung des ganzen Rippenbogens, aber nicht ohne besondere Inanspruchnahme der vertebralen Befestigung möglich gemacht; innerhalb gewisser Grenzen wechselt dabei die Art der Bewegung in den vertebralen Gelenken.

Aus Verschiedenheiten der Atmungsart und außerdem aus den besonderen Anforderungen, welche an die Costovertebralverbindungen bei den Biegungen des Stammes gestellt werden, möchten sich zum größten Teil die Verschiedenheiten erklären, welche man im Bau dieser Verbindungen und namentlich der Verbindungen zwischen Rippenhöcker und Querfortsatz bei verschiedenen Individuen konstatiert, und die größeren Grade der Bewegungsfreiheit, durch welche sich diese Verbindungen bei einzelnen Individuen auszeichnen.

Es ist auch klar, daß Änderungen in der Konfiguration des Stammes (Wirbelsäule-Verkrümmungen, Skoliosen, Kyphosen, primäre Veränderungen an den Rippenknochen und Rippenknorpeln usw.) auf die Art der Rippenbewegung Einfluß haben und auch auf die Rippenwirbelgelenke abändernd einwirken müssen.

Normale Rippenatmung. Bei möglichster Ausschaltung der Zwerchfellatmung, im aufrechten symmetrischen Stand, an noch jugendlichen, anscheinend normal gebauten Individuen ohne Knorpelverkalkung bleiben die Rippenknochen einander bei der Hebung und Senkung am besten parallel, und bewegt sich das Brustbein am gleichmäßigsten und ausgiebigsten mit. Wir haben ein gewisses Recht, diese Art der Rippenatmung als die „normale Rippenatmung" zu bezeichnen. Auf sie beziehen sich offenbar die meisten genaueren Messungen, welche über die Rippenatmung beim Lebenden angestellt worden sind; nur ist nicht immer in gleicher Weise die Bauchatmung ausgeschaltet gewesen. Aus diesem Umstand erklären sich einige wichtige Differenzen in den Beobachtungsresultaten.

In der Seitenansicht erscheinen die Rippenknochen annähernd geradlinig und parallel zu verlaufen. Trotz der etwas verschiedenen Richtung der costovertebralen Achsen ist ein annäherndes Parallelbleiben bei der Hebung und Senkung möglich; die Enden des 6. und 7. Rippenknochens machen dabei die größten Exkursionen, da sie von den costovertebralen Achsen am weitesten abliegen.

Für die Lehre von der Beteiligung der Intercostalmuskeln bei der Atmung ist es vor allem von großer Wichtigkeit, genauer festzustellen, ob und wie sich die Abstände der Rippen voneinander bei der Inspiration und Exspiration ändern.

Wären die Achsen der Costovertebralgelenke alle einander parallel und in derselben Ebene übereinander gelegen und hatten alle Rippen dieselbe Richtung und Krümmung zu diesen Achsen, so müßte in jeder Längsebene, welche der Achsenebene parallel geht, bei gleicher Winkeldrehung der Abstand zweier benachbarter Rippen jederzeit derselbe bleiben. Der kürzeste Abstand zweier benachbarter Rippen aber müßte überall da, wo die Rippen von den Achsen weg gerade oder schräg nach vorn absteigen, bei der Hebung der Rippen größer, bei der Senkung kleiner werden. In Wirklichkeit liegen die Dinge nicht so einfach. Die costovertebralen Gelenke liegen nicht in gerader Linie, sondern entsprechend der Krümmung der Brustwirbelsaule übereinander, und ihre Achsen verlaufen nicht vollkommen parallel. Die seitlichen Teile der Rippenknochen jenseits der Rippenwinkel verlaufen wohl in annahernd parallelen vorwarts absteigenden Ebenen, aber in einer doppelt gekrümmten Thoraxwand, so daß sie verschiedene Krümmungen haben. Beide Abweichungen vom Schema parallel verlaufender Stäbe sind zwar derart, daß sie sich einigermaßen korrigieren, und daß bei Hebung und Senkung um gleiche Winkelbeträge jene Ebenen annahernd parallel bleiben können. Ein vollkommenes Gleichbleiben der Abstände in seitlichen Langslinien der Thoraxoberfläche darf aber von vornherein nicht erwartet werden, weder wenn die Drehungswinkel gleich sind, noch wenn der Parallelismus der in seitlichen Langslinien der Thoraxwand übereinander liegenden Stücke überall erhalten bleibt. Es kommt übrigens sehr auf die Linien an, in welchen der Abstand gemessen wird. Am Lebenden wird man sich auf wenige Linien beschranken müssen, und zwar in den Flanken resp. der Gegend unter der Achselhöhle: auf die hier in der Langsrichtung des Thorax verlaufende Axillarlinie und auf benachbarte Langslinien. Leider ist von den Autoren nicht immer genau angegeben, wie sie gemessen haben.

Betrachtet oder betastet man bei einem mageren Individuum die Rippen an der Seite des Brustkorbes, wo sie in größter Ausdehnung bemerkbar sind, so konstatiert man zunächst, bei der nicht allzu bedeutenden Hebung oder Senkung der Rippenknochen, daß letztere einander wenigstens annähernd parallel bleiben. Dies läßt auf einen annähernd gleichen Betrag der Winkeldrehung schließen. Legt man bei möglichst gut festgestellter Wirbelsäule (angelehntem Rücken) ein Bandmaß gespannt über den Rumpf in einer Linie, welche vom hinteren Ende des Darmbeinkammes zu den Enden der letzten Rippenknochen und von da immer senkrecht zu der Längsrichtung der Rippen bis zur Knochenknorpelgrenzlinie weiter geht, so kann man konstatieren, daß in dieser Linie der Abstand der letzten Rippen vom Becken und die Abstände der Rippen voneinander in allen Teilen sich vergrößern bei der Inspiration, und kleiner werden bei der Exspiration, immer vorausgesetzt, daß keine stärkere Bauchatmung stattfindet. Noch auffälliger ist die inspiratorische Vergrößerung des Abstandes der Rippen voneinander in Linien, welche etwas weniger steil nach vorn zur Knochenknorpelgrenze aufsteigen und überall der Richtung der Mm. intercostales interni entsprechen. In der Linie der Knochenknorpelgrenzen ist die Verlängerung nur gering. In der Axillarlinie bleibt der Abstand zwischen den Rippen, soweit er sich bei gehobenem Arm nach der Achselgrube hin kontrollieren läßt, unverändert. Die kürzesten Abstände senkrecht zu den Rippen vergrößern sich. Dagegen verkleinern sich bei der Inspiration die Distanzen von der Knochenknorpelgrenze bis zum Seitenrande des Brustbeins in den Linien der Intercostales interni intercartilaginei, wie man bei mageren Personen und erschlafftem großem Bauchmuskel konstatieren kann, und ebenso vermindert sich der Abstand in den Linien der Intercostales externi, den man bei rückwärts geführtem Arm eine Strecke weit zwischen der Achselgrube und der Knochenknorpelgrenze messen kann.

Landerer (1880) fand bei Lebenden in der Linie der Knochenknorpelgrenzen nur eine ganz unmerkliche inspiratorische Verlängerung der Brustwand von 1 bis 3 mm, in der Axillarlinie aber, in einer vertikalen frontalen Ebene durch das Ende der 11. Rippe abweichend von unseren Befunden eine Verlängerung von 2 cm. Ich vermute, daß es sich dabei nicht um moglichst reine Rippenatmung gehandelt hat. Die letzten Rippen bewegen sich nach Landerer beim Lebenden nicht nach oben und außen, sondern direkt nach außen (in ihren vertebralen Teilen nach hinten außen). Es ist aber nach meinen Beobachtungen die Hebung der letzten Rippen nur dann gering oder fehlend, wenn es sich um bevorzugte oder ausschließliche Zwerchfellsatmung handelt (siehe unten).

Eine inspiratorische Verkleinerung der seitlichen Höhe der Rippenwand haben Bayle, C. L. Merkel und Bäumler angenommen.

Auf einige weitere Angaben über eine ungleiche Veranderung der Rippenabstände werde ich später noch zu sprechen kommen.

Zum Studium der Körperasymmetrien sowohl als der Lageveränderungen der Korperpunkte bei der Atmung hat C. Hasse ein besonderes photographisches Projektionsverfahren verwendet. Moglichst dicht vor dem Objekt wurde ein Rahmen mit Fadennetz aufgestellt. Letzteres bestand aus zwei sich senkrecht kreuzenden Systemen von Fäden, die genau parallel und in gleichen Abständen voneinander über den Rahmen gespannt waren.

Bewegung des Brustbeins bei der Rippenatmung.

Die Angaben der Autoren über die Bewegung des Brustbeins lauten verschieden. Nach den einen macht das obere Ende, nach den anderen das untere die größeren Exkursionen.

Landerer fand bei der inspiratorischen Rippenhebung am oberen Rande des Brustbeins eine vertikale Hebung von 14—17 mm gegenüber einer Vorbewegung von 9—10 mm, am unteren Ende aber eine vertikale Hebung von 11—12 mm gegenüber einem Vorstoß von 21—24 mm. Eine genauere Überlegung zeigt, daß solches bei starrem Brustbein geometrisch unmöglich ist. Ist unten die Hebung geringer als oben, so muß notwendigerweise auch die Vorbewegung geringer sein (vorausgesetzt, daß das Sternum nach vorn absteigt).

In der nebenstehenden Figur soll a b die Mittellinie des Sternums in der Exspirationsstellung bedeuten. a a' sei die Bahnstrecke des oberen Endpunktes nach den Angaben von Landerer bei der Inspiration. Ist das Brustbein starr und findet Parallelverschiebung statt, so muß der untere Endpunkt b nach b' rücken; a' b' ware die Lage des Brustbeins am Schluß der Inspiration. Ist unten die vertikale Hebung größer als oben, so muß unten auch die Vorbewegung größer sein; es muß ja der untere Endpunkt des Brustbeins in dem Kreisbogen liegen, der durch b um den Punkt a' als Mittelpunkt geht; er kann nicht zugleich weniger gehoben und mehr nach vorn gerückt sein, als das obere Ende, wie Landerer angibt. Der gleiche Einwand gilt gegenüber den Angaben von Hasse und gegenüber R. Fick. Nimmt man an, daß bei der Hebung und Vorbewegung das Brustbein stärker nach vorn ausgebogen wird, so muß um so mehr noch die Hebung des unteren Endes größer sein als diejenige des oberen

Endes, wenn die Vorbewegung größer ist. Höchstens ware aus einer stärkeren Ausbiegung nach vorn zu erklären, daß zwar unten die Hebung vergrößert, die Vorbewegung aber nicht wesentlich vergrößert oder sogar verkleinert ist.

Soweit ich selber beobachten konnte, ist in der Tat die Hebung und Vorbewegung des oberen Endes des Brustbeins bei der normalen Rippenatmung, bei gut aufgerichtetem Körper etwas größer als diejenige des unteren Endes. Bei der lateralen Rippenatmung kann dagegen umgekehrt die Exkursion des oberen Endes verringert oder $= 0$, diejenige des unteren Endes aber relativ und meist auch absolut vergrößert sein.

Es muß dann an letzterem die Vorbewegung gegenüber der Hebung in den Vordergrund treten. Dazwischen gibt es alle Zwischenmöglichkeiten, also auch den Fall genauer Parallelschiebung des Brustbeins.

Es sei hier noch einmal auf den sog. Angulus Ludovici hingewiesen. Braune gibt die Möglichkeit seiner Entstehung infolge von besonders eng auf den Lungenspitzen lokalisierten Schrumpfungsprozessen der Lunge zu, betont aber hauptsächlich dessen Entstehung durch gesteigerte Inspirationsanstrengungen (Emphysem) bei noch biegsamem Brustbein, wobei die Vorbewegung und Hebung des unteren Teiles des Brustbeins durch die Rippen gehemmt werde. Er scheint anzunehmen, daß die Rippen an und für sich, ohne die Verbindung im Brustbein, um gleiche Winkelbeträge gedreht würden. Der Ausschlag ist dann am Sternalende der zweiten und dritten Rippe größer als an den höher und tiefer gelegenen Rippen. Durch das Sternum hemmen sich die oberen und unteren Rippen gegenseitig in ihren Bewegungen. Bei der Inspiration muß sich an ihm ein Einfluß zur Ausbiegung nach vorn von den Rippen her geltend machen.

So einfach liegen nun die Verhältnisse nicht, wie aus unseren früheren Darlegungen hervorgeht. Die Aktion zur Hebung der verschiedenen Rippen ist variabel; auch kommen Kräfte hinzu, welche die Rippenknorpel und das Brustbein unten zurückhalten. Doch möchte wohl eine Anstrengung zur stärkeren Hebung der oberen Rippen und namentlich der zwei obersten Rippen einen solchen vorwärts ausbiegenden Einfluß auf das Brustbein haben. Die Vermutung liegt nahe, daß dieser Einfluß, der zur Verschärfung des Sternalwinkels führen kann, noch deutlicher hervortreten muß, wenn nur die zweite (und dritte) Rippe stärker gehoben werden, die erste Rippe aber in ihrer Aufwärtsbewegung und überhaupt in ihrer Beweglichkeit aus irgend einem Grunde beschränkt ist, bei noch erhaltener Torsionsfähigkeit des ersten Rippenknorpels und einiger Beweglichkeit in der Manubrium-Brustbeinkörperverbindung.

Die alleinige Verminderung der Elastizitat der ersten Rippenknochenbrustbeinverbindung (ohne besondere Verkürzung der ersten Rippe) kann wohl kaum dieses Resultat haben, in dem die Erstarrung des Knorpels doch in einer Form geschehen muß, welche einer mittleren Lage der Rippe entspricht. Es muß sich dann neben dem Einfluß zur Verschärfung des Sternalwinkels bei der Hebung der Rippe ebensogut auch ein Einfluß zur Abflachung desselben bei der Senkung aus der Mittellage geltend machen.

Dagegen wird man eher der Meinung von Freund, Hart und Harris beistimmen, nach welcher eine angeborene oder (namentlich als Folge von Skoliose)

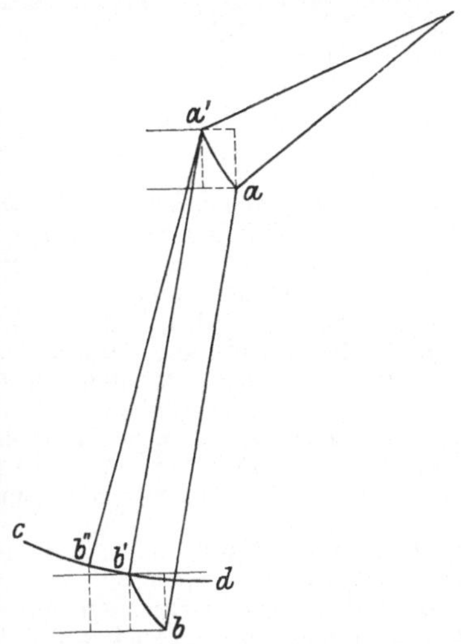

Fig. 62. Bewegung des Brustbeins.

erworbene Verkleinerung der oberen Thoraxapertur im sagittalen Durchmesser gegenüber dem zweiten Rippenbrustbeinring bei noch erhaltener Manubrium-
Brustbeinkörperjunktur mit einer stärkeren Rückwärtsabknickung des Brustbein-
handgriffes verbunden ist.

Freund hat seit 1858 mit Nachdruck die Lehre vertreten, daß die Bewegungsbeschränkung der ersten Rippe (infolge von abnormer Kürze und frühzeitiger
Erstarrung der ersten Rippenknorpel) eine Disposition schaffe für die Lokalisation
der idiopathischen, meist chronischen Tuberkulose, sowie des idiopathischen
Emphysems auf die Lungenspitzen. Hart und Harris haben diese Lehre dahin
erweitert, daß ganz besonders auch angeborene Kürze der ersten Rippen selbst
und andere kongenitale Bildungsanomalien an der oberen Thoraxapertur, und
außerdem sekundäre, namentlich bei Skoliose entstehende Verengerungen und
Asymmetrien derselben eine ähnliche Rolle spielen. Indessen ist. der klinisch
statistische Nachweis der größeren Häufigkeit der Tuberkulose bei all diesen
Anomalien nicht erbracht. Ein wirklich haufigeres Zusammentreffen konnte bei
Skoliose wohl z. T. die Folge der gleichen krankhaften Disposition sein. Und wenn
wir von den ausgesprochenen Fällen angeborener Bildungsanomalien absehen, so
bleibt für die übrigen Fälle die Frage offen, ob nicht die Erkrankung der Lunge
das Primäre, die Bewegungsbeschränkung der oberen Rippen die Folge davon
sein konnte. Man überschatzt in der Regel den schädlichen Einfluß der mangel-
haften Hebung der oberen Rippen auf die Erweiterung und Ventilation der Lungen-
spitze. Bei normaler Verschiebbarkeit der Lungenoberfläche kommt die Erweiterung der übrigen Teile des Lungenraumes wenigstens in vertikaler Richtung
auch den Lungenspitzen zu gut (und eine wirkliche weitgehende Einschnürung
der letzteren durch eine verengte obere Thoraxapertur ist eine Seltenheit), dagegen mögen andere mechanische Momente vorhanden sein, welche die Ventilation
der Lungenspitzen unabhängig von der größeren oder geringeren Bewegung der
ersten Rippen, namentlich bei katarrhalischen Zuständen erschweren. Auch
könnte die verminderte Blutversorgung der höchst gelegenen Teile (Anämie)
eine Rolle spielen. Bei den Vierfüßlern sind nach der mündlichen Mitteilung
von Prof. Guillebeau nicht die Lungenspitzen, sondern wieder die hochstgelegenen
Teile der Lungen neben der Wirbelsäule der Lieblingssitz der Tuberkulose. Endlich ist zu bemerken, daß leichtere pleuritische Prozesse an den Stellen der relativ
geringen Verschiebung zwischen Lungenoberfläche und Pleura parietalis (zu diesen
Stellen gehört auch die Gegend neben der Wirbelsaule bei den Vierfüßlern) am
ehesten zur Bildung von Adhäsionen führen werden. Hierdurch ist nun die Gelegenheit zur Emphysembildung und wohl auch der Anlaß zur geringeren Bewegung der benachbarten Rippen (wegen mechanischer Behinderung oder Schmerzhaftigkeit) gegeben. Auch die tuberkulöse Infiltration der Lungenspitzen muß
von einer Einschränkung der Bewegung der oberen Rippen begleitet sein.

Eine derartige Einschränkung der Rippenbewegung wird nun nicht auf die
erste Rippe allein lokalisiert sein, sondern mehrere obere Rippen betreffen. Die
Ursache für eine besondere Vortreibung des Sternalwinkels fehlt dann durchaus.
Im Gegenteil wird bei der bevorzugten Unterrippenatmung eher der untere Teil
des Brustbeins unter der Mitte in besonderer Weise gegenüber dem oberen Teil
vorgetrieben, so daß häufig das Brustbein in der Mitte eingesunken erscheint.

Nach der Vermutung von Meltzer (1889) wird bei der Pneumonie Schleim
aus den Bronchiolen in die bereits nur mangelhaft lufthaltigen Alveolen hinein-
getrieben nicht durch Inspiration, sondern durch Kompression der luftröhren-
wärts in den Luftwegen enthaltenen Luft, durch exspiratorische Anstrengung,
bei geschlossener Glottis. Schließlich wird allerdings der Glottisverschluß ge-
sprengt und erfolgt Husten.

Nach Graf Spee entweicht bei der ersten Exspiration des Neugeborenen
(durch die offene Glottis) die Luft nicht vollstandig aus den Alveolen, indem die
kleinsten Bronchiolen verschlossen werden. Die darauf folgende Inspirationsbewegung vermehrt die Füllung der Alveolen; bei der anschließenden Exspiration bleibt
eine noch größere Luftmenge im Parenchym, und zwar unter hoherem als Atmosphärendruck. Dieses Verhalten, aus der Vorwölbung der Lungen an den Intercostalräumen erschlossen, bleibt noch mehrere Wochen nach der Geburt bestehen.
Allmählich aber, infolge der vermehrten Anstrengung und Kräftigung der Inspi-

rationsmuskulatur weitet sich die Brustwand aus; die Lungenräume können selbst in der Exspirationsstellung von den Lungen nur mehr bei gedehnten Wandungen ausgefüllt werden; die Luftwege bleiben auch in der Exspirationsstellung geoffnet; es entwickelt sich die „Lungenspannung“.

Der Grad der Ausweitung der Brustwand hängt offenbar von der Leistungsfahigkeit der Inspirationsmuskulatur ab und ist individuell verschieden. Relative Schwache der Muskulatur ist vielleicht mit einem tieferen mittleren Stand der (mehr gesenkten) Rippen und namentlich der obersten Rippen verbunden; jedenfalls wird die Atmungsexkursion der Rippen beschränkt sein, so daß infolge der reduzierten Atemtatigkeit eine neue Schädigung zu der schon vorhandenen Schwächung der Konstitution hinzukommt. Doch ist nicht einzusehen, warum gerade nur die erste Rippe in besonders auffälliger Weise im Vergleich zu den andern festgestellt sein sollte. Die großere Schrägstellung der Rippenknochen und der oberen Thoraxapertur wird allgemein als ein wichtiges Element des sogenannten „phthisischen Habitus“ angesehen.

Von anderen Umständen (vielleicht dem aufrechten Stand und der sich ausbildenden Längsspannung der ventralen Bauchwand, sowie der zunehmenden Brustkrümmung der Wirbelsaule) muß es abhängen, daß die Schragstellung der oberen Thoraxapertur beim Neugeborenen nur 5—8°, beim Erwachsenen aber gegen 30° beträgt.

D. Die Kräfte bei der Rippenatmung.

a) Die Muskeln.

1. Übersicht.

Sobald die Geometrie der Atembewegung (einer bestimmten Art von Atembewegung) genau bekannt ist, läßt sich genau beurteilen, wie sich dabei die Ursprungs- und Ansatzpunkte der Muskeln gegeneinander bewegen, und welche Veränderungen die Zugrichtungen und die Längen der Muskeln erfahren. Nun ist vollkommen klar, daß nur diejenigen Muskeln in irgend einer Phase der Atembewegung aktiv und arbeitsleistend zur Bewegung beitragen können, die sich in dieser Phase wirklich verkürzen, während die Spannungen der dabei verlängerten Muskeln Widerstände darstellen, welche durch äußere Kräfte oder durch die sich verkürzenden Muskeln überwunden werden müssen. Eine aktive Anspannung von Muskeln, die sich verlängern, kann unter Umständen nützlich sein zur Anullierung aktiv erworbener innerer Geschwindigkeiten (z. B. bei der Umkehr der Bewegung) oder zur Hemmung und Sistierung einer durch äußere Kräfte (Schwere, Widerstände) hervorgerufenen inneren Bewegung; oder sie kann notwendig sein zur Sicherung der Stetigkeit der Bewegung, Verhinderung von Nebenbewegungen usw. Wir sind also ebensowenig berechtigt, von vornherein anzunehmen, daß alle sich verkürzenden Muskeln völlig frei von aktiver Spannung sind, als wir behaupten dürfen, daß alle sich verkürzenden Muskeln aktiv innerviert sind. Nur soviel ist sicher, daß wir die eigentlichen Bewirker der Inspiration nur unter denjenigen Muskeln suchen dürfen, welche sich bei der Inspiration verkürzen, und die Bewirker der Exspiration nur unter denjenigen, welche bei der Exspiration kürzer werden. Auch darf man wohl vermuten, daß

wir gelernt haben, bei der gewöhnlichen ruhigen Atmung alle unnützen
aktiven Spannungen in den sich verlängernden Muskeln auszuschalten
und andererseits ganz besonders diejenigen Muskeln aktiv zu innervieren,
welche in ihrer Längenänderung hauptsächlich von den Atembewegungen
abhängig sind. Ein M. sternocleidomastoideus z. B., dessen große
Länge vor allem zu den Bewegungen der Halswirbelsäule und des Kopfes
in Beziehung steht und bei der Inspiration nur eine relativ kleine Verkürzung erfährt, wird kaum bei der gewöhnlichen ruhigen Atmung
aktiv angespannt und zur Hebung der Rippen benutzt werden, da bei
der großen Länge des Muskels die hierfür nötige aktive Spannung nur
mit Verschwendung von Stoffumsatz entwickelt werden könnte im
Vergleich zu dem Stoffumsatz, der für die gleiche Leistung in einem
Muskel vor sich geht, dessen Länge der Längenänderung der Rippenhebung angepaßt ist (s. Allg. Teil d. L. S. 134—139).

Gestützt auf die Beobachtungen über die Atembewegungen beim
Lebenden wollen wir nun zunächst diejenigen Muskeln des Stammes
namhaft machen, über deren Verhalten hinsichtlich der Längenänderung
in der In- und Exspiration bei normaler Rippenatmung keine Unsicherheit bestehen kann.

Es verkürzen sich bei der Inspiration und verlängern
sich bei der Exspiration (bei normaler Rippenatmung und festgestellter Wirbelsäule):

1. Die Mm. intercostales intercartilaginei,
2. die Mm. intercostales externi,
3. die Mm. scaleni,
4. der M. sternocleidomastoideus (bei festgestelltem Wirbel- und
   Kopfgelenken),
5. die vom Brustbein zum Zungenbein aufsteigenden Muskeln,
   wenn außer der Halswirbelsäule und dem Kopf auch das Zungenbein und der Schildknorpel gegenüber diesen Teilen festgestellt
   sind,
6. der M. serratus posterior superior.

Sicher verkürzen sich bei der Exspiration und verlängern
sich bei der Inspiration:

1. Der M. triangularis sterni,
2. die Mm. intercostales interni interossei,
3. die Muskeln der weichen Bauchdecken inkl. Quadratus lumborum,
4. der M. serratus posterior inferior,
5. die Rippenansätze des M. erector trunci.

Umstritten ist das Verhalten der Mm. levatores costarum.

Ferner sei ausdrücklich bemerkt, daß bei anderen Typen der Atmung,
namentlich bei ausgiebiger Beimengung von Bauchatmung, die Muskeln
in den hinteren Teilen der weichen Bauchdecken und der M. serratus
post. inf. ein anderes Verhalten zeigen können, und daß auch die Intercostalmuskeln, namentlich die vorderen Teile der MM. intercostales
interni interossei bei veränderter Atmungsart, namentlich bei anderen
Modalitäten der costalen Atmung, von den obigen Angaben abweichen.

Die Schultermuskeln erfahren namentlich bei festgestelltem Arm
und Schulterblatt teilweise ebenfalls Längenänderungen bei der Atmung.
Auf dieselben soll später kurz eingegangen werden.

2. Der M. triangularis sterni.

Die anatomischen Verhältnisse dieses Muskels werden durch die
Fig. 63 A in Erinnerung gebracht. Er verkürzt sich, wenn sich die

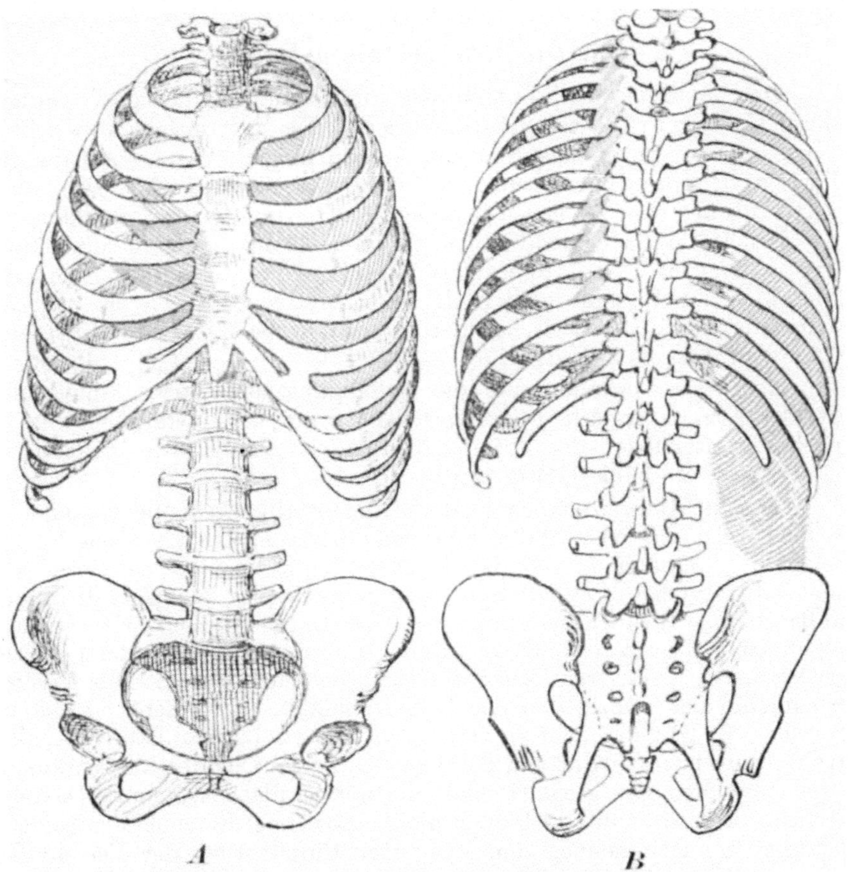

Fig. 63. *A* Thorax von vorn mit dem Intercostales und dem Triangularis sterni.
B Skelett des Rumpfstammes von hinten. M. obliquus int. und Mm. intercostales interni. Mm. levatores costarum.

Rippenknorpel gegenüber dem Brustbein seitlich herabsenken, und die
unteren Winkel zwischen ihnen und dem Brustbeinrand sich verkleinern.
Die Knochenknorpelgrenzen werden einander genähert. Sie müssen
dabei mehr nach unten getrieben werden, als dem relativen Ausweichen

des Brustbeins nach oben entspricht; das Brustbein steigt mit nach
unten ab, wenn es auch hinter den Knochenknorpelgrenzen oben zurückbleibt. Der Muskel unterstützt durch seine Kontraktion in kräftiger
Weise die Exspiration. Bemerkenswerterweise läßt er die erste Rippe
frei; unten schließt sich ihm anatomisch und funktionell der obere Teil
des Transversus abdominis unmittelbar an. (An den fluktuierenden
Rippen kommt freilich die Wirkung des letztgenannten Muskels wesentlich nur zur Vor- resp. Einwärtsbewegung und kaum mehr zur Abwärtsbewegung zur Geltung.)

3. Die Intercostalmuskeln.

Die anatomischen Verhältnisse der Intercostalmuskeln werden
durch die Figg. 63 A und 63 B illustriert. Die Externi fehlen zwischen
den vorderen, gegen das Sternum hin aufsteigenden oder annähernd
horizontal verlaufenden Teilen der Rippenbogen, erstrecken sich aber
vertebralwärts bis zu den Rippenhöckern. Ihre Fasern verlaufen in
der Flucht der Intercostalräume schräg nach der vorderen Mittellinie
hin absteigend. Die Intercostales interni reichen vertebralwärts nicht
weit über die Rippenwinkel nach innen, erstrecken sich aber vorn in
den Zwischenräumen zwischen den Rippenknorpeln bis zum Brustbein
(vor dem Triangularis sterni).

Über das Verhalten und die Beteiligung der Intercostalmuskeln
bei der Atmung ist seit Galen gestritten worden. Ausführliche historische Darstellungen der Frage haben namentlich E. R. Volkmann
(1876) und R. Fick (1897) gegeben.

Manche Autoren haben in den Intercostalmuskeln nichts anderes
sehen wollen als Verschlußmembranen, deren Fasern sich den wechselnden Abständen der Rippen in ihrer Länge anzupassen vermögen
und dabei durch wechselnde Spannung, je nach dem Bedürfnis dem von
außen oder von innen her wirkenden Überdruck entgegenwirken. Daß
sie in der Tat den Verschluß der Intercostalräume in etwas anderer Weise
bewerkstelligen als rein passive elastische Membranen, indem ihre
Spannung nicht einzig von der Länge abhängt, kann nicht bezweifelt
werden. Es ist auch nicht zu verkennen, daß zwei sich annähernd senkrecht kreuzende Systeme von Schrägfasern im Bereich der Lungenräume
ganz besonders gut geeignet sind, die nötige Flächenspannung herzustellen. Indessen muß doch auch die Anspannung des einen der beiden
Systeme genügen können, um Aus- oder Einbuchtung der Verschluß-
platte zu beschränken und es ist a priori wohl denkbar, daß jeweilen
diejenigen Fasern vorzugsweise aktiv gespannt werden, welche sich
bei der gleichzeitigen Rippenbewegung verkürzen und diese Bewegung
arbeitsleistend unterstützen. Zahlreiche Forscher haben dementsprechend
immer wieder die Meinung vertreten, es werde die Rippenbewegung bei
der Atmung durch die Tätigkeit der Intercostalmuskeln gefördert,
ja unter gewöhnlichen Verhältnissen allein zustande gebracht. Freilich
gehen die Ansichten bezüglich der Art der Beteiligung der verschiedenen
Abschnitte dieses Muskelsystems in den verschiedenen Arten und Phasen

der Atmung weit auseinander. Zur Entscheidung der Frage müssen vor allem die geometrischen Verhältnisse bei der Bewegung der Rippen und der Muskelansatzpunkte genauer gewürdigt werden.

Bayle und Hamberger verglichen die respiratorische Bewegung der Rippen mit der Hebung und Senkung parallel bleibender Stäbe um senkrecht auf dem Längsverlauf der Stäbe stehende, genau parallel übereinander gelegene Achsen. Sie konstruierten (Bayle vor 1691, Hamberger 1727) ein dementsprechendes Modell (Schema) und bewiesen an der Hand desselben, daß die äußeren Intercostalmuskeln die Rippenerhebung (Inspiration), die inneren die Rippensenkung (Exspiration) bewirken müssen. Diese „Schemata" und die daraus gezogenen Folgerungen sind bis in die neueste Zeit abwechselnd akzeptiert und beanstandet worden, letzteres namentlich deshalb, weil sich die Rippen, wie zuerst Th. Chr. Trendelenburg (1779) hervorhob, um schräge, nicht senkrecht auf der Längsrichtung der Rippen stehende und auch nicht um genau parallele und genau übereinander liegende Achsen drehen.

Wir wollen das wesentliche der Erscheinungen, die sich am Bayleschen und Hambergerschen Schema demonstrieren lassen, und die Frage, inwiefern bei den Rippen ähnliche oder abweichende Verhältnisse vorliegen, im folgenden etwas genauer untersuchen.

Es handelt sich bei dem Bayle-Hambergerschen Schema (in der einfachen Form, in welcher es auch in den Schriften von Haller figuriert) um ein Gestänge aus vier starren Stäben: einem Paar langer und einem Paar kurzer Stäbe, welche zum Parallelogramm geordnet und gelenkig miteinander verbunden sind. Die Drehungsachsen stehen senkrecht zur Ebene des Gestänges. Einer der kurzen Stäbe ist in vertikaler Richtung festgestellt. Wir wollen annehmen, daß die betreffende Seite (Fig. 64 A B) des Parallelogramms die hintere ist. Verbindet man durch eine gerade Linie einen Punkt a des oberen mit einem Punkt c des unteren Längsstabes, so daß c vom hinteren Drehpunkt B des unteren Stabes um die Größe r weiter entfernt ist, als der Punkt a vom hinteren Drehpunkt A des oberen Stabes, so ergibt sich, daß diese Gerade a c, welche also schräg nach vorn absteigt, kürzer wird, wenn sich das Parallelogramm um die hinteren Drehpunkte nach oben dreht, und sich verlängert, wenn die Drehung nach unten hin stattfindet.

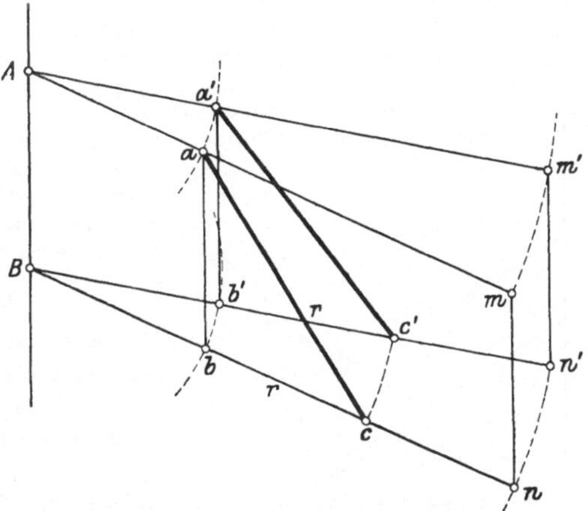

Fig. 64. Bayle-Hambergersches Schema.

Beweis. Ziehen wir aus a parallel zu AB die Gerade a b, so erhalten wir das Dreieck acb, das bei der Aufwartsdrehung des Parallelogramms zu a'c'b' wird; dabei bleibt a'b' = ab, c'b' = cb = r. Dagegen verkleinert sich der $\searrow$ abc zu $\searrow$ a'b'c'. Demnach muß auch die gegenüberliegende Seite a'c' < ac werden usw. Für alle zu a c parallelen Verbindungslinien der beiden Langsstangen ergibt sich bei gleicher Winkeldrehung des Parallelogramms die gleiche Längenanderung. Dies ist auch der Fall, wenn die Längsstabe über AB oder mn hinaus verlängert sind, für parallel zu ac verlaufende Verbindungslinien, welche zwischen den Verlängerungen liegen.

In ahnlicher Weise beweist man, daß vorwärts aufsteigende Verbindungslinien sich bei der Hebung des Parallelogramms verlangern, bei der Senkung dagegen verkürzen.

Durch die parallelen langen Stäbe sollen nach Bayle die vorwärts absteigenden Rippenknochen repräsentiert sein, durch die vorwärts absteigenden Linien die äußeren, durch die vorwärts aufsteigenden Linien die inneren Intercostalmuskeln.

Um auch den Rippenknorpeln und Mm. intercartilaginei gerecht zu werden, fügte Hamberger dem Schema von Bayle an Stelle der vorderen kurzen Zwischenstange mn noch zwei vordere parallel aufsteigende Stangen hinzu (Fig. 65), welche vorn durch die starre Stange op parallel AB gelenkig verbunden sind, um so die Rippenknorpel und das Brustbein zu repräsentieren. Wenn sich diese vorderen Stangen mehr quer zu op stellen, so wird jede Verbindungslinie df, welche sich absteigend von op entfernt, verkürzt; jede umgekehrt schrag verlaufende Linie wird dabei länger. Natürlich gilt das nur, wenn der Abstand zwischen m und n unverandert bleibt, was durch Belassung der starren Zwischenstange mn zu erreichen ist. Es handelt sich dann gleichsam um zwei zusammengefügte einfache Baylesche Modelle (Fig. 65).

Es läßt sich nun zeigen, daß die gleichen Sätze bezüglich der vorwärts auf- oder absteigenden Verbindungslinien auch gelten bei einem viergliederigen Gestänge (Schema Bayle), welches durchaus nicht in einer zu den vier Achsen senkrecht stehenden Ebene liegt und nicht die Gestalt eines solchen Parallelogrammes hat, wenn nur die vier Drehungsachsen einander parallel sind und wenn die Projektionen der vier Stangen und der Verbindungslinien auf die Ebene der Drehung sich wie im Bayleschen Schema verhalten.

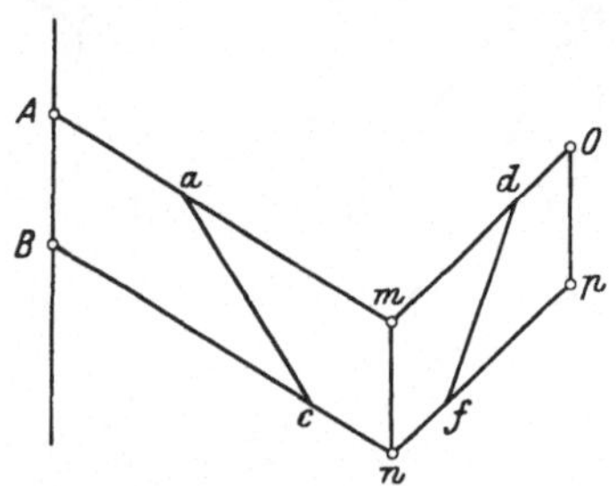

Fig. 65.   Erweitertes Schema von Hamberger.

Dieses Erkenntnis erlaubt uns eigentlich erst, die Verhältnisse bei der Rippenbewegung zum Vergleich heranzuziehen. Zwei aufeinanderfolgende Rippenknochen verlaufen, wenn wir sie in der Richtung der Drehungsachsen ihrer Wirbelverbindung von außen und hinten her betrachten — wir sehen dann gleichsam ihre Projektion auf die Drehungsebene —, annähernd parallel und bleiben annähernd parallel, wenn sie sich inspiratorisch heben oder exspiratorisch senken. Durch welche Mittel dieser Parallelismus erhalten bleibt, kann uns dabei im Augenblick gleichgültig sein. Es ist aber klar, daß die vordere Verbindung durch die Rippenknorpel und das Brustbein wenigstens in etwas die Rolle der vorderen Zwischenstange übernimmt. Von einem vollkommen genauen Parallelismus der Drehungsebenen kann allerdings nicht die Rede sein, weil die Richtung der hinteren Drehungsachsen sich nach unten zu allmählich ändert und mehr sagittal wird. Doch beträgt der Unterschied von Rippe zu Rippe zwischen 1 und 2 höchstens 20 °, zwischen 2 und 3 höchstens 15 °, zwischen den folgenden Rippen höchstens je 4—2 ° oder weniger (nach den früher zitierten Messungen von Trendelenburg, Meißner, Henke, R. Fick und Volkmann). Wir selbst finden aber im allgemeinen gleichmäßigere und namentlich an den oberen Rippen keine so großen Unterschiede. Man kann also über die Differenz bei der Betrachtung zweier benachbarter Rippen füglich hinwegsehen, ausgenommen vielleicht an den obersten Rippen.

Alle Intercostalmuskelfasern, welche bei der angegebenen Betrachtungsweise in der Projektion auf die Drehungsebene gegenüber der (Projektion der) Verbindungslinie der beiden Rippenköpfchen vorwärts absteigen, müssen sich bei der parallelen Hebung des Rippenpaares verkürzen, bei seiner Senkung verlängern. So verhält es sich mit den Fasern des M. intercostalis externus. Umgekehrt verkürzen sich die in der Projektion gegenüber jener Linie vorwärts aufsteigenden Fasern bei der Senkung der Rippen und verlängern sich bei ihrer Hebung. Solches geschieht bei dem M. intercostalis internus interosseus. Bei den genanntem Standpunkt der Betrachtung erscheint nun aber die Fläche des Zwischenrippenraumes zwischen dem ventralen Enden der Rippenknochen zur Linie verkürzt. Diese Linie entfernt sich wenigstens an den oberen und mittleren Rippenpaaren deutlich von der Verbindungslinie der Rippenköpfchen (Verbindungsebene der vertebralen Drehungsachsen) nach unten hin. Die an dieser Stelle des Zwischenrippenraumes gelegenen Muskelfasern müssen sich also alle, mögen sie sternalwärts oder vertebralwärts absteigen, mögen sie dem System der Externi oder demjenigen der Interni angehören, bei der Rippenhebung verkürzen und bei der Rippensenkung verlängern. Es können also erstens die Intercostales externi auch vorn, an der Knochenknorpelgrenze, wo sie den vertebralen Drehungsachsen in der Rundung des Thorax gegenüberliegen, noch zur Hebung der Rippen aktiv beitragen. Andererseits folgt, daß an eben diesen Stellen auch die Intercostales interni interossei, insofern sich die Fläche des Intercostalraumes an dieser Stelle wirklich von der Verbindungsebene der vertebralen Drehungsachsen (die rückwärts absteigt!) nach unten zu entfernt, bei der inspiratorischen Rippenhebung verkürzen, bei der exspiratorischen Rippensenkung verlängern, geradeso wie die Intercostales interni intercartilaginei, an welche sie sich anschließen. Hier hätten wir also wirklich Stellen, an denen beide Fasersysteme, der Intercostalis internus sowohl als der Intercostalis externus miteinander zur Hebung der Rippen beitragen können, bei möglichst parallel bewegten Rippen. Es gilt dies für einen Bezirk zwischen den vorderen Enden der Rippenknochen, der an dem ersten Intercostalraum schmal ist und nach unten zu sich verbreitert; berücksichtigt man die Möglichkeit der Drehung der untersten Rippen um verschiedene und eventuell stark sagittal gestellte Achsen, so ergibt sich, daß auch noch vorn in den letzten Intercostalräumen ein derartiges Verhalten der Intercostales interni unter Umständen Platz greifen kann.

Die tatsächliche stärkere Divergenz der vertebralen Achsen der ersten Rippen hat zur Folge, daß bei gleichem Winkelbetrag der Hebung der kürzeste Abstand der Rippenknochen sich namentlich vorn besonders stark, seitlich vergrößert. Sollen sich die Rippen möglichst parallel bewegen, so muß der Winkelbetrag der Hebung an der ersten Rippe gegenüber demjenigen der zweiten und an dieser gegenüber demjenigen der dritten zurückbleiben. Dann können wohl auch für die Intercostalmuskeln des ersten Zwischenrippenraumes die gleichen, soeben erläuterten Verhältnisse der Verlängerung und Verkürzung gegeben sein, wie an den folgenden Intercostalräumen.

Mehr nach hinten zu können allerdings die Intercostales interni nur dann zugleich mit den externi sich verkürzen, wenn statt der parallelen Bewegung der Rippen, vom gleichen Standpunkt aus gesehen, eine Hebung verbunden mit stärkerer Annäherung der Rippen aneinander erfolgt. Eine solche Annäherung kann in der Tat gelegentlich bei gewissen Formen der Rippenatmung inspiratorisch stattfinden, z. B. dann, wenn die erste Rippe wenig oder gar nicht gehoben wird, während eine starke seitliche Hebung namentlich der mittleren und unteren Rippen vor sich geht. Eine Annäherung der zweiten Rippe an die erste und der dritten an die zweite ist von verschiedenen Autoren geradezu als typisch angesehen worden (s. unten). Die Grenze, an welcher die Verkürzung der Interni bei der Rippenhebung aufhört, ist in diesem Fall im Intercostalraum vertebralwärts verschoben.

Im allgemeinen können für die parallele Rippenhebung die Muskelfasern desselben Systems, wenn sie parallel zur Drehungsebene, in gleicher schräger Richtung verlaufen und in ihrer Länge der Längenänderung bei der Rippenhebung angepaßt sind, die gleiche Länge haben, mögen sie von der Drehungsachse mehr oder weniger weit entfernt sein. Wo sie aber schräg zur Drehungsebene verlaufen, ist ihre Verkürzung bei gleichem Hebungswinkel der Rippe um so geringer, je weniger sie der Drehungsebene parallel und je mehr sie zu derselben senkrecht stehen.

Da nun bei Betrachtung in der Richtung der Drehungsachsen die Intercostales externi (ihre Projektionen auf die Drehungsebene) ganz vorn und ganz hinten weniger schräg laufen als in der Mitte, und da sie zugleich vorn und hinten mehr schräg zu der Drehungsebene stehen als in der Mitte, so muß man eigentlich erwarten, daß die Faserlänge gegen die vorderen und hinteren Enden der Rippenknochen hin geringer wird. Wenn das aber nicht der Fall ist, so muß gefolgert werden, daß ihre Faserlänge nicht einzig der parallelen Rippenhebung angepaßt ist. In der Tat müssen sich die Rippenknochen bei sagittalen Bewegungen in der Wirbelsäule vorn bald einander nähern, bald sich voneinander entfernen. Natürlich muß die daraus hervorgehende Längenänderung bei den Biegungen des Rumpfes für die Länge der Fasern mitbestimmend sein.

Bei der seitlichen Biegung des Rumpfes werden die Rippenknochen an der Beugeseite einander fast bis zur Berührung nahe gebracht, an der größten seitlichen Konvexität aber weit voneinander entfernt. von Ebner hat gefunden, daß an der Leiche bei künstlicher Respiration die größte Längenänderung der Intercostales externi sich zur größten Länge nur verhält wie 1 : 4—8, bei der Seitenneigung aber wie 1 : 2. Bei den Interni interossei ist das Verhältnis der Längenänderung zur größten Länge bei der künstlichen Atmung wie 1 : 2—3. Aber auch diese Muskeln ändern ihre Länge stärker bei den seitlichen Biegungen und namentlich bei der Längstorsion des Thorax.

Vergleichende Messungen über die Länge der Fleischfasern im gleichen Intercostalraum wären sehr erwünscht.

An dem Bayleschen Schema lassen sich nun aber noch andere Folgerungen ableiten, welche für die Lehre der Wirkungsweise der Intercostalmuskeln von Bedeutung sind. Ist das Gestänge gegenüber der Schwere äquilibriert und wirkt an demselben, zwischen den langen Parallelstangen, in einer Richtung, welche zu der festgestellten kurzen Stange schräg steht, ein Zug und Gegenzug, so muß das Gestänge um die feststehenden Drehungsachsen und zwar nach der Seite des näher an der Drehungsachse gelegenen Angriffspunktes der Kraft gedreht werden, unter Überwindung von Widerständen (eventuell sogar des Gewichtes der Stäbe) und Arbeitsleistung seitens der Kraft. Dies läßt sich folgendermaßen beweisen:

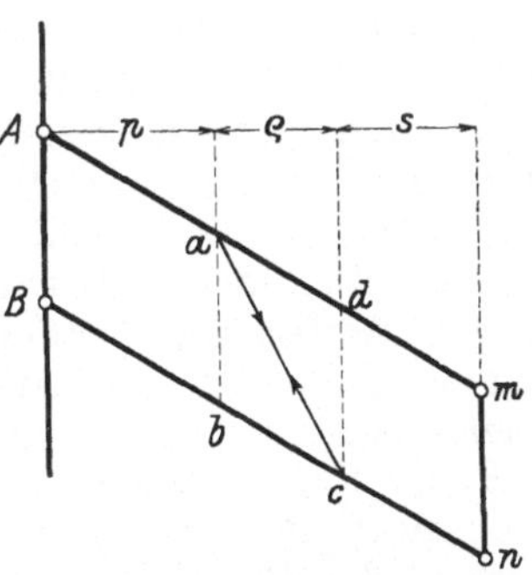

Fig. 66. Bayle-Hamberger-sches Schema.

Beweis: Man zerlege den auf jede Längsstange wirkenden Zug in eine Komponente, welche in der Richtung der Längsstange auf die festgestellte Drehungsachse, und in eine Komponente, welche parallel der festgestellten Stange wirkt. Letztere Komponente wird wieder zerlegt in zwei parallele Komponenten, welche in den Drehpunkten A und m resp. B und n in der Richtung der kurzen Stangen wirken.

Von all diesen Komponenten kommen nur die in m und n angreifenden für die Bewegung des Gestänges in Betracht. Sind k und — k die parallel zu AB in den Punkten a und b wirkenden Komponenten, p der Abstand der in a angreifenden Komponente von AB, s der Abstand der in c angreifenden Komponente von m n, und ϱ der Abstand der beiden Komponenten voneinander, so läßt sich zeigen, daß die in m angreifende, gegen n wirkende Komponente $x = \dfrac{k \cdot p}{p + \varrho + s}$, die in n angreifende, gegen m wirkende Komponente y aber absolut $= \dfrac{k\,(p + \varrho)}{p + \varrho + s}$. Die von oben in der Linie m n wirkende Komponente x hat also das Übergewicht. Entsprechend der Differenz $\dfrac{k \cdot \varrho}{p + \varrho + s}$ dreht sich das Gestänge nach oben. Diese Größe bleibt sich gleich, wenn auch der Zug und Gegenzug in irgend einer anderen zu a b parallelen Verbindungslinie der beiden Stangen oder ihrer Verlängerungen in gleicher Größe wirken. Da nun bei gleicher Drehung des Gestänges auch die Verkürzung der Zugfaser die gleiche ist, und die Spannung des Zugstranges bei gleicher Beschaffenheit für gleich große Verkürzungen in gleicher Weise abändert, so muß die bei einer bestimmten Drehung des Gestänges geleistete Arbeit die gleiche sein und auch in der gleichen Form geleistet werden, wo auch der Strang plaziert sein mag.

Denkt man sich zwischen die Längsstangen Muskelfasern von gleicher schräger Richtung plaziert und dieselben in ihrer Länge einer bestimmten maximalen Drehung des Gestänges angepaßt, so können dieselben genau die gleiche Länge haben, mögen sie nun weiter nach hinten oder weiter nach vorn zwischen den Längsstangen gelagert sein; und alle leisten bei jeweiliger gleicher Spannung im Verlauf der Gesamtexkursion der Stangen die gleiche Arbeit.

Durch Zugkräfte, die in vorwärts oder rückwärts absteigenden Linien zwischen beide Längsstangen eingefügt sind, wird wirklich dem ganzen System eine Drehung aufgezwungen, genau dem entsprechend, was die Theorie verlangt. Dies habe ich viele Male und vor vielen Jahren schon durch Einspannung von elastischen Zügen in einem Hambergerschen Parallelogrammgestänge erprobt. In eleganter Weise hat solches A. Fick erwiesen, indem er einen Froschmuskel eingespannt und galvanisch gereizt hat. Es erfolgte eine Bewegung um die beiden festen Achsen des Gestänges.

Zwei aufeinanderfolgende Rippenknochen stellen nun, wie schon oben angenommen wurde, zusammen mit ihrem hinteren Zwischenstück (Abschnitt Wirbelsäule) und ihrem vorderen Zwischenstück (Rippenknorpel und Abschnitt Brustbein) ein kinematisches System dar, dessen Projektion auf seine Drehungsebene wenigstens annäherungsweise, unter den oben angegebenen Modalitäten den Bedingungen des Bayleschen Modells entspricht. Muskelfasern, welche bei der Betrachtung in der Richtung der Drehungsachsen gegenüber dem festgestellten Stück Wirbelsäule schräg vorwärts absteigen (Intercostales externi), haben ein größeres Moment zur Drehung der unteren Rippe nach oben, als zur Drehung der oberen Rippe nach unten. Die Freiheit der Flankenbewegung der Rippen um die vertebrosternale Sehne ohne Bewegung des Sternum ist tatsächlich eine beschränkte; demnach wirken die Rippenkrümmungen und das Brustbein ähnlich wie die freie Zwischenstange des Bayleschen Modells. Durch Vermittelung dieser vorderen Verstrebung kann die Parallelität der Rippenknochen für eine gemeinsame Drehung einigermaßen gesichert bleiben. Die Drehung muß aber bei der Aktion des Intercostales externus nach oben gerichtet sein, indem sein Kraftmoment zur Aufwärtsbewegung der unteren Rippe über seinen Einfluß zur Abwärtsdrehung der oberen Rippe das Übergewicht hat. Ähnliche Verhältnisse liegen überall für zwei aufeinanderfolgende Rippen vor, soweit sie vorn durch die Rippenknorpel, das Brustbein und allfällige intercartilaginöse Verbindungsbrücken miteinander verstemmt sind. Die Gesamtheit der Mm. intercostales externi an diesen Rippen kann also eine Hebung der Rippen entgegen Widerständen zustande bringen, ohne daß es nötig ist, wie H. v. Meyer und andere angenommen haben, daß ihr System durch die Mm. levatores costarum, den Serratus post. sup. und die Scaleni bis zur Wirbelsäule fortgesetzt ist. Wenn wir eine tatsächliche Mitwirkung der letztgenannten Muskeln bei der inspiratorischen Rippenhebung annehmen, so geschieht es also nicht deshalb, weil ohne sie die Mm. intercostales externi Rippenhebung nicht zustande bringen könnten, wohl aber, weil, wie bei den Intercostalmuskeln selbst, die Hebungsbewegung der Rippen eine Gelegenheit für ihre Längenänderung darstellt.

Das System der Mm. intercostales interni interossei erstreckt sich, wie erwähnt wurde, rückwärts nur bis in die Gegend der Rippenwinkel. Eine Fortsetzung bis zur Wirbelsäule wird nur für einen kleinen Teil der Faserung durch den M. serratus posticus inferior hergestellt. Trotzdem ist man berechtigt anzunehmen, daß die Intercostales interni interossei bis nahe an das vordere Ende des Rippenknochenraumes hin für sich allein ihren Rippenknochen eine resultierende gemeinsame Drehung nach unten zu erteilen vermögen, soweit wenigstens durch vordere Zwischenstücke die Übertragung der Krafteinwirkung und Bewegung von einer Rippe auf die andere vermittelt wird. Für die untersten Rippen, an welchen diese Zwischenstücke fehlen, vermag dann wohl der Serratus posticus inferior zur Erhaltung des Parallelismus ergänzend einzutreten.

Für das Fehlen der Mm. intercostales interni interossei einwärts von den Rippenwinkeln kann man verschiedene Erklärungsgründe geltend machen. Erstens ist die Gelegenheit zur Längenänderung bei der Atmungsbewegung der Rippen an dieser Stelle gering, weil die Ebene des Intercostalraumes hier gegenüber der Richtung der Drehungsachsen nur wenig divergiert; auch hinsichtlich der Mitwirkung zur Seitenbeugung des Rumpfes sind hier gelegene Fasern verhältnismäßig ungünstig gestellt. Doch läßt sich das gleiche auch von den Mm. intercostales externi sagen, welche doch bis zu den Höckergelenken vorhanden sind.

Wichtig erscheint mir der Umstand, daß ein von der Wirbelsäule her zwischen die Intercostalmuskeln eindringendes Bündel von Gefäßen und Nerven sich hier aus der Rundung der Brustwand nach vorn heraus hebt und dem M. intercostalis internus den Platz streitig macht.

Was die Mm. intercostales intercartilaginei betrifft, so kann man keinen Augenblick darüber in Zweifel sein, daß sich ihre Fasern bei der Hebung der Rippen verkürzen, indem ja auch die Rippenknorpel gegenüber dem Brustbein gehoben und (vom dritten Rippenknorpel an) aus der auswärts absteigenden Stellung in eine mehr quere Stellung übergeführt werden. Die festen Drehungsachsen entsprechen hier den Sternocostaljunkturen. Die Muskelfasern eines Rippenknorpelzwischenraumes entfernen sich absteigend von der Verbindungslinie der beiden zugehörigen Junkturen. Dazu kommt noch, daß die unteren, mit dem Sternum verbundenen Rippenknorpel größere Winkelexkursionen machen als die oberen, so daß sich also die Knorpel auch in Linien parallel dieser Verbindungslinie einander nähern.

Beobachtungen und Versuche an der Leiche und am Lebenden.

Wir haben weiter oben, bei der Besprechung der Geometrie der Atembewegungen bereits das ausgeführt, was sich über die Abstandsänderung der Rippen in den Linien der Intercostales externi und interni (interossei) sagen läßt, und hervorgehoben, daß eine noch genauere Erforschung dieser Verhältnisse geboten ist. Es erübrigt, noch einige Beobachtungen und Experimente anzuführen, welche direktere Schlüsse über die Beteiligung der Zwischenrippenmuskeln bei der Atmung zu gestatten scheinen.

a) Versuche an der Leiche. Volkmann (1876) ahmte den Zug der Zwischenrippenmuskeln durch Gummifäden am Bänderapparat des Thorax nach, kam aber zu dem Schluß, daß beide Intercostalmuskeln die Rippen heben. S. Weidenfeld fand (1872), daß bei Nachahmung der Externikontraktion an der Leiche durch Anbringung von zahlreichen federnden Klammern der Thorax in Einatmungsstellung, bei Nachahmung der Internikontraktion in Ausatmungsstellung übergeführt wurde.

b) Besondere Beobachtungen am lebenden Menschen. Die Untersuchung am lebenden Menschen bei Brustmuskeldefekten, wie wir sie namentlich Ziemßen (1857) und Chr. Bäumler (1860) verdanken, bringen, wie R. Fick sagt, den unanfechtbaren Beweis, daß die „äußeren" und die Zwischenknorpelmuskeln sich beim Menschen auch bei ruhiger Einatmung kontrahieren und dabei selbst einen kräftigen Widerstand überwinden können.

Bezüglich der Interossei interni lassen uns die Beobachtungen von Ziemssen im Unklaren.

Duchenne (1866) glaubte bei Atrophie der übrigen Brustmuskeln die inspiratorische Funktion der Externi und Intercartilaginei konstatieren zu können. Für die regelmäßige aktive Mitwirkung der Intercostalmuskeln bei der Atmung werden ferner allgemein als beweisend angesehen die von Duchenne herangezogenen Fälle, in denen

a) trotz totaler Zwerchfelllähmung und Atrophie der Scaleni ganz normale Inspiration erfolgte,

b) trotz totaler Bauchmuskellähmung die Exspiration auch in horizontaler Lage und entgegen Widerständen möglich war,

c) trotz Erhaltung der sog. Hilfsmuskeln der Atmung bei Lähmung der Intercostalmuskeln die Brustatmung der oberen Abschnitte total aufgehoben, die vitale Kapazität herabgesetzt war.

Bei diesen pathologischen Fällen war die aktive Exspiration nicht unmöglich und auch nicht erheblich beschränkt; dies scheint daraus hervorzugehen, daß die untersuchten Personen imstande waren, die Lungenluft (selbst bei Bauchmuskellähmung) unter Druck zu setzen, zu blasen usw. Indessen ist der von den Autoren gezogene Schluß, als ob dabei einzig die Intercostalmuskeln die Exspiration besorgten, wobei natürlich nur die Intercostales interni interossei in Betracht kommen können, nicht vollkommen zwingend. Vielmehr muß eingewendet werden, daß der für die Exspiration sicher sehr wichtige M. triangularis sterni nicht berücksichtigt worden ist. Trotzdem bin auch ich der Meinung, daß beim Menschen der M. internus interosseus als Exspirationsmuskel eine aktive Rolle spielt, namentlich solange eine gute Mitbewegung der ersten Rippe bei der Atmung vorhanden ist. In dieser Hinsicht können aber unter Umständen die Verhältnisse auch anders liegen. Bei unbewegter erster Rippe und unterer lateraler Rippenatmung können natürlich die obersten Intercostales interni interossei für die Exspiration nicht in Betracht kommen; sie können höchstens bei der Inspiration beteiligt sein.

Bei den verschiedenen Unterformen der kostalen Atmung werden die Zwischenrippenmuskeln nicht ganz in gleicher Weise funktionieren.

Wenn bei der normalen (sternocostalen) Atmung die aufeinanderfolgenden Rippen paarweise, in der Richtung ihrer costovertebralen Drehungsachsen betrachtet, annähernd parallel bleiben, so ist solches bei der seitlichen Rippenatmung nicht möglich; hier muß die zweite Rippe an die erste, die dritte an die zweite usw. genähert werden; es kann dies eventuell auch sukzessive, oben beginnend geschehen. In diesen Fällen (laterale Rippenatmung) können sich auch noch die vordersten Teile der Intercostales interni interossei, anschließend an die Intercostales intercartilaginei an der Hebungsarbeit beteiligen. Eine stärkere Annäherung der zweiten und dritten Rippe aneinander und an die erste Rippe ist von verschiedenen Beobachtern signalisiert worden. Leider fehlen überall genaue Angaben über die Linien der Annäherung und über ein allfälliges Abweichen der seitlichen Teile der Rippenknochen aus der Parallelstellung.

Zur endgültigen Entscheidung der Frage nach der Mitwirkung der Intercostalmuskeln bei der Atmung fehlen uns, wie man sieht, auch heute noch vollkommen zuverlässige Daten über ihre Längenänderung in den verschiedenen Typen der Atmung und in den verschiedenen Phasen der Atembewegung.

Vivisektorische Versuche am Tier.

Zur Entscheidung der Frage nach der Beteiligung der Intercostalmuskeln bei der Atmung sind Beobachtungen an vivisezierten Tieren vielfach zu Hilfe genommen worden. Haller allein berichtet im ersten Band der Opera minora (im Abschnitt: De respiratione experimenta) über 30 Versuche, welche er am Kaninchen, an der Katze und namentlich am Hund angestellt hat. Beim Hund und bei der Katze konstatierte er deutlich, in Übereinstimmung mit Hamberger eine Verkürzung, Verdickung und Spannungszunahme der Intercostales externi und der Interni intercartilaginei bei der Inspiration; aber im Gegensatz zu Hamberger und anderen Untersuchern fand er nicht eine exspiratorische, sondern ebenfalls eine inspiratorische Kontraktion bei den Interni interossei. Beim Kaninchen, das für gewöhnlich nur mit dem Zwerchfell atmet, trat nach Durchschneidung des Zwerchfells eine sehr energische respiratorische Tätigkeit der Intercostalmuskeln auf, welche in ihrem Verhalten dem für die Katze und den Hund Festgestellten entsprach.

Nach R. Fick haben andererseits Martin und Hartwell sowie A. Fick die exspiratorische Kontraktion der Interossei interni beobachten können. Die Sache steht aber offenbar nicht so, daß eine einzige dieser „positiven Beobachtungen" allein schon die Frage entscheidet, da ihnen eine ganze Anzahl ebenso sicher behaupteter positiver Beobachtungen über die inspiratorische Kontraktion dieser Muskeln gegenüberstehen.

R. Fick hat nun (1897) beim Hund beide Zwerchfellnerven, ferner die Unterzungenbeinmuskeln und Scaleni, „sämtliche Bauchmuskeln" und in einem neueren zweiten Versuche (1909) auch den Serratus post. sup. vollständig durchschnitten. Die Atmung ging regelmäßig weiter. Die Ausatmung war so energisch, daß die Eingeweide bei den

Ausatmungen aus den Hypochondrien „herausgeschleudert" wurden. Ähnlich waren die Versuchsergebnisse von Bergendal und Bergmann (nach R. Fick).

Durch diese Experimente glaubt R. Fick den 1700 Jahre alten Streit über die Beteiligung der Intercostalmuskeln bei der Atmung endgültig entschieden zu haben. Ich kann dieser Meinung nicht vollkommen beistimmen, vor allem nicht, was die Frage über die Beteiligung der Intercostales interni interossei betrifft, um welche sich doch hauptsächlich der Streit dreht. Selbst wenn die Ergebnisse der Fickschen Versuche für den Hund in dieser Hinsicht vollkommen beweisend wären, dürfte der Befund doch nicht ohne weiteres auf den Menschen übertragen werden, so wenig man aus der inspiratorischen Kontraktion der Interni interossei beim Tier, wenn sie durch Haller vollkommen einwandfrei bewiesen wäre, ohne weiteres auf ein übereinstimmendes Verhalten beim Menschen schließen dürfte.

Der Nachweis, daß in den Versuchen von R. Fick die Intercostales interossei interni allein, durch ihre aktive Kontraktion die Exspiration besorgt haben, scheint mir nun aber nicht sicher erbracht zu sein. Erstens war der M. triangularis sterni nicht mitdurchschnitten. Dieser Muskel ist beim Tier deutlich entwickelt; seine exspiratorische Funktion wird von niemanden bestritten werden. Ebenso ist die Durchschneidung des Serratus post. inf. in beiden Experimenten unterblieben. Daß außer diesen Muskeln auch noch die elastischen Kräfte der Thoraxwand bei der Exspiration mitgewirkt haben, liegt auf der Hand, um so mehr als bei der fehlenden Zwerchfellkontraktion die inspiratorische Rippenhebung offenbar weiter getrieben war. Über die elastische Gleichgewichtslage des Brustkorbes beim Tier ist allerdings etwas Genaueres nicht festgestellt worden. Ob und wieweit neben diesen Kräften nun auch noch die Interossei interni bei der Exspiration beteiligt sein mußten, ist also durchaus nicht entschieden. Man muß wohl zugeben, daß noch weitere Untersuchungen und Experimente notwendig sind, um die Angaben Hallers über die inspiratorische Tätigkeit der letztgenannten Muskeln zu prüfen und eventuell zu bestätigen oder zu widerlegen.

Haller hob gegenüber den Deduktionen aus dem Hambergerschen Schema hervor, daß zwar der craniale Ansatz irgend einer Interosseus internus-Faser von der costovertebralen Drehungsachse weiter entfernt sein könne als der caudale Ansatz, trotzdem aber die hintere Rippe an die vordere herangezogen werden müsse, weil sie die sehr viel beweglichere sei. In der Tat verkleinern sich nach Hallers Beobachtungen die Abstände der Rippen bei der Inspiration; die erste Rippe bleibe so gut wie unbewegt.

In diesen Ausführungen von Haller liegt sehr viel Beachtenswertes. Dadurch, daß beim Vierfüßler die vordersten Rippen in der Regel eine wirklich stützende Funktion übernehmen (Tragrippen), so daß durch ihre Vermittelung ein Teil der Körperlast in der von den Mm. serrati ventrales gebildeten Traghalfter ruht (s. Kapitel IX), erscheinen sie weniger geeignet, sich bei der Atmung nach vorn und hinten zu drehen. Ist doch selbst beim Menschen in der Vierfüßlerstellung die respiratorische Bewegung der ersten Rippe sehr eingeschränkt. Bei manchen Tieren ist der Thorax zwischen den Schultern in auffälliger Weise verschmälert, und soweit ich bis jetzt beobachten konnte, ist von einer respiratorischen Vor- und Rückbewegung des vorderen Sternalendes bei den Tieren mit Rippenatmung nicht viel zu konstatieren. Dagegen sieht man bei ihnen deutlich die Flankenbewegung der hinter den Schultern gelegenen Rippen, und zwar auch bei gesteigerter Atemtätigkeit, bei der es sich nicht bloß um die Bauchatmung und die damit verbundene seitliche Verbreiterung der Bauchhöhle handelt. Ist dem so und tritt die laterale hintere Rippenatmung in den Vordergrund (mehr oder weniger verbunden mit Hebung und Senkung der hinteren Teile des Brustbeins), so muß eine **inspiratorische Annäherung hinterer Rippen an die vorderen in seitlichen Längslinien des Brustkorbes** stattfinden. Es fragt sich, ob unter diesen Umständen die inspiratorische Verkürzung der Intercostales interni auf die Spatia intercartilaginea beschränkt bleibt, oder ob sie sich nicht vielleicht auch noch mehr oder weniger weit in die Spatia interossea hinauf fortsetzt.

Eine auffällige Bestätigung für die Annahme von Besonderheiten in der Art der respiratorischen Rippenbewegung bei den Vierfüßlern habe ich darin gefunden, daß bei verschiedenen Tieren der Bau der ersten Rippenwirbelgelenke eine reine Vor- und Rückdrehung der betreffenden Rippen gar nicht oder nur in sehr unbedeutender Weise zuläßt, dagegen gestattet er seitliche Exkursionen der vordersten Brustwirbelsäule unter seitlicher Schrägstellung der Rippen.

Die ganze Frage nach dem Mechanismus der respiratorischen Rippenbewegung bei den Tieren muß entschieden einer neuen und genauen Bearbeitung unterzogen werden.

Arbeitsleistung der Intercostales bei der Atmung.

Daß die Intercostalmuskeln für sich allein wohl imstande wären, die gewöhnliche Atmungsarbeit zu leisten, hat R. Fick durch eine interessante Berechnung nachgewiesen.

Nach E. F. Weber beträgt jederseits das Gewicht der Intercostales externi 125,5 Gramm, was dem Gewicht des M. biceps gleichkommt. Den Querschnitt berechnete Weber auf 97 qcm (= dem Querschnitt des M. glutaeus maximus und medius zusammen genommen). Rechnet man mit R. Fick für die mittlere Spannung des gereizten Muskels pro qcm 10 kg und für die Verkürzung (Messungen v. Ebners) 0,002 m, so erhält man ein Arbeitsvermögen von $97 \times 10 \times 0,002 = 1,94$ kg, was fast dem Arbeitsvermögen des Gastrocnemius am Sprunggelenk gleichkommt.

In ähnlicher Weise berechnete R. Fick das Arbeitsvermögen der Intercostales interni. Das Gewicht der Intercostales interni einer Seite ist nach Weber $= 76,6$ g (gleich dem Gewicht des M. tibialis ant.); der Querschnitt $= 47$ qcm (etwas kleiner als der Querschnitt des Glutaeus maximus). Die Verkürzung beträgt bei künstlicher Exspiration nach von Ebner 3,2 mm. Daraus ergibt sich ein Arbeitsvermögen von

47 × 10 × 0,0032 = 1,5 kg (mehr als das Arbeitsvermögen sämtlicher dorsalen Muskeln des Sprunggelenkes zusammen). Nach A. Fick genügt schon eine durchschnittliche Auswärtsbewegung der Rippen von 2,5 mm, um eine Volumvergrößerung des Brustkorbes von 500 ccm, wie sie bei der gewöhnlichen Atmung gegeben ist, herbeizuführen.

4. Die Mm. scaleni.

Könnten wir die Wirkung der Schwere und anderer Widerstände gegen die Hebung der Rippen und des Brustbeins ausschalten, so müßte nach den Ausführungen über die Wirkungsweise der Intercostalmuskeln eine Hebung der Rippen ganz sicher möglich sein, ohne daß andere Muskeln als die Intercostales externi sich kontrahieren.

Aller Wahrscheinlichkeit nach genügen diese Muskeln auch, wenn es sein muß, z. B. bei Scalenuslähmung, für die gewöhnliche inspiratorische Rippenhebung. Eine Mitwirkung der Scaleni erscheint trotzdem unter normalen Verhältnissen nicht unzweckmäßig zu sein. Im Gegensatz zu der Angabe von R. Fick fühle ich eine Anspannung des Muskels beim Modell und bei mir selbst nicht erst bei heftiger, besonders tiefer Inspiration, sondern schon bei mäßig starker Einatmung, und möchte ich glauben, daß er regelmäßig mitwirkt. Nach Ed. Weber beträgt der Querschnitt der 3 Scaleni zusammen 3,46 qcm gegen 96,6 qcm der Intercostales externi. Auf den einzelnen Intercostalraum kommt im Durchschnitt annähernd 9 cm Querschnitt für die Externi; auf den Intercostalis externus des obersten Intercostalraumes aber wohl erheblich weniger, so daß die Scaleni immerhin als eine zusammengedrängte Fortsetzung des Systems der Externi in anatomischer und funktioneller Hinsicht betrachtet werden können. (Dies gilt nicht bloß hinsichtlich ihrer Bedeutung für die Atmung, sondern auch hinsichtlich ihrer Wirkung zur Bewegung der Wirbelsäule. Indem die Scaleni mehrere Wirbelgelenke überspringen, ohne durch Rippen unterbrochen zu sein, gewinnen sie natürlich relativ an Faserlänge; ein weiterer Zuwachs der letzteren entspricht der größeren Exkursionsmöglichkeit in den übersprungenen Halswirbelgelenken (Näheres s. unten Abschnitt V.).

5. Die Mm. levatores costarum.

Über die anatomischen Verhältnisse der Mm. levatores costarum gibt die Fig. 64 Aufschluß. Levatores longi sind nur da vorhanden, wo die Skelettunterlage in der Richtung der Muskelfaserung nicht erheblich nach hinten gewölbt ist. Man muß in dieser Hinsicht auf wechselnde Verhältnisse gefaßt sein.

von Ebner (His' Archiv 1880) hat an der Leiche eines 34 jährigen Mannes die Abstandsveränderung zwischen Ursprung und Ansatz der Levatores costarum, die bei Hebung des Brustbeins eintrat, gemessen und gefunden, daß sie sich dabei von 0—1,05 mm verlängerten; bei der Senkung des Brustbeins aber verkürzten sie sich von 0,33 bis zu 2 mm. An einem Präparat, an welchem er die Lunge künstlich aufblies, fand er eine Verlängerung der Levatores breves außer am 1. und 2.

Intercostalraum und eine Verkürzung der Longi außer an den untersten untersuchten Intercostalräumen (5 und 6). An einem zweiten Präparat sah er bei der Aufblähung des Brustkorbes alle Levatores kürzer werden, an einem dritten Präparat trat Verkürzung ein bei den oberen Muskeln bis zur 6. Rippe. v. Ebner hält es nach den angestellten Versuchen selbst noch für zweifelhaft, ob die Levatores costarum als Inspiratoren oder als Exspiratoren wirken, ist aber geneigt, die Verkürzung der Abstände bei den Aufblähungsversuchen mit der gleichzeitigen Streckung der Wirbelsäule in Zusammenhang zu bringen.

Nach meinen eigenen Beobachtungen gehen die Drehungsachsen der costovertebralen Gelenke hinten innen an den Levatores costarum vorbei, und sehe ich diese Muskeln an der Leiche bei Ausführung der Rippenhebung erschlaffen. Danach verdienen sie ihren Namen.

6. M. serratus posterior inferior.

Eine Kontroverse besteht auch hinsichtlich der Wirkungsweise dieses Muskels bei der Atmung, worauf bereits im Kapitel „Bauch" hingewiesen wurde. Der Muskel wurde früher meist als ein Exspirationsmuskel aufgefaßt. Eine abweichende Meinung vertrat zuerst Henle, der ihn als Synergisten des Zwerchfells ansah. Dieser Ansicht ist Landerer beigetreten. Er machte geltend, daß durch den Zug des Zwerchfells allein die unteren Rippen nach oben und innen gezogen werden müßten; eine solche Einziehung beobachte man bei angestrengter Atmung, z. B. bei Kindern, die an katarrhalischer Pneumonie erkrankt sind. (Solches hat auch D. Gerhardt bei Patienten mit schlaffen Bauchdecken beobachtet. Nach R. Fick.) Für gewöhnlich aber sollen die unteren Rippen bei der Atmung keine merkliche Bewegung zeigen. Das Aufsteigen könnte allenfalls durch den Quadratus lumborum verhindert sein, zur Verhinderung des Einwärtsgehens aber stehe nur der Serratus post. inf. zur Verfügung. Bei künstlicher Aufblähung der Lunge an der Leiche beobachtete Landerer eine Annäherung der Endpunkte der Serratusfasern gegeneinander. Ein künstlich angebrachter Zug in der Richtung dieser Fasern bewirkte eine Erweiterung des Brustraumes. Aus diesen Beobachtungen und Versuchen schloß Landerer, daß der Muskel nicht bloß dem Zuge des Zwerchfells Gleichgewicht hält, sondern durch Aus- und Abwärtsbewegung der letzten Rippen direkt inspiratorisch wirkt.

Damit ist nun aber meiner Ansicht nach noch in keiner Weise entschieden, daß der Muskel bei der reinen Rippenatmung zur Abwärts- und Auswärtsbewegung der letzten Rippen bei der Inspiration mitwirkt.

Versuche mit künstlicher Thoraxaufblähung beweisen gerade hierfür nach dem früher Angeführten nichts. Nach meinen Beobachtungen bleiben die letzten Rippen am Lebenden nur dann annähernd unbeweglich, wenn Zwerchfellatmung deutlich im Spiel ist. Daß aber in diesem Fall auch schon die rasch anwachsende passive Spannung der seitlichen und hinteren weichen Bauchwand mithilft, um die Rippen zurückzuhalten, wurde früher auseinandergesetzt. Bei gewöhnlicher (normaler) Atmung aber läßt sich ein Aufsteigen der letzten Rippen nach oben und außen mit Sicherheit konstatieren. Legt man ein Bandmaß vom Kreuzbein aus möglichst quer zu den Rippen über die Seite des Brustkorbes schräg herum nach dem Brustbein hin, so kann man eine inspiratorische Entfernung der letzten Rippen vom Kreuzbein im Betrage von ca. $\frac{1}{2}$ cm beobachten, während die 8. und 7. Rippe sich unter dem Bandmaß vielleicht nur $1\frac{1}{2}$ cm verschieben. (Das Ende der 1. Rippe macht dabei eine Exkursion ebenfalls von ca. $\frac{1}{2}$ cm.) Dies entspricht einem annähernden Parallelbleiben der Rippenknochen und beweist, daß der Serratus posterior inferior bei dieser Atmung nicht inspiratorisch sich verkürzen oder stärker aktiv gespannt sein kann, daß dagegen die Intercostales externi selbst des untersten Zwischenrippenraumes eine inspiratorische Verkürzung aufweisen.

7. Die Muskeln der weichen Bauchdecken.

Sie ziehen die Rippen herab und gegeneinander und stellen auf diese Weise die wichtigsten Hilfsmuskeln der Exspiration dar. Zugleich drängen sie bei stärkerer Füllung des Bauchraumes den Bauchinhalt mit dem Zwerchfell gegen den Brustraum hinauf und tragen auf diese Weise zu seiner Verengerung bei. Indessen ist daran zu erinnern, daß bei sehr weit getriebener inspiratorischer Rippenhebung und schlaffen Bauchdecken die vordere Bauchwand sich unter dem Rippenbogen tief hineinsenken kann, wobei natürlich an der eingebogenen Stelle ihre passive Spannung zunimmt. In der Bauchhöhle muß dabei der generelle Druck ein negativer sein.

Die Spannung des Transversus abdominis ist in diesem Fall nicht bloß der Hebung der Rippen, sondern auch der Einziehung der Bauchdecken hinderlich, begünstigt aber das Absteigen des Zwerchfells. Lassen die inspiratorischen Kräfte in der Brustwand nach, so senkt sich wohl zunächst das Zwerchfell noch etwas zugleich mit dem Vorgehen der weichen Bauchdecken. Der im Bauchausschnitt der Brustwand gelegene Teil der weichen Bauchdecken wird überhaupt vermöge seiner aktiven oder passiven Spannung aus der auswärts gewölbten so gut wie aus der einwärts gewölbten Form der möglichst gestreckten Lage zustreben. Es kann aber bei sehr reduziertem Bauchinhalt vorkommen, daß die vordere Bauchwand trotz verengter Brustwand gegen den Bauchraum hin eingebuchtet bleibt, wobei der Druck im Bauchraum immer noch kleiner sein muß als der Atmosphärendruck.

8. Einfluß der Schultermuskeln.

Die freie, d. h. nicht angelehnte oder durch den Arm festgestellte Schulter wird bei der Atmung mitbewegt und zwar in sehr deutlicher Weise bei der Inspiration nicht bloß nach oben vorn, sondern auch nach außen, mit stärkerem Ausschlag der unteren Teile. Daß irgend ein Schultermuskel zur Unterstützung der gewöhnlichen ruhigen Atmung innerviert wird, ist nicht anzunehmen. Wohl aber kann dies bei angestrengter Atmung der Fall sein.

Die von der Wirbelsäule zur Basis scapulae absteigenden Heber des Schulterblattes (Levator scapulae und Rhomboidei) bilden zusammen mit dem Serratus anterior (untere Teile) einen Muskelzug, der von oben, von der Wirbelsäule her an die Rippen herantritt und sie zu heben vermag. Ein zweiter Zug geht mehr durch die äußeren vorderen Teile des Schulterblattes und besteht aus dem supraspinalen Abschnitt des Trapezius, dem Pectoralis minor, Subclavius und eventuell den Randportionen des großen Brustmuskels und des Latissimus dorsi. Damit diese Muskeln energisch auf die Rippen einwirken können, muß die Wirbelsäule, für den großen Brustmuskel und den Latissimus muß auch das Schultergelenk festgestellt sein.

Sind die Arme und die Schulter versteift und von unten unterstützt oder in den verschiedenen Arten des Hanges festgestellt, so kommen wesentlich nur die vom Schultergürtel zu den Rippen absteigenden Teile der genannten Muskelzüge in Betracht. Daß bei Atemnot die Schultermuskeln zu Hilfe genommen, die Arme aufgestützt oder an oben gelegene Haltpunkte angeklammert werden, um in den Schultern einen festen Stützpunkt für jene zu bekommen, ist bekannt.

Die schwedische Schulgymnastik legt ein besonders großes Gewicht auf diejenigen Übungen, bei welchen die Arme mit den Schultern nach hinten und nach hinten oben bewegt werden, indem sie den Brustkorb ausweiten. Als besonders nützlich wird das energische Schwingen der Arme nach hinten und hinten oben angesehen, wobei die Grenzen der Bewegung entgegen federnden Widerständen möglichst weit ausgedehnt werden. Diese Übungen zur Ausweitung des Brustkorbes sind ein notwendiges Korrektiv gegenüber den Einflüssen der Tagesbeschäftigung (Schreiben, Handarbeiten, Handwerkerarbeit), bei welchen die Arme und Hände vor dem Leib gehalten und die Schulterblätter namentlich durch die Aktion der großen Brustmuskeln gegen die Rippen gedrängt werden, aber auch gegenüber dem Einfluß der Seitenlage und seitlichen Schulterunterstützung. Sie sind in der Tat besonders wichtig und wirkungsvoll zur Ausbildung einer guten und schönen Thoraxform.

b) Mitwirkung der Elastizität des Thorax und der Schwere bei der Atmung.

Über den Einfluß der Schwerkraft auf die Atembewegungen können die Meinungen wohl kaum wesentlich auseinandergehen. Er ist je nach der Stellung des Brustkorbes ein verschiedener. Bei aufrechter Haltung muß bei der Hebung der Rippen und der von ihnen getragenen Teile der Schwere gegenüber Arbeit geleistet werden; um ebensoviel unterstützt die Schwerkraft die Exspiration. Genau das Umgekehrte findet natürlich statt, wenn das Kopfende des Brustkorbes nach unten gerichtet ist. Hier hängt ein größerer Teil der Last der

Baucheingeweide durch Vermittelung des Zwerchfells an den Rippen. Die Schwere unterstützt hier die inspiratorische Verschiebung der Rippen und leistet der exspiratorischen Widerstand. In der Rückenlage sowohl als in der Lage auf dem Bauch und der Brust wirken die Schwere und der Widerstand der Unterlage im Sinn der Caudalwärtsbewegung der Rippen und der Exspiration, wenn auch weniger intensiv.

Was aber die Mitwirkung der elastischen Kräfte der Brustwand betrifft, so muß für unser Urteil entscheidend sein das, was über die elastische Gleichgewichtslage des Brustkorbes festgestellt werden konnte. Wie früher auseinandergesetzt wurde, ging eine ältere, durch Helmholtz begründete Annahme dahin, daß diese elastische Gleichgewichtslage eine exspiratorische sei. Damit in Zusammenhang stand die Annahme, daß die Exspiration ohne aktive Beihilfe der Muskeln, nur durch das Zurückfedern des Brustkorbes in die elastische Gleichgewichtslage (eventuell unter Mitwirkung der Schwere) bewirkt werde.

A. Fick (1880) hat die Meinung vertreten, daß wir imstande sind, bei ruhiger Atmung nur gerade den zu den Exspirationsmuskeln gehenden Nervenstrom zu hemmen. Die Exspiration werde dadurch anscheinend willkürlich unterbrochen. Es handle sich dabei sicher nicht um das Hinzutreten eines neuen Innervationsstromes zu inspiratorischen Muskeln, indem es leicht sei, die beiden Arten von Innervationsakten im Bewußtsein zu unterscheiden. Die Exspiration werde aber durch das Aufhören der Exspirationsanstrengung in Wirklichkeit nur verlangsamt, und es sinke der Brustkorb infolge der Wirksamkeit der elastischen Kräfte noch weiter zusammen. Diese elastischen Kräfte wirken also nach A. Fick bis zur terminalen exspiratorischen Ruhelage exspirierend.

Diese auch heute noch vielfach herrschende Ansicht, nach welcher die elastischen Kräfte der Brustwand für sich allein die Exspiration, wenigstens bei mittlerer Atmung bis zum Ende besorgen können, wird offenbar durch die Wahrnehmung gestützt, daß an der Leiche eine exquisite Exspirationsstellung vorhanden ist. Indessen ist diese Beobachtung nur richtig, soweit es sich um das Zwerchfell handelt. Dieses wird vor Eintreten der Leichenstarre durch die elastische Zusammenziehung der Lunge mitsamt den Baucheingeweiden, unter Nachrücken der erschlafften Bauchdecken in den Brustraum hinaufgesaugt, insbesondere bei Rückenlage der Leiche. Daß die Rippen selbst mit dem Sternum bei der Rückenlage nicht in exspiratorisch gesenkter Stellung sich befinden, wurde übersehen. Der auffällige Hochstand des Zwerchfells erklärt sich gerade aus der verhältnismäßig stark inspiratorischen Stellung der Rippen.

Gegen die Helmholtzsche Lehre von der exspiratorischen Gleichgewichtslage hat Henke Einspruch erhoben auf Grund der Beobachtung des Bänderapparates. Landerers Experimente bestätigen, daß in der Tat die elastische Gleichgewichtslage des Brustkorbes eine mehr inspiratorische sein muß (s. o. S. 107).

Was nun aber die Beobachtung von A. Fick betrifft, so kann ich dieselbe nicht bestätigen. Vielmehr halte ich dafür, daß eine besondere Anstrengung und Innervation von Exspirationsmuskeln stattfindet und notwendig ist, auch bei der gewöhnlichen Atmung und zwar von einer Mittelstellung an, welche ungefähr die Mitte hält zwischen der terminalen Inspirations- und Exspirationsstellung. Wir können diese Stellung recht genau, fast beliebig genau an uns selbst bestimmen, indem wir die Atmung möglichst auf ein Minimum einschränken.

Wir können dann immer noch konstatieren, und es muß sich das mit physiologischen Methoden ganz genau nachweisen lassen, daß die Exspiration der Luft in zwei deutlich voneinander unterscheidbaren, aufeinanderfolgenden Akten geschieht, zwischen welchen immer ein kleines Intervall eingeschaltet ist. Auf ein erst ruhiges, allmählich abflauendes Abströmen folgt ein mehr stoßweises Ausströmen der Luft; der Unterschied ist auch mit dem Gehör wahrnehmbar. Die erste Periode entspricht offenbar dem Nachlassen der Spannung der Inspirationsmuskeln, die zweite einer aktiven Anstrengung der Exspirationsmuskeln. Das Intervall entspricht dem Augenblick, in welchem der Druck der Lungenluft dem Atmosphärendruck gleich ist. Es ist dann allerdings der intrapleurale Druck resp. der Druck, der von den Lungen her auf die Innenseite der Brustwand einwirkt, negativ, d. h. geringer als der Atmosphärendruck, und zwar entsprechend demjenigen Anteil des Druckes der Lungenluft, welchem durch die elastischen Kräfte der Lungenwand Gleichgewicht gehalten wird.

Bekanntlich schätzen die Physiologen die Luftmenge, welche beim erwachsenen Mann bei ruhiger Atmung bei jedem Atemzuge inspiriert wird, auf etwa 500 ccm (Atmungsluft). Bei größtmöglicher Inspirationsanstrengung können noch etwa 1600 ccm mehr eingeatmet werden (Komplementärluft). Andererseits ist es möglich, nach Beendigung einer gewöhnlichen Exspiration noch weitere 1600 ccm Luft aus den Lungen auszutreiben (Reserveluft). Die maximale Atmungsgröße (Vitalkapacität) beträgt also 3700 ccm (in Ausnahmefällen bis 7000 ccm). Die Austreibung der Reserveluft ist natürlich nicht möglich, ohne daß Exspirationsmuskeln zu Hilfe genommen werden; ihre Mitwirkung ist aber auch nach unseren obigen Darlegungen nötig für die zweite Hälfte der Exspiration bei der ruhigen Atmung, ferner in den Anfangsphasen der Exspirationsbewegung bei mehr oder weniger stark inspiratorisch erweiterter Lunge, wenn die Ausatmung rascher erfolgt als dem Einfluß der elastischen Spannkräfte der Brust- und Lungenwand allein entspricht, endlich dann, wenn auf irgend eine Weise die Widerstände gegen das Ausströmen der Luft vergrößert sind.

Wenn die Ausatmung langsamer vor sich geht, als der Wirkung der elastischen Kräfte entspricht, was wohl beim Beginn der Ausatmung der Fall ist, oder wenn in irgend einer Phase wirklicher Exspirationsbewegung plötzlich angehalten wird, so kann dies nur durch die Anstrengung der inspiratorischen Muskeln geschehen. Tatsächlich haben wir die Regulierung der Geschwindigkeit der Ausatmungsbewegung so sehr in unserer Gewalt und vermögen letztere so fein abzustufen, namentlich auch dank der Mitwirkung der Bauchmuskulatur (Singen), als ständen die Rippen, wenigstens bei energischer Atmung fast kontinuierlich unter der Herrschaft aktiver antagonistischer Kräfte, von Inspirationsmuskeln sowohl als von Exspirationsmuskeln.

Bei sehr verlangsamter Atmung jedoch gibt es (s. o.) eine Ruhelage der Rumpf- und Brustwand, in welcher keine besondere Innervation von Muskeln zur Inspiration oder Exspiration vorhanden ist. Sie entspricht beim aufrechten Stande hinsichtlich der Rippenstellung der Mitte der gewöhnlichen Atmungsexkursion. Diese Ruhe- oder Gleichgewichtsstellung ist nun durchaus nicht etwa zugleich die elastische Gleichgewichtslage des Thoraxskelettes; denn wir dürfen durchaus nicht annehmen, daß in ihr keine äußeren Kräfte auf das Thoraxskelett einwirken. Vorerst wirkt schon die elastische Kraft der Lungenwand (resp. der Überdruck der äußeren Atmosphäre gegenüber dem intrapleuralen Druck), wenn auch mit nicht erheblicher Gewalt zur Verengerung des Brustkorbes und zur Senkung der Rippen. Ferner ist klar, daß bei aufrechter Körperhaltung die Schwere der Rippen und des Brustbeins sowie der Brusteingeweide, soweit sie an der Brustwand aufgehängt sind, ferner die Spannung der weichen Bauchdecken, welche einen Teil des Gewichtes der letzteren und der Baucheingeweide auf die Brustwand überträgt (s. o.), zur Herabziehung der letzteren beizutragen suchen. Feststellung der Brustwand ist deshalb nur moglich, wenn in ihr elastische Kräfte inspiratorisch wirken.

Allgemein wird angenommen, durch den Umstand, daß die elastische Gleichgewichtslage des Thorax eine inspiratorische ist, werde inspiratorische Arbeit gespart. Dies ist richtig, so lange bei der Inspiration jene elastische Gleichgewichtslage noch nicht erreicht ist. Die Arbeit wird geleistet gegenüber den Kräften, welche den Thorax aus der elastischen Gleichgewichtslage herabziehen. Soweit es sich dabei um die Spannung der Bauchdecken handelt, wächst die Größe derselben mit der Hebung der Rippen und des Brustbeins, während die elastischen hebenden Kräfte in der Brustwand geringer werden und im ganzen $= 0$ sind, wenn der Thorax seine elastische Gleichgewichtslage erreicht hat. Bei weiterer Hebung der Rippen und des Brustbeins entsteht eine umgekehrt gerichtete federnde Kraft in der Brustwand. Ihr gegenüber muß nun ebenfalls Arbeit geleistet werden; dies muß seitens der Inspirationsmuskeln allein geschehen.

Der inspiratorische Charakter der elastischen Gleichgewichtslage des Thorax erscheint als eine Anpassung an den aufrechten Stand, bei welchem ein Teil der Schwere der Rumpfwand und der Rumpfeingeweide und wohl auch ein Teil des Gewichtes der Schultern und Arme auf den Rippen und dem Brustbein lastet. Indem sich der Senkung der Rippen ein federnder Widerstand entgegensetzt, lange bevor die untere Extremstellung der Rippen in den Vertebralgelenken erreicht ist, wird bewirkt, daß sich die Brustwand mit ihrem Inhalt ohne die Betätigung weiterer Muskeln in einer Ruhelage feststellt, welche ungefähr einer mittleren Stellung der Rippen in den Costovertebralgelenken entspricht. Aus ihr kann durch die Aktion besonderer Inspirations- und Exspirationsmuskeln sowohl inspiratorische als exspiratorische Bewegung stattfinden. Und zwar scheinen beide Arten der

Exkursion von der Ruhestellung der Atmung aus in der Tat ungefähr in gleichem Umfang möglich zu sein. Die genaue Mittelstellung der Rippen in den Costovertebralgelenken würde danach nicht der elastischen Gleichgewichtslage des Thorax, sondern eben jener Ruhestellung entsprechen.

Die Entstehung der inspiratorischen Gleichgewichtslage des Bänderthorax unter dem Einfluß der Atembewegung bei aufrechter Körperhaltung ist ein interessantes Problem, welches im Zusammenhang mit der Frage, wie sich die Dinge beim Vierfüßler verhalten, noch genauer untersucht werden muß.

E. Einfluß der sonstigen Formveränderungen des Stammes auf die Atmung.

Vor- und Rückbiegung.

Eine primäre Rückbiegung der Wirbelsäule, welche direkt durch Kräfte hervorgerufen ist, welche an ihr selbst angreifen, wirkt folgendermaßen auf die ventral von ihr gelegene Stammwand.

Indem die Lendenkrümmung der Wirbelsäule verstärkt, die Brustkrümmung vermindert wird, ist eine Tendenz zum ventralen Auseinandergehen der Rippenknochen vorhanden; wegen der Verbindung mit dem Brustbein ist die Divergenz geringer. Das Sternum wird von den oberen Rippen mitgenommen und namentlich durch die erste Rippe aufwärts gedreht; dem wirken die anwachsende Spannung der vorderen und seitlichen Bauchwand und die unteren Rippen entgegen, so daß die unteren Rippen relativ zu ihren Wirbeln etwas gehoben, die oberen etwas gesenkt werden. In der vorderen Mittellinie der Bauchwand und im Brustbein wächst, wie gesagt, die Längsspannung und gegenüber den Enden der Rippenknochen bleibt die Mittellinie relativ zurück und nähert sich der Wirbelsäule. Die vordere Bauchwand, ja vielleicht auch noch das unterste Ende des Brustbeins können der Lendenwirbelsäule absolut näher treten, während die Mitte des Brustbeins durch die Rippen von der Wirbelsäule ferngehalten wird. Es macht sich ein Einfluß zur Ausbiegung des Brustbeins nach vorn geltend. In seitlichen Längslinien des Brustkorbes vergrößert sich der Abstand zwischen den Rippen, da die unteren Rippen durch die Anspannung der Bauchwand zurückgehalten sind. Daraus folgt, daß die seitlichen Wölbungen des Zwerchfells sich von der oberen Thoraxapertur entfernen. Der Raum für die Lungen wird also jederseits in der Längsrichtung vergrößert, während der sagittale Querdurchmesser nur anfangs, im unteren Teile des Brustkorbes zunimmt; der bilaterale Querdurchmesser wird im allgemeinen verringert sein; in den unteren Teilen des Brustkorbes kann zuletzt die dorsoventrale Kompression etwelche Verbreiterung zustande bringen.

Die Ausgiebigkeit der Rippenexkursionen wird bei weitergehender Streckung der Wirbelsäule stark herabgesetzt, namentlich an den oberen

Rippen. An den unteren Rippen kann durch stärkere Muskelaktion die Gegenspannung der Bauchwand noch überwunden werden, so daß die Atmung wesentlich den Charakter der lateralen Mittel- und Unterrippenatmung annimmt. Der größte Nutzen einer maßvollen Streckung des Stammes für die Atmung besteht in der zunächst damit verbundenen Erweiterung der Bauchhöhle, wodurch das Zwerchfell hinsichtlich des unten wirkenden Druckes entlastet und in eine mehr inspiratorische Stellung gebracht wird.

Ganz gewöhnlich ist die Inspiration im aufrechten Stand auch bei mäßiger Atembewegung mit einer geringen Streckbewegung der Wirbelsäule verbunden, wie Hutchinson, von Ebner, Hasse u. a. festgestellt haben. Es fragt sich nur, ob solches eine primäre Aktion an der Wirbelsäule zur Vermehrung der inspiratorischen Thoraxerweiterung bedeutet, oder nicht vielmehr eine sekundär der Wirbelsäule von den Rippen her aufgezwungene Bewegung ist. Indem die Hebung der Rippen an sich nicht ohne eine gewisse Reaktion auf die Wirbelsäule stattfinden kann, durch welche dieselbe vorgebeugt wird, so handelt es sich wahrscheinlich um eine mit ihr assoziierte korrigierende Streckaktion, welche zum Schluß noch in einer Streckbewegung ausklingt.

Seitenbiegungen des Rumpfes, Längstorsion.

Seitenbiegung des Rumpfstammes führt an der Streckseite zur Entfernung der Rippen voneinander und zugleich zur Abflachung der Seitenteile des Zwerchfells, also zur Verlängerung des Lungenraumes. Inspiratorische Flankenbewegung der Rippen entgegen stärkeren Widerständen der Bauchwand ist an der Streckseite möglich, während die Exkursion des Zwerchfelles an ihr beschränkt ist. An der Beugeseite ist das Zwerchfell stärker in den Brustraum hineingewölbt, die Rippen sind einander genähert, der Lungenraum ist verkürzt; die Rippenbewegung ist beeinträchtigt; dagegen kann das Zwerchfell an dieser Seite eine größere Exkursion machen.

Auf die Veränderung der Form und Stellung der Rippen und des Brustbeins bei der Seitenbewegung werde ich später nach Besprechung der Mechanik der Wirbelsäule noch einmal zurückkommen. Es soll dann auch die Veränderung der Thoraxform bei der Längstorsion des Stammes besprochen werden. Es ist klar, daß auch bei dieser mit der Thoraxform die Atmung etwas modifiziert wird. Dasselbe gilt für die verschiedenen Arten des Liegens (auf dem Rücken, auf der Seite und auf dem Bauch) und für die pathologischen Veränderungen der Thoraxform (bei Wirbelsäulenverkrümmung usw.). Doch würde es zu weit führen, hier auf alle diese Verhältnisse genauer einzutreten.

IV. Die Bewegungsmöglichkeiten der Wirbelsäule und des Kopfes.

A. Normen zur Bestimmung der Stellungen und Bewegungen der Wirbel.

α) Definition der Stellung und Stellungsänderung des einzelnen Wirbels.

Bei den Bewegungen der Wirbelsäule, welche mit Formveränderung verknüpft sind, zeigt die Körpersäule ein Verhalten analog demjenigen eines biegsamen Stabes. Die Biegung geschieht ohne besonders auffällige Verwerfungen; nur an der Halswirbelsäule ist bei der Vor- und Rückbiegung ein treppenförmiges Vor- resp. Zurücktreten oberer Wirbelkörper gegenüber ihren unteren Nachbarn, als Hinweis auf eine stärkere Abscherung an den Gliederungsstellen, zu bemerken. Es erscheint ganz selbstverständlich, daß bei den Formveränderungen des Stabes vor allem die Änderung der Form der Mittellinie in die Augen fällt. Man erkennt alsbald, daß nicht bloß Veränderungen der Krümmung in der Sagittalebene möglich sind, sondern auch seitliche Biegungen, wobei Kurven höherer Ordnung gebildet werden. Sodann aber sind bei gleichem Verlauf der Längslinie verschiedene Stellungen der einzelnen Wirbel möglich, welche durch Drehungen um die Längslinie auseinander entwickelt werden können. Eine vereinfachte Nachahmung der verschiedenen Formen der Säule an einem gegliederten Phantom würde leicht zu bewerkstelligen sein. Sobald es sich aber darum handelt, die verschiedenen Formen mit Worten zu charakterisieren und durch Messungen genauer zu bestimmen, ergeben sich große Schwierigkeiten und entsteht die unabweisliche Forderung, bestimmte Normen für die Definition der Form und Formveränderung aufzustellen.

Als Mittellinie wird praktisch am besten die Mittellinie der Körpersäule gewählt. Ihre Form kann im allgemeinen durch Projektion auf zwei zueinander senkrechte Ebenen, welche der größten Längsausdehnung der Säule möglichst parallel laufen, graphisch dargestellt werden. Für die Messungen der beiden Krümmungen in den beiden Projektionsebenen kann man sich der Koordinatenmethode bedienen. Auch läßt sich an verschiedenen Strecken mit einfacher Krümmung der Krümmungsradius in seinem Verhältnis zur Sehne des Bogens, oder es läßt sich die Pfeilhöhe des Bogens über der Sehne bestimmen. Als Merk-

punkte der Längenabschnitte dienen am besten die Mitten der Zwischenwirbelscheiben. Die verschiedene Stellung der einzelnen Wirbel, welche
bei gleichem Verlauf ihrer Längslinie möglich ist, erhellt am besten aus
der Projektion eines bestimmten Querdurchmessers (z. B. des dorsoventralen) auf eine dritte Projektionsebene, welche zu den beiden anderen
senkrecht und zur größten Länge der Wirbelsäule mehr oder weniger
genau quer steht.

In der Tat ist die Lage und Stellung irgend eines Wirbels im Raum,
dessen Punkte zu einem bestimmten Koordinatensystem unabänder-
lich festgelegt sind, völlig bestimmt, wenn die Lagen seiner mittleren
Längslinie und eines bestimmten Querdurchmessers in diesem Raum
bestimmt sind. Dies kann durch drei Projektionen auf drei feste, zueinander senkrechte Ebenen des Raumes erreicht werden. So ist es
möglich, die Lage und Stellung eines Wirbels zu einem benachbarten,
oder zu irgend einem weiter entfernten Wirbel, zum Becken usw.
genau anzugeben und auch jede Lage- und Stellungsänderung. In
der Tat hat gerade diese Bestimmung öfters ein ganz besonderes
Interesse.

Unser Streben geht nun aber naturgemäß darauf aus, die verschiedenen möglichen Formen des Ganzen und die Lagen und Stellungen der einzelnen Glieder so zu ordnen, wie sie durch
Bewegung auseinander entstehen können und auch wirklich
entstehen. Mit anderen Worten wir tragen dem natürlichen, teils starren,
teils beschränkt veränderlichen Zusammenhang der Teile Rechnung und
suchen die wenigen Möglichkeiten der Bewegung der Teile gegeneinander
und der Formveränderungen des Ganzen zu erkennen. Dies gelingt
ganz besonders gut bei der Bewegung zweier Teile gegeneinander,
die nur durch eine einzige Junktur getrennt sind, also bei der Bewegung zweier benachbarter Wirbel gegeneinander. Die einzelnen
Wirbel bleiben in ihrer Konfiguration unverändert, die Bewegung
eines Wirbels aber zu seinem Nachbar läßt sich in erster Annäherung als eine Drehung auffassen; es ist möglich, für irgend
eine Stellung drei mögliche Arten der Drehung zu finden, die nichts
miteinander gemein haben (senkrecht zueinander geschehen), und jede
Stellung aus der anderen auf kürzestem Wege durch eine dieser
Drehungen oder durch eine Kombination von zwei oder drei Drehungen
herbeizuführen. Wir gelangen so dazu, uns die Hauptbewegungen in
ganz klarer Weise vorzustellen und sie bestimmt zu definieren, ebenso
wie ihre Kombinationen.

Dies alles bedeutet einen großen Vorteil gegenüber der direkten
und unabhängigen Bestimmung aller einzelnen Stellungen der Wirbel
gegeneinander durch Projektion und Koordinatenmessung. Fast als
selbstverständlich erscheint, daß einer der beiden Wirbel, im allgemeinen
der untere als der ruhende, der andere, obere als der bewegte angenommen
wird, und als eine der drei Hauptdrehungen dieses letzteren Wirbels
die Drehung um seine Mittellinie. Die daneben noch mögliche Drehung
führt zur Ablenkung der Mittellinie des Wirbels. Sie muß nach zwei bestimmten Hauptebenen des oberen oder unteren Wirbels weiter zerlegt

werden. Auf Grund dieses Prinzipes gelangen wir zu übereinstimmenden Normen für die Bestimmung der Stellungen und Bewegungen in folgender Weise:

A. Bestimmung der Stellung eines Wirbels zu seinem unteren Nachbar. Es genügt für dieselbe:

a) Die Bestimmung des Winkels, welchen die mittlere Längslinie des oberen Wirbels mit der Symmetrieebene des unteren Wirbels bildet (Beitrag der Seitenneigung nach links oder rechts). Unter „Ebene der Seitenneigung" verstehen wir die Ebene, welche durch die Längslinie des oberen Wirbels senkrecht zur Symmetrieebene des unteren Wirbels geführt wird.

b) Die Bestimmung des Winkels, den die Ebene der Seitenneigung mit einer bestimmten Geraden der Symmetrieebene des unteren Wirbels bildet. Diese Gerade kann die Mittellinie des unteren Wirbelkörpers oder diejenige des oberen Wirbelkörpers in der Grundstellung sein. Auch über die Grundstellung muß man sich verständigen. Wir verstehen darunter die elastische Gleichgewichtslage, welche der obere Wirbel einnimmt, wenn keine äußeren Kräfte oder Muskelkräfte auf ihn einwirken (Betrag der Vor- oder Rückneigung resp. der Vor- oder Rückbeugung des oberen Wirbels).

c) Die Bestimmung des Winkels, welchen ein von der linken zur rechten Seite des oberen Wirbels gehender Querdurchmesser des letzteren mit der Ebene der Seitenneigung bildet (Betrag der Längsrotation des oberen Wirbels nach links oder rechts).

B. Bestimmung und Charakterisierung der Stellungsänderung (Bewegung) eines oberen Wirbels gegenüber seinem unteren Nachbar.

Sie kann geschehen durch Bestimmung der Stellungen, welche sukzessive von dem bewegten oberen Wirbel durchlaufen werden. Wir bekommen bei dem Vergleich zweier Stellungen drei Winkelbeträge für den Unterschied in der Seitenneigung, der Vor- oder Rückneigung und der Längsrotation.

Es zeigt sich nun, daß der Wirbel aus der Stellung A in die Stellung B übergeführt wird durch folgende drei Drehungen um jene drei Winkelbeträge:

a) Eine Seitendrehung, welche in jedem Augenblick um eine zur Längslinie des oberen Wirbels senkrecht stehende, in der Symmetrieebene des unteren Wirbels gelegene Achse geschieht, wobei wir annehmen, daß die Achse stets wenigstens annähernd durch denselben Punkt der Längslinie geht. Der Gesamtbetrag der Drehung muß der Winkeldifferenz der Seitenneigung entsprechen.

b) Eine Vor- oder Rückdrehung um eine zur Symmetrieebene des unteren Wirbels senkrecht stehende Achse. Es ist gleichgültig, wie die Längslinie des oberen Wirbels zu derselben gestellt ist, wenn die Achse nur ihre Lage zum unteren Wirbel beibehält, und der Gesamtbetrag der Drehung gleich der Differenz der Vor- oder Rückneigung zwischen A und B ist.

c) Eine **Längsrotation** um die Längslinie des oberen Wirbelkörpers, soweit eine solche nicht bereits in der vorigen Bewegung implizite enthalten ist; es ist gleichgültig, in welcher Stellung sich letztere dabei befindet, wenn nur der Gesamtbetrag der Drehung der Querlinie zur Ebene der seitlichen Ablenkung in den Stellungen gleich dem Unterschied der Stellung A und B ist.

Daraus ergibt sich, daß es völlig gleichgültig ist, in welcher Reihenfolge die drei Drehungen oder die aufeinanderfolgenden Teilstücke derselben ausgeführt werden.

Die Überführung aus einer Stellung in die andere geschieht demnach, seis auf kürzestem Wege, seis auf Umwegen, stets durch eine bestimmt resultierende **Seitendrehung**, die senkrecht zur Symmetrieebene des unteren Wirbels erfolgt, eine bestimmte resultierende **Vor- oder Rückdrehung** parallel dieser Symmetrieebene, und eine bestimmte besondere **Längsrotation um die Längslinie des oberen Wirbelkörpers.**

Graphische Darstellung der Wirbelstellung und Stellungsänderung.

Die zur Symmetrieebene des unteren Wirbels senkrecht stehende Achse, um welche die Vor- oder Rückdrehung des oberen Wirbels aus der Grundstellung erfolgt, kann als Polachse einer Kugel gedacht werden, welche durch die Symmetrieebene halbiert wird (Fig. 67). Die Schnittlinie der letzteren mit der Kugeloberfläche stellt den „Äquator“ dar. Unter der Voraussetzung, daß alle Drehungen des oberen Wirbels um Achsen erfolgen, welche durch den Mittelpunkt dieser Exkursionskugel gehen, verhält sich die mittlere Längslinie des oberen Wirbelkörpers wie ein Radius; ein bestimmter Punkt der Längslinie verkehrt auf der **Exkursionskugelfläche.** Denkt man sich die letztere analog einem Erdglobus mit einem Gradnetz versehen, das zum unteren Wirbel feststeht, so bestimmt sich die Länge des genannten Punktes und damit die Stellung der Längslinie nach Meridian und Breitengrad. Als Null-Meridian wird man den Meridian der Grundstellung wählen. Für abgelenkte Stellungen gibt die Nummer des Meridians den Betrag der Vor- oder Rückdrehung parallel der Mittelebene des unteren Wirbels, die Nummer des Breitengrades den Betrag der Seitendrehung nach links oder rechts. Die Deklination des bilateralen Querdurchmessers des oberen Wirbels im Exkursionspunkt gegenüber dem Meridian der Stellung gibt den Betrag der Längsrotation nach rechts oder links.

Es leuchtet ein, daß jede beliebige Stellung des oberen Wirbels in dieser Weise bestimmt und kartographisch dargestellt werden kann.

Wir dürfen nun zwar nicht übersehen, daß sich die Achse für die Seitendrehung nicht notwendigerweise stets mit der Achse für die Vor- und Rückdrehung im gleichen Punkte schneidet. Wählt man aber die Exkursionskugel genügend groß, so verschwindet im Verhältnis zum Radius der kürzeste Abstand der Achsen. Ebenso verhält es sich mit Bezug auf die Möglichkeit, daß die Achse der Längsrotation an der Achse für die Vor- und Rückdrehung vorbeigeht. Sobald also die Richtungsanderung der mittleren Längslinie des Wirbelkörpers genau berücksichtigt wird, darf für die globographische Bestimmung und Registrierung die Voraussetzung des Zusammenfallens der Längslinie mit dem Mittelpunkt der Kugel gemacht werden.

C. Zerlegung einer bestimmten kleinen initialen oder instantanen Bewegung. Auch die von irgend einer Ausgangs- oder Durchgangsstellung aus stattfindende erste sehr kleine Bewegung (Initialbewegung, instantane Bewegung), resp. die in derselben stattfindenden Beschleunigungen (Initial- oder Instantanbeschleunigungen) lassen sich nun in eben derselben Weise zerlegen in drei Drehungen resp. drei Drehungseinflüsse.

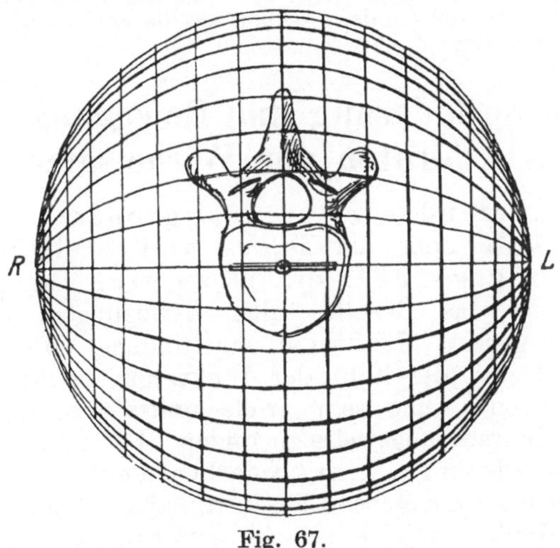

Fig. 67.

Eine Forderung, die hierbei theoretisch gerechtfertigt ist, bei der Wirbelsäule aber tatsächlich keine große praktische Bedeutung hat, wäre die, daß die drei initialen resp. instantanen Drehungen senkrecht zueinander geschehen, damit kein Teil der Drehung vernachlässigt und keiner doppelt gerechnet werde. Diese Forderung ist bei der Zerlegung der Drehung in eine Drehung parallel dem Meridian, eine solche parallel dem Parallelkreis und eine dritte Drehung um die Längslinie tatsächlich nicht vollkommen erfüllt. Sie ist es annähernd, wenn in der Ausgangsstellung keine erhebliche Ablenkung der Längslinie aus dem Äquator nach links oder rechts vorhanden ist, was tatsächlich meist auch nicht der Fall ist. Bei der von uns getroffenen Wahl eines Gradnetzes mit seitlichen Polen sind die Fehler unbedeutend. Die Zerlegung wird übrigens sofort, auch für abgelenkte Stellungen, korrekt, wenn man die initiale Vor- oder Rückdrehung statt im Parallelkreis parallel zu einer größten Kreisebene erfolgen läßt, welche zu dem Meridian der Ausgangsstellung senkrecht steht. Eine solche Vor- oder Rückdrehung könnte man als circumcentrale Vor- oder Rückdrehung bezeichnen im Gegensatz zu der sagittalen (circumpolaren) Vor- oder Rückdrehung, die parallel der Mittelebene des unteren Wirbels (entlang Parallelkreisen der Gradteilung) stattfindet.

Ferner muß ausdrücklich bemerkt werden, daß auch bei der Charakterisierung irgend einer Stellungsänderung durch Angabe der Drehungen, welche die Längslinie im Meridian und im Parallelkreis ausführt, und der Drehung, welche eine Querlinie gegenüber dem Meridian der Endstellung im Vergleich zur Ausgangsstellung erfahren hat, die ganze Drehung berücksichtigt und kein Teil doppelt gerechnet ist. Die Drehung im Meridian ohne Änderung der Stellung der betreffenden Querlinie zum Meridian ist eine reine circumcentrale Drehung; die Drehung im Parallelkreis, bei Erhaltung der Stellung der Querlinie zum jeweiligen Meridian ist mit einer Drehung um die Polarachse verbunden und ist um so weniger eine reine circumcentrale Drehung, vielmehr um so mehr mit Längsrotation verbunden, je mehr die Längslinie zur Seite abgelenkt ist. Die Drehung der Querlinie gegenüber dem Meridian der Endstellung im Vergleich zur Anfangsstellung entspricht nur dem Rest der Längsrotation, der bei der Drehung um die Polachse (sagittale Drehung) noch nicht berücksichtigt ist.

β) Die Formveränderung und Bewegung in größeren Abschnitten der Wirbelsäule.

Die Formveränderung eines größeren Abschnittes der Wirbelsäule oder die Lage- und Stellungsänderung eines Wirbels gegenüber einem zweiten, weiter entfernten Wirbel ist das Resultat aller Bewegungen, welche in den zwischeninne liegenden Junkturen stattfinden. Hier wird alsbald mit der Vermehrung der Zahl der Junkturen die Anzahl der möglichen Kombinationen eine sehr große und ist es schwieriger, eine vereinfachende Betrachtungsweise zu finden. Die Hauptebenen, welche wir für die Beurteilung zweier benachbarter Wirbel gegeneinander nach dem vorigen als maßgebend ansehen, haben im allgemeinen für die verschiedenen Junkturen eine verschiedene Richtung. Die Drehungen, welche in aufeinander folgenden Junkturen um gleichbenannte Hauptebenen stattfinden, können nicht einfach summiert werden, um die resultierende Drehung der beiden Endwirbel der Reihe gegeneinander zu finden. In dieser Hinsicht muß es vorteilhafter erscheinen, die Drehungen sämtlicher Wirbel auf bloß drei senkrecht zueinander stehende Ebenen, die zu einem bestimmten Teil der Wirbelsäule fest sind, also Hauptebenen eines bestimmten (z. B. des untersten Wirbels) oder des Beckens entsprechen können, zu beziehen. In diesem Fall würde eine richtige Addition der sich entsprechenden, in den verschiedenen Junkturen stattfindenden Drehungen möglich sein. Ein solches Verfahren hat sicher für genaue wissenschaftliche Messungen und Untersuchungen große Vorteile, eignet sich aber nicht zur anschaulichen Bestimmung der Stellung und Stellungsänderung der Wirbel.

Es ist schwer, sich das Resultat dreier in bestimmter Reihenfolge aufeinander folgender oder dreier gleichzeitig stattfindender Drehungen um drei zueinander senkrechte Achsen vorzustellen, sobald die letzteren nicht mehr mit den Hauptdurchmessern des Wirbels übereinstimmen, sondern zu denselben schrag stehen. Auch fehlt zur genauen Charakterisierung der Stellung und Stellungsänderung noch die Bestimmung der Lage, welche ein bestimmter Punkt des Wirbels (z. B. die Mitte seines Körpers) im Raum einnimmt; sie ist aus den Drehungen in den unterhalb gelegenen Junkturen nur schwer richtig zu beurteilen.

Die Methode der Bestimmung der Stellung und Stellungsänderung in den aufeinanderfolgenden Junkturen nach den oben befürworteten

Normen hat demgegenüber den Vorteil, daß sie für jede Junktur durchaus anschaulich ist und leicht an einem beweglichen Modell der Wirbelsäule nachgeahmt werden kann. Es ist dabei erlaubt, zunächst alle „sagittalen" Einstellungen, dann alle Seitenneigungen, endlich alle Längsrotationen von unten nach oben fortschreitend an sämtlichen Junkturen auszuführen, oder auch diese drei Operationen in anderer Reihenfolge vorzunehmen. Man wird dabei freilich gewahr werden, daß aus einer Wirbelsäule, welche in einer einzigen Ebene sagittal gekrümmt ist, durch die Seitenneigung und ebenso durch die Längsrotation eine dreidimensional gekrümmte Säule entsteht, und daß durch die Hinzufügung der dritten Kategorie von Ablenkungen die komplizierte Kurve der Mittellinie noch weiter verändert wird. Doch lernt man bei häufigerer Beschäftigung mit dem Gegenstand den Sinn dieser Veränderung bald annähernd beurteilen.

Nötigenfalls bietet das Projektionsverfahren ein geeignetes ergänzendes Hilfsmittel, um die Form der von der Mittellinie der Körpersäule gebildeten Kurve und die von irgend einem Wirbel eingenommene Lage und Stellung genau zu charakterisieren (s. o.).

Am wenigsten Berechtigung hat es meiner Meinung nach, die Hauptebenen für die Vor- und Rückbewegung und für die seitliche Drehung so zu wählen, daß sie mit der kürzesten Verbindungslinie der Endpunkte des gerade untersuchten kürzeren oder längeren Stückes Wirbelsäule zusammenfallen, die Hauptebene für die Längsrotation aber quer zu dieser Verbindungslinie zu nehmen. Ein solches Verfahren ist durchaus willkürlich. Die dabei gemessenen Drehungen sind bei gleicher Benennung je nach der Länge des untersuchten Abschnittes und seiner Anfangskrümmung für die gleiche Junktur von recht verschiedener Art. Es scheint aber, daß gerade diese Art der Betrachtung bisher die am meisten übliche gewesen ist. .

B. Die in den einzelnen Wirbeljunkturen möglichen Bewegungen.

(Theoretische Schlüsse aus den anatomischen Verhältnissen.)

Es ist fast überflüssig zu sagen, daß die Bewegung eines Wirbels gegenüber seinem unteren Nachbar als die Bewegung eines starren Körpers in allen Teilen nur nach dem gleichen Gesetz stattfinden kann; es sind also nur solche Bewegungen möglich, welche weder durch den Widerstand in den Zwischenwirbelscheiben, noch durch den Widerstand an den Gelenken, aber auch nicht durch den Widerstand der Ligamenta flava und der zwischen den abstehenden Fortsätzen verlaufenden Bänder und nicht durch das Aneinanderstoßen dieser Fortsätze verhindert werden.

α) Zwischenwirbelscheiben und Ligg. longitudinalia.

Wir prüfen zunächst die Biegsamkeit der isolierten Körpersäule. Sie hängt vor allem von den **Zwischenwirbelscheiben** ab. Nach
den Untersuchungen von E. H. Weber (Meckels Arch. f. Anat. u.
Phys. 1827) nimmt die Höhe der Bandscheiben von den untersten Lendenwirbeln bis zu den oberen Brustwirbeln beträchtlich ab. Von da bis
gegen die mittleren Halswirbel hinauf nimmt sie etwas zu und
zwischen dem zweiten und dritten Halswirbel ist sie wieder geringer.
Die am wenigsten biegsamen Stellen der Wirbelsäule haben die niedrigsten
Bandscheiben. Die Lendenwirbel, deren Körper die größten Verbindungs-
flächen haben, besitzen auch die höchsten Bandscheiben. Daraus zog
Weber folgende Schlüsse:

Eine Abteilung der Wirbelsäule ist in ihren Teilen desto beweg-
licher: 1. je mehr Bandscheiben sich in ihr bei gleicher Höhe der Abteilungen finden, oder was dasselbe ist, je niedriger die Wirbelkörper
sind, 2. je höher die Bandscheiben sind, 3. je kleiner die durch die Bandscheiben verbundenen Oberflächen der Wirbelkörper sind. Diese Angaben von E. H. Weber sind im all-
gemeinen zutreffend, doch möchten
bezüglich der Höhe der Halswirbel-
bandscheiben etwas variable Verhältnisse vorhanden sein. Überhaupt
wechselt die relative Höhe der Bandscheiben individuell mit der Beweglichkeit der Wirbelsäule.

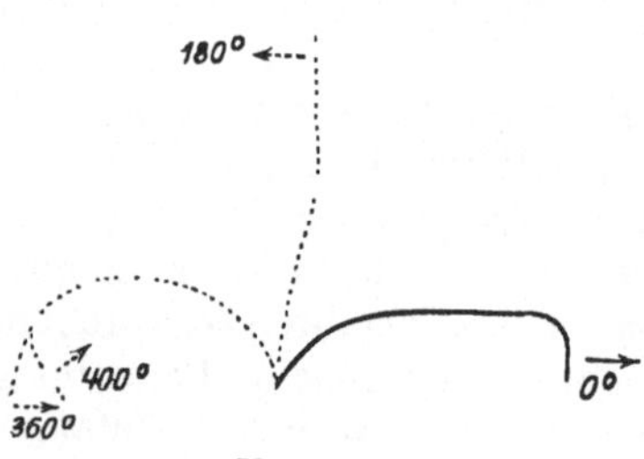

Fig. 68.
Umzeichnung nach R. Fick.

In Übereinstimmung mit der
unbedeutenden Konkavität der Wir-
belkörperendflächen sind die Zwischenwirbelscheiben in der Mitte
etwas dicker als durchschnittlich an den Rändern. Ihre Form muß
vor allem in der elastischen Gleichgewichtsform der isolierten Körpersäule studiert werden, bei welcher auch die Zwischenwirbelscheiben
ihre elastische Gleichgewichtsform zeigen. Wir reproduzieren in nebenstehender Figur 68 eine von R. Fick gemachte Beobachtung über
die elastische Gleichgewichtsform, die maximale Vorbeugung und die
maximale Rückbeugung einer isolierten Körpersäule. Die Exkursionsmöglichkeit erscheint allerdings auffällig groß. Der Brustteil
ist bei der Gleichgewichtslage nur ganz leicht vorwärts konkav; bei
der Rückbeugung wird er gerade gerichtet, bei der Vorbeugung aber
recht erheblich, namentlich im oberen Abschnitt, nach vorn gekrümmt.
Am Hals- und Lendenteil ist die Exkursionsmöglichkeit eher nach
hinten etwas größer. Durch die Summierung der Abbiegungen in den
einzelnen Zwischenwirbelscheiben bei festgestelltem Kreuzbein wird
bei der Rückbeugung die Brustwirbelsäule fast horizontal nach hinten
zurückgelegt; die Lendenwirbelsäule steigt schräg rückwärts auf; die
Halswirbelsäule ist fast vertikal nach hinten herabgebogen. Bei der

Vorbeugung nimmt die vordere Krümmung kopfwärts ziemlich gleichmäßig zu. Das craniale Ende ist nach unten, ja nach unten hinten gerichtet. Die gesamte mögliche sagittale Umstellung des obersten Halswirbels betrug 360—400^0. Die seitliche Biegung aus der elastischen Gleichgewichtslage war annähernd in gleichem Umfang möglich, so daß eine seitliche Umstellung der obersten Halswirbel nach jeder Seite um ca. 200^0 erzielt werden konnte. Durch Längstorsion konnte eine Drehung des Epistropheus um 180^0 nach jeder Seite herbeigeführt werden.

Die **Bogenreihe** verkürzt sich nach der Trennung von der Körpersäule um $^1/_7$ ihrer Länge (Hirschfeld). H. Meyer fand bei einem 30jährigen Mann eine Verkürzung um 30 mm, bei einem 14jährigen Mädchen eine solche von 45 mm. Ein Zug von 2 kg stellte die ursprüngliche Länge wieder her, offenbar unter Anspannung der Bänder zwischen den Bogen und Wirbeldornen. Ganz ohne Einfluß auf die Krümmungen der Körpersäule, wie R. Fick meint, kann eine Durchschneidung dieser Bänder nicht sein.

Die elastische **Gleichgewichtsform der ganzen Wirbelsäule in Bändern** entspricht hinsichtlich der Körpersäule nicht der Form der isolierten Körpersäule. Hals- und Sacrolumbalkrümmung sind bei ihr viel mehr verschärft. Man muß dies auf den Einfluß der Spannung in den Ligg. flava, interspinalia, supraspinalia und intertransversaria zurückführen. Am Brustteile müssen diese Bänder im Gegenteil eine Verminderung der Krümmung bewirken. Noch mehr verschärft ist die Hals- und Sacrolumbalkrümmung an der Muskelleiche und namentlich am Lebenden bei aufrechter Haltung des Stammes. Hier wirkt der überwiegende Tonus der hinter der Hals- und Lendenwirbelsäule gelegenen Muskeln, unter Umständen auch die Schwere, zur Verschärfung der beiden Krümmungen; an der Brustwirbelsaule wird bei der aufrechten Haltung durch die Schwere umgekehrt die Krümmung nach vorn vermehrt oder wird mindestens dem Zug der Ligg. flava Gleichgewicht gehalten. Genauere Messungen ergaben, daß bei der Form, welche die Wirbelsäule im aufrechten Stand einnimmt, die Bandscheiben der Hals- und Sacrolumbalkrümmung keilförmig, nämlich vorn etwas höher sind, während solches an den übrigens sehr niedrigen Zwischenwirbelscheiben des Brustteils nicht der Fall ist. Diese Keilform beruht wohl zum Teil auf der starkeren Belastung und Kompression der hinteren Abschnitte, zum kleinen Teil aber scheint sie persistent zu sein und auch in der elastischen Gleichgewichtslage der Körpersäule zu bestehen. Dagegen beruht die bei dieser Gleichgewichtslage noch deutlich ausgesprochene, im Brustteil und an der Sacrolumbalgrenze vorhandene Krümmung hauptsächlich auf dem keilförmigen Zuschnitt der Brustwirbelkörper und des fünften Lendenwirbels.

Wenn sich die Körpersäule in elastischer Gleichgewichtsform befindet, ist dies auch mit den Zwischenwirbelscheiben der Fall. Die in ihnen wirkenden Spannungen sind dann unter sich im Gleichgewicht und haben keine resultierende Einwirkung auf die benachbarten Wirbel. Von einer solchen Gleichgewichtslage der Körpersäule aus sind ziemlich allseitige Bewegungen der benachbarten Wirbel gegeneinander unter allmählichem Anwachsen der Widerstände möglich und zwar:

1. Direkte Entfernung der Wirbel voneinander unter Längsdehnung und Randeinziehung der Zwischenwirbelscheibe.

2. Direkte Annäherung aneinander unter Kompression der Zwischenwirbelscheibe und Vorwulstung ihrer Ränder.

Eine derartige Bewegung läßt sich direkt durch den Versuch nachweisen; sie ist in größerem Betrag möglich bei größerer Höhe der Zwischenwirbelscheibe, beträgt aber auch an den Lendenjunkturen, bei Krafteinwirkung von 10—250 Kilo im Sinn der Kompression und der Dehnung höchstens ½—1 mm (nach Feßler). Die schon von de Fonteau 1727 behauptete, von Hyrtl, H. von Meyer. Fr. Merkel u. A. bestätigte Verkürzung der Wirbelsäule beim längeren Stehen während des Tages, die sich bei anhaltendem Liegen (Nachtruhe) wieder ausgleicht, beruht zum Teil auf einer direkten Zusammendrückung der Zwischenscheiben in ihrer ganzen Breite, zum Teil aber wohl auch auf der Verstärkung der Krümmungen, wobei die elastische Gleichgewichtsform der Scheibe vorn und hinten ungleich verändert wird. Durch länger anhaltende gleichsinnige Inanspruchnahme wird die elastische Gleichgewichtsform der Gewebselemente so verändert, daß der gleiche Widerstand nur bei weitergehender gleichsinniger Formveränderung geleistet werden kann. Beobachtet sind Tagesverkürzungen von 1½—3 cm. Im Alter findet eine bleibende und fortschreitende Zusammenschiebung der Wirbelsäule statt.

3. Die Zwischenwirbelscheiben gestatten ferner eine Abscherungsbewegung des oberen Wirbels gegenüber dem unteren. An den Halswirbeln ist sie nach vorn und nach hinten in ziemlich beträchtlichem Umfang möglich, während sie nach der Seite wegen der Marginalfortsätze beschränkt ist. An den Brust und- Lendenwirbeln ist sie ziemlich gleich groß nach allen Seiten und überall unbedeutend.

4. Eine Längsrotation des oberen Wirbelkörpers gegenüber dem unteren unter Torsion der Zwischenwirbelscheibe.

5. Drehungen um Achsen, welche quer zur Körpersäule durch die Mitte der Zwischenwirbelscheibe gehen, und mit Kompression der Zwischenscheibe an der einen Seite, Verdickung derselben an der gegenüberliegenden Seite verbunden sind. Solche Drehungen können sich mit Abscherung parallel der Drehungsebene kombinieren.

Die Ausgiebigkeit dieser Bewegungen steht in ziemlich genauem Verhältnis zu der relativen Höhe der Zwischenwirbelscheibe (E. H. Weber). Indessen hängen die Möglichkeiten der Bewegung nicht bloß von der äußeren Form, sondern auch von der inneren Struktur der Zwischenwirbelscheiben ab.

Struktur und mechanische Inanspruchnahme der Zwischenwirbelscheiben.

Bezüglich der Struktur sei vor allem auf die eingehende Beschreibung bei Henle und im ersten Bande des Handbuches von R. Fick verwiesen.

Die Zwischenwirbelscheibe besteht aus zwei hyalinknorpligen Grenzschichten, welche an die knöchernen Wirbelkörper angeheftet sind, aus einem dazwischen gelegenen peripheren Faserring (Annulus fibrosus), an welchen sich ohne scharfe Grenze das vordere und das hintere Längsband der Körpersäule anschließen, und aus einer vom Faserring und von den knorpligen Grenzschichten umschlossenen mittleren Partie, welche sich ungefähr im Zentrum der Scheibe zu dem gallertigen Nucleus pulposus auflockert.

Der Annulus fibrosus zeigt eine undeutlich lamellöse Struktur mit konzentrischen Lamellen, in denen Faserzüge, wesentlich in der Flächenausdehnung der Lamellen in zwei entgegengesetzten Richtungen schräg verlaufen und sich zugsweise oder schichtweise kreuzen. Kleinste Herde von hyalinem Knorpel, oft nur mit 1 oder 2 Knorpelzellen sind in die Grundsubstanz zwischen den Faserzügen eingesprengt. Die peripheren Faserzüge strahlen in die knorplige Grenzschicht ein und heften sich durch ihre Vermittelung an die Wirbelkörper. Die zentraleren Züge strahlen über der mittleren Masse in tangentialem Verlauf zusammen. Nach der Mitte der Scheibe zu wird die Faserung allmählich feiner und spärlicher; die Grundsubstanz wird weicher und mehr homogen; sie lockert sich durch unvollkommenen Zerfall in Lamellen, welche konzentrisch um den Gallertkern herumgehen.

An Medianschnitten durch den Stamm, aber auch an median durchgeschnittenen isolierten Körpersäulen und Zwischenwirbelscheiben sieht man den Gallertkern über die Schnittfläche vorquellen, als Zeichen, daß er an der unversehrten Scheibe, in ihrer elastischen Gleichgewichtsform unter einem gewissen Druck stehen muß. Die ihn umgebenden Gewebsschichten aber müssen gespannt sein. Demnach müssen auch die Lamellen und Fasern des Annulus fibrosus etwas nach der Peripherie der Scheibe ausgebogen sein und unter Anspannung die mittlere Masse der Scheibe umfassen.

Noch größer wird der Druck im Gallertkern und die Tangentialspannung in der begrenzenden Umgebung, wenn die Zwischenscheibe durch gleichmäßigen Längsdruck in ihrer ganzen Breite komprimiert wird. Der Gallertkern ist dann stärker abgeplattet und verbreitert, was nur unter Vergrößerung seiner Begrenzungsfläche unter gesteigerter Anspannung der tangential um ihn herumgehenden Lamellen und Fasern und unter Anwachsen des Druckes im Gallertkern geschehen kann. Die Ränder der Scheibe müssen unter Vergrößerung der Spannung ihrer Fasern ringsum nach außen vorgewölbt werden.

Der geschilderte Bau der Zwischenscheibe ermoglicht, daß zwar eine gleichmäßige Kompression nur in geringem Betrage und unter Entwickelung eines erheblichen, federnden Widerstandes möglich ist, eine einseitige Kompression dagegen, verbunden mit Verdickung der Scheibe auf der gegenüberliegenden Seite in ausgiebigem Betrage zustande kommen kann, in viel höherem Maße, als wenn die ganze Scheibe aus einem geschlossenen Faserfilz oder durchwegs aus hyalinem Knorpel bestände.

Wenn z. B. die Wirbelsäule aus der Gleichgewichtslage nach vorn gebogen wird, so lassen sich die von zwei benachbarten Wirbeln her auf die Zwischenscheibe einwirkenden Kräfte je durch eine in der Mittellinie der Säule wirkende Druckkraft und ein in der Medianebene wirkendes Kräftepaar ersetzen, oder auch durch eine Druckkraft, deren Kraftlinie mehr oder weniger weit nach der Beugeseite hin von der Mittellinie abliegt, und eine kleinere Zugeinwirkung, deren Kraftlinie nach der Streckseite hin von der Mittellinie abliegt (Näheres S. 362). Bei einer derartigen einseitigen Zusammendrückung der Zwischenscheibe ergibt sich aus dem Druck der nach vorn einander genäherten Endflächen der Wirbelkörper eine nach hinten wirkende Komponente. Die zentrale Masse der Scheibe wird namentlich in ihren mittleren, weicheren und flüssigeren Teilen nach hinten gepreßt, so weit, bis ein genügender Gegendruck im hinteren Randteil der Scheibe hervorgerufen ist. Hierbei werden vorn die äußeren, nach der Beugeseite zu gelegenen Lamellen des Faserringes nicht in demselben Maße, wie bei gleichmäßiger Kompression der Zwischenscheibe, ausgebogen; sie können sich vielmehr auch nach der Mitte der Scheibe zu verbreitern, unter Entspannung ihrer Fasern und Anwachsen des Druckwiderstandes gegen die Wirbelkörper. Es ist deshalb eine weitergehende Annäherung der Wirbelkörper aneinander an der Beugeseite, im Bereiche des Faserringes möglich als bei gleichmäßiger Kompression der Zwischenscheibe.

Je weniger bei der Biegung die Zwischenwirbelscheibe an der Beugeseite über die Ränder der benachbarten Wirbel herausgepreßt wird, desto mehr muß die Kompression der Zwischenwirbelscheibe an der Beugeseite mit einer Vergrößerung ihrer Höhe an der Streckseite verbunden sein.

Eine Dehnung und ein Zugwiderstand muß in den festeren hinteren Randteilen der Zwischenwirbelscheibe wachgerufen sein, kann aber den nötigen nach vorn wirkenden Druck nur liefern, wenn eine genügende Auswölbung der Faserung nach hinten stattfindet.

Immerhin wird wegen der Verschiebung des Gallertkernes nach der Streckseite der Abstand der Wirbelkörper an letzterer so stark vergrößert sein, daß in den allerhintersten Teilen der Scheibe, in welcher ihr Höhendurchmesser am meisten vergrößert wird, sich notwendig die Ausbiegung der Lamellen und Fasern nach der Peripherie zu vermindert, während dabei doch eine erhebliche Dehnung der Lamellen von einem Wirbel zum anderen stattfindet (siehe Fig. 69).

Denken wir uns den flüssigen Kern der Scheibe scharf abgegrenzt in einem nachgiebigen aber faserigen, mit den Wirbeln faserig verbundenen Gewebe, so muß der Kern allseitig gleichen Druck auf die Umgebung ausüben. Sein Massenmittelpunkt ist bei Vorbeugung der Körpersäule nach hinten verschoben, seine Masse ist aus der vorderen Hälfte der Scheibe teilweise in die hintere hineingedrängt. Offenbar wird unter solchen Umständen der longitudinale Druckwiderstand nicht bloß in der vorderen Hälfte der Scheibe mit nach vorn zunehmender Intensität geleistet, wie solches bei gleichartigem Material der Scheibe der Fall wäre, sondern in einem breiteren, über die Mitte der Scheibe nach hinten ausgedehnten Bezirk und in allen Teilen mehr gleichmäßig. Wir können die Dehnung in den nach vorn ausgewulsteten Partien als Teil der um den Nucleus herumgehenden Tangentialspannung in der Wand einer mit Flüssigkeit gefüllten Blase (Wasserkissen) ansehen, welche den vorn gegeneinander geneigten und durch äußere Kräfte gegeneinander gedrückten Wirbeln einen breiten Druckwiderstand entgegensetzt. Zur Ergänzung müssen offenbar noch besondere von Wirbel zu Wirbel gehende Spannungen am hinteren Umfang dieser Blase hinzukommen. Denn der Widerstand der Zwischenwirbelscheibe abbiegenden Kräften gegenüber muß aus Zug- und aus Druckwiderstand bestehen. Es fragt sich, ob der nötige Zugwiderstand von den hinteren Randteilen der Zwischenwirbelscheibe selbst und vom Ligamentum longitudinale posterius, oder nur von den Ligg. flava, oder an beiden Orten zugleich geleistet wird. Die Beobachtung der Körpersäule nach Abtrennung der Bogen läßt erkennen, daß der Zugwiderstand in der Körpersäule selbst geleistet werden kann. Es ist evident, daß die Zwischenwirbelscheiben wenigstens bei nicht allzustarker Krümmungsänderung fast in derselben Weise, ohne merklich verschiedene Formveränderung einer vorwärts beugenden Gewalt Widerstand leisten, auch wenn der Zusammenhang mit den Bogen und ihren Ligg. flava erhalten ist.

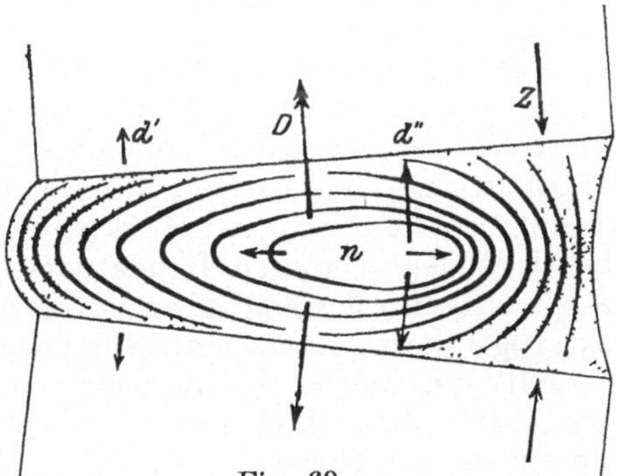

Die Art, wie wir uns die Zwischenwirbelscheiben in Anspruch genommen denken, ist durch nebenstehendes Schema (Fig. 69) zum Ausdruck gebracht. n stellt den nach der Konvexseite verschobenen Gallertkern dar. Die helle, nicht getönte Umgebung repräsentiert den Bezirk, dessen Tangentialspannung in sich selbst hinsichtlich der transversalen Komponenten im Gleichgewicht ist.

Dabei wirkt aber der vom Nucleus ausgehende Druckwiderstand mit einer Resultierenden d'' und —d'' gegen die beiden Wirbelkörper; ferner wirkt ein Druckwiderstand d' der jenseits des Bezirkes gelegenen, zusammengedrückten Partie mit Tangentialspannung an der Beugeseite. Das gibt zusammen einen resultierenden Druckwiderstand D, dessen Kraftlinie verhältnismäßig nahe an der Mitte der Zwischenwirbelscheibe gelegen ist. An der Konvexseite ist der getönte Bezirk das Gebiet, dessen mehr oder weniger longitudinale Zugspannung z resp. —z als solche an den Wirbeln zur Geltung kommt.

Fig. 69.

Zwischenwirbelscheibe. Schema.

Die Resultierende des Druckwiderstandes D wird absolut größer sein müssen als die Resultierende des Zuges Z im Falle des Gleichgewichtes gegen eine äußere Krafteinwirkung, welche nicht bloß in einem Kräftepaar besteht, sondern außerdem noch in einer nach der Zwischenwirbelscheibe hin gerichteten Einzelkraft. Aber auch wenn eine solche nicht vorhanden wäre, müßte sich dank dem Nucleus gelatinosus die Druckregion über die Mitte und den ganzen Nucleus hinaus nach der Konvexseite ausdehnen, wenigstens so lange es sich nicht um übermäßige abhebelnde Gewalteinwirkung handelt.

Verstärkt sich die abbiegende äußere Gewalt bei Abwesenheit erheblicher Spannung in hinteren Bändern oder Muskeln, so wächst der Druckwiderstand d', während der Druck im Nucleus gelatinosus von einem gewissen Augenblick an, und zwar ziemlich gleichmäßig in seiner ganzen Ausdehnung, abnimmt und wohl schließlich bei übermäßiger abhebelnder Gewalteinwirkung negativ werden könnte. Ein Auseinanderrücken der Wirbel an der Konvexseite ist nur möglich unter stärkerer Einbiegung der freien Fläche der Zwischenwirbelscheibe an der Konvexseite, was mit einem rascheren Anwachsen der Zugspannung in den Randteilen der Streckseite verbunden ist.

Der nötige Zugwiderstand gegen Abbiegung kann also unter Umständen in der Zwischenwirbelscheibe selbst geleistet werden. Indessen ist doch auch die Möglichkeit gegeben, daß bei der Vorbeugung durch stärkere Anspannung der hinteren Muskeln oder in extremer Beugestellung durch die Anspannung der hinteren Bänder ein weiteres Auseinanderweichen der Wirbelkörper an der Streckseite verhindert wird. In diesem Fall wird der Gallertkern weniger nach hinten ausweichen; die Zwischenwirbelscheibe wird mehr gleichmäßig in ihrer ganzen Breite kompromiert werden und einen resultierenden Druckwiderstand leisten, dessen Kraftlinie weniger weit nach vorn von der Mittellinie der Körpersäule gelegen ist. Ähnliches kann geschehen bei der Rückbeugung, wenn die Leistung des Zugwiderstandes hauptsächlich von Kräften in der vorderen Stammwand übernommen wird. In beiden Fällen wird die Körpersäule ausschließlicher bloß als „Druckbaum" in Anspruch genommen.

Manche Autoren nehmen an, der Gallertkern sei notwendigerweise das Zentrum der Bewegung (R. Fick). Solches kann nicht allgemein richtig sein, da, wie wir zeigen werden, in der Halswirbelsäule die Achse der sagittalen Drehung der oberen Wirbel gegenüber ihren unteren Nachbarn mitten unter der Zwischenwirbelscheibe, an den Brustwirbeln aber nahe dem vorderen Rande derselben gelegen ist. Die Bedeutung des Gallertkerns liegt nicht, wie Monro angab (von R. Fick zitiert und bekräftigt) darin, daß er einen flüssigen Zapfen oder eine flüssige Kugel darstellt, um welche die Bewegungen wie in einem Kugelgelenk vor sich gehen. Auch darf man nicht den Gallertkern an sich mit einer Sprungfeder vergleichen. Federnden Widerstand leistet erst der ganze aus dem Gallertkern und den umgebenden Fasermassen gebildete Apparat. Dagegen wirkt der Gallertkern, wie Roux richtig angegeben hat (Ges. Abh. I, 182), nach Art einer hydraulischen Presse, welche den Druck gleichmäßig auf die mittleren Teile der Verbindung verteilt.

Die ganze angezogene Stelle bei Roux lautet:

Zerfällung vielfacher Beanspruchungsrichtungen auf zwei Richtungen stärkster Beanspruchung bekundet sich außer in den Fascien auch in den beiden schräg sich kreuzenden Fasersystemen der Annuli fibrosi der **Zwischenwirbelscheiben.** Diese Fasern werden bei Torsion der Wirbelsaule nach rechts oder links abwechselnd gespannt(z. B. beim Umdrehen des Oberkorpers gegen die ruhenden Beine); hauptsächlich aber und gleichzeitig werden sie gespannt durch die Deformation des Nucleus pulposus der Scheiben bei der Belastung. Da dieser Nucleus für die grobe Gewalt der Last der oberen Teile des Rumpfes und der Spannung der Muskeln leicht bildsam ist, wird er bei gerader Belastung breit gedrückt und spannt so die Annuli fibrosi wie eine von ihnen umschlossene gepreßte Flüssigkeit. Beim Biegen der Wirbelsäule weicht er zum Teil nach der Seite der Konvexität aus und verteilt den Druck wieder wie eine gepreßte Flüssigkeit auf die ganze ihn begrenzende Fläche gleichmäßig. Daher wird auch hierbei der ganze mittlere Teil des Wirbels gleichmäßig gedrückt; während eine einfache elastische Scheibe, als welche die Zwischenwirbelscheiben bisher aufgefaßt wurden, bei Biegung der Wirbelsäule den Druck fast bloß auf die Seite neben der Konkavität bringen und zwar am stärksten am Rande des Wirbels fortpflanzen würde, so daß bei jeder starken Biegung der Wirbelkörper daselbst zertrümmert werden würde. Die Zwischenscheiben fungieren also in dieser Hinsicht wie hydraulische Pressen und bewirken dadurch, daß die Wirbel bei jeder Stellung der Wirbelsäule auf dem ganzen Querschnitt oder auf einem großen

Teil desselben fast gleichmäßig gedrückt und dabei am Rande durch die gespannten Annuli fibrosi auf Zug in Anspruch genommen werden. Dementsprechend sah ich, daß bei Scoliose, so lange diese Scheiben erhalten sind, die primären Druckbälkchen des Wirbels stets rechtwinklig zu der an die Zwischenscheibe angrenzenden Knochenfläche stehen, auch wenn die Wirbelkörper schon keilförmig sind, während nach Schwund dieser Scheiben an der Konkavität von den Berührungsstellen zweier Wirbelknochen aus schiefe divergierende Knochenbälkchen in den Wirbel hinein sich vorfanden, entsprechend der Ausbreitung des Druckes von der kleinen direkten Berührungsfläche aus.

Die im vorigen erläuterte Inanspruchnahme der Zwischenwirbelscheibe bei der Biegung entspricht speziell den Verhältnissen an der Lendenwirbelsäule. An weiter oben gelegenen Zwischenwirbelscheiben kombiniert sich mit der Kompression auf der einen und Dehnung auf der anderen Seite eine Abscherung des oberen Wirbels nach der Seite hin, an welcher sich die Wirbelkörper einander nähern.

Ähnliche Verhältnisse wie bei der Vor- und Rückbeugung liegen bei der Seitenbiegung vor. Die Abscherung und Torsion wird vor allem durch die schrägen Fasern des Annulus fibrosus und zwar die Abscherung namentlich an beiden Seiten, die Torsion ringsherum gehemmt.

Hinsichtlich der Größe der möglichen Exkursionen ergeben sich gewisse Unterschiede zwischen der Vor- und Rückbeugung einerseits, den seitlichen Biegungen andererseits.

Tatsächlich ist die Zwischenwirbelscheibe nicht in allen Radien von der Mitte zum Rand gleich gebaut und gleich weit ausgedehnt. Ein ungleiches Verhalten der Zwischenwirbelscheibe hinsichtlich des von ihr geleisteten Widerstandes gegenüber den verschiedenen Biegungs- und Abscherungseinflüssen ist vor allem da zu erwarten, wo die Querschnittsfigur der Wirbelkörper nicht kreisrund ist. An den Hals- und Lendenwirbeln muß, auch wenn wir eine möglichst gleichartige Abänderung des Baues von der Mitte aus nach allen Seiten hin voraussetzen, die Hemmung der Vor- und Rückbiegung eine geringere sein als diejenige der Seitenbiegung. An den Brustwirbeln aber müßte eher das Umgekehrte der Fall sein.

Eine besondere Bewegungsbeschränkung ist ferner im Halsteil an der Körpersäule durch die Processus marginales gegeben, welche vom oberen Rand der Wirbelkörper seitlich emporragen. Eine reine seitliche Abscherbewegung wird dadurch verhindert; dagegen ist eine seitliche Verschiebung des oberen Wirbelkörpers am unteren möglich, wenn sie sich mit einer Seitendrehung nach der entgegengesetzten Seite kombiniert. Es ist klar, daß man eine solche Kombination auffassen kann als eine Drehung um eine Achse, welche oberhalb der Zwischenwirbelscheibe in dorsoventraler Richtung verläuft, ebenso wie man die Verbindung einer Vordrehung um die Mitte der Zwischenwirbelscheibe verbunden mit einer Parallelverschiebung nach vorn auffassen kann als eine Drehung um eine unterhalb der Zwischenscheibe von einer Seite zur anderen verlaufenden Achse.

Die Zwischenwirbelscheiben sind auch nicht überall mit Bezug auf eine mittlere bilaterale Längsebene der Körpersäule symmetrisch. In der Lenden- und namentlich in der Brustwirbelsäule sind sie vielmehr hinten breiter als vorn. Die dadurch geschaffene Ungleichheit des Widerstandes wird vielleicht dadurch einigermaßen ausgeglichen, daß in diesen Teilen der Wirbelsäule der Nucleus gelatinosus etwas nach hinten verlagert ist. Dadurch wird bewirkt, daß hinten ebenso große Exkursionen der Wirbelkörper gegeneinander möglich sind als vorn, ja daß die Achse für die sagittale Drehung der Wirbel gegeneinander unter dem vorderen Rande der Zwischenwirbelscheibe gelegen sein kann. Die ganze Reihe dieser Besonderheiten kann als Anpassung an den Einfluß vorwärts biegender Kräfte aufgefaßt werden.

Entsprechend der verschiedenen Inanspruchnahme der oberen und unteren Zwischenwirbelscheiben sind ferner gewisse Unterschiede in der Struktur der verschiedenen Zwischenwirbelscheiben zu erwarten. Nach oben hin nimmt allmählich die sagittale Abscherungsbeanspruchung zu (siehe unten). Dementsprechend sind die parallel der Hauptausdehnung der Scheibe verlaufenden Unterbrechungsflachen in der Faserung vermehrt und entsteht ein mehr parallelblättriges Gefüge. Bei manchen Tieren (Vögel) kommt es an der Halswirbelsäule geradezu zur Ausbildung von Gelenkspalten zwischen den Wirbelkörpern. Beim Menschen werden kleine Gelenkspalten ziemlich regelmäßig nur gefunden an den Processus marginales der Halswirbel (Luschka).

Entwickelungsbedingungen.

Es ist schwer zu entscheiden, wieviel in den Dispositionen der Zwischenwirbelscheiben durch die Funktion bedingt ist. Ein Unterschied zwischen der Inanspruchnahme der Mitte und der Peripherie bei der Biegung ist bei jeder geschlossenen Zwischenzone zwischen gegeneinander bewegten Skelettstücken gegeben. Hier aber müssen besondere Umstände vorliegen, welche die Aufweichung der Mitte in größerer Breite und bis zu einem höheren Grade zustande kommen lassen. Das Vorhandensein eines Chordarestes in der Mitte der Zwischenwirbelscheibe mag hierbei von Bedeutung sein. Hand in Hand mit der breiteren Erweichung der Mitte geht nun aber wieder eine besondere Entwickelung der Faserstruktur in den peripheren Teilen. Im einzelnen muß sich ganz besonders in dem Verlauf der Faserung eine genaue Übereinstimmung mit der vorhandenen Zugbeanspruchung nachweisen lassen.

Indem man den Tonus der Stammuskeln berücksichtigt, wird man annehmen dürfen, daß die Zwischenwirbelscheibe schon auf früher Entwickelungsstufe beständig unter einem gewissen Längsdruck steht. Bei den nach verschiedenen Ebenen wechselnden Biegungen ist immer die Mitte der Scheibe relativ wenig auf Dehnung und Zusammenschiebung in Anspruch genommen im Vergleich zu den Randteilen. Ist einmal aus diesem Grunde und wegen der Anwesenheit von Resten der embryonalen Chorda dorsalis der Anstoß zur gallertigen Aufweichung gegeben, so muß sich die Ausgleichung des Druckes im erweichten Bezirk und das Ausweichen von der jeweiligen Beugeseite nach der Streckseite hin immer deutlicher geltend machen. Damit in Wechselbeziehung stehen Veränderungen der Inanspruchnahme und der Struktur des Randteiles der Zwischenscheibe. — Die Aufweichung der Mitte der Zwischenzone ist übrigens nicht etwas der Wirbelsaule allein Eigentümliches, sondern eine Erscheinung, die auch bei anderen Synarthrosen unter ahnlichen Bedingungen auftritt (vgl. Symphysis pubis). Charakteristisch für die Wirbelsäule und ihre Entwickelung ist nur, daß hier von vornherein in den Chordaresten ein besonderer zur Erweichung disponierter Gewebskern gegeben ist.

Die verschiedene Mächtigkeit der Zwischenwirbelscheiben ist wohl nicht ausschließlich erst durch die verschiedene mechanische Inanspruchnahme erzeugt. Eine ganze Anzahl selbstandiger primarer Unterschiede in der Anlage müssen in Betracht gezogen werden, wie Ungleichheiten in der Breite und Querschnittsform der Körpersaule und der Wirbelkörper, verschiedene Dispositionen der Wirbelgelenke, das Vorhandensein oder Fehlen von Processus marginales usw. Andererseits wird man eine weitergehende Abhängigkeit in der Entwickelung des Skelettes von äußeren Faktoren, z. B. von den Verhältnissen des Medullarrohres, der Muskelanlagen usw. finden, wenn man auf frühere Stadien der Entwickelung zurückgeht.

Ligamenta longitudinalia anterius und posterius.

Bezüglich der anatomischen Verhältnisse der beiden an der Vorder- und an der Rückseite der Körpersäule vorhandenen Längsbänder sei auf die Lehrbücher und die nebenstehenden Figuren 70 A und B verwiesen. Ersteres spannt sich bei der Rückbeugung, letzteres bei der Vorbeugung. Sie stellen Systeme kürzerer Fasern dar, welche aber doch meist mindestens zwei Zwischenwirbelscheiben überspringen. Trotz ihrer größeren Länge können sie doch zugleich mit der unmittelbar darunter gelegenen Faserung der Zwischenwirbelscheiben gespannt werden, da sie genauer longitudinal verlaufen und infolge davon ihre Längenänderung größer ist. Daneben fällt natürlich auch ihre größere Entfernung von der Achse der sagittalen Drehung ins Gewicht.

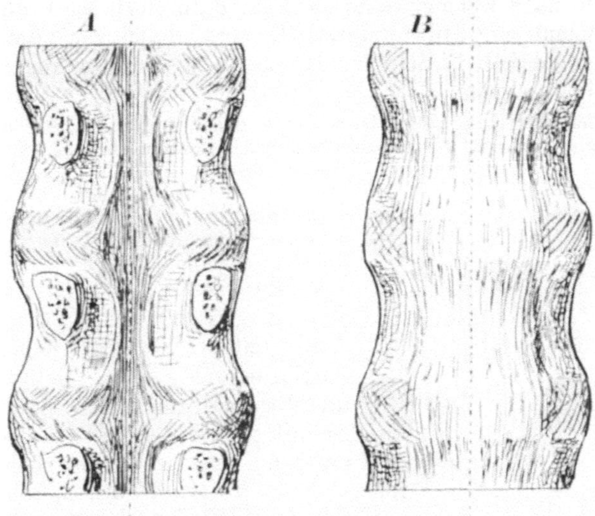

Fig. 70. *A* Körpersäule von hinten, mit dem hinteren Längsband. *B* Von vorn mit dem vorderen Längsband. Umzeichnung nach R. Fick.

β) Die Wirbelgelenke.

Wir wenden uns nun zur Untersuchung der Gelenke und der ihnen zukommenden Bewegungsmöglichkeiten und Bewegungsbeschränkungen.

Keinesfalls können die Gelenkfortsätze ineinander hineindringen, und falls nur jederseits ein einziger Punkt des einen Gelenkfortsatzes mit der gegenüberliegenden Gelenkfläche in Berührung bleibt — es setzt dies eine Art „Kraftschluß" voraus — so ist in der Richtung senkrecht zur Gelenkfläche nach beiden Seiten hin die Bewegung gehindert. Bestände die Bewegungsbeschränkung der Wirbel nur in dieser Hemmung an den Gelenken, so könnte ein Drehgleiten oder eine Abrollbewegung, oder beides zugleich stattfinden. Es könnten also wohl verschiedene Möglichkeiten der Drehung um verschieden weit entfernte Drehungsachsen gegeben sein. Die vorhandenen Möglichkeiten werden aber vor allem durch den Zusammenhang in der Zwischenwirbelscheibe vermindert. Erst in zweiter Linie kommen für die Bewegungsbeschränkung die Ligg. flava, die Bänder der abstehenden Fortsätze usw. in Betracht.

Richtung und Gestalt der Gelenkflächen.

Nach dem Vorgang von Aeby und entsprechend der Darstellung des Flächenverlaufes in der Kartographie bestimmen wir die Form und Stellung der Wirbelgelenkflächen in erster Annäherung, indem wir das quere Hauptprofil der Fläche (ihre Schnittlinie mit der durch ihre Mitte quer zum Wirbelkörper geführten Ebene) bestimmen und angeben, wie steil und nach welcher Seite die Fläche durch dieses Profil aufsteigt.

Maßgebend sind in letzterer Hinsicht diejenigen zum Querprofil senkrecht stehenden Linien der Fläche, welche unter allen Linien die größte Steigung haben.

Die ältere kartographische Darstellung zeichnete nur die Steillinien der Abhange und markierte die größere Steilheit durch dichtere Stellung und Verstarkung dieser Linien. In den neueren Kurvenkarten muß man sich die Steillinien senkrecht zu den Horizontalkurven gerichtet denken und um so steiler verlaufend, je naher die Horizontalkurven aneinander liegen.

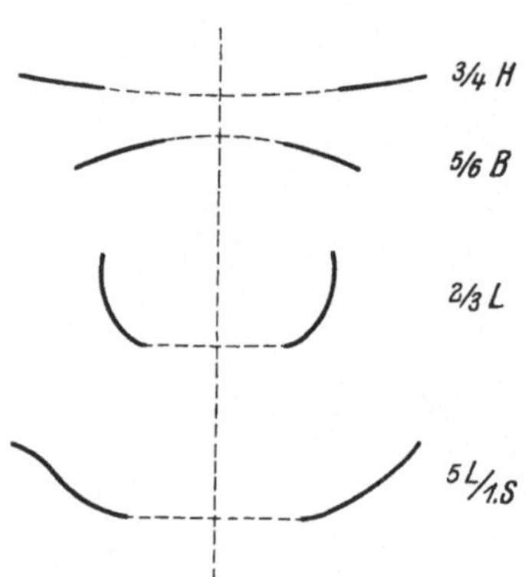

Fig. 71. Transversalprofile der Gelenkspalten. Die dorsale Seite ist in der Zeichnung die obere Seite.

Die queren Hauptprofile der Wirbelgelenke verhalten sich nach Aeby entsprechend der nebenstehenden Abbildung (Fig. 71). Denkt man sich dieselben durch die Mittellinie der Schnittebene ineinander fortgesetzt, so entsteht an den Halswirbeln (für die Gelenke unterhalb des Epistropheus) ein flacher, rückwärts konkaver Bogen; an den Lendenwirbeln ein rückwärts konkaver Bogen, der außen scharf nach hinten umbiegt; an den Brustwirbeln aber ein flacher vorwärts konkaver Bogen. Am unteren Ende der Brustwirbelsäule findet gewöhnlich ein plötzlicher Wechsel statt, indem das gemeinsame Querprofil oben am 10. oder 11. Brustwirbel noch rückwärts konvex, oben am folgenden Wirbel aber deutlich rückwärts konkav ist.

Durch diese queren Hauptprofile steigen nun die Gelenk- oder Trennungsspalten von hinten nach vorn auf und zwar um so steiler resp. um so mehr longitudinal, je näher dem Kreuzbein das betreffende Gelenk gelegen ist (Fig. 72). Es verlaufen die Gelenkspalten durch diese Profile annähernd longitudinal zum unteren Wirbelkörper im Lendenteil, während sie an den Brustwirbelgelenken nach oben zu immer deutlicher schräg zur Längsrichtung der Wirbelkörper nach vorn aufsteigen. Im gleichen Sinn geht die Abänderung an der Halswirbelsäule weiter. Zwischen dem dritten und zweiten Halswirbel steigt die Gelenkspalte nur noch wenig steil nach vorn auf. Die Gelenkspalten unter- und oberhalb der Massa lateralis des Atlas

verlaufen im ganzen direkt von hinten nach vorn, durch bogenförmige, nach innen konvergierende Profile, welche den Schnittlinien
der Gelenkflächen mit bilateralen Längsebenen entsprechen.

In der angegebenen Weise ist aber nur die Gesamtrichtung der
Flächen und die Krümmung von einer Seite zur
anderen charakterisiert. Zur Ergänzung dient die
Angabe, daß die Steillinien der Flächen an den
Lendenwirbelgelenken ungefähr geradlinig, an
den Brustwirbelgelenken (vom 11. Brustwirbel
an nach oben) rückwärts konvex, an den Halswirbelgelenken bis zum Epistropheus aber rückwärts konkav, daß endlich an den unteren seitlichen Atlasgelenken die unteren Profile meist nach
oben, die oberen nach unten konvex sind. Die Gelenkflächen der Brustwirbel zeigen also eine doppelte Konvexität nach hinten, und denkt man sich
die Fläche der einen Seite in diejenige der anderen Seite fortgeführt, so ergibt sich eine gemeinsame Gelenkfläche mit nach hinten
oben gerichteter Konvexität, welche als Teil
einer ellipsoidischen oder einer Kugelfläche angesprochen werden kann.

Eine einheitlich gekrümmte gemeinsame
Gelenkfläche der Halswirbel (bis hinauf
zum zweiten) ist nicht immer vorhanden, indem
die beiden Gelenkflächen, fortgeführt manchmal
in der Mittelebene in einer ganz flachen First
oder Rinne zusammentreffen. Auch wo eine einheitliche Krümmung vorhanden ist, kann sie
das eine Mal aufwärts konvex, das andere Mal
aufwärts konkav sein. Meist ist sie so gering,
daß ihr Sinn schwer zu deuten ist; doch ist häufiger eine aufwärts gerichtete Konkavität ausgesprochen; oft auch sind die Krümmungen unregelmäßig.

Die unteren Gelenkfortsätze sämtlicher Lendenwirbel, des 12. Brustwirbels, sowie meist auch
diejenigen des 11., ja unter Umständen sogar des
10. Brustwirbels, stellen annähernd längsgerichtete
Zapfen dar, welche mit ihrer vorderen und
äußeren Peripherie in Rinnen liegen, die von
den oberen Gelenkfortsätzen des unteren Wirbels
gebildet werden. Auffällig ist der plötzliche
Umschlag des Gelenkcharakters am (10.)
11. oder am 12. Brustwirbel, indem seine
obere Gelenkverbindung den Charakter der darüber befindlichen Brustwirbelgelenke aufweist, die
untere Gelenkverbindung aber dem Typus der

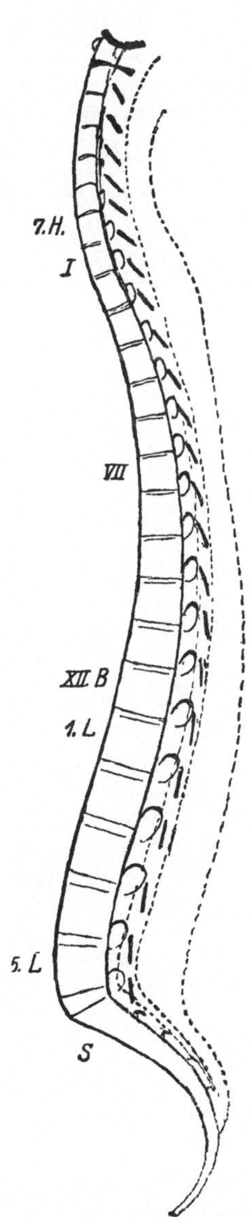

Fig. 72. Medianschnitt
der Wirbelsäule. Sagittalprofile der Gelenkspalten.

Lendenwirbelgelenke entspricht. In gelenkmechanischer Hinsicht beginnt also der Lumbalteil der Wirbelsäule in der Regel schon mit der Junktur zwischen dem 11. und 12. Brustwirbel. Die Gelenkflächen der Lendenwirbel verlaufen wie gesagt annähernd longitudinal zu den betreffenden Wirbeln, und zwar um so mehr, je tiefer die Junktur liegt. Doch steigen sie an der Lumbosacraljunktur wieder mehr nach oben und vorn zum Wirbel auf und haben statt eines Querprofils, welches hinten dorsoventral verläuft und vorn scharf nach innen umbiegt, ein schwächer gekrümmtes und im ganzen ventralwärts einwärts verlaufendes Querprofil.

γ) Die übrige Verbindung der Wirbel.

In den Spatia interspinalia spannen sich die Ligamenta interspinalia aus. Am mächtigsten sind sie zwischen den Lendenwirbel-

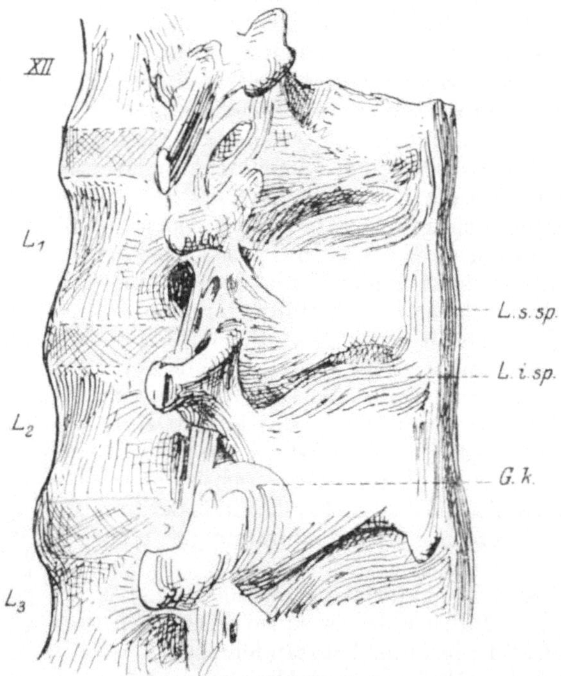

Fig. 73. Bänder der Wirbelsäule von der Seite. Oberste Lendenwirbel. Umzeichnung nach Rauber-Kopsch. *L. s. sp.* Lig. supraspinale, *L. i. sp.* Lig. interspinale, *G. k.* Gelenkkapseln.

dornen. Oberhalb des Epistropheus fehlen sie naturgemäß. In ihnen sind meist gröbere, rückwärts absteigende Faserzüge erkennbar. Sie verlaufen aber so wenig steil, daß sie zunächst bei der Vorbeugung nur wenig gespannt werden und erst bei stärkerer Entfernung der Dornen voneinander in Spannung geraten. Dies gilt, obschon nach oben zu bei der Vorbeugung immer mehr mit der Entfernung der Dornen voneinander zugleich eine Verschiebung des oberen Dorns gegenüber dem unteren Nachbarn in dessen Längsrichtung nach vorn hin stattfindet. Nach R. Fick sind im unteren Brust- und im Lendenteil auch horizontale derbere Züge vorhanden (s. Fig. 73 nach Rauber-Kopsch). Das elastische Element tritt in diesen Bändern beim Menschen sehr zurück. Über die Spitzen der Dornen hinüber zieht sich das Ligamentum supraspinale; es ist aus Fasern, welche mehrere Wirbel überspringen, zusammengewebt. Am Nacken, zwischen den Vertebrae prominentes, den nach oben folgenden Dornen und dem Hinterhaupt spannt sich in der Mittelebene zwischen den Nackenmuskeln beider Seiten das sog. Nackenband (Lig. occipitodorsale R. Fick) aus. Dasselbe unterscheidet sich durch seinen, wenn auch spärlichen Gehalt an elastischen Elementen immer noch von einem einfachen Lig. intermusculare, vermag auch die Vorbeugung der Halswirbelsäule und Senkung des Kopfes etwas zu hemmen, kann sich aber mit dem Nackenband der Tiere nicht entfernt in Mächtigkeit und Bedeutung und hinsichtlich der elastischen Struktur messen. Es wird durch Fasern gebildet, welche von den Wirbeldornen her einstrahlen, und schließt sich nicht lückenlos an die Ligg. interspinalia an.

Die Ligamente zwischen den aufeinander folgenden seitlichen Fortsätzen (Ligg. intertransversaria) sind zwar stellenweise in Form schwächerer Faserzüge vertreten, spielen aber keine wichtige Rolle bei der Hemmung der sagittalen und auch nicht der seitlichen Biegungen der Wirbelsäule, die im wesentlichen durch andere Momente zustande gebracht wird (Fig. 73). Wir können auf ihre genauere Beschreibung füglich verzichten.

δ) Sagittale, symmetrische Bewegung.

Prüfen wir zunächst die Möglichkeit der sagittalen Bewegung unter der Voraussetzung, daß der Gelenkkontakt wenigstens jederseits in einem Punkte erhalten bleibt.

Die Führung muß in sagittalen Profilen der Gelenkflächen geschehen. Diese steigen nach vorn auf, um so steiler, je mehr caudal die Junktur gelegen ist. Sie sind überall geradlinig oder (Brustwirbel) leicht nach vorn konkav. Da es sich um eine sagittale Drehung handelt, so muß die Drehungsachse quer zur Medianebene (des unteren Wirbels) und in einer Ebene gelegen sein, welche die Führungsprofile senkrecht schneidet; andererseits aber muß die Drehungsachse, mit Rücksicht auf die Bewegungsbeschränkung in der Zwischenwirbelscheibe, in einer Ebene liegen, welche senkrecht zur Medianebene durch die Mittellinie des oberen Wirbels geht und nicht allzuweit von der Mitte der Zwischenwirbelscheibe entfernt ist. An der Lendenwirbelsäule (Fig. 74) schneiden sich in der Tat zwei solche Ebenen annähernd in der Mitte der Zwischenwirbelscheibe, an den Brustwirbeln (Fig. 75) nur wenig unterhalb oder sogar in derselben, und nur an den Halswirbeln (Fig. 76) liegt die Schnittlinie von der Zwischenwirbelscheibe weiter, um eine halbe oder eine

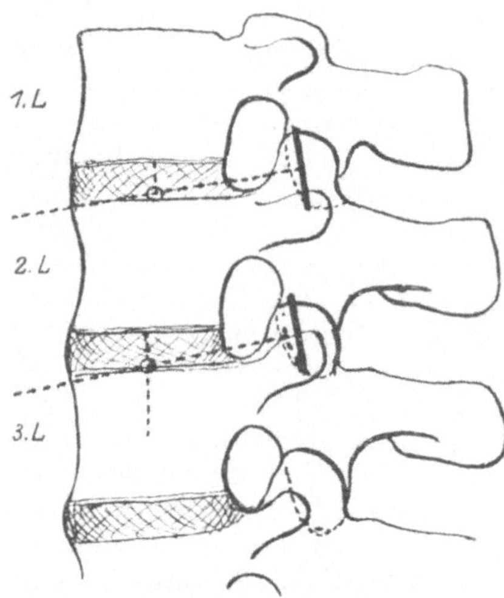

Fig. 74. Sagittalbewegung zwischen Lendenwirbeln.

ganze Wirbelhöhe, wenn nicht um noch mehr (am $^4/_5$ Halswirbel) nach unten ab.

Eine sagittale Vor- oder Rückdrehung kann demnach bei erhaltenem Gelenkkontakt an der Lendenwirbelsäule erfolgen ohne jede erhebliche Abscherung in der Zwischenwirbelscheibe; um soviel als die Wirbelkörper sich vorn einander nähern, müssen sie hinten auseinander gehen und umgekehrt.

Je weiter nach oben die Junktur liegt, desto mehr muß sich mit der Drehung um eine Querachse durch die Mitte der Zwischenwirbelscheibe eine Abscherung nach vorn verbinden, und mit der Rückdrehung eine Abscherung nach hinten. In der Tat tritt bei der Vorbeugung an der Halswirbelsäule je der obere Wirbelkörper über den unteren Nachbarn leicht stufenartig vor und zeigt sich das umgekehrte Verhalten bei der Rückbeugung; auch sind die Zwischenwirbelscheiben hier der Abscherungsbewegung entsprechend strukturiert.

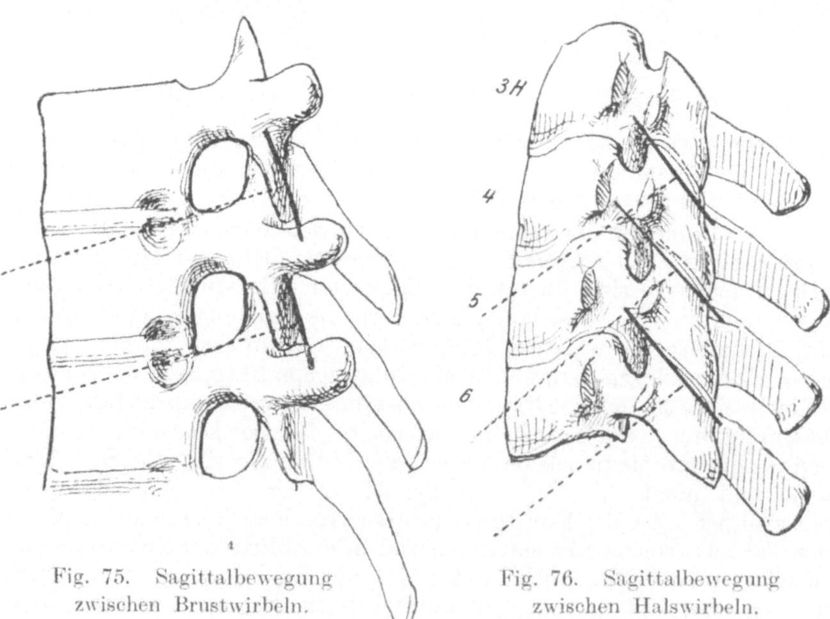

Fig. 75. Sagittalbewegung zwischen Brustwirbeln.

Fig. 76. Sagittalbewegung zwischen Halswirbeln.

Doch findet man gerade hier am Bänderpräparat eine Abhebung der Gelenkflächen voneinander bei der Vorbewegung, außer wenn der obere Wirbel und namentlich sein Bogen zugleich stark nach unten gepreßt wird, in welchem Fall aber die Vorschiebung nicht so weit getrieben werden kann. Die Drehungsachse liegt naturgemäß bei der Vorbeugung mit Abhebung der Gelenkflächen voneinander nachweisbar höher als bei Kraftschluß der Gelenke und nicht allzuweit unter der Zwischenwirbelscheibe. Ich vermute, daß beim Lebenden unter dem Einfluß des Tonus der mächtigen Nackenmuskeln die Diastase der Gelenkflächen wenigstens für die gewöhnlichen Exkursionen nach vorn verhindert ist. Gerade hier könnten vielleicht Röntgenbilder Aufschluß geben.

Cheselden (1790) und Barthez (1798) haben noch angenommen, daß sich die Wirbel bei ihrer sagittalen Bewegung abwechselnd an zwei verschiedenen Stellen, bei der Vorbeugung im Bereich der Körpersäule, bei der Rückbeugung im Bereich der Gelenkfortsätze auf ihre unteren Nachbarn stemmen und über diese Stemmpunkte drehen. Erst durch E. H. Weber ist die neuere Auffassung begründet worden, nach welcher eine einheitliche Drehung um eine in der Körpersäule gelegene Achse stattfindet (s. Novogrodsky). H. v. Meyers Versuche (1866) bestätigten diese Auffassung.

ε) Asymmetrische Bewegung.

Wir berücksichtigen zunächst diejenigen Bewegungen, welche den oberen Wirbel aus einer symmetrischen Stellung herausführen. Es kommen dabei in Betracht

a) Drehungen um irgend welche Achsen, welche in der Symmetrieebene des unteren Wirbels verlaufen. Liegen sie entfernt von dem Mittelpunkt der Zwischenwirbelscheibe, so können wir die betreffende Drehung als eine Kombination betrachten zwischen einer Drehung um die parallele Mittelpunktsachse und einer Parallelverschiebung senkrecht zur Symmetrieebene.

Solche Bewegungen sind bei erhaltenem Gelenkkontakt und gleichbleibendem mittleren Abstand der einander zugewendeten Wirbelendflächen nur möglich, wenn diese Flächen annähernd Teile einer um die Drehungsachse herumgehenden Rotationsfläche sind.

b) Eine Kombination zwischen einer Drehung um eine sagittale Mittelpunktsachse und einer sagittalen Parallelbewegung senkrecht zu dieser Achse (resultierende Drehung um eine seitlich vom Mittelpunkt der Zwischenwirbelscheibe gelegene Achse, welche mit jener Mittelpunktsachse parallel läuft). Etwas Derartiges kann bei erhaltenem beiderseitigem Gelenkkontakt nicht in Betracht kommen, da im allgemeinen die Gelenkflächen und die Ebene der Zwischenwirbelscheibe nicht als Teile der gleichen Rotationsfläche um eine solche seitlich gelegene Achse aufgefaßt werden können.

Asymmetrische Bewegung in den Lumbaljunkturen und untersten Brustwirbeljunkturen.

Untersuchen wir zunächst die Verhältnisse der Lumbaljunkturen auf die Möglichkeit der asymmetrischen Bewegung, so ergibt sich folgendes:

a) Die beiden Gelenkflächen, je aus einem äußeren mehr sagittalen und einem vorderen mehr frontalen Teil bestehend, können allenfalls als Teile einer und derselben Rotationsfläche mit einer zwischen und hinter ihnen gelegenen, annähernd longitudinal verlaufenden Achse betrachtet werden. Eine Drehung um eine solche Achse könnte aber nur unter querer Verschiebung des oberen Wirbelkörpers auf dem unteren entgegen den sehr starken Widerständen der Zwischenwirbelscheibe vor sich gehen und muß auf ein Minimum beschränkt sein. Das ist auch nicht wesentlich anders, wenn der Gelenkfortsatz des oberen Wirbels, der bei dieser Bewegung nach vorn gehen sollte, sich nach vorn und außen an seinen unteren Nachbarn anstemmt, so daß die Drehungsachse auf die Stelle dieser Hemmung verlegt wird. Andererseits läßt sich einsehen, daß bei sehr großer Krafteinwirkung eine wenn auch ganz unbedeutende transversale Drehung von einem oder zwei Winkelgraden wohl erzwungen werden kann.

b) Die beiden Gelenke erlauben aber neben dem früher besprochenen gleichzeitigen Auf- und Abgehen der Gelenkfortsätze des oberen zwischen denjenigen des unteren Wirbels auch eine entgegengesetzte Bewegung der beiden Gelenkfortsätze des oberen Wirbels in dem Sinn, daß der eine absteigt, während der andere aufsteigt. Der ungenaue Schluß der Gelenkflächen (Klaffen oben oder unten) in den seitlichen Teilen, die an einem Wirbel oder allenfalls an beiden gegeneinander etwas konvex sind, gestattet solches. Eine Drehung um eine dorsoventrale, zwischen den Gelenken hindurch und durch die Mitte der Zwischenwirbelscheibe gehende Achse ist auch seitens der Zwischenwirbelscheibe zugelassen, die hierbei an der einen Seite zusammengedrückt, auf der anderen Seite gedehnt wird.

Am schwersten hat sich Henle (1871) in der Beurteilung der in den Lendenjunkturen möglichen Bewegungen geirrt, indem er nur die Möglichkeit einer Parallelverschiebung des oberen Wirbels auf- und abwärts als typisch angenommen hat.

Unterste Brustwirbeljunkturen. Von den verschiedensten Seiten ist darauf hingewiesen worden, daß sich nicht bloß die Gelenke zwischen dem 12. Brustwirbel und dem 1. Lendenwirbel, sondern auch diejenigen zwischen dem 11. und dem 12. Brustwirbel, ja manchmal auch die Gelenke zwischen dem 10. und 11. Brustwirbel ähnlich wie die unter den Lumbalwirbeln gelegenen Gelenke verhalten.

Die übrigen Brustwirbeljunkturen.

Die übrigen Brustwirbelgelenkflächen sind von verschiedenen Autoren je als zwei Teile einer gemeinsamen Kugelfläche angesprochen worden, deren Mittelpunkt in der Mitte der zugehörigen Zwischenwirbelscheibe gelegen sein soll. In der Tat ist diese Annahme im wesentlichen zutreffend. Nur liegt der Mittelpunkt der Kugel in oder unmittelbar unter dem vordersten Teil der Zwischenwirbelscheibe, im Lig. long. anterius (nach R. Fick um $1/3$—$1/2$ des geraden Wirbelkörperdurchmessers weiter nach vorn). Es müßten danach, soweit die Gelenke in Betracht kommen und der Kontakt erhalten bleibt, asymmetrische Bewegungen möglich sein um Achsen, welche durch die genannte Stelle gehen. Drehungen um eine den Gelenkflächen ungefähr parallel von hinten nach vorn aufsteigende Achse und um eine vertikale Achse werden zwar durch die Bogenbänder, aber kaum durch das Anstoßen der Gelenkflächenränder gehindert sein; während umgekehrt der Drehung um eine zwischen den Gelenken von hinten nach vorn absteigende Achse sehr bald durch ein solches Anstoßen ein Ziel gesetzt ist. Was aber die Bewegungsfreiheit in der Zwischenwirbelscheibe betrifft, so müßte bei zentral gelegenem Nucleus pulposus und ringsum gleich gebauter Zwischenwirbelscheibe die Seitenneigung offenbar am ausgiebigsten um eine rein dorsoventrale Achse vor sich gehen können. Tatsächlich ist nun für die Brustwirbelsäule die Lage des Nucleus pulposus näher der hinteren Peripherie der Körpersäule charakteristisch. Es hängt dies wahrscheinlich mit dem Vorhandensein einer Druckspannung im vorderen Teil der Körpersäule bei der Ausbildung der Brustkrümmung zusammen (s. o.). Die Verlagerung des Gallertkerns nach hinten ermöglicht wohl, daß trotz der größeren Breite der Wirbelkörper und der Zwischenwirbelscheibe im hinteren Teil die Kompression und Längsdehnung hier ausgiebiger als vorn statthaben kann. Aber auch die asymmetrischen Exkursionen sind im hinteren Teil umfänglicher als im vorderen und geschehen um Achsen, welche auf- oder absteigend durch das vordere Ende der Zwischenwirbelscheibe gehen.

Auch wenn man den Nucleus pulposus als einen Bezirk betrachtet, in welchem eine Hemmungsfaserung gegen Abscherung fehlt, kommt man zu dem Schluß, daß in dem hinteren Teil der Zwischenwirbelscheibe eine größere seitliche Verschiebungsmöglichkeit der Wirbel gegeneinander im Vergleich zum vorderen Teil vorhanden sein muß.

Aus dem Angeführten folgt, daß im Brustteil die Zwischenwirbelscheibe Drehungen um sagittale Achsen zuläßt, welche durch den vorderen Teil der Zwischenwirbelscheibe gehen. Wegen des Verhaltens der Gelenkflächen aber kann die Drehung um eine vorwärts aufsteigende Achse und auch noch um eine rein dorsoventrale Achse in ziemlichem Umfang ausgeführt werden, während diejenige um eine vorwärts absteigende Achse wegen des Anstoßens der Ränder mehr beschränkt ist. Eine ziemlich gleichmäßige Beschränkung aller Drehungen im Brustteil resultiert aus der seitlichen Verbindung der Querfortsätze und Rippen.

Halswirbel.

An den Halswirbeln wird die asymmetrische Bewegung in den Zwischenwirbelscheiben ganz besonders durch die seitlichen Marginalfortsätze beeinflußt. Sie hindern eine reine Abscherung zur Seite und eine reine Drehung um eine dorsoventral durch die Mitte der Zwischenwirbelscheibe gehende oder tiefer gelegene Achse, erlauben aber in besserer Weise ebenso wie die sagittale Bewegung so auch Drehungen um eine longitudinale Achse, welche zwischen ihnen durchgeht, und um eine dorsoventrale Achse, welche zwischen und etwas über ihnen durch den unteren Teil des oberen Wirbelkörpers verläuft; auch Kombinationen von Längsdrehungen mit Seitendrehungen um schräge Achsen, welche vorn zwischen den Marginalfortsätzen hindurch nach vorn oder hinten zwischen ihnen hindurch rückwärts absteigen, sind verhältnismäßig gut möglich.

Die Gelenkflächen der Halswirbel zeichnen sich durch größere Variabilität aus; die beiden Flächen des gleichen Wirbels liegen mitunter annähernd in der gleichen Ebene, weichen aber doch in der Regel, wenn man sie bis zur Bildung einer gemeinsamen Fläche fortgesetzt denkt, aus der Ebene ab zur Bildung einer rückwärts aufwärts gewendeten von einer Seite zur anderen gehenden Konkavität, oder einer vorwärts aufsteigenden flachen Rinne.

Bei am besten ausgesprochener Regelmäßigkeit kann man an eine Zylinderfläche denken, mit einer Achse, welche parallel den Gelenkflächen von hinten nach vorn aufsteigt, oder an den Mantel eines mehr oder weniger flachen Kegels mit einer Achse, welche mit der Mittellinie der fortgeführten Gelenkfläche in einen spitzen bis rechten, rückwärts offenen Winkel vorn zusammentrifft. Im letzteren Fall würde die Achse deutlich nach vorn absteigen (Fig. 77). Sollte die gemeinsame Gelenkfläche (an den unteren Junkturen) im Sinn derjenigen der Brustwirbel eine quere Konvexität nach hinten zeigen, so würde sie gleichsam umgeschlagen sein in die Mantelfläche eines flachen Kegels, der

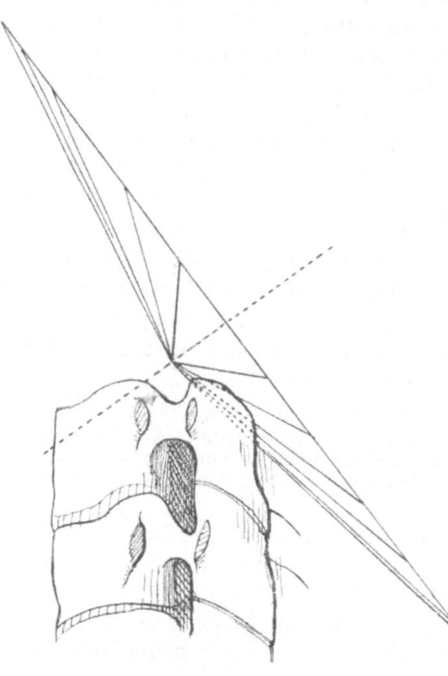

Fig. 77.

seine Basis vorn unten statt hinten oben hat, und dessen Achse noch steiler von hinten oben nach vorn unten verläuft resp. vertikal steht.

Am häufigsten handelt es sich um die Mantelfläche eines Kegels, dessen Basis hinten oben liegt und dessen Achse gegen den unteren Teil des Körpers des oberen der beiden Wirbel mehr oder weniger vorwärts absteigt. Fälle mit so starker Krümmung, daß die Basis des Kegels hinten, die Achse horizontal liegt, und solche, in welchen die Basis oben liegt und die Achse vertikal absteigt, sind bereits als extreme Abweichungen zu betrachten. Damit ist nun auch erkannt, daß bei Drehungen um Achsen, welche in genannter Weise mehr oder weniger steil von hinten oder oben gegen den unteren Teil des oberen Wirbels absteigen, der Gelenkkontakt am besten gewahrt, das Ineinanderdringen der Gelenkfortsätze am besten vermieden bleibt, und daß vielleicht eine dieser Drehungen mit beiderseitigem

Kontakt vor sich gehen kann. Aber schon bei wenig abweichenden Kombinationen muß mit dem Drehgleiten an einer Seite eine Abhebung an der anderen verbunden sein, und muß sich die Drehungsachse der Kontaktseite nähern und aus der Sagittalebene hinten heraustreten.

C. Beobachtungen und Experimente am Bänderpräparat über die Bewegungsmöglichkeit in der Wirbelsäule.

α) Die Angaben der Autoren.

Versuche über die Bewegungsmöglichkeiten der Wirbelsäule sind meist an anatomischen Präparaten in der Weise angestellt worden, daß man das untere Ende der Wirbelsäule (Kreuzbein) feststellte und auf das obere Ende bewegend einwirkte oder es von oben her belastete. Man bekommt dabei je nach der Entfernung der wirkenden Einzelkraft von den verschiedenen Gliederungsstellen unter Umständen ganz verschiedene Kraftmomente, so daß die in den verschiedenen Junkturen vor sich gehenden Umstellungen mit ganz verschiedenen Krafteinwirkungen erzeugt sind, ohne daß aber die natürlichen Verhältnisse der Kraftwirkung beim Lebenden richtig nachgeahmt werden. Einwirkungen, die für die unteren Junkturen vielleicht einer am Lebenden vorkommenden maximalen Beanspruchung entsprechen, sind für die schwächeren oberen Junkturen bereits übermäßig und schädigen bleibend die Struktur, so daß namentlich bei weiteren Versuchen leicht für diese schwächeren Junkturen verhältnismäßig allzu große Exkursionsmöglichkeiten gefunden werden. Etwas zuverlässiger erscheinen die Ergebnisse von Versuchen, welche mit kürzeren Unterabteilungen der Wirbelsäule angestellt worden sind, wie Lovett solche angestellt hat. Doch verdient die Untersuchung der Beweglichkeit von Wirbel zu Wirbel unter maschineller Einspannung der beiden benachbarten Wirbel entschieden den Vorzug, um so mehr, als hier allein die eintretenden Bewegungen genau nach bestimmten Drehungsachsen und Drehungsebenen zerlegt und gemessen werden können.

Die ersten genaueren Beobachtungen über die am Bänderpräparat möglichen Bewegungen der Wirbelsäule hat E. H. Weber (1827) angestellt. An Präparaten von zwei männlichen und einer weiblichen Leiche schlug er in die Processus spinosi und transversi, der queren Richtung entsprechend, lange starke Nadeln ein. Aus der Annäherung und dem Auseinandergehen der Nadeln bei der Vor- und Rückbeugung und bei der Seitenbeugung und aus der seitlichen Ablenkung bei der Längsrotation beurteilte er die Größe der Exkursionen von Wirbel zu Wirbel. Doch macht er keine genaueren Winkelangaben. In ähnlicher Weise hat neuerdings R. W. Lovett (1905) am ganzen Stamm (ohne Kopf) und an Bänderpräparaten der Hauptabschnitte der Wirbelsäule Stahlnadeln in die Wirbeldornen von hinten eingetrieben und aus ihren Exkursionen Schlüsse gezogen. R. W. Hughes dagegen (1892) bestimmte unter der Leitung von Braune und Fischer die horizontalen Drehungen zweier unten eingespannter, vom Hinterhaupt aus torquierter Wirbelsäulen mit Hilfe eines Koordinatenverfahrens (unter Umrechnung in Winkelmaß und zwar mit illusorischer Genauigkeit, bis auf Dezimalen von Graden!).

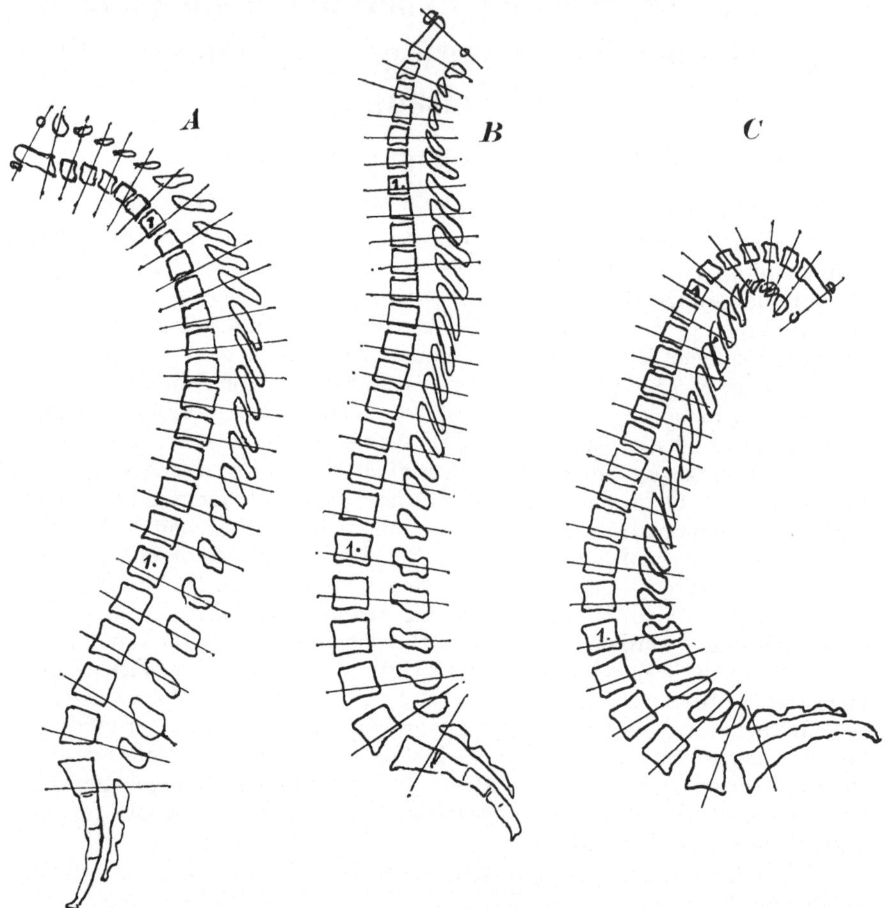

Fig. 78. Sagittale Bewegung der Wirbelsäule (Bänderpräparat), Umzeichnung nach H. Virchow.
A Extreme Vorbeugung, *B* Mittelstellung, *C* Extreme Rückbeugung.

Ein genaueres Verfahren zur Bestimmung der sagittalen Bewegung hat neuerdings H. Virchow in Anwendung gebracht. Die Wirbelsäule wird von den Rippen und Muskeln befreit, sauber präpariert und auf der einen Seite sauber geschabt unter Schonung des Bandapparates. Man legt dann die Wirbelsäule so, daß die saubergeschabte Seite nach oben sieht, und nimmt einen Gipsabdruck derselben. Die ausmazerierten Wirbel können später genau wieder vermittels dieser Gipsform in die ursprüngliche Lage zueinander gebracht werden, welche sie bei Anfertigung des Gipsabgusses hatten. Es wurden von Virchow (1911) solche Abgüsse von der maximal ventralwärts und von der maximal dorsalwärts zusammengebogenen Wirbelsäule hergestellt. Indem die mazerierten Wirbel in der Mittellinie entzweigesägt wurden, konnten von den in die Gipsform zurückgebrachten Wirbelhälften genaue Messungen und Zeichnungen der mittleren Längsprofile etc. ausgeführt werden. Man gewinnt so in aller Ruhe ziemlich genaue Daten und entschieden sehr anschauliche Bilder (Fig. 78).

H. Virchow fand folgende Zahlen (leider wird das Alter des Individuums nicht angegeben):

	Vorbiegung	Rückbiegung	Totalexkursion	
2.—3. Halsw.	11,0	6,0	17,0	
3.—4. „	11,5	14,5	26,0	
4.—5. „	11,5	12,0	23,5	117,5
5.—6. „	10,5	13,0	23,0	
6.—7. „	18,0	10,0	28,0	
7. Halsw.—1. Brw.	7,5	7,0	14,5	
1.—2. Brw.	7,0	6,0	13,0	
2.—3. „	8,0	3,0	11,0	
3.—4. „	0,5	7,0	6,5	
4.—5. „	6,0	4,5	10,5	
5.—6. „	—1,0	4,5	3,5	107,5
6.—7. „	6,0	—1,0	5,0	
7.—8. „	4,5	4,0	8,5	
8.—9. „	2,0	3,5	5,5	
9.—10. „	4,0	3,0	7,0	
10.—11. „	4,5	6,0	10,5	
11.—12. „	7,0	5,0	12,0	
12. Brw.— 1. Lw.	6,0	9,0	15,0	
1.—2. Lw.	6,5	4,0	10,5	
2.—3. „	6,0	7,0	13,0	84,0
3.—4. „	9,0	5,0	14,0	
4 —5. „	8,5	7,5	16,0	
5. Lw. bis Kreuzb.	8,5	7,0	15,5	

Der Forderung, daß die Drehung von Wirbel zu Wirbel jeweilen nach Hauptdimensionen der an der betreffenden Junktur beteiligten Wirbel gemessen werde, und daß die zur Drehung verwendeten Kräfte an diesen Wirbeln selbst angreifen, ist zuerst Kammerer in vollem Umfang nachgekommen.

Er untersuchte unter meiner Leitung in den 80er Jahren zwei Wirbelsäulen (I. von einem 36jährigen, II. von einem 42jährigen Mann). Beide hatten 6 Lendenwirbel. Als Ebenen der Drehung wurden damals, entsprechend der von Henke befürworteten Zerlegung der Wirbelbewegung a) die Medianebene des jeweiligen festgestellten unteren Wirbels, b) zwei zu dieser Ebene senkrecht stehende Ebenen gewählt, von denen die eine parallel, die andere senkrecht stand zu der Linie, in welcher sich die gegeneinander weitergeführten Gelenkflächen treffen. In diese Ebenen wurde nacheinander ein Reißbrett bis nahe an den beweglichen oberen Wirbel eingestellt. Zwei in den oberen Wirbel eingetriebene Stifte sicherten die richtige Führung bei der Drehung entlang diesen Ebenen und erlaubten zugleich die Aufzeichnung des Winkelausschlages. Nach Abtragung des oberen Wirbels wurde zur Messung der nächstfolgenden Junktur weitergegangen.

Folgende Tabelle gibt die Hauptergebnisse der Untersuchung von
Kammerer, veröffentlicht in der Dissertation von Novogrodsky.

Messungen von Dr. Kammerer	Beugung und Streckung		Sagittalachse senkrecht z. Gelfl.		Sagittalachse parallel z. Gelfl.	
	I	II	I	II	I	II
Atlas-Epistropheus . . .	14	17,5	45	—	3	5
Epistropheus — III. Halsw.	7,5	9	13	12	2,5	1,5
III. — IV. Halsw.	9,5	12	14	14	4,5	2
IV. — V. „	7,5	11,5	14	13	4,5	3
V. — VI. „	9	9,5	13,5	9	5	2,5
VI. — VII. „	8,5	7,5	7	9	6,5	3
VII. Halsw. I. Brustw. . .	7.5	6,5	6	8	3	2
1. — 2. Brustw.	4	5,5	7	6	4	4
2. — 3. „	4	4,5	5	5	4	5
3. — 4. „	3,5	3	4,5	3,5	4	4,5
4. — 5. „	2,5	2	2	2,5	4	3,5
5. — 6. „	2,5	3	4	3	3	4
6. — 7. „	3,5	1,5	5	2,5	5	3
7. — 8. „	4,5	2	3,5	2	5	2,5
8. — 9. „	5	2	5	3	5	3,5
9. — 10. „	2	1,5	3	2,5	4	2
10. — 11. „	3	2	2,5	2,5	2,5	2
11. — 12. „	2,5	2,5	3	3	2,5	3,5
12. Bw. — I. Lw.	1,5	3,5	3	4	—	—
I. — II. Lw.	2,5	7	3	6,5	—	—
II. — III. „	4,5	6,5	3,5	9	—	—
III. — IV. „	5,5	12,5	6,5	11,5	—	3,5
IV. — V. „	8	12,5	8,5	8	—	2
V. — VI. „	12	14	8	4	—	0
VI. Lw. — Kreuzbein . .	13,5	—	3,5	—	—	—

M. Novogrodsky (Die Bewegungsmöglichkeit in der menschlichen
Wirbelsäule, Inaug.-Diss. Bern 1911) hat die von Kammerer be-
gonnene Untersuchung wieder aufgenommen. Unter Benutzung der von
mir konstruierten „Wirbelmeßlade" sind vier Wirbelsäulen von
erwachsenen Männern (I von einem 39 jährigen, II von einem 63 jährigen,
III vom 35 jährigen und IV vom 53 jährigen) gemessen worden. Dabei
wurde aber nicht die Henke-Kammerersche, sondern die von mir
im vorigen befürwortete Art der Zerlegung der Drehungen zugrunde gelegt.

Die Wirbelmeßlade (Fig. 79) besteht aus vier vertikalen, rechtwinkelig
zusammengefügten Brettern L, die auf einen festen Tisch so aufgeschraubt sind,
daß die Lade etwa zur Hälfte über den Tischrand vorsteht. In dem frei bleibenden Teil der unteren Öffnung wird die Wirbelsaule mit dem unteren der zwei
zunächst zu untersuchenden Wirbel zwischen gegeneinander gerichteten, mit
geeigneten Angriffsflachen versehenen Stiften fest eingespannt.

Dem Rande des Tischausschnittes ist ein Eisenring (UR) aufgeschraubt, der um den Wirbel herumgeht. Zwei auf diesem Ring gegeneinander drehbare Hebel HH tragen Säulen, von denen nach innen vorn
ein horizontaler Stift ausgeht, welcher den Querfortsatz oder den Bogen
von hinten außen her packt. Vorn wird der Wirbelkörper durch 1 oder
mehrere Spitzen eines Halters Hv gefaßt, der vorn am Ring in vertikaler

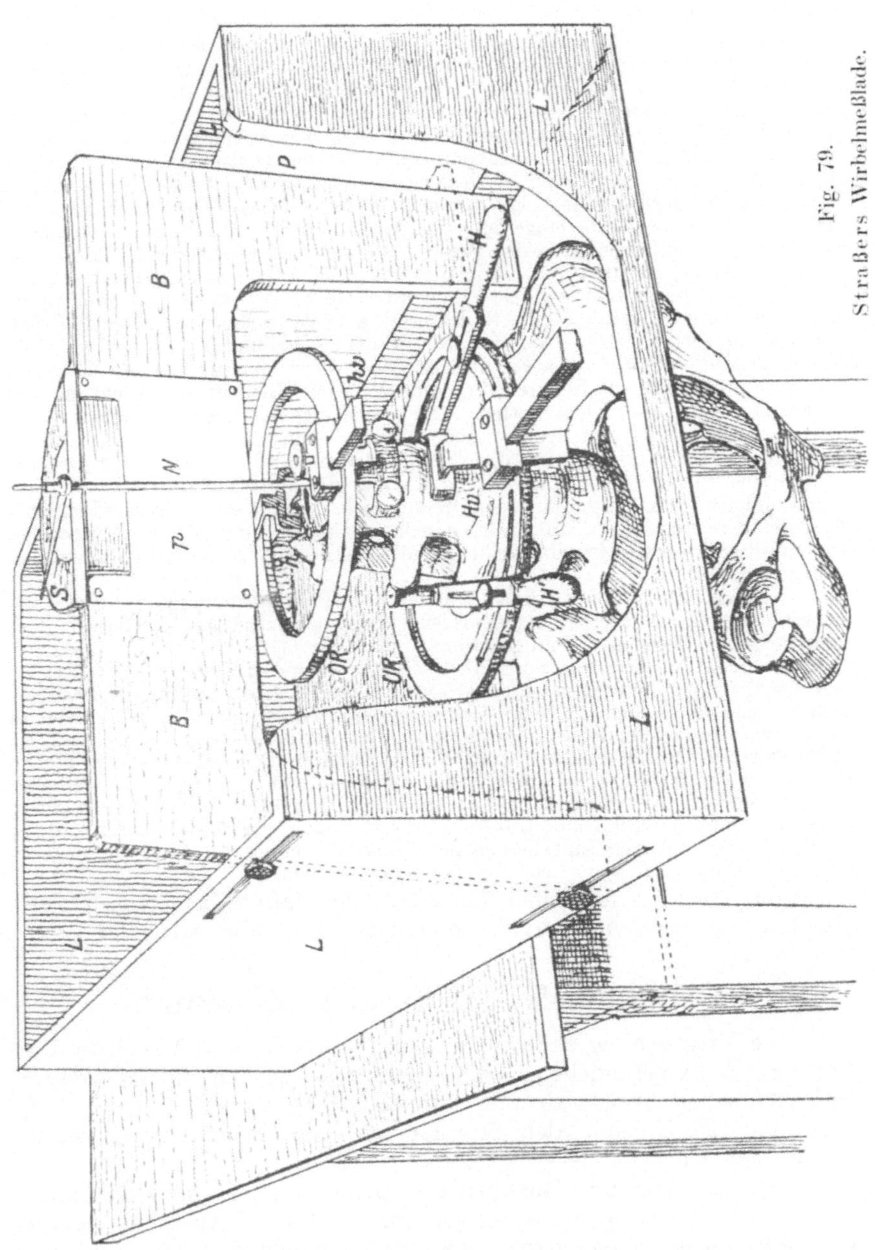

Fig. 79.
Straßers Wirbelmeßlade.

und in dorsoventraler Richtung verschieblich ist. Halter und Hebel sind natürlich feststellbar.

Ein freier, oberer Eisenring OR dient zum Erfassen des oberen Wirbels. Er trägt einen vorderen Schieber hv mit Spitzen und einen hinteren Schieber h mit einer Gabel, an welcher Stellschrauben angebracht sind, die in den Wirbelbogen eingebohrt werden. Indem man mit der Untersuchung am oberen Ende der Wirbelsäule begonnen hat, sind die über dem oberen Wirbel gelegenen Junkturen bereits erledigt, und der darüber gelegene Teil der Wirbelsäule ist abgetragen. In die Mittellinie des oberen Wirbelkörpers kann demnach eine lange steife Nadel N eingebohrt werden. Ein fünftes, verschiebliches Brett B ist zwischen die Längsseiten der Lade eingefügt; es lauft jederseits mit Stiften, von denen der obere an der Seitenkante des Brettes in einer Nut verschieblich ist, in zwei Schlitzen der Seitenwände und kann durch Stellschrauben in verschiedener Lage und Richtung festgestellt werden. Es wird jeweilen senkrecht zur Symmetrieebene des unteren Wirbels an die Nadel, welche die Mittellinie des oberen Wirbelkörpers darstellt, angelegt. Bei den verschiedenen Stellungen, welche man dem oberen Wirbel vermittels des Eisenringes geben kann, markiert man auf einem an der Seitenwand angehefteten Papierblatt P mit Bleistift die Richtung der Berührungsebene des Schiebbrettes. Die Höhenlage der oberen Endfläche des unteren Wirbels muß auf dem seitlichen Papier eingezeichnet sein. Man erhält so gleichsam den Meridian der Mittellinie des oberen Wirbelkörpers für jede beliebige Vor- oder Rückdrehungsstellung und für die Mittelstellung. Durch Konstruktion läßt sich leicht die Lage der Drehungsachse für die symmetrische Flexions-Extensionsdrehung finden. Ferner können die Winkelwerte der möglichen sagittalen Drehung für die symmetrische Stellung und für seitlich abgelenkte Stellungen bestimmt werden.

Die Seitendrehung aus jeder Vor- oder Rückdrehungsstellung wird durch die Verschiebung der Nadel entlang dem Schiebbrett angezeigt und auf einem dort festgehefteten Papierblatt p aufgezeichnet.

Die mögliche Längsrotation endlich wird an einer senkrecht zur Nadel stehenden Scheibe S mit Gradeinteilung abgelesen. Diese Scheibe kann an der Nadel so weit verschoben werden, daß sie dicht über dem oberen Rand des Schiebbrettes steht. Sie wird an der Nadel so festgestellt, daß der Null-Punkt der Teilung bei symmetrischer Einstellung des oberen Wirbels genau in die Fortsetzung der Flache des Schiebbrettes fällt, welche der Nadel anliegt. (In Fig. 79 ist die Anordnung etwas verändert. Die Scheibe ist hier am oberen Rand des Brettes B mit einem Falz verschieblich. Die Nadel trägt einen verstellbaren und feststellbaren Zeiger.) Bezüglich aller weiteren Einzelheiten der Konstruktion etc. muß auf die ausführliche Mitteilung von Novogrodsky verwiesen werden.

Wir geben im folgenden (Seite 185) die Haupttabelle von Novogrodsky in etwas anderer Gruppierung vollständig wieder.

β) Vergleich und Zusammenfassung.

Eine Vergleichung der von Kammerer, Hughes, Virchow und Novogrodsky gefundenen Resultate mit den Angaben anderer Autoren ist nur möglich, wenn wir die Summe der Drehungen für den subepistrophicalen Halsteil, den Brustteil und den Lendenteil jeweilen zusammennehmen.

Unter der Vor- und Rückbeugung ist bei den Autoren wohl immer die gleiche Bewegung der symmetrisch gestellten Wirbelsäule parallel der Mittelebene verstanden. Die Ausgangsstellung kann wohl verschieden genommen sein. Deshalb beschränken wir uns auf den Vergleich der Angaben über die Gesamtexkursionen aus der stärksten Beugung nach vorn zur stärksten Rückbewegung.

Befunde von Novogrodsky an 4 Wirbelsäulen (Nr. 1, 3, 4 und 2 von einem 39, 35, 52 und 62jährigen).

Bilaterale transversale Achse

Gelenk-verbindung zwischen	Ws.N.1 39 J. Vor- u. Rückbeugung zusammen	Ws.N.3 35 J. Vorbeugung	Ws.N.3 35 J. Rückbeugung	Ws.N.4 52 J. Vorbeugung	Ws.N.4 52 J. Rückbeugung	Ws.N.2 62 J. Vorbeugung	Ws.N.2 62 J. Rückbeugung
2 u. 3 H. W.	18°	6°	8°	7°	5°	3°	3°
3 u. 4 „ „	21	9	8	6	5	8	8
4 u. 5 „ „	12	8	6	4	5	5	3
5 u. 6 „ „	14	8	9	6	6	5	4
6 u. 7 „ „	14	5	5	4	7	5	3
7 H. u. 1 Br. W.	12	4	4	4	5	—	—
1 u. 2 Br. W.	11	3	4	4	4	—	—
2 u. 3 „ „	8	2	3	4	4	2	2
3 u. 4 „ „	8	2	2	3	3	3	2
4 u. 5 „ „	5	2	2	3	3	2	2
5 u. 6 „ „	4	2	2	3	3	2	2
6 u. 7 „ „	4	2	2	3	3	3	3
7 u. 8 „ „	3	1	2	2	3	2	2
8 u. 9 „ „	3	2	1	3	2	2	2
9 u. 10 „ „	4	2	2	3	2	1	2
10 u. 11 „ „	4	1	1	—	—	—	—
11 u. 12 „ „	4	1	2	—	—	—	—
Letzt. Br. 1 L. W.	4	2	2	3	3	2	2
1 u. 2 L. W.	6	2	3	3	4	1	2
2 u. 3 „ „	7	2	2	3	4	1	2
3 u. 4 „ „	7	2	3	4	4	1	2
4 u. 5 „ „	7	3	3	5	4	—	—
5 u. Os sacrum	9	—	—	—	—	—	—

Dorsoventrale transversale Achse

Gelenk-verbindung zwischen	Ws.N.1 39 J. Seitenneigung nach rechts und links	Ws.N.3 35 J. Seitenneigung n. rechts	Ws.N.3 35 J. Seitenneigung n. links	Ws.N.4 52 J. Seitenneigung n. rechts	Ws.N.4 52 J. Seitenneigung n. links	Ws.N.2 62 J. Seitenneigung n. rechts	Ws.N.2 62 J. Seitenneigung n. links
2 u. 3 H. W.	20°	7°	8°	6°	7°	5°	6°
3 u. 4 „ „	15	7	7	5	8	4	5
4 u. 5 „ „	16	5	5	5	5	minimal	minimal
5 u. 6 „ „	16	5	5	5	4	minimal	minimal
6 u. 7 „ „	17	4	5	4	4	minimal	minimal
7 H. u. 1 Br. W.	17	4	4	5	5	—	—
1 u. 2 Br. W.	14	5	4	5	5	—	—
2 u. 3 „ „	9	4	4	5	5	2	3
3 u. 4 „ „	9	3	3	4	4	3	4
4 u. 5 „ „	7	3	3	4	5	2	3
5 u. 6 „ „	8	2	3	3	4	3	3
6 u. 7 „ „	7	3	2	3	4	3	3
7 u. 8 „ „	6	3	2	2	4	3	2
8 u. 9 „ „	7	3	3	3	4	3	3
9 u. 10 „ „	9	3	3	1	3	3	3
10 u. 11 „ „	9	3	3	—	—	—	—
11 u. 12 „ „	7	4	4	—	—	—	—
Letzt. Br. 1 L. W.	6	3	4	3	3	5	4
1 u. 2 L. W.	6	4	4	6	6	4	4
2 u. 3 „ „	11	5	3	6	6	5	4
3 u. 4 „ „	10	4	3	6	5	5	4
4 u. 5 „ „	10	4	4	7	6	—	—
5 u. Os sacrum	12	—	—	—	—	—	—

Längs-Achse

Gelenk-verbindung zwischen	Ws.N.1 39 J. L. Rotation n. rechts	Ws.N.1 39 J. L. Rotation n. links	Ws.N.3 35 J. L. Rotation n. rechts	Ws.N.3 35 J. L. Rotation n. links	Ws.N.4 52 J. L. Rotation n. rechts	Ws.N.4 52 J. L. Rotation n. links	Ws.N.2 62 J. L. Rotation n. rechts	Ws.N.2 62 J. L. Rotation n. links
2 u. 3 H. W.	15°	8°	7°	5°	7°	7°	5°	7°
3 u. 4 „ „	8	6	7	5	7	7	5	4
4 u. 5 „ „	7	5	6	6	5	7	minimal	minimal
5 u. 6 „ „	7	6	6	6	5	7	minimal	minimal
6 u. 7 „ „	7	7	6	5	5	6	minimal	minimal
7 H. u. 1 Br. W.	7	6	5	5	5	5	—	—
1 u. 2 Br. W.	7	6	5	5	5	5	—	—
2 u. 3 „ „	6	6	4	3	5	5	2	2
3 u. 4 „ „	6	6	4	3	4	3	2	2
4 u. 5 „ „	7	5	3	3	4	3	2	2
5 u. 6 „ „	7	5	3	3	3	3	2	2
6 u. 7 „ „	7	5	3	3	3	3	2	2
7 u. 8 „ „	5	5	3	2	3	3	2	2
8 u. 9 „ „	6	5	3	2	3	3	2	2
9 u. 10 „ „	5	4	3	3	2	2	2	2
10 u. 11 „ „	4	3	3	2	—	—	—	—
11 u. 12 „ „	3	3	3	2	—	—	—	—
Letzt. Br. 1 L. W.	3	2	2	2	2	2	1	1
1 u. 2 L. W.	2	2	1	1	2	2	1	1
2 u. 3 „ „	2	1	1	1	2	2	1	1
3 u. 4 „ „	2	1	1	1	2	2	1	1
4 u. 5 „ „	1	1	1	1	2	2	—	—
5 u. Os sacrum	1	1	—	—	—	—	—	—

Rotation kombiniert mit Seitenneigung

Gelenk-verbindung zwischen	Ws.N.1 39 J. nach rechts und links zusammen	Ws.N.4 52 J. nach rechts	Ws.N.4 52 J. nach links
2 u. 3 H. W.	28° g	7° g	9° g
3 u. 4 „ „	26 „	5 „	11 „
4 u. 5 „ „	25 „	7 „	7 „
5 u. 6 „ „	28 „	4 „	8 „
6 u. 7 „ „	26 „	4 „	6 „
7 H. u. 1 Br. W.	21 „	5 „	6 „
1 u. 2 Br. W.	19 g	5 g	6 g
2 u. 3 „ „	12 „	5 „	6 „
3 u. 4 „ „	10 „	4 „	4 „
4 u. 5 „ „	10 „	4 v	6 v
5 u. 6 „ „	10 v	3 „	5 „
6 u. 7 „ „	10 „	3 „'	5 „
7 u. 8 „ „	9 „	3 „	5 „
8 u. 9 „ „	10 „	2 „	4 „
9 u. 10 „ „	13 „	3 „	5 „
10 u. 11 „ „	13 „	—	—
11 u. 12 „ „	8 „	—	—
Letzt. Br. 1 L. W.	7 g	3 g	5 g
1 u. 2 L. W.	7 g	6 g	8 g
2 u. 3 „ „	12 „	6 „	8 „
3 u. 4 „ „	11 „	7 „	7 „
4 u. 5 „ „	11 „	7 „	8 „
5 u. Os sacrum	12 „	—	—

Was dagegen die Seitenbewegung betrifft, so handelt es sich hier nicht immer genau um die gleiche Drehung. In den Angaben von Novogrodsky ist darunter für sämtliche Junkturen die Drehung des oberen Wirbels gegen die Seite seines unteren Nachbars verstanden (s. o.), während andere Autoren wie R. Fick wohl die Drehung des obersten Wirbels eines Hauptabschnittes nach der Seitenfläche des obersten Wirbels des nächstunteren Hauptabschnittes im Auge haben. So lange es sich nun um die Wirbelsäule in aufrechter Mittelstellung handelt, sind die diesbezüglichen Differenzen zwar durchaus nicht unbeträchtlich, gegenüber den sehr viel größeren tatsächlichen Unterschieden in der Beweglichkeit der verschiedenen Wirbelsäulen aber sind sie doch verschwindend.

Gleiches gilt für die Unterschiede, welche aus der verschiedenen Art der Bestimmung der Längsrotation hervorgehen. (Bei Novogrodsky handelte es sich um die Summe der wirklichen Längsrotationen der Wirbel gegenüber ihren unteren Nachbarn, bei den übrigen Autoren aber um die Summe der Drehungen um die gerade Verbindungslinie der Enden des betreffenden Hauptabschnittes der Wirbelsäule oder der ganzen Wirbelsäule.)

Aber auch, wenn wir über die Differenzen, die aus dem verschiedenen Prinzip der Messung resultieren, hinwegsehen, ist das zum Vergleich verwertbare Material ein recht spärliches. Wir geben in der folgenden Tabelle auf Seite 187 die diesbezügliche Zusammenstellung.

In dieser Zusammenstellung muß vor allem die große Verschiedenheit der Messungsresultate in die Augen springen. Zum kleinen Teil beruht sie auf dem erwähnten ungleichen Prinzip der Messung. Aber auch die nach der gleichen Methode gemessenen Wirbelsäulen (Novogrodsky) zeigen die größten Verschiedenheiten. Weitere Unterschiede könnten abhängen von der verschiedenen Art der Konservierung der Präparate, obschon billig vorausgesetzt werden muß, daß alle Wirbelsäulen möglichst frisch untersucht wurden, und daß besonders Formalin und ähnlich wirkende Konservierungsflüssigkeiten, welche die Elastizität der weichen Skeletteile stark vermindern (das Wort Elastizität ist hier im vulgären Sinn verstanden), nicht zur Anwendung gekommen sind. Ein dritter Grund zu Unterschieden kann in der Größe und Art der Einwirkung der aufgewendeten Kraft beruhen (Schädigung der schwächeren Junkturen bei Applikation der biegenden Kraft an den Enden der ganzen Wirbelsäule; es besteht dabei die Gefahr, daß die schwächeren Stellen künstlich allzu nachgiebig gemacht werden.)

Aber alles das erklärt nicht entfernt die großen Differenzen. Dieselben müssen der Hauptsache nach auf wirklichen individuellen Unterschieden und auf dem verschiedenen Alter der Individuen beruhen. Das untersuchte Material erscheint einstweilen viel zu gering, um über den Einfluß des Alters weitergehende Schlußfolgerungen zu ziehen. Es ergibt sich vielmehr die dringliche Forderung, daß ein größeres, vollkommen frisches Material aus den verschiedensten Altersstufen und von Individuen beiderlei Geschlechtes nach einheitlicher Methode (wohl am besten gemäß den oben aufgestellten Gesichtspunkten) gemessen werde.

Vor- und Rückbeugung im ganzen	vom 2. Halsw. bis zum 1. Brustwirbel	vom 1 Brustw. bis zum 1. Lendenwirbel	vom 1. Lendenw. an abwärts
Kammerer I . . .	49,5	46,5	46 bis zum Sacrum
II . . .	56	38,5	52,5 bis zum 6. Lw.
Novogrodsky I . .	91	62	27 + 9 bis z. Sacrum
III . .	80	47	20 bis zum 5. Lw.
IV . .	64	60	31 „ „ 5. „
II . .	47	38	9 „ „ 4. „
R. Fick, ganze Wirbels.	180	135	113 bis zum Sacrum
Körpersäule allein .	—	145	110 „ „ „
H. Virchow, Wirbels. ohne Rippen . . .	167,5	107	84 „ „ „

Seitenneigung von einer Seite zur andern	vom 2. Halsw. bis zum 1. Brustwirbel	vom 1. Brustw. bis zum 1. Lendenwirbel	vom 1. Lenden- wirbel
Novogrodsky I . .	101 |	98 |	37 + 12 bis z. Sacrum
III . .	66 | 62,5 im	77 | 76 im	31 bis zum 5. Lw.
IV . .	63 | Mittel	75 | Mittel	48 „ „ 5. „
II . .	20 ⌡	55 ⌡	26 „ „ 4. „
R. Fick, ganze Wirbels.	60	60	70 „ „ Sacrum
Körpersäule . . .	—	170 (?)	80 „ „ „

Längsrotation	vom 2. Halsw. bis zum 1. Brustwirbel	vom 1. Brustw. bis zum 1. Lendenwirbel	vom 1. Lenden- wirbel
E. H. Weber	—	60 bis zum Kreuzbein	
Volkmann	50	43	unmeßbar klein
Hughes	143,7	99,2 (66,35)	—
R. Fick, ganze Wirbels.	90	80 (99,2)	10 (13,5)
Körpersäule . . .	90	150	—
Novogrodsky I . .	89	121	12 + 2 bis z. Sacrum
III . .	69	71	8 bis zum 5. Lw.
IV . .	73	67	16 „ „ 4. „
II . .	21	34	6 „ „ 4. „

Gesamtdrehung um eine schräge sagittale	vorwärts ab- steigende Achse (Konkavrota- tion) vom 2. Halsw. bis zum 1. Brustwirbel	vorwärts auf- steigende Achse (Konvexrota- tion) vom 1. Brustw. bis zum 1. Lendenwirbel	vorwärts etwas ab- steigende Achse (Konkavrotation) vom 1. Lendenwirbel
Kammerer I . . .	112,5	43 (47,5)	—
II . . .	65	37,5 (39,5)	—
R. Fick	180	120	80 bis zum Sacrum
Novogrodsky I . .	154	131	41 + 12 bis z. „
IV . .	79	86	57 bis zum 5. Lw.

Dagegen gestatten die vorliegenden Daten, wie Novogrodsky hervorhebt, für die verschiedenen Wirbelsäulen die Beweglichkeit in den einzelnen Regionen nach den verschiedenen Drehungsebenen und für ein analoge Drehung die Abänderung der Beweglichkeit nach den verschiedenen Regionen festzustellen. In dieser Hinsicht lassen sich nun doch einige Gesetzmäßigkeiten konstatieren.

Größe der sagittalen Bewegungsmöglichkeit in den verschiedenen Regionen der Wirbelsäule.

Die Befunde von Kammerer und Novogrodsky stimmen miteinander ziemlich gut überein. Man erhält aus ihnen einen mittleren Wert der Vor- und Rückbeugungsmöglichkeit von 63^0 (47—80^0) für den subepistrophikalen Teil der Halswirbelsäule und von 54^0 (38—62^0) für die Brustwirbelsäule (6 Wirbelsäulen), ferner einen Betrag von 37^0 für die Lendenwirbelsäule (3 Messungen). Ganz abweichende, viel größere Zahlen bringt R. Fick.

Nach E. H. Weber findet sich in der Halswirbelsäule ein Minimum der Sagittaldrehung zwischen dem 2. und 3. Halswirbel. Solches konnte nur an einer der sechs von Kammerer und Novogrodsky gemessenen Wirbelsäulen bestätigt werden; dagegen ist an fünf von diesen sechs Wirbelsäulen die Beweglichkeit zwischen diesen zwei Wirbeln etwas geringer als in der nach unten folgenden Junktur. Novogrodsky fand dann wieder an seinen sämtlichen Wirbelsäulen die Beweglichkeit zwischen dem 4. und 5. Halswirbel etwas geringer als in der nächstoberen und nächstunteren Junktur. So schwanken die Verhältnisse im subepistrophikalen Teil der Halswirbelsäule; durchschnittlich ist die Beweglichkeit in den mittleren Junktionen etwas größer und vermindert sich gegen das untere Ende hin, und meist also auch in der Junktur zwischen 2 und 3. Aus Kammerers Messungen geht hervor, daß hier die sagittale Exkursionsmöglichkeit geringer ist als zwischen dem Atlas und Epistropheus (vgl. S. 182). Zwischen Atlas und Hinterhaupt ist natürlich die Möglichkeit sagittaler Bewegung sehr erheblich.

In der Brustwirbelsäule ist die sagittale Bewegungsmöglichkeit geringer. Sie erfährt im allgemeinen gegen das untere Ende hin noch eine weitere allmähliche Verminderung, um dann in den Lendenjunkturen wieder etwas zuzunehmen. Doch scheint gerade die betreffende Beweglichkeit der untersten Brust- und der Lendengegend individuell sehr verschieden groß zu sein. Auch liegt das Minimum durchaus nicht immer in gleicher Höhe (12. BW.—1. LW. K. I, 6./7. und 9./10. BW. K. II., 7.—9. BW. N. I u. IV, untere Brustwirbelsäule N. II und III).

Reine Seitenneigung.

Die reine Seitenneigung ist nach Langer und R. Fick in Summa im Brustteil größer als in den zwei anderen Hauptregionen. Damit stimmen im allgemeinen auch die Befunde von Novogrodsky. Sie ergeben einen mittleren Wert von $62,5^0$ für den Halsteil und von

76⁰ für den Brustteil (4 Wirbelsäulen); der mittlere Wert der Seitenneigung in der Lendenwirbelsäule bis zum Kreuzbein möchte an den gleichen Wirbelsäulen ca. 40⁰ betragen haben. Die Tatsache, daß in der Halswirbelsäule eine reine Seitenneigung möglich ist, verdient besonders hervorgehoben zu werden; sie macht besser verständlich, daß die Mm. scaleni zur Seitenneigung der Halswirbelsäule beitragen können. In der Brustwirbelsäule sind im allgemeinen für die einzelnen Junkturen die Exkursionen am geringsten. Die Minima finden sich wohl zumeist unterhalb der Mitte der Brustwirbelsäule.

Reine Längsrotation.

Die Möglichkeit der Längsrotation nimmt nach den Untersuchungen von Novogrodsky von dem Epistropheus bis zum Sacrum konstant ab. Sie zeigte sich an der letzten interthorakalen Junktur und an den Lendenjunkturen größer, als zunächst erwartet wurde, indem sie hier in den einzelnen Junkturen von oben nach unten von 4⁰ bis zu 3 und 2⁰ nach beiden Seiten zusammen beträgt. Die genannten Maxima der Torsionsbewegung erhält man bei gleichzeitiger Kompression der ganzen Zwischenwirbelscheibe, welche entschieden die Verschiebung parallel den Körperendflächen etwas begünstigt.

Hughes ist der einzige, der vor Novogrodsky, unter Leitung von Braune und Fischer an zwei Wirbelsäulen den Bewegungsumfang von Wirbel zu Wirbel bestimmt hat. Obschon das Prinzip der Untersuchung verschieden ist von demjenigen, welches Novogrodsky angewendet hat (die Wirbel wurden nicht sukzessive abgetragen; die drehenden Kräfte griffen an den Enden der Säule an), so zeigt sich doch in den Zahlen übereinstimmend eine fast gleichmäßige Abnahme der Rotationsmöglichkeit nach unten. Ein Minimum von 2⁰ Drehung im ganzen ist an der Grenze der Brust- und Lendenwirbelsäule vorhanden. Die Rotationsmöglichkeit beträgt an den nach unten folgenden Junkturen überall etwas mehr, zwischen 2 und 3⁰ (im ganzen).

Den Gesamtbetrag der in der Brustwirbelsäule möglichen reinen Längsrotation bestimmte Hughes auf 99,8⁰ (gegenüber 143⁰ in der Halswirbelsäule). R. Fick fand 80⁰ in der Brust- und 90⁰ in der Halswirbelsäule (unterhalb des 2. Halswirbels). Die Tabelle von Novogrodsky zeigt bei der Wirbelsäule I 122⁰ für die Brust- und 89⁰ für die Halswirbelsäule und bei der Wirbelsäule IV 70⁰ und 73⁰. Die Längsrotation in der Halswirbelsäule ist also in Summa, von den Atlasgelenken abgesehen, eher etwas kleiner als diejenige der Brustwirbelsäule.

Kombinationen zwischen Längsrotation und Seitenneigung.

Eine Kombination zwischen einer Seitenneigung und einer Längsrotation nach der gleichen Seite oder einer Längsrotation nach der Konkavität der seitlichen Biegung (Konkavrotation) entspricht einer Drehung um eine vorwärts absteigende sagittale Achse; die Kombination einer Seitenneigung mit Längsrotation nach der entgegengesetzten Seite, d. h. nach der Konvexität der seitlichen Biegung (Konvexrotation) ist dagegen eine Drehung um eine vorwärts aufsteigende sagittale Achse.

Henke hat mit vollem Recht auf die Prävalenz der Bewegungen um schräge sagittale Achsen hingewiesen. Solche Bewegungen können wir natürlich in zwei Drehungen, eine reine Seitendrehung und eine reine Längsdrehung theoretisch zerlegen; damit ist aber durchaus nicht gesagt, daß diese Drehungen rein für sich ausgeführt werden können. An den Wirbeljunkturen sollte nun nach Henke wirklich die asymmetrische Bewegung wesentlich nur um sagittale schräge Achsen geschehen, welche zu der vereinigt gedachten und nach vorn weitergeführten Gelenkfläche senkrecht stehen und durch die Zwischenwirbelscheibe vorwärts absteigen, während die Möglichkeit einer dazu senkrechten Drehung um eine parallel der Gelenkfläche nach vorn aufsteigende Achse von ihm geleugnet wurde.

Die Messungen von Kammerer zeigen aber, daß die letztere Drehung im Brustteil in fast ebenso ausgiebigem Maße möglich ist. Die gesamte Drehung um die vorwärts aufsteigende Achse beträgt 43 und 37,5^0 gegenüber 47,5 und 39,8^0 Drehung um die vorwärts absteigende Achse. Dabei ist eine Drehung in der Junktur zwischen dem 12. Brustwirbel und dem 1. Lendenwirbel bei der ersten Drehung (aus nicht mehr zu ermittelndem Grunde) nicht notiert.

Es ist deshalb wohl anzunehmen, daß auch um alle zwischeninne liegenden Achsen, welche mehr vertikal verlaufen, ungefähr ebenso große Exkursionen möglich sind; ob aber reine Seitendrehungen um eine dorsoventrale Querachse ausgeführt werden können, ist nicht von vornherein zu entscheiden.

Nach R. Fick ist die ausgiebigste Bewegungskombination in der Brustwirbelsäule die Seitenneigung mit Konkavrotation (Drehung um eine vorwärts absteigende Achse). Novogrodsky dagegen fand die Bewegung um die vorwärts aufsteigende Achse bevorzugt (131^0 Drehung bei Wirbelsäule I).

Nach Novogrodsky ist an der Brustwirbelsäule die ausgiebigste asymmetrische Bewegung, die mit Konvexrotation (nach der entgegengesetzten Seite) kombinierte Seitenneigung. Sie beträgt 131^0 gegen 92^0 reiner Seitenneigung und 122^0 reiner Längsrotation bei Wirbelsäule I und 86^0 gegen 75^0 und 70^0 bei Wirbelsäule IV.

Der Nachweis, daß in der Brustwirbelsäule sowohl Konvex- als Konkavrotation normalerweise möglich sind, stimmt gut mit der Beobachtung von Lovett, daß bei vorgebeugter Brustwirbelsäule Kräfte zur Seitenbeugung eine Konvexrotation hervorrufen, bei nicht gebeugter resp. rückwärts geneigter Brustwirbelsäule aber eine Konkavrotation. Welche der beiden Längsrotationen zustande kommt, hängt meiner Meinung nach nur von der Richtung der einwirkenden Kräfte gegenüber den Ebenen der Zwischenwirbelscheiben und den Gelenkflächen ab (vgl. S. 358).

Die ausgiebigste asymmetrische Bewegung ist in der Hals-
wirbelsäule die mit Längsrotation nach der gleichen Seite kombinierte
Seitenneigung (Konkavrotation).   Sie beträgt bei der Wirbelsäule I
(Novogrodsky) 154⁰ gegen 101⁰ reiner Seitenneigung und 89⁰ reiner
Längsrotation, bei Wirbelsäule IV (Novogrodsky) 79⁰ gegen 63⁰
Seitenneigung und 73⁰ reiner Längsrotation.

D. Formveränderung der Wirbelsäule im ganzen. Untersuchungen am Präparat und am Lebenden.

Die Formveränderungen der ganzen Wirbelsäule, welche das Resultat
sind der Bewegung in den einzelnen Wirbeljunkturen, sind maßgebend
für die Formveränderungen des ganzen Stammes und in hohem Grade
bestimmend auch für die Stellung und Haltung des Kopfes.   Neben den
möglichen extremen Biegungen interessieren hier ganz besonders die
im Leben häufiger vorkommenden Formen.   Wir beschäftigen uns zunächst mit den extremen Formen.

Dieselben sind leicht zu übersehen und graphisch darzustellen,
wenn die Biegung in einer Ebene stattfindet.   Solches ist eigentlich nur
der Fall bei der sagittalen Biegung.   Es muß aber ausdrücklich wiederholt werden, daß bislang die gewöhnliche Methode der Hervorrufung
stärkster Vor- und Rückbeugung in der Festspannung des unteren
Endes und der Einwirkung einer Kraft auf das obere Ende der Wirbelsäule bestanden hat, wobei weder die im Leben wirkenden Kräfte genau
nachgeahmt werden, noch für jede Junktur die ihrer Festigkeit ad-
äquate Beanspruchnahme zur Anwendung kommt.

α) Bewegung in der Symmetrieebene.

Messungen am Bänderpräparat.

Die durch vorbeugende oder rückbeugende Kräfte an der ganzen
Wirbelsäule hervorgerufene Form wird am einfachsten charakterisiert
durch die Aufzeichnung des vorderen Längsprofils der Körpersäule.   Man erhält z. B. aus den von H. Virchow hergestellten
Modellen (s. S. 180) die in Fig. 80 abgebildeten vorderen Profillinien für
die Mittelstellung, die maximale Vorbeugung und die maximale Rückbeugung. Eine gröbere Analyse der Gestalt dieses Profils kann nach dem
Vorgang von H. v. Meyer geschehen, indem man den unteren Grenz-
punkt des Lendenteils mit den oberen Grenzpunkten des Lenden-, Brust-
und Halsteils je durch eine gerade Linie verbindet und die Winkel bestimmt, welche diese Geraden mit dem vorderen Profil der oberen Sacralwirbel bilden. Die Änderungen dieser Winkel bei dem Übergang aus der
stärksten Rückbeugung in die stärkste Vorbeugung stellen den Ausschlag des Lendenteils, des Lendenbrustteils und des ganzen suprasacralen Abschnittes der Wirbelsäule dar.   Ebenso kann man den Aus-

schlag des Brustteils und des Brust- und Halsteiles gegenüber dem
obersten Lendenwirbel, und des Halsteils gegenüber dem obersten
Brustwirbel bestimmen.

Fig. 80. Nach Fig. 78.

Freilich verkürzen und verlängern sich diese Geraden, je nach
dem die Krümmung des zugehörigen Bogens verstärkt oder vermindert
wird; der Sinn und die Größe der Krümmungsänderung kann annähernd
in Worten oder durch ungefähre Bestimmung des Bogenwertes in Winkel-
grade oder der Pfeilhöhe im Verhältnis zur Sehne charakteristisch werden.

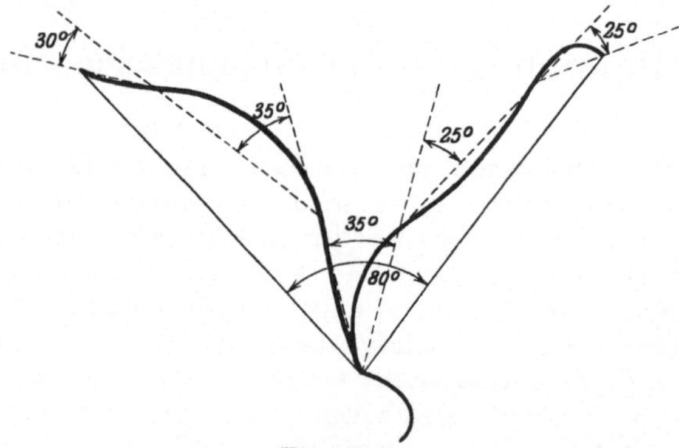

Fig. 81.

Ich habe an einem Bänderpräparat folgende Werte gefunden:
1. für den Ausschlag des gesamten suprasacralen Teiles der Wirbelsäule ca. 80°;
2. den Ausschlag der Lendensehne zum Kreuzbein beim Übergang aus der
   stärksten Rückbeugung in die stärkste Vorbeugung = 35°;
3. die Richtungsänderung der Brustteilsehne gegenüber dem Kreuzbein 35 + 25
   + 35 = 95°;

4. In der stärksten Rückbeugung ist die Brustteilssehne aus der Richtung der Lendenteilsehne um 25⁰ nach hinten abgeknickt, und die Sehne des Halsteils aus der Richtung der Sehne des Brustteils ebenfalls um 25⁰. In der stärksten Vorbeugung aber ist die Sehne des Brustteils aus der Richtung der Sehne des Lendenteils um 35⁰ und die Sehne des Halsteils ist aus der Richtung der Sehne des Brustteils um 30⁰ nach vorn abgelenkt.

5. Der Ausschlag der Halsteilsehne gegenüber der Brustteilsehne $25 + 30 = 55^0$.

6. Die Richtungsänderung der Halsteilsehne gegenüber dem obersten Lendenwirbel $= 25 + 25 + 35 + 30 = 115^0$; gegenüber dem Kreuzbein $= 35 + 115 = 150^0$.

Nach diesen Daten und unter Zugrundelegung der mittleren Längen der drei Hauptabschnitte des vorderen Profils ist die Fig. 81 konstruiert. Die Beobachtung ergab eine annähernde Streckung des vorderen Profils des Hals- und des Lendenteils bei stärkster Vorbeugung, die Brustkrümmung ist stark vermindert bei der Rückbeugung. H. v. Meyer (Statik und Mechanik 1873) fand in einem Fall einen Ausschlag der Halsteilsehne gegenüber dem 1. Brustwirbel von 99⁰ und einen Ausschlag der Sehne der drei unteren Lendenwirbel gegenüber dem Sacrum von 13⁰; den Ausschlag der ganzen suprasacralen Wirbelsäule gegenüber dem Sacrum bestimmte er auf 71⁰, denjenigen des Lenden- und Brustteils auf 61⁰. Lovett fand einen Ausschlag der Sehne des Lendenteils von 64,5⁰.

Beobachtungen am Lebenden.

Bis zu der Entdeckung der Röntgenstrahlen mußte man sich mit der Feststellung der Veränderungen des hinteren Profiles der Wirbelsäule begnügen.

Löhr (Münchener med. Wochenschrift 1890) maß den Ausschlag der Geraden von der 1. Brustdornspitze zum 1. Kreuzbeindorn bei 47 Individuen zwischen dem 7. und 31. Altersjahr und fand Werte von 33—100⁰ (zitiert nach R. Fick III, S. 106, woselbst Genaueres nachzusehen ist), also einen sehr verschiedenen Grad von Flexibilität der Wirbelsäule.

Höhere Grade der sagittalen Biegung.

Die größten Unterschiede in der Fähigkeit, die Wirbelsäule vorwärts und rückwärts zu biegen, kommen auf Rechnung der Rumpfwirbelsäule und hier ganz besonders auf den Abschnitt zwischen dem Kreuzbein und dem 10. Brustwirbel. Hier ganz besonders kommen jene höheren Grade der Rückbiegungsfähigkeit bei Turnern und namentlich bei Kautschukmännern zustande. Der Brustkorb erscheint bei jeder ungewöhnlich starken Rückbiegung am Rücken scharf vom Lendenteil abgeknickt; doch stimmen wir R. Fick bei in der Annahme, daß die Lendenwirbelsäule auch hier noch im Bogen in die Brustwirbelsäule übergeht, und daß die Schärfe der Krümmung der Wirbelsäule sich auf mehrere Junkturen verteilt. Die Brustwirbelsäule scheint auch in den höchsten Graden der Rückbeugung höchstens bis zum geradlinigen Verlauf gestreckt, aber nicht überstreckt zu werden, was ja auch kaum geschehen könnte, ohne daß Rippen und Brustbein vorn auseinandergerissen würden. Das untere Ende der Brustwirbelsäule bildet mit der Wirbelsäule einen U-förmig gekrümmten Bogen, dessen Enden einander fast parallel laufen.

Schon bei gewöhnlicher stärkster Rückbeugung aus dem Stand beteiligen sich die Hüftgelenke mit einer Streckbewegung von ca. 20⁰.

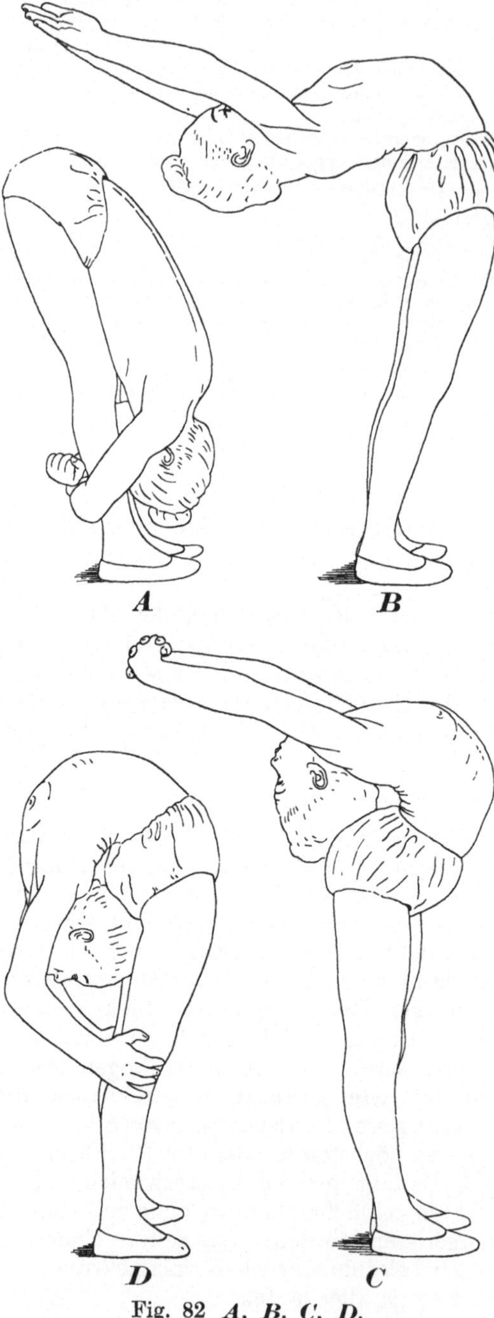

Fig. 82 *A, B, C, D.*
Kautschukkünstlerin Eugenie Petrescu,
nach H. Virchow, verkleinert.

Diese Streckung wird beim Kautschukkünstler wohl noch um ca. 30⁰ weiter getrieben. Vom Becken bis zum Kopf beträgt die Rückdrehung in sämtlichen Gelenken zusammen im gewöhnlichen ca. 115⁰, bei Kautschukkünstlern aber kann sie um ca. 95⁰ vermehrt sein, so daß das Gesicht, statt aufwärts oder etwas aufwärts und rückwärts zu sehen, nunmehr nach unten gewendet ist. Die Wirbelsäule kann so nach hinten zusammengekrümmt sein, daß der Scheitel den Oberschenkel berührt, oder bei gebeugten Knien bis zwischen die Unterschenkel nach vorn einrückt und das Gesicht nach unten und hinten sieht. Das ergibt für die Rückbeugung in den Hüft- und in den Wirbelgelenken zusammen eine Rückdrehung von ca. 260⁰, oder 125⁰ mehr als bei gewöhnlicher stärkster Rückbeugung. Die maximale Vorbeugung aus der Stellung beim aufrechten Stand beträgt für sämtliche zwischen dem Kreuzbein und dem Kopf gelegenen Junkturen zusammen für gewöhnlich im Maximum ca. 115⁰, so daß das Gesicht nach unten und etwas nach den Oberschenkeln hinsieht. Dabei ist vorausgesetzt, daß die Beine in den Knien gestreckt bleiben und daß sich ihnen gegenüber das Becken nur um ca. 20⁰

nach vorn gegen die Oberschenkel dreht.   Erst durch andauernde
Übung gelingt es, die Vorbeugung in den Hüftgelenken und in der
Wirbelsäule bei gestreckten Oberschenkeln so weit zu treiben, daß
die Knie an die Brust anstoßen, der Kopf zwischen den Unterschenkeln nach hinten tritt und das Gesicht nach hinten unten sieht,
mit einem Zuwachs von 70° Drehung.   Bei so hohem Grad der Flexibilität

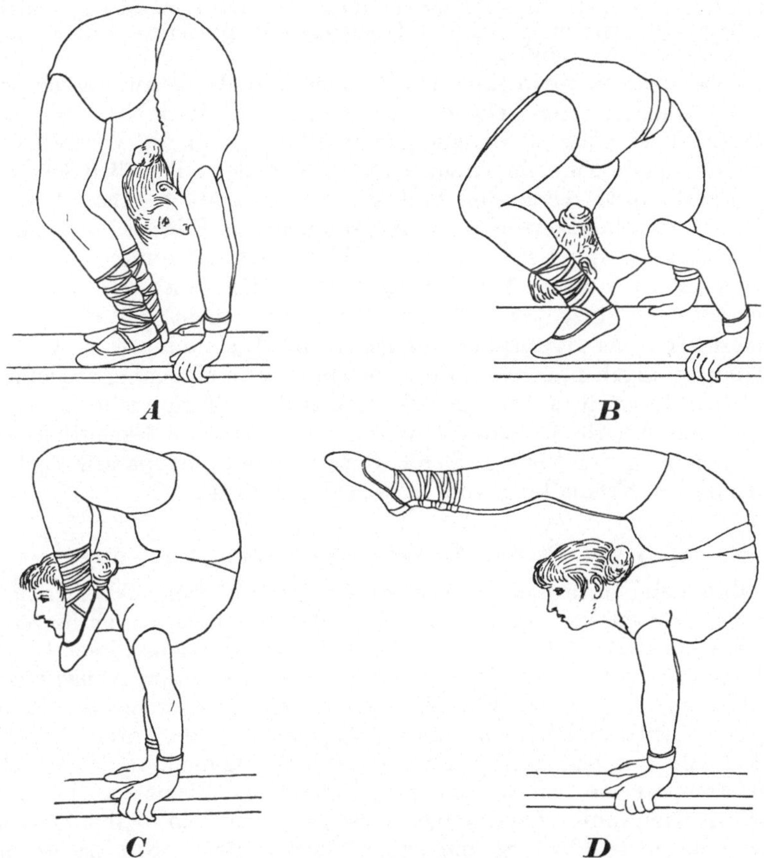

Fig. 83 *A, B, C, D.*   Kautschukkünstlerin Elise Braatz, [nach Neugebauer.
Umzeichnung.

ist die mögliche Gesamtexkursion so groß, daß das Gesicht in beiden
Extremlagen gleichgerichtet ist und beim Übergang aus einer Endlage
in die andere um 4 rechte Winkel gedreht wird.

An Stelle jeder weiteren Auseinandersetzung verweise ich auf
die nebenstehenden Abbildungen. Die Figuren 82 *A* bis *D* sind einer
interessanten Mitteilung von H. Virchow entnommen (Verh. d. Berliner
anthrop. Ges. 1894). Es handelt sich um Evolutionen der „Kautschukkünstlerin" Eugenie Petrescu. Die Figuren 83 *A* bis *D* illustrieren

die Leistungen der 18jährigen Elise Braatz nach Fr. Neugebauers oben zitierter Schrift über „Spondylolisthesis". Die betreffenden Abbildungen sind verkleinert und skizzenhaft wiedergegeben. In die Figuren lassen sich allenfalls die Beckeneingangsebene, das vordere Mittelprofil der Wirbelsäule und die Kopfhorizontale einzeichnen.

Eine detailliertere und sorgfältige Einzeichnung des Skelettes hat Welcker für den von ihm und Eisler untersuchten und abgebildeten Schlangenmenschen Büttner ausgeführt. R. Fick bringt diese Abbildung in seinem Handbuch (III. Bd.) nebst anderen instruktiven Zeichnungen der genannten Autoren, welche sich auf das gleiche Individuum beziehen.

Wegen der Mitbewegung des Beckens und der Schwierigkeit, seine Stellungsänderung am Lebenden ganz genau zu beurteilen oder vollkommen zu verhindern, ist eine genaue Bestimmung des Verhaltens der Lendenwirbelsäule und des Kreuzbeins am Lebenden mit großen Schwierigkeiten verknüpft. Immerhin läßt sich mit Sicherheit behaupten, daß bei den Kautschukkünstlern die Biegsamkeit der Wirbelsäule erheblich größer ist, als in der Regel an den zur Untersuchung kommenden anatomischen Präparaten. Andererseits ist ziemlich wahrscheinlich, daß wenigstens an einer jugendlichen Wirbelsäule nicht die Bänder und Syndesmosen das Haupthindernis gegen die Ausbildung einer größeren Flexibilität abgeben, sondern die Muskeln. Nach Maßgabe, wie letzteres Hindernis durch systematische Übung aus dem Wege geräumt ist, vermögen sich innerhalb weiter Grenzen die genannten Skeletteile einer Beanspruchung im Sinn größerer Beweglichkeit anzupassen (vgl. die oben zitierte Abhandlung von H. Virchow 1894).

β) Biegung der Wirbelsäule nach der Seite.

Man kann untersuchen, welches die größtmögliche Abbiegung der Wirbelsäule nach der Seite, für die Betrachtung von vorn oder hinten her ist, ohne nach dem Mechanismus des Zustandekommens dieser Biegung zu fragen. A priori muß man erwarten, daß die größte Abbiegung zustande kommt, wenn die Wirbelsäule aus möglichst gestreckter Stellung in einer Ebene, welche von einer Seite zur anderen durch ihre Endpunkte geht, zur Seite gebogen wird, durch Bewegungen in den einzelnen Junkturen, welche (bei vertikaler Stellung jener Ebene) um horizontal von vorn nach hinten verlaufende Achsen erfolgen. In diesem Sinn wird wohl auch meist die „Seitenbiegung" verstanden. Nur ist es nicht möglich, eine derartige Seitenbiegung am anatomischen Präparat durch Einspannung des unteren Endes und Krafteinwirkung auf das obere Ende rein zu erzeugen.

Vor allem muß man sich klar zu machen suchen, in welcher Weise bei derartigen Biegungsexperimenten die äußeren Kräfte einwirken. In den seltensten Fällen handelt es sich um zwei Kräfte, welche von den beiden Enden her, je nur in einem Punkt angreifend gegeneinander wirken. Dann freilich sind die Enden um diese Punkte drehbar und können sich zwanglos als Fortsetzung des zwischengespannten Teiles einstellen. Meist jedoch werden die Enden an mehreren Punkten durch klammerartige Vorrichtungen (auch die Hand des Experimentators ist eine solche) gefaßt. Es sind dann zum mindesten zwei Kräfte an dem einen oder an beiden Enden beteiligt. Handelt es sich beiderseits um Kräftepaare, so müssen ihre Ebenen einander parallel, ihre Momente müssen gleich sein und entgegengesetzten Sinn haben, wenn die Säule festgestellt werden soll; aber auch in jedem anderen Fall müssen die an den beiden Enden wirkenden Kräfte zusammen im Gleichgewicht stehen. Wo auf ein Ende der Säule zwei Kräfte wirken, müssen sie sich durch eine einzige resultierende Kraft (k) ersetzen lassen, welche in der gleichen Kraftlinie, in derselben Größe, aber entgegengesetzt wirkt, wie die am anderen Ende angreifende resultierende Kraft (— k). Es braucht dann aber diese Kraftlinie durchaus nicht notwendig durch die Enden der Säulen zu gehen. (Die Klammervorrichtungen können derart beschaffen sein, daß sie jede Drehung des Endes oder daß sie nur bestimmte Drehungen des Endes ausschließen.)

Wir setzen nun den Fall, es seien für die auf die Enden einwirkenden Kräfte die ihnen entsprechenden Resultierenden k und — k nach ihrer Größe und Kraftlinie ermittelt. Man muß sich dieselben an zwei Raumpunkten angreifend denken, welche mit den Enden der Säule starr verbunden sind.

Diesen äußeren Kräften muß an jeder Junktur durch die inneren Widerstände der Verbindung an jedem der beiden durch die Junktur getrennten, in sich starr gedachten Stücke Gleichgewicht gehalten werden (siehe Allg. Teil S. 144). Die nötigen Widerstände können natürlich erst durch wirkliche Bewegung in der Junktur wachgerufen sein. In der einzelnen Junktur müssen die resultierenden Widerstände, die im allgemeinen mindestens als zwei entgegengesetzt gerichtete Kräfte gegen das Oberstück resp. das Unterstück wirken, in einer durch die Kraftlinie k —k gehenden Ebene gelegen sein. In verschiedenen Junkturen können diese Ebenen einen verschiedenen Verlauf haben. Es ist klar, daß dann die Bewegungen, durch welche in den verschiedenen Junkturen die nötigen Widerstände zur Feststellung hervorgerufen werden, nicht parallel einer einzigen Ebene stattfinden können. Liegen z. B. bei der seitlichen Biegung einzelne Junkturen nach vorn von der Hauptebene der Biegung, andere aber hinter derselben, so kommt es in ersteren zur Rückbeugung, in den letzteren zur Vorbeugung. Auch Längsrotationen müssen zustande kommen.

Wir sehen also, daß durch die von den Enden her einwirkenden Kräfte eine reine Seitenbiegung (um parallele Achsen) nur in denjenigen Junkturen herbeigeführt werden kann, welche in einer bestimmten Ebene (die wir als Hauptebene der seitlichen Biegung bezeichnen) gelegen sind. Wo die Wirbelsäule aus dieser Ebene heraustritt, muß es zu Nebenbewegungen (Vor- und Rückbeugung und Drehung parallel einer dritten Hauptebene) kommen. Ferner ist klar, daß man je nach der Angriffsweise der äußeren Kräfte an den verschiedenen Junkturen eine andere Bewegung und am Ganzen eine andere Form in der schließlichen Gleichgewichtsstellung erhalten wird.

Soll z. B. an der vorgebeugten Wirbelsäule im Lendenteil eine möglichst reine Seitenbewegung nach links zustande kommen, so müssen die Kräfte am oberen Halsteil in einer Weise angreifen, daß dieser Halsteil zugleich um seine Längsachse und auch parallel der Horizontalebene nach rechts gedreht wird. Kräfte aber, die am vorwärts gebogenen oberen Halsteil eine Seitenbeugung gegen die linke Seite des untersten Lendenwirbels hin herbeiführen, müssen am Lendenteil neben einer Seitenbeugung nach seiner linken Seite zugleich eine Längsrotation oberer Wirbel gegenüber unteren nach der linken Seite hin zustande bringen.

Da alle diese Verhältnisse, überhaupt alle näheren Umstände bei den bisherigen Versuchen der Seitenbeugung am Bänderapparat gar nicht berücksichtigt worden sind, so haben die dabei gewonnenen Daten einen sehr geringen Wert. Dies gilt u. a. auch für die von Lovett

angestellten Versuche der Seitenbeugung an aufrechten, vor- und rückgebeugten Wirbelsäulen.

Dem lebenden Körper stehen in seinen Muskeln mannigfaltigere
Hilfskräfte zur Verfügung, um irgend eine bestimmte Seitenneigung
annähernd rein zu erzielen. Doch gelingt dies auch hier nicht vollkommen und um so weniger, je stärker ausgeprägt die nach vorn
oder hinten gehenden Krümmungen sind.

Am besten vergleichbar sind wohl noch die Angaben über die
Seitenbeugung aus der möglichst gestreckten aufrechten
Stellung der Wirbelsäule. Hier ist unter Seitenbeugung wohl
stets die Bewegung nach der Seite des untersten Lendenwirbels hin
verstanden.

An einem Bänderapparat erzeugte H. Virchow bei nicht gewalt-
samer Seitenbeugung eine Umstellung der Querebene des Atlas gegenüber derjenigen des untersten Lendenwirbels im Betrage von 90°.

R. Fick vergleicht die Form der so abgebogenen Wirbelsäule mit
dem oberen Quadranten einer Ellipse, deren längerer Durchmesser
senkrecht steht.

Wir finden, daß am Lebenden für gewöhnlich, bei fixiertem Becken
eine Seitenneigung des Kopfes gegenüber dem Becken im Betrage von
ca. 80—90° nach jeder Seite möglich ist, wobei ca. 10° oder mehr auf
die Seitendrehung des Kopfes gegenüber dem Epistropheus entfallen.

Eine maximale Seitenneigung des Kopfes gegenüber dem Becken
läßt sich dadurch erzeugen, daß an den Halswirbeln Seitenneigung mit
Längsdrehung nach derselben Seite kombiniert wird, und daß die Längsrotation des Epistropheus nach der Konkavseite durch umgekehrte
Längsrotation im Atlas-Epistropheusgelenk kompensiert wird. Auch
eine Kombination der Seitenneigung der Brustwirbel mit Konvexrotation kann zur Kompensation beitragen, und tatsächlich sehen wir
bei möglichst weitgetriebener reiner Seitenneigung des Kopfes die
Brust und Schulter an der Konvexseite etwas zurücktreten. Es verdient ferner Beachtung, daß die Brustgegend an der Seitenbiegung erheblich, namentlich in ihrem oberen Teil beteiligt ist, und daß nicht
bloß die fluktuierenden Rippen, sondern auch die indirekt und direkt
mit dem Brustbein verbundenen Rippen sich, wenn auch nach oben zu
abnehmend, bei der Seitenbeugung an der Konkavseite einander nähern,
an der Konvexseite voneinander entfernen.

Etwas anderes, als die Seitenbeugung der ganzen Wirbelsäule (und
des Kopfes) nach der Seite des untersten Lendenwirbels hin bedeutet
die reine axilaterale Seitenneigung in allen Junkturen nach
unserer Definition. Es kann eine solche Seitenbeugung mit jeder beliebigen Krümmung der Wirbelsäule oder einzelner Abschnitte nach
vorn oder hinten kombiniert sein; nur liefert sie nicht einfache, in einer
Ebene gelegene Kurven. Es ist nicht überflüssig, sich die geometrischen
Verhältnisse einer solchen in höheren und tieferen Junkturen stattfindenden reinen Seitendrehung klarzumachen.

Denken wir uns an einer nach vorn gebeugten, symmetrisch gestellten Wirbelsäule an der untersten Junktur über dem Kreuzbein

eine Seitendrehung nach links um eine horizontale, von vorn nach hinten gehende Achse ausgeführt, so nimmt an derselben das ganze Oberstück teil. Obere Halswirbel, deren Längslinien gegenüber jener Drehungsachse schräg nach vorn aufsteigen, bewegen sich in nach vorn offenen Kegelmänteln um diese Achsen; ihre Längslinien erfahren dabei eine Ablenkung ihrer Richtung nach links und senken sich etwas; zugleich wendet sich die Vorderseite etwas nach rechts, die rechte Seite etwas nach hinten. Dazu kommen nun reine Seitenneigungen in den höheren Junkturen um Achsen, die von vornherein etwas nach vorn und nun auch etwas nach rechts absteigen, und zuletzt horizontal nach vorn und rechts verlaufen. Das darüber gelegene Stück macht als Ganzes auch diese Bewegung mit, die Neigung der Längslinie der oberen Wirbel nach vorn und ihre Ablenkung nach links vermehrt sich, ebenso wird die Längsdrehung nach rechts vergrößert usw. Es führt also die reine Seitenneigung der nach vorn gebogenen Wirbelsäule zu einer eigentümlichen Kreisbewegung des oberen vorgebeugten Teiles der Wirbelsäule, die sich als Seitenbewegung gegenüber dem Becken verbunden mit vertikaler Vorwärtsdrehung und Horizontaldrehung nach der Konvexseite der seitlichen Biegung darstellt. Dieses Verhalten ist bereits von Henke richtig erkannt worden. Durch die reine Seitendrehung (in unserem Sinn) auch in den höheren Junkturen entsteht eine eigentümliche Verwindung der Wirbelsäule. Man kann sich die betreffenden Verhältnisse am besten klar machen, indem man sich aus einem ebenen Kartonblatt ein Stück, welches dem Sagittalabschnitt der Körpersäule in der symmetrischen, aber vorwärts gebogenen Stellung entspricht, herausschneidet und den Grenzen zwischen den Wirbelkörpern entsprechend knickt. Man kann auf analoge Weise auch das Ergebnis reiner Seitenneigung bei veränderter sagittaler Krümmung prüfen. Je nach der sagittalen Biegung der Wirbelsäule und je nachdem die Seitendrehung für gleiche Abschnitte der Länge über die ganze Wirbelsäule gleichbleibt, oder nach oben zu- oder abnimmt, erhält der Streifen eine recht verschiedene Gestalt, und ist die scheinbare Rotation des oberen Endes um seine Längsachse resp. die Scheintorsion der Wirbelsäule, denn nur um eine solche handelt es sich in Wirklichkeit, verschieden. Da ein solches Schema sehr leicht herzustellen ist, so verzichte ich auf eine weitere Ausführung des in Rede stehenden Verhaltens.

γ) Maximale Längstorsion der ganzen Wirbelsäule.

Durch gleichsinnige Längsrotation oberer Wirbel gegenüber ihren unteren Nachbarn entsteht eine einheitliche Längstorsion der Wirbelsäule. Auch bezüglich der Versuche, eine maximale Längstorsion der Wirbelsäule am Bänderpräparat zu erzeugen, indem man das untere Ende einspannt und am oberen Ende (z. B. mittels eines quer durch das Hinterhauptbein getriebenen Stabes) ein horizontales Kräftepaar einwirken läßt, gilt ähnliches wie für die Versuche zur seitlichen Biegung. Wegen der vorhandenen Längsbiegungen der Wirbelsäule ist es unmöglich, auf diesem Wege eine reine Längsrotation (resp. eine reine Horizontaldrehung) in sämtlichen Wirbeljunkturen zu erzeugen. An allen schrägen Stücken müssen Nebenbewegungen hervorgerufen werden. Ferner wirken die drehenden Kräfte auch hier nicht an jeder Junktur entsprechend ihrer Festigkeit und entsprechend der maximalen Inanspruchnahme im Leben. Die auf die angegebene Weise z. B. von Hughes erhaltenen Daten sind also weder bezüglich des Gesamtausmaßes der Längsrotation, noch bezüglich der Längsrotationsmöglichkeit an den einzelnen Junkturen völlig zufriedenstellend.

Auch zur Erzeugung einer reinen Längstorsion stehen dem lebenden Körper bessere Hilfsmittel zu Gebote. Nebenbewegungen können durch die Muskeln verhindert oder korrigiert werden.

Vor vielen Jahren schon habe ich folgende Feststellungen gemacht:

Kopf und Hals können auf dem Brustkorb nach jeder Seite um 65—75—79^0 gedreht werden, so daß die Mittelebene des Kopfes von einer Extremstellung zur anderen ca. $^2/_3$ des Horizontes (140^0) durchmißt.

Gegenüber dem Becken kann sich der Kopf um mehr als 180^0 im ganzen drehen. Die Drehung des 1. Brustwirbels und der oberen Thoraxapertur über dem Becken beträgt 28 (30)—40^0 im ganzen. Das Becken kann sich bei nebeneinander aufgesetzten Füßen und gestreckt bleibenden Knien um ca. 90^0 im ganzen horizontal drehen, und wenn bloß ein Bein aufsteht um 140^0.

Die Summe der im ganzen möglichen Drehung des Kopfes beträgt beim aufrechten Stand auf beiden Füßen 270^0, so daß in jeder Extremlage das Gesicht schräg rückwärts auswärts sieht (beim Stand auf einem Bein 320^0). Durch die Seitenbewegung der Augen kann die Blicklinie noch um 45^0 weiter nach jeder Seite herumgeführt werden. Dies gibt eine horizontale Exkursionsmöglichkeit der Blicklinien von 360^0 für den aufrechten Stand auf beiden Füßen, von 410^0 für den aufrechten Stand auf einem Fuß. Mit W. Roux habe ich damals festgestellt, daß wir uns bei einer solchen maximalen Drehung um 1—2 cm verkürzten.

Nach Neugebauer (Zur Entwickelungsgeschichte des spondylolisthetischen Beckens) soll ein gewisser Polizeispion von Napoleon I. eine solche Fähigkeit sich zu drehen gehabt haben, daß er sich dabei um 11—13 cm verkürzte, was wohl nur so zu verstehen ist, daß er sich nicht bloß zu drehen, sondern auch gut zu winden wußte. Die Messungen von Volkmann an sich selbst (71 jährig) und an einem jungen Mann stimmen mit unseren Angaben ziemlich gut: Kopf und Atlas 64^0 im ganzen, 2. Halswirbel — 1. Brustwirbel 42^0, 1. Brustwirbel — Kreuzbein 50^0, Kreuzbein — Füße 132—176^0 (144 im Mittel). Dies gibt eine Gesamtexkursion von 300^0 im Mittel. Nur erhielt Volkmann im Vergleich zu unseren Messungen eine größere Drehung zwischen Becken und Füßen; wahrscheinlich blieben die Beine nicht absolut gestreckt. Dagegen erscheinen die von Weber (1827, Meckels Archiv) für die Drehung von Hals und Kopf an drei Individuen gefundenen Werte auffällig hoch.

R. Fick bringt in seinem Handbuch (III. 62) eine Abbildung des Schlangenmenschen Büttner-Marinelli mit stärkster Torsion des Stammes. Der Kopf ist gegenüber dem Becken von der Mittelstellung aus um 180^0 gedreht.

E. Die Atlasgelenke (Kopfgelenke).

a) Die Hauptbewegung in den Atlasgelenken.

Man kann die zwischen dem Epistropheus und der Schädelbasis gelegenen Gelenke als Atlasgelenke bezeichnen; in funktioneller Hinsicht ist der Name „Kopfgelenke“ insofern zulässig, als in ihnen hauptsächlich die Stellungsänderungen des Kopfes sich vollziehen. Doch tragen auch die übrigen Wirbeljunkturen in nach unten zu abnehmender Weise zur Stellungs- und Richtungsänderung des Kopfes bei; und für die Lageveränderung des Kopfes im Raum sind die unteren Gelenke um so wichtiger, je weiter sie vom Kopf entfernt liegen.

Die Gelenke am Atlas bilden zwei isokinetische Gelenkkombinationen (s. Allg. Teil 114). In jeder derselben bewegen sich zwei starre Skelettstücke nach einem und demselben Gesetz gegeneinander; in der oberen Gruppe von Gelenken, die nur aus den zwei Atlantooccipitalgelenken besteht und eine bikapsuläre (dicöle) Gelenkkombination darstellt, artikulieren Atlas und Schädel; in der unteren Gruppe, welche aus mindestens drei Gelenken, den mittleren und den beiden seitlichen Atlas-Epistropheus-Gelenken besteht, artikulieren der Atlas und der zweite Halswirbel. Unter dem Ausdruck obere und untere Atlasjunktur ist natürlich die gesamte Skelettverbindung zwischen Atlas und Hinterhaupt resp. zwischen Atlas und Epistropheus verstanden. Aber auch wenn im folgenden von dem oberen oder von dem unteren Atlasgelenk die Rede ist, wird man nicht im Zweifel darüber sein, daß damit jene obere resp. diese untere Gelenkkombination gemeint ist. Zum unteren Atlasgelenk gehört auch noch der Schleimbeutel zwischen dem Zahnfortsatz des Epistropheus und dem hinter ihm durchgehenden Lig. transversum atlantis (Bursa mucosa dentis). Ihn wollen Einige als ein richtiges Gelenk (mittleres hinteres Atlas-Epistropheus-Gelenk) gedeutet wissen, so R. Fick, weil das Lig. transversum atlantis aus der Körperanlage des ersten primitiven Halswirbels stamme und an seiner Vorderfläche Knorpelgewebe zeige.

Mit der anatomischen Beschreibung dieser Gelenke werden wir uns kurz fassen, indem wir für alle Details auf die Lehrbücher und auf die unsere Abbildungen (Figg. 6—11 und 84—87) verweisen.

1. Das obere Atlasgelenk (oberes Kopfgelenk).

Beim Menschen sind zwei getrennte Hinterhauptscondylen vorhanden. Sie ragen neben dem vorderen Umfang des großen Hinterhauptloches jederseits nach unten als längliche, schräg gestellte Höcker, deren längere Durchmesser von hinten außen nach vorn innen gehen. Die nach unten schauende überknorpelte Fläche jedes Höckers ist von vorn nach hinten und von einer Seite zur anderen konvex.

Die Seitenränder der Gelenkfläche und mehr oder weniger auch diejenigen des ganzen Höckers sind jederseits in der Mitte andeutungsweise oder scharf eingebuchtet resp. eingekerbt, und es kommt vor, daß die Gelenkfläche vollstandig in einen vorderen und hinteren Teil zerfällt (Spur der ursprünglichen Grenze zwischen den getrennt ossifizierenden Occipitalia lateralia und dem Basioccipitale). Die Hinterhauptscondylen ruhen und gleiten auf den oberen Gelenkflachen der Massae laterales des Atlas als den Pfannen.   Auch die Atlasgelenkflächen können andeutungsweise oder vollkommen durch seitliche Einkerbungen oder durch einen bindegewebigen Zwischenstreifen in ein vorderes und hinteres Feld zerlegt sein, welches Vorkommen ebenfalls seinen Grund in der ursprünglich getrennten Ossifikation hat.

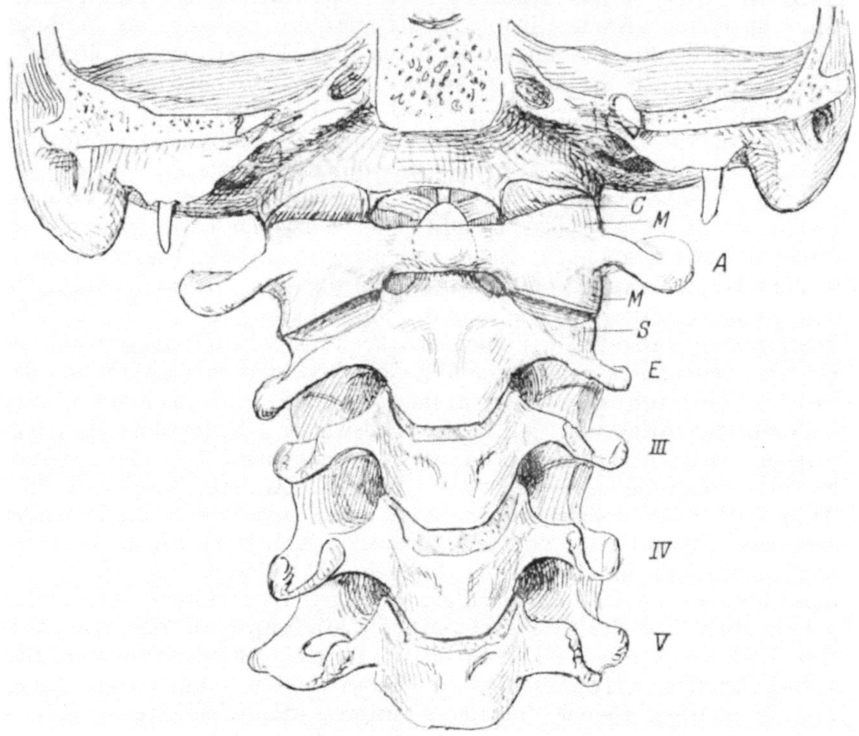

Fig. 84.   Obere Halswirbel und Atlasgelenke mit dem hinteren Teil der Schädelbasis von vorn. *C* Condylus occipitalis, *M* Massa lateralis des Atlas, *S* Schulter des Epistropheus *E*.   Die Bezirke der Gelenke und der vorderen Verstopfungsmembranen sowie die Zwischenwirbelscheiben grün , Gelenkkapseln und Verstopfungsmembranen durchsichtig gedacht.

In die Gelenkflächen läßt sich ein System sagittaler Profile hinein konstruieren, deren Krümmung annähernd um die gleiche horizontal frontal stehende Gerade als Achse herumgeht.   Dies ist indessen nur annähernd richtig.   Gerade die wichtigeren mittleren Profile der Condylen sind in ihren vorderen Teilen stärker gekrümmt als in ihren hinteren Teilen, so daß ihre Krümmungsmittelpunkte der Gelenkfläche öfters mehr als um die Hälfte näher stehen als diejenigen ihrer hintersten Abschnitte.   Die Sagittalprofile der Pfannen entsprechen mehr ihren flacheren Teilen. Die Nachgiebigkeit der Knorpelbepolsterung ermöglicht wohl ziemlich guten Gelenkschluß, sowohl wenn die vorderen, als wenn die hinteren Teile der Condylen auf den Pfannen stehen. Die Ausdehnung der Gelenkflächen der Condylen ist in sagittaler Richtung größer, als diejenige der Pfanne, entsprechend dem nicht unerheblichen Umfang des sagittalen Drehgleitens der Condylen in den Pfannen. Diese Bewegung geschieht in beiden Atlantooccipitalgelenken gleichzeitig und symmetrisch und ist mit einer sagittalen Drehung des Kopfes verbunden.

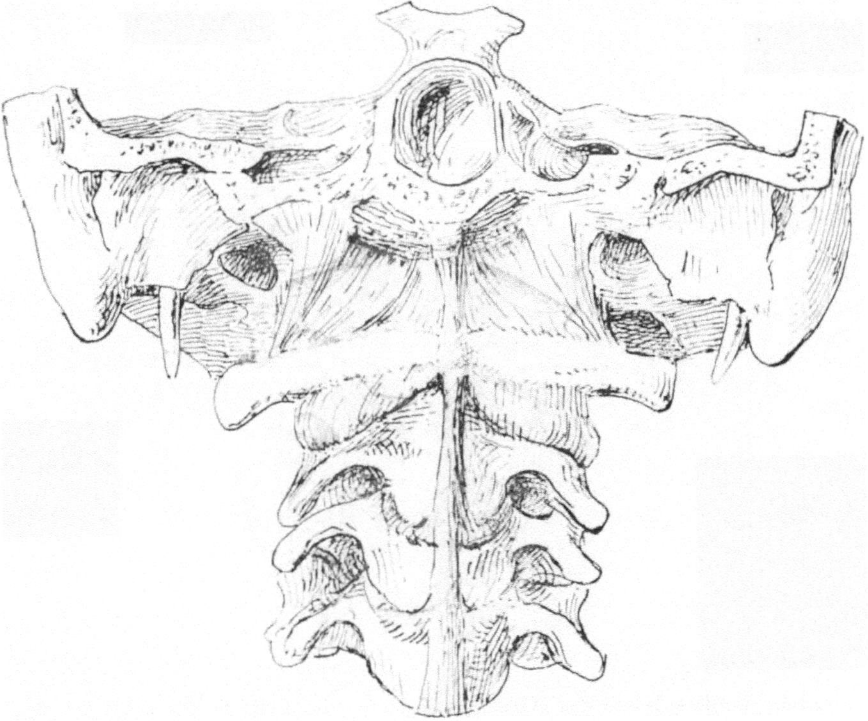

Fig. 85.   Bandapparat der oberen Halswirbelsäule und der Atlas-Hinterhauptverbindung von vorn.   Umzeichnung nach Rauber-Kopsch.

Dem Vorgleiten der Condylen entspricht eine Aufrichtung oder Rück- oder Dorsaldrehung des Kopfes (Kopfhebung), dem Rückgleiten der Condylen eine Vorneigung, Vor- oder Ventraldrehung des Kopfes (Senkung des Kopfes, Kopfnicken).

Die rings um jedes Atlantooccipitalgelenk herumgehende Kapsel ist vorn und hinten in der Mittelstellung schlaff. Sie faltet sich natürlich bei der Aufrichtung des Kopfes (Vorgleiten der Condylen) hinten und bei der Senkung des Kopfes vorn. Umgekehrt verhält es sich mit der Streckung und Anspannung der Kapsel. Beiderseits ist die Kapsel straffer, ohne aber seitliche Verschiebungen namentlich in mittlerer und vorgebeugter Stellung des Kopfes gänzlich zu verhindern.

H. Meyer nennt als hintere Hemmungsbänder auch die Ligamenta (occipitalia) posteriora accessoria, welche in der hinteren Kapselwand auswärts absteigen, und als vordere Hemmungsbander die an der vorderen Kapselwand noch mehr quer zur Seite absteigenden Ligg. occipitalia anteriora accessoria. Auch die äußere Kapselwand der oberen Atlasgelenke ist verstarkt (Ligg. occipitalia accessoria lateralia). Doch inserieren die seitlichen verstärkten Züge der Kapsel etwas nach unten und hinten von der Drehungsachse (H. Meyer). Sie verdienen kaum den Namen eines richtigen Seitenbandes.

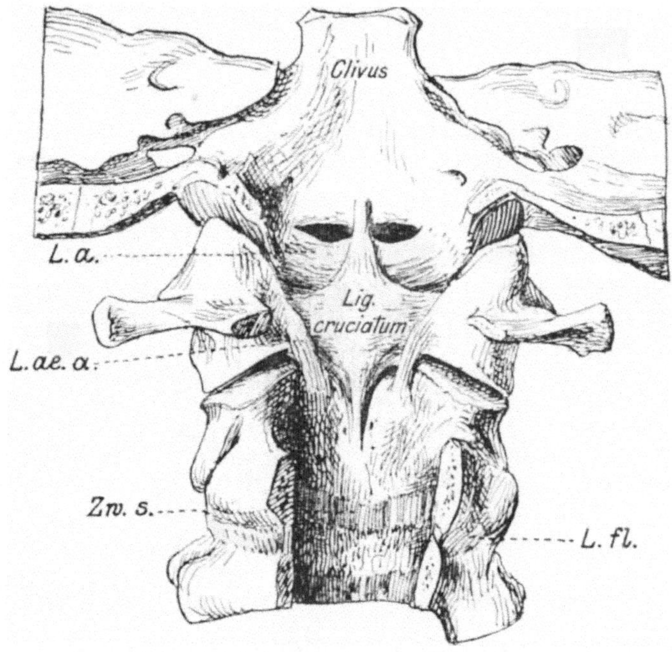

Fig. 86. Vordere Wand des Wirbelkanales und anschließender Teil der Schädelbasis nach Entfernung des hinteren Längsbandes, der Membrana tectoria und der Kapseln der seitlichen Atlasgelenke. Umzeichnung nach Rauber-Kopsch. *L. a.* Lig. alare, *L. ae. a.* Lig. atlanto-epistrophicum accessorium, *Zw. s.* Zwischenwirbelscheibe, *L. fl.* Lig. flavum.

Zum Bandapparat des oberen Atlasgelenkes gehören nicht bloß die beiden Gelenkkapseln mit ihren Verstärkungen, sondern auch die beiden Membranae atlantooccipitales und der obere Schenkel des Lig. cruciatum, ferner aber die Faserzüge, welche direkt vom Epistropheus zur Schädelbasis hinüberbrücken, also zugleich Bänder des unteren Atlasgelenkes sind (das Lig. suspensorium und die Ligamenta alaria dentis, sowie der Lacertus fibrosus vorn und die Membrana tectoria hinten in der Vorderwand des Wirbelkanales).

Zur Hemmung des Vorgleitens der Condylen (Aufrichtung des Kopfes) tragen in besonderem Maße bei 1. die Membrana obturatoria anterior zwischen Atlasbogen und vorderer Schädelbasis (Ansatzlinie vorn zwischen den Condylen) und ganz besonders ihr mittlerer verstärkter Streifen (Lacertus fibrosus). 2. Die Ligg. alaria, welche von der hinteren Hälfte der Spitze des Zahnfortsatzes zum

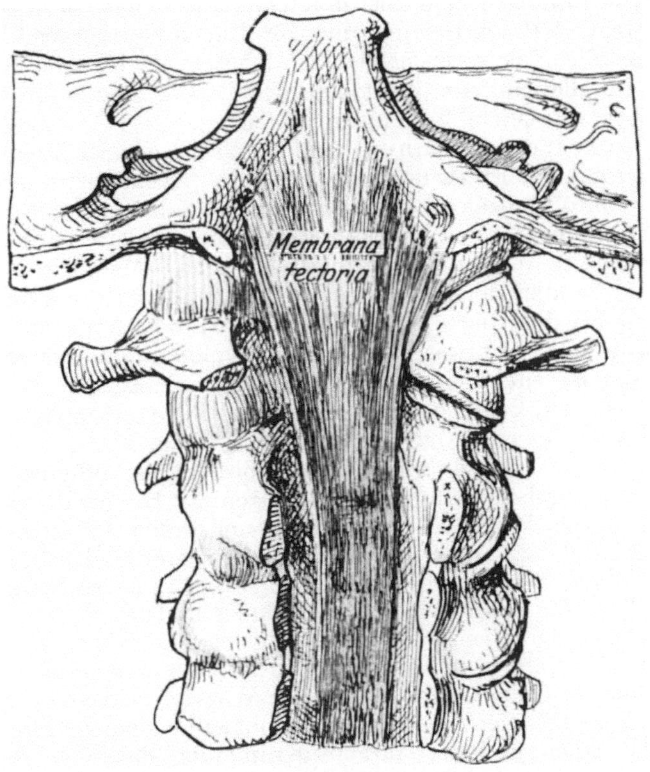

Fig. 87. Vordere Wand des Wirbelkanales und anschließender Teil der Schädelbasis. Nur die Gelenkkapseln der rechtsseitigen Atlasgelenke sind entfernt. Umzeichnung nach Rauber-Kopsch.

inneren Rande der Basis der Condylen und zwar zu einer hinter der Mitte gelegenen Stelle verlaufen, die etwa in der Mitte zwischen der Achse der sagittalen Drehung und der Gelenkfläche gelegen ist. Diese beiden starken Bänder haben in der wahren mittleren Stellung des Gelenkes eine fast horizontale frontale Richtung nach außen, von der sie nur wenig nach oben und hinten abweichen. Sie müssen sich naturgemäß bei dem Rückwärtsgleiten der Condylen spannen; beim Vorgleiten erschlaffen sie (Fig. 86).

Die symmetrische sagittale Bewegung in dem oberen Atlasgelenk wird durch die Kapsel und ihre Verstärkungen und durch den ganzen übrigen Bandapparat in erheblichem Umfang zugelassen, während andere Bewegungen soweit eingeschränkt sind, daß sie ihr gegenüber nur als unbedeutende Nebenbewegungen erscheinen. Der Umfang der sagittalen Bewegung ist nach der Neigungsänderung des Kopfes gemessen individuell verschieden. Nach R. Fick sind von der Mittelstellung an, in welcher die Hauptebene des Atlas der Ebene durch die äußeren Ohröffnungen und die unteren Ränder der Orbitaleingänge parallel steht, 20^0 Vordrehung und 30^0 Rückdrehung möglich; doch findet man die Exkursionsmöglichkeit auch mehr beschränkt. Nach Krause ist die gesamte Sagittalexkursion 45^0. Nach unseren Erfahrungen ist das Mittel eher niedriger (35^0).

Die Achse der Drehung liegt ungefähr in einer Frontalebene, welche sich mit der Frankfurter Horizontalen (Ebene durch den oberen Rand der Ohröffnungen und die untersten Punkte der Augenhöhleneingänge) senkrecht schneidet und durch die vordere Peripherie des Warzenfortsatzes (hinter der Ohröffnung) geht. Man wird wohl annehmen dürfen, daß sie sich bei der Vordrehung des Kopfes der Pfanne nähert und bei der Rückdrehung etwas von ihr entfernt, während sie sich im Kopf in einer etwas gekrümmten Evolutenfläche bewegen wird. Diese Annahme entspricht den wirklichen Verhältnissen besser, als wenn wir mit Fick die Bewegung um eine feste „Kompromißachse" vor sich gehen lassen.

Die stärkere Kapsel- und Bänderhemmung ist offenbar bei der Rückdrehung gegeben, während beim Neigen des Kopfes die Hemmung wesentlich in den Weichteilen des Halses und durch die Spannung der dorsalen Muskeln zustande kommt, mit geringerer und seltenerer Inanspruchnahme der Skelettwiderstände. Die freieste Beweglichkeit im Gelenk ist für unser Arbeiten notwendig und ist auch vorhanden bei horizontal gehaltenem oder etwas vorgeneigtem Kopf. Die relative Schlaffheit der Bänder in dieser Stellung, durch welche eine raschere Kopfdrehung ermöglicht wird (bei gleicher Wegstrecke des Drehgleitens), die Lage der effektiven Drehungsachse näher an den vorderen Teilen der Gelenkflächen und die stärkere Krümmung dieser vorderen Abschnitte, das alles sind Erscheinungen, die sich in gegenseitiger Abhängigkeit voneinander und von der Muskeltätigkeit ausgebildet haben dürften.

2. Das untere Atlasgelenk (unteres Kopfgelenk).

Der Zahn des Epistropheus ist zwischen den vorderen Bogen des Atlas und dem Atlasquerband federnd eingespannt. Das Querband greift halfterartig hinten um den Hals des Zahnes herum und befestigt sich beiderseits am Atlas an der Innenseite der Massae laterales vor der Mitte so, daß es, wenn beide Atlasgelenke in der Mittelstellung sich befinden, von den Ligg. alaria beiderseits schräg überkreuzt wird.

Durch diese federnde Einspannung wird der Atlas gezwungen, sich um den Zahn des Epistropheus wie ein Rad um die Achse zu drehen (Raddrehung, Radgelenk). Dabei bewegen sich die Massae laterales auf den seitlich abfallenden Schultern des Epistropheus. Und zwar gleitet die eine Massa lateralis nach vorn, während die andere rückwärts geht und umgekehrt.

Die Drehung des Atlas findet im wesentlichen um die mittlere Längslinie des Epistropheuszahnes als Achse statt und geht ungefähr parallel der Hauptebene des Atlas. Entsprechend dieser Drehung können die Gelenkflächen an der Unterseite der Massae lateralis des Atlas und auf den Schultern des Epistropheus in erster Annäherung als Teile der Mantelfläche eines mit der Spitze nach oben gerichteten, sehr flachen Konus oder Kegels betrachtet werden, dessen Achse mit der Mittellinie des Zahnes zusammenfällt. Zugleich finden kleine Gleitungen vorn zwischen dem Zahn und dem vorderen Atlasbogen und hinten zwischen ihm und dem Atlasquerband statt.

Die Kräfte zur Raddrehung des Atlas gegenüber dem Epistropheus, deren Kraftlinien natürlich das untere Atlasgelenk und seine Drehungsachse überschreiten müssen, greifen nur zum kleinen Teil am Atlas, weitaus der Hauptsache nach vielmehr am Schädel an. Insoweit als die Drehung des Schädels gegenüber dem Atlas verhindert ist, überträgt sich der Einfluß voll und ganz durch Vermittelung der versteiften oberen Atlasverbindung auf den Atlas. In der Tat wird im wesentlichen die Raddrehung um den Epistropheuszahn von dem Kopf und dem Atlas als einem versteiften Komplex gemeinsam ausgeführt und kommt am Kopf als sog. Horizontaldrehung zur Geltung, während die sagittalen Drehungen des Kopfes wesentlich im oberen Atlasgelenk (oft unter stärkerer Beihilfe der subepistrophikalen Halswirbelgelenke), die Seitenneigungen des Kopfes aber ohne größere Beteiligung der Atlasgelenke, wesentlich durch jene unteren Gelenke der Halswirbelsäule vermittelt werden.

Indessen muß später verschiedenen in den Atlasgelenken möglichen Nebenbewegungen Rechnung getragen werden.

Die Exkursion der Hauptbewegung im unteren Atlasgelenk ist wie diejenige im oberen Gelenk individuell erheblich verschieden. Nach Hyrtl beträgt die Gesamtexkursion aus einer Extremstellung in die andere 45⁰, nach Krause 50—60⁰. R. Fick gibt 30⁰ an für die Drehung aus der Mittellage nach jeder Seite, Volkmann 32⁰, Langer 40—45⁰, Hughes sogar 52,5⁰. Wir finden bei Erwachsenen 35—45—55⁰ für die Gesamtexkursion.

Die Haupthemmung der Radbewegung liegt, von den Muskeln abgesehen, in den Ligg. alaria. Da sie etwas hinter der Achse entspringen, so spannen sie sich in der reinen Raddrehung bei der Vorbewegung ihres occipitalen Ansatzes, also theoretisch immer nur auf der einen Seite. Doch spannt sich auch an der Seite, an welcher der obere Ansatz zurückgeht, das Band in der Extremlage leicht an, indem es durch die zunehmende Umbiegung verkürzt wird. Der hintere Bogen des Atlas wird natürlich bei der Raddrehung über dem Epistropheusbogen seitlich verschoben, so daß auch die hintere Verstopfungsmembran zwischen den beiden Bogen etwas stärker gespannt wird, namentlich in ihrem hinteren Teil. Vorn verlängert und spannt sich die Membrana obturatoria anterior inferior und besonders ihr mittlerer Faserstreif ebenfalls; die Gelenkkapsel mit den Kapselbändern muß außen schlaffer sein als innen und wird schließlich außen in schrägen Linien am meisten angespannt; aber alle diese Teile und andere, wie der untere Schenkel des Kreuzbandes und die hintere ligamentöse Deckschicht treten an Bedeutung für die Hemmung der Raddrehung hinter den Flügelbändern weit zurück.

β) Nebenbewegungen in den Atlasgelenken.

1. Vertikale Bewegung im unteren Atlasgelenk bei der Raddrehung.

Die seitlichen Gelenkflächen des Atlas und Epistropheus berühren sich in der Mittelstellung nicht in den ganzen gegeneinander stehenden Partien, sondern nur in einer mittleren, von innen nach außen verlaufenden

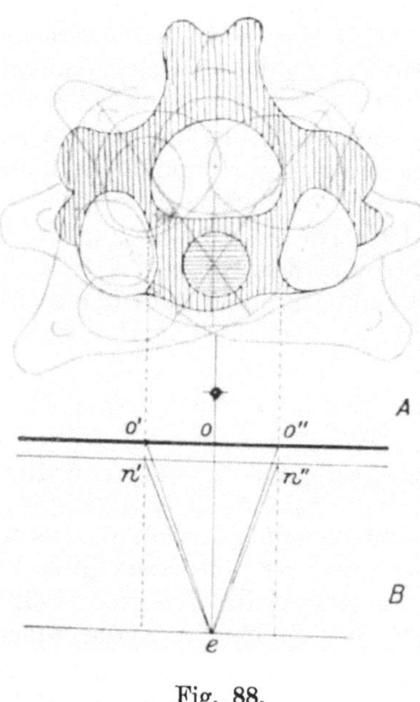

Fig. 88.

Linie. Von dieser aus klaffen sie nach vorn und hinten. Beide Gelenkflächen zeigen also eine mittlere First und je eine vordere und hintere Facette. Bei Drehung nach rechts kommt rechts die vordere Gelenkfacette des Atlas auf die hintere des Epistropheus und links kommt die hintere Facette des Atlas auf die vordere des Epistropheus zu liegen. Bei der Drehung nach links ist das Umgekehrte der Fall. Es senkt sich also bei der Drehung aus der Mittelstellung der Atlas beiderseits, allerdings im Maximum höchstens um 1—2 mm.

Hierauf hat Henke aufmerksam gemacht.

Henke sah in diesem Verhalten eine nützliche Einrichtung, welche die Zerrung des Rückenmarks und ihrer Verbindung mit dem Gehirn bei der horizontalen Kopfdrehung verhindert.

In der Tat muß das Foramen occipitale magnum bei der Drehung des Kopfes mit dem Atlas um den Zahn des Epistropheus gegenüber der Mittelebene des letzteren um einige Millimeter abwechselnd nach links und nach rechts verschoben werden. Bleibt es dabei in der gleichen Horizontalebene über dem Epistropheus, und bleibt ferner das Rückenmark oben mit dem gleichen Querschnitt in der Mitte des Foramen occipitale, unten aber mit einem zweiten Querschnitt in gleicher Höhe und Stellung hinter dem Epistropheus, so folgt daraus die Notwendigkeit einer schrägen Verzerrung und Verlängerung des Rückenmarks um einige Millimeter bei dem seitlichen Ausschlag.

Fig. 88 A zeigt den Epistropheus (schwarz) und den Atlas (rot) von oben, den letzteren in der Mittelstellung und in den beiden Extremstellungen der horizontalen Drehung. Man beachte die Verschiebung seiner unteren seitlichen Gelenkfläche und seines Foramen vertebrale. Der untere Teil B der Fig. 88 gibt in der Projektion auf die Frontalebene des Epistropheus den Mittelpunkt e des Foramen vertebrale des letztgenannten Wirbels und den Mittelpunkt o des Foramen occipitale. Bliebe letzteres bei der Raddrehung des Atlas im gleichen Niveau, so würden o' und o" den Extremstellungen dieses Mittelpunktes entsprechen. Die Verbindungslinie würde dabei zu eo' resp. eo" umgestellt und verlängert. Senkt sich aber das Niveau des Hinterhauptloches und gelangt die Mitte des letzteren beispielsweise nach n', resp. n'", so braucht der Abstand von e nicht größer zu werden.

Nun aber wissen wir seit den Versuchen von Hegar über Rückenmarks- und Nervendehnung, daß das Rückenmark eine erhebliche Dehnung ohne wesentlichen Schaden vertragen kann. In Wirklichkeit verteilt sich überdies die Verlängerung auf einen viel größeren Abschnitt der Länge, indem das Rückenmark ohne erheblichen Widerstand hinter dem Epistropheus etwas nach oben gehoben werden kann. Auch kann sich wohl der Übergang zwischen Rückenmark und Medulla oblongata etwas strecken und enger an die vordere Peripherie des Hinterhauptloches anlegen.

Wir können demnach nicht zugeben, daß jenes Verhalten der seitlichen Atlantoepistrophikalgelenke, welches dem Atlas ermöglicht, sich bei der Drehung nach den Seiten jeweilen etwas tiefer zu schrauben, die Bedeutung einer Schutzvorrichtung hat (und etwa gar wegen ihres Nutzens für den Organismus in der Individualselektion eine Rolle spielen konnte). Auch der Umstand, daß die Foramina intertransversaria des Atlas und Epistropheus, durch welche die Art. vertebralis hindurchgeht, jederseits ihren Abstand weniger ändern, das zwischen inne liegende Arterienstück weniger gedehnt wird, wenn der Atlas bei der Drehung aus der Mittelstellung zugleich etwas tiefer tritt, kann kaum von ausschlaggebender Bedeutung gewesen sein. Sehen wir doch an hundert Beispielen und so namentlich auch an den übrigen Spatia intertransversaria der Halswirbelsäule, daß ein Arterienstück sich vermöge seiner Elastizität und außerdem durch Krümmung und Streckung ausgiebigen Abstandsänderungen seiner festgehaltenen Enden anzupassen vermag.

2. Sagittale Drehung im unteren Atlasgelenk.

Vielmehr haben wir in dem Klaffen der Gelenkflächen in den seitlichen Gelenken eine notwendige Folgeerscheinung und Anpassung zu erblicken an die bewegende Einwirkung der vorn und hinten über den Atlas hinweg zum Kopf ziehenden Muskeln. Zugleich mit der Herabziehung des Kopfes vor oder hinter den Atlantooccipitalgelenken müssen die Massae laterales des Atlas abwechselnd vorn und hinten gegen den Epistropheus gepreßt und an der entgegengesetzten Seiten emporgehoben werden, trotz der festen Einfalzung des Zahnfortsatzes zwischen den vorderen Bogen des Atlas und das Lig. transversum. Wegen dieser letzteren aber kann weder ein reines Drehgleiten noch reine Rollung des Atlas auf dem Epistropheus in sagittaler Richtung zustande kommen, sondern ein Mittelding, eine Art Wackelbewegung (Fig. 89). Das Sichhinabschrauben des Atlas bei der Längsrotation aus der Mittelstellung ist nach dieser Auffassung nur eine weitere Konsequenz des Klaffens der Gelenkflächen und der Ausbildung mittlerer Firsten an denselben.

Wir finden übrigens, daß dieses Klaffen der seitlichen Gelenkflächen an verschiedenen Individuen sehr verschieden gut ausgeprägt ist. Mitunter ist auch die First nur an der einen der beiden gegeneinander sehenden Flächen vorhanden, die andere ist von vorn nach hinten mehr flach. Wenn nur am Epistropheus oder nur am Atlas Firsten vorhanden sind, so fehlt das Tiefertreten des Atlas bei der horizontalen Drehung, während die Wackelbewegung noch möglich ist. Es kommt aber auch vor, daß die Gelenkflächen so gut wie gar nicht klaffen und oben wie unten flach sind.

Was hier über die Beteiligung der unteren Atlasgelenke bei der sagittalen Drehung des Kopfes (und im folgenden Abschnitt über ihre Beteiligung bei seiner seitlichen Drehung) gesagt ist, wurde von mir schon vor Jahren in meinen ersten osteologischen Vorlesungen gelehrt. In neuerer Zeit hat H. Virchow auf die sagittale Nebenbewegung in diesen Gelenken hingewiesen. Er hat dieselbe auch bei mehreren Säugetieren nachweisen können.

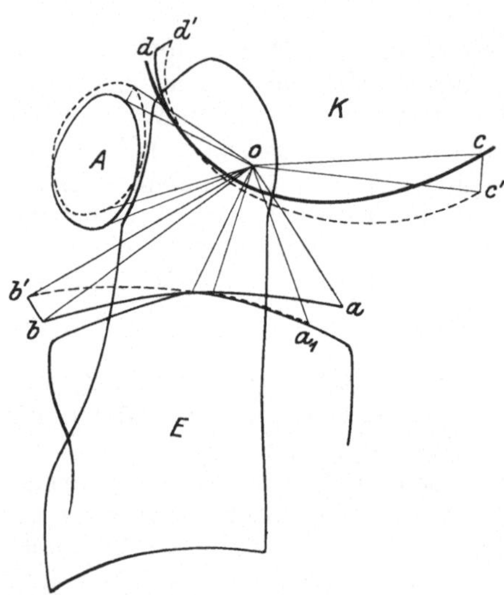

Fig. 89. Sagittale Nebenbewegung zwischen Atlas und Epistropheus. Schema. *A* Vorderer Bogen des Atlas, *E* Epistropheus, *K* Condylus occipitalis, *a b* und *a' b'* untere Gelenkfläche der Massa lateralis des Atlas (Sagittalprofil) bei Vor- und Rückbeugung, *c d* und *c' d'* obere Gelenkfläche (Sagittalprofil) bei der Vor- und Rückdrehung. *o* mutmaßliche Lage der Drehungsachse. Alles in der Projektion auf die Medianebene.

3. Seitliche Bewegung in beiden Atlasgelenken.

Auch die seitlich am Atlas zum Kopf emporsteigenden Muskeln erzwingen sich bei einseitiger Wirkung mit ihren vertikalen Komponenten eine Nebenbewegung. Man hat vielfach behauptet, daß der Schädel auf dem Atlas eine wenn auch nicht sehr ausgiebige seitliche Drehung ausführen könne, um eine im Schädel gelegene, von vorn nach hinten verlaufende mediane Achse. In der Tat zeigen die Gelenkflächen der beiden Atlantooccipitalgelenke eine annähernd einheitliche, aufwärts konkave Krümmung von einer Seite zur anderen. Mit Neigung der linken Seite des Kopfes wäre danach ein Drehgleiten der Hinterhauptcondylen auf den Massae laterales des Atlas von links nach rechts verbunden. Es ist aber ein derartiges Gleiten nur in geringem Umfang (5—7—10⁰) möglich, da alsbald das Lig. alare, das sich an der beim Drehgleiten vorausgehenden Seite des Hinterhauptbeines ansetzt, angespannt wird. Doch ist eine Drehung des Hinterhauptes gegenüber dem Epistropheus um eine sagittale, durch den Ursprung des Flügelbandes am Zahnfortsatz gehende Achse, bei welcher der Zwischenraum rechts verengt, links erweitert wird, noch möglich. Denn indem die seitlichen Gelenkspalten am Atlas schräg und konvergierend nach innen laufen, wirkt die an der Seite der Kopfgelenke nach unten ziehende Kraft auf die Massa lateralis wie auf einen Keil und drängt sie aus dem Zwischenraum heraus. Wirken z. B. linkerseits die Kräfte herabziehend auf den Kopf, so wird die linke Massa lateralis des Atlas zum

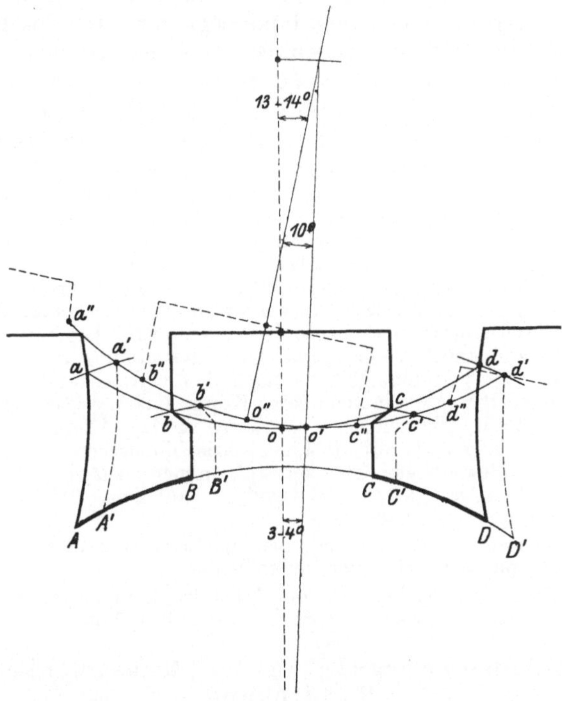

Fig. 90. Seitliche Nebenbewegung in den beiden Atlasgelenken, von vorn. Schema. *AB* und *CD* Frontalprofile der unteren Gelenkflächen des Atlas in der Mittelstellung; sie gleiten auf dem Epistropheus seitwärts in die Lage *A′B′* und *C′D′*, wobei die Frontalprofile der oberen Atlasgelenke aus der Lage *ab* und *cd* in die Lage *a′b′* und *c′d′* übergeführt werden (Drehung von 3—4°). Bei gleichsinniger Drehung des Kopfes in den oberen Atlasgelenken (um 10°) gleiten die Condylenflächen in diesem Profil nach *a″b″* und *c″d″*; der Punkt *o* gelangt nach *o″*.

Abgleiten auf der abschüssigen linken Schulter des Epistropheus nach links gezwungen, während die rechtsseitige Massa lateralis in entsprechendem Betrag auf der rechten Schulter des Epistropheus medianwärts emporsteigt (Fig. 90). Diese Bewegung des Atlas auf dem Epistropheus ist mit einer geringen Drehung desselben nach links (2—3°) parallel einer bilateralen Längsebene verbunden. Ungefähr ebenso groß ist die hierdurch ermöglichte neue seitliche Drehung des

Schädels. Während beim Drehgleiten der Condylen nach rechts im oberen Gelenk das linke Flügelband gespannt wird, erschlafft es etwas bei dieser zweiten Drehung, so daß infolge davon die erste Bewegung noch etwas weiter gehen kann. Das Resultat ist eine seitliche Drehung des Kopfes gegenüber dem Epistropheus von ungefähr 10⁰, unter Annäherung des linken Condylus an den Epistropheus und Abhebung des rechten Condylus von letzterem.

Die Verschiebung der Condylen auf den Massae laterales nach rechts ist also von einer geringen Verschiebung des Atlas mit dem Kopf gegenüber dem Epistropheus nach links begleitet. Die absolute seitliche Verschiebung der Condylen gegenüber dem Epistropheus ist deshalb eine geringere; um so viel wird gleichsam die keilförmige linke Massa lateralis zwischen dem Condylus und der Schulter des Epistropheus nach außen herausgetrieben.

Die Möglichkeit einer seitlichen (frontalen) Drehung des Kopfes gegenüber dem Atlas ist von verschiedenen Autoren angenommen worden, so von Henke, Eckhard, Langer, Quain-Hoffmann, W. Krause, Hartmann, L. Gerlach, Poirier, R. Fick. L. Gerlach bestreitet die Möglichkeit einer rein seitlichen Drehung, ohne gleichzeitige Bewegung in der atlantoaxialen Verbindung. R. Fick nimmt an, daß von der Mittellage aus nach jeder Seite hin ein Drehgleiten von 15—20⁰ möglich sei. Noch größere Werte gibt Poirier an. Der Umstand, daß die beiden Condylen des Hinterhauptes und ebenso die beiden oberen Gelenkflächen des Atlas von einer Seite zur anderen eine gemeinsame Krümmung zeigen, deren Achse etwas von hinten nach vorn aufsteigt und nach oben von der horizontalen frontalen Achse der sagittalen Bewegung in den oberen Kopfgelenken gelegen ist, hat offenbar die Autoren veranlaßt, die seitliche Bewegung in den Atlantooccipitalgelenken zu überschätzen. Es genügt, auf die Ligg. alaria hinzusehen, um den Zweifel an einer ausgiebigeren Bewegungsmöglichkeit aufkommen zu lassen. Die ganze Möglichkeit des seitlichen Drehgleitens der Condylen auf dem Atlas hangt von zwei Komponenten ab:

1. dem Spielraum der Bewegung, den die Ligamenta alaria zulassen, wenn Atlas und Epistropheus miteinander versteift sind;

2. den Betrag, um welchen sich der Atlas dreht, indem er sich als Doppelkeil auf dem Epistropheus nach der Seite verschieben läßt.

4. Schräge Nebenbewegung in den Atlasgelenken bei der Raddrehung.

Henke (Handb. d. Anat. u. Mech. d. Gelenke, S. 101) hat angegeben, daß mit der Raddrehung des Atlas auf dem Epistropheus eine kleine Nebenbewegung des Kopfes auf dem Atlas um eine schräge Achse verbunden ist. Und zwar steigt die Achse nach Henke von hinten nach vorne auf. Nach Gerlach (1883) findet sich mit der Raddrehung nach rechts eine Seitenneigung des Kopfes nach links und etwas Streckung kombiniert. Der ganze occipitale Ring rückt etwas nach rechts, unter Senkung an der linken und Erhebung an der rechten Seite. Diese Nebenbewegung wird von Gerlach auf die Anspannung des linken Lig. alare zurückgeführt. Der linke (vorn stehende) Condylus schließe sich mit seiner hinteren Facette auf den hinteren Teil der Atlaspfanne eng auf, während der rechte Condylus umgekehrt mit seiner vorderen Partie auf die vordere Partie der Pfanne angedrückt werde. Die Bewegung geschieht nach Gerlach um eine schräg

von hinten rechts nach vorn links horizontal verlaufende Achse. Bei
Drehung des Atlas im Atlantoaxialgelenk nach links findet die Nebenbewegung in der umgekehrten Richtung statt, um eine Achse, welche
von hinten links nach vorn und rechts geht.

In dieser Nebenbewegung sieht L. Gerlach eine nützliche regula-
torische Einrichtung für die Blutversorgung des Gehirns.
Bei der Raddrehung des Atlas nach rechts wird infolge dieser Nebenbewegung die linke Arteria vertebralis in ihrem Verlauf vom Querfortsatz des Atlas bis zur Membrana obturatoria posterior gedehnt
und verengt; das entsprechende Stück der rechten Vertebralarterie
aber wird erweitert und verkürzt. Durch Experimente an der
Leiche hat Gerlach nachgewiesen, daß dabei bei verhinderter Torsion
der Halswirbelsäule unter dem Epistropheus die linke Art. vertebralis
ungefähr ebensoviel an Volum verliert, als die rechte gewinnt. Er schließt
daraus, daß unter den gleichen Bedingungen beim Lebenden der
Blutzufluß zur Arteria basilaris konstant erhalten werde. Selbst wenn
dies richtig wäre, müßte eingewendet werden, daß diese Nebenbewegung
überflüssig ist, indem ohne dieselbe die genannten Stücke der beiden
Vertebrales zwischen Kopf und Atlas ja gar nicht verändert würden.
Ferner hat Gerlach selbst festgestellt, daß durch Torsion (plus Seitenneigung) der Halswirbelsäule unterhalb des Epistropheus das Volum
beider Arteriae vertebrales am Hals vermindert wird, woraus man wohl
auf eine Verengerung beider schließen darf; das gleiche wird wohl
auch bei der Raddrehung des Atlas aus der Mittelstellung auf jeder Seite
der Fall sein für das Stück des Gefäßes zwischen den Querfortsätzen
des Atlas und des Epistropheus. Gegen diese Verengerung der Lichtung
beider Arterien, bei asymmetrischer Bewegung der Halswirbelsäule hilft
die Nebenbewegung des Kopfes gegenüber dem Atlas nichts. Desgleichen
sind gegenüber Verengerungen und Erweiterungen, welche die Arteriae
vertebrales allenfalls bei der Vor- und Rückbeugung der Halswirbelsäule
und des Kopfes und dann beiderseits in gleicher Weise erleiden, keine
grobmechanischen Schutzvorrichtungen gegeben, welche die Menge des
zum Gehirn fließenden Blutes im ganzen konstant halten könnten.
Aus alledem muß man wohl den Schluß ziehen, daß jene Nebenbewegung
zwischen Kopf und Atlas sicher nicht wegen eines Nutzens nach dieser
Richtung zustande gekommen und erhalten geblieben ist. Man wird
im Gegenteil annehmen müssen, daß der Gesamtzufluß zur Arteria
basilaris durch die Stellungsänderungen der Halswirbelsäule und des
Kopfes nicht unerheblich verändert wird, und es fragt sich, ob auf
nervösem Wege, durch Vermehrung oder Verminderung der Spannung
der Gefäßwandmuskulatur und durch die Anastomosen zwischen der
Basilaris und den inneren Carotiden diesen Schwankungen genügend
begegnet werden kann.

Dagegen ist die Vereinigung der beiden Arteriae vertebrales zu
einer unpaaren Arteria basilaris sicher ein Hilfsmittel zur gleichmäßigen
Blutversorgung der beiden Hälften des hinteren Abschnittes des Gehirns
sowohl für den Fall, daß die beiden Arteriae vertebrales ungleich
entwickelt sind, als auch dann, wenn sie vorübergehend, wegen

asymmetrischer Stellung der Halswirbelsäule und des Kopfes, ungleich viel Blut führen.

Wir wollen zum Schluß noch etwas genauer auf die Natur der durch das Lig. alare erzwungenen Nebenbewegung bei der Drehung des Kopfes und des Atlas um den Zahn des Epistropheus eintreten. Nach der Meinung von Gerlach, der sich R. Fick anschließt, wird an der vorgehenden Seite durch die Anspannung des Lig. alare das Hinterhauptbein zurückgehalten und zum Drehgleiten auf den Atlasgelenkflachen nach der anderen Seite hinüber veranlaßt. Ein solches Drehgleiten muß aber sehr bald zu Ende sein und kann nur einen geringen Betrag haben. Es muß ja, da ein solches Drehgleiten auf dem Atlas zugleich eine Bewegung der Condylen gegenüber dem Zahnfortsatz der Epistropheus ist, alsbald auch das Lig. alare der anderen Seite angespannt werden, indem dieses Band durch das Zurückgehen seiner occipitalen Ansatzstelle nicht etwa immer weiter erschlafft, sondern zuletzt ebenfalls leicht angespannt wird. Wohl aber wird tatsachlich die Seitenneigung des Kopfes auf eine andere Weise noch etwas im gleichen Sinn weitergetrieben, nämlich dadurch, daß an der Seite, welche bei der Drehung bis jetzt nach vorn gegangen, und an welcher das Lig. alare starker angespannt ist, der Condylus, von letzterem festgehalten, sich nach unten dem Epistropheus nahert, unter Hinauspressung der dazwischen liegenden keilförmigen Massa lateralis nach vorn und außen, wahrend auf der anderen Seite die Massa lateralis sich dem Zahn des Epistropheus nahert und auch etwas nach hinten geht. Tatsachlich beobachtet man, daß der Atlas seine Längsdrehung noch einen Augenblick fortsetzt, wahrend diejenige des Hinterhauptes schon zu Ende ist, und daß er sich dabei etwas nach der vorgehenden Seite verschiebt. Dank diesem Ausweichen kann in der Tat die seitliche Drehung des Kopfes nach derjenigen Seite, welche bei der Drehung um die vertikale Achse nach vorn geht, noch etwas vergrößert werden.

Ich möchte hervorheben, daß es sich bei der hier beschriebenen Seitendrehung des Kopfes nur um eine Art Schlußdrehung in den extremen Lagen der horizontalen Drehung handelt. Auch kann ich nicht finden, daß dabei gleichzeitig eine Rückdrehung des Kopfes statthat. Das Lig. alare zieht zwar an der vorausgegangenen Seite die Schadelbasis nach unten, aber der Effekt ist doch wesentlich eine Vergrößerung der Seitendrehung. Die Achse der Schlußdrehung hat also nicht eine mittlere Richtung zwischen einer horizontalen sagittalen und einer horizontalen frontalen, und verlauft nicht wesentlich schräg von hinten nach vorn und nach der Seite des vorwartsgegangenen Condylus, wie Gerlach und Fick angeben, sondern sie hat eine mittlere Richtung zwischen einer horizontalen sagittalen und einer vertikalen Richtung und steigt wesentlich sagittal nach vorn auf. (R. Fick nimmt nur insofern ein leichtes Ansteigen der Achse nach vorn an, als er auch der Achse der Seitendrehung aus der Mittellage einen solchen Verlauf zuschreibt.) Offenbar sind die genannten Autoren deshalb zur Annahme einer wesentlich horizontal verlaufenden schragen Achse gekommen, weil sie das Ausweichen des Atlas zur Seite übersehen haben und deshalb das Tiefertreten der Ansatzstelle des Lig. alare durch Drehgleiten nach vorn, also durch Rückdrehung des Kopfes erklaren mußten. Einen Einfluß des Lig. alare zur Modifikation der horizontalen Drehbewegung des Kopfes hat zuerst Henke erkannt.

R. Fick legt großes Gewicht darauf, daß die horizontalen Drehungen des Kopfes stets mit Seitenneigung nach der entgegengesetzten Seite verbunden sind. Demgegenüber muß ich hervorheben, daß bei wirklich horizontal gestelltem Kopf und Atlas von den begleitenden Seitenneigungen bei nicht extremen Horizontaldrehungen kaum etwas zu bemerken ist, und daß sie nur gegen die Extremstellungen zu etwas deutlicher hervortreten. Etwas ganz anderes ist es bei vorgebeugtem Hals. Nun ist aber klar, daß bei vorgeneigtem Hals eine ganz reine Drehung parallel der Querebene des Atlas als eine Kombination einer horizontalen Drehung um eine vertikale Achse mit einer Drehung um eine von hinten nach vorn verlaufende Achse aufgefaßt werden kann. Letztere Drehung erscheint als Seitenneigung des Kopfes nach der entgegengesetzten Seite. Aus ähnlichem Grunde erscheinen die Drehungen des Kopfes um den Zahn des Epistropheus trotz der wirklich damit verbundenen

Neigung des Kopfes gegen die Seite des Epistropheus, auf welcher der Atlas vorgeht, als eine Horizontaldrehung, verbunden mit Neigung des Kopfes nach der rückwarts gehenden Seite.

Die in Rede stehende Nebenbewegung des Kopfes gegenüber dem Atlas erscheint durch die Anspannung des Lig. alare genügend erklärt. Man kann sich nur noch fragen, ob nicht die **Muskeln**, welche den Kopf mit dem Atlas auf dem Epistropheus nach links oder rechts drehen, zu dieser Nebenbewegung beitragen, wie dies auch bereits von Gerlach in Betracht genommen wurde.

Die Drehung nach rechts wird, soweit es sich um **Muskeln** handelt, die am Kopf angreifen, durch den M. semispinalis capitis (namentlich bei nach links gedrehtem Kopf), den oberen Trapezius und den Sterno-cleidomastoideus der linken, sowie durch den Splenius capitis der rechten Seite bewirkt. Alle diese Muskeln haben zugleich eine streckende Einwirkung; der Sternocleidomastoideus zieht zugleich an der linken Kopfseite nach unten, während der Splenius in gleicher Weise an der rechten Seite wirkt.

Vor allem der Sternocleidomastoideus und der Trapezius könnten also wohl eine Drehung des Kopfes gegenüber dem Atlas um eine schräg nach vorn aufsteigende Achse zustande bringen; doch ist die Mitwirkung des linken Lig. alare dabei nicht auszuschließen.

R. Fick hat in seinem Lehrbuch auch eine Anzahl praktisch und chirurgisch wichtiger Fragen, welche mit der Mechanik der Kopfgelenke in Beziehung stehen, besprochen. Von besonderem Interesse sind seine Ausführungen über die Luxation des Zahnfortsatzes. (S. darüber auch Hyrtl. Topogr. Anat.)

γ) **Vergleichend Anatomisches.**

Wie Gaupp gezeigt hat, findet sich bei allen Reptilien Einheitlichkeit einer-seits der atlantooccipitalen, andererseits der atlantoepistrophikalen Gelenk-höhle und Kommunikation beider langs der ventralen Flache des Dens epistrophei.

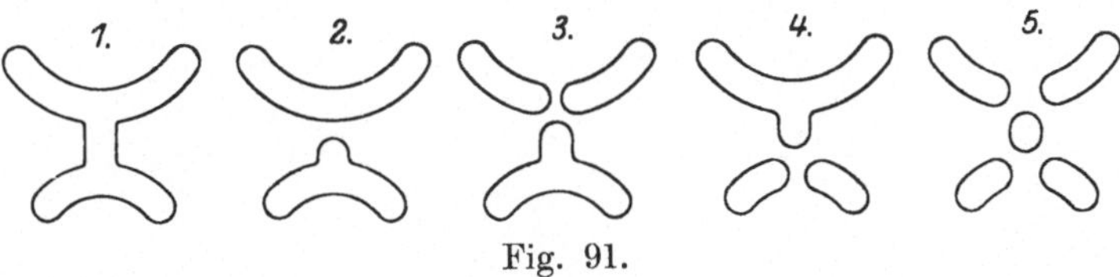

Fig. 91.

Also ist nur **eine**, große Kopfgelenkhöhle vorhanden (monocöler Typus des Kopf-gelenkapparates). Den gleichen Typus hat Gaupp (Verh. d. anat. Ges. Berlin 1908) bei Echidna und einer Anzahl anderer Säuger, einigen Marsupialiern (Macropus, Petrogale), ferner unter den placentalen Säugern bei Insectivoren (Erinaceus), bei Carnivoren (Hund und Katze) und unter den Fledermäusen bei Pteropus, endlich auch noch bei Halbaffen (Lemur mongoz und Stenops gracilis) nachgewiesen. Bei Echidna artikuliert der Zahn des Epistropheus gar nicht mit dem vorderen Bogen des Atlas, sondern tritt dorsal an einem von ihm ausgehen-den Septum interarticulare, aber getrennt davon zu der Schadelbasis, hinter der

schmalen Mitte der vor dem Foramen occipitale miteinander zusammenhängenden
Hinterhauptscondylen. Der vordere Bogen vermittelt an seinem oberen Rande
den Zusammenhang zwischen den seitlichen occipitalen Gelenkflächen des Atlas,
während an seinem unteren Rand die seitlichen Gelenkflächen für den Epistropheus
miteinander zusammenhängen. Bei jenen anderen Säugern ist der vordere Atlasbogen breiter und artikuliert bereits an seiner dorsalen Fläche mit dem Zahn des
Epistropheus. Bei den übrigen Saugern ist die Gelenkhöhle nicht mehr einheitlich, sondern in 2, 3, oder 5 Gelenkhöhlen getrennt [siehe die obenstehenden
Schemata von Gaupp, welche am besten die verschiedene Art der Zerlegung
zeigen (Fig. 91)].

Die Zerlegung des atlantooccipitalen Gelenkes in zwei ist häufiger als die
Zerlegung der atlantoepistrophikalen Junktur in drei. Die Trennung der Condylen
geht in der Reihe natürlich der völligen Trennung der Gelenkhöhlen voraus. Endlich
ist, wie bekannt, beim Menschen ein Zerfall jedes Hinterhauptscondylus in zwei
annähernd oder vollkommen getrennte Gelenkkörper nicht allzu selten (R. Fick,
Gaupp). Wir haben auch an den occipitalen Gelenkflächen des Atlas gelegentlich
eine weitgehende Trennung in einen vorderen und hinteren Teil gefunden. Eine
vollkommene Zerlegung jedes Atlantooccipitalgelenkes in zwei ist aber bis dato
nicht beobachtet.

Eine Bursa mucosa dentis zwischen dem Lig. transversum atlantis und
dem Zahnfortsatz hat Gaupp bei den meisten Formen konstatiert. R. Fick
möchte dieselbe als eigentliches (sechstes) Gelenk des Kopfgelenkapparates betrachtet wissen, da die vordere Flache des Atlasquerbandes ihm entsprechend über-
knorpelt ist und aus der Körperanlage des Atlas hervorgehe. Mit Recht macht Gaupp
geltend, daß die Trennung des ursprünglich einfachen Gelenkes in getrennte Gelenke
eine Bewegungsbeschränkung bedeutet, welche zulassig ist, sobald die Beweglichkeit des Kopfes nicht mehr in dem Maße wie etwa bei den Insectivoren und
Carnivoren für das Ergreifen der Nahrung vonnöten ist. Mit Recht haben aber
auch R. Fick und Gebhardt ergänzend beigefügt, daß damit der Vorteil einer
besseren Ruhigstellung und einer größeren Präzision der noch möglichen Bewegung
verbunden ist.

Daß zwischen Atlas und Epistropheus ein leichter Grad von sagittaler Beweglichkeit vorhanden ist, hat auch H. Virchow gefunden. Diese Beweglichkeit
ist bei Tieren oft stärker ausgeprägt, so beim Moschustier und beim Malaienbären.
Auch Gaupp fand nicht selten bei Tieren die Möglichkeit der Dorsoventralbewegung
und auch einer Seitenneigung. Die Inkongruenz der Flächen ist dann entsprechend
größer (auffällig z. B. beim Pferd).

V. Wirkungsweise der Muskeln zur Biegung und Torsion des Stammes.

α) Vorbemerkungen.

Es ist vielleicht nicht ganz überflüssig, sich einmal über die Begriffe Beugung, Biegung und Streckung im allgemeinen und für den Rumpf (Stamm) im besonderen zu verständigen.

Über den Begriff der Biegung kann kaum eine Unklarheit bestehen. Ein gegliedertes Ganzes biegt sich, indem seine Glieder ihre Stellung zueinander so verandern, daß ihre Langsachsen weniger gut als vorher die eine in der Fortsetzung der anderen gelegen sind. Die gegenteilige Formveranderung ist die Streckung. Man kann sich nur darüber streiten, wie die Biegung in ihrer Richtung zu charakterisieren ist. Ist eine linkskonkave Wirbelsäule nach links oder nach rechts gebogen? Um Unklarheiten zu vermeiden, wählen wir in einem solchen Fall den Ausdruck ausgebogen; die Ausbiegung ist nach der Konvexseite gerichtet, hier also nach rechts. Dagegen ist das Ende des Stabes gegenüber der Mitte oder dem festgestellten anderen Ende, nach der Konkavseite der Biegung abgebogen.

Der Begriff „Beugung" ist natürlich demjenigen der „Biegung" stammverwandt, hat aber seine besondere Bedeutung erlangt. Wir verstehen darunter die Ablenkung des Endteiles des biegsamen Gebildes aus der Richtung des Restes. In diesem Sinn beugt der Stamm seinen Wipfel, beugt der Mann sein Haupt, seinen Rücken, wird der Lichtstrahl beim Übertritt in ein anderes Medium gebeugt. In diesem Sinn wird der Oberarm gegenüber dem Vorderarm, der Unterschenkel gegenüber dem Oberschenkel, das Bein gegenüber dem Rumpf, der Unterrumpf gegenüber dem Oberrumpf, aber auch der Oberrumpf gegenüber dem Unterrumpf, der Rumpf gegenüber dem Oberschenkel, der Oberschenkel gegenüber dem Unterschenkel gebeugt usw. Die Beugung eines Teiles geschieht also immer gegenüber einem zweiten ruhend oder weniger bewegt gedachten Teil, und wenn keine Unklarheit darüber bestehen kann, was unter der Beugung eines Endteiles zu verstehen ist, so muß zum mindesten in denjenigen Fallen, in welchen es sich um die „Beugung" eines mittleren Abschnittes handelt, entweder die Junktur genannt werden, in welcher die Bewegung geschieht, oder der Teil, gegenüber welchem die Bewegung stattfindet.

Bei der Wirbelsäule hat man sich stillschweigend dahin geeinigt, die Ablenkung oberer Teile gegenüber den unteren nach vorn oder hinten oder nach der Seite aus der Streckstellung oder allenfalls aus der Mittelstellung beim aufrechten Stand als Beugung nach vorn, nach hinten oder nach der Seite zu bezeichnen.

Der Begriff „Beugung" wird nun aber leider auch in wesentlich anderem Sinn genommen, indem nicht bloß von der Beugung des Unterschenkels im Kniegelenk, oder des Vorderarmes im Ellenbogengelenk, sondern von der Beugung des ganzen Beines ins Knie, des ganzen Armes im Ellenbogen gesprochen wird und ebenso von der Beugung der ganzen Wirbelsäule in den Wirbeljunkturen. Hier ist der Begriff Beugung auf das Ganze angewendet, das in intermediären Gelenken gebogen resp. geknickt ist. Der Begriff Rumpfbeuge ist damit vollkommen zweideutig geworden. Es kann darunter die Beugung des Rumpfes gegenüber den Beinen, in den Hüftgelenken, oder die Beugung oberer Teile der Wirbelsäule gegenüber unteren in Wirbeljunkturen verstanden sein.

Einige haben diesen Übelstand empfunden und vorgeschlagen, die Beugung des Rumpfes in den Hüftgelenken als Rumpfneigung oder als Rumpffällung (Steinemann) zu bezeichnen. Aber diese Ausdrücke passen nur für die aufrechte Körperhaltung. Auch ist es nicht konsequent, den Ausdruck Rumpfbeugung gerade da, wo er im ursprünglicheren und richtigeren Sinn verwendet wurde, zu bekampfen und ihn fur die Biegung eines ganzen, wo er weniger am Platze ist, beizubehalten.

Man wird nun freilich die Verwendung des Ausdruckes Beugung für die Biegung und Knickung des Ganzen in intermediaren Junkturen nicht so leicht aus der Welt schaffen können. Es bleibt also einstweilen nichts anderes übrig, um Unklarheiten zu vermeiden, als jeweilen anzugeben, in welcher Junktur die Stellungsanderung eines bewegten resp. abgelenkten Teiles oder die Formveranderung des Ganzen stattfindet oder stattgefunden hat. Auch das kürzeste turnerische oder militarische Kommando wird dieser Forderung genügen müssen. So muß es heißen: Rumpf zum Oberschenkel vorwarts beugt, oder Rumpf in Hüften vorwarts beugt, Rumpf in den Lenden, in der Brust rückwarts beugt, Oberrumpf zum Unterrumpf vorwarts, rückwarts beugt usw.

Ganz analog verhält es sich mit dem Begriff Streckung (Extension). Gestreckt kann eigentlich nur ein gebogenes Ganzes werden durch Geraderichtung seiner Teile gegeneinander. Trotzdem hat man sich gewöhnt, von der Streckung einzelner Glieder, z. B. einer Streckung des Unterschenkels, des Vorderarmes usw. zu sprechen. Auch hier kann es zur Unsicherheit über das, was gemeint ist, kommen, die nur beseitigt wird, wenn man zugleich das andere Glied nennt, gegenüber welchem die Bewegung stattfindet, oder die Gelenkstelle, in welcher sie geschieht.

Wenn wir korrekt sein wollen, müssen wir an irgend einem Teil der Wirbelsäule eine einzige Streckstellung und verschiedene Arten der Beugung, eine Seitenbeugung nach links, eine solche nach rechts, ferner eine Vorwärts- und Rückwärtsbeugung unterscheiden, letzteres sowohl, wenn wir die Bewegung selbst als wenn wir das Resultat derselben im Auge haben. Aus den verschiedenen Beugestellungen aber führen verschiedene Arten der Streckbewegung zur einen und einzigen Streckstellung zurück. Die Versuchung wird aber naheliegen, als Ausgangsstellung für die verschiedenen Arten der Beugung nicht die absolute Streckstellung, sondern eine Mittelstellung, die z. B. der Form der Wirbelsäule beim aufrechten Stand entspricht, zu wählen. Um solche Komplikation und die damit verbundene Inkorrektheit zu vermeiden, ist es besser, die Bewegungen bloß nach ihrer Richtung zu unterscheiden. Doch ist es im Grunde ein unglückliches Auskunftsmittel gewesen, wenn man jede Rückbewegung oberer Teile gegenüber unteren als Streckbewegung, die entgegengesetzte als Beugebewegung bezeichnet hat. Dabei wurde ja öfters der ursprüngliche Begriff der Beugung und Streckung in das Gegenteil verkehrt.

Leider sind wir nicht imstande, kurze und treffende Ausdrücke für die beiden, einander entgegengesetzten, mit Richtungsänderung verbundenen Bewegungen der Enden der Säule gegenüber der Mitte oder dem anderen Ende in Vorschlag zu bringen. Bezeichnungen wie Ventralwärtshinüberbeugung, Dorsalwärtshinüberbeugung (oder Ventralwärtsbiegung und Dorsalwärtsbiegung) sind zu schwerfällig, die Bezeichnungen Dorsal- und Ventralbewegung im allgemeinen zu wenig charakteristisch. So werden wir genötigt sein, uns jenem inkorrekten Gebrauche bis auf weiteres anzuschließen. Namentlich werden wir die vorwärts- und rückwärtsüberbeugenden Muskeln der Kürze halber einfach als Beuger und Strecker aufführen.

Bei der Untersuchung des Muskeleinflusses zur Formveränderung der Stammwand kann man in verschiedener Weise vorgehen. Man kann für einzelne Muskeln oder Muskelgruppen die Wirkungsweise bestimmen, oder für die verschiedenen Arten der Formveränderung des Stammes der Reihe nach die mögliche Beteiligung der verschiedenen Muskeln feststellen. Letztere Betrachtungsweise dient öfters zur Zusammenfassung der Einzelresultate, welche bei der Untersuchung der einzelnen Muskeln gewonnen sind.

Leider fehlt noch bis zur Stunde eine genaue muskelmechanische Bearbeitung der Stammuskulatur (Feststellung der Längenverhältnisse der Fleisch- und Sehnenfasern, der Verkürzungsgrößen bei bestimmten Bewegungen in den übersprungenen Gelenken, der Querschnittsverhältnisse und Arbeitsvermögen), wie wir sie für verschiedene Gruppen von Extremitätenmuskeln bereits besitzen.

β) Prävertebrale Muskeln und Muskeln der vorderen und seitlichen Stammwand.

Bei den Muskeln der vorderen und seitlichen Rumpfstammwand haben wir diejenigen Seiten der Wirkung, welche sich auf die Veränderung der Gestalt der Bauch- und Brusthöhle bei festgestellter Wirbelsäule beziehen, bereits besprochen. Es bleibt noch ihr Einfluß zur Bewegung der Wirbelsäule zu untersuchen.

Die Muskeln der weichen Bauchdecken wirken auf die Wirbelsäule

a) durch Fortleitung ihres Zuges in der Hauptkrümmungsebene der Rippenknochen; von den letzteren aus überträgt er sich durch Vermittelung axialer Widerstände der Costovertebralgelenke auf die Wirbel.

b) durch Fortleitung ihres Zuges in den Muskeln, welche die Rippen nach oben gegen die Wirbelsäule oder gegen den Kopf festhalten (Intercostalmuskeln, Levatores costarum, Scaleni, Unterzungenbeinmuskeln, Muskeln des Mundhöhlenbodens und Kiefermuskeln, Sternocleidomastoideus). Je nach der Spannungszunahme der einen oder anderen dieser Muskelzüge kann die Wirkung bald mehr auf tiefere, bald mehr auf höhere Teile der „Kopfwirbelsäule" fortgesetzt, und kann der Betrag der Annäherung der einen oder anderen Teile gegenüber dem Becken vergrößert werden.

Bei symmetrischer Anspannung und Verkürzung wirken sowohl die Recti abdominis als auch die Obliqui externi und die oberen Teile der Obliqui interni, sofern ihr Zug irgendwie auf die Wirbelsäule und den Kopf fortgesetzt wird, vor allem zur Vorbeugung in den Lendenjunkturen und im unteren Brustteil und je nach der Fortleitung des Zuges auch an höheren Teilen der Wirbelsäule und am Kopf. Wenn umgekehrt von der Wirkung der vorderen und seitlichen, am Brustkorb entspringenden Halsmuskeln auf die Wirbelsäule oder den Kopf gesprochen wird, so wird angenommen, daß ihrer Zugwirkung auf die Rippen oder das Brustbein wenigstens teilweise durch die Verbindung der letzteren Teile mit den in gleicher Höhe oder tiefer gelegenen Partien der Wirbelsäule oder mit dem Becken Gleichgewicht gehalten wird. Unter dieser Voraussetzung ergibt sich für die vorderen und seitlichen Halsmuskeln folgendes:

Durch die Unterzungenbeinmuskeln und die gleichsam in ihrer Fortsetzung gelegenen Muskeln des Mundhöhlenbodens und der Kieferäste kann eine ganz erhebliche Einwirkung zur Vorneigung des Kopfes zustande gebracht werden. Die Mm. sternocleidomastoidei wirken vorwärtsbeugend an den Halswirbeljunkturen und zwar mit besonders großem statischem Moment an den unteren dieser Junkturen. Der Kopf wird dadurch im ganzen nach vorn gebracht und an und für sich auch etwas nach vorn geneigt. Am oberen Atlasgelenk wirken die im hinteren Teil des Muskels gelegenen Fasern aufrichtend, und solches ist an um so weiter nach vorn gelegenen Fasern der Fall, je mehr der Kopf bereits aufgerichtet ist (bei einseitiger Wirkung auch, je mehr der Kopf nach der anderen Seite gedreht ist).

Die Scaleni werden allgemein als Vorbeuger der Halswirbelsäule angesehen (so von Duchenne, R. Fick u. a.). Duchenne konnte dies für den Scalenus ant. durch isolierte Faradisation bestätigen. Für den Scalenus medius und posterior scheinen mir aber die Verhältnisse anders zu liegen. Namentlich an den oberen von ihnen übersprungenen Junkturen und bei mehr oder weniger rückgebeugter Wirbelsäule liegt ihre Zugrichtung eher hinter den Drehungsachsen der sagittalen Wirbeldrehung, so daß sie „streckend" wirken müssen.

Ein deutlicher Vorbeuger der Wirbelsäule ist natürlich der M. longus colli, Beuger des Kopfes allein der M. rectus capitis ant. minor. Der Rectus capitis ant. major beugt den Kopf und die oberen Halswirbel.

Allgemein gelten als Vorbeuger der Wirbelsäule für den Abschnitt zwischen dem Kreuzbein und dem 12. Brustwirbel der M. psoas major und minor (so auch nach R. Fick). Eine genauere Untersuchung zeigt aber, daß solches nicht einmal für die ganze, an den Wirbelkörpern entspringende Partie richtig sein kann, geschweige denn für die anderen Teile, welche an den Lendenwirbelquerfortsätzen entspringen; letztere liegen mit einem Teil der Ursprünge und Kraftlinien hinter und nicht vor den Drehungsachsen der Lendenwirbeljunkturen. Für die Lumbosacraljunktur ist die beugende Einwirkung der untersten Querfortsatzursprünge mindestens zweifelhaft.

Alle Zwischenquerfortsatzmuskeln und so auch die am meisten hinten und vertebral gelegenen Teile der Intercostalmuskeln, ferner die Mm. levatores costarum und der M. quadratus lumborum verkürzen sich bei der „Streckung" der Wirbelsäule, sind also nicht Beuger, sondern Strecker. Dagegen verkürzt sich bei der

Vorbeugung des Brustkorbes der Lumbalursprung des Zwerchfells, worauf schon früher hingewiesen wurde, und zwar nicht etwa bloß, wenn das Becken gegen den festgestellten Brustkorb vorn gehoben wird (R. Fick), sondern ebenso gut beim Sitzen und Stehen, immer unter der Voraussetzung, daß kein auffällig starkes Emporsteigen des Centrum tendineum im Brustkorb stattfindet. Als einen mächtigen Mithelfer zur Vorbeugung des Oberrumpfes möchte ich deswegen das Zwerchfell doch nicht ansehen.

Einseitige oder asymmetrische Wirkung der genannten Muskeln.

Bezüglich der Fortleitung eines einseitigen Zuges in der Bauchwand durch die Brustwand auf höher gelegene Teile der Wirbelsäule und bezüglich der einseitigen Wirkung der vorderen und seitlichen Halsmuskeln gilt Ähnliches wie für die symmetrische Wirkungsweise.

Die hinteren Teile beider Obliqui, soweit sich ihr Zug vorn zu der gleichseitigen Beckenhälfte (Obliquus externus) und nach oben durch die Linea alba zum Brustkorb fortsetzt (Obliquus internus), also ungefähr ihre in der Flanke gelegenen Partien ziehen zusammen die Brustwand seitlich herab. Ihr Zug wird in der Brustwand nach oben zu höheren Teilen der Wirbelsäule hin fortgesetzt durch die Spannung beider Intercostales. Verkürzung der letzteren an der einen Seite des Brustkorbes kann die Rippen einander hier bis fast zur Berührung nahe bringen.

Die einseitige Spannung und Zusammenziehung der Scaleni und des Sternocleidomastoideus bei unten festgehaltenen obersten Rippen hat folgenden Einfluß:

Die Scaleni biegen die Halswirbelsäule nach ihrer Seite und sind so zu den Gelenkflächen der von ihnen übersprungenen Junkturen gestellt, daß die oberen Wirbel an ihrer Seite zugleich nach hinten abgleiten; mit der Neigung nach der Seite des Muskels wird also zugleich eine Drehung nach dieser Seite vollzogen.

Der Sternocleidomastoideus bewirkt in den subepistrophikalen Junkturen zugleich mit der Vorbeugung eine Beugung nach seiner Seite ohne eine derartige Längsrotation. Eher findet noch eine kleine Längsdrehung nach der anderen Seite statt. Die Untersuchungen von Novogrodsky haben gezeigt, daß eine Seitenneigung ohne gleichzeitige Längsrotation nach der gleichen Seite möglich ist. In den Atlasgelenken verbindet sich, wie schon früher erwähnt wurde, mit der sagittalen Bewegung eine Seitenneigung nach der Seite des Muskels und namentlich eine Horizontaldrehung nach der anderen Seite.

Kräftige, fast reine Seitenbeuger sind natürlich die Psoasmuskeln und der Quadratus lumborum, ferner die Levatores costarum und Intertransversarii und zwischen Atlas und Hinterhaupt der M. rectus capitis lateralis.

Durch die Kontraktion der Intercostales interni der linken und der Intercostales externi der rechten Seite kann theoretisch ein oberer Rippenring über dem unteren nach links drehend verschoben, das Brustbein schräg (oben nach links) gestellt, der zugehörige obere Wirbel gegenüber dem unteren nach links gedreht werden. Eine ähnliche Drehung des Thorax über dem Becken wird bewirkt, wenn sich rechts der Obliquus externus, links die aufsteigenden Fasern des Obliquus internus kontrahieren.

γ) Anatomie und Wirkungsweise der Stammuskeln des Rückens.

Die dorsalen Stammuskeln füllen die Rückenrinne. Diese wird durch die Wand des Wirbelkanals, soweit sie zwischen den abstehenden Fortsätzen gelegen ist, ferner durch die abstehenden Fortsätze und ihre Zwischenligamente, am Brustteil auch noch durch die Rippen bis zu den Rippenwirbeln hin und durch die Zwischenrippenmuskeln und Levatores costarum, am Becken aber durch das Kreuzbein, das Iliosacralgelenk und den dorsalwärts vorragenden Teil des Darmbeins gebildet. Der ganze Grund der Rinne wird durch eine Reihe von Vorragungen in eine innere und äußere Abteilung geteilt, nämlich am Halsteil durch die Reihe der Gelenkportionen und Gelenke, am Brustteil durch die Enden der Querfortsätze mit ihren Tuberositäten, am Lendenteil wieder durch die vorragenden Gelenkteile und die Processus mamillares. Unten erstreckt sich die Rinne bis zur stärksten hinteren Vorragung des Kreuzbeins (4. Sacralwirbel), oben erhält sie einen queren Abschluß durch die Schädelbasis.

Die Anordnung und Gliederung der Muskulatur der Rückenrinne ist unbestreitbar eine recht komplizierte. Von der gleichen Stelle und von verschiedenen Stellen desselben Wirbels aus gehen verschiedenlange und verschieden gerichtete Faserzüge zu verschiedenen Stellen des nächsten Wirbels oder zu entfernter liegenden Wirbeln oder zum Kopf; sie schließen sich gegen die gemeinsamen Ursprünge oder die gemeinsamen Ansatzstellen hin oder unterwegs, wo sie sich aneinanderlegen oder kreuzen, zusammen und bilden gemeinsame Muskelbäuche, die oft nur unvollkommen und in wechselnder Weise voneinander gesondert sind. Das Bild wird durch eingeschaltete oder endständige Sehnen noch erheblich kompliziert. Die übliche Abgrenzung und Einteilung dieser Muskeln durch die Anatomen ist keine durchaus übereinstimmende und erscheint auf den ersten Blick vielfach willkürlich. Kein Wunder, daß die Präparation und das Studium der Rückenmuskeln vom Anfänger zumeist als eine äußerst schwierige und undankbare Aufgabe angesehen wird.

Indessen fehlt es nicht an Gesichtspunkten, welche diese Aufgabe wesentlich erleichtern und zu einer sehr lehrreichen und interessanten machen können.

Es ist namentlich das Verdienst von Henle. zuerst in den Wirrwarr des Faserverlaufes für die Betrachtung eine gewisse Ordnung und Übersicht gebracht zu haben. Er lehrte aufeinander folgende Systeme von Faserzügen unterscheiden, in welchen jeweilen die Faserrichtung, z. T. auch die Art des Ursprunges und Ansatzes der Faserzüge eine übereinstimmende ist. Seine Einteilung ist unserer Übersicht auf S. 43 im wesentlichen zugrunde gelegt.

Eine weitere Vereinfachung läßt sich meiner Meinung nach gewinnen, wenn es gelingt, die Ursache für den allmählichen oder plötzlichen Wechsel der Faserrichtung und für die Sonderung der verschiedenen Fasersysteme und der Elemente des gleichen Systemes aufzufinden. Fortlaufende Reihen analoger Faserzüge (Ursprungszacken, Endzacken) zeigen stellenweise Unterbrechungen oder plötzliche Abänderungen in der Mächtigkeit der Zacken, der Länge der Fleischfasern oder Sehnen. Dadurch ist die Sonderung in die verschiedenen von den Anatomen unterschiedenen Muskeln tatsächlich markiert. Die Kenntnis dieser Verhältnisse macht uns den Einfluß der Variation des einzelnen auf die gröbere Gliederung besser verständlich.

Weiterhin muß es von Bedeutung sein, Verhältnisse der Abhängigkeit der einzelnen Variation von äußeren Umständen, z. B. von Abänderungen im Skelett, zu erkennen. Man lernt so, ganze Reihen von Abänderungen von einheitlichen Gesichtspunkten aus zu betrachten.

Zu einem vollen Verständnis wird freilich notwendig sein, daß man den ganzen Entwickelungsgang der Muskulatur, die Bildung der ersten segmentalen Anlagen, die Wanderung ihrer Zellen und Fasern, ihre Umgruppierung und Verschmelzung verfolgt und die Beeinflussung dieser Prozesse durch die Veränderungen am Skelett und andere äußere Bedingungen studiert. Es muß von Nutzen sein, eine solche Untersuchung auf breiter vergleichend entwickelungsgeschichtlicher und entwickelungsmechanischer Basis durchzuführen.

Die tiefen Rückenmuskeln, vielleicht mit Ausnahme des Serratus posterior sup. und inferior gehen sicher aus den Myotomen hervor. In den tiefsten Lagen (den Mm. interspinales und Rotatores breves, dem Rectus capitis posticus minor und Rectus capitis lateralis) bleibt die segmentale Anordnung zeitlebens erhalten. In den oberflächlichen Lagen findet ein Zusammenfließen über kleinere oder größere Längsstrecken hin statt; viele spätere Gliederungen mögen sekundärer Natur sein; so wahrscheinlich auch diejenige zwischen dem Obliquus superior und inferior und zwischen diesen beiden Muskeln und dem Rectus capitis post. major (Chappuis. 1876). Während nun die allertiefsten Fasern z. T. longitudinal verlaufen, zwischen Epistropheus und Hinterhaupt aber, in der tiefen medialen Muskelmasse der Rückenrinne, besondere Verhältnisse des Ansatzes und des Faserverlaufes Platz greifen (Verlauf der inneren Fasern nach oben und außen bei den Recti, Verbindung der seitlichen Fasern mit dem Querfortsatz des Atlas), macht sich vom Epistropheus an abwärts der transversospinale Faserverlauf, d. h. ein medialwärts Aufsteigen der Fasern gegen die Dornen hin mehr oder weniger deutlich geltend. Es entsteht so das System der eigentlichen Rotatores, des Multifidus und der Mm. semispinales dorsi und cervicis. Dieses System füllt die innere Abteilung der Rückenrinne und erstreckt sich am Hals seitlich bis an die Hinterseite der Gelenkportionen, am Brust- und Lendenteil bis an die Tuberositäten der Querfortsätze resp. bis an die Processus mamillares.

In der Hauptmasse dieses Systems, soweit die Fasern von den Processus mamillares (Tuberositäten) der Lenden- und Brustwirbel und von den

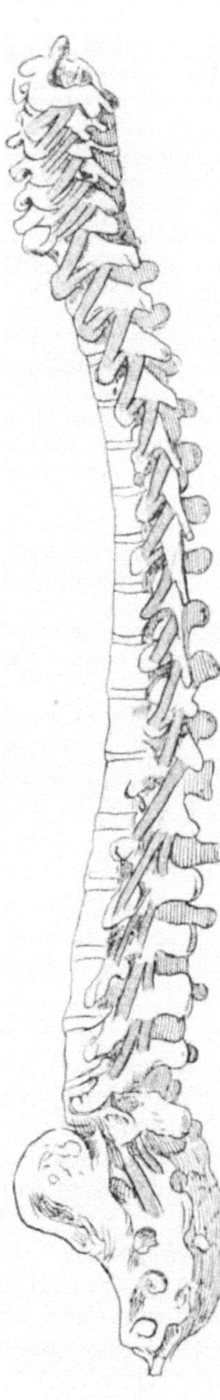

Fig. 92. Mm. rota-
tores breves et longi.
Umzeichnung nach
Hughes.

Gelenkportionen der Halswirbel gegen die Dornen
höherer Wirbel hin aufsteigen und dabei ein, zwei
oder mehr Wirbel überspringen, kann die Divergenz
der Faserrichtung von einer tieferen
Portion zu der nächst oberflächlichen, die
einen Wirbel mehr überspringt, keine bedeutende sein; allenfalls lassen sich die tiefsten Fasern,
die höchstens einen Wirbel überspringen, indem sie
sich mehr gegen die Basis der Dornen zu anheften, von den darüber gelegenen, die zur Spitze
des Dornes gehen, vom Ansatze aus nach unten hin
eine Strecke weit trennen. Die mehr als 1 Wirbel über-
springenden Portionen schließen sich zusammen, und
zwar um so enger, je länger und oberflächlicher sie
sind. Größer wieder ist die Divergenz der Faserrichtung zwischen den Fasern, welche nur einen einzigen
Wirbel überspringen, und denjenigen, welche zum
unmittelbar benachbarten Wirbel aufsteigen, wenigstens am Brustteil, wo die letztgenannten Fasern
zugleich am meisten schräg, fast quer nach innen
zum Schlußstücke des Wirbelbogens und zur
Wurzel des Wirbeldornes verlaufen. Es ist deshalb
kein Wunder, daß sich hier diese tiefsten Faserzüge
als besondere Muskelchen (M. submultifidus, Mm. rotatores breves) vom System der darüber gelegenen
längeren Fasern (Multifidus und Rotatores longi)
gut abtrennen. Am Hals dagegen, wo die kürzesten
Fasern einen ziemlich deutlich longitudinalen Verlauf bewahrt haben (H. Virchow) und ebenso am
Lendenteil lassen sie sich weder von den darüber
gelegenen längeren Schrägfasern, noch von den innen anschließenden Spinalmuskeln abtrennen. Die
Schrägfaserzüge, welche einen Wirbel überspringen,
sind überhaupt nirgends von den darüber gelegenen
längeren Fasern in der ganzen Länge isolierbar.
Deshalb fordert H. Virchow, daß der Begriff
der Rotatores longi aufgegeben werde
und daß man nur dem Brustteil Rotatores
breves zuerkenne. Zu dem Multifidus gehören
nach dieser Auffassung von H. Virchow mit
Ausnahme der Rotatores breves des Brustteile
alle transversospinalen Fasern, welche (5 oder)
4 oder weniger Wirbel überspringen.

Oberflächlich aber an den Multifidus schließen
sich nun an gewissen Stellen noch Fasern an,
welche länger sind, ähnlich entspringen und enden,
eine größere Zahl von Wirbeln überspringen und
noch mehr longitudinal verlaufen. Der Unter-

schied in der Faserrichtung ist
aber hier noch geringer, so daß
diese Fasern miteinander und
mit der Masse des Multifidus
vollkommen verschmolzen sein
müssen. Der Grund zur Ab-
trennung eines Semispinalis
dorsi und eines Semispinalis
cervicis vom Multifidus liegt
nur darin, daß diese Muskeln
oberflächlich aus dem Relief der
gemeinsamen Fasermasse heraustreten, namentlich nach ihrem
Ansatz hin. Sie verdanken ihr
Vorhandensein dem stärkeren
Vorragen des zweiten und dritten
Halswirbeldorns und der Dornen der Vertebrae prominentes
aus der Reihe der nachfolgenden Wirbeldornen. Durch dieses
Vorragen sind die genannten
Dornen in den Stand gesetzt,
auch noch aus größerer Entfernung von unten her transversospinale Fasern auf sich zu beziehen. Daß hinsichtlich des Ansatzes und namentlich hinsichtlich des Ursprungsgebietes gerade hier eine größere Varia-
tionsbreite vorliegt, ist von vornherein zu erwarten.

Untersucht man, wie sich
im Vergleich zu einem Muskel,
der von einem Processus ma-
millaris eines Wirbels zum Dorn des zweitnächsten
oberen Wirbels aufsteigt, ein Muskel verhalten
würde, der umgekehrt vom Processus mamillaris
dieses oberen Wirbels zum Dorn des unteren der
beiden Wirbel abstiege, so erkennt man, daß die
Linie des ersten Muskels kürzer ist und mehr
quer verläuft. Ähnlich ist das Verhalten der zwei
Arten von schrägen Linien, welche zwischen den
Processus mamillares (Tuberositäten) und den Dornen
weiter auseinander liegender Wirbel verlaufen können;
nur daß hier der Unterschied der Länge relativ kleiner
ist. Am größten aber ist die Längendifferenz bei den
zwei Arten schräger Linien, wenn durch sie die genannten Punkte zweier benachbarter Wirbel ver-

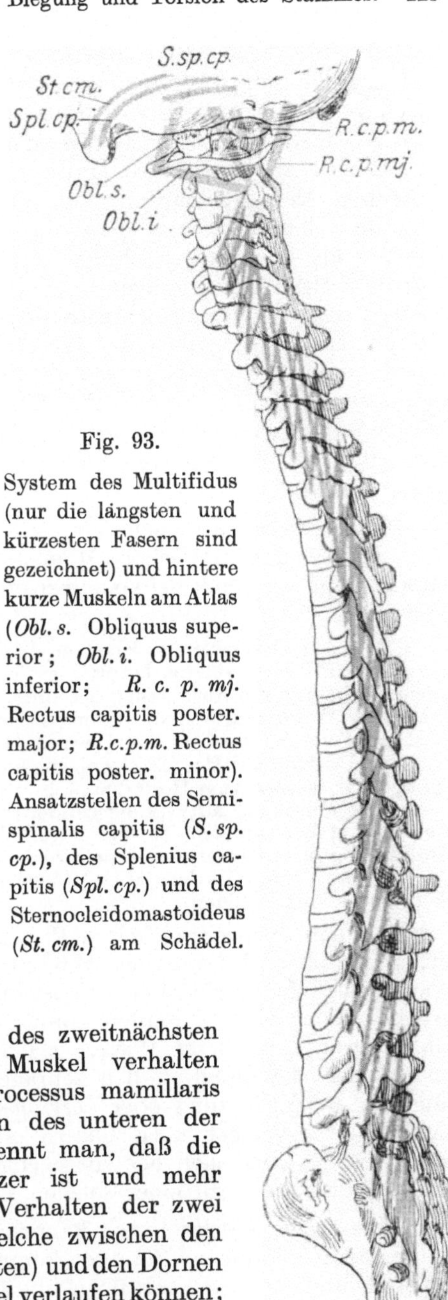

Fig. 93.

System des Multifidus
(nur die längsten und
kürzesten Fasern sind
gezeichnet) und hintere
kurze Muskeln am Atlas
(*Obl. s.* Obliquus supe-
rior; *Obl. i.* Obliquus
inferior; *R. c. p. mj.*
Rectus capitis poster.
major; *R.c.p.m.* Rectus
capitis poster. minor).
Ansatzstellen des Semi-
spinalis capitis (*S. sp.
cp.*), des Splenius ca-
pitis (*Spl. cp.*) und des
Sternocleidomastoideus
(*St. cm.*) am Schädel.

bunden sind. Es hängt dies alles mit der Tieferstellung der Bogenschlußstücke und Wirbeldornen gegenüber den Tuberositäten der
Gelenkportionen und (Brustwirbel-) Querfortsätze zusammen. Berücksichtigt man nun die Größe der sagittalen Bewegungsexkursion
von Wirbel zu Wirbel, so ergibt sich, daß im Grund der medialen
Abteilung der Rückenrinne die Fasern, wenn sie transversospinal
verlaufen, besser in ihrer ganzen Länge muskulös und kontraktil sein
können als umgekehrt schräge, spinotransversal verlaufende Fasern.
Aus derartigen Überlegungen scheint hervorzugehen, daß die mediale
Abteilung der Rückenrinne besser in ihrem ganzen Bereich
durch Einlagerung von kontraktiler Substanz ausgenutzt
wird, wenn die Fasern transversospinal als wenn sie spinotransversal verlaufen. Für die tieferen Fasern, welche weniger
Wirbel überspringen, ist im allgemeinen ein mehr querer Verlauf
vonnöten als für die oberflächlichen Fasern, welche mehr Wirbel
überspringen.

Auch verbessern sich bei transversospinalem Faserverlauf die
Verhältnisse der statischen Momente bis zum Schluß der Muskel-
verkürzung, während bei spinotransversalem Verlauf das Gegenteil der
Fall wäre.

Was den abweichenden Faserverlauf der tiefen Muskelmasse zwischen Epistropheus und Hinterhaupt betrifft, so bedeutet offenbar die Ausbildung des
Obliquus inferior die Ausnützung der durch die horizontale Drehbarkeit des Atlas
gebotenen Verkürzungs- und Aktionsgelegenheit. Die Ursprungspunkte für den
Rest der Faserung sind auf den Dorn des Epistropheus, das Tuberculum atlantis
und den Querfortsatz des Epistropheus eingeengt. Ein Aufsteigen der hier entspringenden Fasern zum Hinterhaupt in annähernd sagittaler Richtung gibt die
beste Gelegenheit zur Mitwirkung bei der sagittalen Rückdrehung des Kopfes; die
Ausbreitung der Ansätze ist hier natürlich. Immerhin ermöglicht die seitliche
Ausbreitung beim Rectus major auch zugleich eine Mitwirkung bei der Horizontaldrehung des Kopfes mit dem Atlas (Rückdrehung des zur anderen Seite gedrehten
Kopfes zur Mittelstellung).

Aus den oben entwickelten Prinzipien würde der transversospinale
Faserverlauf in der inneren Abteilung der Rückenrinne, nach unten
vom Epistropheus erklärt sein selbst dann, wenn die Wirbel nur sagittal
gegeneinander bewegt werden könnten. Wo aber die Möglichkeit zur
Längsrotation oberer Winkel gegenüber unteren gegeben ist, findet
bei solcher Bewegung in den schrägen Linien der transversospinalen
Muskulatur Verkürzung oder Verlängerung statt, und zwar verkürzen
sich die transversospinalen Fasern einer Seite bei der Längsrotation
ihrer Ansatzwirbel nach der entgegengesetzten Seite; sie können gewiß
auch arbeitleistend zu einer solchen Drehung beitragen.

Eine solche Längsrotation kann nun nach dem früher Angeführten
im Lendenteil kaum in Betracht kommen, wohl aber im Brustteil und
Halsteil, und zwar in nach oben hin zunehmendem Betrag. Immerhin
ist der auffällig stark quere Verlauf gerade der tiefsten Fasern in der
inneren Abteilung der Rückenrinne am Brustteil (Rotatores breves)
vollauf erklärt schon aus den Verhältnissen der sagittalen Bewegung
(möglichste Ausnutzung des verfügbaren Raumes für die kontraktile

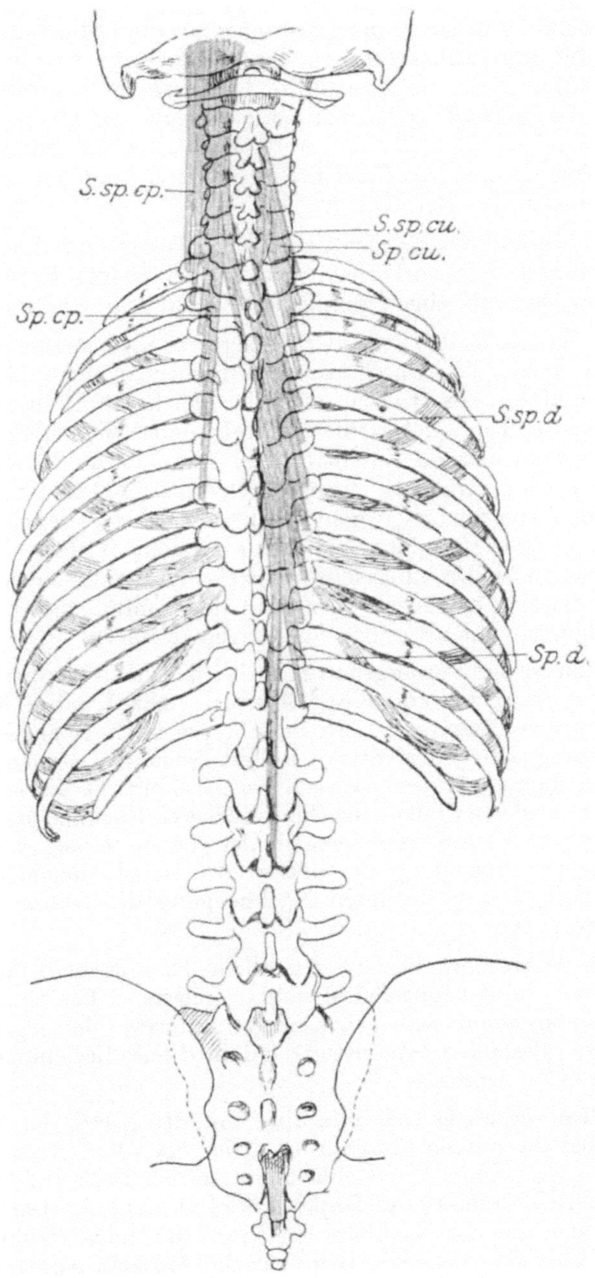

Fig. 94.   System der Semispinales und Spinales.   Rechts der Semispinalis dorsi (*S. sp. d.*), Semispinalis cervicis (*S. sp. cu.*), Spinalis dorsi (*Sp. d.*) und Spinalis cervicis (*Sp. cu.*); links der Semispinalis capitis (*S. sp. cp.*) und der Spinalis capitis (*Sp. cp.*).

Substanz und Anpassung der Faserlänge an die Exkursion) und beweist an und für sich nichts für eine besonders ausgiebige Möglichkeit der Längsrotation in diesem Abschnitt. Und was die längsrotatorische Einwirkung der Muskulatur betrifft, so kommen dafür nicht bloß die tiefen kurzen, sondern auch die längeren oberflächlichen Teile des bis jetzt besprochenen transversospinalen Systems und kommen außerdem noch andere Muskeln in Betracht (s. u.).

Ein Einfluß der transversospinalen Fasern zur Längsrotation kann natürlich nur vorhanden sein bei einseitiger Reizung. Ebenso verhält es sich mit einem allfälligen Einfluß zur Seitenneigung.

Der Einfluß der transversospinalen Fasern zur Seitenneigung macht sich durchaus nicht immer an allen übersprungenen Wirbeln und am Ansatzwirbel nach der gleichen Seite hin geltend. An allen Wirbeln, bei welchen die sagittale Achse der seitlichen Drehung gegenüber dem unteren Nachbarwirbel oberhalb der Ebene gelegen ist, welche in dorsoventraler Richtung durch die Zugrichtung der in Betracht kommenden Muskelportion geht, wirkt letztere zur Seitenneigung nach der entgegengesetzten Seite, und nur an den Wirbeln mit tiefer gelegener sagittaler Drehungsachse wirkt er zur Seitenneigung nach der gleichen Seite. Im ganzen wird man den Einfluß dieser Muskeln zur Seitenneigung nicht allzuhoch anschlagen dürfen.

Weitaus in den Vordergrund tritt bei dem transversospinalen Fasersystem der Einfluß zur Rückbeugung der Wirbelsäule. Da es im ganzen aus kürzeren Fasern besteht, so kann es anscheinend diese Rückbeugung an jeder Stelle isoliert zustande bringen oder zum mindesten durch stärkere partielle Anspannung die Form der Wirbelsäule an einzelnen Stellen im Sinn stärkerer Rückbeugung verändern. Die längeren Fasern der Semispinales dorsi wirken besonders zur Streckung (Rückbeugung) des oberen Brustteiles, diejenigen der Semispinales cervicis zur stärkeren Rückbeugung des Halsteiles unterhalb des Epistropheus.

Jeder Wirbeldorn bezieht vor allem die unterhalb, zunächst dem Wirbelkanal und der hinteren Mittellinie gelegenen Fasern aus möglichst großem Umkreis auf sich, gleichsam im Interesse der sagittalen Rückbewegung. Besonders begünstigt sind in dieser Beziehung die stärker prominierenden Dornen.

Ähnlich verhält es sich nun aber mit der Partie der Schädelbasis, welche über die kurzen Muskeln am Atlas nach hinten ragt. Auch die hier sich ansetzenden oberflächlichen Fasern müssen vor allem bei der sagittalen Rückdrehung des Kopfes verkürzt werden. Der Ansatz konzentriert sich auf die Nachbarschaft der Mittellinie; dahin können die zunächst über den bis jetzt besprochenen Muskeln gelegenen medialen Partien der Muskulatur der Rückenrinne bis weit hinab zum Brustteil bezogen werden. Die bessere Ursprungsgelegenheit und den besseren Rückhalt findet diese Faserung unten nicht in der Linie der Dornen, sondern an der Außenseite der tieferen Muskeln, außen an den Gelenk-

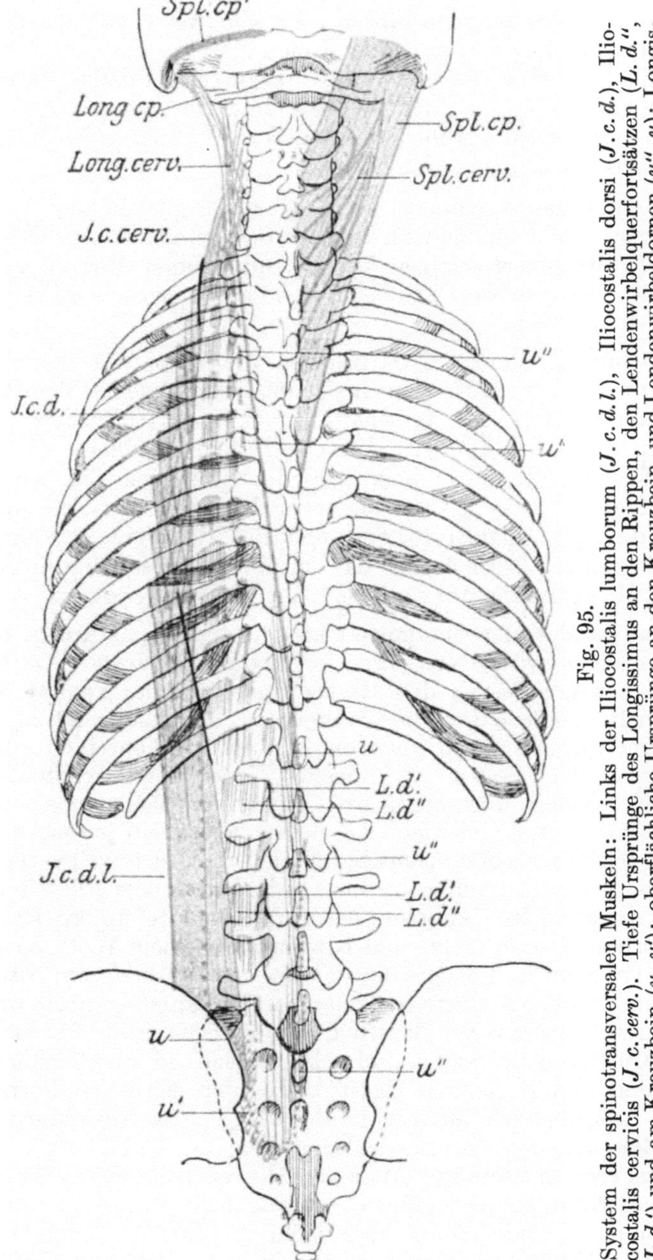

Fig. 95.

System der spinotransversalen Muskeln: Links der Iliocostalis lumborum (*J.c.d.l.*), Iliocostalis dorsi (*J.c.d.*), Iliocostalis cervicis (*J.c.cerv.*). Tiefe Ursprünge des Longissimus an den Rippen, den Lendenwirbelquerfortsätzen (*L.d."*, *L.d.'*) und am Kreuzbein (*u, u'*); oberflächliche Ursprünge an den Kreuzbein- und Lendenwirbeldornen (*u", u*); Longissimus cervicis (*Long.cerv.*) und Longissimus capitis (*Long.cp.*); Splenius cervicis (*Spl.cerv.*) und Splenius capitis (*Spl.cp.*). Rechts der Splenius cervicis (*Spl.cerv.*) und der Splenius capitis (*Spl.cp.*). Ansatz des Splenius capitis (*Spl.cp.'*).

portionen der Halswirbel und an den Tuberositäten der Brustwirbelquerfortsätze. So entsteht ein Muskel, der sich erst oben über den bis
jetzt besprochenen Muskeln mit dem Kameraden der anderen Seite zusammenschließt. Seine Faserrichtung ist im wesentlichen ebenfalls
transversospinal. Wegen seiner Analogie mit den Semispinales dorsi
und cervicis darf man ihn wohl (entgegen H. Virchow) auch fürderhin
als Semispinalis capitis bezeichnen.

Wegen der Eigenbewegungen des Kopfes in sagittaler und horizontaler Richtung, welche unabhängig von den Bewegungen in den Gelenken
unter dem Epistropheus erfolgen können, muß dieser Muskel von den
unterliegenden Muskeln weit hinab, bis nahe an die seitlichen Ursprünge
abgespalten sein.

Eine Mehrzahl sehniger Inskriptionen haben dem Außenteil den
Namen Complexus major, eine einzige mittlere Sehne hat dem Innenteil den Namen Biventer verschafft. Der Innenteil bezieht öfters
einen Ursprung von den Dornen. Dieser mit dem in seiner Fortsetzung
gelegenen Faseranteil des Innenrandes kann als ein M. spinalis
capitis aufgefaßt werden. (In ähnlicher Weise bilden akzessorische
Ursprünge des Semispinalis cervicis und des Semispinalis dorsi von
unterhalb liegenden Dornen mit den in ihrer Fortsetzung liegenden
Fasern den M. spinalis cervicis und den Spinalis dorsi.)

Der Rest der dorsalen Stammuskulatur liegt in seiner Anlage naturgemäß wesentlich seitlich von der tiefen medialen Schicht. Am Brustteil erstreckt er sich bis zu den Rippenwinkeln. Hier kommt es zur
Bildung von Reihen von Insertionszacken, welche aufsteigend zu Querfortsätzen und Rippen gehen und von Ursprungszackenreihen, die von
Querfortsätzen und Rippen entspringen. Wegen der Auswölbung der
Unterlage nach hinten überspringen die Fasern im allgemeinen nur eine
beschränkte Zahl von Segmenten. Am Becken aber steht jenseits der Ge-
lenklinie der Wirbelsäule eine mächtige z. T. auch rückwärts weit vorragende
Ursprungsfläche zur Verfügung, von der aus die spatel- oder stilettförmigen
seitlichen Fortsätze der Lendenwirbel und die ganze untere Rundung
des Brustkorbes (Querfortsätze und Rippen), mit einem Wort der ganze
Bereich der späteren Lumbodorsalkrümmung mit Muskelfasern beschickt
werden kann, selbst zu einer Zeit, da diese Krümmung noch weniger
ausgeprägt ist. Am unteren Brustteil läßt diese Faserung für die oben
erwähnte Brustfaserung Raum und schließt sich ihr oberflächlich an;
am Lendenteil nimmt sie den Raum hinter den seitlichen Fortsätzen
so gut wie ausschließlich für sich in Beschlag. Ihre Ausbildung trägt
wohl zur Entwickelung der Lendenkrümmung bei und gewinnt damit
Raum zu weiterer Entfaltung. Auch vom oberen Brustteil zu den Halswirbelquerfortsätzen können längere oberflächliche Faserzüge zur Ausbildung kommen; andererseits aber steht in den seitlichen Partien
des occipitalen Feldes der Schädelbasis ein Ansatzfeld zur Verfügung,
welches von den Querfortsätzen der Halswirbel und oberen Brustwirbel
her (bis weit hinab) und zwar auch schon vor der Ausbildung der Halskrümmung mit Faserzügen beschickt werden kann.

Auch die seitliche Fasermasse, von der wir sprechen, hat Gelegenheit, sich bei der Rückbeugung der Wirbelsäule zu verkürzen und bei derselben mitzuwirken. In besonderer Weise günstig gestellt ist sie aber mit Bezug auf die Mitwirkung bei den seitlichen Biegungen der Wirbelsäule und des Stammes. Es ist verständlich, daß sich die Fasern gerade mit Bezug auf diese Seitenbewegung in ihrer Richtung möglichst günstig zu den Hebelarmen ihrer oberen, beweglicheren Ansatzpunkte einstellen. Solches ist der Fall, wenn bis zum Ende der Verkürzung der Winkel zwischen Hebelarm und Zugrichtung von einem spitzen mehr und mehr zu einem rechten wird, wie es bei schrägem Verlauf nach oben und außen tatsächlich geschieht.

In der Tat ist ein leicht schräger spinotransversaler Verlauf in den seitlich gelegenen Fasern mehr oder weniger überall bemerkbar. Er tritt in ausgesprochener Weise da zutage, wo die Fasern mit ihren unteren Ursprüngen über die mediale Muskelmasse hinüber bis auf die Dornfortsatzlinie zu greifen vermag. Dies ist am ehesten möglich im Bereich der lumbosacralen und der cervicodorsalen hinteren Konkavität der Wirbelsäule. An ersterer Stelle geschieht es freilich nur durch Vermittelung eines oberflächlichen Sehnenblattes (Longissimus). Am Halsteil aber vermag die seitliche Faserung in ziemlich mächtiger fleischiger Schicht die hintere Mittellinie (Dornen und Lig. nuchae) zu erreichen (Splenius).

Durch den schrägen, spinotransversalen Verlauf erlangt die Faserung nun außerdem erheblichen Einfluß auf die Längsrotation der Wirbelsäule und des Stammes.

Daß der Splenius gegenüber den Fasern, welche nicht an der hinteren Mittellinie oder erst weit unten in derselben entspringen, abgetrennt sein muß, ist klar. Die übrige Fasermasse sondert sich am Brustkorb in eine innere und äußere Partie, indem sich die seitlich von den Rippen entspringenden Fasern mit der lateralen, zu den Rippenwinkeln gehenden Fasermasse in Verbindung setzen, die an den Querfortsätzen und Dornen entspringenden Fasern aber mit den Fasern, welche zu den Querfortsätzen und den benachbarten Teilen der Rippen gehen. So kommt es zur Sonderung eines Iliocostalis und Longissimus. Diese Sonderung setzt sich mehr oder weniger weit in die Fleischmasse des Lendenteils hinein fort und verliert sich in derselben nach unten hin. Am Hals liegen die vom Seitenteil des Hinterhauptes zu den Halswirbelquerfortsätzen gelangenden Fasern natürlich möglichst medial und verweben sich in der Regel mit der Fortsetzung des Longissimus und nicht mit derjenigen des Iliocostalis. So erstreckt sich eine mittlere Abteilung der seitlichen Muskulatur (als Longissimussystem) vom Becken bis zum Schädel, während die äußerste Abteilung (Iliocostalis) vom Becken nur bis zur Mitte der Halswirbelsäule, die innerste Abteilung (Splenius) aber nur von der Schädelbasis bis zu den oberen Brustwirbeldornen reicht.

Auch die in der deskriptiven Anatomie beliebte Einteilung dieser drei Fasersysteme in ihre Unterabteilungen hat ihre gute, wenn auch vielleicht bis jetzt nicht klar erkannte Begründung.

Splenius capitis und colli sind tatsächlich gut gesondert, nicht bloß wegen der räumlichen Distanz des Kopfansatzes vom obersten Halswirbelansatz, sondern weil zu der weiter rückwärts ragenden cranialen Ansatzfläche längere, oberflächlichere Fasern von weiter abliegenden Dornen hinziehen, und weil der Splenius capitis sich bei besonderer Bewegung in den Kopfgelenken gegenüber dem Splenius colli verschieben muß.

Am Longissimussystem sind die Fasern, welche am Kopf (Gegend innen am Warzenfortsatz) inserieren, eine Strecke weit als besonderes Fleischband deutlich, obschon sie weiter unten mit den am Hals endenden Fasern untrennbar verwoben sind. Dieser Longissimus capitis ist auch noch durch seine sehnigen Inskriptionen ausgezeichnet (daher der Name Complexus minor). Eine weitere unvollkommene Gliederung im Longissimussystem kommt dadurch zustande, daß sich in der Reihe der Insertionen, an der Grenze zwischen Brust und Hals eine Änderung vollzieht und auch eine Art Unterbrechung vorhanden ist. Die Länge der zu den Halswirbeln gehenden Fleischfasern ist wegen der größeren Exkursionsmöglichkeit der Wirbel größer als an den für die Brustwirbel bestimmten. Das Muskelfleisch reicht deshalb an den Halswirbeln näher an die Ansatzstelle heran; die Endsehnen sind kürzer. Außerdem ist aber die Linie der Querfortsätze an der Grenze des Hals- und Brustteils nach vorn ausgeknickt; für die von weiterher, von der hinteren Wölbung des Brustkorbes kommenden Fasern liegen sie wie im toten Winkel. Aus diesem Grunde sind die hierher gelangenden Muskelportionen schwach entwickelt und fehlen z. T. ganz. So gliedert sich vom Longissimus cervicis in der Reihe der Insertionen der Longissimus dorsi (et lumborum) ab, obschon ihre Bäuche in der Regel zusammenhängen.

Aus ganz denselben Gründen trennt sich, wegen der Unterbrechung und Änderung in der Reihe der Insertionen und Endsehnen ein M. iliocostalis cervicis vom Rest des Iliocostalis ab. In letzterem aber besteht in der Reihe der Ursprünge eine große Lücke zwischen den Ursprüngen an den Rippen und den Beckenursprüngen, welche die Unterscheidung einer Iliocostalis dorsi und eines Iliocostalis lumborum rechtfertigt.

Für ein oberflächlichstes System von Fasern (spinocostales System) ist nun offenbar noch Raum zur Entwickelung resp. zur Einlagerung gelassen am oberen und unteren Ende des Brustkorbes, wo die Linie der Dornen sich aus der Rundung des Brustkorbes und gegenüber den Rippenwinkeln heraushebt, und in der Bewegung der Rippen gegenüber der Linie der Dornen Gelegenheit zur Längenänderung mehr quer verlaufender Fasern gegeben ist. Für den M. serratus posticus superior ist es nicht unwahrscheinlich, daß er aus der Muskelanlage der Schulter zugewandert ist.

Die vorstehenden Bemerkungen lassen, wie ich hoffe, erkennen, daß es nicht ganz aussichtslos und nutzlos ist, nach Abhängigkeitsbeziehungen zwischen den Anordnungsverhältnissen der dorsalen Stammuskulatur und den Verhältnissen des Skelettes zu suchen. Man wird mit Sicherheit erwarten dürfen, daß abnorme Gestaltung des Skelettes von Abänderungen in der Muskelanordnung begleitet ist. Die Anpassung der Länge der Fleischfasern und der Sehnenlängen an die geänderten Verhältnisse scheint sich ziemlich rasch vollziehen zu konnen. Größere Veränderungen in dem Ansatz der Muskeln und in der Faserrichtung brauchen natürlich langere Zeit und müssen dem Umfang nach beschränkt sein. Es müßte von hohem Interesse sein, sie bei früh aufgetretenen Störungen in der Entwickelung des Skelettes genau zu untersuchen. Kleinere Befunde, welche die Anpassung der Muskulatur an veranderte Verhältnisse des Skelettes demonstrieren, lassen sich auf dem Präpariersaal öfters machen. W. Roux hat bei einem kyphotischen Greis die Anpassung der Faserlänge an die verminderte Exkursion genauer studiert (1883). Im ganzen aber hat dieses Gebiet nur wenig Beachtung gefunden und ein Versuch, die Abhängigkeit in der Entwickelung und Differenzierung der Muskulatur von den äußeren Verhältnissen von den frühesten Stadien an und auf breiter vergleichender Grundlage zu verfolgen, ist bis jetzt nicht gemacht worden. Daß bei einem solchen umgekehrt auch der Einfluß berücksichtigt werden müßte, den die Muskelfunktion auf die Gestaltung des Skelettes, die Ausbildung seiner Gelenke usw. ausübt, braucht wohl nicht hervorgehoben zu werden.

δ) Die tatsächlichen Bewegungskombinationen am Stamm und das Verhalten der Muskulatur bei denselben.

Die Kenntnis des Skelettes, der in den einzelnen Junkturen möglichen Bewegungen, sowie der Muskeln und ihrer Ansatzverhältnisse erleichtert zwar und ermöglicht eigentlich erst die richtige Analyse der Formveränderung des Stammes. Es kann aber nicht scharf genug hervorgehoben werden, daß nur die Beobachtung des lebenden Körpers über die wirklich benutzten und bevorzugten Bewegungskombinationen Aufschluß zu geben vermag. An die anatomische Untersuchung muß sich demnach ein intensives Studium der äußeren Körperform beim Lebenden anschließen. Ich habe Gewicht darauf gelegt, im vorliegenden Buche durch eine große Zahl von Abbildungen des nackten lebenden Körpers den Vorstellungen über dessen Form und Formveränderung zu Hilfe kommen, oder mindestens durch sie zu einem gründlichen Studium dieses Gegenstandes anzuregen.

Hinsichtlich der hauptsächlichsten Formveränderungen des Stammes verweise ich vor allem auf die Figg. 39 und 47, welche den Rumpf in Vor- und Rückbeugung zeigen, und auf die Abbildung des Rumpfes in Seitenbeugung, Fig. 40. Zur Vervollständigung füge ich hier zwei weitere Bilder des Rumpfes in Seitenbeugung und zwei Abbildungen des torquierten Stammes (Figg. 96—99) hinzu. In dem folgenden Kapitel über die Rumpfhaltungen werden weitere Zeichnungen verschiedener Rumpfformen bei verschiedenen Stellungen und Haltungen des Körpers gebracht werden.

Wir können und müssen zunächst das Verhalten der Muskulatur bei den verschiedenen typischen Formen des Stammes ohne Rücksicht auf die Stellung des Stammes zum Horizont zu beurteilen suchen. Dabei kann allerdings nur die Änderung der Lage, Richtung und Länge der Muskeln in Betracht kommen. Es ist klar, daß diese Elemente

nur von der Konfiguration und Konfigurationsänderung des Stammes
abhängig sind, gleichgültig, wie die äußeren Kräfte sich verhalten und
ob die Antagonisten in größerem oder geringerem Maße mitbeteiligt
sind, um eine bestimmte Stellung und Form des Stammes festzuhalten
oder zu verändern. Jeder bestimmten Länge des Muskels entspricht
eine ganz bestimmte Verdickung seines Faserquerschnittes. (Aus der
Verkürzung und Verdickung der Muskeln läßt sich ja auch im allgemeinen
kein Schluß ziehen auf die Spannung des Muskels. Nur in einzelnen
Fällen gelingt es dem kundigen Auge, aus kleinen Besonderheiten der
Muskelform, dem Einsinken oberflächlicher Sehnenblätter, der Formveränderung benachbarter und anschließender Weichteile (Fascien-
züge usw.) die Spannung des Muskels zu beurteilen.)

Die Kenntnis der Formveränderungen des Stammes an und für sich
gibt also im wesentlichen nur Aufschluß über die damit verknüpften
Längenänderungen der Muskeln. Um die ganze Inanspruchnahme der
Stammuskulatur zur Formveränderung des Stammes oder zu seiner
Feststellung in bestimmter Form beurteilen zu können, muß in jedem
einzelnen Falle der Wirkungsweise der äußeren Kräfte, vor allem der
Schwere Rechnung getragen werden. Dies soll in dem folgenden Kapitel
„Rumpfhaltungen“ nach Möglichkeit geschehen.

Was die Formveränderungen des Stammes an und für sich und das
Verhalten der Muskeln bei denselben betrifft, so seien hier nur einige
kurze Andeutungen gegeben und einige Punkte von allgemeinerer Bedeutung hervorgehoben.

Vor- und Rückbeugung des Stammes.

Hinsichtlich der Beteiligung der Muskeln bei der Vorbeugung
im Stamm ist den auf S. 219 gemachten Angaben nichts weiteres
beizufügen. Die „Streckung“ des Stammes wird wesentlich durch
die Muskeln der Rückenrinne, unter Verkürzung derselben, zustande
gebracht, und zwar ist zu betonen, daß sämtliche Muskeln der Rückenrinne, mit Ausnahme des Systems der spinocostalen Fasern die Wirbelsäule
in den von ihnen übersprungenen Junkturen „strecken“ resp. rückwärts beugen. Eine reine sagittale Rückwärtsbeugung kommt
natürlich nur bei symmetrischer Stellung und bei symmetrischer Wirkung
der Muskeln beider Seiten zustande. Dabei fällt auf, daß die beiden
rückwärts konkaven Krümmungen, die sacrolumbodorsale und die dorso-
cervikale Krümmung, die gleichsam durch das Hinterhaupt fortgesetzt
wird, ganz besonders mit „Streckmuskulatur“ resp. mit Muskulatur zur
Dorsalbeugung ausgestattet sind, während die Muskulatur über der Mitte
des Brustkorbes verhältnismäßig schwach ist. Doch greifen die langen
oberflächlichen Muskeln der genannten Krümmungen so weit am Brustkorb gegeneinander, daß sie zur wirklichen Streckung der Brustwirbelsäule erheblich beitragen, allerdings im Zusammenhang mit gleichzeitiger
Rückwärtsbeugung der Hals- und Lendengegend.

Die Rückbeugungen an der unteren und an der oberen Hauptkrümmung können ganz unabhängig voneinander erfolgen, wobei für

gewöhnlich auch die angrenzenden Brustwirbel übereinstimmend nach hinten einander genähert werden.   Doch kann bei darauf gerichteter Aufmerksamkeit die Rückbewegung der oberen Teile der Wirbelsäule nach Belieben auf die oberen Teile beschränkt oder zugleich in einem größeren Bezirk bis tief in die Brust hinab oder vorzugsweise sogar im Brustteil ausgeführt werden.   Eine selbständige Streckung des Brustteils selbst ohne Rückbeugung des Halses ist also bei einiger Übung möglich.

Auch die Rückbeugung in der unteren Hauptkrümmung kann in verschiedener Weise geschehen, vor allem wohl je nachdem der Multifidus neben dem Iliocostalis und Longissimus lumborum beteiligt ist. Ob die tiefen Ansätze des Longissimus an den Lendenwirbelquerfortsätzen unabhängig von den oberflächlichen zum Brustkorb gehenden Teilen des Erector trunci angespannt sein können, ist nicht bekannt. Eine größere Selbständigkeit der Vor- und Rückbewegung ist endlich an den Atlasgelenken vorhanden.

Bei alledem sind wir weit davon entfernt, die sagittale Krümmung der Wirbelsäule in beliebiger Weise umwandeln zu können.   Die obere und untere Hauptkrümmung wird durch das Übergewicht der langen Muskeln über die kurzen und vielleicht noch mehr durch die gleichzeitige Innervation ihrer kurzen und langen Muskeln gesichert, die Brustkrümmung vornehmlich durch die Spannung in der vorderen und seitlichen Rumpfstammwand.

Die Seitenbiegung.

Ebenso einfach und wenig differenziert ist die seitliche Biegung. Eine isolierte, auf den seitlichen Brustkorb beschränkte seitliche Biegung zustande zu bringen, ist kaum möglich.   Die Intercostalmuskeln können offenbar nur im Verein mit den Scaleni und mit den seitlichen Muskeln der Bauchwand in erheblicher Weise zur seitlichen Biegung wirken. Hals und Kopf können dagegen für sich zur Seite gebogen werden, am besten bei gleichzeitiger Längstorsion der Wirbelsäule unter dem Epistropheus nach der gleichen Seite hin.   Die Scaleni, die Splenii, die oberen Teile des Longissimus und Iliocostalis, sowie die Intertransversarii der betreffenden Seite verkürzen sich dabei und können arbeitsleistend sowohl die Seitenneigung als die Längsrotation unterstützen. Auch der Sternocleidomastoideus verkürzt sich; dabei wirkt er der Längsdrehung nach seiner Seite eher entgegen (s. o.).   Die Verkürzung und aktive Mitwirkung der transversospinalen Fasern kommt kaum in Betracht.   Es ist leicht zu erkennen, daß die Seitenbiegung sich mehr oder weniger weit nach unten, unter Umständen bis in den Brustteil hinein, erstrecken kann.   Durch die Muskeln der seitlichen Rumpfstammwand wird der Rumpfstamm vom Becken bis zu den oberen Teilen des Brustkorbes in eine einheitliche seitliche Krümmung gelegt.   Man muß sich höchstens fragen, ob nicht bei festgestelltem Becken durch den Seitenschub die Mitte des Bogens soweit nach der anderen Seite hinaus gedrängt werden kann, daß in den untersten Lendenjunkturen eine Abscherung und Abbiegung nach dieser anderen Seite erfolgen muß, wenn

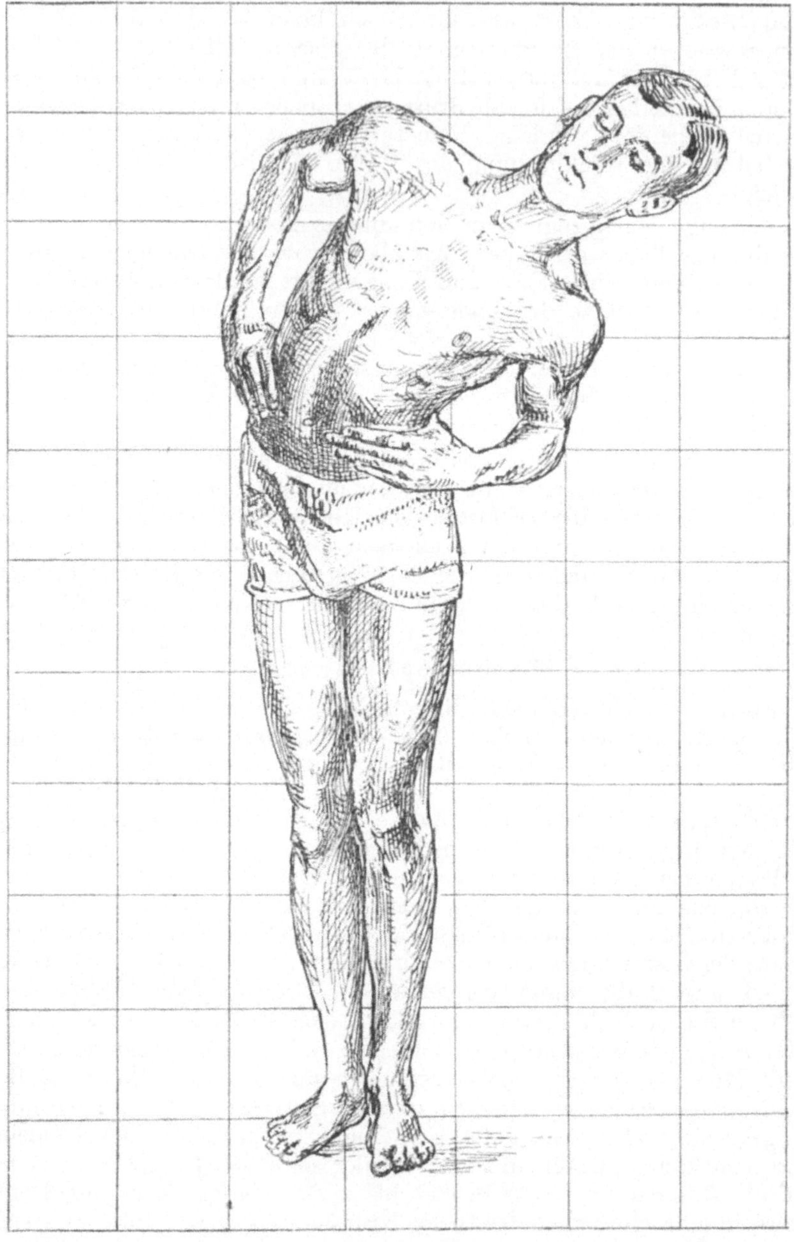

Fig. 96.   Seitenbeugung nach links im Stand, von vorn.   Umzeichnung nach
Steinemann.

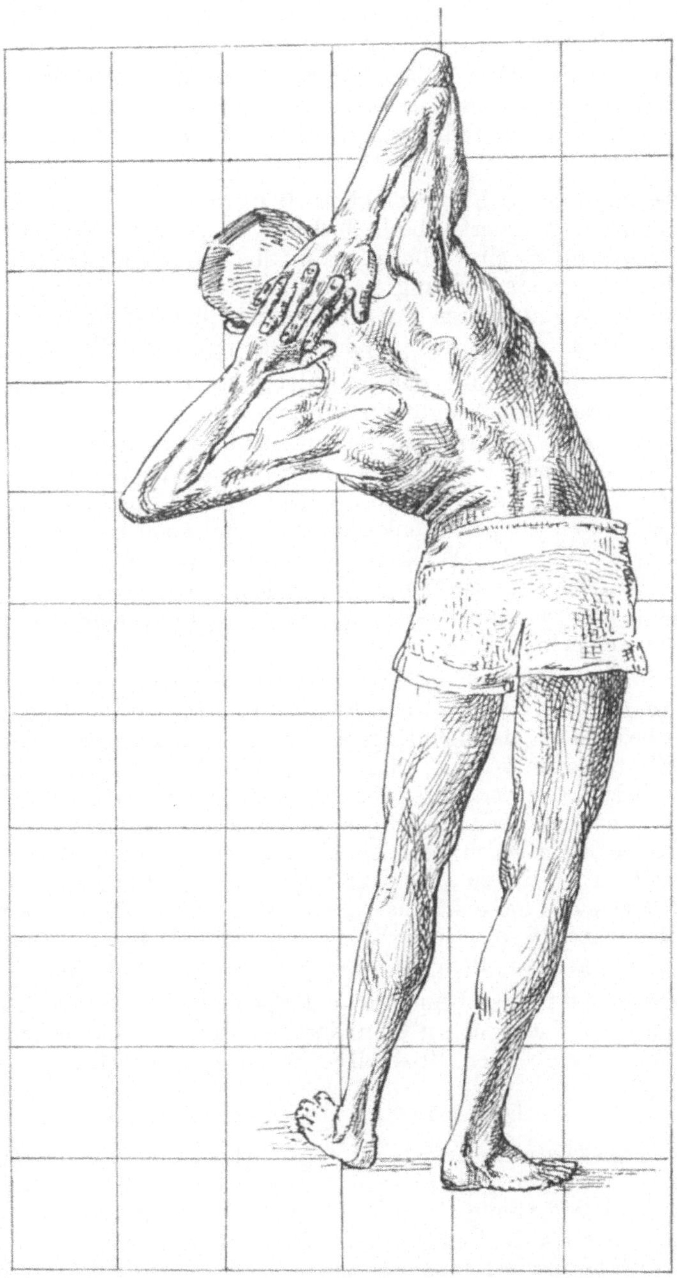

Fig. 97.   Seitenbeugung von hinten.   Umzeichnung nach Steinemann.

nicht zugleich die näher der Wirbelsäule gelegenen kürzeren Muskeln der gleichen Seite (Multifidus, Longissismus, Quadratus lumborum, Psoas) angespannt sind.

Eine solche gleichzeitige Abbiegung nach der anderen Seite in den unteren Lendenjunkturen kann nun jedenfalls durch die Kontraktion der letztgenannten Muskeln an dieser andern Seite deutlich hervorgerufen werden.

Die größte Zahl seitlicher Biegungen, die wir überhaupt (bei Skoliotischen fixiert) oberhalb des Kreuzbeins finden, ist vier. Es kann beispielsweise eine Abbiegung in den untersten Lumbaljunkturen nach rechts, eine Abbiegung im unteren Brust- und oberen Lenden·teil nach links, im oberen Brustteil nach rechts und im (oberen) Halsteil nach links (zurück zur geraden Stellung) vorhanden sein.

Sehr leicht verbindet sich mit der Seitenneigung aus einer Stellung mit etwas vorgebeugtem Oberkörper eine leichte Längsdrehung im Brustteil nach der anderen Seite und mit Seitenbeugung aus völlig gestreckter oder hinten übergebeugter Stellung eine Längsrotation nach der gleichen Seite. Ersteres äußert sich im Stand dadurch, daß das Becken an der Seite der seitlichen Konkavität nach hinten ausweicht, im zweiten Fall dadurch, daß das Becken und namentlich der untere Rand des Brustkorbes an dieser Seite nach vorn geht. Letzteres wird durch die Figur 96 illustriert. Eine Erklärung dieses Verhaltens habe ich auf S. 197 zu geben versucht.

Interessant ist auch das Verhalten des Brustbeins und der unteren Rippen bei der Seitenbeugung. Obschon die Hauptbiegung der Wirbelsäule in der Lendengegend und an der unteren Grenze des Brustteils zustande kommt, nimmt doch die Neigung zur Seite in der Brustwirbelsäule in der Regel nach oben hin noch etwas zu. Folgt das Brustbein mit den obersten Rippen den obersten Brustwirbeln, so muß sein unteres Ende gegenüber den hinter ihm gelegenen Wirbeln etwas nach der Konvexseite zu abgelenkt sein und die hier angesetzten Rippen nach der gleichen Seite hinaustreiben. Dem wirkt die Längsspannung in der Konvexseite der Rumpfwand entgegen, so daß die Rippenhalbbogen hier gegenüber dem Brustbein etwas gesenkt werden.

Aber auch das Brustbein wird an der genannten seitlichen Ablenkung seines unteren Endes etwas gehindert, so daß es sich gegenüber der Mittelebene der obersten Brustwirbel leicht schräg stellt.

Die Torsion des Stammes.

Die maximale Zahl der möglichen, selbständigen partiellen Längstorsionen beträgt vier, wobei die horizontale Kopf- und Atlasdrehung im unteren Atlasgelenk mitgerechnet ist. Der unterste Torsionshebel, der von den schrägen Bauchmuskeln (oberer Teil des Obliquus internus der einen Seite, Obliquus externus der anderen Seite) bedient wird, ist der Thorax. Unter Verkürzung des Intercostalis internus der einen, des Intercostalis externus der anderen

Seite kann die gleiche Längsdrehung auch noch höheren Teilen der Brustwirbelsäule mitgeteilt werden.

Ein zweites Hebelwerk kann durch die Schultern und Schultermuskeln dargestellt sein, wobei entweder äußere Kräfte oder Widerstände die bewegenden Kräfte darstellen, oder allenfalls auch ein zusammengesetzter, durch das Schulterblatt oder den Arm unterbrochener Muskelzug in Betracht kommt, welcher tiefere Brustwirbel mit höheren Teilen der vorderen Brnstwand verbindet. Drittens kann die Wirbelsäule bis hinauf zum Epistropheus durch die Muskeln der Rückenrinne für sich torquiert werden, und zwar nach oben zu in immer stärkerem Betrag, am Halsteil namentlich durch Muskeln, welche zugleich eine Seitenneigung nach der gleichen Seite bewirken.

Zur Torsion der Halswirbelsäule nach links können allerdings auch die rechtsseitigen Transversospinalfasern unter dem Epistropheus beitragen, wobei in den unteren von ihnen übersprungenen Junkturen eher die Seitenneigung nach rechts unterstützt wird.

Endlich ist eine gesonderte horizontale Kopfdrehung möglich. Zur Erzielung einer möglichst ausgiebigen Drehung des Kopfes über den Schultern summieren sich gleichsinnige Längsrotationen im unteren Atlasgelenk und in den subepistrophikalen Junkturen. Der M. splenius capitis bewirkt beides zugleich, vermehrt aber auch zugleich die Neigung der Halswirbelsäule und des Kopfes in den Atlasgelenken nach seiner Seite. Der M. sternocleidomastoideus der anderen Seite kann die Horizontaldrehung des Kopfes in gleichem Sinne unterstützen und zugleich die seitliche Neigung des Kopfes korrigieren. Eine entgegengesetzte Längsdrehung in dem unteren Atlasgelenk und in den subepistrophikalen Junkturen kommt vor allem in Frage, wenn bei stärkerer Seitenneigung des Halses und Kopfes das Gesicht nach vorn gerichtet bleiben soll. Es mögen dann die spinotransversalen Muskeln, die Scaleni und der Sternocleidomastoideus der gleichen Seite zusammenwirken; eine Anspannung des Obliquus capitis inferior der anderen Seite wird aber noch zu Hilfe kommen müssen.

Ein gegenteiliger längsdrehender Einfluß der Bauchmuskeln auf die unteren Teile des Brustkorbes und der Arme und Schultern auf die oberen Teile desselben kann sehr wohl stattfinden. Daraus resultiert eine entgegengesetzte Torsion des Lendenteils der Wirbelsäule und des Brustkorbes (Brustwirbelsäule). Dagegen erstreckt sich der verdrehende Einfluß der Arme und Schultern auf den Stamm in gleichem Sinn bis zum Becken hinab, wenn die Kräfte (Widerstände) zur Gegendrehung erst an letzterem angreifen.

Auch bei der Längstorsion kann ein Widerstreit bestehen zwischen den Einflüssen, welche das obere Ende des Brustbeins gemäß den oberen Brustwirbeln, sein unteres Ende mit den unteren Rippen entsprechend den unteren Brustwirbeln einzustellen suchen, sei es, daß sich am oberen und unteren Ende des Brustkorbes gleichsinnige, oder daß sich entgegengesetzt gerichtete Drehungseinflüsse geltend machen. Eine gleichsinnige, nach oben zunehmende Längsrotation ist in den Fig. 98 und 99 bemerkbar. Der Thorax erscheint auch in seiner Vorderwand, wenn auch weniger stark als in der Hinterwand torquiert. Das Sternum steht leicht schräg.

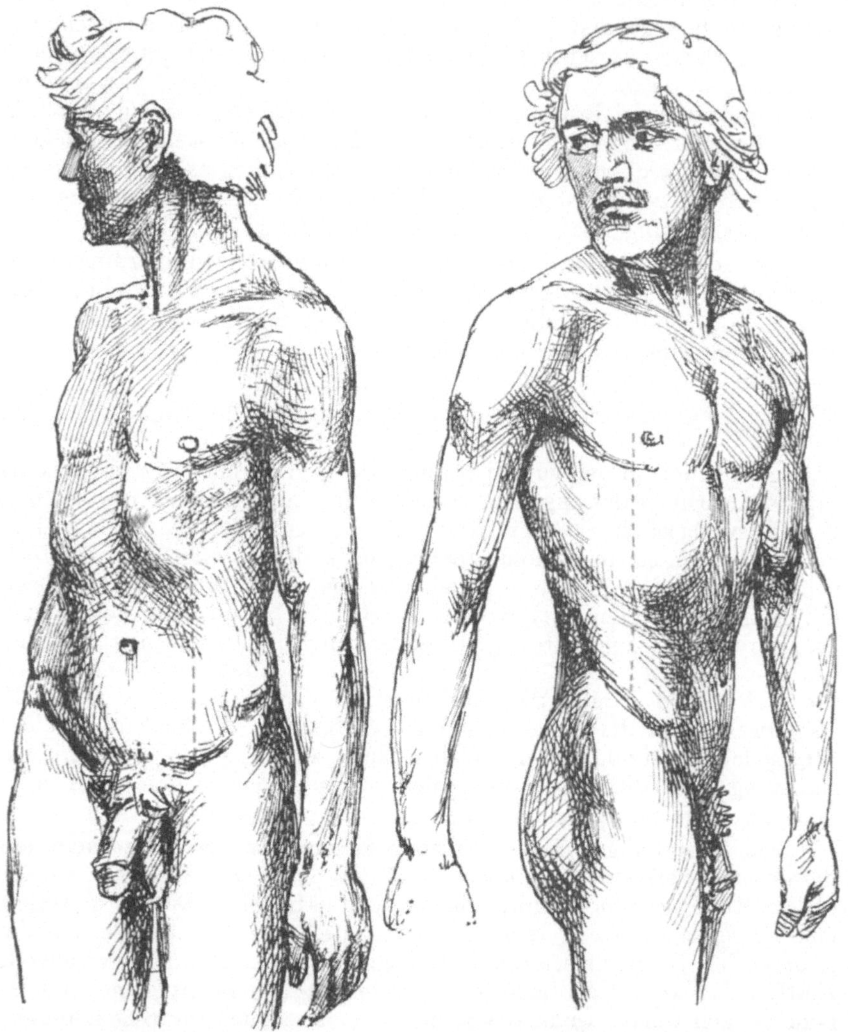

Fig. 98. Längstorsion des Stammes, von vorn. Umzeichnung nach Harleß.

Fig. 99. Längstorsion nach rechts, von der 7. Seite. Umzeichnung nach Harleß.

Duchenne hat die isolierte Kontraktionsmöglichkeit der langen hinteren Muskeln der Sacrolumbodorsalkrümmung durch Faradisationsversuche nachgewiesen und auch entgegen Cruveilhier u. a. hervorgehoben, daß beim Lebenden eine isolierte Rückbeugung in der Lendenwirbelsäule bei vorwärts gebeugtem Oberkörper aufrecht erhalten werden kann. Sein M. sacro-lumbalis entspricht unserem

Iliocostalis. Zusammen mit dem Teil des Longissimus, der sich an Lendenwirbel-querfortsätzen und dem unteren Abschnitt des Brustkorbes ansetzt, bildet er nach Duchenne die „Spinales lumborum superficiales", während die „Brustverstärkung des Sacrolumbalis" (unser Iliocostalis dorsi) und die „Interspinalbündel des Longissimus" (Spinalis dorsi der Autoren) von Duchenne zusammen als Spinales superficiales dorsi bezeichnet werden. Die beiden Systeme der Spinales superficiales können nach Duchenne auch unabhängig voneinander zur Seiten-beugung des Lendenteils und des Brustteiles mitwirken.

Eine langsrotatorische Wirkung kommt den Spinales lumb. superf. nach Duchenne höchstens zu, wenn der Stamm nach der anderen Seite torquiert ist. Die längsrotatorische Wirkung der transversospinalen Fasern glaubt Duchenne durch ein Zugexperiment an der Leiche festgestellt zu haben; sie soll namentlich groß sein am Lendenteil. Dagegen streitet er diesen Muskeln bis hinauf zum Epi-stropheus jeden erheblichen Einfluß auf die „Streckung" der Wirbelsäule ab.

Besondere Mm. rotatores wurden zuerst von Theile bei einem Berner Bären und beim Menschen beschrieben. Eine genaue Untersuchung über diese Muskeln und ihre Wirkungsweise ist unter Braunes Leitung von Hughes angestellt worden (Arch. f. Anat. und Entwickelungsgesch. 1892). Man vergleiche bezüglich dieser Muskeln namentlich auch H. Virchow (Verhandl. d. anat. Gesellsch. Würz-burg 1907).

Als Hauptstrecker der Halswirbelsäule bis zum Epistropheus sieht Du-chenne den Cervicalis ascendens (Iliocostalis cervicis) an; nächst demselben seien von Bedeutung noch die Interspinales colli. Den Splenius cervicis erwähnt er nicht. Semispinalis capitis und Splenius capitis ergaben bei Faradisation bei gewohnlicher Haltung des Kopfes keine Wir-kung zur Streckung der Halswirbelsäule, sondern vermochten bloß den Kopf aufzurichten. Eine Streckung des Halses wurde bei Faradi-sation dieser Muskeln nur bewirkt, wenn infolge von Atrophie der speziellen Streck-muskeln des Halses (s. o.) die Halswirbelsäule vorgebeugt war. Man muß aber doch wohl annehmen, daß sie die Rückbewegung des Halses aus der vorgebeugten Stellung auch bei nicht vorhandener Degeneration der speziellen Streckmuskeln unterstützen. Daß bei gewohnlicher Halshaltung durch den Semispinalis und Splenius cervicis in erster Linie der Kopf im oberen Atlasgelenk bewegt wird, erscheint wegen der großen Beweglichkeit dieses Gelenkes plausibel. In der Tat scheinen kleinere und feinere sagittale Kopfdrehungen nur in diesem Gelenk, ohne erhebliche Mitbewegung in subepistrophicalen Halsgelenken stattzufinden.

Beim spasmodischen Torticolli sind in der Regel außer dem Sterno-cleidomastoideus auch die hinteren Nackenmuskeln beteiligt. Resnitzky fand (1901) unter 12 Fällen 8mal neben krampfhafter Anspannung des „Kopf-nickers" eine solche der hinteren Nackenmuskeln der anderen Seite. Es trat hier die Rotation nach dieser anderen Seite besonders stark hervor (Tic rotatoire). Dies ist verständlich, indem von den hinteren Nackenstamm-Muskeln für die Längsrotation wesentlich nur die spino-transversalen Fasern in Betracht kommen.

ε) Beeinflussung der Rumpfform durch die Schulter-muskeln.

Es erscheint nicht ganz ausgeschlossen (s. o.), daß durch eine starke einseitige Anspannung und Verkürzung des Latissimus dorsi und des unteren Teiles des Trapezius und Fortleitung des Zuges auf die vordere Brustwand eine Torsion des Brustteiles nach der Seite dieser Muskeln zustande gebracht werden kann. Die Seitenneigung des oberen Brust-teiles und der Halswirbelsäule kann unterstützt werden durch Anspan-nung der von unten, vorn und hinten her zum Arm und zum Schulterblatt aufsteigenden Muskeln, im Zusammenhang mit einer Anspannung der Muskeln, welche vom Schultergürtel nach oben zum Stamm weiter gehen (Pectoralis minor, untere Teile des Pectoralis major, Serratus anterior, unterer Teil des Trapezius — Rhomboidei, Levator scapulae, oberer Teil des Trapezius).

Eine besonders energische Unterstützung kann aber die Aktion zur „Streckung" des Stammes erfahren, wenn sich die unteren Teile des Trapezius und oben die Rhomboidei, der Levator scapulae und eventuell auch die von der Spina scapulae aufsteigenden Trapeziusfasern kontrahieren.

Aktion und Reaktion bei der Wirkung der Stammuskeln.

Es braucht kaum hervorgehoben zu werden, daß die Muskeln stets nach beiden Seiten wirken, und daß infolge davon die oberen Wirbel und Rumpfteile nur dann die stärker bewegten sind im Vergleich zu den unteren Teilen, an denen die in Aktion befindlichen Muskeln entspringen, wenn diese Teile durch andere Kräfte festgehalten sind; daß ferner solches nicht immer der Fall ist, vielmehr unter Umständen auch obere Teile der Wirbelsäule und des Stammes die besser festgestellten, untere die mehr und leichter bewegten sein können. Wohl aber möchte es nicht überflüssig sein, die Hauptmöglichkeiten, welche hinsichtlich der Feststellung des Stammes und der Beeinflussung seiner inneren Bewegung und Formveränderung durch äußere Kräfte gegeben sind, zu ermitteln. Bei der Feststellung des Stammes halten sich äußere Kräfte, welche gewöhnlich durch Vermittelung der Extremitäten auf den Stamm einwirken, und die auf den Stamm einwirkende Schwere Gleichgewicht. Die Unterstützung des Stammes kann in sehr verschiedener Weise erfolgen; das Gewöhnliche ist die Unterstützung des Beckens, welche mehr oder weniger direkt (beim Sitzen) oder durch Vermittelung der Beine (Stand) geschehen kann. Der Körper kann aber auch allein durch die oberen Extremitäten unterstützt sein (Armstütze, Hang). Eine dritte Möglichkeit ist, daß Schulter- und Beckenunterstützung zusammen bestehen. Dazu kommen die Fälle der direkten Unterstützung einer Längsseite des Stammes (eventuell durch die Schultern hindurch) oder des Kopfes und die Kombinationen zwischen all diesen Möglichkeiten der Unterstützung. In dem folgenden Kapitel (Rumpfhaltungen) und in dem Abschnitt Extremitäten sollen die Bedingungen der Feststellung des Stammes für die wichtigsten dieser Fälle besprochen werden. Hier handelt es sich nur darum zu zeigen, wie verschieden der Effekt irgend einer Aktion der Stammuskeln zur Formveränderung und Bewegung des Stammes sein muß, je nach der Art, in welcher der Körper bei Beginn der Aktion festgestellt ist. Einzig die reine Beckenunterstützung beim Sitzen oder Stehen entspricht der gewöhnlich gemachten Supposition, daß die Stammuskeln ihr Punctum fixum unten haben, sei es, daß sie am Becken entspringen, oder daß der Stamm bis zu ihrer Ursprungsstelle hinauf mit dem Becken durch Muskelkräfte versteift ist. Aber selbst beim Stehen und Sitzen ist für gewöhnlich das Becken nicht absolut sicher und unbeweglich eingespannt, sondern wird durch die sog. „Reaktion" der neu in Aktion tretenden Muskeln des Stammes und gemäß den wachgerufenen äußeren Widerständen bewegt. Das Becken weicht z. B. im Stand bei Aktion der dorsalen Lendenmuskeln nach vorn, bei Kontraktion der vorderen Bauchwandmuskeln nach hinten aus, und neue Muskelspannungen etc. müssen an den Hüftgelenken oder an tieferen Gelenken hinzutreten, um seiner Vor- oder Rückdrehung oder seiner Vor- oder Rückbewegung oder beidem so weit nötig zu begegnen. Ähnlich verhält es sich bei partieller Aktion der Stammuskeln, z. B. der Rückenmuskeln an einem höheren Abschnitt des Stammes beim Sitzen oder Stehen. Hier macht sich die Reaktion und der äußere Widerstand nicht bloß am Becken, sondern früher schon an höheren Teilen der Wirbelsäule geltend.

Man muß unterscheiden zwischen den Widerständen, welche von vornherein durch die Reaktion der Muskeln an den unterhalb gelegenen Gelenken und äußeren Unterstützungspunkten wachgerufen werden und die freie Bewegung der unteren Muskelansatzpunkte beschränken, und denjenigen korrigierenden Aktionen an unterhalb gelegenen Junkturen, welche dahin zielen, die Skeletteile, an welchen jene Ursprungspunkte liegen, von vornherein oder sobald als möglich in dieser Gegenbewegung zu hemmen und festzustellen. Durch letztere wird eine ausgiebigere Stellungs- oder Richtungsänderung der Teile erreicht, an welchen sich die oberen Enden jener Muskeln ansetzen. Drittens kommen aber häufig auch noch Hilfsaktionen in Betracht, welche das bedrohte Gleichgewicht gegenüber der Schwere sichern müssen.

So gilt auch für die Aktionen am Stamm, daß selbst eine kleine und beschränkte Bewegung nicht möglich ist, ohne daß sozusagen an allen Junkturen, welche zwischen der Aktionsstelle und den äußeren Stützpunkten des Körpers liegen, Begleitbewegungen und korrigierende Muskelaktionen stattfinden. Manche dieser Begleitaktionen geschehen sozusagen automatisch, dank erworbener nervöser Koordination.

Was hier nur für den Fall der unteren Unterstützung des Stammes auseinander gesetzt wurde, gilt in ähnlicher Weise auch, wenn der Körper in den Armen oder an anderen Stellen unterstützt ist. Auch hier bietet jeder einzelne Fall seine besonderen Schwierigkeiten und verlangt ein besonderes Studium. Allgemeines wird sich deshalb über den Gegenstand kaum viel mehr sagen lassen, als hier geschehen ist.

Relativ am schönsten und gleichmäßigsten kommen die beiderseitigen Wirkungen einer Muskelaktion zur Geltung beim schwimmenden Körper. Doch werden auch hier sofort durch die Formveränderungen des Stammes neue und oft recht ungleiche äußere Widerstände wachgerufen, welche zusammen mit der Ungleichheit der auf beiden Seiten zu bewegenden Massen erhebliche Differenzen in der Exkursion der verschiedenen Insertionspunkte der Muskeln zur Folge haben.

VI. Die Rumpfhaltungen.

Vorbemerkungen.

Die Ausdrücke Haltung und Stellung können öfters für die
gleiche Konfiguration des Körpers angewendet werden. Die beiden Begriffe
decken sich aber doch nicht vollständig. Der Begriff „Haltung"
schließt den Gedanken an eine aktive Tätigkeit der Person ein. Er
umfaßt vor allem die Vorstellungen von der Lage des Rumpfes und
der Glieder zueinander, legt aber nicht Gewicht auf die Lagebeziehung
der Teile oder des Ganzen zur Umgebung und also auch nicht auf
die Verhältnisse der äußeren Kräfte (Schwere, Widerstände etc.). Die
Haltung kann eigentlich nur eine aktive sein und setzt die Mitwirkung
der Muskeln voraus.

Eine „Stellung" kann beim Toten wie beim Lebenden gegeben
sein; man denkt aber auch im letzteren Fall nicht an die aktive
Beteiligung des Körpers. Der Begriff Stellung involviert dagegen stets
den Gedanken an die Orientierung und Beziehung des gestellten
Teiles oder Ganzen zu der materiellen Umgebung, den unterstützenden Flächen, dem Objekt, auf welches eingewirkt wird.

1. Einflüsse, welche die Haltungen und Stellungen bestimmen.

Bei allen Ruhehaltungen müssen die äußeren Kräfte im Gleichgewicht sein. Der Einwirkung der Schwere muß durch die Widerstände der Umgebung Gleichgewicht gehalten werden. Für eine bestimmte Stellung des einen Körperteils ist die Auswahl in den
Stellungen der übrigen Teile nicht unbegrenzt frei. Das statische
Prinzip ist also ein erstes Prinzip, welches die Freiheit der
Körperhaltung beschränkt. Es braucht sich durchaus nicht immer
um gerade und symmetrische Stellungen zu handeln. Wir können das
genannte Prinzip vielleicht allgemeiner statt als orthostatisches Prinzip
[R. Fick (1899)] als eustatisches Prinzip bezeichnen. Orthostatisch
ist es nur im besonderen Falle der geraden und aufrechten Haltung
und Stellung.

Eine weitere Beschränkung für die Freiheit der Körperhaltung bei
einer bestimmten gegebenen Art der Unterstützung ergibt sich aus der
soeben vorausgegangenen, der im Augenblick bestehenden, oder der
unmittelbar bevorstehenden und bezweckten Aktion. Es handelt sich
hier um eine bestimmte Einstellung der bei der Aktion hauptsächlich
beteiligten Organe und Glieder gegenüber der Umgebung und dem
äußeren Objekt. Das Prinzip, welches hier die Freiheit der Haltung ein-

schränkt und die Stellung bestimmt, kann als euergetisches Prinzip bezeichnet werden. Von einem euskopischen Prinzip können wir sprechen, wenn die Haltung der Augen und des Kopfes durch die Rücksichtnahme auf die bequeme und richtige Betrachtung des Objektes beeinflußt wird. Im besonderen Fall kann dabei das Prinzip ein orthoskopisches sein (der Ausdruck orthooptisch nach R. Fick ist wohl nicht ganz glücklich gewählt). Wenn wir in dieser Weise das auf das Schauen Bezügliche besonders bezeichnen, so äußert sich das euergetische Prinzip im engeren Sinne des Wortes in der Bestimmung der Stellung der Hände, der Arme, der Schultern und des Oberrumpfes gegenüber der Umgebung, unter Umständen, bei gewisser Art der Unterstützung auch in der Beeinflussung der Stellung des einen Beines oder beider Beine, oder des Beckens und Unterrumpfes gegenüber der Außenwelt.

Bei der Einstellung der Glieder in die für die Aktion günstige Lage und Richtung gilt nun als allgemeines Gesetz, daß sie sich nicht bloß an einem einzigen, dem angreifenden Endglied zunächst gelegenen Gelenke vollzieht. Vielmehr beeinflußt das euergetische Prinzip auch die Stellung der von der eigentlichen Aktionsstelle weiter entfernten und näher an den Unterstützungsflächen gelegenen Gelenke, wenn auch der Umfang der Umstellung mit der Entfernung von der Aktionsstelle abnimmt. Dies gibt den Vorteil, daß in den Endstellen zunächst der Aktionsstelle die Möglichkeit aktiver Bewegung nach beiden Seiten resp. nach allen Seiten besser erhalten bleibt. In diesem Verhalten dokumentiert sich also die Rücksichtnahme auf die Erhaltung einer möglichst großen und unbeschränkten Aktionsfreiheit. Wir werden im folgenden vielfach Gelegenheit haben, die Wirkungsweise der genannten verschiedenen Prinzipien an Beispielen zu erläutern.

A. Symmetrische Rumpfhaltung im Stand.

a) Aufrechter symmetrischer Stand.

Stehen.

Die aufrechte Haltung des Stammes auf annähernd senkrechten, in den Kniegelenken gestreckten Beinen ist charakteristisch für den Menschen. Zwar können sich auch verschiedene Tiere (höhere Affen, Bär, Hund, Pferd, Kaninchen, Eichhörnchen, Känguruh, Vögel usw.) auf den hinteren Extremitäten aufrichten; aber es kommt selbst im günstigsten Falle bei Sohlengängern nicht zur völligen Vertikalstellung des Ober- und Unterschenkels und nicht zur völligen Streckung des Kniegelenkes. Was aber besonders wichtig ist, es geschieht die Aufrichtung des Oberkörpers gegenüber den Oberschenkeln wesentlich im Hüftgelenk, so daß sie das Becken im vollen Umfang mitbetrifft. Beim Menschen dagegen steigt zwar die Längsachse des kleinen Beckens, im Vergleich zu ihrer Richtung bei Tieren, die auf allen vier Beinen stehen, etwas steiler nach vorn auf; die Normale des Beckeneinganges steht aber immer noch mehr horizontal als vertikal (im Winkel von 50—65⁰ zur Vertikalen geneigt), so daß hier noch ein weiteres Moment zur völligen Aufrichtung des Oberkörpers beitragen muß, die Rückwärtsabbiegung und -abknickung desselben gegenüber dem kleinen Becken in der Bauchlendengegend. An der Wirbelsäule verteilt sich diese Richtungsänderung auf einen größeren Bezirk zwischen dem Kreuzbein und den unteren Brustwirbeln (Dorsolumbosacralkrümmung), wobei allerdings die Grenze zwischen Sacrum und Lendenwirbelsäule am meisten beteiligt ist. Es kommt an letztgenannter Stelle zu einer schärferen Knickung (Promontorium). Die obere Lendenwirbel- und untere Brustwirbelgegend bekommt dadurch einen rückwärts aufsteigenden Verlauf. Der Wendepunkt zwischen der vorwärtskonvexen Lumbosacralkrümmung und der rückwärtskonvexen Brustkrümmung liegt für gewöhnlich ungefähr in der Gegend des 10. oder 9. Brustwirbels, so daß die vordere Konvexität sich eigentlich noch in die Brustwirbelsäule hinein erstreckt (siehe die Figg. 100 C und 101 B).

Man wird wohl nicht fehlgehen, wenn man den Vorteil der nur unvollständigen Aufrichtung im Hüftgelenk vor allem darin erblickt, daß hierdurch die Stellung im Hüftgelenk beim Stand eine weniger extreme wird, und eine gewisse Möglichkeit zur Streckaktion der Hüfte gewahrt bleibt (euergetisches Prinzip s. o.). Außerdem aber ist die Inanspruchnahme der Iliosacralverbindung eine geringere, und der Hauptbalken des Hüftbeins wird besser in seiner Längsrichtung und weniger auf sagittale Biegung in Anspruch genommen, wenn die Iliosacralgelenke nicht zuweit hinter die Hüftgelenke zu liegen kommen.

Entwickelung der sagittalen Krümmung der Wirbelsäule beim Menschen.

Die Lumbosakralkrümmung fehlt zunächst beim Embryo. Es zeigt bei demselben die erste Anlage der Wirbelsäule und vor ihrem Auftreten die Chorda dorsalis eine einheitliche Krümmung mit ventraler Konkavität. Diese Längskrümmung tritt auf, bald nachdem sich die anfänglich flache Embryonalanlage zu einem körperlichen, tierleibartigen Gebilde, dem Embryo, zusammengekrümmt hat, und ist offenbar dadurch bedingt, daß die dorsalen Teile auch weiterhin und nun auch in der Längsrichtung in der Intensität ihres Wachstums die ventralen Teile übertreffen. Das Wachstum des Medullarrohres ist offenbar dabei das bestimmende, nächst diesem wohl auch die Entfaltung der Urwirbel usw.

Die weitere Entwickelung der Wirbelsäule ist durch Fr. Merkel an Sagittalschnitten menschlicher Embryonen verfolgt worden. Ihre Krümmung setzt sich anfänglich im gleichen Sinn auch in das Caudalende des Embryo fort, und zwar noch zu einer Zeit, in welcher dieses bereits als Schwanz über das caudale Ende des Rumpfes hinausragt. Später, wenn dieser Teil im Wachstum zurückbleibt und gleichsam mit in den Beckenboden einbezogen wird, zeigt sich die ventrale Abbiegung des caudalen Endes der Wirbelsäule auffällig verschärft (Fig. 100 A). Am Kopfende ühren besondere Wachstumsverhältnisse zu komplizierten Biegungen des Medullarrohres. Es bildet sich die Nackenkrümmung und eine entsprechende schärfere Abgrenzung und Abknickung zwischen der Schädelkapsel und der Wirbelsäule. Wenn sich das Herz aus dem Kopfgebiet caudalwärts zurückzieht, der Hals frei und durch die stärkere Entfaltung der Nackenmuskeln aufgerichtet wird, fixiert sich eine leichte dorsale Abbiegung des cranialen

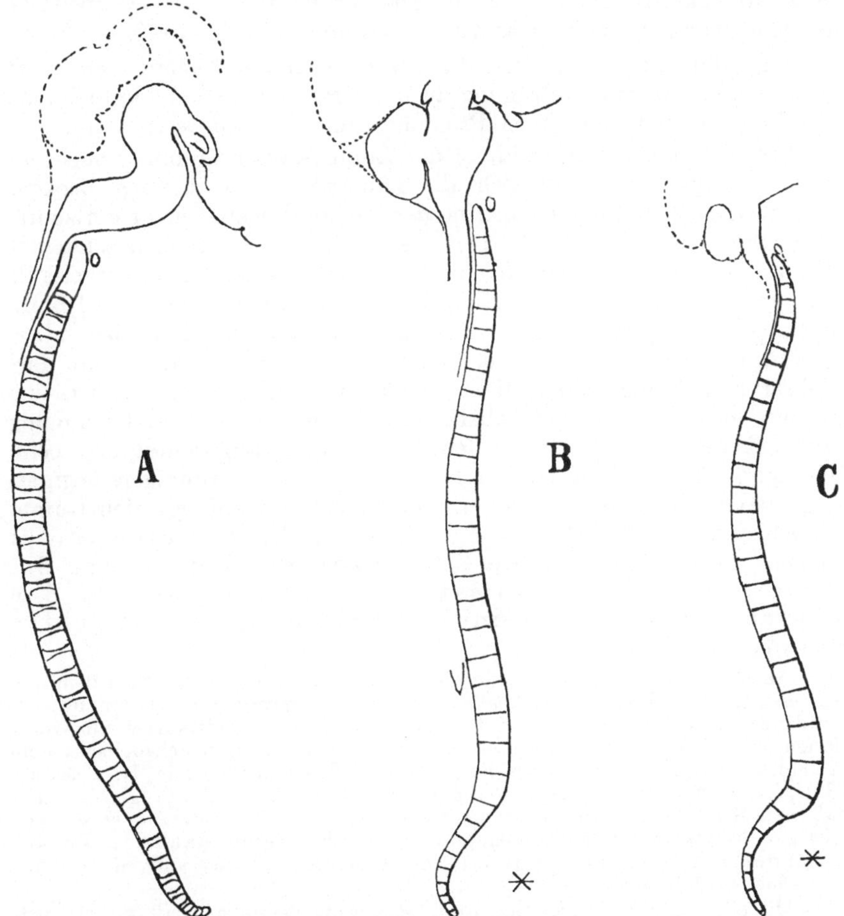

Fig. 100. Medianschnitt durch die Wirbelkorpersaule (und einen Teil des Gehirns). A beim 3 monatlichen Embryo, B beim Neugeborenen, C beim Erwachsenen. Umzeichnung nach Fr. Merkel.

Endes der Wirbelsäule. Zwischen den beiden Endabbiegungen aber bleibt die ventrale Rumpfkrümmung bestehen. Erst die Festigung des Beckenringes, die mächtige Massenentfaltung der Baucheingeweide (Leber), die Schwäche der Bauchwand auf der einen und die stärkere Entwickelung der lumbalen Stammuskulatur auf der anderen Seite führen allmählich zur Ausbildung einer lumbalen und lumbosacralen

Krümmung, durch welche die ursprüngliche ventrale Krümmung der Wirbelsäule noch mehr eingeengt und in die Kleinbeckenkrümmung einerseits, die Brustkrümmung andererseits zerlegt wird.

Es sind nun vier alternierende Krümmungen vorhanden, eine ventralwärts konvexe Hals- und Lumbosacralkrümmung und eine dorsalwärts konvexe Brust- und Kleinbeckenkrümmung. Die Wirbelsäule des Neugeborenen zeigt diese vier Krümmungen (Fig. 100 B u. 101 A).

Nur allmählich und wesentlich erst nach der Geburt verschärft sich die lumbosacrale Abbiegung an der Grenze zwischen Lumbal- und Sacralteil, so daß von einem Promontorium die Rede sein kann.

Erst die stärkere Ausbildung der Lumbosacralkrümmung nach der Geburt bringt, ohne daß sich die Längsachse des kleinen Beckens mehr aufrichtet und der Hauptring des kleinen Beckens mehr horizontal stellt, die Masse des Oberkörpers beim Sitzen und Stehen senkrecht über das Becken und vollendet die Umwandlung der Rumpfwirbelsäule in jene doppelt schwanenhalsartig gebogene Feder (Fig. 100 C und 101 B), welche seit den Darlegungen H. v. Meyers als eine besonders nützliche Anpassung an den aufrechten Stand betrachtet wird. Man darf in ihrer Ausbildung jedoch nicht eine bloße funktionelle Anpassung an den aufrechten Stand sehen, indem die Lumbosacralkrümmung zwar bei den Vierfüßlern oft fehlt oder kaum angedeutet ist, beim Menschen aber sich in stärkerem Maße bereits auszuprägen beginnt, lange bevor das Kind stehen lernt oder auch nur anfängt, den Rumpf aufrecht zu halten. Man muß vielmehr in derselben eine in der ganzen vorhergehenden Entwickelung begründete Besonderheit der Organisation erkennen, welche den Menschen auszeichnet und zur Erlernung des aufrechten Standes befähigt.

Auch nur in diesem Sinne sind die Extremitäten des Menschen dem aufrechten Stehen und Gehen angepaßt. Die Verlagerung der Hinterhauptcondylen an die untere Seite der mächtig entwickelten Schädelkapsel, mit Orientierung ihrer Gelenkflächen ungefähr in der Flucht der übrigen Schadelbasis steht in ähnlicher Weise mit dem aufrechten Stand in Zusammenhang (s. H. v. Meyer 1891), ja es möchte in diesem Verhalten ein Hauptantrieb dafür gegeben sein, daß vom Kind die aufrechte Haltung erstrebt und erlernt wird. An der Wirbelsäule selbst ist auch nur in diesem Sinn die vom Kopfende nach dem Becken hin zunehmende Mächtigkeit als eine Anpassung an den aufrechten Stand anzusehen (s. Fig. 108).

Mit einer solchen Auffassung ist es sehr wohl vereinbar, daß wir die entwickelungsmechanischen Abhängigkeitsverhältnisse näher zu bestimmen suchen und z. B. die ontogenetische Entwickelung des Skelettes in mancher Hinsicht als durch mechanische Faktoren im engeren Sinne des Wortes beeinflußt ansehen; nur müssen dabei in ganz besonderem Maße auch die schon in frühester Zeit wirkenden Ursachen berücksichtigt werden. Es liegt z. B. sehr nahe, den Grund für die besondere Ausbildung der lumbosacralen Krümmung beim Menschen teils in dem starkeren Wachstum der cranialwärts vom Becken gelagerten Rumpfeingeweide (bei Verkürzung der Bauchhöhle), teils ganz besonders in einer primaren, besonders mächtigen Anlage und Ausbildung der dorsalen lumbosacralen Muskeln zu suchen. Unter dem dauernden Übergewicht der Spannung dieser Muskeln wird die lumbosacrale Krümmung schon in fötaler Zeit so weit ausgebildet, daß sie an der isolierten Wirbelsaule vom Neugeborenen und Säugling deutlich zutage tritt (Fig. 100 B und 101 A). Zugleich ist die Möglichkeit stärkerer vorübergehender Rückbeugung des Stammes im Lendenteil gegeben. Daß die hierdurch ermöglichte aufrechte Haltung spater, bei langerem Bestehen noch weiter zur Vergrößerung und Fixierung der lumbosacralen Krümmung (Einfluß der Schwere) beiträgt, ist selbstverständlich.

Wenn das Kind nach der Geburt anfängt zu sitzen, so bleibt dabei ebensogut wie beim Erwachsenen das Becken in einer aufgerichteten Stellung. Der Rumpf sinkt aber anfänglich nach vorn und es sitzt das Kind mit rundem Rücken und vorgeneigtem Kopf und Hals. Die im Liegen bereits angedeutete Lendenkrümmung wird bei dieser Haltung vermindert; die ebenfalls angedeutete Halskrümmung ebenso. Das Nächste ist nun wohl die Aufrichtung des Kopfes durch Rückdrehung in den Kopfgelenken und Rückbeugung in der Halswirbelsäule; vielleicht auch in der Lendenwirbelsäule. Jedenfalls führt dann die rasch weiterentwickelte Arbeitsfähigkeit der Arme im Sichanhalten und Stützen, im Ergreifen von Gegenständen usw. zu einer Aufrichtung auch des Brustteils beim Sitzen (euskopisches und euergetisches Prinzip). Aus dem Sitzen mit rundem Rücken geht ein kräftiges Kind mehr und mehr zum Sitzen mit flachem resp. flachhohlem Rücken über. Dabei wird die hohe Lendenkrümmung verstärkt, die Balance des Oberkörpers und Kopfes über dem Becken wird bereits eingeübt, und alles ist vorbereitet für den Übergang zum aufrechten Stand.

R. Fick ist also wohl kaum im Recht, wenn er meint, daß erst spater (zur Zeit der Pubertat), wenn durch die immer kräftiger werdenden oberen Extremitaten- und Brustmuskeln, also durch die zunehmende Schwere des Oberkörpers die Brustkyphose verstarkt wird, diese statisch und „orthooptisch“ durch eine Lendenlordose kompensiert, und dadurch zugleich der Oberkörper aufgerichtet werde.

Eher wäre denkbar, daß die mit der Aufrichtung des Oberkörpers verbundene raschere Vermehrung der Lendenkrümmung und Vorneigung des Beckens, sowie das Erlernen der Balancierung des Oberkörpers den Beginn der Stehübungen, zuerst mit mehr gebeugten, dann mit immer besser gestreckten Beinen nicht bloß ermöglicht, sondern geradezu veranlaßt. Die vermehrte obere Brustkrümmung ist natürlich dabei nicht die Ursache, sondern die Folge und notwendige Kompensation der Verstarkung der Lendenkrümmung.

Man übersieht mitunter, daß eine kompensatorische zweite Krümmung im orthostatischen und orthoskopischen Interesse auch dann notwendig ist, wenn die Sehne des sich ausbildenden primaren Bogens der ursprünglichen Stellung und Richtung des betreffenden Wirbelsauleabschnittes immer noch entspricht. Es hat ja doch an den Enden des Bogens die Wirbelsaule eine um so mehr abgelenkte Richtung, je starker die Krümmung ist. Die Ablenkung des oberen Schenkels des Bogens aus der Vertikalen müßte um so größer sein, je besser sie am unteren Schenkel (bei der lumbosacralen Krümmung etwa durch Umstellung des Beckens) korrigiert wäre. Bliebe bei vertikal gestellter Sehne der Lendenkrümmung in dem darüber gelegenen Abschnitt die Form der Wirbelsäule unverandert, so müßte natürlich der Schwerpunkt desselben entsprechend nach hinten verlagert, die mittlere Blickrichtung müßte nach oben abgelenkt sein.

Die von Anfang an vorhandene, beim Kind durch das Sitzen mit rundem Rücken zunächst vermehrte, dann beim Aufrechtsitzen verminderte und vom Hals und von der Lende her eingeengte, vorwärtskonkave Krümmung des Rumpfstammes wird also beim Stehen im Brustteil wieder deutlich vermehrt sein müssen. Es handelt sich nun aber bei alledem nicht bloß um vorübergehende Formveränderungen; vielmehr werden diese Krümmungen mehr und mehr fixiert, und die Eigenform der Wirbelsäule wird zu der uns aus dem Früheren bekannten elastischen Gleichgewichtsform des Erwachsenen allmählich übergeführt.

Beim Lebenden ist natürlich im aufrechten Stand die Form der Wirbelsäule wegen der Einfügung in die Konstruktion der Rumpfwand, der Einwirkung des Muskelzuges, des Druckes der Rumpfeingeweide, der Eigenschwere und der Belastung mit aufgelagerten und angehängten Teilen je nach der Stellung des Körpers nicht unwesentlich verschieden von der elastischen Gleichgewichtsform des anatomischen Bänderpräparates.

Bedeutung der alternierenden Krümmungen der Wirbelsäule.

Beim aufrechten symmetrischen Stand in derjenigen Körperhaltung, welche von H. v. Meyer als „Normalhaltung" bezeichnet wird (Fig. 101 B), trifft eine von der Mitte der Condylengelenke nach unten gezogene Lotrechte den unteren Rand des 6. Halswirbelkörpers an seiner vorderen Peripherie, weiter dann den oberen Rand des 9. Brustwirbels, den unteren Rand des 2. Lendenwirbels und die Spitze des Steißbeins (a b c d e). Der 3. und 4. Halswirbel und der 5. Lendenwirbel liegen dann am weitesten nach vorn, der 5. Brustwirbel und das Ende des Kreuzbeins liegen am weitesten zurück. Die Lotrechte aus dem Schwerpunkt der Oberkörpermasse, soweit sie durch Vermittelung der Wirbelsäule auf dem Kreuzbein lastet, geht nach H. v. Meyer bei der genannten „Normalhaltung" hinter der Lumbosacralverbindung vorbei. Die Schwere hat also mit Bezug auf die quere Drehungsachse dieser Verbindung an dem darüber gelegenen Teil der Rumpflast ein Moment zur Streckung resp. zur Drehung nach hinten, und ebenso verhält es sich wohl auch mit den übrigen Gelenken der Lenden- und der unteren Brustwirbelsäule.

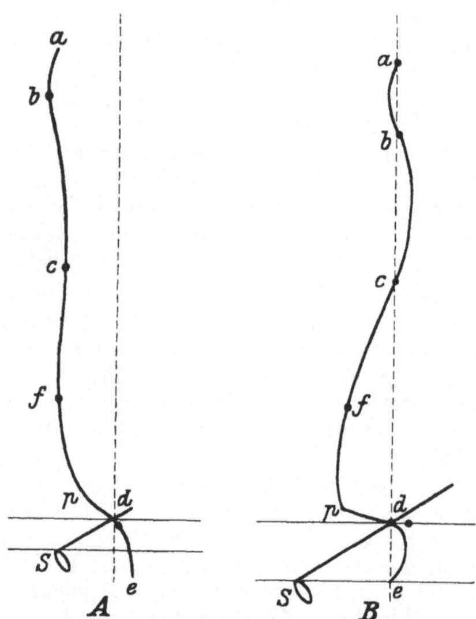

Fig. 101. *A* Wirbelsäule des Neugeborenen, *B* des Erwachsenen in der Meyerschen „Normalhaltung". *a* Tuberculum ant. atlantis, *b* unterer Rand des 6. Halswirbels, *c* oberer Rand des 9. Brustwirbels, *f* unterer Rand des 2. Lendenwirbels, *p* Promontorium, *d* 3. Sacralwirbel, *e* Steißbeinspitze, *S* Schamfuge. Nach H. v. Meyer.

An den Wirbeljunkturen der mittleren Brustwirbel wirkt dagegen die Schwere des darüber gelegenen Körperabschnittes vorwärts abbiegend. Für jede höhere Junktur ist natürlich die in ihr unterstützte Last eine geringere und der Hebelarm der Schwere ein etwas anderer.

H. v. Meyer hat nun erkannt, daß unter solchen Verhältnissen die Wirbelsäule ihr eigenes Gewicht und die mit ihr verbundene Last nach Art eines S-förmig oder schwanenhalsartig gebogenen Trägers der Technik federnd tragen kann („wie die sog. Schwanenhalsfeder die Schwere des Kutschkastens trägt"), ohne der Mitwirkung der Muskeln zu bedürfen; er nimmt an, daß in dieser Haltung die Muskelwirkung auch wirklich ausgeschaltet ist (abgesehen etwa von der Wirkung der Nackenmuskeln zur Äquilibrierung des Kopfes).

Die Lehre H. v. Meyers von der „Normalhaltung" ist, wie wir später sehen werden, nicht in allen Punkten richtig. Der Gedanke aber, daß die S-förmige Biegung für die federnde Unterstützung der Körperlast, und daß das Hinzukommen einer dritten Biegung für die federnde Unterstützung des Kopfes von besonderem Vorteil sei, hat sich wohl ganz allgemein eingebürgert. Inwieweit dies berechtigt ist, soll im folgenden erörtert werden.

Bei einer theoretischen Untersuchung über das Verhalten gleichmäßig biegsamer, in der elastischen Gleichgewichtslage gerade verlaufender Säulen gegenüber zwei von den beiden Enden her gegeneinander wirkenden gleichgroßen Kräften gelangt man zur Unterscheidung einer beschränkten Zahl von Formen, in denen Gleichgewicht zwischen den inneren und äußeren Kräften bestehen kann. Eine dieser Formen ist diejenige, bei welcher die Mittellinie der Säule um die Kraftlinie der äußeren Kräfte in der gleichen Ebene ähnlich einer Sinuskurve, in alternierenden Krümmungen hin und her gebogen ist (siehe Fig. 147, S. 361). Man kann sich ein beliebiges Stück aus einer solchen Säule von gleichsam unendlicher Länge herausgeschnitten und ferner die beiden Enden seiner Mittellinien mit zwei Punkten der Kraftlinie als Angriffspunkte der äußeren Kräfte starr verbunden denken: so sind auch für dieses beliebige Stück die Bedingungen der Feststellung erfüllt. Das Gleichgewicht bleibt erhalten, wenn die gegeneinander wirkenden Kräfte gleichzeitig größer oder kleiner werden, nachdem alle Biegungen eine Verschärfung resp. Streckung erfahren haben. Wenn die Kraftlinie der äußeren Kräfte nicht genau mitten zwischen den Krümmungsscheiteln hindurchgeht, ist das Gleichgewicht, das demnach ein labiles ist, gestört: es ändert sich die Form so lange, bis eine einzige Krümmung hergestellt und ein neuer, stabiler Gleichgewichtszustand erreicht ist.

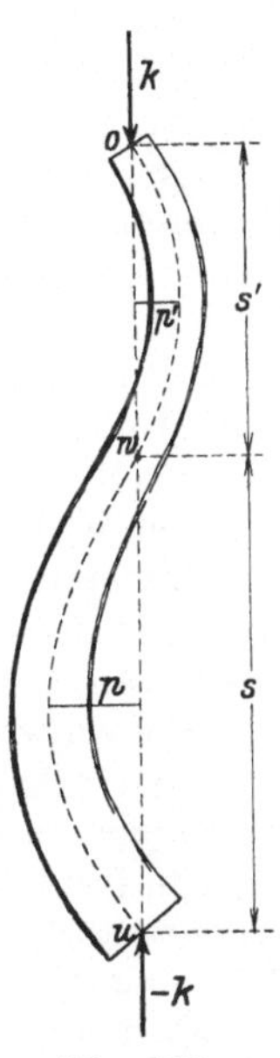

Fig. 102.

Ein sich nach dem einen Ende zu verjüngender und vermehrte Biegsamkeit zeigender Stab (Fig. 102) kann ebenfalls mit alternierenden Biegungen der Mittellinie, die in einer Ebene liegen, durch zwei gegeneinander wirkende gleichgroße Kräfte im Gleichgewicht gehalten sein, wenn die Kraftlinie zwischen den beiden Berührungslinien der gleichgerichteten Scheitelpunkte mitten zwischeninne liegt und eine Abnahme der Pfeilhöhe und Sehnenlänge der einzelnen Pole nach dem biegsameren Ende hin gegeben ist. Das Gleichgewicht ist hierbei ein stabileres, insofern als der Angriffspunkt der äußeren Kraft am dickeren Ende der Säule innerhalb gewisser Grenzen seitlich verschoben werden kann, ohne daß die alternierende Krümmung aufgehoben wird. Gleichzeitige Vergrößerung oder Verkleinerung der beiden äußeren Kräfte führt zur Annäherung oder Entfernung der Endpunkte, unter Zusammenschiebung oder Streckung der Krümmungen, wobei die Endpunkte sich annähernd parallel der Kraftlinie gegeneinander bewegen.

Das Besondere bei der S-förmigen oder schwanenhalsartigen Biegung der Wirbelsäule (Rumpfteil über dem Becken) besteht einer solchen Säule gegenüber darin, daß beim Erwachsenen schon die elastische Ruheform der Säule, beim Fehlen jeder äußeren Krafteinwirkung eine S-förmige Krümmung aufweist. Es ist sowohl eine rückwärts konkave Lumbal- als eine vorwärtskonkave Brustkrümmung fixiert. Es stehen also anwachsende elastische Widerstände nicht bloß der stärkeren Biegung, sondern auch der Streckung der beiden Krümmungen entgegen.

Bei aufrechter Stellung, Feststellung des unteren Endes und Belastung des oberen werden die Krümmungen verstärkt; die Ausschläge, welche die oberen Enden beider Bogen bei Verstärkung der Krümmung erfahren, sind entgegengesetzt gerichtet und heben sich mehr oder weniger auf, so daß für jede Querschnittsstelle die Schwerlinie des darüber gelegenen Teiles nur wenig geändert wird und an derselben Seite verbleibt. Unter bloßer Modifikation und ohne gänzliche Auflösung der alternierenden Krümmungen kann deshalb ein neuer Gleichgewichtszustand erreicht werden, selbst wenn die Kraftlinie der äußeren Kräfte sich aus einer mittleren Lage zwischen den Krümmungsscheiteln den vorderen oder hinteren Krümmungsscheiteln nähert. Das Gleichgewicht ist ein deutlich stabiles.

Die schwanenhalsartig gebogene Säule oszilliert nicht bloß federnd um eine Gleichgewichtsform unter Beibehaltung ihrer alternierenden Biegungen, bei Vergrößerung oder Verkleinerung von äußeren Kräften, die von ihren Enden her zwischen den Scheiteln der Biegungen hindurch gegeneinander wirken, sondern es bleibt der Typus und die Leistung der Federkonstruktion auch erhalten — innerhalb gewisser Grenzen — bei nicht unerheblichen Änderungen in der Richtung und Lage der Kraftlinie der zusammendrückenden äußeren Kräfte. Die Säule behält die S-form bei, wenn auch unter etwelcher Verschiebung des Wendepunktes nach oben oder unten.

Der Vorteil einer solchen doppelt oder mehrfach gekrümmten gegenüber einer einfach gekrümmten Säule beruht nun wesentlich darin, daß bei ihrer Feststellung die Inanspruchnahme der Skelettwiderstände eine sehr viel geringere ist. Indem die Abbiegung alternierend nach entgegengesetzten Seiten geschieht, und die Kraftlinie zwischen den Krümmungsscheiteln in der Mitte bleibt, entfernen sich selbst die Krümmungsscheitel, die bei Vermehrung der Belastung und Verschärfung der Biegung am meisten auseinander getrieben werden, nicht allzuweit von der Kraftlinie. Infolgedessen vergrößern sich die Hebelarme der abbiegenden Kraft selbst für die Krümmungsscheitel in geringerem Maße, als dies bei einer einfach gekrümmten Feder von gleicher Stärke der Fall wäre, und es genügt schon eine geringere Biegung und eine geringere Inanspruchnahme der Skelettwiderstände an den Krümmungsscheiteln, um der biegenden Kraft Gleichgewicht zu halten. Man muß dabei berücksichtigen, daß die Junkturen der Wirbel sich nicht wie die Gelenke der Extremitäten verhalten; es wird bei ihnen passiver

Widerstand gegen die Bewegung nicht erst in den Extremlagen und dann in ganz plötzlich anwachsender Größe wachgerufen, vielmehr nimmt der Widerstand in den Zwischenwirbelscheiben und auch in den Bogenbändern beim Abweichen aus der elastischen Gleichgewichtslage allmählich und stetig zu. Bei mehrfacher Biegung kann schon eine relativ geringe Zunahme der Biegung zur Feststellung entgegen den äußeren Kräften genügen, da die Abbiegungsmomente der letzteren klein sind.

Wenn eine S-förmige Biegung bereits fixiert und schon in der elastischen Gleichgewichtslage vorhanden ist, so ist zwar bei gleichen Festigkeitsverhältnissen der Junkturen für eine bestimmte Belastung die Biegung vermehrt im Vergleich zu dem S-förmig gebogenen Stab mit gerader Gleichgewichtslage. Die Sicherheit aber gegen eine Störung des Gleichgewichtes bei Verschiebung der Kraftlinie ist eine erheblich größere. Durch vorübergehende Anspannung der kurzen Muskeln, welche an den Konkavitaten der Biegungen liegen und nur je eine solche Biegung bedienen, wird gleichsam der elastische Gleichgewichtszustand der Säule noch einmal im Sinn einer Verstärkung der S-förmigen Biegung und damit noch einmal im Sinn größerer Sicherung verandert.

Ich bin also der Meinung, daß sich der Vorteil der S-förmigen Biegung der Rumpfwirbelsäule nicht bloß auf das Verhalten gegenüber der Schwere bei einer ganz bestimmten Stellung des Körpers und Haltung des Rumpfes beschränkt, sondern unter mannigfaltigeren Bedingungen zu Recht besteht, nämlich gegenüber allen vom oberen und unteren Ende der Wirbelsäule her gegeneinander wirkenden Kräften, deren Kraftlinie zwischen den Scheiteln der Brust- und Lendenkrümmung durchgeht, ja vielleicht auch noch in Fällen, in denen die Kraftlinie nicht allzuweit hinter der Brust- oder vor der Lendenkrümmung vorbeizieht. Dabei ist wohl die bloße Ersparnis an Muskelanstrengung weniger wichtig als die automatische, ohne besondere Aufmerksamkeit und Willensanstrengung mögliche Erhaltung eines stabilen, federnden und elastischen Gleichgewichtes der tragenden Säule.

Was die von den Enden der Rumpfwirbelsäule her gegeneinander wirkenden Kräfte betrifft, so handelt es sich allerdings vor allem um die Schwere der mit diesen Wirbeln verbundenen Last, von der wir gleich näher sprechen werden. Die Gegenkraft dazu ist derjenige Teil des Widerstandes des Bodens, der nicht zur Stützung der Beine und des Beckens (inkl. seiner direkten Belastung durch Eingeweide) verwendet wird, sondern durch die Hüftbeine auf die Wirbelsäule einwirkt.

Beim aufrechten Stehen kann nun tatsächlich nicht von einer andauernd vollständig gleichbleibenden Stellung mit vollständig gleichbleibender Wirkungsweise der Kräfte die Rede sein. Man kann im Gegenteil behaupten, daß ein beständiger Wechsel in der Konfiguration des Rumpfes, in der Haltung des Kopfes und Halses, der Arme und Schultern, aber auch in der Stellung der Beine Prinzip ist. Dem entsprechen kleinere Veränderungen in der Lage des Schwerpunktes der an der oberen Brustwirbelsäule angreifenden Last und in der Stellung des Beckens zu den oberen Brustwirbeln. Aus beiden ergeben sich Veränderungen im Verlauf der Kraftlinie der Schwere zu der Wirbelsäule und zum Becken. Auch handelt es sich nicht bloß um den aufrechten Stand, sondern um einen Vorteil, der auch beim Gehen, Laufen, Steigen usw., also bei noch größerem Wechsel der Kraftlinie der vom Becken und von dem Oberkörper her gegeneinander wirkenden Kräfte eine Rolle spielen kann. Kräfte, welche dem Oberkörper eine Beschleunigung nach oben oder nach vorn oder hinten erteilen, oder seine Abwärtsbewegung etc. hemmen, müssen ja hier zu den beim aufrechten Stand wirkenden hinzukommen.

Daß dagegen die alternierenden Krümmungen der Wirbelsaule eine große Bedeutung für die Arbeitsleistung beim Sprung haben, möchte ich bestreiten. Die Lendenkrümmung allerdings und die durch machtige Muskelmassen bewirkte Streckung derselben bilden ein wichtiges Glied in der lokomotorischen Maschinerie, und daß sich im letzten Augenblick des Absprungs zu der Aktion in allen tieferen Gelenken auch noch eine Aktion in der Dorsocervikalkrümmung zur nützlichen Be schleunigung der darüber gelegenen Teile hinzugesellen kann, soll nicht geleugnet werden. Was aber die dazwischen liegende Brustkrümmung betrifft, so ist die Mitwirkung ihrer Formveranderung beim Sprung wohl nur ganz untergeordneter Natur.

Lage des Körperschwerpunktes und der Partialschwerpunkte.

Das erste Erfordernis beim Stand ist natürlich, daß der Gesamtschwerpunkt über dem Unterstützungspolygon gelegen ist, resp. daß die Lotrechte aus dem Schwerpunkt in dieses Polygon entfällt. Unter dem Unterstützungspolygon verstehen wir das engste Polygon, welches die wirklich als Stützpunkte beider Füße benutzten Skelettpunkte umschließt (= dem sog. Fußviereck beim Stand auf beiden Sohlen).

Schon Borelli suchte die Lage des Körperschwerpunktes zu ermitteln durch Balancieren eines Brettes, das einen ausgestreckten Leichnam trug, auf einer Kante. W. und E. Weber (Mechanik der menschlichen Gehwerkzeuge, § 28), wiederholten den Versuch in exakterer Weise an einem 1669,2 mm langen Manne. Sie fanden den Körperschwerpunkt bei an den Leib gelegten Armen 113,1 mm über der Mitte der Körperlänge, 87,7 mm über der gemeinsamen Hüftgelenkachse, 8,7 mm unterhalb des Promontorium. An einem männlichen Leichnam, dem beide Beine abgenommen wurden, fanden sie die Lage des Schwerpunktes des suprafemoralen Körperabschnittes ungefähr in der Höhe des Schwertfortsatzes oder des unteren Endes des Brustbeins.

Zur genaueren Würdigung der statischen Verhältnisse bei den verschiedenen Arten des Standes genügt aber nicht eine bloße Kenntnis der Lage des gemeinsamen Körperschwerpunktes, es müssen auch die Lagen der Schwerpunkte der einzelnen gegeneinander verschiebbaren Partialmassen in den letzteren bekannt sein. Eine sehr dankenswerte genauere Bestimmung der Partialschwerpunkte haben Braune und Fischer (1889, Abh. Sächs. Ges. d. Wiss.) vorgenommen, indem sie die Glieder um durchgesteckte Stahlnadeln pendeln ließen. Sie bestimmten so auch die Schwerpunkte von Kombinationen benachbarter Glieder. Ferner wurden die Gewichte der einzelnen Partialmassen bestimmt. In dieser Hinsicht genügen übrigens für unsere Bedürfnisse schon die älteren Angaben von Harleß (Abh. k. bayer. Ak. d. Wiss. II. Kl. VIII, 1857), die wir hier folgen lassen:

Nimmt man das Gewicht der Hand = 1, so ist

das Gewicht des Kopfes	8,4352	(8½)
des oberen Teiles vom Rumpf bis hinab zu den Hüftbeinenkammen mit Schultern	42,6940	(42½)
des unteren Teiles vom Rumpf	12,1450	(12)
des Oberschenkels	13,2520	(13)
(beide Oberschenkel		26½)
des Unterschenkels	5,1852	(5)
(beide Unterschenkel		10½)
des Fußes	2,1667	(2)
(beide Füße		4½)
des Oberarmes	3,8333	(4)
(beide Oberarme		7½)
des Vorderarmes	2,1402	(2)
(beide Vorderarme		4½)
ganzes Bein	20,6039	(20½)
(beide Beine		41)
ganzer Arm	6,9815	(7)
(beide Arme		14)

Nach den Feststellungen von Braune und Fischer liegen an den einzelnen Gliedern der Extremitäten die Schwerpunkte im dritten Neuntelpunkt der mittleren Längslinie; es verhalten sich also die Abstände vom proximalen und distalen Ende der Länge wie 4 : 5.

Diese Angaben genügen zur approximativen Bestimmung der Lage des gemeinsamen Schwerpunktes mehrerer aufeinanderfolgender Glieder.

Es sei noch erwähnt, daß der Schwerpunkt des ganzen gestreckten Beines, das zwischen der Leiste und dem unteren Rand des Gefäßes abgeschnitten ist, nah über dem Knie liegt; der Schwerpunkt der suprafemoralen Körpermasse liegt bei herabhängenden Armen und aufrechtem geradem Stand nahe vor der Wirbelsäule in der Höhe des Schwertfortsatzes; der Schwerpunkt der über den Knien gelegenen Körpermasse befindet sich bei ·der gleichen Körperform in der Höhe zwischen dem 3. und 4. Lendenwirbel; der Gesamtschwerpunkt aber liegt nach Braune-Fischer an der liegend durchfrorenen Leiche 2,1 cm unter dem Promontorium, in gleicher Höhe mit dem oberen Rand des 3. Kreuzbeinwirbels und 7 cm vor ihm, 4,5 cm senkrecht über der gemeinsamen Hüftgelenkachse und 7 cm über der Symphyse. Beim Stand möchte er wohl (nach R. Fick) wegen der hierbei stärker ausgeprägten Lendenkrümmung etwas weiter nach vorn liegen.

Sehr schwierig ist die Bestimmung der Lage der Schwerpunkte für die Körperpartien, welche in den Iliosacralgelenken auf den Hüftbeinen oder in den einzelnen Wirbelgelenken jeweilen auf dem unterliegenden Wirbel lasten.

Verschiedene Arten des symmetrischen Standes.

Es handelt sich bei den verschiedenen Arten des Standes nicht bloß um verschiedene Formen des Stammes und verschiedene Einstellung seiner Gelenke, insbesondere der Gelenke der Wirbelsäule, sondern zugleich um verschiedene Stellungen der Gelenke der unteren Extremitäten. Doch darf bei jedem Leser so viel Kenntnis hinsichtlich des Baues und der Funktion dieser Gelenke vorausgesetzt werden, daß die Lehre von den gegenseitigen Beziehungen zwischen der Rumpfhaltung und der Stellung der Beine hier besprochen werden kann.

Wenn man mit den Brüdern Weber annimmt, daß der Schwerpunkt des suprafemoralen Körperabschnittes senkrecht über der Hüftgelenkachse liegt, wofür nach diesen Autoren zur Vermeidung unnötiger Muskelkraft wohl annähernd gesorgt wird, so muß er nach der Stellung des Rumpfes und Beckens beim aufrechten Stand in einer frontalen Ebene liegen, welche durch die Basis des Kreuzbeins und das obere Ende der Wirbelsäule geht. Die genannten Autoren erläutern weiter (nicht ganz zutreffend), daß zur Unterstützung des Rumpfes ohne Mitwirkung der Muskelkraft der Beine die Hüftgelenkachsen senkrecht über den Berührungsstellen der Kniegelenkflächen, diese senkrecht über den Fußgelenkachsen stehen müssen. Um dieses labile Gleichgewicht stets sofort wieder herzustellen, müssen die Muskeln der Beine eingreifen. Wollen wir aber recht fest und zugleich ruhig stehen, so überstrecken wir sowohl die Hüft- als die Kniegelenke maximal, was eine Drehung von nur wenigen Graden ausmacht. Das Hüftgelenk steht dann vor, das Kniegelenk aber hinter der senkrechten Ebene, welche durch den Körperschwerpunkt und die Fußgelenkachsen geht. Der ganze Körper ist dann in den höheren Gelenken des Beines passiv versteift und braucht von den Muskeln nur auf dem Fuße balanciert zu werden.

Eine im wesentlichen ähnliche passive Versteifung von Rumpf, Oberschenkel und Knie in den Hüft- und Kniegelenken nimmt H. v. Meyer für seine „Normalhaltung" an, mit dem Unterschied, daß er die Schwerlinie des Körpers in den Mittelpunkt des Fußviereckes fallen läßt und daß er in der bereits oben besprochenen Weise erörtert, wie die Wirbelsäule und mit ihr der Rumpf ohne wesentliche Mitwirkung der Muskeln in sich in einer hinteren extremen Ruhehaltung versteift sind.

Das Becken läßt H. v. Meyer bei seiner „Normalhaltung", soweit dies im Hüftgelenk möglich ist, zurückgedreht sein. Es befindet sich in extremer Streckstellung. Der Schwerpunkt des von den Schenkelköpfen getragenen Körperabschnittes liegt hinter der gemeinsamen Hüftgelenkachse. Dem rückwärts drehenden Einfluß der Schwere des Oberstückes mit Bezug auf diese Achse wird durch die Spannung der vorn am Hüftgelenk gelegenen mächtigen Ligamenta ileo-femoralia Gleichgewicht gehalten. Das Oberstück hängt also gleichsam an diesen Bändern nach hinten. Aber auch die Kniegelenke sind nach der Lehre von Meyer (dank den Beziehungen der sog. Schlußrotation) im Kniegelenk ohne Mitwirkung der Muskeln festgestellt und ein gleiches gilt nach ihm für die Sprunggelenke (näheres darüber im dritten Band dieses Lehrbuches). Der gesamte Schwerpunkt des Körpers (d. h. eine Senkrechte durch denselben) liegt bei dieser Haltung ebenfalls nach hinten von den Hüftgelenken; die Beinlinien haben einen nach vorn aufsteigenden Verlauf, das Becken ist gegenüber dem Gesamtschwerpunkt und dem Unterstützungsviereck nach vorn geschoben. Eigentümlicherweise wird diese Haltung von H. v. Meyer nicht bloß als „Normalhaltung", sondern auch als eine straffe Haltung, als militärische Haltung bezeichnet!

Die Richtigkeit dieser Bezeichnungsweise ist mit Recht von verschiedenen Autoren entschieden bestritten worden, so von Henke (1863), Langer, Hans Virchow (1883), Parow (1884), Boegle (1885), Frz. Staffel (1889) u. a.

Henke erklärt die militärische Haltung Meyers gerade umgekehrt als eine schlaffe Haltung, wie sie „bei Muskelmatten, Greisen, chlorotischen Mädchen und Juden" vorkomme, und stellt ihr den „für gut gedrillte Soldaten (und kokette Damen)" charakteristischen Haltungstypus gegenüber, bei welchem die Brust vorgeschoben ist, Bauch und Becken nach hinten zurücktreten, die Schwerlinie vor den Hüftgelenken liegt und die Beinlinien rückwärts aufsteigen. Diese Haltung stehe jedenfalls der wahren Normalhaltung näher als die Meyersche.

Parow hat auf Grund zahlreicher Untersuchungen am Lebenden festgestellt, daß in einer ungezwungenen, schönen, aufrechten Haltung die Rumpf-Schwerlinie nicht hinter der gemeinsamen Hüftgelenkachse vorbeigeht, sondern durchschnittlich mit derselben zusammenfällt; ebenso äußern sich auf Grund eigener Beobachtungen Staffel, Boegle und viele andere.

R. Fick meint, es sei zwar sehr zu bedauern, daß H. Meyer in so unzweckmaßiger Weise eine Stellung als „militarisch" bezeichnet hat, die nichts weniger ist als dieses. Es sei indes hieraus dem verdienten Autor kein Vorwurf zu machen, da er eben nicht in einem Militarstaat lebte. Hier muß ich nun doch aus eigener Erfahrung bemerken, daß schon in den 60er Jahren des vorigen Jahrhunderts auch in dem Staat, in welchem H. v. Meyer lebte, der Grundsatz „Brust heraus, Bauch zurück" für die Haltung des Soldaten Geltung hatte.

H. v. Meyer hat neben seiner „Normalhaltung" noch einen zweiten, extremen Haltungstypus beschrieben, den er als die „nachlässige Haltung" bezeichnet. Die Wirbelsäule ist nach vorn übergeneigt, der Oberkörper findet seinen Rückhalt an dem Widerstand der Baucheingeweide. Zur Versteifung des Rumpfes ist auch hier aktive Muskelkraft nicht erforderlich. Das Becken ist nicht vorgeschoben, das Hüftgelenk nicht völlig gestreckt.

Die beiden Arten der Ruhehaltung der Wirbelsäule nach H. v. Meyer in nach hinten und nach vorn übergelehnter Stellung sind als die beiden Extreme der Haltung im aufrechten Stehen hinzustellen.

Frz. Staffel hat drei hauptsächliche Typen der Haltung beim aufrechten Stand unterschieden: die Normalhaltung, die Haltung mit hohlem und diejenige mit rundem Rücken und zwei Mittelformen, die Haltung mit flachhohlem und diejenige mit hohlrundem Rücken.

R. Fick führt unter β—η folgende Haltungstypen auf.

β) die Ruhehaltung (H. Meyers Normalhaltung resp. militärische Haltung),

γ) die Normalstellung nach Braune-Fischer; bei derselben liegen die Hauptschwerpunkte der Glieder, von denjenigen der Füße abgesehen, übereinander in der gleichen Frontalebene, in der auch die Mitten der Fuß-, Knie- und Hüftgelenke gelegen sind,

δ) die Normalhaltung, von der vorigen dadurch unterschieden, daß der Körper in den genannten Gelenken oder in der Wirbelsäule so weit nach vorn gebeugt ist, daß der Körperschwerpunkt über die Mitte der „sicheren Unterstützungsfläche (zwischen Sprung- und Zehengrundgelenken) fällt".

ε) die bequeme Haltung nach Braune - Fischer (der „Normalhaltung G. Meyers" verwandt),

ζ) die militärische Stellung nach Braune - Fischer.

Indem wir bestrebt sind, die Auffassung von den verschiedenen Haltungstypen nicht überflüssig zu komplizieren, unterscheiden wir:

1. Aufrechte Geradehaltungen. Zu ihnen gehört auch die Normalstellung nach Braune - Fischer und die Normalhaltung nach R. Fick.

2. Die militärische, aktionsbereite Haltung mit stark vorgeschobener aufrecht stehender Brust und stark zurückgestelltem Becken (militärische Haltung nach Henke, Braune - Fischer, R. Fick u. a.). Aus ihr entwickelt sich die devote Haltung.

3. Die bequeme Haltung mit vorgeschobenem Becken und zurückgesunkenem Rumpf. Wir rechnen hieher auch Meyers Normalhaltung resp. militärische Haltung, ferner R. Ficks Ruhehaltung, sowie Braune-Fischers „bequeme Haltung", obschon der besondere Haltungstypus bei diesen beiden Formen weniger extrem ausgesprochen ist als bei der Normalhaltung H. Meyers. An die bequeme Haltung schließen sich ferner an die gebieterische, stolze, anmaßende, prätentiöse, die herausfordernde und die saloppe Haltung.

4. Die schlaffe Haltung mit nach vorn zusammengesunkenem Rumpfstamm. Sie entspricht nur unvollkommen der nachlässigen Haltung H. v. Meyers.

Aufrechte Geradehaltungen.

Unter einer vollkommen aufrechten und geraden Haltung kann man das verstehen, was Braune und Fischer als „Normalstellung" bezeichneten: die Stellung und Haltung, bei welcher der Schwerpunkt der suprafemoralen Körperpartie senkrecht über der gemeinsamen Hüftgelenkachse, der Schwerpunkt der oberhalb der Kniegelenke gelegenen Masse senkrecht über den Kniegelenkachsen, der Schwerpunkt der supratalaren Masse senkrecht über der Verbindungslinie der Fußgelenkmitten gelegen, die ganze Sohle dem Boden aufgesetzt ist (Fig. 103). Eine solche Stellung kann nur ganz vorübergehend innegehalten werden; wohl aber kann der Körper in fast unveränderter Form um diese Lage hin- und heroszillieren, so daß die Verschiebungen der Lotrechten aus dem Körperschwerpunkt sich innerhalb der Grenzen des Fußviereckes halten. Alle die hierbei eingenommenen, wenig voneinander verschiedenen Stellungen resp. Haltungen bezeichne ich als mittlere aufrechte Geradehaltungen. Bei einiger Aufmerksamkeit lernen wir an uns selbst beurteilen, ob die Wadenmuskeln und ob die Kniegelenkstrecker aktiv gespannt oder erschlafft sind, während es schwieriger ist, zu entscheiden,

wann die hinteren oder die vorderen Muskeln
der Hüftgelenke in Spannung geraten. Sobald
die Schwerlinie vor die Fußgelenkachse tritt,
spannen sich die Wadenmuskeln; sobald der
Schwerpunkt der über den Knien gelegenen
Körpermasse hinter die queren Kniegelenkachsen tritt, spannen sich aktiv die Kniegelenkstrecker. Es geschieht dies nicht bloß,
um die Fußgelenke resp. die Kniegelenke gegenüber dem beugenden Einfluß der Schwere festzustellen, sondern auch um eine äquilibra-
torische, korrektive Gegenbewegung zu in-
szenieren. Die Aktion der Wadenmuskeln
drückt die Zehen etwas nach vorn gegen den
Boden und treibt den Körperschwerpunkt zurück, umgekehrt wirkt die Aktion der Kniegelenkstrecker im aufrechten Stand. Rückt
der Körperschwerpunkt hinter die Fußgelenke,
so können die Fußgelenkbeuger in Aktion treten, die Ferse rückwärts gegen den Boden
drängen und so die ganze Körpermasse nach
vorn treiben. Alles das wird bei Behandlung
der unteren Extremitäten noch genauer erläutert werden.

Es muß aber noch hervorgehoben werden,
daß auch dann, wenn die Schwerlinie der
über den Knien gelegenen Körpermasse vor
den queren Kniegelenkachsen durchgeht, die
Kniegelenkstrecker sich anspannen, sobald
auch die Wadenmuskeln zur Feststellung des
Fußgelenkes stärker angespannt sind. Es
möchte dies nötig sein, um der beugenden
Einwirkung der Gastrocnemii am Kniegelenk
Gleichgewicht zu halten.

Durch die genannten Aktionen ist dafür
gesorgt, daß der Körper bei gerader Haltung
in mittleren aufrechten Stellungen verbleiben
kann, und seine Schwerlinie die Grenzen des
Fußviereckes nicht überschreitet. Analoge
Aktionen zur Hemmung von Beugungen und
Streckungen und für korrektive äquilibristische
Gegenbewegung finden offenbar auch in den
Hüftgelenken statt. Bei der Promptheit, mit
welcher diese Mechanismen, gleichsam reflek-
torisch resp. automatisch spielen, ohne daß
wir uns dessen bewußt sind, braucht es zu
keinen auffälligen Veränderungen der Körperform und Form des Stammes zu kommen.

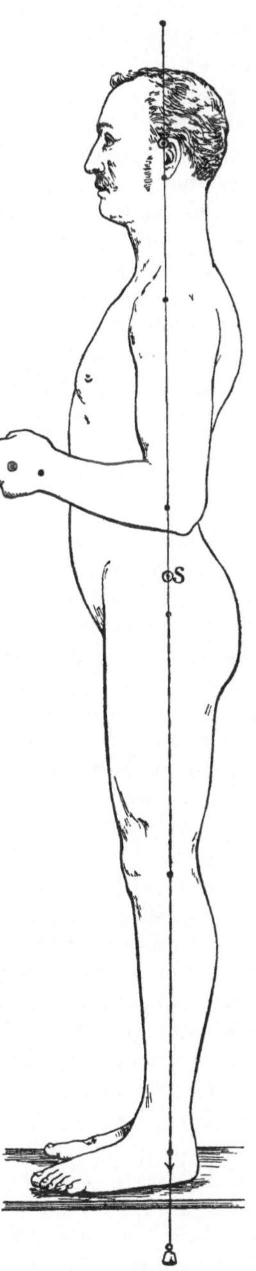

Fig. 103. Normalstellung
nach Braune - Fischer
(verkleinert).

17*

Ganz besonders gehört es zum Wesen der geraden Haltung im Stand, daß keine erheblichen Veränderungen in der Neigung des Beckens und in der Gestalt des Rumpfstammes vollzogen werden. Dies ist möglich, obschon der Rücken in der Schultergegend um Handlänge weiter nach vorn oder weiter nach hinten gelegen sein kann; gleichsinnig und im Umfang geringer müssen die Verschiebungen der Beckengegend sein. Irgend eine dieser mittleren, annähernd aufrechten und geraden Stellungen als die wahre Normalstellung, die entsprechende Körperform als die Normalhaltung zu bezeichnen, ist wohl kaum am Platze. So können wir uns auch nicht dem Vorgehen von R. Fick anschließen, welcher als „Normalhaltung" eine Stellung bezeichnet, bei welcher die Körperschwerlinie (bei herabhängenden Armen) genau durch die Mitte des Unterstützungsviereckes geht, wenn auch eine solche Stellung bei gerader Körperhaltung der mittelsten Stellung unserer aufrechten Geradehaltungen entspricht.

2. Die militärische, aktionsbereite Haltung (mit hohlem Rücken).

Der Thorax wird möglichst vertikal gehalten und ist möglichst weit vorgeführt. Bauch und Becken stehen hinter ihm zurück, indem das Becken stärker nach vorn geneigt ist. Die Beine sind gestreckt. Die von dem Becken und den beiden Beinen gebildete Masse liegt im wesentlichen hinter dem Oberkörper. Ihr Schwerpunkt liegt hinter dem gemeinsamen Körperschwerpunkt, wie derjenige des Oberkörpers vor demselben. Da aber das Körpergewicht möglichst weit nach vorn über den vorderen Teil der Unterstützungsfläche verlegt ist, so können die Beinlinien doch noch nach vorn aufsteigen. Dies ist in geringerem Maße der Fall, wenn die Arme nach vorn gestreckt und (z. B. mit dem Gewehr) belastet sind (Fig. 105 II), in etwas stärkerem Maße bei zurückgeführten Armen und wenn unter stärkerer Zurückbiegung des Oberrumpfes ein schwerer Tornister am Rücken getragen wird (Fig. 105 III).

Die Wadenmuskeln müssen gespannt sein, um die Beugung in den Fußgelenken zu verhindern. Die Knie sind durchgedrückt. Der Schwerpunkt der über den Knien gelegenen Körpermasse befindet sich vor den Knien; man sollte erwarten, daß letztere passiv festgestellt sind. Trotzdem sind die Kniegelenkstrecker etwas gespannt, wahrscheinlich um den beugenden Einfluß der Gastrocnemii Gleichgewicht zu halten.

Die Hüftgelenke aber sind deutlich gebeugt, so daß aus dieser Stellung sofort die Aktion der Hüftgelenkstrecker zur Vorbewegung des Körpers beginnen kann. Die Lendenkrümmung und besonders die Dorsalabbiegung an der unteren Grenze der Brustwirbelsäule ist gut ausgeprägt; die Brustkrümmung ist vermindert, der Hals bei aufrecht bleibendem Kopf möglichst rückwärts gezogen.

Diese Haltung entspricht ungefähr der Haltung mit flachem Rücken von Staffel und dem zweiten Haltungstypus von Henke. Meyer hat sie nicht berücksichtigt. Als militärische Haltung hat sie den Vorteil der Aktionsbereitschaft resp. der richtigen Einstellung sowohl des

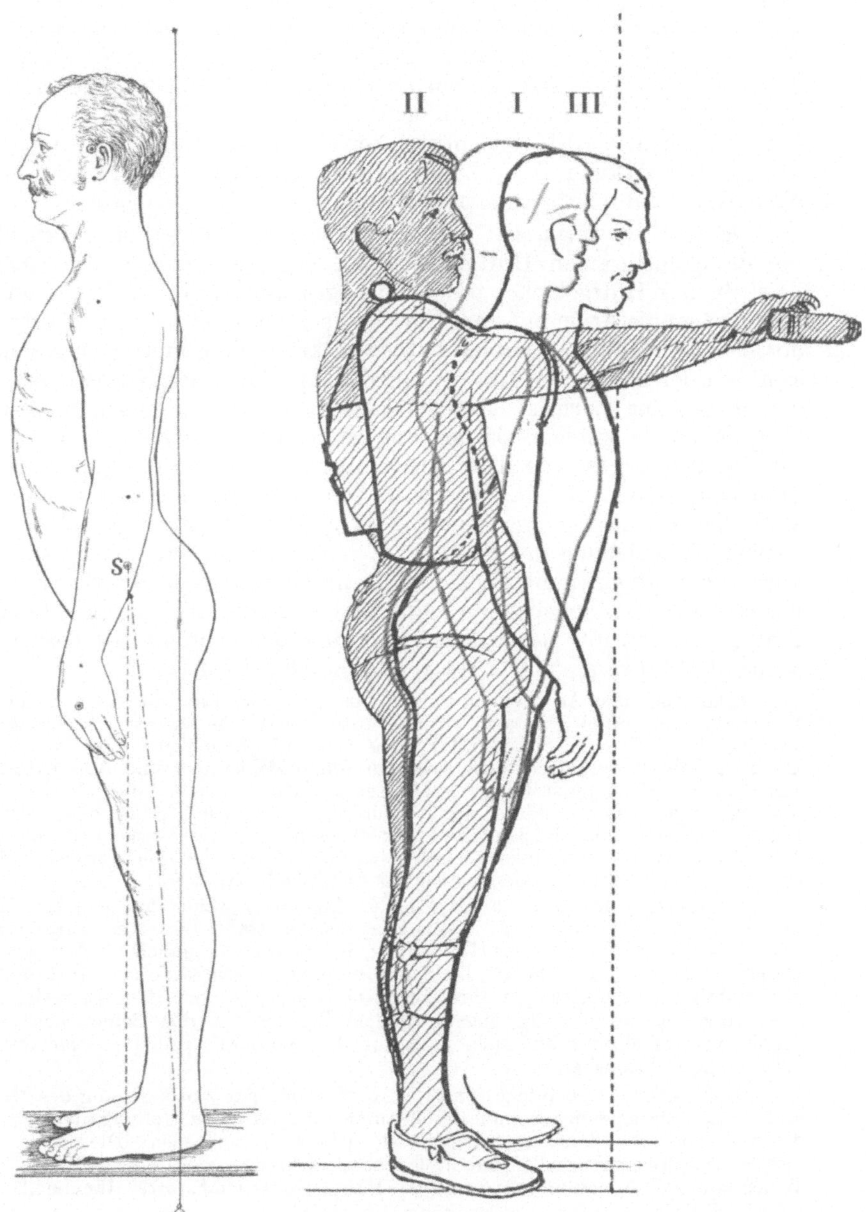

Fig. 104.
Militärische Stellung. Nach
Braune - Fischer (ver-
kleinert).

Fig. 105. Mittlere Fig. I (rote Kontur), militärische
Stellungen eines 24 jährigen ohne Bepackung, Arme
im Abhang; Fig. II (links) derselbe mit horizontal
nach vorn gehobenem Gewehr; Fig. III (rechts)
derselbe mit bepacktem Tornister. Nach photographischen Aufnahmen.

Brustkorbes und der Schultern, als des Beckens und der Beine zur Aktion. Bei der oberen Extremität handelt es sich um die Bereitschaft zur Ausführung der Gewehrgriffe, zum Anlegen des Gewehrs, zur Führung des Säbels vor dem Leib und zur Einwirkung auf den Gegner, bei der unteren Extremität um die Bereitschaft zum Abstoßen des Körpers nach vorn. Wadenmuskeln und Hüftgelenkstrecker sind bereits angespannt und eine geringe Verstärkung ihres Zuges genügt, um den Körperschwerpunkt über die Fußunterstützungsfläche nach vorn hinaus zu bringen.

Da der Schwerpunkt der suprafemoralen Körpermasse erheblich vor der gemeinsamen Hüftgelenksachse liegt, so müssen die Streckmuskeln des Hüftgelenkes erheblich angespannt sein, und dies um so mehr, wenn die Arme mit dem Gewehr nach vorn gehen. Aber auch die dorsalen Muskeln der Sacrolumbothoracalkrümmung müssen angespannt sein, um der beugenden Einwirkung der supralumbalen Körpermasse auf diesen Teil der Wirbelsäule Gleichgewicht zu halten. Es handelt sich also um nichts weniger als um eine bequeme Ruhestellung. Die militärische Haltung ist vor allem durch das euergetische Prinzip im engeren Sinn beherrscht. Natürlich ist daneben dem orthoskopischen und eustatischen Prinzip Genüge geleistet. Wir haben hier nicht zu bestimmen, wieviel Vorschiebung des Beckens nach rückwärts und der Brust nach vorn zur richtigen militärischen Haltung gehört. Das ist wie R. Fick bemerkt z. T. Geschmacks- und Modesache. Beeinflußt wird die Stellung, wie bereits erwähnt, durch das Tragen und das Gewicht des Tornisters, durch die Haltung der Arme mit dem Gewehr usw.

Eine maßvolle Ausprägung des Typus zeigt die Fig. 104 nach Braune-Fischer. Ihr entspricht sehr gut die rote Umrißlinie unserer Abbildung 105 (mittlere Figur I) nach der phothographischen Aufnahme von einem 24jahrigen, kräftig gebauten schweizerischen Soldaten (ohne Bekleidung und Ausrüstung, in militärischer „Achtungsstellung"). Die schraffierte Silhouette der gleichen Abbildung zeigt diesen Soldaten mit beidarmig nach vorn gehobenem Gewehr. Lenden, Rumpf und Becken sind zurückgeschoben, die Beine vertikal. Die Beckenneigung ist vermindert, um so mehr als die für die vorige Stellung charakteristische hohe Lendenausbiegung nicht beibehalten ist.

Die stark konturierte Figur III der Abbildung zeigt den gleichen Mann mit bepacktem Tornister (21 kg). Das Becken steht hier nur unbedeutend weiter nach vorn als in der I. Stellung, ist dagegen erheblich stärker geneigt. Durch Vermehrung der hohen Lendenkrümmung ist die aufrechte Haltung des oberen Stammabschnittes gewahrt, Brust und Schultern mit dem Tornister sind aber trotzdem, soweit nötig, gegenüber dem Becken und den Beinen nach vorn gebracht. Der Mann steht auch jetzt auf dem vorderen Teil der Sohle und ist marsch- und aktionsbereit.

Eine Senkung des Blickes und des Kopfes und eine Vorbewegung des Halses und der Schultern genügt, um aus der strammen militärischen Stellung diejenige des devoten Dieners zu machen, der bereit ist, auf Befehl zu enteilen. Die Vorbeugung resp. Verbeugung drückt symbolisch den Verzicht auf jeden Angriff, Kampf und Widerstand mit Augen und Armen aus. Ihre Tiefe ist ein Maßstab für die „Unterwürfigkeit".

3. Die bequeme Haltung.

Die Untersuchung der Geradehaltungen hat uns gezeigt, daß die verschiedene Lage der Schwerlinie zur Unterstützungsfläche nicht notwendigerweise zur Unterscheidung verschiedener Haltungstypen berechtigt. Andererseits zeigte sich bei der militärischen Haltung die Verlagerung des Körpergewichtes über den vorderen Teil des Unterstützungsviereckes als eine wichtige und charakteristische Eigentümlichkeit. Bei den nun zu besprechenden Haltungen, die sich um die „bequeme Haltung" gruppieren, ist im allgemeinen die Lage der Schwerlinie zur Unterstützungsfläche bedeutungslos, sie kann variieren; in einzelnen Fällen aber wird sie im Verein mit anderen Eigentümlichkeiten zu einem charakteristischen und ausdrucksvollen Kennzeichen.

Das Gemeinsame der ganzen Gruppe ist die **verminderte Beckenneigung im Verein mit einer entsprechenden Rückwärtsdrehung des Rumpfstammes** oder wenigstens des Lenden- und unteren Brustteiles und einer **Vorschiebung des Beckens.** Bleibt die Krümmung der Wirbelsäule unverändert, so kompensieren sich die genannten Veränderungen mit Bezug auf die Lage des Körperschwerpunktes so ziemlich. Verschiedenheiten in der Krümmung, namentlich der oberen Rumpfabschnitte sind aber sehr gut möglich, ohne daß die Aufrichtung und Vorschiebung des Beckens rückgängig gemacht wird.

Man überzeugt sich leicht, daß eine gerade aufrechte Körperhaltung im Stand durch Vorschiebung des Beckens zu einer mehr stabilen und bequemeren Haltung umgewandelt wird. Unwillkürlich, im Interesse der Erhaltung des Körperschwerpunktes über der Mitte der Unterstützungsfläche kombiniert sich die Vorschiebung des Beckens mit einer Aufrichtung des Beckens (Verminderung der Beckenneigung) und einer entsprechenden Rückdrehung des Rumpfstammes. Von vornherein ist zu erwarten, daß an der eustatischen Korrektur auch die dem Becken benachbarten Wirbeljunkturen beteiligt sind. Die Rückbewegung des Oberkörpers gegenüber den Hüftgelenken geschieht also z. T. durch Rückbewegung im (unteren) Lendenteil. Die Sacrolumbalkrümmung wird etwas verstärkt.

Ohne besonderen Willen und besondere Anstrengung zu starker Rückbeugung erfolgt die Streckbewegung in den Hüftgelenken niemals bis zur Grenze der Möglichkeit und niemals so weit, daß der Rumpf bloß durch die vorderen

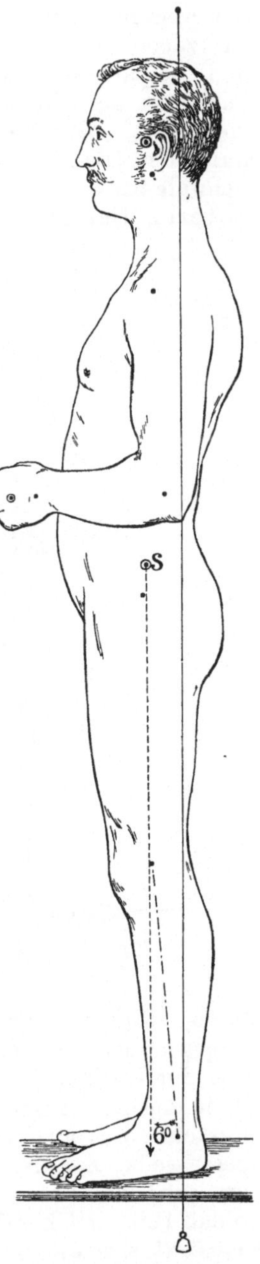

Fig. 106. Bequeme Haltung. Nach Braune-Fischer (verkleinert).

Bänder der Hüftgelenke (Ligg. iliofemoralia) gegenüber der Schwere am weiteren Hintenübersinken in den Hüftgelenken gehindert wird. Trotzdem ist die Stellung im Hüftgelenk nunmehr eine sicherere und bequemere. Es handelt sich nicht mehr um eine labile Stellung mit der Möglichkeit des Herabsinkens des Rumpfes bald nach vorn, bald nach hinten; das Gelenk ist durch die dauernde Spannung der (Bänder und) Muskeln an der Vorderseite entgegen der Schwere festgestellt. Ähnlich verhält es sich mit der Feststellung der unteren Lendenjunkturen. Es erhält sich die Lendenwirbelsäule

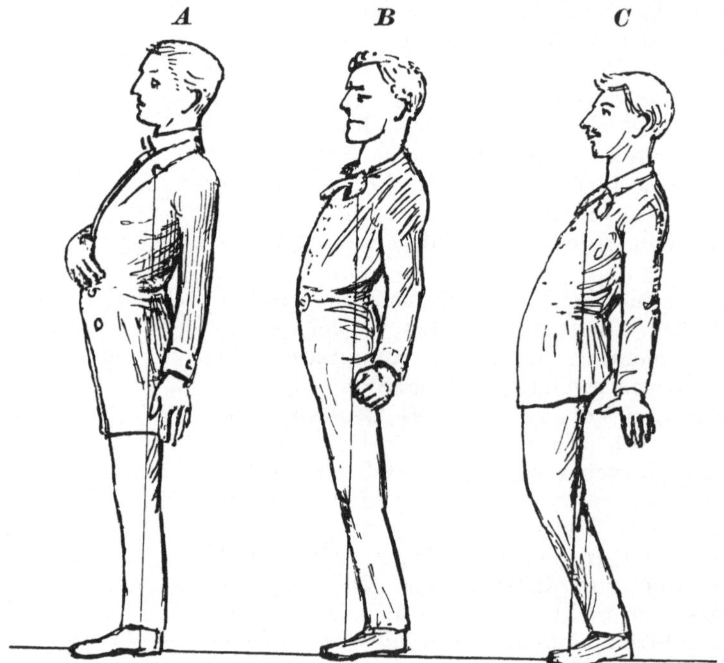

Fig. 107. *A* Stolze, *B* herausfordernde, *C* saloppe Haltung.

in der stärker rückwärts geneigten und rückwärts gebeugten Stellung entgegen der nunmehr bis höher hinauf rückwärtsbiegenden Schwere teils durch die vermehrten Widerstände des Skelettes, teils durch die Spannung der vorderen Muskeln (ventrale Bauchwand). Sind die Stammmuskeln höher am Rücken nicht in besonderer Weise gespannt, so hält dieser selbe Zug in der ventralen Bauchwand den oberen Brustteil vorn zurück und bewirkt eine Verstärkung der (oberen) Brustkrümmung, so daß Hals und Kopf gerade aufgerichtet bleiben können. Wenn nötig verstärkt sich die Spannung der Intercostalmuskeln und der weichen Bauchdecken, namentlich auch der Faserung, welche von den Rippen gegen die Lendenwirbelsäule und die hinteren Teile des Beckens hinabzieht. Wir haben dann einen bequemen Stand bei vorgeschobenem und in seiner

Neigung vermindertem Becken, stärker rückwärts geneigter und rückwärts gebeugter Lendenwirbelsäule (vermehrter Lumbosacralkrümmung) und verstärkter (oberer) Dorsalkrümmung.

Diese Haltung entspricht der „militärischen Stellung oder der sog. Normalstellung" nach H. v. Meyer, wenn die genannten Eigentümlichkeiten stärker ausgeprägt sind. Doch kann die Annahme H. v. Meyers, es werde in dieser Stellung der Rumpf in den Hüftgelenken einzig durch die Spannung der Ligg. iliofemoralia am weiteren Zurücksinken verhindert, unmöglich richtig sein.

Eine sehr charakteristische Abbildung der für gewöhnlich in Betracht kommenden „bequemen Haltung" geben Braune und Fischer; sie ist in unserer Fig. 105 in verkleinertem Maßstabe reproduziert.

Eine Modifikation erfährt diese Haltung durch die Änderung der Blickrichtung (Kopfstellung) und durch Änderung der Stellung der Arme. Die Ablenkung des Blickes nach oben und namentlich die Erhebung der Arme nach vorn bedingen eine stärkere Rückbewegung im Halsteil und oberen Brustteil (Statue des „Adorans"). Die gleiche Aufrichtung und Zurückbewegung im oberen Stammabschnitt bei unten gehaltenen Armen führt zu einer gebieterischen, stolzen, anmaßenden, prätentiösen Haltung (Fig. 107 A). Wird aber dabei der ganze Körper mit den Hüften voran so weit vorgeschoben, daß die Schwerlinie gegen den vorderen Rand des Fußviereckes reicht, so charakterisiert dies die Bereitschaft zur Vor- und Angriffsbewegung. Die Haltung wird herausfordernd (Fig. 107 B). Ein Gemisch von Herausforderung und jammerlicher Feigheit, eine saloppe Haltung (Fig. 107 C) entsteht, wenn bei vorgeschobenem Becken und rückgeneigtem Rumpf Kopf und oberer Teil der Wirbelsäule nach vorne geneigt sind, und der Körper etwas in die Knie einsinkt. Daß noch andere feinere Veranderungen, im Blick, im Gesichtsausdruck, in der Haltung der Arme und Hände hinzutreten müssen, um die Pose der Stolzes, der Anmaßung usw. vollständig zu machen, ist selbstverständlich.

4. Die schlaffe Haltung mit rundem Rücken.

Es handelt sich hier um eine leichte Vorbeugung mit stärker aufgerichtetem Becken, das aber im Gegensatz zu den zuletzt besprochenen Haltungen nicht vorgeschoben, sondern im Gegenteil mehr oder weniger zurückgestellt ist. Der Rumpf ist durch Vorbeugung in seinen Wirbeljunkturen nach vorn in sich zusammen gesunken. Die Brustkrümmung ist stark vermehrt, die Lendenkrümmung vermindert. Der Kopf kann aufgerichtet bleiben, gewöhnlich aber sind Kopf und Hals mehr oder weniger nach vorn geneigt. Dem vorwärts beugenden Moment der supralumbalen Körperlast wird z. T. durch die Anspannung der hinteren Lendenmuskeln und die elastischen Widerstände der Wirbelsäule, z. T. auch durch den Druckwiderstand der Baucheingeweide (Widerstand der Bauchdecken gegen quere Erweiterung der Bauchhöhle) Gleichgewicht gehalten. Der nach vorn zusammengesunkene Rumpfstamm ist auch im ganzen auf den Hüftgelenken etwas vorgeneigt. Die Haltung kommt am nächsten der „nachlässigen Haltung" H. von Meyers. Doch müßte, wie mir scheint, der Oberrumpf viel weiter nach vorn gebeugt sein, um wirklich ohne Mitwirkung der Rückenmuskeln einzig durch die Baucheingeweide zurückgehalten zu werden; das Becken müßte dabei noch weiter zurückgeschoben sein.

Der Schwerpunkt des suprafemoralen Körperteiles liegt bei unserer schlaffen Haltung allerdings nach vorn von den Hüftgelenken; das Becken muß demnach auch gegenüber dem Fußviereck etwas zurückgeschoben sein. Die Beinlinien steigen etwas nach rückwärts auf. Die Rückwärtsneigung der Oberschenkel ist durch eine leichte Beugung im Knie noch etwas verstärkt. So ist das Hüftgelenk trotz der Aufrichtung des Beckens etwas gebeugt. Die Unterschenkel können etwas nach vorn aufsteigen. Der Körper ist gleichsam im Begriff, in den Hüft-, Knie- und Fußgelenken zusammenzuknicken. Eine solche schlaffe Haltung ist die Haltung des Ermüdeten, des Greisen.

Die unter 1. beschriebenen aufrechten geraden Haltungen im Stand und allenfalls auch noch die bequeme Haltung, wenn die Aufrichtung und Vorschiebung des Beckens nur leicht angedeutet sind, können als Mittelstellungen betrachtet werden, nicht bloß insofern es sich um symmetrische Stellungen handelt, von denen aus seitliche Bewegungen und Torsionen nach beiden Seiten im gleichen Umfang möglich sind, sondern einigermaßen auch hinsichtlich der sagittalen Verschiebungen.

Wie schon hervorgehoben wurde, entsprechen namentlich die geraden Haltungen nicht eigentlichen Ruhestellungen; sie sind vielmehr nur Durchgangsstellungen, durch welche hindurch der Körper aus einer wirklichen Ausruhstellung in eine andere übergeführt werden kann.

Keine der Extremstellungen, in denen wir ausruhen, wird wohl ganz ohne Muskelanstrengung aufrecht erhalten; es können aber in ihnen ganze größere Gruppen von Muskeln ausruhen. Das wahre Ausruhen beruht in dem Wechsel zwischen solchen extremen Stellungen.

Lendenkrümmung und Beckenneigung.

Es gibt hinsichtlich des Verlaufes der Bänder und Muskeln am Hüftgelenk eine mittlere Stellung des Femur zum Hüftbein. Sie entspricht der Mitte des Gebietes, in welchem das Femur verkehrt und als Arbeitshebel benutzt wird. Dieses Verkehrs- und Arbeitsgebiet liegt zum größeren Teil vor der Stelle, welche das Bein beim aufrechten Stand einnimmt. Beim Vierfüßler entspricht die Stellung des Femur zum Becken beim Stand besser der Mittelstellung und der Mitte des Aktionsgebietes (vgl. Fig. 108). Im Interesse der Hauptaktion der unteren Extremitäten läge beim Menschen wie beim Tier eine Beckenstellung, bei welcher das Darmbein nach vorn oben, das Leistenbein nach hinten unten von der Pfanne sich befindet; andererseits ist die Aufrichtung des Rumpfes beim Menschen doch nicht möglich geworden ohne Mitbeteiligung des Beckens. Dieselbe geht so weit, daß die Darmbeine nicht nach vorn oben, sondern direkt nach oben von den Leistenbeinen zu stehen kommen (siehe unsere Bemerkungen auf S. 33).

Man versteht aber, daß die Aufrichtung des Beckens nur so weit geschieht, als die Rückbiegung der Lendenwirbelsäule zur Aufrichtung des Oberkörpers und zur Plazierung des Schwerpunktes des suprafemoralen Körperabschnittes über die Hüftgelenke nicht ausreicht. Die Ausgiebigkeit der Rückbiegung des Stammes im Lendenteil ist in gewisse Grenzen eingeengt, einmal durch die Biegungswiderstände der Wirbelsäule selbst, sodann, weil eine Verschärfung der Lendenkrümmung teilweise durch Verschärfung der Brustkrümmung kompensiert werden muß, wenn Kopf und Hals im

Mittel aufrecht getragen werden sollen, und weil eine allzugroße Rück-
wärts- und Vorwärtskrümmung der Wirbelsäule nicht vorteilhaft für die
Gestalt der Rumpfhöhle ist.

Beim Vergleich des aufrecht stehenden Menschen mit dem Tier
kommt nun nicht allein die veränderte Stellung der Hüftbeine zu den

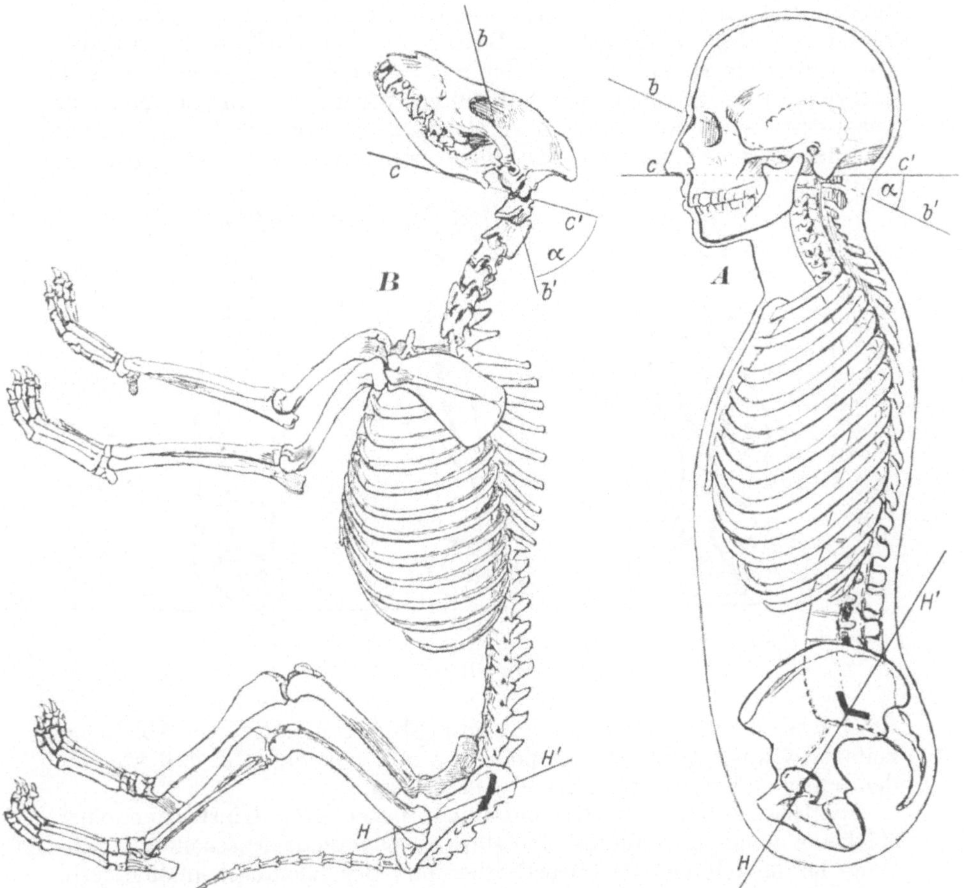

Fig. 108. *A* Stammskelett des Menschen und *B* Skelett des Vierfüßlers (Wolf
nach Brehm) in übereinstimmender Orientierung. *HH'* Ebene der Hauptbalken
der Hüftbeine. *cc'* Hauptebene des Atlas, *bb'* Ebene der Schädelbasis. Der Winkel *α*
zwischen den letztgenannten Ebenen ist beim Menschen kleiner.

Beinlinien und Oberschenkeln und die veränderte lumbosacrale Krümmung in Betracht, sondern auch die veränderte Gestalt der Hüftbeine und die Änderung ihrer Stellung zum kranialen Abschnitt des Sacrum. Die zuletzt genannten Momente variieren
beim Menschen mit dem Alter, der Rasse, dem Geschlecht und in geringem

Maße auch individuell, aber sie verändern sich nicht wesentlich beim
Übergang aus einer Stellung in die andere. Die Stellung des Beckens
zu den Oberschenkeln dagegen und die Krümmung der Lendenwirbelsäule sind innerhalb ziemlich weiter Grenzen durch Bewegung in den
Gelenken zu verändern. So ist die Möglichkeit gegeben, daß sie sich
zusammen nach den jeweiligen statischen und ergetischen Anforderungen richten, wobei ein interessantes Abhängigkeitsverhältnis
zwischen der Neigung des Beckens zum Horizont und der
Lendenkrümmung zu konstatieren ist. Besonders deutlich zeigt sich
dasselbe beim gewöhnlichen aufrechten Stand, wo anscheinend nur
das Interesse der aufrechten Rumpf-, Hals- und Kopfhaltung und des
Geradeaussehens maßgebend ist (innerhalb des beim Stand gegebenen

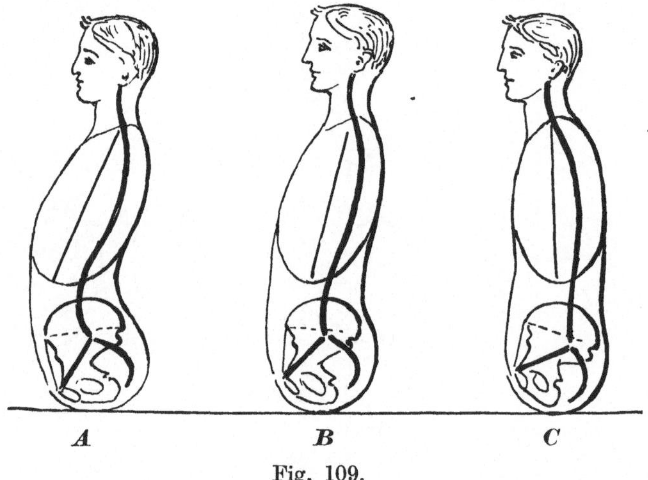

Fig. 109.

Spielraums für die Stellungsänderung im Hüftgelenk). Dieses Abhängigkeitsverhältnis ist ein so gesetzmäßiges und notwendiges, daß wir mit
demselben vollkommen vertraut sein müssen.

Selbstverständlicherweise entspricht unter allen Umständen einer
stärkeren Lendenkrümmung eine stärkere Divergenz zwischen der Richtung der Mittellinien des Brustkorbes und der Kleinbeckenhöhle resp.
des Anfangsteils des Kreuzbeins. Unter der Voraussetzung, daß die
Lendenwirbelsäule im ganzen (mit der Sehne ihres Bogens) die gleiche
Richtung beibehält, nimmt beim Stand die absolute Beckenneigung,
gemessen durch den Winkel, den die Eingangsebene des kleinen Beckens
mit der Horizontalebene oder ihre Normale mit der Vertikalen bildet,
mit der Lendenkrümmung zu. Zugleich dreht sich aber der Brustkorb
mit der Brustwirbelsäule in umgekehrtem Sinn und gewinnt eine Neigung
nach rückwärts. Beides ist notwendig, wenn der Rumpf im ganzen
mit seiner Längsachse aufrecht, und wenn der Schwerpunkt des von den
Schenkelköpfen getragenen Körperabschnittes ungefähr senkrecht über
denselben bleiben soll. Trotz der Rückwärtsneigung des Brustkorbes

kann doch der Kopf durch stärkere Vorbewegung der Hals- und oberen Brustwirbelsäule aufrecht getragen werden. Irgend welche Umstände, welche vorübergehend oder bleibend zu einer Verstärkung der Lendenkrümmung führen, müssen also zugleich eine Vergrößerung der Beckenneigung veranlassen, wenn der Rumpf im ganzen aufrecht bleiben soll. Außerdem muß die Brustkrümmung verstärkt werden und Kopf und Hals müssen sich soweit vorbewegen, als zu ihrem Aufrechtbleiben notwendig ist. Abflachung der Lendenkrümmung muß umgekehrt von einer Verminderung der Beckenneigung usw. begleitet sein. Wird aber durch irgend welche Umstände, z. B. durch Streckaktion der Hüftgelenkmuskeln die Beckenneigung primär vergrößert, so muß auch die Lendenkrümmung vermehrt werden, wenn der Rumpfstamm aufrecht bleiben soll; eine primäre Aufrichtung des Beckens hinwiederum wird bei aufrecht bleibendem Stamm notwendigerweise eine Abflachung der Lendenkrümmung hervorrufen (Fig. 109).

Dieses Abhängigkeitsverhältnis zwischen der Lendenkrümmung (Lumbosacralkrümmung) einerseits, der Beckenneigung (und auch in gewissem Grade der Brustkrümmung) andererseits beherrscht nun auch die definitive Ausgestaltung der elastischen Gleichgewichtsform der Wirbelsäule, und ihr Verhalten zu den Hüftbeinen, soweit sich überhaupt eine Beeinflussung des Stammskelettes durch die Funktion des Aufrechtstehens nachweisen läßt. Wie sich beim Menschen im Laufe der Entwickelung eine bleibende Lendenkrümmung ausbildet, wurde früher auseinandergesetzt. Es kommt zu einer Abknickung des Hauptraumes der Bauchhöhle gegenüber der Höhle des kleinen Beckens und zu einer Verengerung des dorsoventralen Durchmessers der ersteren. Mit dieser dorsoventralen Verengerung hängt nun aber meiner Meinung nach eine kompensatorische seitliche Verbreiterung zusammen, die sich u. a. in einer stärkeren seitlichen Abknickung der Darmbeinschaufeln äußert. Ferner sind auch die unteren Rippen neben der Wirbelsäule stärker nach hinten ausgebogen, resp. es ist auch noch im unteren Brustteil die Wirbelsäule mit den angrenzenden Rippenenden stärker in die Rumpfhöhle vorgeschoben usw.

Unter anscheinend den gleichen Umständen des geraden aufrechten Standes zeigen sich weiterhin Unterschiede in dem Betrag der Beckenneigung und dementsprechend auch in dem Betrag der Lendenkrümmung (und dem Verhalten der Brustkrümmung) nicht bloß nach dem Alter, sondern auch nach dem Geschlecht, der Rasse und den einzelnen Individuen. Die Verschiedenheit tritt auch in der elastischen Gleichgewichtsform des Stammskelettes zutage.

Rassenunterschiede in der Lendenkrümmung.

Auf Rassenunterschiede in der Ausbildung der Lumbosacralkrümmung und demnach auch der Beckenneigung hat schon Duchenne aufmerksam gemacht. Eine starke Lumbosacralkrümmung zeigen nach ihm die Andalusierinnen, eine geringe die Engländerinnen. Diese Behauptung ist von Lagneau entgegen Guerlain bestätigt worden. In den letzten Jahrzehnten ist über die Beckenform und über den

Unterschied der Beckenstellung im Zusammenhang mit Unterschieden der Lendenkrümmung viel anthropologisches Material gesammelt worden. Nach der Zusammenstellung von Blumenfeld ist die stärkere Lendenkrümmung durch die stärker ausgeprägte Keilform der Lendenwirbel (namentlich des 5.) bedingt, und sind vor allem die Europäer durch eine solche ausgezeichnet. (S. das Literaturverzeichnis.)

Verschiedenheit der Lendenkrümmung bei Mann und beim Weib.

Es ist bekannt, daß beim Weib im allgemeinen die Lendenkrümmung stärker ausgeprägt ist als beim Mann, und daß andererseits bei der mittleren freien Ruhehaltung im aufrechten Stand das Becken des Weibes

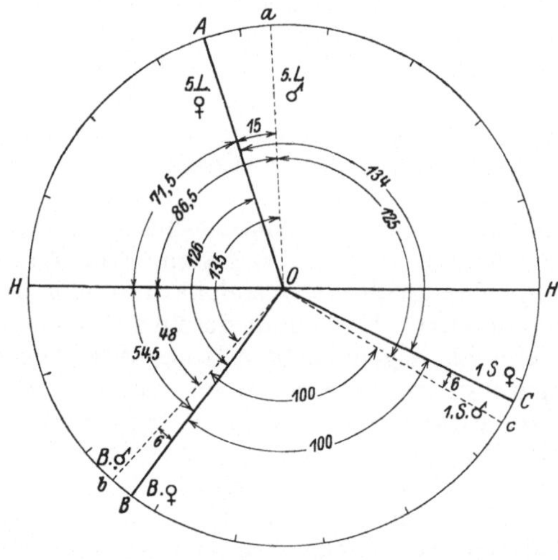

Fig. 110.

stärker geneigt ist als dasjenige des Mannes. Beide Erscheinungen stehen nach dem Angeführten durchaus in Korrelation zueinander, und es drängt sich die Frage auf, welche derselben die primäre Besonderheit darstellt.

Die obenstehende Fig. 110 veranschaulicht die Hauptresultate der grundlegenden Untersuchung von C. Fürst über den Gegenstand. Die Längsrichtung des letzten Lendenwirbels ist für den Mann durch die Linie Oa, für das Weib durch OA dargestellt. Nach Fürst ist die Abknickung zwischen Kreuzbein und Lendenwirbelsäule beim Weib nicht größer, sondern kleiner als beim Mann und dementsprechend ist die Beckeneingangsebene beim Weib gegenüber dem letzten Lendenwirbel um 9⁰ mehr quergestellt. Sie bildet mit der Längslinie dieses Wirbels einen nach vorn oben offenen Winkel von 126⁰ beim Weib und von 135⁰ beim Mann. Die Neigung der Normalen der Beckeneingangsebene zur Vertikalen resp. der Beckeneingangsebene zur Horizontalebene beträgt beim Weib im Mittel 54,5⁰ gegen 48⁰ beim Mann. Der letzte

Lendenwirbel ist also beim Weib um 15,5⁰ mehr nach vorn geneigt als beim
Mann. Leider gibt Fürst nicht an, welches die Richtung der mittleren
Längsachse des Thorax ist, oder welche Neigung die unteren Brustwirbel,
oder die ganze Brustwirbelsäule haben, so daß wir über den Unterschied
in der Größe der Krümmung der Lendenwirbelsäule im unklaren bleiben.
Doch ist kein Zweifel daran, daß beim Weib die Lendenkrümmung vergrößert und der Brustkorb etwas mehr rückwärts geneigt ist, so daß
der Unterschied der Gesamtabbiegung in der Lendenwirbelsäule mehr als
15,5⁰ zugunsten des Weibes betragen muß. Die Aufrichtung des Oberkörpers geschieht beim Weib weniger durch die Aufrichtung
des Beckens und die Abknickung am Promontorium, die um
6,5 und 9⁰ geringer sind, und mehr durch die Zurückbiegung
der Lendenwirbelsäule. Hinsichtlich der lumbosacralen Abknickung
hat sich also das Weib von dem Verhalten des Neugeborenen und der
Tiere weniger weit entfernt als der Mann. Die ganze Sacrolumbodorsalkrümmung ist aber doch größer; das Becken „bleibt" stärker geneigt.

Wenn man sich klar macht, daß beim Übergang zum aufrechten
Stand drei Momente, die Aufrichtung des Beckens, die Abknickung am
Promontorium und die Abbiegung in der Lendenwirbelsäule zusammenwirken, so wird man leicht verstehen, warum bei größerer Biegsamkeit der Lendenwirbelsäule die Krümmung der Lendenwirbelsäule bei der Aufrichtung eine größere Rolle spielen wird, während entsprechend geringere Ansprüche an die Aufrichtung des Beckens und die
Abknickung im Promontorium gemacht werden. Eine größere Rückbiegungsfähigkeit scheint nun aber beim Weib tatsächlich gegeben zu
sein in dem Maßstabe, als sich die ihm eigentümlichen Proportionen
(relative Größenzunahme des Beckens, Zurückbleiben der Entwickelung
des Brustkorbes hinter derjenigen des Beckens, relativ größerer Abstand des seitlichen und namentlich des vorderen Teils des unteren
Brustkorbrandes vom Becken) deutlicher ausbilden. Luschka hat (1871)
angegeben, daß die Lendenwirbelsäule des Weibes relativ länger sei als
diejenige des Mannes. Aeby und Ravenel konnten dagegen nur
einen kleinen Unterschied finden (Zeitschr. f. Anat. u. Entw.-Gesch.
1877), nämlich 33,2 gegen 32,8 % der ganzen Länge der Wirbelsäule
vom Kreuzbein bis zum Atlas; die Zahl der gemessenen Leichen
(8 männliche und 8 weibliche) ist allerdings eine geringe. Aber auch
neuere Untersuchungsreihen, wie diejenige von Fischel sprechen nicht
zugunsten der Luschkaschen Annahme. Entscheidend können hier
nur Messungen an einem sehr ausgedehnten frischen Leichenmaterial
(nicht an mazerierten Skeletten) sein. Ein wichtiges Moment für die
größere Biegsamkeit könnte in einer relativ größeren Höhe der Bandscheiben und angrenzenden Epiphysenknorpel gegeben sein.

Ist einmal eine stärkere Biegung der Lendenwirbelsäule aus irgend
einer Ursache vorhanden, so wird dadurch nicht bloß der Abstand
zwischen Schamfuge und Brustbein vergrößert, sondern auch die vordere
Bauchwand der Wirbelsäule näher gebracht, wodurch wieder das Kraftmoment der Spannung der vorderen Bauchwand zur Verhinderung
der Rückwärtsbiegung der Wirbelsäule vermindert wird.

Man könnte auch noch daran denken, daß die Vergrößerung der Querdurchmesser des Beckeneingangs und die Verkürzung des Leistenbeins in der Langsrichtung des kleinen Beckens beim Weib im Vergleich zum Mann eine steilere Stellung des letzteren beim Stand deshalb notwendig machen, weil nur dank derselben das Verhältnis zwischen den nach vorn und nach hinten von den Hüftgelenken am Leistenbein entspringenden Muskeln dasselbe bleibt. Die Verhältnisse der übrigen Hüftmuskeln werden durch die geanderten Proportionen des Beckens und durch den Grad der Aufrichtung des Beckens weniger beeinflußt.

Die Frage nach den Ursachen der stärkeren Lendenkrümmung beim Weib bedarf, wie man sieht, noch sehr einer genaueren Prüfung. Insbesondere ist zu untersuchen, inwieweit dieselbe bereits zur Ausbildung kommt, bevor Gravidität eintritt, oder erst infolge einer ersten Gravidität oder wiederholter Graviditaten. Wie man die erste Ausbildung der Lumbosacralkrümmung beim Fötus mit dem starkeren Wachstum der Baucheingeweide (Leber) in Verbindung gebracht hat, so ist auch ein Zusammenhang denkbar, ja wahrscheinlich zwischen Schwangerschaft und Vergrößerung der Lendenkrümmung. Andererseits ist nicht ausgeschlossen, daß sich der weibliche Körper, wie hinsichtlich der Dimensionen des Beckens, so auch hinsichtlich der Weite und Erweiterungsfähigkeit der großen Bauchhöhle von vornherein unterschiedlich vom Mann in einer Weise entwickelt, welche für die spätere Gravidität von Vorteil ist.

Körperhaltung der Schwangern.

Bei der Schwangeren liegt der Schwerpunkt des Rumpfes bei normaler, dem gewöhnlichen aufrechten Stand der Nichtschwangeren entsprechender Form der Wirbelsäule weiter nach vorn.

Das Gleichgewicht kann dadurch hergestellt werden, daß der Körper in gerader aufrechter Haltung über den Fußgelenken etwas zurückgedreht wird. Dies geschieht nach den unter W. Schultheß von Anna Kuhnow (Inaug.-Diss. Zürich 1889) angestellten Untersuchungen in der Regel. In nur ungefähr 20 % der Fälle findet die Korrektur statt durch stärkere Rückbiegung der Lendenwirbelsäule. (Nach R. Fick.)

Aufrechte Haltung bei Lähmung der dorsalen Rumpfstammuskeln, insbesondere des Lendenteils.

Wie Duchenne gezeigt hat, vermögen Personen, deren Rückenstrecker gelähmt sind, trotz guter Fixierungsmöglichkeit des Beckens im Hüftgelenk durch die Hüftmuskeln die Brustlendenwirbelsäule in etwas vorgeneigter Stellung weder festzuhalten, noch durch Aktion der Stammuskeln allein aufzurichten. Wohl aber vermögen sie durch energische Aufrichtung des Beckens in den Hüftgelenken die Last des supralumbalen Körperabschnittes über die unteren Lendenwirbel hinüber nach hinten zu werfen, so daß die Schwere ein genügend großes Moment zur Rückwärtsdrehung des Oberkörpers in diesen Junkturen bekommt, um den entgegengesetzten Einfluß der vorderen Bauchwand zu überwinden (Fig. 111 A).

Das weitere Rückwärtssinken des Oberkörpers in den Lenden wird schließlich durch die anwachsenden Widerstände des Skelettes und durch stärkere Anspannung der vorderen Muskeln gehemmt. So lang also der Oberkörperschwerpunkt genügend weit nach hinten liegt, ist ein gewisser Spielraum für größere oder geringere Aufrichtung des Oberkörpers je nach der größeren oder geringeren Anspannung der Bauchwandmuskeln gegeben. Die Schwere vertritt hier den vorderen

Muskeln gegenüber, wenn auch in unvollkommener Weise (indem ihr Kraftmoment nur von der Stellung abhängt), die fehlenden dorsalen Antagonisten.

Die Beckenneigung kann nach vollendeter Zurückwerfung des Oberkörpers wieder etwas vergrößert werden durch die Anspannung der Hüftgelenkbeuger. Geschieht dies nicht, so wird das Becken in stark aufgerichteter Stellung, bei extremer Streckung des Hüftgelenkes durch die Ligg. iliofemoralia festgehalten. Doch ist bezüglich der Beckenneigung zu berücksichtigen, daß die Beinlinien stark nach vorn auf-

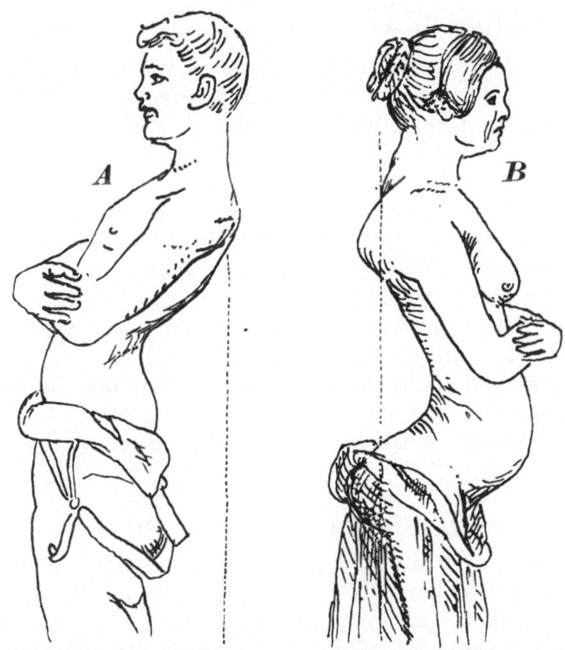

Fig. 111. *A* Haltung im Stand bei Lähmung der Rückenstrecker. *B* Haltung im Stand bei Lähmung der Muskeln der vorderen Bauchwand. Umzeichnungen nach Duchenne.

steigen und zwar etwas mehr bei gestreckten, etwas weniger bei gebeugten Knien, indem der Oberkörperschwerpunkt gegenüber dem Becken nach hinten geführt ist. Die Lotrechte aus dem Körperschwerpunkt muss unter allen Umständen, auch bei gebeugten Knien hinter den Hüftgelenken durchgehen, um das Fußviereck zu erreichen. Die Kniebeugung gibt den Vorteil, daß die Hüfte nicht ganz soweit nach vorn durchgedrückt, und daß der Oberschenkel weniger vorgeneigt zu sein braucht, was wieder eine weitergehende Aufrichtung des Beckens ermöglicht. Eine starke Rückneigung der unteren Brustwirbelsäule ist um so notwendiger, als der Kopf und die Schultern eine möglichst normale Haltung bewahren müssen. Letzteres wird erreicht durch Vermehrung der oberen

Brustkrümmung und Vorbeugung des Halses, wodurch zugleich die
Rückwärtsverlegung des Schwerpunktes des Oberkörpers etwas vermindert wird.

Aus all diesen Momenten ergibt sich ein auffälliger und sehr charak-
teristischer Haltungstypus (Fig. 111 A), der am besten mit der „bequemen“ Haltung übereinstimmt, nur daß das Becken noch stärker
aufgerichtet und mehr nach vorn verschoben, die obere Lenden- und
untere Brustwirbelsäule noch stärker zurückgelegt, die obere Brustkrümmung noch mehr verstärkt, und der Hals relativ zur Brust noch
mehr vorgebeugt ist.

Lähmung der Rumpfbeugemuskeln.

Eine Art Gegenstück hierzu bildet die Haltung bei Lähmung
der Muskeln der ventralen Bauchwand (Fig. 111 B nach Duchenne). Hier kann der Oberkörper über dem Becken nur äquilibriert
werden, wenn seine Schwerlinie vor den Lendenwirbeln herabgeht, und
zwar durch die dorsalen Lendenmuskeln, welche den Oberkörper am
Vornüberfallen hindern, und die Schwere, welche ihn nach vorn zieht
und gleichsam die Rolle vorderer antagonistischer Muskeln übernimmt.
Das Becken ist in den Hüftgelenken stark gebeugt, so daß trotz stark
ausgebildeter Lendenkrümmung die Schwerlinie des Oberkörpers nach
der Auffassung von Duchenne noch genügend weit vorn bleibt. Dies
trifft wohl für die untersten Lumbaljunkturen zu. An den oberen
Lendenjunkturen jedoch scheint mir die Schwerlinie der darüber gelegenen Körpermasse bereits hinten vorbeizugehen, so daß hier die
Schwere die hinteren Muskeln in der Rückbeugung der Wirbelsäule
unterstützen würde.

b) Rumpfbeugungen im Stand.

Die Grenzen der Biegungsmöglichkeit der Wirbelsäule sind
bereits besprochen worden. Hier handelt es sich um die Art und Weise,
wie im Stand bei den Beugungen und Biegungen des Rumpfes den verschiedenen Interessen, vor allem dem Interesse an der Aufrechterhaltung
des Gleichgewichtes und demjenigen an der nützlichen Einstellung des
Kopfes und der arbeitenden Glieder im einzelnen Genüge geleistet wird.
Weitergehende Biegungen des Körpers nach vorn oder nach hinten werden
aus verschiedenen Gründen vorgenommen. Es kann sich darum handeln,
in der Nähe des Bodens zu hantieren, etwas vom Boden aufzuheben
u. dgl., oder aber darum, einem Angriff, einem Schlag, einem Projektil oder
beim Vorschreiten einem Hindernis auszuweichen. Symbolisch bedeutet
die Vorbeugung (oder Verbeugung) das Aufgeben jedes Widerstandes,
jedes Angriffes in Blick und Wort und mit Armen und Händen gegenüber einem vor uns Stehenden. Meist aber gilt es, die Richtung des Kopfes
und der Augen, die Richtung und das Aktionsgebiet der Arme und Hände,
entsprechend der von der Außenwelt kommenden Einwirkung oder den
beabsichtigten Einwirkungen auf die Außenwelt in passender Weise,
durch die Rückbeugung mehr nach oben, durch die Vorbeugung mehr
nach unten umzustellen.

Bei der Vorwärtsbiegung (Vorbeugung) des Körpers ist, wenn
kein besonderer Zwang zu anderem Verhalten vorliegt, eine Beugung
in den Hüften mit Vorbeugung in den Junkturen des Stammes kombiniert, wenn auch je nach Umständen in wechselnder Weise. Der
Schwerpunkt des suprafemoralen Körperabschnittes rückt natürlich
über das Hüftgelenk und die Beinlinien (Beinschwerpunkte) hinaus nach
vorn. In geringerem Grade tut dies auch der Gesamtschwerpunkt.
Da letzterer aber senkrecht über dem Fußviereck verbleibt, so müssen

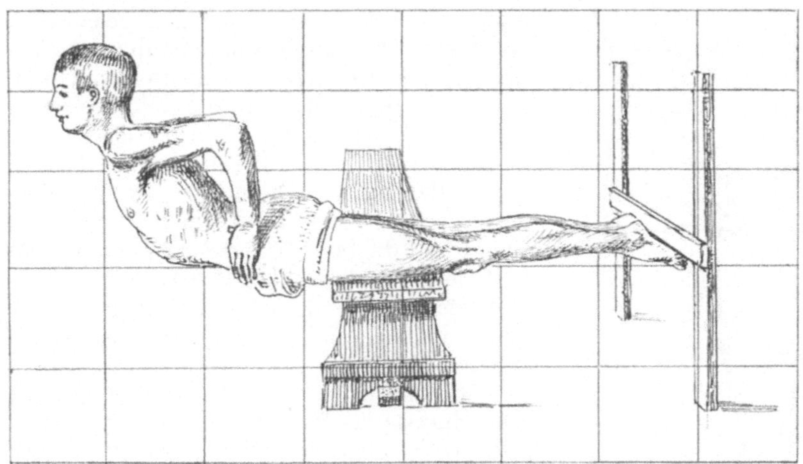

Fig. 112. Vorbeugung im Stand bei vorgestreckten und bei nach hinten gedrangten
Armen. Umzeichnung nach Steinemann.

die Beinlinien rückwärts aufsteigend werden. Das Becken und die
Hüftgelenke müssen nach hinten ausweichen. Dieses Verhalten wird
durch die Figur 112 illustriert. Sind die Arme vorgestreckt, wobei
der Schwerpunkt des Körpers weiter vorn liegt, so ist die Schrägstellung der Beine größer, als wenn die Arme in die Hüften ge-
stemmt sind.

Bei gebeugten Knien ist der Schwerpunkt der Beine aus der Ebene der Beinlinien nach vorn herausgeschoben und zugleich ist der Abstand zwischen dem
Fußviereck und den Hüftgelenken verringert, so daß wir die größte Schragstellung der Beinlinien bei stark gebeugten Knien und horizontal gestelltem
Rumpfstamm zu erwarten haben.

Mit der Vorwärtsneigung des Rumpfes ändert sich die **Art der Unterstützung der Baucheingeweide.** Sie werden nur noch zu einem kleinen
Teile direkt vom Becken getragen und lasten in größerem Betrag auf der

vorderen Bauchwand. Je nachdem diese mehr durch die Querspannung
des M. transversus (Quergurtung) oder durch die Schräg- und Längsspannung des cranialen Obliquus internus-Abschnittes und den Obliquus
externus und Rectus abdominis (Längsgurtung) gehalten ist, überträgt
sich die Last mehr auf die Lendenwirbelsäule oder mehr auf die Brustwand. Jedenfalls aber nimmt nach hinten zu von Wirbeljunktur zu
Wirbeljunktur nicht bloß das Gewicht des durch die Widerstände

Fig. 113. Rückbeugung
bei gebogenen Knien.
Umzeichnung nach
Steinemann.

des Skelettes und die dorsalen Muskeln zu
haltenden Vorderstückes, sondern auch das
statische Moment desselben immer zu.

Sehr groß ist auch das vorwärts drehende
Moment der Schwere an den Hüftgelenken, und
es ist eine sehr große Anstrengung der Streckmuskeln notwendig, um demselben Gleichgewicht zu halten. An den Wirbeljunkturen wird
der Einfluß nach dem Kopf zu geringer. Die
Feststellung der Wirbeljunkturen entgegen der Schwere geschieht im allgemeinen
durch Druckwiderstand in der Körpersäule und
eine dorsal davon gelegene Zugspannung. Wieweit letztere vom Skelett übernommen wird,
und wieweit die dorsalen Muskeln dafür eintreten müssen, hängt von verschiedenen Umständen ab.

Die mächtige am Becken entspringende
Muskelmasse des Erector trunci, die sich an
den Lendenwirbeln und an den Brustwirbeln
nnd Rippen durch Abgabe von Insertionszacken
fast völlig erschöpft, ist wohl geeignet, die sich
beckenwärts summierenden Zugspannungen zu
leisten. Am Brustteil können in größerem Maße
die elastischen Widerstände des Skelettes beteiligt sein. An der oberen Brust- und an der
Halswirbelsäule bis zum Kopf, wo größere Beweglichkeit vorhanden ist, stehen dann wieder
mächtigere dorsale Muskeln zur Leistung der
dorsalen Spannung zur Verfügung.

Wie bei der Vorbeugung die Beinlinien rückwärts aufsteigend werden, und die Hüften nach
hinten ausweichen, so nehmen die Beinlinien
bei der Rückbeugung mehr und mehr eine nach vorn aufsteigende
Richtung an. Das Becken rückt hier nach vorn.

Bei stärkerer Rückbeugung spielen nun die **eustatischen Korrekturen**
eine besonders wichtige Rolle. Sie wurden teilweise schon auf S. 272 u. ff.
bei der besonderen Haltung, die infolge einer Lähmung der Rückenstrecker eingenommen wird, besprochen.

Je mehr durch die Rückdrehung des Rumpfes in den Hüftgelenken
und durch die Rückbewegung des Rumpfstammes in der Lende der

Schwerpunkt des suprafemoralen Körperstückes gegenüber den Hüftgelenken nach hinten verlegt wird, desto mehr rückt dieser Schwerpunkt,
auch bei gleichbleibendem Kniewinkel gegenüber den Beinlinien und
den Beinschwerpunkten nach hinten, und mit ihm, wenn auch lang-

Fig. 114. Rückbeugung auf dem gestreckten rechten Bein, bei vorwärts gehobenem
und oben angestemmtem linken Bein. Umzeichnung nach Steinemann.

samer der Gesamtschwerpunkt des Körpers. Da der letztere aber
senkrecht über dem Fußviereck zu bleiben hat, so müssen die Hüftgelenke nach vorn ausweichen, und muß die Beinebene mehr
und mehr schräg nach vorn aufsteigen. Dies ist bei gleich
bleibender Beckenstellung mit Extension der Hüftgelenke ver-

bunden. Dadurch wird die Möglichkeit, durch Aufrichtung des Beckens, welche ebenfalls mit Extension der Hüftgelenke verbunden ist, zur Rückbeugung des oberen Körperendes beizutragen, eingeschränkt. Die Hüften brauchen zur Verlegung des Körperschwerpunktes nach vorn weniger vorzugehen, wenn die Arme horizontal vorgestreckt sind, oder wenn (Fig. 113) durch Kniebeugung die Beinschwerpunkte aus der Beinebene nach vorn heraus bewegt werden. Dies hat auch noch den Vorteil, daß die Oberschenkel von vorn zur Beinebene aufsteigen und weniger nach vorn, ja rückwärts geneigt sind. Dementsprechend ist eine weitere Aufrichtung des Beckens möglich. Man kann sich also vorstellen, daß die Extension in den Hüftgelenken bei gestreckten Beinen bald zu Ende ist, und daß nun durch Beugung der Kniegelenke, unter gleichzeitiger Vorschiebung der Knie die Oberschenkel zusammen mit dem Rumpfe noch zurückgedreht werden können.

Da die Möglichkeit der Vorwartsneigung der Unterschenkel eine beschränkte ist, so muß bei stärkerer Rückbeugung im Lendenteil der Oberschenkel doch wieder mehr gerade stehen, damit der Körperschwerpunkt nicht nach hinten über die Unterstützungsfläche hinausgeht. Eine weitere Rückneigung des ganzen Stammes durch eine letzte Vermehrung der Extension in den Hüftgelenken ist jetzt nur noch dadurch möglich zu machen, daß eines der Beine als Gegengewicht nach vorn gehoben wird, und sich allenfalls vorn nach oben an ein Widerlager anstemmt (Fig. 114). Wie eine weitere Rückbiegung des Oberkörpers allein durch stärkere Biegung der Lendenwirbelsäule geschehen kann, zeigen die Figg. 82 und 83.

Muskeln zur Feststellung des rückgebeugten Rumpfes entgegen der Schwere.

Am Rumpfstamm fehlen unmittelbar an der Wirbelsäule gelegene ventrale Muskeln so gut wie ganz. Der Musc. psoas kann allerdings mit seinem Körperursprung zur Vorbewegung in den untersten Lendenjunkturen (Lendenwirbelsäule gegenüber dem Becken) beitragen. Im übrigen kommen hier wesentlich nur die Muskeln der seitlichen und vorderen Bauchwand in Betracht, und zwar ohne den Transversus abdominis. Sie halten durch ihre Anspannung den rückwärts geneigten Brustteil. Ihr Zug setzt sich durch die Brustwand (Rippen und Sternum, Intercostales externi, Levatores costarum und Scaleni, eventuell auch Sternocleidomastoideus und Schädelbasis) auf die Wirbelsäule fort. Die „Rückbeugen" sind in der rationellen Gymnastik zur Übung und Stärkung der Bauchmuskeln beliebt.

Doch sind die Rückbeugungsstellungen ganz besonders anstrengend und unbequem wegen des Druckes, den die gerade gespannte und der Lendenwirbelsäule genäherte vordere Bauchwand auf die Baucheingeweide ausübt, und wegen der Behinderung der Respirationsbewegungen der Rippen und des Zwerchfells.

Man darf sich nun aber nicht vorstellen, daß bei erreichter Gleichgewichtslage in der Rückbeugung notwendigerweise alle dorsalen Muskeln erschlafft sein müssen. Halten sich z. B. die Schwere des „Oberstückes" einerseits, der Zug der Bauchwandmuskeln und die elastischen Skelettwiderstände gegen Rückbeugung für die untersten Lendenwirbeljunkturen Gleichgewicht, so ist nicht gesagt, daß sie es an allen anderen Lendenjunkturen ebenfalls tun. Das Kraftmoment der Bauchwandmuskeln zur Vorbeugung kann ja für dieselben ein erheblich größeres sein, während dasjenige der Schwere nicht entsprechend vergrößert ist. In diesem

Fall müssen kurze dorsale Muskeln, welche nur die oberen Junkturen überspringen,
angespannt sein, um an den letzteren die maximale Rückbeugung aufrecht zu erhalten.

Überführung des Körpers aus der vorgebeugten in die rückgebeugte Stellung und umgekehrt.

Für die Rückbeugung im Lendenteil kommt natürlich hinsichtlich der Verkürzung neben dem Multifidus vor allem der Erector
trunci in Betracht, der mit seiner Hauptmasse der dorsale Muskel der
sacro-lumbo-thoracalen Biegung ist und sich nach oben bis zur Mitte
des Brustkorbes fast vollständig erschöpft. Was aber die Anforderungen an die Spannung dieser Muskeln betrifft, so sind dieselben in
jedem Augenblick verschieden, je nach der Haltung des Oberkörpers
und der Arme, der Orientierung des Körpers im Raum und der dadurch bedingten Wirkungsweise der Schwere, von anderen äußeren
Kräften oder Widerständen ganz abgesehen. Aber auch die größere
oder geringere Mitbeteiligung der Antagonisten spielt eine Rolle, ebenso
wie das Beschleunigungsverhältnis der Bewegung. Man erkennt wie
schwierig eine richtige Beurteilung der Muskeltätigkeit in jedem einzelnen
Fall ist.

Zur Rückbeugung im oberen Brust- und unteren Halsteil
steht abgesehen von dem Multifidus namentlich diejenige Muskulatur
zur Verfügung, welche zu den Vertebrae prominentes aufsteigt (Semispinalis und Spinalis dorsi), sowie der Iliocostalis und Longissimus
cervicis und der Spinalis cervicis. Auch die Pars infraspinata des
Trapezius, die Rhomboidei und der Levator scapulae können unter
Umständen mitwirken. Man erkennt, daß wirklich für die mehr selbständige Rückbeugung dieses Abschnittes der Wirbelsäule besondere
Muskeln vorhanden sind.

Soweit dabei die Rückbewegung in den Lendenjunkturen und unteren Brustwirbeljunkturen geschieht, sind unter normalen Verhältnissen die dorsalen Rückenmuskeln mitbeteiligt, und handelt es sich also nicht bloß um ein Rückwärtshinüber-
werfen des Rumpfes durch die Hüftgelenksstrecker, das in einer Bewegung in den
Lendenjunkturen ausklingt. So lang der Schwerpunkt des Oberkörpers noch vor den
Lendenjunkturen liegt, muß natürlich die Spannung der dorsalen Lendenmuskeln
größer sein, als notwendig wäre, um den Oberkörper in der betreffenden Durchgangsstellung in der vorgebeugten Stellung festzuhalten; aber auch später, wenn die
Schwere selbst zur Rückbewegung beiträgt, genügt sie nicht immer, um die Rückbewegung rasch genug entgegen den Widerständen der ventralen Bauchwand etc.
auszuführen.

Analog liegen die Verhältnisse bei der Überführung des Oberkörpers
aus der rückgebeugten in die vorgebeugte Stellung. Man muß ferner
berücksichtigen, daß gerade bei diesen Rumpfbewegungen die Antagonisten,
die sich verlängern, eine besondere Neigung haben, sich aktiv zu spannen, sobald
der Körper durch Stellungen hindurchgeführt wird, in denen sie sich anspannen
müßten, wenn der Körper in ihnen festgestellt werden soll. Es gehört weitgehende
Übung dazu, um ihre aktive Anspannung jeweils so weit auszuschalten, daß stets
mit dem überhaupt zulässigen Minimum von Muskelanstrengung gearbeitet wird.
Namentlich bei der ungewohnten aktiven Rückbeugung im Stand treten in der
Regel die Antagonisten, hier die Muskeln der ventralen Bauchwand, der Weiterführung der Bewegung frühzeitig hindernd entgegen. Die durch turnerische Übung
zu erzielende Fähigkeit, den Körper stärker rückwärts zu beugen, beruht nicht so
sehr auf einer Vermehrung der Exkursionsmöglichkeit in den Gelenken selbst,

als in der möglichst vollständigen Ausschaltung der Antagonisten. Dies gilt selbst
für jene Falle von auffallend großer Biegungsmöglichkeit der Rumpfwirbelsäule,
die bei Kautschukkünstlern beobachtet werden (s. o. Figg. 82 und 83), wie
H. Virchow überzeugend nachgewiesen hat.

Das Verhältnis, in welchem sich die verschiedenen
Regionen der Wirbelsäule (und der Hüftgelenke) an der Vor-
und Rückbeugung beteiligen, ist übrigens nicht immer dasselbe.

Zur Lageveränderung des oberen Körper- oder Rumpfendes trägt
die Bewegung in den tieferen Junkturen am meisten bei.

Öfters ist aber das wesentliche bei der Vor- oder Rückbeugung
nicht die Lageveränderung, sondern die Richtungsänderung des
oberen Stammendes. Das erstrebte Ziel ist im einen Fall die Erhebung und Aufrichtung des Kopfes, eventuell auch die Aufrichtung
der Schultergegend, im anderen Fall die Vorwärtsabwärtsdrehung des
Gesichtes gegen den Boden, eventuell auch die bessere Horizontalstellung
der Schulterblätter. An dieser Aufgabe beteiligen sich allerdings vor
allem die zunächst gelegenen, aber in der Regel mehr oder weniger
doch auch noch die weiter abwärts gelegenen Junkturen, vor allem die
Lendenregion mit ihrem mächtigen Muskelapparat.

Hohe und tiefe Vor- und Rückbeugung.

Auch wenn nur die Änderung in der Stellung des Kopfes das erstrebte
Ziel ist, so beteiligen sich dabei doch öfters nicht bloß die Kopfgelenke,
sondern auch die nachfolgenden Junkturen in geringerer oder größerer
Ausdehnung, je nachdem die gewünschte Stellungsänderung des Kopfes
eine geringere oder größere ist. So ist selbst dann, wenn die Stellung
der Arme sich nicht ändert, eine starke Aufrichtung und Rückbewegung
des Kopfes gewöhnlich von einer Rückbeugung des Oberkörpers in
der Lende und einer Streckung der Brustwirbelsäule begleitet.

Je mehr aber zugleich eine Umstellung der Schultern und des Ober-
rumpfes im gleichen Sinn erstrebt ist, desto mehr werden außer der
Lendengegend auch noch die Gelenke der unteren Extremitäten zur
Beihilfe herangezogen.

Es muß immerhin nochmals hervorgehoben werden, daß die Vor-
und Rückbeugung des Kopfes in den Atlasgelenken so gut wie für sich
allein stattfinden kann, desgleichen die Vorbeugung oder Rückbewegung
in der Halswirbelsäule mit oder ohne entsprechende Bewegung in den
Atlasgelenken, oder mit gegenteiliger Bewegung in den letzteren. Man
wird sich hierbei daran erinnern, daß die Mm. sternocleidomastoidei
für sich allein die letztgenannte Kombination zustande bringen. Auch
eine Vor- oder Rückbewegung in den Junkturen der Hals- und der
oberen Brustwirbelsäule ist möglich, ohne Mitbeteiligung der unteren
Brust- und der Lendenwirbelsäule. Hierzu braucht es allerdings schon
eine besondere darauf gerichtete Aufmerksamkeit und Übung. Ferner
läßt sich eine isolierte Vor- und Rückbewegung in den Hüftgelenken
oder in der Lendenwirbelsäule einüben mit Ausschaltung der Bewegung in den höheren Gelenken. Steinemann unterscheidet mit
Recht in seinen „Rumpfübungen‟ die hohen und tiefen Rumpfbeugen.

Wir geben in Fig. 115 A nach diesem Autor eine Abbildung einer isolierten Halsbeuge vorwärts. Fig. 115 B, ebenfalls nach Steinemann illustriert eine Rumpfbeuge rückwärts, an der die Wirbelsäule bis hinab zu den oberen Lendenwirbeln beteiligt ist; aber auch hier fehlt die Streckung im Hüftgelenk; der Kopf ist in den Atlasgelenken nach vorn gebeugt. In der Fig. 115 C steigen die Beinlinien stärker nach

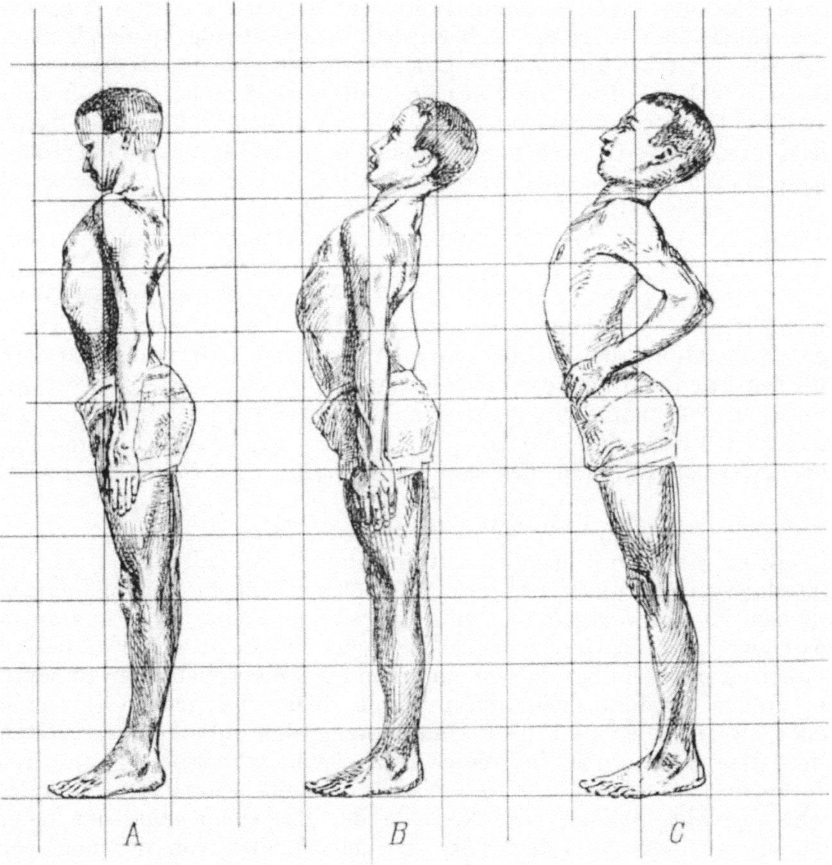

Fig. 115 A, B, C. Lokalisierte Vor- und Rückbeugung. Umzeichnung nach Steinemann.

vorn auf, was durch die Rückführung der Arme nicht genügend motiviert ist. Der Körperschwerpunkt steht über dem vorderen Teil der Sohle (vgl. den Abschnitt über den militärischen Stand).

Eine solche Einengung der Vor- und Rückbewegung ist öfters nicht in den äußeren Umständen begründet. Die Bewegungen und Haltungen erscheinen dann steif und gezwungen. Man denke an die gezwungenen im Gegensatz zu den ungezwungenen Verbeugungen.

B. Symmetrische Sitzhaltungen.

α) Freie Sitzhaltung ohne Rücklehne.

Beim Sitzen ist der Rumpfstamm in mehr oder weniger aufrechter Haltung an seinem unteren Ende entweder nur direkt, und zwar am Kreuzbein oder an den Sitzhöckern oder an beiden Stellen zugleich unterstützt, oder es gesellt sich zu der Unterstützung an den Tubera noch eine indirekte Unterstützung des Stammes von der Rückseite der Oberschenkel, eventuell sogar von den Unterschenkeln her; es kann aber eine direkte Unterstützung auch ganz fehlen und die Sitzfläche nur durch die Rückseite des Oberschenkels gebildet sein, wobei ein größerer oder kleinerer Teil der Last auch wieder auf das Knie und den Unterschenkel entfallen kann. Endlich wäre der Reitsitz zu berücksichtigen, bei welchem neben oder statt der direkten Unterstützung ebenfalls indirekte Unterstützung durch Vermittelung der Schenkel vorhanden ist. Soweit es sich um das Sitzen auf dem Gesäß oder der Rückseite des Oberschenkels handelt, können wir den sacralen, den tubero-sacralen, den tuberalen, den tubero-pubischen, den tubero-femoralen und den vorderen femoralen Sitz unterscheiden. Von einem tubero-pubischen Sitz kann die Rede sein, wenn bei stark zum Rumpf gebeugten Oberschenkeln die vor den Tubera gelegene Schamgegend mit den perinealen Rändern der Ossa ischio-pubica die Sitzfläche bildet.

1. Der tuberale Sitz.

Beim Sitzen mit möglichst aufrechter Rumpfhaltung auf ebener Unterlage und bei ungefähr horizontalen Oberschenkeln, die vollkommen mit dem Rumpf versteift und von ihm gehalten, oder teilweise vorn in den Knien durch die Unterschenkel getragen sein können, bilden die beiden Sitzhöcker mit den über sie nach unten und innen vorquellenden Rändern der großen Gesäßmuskeln und mit dem hier vorhandenen stärkeren Bindegewebspolster und dem Hautüberzug den direkt unterstützten Teil. Das Becken ist bei dieser Sitzhaltung weniger vorgeneigt als beim aufrechten Stand. Die Ebene durch beide Cristae laterales steht ungefähr vertikal. Die Normale der Beckeneingangsebene neigt sich aus der Lotrechten nach vorn in einem Winkel von nur ungefähr 30°. Ebenso groß ist der Elevations- oder Neigungswinkel der Beckeneingangsebene gegenüber der Horizontalebene. In dieser Stellung sind die unteren Enden des Sacrum und der Schamfuge ziemlich gleich weit von der Unterlage abgehoben. Wird aus dieser Stellung der Stamm vorgeneigt oder vorgebeugt, so vermehrt sich die Beckenneigung; sie vermindert sich bei Rückwärtsneigung und Rückbeugung des Stammes.

2. Tubero-sacraler und sacraler Sitz.

Dreht sich das Becken aus der eben beschriebenen Stellung stärker zurück, so rollt es auf der Weichteilunterlage des Gesäßes resp. mit derselben auf der Unterlage rückwärts, bis schließlich die untere dorsale

Wölbung des Kreuzbeins und die daneben gelegenen Teile der Gesäßbacken den hauptsächlich belasteten und unterstützten Teil darstellen,
unter Entlastung, ja Abhebung der Tubergegend von der Unterlage.

3. Der tubero-pubische Sitz.

Neigt sich umgekehrt das Becken aus der Stellung, welche es beim
tuberalen Sitz einnimmt, nach vorn, so nähert sich die Symphyse der
Unterlage. Die perinealen Ränder der Ossa ischio-pubica (und die Schamgegend) stellen nun die hauptsächlich belasteten und unterstützten
Partien dar. Die an ihrer Außenseite entspringenden Teile der Ober-
schenkelmuskulatur überragen nun, wenigstens direkt am Ursprung,
diese Ränder nicht wesentlich. Da ferner bei der vermehrten Beugung
im Hüftgelenk die großen Gefäßmuskeln verlängert und im Querschnitt
verdünnt werden und mit ihren hinteren Rändern an der Außenseite
der Sitzhöcker emporrücken, so verlieren die letzteren ihre gute Unter-
polsterung und liegen nun gleichsam auf der Unterlage bloß. Ich halte
dafür, daß diese Art des Sitzes nicht bequem ist und auf die Dauer unangenehm und schmerzhaft wird; sie wird deshalb möglichst vermieden
resp. möglichst bald wieder aufgegeben.

Wir können den tubero-pubischen Sitz verlassen durch Streckung in den
Hüftgelenken, wobei wir entweder das Becken mit dem Oberkörper nach hinten
zurück drehen und so zum tubero-femoralen, tuberalen und tuberosacralen Sitz
gelangen. Oder wir können uns unter Mitwirkung der Strecker des Kniegelenkes,
Anstemmen der Spitze des zurückgestellten Fußes nach vorn, Senkung der Ferse,
Zurückgehen und stärkere Senkung des Knies, Benutzung des vorderen Randes
der Unterlage als Stammpunkt, durch die Aktion der Knie- und Hüftgelenkstrecker
mit dem Gesäß von der Unterlage erheben und so in eine Stellung übergehen, die
eine Kombination oder eine Art Mittelding ist zwischen Kniebeuge und vorderem
femoralem Sitz (Übergang zum Aufstehen).

Aus dem tuberopubischen Sitz kann aber auch in den tuberofemoralen oder
femoralen Sitz übergegangen werden, indem der Schwerpunkt der suprasellaren
Körperpartie nach vorn verlegt wird. Es findet dann eine Vorrollung auf der Längswölbung der Hinterfläche des Oberschenkels statt, unter leichter Senkung der
Knie. Wir ermöglichen die letztere, wenn notwendig, durch Zurückstellen der Füße.
Das Hüftgelenk wird anfänglich stärker gebeugt, darauf aber wieder etwas gestreckt. Die Neigung des Rumpfes und Beckens nach vorn nimmt zu.

4. Der tubero-femorale und der vordere femorale Sitz.

Die Beteiligung des Oberschenkels an der Unterstützung des suprafemoralen Körperabschnittes beim Sitzen ist nach dem angeführten
eine sehr wechselnde, je nachdem die Füße frei sind, wobei der Unterschenkel in herabhängender Stellung oder nach vorn gestreckt vom
Oberschenkel getragen werden oder den Boden berühren muß. Im
letzteren Fall kann ein größerer Teil der Last des Oberschenkels vom
Unterschenkel und Fuß getragen werden; es kann aber auch durch die
Anstrengung der Kniestrecker der Körper durch den Oberschenkel
zurückgeschoben, ja unter Umständen, bei versteiftem Hüftgelenk
über dem Vorderrand der Unterlage emporgehebelt werden. Die Bedingungen der Unterstützung wechseln im übrigen mit der Form und
Ausdehnung der Unterlage und mit der Lage des Schwerpunktes des
suprafemoralen Körperabschnittes.

Wenn sich der Fuß vorn etwas nach oben zu verstemmt, kann der Schwerpunkt der suprasellaren Körpermasse wohl etwas hinter der Stelle des Oberschenkels liegen, die als Unterstützungsfläche dient. Fehlt eine solche Stemmwirkung bei aufgesetzten Füßen, so kann der Schwerpunkt eine verschiedene Lage über dem Bezirk zwischen dem Hinterrand der unterstützten Fläche des Oberschenkels und dem Knie haben. Jene Fläche kann breiter oder schmäler, mehr nach hinten, oder mehr nach vorn ausgedehnt sein. Sie kann sich nach rückwärts bis auf den Tuber erstrecken (tubero-femoraler Sitz). Beim Sitzen mit freischwebenden Beinen auf einem schmalen Balken, einer Reckstange usw. muß natürlich der gesamte Schwerpunkt des Körpers über dieser Unterlage balanciert werden.

5. Reitsitz.

Beim Reiten kommen verschiedene Möglichkeiten in Betracht: ein wirkliches Sitzen auf den Gesäßbacken oder auf der oberen Partie der Hinter-Innenseite des Oberschenkels, oder aber „Schluß" mit den unteren Teilen der Oberschenkel und mit den Knien, vom Stehen in den Bügeln mit mehr oder weniger gebeugten oder gestreckten Knien gar nicht zu reden. Der gute Sitz, bei gutem Schluß der Oberschenkel, hat offenbar mit dem eigentlichen Sitzen nicht viel gemein; die Verhältnisse sind ähnlicher denjenigen bei der hohen Kniebeuge oder beim aufrechten Stand. Dementsprechend ist auch die Beckenhaltung nicht wesentlich anders als bei diesen Stellungen.

β) Änderung der freien Sitzhaltung. Beckenneigung beim Sitzen.

Dadurch daß sich beim eigentlichen Sitzen mit annähernd horizontal gestellten Oberschenkeln und auf den Boden gesetzten Füßen die Strecker des Fußgelenkes und auch die Kniegelenkstrecker anspannen, entsteht in dem Oberschenkel eine Schubwirkung nach hinten, welche zum Rückwärtsrutschen des Körpers auf der Unterlage führen, oder einer Tendenz zum Vorwärtsrutschen entgegenwirken kann. Auch ergibt sich aus dem Rückwärtsdrängen der Oberschenkelbeine gegen die Hüftgelenkpfannen ein Einfluß zur Aufrichtung des an den Tubera an der Unterlage festgehaltenen Beckens. Solche und ähnliche Einwirkungen sind wichtig für Stellungsänderungen beim Sitzen und für die Verlegung der Druckstellen.

Das sich Vorschieben auf der unterstützenden Fläche kann nicht einfach durch die Anspannung der Fuß- und Kniegelenkbeuger zustande gebracht werden, weil dabei der Oberschenkel fester an die Unterlage angepreßt werden müßte. Es geschieht diese Verschiebung vielmehr ruckweise, unter Abhebung der Sitzfläche von der Unterlage, indem zuerst durch die Aktion der Hüftgelenkbeuger eine Vordrehung des Rumpfes inszeniert wird, zu welcher sich dann, wenn der Rumpf genügend vorgeschoben und genügend in Vorbewegung begriffen ist, eine Streckung der Kniegelenke und Hüftgelenke hinzugesellt. Der Körper erhebt sich einen Augenblick vom Sitz, um alsbald, weiter vorn wieder auf ihn niederzufallen.

In ähnlicher Weise wird auch das Aufstehen aus der sitzenden Stellung eingeleitet; nur geht hier die Streckbewegung im Kniegelenk weiter und wird in ausgiebigerem Maße durch die Streckung des Hüftgelenkes ergänzt.

Je tiefer im Verhältnis zu den Füßen die Sitzfläche liegt, desto schwieriger ist es, die Körperlast über die Füße zu bringen. Es ist hierzu, wenn nicht etwa die Arme unter Benutzung eines äußeren Haltes mitwirken können, eine sehr energische Vordrehung des Rumpfstammes in den Hüftgelenken, unterstützt durch Vorbeugung des Oberrumpfes in den Lenden und eventuell durch Vorbewegung der Arme notwendig, und es ist natürlich auch wichtig, daß die Füße zuvor möglichst nah gegen das Becken herangezogen werden (Aufstehen aus sitzender Stellung am Boden durch Anziehen der Füße, Übergang in die tiefe „Hocke" und von da in die tiefe und hohe Kniebeuge etc.).

Die verminderte Beckenneigung erscheint zunächst als die auffälligste Erscheinung bei der Sitzhaltung.

Das Becken ist beim Aufrechtsitzen erheblich weniger geneigt als beim aufrechten Stand. Diese Tatsache ist längst bekannt, aber vielleicht bisher nicht genügend hinsichtlich ihrer Ursachen klargestellt worden. Offenbar bewirkt die Rückdrehung des Beckens beim Niedersitzen, daß nicht einzig die Beugung des Oberschenkels im Hüftgelenk für die Umstellung des Oberschenkels in mehr horizontaler Stellung aufzukommen hat, vielmehr auch die Junkturen der Wirbelsäule, namentlich der Lendenwirbelsäule mitbeteiligt sind. Zweifellos handelt es sich hier um das ganz allgemein gültige Prinzip, daß zur Stellungsänderung eine Gliedes nicht bloß das unmittelbar benachbarte Gelenk, sondern auch die weiter entfernten Gelenke (Junkturen) sich beteiligen. Wenn der Körper an den erhobenen Armen hängt und die Oberschenkel zur horizontalen Lage gehoben werden, findet in ganz derselben Weise eine Rückdrehung des Beckens durch Ventralbeugung in der Wirbelsäule und zwar vorzugsweise in den lumbalen Junkturen statt. Es liegt das nicht etwa in unserem Belieben, sondern vollzieht sich ohne darauf gerichtete Aufmerksamkeit fast zwangsmäßig. Jedenfalls würde es besonderer Übung bedürfen, um diese Mitbewegung in den Wirbelsäulenjunkturen zu verhindern. Der Vorteil einer solchen kombinierten Aktion in mehreren Gelenken liegt darin, daß sich der Oberschenkel beim Sitzen im Hüftgelenk in einer weniger extremen Beugestellung befindet und eine größere Aktionsfreiheit besitzt, resp. daß dem Becken eine größere Freiheit, namentlich auch zur Vorneigung gegenüber dem Oberschenkel verbleibt. (Das gleiche Prinzip kommt übrigens auch beim aufrechten freien Stand zur Geltung, indem hier das Hüftgelenk durchaus nicht vollkommen gestreckt ist. Die vermehrte sacrolumbale Krümmung und Beckenneigung sichert dem Bein die Möglichkeit einer Aktion und Bewegung im Sinn der Streckung und dem Becken die Möglichkeit weiterer Rückdrehung gegenüber den Oberschenkeln.) Die aufrechte Sitzhaltung ist eine mittlere Haltung des Stammes gegenüber den Oberschenkeln, aus welcher der Stamm sowohl nach vorn als nach hinten bewegt und geneigt werden kann. An dieser Bewegung beteiligen sich nun nach dem gleichen Gesetz sowohl die Junkturen der Wirbelsäule als die Hüftgelenke. Das Becken muß also aus der Stellung beim aufrechten Sitzen sowohl stärker nach vorn geneigt als nach hinten zurückgedreht werden können. Die Bewegung in den Hüftgelenken gibt die größte Exkursion des Oberkörpers bei geringster Richtungsänderung. Je nach dem erstrebten Verhältnis zwischen diesen zwei Veränderungen wird die Beckendrehung bei den Änderungen der Sitzhaltung eine relativ größere oder kleinere Rolle spielen. Das orthostatische Prinzip kommt innerhalb gewisser Grenzen weniger in Betracht, als beim Stand, indem bei aufgesetzten Füßen, aber auch bei femoraler Unterstützung ein ausgedehntes Unterstützungsfeld vorhanden ist. Der Schwerpunkt des suprasellaren Stückes kann also große Exkursionen machen ohne dieses Feld zu überschreiten, und für die Form- und Stellungsänderung des Stammes besteht in eustatischer Hinsicht eine verhältnismäßig große Freiheit.

Bei der Vorbewegung des Körpers scheint nun bezüglich der Vordrehung des Beckens gegen die Oberschenkel öfters eine gewisse Beschränkung bemerkbar zu sein, welche weder in dem Bandapparat des Hüftgelenkes, noch in der Anspannung der Streckmuskeln genügend begründet ist. Sie könnte im Interesse der Vermeidung einer stärkeren Kompression des Bauches geschehen oder vielleicht, namentlich beim Sitz auf harter Bank damit zusammenhängen, daß der tuberopubische Sitz nach Möglichkeit vermieden wird. Zeigt sich keine derartige Zurückhaltung in der Vordrehung des Beckens, so senken sich dann wohl fast gleichzeitig die Oberschenkel, unter Abhebung des Gesäßes von der Unterlage, so daß die Unterstützung rasch aus einer tuberalen in eine tuberofemorale und femorale übergeht. Keine entsprechende Beschränkung der Beckendrehung ist bei der Rückbewegung des suprasellaren Körperabschnittes aus der aufrechten Sitzhaltung zu beobachten. Hier tritt vielmehr die Beteiligung der Hüftgelenke deutlicher hervor und folgt das Becken durch Aufrichtung und Rückdrehung in ausgiebigerem Maße den oberen Teilen des Stammes.

Wir haben bereits angedeutet, warum der tuberopubische Sitz unbequem und auf die Dauer unangenehm wird. Indem der Randteil des großen Gesäßmuskels hinter der gemeinsamen Hüftgelenksachse liegt und nach oben von der Tubera entspringt, schiebt er sich bei der Streckung des Hüftgelenkes über die Tubera rückwärts abwärts, während er bei der Beugung an ihrer Seite gegen das Gelenk rückt. Durch letzteres werden die Tubera bloß gelegt. Aber auch die perinealen Ränder der Leistenbeine und die Perinealgegend rücken in das Niveau der Rückseite der außen an den Leistenbeinen entspringenden Oberschenkelmuskeln (Adduktoren) oder treten über dasselbe vor. Nun dient gerade der Rand des Glutaeus maximus, mit der in der Tubergegend aufgelagerten Bindegewebsmasse als bequemes Sitzpolster, aber nur so lang er wirklich über die Tubera nach unten vorquillt. Das Sitzen auf den bloßen Tubera und Leistenbeinen bei stärker gebeugten Hüftgelenken wird doch wohl in der Regel bei langerer Dauer als lästig, wenn nicht sogar als schmerzhaft empfunden werden.

Bei der Rückbewegung im Sitzen läßt sich eine stärkere Beteiligung der Hüftgelenke und relativ starke Rückdrehung des Beckens konstatieren im Vergleich zu dem, was bei der Rückbiegung im Stand geschieht. Solches gilt wenigstens dann, wenn das zurückrollende Becken günstige Anlehungspunkte und breitere Unterstützung findet.

Sehen wir von diesen Modifikationen ab, welche sich aus den direkten Beziehungen der Beckengegend zur Unterlage ergeben, so bleibt als Haupterscheinung die stärkere Aufrichtung des Beckens in den verschiedenen Sitzstellungen entsprechend der gehobenen Stellung des Oberschenkels einerseits und den Aktionen der suprasellaren Körperpartie andererseits.

Die notwendige Konsequenz der Aufrichtung des Beckens beim freien aufrechten Sitzen ohne Lehne ist die Vorbeugung des Rumpfstammes in den Wirbelgelenken, mit Verminderung der lumbosacralen

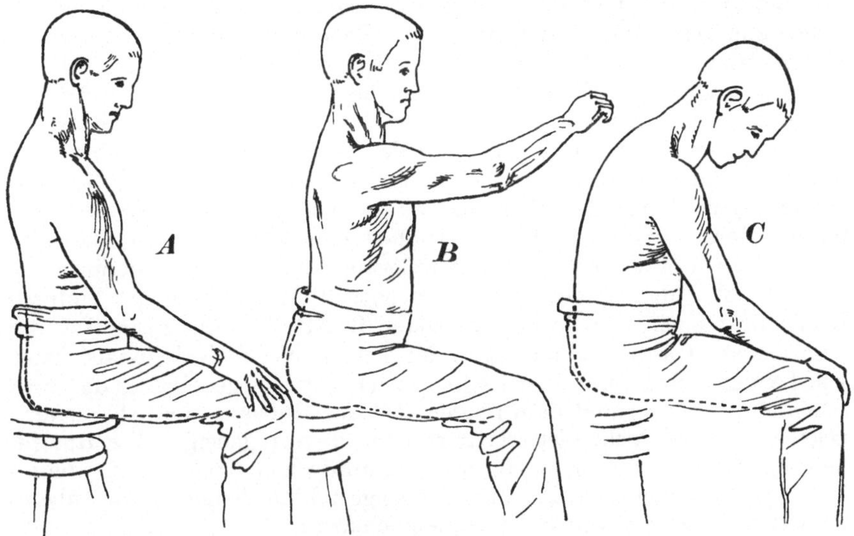

Fig. 116. Freie symmetrische Sitzhaltung. *A* mit relativ geradem, *B* mit flachhohlem, *C* mit rundem Rücken.

und Verstärkung der Brustkrümmung (Fig. 116 A). Nur dadurch wird der Oberrumpf senkrecht über die Unterstützungsfläche (Tubera) gebracht. Ist diese Stellung einmal erreicht, so kann sie wohl durch die Schwere allein entgegen den Widerständen der Wirbelsäule und einem mäßigen Tonus der dorsalen Muskeln erhalten bleiben, indem die Schwerlinie des suprasellaren Teiles nun vor den ileosacralen und thoracalen Junkturen gelegen ist. Die mäßige Zusammenkrümmung des Rumpfes nach vorn ist übrigens nach dem Vorigen eher die Folge, als die Ursache der Beckenaufrichtung. Muß der Kopf aufrecht gehalten werden, und der Blick nach vorn gerichtet sein, so kommt zur Vorbiegung der Rumpfwirbelsäule eine Aufrichtung und relative Rückwärtsbeugung in den Kopfgelenken, in der Halswirbelsäule und an den obersten Brustwirbeljunkturen. Der Rücken ist dann ziemlich flach in seiner ganzen Ausdehnung. Sinkt aber der Oberkörper wegen Ermüdung der Muskeln, oder zum Aufstützen der Vorderarme auf die Oberschenkel, eine niedrige Vorlage etc., nach vorn (unter etwelcher Vordrehung des Beckens), so wird der Rücken rund (Fig. 116 C). Auch durch die Aufrichtung des Kopfes wird am Bild des runden Rückens nicht viel geändert; die Schulterblätter bleiben vorgeneigt.

Ein anderes Bild entsteht, wenn der Oberrumpf nach vorn bewegt, aber die Arme gehoben sind, das Aktionsgebiet derselben also nach vorn oben verlegt ist (Fig. 116 B). Hier ist eine Tendenz zur Aufrichtung des ganzen Brustteiles oder wenigstens seiner größeren oberen Partie vorhanden, während die Rückbeugung im Halsteil zur Aufrechthaltung des Kopfes entsprechend weniger groß zu sein braucht.

Der Oberkörper ist dann im ganzen nach vorn verschoben, weil entweder ein Teil seines Gewichtes unter Benutzung einer vorngelegenen Unterstützungsfläche durch die Arme getragen wird, oder weil das Arbeitsgebiet der Arme und Hände weiter vorn liegt. Es muß also notwendigerweise schon das untere Ende des Brustteiles nach vorn verschoben sein, was nur durch stärkere Vorneigung des Beckens unter Mitnahme der unteren Lendenwirbel zu erreichen ist. An Stelle des runden Rückens entsteht jene Form des Rückens, welche von verschiedenen Autoren, insbesondere von Staffel, als flacher oder flachhohler Rücken beschrieben worden ist, mit Vergrößerung der lumbalen Krümmung namentlich in den oberen Partien (eventuell Ausdehnung der hinteren Konkavität auch noch in den untersten Brustteil). Der obere Teil des Rückens steht aufrecht und ist in der Tat bis in den Hals hinauf flach. Die Lendenwirbelsäule aber ist im ganzen vorwärtsgeneigt, so daß zwischen dem unteren und dem oberen Teil des Rückens eine Abknickung gegeben ist; das Becken ist relativ stark nach vorn geneigt. Die Rumpfhaltung erinnert an diejenige beim militärischen Stand. Es kommt hier leicht, namentlich bei etwas hochgestellten Knien, zum tuberopubischen Sitz mit seinen Unbequemlichkeiten.

Die hier beschriebenen drei Haltungen sind die wohl zu unterscheidenden Hauptformen der Haltung beim Sitzen ohne Lehne. Beim Sitzen in vorgebeugter Stellung (mit rundem Rücken) sind die elastischen Widerstände der Wirbelsäule in besonderem Maße auf Vorbiegung in Anspruch genommen, mit dem Maximum der Inanspruchnahme in der Lendenwirbelsäule; bei der letzten Form (Sitzen mit flachhohlem Rücken) handelt es sich um eine starke Rückbiegungsbeanspruchung des Lendenteils mit dem Maximum im oberen Lendenteil (Grenzgebiet zwischen Brust und Lendenwirbelsäule).

Beim Sitzen mit rückwärts geneigtem Rumpf oder Oberrumpf kann der suprasellare Körperabschnitt nur dann über der Sitzfläche im Gleichgewicht bleiben, wenn dem rückwärtsdrehenden Moment des Rumpfgewichtes durch Vorstrecken des Kopfes, der Arme oder der in den Hüftgelenken mit dem Rumpf versteiften, vom Boden und der Sitzfläche abgehobenen oder vorn eingehackten Beine Gleichgewicht gehalten wird, — oder wenn eine Unterstützung durch eine Rückenlehne stattfindet. Ist der rückgeneigte Rumpf beim Sitzen

(z. B. am Boden) durch die vorgestreckten Beine gerade über den Sitzhöckern in der Balance, so genügt ein Anziehen der Beine, um ihn nach
hinten überrollen zu lassen usw.

Sitz auf ebenem Boden mit ausgestreckten Beinen.

Hier spielt die passive Insuffizienz der hinten am Hüftgelenk und
am Kniegelenk gelegenen Muskeln eine Rolle. Sie verunmöglicht eine
stärkere Beugung im Hüftgelenk und erzwingt eine relativ starke Aufrichtung des Beckens, welche eine freie Haltung des Rumpfes nur bei
relativ starker Zusammenkrümmung nach vorn zustande kommen läßt.
Eine gestrecktere Haltung ist sofort möglich, sobald die Unterschenkel
gesenkt, die Knie gebeugt werden. Durch das Anziehen der Oberschenkel
an den Rumpf wird sie sofort wieder in Frage gestellt. Zudem entsteht
jetzt die Gefahr der Umrollung des ganzen Körpers auf der Sitzfläche s. o.

γ) Sitzen mit Anlehnen des Rückens.

Andererseits kann eine Rückenlehne irgend eine Bedeutung zur
Unterstützung nur haben, wenn ohne ihren Widerstand ein rückwärts-
drehendes resultierendes Moment aller äußeren Kräfte am Körper vorhanden ist.

Daneben muß bei der Rückenlehne auch noch der Widerstand
gegen das Zurückrutschen des Körpers auf der Sitzfläche, bei schräg nach
vorn aufsteigender Richtung derselben oder bei stemmenden Einwirkungen von den Füßen und Knien her in Frage kommen (Widerstand
gegen einen horizontalen Seitenschub).

1. Gerade vertikale Rückenlehne.

Wenn das Becken (durch die Stemmwirkung von vorn) bis an die
Rückenlehne herangeführt ist, so kann der Schwerpunkt des Stammes
mit den Armen und Schultern höchstens bei sehr starker Rückführung
des Kopfes und der Arme nach hinten von der Sitzunterstützung gelegen sein, in welchem Fall dann ein wirkliches Anlehnen der höheren
Teile des Rückens (bei flachem oder flachhohlem Rücken) möglich ist.
Im allgemeinen aber liegt der betreffende Schwerpunkt über oder vor
dem hintersten Rand der Sitzfläche (Fig. 117 A). Die Rückenlehne
wird in diesem Fall nicht gebraucht (abgesehen von ihrem Widerstand
gegen das Rückwärtsausrutschen bei schräg rückwärts abfallendem Sitz
oder rückwärts stemmenden Beinen).

Anders liegt die Sache, wenn das Becken nach vorn von der Lehne
entfernt ist (Fig. 117 B). Wird hier der Rumpf mit rundem oder flachhohlem Rücken an die Lehne zurückgelegt, so fällt die Schwerlinie
des suprasellaren Teiles (soweit er nicht etwa von den zurückgestellten
Armen getragen wird) zwischen die Lehne und die Unterstützungsfläche.
Dessen Gewicht zerlegt sich in einen Druck d gegen die Lehne und in
eine schräg nach vorn zur Unterstützungfläche absteigende Komponente D.
Ist das Becken genügend weit von der Lehne entfernt, und die Unterlage horizontal und genügend glatt, so erfolgt ein Ausgleiten nach

vorn. Demselben muß entweder durch anhaltende Stemmwirkung von
den Füßen und Knien her begegnet werden, oder dadurch, daß die
Subselliumfläche vorn gehoben wird. Der Rumpf sinkt zwischen den
benutzten Teil der Lehne und der Sitzfläche ein (unter vorderer Zu-

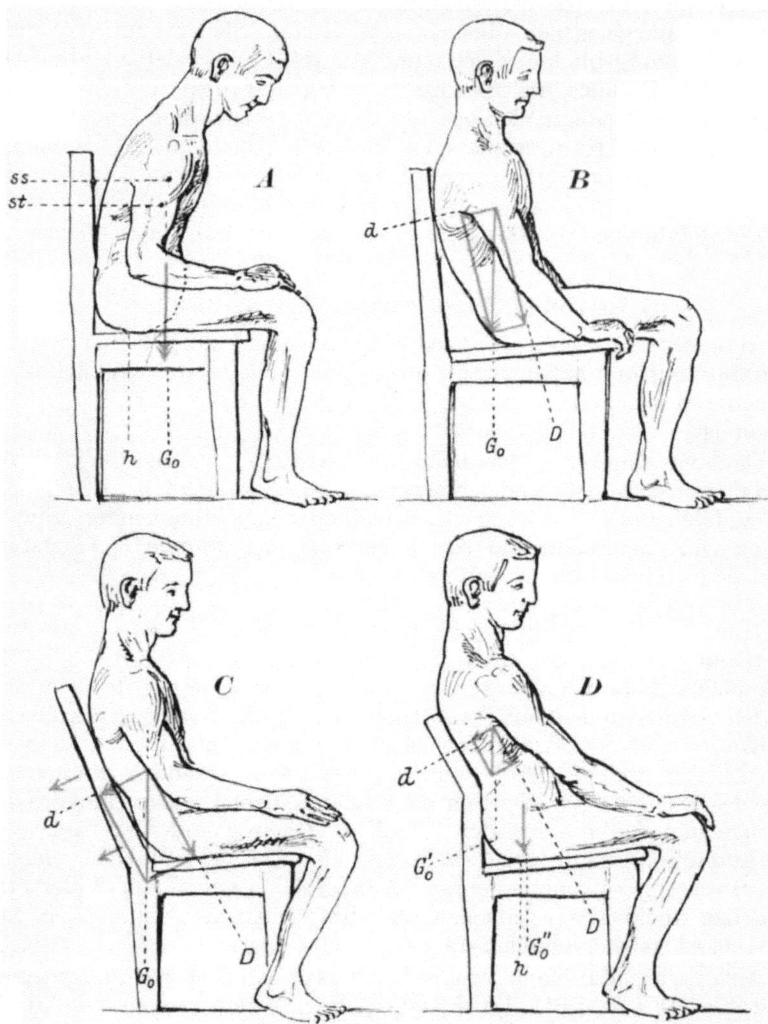

Fig. 117 *A, B, C, D.*

sammenkrümmung und Beengung der Eingeweide, der Respiration etc.),
oder muß durch andauernde Anspannung der dorsalen Lendenmuskeln
gerade oder vorwärtskonvex (flachhohler Rücken) gehalten werden.
Von einem wirklichen bequemen Ausruhen kann nicht die Rede sein.

2. Schräge, rückwärts aufsteigende, ununterbrochene Rückenlehne (oder stark rauhe vertikale Lehne mit Reibungswiderstand).

Der Widerstand der Lehne hat hier eine tragende vertikale Komponente. Ein Seitenschub an der Sitzfläche nach vorn ist auch hier vorhanden. Dagegen kann sich das Kreuz, bei flachem Rücken auch der Lendenteil anlehnen und können die dorsalen Lendenmuskeln entspannt sein und ausruhen (Fig. 117 C).

3. Rückenlehne, die im oberen Abschnitt, dem unteren Brustteil und dem obersten Lendenteil des Rückens entsprechend nach hinten aufsteigt, im unteren Teil unterbrochen oder annähernd vertikal gestellt ist.

Eine solche Lehne (Fig. 117 D) erlaubt im Vergleich zur vorigen immer noch, den Schwerpunkt des suprasellaren Körperabschnittes hinter die Sitzfläche zu verlegen und sich wirklich, wenn auch weniger schwer, anzulehnen. Sie erlaubt insbesondere, den Brustteil in den Lenden aufzurichten und zurückzubeugen, zur Aufrichtung der Schulterblätter und Höherhaltung der Arme, sowie zur gleichmäßigeren Beteiligung der oberen Junkturen des Stammes bei der Aufrichtung des Kopfes. Der Seitenschub an der Sitzfläche nach vorn ist aber geringer. Die Subselliumfläche braucht nicht so steil nach vorn aufzusteigen; ein Rückstemmen von den Füßen und Knien her wird schon durch ein geringes Aufsteigen der Subselliumfläche nach vorn überflüssig gemacht. Bei völligem Zurücklehnen des Oberrumpfes können sich die dorsalen Lendenmuskeln entspannen, während doch das Einsinken der Lendenwirbelsäule nach hinten verhindert ist. Von besonderem Vorteil ist auch noch, daß eine geringere Anstrengung der ventralen Muskeln vonnöten ist, um den Rumpf frei aufzurichten, da solches wesentlich nur am oberen Abschnitt zu geschehen hat. Das Rückwärtsausgleiten ist bei vertikaler Unterlehne verhindert.

Man erkennt aber, daß diese Vorteile nur gegeben sind, wenn die Oberlehne tief genug steht, so daß sie sich der Hinterfläche des Thorax bei nicht allzu großer Rückneigung etwas von unten her anlegt.

In den Figg. 117 A—D bedeuten die mit G_0 resp. mit G'_0 und G''_0 bezeichneten roten Linien (Pfeile) die Wirkung der Schwere am Stamm (mit Schultern etc.) Die roten Pfeile d und D stellen die gegen die Rückenlehne und gegen die Sitzfläche wirkenden Druckkomponenten dar. Der Punkt h ist der hintere Rand der Unterstützungsfläche, die Punkte ss und st in Fig. A entsprechen den Schwerpunkten der oberhalb des Sacrum resp. oberhalb der Tubera befindlichen Körpermasse.

δ) Subsellium, Arbeitstisch und Schulbank.

Die Frage, wie ein gutes Subsellium konstruiert sein soll, beantwortet sich verschieden, je nach den gestellten Anforderungen. Ein Ruhestuhl zum völligen Ausruhen in einer Mittellage zwischen Sitzen und Liegen wird eine Lehne haben müssen, welche bis zum Kopf reicht, stark nach hinten geneigt ist, dem leicht gerundeten Rücken folgt und sich am Hals etwas zurückbiegt. Der Sitz muß verhältnismäßig steil nach vorn aufsteigen, namentlich wenn er nicht gepolstert ist, aber niedrig sein, so daß auch bei mehr gestreckten Knien die Füße den Boden erreichen. Gewisse Einrichtungen müssen gegeben sein, um die Aufrichtung des Körpers und das Aufstehen zu erleichtern (Armlehnen, die man ergreifen kann, Schaukelstuhl).

Ein bequemer Stuhl zum Aufrecht- und Freisitzen und zum Arbeiten am Tisch, der auch erlaubt, sich etwas anzulehnen und leicht wieder von der Lehne zu erheben und einen genügenden Wechsel des Sitzes gestattet, wird ein genügend langes, nach vorn ganz leicht aufsteigendes, vorn nach unten abgebogenes Sitzbrett und eine unten vertikale, oben in gewisser Höhe etwas rückwärts abgebogene Lehne haben müssen (die allenfalls nur durch zwei Querbretter repräsentiert zu sein braucht). Die Sitzfläche muß so hoch stehen, daß sie bei voll aufgesetztem Fuß, vertikalem Unterschenkel und leicht rückwärts absteigendem Oberschenkel der Unterseite des letzteren folgt.

Bei der Bestimmung der Tischhöhe handelt es sich gewöhnlich um einen Kompromiß zwischen verschiedenartigen Anforderungen. Zum bloßen Auflegen der Hände und des Buches beim Lesen könnte die Tischfläche ziemlich hoch liegen und steil nach vorn aufsteigen. Der Lesende könnte sich gerade halten oder leicht hinten anlehnen. Zum Schreiben muß die Tischplatte so hoch sein, daß bei leicht vorgebeugtem Körper und leicht vorgestelltem Oberarm ein wirkliches Aufstützen mit einem Ellbogen und Vorderarm möglich ist (zur Ruhigstellung des Körpers und des Heftes). Andererseits muß die schreibende Hand sich ohne allzu große Hebung des Oberarmes frei bewegen können. Das alles ist weder bei ganz aufrechter, noch bei ganz symmetrischer Körperhaltung erreichbar; eine solche zu verlangen ist widersinnig. Ein leichtes Aufsteigen der Tischfläche ist für das Auge und die schreibende Hand vorteilhaft, läßt sich aber nur bei einem Tisch einrichten, der wesentlich nur zum Schreiben (und Lesen) benutzt wird.

Die oben besprochenen mechanischen Bedingungen des Sitzens müssen vor allem berücksichtigt werden bei der Konstruktion der „Schulbank", bei welcher Subsellium und Tisch in bestimmter Weise miteinander verbunden sind. Die absolut starre Verbindung hat sich nicht als vorteilhaft und zulässig erwiesen, indem zum Aufrechtstehen zwischen beiden Elementen ein horizontaler Zwischenraum zwischen Sitzvorderkante und der dem Tisch benachbarten Tischkante erforderlich ist, während beim Schreiben die zweite dieser Linien ungefähr vertikal über der ersten stehen sollte. Es kann hier auf die Schulbankfrage nicht weiter eingegangen werden. Was die asymmetrischen Sitz- und Schreibhaltungen betrifft, so sollen sie in einem späteren Kapitel behandelt werden.

C. Symmetrische Liegestellungen und Verwandtes.

Als Liegestellungen im engeren Sinne des Wortes bezeichnen wir diejenigen Stellungen, bei welchen der Rumpf in annähernd horizontaler Lage, in größerer Ausdehnung an einer Längsseite direkt auf der Unterlage aufruht. Liegestellungen im weiteren Sinne des Wortes sind Stellungen, bei welchen die Längsachse des Stammes der horizontalen Unterlage mehr oder weniger parallel steht und stark genähert ist. Wir dürfen nicht vergessen, daß wir einen großen Teil unseres Lebens liegend zubringen. Die mechanischen Verhältnisse beim Liegen verdienen demnach eingehende Würdigung. Bei den symmetrischen Liegestellungen handelt es sich entweder um die Bauch- oder um die Rückenlage. An die Liegestellung in Bauchlage schließen sich die Liegestütze und der Liegehang vorlings an, ferner die verschiedenen Fuß-, Arm- und Kniearmstützstellungen, die wir vielleicht als Kriech- oder Vierfüßlerstellungen zusammenfassen dürften. Aus solchen Stellungen gelangt man unter Preisgabe der Unterstützung durch die oberen Extremitäten zum freien Knien und zu Hockstellungen und aus diesen zum aufrechten Stand. Unter Preisgabe der Unterstützung durch die unteren Extremitäten aber läßt sich der Körper aus der Liegestütze überführen in den Ellbogen-, Vorderarm- und Handstand; aus dem Liegehang ebenso in den freien Hang an den Armen.

Aus der Liegestellung in Rückenlage ist ein Übergang möglich einerseits zu den Sitzhaltungen, anderseits zum Nacken- und Handstand; aus dem Liegehang rücklings an den Händen und Füßen können andere Arten des Hanges, beispielsweise der Kniehang oder der freie Hang an den gebeugten oder an den gestreckten Armen entwickelt werden. Indem wir diese Übergänge verfolgen, gelangen wir zu einer ersten Übersicht über die möglichen symmetrischen Stellungen, welche von verschiedenen Gesichtspunkten aus wertvoll ist. Namentlich der Zusammenhang zwischen dem Liegen in Rückenlage und dem Sitzen, und zwischen der Bauchlage, der Liegestütze bäuchlings, dem Kriechen und dem Stehen verdient genauer studiert zu werden mit Rücksicht darauf, daß das Kind nur schrittweise, durch Übergangsstellungen hindurch vom Liegen zur Fähigkeit des Aufrechtstehens und -gehens gelangt. Der Erwachsene aber geht täglich und mehrmals im Tage aus einer dieser beiden extremen Stellungen in die andere über.

α) Liegen auf dem Rücken und Liegestützen rücklings.

Die Art der Unterstützung beim Liegen ist außerordentlich wechselnd. Selbst wenn sich die Unterlage vollständig genau der Unterseite des Körpers anschmiegt, verteilt sich der Druck doch niemals gleichmäßig auf dieselbe. Beim Liegen im Wasser (Schwimmen auf dem

Rücken) richtet sich die Größe des von unten auf jedes Flächenstück
wirkenden Überdruckes nach der Höhe der darüber vom Körper ver-
drängten Wassersäule. Beim Liegen auf weichem Pfühl oder in der
Hängematte kann die Größe des unter jeder Stelle wirkenden Druckwiderstandes einigermaßen aus der Spannung der tragenden Gurten,
die über größere Strecken gleich ist, und aus der Größe ihrer Ausbiegung
beurteilt werden. Soweit die Glieder „gelöst", die Gelenke beweglich
sind, wird hier jedes auf der Unterlage aufruhende Querglied des Körpers
direkt von der Unterlage getragen, doch so, daß über aufwärts gewölbten
stützenden Flächen noch Zugspannungen, über aufwärts konkaven
Stellen der Unterlage Druckspannungen von Glied zu Glied (am Skelett
oder an den Weichteilen) wachgerufen sind. Eine Versteifung des
Körpers aber durch passive Widerstände des Skelettes oder durch die
Anspannung von Muskeln bringt die untere Körperoberfläche in Formen,
welche eine annähernd gleichmäßige Ausbiegung der Unterlage und eine
annähernd gleichmäßige Verteilung des Widerstandes nicht zulassen,
so daß selbst auf weichem Lager die stärker abwärts ragenden Teile

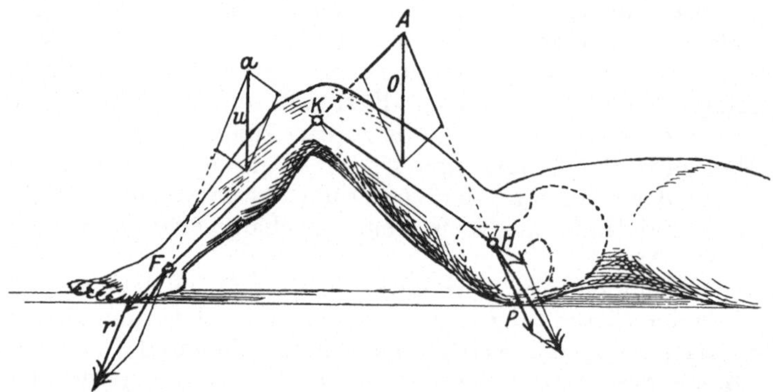

Fig. 118. Rückenlage. Unterstützung des im Knie abgehobenen Beines. *F* Fußgelenkachse, *K* Kniegelenkachse, *H* Hüftgelenkachse, *u* Gewicht des Unterschenkels, Zerlegung nach *F* und *H*; *o* Gewicht des Oberschenkels, Zerlegung
nach *F* und *H*.

einen größeren Widerstand hervorrufen. Für eine feste Unterlage gilt
solches natürlich noch viel mehr.

Flach liegen. Wir wollen zunächst annehmen, daß die Last der
Arme und der Beine, des Kopfes und Halses direkt von der Unterlage
getragen wird, ebenso wie diejenige des Rumpfes. Solches ist bei den
Beinen der Fall, wenn sie ohne Anspannung der Hüftbeuger oder der
vorderen (jetzt oberen) Kapselbänder gestreckt der Unterlage aufliegen.

Liegen von den Beinen bloß die Fersen auf und sind die Knie unter Beugung
von der Unterlage abgehoben, ohne daß die Muskeln angespannt sind, so wirken
die Gewichte des Ober- und Unterschenkels mit zwei schrägen abwärts divergierenden Resultierenden gegen den Fuß und gegen das Hüftgelenk (siehe Fig. 117).
In ähnlicher Weise ergibt sich eine nach dem Rumpf hin gerichtete schrage Komponente bei hochgelagertem Kopf und Hals, oder bei hochgelagertem gestrecktem
Bein.

Stärker beeinflußt werden die statischen Verhältnisse des Rumpfstammes, wenn die Beine durch die Beuger des Hüftgelenkes teilweise getragen oder ganz von der Unterlage abgehoben und gleichsam mit dem
Becken versteift sind, oder wenn in gleicher Weise Hals und Kopf durch
die vorderen Muskeln des Halses gehoben und mit dem Brustkorb versteift sind. Die Last der so abgehobenen Teile muß dann zugleich mit
derjenigen der nicht abgehobenen Teile von der Unterstützungsfläche
der letzteren getragen werden. Zur Versteifung der an die Rumpfenden
angehängten Gewichte mit dem Rumpf sind natürlich besondere Kräfte
notwendig. Auf den unterstützten Teil wirken dabei von jedem abgehobenen Teil aus je in zwei verschiedenen Kraftlinien in annähernd
entgegengesetzter Richtung zwei resultierende Kräfte. Hierdurch muß

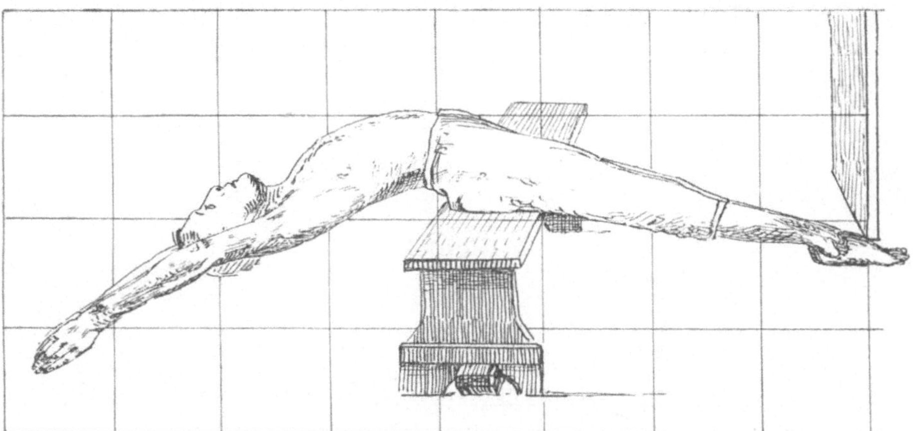

Fig. 119. Rückenlage bei bloßer Beckenunterstützung und über den Scheitel gehobenen Armen. Umzeichnung nach Steinemann.

natürlich die Form des Rumpfes mehr oder weniger verändert werden.
In der nebenstehend (Fig. 119) abgebildeten Haltung ist eine derartige Versteifung des ganzen Oberkörpers mit dem Becken gegeben.
Für die Verteilung der Körperlast auf die Unterstützungsfläche
ist bei alledem die Lage des Körperschwerpunktes maßgebend.
Bei getrennter Brust- und Beckenunterstützung müssen die beiderorts
getragenen Gewichtsanteile zusammen dem Körpergewicht (soweit es
vom Rücken getragen wird) gleich sein. Die Produkte der beiden
Komponenten der Schwere und ihrer Abstände vom Gesamtschwerpunkt
müssen einander gleich sein. Je näher letzterer der einen Unterstützungsfläche, desto mehr entfällt von der Belastung auf letztere.
Rückt der Schwerpunkt nach der einen oder anderen Seite über den Rand
der gemeinsamen Unterstützungsfläche hinaus, so muß der ganze versteifte Körper nach dieser Seite umkippen oder umrollen, bis wieder neue
Unterstützung jenseits der Schwerlinie gewonnen ist. Solches kommt beispielsweise zur Geltung bei Rückenlage mit halb aufgerichtetem

Oberkörper, wenn die Brustunterstützung aufgegeben ist, und nur die
Lenden- und Beckenunterstützung bleibt. Diese Stellung kann festgehalten werden bei horizontal ausgestreckten oder halb angezogenen
Beinen, wenn der Stamm ventralwärts zusammengekrümmt ist und die
Arme den Beinen genähert sind (Fig. 122). Wird aber die Wirbelsäule
gestreckt, und bringt man namentlich die Arme in freier Hochhalte
möglichst von den Beinen weg, so wird der Körperschwerpunkt über
die Beckenunterstützungsfläche hinaus kopfwärts verschoben. Der Stamm

Fig. 120.   Umzeichnung nach Steinemann.

legt sich in der ganzen Länge des Rückens auf den Boden, selbst wenn
die Beine gestreckt und nur wenig vom Boden abgehoben sind.

Bleibt aber der Stamm ventralwärts zusammengebogen, und werden die
Beine durch Beugung im Hüftgelenk hochgehoben, so rollt der Körper auf dem
runden Rücken kopfwärts. Bei energischer Aktion, unter Benutzung der gewonnenen
lebendigen Kraft kann er bis auf die Schultern und den Nacken oder sogar kopfüberrollen, oder es können Schultern, Nacken und Oberarme als neue Unterstützungs-
flachen benutzt werden, auf welchen sich der übrige Körper zum Nackenstand
aufrichtet. Werden die Hande beim Kopfüberrollen im richtigen Augenblick
stark dorsalwärts flektiert, so daß die Hohlhandfläche gegen den Boden und die
Finger gegen die Füße zu gerichtet sind, und werden sie in dieser Stellung neben
dem Kopf dem Boden aufgesetzt, so sind neue Stützflächen für den kopfwärts-
rollenden Körper gewonnen, auf welchen derselbe durch die Stemmkraft der Arme
vom Boden erhoben und unter Streckung des Stammes und der Beine in den
Handstand aufgerichtet werden kann.

Sind die Beine (bei genügender Rückenunterstützung) so hoch gehoben, daß ihr Schwerpunkt über der Beckenunterstützung liegt, so können zwar im Hüftgelenk noch fixierende Kräfte zur Feststellung notwendig sein, ein Einfluß des Beingewichtes zur Drehung des Beckens um seine Unterstützungspunkte macht sich aber nicht geltend (Fig. 120). Sind aber die Beine in schräger oder mehr gestreckter Lage zum Rumpf frei gehoben und im Hüftgelenk festgestellt (Fig. 121), so ist dieser Einfluß sehr groß. Das Becken müßte an seinem kranialen Ende mitsamt den benachbarten Lendenwirbeln in deutlicher Weise gehoben werden, unter Vermehrung der Lendenkrümmung und stärkerer Hohl-

Fig. 121. Umzeichnung nach Steinemann.

stellung des Lendenrückens, wenn nur die allmählich anwachsenden elastischen Widerstände der Wirbelsäule entgegen wirkten. Tatsächlich geraten aber sofort mit der Anspannung der Hüftbeuger zur Hebung der Beine auch die Muskeln der vorderen Bauchwand in starke aktive Spannung, wodurch die Drehung des Beckens stark eingeschränkt, wenn nicht sogar verhindert wird. Nach Maßgabe, wie diese Einflüsse der Beckendrehung entgegenwirken, werden gleichsam auch weiter vorn gelegene Teile mit dem vorderen Beckenende versteift und müssen von ihm mitgehoben werden. Ohne daß es zu einer von der Lendengegend aus noch weiter brustwärts fortschreitenden eigentlichen Abhebung zu kommen braucht, vermindert sich doch der Druck auf die Unterlage am Brustteil, unter entsprechender Mehrbelastung der Beckenunterstützung, bis schließlich die cranialerseits am Becken angehängte Last

dem drehenden Einfluß der hinten angehängten Last der Beine Gleichgewicht hält.

Anders liegen die Verhältnisse bei der Erhebung des Kopfes
und Halses von der Unterlage. Um aus der Rückenlage, bei welcher
der Stamm in seiner ganzen Länge aufliegt, den Oberkörper aufzurichten, muß die Aufrichtung am Kopf beginnen und darf die Abhebung von der Unterlage nur successive auf die weiter beckenwärts
gelegenen Teile ausgedehnt werden. Ein allfälliges Anziehen der Beine
darf erst verhältnismäßig spät erfolgen (Fig. 122). Solang nur Hals
und Kopf, aber nicht der obere Brustteil der Wirbelsäule vom Boden
abgehoben wird, vermindert sich unverkennbar im mittleren und unteren
Brustteil der Druck des Rückens gegen die Unterlage; die Abhebung

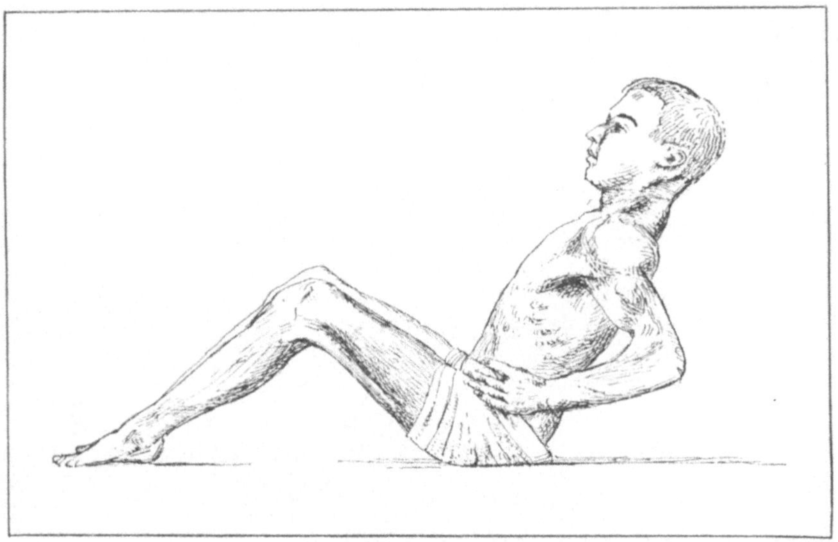

Fig. 122.   Umzeichnung nach Steinemann.

des Lendenrückens von der Unterlage breitet sich weiter brustwärts aus.
Hals und Kopf wiegen den Brustkorb, mit welchem sie gleichsam versteift
sind, über seiner Unterstützungsfläche, über welche sie frei vorragen,
kopfwärts hinüber. Sobald aber infolge stärkerer aktiver Anspannung
der vorderen Bauchmuskeln auch das kraniale Brustende sich aufzurichten und von der Unterlage abzuheben beginnt, verschiebt sich
nicht bloß die kraniale, sondern auch die kaudale Grenze der Brustunterstützung beckenwärts; die Brustkrümmung wird stärker und
dehnt sich beckenwärts aus, die Lendenkrümmung flacht sich ab;
zuletzt haben wir nur noch eine einfache zusammenhängende Stütz-
fläche für den Lenden- und Beckenteil des Rückens.

Die Unterstützung des Rumpfes in Rückenlage geschieht nur in
seltenen Fällen ausschließlich oder fast ausschließlich in der Lenden-

gegend (es ist dies möglich, wenn etwa der Körper mit der Lendengegend über ein Kissen, einen Balken, eine Stange gelegt ist. Der Körper biegt sich dann meist zu einem rückwärts konkaven Bogen und wird schließlich in seiner Form festgestellt durch die elastischen Widerstände des Skelettes und die an der Ventralseite der Gelenke und Junkturen gelegenen Muskeln. Dabei spielt am Rumpf die Spannung in der ventralen Rumpfwand (s. a. a. O.) eine wichtige Rolle.

Häufiger steht im Gegenteil die Lende mehr oder weniger hohl über der Unterlage. Die Hauptunterstützung geschieht dabei an der Becken- und Brustgegend. Die hinteren Rippenwirbelverbindungen sind so weit gefestigt, daß die unterstützenden Widerstandskräfte ebensogut am hinteren Umfang der Rippenwand, als durch die Haut, die Muskeln und die Wirbeldornen hindurch an der Wirbelsäule angreifen können. Auch die Hüftbeine sind mit der Wirbelsäule in den Iliosacraljunkturen genügend versteift, daß die Widerstände vornehmlich an ihren dorsalen Rändern wirken dürfen.

Die Last der Rumpfeingeweide verteilt sich bei der horizontalen Rückenlage mehr gleichmaßig auf die dorsale Rumpfstammwand und auf die Wirbelsäule. Ein Teil ruht auf dem Abschnitt der weichen Bauchdecken, der sich neben der Wirbelsäule vom Becken zum Brustkorb ausspannt. Diese Belastung kann allerdings z. T. an der Lendenwirbelsaule aufgehangt sein, z. T. aber überträgt sie sich, durch die Langsspannung der Bauchwand neben der Wirbelsaule, auf das Becken und den Brustkorb und setzt sich durch die Rippenwand (und ihre Muskeln) zu mehr cranial gelegenen Wirbeln fort.

Nachgiebige weiche Bauchdecken werden dabei zunachst zwischen Becken und Brustkorb in ihren dorsalen Teilen starker ausgebogen und auch die dorsalen Teile des Zwerchfells müssen im Mittel bei der Rückenlage etwas mehr nach dem Brustraum zu ausgebogen sein, unter entsprechender Verdrangung der Lungen und seitlicher Ausweitung der Bauchhöhle. Hierbei ergibt sich eine Abflachung und Entspannung der ventralen Bauch- und Rumpfwand. Das Gewicht der Mediastinalorgane lastet ungleich den Verhältnissen beim aufrechten Stand mehr direkt auf der Brustwirbelsäule. So werden auch die Lungen teilweise direkt von der hinteren Brustwand getragen.

Diese Umstände müssen bei gleicher Anspannung der Rückenmuskeln dazu führen, daß die Lendenkrümmung bei der Rückenlage etwas verstärkt wird (Wegfall der Längsspannung in der ventralen Bauch- und Rumpfwand), während man gewöhnlich das Gegenteil annimmt. Für stärkeres Hohlstehen der Lende muß allerdings eine besonders vermehrte Anspannung der dorsalen Muskeln der Lendengegend sorgen, es sei denn, daß der Körper oder Rumpf als freier Bogen mit starkem Seitenschub zwischen zwei Widerlager eingestemmt ist (Spannbeuge).

Aufbäumen in Rückenlage (Rückenlage in „Spannbeuge").

Bei ungewöhnlich energischer Kontraktion der dorsalen Rückenmuskeln kann die ganze Wirbelsäule so stark „gestreckt" resp. nach hinten zusammengebogen sein, daß nicht bloß die Lendengegend, sondern auch der Brust- und Halsteil des Rückens bis zum Kopf hin von der Unterlage emporgehoben sind und hohl stehen; der Stamm bildet dann nur einen einzigen, mit den Enden (Kopf und Becken) aufgesetzten Brückenbogen. Bei genügendem Widerstand der Unterlage gegen den Seitenschub (Einspannung zwischen vertikale Wände) kann dieser Bogen unter teilweisem Nachlaß der Muskelspannung festgestellt bleiben. Die Muskeln der vorderen Bauchwand sind natürlich mehr oder weniger gedehnt und passiv gespannt.

Durch maximale Extension im Hüftgelenk und Anspannung der Beuger der mäßig gebeugten Kniegelenke kann der Brückenbogen noch stärker zusammengekrümmt und so verlängert werden, daß er den ganzen Körper von den Fersen bis zum Kopf umfaßt. Ein so hochgradiges Aufbäumen in Rückenlage kann beim **Starrkrampf** beobachtet werden. Artisten lassen die von ihrem Körper gebildete Brücke in dieser Lage noch durch Gewichte, ja durch das Gewicht eines ganzen Menschen, der auf ihrem Bauch steht, belasten. Eine ähnliche, nur nicht notwendig so hoch gewölbte Brücke kann dadurch gebildet sein, daß Kopf und Fersen auf erhöhten Punkten (zwei Stühlen) aufruhen. Der Körper wird auch hier versteift durch **Anspannung der Muskeln an der Dorsalseite sämtlicher Gelenke.**

Wie an irgend einer Trennungsebene, welche man sich durch den Körper und eine bestimmte durch das ganze Skelett durchgehende Junktur gelegt denkt, die inneren Widerstandskräfte der Verbindung wirken müssen, ist leicht einzusehen. Man braucht sich nur die so getrennten beiden Stücke je in sich versteift zu denken und die an ihm wirkenden äußeren Kräfte (äußerer Widerstand, Schwere) zu bestimmen. Diesen Kräften muß durch die an der Trennungsfläche von einem Stück zum anderen wirkenden inneren Widerstände Gleichgewicht gehalten werden.

Wir wollen zum Schluß noch die Rückenlagen besprechen, bei welchen der Stamm in der **Schultergegend indirekt unterstützt** ist, wozu sich die im vorigen Fall gegebene indirekte Beckenunterstützung noch hinzugesellen kann. Es sind das die sog. **Arm-Liegestützen rücklings** und der **Arm-Liegehang rücklings.**

Bei der **Arm-Liegestütze rücklings** kann man die **Ellbogen-** oder **Ellbogen-Vorderarm-Liegestütze** und die **Hand-Liegestütze** unterscheiden. Letztere ist bei gestreckten oder gebeugten (eingeknickten Armen) möglich.

Beim **Arm-Liegehang rücklings** können die Oberarme oder die Vorderarme, oder die Hände eingehängt resp. eingehackt, die Arme können mit der Ellenbeuge oder mit den Händen angeklammert sein. Sind die Hände mit kraftvoll eingeschlagenen Fingern festgeklammert, so ist es möglich, daß an ihnen je zwei entgegengesetzt gerichtete Widerstandskräfte gegeben sind, die sich durch eine Mittelkraft ersetzen lassen, welche nicht durch die Hand, sondern außerhalb derselben nach oben wirkt und nicht genau vertikal gerichtet zu sein braucht.

Das kaudale Stammende kann direkt der Unterlage aufruhen, wobei die Last der Beine direkt unterstützt, oder mit dem Stamm versteift und von ihm getragen wird (s. o. Rückenlage), oder es sind nur die Beine unterstützt, wobei hängende Ketten oder stehende Gewölbe gebildet sein können, je nachdem das Hüft- und Kniegelenk höher oder tiefer stehen als die Unterstützungsfläche. Ob fixierende Kräfte und welche an diesen Gelenken nötig sind, hängt vom einzelnen Fall ab. (Hierher gehört der Liegehang in den Knien, an den quer zur Seite gestellten Füßen usw.) Auch für die Bauch- und Lendengegend gestaltet sich die Beanspruchung der Muskulatur je nach Umständen verschieden. In der Regel wird beim Liegehang an den Beinen die Lendenwirbelsäule mehr oder weniger nach hinten konkav und die vordere Bauchwandmuskulatur aktiv gespannt sein.

Wenn sich der Stamm rücklings auf die dorsal gestellten Arme stützt oder an den ventral gestellten Armen hängt, immer ruht er dabei in einer Halfter, welche von den Schulterblättern und den hinteren, vom Stamm zum Schultergürtel oder zum Arm gehenden Muskeln (Rhomboidei und Trapezius, Latissimus dorsi) gebildet ist. Durch die Stemmwirkung der Clavicula wird die Halfter ventralerseits ausgebreitet und seitlich vom Stamm entfernt gehalten. Ein Teil der Last kann auch direkt durch die Clavicula auf die äußeren Teile der Schulterblätter übertragen werden (hängt gewissermaßen an den inneren Enden der Schlüsselbeine, insbesondere wenn die Schultern stärker rückgeführt sind, wobei auch die dorsalen Schultergelenkmuskeln angespannt und verkürzt sein müssen (siehe III. Band. Abschnitt Schulter).

β) Bauchlage und Liegestützen vorlings.

Bei den annähernd horizontalen Stellungen des Rumpfes mit nach unten gewendeter Ventralseite kann es sich um eine direkte oder um

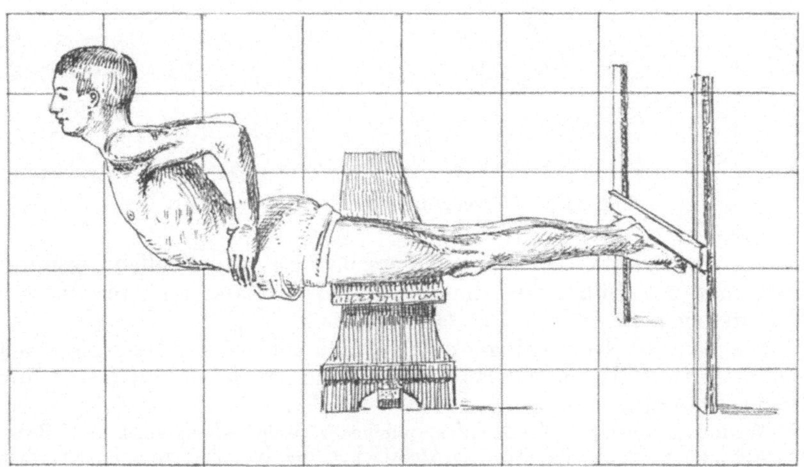

Fig. 123. Umzeichnung nach Steinemann.

eine indirekte, durch die Extremitäten vermittelte Unterstützung des Rumpfes handeln.

Eine indirekte Unterstützung des Stammes durch Versteifung mit den Beinen ist in Fig. 125 dargestellt. Bei der direkten Unterstützung des Rumpfes (direkte Bauchlage, Bauchlage schlechtweg) sind Hals und Kopf einerseits, die Beine andererseits entweder ebenfalls direkt unterstützt, oder es sind diese Teile von der Unterlage frei abgehoben und nur vom Rumpf her gehalten, und ähnlich können allenfalls auch die Arme mit dem Rumpf versteift freigehalten sein.

Beim Liegen auf dem Bauch sind in der Regel die Beine direkt unterstützt, am Rumpf aber nehmen vor allem die Teile des Brustkorbes und des Beckens, welche den oberen und unteren Brustausschnitt begrenzen, den Widerstand der Unterlage auf und tragen den größten Teil des Rumpfstammes mit den Schultern, ebenso unter Umständen aber auch den frei aufgehobenen Hals und Kopf und die von der Unterlage abgehobenen Arme (s. Fig. 124). Es können aber auch bei genügend beckenwärts reichender Bauchunterstützung die Beine in ihrer ganzen Lage von der Unterlage abgehoben, mit dem Rumpf versteift und von ihm frei getragen sein. Dagegen ist eine Erhebung des ganzen Rumpfes, mit Kopf, Hals und Armen von der Unterlage und ein Auftreten bloß

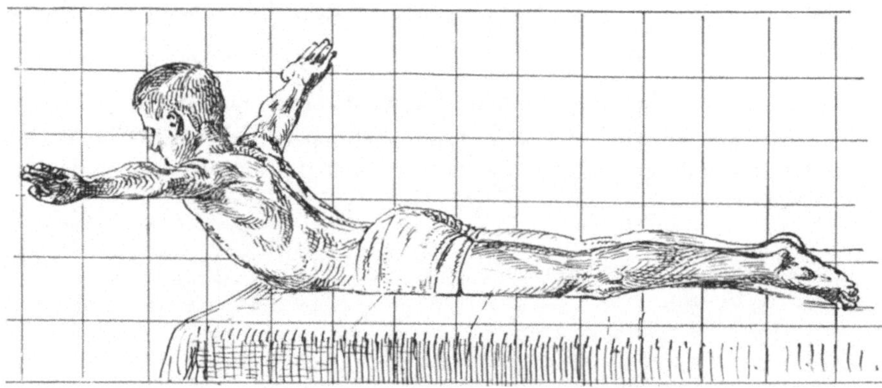

Fig. 124. Umzeichnung nach Steinemann.

auf der Vorderseite der Beine (Oberschenkel) nur möglich, wenn die Beine nach den Füßen hin durch einen Widerstand an ihrer Oberseite am Aufsteigen gehindert sind (Fig. 124).

Die Last der Rumpfeingeweide verteilt sich bei der Bauchlage mehr gleichmäßig auf die vordere Rumpfwand und ist durch dieselbe hindurch direkt unterstützt.

Wenn die vordere Wölbung des Bauches zwischen Brustkorb und Becken der Unterlage aufruht, das seitliche Ausweichen der Baucheingeweide aber durch die anwachsende Spannung der seitlichen Bauchwand (und des Zwerchfells) gehemmt ist, kann auch noch ein Teil der Last der Wirbelsäule durch den Gegendruck der Baucheingeweide direkt getragen werden.

Liegen auch die Oberschenkel auf, so ist das Becken nicht bloß in der Symphyse, sondern auch seitlich durch den Ansatz des Oberschenkels hindurch direkt unterstützt. Die direkte Unterstützung der Brust trifft das Brustbein, die Rippenknorpel und in größerem oder geringerem Umfang, durch die Haut und die großen Brustmuskeln hindurch die Enden der Rippenknochen. Letztere wirken als federnde Streben, zwischen deren einwärts umgebogenen vertebralen Enden die Brustwirbelsäule mit ihrer Belastung eingehängt ist.

Liegestützen vorlings.

Wir können verschiedene Arten von Liegestütze vorlings unterscheiden:
die Armliegestütze auf der Hand, bei gestrecktem oder gebeugtem (einge-
knicktem) Arm und die Liegestütze auf den Vorderarmen oder den Ellbogen.
Endlich kann z. B. beim Turnen am Barren der seitlich geführte Oberarm unterstützt sein.

Knickstütze auf den Händen und Vorderarm- oder Ellbogenliege-
stütze können sich mit direkter Unterstützung des Bauches und Beckens kombinieren, nicht aber Handstütze auf den mehr oder weniger gestreckten
Armen. Dieselbe ist auf ebenem Boden nur möglich bei vom Boden erhobenem
Bauch und Becken, wobei die hintere Unterstützung an den Knien oder Füßen
geschieht. Knie- oder Fußunterstützung kann aber auch bei Vorderarm- und Ell-
bogenunterstützung vorhanden sein (z. B. Knieellenbogenlage). In jeder dieser
Stellungen können die Stützpunkte der Extremitäten innerhalb gewisser Grenzen

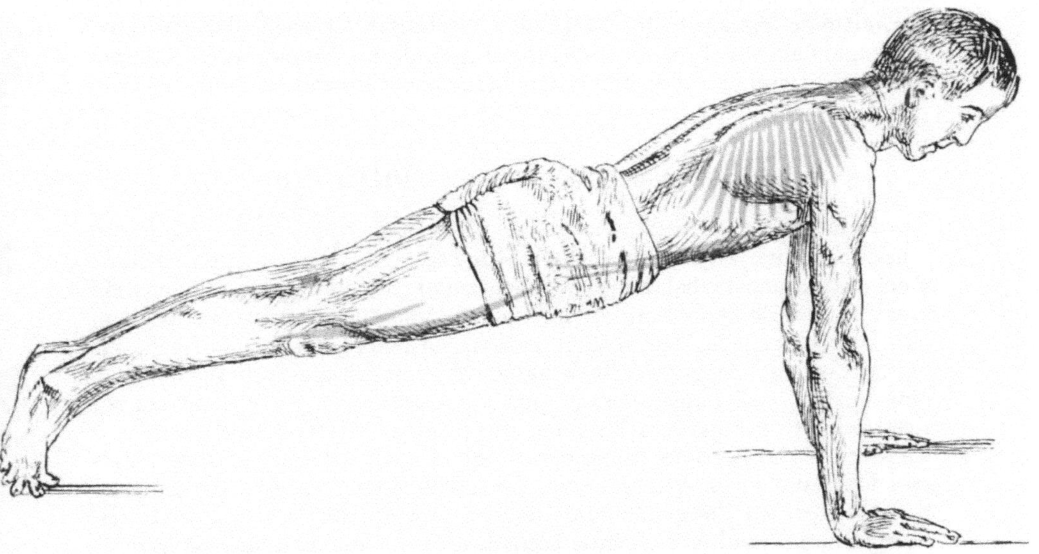

Fig. 125. Arm- und Beinliegestütze vorlings. Umzeichnung nach Steinemann.
Die zur Fixierung der Hauptgelenke angespannten Muskeln sind von uns durch
rote Linien bezeichnet, ebenso die vom Serratus ant. gebildete Traghalfter.

einander genähert oder voneinander entfernt werden, womit eine Richtungsänderung
der Extremitäten verbunden ist. Jeder dieser Stellungen entspricht eine besondere
mittlere Form des Stammes (Krümmung der Wirbelsäule), welche vor allem bedingt
ist durch die Stellung der Extremitäten und des Kopfes, aber innerhalb gewisser
Grenzen bei gleicher Extremitätenstellung variieren kann.

Liegt der Brustkorb nicht direkt auf, wird er vielmehr durch die
Arme unterstützt (Armliegestütz vorlings Fig. 125), so hängt der
Stamm zwischen den oberen Extremitäten (Humerus und Schulterblatt)
in einer Halfter, welche wesentlich vom Musc. serratus anterior und
von den ventralen Stammschultergürtel- und Stammarmmuskeln gebildet ist. Die ventrale Brustwand ist in diese Halfter gleichsam eingeschaltet.

Am Becken kann an Stelle der direkten Unterstützung die indirekte Unterstützung durch die Beine (Oberschenkel) treten. In diesem Fall wird die Bauchgegend völlig frei von der Unterlage (Arm- und Bein-liegestütze vorlings).

Es fragt sich, wie hierbei der Rumpfstamm in sich festgestellt ist. Wir illustrieren hier bloß, in Fig. 125 den Fall, in welchem der Körper gestreckt und einzig von den Füßen und den vertikal ge-stellten gestreckten Armen unterstützt ist (hohe Liegestütze). Die zur Feststellung in Anspruch genommenen vorderen Muskeln am Knie und Hüftgelenk, an der Bauchwand und an der Schulterblatt-rumpfverbindung (Serratus anterior), sowie die zur Feststellung des Kopfes angespannten Nackenmuskeln sind rot eingezeichnet. Geschieht die hintere Unterstützung bei gebeugten Beinen, so nähern sich die Verhältnisse denen beim Stand der Vierfüßler. Diesem letzteren ist im folgenden ein besonderes Kapitel gewidmet, wobei auch die ge-nannten Stellungen des Menschen berücksichtigt werden sollen.

D. Asymmetrische Haltungen.

Symmetrische Stellungen sind Mittelstellungen, zum mindesten hinsichtlich der möglichen seitlichen Bewegungen der unpaaren Skelett-stücke (Becken, Wirbel, Kopf) gegeneinander. Sie können im allgemeinen nicht ohne besondere Sorgfalt und nicht ohne Anstrengung der ringsum oder wenigstens der auf beiden Seiten gelegenen Muskeln aufrecht er-halten werden. Demgegenüber haben asymmetrische Stellungen öfters den Vorteil, daß hauptsächlich nur die Muskulatur einer Seite bei der Feststellung mitzuwirken braucht; die passiven Widerstände der Junk-turen oder die Schwere übernehmen die Gegenwirkung; ja unter Um-ständen kann in extremen Lagen Feststellung allein durch die Skelett-hemmungen auf der einen und die Schwere auf der anderen Seite ge-schehen. So erweisen sich ganz besonders die asymmetrischen Stellungen als Ausruhstellungen für die eine Hälfte der Muskulatur an den Ge-lenken; ein Wechsel zwischen denselben ist geradezu Bedürfnis für den Körper, während die Bedeutung der symmetrischen Haltungen mehr darin liegt, daß sie gleichsam als Zwischen- und Übergangsstellungen zwischen den verschiedenen asymmetrischen Stellungen auftreten. Übrigens er-geben sich kleine seitliche Verschiebungen des Körperschwerpunktes bei der anscheinend ruhenden, symmetrischen Haltung aus jedem kleinsten äußeren Anstoß und z. B. beim Stand aus jeder kleinen Bewegung des Kopfes, der Arme etc. Mehr, als man gewöhnlich denkt, ist jede der-artige Bewegung von Bewegungen und Muskelaktionen an den stützenden Extremitäten und an der Wirbelsäule begleitet. Diese haben z. T. einen ausgesprochen äquilibratorischen und korrektiven Charakter. Man er-kennt auch hieraus, daß die symmetrischen Mittelstellungen nichts weniger als absolute Ruhestellungen sind.

Bei den verschiedenen Liegestellungen verbindet sich mit einer größeren Sicherung des Gleichgewichtes und entsprechend der Einschränkung der Bewegungsfreiheit eine gewisse Gleichheit der Bedingungen für die Aktion der oberen und unteren Extremitäten. Gerade die Liegestellungen, die wir beim Ausruhen, im Schlafe etc. einnehmen, sind ganz vorzugsweise asymmetrisch.

α) Asymmetrische Liegestellungen.

Der Mensch kann auf dem Rücken auf beiden Schultern liegen, das Becken aber nach links oder nach rechts gedreht sein. Umgekehrt ist bei symmetrischer Rückenlage der Beckengegend ein Liegen auf der

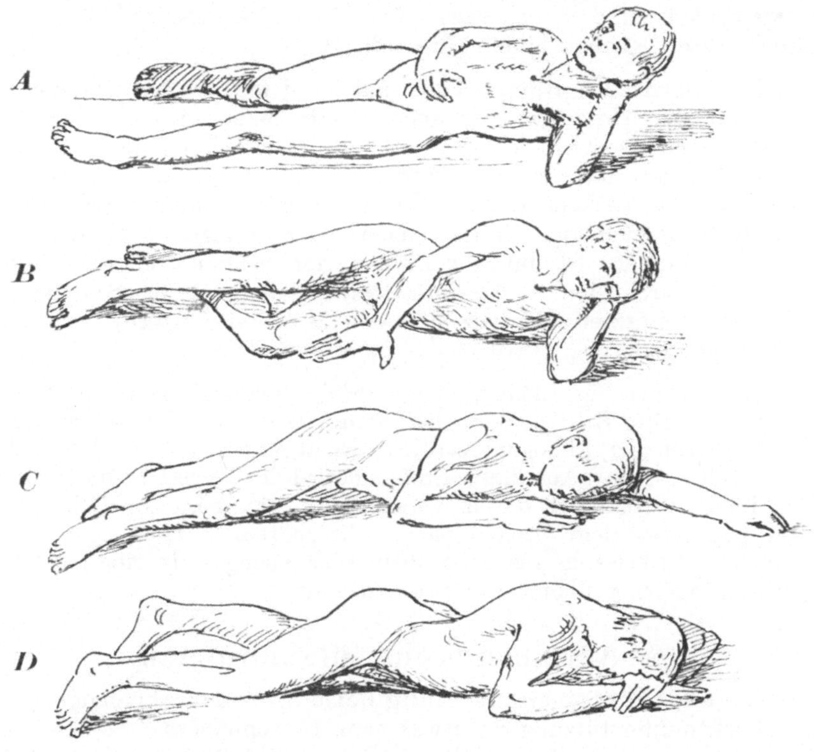

Fig. 126.

rechten oder auf der linken Schulter möglich. Solche Stellungen können den Übergang bilden zur Seitenlage, z. B. zur Seitenlage links auf der linken Beckenseite, der Außenseite des meist im Knie mehr oder weniger gebeugten linken Beines und der linken Schulter. Die rechte Schulter kann dabei entweder nach rechts zurückliegen, nur wenig vom Boden gehoben, eventuell noch hinten durch den rechten Arm gestützt sein, oder der Oberkörper ist nach links übergedreht, mit der Brustseite der Unterlage zugewendet und durch den vorgestellten rechten Arm unterstützt (Fig. 126 B). Das rechte Bein kann über das linke nach vorn hinübergehen, bis auch das Becken nach links gedreht und mit der Ventralseite dem Boden zugewendet ist. War bis jetzt der Kopf auf den linken Ellbogen gestützt, so kann nun der linke Arm nach hinten und links zurückgebracht und gestreckt oder gebeugt dem Boden aufgelegt werden. Der Kopf kann auf dem Oberarm oder Vorderarm aufruhen (Fig. 126 C u. D). Die linke Seite des Beckens und die Außenseite des linken Beines bleiben dabei die hauptsächlich unterstützten Teile. Für den Übergang zur Bauchlage ist besonders maßgebend die Änderung in der Becken- und Beinstellung, dank welcher nun die linke Leisten- und Bauchgegend und die Vorderinnen- resp. Vorderseite des Oberschenkels und Knies sowie des Unterschenkels und Fußes die unterstützten Flächen bilden (Fig. 126 D).

Erst wenn auch Rumpf, Hals und Kopf mit der Ventralseite voll und ganz der Unterlage zugewendet sind, haben wir die volle und symmetrische Bauchlage. Man erkennt, daß zwischen der symmetrischen Rücken- und der symmetrischen Bauchlage eine Menge von Zwischenlagen vorhanden sind, bei welchen fast immer der Körper und auch speziell der Stamm mehr oder weniger torquiert sind. Ähnlich torquiert ist im allgemeinen der Stamm bei halb aufgerichtetem durch den Arm resp. Oberarm der unteren Seite in den Schultern gestützten Oberkörper in den Liegestellungen seitlings (mit Armstütze).

So zeigt uns Fig. 126 A die Lage auf der linken Becken- und Gesäßseite; das rechte Bein liegt noch hinten. Die linke Schulter ist durch den Oberarm und Ellbogen gestützt, die rechte liegt mit dem linken Arm noch zurück. Aus dieser Stellung wird der Körper in die Stellung Fig. 126 B übergeführt durch Torsion des Stammes. Der Oberrumpf wird gegenüber dem Becken nach links gedreht. Dabei geht in der Regel die Wirbelsäule aus einer mehr rückgebeugten in eine mehr vorgebeugte Stellung über (sterbender Fechter).

β) Asymmetrische Sitzhaltungen.

Die asymmetrische Haltung beim Sitzen in Abhängigkeit von der Beckenunterstützung ist etwas ganz Gewöhnliches. Sie kann veranlaßt sein durch ungleiche Höhe (seitliches Abfallen) des Sitzes. Man kann aber auch auf einer ganz ebenen Sitzfläche schlecht oder „halb“ sitzen, sei es, daß man nur den Rand des Sitzes benutzt und nur eine Beckenhälfte unterstützt, während die andere über den Rand des Sitzes hinausragt und mit dem Oberschenkel tiefer sinkt (Fig. 127 A), sei es, daß durch den einen, über die vordere Kante des Sitzes steiler abfallenden Oberschenkel die betreffende Beckenseite gleichsam in die Höhe gehebelt wird (Fig. 127 B). Schulmädchen schieben leicht beim Hineintreten von einer Seite her in die Schulbank das Kleid unter der vorausgehenden Beckenseite weg unter die nachfolgende Beckenseite zusammen, so daß letztere beim Sitzen höher steht. Zur Geradehaltung des Oberkörpers ist

dann eine seitliche Rumpfbiegung notwendig, deren Konvexität nach der
Seite der tiefer stehenden Beckenhälfte gerichtet ist. Diese Krümmung
(Hauptkrümmung) hat korrektjven Charakter. Zu einer schrägen
Beckenhaltung führt leicht auch das Übereinanderschlagen der
Beine; mit dem einen Oberschenkel wird zugleich auch das Becken
gehoben, so daß wesentlich nur die andere Beckenseite unterstützt ist.
Es ergibt sich daraus die Notwendigkeit einer seitlichen korrigierenden
Ausbiegung der Wirbelsäule aus statischen Rücksichten, und zwar auch
wieder nach der Seite der tiefer stehenden Beckenhälfte hin.

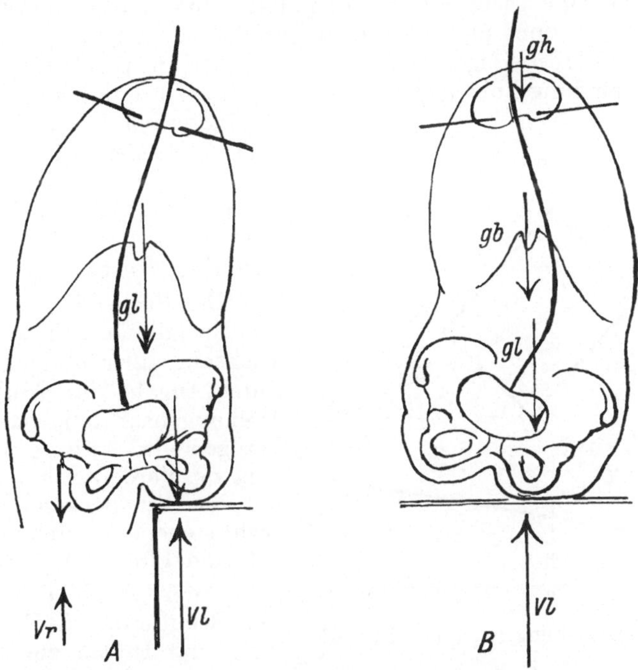

Fig. 127. *A*, *B*. Einseitige Beckenunterstützung beim Sitzen. Becken an der
freien Seite gesenkt bei *A*, gehoben bei *B*. *gh* Gewicht des Halses und seiner Belastung, *gb* Gewicht der Brust und ihrer Belastung, *gl* Gewicht der Lendenwirbelsäule und ihrer Belastung, *Vl* Unterstützung an der linken, *Vr* Unterstützungs-
widerstand an der rechten Beckenseite.

Bei bloß einseitiger Beckenunterstützung rückt die Kraftlinie der
Schwere der auf dem Sitz ruhenden Körperlast unten von der Wirbelsäule ab, so daß sich für den untersten Teil der Lendenwirbelsäule
eine erzwungene Biegung ergibt, deren Konkavität nach dieser Kraftlinie hingerichtet ist. Steht das Becken an der unterstützten Seite höher
(Fig. 127 A), so findet sich die erzwungene Biegung in Übereinstimmung
mit der seitlichen korrektiven Hauptkrümmung der Wirbelsäule; steht
jene Seite tiefer (Fig. 127 B), wobei die Kraftlinie (in der Vorder-
oder Hinteransicht) die Wirbelsäule kreuzt, so ist die **erzwungene**

Krümmung der Lendenwirbelsäule der korrigierenden oberen oder Hauptkrümmung entgegengesetzt.

Gemäß den früheren Auseinandersetzungen wird nun die Biegung des Rumpfes in besonderer Weise noch bestimmt durch die Tätigkeit der Arme, Augen usw., und zwar gibt gerade diese Tätigkeit ganz besonders häufig Anlaß zur Störung der Symmetrie.

Untersuchung der Sitzhaltung beim Schreiben.

Eine Anzahl wichtiger Anhaltspunkte über die Unterschiede in der Haltung gewinnt man nach dem Verfahren von F. Schenk (1894) durch Projektion einiger wichtiger Hauptlinien, vorab der „Beckenlinie" (Verbindungslinie der vorderen unteren Darmbeinstacheln), der „Schulterlinie" (Verbindungslinie der beiden Schulterhöhen), der Vorderarmlinie, der vorderen Tischkante und der Konturen des Heftes (s. Figur 128) auf die Horizontalebene.

Die Beckenlinie A B C ist die Grundlinie, auf welche die Richtung aller übrigen Linien durch Angabe des Winkels der Drehung nach links oder rechts bezogen wird. Einzig die Richtung des Vorderarms wird besser auf die zur Beckenlinie senkrecht stehende, durch ihre Mitte gehende Linie B R bezogen.

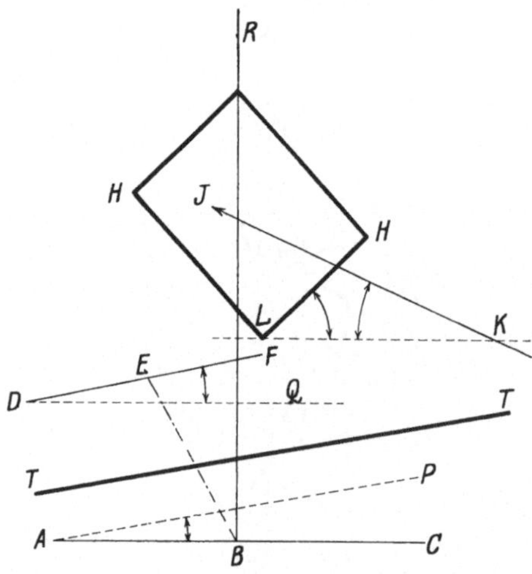

Fig. 128. Umzeichnung nach Frl. Schenk.

Der Abstand der Mitte E der Schulterlinie D F und der Mitte des Heftes von letzterer Linie ist ein Maß für die Rechts- oder Linksverschiebung des Oberkörpers oder des Heftes.

Immerhin ist zu bemerken, daß die Schulterlinie nicht genau der Richtung des bilateralen queren Durchmessers des oberen Brustkorbendes zu entsprechen braucht. Es wäre wohl wünschenswert, dafür als weitere Hauptlinie den von oberen Brustwirbeldornen zum oberen Ende des Brustbeins verlaufenden dorsoventralen Durchmesser zu berücksichtigen, ferner außerdem einen bilateralen queren Durchmesser der Schädelkapsel, z. B. die Verbindungslinie der beiden Ohröffnungen.

Zur vollständigen Analyse der Stellung müßte dann noch das horizontale Projektionsbild ergänzt werden durch die Projektion namentlich der Dornfortsatzlinie, der Oberarmlinie und einer bei aufrechter Kopfhaltung vertikal stehenden Mittellinie des Kopfes auf eine durch die Beckenlinie vertikal geführte Ebene und durch eine Projektion der Dornfortsatzlinie, der Oberarmlinie und einer bei aufrechter Kopf-

haltung horizontal verlaufenden Mittellinie auf eine zweite Vertikalebene, welche zu dieser ersteren senkrecht steht.

Natürlich sollte jeweilen auch die Lage und Neigung der Tischfläche zur Sitzbank genau ermittelt sein.

Unseres Wissens ist eine so vollständige Vermessungs-Aufnahme
der verschiedenen Sitz- und Schreibhaltungen bis jetzt nicht durchgeführt worden. Aus diesem Grunde sind die Ermittelungen über die
jeweilen vorhandenen seitlichen Biegungen in den verschiedenen Regionen
der Wirbelsäule und des Kopfes in manchen Punkten ungenügend.

F. Schenk (Kocher - Jubiläumsschrift 1891) beobachtete bei
Schulkindern, die man beim Schreiben sitzen ließ, wie sie wollten,
folgendes:

65 % der Schüler saßen mit rechts gedrehtem Becken,
92 % „ „ „ „ nach links verschobenem Oberkörper,
65 % „ „ „ „ Rechtsdrehung des Oberkörpers,
97 % „ „ „ „ Linksdrehung des Papiers,
60 % „ „ „ „ Rechtsverschiebung des Papiers,
98 % „ „ „ „ Abduction des rechten Oberarms.

Wir müssen annehmen, daß bei der in solcher Weise bevorzugten
Haltung der Oberkörper wesentlich durch den linken Arm unterstützt
war, der rechte Vorderarm und Ellbogen aber möglichst frei und entlastet gehalten wurde. Es wird sich dabei nicht bloß um eine Neigung
des Rumpfes mit dem Becken nach links, sondern wohl meist hauptsächlich um Abbiegung nach links gehandelt haben, mit Ausbildung
einer nach rechts gerichteten Konvexität. Obschon über alles das
nichts angegeben ist, schließen wir solches aus unseren eigenen Beobachtungen.

Wir konstatierten folgendes:

1. Tieflage des Tisches, Verschiebung des Heftes auf dem Tisch nach
vorn, Verschiebung des ganzen Tisches gegenüber dem Sitz nach vorn,
Kurzsichtigkeit, das alles nötigt zur Vorneigung und Vorbeugung der
Rumpfwirbelsäule.

2. Bei gleicher Horizontaldistanz des Tisches und Heftes vom Sitz
nötigen tiefere Tischlage, stärkere Verschiebung des Heftes nach rechts
und Abduktion des Oberarms zur Neigung oder Beugung des Rumpfes
nach rechts.

Je mehr die Last des Oberkörpers dabei auf den rechten Arm verlegt und durch ihn gestützt wird, bei Entlastung des linken Arms, desto
mehr verbindet sich mit Neigung des Rumpfes mit dem Becken nach
rechts, bei welcher der linke Tuber entlastet und gehoben wird, auch
Beugung im Rumpf nach rechts (Ausbildung einer Linkskonvexität).

3. Verschiebung des Heftes nach rechts, bei Belastetbleiben des
linken Ellbogens und Entlastetbleiben des rechten, ist verbunden mit
Drehung des Oberkörpers nach rechts, mit Geradebleiben des Heftes
mit Bezug auf die Beckenlinie oder zur Tischkante und öfters mit
Linksabbiegung und geringerer oder größerer Linksverschiebung der
Schultern (Ausbildung einer Rechtskonvexität der Wirbelsäule).
Dieselbe nimmt anfänglich zu mit der Höhe des Tisches. Doch kann die

höhere Tischlage teilweise durch Aufrichtung des Rumpfes und bloßes
Emporgehen der Schultern resp. der rechten Schulter beantwortet werden.

4. Linkslage des Heftes vor dem Sitz ist bei nicht zu hoher Tischfläche möglich, sowohl bei belastetem rechtem Ellbogen und Vorderarm
als bei Entlastung desselben und Stützung des Oberkörpers durch die
linke Hand. Im ersten Fall ist der Oberrumpf nach links gedreht und
dabei mehr oder weniger vorgeneigt oder zurückgebogen (gestreckt),
je nach der Höhe der Tischfläche über dem Sitz und der Kurzsichtigkeit.

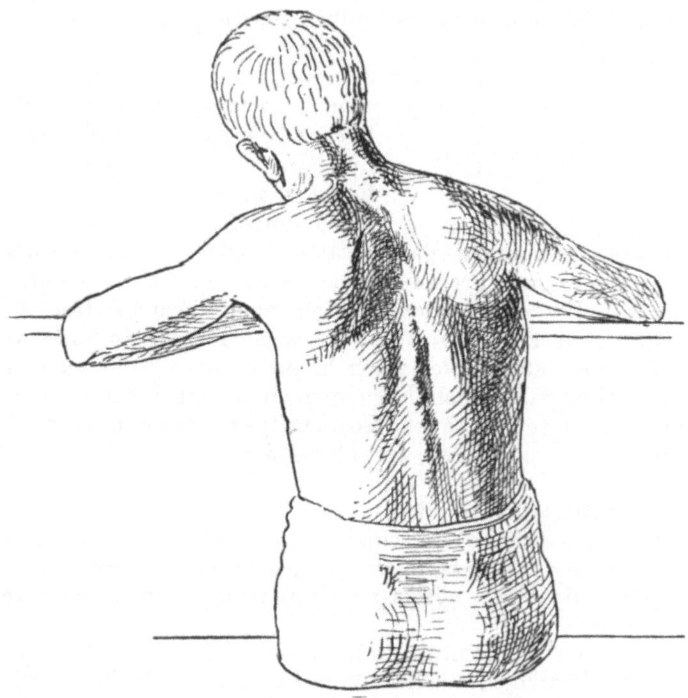

Fig. 129.

In der Regel ist der Rumpf auch hier vom Becken an nach links
gebeugt (rechtskonvex); doch kann sich bei stärker aufgerichtetem
Oberkörper eine obere Biegung nach rechts (Linkskonvexität) zeigen.
Bei Stützung des Oberkörpers mit der linken Hand und hoher linker
Schulter ist die Linksdrehung des Oberkörpers geringer, die Abbiegung
nach links (Rechtskonvexität) meist auch oben deutlich.

4. Linkslage des Heftes ist auch bei breit aufruhendem und stützen-
dem linkem Vorderarm möglich, indem dabei der linke Oberarm und
der Ellbogen weit nach links geführt sind. Der Oberkörper ist nach
links geschoben; der Rumpf ist nach links ausgebogen und durchgedrückt (Linkskonvexität); Abbiegung nach links besteht dann

nur an den untersten Lendenwirbeln und gegenüber dem Becken; die rechte Gesäßseite ist entlastet oder geradezu vom Sitz abgehoben.

5. Bei der Beurteilung der seitlichen Biegungen der Wirbelsäule aus der Rückenansicht ist man leicht Täuschungen ausgesetzt infolge der gleichzeitigen Längsrotation. So kann die Fortsetzung einer Abbiegung nach links (Rechtskonvexität) nach oben in den mittleren und oberen Brustteil hinein durch die Längsdrehung des Halses und der oberen Brustwirbel nach links maskiert sein, in dem ja durch dieselbe die Dornfortsatzspitzen nach rechts abgelenkt werden.

Auch die sagittalen Biegungen der Dornenspitzenreihe täuschen seitliche Krümmungen vor oder bringen sie in Rückansichten zum Verschwinden, wenn die Ebene der sagittalen Biegung nicht genau mit der Projektionsrichtung zusammenfällt.

Aus allen diesen Angaben geht hervor, daß eine sehr verschiedene asymmetrische Haltung beim Schreiben Platz greifen kann, daß aber im ganzen die Bedingungen häufiger der Entstehung einer nach rechts gerichteten Konvexität günstig sind. Insbesondere wirkt in diesem Sinn das Bestreben, den rechten Arm (Ellbogen, Vorderarm, Hand) von der Funktion der Unterstützung des Oberkörpers zu entlasten. Dies geschieht in der Regel durch ziemlich tiefe Abbiegung der Wirbelsäule nach links, Verschiebung des Oberkörpers nach links und stärkeres Aufstützen auf den linken Arm. Namentlich ist solches notwendig beim Schnellschreiben. In diesem Sinn müssen nun auch die oben erwähnten von F. Schenk ermittelten Befunde gedeutet werden.

Unsere Abbildungen 129—132 sind nach photographischen Aufnahmen von einem geradegewachsenen, 13jährigen Knaben gezeichnet. Fig. 129 zeigt ihn an einem hohen Tische schreibend. Die Seitenneigung und seitliche Biegung des Rumpfes ist unter solchen Umständen natur-

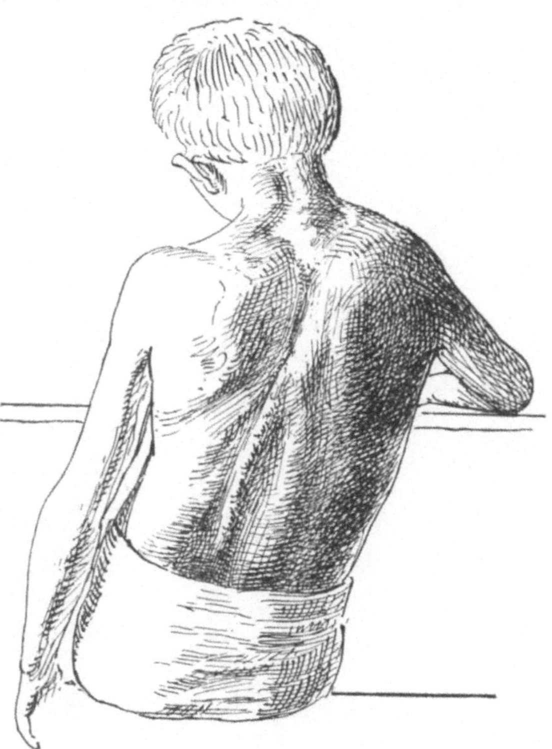

Fig. 130.

gemäß eingeschränkt. Die Hochlage der Arme wird durch Aufrichtung des Körpers unterstützt. Bei niedrigerer Tischfläche (die folgenden drei Figuren) ist für die seitliche Verschiebung ein größerer Spielraum gegeben. Man erkennt, daß die Abbiegung verhältnismäßig tief, wesentlich im Lendenteil stattfindet, wenigstens wenn die Tischfläche nicht noch tiefer liegt. In der Fig. 130 ist die Dornfortsatzlinie im obersten Brustteil deutlich nach links abgebogen. Dies hängt offenbar wesentlich mit der Neigung und Drehung des Kopfes und Halses nach links zusammen.

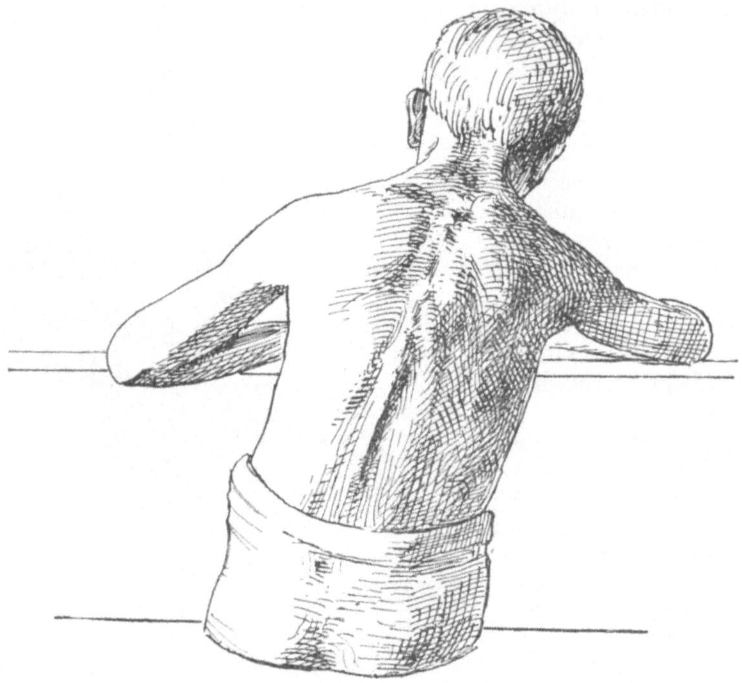

Fig. 131.

In der Fig. 131 stehen Kopf und Hals symmetrisch zur Mittelebene der Brustwirbelsäule und fehlt die besondere obere Abbiegung der Dornfortsatzlinie. Fig. 132 zeigt die häufigere Verschiebung des Rumpfes nach links. Kopf und Hals sind nach rechts geneigt und gedreht. Die obere Abbiegung der Dornspitzenlinie nach rechts ist auf letzteren Umstand zurückzuführen.

Die Lage des Heftes zum Brustteil des Rumpfes kann bei gleicher seitlicher Verschiebung des letzteren eine verschiedene sein. Sie richtet sich nach der Stellung des Ellbogens und Vorderarmes und umgekehrt. Die Drehung des Heftes endlich und die Richtung der Zeilenlinie ist abhängig von der Richtung der seitlichen Verschiebungsmöglichkeit der schreibenden Hand. Bei aufruhendem Ellbogen (und der angrenzen-

den Teile des Vorderarms), aber auch beim Aufruhen bloß der Handwurzel steht die Zeile im wesentlichen quer zur Längsrichtung des
Vorderarms.

Dies gilt vor allem für die Schrägschrift. Bei der Steilschrift
allerdings ist die Zeilenverschiebung der Hand eine andere, kompliziertere,
mühsamere. Hier kann weder die Handwurzel, noch auch der Ellbogen
als Drehungsmittelpunkt für die Seitenbewegung der schreibenden
Hand in Ruhe bleiben. Indem die Bewegung der Hand schräg zur

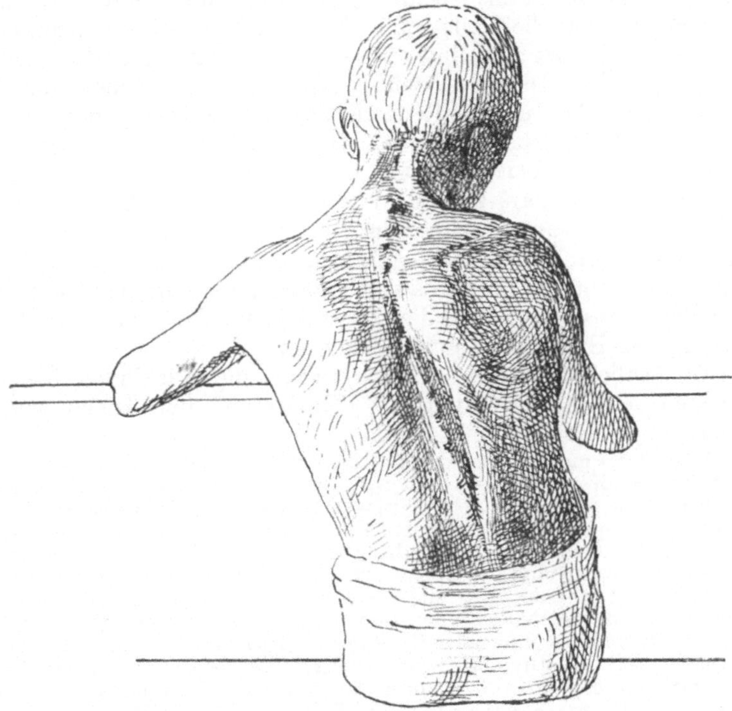

Fig. 132.

Längsrichtung des Vorderarms erfolgt, muß unter Abduction des Oberarmes der ganze Vorderarm dieser Seite in möglichst gleichmäßiger Bewegung mit nach außen verschoben werden.

Bei der Schrägschrift ist die Hand etwas dorsal flektiert und mit
der Vola dem Papier zugedreht; bei dieser Stellung fallen die Auf-
und Niederstriche der Schrift, welche durch kombinierte Flexions-
Extensionsbewegungen, namentlich der Fingergelenke zustande gebracht
werden, naturgemäß in eine Richtung, welche zu der Zeilenverschiebung
der Hand und zur Längsrichtung des Vorderarmes schräg steht.

Bei der Steilschrift ruht die schreibende Hand mehr auf dem
Kleinfingerrand und ist mehr oder weniger volar gebeugt. Die mittlere

Richtung der Auf- und Niederstriche ist hier der Längsrichtung des Vorderarms mehr parallel und also zur Richtung der Zeile mehr senkrecht.

Es wird allgemein angenommen, daß die Stellung und Bewegung des Kopfes einzig von der Richtung der Zeile abhängt. In der Tat besteht das natürliche und ganz unbewußte Bestreben, den Kopf so einzustellen, daß die Ebene, in welcher der Kopf und die Blicklinien beider Augen zugleich am leichtesten nach links und rechts gedreht werden können (Drehung im unteren Atlasgelenk, seitliche Augenbewegung), mit der Zeilenrichtung zusammenfällt (von Parallelismus der Verbindungslinien beider Augenmittelpunkte mit der Zeile kann in der Regel nicht die Rede sein). Wenn dies richtig ist, so muß mit der Drehung des Heftes nach links eine Neigung des Kopfes nach links verbunden sein. Dies geschieht wesentlich durch Umstellung in den Halswirbelgelenken unterhalb des Atlas, unter Mitbeteiligung auch noch der oberen Brustwirbeljunkturen. Daß auch die Biegung der tieferen Teile der Wirbelsäule und ihre Torsion von dem genannten Bestreben zur Einstellung der Blickebene auf die Zeilenlinie in nennenswertem Grade beherrscht wird, möchte ich bezweifeln. Man kann sich an sich selbst überzeugen, daß ohne Formveränderung der mittleren und unteren Abschnitte der Rumpfwirbelsäule eine Einstellung auf die Zeilenrichtung bei ganz verschiedener Drehung des Heftes sehr gut möglich ist.

Tatsächlich begnügen wir uns, wenn die Blicklinien bei der bequemsten seitlichen Drehung des Kopfes und der Augen wenigstens annäherungsweise der Zeile folgen.

Dies ist gar nicht anders zu erwarten, wenn die Haltung des Kopfes noch von einem zweiten Bestreben beherrscht wird, wie ich das annehme. Es handelt sich meiner Meinung nach auch noch darum, den Auf- und Niederstrichen der Schrift in möglichst bequemer Bewegung mit den Augen zu folgen. Die bequemste Bewegung für die Augen wie für den Kopf ist unstreitig die Auf- und Abbewegung. Ist nun die Seitendrehung des Kopfes und der Augen genau auf die Ziele eingestellt, so stimmt die Ebene der Auf- und Abbewegung der Augen im allgemeinen nicht völlig mit der mittleren Richtung der Schriftzüge und umgekehrt. Für das Verfolgen der Schriftzüge oder aber für das Verfolgen der Zeile müssen sich deshalb bequemste sagittale Drehungen mit Seitendrehungen, oder bequemste Seitendrehungen mit sagittalen Drehungen kombinieren. Man kommt also zu dem Schluß, daß in der Einstellung des Kopfes auf die Zeile und in seiner Einstellung auf die Hauptrichtung der Schriftzüge zwei Extreme gegeben sind, zwischen welchen die tatsächliche Einstellung des Kopfes zwischeninne liegt, so daß sie sich bald mehr nach der Zeile, bald mehr nach der Hauptrichtung der Schriftzüge richtet.

Die Neigung des Kopfes, die in der Regel nach der linken Seite zu geht, hat unzweifelhaft zur Folge, daß das linke Auge der Papierfläche resp. ihrer Fortsetzung, aber auch dem fixierten Buchstaben näher liegt als das rechte, und daß im allgemeinen die Fixierung bei schräg nach rechts und oben abgelenkten Blicklinien stattfindet. Man hat geltend gemacht, daß solches das Myopischwerden namentlich des linken Auges begünstigt, und hat besonders auch aus diesem Grunde der Steilschrift das Wort geredet, weil diese bei gerader symmetrischer Haltung des Körpers und Kopfes und gerader Stellung des Heftes vor der Mitte oder linken Seite des Körpers ausgeführt werden kann, während

Schrägschrift bei bester Geradehaltung des Körpers eine wenn auch unbedeutende Linksdrehung des Heftes notwendig macht. Ob das in Wirklichkeit eine so große Gefahr für das Auge ist, kann füglich bezweifelt werden. Andererseits fällt als Nachteil der Steilschrift ins Gewicht die größere Schwierigkeit und Unbequemlichkeit der seitlichen Verschiebung der schreibenden Hand. Vorderarm und Hand müssen möglichst entlastet werden; der Oberkörper stützt sich bei der Abduction des rechten Armes möglichst auf den linken Arm; es wird die Neigung vorhanden sein, ihn über den Sitz nach links zu verschieben resp. abzubiegen. Die größere Anstrengung führt leichter zu überflüssigen Nebenaktionen. So schützt auch die Steilschrift nicht vor seitlichen Ausbiegungen der Wirbelsäule. Auch hier ist Schreiben bei nach links oder rechts zum Oberkörper verschobenem und mehr oder weniger gedrehtem Heft möglich, nur ist wohl der Umfang der zulässigen Verschiebung und Drehung ein geringerer. Die Neigung zur Abbiegung der Rumpfwirbelsäule nach links (Rechtskonvexität) scheint bei der Steilschrift noch mehr vorzuherrschen als bei der Schrägschrift. Bei letzterer hat man es in der Hand, einen nützlichen Wechsel zwischen Abbiegung der Wirbelsäule nach links und nach rechts eintreten zu lassen, indem man abwechselnd bei belastetem rechtem Vorderarm, nach rechts geneigtem und links gedrehtem Rumpf und links gedrehtem Heft und dann wieder bei links geneigtem und abgebogenem Oberkörper, aufgestütztem linkem Arm und weniger gedrehtem Heft schreiben läßt. Nun scheint mir gerade die Möglichkeit des Wechsels der Stellungen und der Unterstützung des Oberkörpers durch den rechten und durch den linken Arm ebenso wie die Möglichkeit, aus der mehr oder weniger vorwärts geneigten und vorwärts gebeugten Rumpfhaltung in die Ruhelage an der Rückenlehne überzugehen, von großem Vorteil zu sein. Anhaltendes Verhalten in extremen Stellungen, in welchem die Fixation durch starke Inanspruchnahme der Biegungs- und Torsionswiderstände des Skelettes zustande kommt, sollte möglichst vermieden werden.

Andere Aktionen der Arme beim Sitzen.

Die Art, wie die Form der Wirbelsäule durch die Tätigkeit der oberen Extremitäten beeinflußt wird, ist nach dem vorhergehenden so ziemlich das Entscheidende für die Schreibhaltung. Aber auch bei allen anderen Aktionen der oberen Extremitäten zeigt sich eine bestimmte Rückwirkung auf den Stamm und die Wirbelsäule. Wir haben bereits bei den symmetrischen Stellungen auf diese euergetische Beziehung aufmerksam gemacht. Einer Verlegung der Richtung und des Aktionsgebietes der Arme nach dem Kopf hin entspricht eine Zurückbeugung des Stammes, einer Verlegung nach unten eine Vorbeugung. Dabei kommt es vor allem auf die Umstellung des oberen Brust- und unteren Halsabschnittes an. Die obere Partie der hinteren und seitlichen Thoraxwand bestimmt die Richtung des Schulterblattes; hier und auch am unteren Halsteil entspringen wesentlich die zur Feststellung und Bewegung des Schulterblattes am Stamm dienenden Muskeln. Sowie nun die symmetrische

Aufrichtung und Rückbeugung des unteren Hals- und oberen Brustteiles unter Umständen innerhalb gewisser Grenzen mehr selbständig und ohne erhebliche Mitwirkung des Lendenteils vor sich gehen kann, so verhält es sich auch mit der seitlichen Bewegung und Torsion. Die Verhältnisse der Junkturen erlauben solches, und auch die dafür nötigen Muskelkräfte stehen zur Verfügung. Vor allem kommen hierfür die Intercostalmuskeln der einen Seite in Betracht, insofern sie die Rippen einander nähern und im Anschluß daran die Levatores costarum, ferner die spinotransversalen, weniger dagegen die transversospinalen Muskeln der Brustgegend.

Allenfalls könnten auch noch die Muskeln beteiligt sein, welche von den unteren Rippen der Beugeseite vorn und hinten gegen die Mittelebene und von da gegen die gegenüberliegende Beckenseite absteigen (der Serratus post. inf. und das hintere Teil des Obliquus internus, sowie der obere und mittlere Teil des Obl. ext. an der Beugeseite, der mittlere Teil des Obl. internus an der Gegenseite). Fs würde dann eine Fasermasse in Aktion sein, welche die Wirbelsäule kreuzt und auf die Lendenwirbelsäule gar nicht oder in gegenteiligem Sinn wie auf die Brustwirbelsaule seitlich biegend einwirkt.

Eine seitliche Richtungsänderung des oberen Brustteils nach euergetischem Prinzip ist also bei der Bevorzugung des einen Armes häufig zu erwarten. Der freieren Verwendung des rechten Armes in höherer seitlicher Lage entspricht eine Abbiegung des oberen Brustteils nach links (Ausbiegung der Brustwirbelsäule nach rechts).

Die Annahme, daß eine mit der Aktion der oberen Extremitäten in Zusammenhang stehende Richtungsänderung des oberen Brustteils nicht in gleichem Grade sämtliche Teile der Rumpfwirbelsäule influenziert, sondern in erster Linie am mittleren und unteren Brustteil und weniger am Lendenteil zur Geltung kommt. scheint mir für das Verständnis der seitlichen Biegungen und Verbiegungen der Wirbelsäule wichtig zu sein. Von diesem Gesichtspunkt aus wird es vor allem verständlich, daß eine bleibende, mit dem stärkeren Gebrauch des rechten Armes und der rechten Hand in Zusammenhang stehende Abbiegung (Scoliose) der Wirbelsäule sich wesentlich im Brustteil zeigen und ihre stärkste Abbiegungs- oder Ausbiegungsstelle sehr wohl nah unter der Mitte der Brustwirbelsäule haben kann. Wir werden hierauf später zurückkommen. Auf einen noch höheren Bezirk beschränkt sich der Einfluß der Seitenneigung des Kopfes.

Es handelte sich im vorhergehenden um die Einstellung des Kopfes und Armes, der Schulter und des Stammes. Bei den Armbewegungen aber, welche aus diesen Stellungen heraus stattfinden, muß auch die reaktive Einwirkung der am Arm wirkenden Kräfte auf den Stamm in Berücksichtigung gezogen werden. Zur seitlichen Hebung des Armes sind zwei annahernd entgegengesetzte Krafte notwendig; ein Zug in den Hebemuskeln des Armes und ein Druckwiderstand im Schultergelenk. Entsprechende Gegenkrafte wirken direkt oder durch Vermittelung des Schulterblattes und der Stamm-Schultergürtelverbindungen auf den Stamm. Sie bewirken eine Ausbiegung der Rumpfmitte nach der entgegengesetzten Seite. Die Anstrengung der Stammuskeln zur Abbiegung des Oberkörpers nach der Seite, welche von dem sich hebenden Arm abliegt, muß vor allem der genannten reaktiven Einwirkung Gleichgewicht halten; dadurch wird die Hebungsaktion unterstützt. Erst eine weitere Verstärkung der Rumpfaktion in gleichem Sinn vergrößert wirklich die Exkursion der Armhebung. Es kann aber vorkommen, namentlich wenn die Hebung des Armes durch äußere Widerstande gehemmt ist, daß die Wirkung am Schultergelenk über die genannte Aktion der Stammuskeln das Übergewicht hat und die Mitte des Rumpfes, wirklich von dem in seiner Bewegung gehemmten Arm abgedrangt wird. Ähnliches nur im umgekehrten Sinn gilt bei energischer Adduction des Armes entgegen einem äußerem Widerstand.

γ) Asymmetrische Haltung beim Stehen.

Unbeschadet einer im wesentlichen aufrecht bleibenden Haltung des Körpers kann beim Stand der gemeinsame Körperschwerpunkt über der Unterstützungsfläche des Fußviereckes nach vorn oder hinten, aber auch abwechselnd nach der einen oder anderen Seite verschoben werden. Ist auf diese Weise der eine oder andere Fuß entlastet, das betreffende Bein zum Spielbein, das andere zum Standbein geworden, so kann das Spielbein vor- oder zurückgesetzt oder in dem Knie gebeugt und in den Zehenstand erhoben werden. Ein recht umfänglicher Wechsel in der Lage des Körperschwerpunktes wird dadurch zustande gebracht, daß in der Vor- oder Rückschrittstellung das Standbein zum Spielbein und das Spielbein zum Standbein wird. Die seitlichen Verschiebungen geschehen wesentlich durch Aktion in den Hüftgelenken, mit welcher sich jeweilen eine bestimmte Aktion der Stammuskeln zur Veränderung der Form des Stammes kombiniert.

Zwei Typen des Standes auf einem Bein.

Der Körper kann in annähernd aufrechter Haltung über dem einen Bein als dem Standbein wesentlich in zwei verschiedenen Formen im Gleichgewicht sein:

1. Mit nach der Seite des Spielbeins hin durchgedrückter Hüfte, unter Neigung des Stammes im Hüftgelenk des Standbeins nach der Seite des letzteren (Abduction) und unter gleichzeitiger Biegung der Rumpfwirbelsäule nach dieser Seite (Fig. 133 A). Das Standbein bleibt annähernd vertikal. Das Becken wird meist auf der Seite des Spielbeins etwas gehoben, kann aber auch beiderseits gleich hoch, oder auf der Spielbeinseite etwas tiefer stehen, in welchen Fällen die Lendenwirbelsäule schon in der Lumbosacraljunktur schärfer nach der Seite des Standbeines abbiegt. Durch die Neigung und Biegung des Rumpfes wird der Schwerpunkt des Oberkörpers und damit der gesamte Schwerpunkt über den Fuß des Standbeins gebracht. Die Schulter der Spielbeinseite ist deutlich höher als die andere. Kopf und Hals können in der Fortsetzung der Brustkrümmung nach der Seite des Standbeins geneigt sein, so z. B. wenn die Seitenhebung des Beckens an der anderen Seite für die Entlastung, Hebung und Vorsetzung des Spielbeins notwendig ist. Hals und Kopf können aber auch, wenn dies erwünscht ist, durch leichte Gegenabbiegung nach der Seite des Spielbeins mehr gerade gestellt (aufgerichtet) werden.

2. Mit nach der Seite des Standbeins durchgedrückter Hüfte (Fig. 133 B). Dieser zweite Typus der aufrechten Haltung auf einem Bein ist verbunden mit starker Ausladung der Hüfte nach der Seite des Standbeines (Adduction im Hüftgelenk des Standbeins). Das Becken senkt sich an der Seite des Spielbeins, während

gewöhnlich der Fuß des letzteren dank einer Biegung im Kniegelenk
den Boden neben, vor oder hinter dem Fuß des Standbeines, doch nur
mit der Spitze berührt.

Die Rumpfwirbelsäule ist gleich vom Becken an nach der Seite des
Spielbeins abgebogen. Doch richtet sich bereits die Brustwirbelsäule
wieder auf und bildet eine nach der Spielbeinseite gewendete Konvexität.

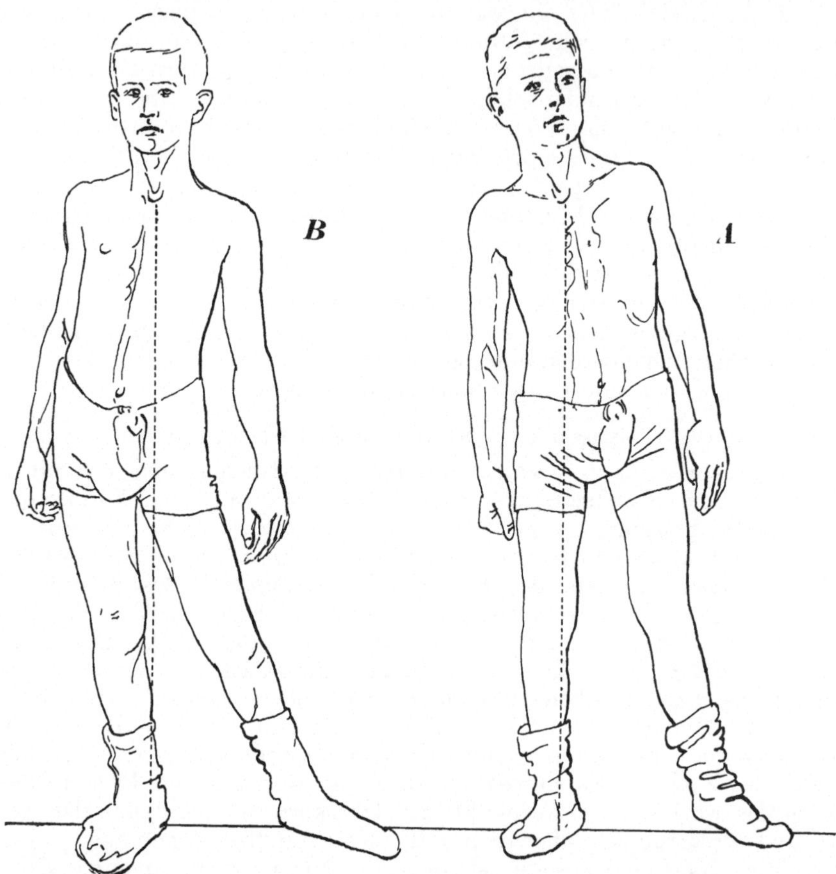

Fig. 133.   Die zwei Haupttypen des aufrechten asymmetrischen Standes,
A Hüfte nach der Seite des Spielbeines, *B* Hüfte nach der Seite des Standbeines durchgedrückt.   Nach photographischen Aufnahmen.

Eine kaum merkliche umgekehrt gerichtete kompensatorische Biegung
der oberen Brust- und der Halswirbelsäule genügt endlich, um den oberen
Teil des Halses und den Kopf gerade zu richten. Das Standbein steigt
deutlich schräg nach außen auf. Die Abbiegung der Lendenwirbelsäule nach der Spielbeinseite genügt, um den Schwerpunkt des Unter-
körpers senkrecht über den Standfuß zu bringen. Die Schultern befinden
sich bei herabhängenden Armen annähernd in gleicher Höhe. an der

Standbeinseite eher etwas tiefer. Bei dieser Form des Standes zeigt die seitliche Kontur des Körpers an der Seite des Standbeines eine starke Ausladung der Hüfte und eine starke Einziehung der Flanke oberhalb. Die ganze Stellung ist wegen der stärkeren und alternierenden Biegung „graziös" oder weich. Sie ist bezüglich des Hüftgelenkes und der unteren Rumpfwirbelsäule eine Extrem- oder Ruhestellung, indem die seitliche Bewegung im Hüftgelenk und den unteren Wirbeljunkturen des Rumpfes annähernd durch die elastischen passiven Skelettwiderstände gehemmt ist.

Ähnliche zwei Typen der Form und Haltung zeigt der Körper nun auch beim Gang. Beim gewöhnlichen, mehr geraden und steifen Gang pendelt der Körperschwerpunkt nur wenig von einer Seite zur anderen, indem der Rumpf abwechselnd über dem Standbein der einen und der anderen Seite die erst beschriebene Haltung einnimmt. Daneben aber gibt es eine „wiegende" Art des Vorschreitens, mit abwechselnd stark nach der einen und nach der anderen Seite (Seite des Standbeins) ausgeladener Hüfte, wobei der Körper über dem Standbein die zweitbeschriebene Form zeigt.

Eine asymmetrische Form und Haltung des Stammes im Stand findet sich regelmäßig bei Verkürzung des einen Beines aus irgend einer Ursache, bei Schmerzhaftigkeit des einen Beines, bei Ischias scoliotica und bei kongenitaler Hüftgelenkluxation. Die hierbei sich ausbildende bleibende seitliche Verkrümmung der Wirbelsäule wird als „statische Scoliose" bezeichnet.

Eine Verkürzung des einen Beins aus kongenitaler Ursache oder infolge einer späteren Wachstumsstörung (Zerstörung einer Epiphysenlinie und dergleichen), oder infolge einer Fraktur, welche mit starker Verschiebung der Fragmente geheilt ist, führt, falls sie durch eine Prothese nicht ausgeglichen werden kann, zu einer Senkung der Beckenhälfte der kranken Seite. Das gesunde Bein steht in Adductions-, das geschädigte in Abductionsstellung (Fig. 134).

Die Wirbelsäule zeigt eine Abbiegung ähnlich wie beim zweiten Typus des asymmetrischen Standes. Die Asymmetrie ist aber nicht so stark, und die Hüfte der gesunden Seite ist nicht so stark ausgeladen, da beide Beine bei der Unterstützung beteiligt sind.

Bei einer nicht reponierten Luxatio ischiadica mit Adductionsstellung des Beines ist Stand mit parallelen Beinen nur möglich, wenn das gesunde Bein um ebensoviel abduciert wird. Sollen beide Beine parallel und möglichst vertikal gestellt sein, so muß das Becken an der Seite der Luxation gehoben werden. Der Unterschied in der Beinlänge erscheint dann noch erheblicher und ist noch weniger durch eine Prothese zu korrigieren. In solchen Fällen hat man den Oberschenkel der kranken Seite unter dem Schenkelhals künstlich getrennt und das untere Fragment in übertrieben abducierter Stellung anheilen lassen. Jetzt muß zum Stand mit parallelen und vertikal gestellten Beinen die gesunde Beckenseite gehoben, das gesunde Bein adduciert werden, wobei beide Knie und Füße gleich hoch zu stehen kommen; die Folge ist natürlich eine Ausbiegung der Wirbelsäule nach der kranken Seite (Fig. 135).

Wird die mit der ursprünglichen Adduction des luxierten Beines verbundene Flexionsstellung durch die Osteotomie nicht korrigiert, so geschieht der Stand auf parallelen und annähernd vertikal gestellten Beinen bei stärker vorwärts geneigtem Becken und stärkerer Ausbildung der Lendenkrümmung.

Naturgemäß würde sich hier nun anschließen die Besprechung der Körperhaltung bei stärkerer seitlicher Biegung des Stammes. Die Stellung der Beine zum Boden und des Beckens zu den Beinen

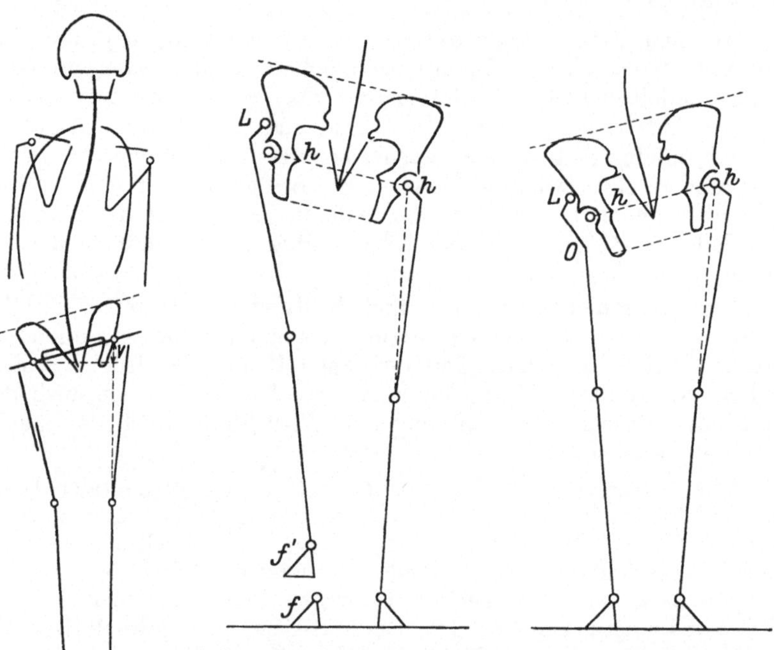

Fig. 134. Stand der Oberschenkelfraktur mit Verkürzung.

Fig. 135. Luxatio ischiadica mit Adduction des luxierten Oberschenkels. *L* luxierter Oberschenkelkopf, *hh* gemeinsame Hüftgelenkachse, *f*, *f'* Fußgelenk, *O* Stelle der Einknickung des Oberschenkels nach korrigierender Osteotomie.

muß dabei durch das eustatische Prinzip beherrscht sein. Die Stellung des Standbeines und des Stammes wird modifiziert durch die Stellung des Spielbeines, der Arme usw. Die Beurteilung dieser Verhältnisse bietet keine neuen, besonderen Schwierigkeiten, so daß auf eine Besprechung im einzelnen verzichtet werden kann. Ich begnüge mich mit dem Hinweis auf die Figg. 96 u. 97.

Die Torsion des Stammes im Stand erfordert keine besondere eustatische Korrektur.

VII. Die Verkrümmungen der Wirbelsäule und des Stammes, insbesondere die Scoliose.

Allgemeines.

Die seitlichen Ausbiegungen der Wirbelsäule werden, soweit es sich um bleibende Veränderungen der elastischen Mittellage handelt, als Scoliosen bezeichnet. Man spricht von einer rechts- oder von einer linksseitigen Scoliose, je nachdem die Konvexität der Krümmung nach rechts oder nach links gewendet ist. Im ersteren Fall handelt es sich um eine Abbiegung der oberen Teile gegenüber den unteren nach links, im zweiten Fall um eine solche nach rechts. Man unterscheidet Total-scoliosen mit einem einzigen, über die ganze Rumpfwirbelsäule sich erstreckenden seitlichen Bogen, ferner einfache, partielle Scoliosen, welche auf bestimmte Abschnitte der Wirbelsäule beschränkt sind, endlich kombinierte Scoliosen, bei welchen eine untere Ausbiegung mit einer oberen entgegengesetzten Ausbiegung kombiniert ist. Unter Umständen kann zu zwei entgegengesetzten Biegungen im Lenden- oder Brustteil noch eine dritte, alternierende Biegung im Halsteil hinzukommen. Eine der Ausbiegungen erscheint in der Regel als Hauptkrümmung oder auch der Zeit der Entstehung nach als die primäre Krümmung. Auch das Kreuzbein und das Becken ist häufig in die Verbiegung mit einbezogen, im gleichen oder entgegengesetzten Sinn wie der Lendenteil.

Was die antero-posterioren Verbiegungen betrifft, so hat man ursprünglich die abnormen Ausbiegungen nach rückwärts, die als „Buckelbildung" auffallen, als Kyphosen, die abnormen Ausbiegungen nach vorn als Lordosen bezeichnet. Gegenüber den normalen Krümmungen der Wirbelsäule stellt aber auch ein bleibender mehr gestreckter Zustand der Brust- oder der Lendenwirbelsäule in der Mittellage beim aufrechten Stand eine Deformation dar. Man war deshalb genötigt, zwischen den normalen oder physiologischen und den abnormen oder pathologischen Krümmungen zu unterscheiden und ist ganz naturgemäß dazu gekommen, auch die normalen Krümmungen ebenso wie die fehlerhaften als Kyphosen und Lordosen zu bezeichnen. So erklärlich dies ist, so wenig ist dieser Gebrauch gut zu heißen. Wir werden deshalb im folgenden von Kyphose und Lordose ebenso wie von Scoliose nur sprechen, wenn es sich um eine wirkliche fehlerhafte Veränderung der Form und elastischen Gleichgewichtslage handelt.

Scharf prononcierte Kyphosen entstehen häufig infolge von tuberkulöser oder kariöser Erkrankung einzelner Wirbelkörper. Es kommt hier mit der Zeit geradezu zu einer Einknickung, ja zu einem Einbruch der Körpersäule und zur Bildung eines scharfen (Pottschen) Buckels. Flachere Kyphosen bilden sich ganz besonders häufig im floriden Stadium der Rachitis der Kinder, im zweiten und dritten Lebensjahr, neben den verschiedensten anderen Deformationen; aber auch ohne nachweisbare rachitische Erkrankung, vielleicht begünstigt durch allgemeine Muskelschwäche oder allgemein herabgesetzte Widerstandsfähigkeit des Skelettes, bei andauernd vorn übergebeugter Haltung, im jugendlichen Alter und beim Greisen (runder Rücken). Ein asymmetrischer Buckel ist charakteristisch für hochgradige skoliotische Deformation und beruht hier auf der Rückwärtsherausdrängung der Rippenwand durch die seitliche Ausbiegung der Wirbelsäule (s. u.).

Wir wollen uns im folgenden auf die Besprechung der **Scoliose** beschränken, weil dabei die wichtigsten mechanischen Prinzipien, welche bei der Entstehung der Wirbelsäuleverkrümmungen in Betracht kommen, genügend in ihrer Wirkungsweise gewürdigt werden können.

A. Die Scoliose nach ihrer Entstehungsursache.

Wir können in Übereinstimmung mit Schultheß die Scoliosen (in ähnlicher Weise übrigens auch die übrigen Wirbelsäuleverkrümmungen) nach ihrer Entstehungsweise folgendermaßen klassifizieren:

I. in solche, welche auf primären (congenitalen) Formstörungen beruhen,

II. in solche, welche durch Erkrankungen oder erworbene Schädigungen der Wirbelsäule selbst veranlaßt oder begünstigt sind, wobei es sich um eine mehr allgemeine Insuffizienz oder um mehr oder weniger lokalisierte pathologische Veränderungen handeln kann. (Daß der Verlauf der pathologischen Prozesse durch die mechanische Inanspruchnahme selbst wieder modifiziert werden muß, ist klar),

III. in solche, welche allein durch die veränderte mechanische Einwirkung von außen hervorgebracht sind. Die veränderte Einwirkung kann beruhen:

   a) auf pathologischen Veränderungen an den Extremitäten, an den Muskeln des Stammes, an den Rippen, dem Brustbein, dem Becken, an den Eingeweiden usw.

   b) auf fehlerhaften Haltungen und abnormer Arbeitsbeanspruchung (Schulscoliosen, Berufsscoliosen usw.).

Außerdem gibt es natürlich gemischte Formen, bei welchen mehrere dieser Momente zugleich in Betracht kommen.

Im folgenden seien die hinsichtlich der Entstehung unterschiedenen Hauptformen kurz besprochen:

1. Scoliosen bei lokalen Erkrankungen der Wirbelsäule.

Eine bekannte Ursache für auffällige und hochgradige Deformationen und Verkrümmungen der Wirbelsäule bilden lokale krankhafte Prozesse an einzelnen Wirbeln. Hier ist bis zu einem gewissen Grade zu unterscheiden zwischen der primären Deformation der kranken Stelle, welche aus der ungenügenden Widerstandsfähigkeit derselben gegenüber der mechanischen Beanspruchung hervorgeht, und sich unter Umständen geradezu als ein Einbruch, eine Einknickung oder eine Verwerfung in der Wirbelsäule darstellt, und den sekundären Veränderungen, welche sich aus der veränderten Form der Wirbelsäule infolge einer korrigierenden Haltungsänderung und der dadurch veränderten funktionellen Inanspruchnahme auch dann noch ergeben, wenn an der primär geschädigten Stelle die Deformation zum Stillstand gekommen ist. Es ist klar, daß in beiden Prozessen das mechanische Moment von der größten Bedeutung ist. Doch ist die primäre Deformation so sehr abhängig von der besonderen Art des pathologisch-anatomischen Prozesses und so mannigfaltig in ihrer Erscheinung, daß ihre Besprechung nicht in den Rahmen dieses Buches fallen kann.

Hinsichtlich der sich anschließenden Veränderungen haben wir bloß im Auge zu behalten, daß schon durch eine relativ geringe lokale Herabsetzung der Festigkeit der Wirbelsäule durch einen krankhaften Prozeß, auch wenn derselbe keinen progressiven Charakter hat und zum Stillstand kommt, die erste Asymmetrie geschaffen und der erste Anlaß zu weitergehenden Deformationen der ganzen Wirbelsäule infolge der veränderten mechanischen Bedingungen gelegt werden kann. Gelegentlich könnte wohl auch eine Vermehrung des Widerstandes gegen die normale Durchbiegung an einzelner Stelle infolge eines krankhaften Prozesses zu kompensatorischer stärkerer Anspruchnahme der übrigen Teile und zur Deformation führen.

2. Scoliosen wegen primärer Muskelanomalien oder Muskelerkrankungen.

Daß primäre Anomalien oder Defekte der Muskulatur des Stammes oder der unteren Extremitäten, oder Lähmung von Muskeln und Muskelgruppen zu asymmetrischen Mittelstellungen führen können, darf nicht bestritten werden, wenn auch die früher von verschiedenen Forschern vertretene Lehre von der myopathischen Natur des größeren Teiles der Wirbelsäuleverkrümmungen heute von keiner Seite mehr aufrecht erhalten wird.

Ein Beispiel für den muskulären Ursprung seitlicher Verkrümmungen ist die öfters im Gefolge eines Caput obstipum (Torticollis) auftretende Scoliose der Halswirbelsäule, deren Konvexität der Seite des gesunden Kopfnickers zugewendet ist. Sie kann von einer kompensatorischen, umgekehrt gerichteten Ausbiegung der Brustwirbelsäule begleitet sein. Hier handelt es sich um eine Verkürzung des kranken Muskels mit sehniger Umwandlung.

Es besteht eine sehr lebhafte Kontroverse über die Frage, ob die seitliche Krümmung der Wirbelsäule, welche bei Ausfall oder bloßer Lähmung der Muskeln an einer Seite derselben entsteht, ihre Konvexität oder ihre Konkavität der geschädigten Seite oder der Gegenseite zuwende (s. C. Arnd, 1902). Bei oberflächlicher theoretischer Überlegung scheint es fast selbstverständlich, daß durch das Übergewicht des Muskelzuges an der gesunden Seite eine Abbiegung nach

dieser Seite und eine der kranken Seite zugewendete Konvexität entstehen muß. Diese Meinung wird auch von vielen Autoren auf Grund
von theoretischer Überlegung und von Beobachtungen vertreten.
Andererseits liegen auch Beobachtungen vor, nach welchen die Konvexität der gesunden Seite entspricht. Dies ist sogar nach Meßner
und Kirmisson die Regel. Zuckerkandl und Erben fanden eine
theoretische Erklärung dafür in der Überlegung, daß bei einem Überhängen des Oberkörpers nach der kranken Seite die Schwere einen Einfluß zur Abbiegung nach der kranken Seite gewinnen und gegenüber
den Muskeln der gesunden Seite die Rolle der fehlenden antagonistischen
Muskeln übernehmen kann. Man müßte sich also vorstellen, daß zwar
zuerst eine Abbiegung nach der gesunden Seite entsteht, daß dann aber
sekundär, als eine korrektive Maßregel, durch irgendwelche Kunstgriffe
(Verschiebung des Beckens und Hinüberwerfen des Rumpfes und Oberkörpers nach der kranken Seite) die nützliche entgegengesetzte Abbiegung zustande gebracht wird. Es wäre dieser Vorgang das Analogon
zu dem, was bei Lähmung der dorsalen Lendenmuskeln in sagittaler
Richtung geschieht (s. S. 273). Man müßte also auch hier zwischen
dem direkten Effekt der Muskellähmung (mit Bezug auf die Veränderung
der gewöhnlichen Haltung), der korrigierenden Aktion, und dem
Effekt der durch die letztere herbeigeführten neuen statischen Verhältnisse unterscheiden.

Die Entscheidung der Frage durch klinische Beobachtung scheint mit
gewissen Schwierigkeiten und Fehlerquellen kämpfen zu müssen. C. Arnd
versuchte eine experimentelle Lösung, indem er bei jungen Kaninchen
ein mehr oder weniger großes Stück des Erector trunci in der Lendengegend an einer Seite wegschnitt. Zuerst bildete sich eine Krümmung
aus, deren Konvexität nach der operierten Seite gerichtet war. Aus
der Konvexität aber wurde mit der Zeit eine Konkavität, die sich um den
Muskeldefekt herumkrümmte. Da hier die Schwere kaum die Rolle
der antagonistischen Muskeln stellvertretend übernehmen kann, wie dies
Zuckerkandl und Erben für den Menschen postulieren, so denkt
Arnd an eine stärkere lokomotorische Anstrengung der konkavseitigen
vorderen und konvexseitigen hinteren Extremität. Dieser Punkt ist
meines Erachtens noch näherer Prüfung bedürftig.

3. Scoliose wegen Bildungsanomalie.

Nicht allzu selten sind die Fälle von Bildungsanomalien der
Wirbelsäule, welche eine Abweichung von der genau symmetrischen
Gestalt bei mittlerer Einstellung der Junkturen zur Folge haben. Besonders wichtig sind asymmetrische Bildungen der Lendenwirbelsäule.
welche darauf beruhen, daß links oder rechts eine Wirbelhälfte mehr
ins Kreuzbein aufgenommen und mit den Hüftbeinen verbunden ist,
als auf der anderen Seite, resp. daß auf der einen Seite die Hüftbeine
höher ansetzen und der sacrale Charakter der Wirbelsäule höher hinauf-
reicht als auf der anderen Seite (asymmetrische Variation). Emil
Rosenberg hat zuerst auf die numerische Variation der

Wirbelsäule aufmerksam gemacht und sie vom phylogenetischen Standpunkt aus zu deuten gesucht. Im Wandern der Hüftbeine und in der Verschiebung der Brustkorbgrenzen cranialwärts sieht er ein fortschrittliches Moment, in der umgekehrten Verschiebung einen Rückschritt. Derartige Variationen werden nach Rosenberg bereits vor der 7. Woche des embryonalen Lebens angelegt und endgültig determiniert. Die Bedeutung der asymmetrischen Variation für die Ausbildung seitlicher Verkrümmungen der Wirbelsäule, ist in neuerer Zeit namentlich von Max Böhm hervorgehoben worden. Er sieht in ihr die Hauptursache für die ungefähr zu Beginn des zweiten Lebensdezenniums auftretende sog. „habituelle Scoliose", eine Meinung, der man schwerlich wird beipflichten können. Wenn solche Veränderungen auch nicht allzu selten sind, so entspricht ihre Häufigkeit doch nicht entfernt derjenigen der habituellen seitlichen Wirbelsäuleverkrümmungen (s. u.). Auch müßte sich ihr Einfluß sicher schon in frühester Jugend geltend machen, während die Großzahl der Scoliosen erst später entsteht.

Wir sind vorläufig geneigt, als die hauptsächliche Folge eines höher reichenden Ansatzes des Hüftbeines in erster Linie eine verminderte Beweglichkeit dieser Seite und insbesondere eine verminderte Möglichkeit der Biegung nach der andern Seite anzunehmen, woraus sich eine Verschiebung der Mittelstellung im Sinn einer kleinen Abbiegung nach der Seite der weiter hinaufreichenden Hüftbeinverbindung ergeben muß. Damit ist der Grund gelegt für eine weitere Ausbiegung der seitlichen Verkrümmung und für die Ausbildung einer darüber gelegenen kompensatorischen Gegenkrümmung.

Bei links höher hinaufreichendem Hüftbeinansatz (die Symmetrie des Beckens ist im übrigen meist nicht merklich gestört) müßte also beispielsweise infolge asymmetrischer Inanspruchnahme der Wirbelsäule schon in der Zeit, in welcher das Kind zu gehen anfängt, eine links konvexe kompensatorische Ausbiegung im Lendenteil entstehen usw.

Auf jeden Fall ist ersichtlich, daß auch bei diesen primären Bildungsanomalien das mechanische Moment für die Ausbildung und weitere Entwickelung der seitlichen Verkrümmung eine Rolle spielt.

4. Die sog. statische Scoliose.

Wie bereits früher auseinander gesetzt wurde, führen einseitige Veränderungen an einer unteren Extremität (Ankylose eines Gelenkes, Schmerzhaftigkeit einer beim Stehen oder Gehen mechanisch beeinflußten Stelle, Verkürzung der Extremität aus irgend einem Grunde, falsche Gelenkstellung infolge einer veralteten Luxation usw.) zu einer abnormen Haltung des Rumpfes beim Stehen und Gehen und zu bleibenden seitlichen Verkrümmungen der Wirbelsäule. Letztere sind allerdings in der Regel nicht sehr hochgradiger Natur, da noch immer große Anforderungen an die Beweglichkeit und Formveränderung der Wirbelsäule gestellt werden. Man hat diese Formen der Scoliose als „statische Scoliosen" bezeichnet. Damit soll gesagt sein, daß die alleinige primäre Ursache der Deformation in der veränderten Gleichgewichtsstellung der Wirbelsäule zu suchen ist, welche durch außerhalb der Wirbelsäule selbst gelegene Momente veranlaßt wird.

Die genannten Skoliosen sind theoretisch deshalb besonders wichtig, weil sie zeigen, daß auch eine an und für sich vollkommen gesunde und normale Wirbelsäule durch eine ungewöhnliche neue Art der mechanischen Inanspruchnahme mit der Zeit bleibende anatomische Veränderungen erfährt.

Es handelt sich hier um korrigierende oder kompensatorische Krümmungen der Wirbelsäule, welche im Interesse der Äquilibrierung des Körpers und der Geradehaltung des Oberkörpers gewohnheitsmäßig angenommen und allmählich durch Veränderungen des anatomischen Baues fixiert werden.

Im Prinzip unterscheiden sich die statischen Scoliosen hinsichtlich der Ursache ihrer Entstehung nicht von der folgenden Gruppe der Scoliosen.

5. Die habituellen Scoliosen (funktionelle Scoliosen etc.)

Zu den habituellen Scoliosen im weiteren Sinne des Begriffes gehören alle diejenigen Formen, für deren Entstehung weder Bildungsanomalien der Wirbelsäule, noch lokalisierte Erkrankungen an den Muskeln des Stammes oder am Skelett der Wirbelsäule von bestimmendem Einfluß sind, vielmehr primäre besondere Verhältnisse der Haltung und Inanspruchnahme in erster Linie verantwortlich gemacht werden müssen. Die „statischen Scoliosen" werden meist als besondere Gruppe davon abgetrennt, andererseits gehören zu den habituellen Scoliosen die Berufsscoliosen.

Der Umstand, daß die statischen Scoliosen und auch die wirklich bloß habituellen Scoliosen in der Regel niemals einen hohen Grad der Ausbildung erlangen, in einzelnen Fällen aber zu hochgradigen Verkrümmungen werden, zwingt zu der Annahme, daß außer der abnormen Funktion auch noch prädisponierende Momente eine wichtige Rolle spielen. Wir müssen annehmen, daß unter Umständen eine ganz allgemeine Schwäche und Ermüdbarkeit des Muskelsystems die Besonderheiten der Haltung zu erklären vermag, oder daß eine allgemeine verminderte Widerstandsfähigkeit der Skelettgewebe das raschere Auftreten und den weitergehenden Fortschritt der Deformation begünstigt. Es sind wohl auch Übergänge denkbar zwischen einer derartigen allgemeinen konstitutionellen Herabsetzung der Widerstandsfähigkeit der Gewebe und pathologischen Veränderungen, die auf sehr zahlreiche kleinste Stellen lokalisiert sind.

So steht die rachitische Disposition in einer Art Mittelstellung, indem hier ganz besonders die zahlreichen Ossifikationsstellen pathologisch verändert sind, wenn auch nicht überall in gleich hochgradigem Maße. Die Widerstandsfähigkeit des Skelettes ist im sog. floriden Stadium der Rachitis in den ersten Jahren des Kindesalters an diesen zahlreichen Stellen herabgesetzt. Die Deformationen treten wesentlich im zweiten und dritten Lebensjahre auf, beim Liegen und Sitzen und, wenn das Kind dazu imstande ist, beim Stehen und Gehen, natürlich entsprechend der mechanischen Inanspruchnahme. Es kann da zu weit gehenden Formveränderungen nicht bloß der Wirbelsäule, sondern auch des übrigen Stammskelettes und des Extremitätenskelettes kommen, die allerdings später teilweise noch etwas rückgängig gemacht und ausgeglichen werden. Bei der Wirbelsäule herrscht das kyphotische Element vor. Damit können sich Scoliosen geringeren oder höheren Grades kombinieren. Sind aber die rachitischen Prozesse nur schwach angedeutet, so kommt der Zustand des Skelettes einer allgemeinen Herabsetzung der Widerstandsfähigkeit gleich. Zahlreiche Autoren sind geneigt, die in späteren Jahren sich zeigende verminderte Widerstandsfähigkeit des Skelettes, auch wenn sie eine anscheinend gleichmäßige, und ihre rachitische Natur nicht direkt nachweisbar ist, auf Residuen oder neue Schübe einer rachitischen Erkrankung zurückzuführen. Ein Urteil in dieser Frage maßen wir uns nicht zu.

Immerhin muß bemerkt werden, daß wohl sicher erhebliche individuelle Unterschiede in der Widerstandsfähigkeit des ganzen Bindesubstanz- und Stützapparates ebenso wie in dem Bau und der Leistungsfähigkeit des Muskelsystems bestehen, ohne daß eine spezielle Störung des Ossifikationsprozesses nachweisbar ist. Diese konstitutionelle Minderwertigkeit kann sehr wohl in einem Mißverhältnis zu der mechanischen Inanspruchnahme stehen. Öfters wird es sich um hereditäre Erscheinungen handeln. Doch ist es natürlich nicht gerechtfertigt, die Heredität als ein besonderes prädisponierendes Moment noch außerdem für sich allein aufzuführen.

Erst eine sehr umfassende und sorgfältige ärztlich statistische Untersuchung über das körperliche Verhalten der verschiedenen Altersklassen der Bevölkerung, in erster Linie der Schulkinder wird über die Natur und Bedeutung der allgemeinen prädisponierenden Momente Aufschluß verschaffen. Es sei nur beispielshalber erwähnt, daß nach den Erhebungen, welche an sämtlichen Schulkindern der Stadt Lausanne gemacht worden sind, Anzeichen von bestehender oder abgelaufener Rachitis bei den mit seitlichen Wirbelsäuleverkrümmungen behafteten Kindern nur selten gefunden wurden. Auch anämische Zustände und allgemeine Muskelschwäche schienen keine allzu große Rolle zu spielen. Ja es fanden sich seitliche Verbiegungen der Wirbelsäule häufiger bei muskelstarken als bei muskelschwachen Kindern.

B. Die Scoliosen nach ihrer Form und ihrem Sitz.

Nach der Form der Ausbiegung und dem Sitz der Krümmung unterscheiden wir mit Schultheß, wohl dem besten Kenner der Scoliose:

a) die Totalscoliose, mit gleichmäßig über die Rumpfwirbelsäule verteilter Biegung, weitaus die häufigste Form in der Jugend und namentlich in den früheren Schuljahren (56% aller scoliotisch gefundenen Schulkinder vom 8. bis zum 14. Lebensjahr nach der Untersuchung von Scholder, Weith und Combe an über 2300 Schulkindern von Lausanne). Da es sich meist um verhältnismäßig leichte Verbiegungen handelt, so bildet diese Form nur 15% der orthopädisch behandelten Fälle (Schultheß),

b) die Lumbalscoliose,

c) die lumbodorsale Form mit dem Scheitel der Krümmung in der Grenzgegend zwischen Brust- und Lendenteil,

d) die Dorsalscoliose, die allein auftreten kann, häufig aber zusammen mit einer entgegengesetzten Lumbalkrümmung, das Hauptkontingent der

e) kombinierten Scoliose bildet (kombinierte Dorsolumbalskoliose),

f) die cervico-dorsale und cervicale Scoliose.

Die einfachen Biegungen scheinen jede ihre besondere Ursache und Entstehungsweise zu haben. Sie können sich aber auch, indem sie mehr oder weniger unabhängig voneinander oder in bestimmter Abhängigkeit voneinander auftreten, miteinander kombinieren. Im letzteren Fall lassen sich die primäre Krümmung (oft auch Hauptkrümmung genannt) und die sekundären Krümmungen unterscheiden. So ist die dorsale Krümmung häufig sekundär zu einer entgegengesetzt gerichteten Lumbal- oder Totalverbiegung; die primäre Krümmung wird dann durch die sekundär hinzukommende modifiziert und eingeschränkt. Doch kann sicher auch die Dorsalkrümmung unter Umständen primär und die Lumbalkrümmung sekundär sein. Cervikale oder cervicodorsale Krümmungen und tiefe lumbale oder lumbosacrale Krümmungen treten häufig als Nebenkrümmungen sekundär hinzu. Auf die primären lumbosacralen Verbiegungen ist im ganzen noch wenig geachtet worden.

Von besonderem Interesse sind die Unterschiede in der Häufigkeit der Links- und Rechtsseitigkeit der verschiedenen Abbiegungen, die Lage der Prädilektionsstellen der Abbiegungen, die bevorzugten Zeiten ihres Auftretens, sowie allfällige Verschiedenheiten ihres Verhaltens nach dem Geschlecht.

Nach der Lausanner Schulkinderstatistik (2314 Kinder) sind 91,4% sämtlicher zwischen 8 und 14 Jahren gefundenen seitlichen Vorbiegungen einfache Biegungen und in 70 % derselben handelte es sich um linkskonvexe Biegungen (70,3 % linkskonvexe, 21,1 % rechtskonvexe, 8,5 % kombinierte Formen). Das Verhältnis der linkskonvexen zu den rechtskonvexen Formen ist im Mittel ca. 3,5 : 1, (bei Knaben 4 : 1, bei Mädchen 3 : 1). In den höheren Klassen sind namentlich bei Mädchen die rechtskonvexen Biegungen, die dann etwas tiefer, wesentlich in der Lumbalregion auftreten, etwas häufiger.

Zu ähnlichem Resultat ist W. Mayer gekommen (1882) nach Untersuchungen an 336 Mädchen von 6—13 Jahren; und zwar vermehrt sich im Verlauf der Schulzeit gegenüber den linksseitigen Ausbiegungen im Lenden- und unteren Brustteil, namentlich die Zahl der Doppelscoliosen, indem der linksseitigen Lumbalscoliose eine rechtsseitige Dorsalscoliose hinzutritt.

Einen großen Prozentsatz kombinierter Scoliosenformen ergeben aus dem schon erwähnten Grunde die Anstaltsstatistiken z. B. 44,5% kombinierte Scoliosen gegen 20,8% Totalscoliosen nach Scholder (Arch. f. orth. Chir. I).

Wenn auch die Anstaltsstatistik keinen sicheren Schluß auf das absolute Zahlenverhältnis der verschiedenen Scoliosenformen in den verschiedenen Jahrgängen einer Bevölkerung zuläßt, so erlaubt es doch wohl einen Schluß auf das Häufigkeitsverhältnis der verschiedenen schweren Formen und namentlich auf das Verhältnis zwischen der links- und der rechtsseitigen Abbiegung bei der gleichen Form.

Besonders wertvoll sind die von Schultheß und seinen Schülern an einem ausgedehnten und sehr sorgfältig untersuchten orthopädischen Anstaltsmaterial gewonnenen Daten.

Aus der Gesamtstatistik geht zunächst hervor, daß bis zum 14. Jahr die Zahl der behandelten Scoliosen überhaupt um ca. das Dreifache zunimmt, um von da an wieder abzunehmen. Berücksichtigt man nur die Fälle vom 8. bis und mit dem 14. Lebensjahr, so ergibt sich ein Verhältnis sämtlicher linkskonvexen Scoliosen zu den rechtskonvexen von 3 : 2 (301 und 260 Fälle).

E. Müller (1904) hat das Material der von W. Schultheß (1900) veröffentlichten Statistik (1140 Fälle von zur orthopadischen Behandlung gekommenen Scoliosen) nach Jahrgängen verarbeitet. Bei den Scoliosen des 8. Jahres fand sich in 68 % der Falle die Hauptkrümmung links, in 32 % rechts gelegen (gegenüber 54 und 46 % der Gesamtstatistik). In den folgenden Jahren vermindert sich allmählich der Überschuß der linkskonvexen über die rechtskonvexen Verkrümmungen; im 14. Jahre halten sich beide die Wage; von da an überwiegt die Zahl der rechtskonvexen über die linkskonvexen Scoliosen, so daß im 17. Jahr nur 37 % linkskonvexe, dagegen 63 % rechtskonvexe Verbiegungen vorhanden sind. Im 8. Jahr überwiegt die Prozentzahl der linkskonvexen über diejenige der rechtskonvexen um 36 %, im 17. Jahr überwiegt umgekehrt die Prozentzahl der rechtskonvexen um 26 %.

Es scheint danach bei Beginn der Schulzeit eine Prädisposition zur linkskonvexen Verbiegung bereits gegeben zu sein. In den ersten Schuljahren, wohl unter dem Einfluß der hier einwirkenden Schädlichkeiten, werden eine größere Zahl seitlicher Verkrümmungen manifest oder stark vergrößert, während vielleicht in der späteren Schulzeit eine Anzahl dieser Verkrümmungen mit und ohne Anstaltsbehandlung wieder zurückgehen und nur relativ wenige stationär bleiben oder sich verschärfen. Während aber, wie erwähnt, in den ersten Schuljahren die linkskonvexen Skoliosen überwiegen, tritt allmählich an Stelle davon ein Überwiegen der rechtsseitigen. Nicht nur kommen in besonders zahlreichen Fällen zu linksseitigen Hauptkonvexitäten rechtsseitige Nebenkonvexitäten; es handelt sich auch um neu auftretende höher gelegene, rechtskonvexe Hauptkrümmungen. Sie scheinen namentlich ihren Scheitel in der Gegend des 8. bis 10. Brustwirbels zu haben.

Diese Angaben, die sich teilweise auf ein besonders genau gemessenes Material stützen, stehen im Widerspruch zu der weit verbreiteten Meinung, daß durch die Schule und zwar durch die asymmetrische Sitzhaltung beim Schreiben ganz besonders die linkskonvexe Scoliose hervorgebracht werde, so daß man diese Form der Scoliose geradezu als „Schulscoliose“ bezeichnen dürfe. Man wird im Gegenteil zu der Annahme gedrängt, daß die in den mittleren und späteren Schuljahren wirkenden Schädlichkeiten in vorwiegender Weise die Entstehung von rechtskonvexen Verbiegungen begünstigen.

Schildbach 1872 hat zuerst den Gedanken ausgesprochen, daß im Laufe der natürlichen Entwickelung Totalscoliosen mit einfacherer Biegung in kombinierte Scoliosen mit doppelter Biegung übergehen. An dem Schultheßschen Material von Totalscoliosen aus der Periode von zwei Wochen bis zu 8½ Jahren, deren Entwickelung verfolgt wurde, hat Heß in 26 von 86 Fallen einen Übergang in eine kombinierte Form konstatiert. Doch entwickeln sich kombinierte Formen offenbar auch noch in anderer Weise.

Weiteren Aufschluß in der Natur und Ursache der seitlichen Verbiegung verschafft nun die von Schultheß und seinen Schülern durchgeführte genaue Bestimmung der Prädilektionsstellen der seitlichen Abbiegung.

Die Resultate sind durch Kurven veranschaulicht.

Nebenstehende Figur 135 a gibt eine solche Kurve in den gröbsten
Zügen. Die Wirbelsäule vom Atlas bis zum Kreuzbein, in neun gleiche
Regionen eingeteilt, stellt die Abszisse dar. Die Ordinaten jeder Stelle
nach links und rechts entsprechen der Häufigkeit der auf diese Stelle

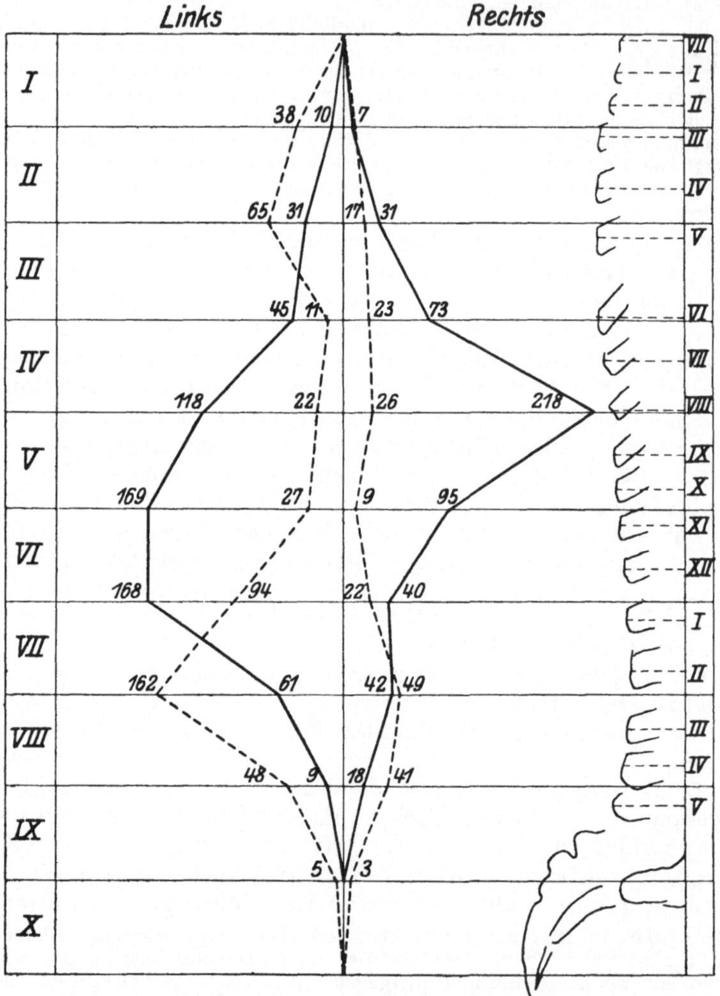

Fig. 135 a. Häufigkeitskurven in betreff der Lage der Scheitelpunkte der Scoliose,
nach Schultheß.

entfallenden Ausbiegungen (Krümmungsscheitel) nach links und rechts.
Es handelt sich hier um die Häufigkeitskurve des Gesamtmaterials.
Ähnliche Kurven wurden für die einzelnen Jahrgänge konstruiert.

Es ergibt sich vor allem eine Prädilektionsstelle für die seitliche Ausbiegung nach links in dem Grenzgebiet der Brust- und

Lendenwirbelsäule und eine solche für die Ausbiegungen nach rechts in der Höhe des 6.—8. Brustwirbels.

Diese Befunde stellen uns vor die Aufgabe, den **Ursachen** der meist linksseitigen, in den früheren Lebensjahren auftretenden Totalscoliosen und der in späteren Jugendjahren sich häufenden, höher gelegenen, meist rechtsseitigen Dorsalskoliosen nachzuspüren. Der Gedanke liegt nahe, besondere typische Arten der Haltung einerseits und bestimmte in der normalen Entwickelung begründete anatomische Verhältnisse des Körpers und der Wirbelsäule andererseits in Betracht zu ziehen.

C. Spezieller Entstehungsmechanismus der statischen und funktionellen Scoliosen und der sogenannten physiologischen Scoliose.

Für die **frühzeitige Totalscoliose,** die meist linkskonvex ist, sind verschiedene ursächliche Momente geltend gemacht worden: Man hat auf das größere Gewicht der rechtsseitigen Baucheingeweide (Leber) hingewiesen. Doch ist das Übergewicht kein bedeutendes (470 g nach Struthers; zitiert nach R. Fick). Man könnte auch daran denken, daß die festere Konsistenz und das stärkere Wachstum der Leber die unterste Rumpfwirbelsäule zu einer, wenn auch noch so geringen Ausbiegung nach links zwingt; doch ist von einer solchen Asymmetrie, die schon früh hervortreten müßte, bis jetzt nichts bekannt. Oder sollte etwa die rechte Bauchseite bei der Vorbeugung der Kinder die bessere Unterstützung (wegen der Leber) geben, so daß die Vorbiegung etwas nach rechts bevorzugt wird?

Andererseits wurde von verschiedenen Autoren hervorgehoben, daß kleine Kinder vorzugsweise auf dem linken Arm der Mutter oder Wärterin getragen werden und sich dabei nach rechts hin dem Körper der Trägerin zuneigen (Dornblüth, Samml. klin. Vortr. 1872). Diesem Umstande scheint in der Tat eine größere Bedeutung zuzukommen. Man darf aber wohl annehmen, daß eine derartige Linksausbiegung der Wirbelsäule bei kleinen Kindern, später beim aufrechten Stand und beim Sitzen auf horizontaler Unterlage in der Regel korrigiert wird. Wenn trotzdem in den ersten Schuljahren die Linksscoliosen weitaus überwiegen, so müssen wohl auch in der Zeit, in welcher die Kinder nicht mehr herumgetragen werden, neue Einflüsse zur Entstehung von Linksscoliosen wirksam sein. Über die Natur derselben sind wir nicht aufgeklärt.

Sollte vielleicht die immer stärker hervortretende Bevorzugung des rechten Armes anfänglich, beim Kind im Stehen von einer Verschiebung der Hüfte nach rechts und mit Überhängen des Stammes nach links und (bei gewöhnlicher leicht gespreizter Beinstellung) zugleich auch mit etwelcher Hebung der rechten Beckenseite verbunden sein? Solches müßte naturgemäß eine Linksausbiegung der Wirbelsäule veranlassen, wenn ein Zwang zur Aufrechthaltung von Hals und Kopf besteht. Ähnliches muß der Fall sein beim Sitzen auf horizontaler Unterlage, wenn der Rumpf im ganzen nach links geneigt wird, unter etwelcher Erhebung der rechten Beckenseite von der Unterlage und vorhandener Tendenz, den Hals und den Kopf aufrecht zu halten. Tatsächlich scheint eine solche Haltung beim Sitzen und Schreiben häufig vorzukommen. Statt daß rechts das Becken etwas gehoben wird, kann auch die Lendenwirbelsäule unmittelbar über dem Kreuzbein nach links abweichen, während die ganze übrige höher gelegene Wirbelsäule gerade gerichtet ist oder allmählich zum besser vertikalen Verlauf nach rechts abbiegt.

Für die mit den Jahren relativ, im Vergleich zu den Linksscoliosen immer häufiger werdende Rechtsausbiegung der Wirbelsäule, die vorzugsweise den Dorsalteil betrifft, sind verschiedene Ursachen genannt worden.

Die Impressio aortica.

Sabatier hat zuerst darauf aufmerksam gemacht, daß entsprechend der Anlagerung der Aorta descendens an die linke Seite der Brustwirbelsäule in der Regel eine Depression resp. Impression an letzterer vorhanden sei, durch welche eine Ausbiegung nach rechts veranlaßt resp. vorgetäuscht werde. Ob letztere wirklich oder nur scheinbar ist, wurde in der Folge vielfach diskutiert. Manche Autoren waren der Meinung, durch das Andrängen der Aorta werde eine Schwächung der linken Seite der Wirbelsäule bewirkt und damit eine Disposition zur Ausbiegung nach rechts geschaffen.

Genauere Untersuchungen (Schultheß u. a.) haben aber gezeigt, daß es sich um eine lokale und einseitige Querschnittsbeeinträchtigung der Wirbelsäule („Impressio aortica") handelt, welche durch Vergrößerung des Querschnittes nach anderen Richtungen, vielleicht auch durch Verstärkung des Gefüges der Wirbelkörper kompensiert wird, so daß die Festigkeit nicht leidet. Sehen wir doch eine solche kompensatorische Verdickung und Verdichtung auch an anderen Stellen, wo in den Knochen besondere Weichteile eingeschaltet sind, oder Gefäße und Nerven durchtreten. Die allgemeine Stütz- und Biegungsfestigkeit des Teils leidet dabei nicht und nur gegen besondere und seltene Art der Inanspruchnahme besteht hier ein Locus minoris resistentiae.

Rechtsscoliose ist nach A. Péré bei Situs inversus fast ebenso häufig wie die Linksscoliose; unter ca. 60 Fällen von Transpositio viscerum fand sich erstere 20 mal, letztere 25 mal (zitiert nach Gaupp).

Die Rechtshändigkeit.

Nach Gaupp sind nur 1—4,5 % der Erwachsenen Linkshänder, die übrigen mehr oder weniger ausgesprochene Rechtshänder.

Die meisten Erwachsenen zeigen nach allgemein verbreiteter Annahme eine geringe Ausbiegung der Brustwirbelsäule nach rechts, Linkshänder meist eine solche nach links (Béclard). Die meisten Autoren seit Bichat schlossen auf einen Zusammenhang zwischen der Ausbildung der Scoliose und dem stärkeren Gebrauch des Armes; wieaber eigentlich der Kausalnexus ist, wurde nicht genügend klar gelegt. W. Schultheß machte geltend (im Handbuch von Joachimsthal, S, 558), daß die Wirbelsäule mit Vorteil zu einem gegen die Seite des stärker arbeitenden Armes hin ausgebogenen Gewölbe zusammengekrümmt werde, indem ein solches den von der Extremität herkommenden Einwirkungen besser Widerstand zu leisten vermöge. Ebenso wichtig scheint mir das euergetische Moment zu sein. Durch die Abbiegung des oberen Brustteiles nach links wird die Verschiebungsfähigkeit der Schulter auf dem Brustkorb vergrößert und das Arbeitsgebiet des Armes und der Hand nach oben zu verlegt und ausgedehnt. Im Sinne von Schultheß ist zu berücksichtigen, daß bei möglichst freier Haltung und Aktion des rechten Armes zur Stützung und Feststellung des Oberkörpers durch Anlehnen, Anstemmen oder Sich-festklammern vorzugsweise die linke Seite resp. der linke Arm übrig bleibt, und daß wirklich dabei der Oberkörper häufiger nach links abgebogen, die linke Seite des Körpers mit der Wirbelsäule zwischen Schulter und Becken mit Vorteil in eine durch Muskelkräfte und Skelettwiderstände versteifte, rechts ausgebogene Brücke umgewandelt wird. Solches geschieht anscheinend namentlich häufig in späteren Schuljahren beim Arbeiten an einem Tisch in sitzender Stellung, beim Zeichnen und beim Schreiben. Eine hohe Linksabbiegung im Brustteil kann übrigens auch einfach als Begleiterscheinung der so häufigen Linksneigung des Kopfes und Halses beim Schreiben auftreten.

Die gewissermaßen normale „physiologische" Rechtsausbiegung der Wirbelsäule ist aber auch mit der Ungleichheit der Länge der unteren Extremitäten in Verbindung gebracht worden. Manche Autoren haben in der ungleichen Beinlänge die Ursache jener seitlichen Verbiegung sehen wollen. Die physiologische Scoliose wäre danach eine „statische Scoliose" geringeren Grades. Doch hält Haße auch den entgegengesetzten Zusammenhang für möglich und Gaupp denkt an die Unabhängigkeit beider Erscheinungen voneinander. Den außerordentlich lichtvollen Vorträgen von Gaupp (1909) über die Rechtshändigkeit des Menschen und über die normalen Asymmetrien des menschlichen Körpers entnehmen wir folgendes: Staffel (1885) fand bei Kindern unter 66 Fällen 62 mal das linke Bein und nur 4 mal das rechte Bein kürzer. Das Becken war bei möglichst geradem Stand auf der Seite des kürzeren Beines gesenkt, die Wirbelsäule zeigte eine linkskonvexe Lendenausbiegung. (Ein Überwiegen der Tendenz zur Linksscoliose in der früheren Kindheit ist auch von anderen Autoren konstatiert worden.) Bei 5141 von Haße und Dehmer (1893) gemessenen Soldaten war dagegen in 52 % der Fälle das rechte Bein kürzer und Rechtsscoliose vorhanden, in 16 % der Fälle zeigte sich das linke Bein kürzer und die Wirbelsäule links konvex. Der Sitz der Scoliose wird nicht genauer angegeben. Dieser Befund würde demjenigen von Staffel entsprechend auf einen Zusammenhang zwischen Beinasymmetrie und Scoliose hinweisen, läßt sich aber mit der gewöhnlichen Annahme einer physiologischen Rechtsausbiegung des Erwachsenen nur in Einklang bringen, wenn man supponiert, daß es sich um S-förmig verbogene Wirbelsäulen gehandelt hat, und daß nur die Lumbalkrümmung berücksichtigt worden ist. Solches ist nach Gaupp wohl kaum für alle Fälle anzunehmen.

Es sprechen im Gegenteil zahlreiche Beobachtungen, namentlich seitens französischer Autoren dafür, daß wirklich gerade bei wohlgebauten Erwachsenen häufig eine linksseitige Totalausbiegung der Wirbelsäule vorhanden ist, der sich höchstens eine ganz leichte Rechtsausbiegung im oberen Brustteil hinzugesellt. Dabei scheint aber doch als Regel die etwas größere Länge des linken Beines beim Erwachsenen festzustehen. So erklärt sich der Nachweis von A. Péré, daß die Ausbiegung der Wirbelsäule häufig nach der Seite des kürzeren Beines hingeht.

Diese Tatsachen lassen sich vielleicht in etwas einfacherer Weise erklären, als es durch Gaupp geschehen ist. Wir gehen dabei von der Voraussetzung aus, daß die einseitige besondere Arbeitsleistung eines Armes und einer Hand von einer asymmetrischen Stellung und Haltung auch des übrigen Körpers begleitet ist. Bei der Aktion des rechten Armes wird im allgemeinen der Oberkörper nach links verschoben, sei es um nach Schultheß das rechts ausgebogene Widerlager zu schaffen, sei es im Sinn einer euergetischen Richtungsänderung der Schulter. Diese Umstellung kann aber in verschiedener Weise erreicht werden und braucht durchaus nicht immer bloß durch Linksabbiegung im Brustteil zu geschehen. Im Stand kann gleichsam der ganze Körper von den Füßen bis zu den Schultern nach rechts ausgebogen werden durch Verschiebung der Hüfte nach rechts unter Beugung des Stammes nach links in den Hüftgelenken und allenfalls auch in der Lumbosacraljunktur. Macht sieh dabei ein Zwang zur aufrechteren Haltung von Hals und Kopf auch nur ganz unbedeutend geltend, so wird die Wirbelsäule oberhalb der Lumbosacraljunktur in eine leichte und gleichmäßige Krümmung nach links gelegt. Auch beim Sitzen geschieht häufig, wie unsere Fig. 132 zeigt, die Feststellung des Stammes und Verschiebung der Schulter nach links nicht durch bloße Neigung des Oberkörpers im Brustteil nach links, sondern durch Linksabbiegung schon vom Becken an, und es wird dabei häufig die Linksneigung des Oberkörpers durch leichte Aufbiegung der Wirbelsäule im Brustteil etwas vermindert. Es sind also noch besondere Bedingungen vonnöten, wenn die Aktion der rechten Hand mit hoher Abbiegung im Bruststamm nach links (Rechtsausbiegung) verknüpft sein soll (s. o).

Wenn sich die stärkere Aktion des rechten Armes im Stand in der angenommenen Weise mit Überhängen des Stammes gegenüber den Beinen nach links kombiniert (bei mehr oder weniger aufrecht gestellter Oberbrustgegend), kann das linke Bein sehr wohl das stärker belastete und beanspruchte sein. Ein gewisser Einfluß der Rechtshändigkeit zur besseren Entwickelung des linken Beines ist deshalb wohl denkbar. Umgekehrt ist es sehr wenig wahrscheinlich, daß ein geringes Übergewicht der Länge des linken Beines um vielleicht 1 cm einen merklichen Einfluß zur Hervorrufung einer rechtsseitigen Total- oder Lumbalscoliose haben sollte; und noch viel weniger ist einzusehen, wie so eine bestimmte seitliche Biegung der Wirbelsäule zur Bevorzugung einer der beiden oberen Extremitäten führen könnte. Die von zahlreichen Autoren und in besonders klarer Weise neuerdings von Gaupp dargelegten Gründe zwingen vielmehr dazu, eine angeborene und ererbte Disposition zur Rechtshändigkeit (resp. Linkshändigkeit) anzunehmen, welche ganz unabhängig von äußeren mechanischen oder erzieherischen Einflüssen einige Zeit nach der Geburt erst manifest wird (Experimente von Baldwin) und wesentlich auf der verschiedenen Organisation und Entwickelung der rechten und linken Gehirnhälfte beruht.

Einfluß asymmetrischer Sitzhaltungen beim Schreiben etc.

Wir müssen also unsere Vorstellungen dahin erweitern, daß sowohl im Stand als im Sitzen die andauernde Bevorzugung der einen Hand zu seitlicher Verbiegung der Wirbelsäule führen kann, Bedingungen und Effekt aber durchaus nicht immer gleich sind.

Unter gewöhnlichen Verhältnissen, wenn die einseitige Inanspruchnahme des rechten Armes zur Arbeit, zum Tragen von Lasten etc. nicht in besonderer Weise gesteigert ist, erreicht die betreffende Verbiegung keinen hohen Grad. Es finden sich aber alle Übergänge zwischen den Verbiegungen leichteren Grades und den Fällen mit hochgradiger seitlicher Verbiegung schon im schulpflichtigen Alter. In den Schulstatistiken ist eine schärfere Grenze der physiologischen und pathologischen Verbiegungen gar nicht zu ziehen. In den Anstaltsstatistiken dagegen kommen mehr nur Verbiegungen höheren Grades vor. Allgemein anerkannt ist, daß mit den Jahren die Rechtsscoliosen häufiger werden. Die Tatsache einer Zunahme der Zahl und des Grades der Verkrümmungen scheint (oder schien wenigstens früher) aus beiden Arten der Statistik hervorzugehen.

Man hat daraus auf schädliche Einflüsse geschlossen, welche mit der Schule selbst verknüpft sind und in erster Linie die fehlerhaften Sitzhaltungen beim Schreiben verantwortlich gemacht. In dem Kapitel über die asymmetrische Sitzhaltung haben wir den Nachweis zu führen gesucht, daß beim Schreiben wirklich die Ausbildung rechtsseitiger Scoliosen in besonderem Maße begünstigt ist. Es liegt sehr nahe anzunehmen, daß in den ersten Jahren beim Sitzen und Schreiben eher Totalausbiegungen nach links entstehen, daß auch eine schon vorhandene leichte Ausbiegung der Wirbelsäule, nach der linken Seite, oder eine größere Leichtigkeit der Abbiegung nach dieser Seite die freie Wahl der Schreibstellung beeinflußt und durch den Einfluß der gewählten Stellung verstärkt wird, daß aber mit der Zeit, je mehr es auf ein rasches Schreiben (oder sorgfältiges Zeichnen) mit entlastetem rechten Arm oder stark nach links geneigtem Hals und Kopf ankommt, die Einflüsse zur hohen Linksabbiegung des Rumpfes und zur Ausbildung rechtskonvexer Verbiegungen im Dorsalteil das Übergewicht bekommen.

Die schädlichen fehlerhaften Haltungen, kommen natürlich nicht einzig und allein in der Schule selbst vor, sondern auch bei den häuslichen Schularbeiten der Kinder und hier vielleicht noch in besonderem Maße. Auch handelt es sich nicht allein um das Schreiben; auch beim Zeichnen und anderen Arten des Handarbeitens sind asymmetrische Haltungen beliebt und fast unvermeidlich. So wird die oben mitgeteilte Tatsache verständlich, daß im Verlaufe der Schulzeit die Zahl der linkskonvexen Scoliosen prozentualiter abnimmt, die Rechtsscoliosen und zwar ganz besonders die rechtskonvexen hohen Dorsalscoliosen häufiger werden. Es handelt sich dabei weitaus in der Mehrzahl der Fälle um kombinierte Skoliosen, sei es, daß eine ursprüngliche totale Konvexität nach links auf den Lendenteil eingeschränkt wird, sei es daß nach Ausbildung und Fixierung der Dorsalscoliose die linksseitige Lendenausbiegung beim Geradesitzen und -stehen kompensatorisch hinzutritt.

Verbiegungen, welche wesentlich durch asymmetrische Haltung beim Sitzen hervorgerufen sind, verhalten sich beim Stand wie primäre Verkrümmungen des Stammes und verlangen die entsprechende Korrektion durch Änderung der Becken- und Beinstellung und ergänzende Nebenbiegungen, während andererseits asymmetrische Körperbeanspruchung im Stand auf den Stamm und die unteren Extremitäten zugleich einwirkt und gleichzeitig eine komplizierte Krümmung hervorrufen hann, die dann wieder beim Sitzen auf horizontaler Unterlage ihrer besonderen Korrekturen bedarf.

Weitere schädliche Einflüsse.

Neben einer fehlerhaften Sitzhaltung können sich im schulpflichtigen Alter auch noch andere schädliche Einflüsse, namentlich solche beim Stehen und Gehen geltend machen.

Die stärkere gewohnheitsmäßige Belastung des einen Armes z. B. oder der einen Schulter bedingt (aus orthostatischen Gründen) eine Abbiegung der Wirbelsäule nach der anderen Seite.

Die drei Veranstalter der Lausanner Enquete haben festgestellt, daß namentlich die Mädchen in den späteren Schuljahren ein größeres Kontingent von rechtskonvexen Scoliosen liefern. Sie führen das zurück auf den Umstand, daß Mädchen in diesem Alter häufig in den Fall kommen, ihre jüngeren Geschwister auf dem linken Arm zu tragen u. dgl. Die Verlegung des Schwerpunktes durch die linksseitige Belastung zwingt zu einer Ausbiegung des Rumpfes nach rechts. Es handelt sich hierbei namentlich um Abbiegungen nach links in der Höhe der oberen Lendenwirbelsäule.

Berufsscoliosen.

Gewiß kann auch in späteren Jahren nach vollendeter Schulzeit andauernd einseitige mechanische Beanspruchung zur Verkrümmung einer zuvor normal gestalteten Wirbelsäule führen, wenn auch mit Vollendung des Wachstums die Widerstandsfähigkeit des Skelettes gegen derartige deformierende Einflüsse eine größere zu sein scheint. Insbesondere werden gewisse Berufsarten leichter als andere in diesem Sinn schädlich einwirken. Solche professionelle Scoliosen (Berufsscoliosen) sind vielfach beobachtet worden bei Lastträgern, Steinträgern, Tischlern, Nagelschmieden, Violinisten, Kindermädchen usw. (S. Gaupp, Normale Asymmetrien 1909.) Eine interessante Form von Berufsscoliose hat W. Schultheß (1910) bei den venetianischen Gondoliere beobachtet.

Korrigierende Einflüsse.

Daß der jugendliche Körper namentlich in der Periode des starksten Wachstums leichter bleibend geschädigt werden kann, liegt auf der Hand. Wenn trotzdem nicht mehr schwerere Formen von Scoliose entstehen, so beweist dies nur, daß dazu noch eine besondere Nachgiebigkeit des Skelettes notwendig ist. Man darf aber auch nicht die regulierenden und korrigierenden Einflüsse außer acht lassen, die in der Regel wirksam sind, deren Ausschaltung demnach die Entstehung schwererer Formen von Verkrümmung namentlich bei den dazu prädisponierten Individuen begünstigt.

Turnen und körperliche Übungen anderer Art, welche die „Gelenkigkeit" allseitig und gleichmäßig steigern, vermögen wohl Ungleichheiten in der mittleren Innervation und Spannung der sich entsprechenden Muskeln beider Seiten, ja selbst kleinere Asymmetrien in der Qualität, dem Querschnitt, der Zahl und der Länge ihrer Fasern zu beseitigen. Auch Anpassungen des Skelettes an asymmetrische Mittel- und Extremlagen können innerhalb gewisser Grenzen durch veränderten Gebrauch der Teile wieder ausgeglichen werden.

Es ist theoretisch sehr wohl verständlich, daß namentlich den Bewegungsspielen und systematisch betriebenen Rumpfübungen in der Art der schwedischen Volksgymnastik eine große Bedeutung zukommt. Auch die nach Klapp systematisch betriebenen Kriechbewegungen, durch welche ausgiebige seitliche Biegungen der Wirbelsäule unter geänderten Verhältnissen inszeniert werden, fallen unter den gleichen Gesichtspunkt.

Bei allen diesen Übungen ist von Wichtigkeit, daß zugleich das Allgemeinbefinden verbessert, Atmung, Zirkulation und Verdauung günstig beeinflußt, das Wohlbehagen und die Freude an der Bewegungsleistung vermehrt wird, und daß neue nervöse Koordinationen für die Gleichgewichtshaltung und Bewegung eingeübt werden.

Man wird vor allem an die Erzieher der Jugend und an die Schule die Forderung stellen, daß sie diese Erfahrungen in weitgehendem Maße berücksichtigen, um den während der Schulzeit wirkenden Schädlichkeiten zu begegnen. Das Heilmittel gegen dieselben liegt sicher nicht in dem in der Schule selbst geübten pedantischen Zwang zum Geradesitzen. Ein passender Wechsel zwischen asymmetrischer Körperhaltung wäre viel nützlicher.

Neuere Autoren, so Schultheß, sind der Meinung, daß man den schädlichen Einfluß der Schule überschätzt hat. Unter den Lausanner Schulkindern fanden sich 10—50%, bei welchen an der Wirbelsäule etwas auszusetzen war, doch nur bei ca. 8% handelte es sich um unbestreitbare Verkrümmungen. Die Zahl derselben vermehrte sich während der Schulzeit nicht wesentlich. — Es ist nun aber nicht unwahrscheinlich, daß die Verhältnisse erst in den letzten Jahrzehnten so günstige geworden sind, seit man der Schreibhaltung und der Schulbankfrage, überhaupt den hygienischen Verhältnissen der Schule größere Aufmerksamkeit schenkt und den schädlichen Einflüssen des anhaltenden Sitzens durch genügende Erholungszeit, Turnen, Bewegungsspiele und sportliche Übungen entgegenwirkt. So beruht wohl auch die Tatsache, daß man früher die Scoliose viel häufiger bei Mädchen als bei Knaben vorhanden glaubte, während solches heute durch genaue Statistik nicht mehr mit Sicherheit nachweisbar ist, nicht bloß auf dem Umstand, daß früher nur bei Mädchen auch schon leichtere Grade von Deformität beachtet und der ärztlichen Untersuchung und Behandlung wert erachtet wurden, sondern wesentlich mit darauf, daß gerade die körperliche Erziehung der Mädchen in neuerer Zeit eine andere und vernünftigere geworden ist.

Immerhin können auch heute noch durch anhaltende, in gleichem Sinn wirkende verbiegende Einwirkungen ebensowohl als durch vorübergehende exzessive Schädigungen, namentlich bei ungewöhnlicher Nachgiebigkeit der Gewebsstruktur, weitergehende anatomische Veränderungen an der Wirbelsäule zustande kommen, welche durch vermehrte gleichmäßige Leibesübungen nicht beseitigt, durch falsch betriebene sog. Heilgymnastik aber nur verschlimmert werden. Hier kann dagegen eine zielbewußte, auf die Erkenntnis der anatomischen Veränderungen und ihre Ursachen gegründete orthopädische Lokalbehandlung unter Umständen noch schöne Heilungserfolge aufweisen.

D. Anatomie der schwereren Formen der Scoliose.

Die rein habituellen Verkrümmungen, denen anscheinend keine Bildungsfehler des Organismus zugrunde liegen, die vielmehr einzig durch fehlerhafte Haltungen und einseitige Inanspruchnahme des Stützapparates entstanden sind, können bei rechtzeitiger Beseitigung der schädlichen Ursachen sistiert und durch gleichmäßigere und allseitigere Inanspruchnahme öfters wieder rückgängig gemacht werden. Bei weiter fortgeschrittenen anatomischen Veränderungen gelingt dies in der Regel nicht mehr. Es handelt sich bei denselben ja nicht einfach um ein physikalisches Phänomen, sondern um eine biologische Reaktion des Organismus auf die übermäßige und einseitige Inanspruchnahme. Sie hat im allgemeinen den Charakter einer Anpassung an die veränderten Ansprüche. Es kommt dabei zur Ausbildung einer neuen elastischen Gleichgewichtsform des Skelettes, zugleich aber auch zu Veränderungen in den Aktionsverhältnissen der Muskeln. Im Vergleich zur Norm ist die neue Mittellage eine mehr extreme; mit ihr verknüpft sich meist eine tatsächliche Einbuße an Funktions- und Leistungsfähigkeit. In einzelnen Fällen hat die Veränderung einen in höherem Maße progressiven Charakter, indem es sich gleichsam um die Störung einer labilen Gleichgewichtslage handelt, wobei durch eine erste Veränderung eine ganze Kette neuer Störungen ausgelöst werden, so daß erst nach weitgehender Umgestaltung des Skelettes der Prozeß zum Stillstand kommt, bei sehr stark veränderter Leistungsfähigkeit des Apparates. Ein bloßer Wegfall der umgestaltenden Einwirkungen, ja selbst das Eingreifen entgegengesetztsinniger Inanspruchnahme vermag in der Regel nicht von der abgelenkten neuen Gleichgewichtslage aus eine einfache und strikte Reversion des ganzen Deformationsprozesses zu bewerkstelligen. Es sind vielmehr ganz andere Kräfte und Einwirkungen notwendig, um den ursprünglichen Zustand wieder herzustellen, wenn solches überhaupt möglich ist. Unter Umständen gelingt solches noch durch besondere orthopädische Maßnahmen oder durch chirugischen Eingriff, in letzterem Fall natürlich nur unter tiefgreifender Veränderung der Konstruktion.

Dies alles gilt in noch höherem Maße, wenn idiopathische krankhafte Veränderungen an der Wirbelsäule selbst mit im Spiel sind. Auch bei den weitergehenden, sog. pathologischen Veränderungen der Scoliose spielt das mechanische Moment eine so wichtige und bestimmende Rolle, daß es nicht außerhalb des Rahmens des vorliegenden Lehrbuches liegen möchte, wenn diesem Gegenstand ein besonderes Kapitel gewidmet wird.

Körpersäule und Bogen.

Die Wirbelsäule zeigt bei weiter fortgeschrittener Scoliose folgende Eigentümlichkeiten.

1. Die seitliche Biegung ist besonders auffällig an der Körpersäule und ist deutlicher zu bemerken bei der Betrachtung der Wirbelsäule von vorn. Wir unterscheiden an jeder seitlichen Krümmung oder Ausbiegung den Krümmungsscheitel und den oberen und unteren Schenkel der Krümmung. Bei mehreren aufeinanderfolgenden, alternierend entgegengesetzt gerichteten Biegungen (Fig. 136) bilden die ineinander übergehenden Schenkel benachbarter Krümmungen rechts oder links aufsteigende Schrägstücke, welche von zwei Krümmungsscheiteln begrenzt sind. Ungefähr in der Mitte des Schrägstückes liegt die Wendestelle, wo die eine Krümmung in die andere übergeht. Die Längsabbiegung von Wirbelkörper zu Wirbelkörper ist

hier gleich 0; dagegen ist sie maximal an den Krümmungsscheiteln. Die seitliche Krümmung der Körpersäule beruht auf früheren Stadien wesentlich auf der Keilform der Zwischenwirbelscheiben, in den späteren Stadien, bei stärkerer seitlicher Krümmung auch auf dem keilförmigen Zuschnitt der Wirbelkörper. Beides ist am meisten ausgeprägt an den Scheiteln der Krümmungen; Fischer hat danach die Scheitelwirbel als Keilwirbel bezeichnet. An den Wendestellen fehlt jede Spur von seitlicher keilförmiger Umgestaltung der Wirbelkörper und Zwischenwirbelscheiben. Die Keilform der Scheitelwirbel beruht wesentlich auf der Erniedrigung des longitudinalen Durchmessers an der konkaven Seite. Eine absolute Vergrößerung des Längsdurchmessers an der Seite der Konvexität hat nicht mit Sicherheit nachgewiesen werden können.

An den Enden einer Krümmung in der Mitte der Schrägstücke, insbesondere an den Wendestellen, sind die obere und untere Fläche der Wirbel (ihre Schnittlinien mit der Ebene der seitlichen Biegung) einander parallel, dagegen zeigen sie sich gegeneinander, im Sinn der Bewegung nach der Seite der angrenzenden oberen und unteren Krümmung hin verschoben, so

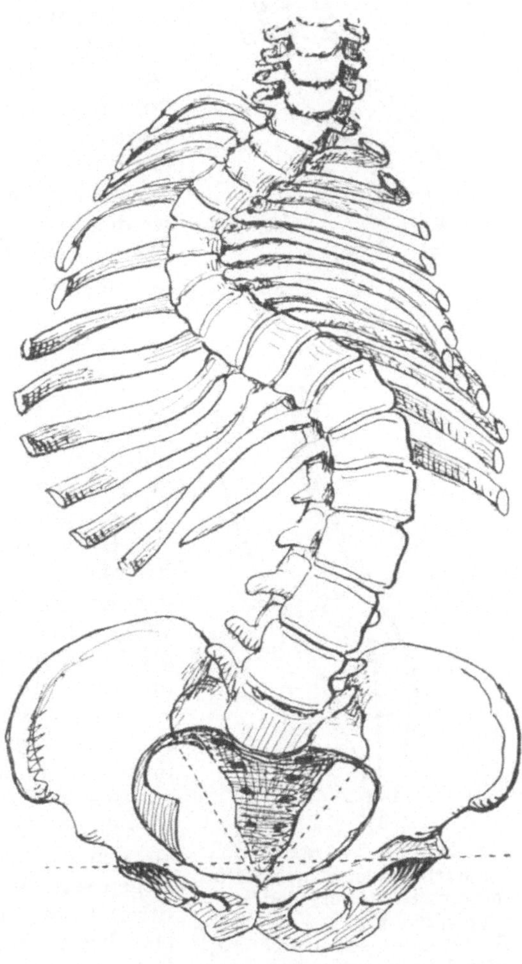

Fig. 136. Bild einer hochgradigen kombinierten Scoliose. Umzeichnung nach Kocher.

daß die Seiten des Wirbelkörpers zu ihnen schräg stehen (sog. frontale Obliquität). Jeder Wirbelkörper gleicht also einem schrägen prismatischen Gebilde. Kocher nannte die solchergestalt umgewandelten Wirbel Schrägwirbel. Es ist klar, dass von den Wendestellen nach den Krümmungsscheiteln die Wirbelkörper allmählich den Charakter der Schrägwirbel verlieren und dafür mehr und mehr den Charakter der Keilwirbel annehmen (Zwischenwirbel nach Kocher). Auch die Zwischenwirbelscheiben sind an den Schrägstücken, namentlich an der Wendestelle, im gleichen Sinn nach Art eines schrägen Prismas oder Zylinders verzogen.

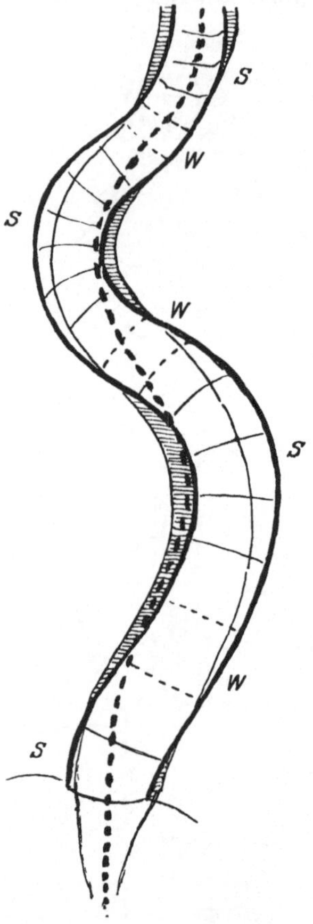

Die Keilform der Zwischenwirbelscheiben und Wirbelkörper an den Krümmungsscheiteln weist auf einen hier konkaverseits wirksamen stärkeren Längsdruck hin, der von der konvexen nach der konkaven Seite hin zunimmt. Die schräge Verzerrung der Wirbelkörper und Zwischenwirbelscheiben an den Wendestellen muß zurückgeführt werden auf abscherende Kräfte, welche die oberen Teile des Schrägstückes gegenüber den unteren Nachbarteilen nach der Seite des oberen Krümmungsscheitels resp. nach der unteren Seite des Schrägstückes hindrängen. Die Abscherung hat also an jeder Stelle des gleichen Schrägstückes gleichen Sinn. Sie ist gleich 0 an den Krümmungsscheiteln. Ihre Richtung schlägt beim Übergang aus einem Schrägstück in das nächstfolgende in die entgegengesetzte Richtung um.

Ganz besonders auffällig ist eine dritte Erscheinung an der Wirbelkörpersäule, nämlich eine Längstorsion derselben (Fig. 137). Bei oberflächlicher Betrachtung glaubt man zu erkennen, daß die Wirbel im ganzen um ihre Mittellinie gedreht sind. Es scheint als gehe die Torsion durch ein ganzes Schrägstück im gleichen Sinn weiter; im nächsten Schrägstück aber zeigt sich die entgegengesetzte Torsion. Auf diesem Wege, so scheint es, wird die Wirbelkörpersäule an den Ausbiegungen über die Reihe der Bogen seitlich hinausgeschoben. Ein großer Streit entspann sich darüber, ob es sich bei dieser Erscheinung um eine wirkliche Längsrotation der Wirbel gegeneinander handelt oder um etwas anderes, und eine große Verwirrung ist dadurch entstanden, daß man nicht scharf zwischen den Begriffen Längstorsion und Längsrotation und bei der Rotation nicht scharf zwischen der absoluten Rotation der Wirbel gegenüber der Mittelebene und der Längsrotation von Wirbel zu Wirbel unterschieden hat. Es ist klar, daß die Drehung eines einzelnen, in sich starr gedachten, kürzeren oder längeren Abschnittes eines Stabes um seine Längsachse gegenüber einem zweiten

Fig. 137. Sog. Konvexrotation der Wirbelsäule. Schema. Die starken Konturen sind diejenigen der Körpersaule. Der Bogenteil ist, soweit sichtbar, schraffiert, seine Konturen sind durch kontinuierliche feine Linien bezeichnet. Linie der Wirbeldornen punktiert. *SS* Scheitelpunkte, *WW* Wendepunkte.

Stück oder gegenüber der Mittelebene nur als Längsrotation bezeichnet werden darf. Die Formveränderung aber, welche ein Stück durch gleichmäßige Längsrotation seiner Unterabteilungen gegeneinander erfährt, muß als Längstorsion desselben bezeichnet werden. So kann ein größeres Stück der Wirbelsäule, es kann aber auch ein einzelner Wirbel oder eine Zwischenwirbelscheibe um die eigene Längsachse torquiert sein.

Man hat auch von einer Torsion einzelner Wirbel um eine dorsoventrale oder um eine „frontale" Achse gesprochen. Man muß konsequenterweise Torsionen um Querachsen, wenn sie wirklich vorhanden sind, im Gegensatz zu der Längstorsion als Quertorsionen (sagittale und frontale Quertorsion) bezeichen.

Bei der Beurteilung einer allfälligen Längstorsion des einzelnen Wirbels spielt die Feststellung der ursprünglichen Mittellinie seiner oberen und unteren Fläche eine wichtige Rolle, und ebenso ist die Bestimmung der ursprünglichen Mittellinien der oberen oder der unteren Seiten zweier Wirbel wichtig für die Entscheidung, ob zwischen diesen beiden Wirbeln eine Längsrotation (eventuell im Verein mit anderen Drehungen) stattgefunden hat.

Über die Lage und den Verlauf der ursprünglichen Mittellinie und Mittelebene in den scoliotischen Wirbeln ist hartnäckig zwischen Lorenz, Nicoladoni, Albert u. a. gestritten worden. Die verschiedenen diesbezüglichen Annahmen sind durch die Figur 138 erläutert.

Über die ursprüngliche hintere Mitte des Wirbelbogens resp. Wirbelloches kann kein Zweifel sein; sie bleibt als scharfe Incisur deutlich. Die vordere Mittellinie des Wirbelloches ist auch später noch kenntlich, oft an einer Einsenkung, dann an der Eintrittsstelle großer Venen (Emissarium post.) und an der Mittellinie des Lig. long. com. post.

Schwieriger ist die Einigung über die ursprüngliche vordere Mitte des Wirbelkörpers. Die Mitte des vorderen Langsbandes kann nicht ohne weiteres dafür genommen werden. Wie Nicoladoni gezeigt hat, verdickt und verschmälert sich seine konkav-

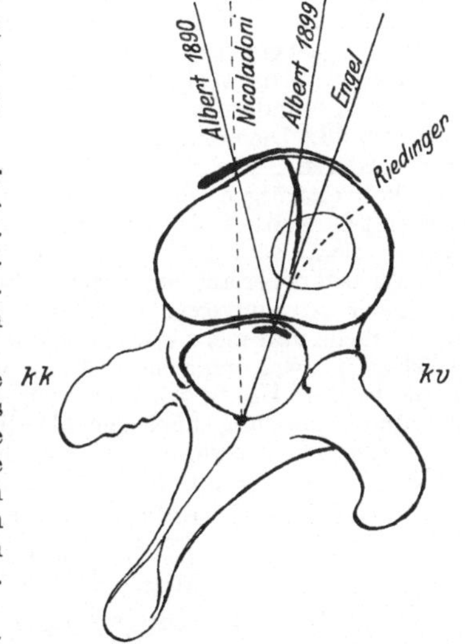

Fig. 138. Lage der ursprünglichen Mittellinie der Keilwirbel nach den verschiedenen Autoren.

seitige Halfte und bildet einen scharfen sichelartigen Rand nach der Konkavseite hin, während die ursprüngliche andere Hälfte, welche der Seite der Konkavität der seitlichen Ausbiegung entspricht, sich verbreitert und verdünnt. Die ursprüngliche Mitte entspricht also nach ihm einer naher am sichelförmigen konkaven Rand gelegenen Stelle. Dieser Schluß ist nicht vollkommen zwingend, da eine Hinüberwanderung oberflächlicher Fasern an der Knochenunterlage gegen die Konkavitat der Krümmung hin nicht ausgeschlossen ist. Es läge dann die Stelle der ursprünglichen vorderen Mittellinie weiter nach der Konvexseite zu, als Nicoladoni angenommen hat (Albert, in seiner späteren Publikation 1890).

An den Brustwirbeln ist die Bestimmung der ursprünglichen vorderen Mittellinie leichter, weil dort die ursprüngliche vordere Kante des Wirbelkörpers gewöhnlich noch erkennbar bleibt (Albert). Als weitere Anhaltspunkte für die Bestimmung der ursprünglichen Mittelebene des Wirbelkörpers und der Zwischenwirbelscheibe ist eine grubige Vertiefung an den Endflächen der Wirbelkörper genommen worden, welche dem Nucleus pulposus entsprechen soll, wobei wohl mit Unrecht angenommen wird (z. B. von Riedinger), daß letzterer seine Lage in der Zwischenwirbelscheibe und gegenüber den angrenzenden Knochen beibehält. Es ist viel wahrscheinlicher, daß der Gallertkern bei der konkavseitigen Kompression der Zwischenwirbelscheibe etwas nach der konvexen Seite hin gedrangt wird. Zuverlassiger ist die Beurteilung nach den Spuren der Abgrenzung zwischen dem Verknöcherungsgebiet des primären Wirbelkörpers und der sekundär in den Wirbelkörper aufgenommenen Partie der Bogenwurzel. Doch sind auch in dieser Beziehung leicht Tauschungen möglich.

Hüter hatte angenommen, die an der konkaven Seite der Biegung gelegene ursprüngliche Hälfte des Wirbelkörpers werde verschmàlert; ähnlicher Meinung war Nicoladoni, der die ursprüngliche hintere Mitte des Wirbelkörpers zuweit nach der Konkavseite verlegte. Die meisten anderen Autoren entschieden sich mit Recht für das Gegenteil.

Berücksichtigen wir mit Vorsicht alle oben angegebenen Anhaltspunkte, so kommen wir zu dem Schluß, daß zwar Nicoladoni die ursprüngliche hintere und vielleicht auch die vordere Mittellinie der Körpersaule zuweit nach der Konkavseite hin gesucht hat, und daß die ursprüngliche Halbierungsebene des Wirbelkörpers zunächst vor dem Wirbelloch wohl deutlich nach der Konvexseite hin abweichen muß, daß sie aber andererseits doch wohl kaum in der Fortsetzung der Halbierungsebene des Wirbelloches gelegen sein kann oder gar durch die Mitte des Gallertkerns verläuft und nach der Konvexseite abbiegt, wie Riedinger annimmt, sondern im weiteren Verlauf doch etwas nach der Konkavseite abbiegen muß. Die ursprüngliche Mittelebene des Wirbelkörpers beginnt also hinten an der vorderen Mittellinie des Wirbelkanals, welche leicht zu bestimmen ist und der konvexseitigen Bogenwurzel etwas näher liegt als der konkavseitigen; sie verläuft zunächst fast in der direkten Fortsetzung der Halbierungslinie des Wirbelloches, etwas schräg zur Hinterflache des Wirbelkörpers (s. u.) zwischen den in den Wirbelkörper aufgenommenen Bogenwurzeln hindurch zum konkavseitigen Teil der nach der Konvexseite verschobenen Grube für den Gallertkern und biegt von da an mehr und mehr etwas nach der Konkavseite ab. Sie teilt die Endflache des Wirbels in zwei ungleiche Hälften, von welchen die konkavseitige breiter ist. Die konkavseitige Hälfte des Wirbelkörpers ist entsprechend ihrer Verbreiterung durch Zusammenpressung niedriger als die konvexseitige. Die Kompression und Verbreiterung betrifft am meisten den hinteren Teil der konkavseitigen Wirbelkörperhälfte. Dies alles gilt für die Keilwirbel.

Soviel ist jedenfalls sicher, daß an ausgesprochen quer verzerrten Keilwirbeln eine Ebene, welche von der Wurzel des Dornfortsatzes bis zur vorderen Mitte des Wirbelkörpers einer mitten zwischen der Abgangsstelle der Bogen oder auch einer etwas einwärts davon gelegenen Stelle gezogen ist, gegenüber der Mittelebene des Körpers und den dorsoventralen Mittellinien der mittleren Schrägwirbel nach außen rotiert ist. Die Halbierungslinie des Wirbelloches ist aber stärker in diesem Sinn nach vorn außen schräggestellt als die ursprüngliche Mittelebene des Wirbelkörpers und namentlich als ihr vorderer Teil.

Die hintere Fläche des Wirbelkörpers ist weniger stark nach außen rotiert. Die Bogenschenkel sind gegenüber dieser Fläche nach der Seite der Konkavität der Säule aus der normalen Stellung abgelenkt. Diese Obliquität entspricht offenbar einer seitlichen Parallelverschiebung vorderer Teile gegenüber den hinteren nach außen; sie erstreckt sich aber nicht in gleicher Weise auf den ganzen Wirbelkörper, sondern hauptsächlich nur auf die hintersten Teile desselben. Infolge dieser transversalen Obliquität zeigt die ursprüngliche hintere Mittellinie des Wirbelkanals (die Linie, welche von den hinteren Mitten der Wirbelbogen und Abgangsstellen der Dornfortsätze gebildet wird) die seitlichen Ausbiegungen in viel geringerem Maße, als die Körpersäule. Will man mit dem Ausdruck „Konvexrotation" der ausgebogenen Stellen die Tatsache bezeichnen, daß die Wirbelkörper im ganzen, mit ihrer sekundären Mittelebene, welche die vordere und hintere Mittellinie verbindet, (mit einem Maximum am Scheitel der Krümmungen) nach außen gedreht sind, so muß man sich doch nach dem Obigen darüber klar sein, daß es sich nicht um eine einfache Längsrotation der Wirbel als starrer Stücke handelt. Allerdings liegen die Verbindungsstellen der Wirbelbogen mit den Körpern an der Konkavseite der Krümmung weiter nach vorn, so daß hier tatsächlich auch der bilaterale Hauptdurchmesser des Wirbelringes auswärts rotiert ist; dazu kommt nun aber die genannte Abknickung der Bogenschenkel vom Wirbelkörper nach der Konkavseite hin und ihr entsprechend die schräge Verzerrung des Wirbelloches, ferner die parafrontale Verzerrung des Wirbelkörpers.

Man kann die Drehung der Wirbelkörperhinterfläche als Maß für die reine Auswärtsrotation nehmen. Damit kombiniert sich also eine Abscherungsverschiebung vorderer Teile gegenüber hinteren nach außen und umgekehrt, parallel der Hinterfläche der Wirbelkörper (transversale Obliquität).

Die Verzerrung des Wirbels und seine scheinbare Drehung nach der Konvexseite der seitlichen Biegung erklärt sich ebenso wie die wirkliche Auswärtsrotation am besten aus der Wirksamkeit von Kräften, welche an oder in den hinteren und mittleren Teilen des Wirbelkörpers nach der Konvexseite, im Bereich des Wirbelkanals aber, an den Bogen nach der Konkavseite der seitlichen Biegung zu gerichtet sind. Die Verzerrung hat zur Voraussetzung eine gewisse Plastizität und Deformierbarkeit des Wirbelmateriales; sie ist dementsprechend nicht immer gleich gut ausgeprägt. Die Gelenkteile fallen meist noch in das Gebiet der nach der Konkavseite hin wirkenden Kräfte, so daß die Hauptknickung zwischen Körper und Bogen vor den Gelenken liegt. Die schräge Verzerrung ist bis zur hinteren Mittellinie des Bogens deutlich und geht meist auch noch im Dornfortsatz, in letzterem aber nicht immer bis zur Spitze in demselben Sinn weiter (vgl. Figg. 142 A und B). Die Kräfte, welche an dem Bogen nach der Konkavseite hin wirken, greifen also nicht etwa ausschließlich an den Gelenkteilen an, sondern an der ganzen konvexseitigen Breitseite des Bogens und mehr oder weniger auch des Wirbeldornes.

Wenn andererseits die ursprüngliche Mittelebene des Wirbelkörpers vorn etwas nach der Konkavseite abbiegt, so müssen hier Kräfte angenommen werden, welche die vordere Peripherie der Körpersäule, gegenüber den Kräften, welche den Wirbelkörper weiter hinten nach der Konvexseite drängen, an der Konkavseite zurückhalten. Wir denken hierbei an den Einfluß des vorderen Längsbandes. Was aber den Einfluß betrifft, welche den Wirbelkörper nach der Konvexseite hintreibt, so kann es sich hier wohl kaum bloß um eine am einzelnen Wirbelkörper von außen, d. h. von der Konkavseite, etwa von den Rippen her einwirkende Kraft handeln. Es müssen auch Kräfte beteiligt sein, welche in der Längsrichtung der Körpersäule selbst von

Wirbel zu Wirbel wirken. Fig. 139 gibt eine Vorstellung von den mutmaßlich in Betracht kommenden seitlichen Krafteinwirkungen.

Die gewöhnliche Konvexrotation ist also etwas Zusammengesetztes. Sie beruht nur zum Teil auf einer wirklichen Längsrotation des Wirbels gegenüber der ursprünglichen Mittelebene des Körpers. Die Drehung der hinteren Fläche des Wirbelkörpers ist hierfür das beste Maß. Zum anderen Teil handelt es sich um eine „Scheinrotation", beruhend auf der angegebenen schrägen Verzerrung (transversale Obliquität). Ihr Maß ist die Schrägstellung der ursprünglich dorsoventralen Durchmesser gegenüber den ursprünglich bilateralen Durchmessern. Für beide Erscheinungen zusammen sollte man eigentlich einen neuen Ausdruck wählen wie „Konvexschiebung" oder zum mindesten die Bezeichnung: „sog. Konvexrotation" gebrauchen. Von dem Zurückbleiben der vorderen Peripherie des Wirbelkörpers ist hiebei abgesehen.

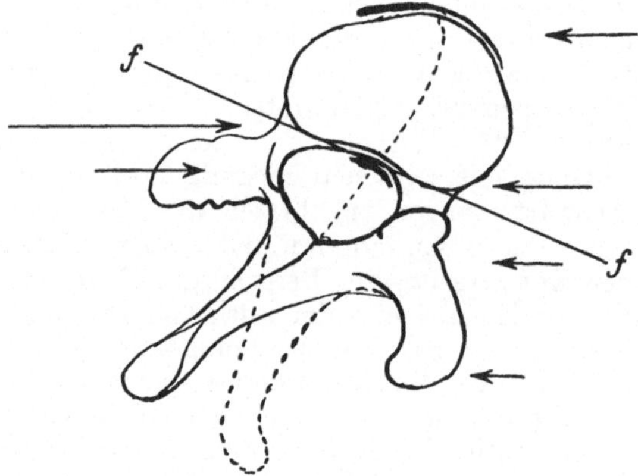

Fig. 139. Mutmaßliche Wirkung seitlich verschiebender Kräfte am Keilwirbel.

Die sog. Konvexrotation hat ihr Maximum an den Scheiteln der Krümmungen. An den Wendepunkten ist sie in ihren beiden Hauptkomponenten = 0. Indem sie an gleichweit vom Scheitel entfernten Stellen im oberen und unteren Schenkel des Krümmungsbogens annähernd gleich groß und gleich gerichtet ist, an aufeinander folgenden Krümmungen aber entgegengesetzten Sinn hat, zeigt sich zwar jeder dem Scheitel näher gelegene Wirbel gegen dem entfernteren Nachbar tatsächlich nach der Konvexseite „rotiert", und jeder dem Scheitel nähere Querschnitt der Körpersäule ist gegenüber dem vorhergehenden im Sinn einer Abscherungsverschiebung nach der Konvexseite hin verschoben. Nach dem Scheitel hin nimmt aber die intervertebrale und intravertebrale transversale und parafrontale Abscherung und die intervertebrale transversale Drehung ab, und am Scheitel selbst sind alle diese Verschiebungen von Wirbel zu Wirbel = 0. An den Wendestellen aber ist die Rotation von Wirbel zu Wirbel maximal, und ebenso die relative seitliche Verschiebung zwischen benachbarten Wirbelkörpern und zwischen

benachbarten Querebenen und bilateralen Längsebenen der Körper
selbst. Deshalb tritt hier die Längstorsion der Wirbelsäule und der
Körpersäule und die sog. frontale Obliquität in der Körpersäule am
deutlichsten hervor (Schrägwirbel). Die seitliche Umschiebung gegenüber der Mittelebene des Körpers hat oberhalb und unterhalb der Wendepunkte absolut genommen entgegengesetzte Richtung.

Man könnte auch sagen, daß die Rotationsdrehung und seitliche
Parallelverschiebung jedes oberen Wirbels zu seinem unteren Nachbar
im Bereich eines ganzen schrägen Stückes den gleichen Sinn hat, am

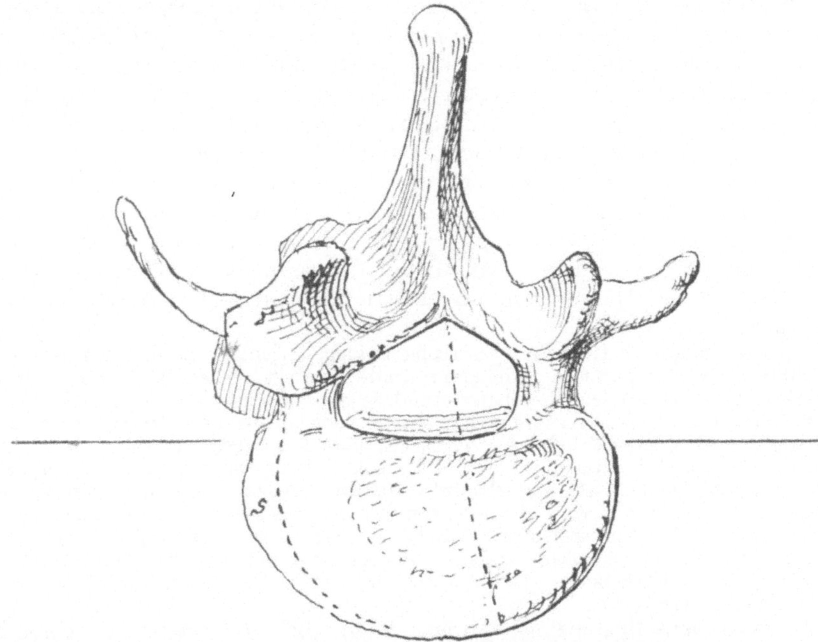

Fig. 140. Scheitelwirbel der lumbalen Linksausbiegung einer hochgradig S-förmig
verkrümmten Wirbelsäule (Präparat der Berner anatomischen Sammlung), *S*
Kontur der konkavseitigen, eingezogenen Mitte des Wirbelkörpers. Die zweite
punktierte Linie ist die mutmaßliche ursprüngliche Mittellinie des Wirbels.

unteren Scheitel $= 0$ ist, in der Mitte des schrägen Stückes ein Maximum
erreicht und bis zum oberen Ende wieder bis auf 0 sinkt, um nun im
darauf nach oben folgenden Schrägstück den entgegengesetzten Sinn zu
bekommen.

Die Wirbel in der Mitte der schrägen Stücke charakterisieren sich,
wie schon erwähnt wurde, als Schrägwirbel mit seitlicher transversaler
Parallelverschiebung der oberen gegenüber der unteren Wirbelfläche
nach der Seite des benachbarten oberen Krümmungsscheitels. Dadurch
wird gleichsam der gerade Zylinder (Prisma) des Wirbelkörpers in einen
schiefen Zylinder umgewandelt (frontale Obliquität der Wirbelkörper).

Eine Rotation der oberen Fläche zur unteren ist ebenfalls zustande gekommen und verrät sich in einer deutlichen Längstorsion. Die oberflächlichen Längslinien verlaufen nunmehr spiralig und ebenso verhält es sich mit den Ligg. longitudinalia und mit den peripheren, sonst längsverlaufenden Balken der Spongiosa. Die seitliche Biegung der Körpersäule wird also nicht bloß durch die Verkürzung der Konkavseite der Wirbelkörper und Zwischenwirbelscheiben im Verhältnis zu den Konvexseiten, sondern auch durch diese seitliche transversale Parallelschiebung (Scherung) im Inneren des gleichen Wirbels und von Wirbel zu Wirbel zustande gebracht. Ohne die letztere müßten die Zwischenwirbelscheiben überall senkrecht zur Längslinie der Körpersäule stehen. Dank derselben stellen sie sich an der Mitte der schrägen Stücke am meisten schräg zu derselben und mehr horizontal. Ihre an der unteren Seite der schrägen Stücke gelegenen Ränder sind nach dem nächst oberen Krümmungsscheitel zu verschoben.

Die in Querebenen zutage tretende Verzerrung der Wirbellöcher und Bogen parallel zu bilateralen Längsebenen und die Abknickung der Bogen vom Wirbelkörper hat nun im Gegensatz zur Torsion und frontalen Obliquität der Wirbelkörper ein Maximum an den Krümmungsscheiteln. Sie ist = 0 an den Mitten der schrägen Stücke; die Bogen liegen hier der Quere nach unverzerrt und gerade hinter den Wirbelkörpern.

Eine deutliche frontale Verzerrung analog derjenigen in den Körpern der Schragwirbel, nur meist in geringerem Grade ist auch an den Bogen der Schragwirbel vorhanden, indem ihr oberer Rand gegenüber dem unteren nach der Seite des nachsten oberen Krümmungsscheitels verschoben ist. Diese Verzerrung scheint mir im oberen Teil des Schragstückes besonders deutlich zu sein. Es werden hier die Artikularportionen der Wirbel der Oberseite des Schragstückes zusammengepreßt und zugleich so eingeklemmt, daß ihre oberen Abschnitte zum großen Teil nach der anderen Seite hingeschoben werden. Daraus erklärt sich die Schrägstellung der Dornfortsatzwurzel. Solches kann auch noch am Scheitelwirbel selbst stattfinden. In diesem Fall erscheint der ganze konkavseitige Teil des oberen Einganges des Wirbelloches verbreitert; eine schrage Verzerrung (s. o.) ist kaum angedeutet (Fig. 140).

Besondere Beachtung verdient auch noch die zuerst von Seeger beobachtete Tatsache, daß die Bogen in den mittleren Teilen der Schrägstücke noch weniger quer zur Längsachse der Körpersäule und noch mehr im Sinn größerer Horizontalstellung verlaufen und noch weniger nach der unteren Seite des Schrägstückes zu geneigt sind als die Zwischenwirbelscheiben. Dies ist an den Wendestellen am auffälligsten. Die Bogen bleiben annähernd senkrecht zur Längslinie des Wirbelkanals, der ebenso wie die Reihe der Bogen geringere, flachere Ausbiegungen zeigt als die Körpersäule und an den Scheiteln der Krümmungen hinter der Körpersäule näher der Mittelebene zurückbleibt. Man kann von einer axilateralen (oder frontalen) Torsion der Schrägwirbel sprechen, indem hier die Bogen gegenüber den Körpern parallel einer ursprünglichen frontalen resp. axilateralen Ebene (der Hinterfläche der Wirbelkörper) der Horizontallage zugedreht sind (frontale Torsion des Wirbels nach Riedinger).

Aus theoretischen Gründen ist anzunehmen (s. u.), daß ein gewisses Wechselverhältnis zwischen dem Grad der reinen Auswärtsrotation der Scheitelwirbel und ihrer transversalen Obliquität besteht, so daß bei gleicher seitlicher Inflexion unter Umstanden mehr das eine oder mehr das andere Moment hervortritt. Möglicherweise kann auch durch stärkere frontale Verdrehung der Betrag an transversaler Obliquität und reiner Konvexrotation eingeschränkt werden. An dem in Fig. 140 abgebildeten Präparat der Berner anatomischen Sammlung finde ich am Scheitel der Hauptkrümmungen des Lenden- und Brustteils eine reine Konvexrotation (an der Vorderwand des Wirbelkanals gemessen) von 15—20⁰, eine quere Abknickung des Wirbelbogens und der Bogenwurzeln fehlt aber so gut wie ganz.

Auf derartige Verschiedenheiten ist bis jetzt wenig geachtet worden.

Gelenke und Gelenkfortsätze.

Man kann keinen Augenblick darüber im Zweifel sein, daß die zwischen zwei benachbarten Wirbeln vor sich gehende Stellungsänderung, die sich an der scoliotischen Wirbelsäule vollzogen hat, insbesondere die an den Wirbelkörpern zutage tretende Abdrehung und Abscherung nach der Seite und ihre Längsrotation, ferner die transversale Verzerrung und Abknickung der Bogen an den Keilwirbeln und ihre parafrontale oder axilaterale Torsion an den Schrägwirbeln nicht unter Verschiebung normal bleibender Gelenkflächen und Gelenkfortsätze aneinander vor sich gehen konnte.

Die Annäherung der Wirbelkörper aneinander an der Seite der Konkavität, die zur Verschmälerung der Zwischenwirbelscheiben an der Konkavseite, oft zu völligem Schwund an dieser Stelle und zur Erniedrigung der Wirbelkörper führt, bedeutet auch für die Wirbelbogen und Querfortsätze eine Annäherung aneinander an dieser Seite und zugleich um so mehr eine Annäherung der Dornen aneinander, je mehr die Bogenschenkel und Dornen am Scheitel der Krümmung vom Wirbelkörper nach der Konkavseite zu abgeknickt sind.

Man wird erwarten, daß an den Keilwirbeln eines im Lendenteil befindlichen seitlichen Krümmungsscheitels am ehesten noch die normale Richtung der Gelenkflächen erhalten bleibt und eine physiologische Verschiebungsmöglichkeit noch vorhanden ist. In der Tat sind hier die Querfortsätze und Gelenkfortsätze zweier benachbarter Wirbel an der Konvexseite der Krümmung in der Richtung der wenig veränderten artikulären Berührungsfläche auseinander gezogen. An der Konkavseite aber ist der Gelenkfortsatz des unteren Wirbels bis an den Querfortsatz des oberen Wirbels herangerückt, wo er anstößt und wo sich im Anschluß an die normale Gelenkfläche im Bogen oben herum nach außen hin ein neues Gelenkflächenstück bildet (Fig. 140).

An einem Krümmungsscheitel dagegen, welcher im Brustteil gelegen ist, muß eine Erniedrigung und Verbreiterung der Gelenkfortsätze an der Konkavseite und ein Abrücken der Gelenkfortsätze voneinander, wenigstens an der konvexen und dem Wirbelkörper benachbarten Seite erwartet werden. Namentlich erniedrigt sich hier der Gelenkfortsatz des oberen Wirbels. Die Gelenkfläche stellt sich mehr quer. Die Ränder der Gelenkkörper werden wulstartig oder kantig nach der Peripherie vorgetrieben. Häufig kommt es gerade hier bei hochgradigen Verbiegungen zur synostotischen Verwachsung der konkavseitigen Gelenkfortsätze (und angrenzenden Teile der Wirbelkörper).

An den Schrägwirbeln dagegen haben wir bei geringer seitlicher Verschiebung der Dornen aus der Mittelebene eine maximale seitliche Verschiebung und Rotation des oberen Wirbelkörpers gegenüber dem unteren Nachbarn und der oberen Wirbelfläche gegenüber der unteren nach der Seite des oben folgenden Krümmungsscheitels hin. Eine solche Verschiebung ist an der Lendenwirbelsäule nicht möglich, ohne daß der untere Gelenkfortsatz des oberen Wirbels gegenüber dem oberen Gelenkfortsatz seines unteren Nachbarn an der Unterseite des Schrägstückes nach dem Wirbelkanal zu abrückt, an der Oberseite des Schrägstückes nach außen gegen den Gelenkfortsatz des unteren Wirbels andrängt, unter horizontaler Verbreiterung der Berührungsfläche und Aufwulstung der Ränder. An den Brustwirbeln schneidet an den Gelenken der Oberseite des Schrägstückes der Gelenkfortsatz des oberen Wirbels tiefer in den unteren Wirbel ein. Seiner Außenkante entsprechend vergrößert sich die Gelenkfläche und bilden sich Randwülste; an den Gelenken der Unterseite aber vermindert sich der Kontakt, ja es kann zuletzt Abhebung und Verödung eintreten.

Das Verhalten der Gelenke und Gelenkfortsätze bei Scoliose ist am genauesten von Albert beschrieben worden. So weit wir sehen, lassen sich seine Befunde von den hier angegebenen Gesichtspunkten aus verstehen. Auf weitere Einzelheiten kann nicht eingegangen werden.

Man hat aber bei der Untersuchung irgend welcher Deformitäten der Wirbelsäule den Eindruck, als ob die **Nachgiebigkeit und Plastizität der Gelenkfortsätze der Wirbel fast unbegrenzt** ist und daß sie selbst kleineren einseitig wirkenden Druckkräften **kein ernstliches Hindernis** entgegensetzen.

Genauere Untersuchungen der Wirbelgelenke Scoliotischer wären namentlich auch erwünscht hinsichtlich im einzelnen Fall noch möglichen Bewegungen von Wirbel zu Wirbel.

Fig. 141. Hinteransicht der scoliotischen Wirbelsäule, von welcher der in Fig. 140 abgebildete Wirbel stammt. Berner anatom. Sammlung.

Wirbeldornen.

Würden die Wirbeldornen in einer Querebene ihres Wirbelkörpers verlaufen und nähmen sie an der Rotation und transversalen Obliquität der Wirbel im gleichen Sinn wie die Bogen teil, so müßten sie an den Wendestellen mitten hinter der Körpersäule und dem Wirbelkanal gelegen, an den Ausbiegungen der Wirbelsäule aber nach der Konkavseite hin gerichtet sein. Wenn schon die Bogenreihe (Wirbelkanal) weniger starke seitliche Ausbiegungen zeigt im Vergleich zur Körpersäule, so müßte die Linie der Dornfortsatzspitzen noch mehr geradlinig verlaufen. Kommt aber zu einer seitlichen transversalen Obliquität im Sinn derjenigen des Bogens eine ursprüngliche Neigung gegen den kaudalwärts folgenden Wirbel hinzu, so macht sich die Abweichung jener Linie der Dornfortsatzspitzen nach der Konkavseite der Krümmungen stärker gegenüber dem unteren Schenkel der Krümmungen und bis über den unteren Wendepunkt hinaus geltend, resp. es weichen im oberen Teil der Schrägstücke die Dornen nach der oberen Längsseite des Schrägstückes ab, und zwar so, daß die Linie der Dornen eher etwas mehr gestreckt verlaufen muß, als der Wirbelkanal. Daß die Sache sich so verhält, läßt sich an der Scoliose konstatieren, welche nebenstehend (Fig. 141) abgebildet ist.

Doch dürfte dieses Verhalten nicht ganz konstant sein. Namentlich scheinen die Enden der Dornen öfters ihren eigenen Weg zu gehen und mitunter in entgegengesetztem Sinn zu der Abknickung des Bogens vom Körper abgelenkt zu sein. Ich verweise in dieser Beziehung auf die Fig. 142 A und B nach Lorenz, welche Keilwirbel aus einer nach links und einer nach rechts konvexen Brustscoliose darstellen; zu beiden ist die Spitze des Dornes nach der gleichen Seite abgelenkt. Auffallend war mir gerade bei Skoliosen geringeren Grades, daß die Linien der Dornspitzen öfters scharfe Knickungen und willkürliche Sprünge macht, als ob die Dornen ziemlich unabhängig von den Biegungen der Bogenreihe unter dem Einfluß lokalisierter stärkerer Muskelspannungen ihre eigenen Deviationen erlangen könnten. Anscheinend regellose Abweichungen der Dornenspitzen aus der Mittelebene kommen übrigens bei sonst völlig normalen Wirbelsäulen häufig zur Beobachtung. Dies alles mahnt zur Vorsicht bei der Verwertung der Dornfortsatzlinie für die Beurteilung der seitlichen Verkrümmungen der Wirbelsäule. Man wird auf den Aspekt der ganzen Gegend der Rückenrinne und ihrer Muskulatur größeres Gewicht legen müssen als auf das Verhalten der Dornfortsatzspitzenlinie allein.

Querfortsätze und Rippen.

An der wahren Rotation der Keilwirbel nach der Konvexseite der seitlichen Biegung beteiligen sich auch die vertebralen Enden der Rippen. An der Konkavseite der Biegung rücken sie nach vorn und stellen sich mehr frontal; an der Konvexseite weichen sie nach hinten zurück und stellen sich mehr sagittal. Die Richtungsänderung wird im gleichen Sinn noch vergrößert durch die Ablenkung der Querfortsätze gegenüber dem Bogen (s. Fig. 142 A und Fig. 138). Mit der Ablenkung der Seitenteile des Bogens erfahren auch die Querfortsätze noch eine entsprechende besondere Richtungsänderung. Bei der Betrachtung der scoliotischen Wirbelsäule von hinten her sieht man deshalb an den Ausbiegungen die Querfortsätze der Konvexseite deutlich stärker nach hinten ragen. Diese Erscheinung wird aber dadurch noch auffälliger, daß die Querfortsätze an der Konvexseite stärker entwickelt, länger und mächtiger (bei Lendenkrümmungen verbreitert), an der Konkavseite aber reduziert sind. Zugleich zeigen die Querfortsätze der Konvexseite eine deutliche Ablenkung cranialwärts, diejenigen der Konkavseite aber eine Ablenkung caudalwärts.

Auch bei sehr hochgradigen Scoliosen ist die seitliche Kontur des Rumpfstammes verhältnismäßig wenig verändert. Es spannt sich offenbar unter dem Einfluß der Muskeln die seitliche Bauch- und Brust-

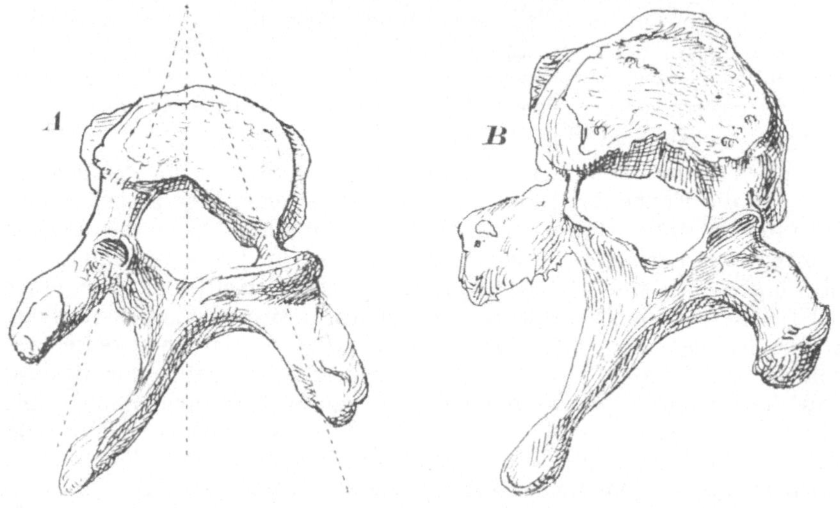

Fig. 142. Zwei Scheitelwirbel, *A* aus einer linksseitigen, *B* aus einer rechtsseitigen Konvexität. An beiden ist der Dorn nach der gleichen Seite abgelenkt. Umzeichnung nach Lorenz.

wand immer noch fast symmetrisch und in gleichmäßiger Krümmung vom Becken zum Hals. Die zur Seite ausbiegende Brustwirbelsäule muß sich also mit ihrer seitlichen Konvexität der benachbarten seitlichen Brustwand nähern und von der anderen Seite der Brustwand entfernen. Daß unter diesen Umständen die Rippenwinkel an der Konvexseite verschärft und rückwärts vorgetrieben werden müssen, ist klar. Es entsteht auf diese Weise der typische scoliotische Rippenbuckel (Fig. 143). An der Konkavseite dagegen müssen die Rippenwinkel abgeflacht werden. Solches müßte geschehen, auch wenn an und für sich mit der seitlichen Ausbiegung der Wirbelsäule keine Tendenz zur Konvexrotation verbunden wäre.

Man könnte nun auf den Gedanken kommen, der Widerstand, den die konvexseitigen Rippen (die in der seitlichen Brustwand durch Muskeln festgehalten und am Ausweichen verhindert sind) der Zusammenbiegung entgegensetzen, sei alleinige Schuld an der Konvexrotation der Wirbelsäule, der schrägen Abknickung der Bogen und der Ungleichheit in der Größe und Richtung der Querfortsätze.

Eine genauere Überlegung lehrt aber in dieser Hinsicht folgendes.
Wenn die konvexseitige Rippenwand der Ausbiegung der Wirbelsäule
nach ihrer Seite einen Widerstand entgegensetzt, so geschieht dies durch
eine in ihr wachgerufene Längsspannung, aus der sich ein nach der Konvexseite hin gerichteter Druck
ergibt. Ist die resultierende
Längsspannung genau seitlich
gelegen und geht die Kraftlinie der genannten Druckwirkung vor der Körpersäule
vorbei, wie solches am Brustteil wohl von Anfang an und
auch noch bei höheren Graden der Verbiegung der Fall
sein muß, so hat derselbe einen
Einfluß zur Längsdrehung der
Wirbelsäule nicht nach der
Konvex-, sondern nach der
Konkavseite hin. Man versteht
zwar sehr wohl, daß die
Flächenkrümmung der Rippen
an den Rippenwinkeln verschärft und der vordere Teil
der Rippen mit dem Brustbein
nach der Konkavseite abgelenkt werden muß; es müssen
auch die Rippen der Konkavseite durch die Verschiebung
in der vorderen Brustwand
vorn mehr oder weniger nach
der Konkavseite bewegt, von
der Wirbelsäule abgedrängt
und in den Rippenwinkeln abgeflacht werden. Mag nun ein
größerer oder geringerer Teil
des Seitendruckes von der konvexseitigen Rippenwand auf
die konkavseitige übertragen

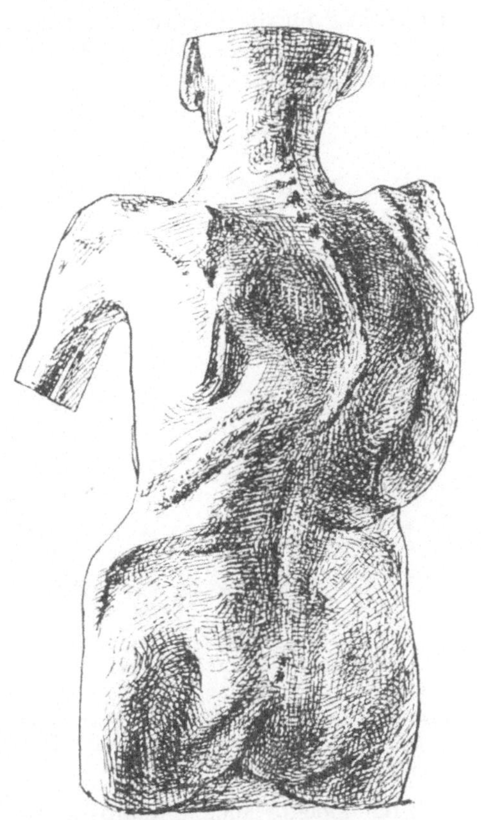

Fig. 143. Gipsabguß des Leichnams, welchem die Präparate Fig. 140 und 141 entnommen sind. Berner anatom. Samml.

werden, schließlich muß Versteifung der Rippen mit der Wirbelsäule
erfolgen und durch die Rippen hindurch der konkavrotatorische Einfluß
der konvexseitigen Längsspannung der Brustwand an der Wirbelsäule zur
Geltung kommen. Ihm muß durch wachgerufene Drehungswiderstände der
Wirbelsäule selbst Gleichgewicht gehalten werden. Die Verhältnisse
liegen nur dann anders, wenn die resultierende Längsspannung an der
konvexseitigen Rippenwand genügend weit hinter der seitlichen Peripherie des Brustkorbes gelegen ist, resp. wenn zu der Längsspannung

an der Seite eine solche in den Bändern oder Muskeln neben den Wirbelbogen und Wirbeldornen (z. B. in den Muskeln der Rückenrinne) hinzukommt, so daß der von der Konvex- nach der Konkavseite hin wirkende
Seitendruck hinter den Wirbelkörpern vorbeigeht.

Eine seitliche Längsspannung in der Rumpfwand an der Konvexseite (der Brustkrümmung bei kombinierten Scoliosen) muß angenommen
werden; sie ist es, welche diese Wand verhältnismäßig gerade hält. Sie
ist wichtig für die Formveränderung der Rippen usw. Sie bewirkt aber
nicht die Konvexrotation der Wirbel im ganzen, sondern wirkt derselben
eher entgegen.

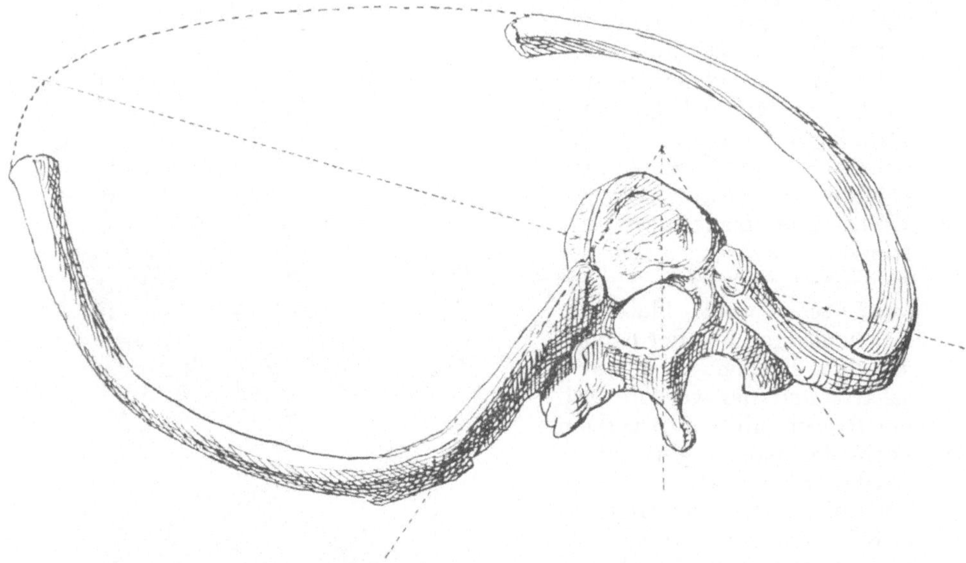

Fig. 144. Scoliotischer Scheitelwirbel mit zugehörigen Rippen. Umzeichnung
nach Lorenz.

Ich möchte auch deshalb in dem Widerstande der konvexseitigen
Rippen nicht die Ursache für die Konvexrotation der Wirbel erblicken,
weil auch bei lumbalen Ausbiegungen, wo keine Rippen in Betracht
kommen, eine Konvexrotation zu konstatieren ist.

An der Ablenkung des konvexseitigen Querfortsatzes nach hinten,
des konkavseitigen nach vorn, möchte dagegen die veränderte Krümmung der damit verbundenen Rippen teilweise Schuld sein.

Nach dem vorigen müssen es wohl wesentllch andere Einflüsse sein,
welche bei der seitlichen Ausbiegung der Wirbel- und Körpersäule die
Bogen zurückhalten, und zwar kommen hierfür die konvexseitigen
Bänder und ganz besonders die Muskeln der Konvexseite, soweit sie
unmittelbar an der Wirbelsäule, an den Querfortsätzen und hinter derselben in der „Rückenrinne" gelegen sind, in Betracht. Ich werde die

Grundlagen dieser Theorie von den Ursachen der sog. Konvexrotation im folgenden Kapitel genauer entwickeln.

Hinsichtlich des Verhaltens der Rippenwand und des Brustbeins ist zum Schluß noch folgendes zu bemerken.

Das Brustbein zeigt meist, selbst bei hochgradigen Dorsalscoliosen, keine sehr auffällige Verlagerung aus der vorderen Mittellinie; es wird offenbar durch die Muskeln möglichst in derselben zurückgehalten.

Die konkavseitigen Rippen werden zwar hinten nach der Konvexseite hin gezogen, vorn aber durch das Brustbein zurückgehalten. Die vertebralen Enden werden mehr frontalgestellt, der Rippenwinkel wird verflacht. Die betreffende Partie des Rückens erscheint gegenüber dem Rippenbuckel der anderen Seite abgeplattet und nach vorn geschoben. Wegen des Widerstandes in der vorderen Brustwand kommt es zur schärferen Flächenkrümmung näher der Knochenknorpelgrenze. Daraus resultiert nun die bekannte Form der von einem Rippenpaar, der Wirbelsäule und dem Brustbein umgrenzten Luftfigur (bei der Betrachtung von oben her, s. Fig. 144).

Es kann vorkommen, daß am gleichen Thorax eine Hauptausbiegung der Wirbelsäule nach der einen Seite, etwa in der Mitte des Brustteiles und zwei entgegengesetzte Gegenkrümmungen im obersten und untersten Brustteil vorhanden sind (siehe Fig. 141 und 144). Jeder seitlichen Ausbiegung der Wirbelsäule entspricht dann ein dorsales buckelartiges Vortreten der benachbarten konvexseitigen Rippenwand.

Was aber die Richtung der Rippenknochen (ihrer Krümmungsebenen) betrifft, so muß, wenn nur einigermaßen die Stellung zu ihren Wirbeln gewahrt bleibt, folgendes zu beobachten sein: Die Rippenknochen an der Konvexseite einer scoliotischen Ausbiegung divergieren nach vorn, während die konkavseitigen konvergieren. Die Bezirke, in welchen vorn die Rippenknochen einander genähert oder voneinander entfernt sind, liegen natürlich jeweilen tiefer als die entsprechenden Konkav- oder Konvexseiten der Wirbelsäulebiegung. Die Intercostalmuskeln wirken für einen mehr gleichmäßigen Abstand der Rippenknochen, unter entsprechender Modifikation der Rippenstellung in den Costovertebralgelenken.

E. Zur Theorie der Wirbelsäuleverkrümmung.

Die sogen. Konvexrotation bei der Scoliose.

Eine sogenannte Konvexrotation, deren eigentliches Wesen im vorigen genauer festgestellt wurde, manifestiert sich bei oberflächlicher Betrachtung als eine Rotation der mittleren Teile des scoliotischen Bogens gegenüber den Enden nach der Konvexseite der seitlichen Ausbiegung. Sie kann sowohl an der rückwärts konvexen Brustwirbelsäule, als an der vorwärts konvexen Lendenwirbelsäule zustande kommen, wenn hier zu der primären sagittalen Krümmung eine sekundäre seitliche Ausbiegung hinzutritt, trotz der verschiedenen Richtung der primären

Krümmung und trotz der verschiedenen Beschaffenheit der Gelenke. Bei einfacher seitlicher Biegung entspricht dagegen das Maximum der Längsrotation von Wirbel zu Wirbel ungefähr der Wendestelle der sagittalen Krümmung. Man darf annehmen, daß sie auch bei Ausbildung einer seitlichen Ausbiegung an einer annähernd gestreckten Wirbelsäule entstehen kann.

Dies ist nicht ohne Wichtigkeit für die Frage nach dem Mechanismus der Konvexrotation. Vor allem ist auszuschließen, daß es sich hierbei einfach um eine Weiterführung der durch die Gelenkflächen gestatteten Bewegung über die physiologischen Grenzen hinaus handelt.

Eine vollständige Übersicht über alle bis jetzt vorgebrachten Erklärungsversuche der Konvexrotation, die alle mehr oder weniger unbefriedigt lassen und zum Teil recht naiv sind, soll hier nicht gegeben werden. Wir beschränken uns auf die Besprechung der durch H. v. Meyer (1866) gegebenen Erklärung, die einen richtigen Gedanken in sich schließt und große Anerkennung gefunden hat. H. v. Meyer hat geltend gemacht, daß die Wirbelsäule aus zwei mechanisch ganz verschieden beschaffenen Längsteilen zusammengesetzt ist, der Körpersäule und der Bogenreihe mit den verbindenden Bändern. Durch Kräfte, welche an der schon leicht seitlich gebogenen Wirbelsäule von den Enden her zusammendrückend gegeneinander wirken, wird die Bogenreihe wie eine Spiralfeder zusammengedrückt, ohne wesentlichen Widerstand zu leisten und ohne weiter seitlich auszubiegen, die Körpersäule aber wird wie ein elastischer Stab zusammengebogen, wobei die Mitte nach der Seite ausweicht. Da nun aber die Bogen mit den Körpern verbunden sind, werden sie von ihnen vorn mitgenommen, während sie hinten in der seitlichen Verschiebung zurückbleiben. So kommt es zur Konvexrotation der Wirbel, die am Scheitel der seitlichen Krümmung am größten sein muß. Die seitliche Verschiebung ist an der Körpersäule vorn größer als hinten; die vordere Mittellinie derselben wird gegenüber der hinteren verlängert; eine primäre sagittale Konvexität nach hinten muß infolge dieses Umstandes mehr und mehr ausgeglichen werden. Eine vorwärts konvexe Säule aber wird zwar durch das Hinzutreten der seitlichen Krümmung noch stärker gekrümmt. Indem aber infolge der Konvexrotation der Bogen sich nach der Konvexseite der seitlichen Umbiegung herumschwenkt, wird die lordotische Krümmung in die seitliche Krümmung mit aufgenommen. Das Resultat ist in beiden Fällen ein Zurücktreten der sagittalen Krümmung beim Fortschritt der scoliotischen seitlichen Biegung.

Diese Lehre H. v. Meyers hat rasch zahlreiche Anhänger gewonnen, befriedigt aber nicht völlig. Es ist in keiner Weise angedeutet, daß und warum die Bogenreihe einer seitlichen Ausbiegung zusammen mit den Körpern besonderen Widerstand leistet. Man muß sich fragen, warum die Bogen nicht einfach von den Körpern mitgenommen werden und warum eine Konvexrotation zustande kommt, wenn nicht etwa die Körpersäule schon für sich allein bei seitlicher Ausbiegung konvex rotiert wird.

Es ergibt sich die Notwendigkeit, vor allem das Verhalten der iso-

lierten Körpersäule gegenüber seitlich ausbiegenden Einflüssen zu
prüfen unter Berücksichtigung der tatsächlich wirkenden biegenden
Einflüsse. Eine theoretische Auseinandersetzung über das
Verhalten biegsamer gegliederter Stäbe oder Säulen gegen-
über biegenden Einwirkungen scheint mir zur Aufklärung der
Frage unbedingt notwendig zu sein.

Die biegenden Kräfte.

Ein großer Mangel in den bisherigen Untersuchungen über das
Zustandekommen der seitlichen Verbiegungen der Wirbelsäule oder
biegsamer Stäbe ist die ungenaue oder unrichtige Beurteilung der
biegenden Kräfte. Ganz allgemein wird angenommen, daß es sich um
Kräfte handelt, welche von den Enden der Wirbelsäule resp. vom oberen

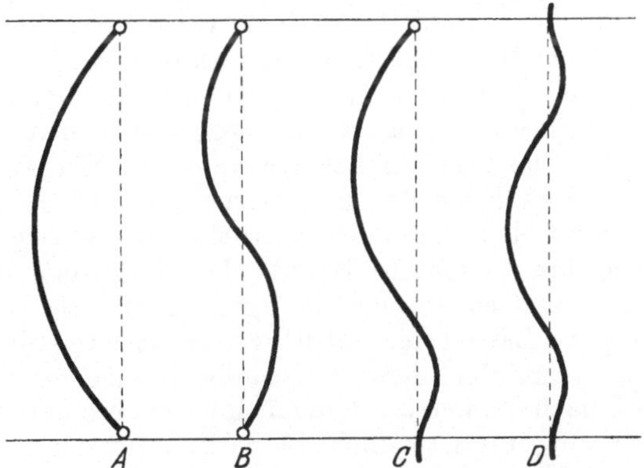

Fig. 145. Umzeichnung nach Riedinger.

Ende der Brustwirbelsäule und vom unteren Ende der Lendenwirbelsäule
her gegeneinander wirken. Von dieser Voraussetzung aus sind dann auch
Experimente angestellt worden.

Dabei muß eine erste seitliche Biegung schon als bestehend angenommen werden, damit durch die von den Enden her gegeneinander
wirkenden Kräfte weitere seitliche Biegung (eventuell bis zur Knickung
der Säule) zustande kommt.

J. Riedinger (Morphologie und Mechanismus der Scoliose 1901)
macht auf den Unterschied aufmerksam, der sich ergibt, je nachdem
die Enden der Säule bei der „Belastung" mit dem belastenden Teil
resp. der Unterlage starr verbunden oder ihnen gegenüber drehbar sind.
In den nebenstehenden Figuren 145 A — D sind einige der von Riedinger berücksichtigten Möglichkeiten dargestellt. Die Drehbarkeit
der Verbindung ist durch einen kleinen Kreis angedeutet. Sind beide
Enden frei drehbar (A und B), so kann die Säule durch die Belastung in
eine einfache oder doppelte Krümmung gelegt werden, je nachdem von
Anfang an für eine einfache oder doppelte seitliche Abweichung gesorgt

ist. Ist nur das eine Ende drehbar, das andere festgestellt (C), so erhält man eine doppelte Biegung mit Wendepunkt nah dem festgestellten Ende; sind beide Enden starr mit dem belastenden Teil und der Unterlage verbunden, so bilden sich zwei Wendepunkte und drei Biegungen (D). Diese Angaben sind unzweifelhaft richtig. Es ist aber durchaus notwendig, sich klar zu machen, welcher Art die Krafteinwirkung bei verhinderter Drehung der Enden ist; daß es sich da nicht um eine einzige Kraft, sondern um mindestens zwei verschieden gerichtete Kräfte handeln muß, darf nicht übersehen werden.

Schultheß hat an der Wirbelsäule selbst Belastungs- resp. Längskompressionsexperimente unter verschiedenen Bedingungen der Einspannung der Enden angestellt und die dabei vorkommenden Rotationen studiert. Auch hier fehlt die genauere Analyse der von den Enden her einwirkenden Kräfte.

In der Tat bestehen die beim Lebenden für die seitliche Verbiegung der Wirbelsäule in Betracht kommenden Kräfte durchaus nicht stets einzig in zwei von den Enden der Wirbelsäule, resp. von dem unteren Ende der Lendenwirbelsäule und von der Halswirbelsäule her gegeneinander wirkenden Einzelkräften. Das Gewicht des Halses und Kopfes lastet allerdings auf dem oberen Ende der Brustwirbelsäule, aber durchaus nicht immer als eine durch den ersten Brustwirbel hindurch gegen die Lumbosacralverbindung hin gerichtete Kraft. Die Kraftlinie geht vielmehr in der Regel neben diesen Stellen in irgend einer Richtung und Entfernung vorbei. Die Lasten der Schulter und Arme geben eine Resultierende, welche ebenfalls nicht notwendig immer durch den ersten Brustwirbel und nach dem ersten Kreuzbeinwirbel hin gerichtet ist; auch greift diese Belastung durchaus nicht bloß direkt oder indirekt am ersten Brustwirbel an, sondern verteilt sich mit ihren Angriffspunkten auf eine größere Zahl oberer Brustwirbel. Ebenso verhält es sich mit der Last der Rumpfstammwand und der Rumpfeingeweide, die, soweit sie nicht vom Becken getragen wird, weiter oben an der Wirbelsäule, und zwar vorzugsweise durch Vermittelung der Rippen und Zwischenrippenmuskeln an der oberen Brust- und der Halswirbelsäule, also auch wieder an einem größeren Bezirk aufgehängt ist. Auch wenn wir von den aktiven und passiven Spannungen der Rumpfstammuskeln nur diejenigen berücksichtigen, welche einerseits am Becken, andererseits am Brustkorb angreifen, so überträgt sich ihre Einwirkung auf den Brustkorb doch auf ein größeres Gebiet der Brustwirbelsäule. Noch ist zu bemerken, daß eine Übertragung der Zugeinwirkung durch Vermittelung der Halswirbelsäule oder der Rippen auf die Brustwirbel durchaus nicht eine Verlegung der Kraftlinie nach den Brustwirbeln hin bedeutet. Die Übertragung geschieht vielmehr durch zwei entgegengesetzt gerichtete Kräfte der Verstemmung, deren Resultierende der ursprünglichen Kraft nach Größe, Richtung und Kraftlinie entspricht.

Alle zwischen Becken und Brustkorb wirkenden Muskelspannungen, sowie die am Becken und am Brustkorb wirkenden äußeren Kräfte (Schwere, Widerstände der Unterlage) lassen sich nun wohl durch eine resultierende Kraft und Gegenkraft, sowie durch ein Kräftepaar und ein Gegenkräftepaar ersetzen, welche am Beckenende der Wirbelsäule und an den oberen Brustwirbeln angreifen.

Bedingungen zur Feststellung (Inanspruchnahme) irgend einer zwischeninne gelegenen Junktur.

Man denkt sich durch die betreffende Junktur, quer durch den Rumpfstamm eine Trennungsfläche gelegt, welche den Rumpfstamm in ein Ober- und ein Unterstück trennt. Beide Stücke nimmt man als in sich versteift an. Die äußeren auf den Rumpfstamm wirkenden Kräfte seien bekannt, ebenso eventuell ein bestimmter Teil der zwischen Ober- und Unterstück wirkenden Muskelspannungen.

Es soll nun ermittelt werden, welche Widerstände (und eventuell welche weiteren Muskelspannungen) in der Trennungsfläche wirksam sein müssen, um beide Stücke festzustellen.

Bezüglich der äußeren Kräfte sind folgende Hauptfälle denkbar:

1. An zwei mit den Enden der Rumpfwirbelsäule starr verbunden zu denkenden Punkten wirken zwei Kräfte K und — K in der gleichen Kraftlinie gegeneinander. Über die Lage der Kraftlinie ist im Prinzip nichts präjudiziert.

2. Auf starr mit den genannten Säulenenden verbundene Punkte wirkt eine Einzelkraft K und ein Kräftepaar. Ein Kräftepaar, welches in einer Ebene wirkt, die mit K parallel geht, läßt sich immer in eine gleichgerichtete, durch K selbst gehende Ebene verlegen und mit der Kraft K zusammen durch eine in der gleichen Ebene wirkende neue Einzelkraft k ersetzen.

Das gleiche gilt für die am anderen Ende der Säule wirkenden Kräfte. Sie müssen im Falle des Gleichgewichtes ebenfalls zusammen eine Resultierende geben, welche absolut gleich dieser neuen Kraft k ist, und in der gleichen Kraftlinie, aber im umgekehrten Sinn wirkt.

3. Außer den beiden eben genannten Fällen, die sich zu einem einzigen vereinigen lassen, kommen nur noch die beiden Fälle in Betracht, daß entweder außer einer Einzelkraft k und ihrer Gegenkraft noch ein Kräftepaar in einer zu ihrer Kraftlinie senkrecht stehenden Ebene, am anderen Ende aber die entsprechenden Gegenkräfte einwirken, oder daß einzig und allein zwei gleichgroße, parallele, entgegengesetzt drehende Kräftepaare auf die beiden Enden (resp. starr mit ihnen verbundene Punkte) einwirken.

Unter der Voraussetzung, daß es sich zur Feststellung des Ober- und Unterstückes gegenüber derartigen Krafteinwirkungen einzig um Widerstände in der untersuchten Zwischenzone des gebogenen Stabes selbst handelt, ergeben sich folgende Verhältnisse der Inanspruchnahme dieser Zwischenzone:

a) **Einwirkung zweier entgegengesetzt wirkender Kräftepaare an den beiden Enden der Säule.**

An irgend einer Zwischenzone muß ein Widerstandskräftepaar auf das Oberstück einwirken, welches dem an diesem Ende angreifenden

Kräftepaar parallel und an Größe absolut gleich ist, aber entgegengesetzt dreht. Das Gegenkräftepaar des Widerstandes hält dann am Unterstück dem auf sein unteres Ende einwirkenden äußeren Gegenkräftepaar Gleichgewicht.

Diese Bedingung kann z. B. an einer Säule, die in der elastischen Gleichgewichtslage geradlinig verläuft und auf deren Enden Kräftepaare zur Torsion einwirken, erfüllt sein bei erhaltenem geradem Verlauf der

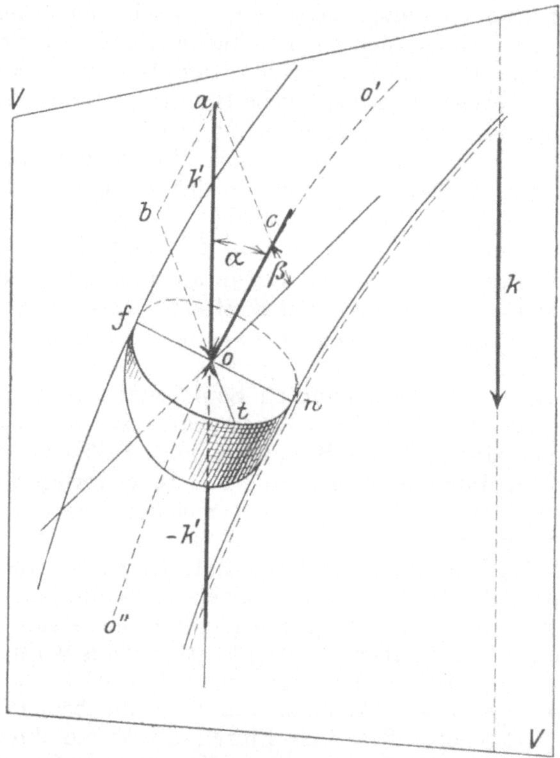

Fig. 146. Der Punkt des Säulenumfanges gegenüber t ist mit h zu bezeichnen.

Säule. Jede Zwischenzone ist dann in gleicher Weise auf Torsion in Anspruch genommen.

Wirken an einem ebenso beschaffenen elastischen Stab die beiden Kräftepaare in einer Ebene gegeneinander, welche durch die Längsachse des Stabes geht, und sind die starren Glieder gleich lang, die Zwischenscheiben in der elastischen Gleichgewichtslage des Stabes planparallel, gleich dick, homogen und gleich beschaffen, so erfolgt Feststellung unter dem Einfluß der beiden Kräftepaare bei gleichmäßiger kreisförmiger Biegung des Stabes. An jeder Zwischenscheibe werden die nötigen Widerstandskräftepaare bei gleicher Kompression an der einen Seite und Dehnung an der anderen Seite hervorgerufen.

b) Auf die Enden des gegliederten Stabes (starr mit ihnen verbundene Punkte) wirken in der gleichen Kraftlinie eine Einzelkraft k und eine Gegenkraft — k gegeneinander. Über die elastische Gleichgewichtsform des Stabes sei zunächst nichts vorausgesetzt. Die Feststellung gegenüber jenen Kräften erfolge bei irgend einer bestimmten Form und Krümmung des Stabes. Dann gilt für die Inanspruchnahme irgend einer Zwischenzone folgendes (Fig. 146):

Eine Ebene durch die Kraftlinie k — k und den Mittelpunkt o der Zwischenscheibe (Kraftebene ko) schneidet die mittlere Querebene der Scheibe in einem Durchmesser, dessen beide Enden n und f als Nahe- und Fernpunkt jener Querebene mit Bezug auf k zu bezeichnen sind.

Dieser Durchmesser braucht nicht der Linie der stärksten Steigung jener Querebene zu entsprechen; der tiefste Punkt t und der höchste Punkt h in der Richtung der Kraftlinie k — k können vielmehr an anderen Stellen des Umfanges gelegen sein. In diesem Fall liegt auch die im Mittelpunkt o der Querebene errichtete Normale (Achse des Stabes an der betreffenden Stelle), nicht in der Kraftebene, sondern divergiert mit derselben.

Die Kraft k am Oberstück läßt sich nun ersetzen durch eine Kraft $k_1 = k$, welche nach dem Punkt o gerichtet ist und durch ein Kräftepaar k.a in der Kraftebene k.o, wobei a den Abstand des Punktes o von k bedeutet.

Die Einzelkraft k_1 zerlegt sich in eine Komponente, welche in der Achse der Zwischenscheibe als Druck gegen das Unterstück, und in eine Abscherungskomponente, welche in der Richtung ht einwirkt. Das Kräftepaar kann zerlegt werden nach zwei Ebenen, welche sich in nf schneiden. Die erste Komponente ist ein Einfluß zur Drehung des Oberstückes parallel einer Ebene, welche durch die Längsrichtung des Stabes an der Stelle der Zwischenscheibe und durch die Linie nf geht. Die zweite Komponente ist ein Einfluß zur Drehung parallel der Querebene der Zwischenscheibe, durch welchen der Nahepunkt n gegen den Tiefpunkt t bewegt wird. Dementsprechend müssen die Widerstände in der Zwischenscheibe beschaffen sein, durch welche das Oberstück festgestellt wird. Es sind erforderlich

1. ein Druckwiderstand — k.cos α durch o, wobei α den Winkel zwischen k_1 und der Längsachse des Stabes in o bedeutet,

2. ein Abscherungswiderstand — k.sin α,

3. ein Widerstandskräftepaar — k.a.cos β in der Längsebene durch nf (wobei β den Winkel zwischen dieser Ebene und der Kraftebene k o bedeutet) gegenüber der Drehung des Oberstückes parallel dieser Längsebene,

4. ein Widerstandskräftepaar — k.a.sin β gegenüber einer Drehung des Oberstückes parallel der Querebene durch o.

Dies ist gewissermaßen die ganz allgemeine Lösung der Frage nach der Inanspruchnahme irgend einer Zwischenscheibe der gegliederten Säule; es ist klar, daß die Gegenkräfte der Widerstände, welche dem Oberstück gegenüber erforderlich sind, den am unteren Ende des Unterstückes einwirkenden äußeren Kräften Gleichgewicht zu halten vermögen.

Die Verhältnisse der Biegung und Feststellung eines runden, gegliederten, biegsamen Stabes.

a) Die Achse des Stabes sei in der elastischen Gleichgewichtslage geradlinig.

Man könnte zunächst untersuchen, in welchen verschiedenen Formen und unter welchen verschiedenen Bedingungen ein gleichmäßig biegsamer gegliederter Stab, der in der elastischen Ruhelage gestreckt ist, gegenüber biegenden äußeren Kräften, die auf seine Enden oder auf starr mit ihnen verbundene Punkte wirken, festgestellt sein kann. Eine solche Untersuchung wäre nützlich, kann indessen hier nicht durchgeführt werden. Ich beschränke mich auf den Fall, in welchem es sich um zwei in der gleichen Kraftlinie wirkende Kräfte k und — k handelt und der Stab sich in eine durch diese Kraftlinie verlaufende Ebene mit seiner Mittellinie einstellen kann. Angenommen, die Kraftlinie gehe durch die Mitten der beiden Stabenden (oE und uE, Fig. 147 A). Es gibt dann eine stabile Gleichgewichtsform für den Stab, bei welcher er einen einzigen Bogen in einer durch die Kraftlinie gehenden Ebene bildet; und zwar kann der Stab nach jeder Seite hin in dieser Weise zusammengebogen werden. An der Mitte des Stabes ist die Krümmung am größten; hier ist das Abdrehungskräftepaar k.a am größten, weil a den größten Wert hat; die Zwischenscheibe muß hier an der Naheseite zu k am meisten zusammengedrückt, an der Fernseite am meisten gedehnt sein, wenn der nötige Abdrehungswiderstand vorhanden sein soll. Die Torsionsbeanspruchung ist an sämtlichen Zwischenscheiben = 0, die Abscherungsbeanspruchung ist in der Mitte = 0 und wächst gegen die Enden des Stabes hin, während der Längsdruck nach den Enden zu entsprechend abnimmt.

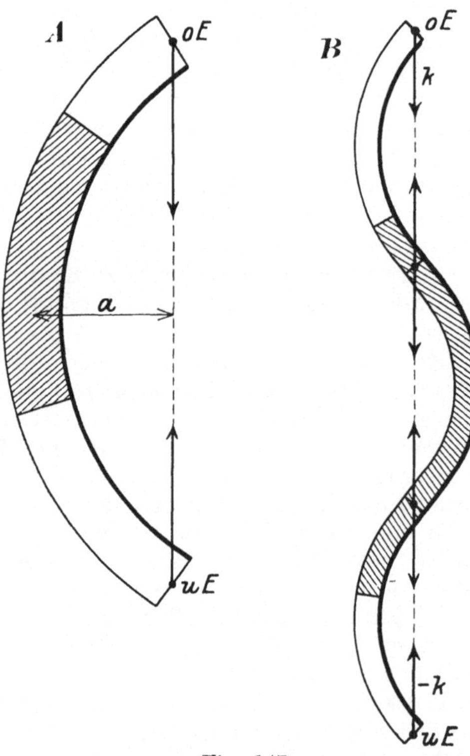

Fig. 147.

Aus einem in dieser Weise festgestellten Stab könnte man sich ein beliebiges Stück herausgeschnitten, die Enden des Stückes aber mit je einem Punkt der Kraftlinie k — k als den Angriffspunkten der Kräfte k und — k starr verbunden denken, so würde an den Verhältnissen der äußeren Krafteinwirkung auf dieses Stück nichts geändert; es würde also auch an den Verhältnissen der Inanspruchnahme seiner Zwischenscheiben nichts verändert sein. (Umgekehrt stellt sich der in elastischer Gleichgewichtslage geradlinig verlaufende elastische Stab, wenn die Kräfte k und — k in der Ebene seiner Biegung wirken, aber nicht in seinen Endpunkten uE und oE, sondern an außerhalb davon gelegenen, starr mit ihnen verbundenen Punkten angreifen, so ein, als ob der Stab bis in die Kraftlinie fortgesetzt und dort von den Kräften k und — k angegriffen wäre.

Man kann sich nun mehrere vollständig übereinstimmende, von den Enden Oc her durch gleiche Kräfte k und — k in die gleiche Form zusammengebogene Stücke so zusammengelegt denken, daß die Kraftlinien zusammenfallen, die Biegungen in der gleichen Ebene alternierend aufeinander folgen. Die Endflächen passen dann parallel zueinander zusammen und können durch Zwischenscheiben miteinander verbunden sein. Diese Stellen entsprechen den Wendepunkten zwischen den alternierenden Krümmungen. Es genügen dann zwei Kräfte k und — k an den Enden der ganzen Kette, um sämtliche Glieder wenigstens einen Augenblick lang im labilen Gleichgewicht zu halten, vorausgesetzt, daß die Zwischenscheiben der Wendepunkte soweit senkrecht zu ihrer Dicke komprimiert und soweit der Quere nach deformiert sind, daß die wachgerufenen Druck- und Abscherungs-widerstände zusammen an jeder Zwischenscheibe die resultierenden Widerstände — k und k in der Kraftlinie ergeben. Eine solche Kette kann man sich beliebig lang denken. Auch aus ihr könnte ein beliebiges Stück herausgeschnitten sein, und würde dasselbe bei unveränderter Lage zur Kraftlinie durch zwei Kräfte k und — k festgestellt bleiben, wenn diese an Punkten angreifen, welche mit den Enden des Stückes verbunden sind.

Genaueres über die Art der Widerstandsleistung an den Zwischenscheiben. Zug und Drucktrajektorien.

Wir nehmen an, daß die gegeneinander schauenden Flächen zweier starrer Glieder der Säule, welche an die Zwischenscheibe angrenzen, in der elastischen Gleichgewichtslage parallele Ebenen sind, die Zwischenscheiben aber aus einer homogenen Masse bestehen, welche in der elastischen Gleichgewichtslage überall gleichmäßig entspannt ist. Dann können im Fall der Biegungsbeanspruchung die senkrecht zur mittleren Querebene der Scheibe wirkenden Zug- oder Druckwiderstände nur entweder pro Einheit der Querschnittsfläche alle gleich sein — dies ist der Fall, wenn die Grenzflächen einander parallel geblieben sind — oder die Grenzflächen haben sich gegeneinander geneigt; dann ändern sich die Widerstände in den Linien der stärksten Konvergenz der beiden Flächen in bestimmtem Verhältnis zu der Annäherung der Flächen aneinander. Im letzteren Fall läßt sich senkrecht zu den Linien stärkster Konvergenz ein System von parallelen Linien ziehen, in welchen die Widerstände pro Flächenelement jeweilen gleich sind. Zwischen denjenigen einander gegenüber-

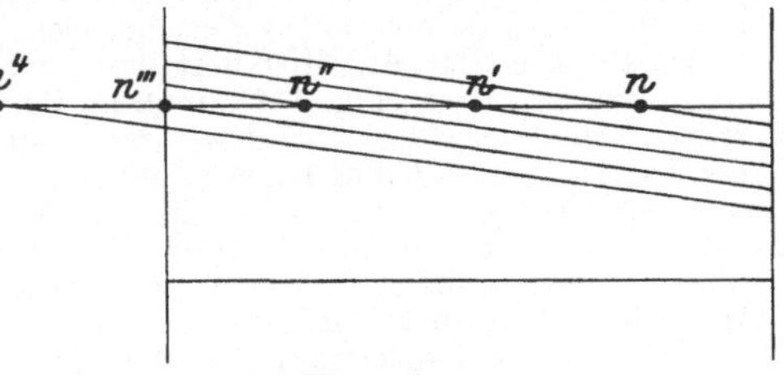

Fig. 148.

stehenden Parallelen, welche den gleichen Abstand wie in der elastischen Gleichgewichtslage beibehalten (wobei wir von der Abscherungs- und Torsionsverschiebung absehen), ist der Widerstand normal zur mittleren Querebene überall = 0; von hier aus wächst er pro Flächenelement und zwar nach der Konkavität des Bogens hin im Sinn eines Druckwiderstandes, nach der anderen Seite im Sinn eines Zugwiderstandes (innerhalb gewisser Grenzen pro Flächeneinheit proportional dem Abstand von jener neutralen Stelle). Sämtliche Zugwiderstände lassen sich immer zu einer Resultierenden vereinigen und ebenso sämtliche Druckwiderstände, und zwar müssen diese Resultierenden auf entgegengesetzten Seiten der neutralen Stelle gelegen sein. Es kann aber im gebogenen mit solchen Zwischenscheiben versehenen Stab auch vorkommen, daß an keiner Stelle der Zwischenscheibe der Normalwiderstand 0, überall vielmehr nur Druckwiderstand vorhanden ist. Bei konvergierenden Flächen liegen dann gleichsam die Linien, welche den Abstand der elastischen Gleichgewichtslage beibehalten haben, außerhalb des Bereiches der Zwischenscheibe (Fig. 148).

In der Fig. 148 stellen die beiden horizontalen Linien die gegeneinander gewendeten Grenzflächen zweier benachbarter Glieder des Stabes bei elastischer Gleichgewichtslage dar. Die schrägen Linien entsprechen der oberen Grenzfläche der Zwischenschicht bei Längsabdrehung der benachbarten Glieder gegeneinander und verschiedenem Verhalten der longitudinalen Annäherung oder Entfernung. Die Punkte n, n', n'', n''' und n^4 bezeichnen die jeweilige Lage der neutralen Linie.

Die Resultierende des Druckwiderstandes auf der rechten Seite der neutralen Linie ist D, die Resultierende des Zugwiderstandes auf der linken Seite Z. Für den Fall, daß die neutrale Linie am Rand oder außerahlb der Grenzfläche läge und nur eine Resultierende D vorhanden wäre, müßte die Kraftlinie der äußeren biegenden Kräfte k — k mit dem Angriffspunkt am Oberstück zusammenfallen und die senkrecht zur oberen Grenzflache gerichtete Komponente k.cos.α müßte gleich groß wie D und dieser Kraft entgegengerichtet sein, ihr also Gleichgewicht halten. $\angle \alpha$ ist hierbei der Winkel, den die Normalrichtung der oberen Grenz-

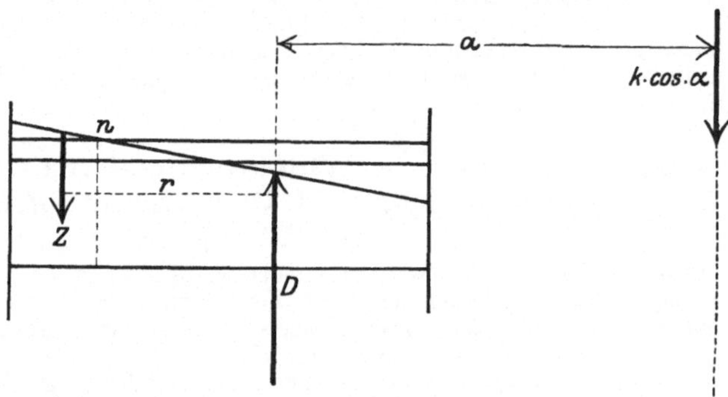

Fig. 149.

fläche mit k — k bildet. Der Komponente k.sin α muß durch den Abscherungswiderstand der Zwischenschicht Gleichgewicht gehalten sein.

Sobald aber der Angriffspunkt des Druckwiderstandes um den Abstand a von k — k entfernt ist; (Fig. 149), muß an der entgegengesetzten Seite von D im Abstand r ein Zugswiderstand Z wirksam sein, und müssen zur Feststellung des Oberstückes folgende Bedingungen erfüllt sein. Es muß absolute D = k.cos α + Z und das Moment Z.r = k.cos α.a sein: die Abscherungskomponente k.sin a muß durch Abscherungswiderstande der Zwischenschicht Gleichgewicht gehalten werden. Z ist absolute immer kleiner als D und wirkt immer an der von k abliegenden Seite.

Ist an einer bestimmten Zwischenschicht der gegliederten Saule der Zuwachs pro Flächenelement des Querschnittes nicht proportional dem Zuwachs des Abstandes von einer bestimmten Linie der Zwischenscheibe oder der gedachte Fortsetzung ihrer Mittelebene, welche zur Biegungsebene senkrecht steht, sind z. B. die Zug- und Druckwiderstände auf bestimmte engere Stellen lokalisiert, so gelten doch für den resultierenden Zug- und Druckwiderstand und die Kraft k bei festgestelltem Oberstück die gleichen, so eben formulierten Beziehungen.

Die Angriffspunkte der resultierenden Zug- und Druckwiderstände an sämtlichen Zwischenscheiben des gegliederten Stabes liegen in zwei Kurven, welche man als Zug- und Drucktrajektorium bezeichnen kann.

Die Seitenschübe der Zug- und Druckspannung (Fig. 150).

Eine genauere Überlegung ergibt, daß die resultierenden, jeweilen normal zur queren Zwischenschicht gerichteten Druckspannungen D zweier aufeinander folgender Zwischenscheiben verschieden gerichtet sind. Ihre Einwirkungen auf das zwischeninne gelegene starre Glied treffen sich in einem nach der Konkavseite offenen Winkel. Sie haben also mit Bezug auf dieses Glied eine gemeinsame, nach der Konvexseite gerichtete Resultierende, welche als Seitenschub nach der Konvexseite bezeichnet werden kann.

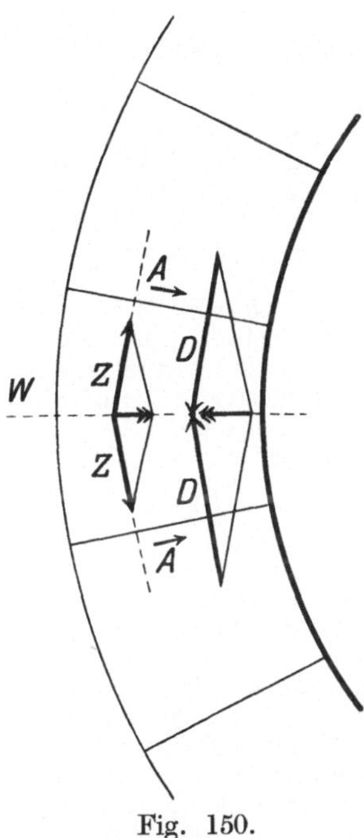

Fig. 150.

Umgekehrt ergibt sich aus der Einwirkung der Zugspannungen Z zweier benachbarter Zwischenscheiben auf das zwischeninne gelegene starre Stück ein Seitenschub nach der Konkavseite. Außerdem wirken auf jeden starren Teil die Abscherungsspannungen der zwei benachbarten Zwischenscheiben. Diese vier resp. sechs Einflüsse zusammen halten sich an dem starren Stück Gleichgewicht (von der Eigenschwere des Stabes ist in dieser ganzen Betrachtung abgesehen worden). Am Scheitel des Bogens sind die Abscherungsspannungen sehr gering, die Kräfte D und Z und die Divergenz ihrer Richtungen besonders groß; besonders groß sind hier also auch die Seitenschübe; dem Seitenschub im Drucktrajektorium nach der Konvexseite muß hier so gut wie ausschließlich

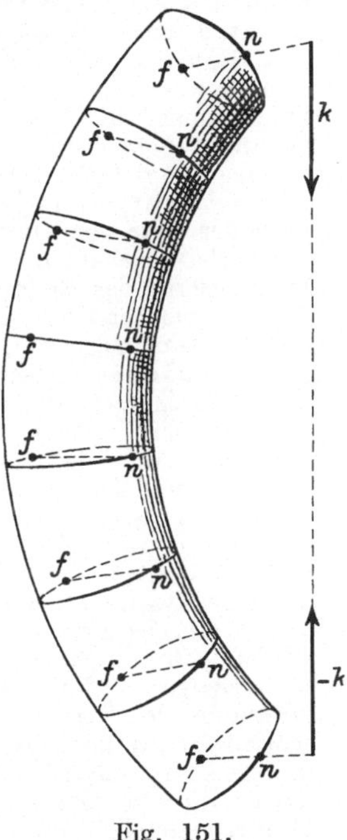

Fig. 151.

durch den Seitenschub, der im Zugtrajektorium nach der Konkavseite gerichtet ist, Gleichgewicht gehalten sein.

b) Biegung eines gegliederten Stabes von gekrümmter elastischer Gleichgewichtsform (einfache Krümmung in einer Ebene).

Ein derartiger gegliederter Stab läßt sich aus keilformig zugeschnittenen starren Gliedern und homogenen, elastischen, planparallelen verbindenden Zwischenscheiben herstellen. Zwei Kräfte k und — k, welche an den Enden des Stabes angreifend gegeneinander wirken, werden zunächst den Stab noch weiter zusammenbiegen, bis die notigen Widerstände zur Feststellung in den Zwischenscheiben wachgerufen sind. Die Biegung erfolgt dabei in der Ebene der primären Krümmung; die Krümmung bleibt einfach. Die Kraftlinie k — k, verbleibt in der Krümmungsebene.

Die Kraftlinie k — k kann aber auch von vorn herein außerhalb der Ebene der primären Krümmung gelegen sein· (Fig. 151).

Wir wollen annehmen, daß sie dieser Ebene und ferner der geraden Verbindungslinie der Bogenenden parallel geht und letzterer zunächst (also in einer durch sie, senkrecht zur primären Biegungsebene verlaufenden Ebene) gelegen ist. Die Angriffspunkte der beiden Kräfte kann man sich jeweilen mit den Endgliedern des Stabes starr verbunden denken. Die Ebene, welche durch die Kraftlinie und die Mittelpunkte der beiden Endflachen des Stabes geht, sei mit kE bezeichnet, der Abstand der Kraftlinie von diesen Punkten mit a_e. Man konnte offenbar die Kräfte k und — k ersetzen durch zwei gleich große und gleich gerichtete Kräfte k_1 und — k_1 an den Endpunkten der Säule und durch zwei Kräftepaare, welche in der Ebene kE die Stabenden mit den Momenten $k.a_e$ und — $k.a_e$ gegeneinander drehen. Zu der Inanspruchnahme eines in einer Ebene gekrümmten Stabes auf weitere Biegung in dieser Ebene kommt also die

Wirkung der Kräftepaare der Ebene KE neu hinzu. An jeder Zwischenscheibe muß ein entgegengesetzt gerichtetes Widerstandskräftepaar — $k \cdot a_\theta$ am Oberstück und ein Widerstandskraftepaar $+ k \cdot a_e$ am Unterstück wirksam sein, wenn der Stab ihnen gegenüber festgestellt sein soll.

Entsprechen gleichen Drehungen parallel der Querebene und parallel irgend einer Längsebene des Stabes für jede Zwischenscheibe gleiche Zuwüchse an Drehungsmoment der Widerstandskräftepaare gegen diese Drehungen, so erfolgt die Gesamtdrehung in jeder Zwischenscheibe bis zur Feststellung parallel KE um eine senkrecht auf KE gestellte Achse. Zu der primaren Krümmung kommt also eine zweite Krümmung in einer dazu senkrechten Ebene hinzu, deren Konkavität nach der Seite der Kraftlinie k — k hin gerichtet ist. Allerdings werden dadurch die Verhaltnisse für den biegenden Einfluß der Krafte k_1 und $— k_1$ in der Verbindungslinie der Endpunkte etwas geändert.

In welcher Form (Kurve zweiten Grades) nun auch der Stab schließlich festgestellt sein mag, so gilt für die resultierende Inanspruchnahme jeder Zwischenzone die oben (Seite 358) durchgeführte Betrachtung. Die Kraftebenen, welche durch die Kraftlinie k — k und die Mittelpunkte o der verschiedenen Zwischenscheiben gehen, fallen hier nicht zusammen, sondern verlaufen, je naher die Zwischenscheibe der Mitte des Bogens liegt, um so mehr in der Richtung der primären Krümmungsebene. Ebenso verhält es sich mit dem gegen die Kraftlinie gerichteten Querdurchmesser fn. Die Nahepunkte n liegen an den Enden des Stabes an der „Kraftseite" der primären Krümmung; mitten zwischen der größten Konkavität und Konvexität des Stabes, nach der Mitte der Krümmung hin nähern sie sich der Konkavseite. Umgekehrt verhalt es sich mit den Fernpunkten f an der von k — k abgelegenen Seite; sie nähern sich nach der Mitte des Bogens hin der Konvexseite des Stabes (Fig. 188).

Die genaue Form der komplizierten Kurve höherer Ordnung, welche von der Mittellinie des Stabes bei der Feststellung in der neuen Gleichgewichtslage beschrieben wird, kann hier nicht bestimmt werden (nur so viel sei bemerkt, daß sie in einer Progressivflache mit gekrümmtem Querprofil liegen und zu dem mittleren Querprofil symmetrisch sein muß). Denkt man sich die Verschiebung an jeder Gliederungsstelle in die Abscherung, die Längsabdrehung und die Längsrotation zerlegt, läßt die Abscherung weiterhin unberücksichtigt und denkt sich in einem Fall auch noch die Langsabdrehung, im anderen Fall aber die Langsrotation verhindert, so ergibt sich im ersten Fall eine Biegung, bei welcher die Enden zwar gegen k — k hin aber stark nach der Konvexseite der primaren Krümmung zu abgelenkt und um ihre Längsachse (mit der gegen k — k gewendeten Seite) nach der Konvexseite zu gedreht werden. Im zweiten Fall erhalt man im Gegensatz hierzu eine Langsrotation der Enden im Sinn der Drehung der gegen k — k gewendeten Seite, nach der Konkavseite der primären Krümmung. Je nachdem also bei der Einwirkung der außeren Krafte der Drehungswiderstand für einen bestimmten Winkelbetrag der Drehung bei der Längsabdrehung in gleichem Maße wächst wie bei der Langsrotation, oder nach einem ganz anderen Verhältnis, wird die Formveränderung bei der Biegung eine verschiedene sein.

'Bei sehr raschem Anwachsen des Torsionswiderstandes überwiegt die Langsabdrehung. Die Enden werden dann so abgelenkt, daß am oberen Ende die Kraftseite der primären Krümmung nach oben, am unteren Ende nach unten und nach der Seite der Konvexitat des primären Bogens zu gedreht wird. Das Umgekehrte ist der Fall bei rasch anwachsendem Längsabdrehungswiderstand und weniger rasch anwachsendem Torsionswiderstand.

Von besonderer Wichtigkeit aber ist es, auch hier, so gut wie bei dem in einer einzigen Ebene gebogenen Stabe zu wissen, ob die Widerstände gegen die Abscherung, gegen die Torsion um die Längsachse der Gliederungsstelle und gegen den Drehungseinfluß parallel der Kraftebene k o symmetrisch zu der letzteren anwachsen, wie wir dies für den einfach gebogenen Stab angenommen haben, oder ob solches nicht der Fall ist Bei **symmetrischem** Anwachsen lassen sich bei doppelt gekrümmten so gut wie beim einfach gekrümmten Stabe die Widerstände, die normal zur Querebene der Zwischenscheibe wirken, durch einen resultierenden Druckwiderstand D, dessen Kraftlinie näher dem Nahepunkt n durch die Linie nf geht, und durch einen resultierenden Zugwiderstand Z, dessen Kraftlinie näher an f durch nf hindurchgeht, ersetzen. Die entsprechenden Schnittpunkte der Linien nf, die wir als Druck- und Zugpunkte bezeichnen wollen, liegen nun beim doppelt gebogenen Stab nicht in einer Ebene, sondern in einer gedrehten Fläche. Auch die von zwei benachbarten Zwischenscheiben her auf den zwischeninne liegenden starren Teil wirkenden Zugspannungen sind weder unter sich noch mit den entsprechenden Zugspannungen genau in derselben Ebene gelegen. Außer einem Seitenschub, welcher den starren Teil nach außen von der Kraftlinie wegdrängt, resp. einem Seitenschub nach innen gegen die Kraftlinie hin ergeben sich Nebenwirkungen, und es fragt sich, ob diesen durch die Abscherungs- und Torsionsspannungen der benachbarten Zwischenscheiben Gleichgewicht gehalten wird. Soweit ich sehe, ist dies annähernd, aber nicht vollkommen der Fall. Es ergibt sich erstens eine kleine Nebenwirkung, welche die einzelnen Glieder in einer Längsebene so dreht, daß die Saule mit nach der Mitte zunehmender Stärke senkrecht zu der Ebene der primären Krümmung von k — k weg nach hinten getrieben wird, also die Tendenz hat, die primäre Krümmung in die Ebene k e hineinzudrehen, wobei diese Nebenwirkung an Größe abnimmt. Zweitens ergibt sich wohl auch eine kleine Nebenwirkung im Sinn der Längsrotation der Mitte gegenüber den Enden im Sinn der Drehung der gegen k — k gewendeten Seite nach der Konkavität der primären Biegung hin. Auf keinen Fall findet eine Nebenwirkung statt, welche die Mitte im umgekehrten Sinn gegenüber den Enden von k — k₁ weg nach der Konvexitat der primaren Krümmung hindreht. Versuche an der künstlich hergestellten gegliederten Saule, welche in der elastischen Gleichgewichtslage einen primären einfachen Bogen beschreibt, bestätigen, daß irgend eine erhebliche absolute Längsrotation der Mitte der Säule nicht stattfindet. Die Enden konnen, bei geringem Widerstand der Gliederungsstellen gegen Längstorsion mit ihrer der Kraftlinie k — k zugewendeten Seite der Konkavseite der primaren Krümmung zugedreht werden (sog. Konkavrotation).

Die isolierte Wirbelkörpersaule (bei drehrundem Querschnitt) müßte sich danach bei seitlich, rechts gelegener Kraftlinie k — k folgendermaßen verhalten. Ihre primäre sagittale Krümmung wird verstärkt. Dazu kommt eine Ausbiegung (der Mitte) von k — k weg. Insofern als die Torsionswiderstände der Zwischenwirbelscheiben relativ gering sind, im Vergleich zu den Längsabdrehungswiderständen, und die Gelenkfortsatze als Hemmnis auf die Dauer nicht in Betracht kommen, müßte eine Längsrotation der Enden im Sinn der Drehung der rechten Seite nach der Konkavität der primaren Krümmung (an einer rückwärts ausgebogenen Saule nach vorn, an einer vorwärts ausgebogenen Säule nach hinten) hervortreten. Ist das untere Ende des betreffenden primären Bogens festgestellt im Sinn der Verhindung der ganzen Längsrotation oder eines Teiles derselben, so ist damit dem ganzen Bogen eine entsprechende Gegendrehung hinzugefügt usf. Irgend eine Analogie zu der bei der Scoliose auftretenden sog. Konvexrotation laßt sich nicht auffinden.

Ganz anders ist das Verhalten, wenn in irgend einer Zwischenscheibe des gegliederten Stabes bei einer Drehung des Oberstuckes zum Unterstück parallel der Kraftebene ko die Zug- und Druckwiderstande **asymmetrisch** zu dieser Ebene anwachsen.

Nehmen wir z. B. an, daß aus dem Zustand der Feststellung der Säule gegenüber k — k heraus die Kräfte k und — k einen Zuwachs $\triangle$ erfahren, und daß der Zuwachs an Druckwiderstand $\triangle$ D in der Linie der bisherigen Druckspannung im gleichen Druckpunkt M des Durchmessers nf (Fig. 152), der neue Zugwiderstand $\triangle$ Z aber außerhalb dieses Durchmessers, nach der Konvex- oder Konkavseite der primären Krümmung hin (in p) wachgerufen wird, so kann durch die neuen Widerstände $\triangle$ D und $\triangle$ Z nur einer Komponente des Kräftepaares $\triangle$ k . cos β a Gleichgewicht gehalten, wahrend die Komponente der Drehung senkrecht dazu, parallel der durch qd gehenden Längsebene nicht gehemmt ist; letztere Drehungskomponente wird also starker bewegend wirken, das Oberstück wird sich statt parallel einer Langsebene durch f n paralell eine Längsebene drehen, welche durch m und einen zwischen f und q gelegenen Punkt geht, bis auch in der Gegend von q genügend starke Zugwiderstände neu entstanden sind, so daß nunmehr der resultierende Zugwiderstand wieder durch die Linie nf geht oder bis neue Druckwiderstande nach der Seite von p hin wachgerufen sind.

Liegt an allen Zwischenscheiben die Stelle des resultierenden Zugwiderstandes, welche durch eine reine Längsdrehung des Oberstückes nach n hin zunächst wachgerufen wird, auf der gleichen Seite von f (z. B. nach der Konkavseite der primären Krümmung hin, rechts in Fig. 152), so muß in sämtlichen Zwischenzonen die Längsdrehung statt nach n mehr nach der Konkavseite des primären Bogens hin erfolgen resp., was dasselbe ist, die Gliederungsstelle muß statt nach f nach einer näher an q gelegenen Stelle ausgebogen werden.

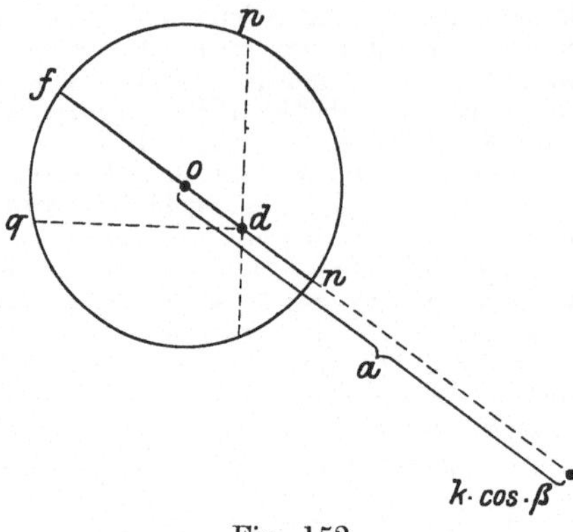

Fig. 152.

Das Trajektorium der Druckpunkte wird also von der Konkavseite des primären Bogens aus an der Kraftseite des Zugtrajektoriums vorbei getrieben. Am kräftigsten geschieht dies in der Mitte der primären Krümmung.

Berücksichtigt man die Kräfte, welche von zwei benachbarten Zwischenscheiben her auf das zwischen inne liegende starre Stück einwirken, so ergibt sich folgendes: Die aus den Zuwüchsen der Druck- und Zugspannungen resultierenden Seitenschübe, soweit sie nicht dazu dienen, den Torsions- und Abscherungsspannungen Gleichgewicht zu halten, stehen zunächst beim Auftreten eines neuen Biegungseinflusses nicht unter sich im Gleichgewicht. Vielmehr stellen sie ein Kräftepaar vor, indem die betreffenden Anteile der Seitenschübe wohl ungefähr parallel den beiden Durchmessern df, aber in verschiedenen Linien gegeneinander wirken. Demnach muß an jedem Glied, und am meisten an den mittleren Gliedern ein Einfluß zur Längsdrehung (unabhängig von der längsrotatorischen Komponente von k.a) zur Geltung kommen. Dabei wird die Druckseite (n) an der Kraftseite des resultierenden Zugwiderstandes (Zugtrajektorium) vorbei von der Konkavseite der primären Krümmung weg nach der Konvexseite der letzteren, die Zugseite des Gliedes aber wird an der von k — k abliegenden Seite am Drucktrajektorium vorbei gegen die Konkavseite der primären Krümmung hin gedrängt.

Wir gelangen also zu der folgenden einfachen Vorstellung: Das Trajektorium der Druckpunkte wird von der Konkavseite des primären Bogens aus an der Kraftseite des Zugtrajektoriums vorbei nach der Konvexseite der primären Krümmung hin gedrängt und bewegt, das Zugtrajektorium aber wird an der von k—k abliegenden Seite des Drucktrajektoriums vorbei gegen die Konkavseite der primären Krümmung hingedrängt resp. in diesem Sinn zurückgehalten. Am kräftigsten macht sich diese Erscheinung in der Mitte der primaren Krümmung geltend.

Es ist zu erwarten, daß der Mathematiker von Fach für die im vorigen erlauterten Beziehungen noch einen eleganteren und genaueren Ausdruck und korrekte Formeln finden, daß sich aber unsere Betrachtungsweise als in der Hauptsache richtig und erschöpfend erweisen wird.

Zum Schluß sei noch ausdrücklich hervorgehoben, daß asymmetrisch zu den Kraftebenen der Längsabdrehung anwachsende Widerstände und somit die Bedingungen zur längsrotatorischen Ausbiegung der Mitte auch vorhanden sein konnen, wenn die elastischen Gleichgewichte des Stabes eine gestreckte ist, oder wenn die Kräfte k—k in der Ebene einer primären Biegung des Stabes wirken.

Die Richtigkeit der vorstehenden theoretischen Ableitung ist von mir durch Versuche mit künstlich hergestellten gegliederten, biegsamen Stäben geprüft worden. Ich verband keilformig ausgesägte Stücke aus einem zylindrischen Holzstab durch elastische planparallele Scheiben und periphere elastische Zugschnüre zu einer gegliederten Säule, die in der elastischen Gleichgewichtslage einen einfachen Bogen bildet. Auf die Endflächen derselben wurden Holzstäbchen so befestigt, daß sie nach der gleichen Seite gerichtet waren und entweder zu Beginn des Versuches oder nach Annäherung ihrer Enden gegeneinander, welche durch einen elastischen Zug veranlaßt war, zur Ebene der primären Krümmung senkrecht standen. Der die Enden der Holzstäbchen einander nähernde Zug repräsentierte die Kräfte k—k, welche an Punkten angreifen, welche mit den Enden der gegliederten Säule starr verbunden sind. Die Mitte der Säule wurde in der durch sie und die Linie k—k verlaufenden Ebene wohl von k—k weggetrieben, aber gegenüber derselben nicht merklich um ihre Längsachse rotiert. Wohl aber zeigte sich eine Längsrotation der Enden im Sinn der Bewegung der zu k—k benachbarten Seite (Kraftseite) nach der Konkavität der primären Krümmung hin, verbunden mit Längsbeugung gegenüber den näher zur Mitte gelegenen Gliedern des Stabes in den durch die Nahepunkte gehenden Längsebenen.

Nun wurden radiär zu den starren Gliedern Nägel eingeschlagen, so daß die vorstehenden Enden durch Schnüre der Länge nach verbunden werden konnten. Geschah dies in Linien, welche mitten zwischen den Fern- und Nahepunkten durchgingen, bei einer bestimmten, schon etwas durch den Zug k—k veränderten Form und wurde nun dieser Zug verstärkt, so folgte die weitere Formverdrängung in ähnlichem Sinn, wie die erste, ohne Längsrotation der Mitte der Säule. War aber der leichte angespannte Faden in einer Linie angebracht, welche etwas näher den Fernpunkten verlief, so trat bei Verstärkung des Zuges k—k eine solche Längsrotation ein und zwar in dem zu erwartenden Sinne. Die Nahepunkte der Säule wurden an der Kraftseite der nunmehr sich stärker anspannenden, nicht elastischen Schnur vorbei und im Bogen um die Schnur herum nach der Konvexseite der primären Biegung des Stabes hingetrieben.

Anwendung der theoretischen Ergebnisse auf die Wirbelsäule.

Es fragt sich nun, ob bei der sog. Konvexrotation der scoliotischen Wirbelsäule vielleicht ähnliche Bedingungen vorliegen, wie beim gegliederten biegsamen Stab im zuletzt besprochenen Fall, in welchem die resultierenden Zug- und Druckwiderstände (D und Z) bei der Biegung zunächst nicht überall in den Kraftebenen der biegenden Einflüsse gelegen sind. Ich glaube, daß solches in der Tat zutrifft.

Am ähnlichsten liegen die Verhältnisse, wenn auf die in sagittale Krümmungen gelegte, in ihnen mehr oder weniger in elastischer Gleichgewichtslage befindliche Wirbelsäule seitliche biegende, am Becken und am Brustkorb angreifende Kräfte, einwirken. Es kann sich dabei um die Schwere handeln, oder um die Anspannung von Muskeln in der seitlichen Rumpfwand, oder um beides. Zwar sind es vor allem die Muskeln der Wirbelsäule selbst, welche die Biegung der Säule verändern und den Rumpf aus einer Form und Stellung in die andere überführen. Dabei kann sich aber für die Schwere die Art des drehenden Einflusses an den einzelnen Junkturen so verändern, daß sie nunmehr imstande ist, die Bewegung im gleichen Sinn allein weiterzuführen, oder doch wenigstens den Skeletwiderständen und antagonistischen Muskelspannungen gegenüber die neue Einstellung des Rumpfes und der Wirbelsäule aufrecht zu erhalten. Die zur Herbeiführung dieser Stellung notwendigen Muskeln können in ihrer Spannung nachlassen. So wird z. B. bei rechts tiefer stehendem Becken die linksseitige Lendenmuskulatur hauptsächlich beteiligt sein, um die Rumpfwirbelsäule oben zur Mittellinie zurück und nach links hinüberzubiegen. Sobald aber diese Stellung erreicht ist, genügt die Schwere, allenfalls unter Beihilfe der langen, von der Wirbelsäule entfernten linksseitigen Stammwandmuskeln, um die im ganzen nach rechts ausgebogene Wirbelsäule nach links zusammen gekrümmt zu erhalten; die links zunächst der Wirbelsäule gelegenen kurzen Muskeln können erschlaffen. Als Antagonisten der rechten Seite werden am ehesten die tiefen kurzen Muskeln an der Wirbelsäule in Spannung geraten. Dazu kommt die passive Anspannung der rechtsseitigen hinteren Bänder der Wirbelsäule. Jetzt haben wir in der Schwere und in dem Widerstand, der von den Unterstützungspunkten her durch das Becken nach oben wirkt, eine äußere Kraft und Gegenkraft k — k, deren Kraftlinie links von der im ganzen rechts ausgebogenen Rumpfwirbelsäule gelegen ist. An letzterer aber haben wir neben der Druckspannung in der Körpersäule eine in den rechtsseitigen Bändern der Bogen und Querfortsätze und in den kurzen Muskeln der linken Rückenrinne wirkende passive oder aktive Zugspannung, deren Trajektorium zunächst nach hinten von der Ebene durch k—k und die Körpersäule gelegen ist. Damit ist auch der Einfluß zur sog. Konvexrotation in der nach rechts ausgebogenen Wirbelsäule gegeben.

Die Gelenkverbindung der Wirbelbogen ist so beschaffen, daß bei reiner und annähernd reiner Seitenneigung eines Lenden- oder Brustwirbels gegen seinen unteren Nachbar ein Anstemmen der Gelenkfortsätze an der Beugeseite zunächst nicht stattfindet. Kommt es aber bei höheren Graden der Seitenneigung zu einem derartigen Anstemmen und besteht diese Art der Inanspruchnahme während längerer Zeit, so erweist sich das Material der Gelenkfortsätze als im höheren Grade plastisch. Es treten an ihm früher als an den Wirbelkörpern und Zwischenwirbelscheiben Deformationen auf, welche den zwischen den Gelenkfortsätzen herrschenden Druck vermindern. Wir können also annehmen, daß auch in diesem Fall der resultierende Druckwiderstand an der Konkavseite der seitlichen Biegung im Bereiche der Körpersäule, wenn auch wohl näher gegen den hinteren Rand der Wirbelkörper hin geleistet wird.

Was aber den Zugwiderstand betrifft, der an der vollständigen Wirbelsäule bei seitlichen, biegenden Einflüssen wachgerufen wird, so müssen bei einer reinen Seitenneigung eines oberen Wirbels gegen seinen unteren Nachbarn an der Konvexseite der Biegung neben Zugwiderständen in den Zwischenwirbelscheiben auch Zugwiderstände in der Verbindung der Bogen und Querfortsätze und in den Muskeln der Rückenrinne wachgerufen werden. Ihr Resultierende greift in der mittleren Querebene der Zwischenwirbelscheibe in einem Punkt an, welcher mit dem Druckpunkt und der seitlichen Kraftlinie k — k nicht in der gleichen Geraden, sondern weiter nach hinten davon liegt. Statt einer reinen Seitenneigung wird eine Neigung des oberen Wirbels gegenüber dem unteren nach der Seite von k — k und nach hinten stattfinden. Zugleich aber wirken die Seitenschübe der Druckspannungen vor den Seitenschüben der Zugspannungen und bewirken eine „Konvexrotation".

Im Brustteil kommt neben den Einflüssen, welche die Bogen nach der Konkavseite der Krümmung der Wirbelsäule hindrängen resp. nach dieser Seite hin zurückhalten, anscheinend noch der Widerstand der konvexseitigen Rippen gegen die Ausbiegung, namentlich hinten,

an den Querfortsätzen zur Geltung.   Die (passiv) gespannte konvexseitige Brustwand bildet hierbei gleichsam das Widerlager.

Die wirklich maßgebenden Einflüsse zur Konvexrotation wirken
nicht unbegrenzt weiter. Erstens werden durch die Rotation und Verzerrung, welche sich mit der
seitlichen Ausbiegung kombiniert, die Zugwiderstände
im vorderenTeil der Zwischenwirbelscheibe und im Lig.
longitudinale commune an-
terius an der Konvexseite verstärkt. Zweitens vollzieht sich
die sog. Konvexrotation z. T.
durch seitliche axilaterale Verschiebung der vom Seiten-
schub der Druckspannungen
betroffenen vorderen Teile der
Wirbelsäule gegenüber den
hinteren Teilen, welche durch
die Zugspannungen der Konvexseite zurückgehalten sind.
Da zugleich die näher der
Mitte des Krümmungsbogens
gelegenen Teile gegenüber
ihren weiter von der Mitte entfernten Nachbarteilen zur Seite hinausgeschoben werden,
so müssen sich an jedem Wirbel

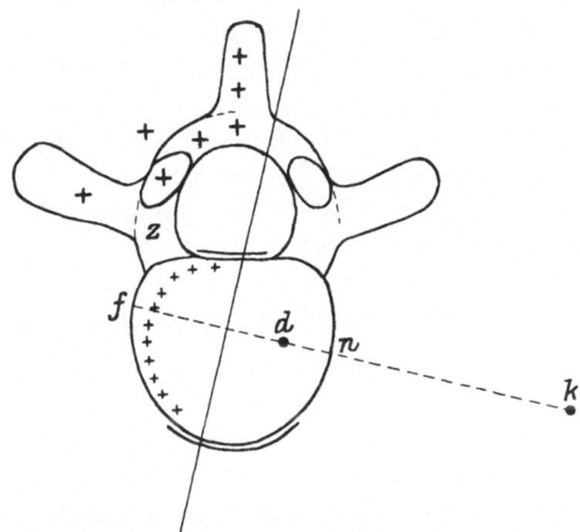

Fig. 153. Verteilung der Zug- und Druckwiderstände am Scheitelwirbel. K Kraftlinie der
äußeren biegenden Kräfte, n Nahepunkt des
Wirbelkörpers, f Fernpunkt, d Ort des resultierenden Druckwiderstandes; mit Kreuzchen
sind die Stellen bezeichnet, an welchen Zug-
widerstande resp. ihre nach der Konkavseite
gerichteten Seitenschübe wirken.

und von Wirbel zu Wirbel auch transversale Abscherungswiderstände
geltend machen, welche der Konvexrotation resp. der ihr wesentlich entsprechenden Verzerrung ein Ziel setzen helfen. Man darf auch nicht vergessen, daß durch die Rotation der Wirbel im ganzen, auch wenn sie wesentlich auf einer queren Verzerrung beruht, doch die Konvexseite der Bogen
mehr und mehr hinter den Wirbelkörpern nach der Konkavseite der
seitlichen Biegung verschoben werden. Es müssen, von den Dornfortsätzen
angefangen, immer mehr Teile der Bandverbindung der Konvexseite
(eventuell auch der kurzen Muskeln, s. u.) beim Fortschritt der seitlichen
Biegung in die neutrale Ebene einrücken und können dann nicht mehr
stärker gedehnt und gespannt sein. Auch aus diesem Grund verschiebt
sich infolge der „Konvexrotation" das Zugtrajektorium an der Konvexseite gegen die Wirbelkörper hin nach vorn, während andererseits das
Drucktrajektorium mit fortschreitender Konvexrotation von der Seite der
Körpersäule gegen die Bogen hin verschoben wird, weil mit der Zeit
die Hemmung an den Gelenken der Konkavseite doch eine bedeutendere
wird.   Nach der hier vorgetragenen Lehre würde also ganz besonders
die Deformation und Atrophie der Gelenkteile der Bogen das Weitergehen der Konvexrotation ermöglichen. Die Erniedrigung der Zwischenwirbelscheiben und Wirbelkörper an der Konkavseite zusammen mit

einer solchen Umformung der Gelenkteile und Bogen ermöglicht eine
Verstärkung der seitlichen Krümmung.

So weit ich sehe, ist der hier angenommene Entwickelungsgang
einigermaßen unabhängig ist von der sagittalen Krümmung der Wirbelsäule. Es ist ziemlich gleichgültig, ob der Scheitel der seitlichen Biegung
in die Mitte oder den unteren Teil der Brustwirbelsäule oder in den
oberen Teil der Lendenwirbelsäule fällt. Die Konvexrotation kann sich
ebenso gut an rückwärts ausgebogenen als an vorwärts ausgebogenen
Teilen und an Abschnitten ohne sagittale Biegung geltend machen.
Das Maximum der Konvexrotation fällt natürlich stets in den Scheitel
der seitlichen Biegung, an welchem die Einflüsse zur seitlichen Längsdrehung am größten sind.

Sitz des Scheitels der scoliotischen Biegung.

Abgesehen von primären, lokalen Verschiedenheiten in der Widerstandsfähigkeit der Körpersäule wird für die Lage des Scheitels der
Krümmung namentlich von Bedeutung sein, ob die Kraftlinie (K — K)
des biegenden Einflusses (Schwere, Spannung der seitlichen Rumpfwand) unten oder oben weiter entfernt von der Wirbelsäule gelegen ist.
Im ersteren Fall wird der Scheitel der Krümmung an tieferer Stelle,
im zweiten Fall wird er an höherer Stelle entstehen.

Im Jahre 1892 wies G. Jach (Zeitschr. f. orthop. Chir. I) an der Hand des
Materiales des orthopädischen Institutes von Lüning und Schultheß nach,
daß bei 30 % aller Fälle von Totalscoliose die Torsion auf der konkaven
Seite zu finden ist. Jak. Steiner untersuchte 1898 das Material der gleichen
Anstalt mit verbesserten Messungsmethoden und schloß vor allem die Fälle mit
rundem Rücken und, wenn ich recht verstehe, auch diejenigen Fälle aus, in welchen
die Wirbelsäule an der Seite der Ausbiegung gegenüber dem Becken, überhängt,
also eigentlich zunächst über dem Becken nach der Seite der Konvexität der Totalscoliose abgebogen ist. Als Zeichen der Torsion wurde die Drehung des Bruststammes und der Schultern gegenüber dem Becken genommen. Sie war sowohl
bei aufrechter als bei vorgebeugter Haltung nach der Konkavseite der Totalbiegung
gerichtet. Solche reine Fälle von Totalscoliose mit Konkavtorsion machten aber
nur 3 % aller Fälle von Skoliosen aus und zwar handelte es sich immer um leichtere Fälle seitlicher Verbiegung.

Es ist vielleicht nicht überflüssig, zu betonen, daß es sich hier um eine Torsion
der Wirbelsäule handelt, die offenbar von unten nach oben in gleichem Sinn weitergeht, und nicht um eine Rotation, die von den beiden Enden des Bogens nach dem
Scheitel hin in gleichem Sinn fortschreitet und sich summiert. Man darf also nicht
die genannte Konkavtorsion zu der Konvexrotation in Gegensatz stellen. Vielmehr handelt es sich um eine Erscheinung analog dem, was Lovett bei seitlichen
Biegungen an der Leiche im aufrechten und namentlich in vorgebeugter Stellung
beobachtet hat und was ich selbst auch habe feststellen können (vgl. S. 190).

Ausbildung mehrfacher scoliotischer Verbiegungen.

Unter normalen Verhältnissen kann eine Wirbelsäule wohl nur unter
Mitwirkung der Muskeln in alternierende seitliche Krümmungen gebracht und in denselben länger festgehalten werden. Es ist nicht ganz
ausgeschlossen, daß sich aus einer solchen physiologischen Verbiegung
bei längerer und stärkerer Inanspruchnahme direkt eine Scoliose mit
mehrfacher Biegung entwickelt. Der gewöhnliche Gang der Entwicke-

lung aber wird sein, daß zunächst eine einfache Krümmung durch anatomische Veränderungen einigermaßen fixiert und dann eine zweite Krümmung hinzugefügt und persistent gemacht wird.

In der Tat bleibt es ja häufig bei einer einfachen Krümmung. In sehr jugendlichem Alter sind die einfachen seitlichen Verbiegungen fast allein beobachtet. Durch Schiefhaltung des Beckens ist ermöglicht, daß Oberrumpf, Hals und Kopf annähernd gerade stehen. Anhaltendes Sitzen auf horizontaler Unterlage, mit dem Zwang zur „Orthoskopie" bei schon bestehender einfacher Scoliose kann die Veranlassung sein, daß sich eine zweite sog. „kompensatorische Krümmung", welche natürlich auf die oberen Teile der Rumpfwirbelsäule beschränkt ist, hinzukommt. Eine totale Biegung nach links z. B. wird durch eine solche kompensatorische ·Ausbiegung nach rechts von oben her eingeschränkt, ihr Krümmungsscheitel wird nach unten verlegt. Eine noch schärfer ausgesprochene hohe Dorsalscoliose kann sich nach „euergetischem Prinzip" beim Schreiben und anderen anhaltenden Handarbeiten des Sitzenden ausbilden und selbst wieder eine noch höhere unbedeutende kompensatorische Gegenkrümmung hervorrufen.

Es ist aber auch denkbar, daß sich primär, infolge besonderer Sitzhaltung eine Dorsalscoliose ausbildet, welche beim möglichst aufrechten Stand durch eine sekundäre tiefere Krümmung „kompensiert" werden muß.

Sind einmal zwei alternierende Krümmungen der Rumpfwirbelsäule deutlich ausgeprägt, so sind auch die Bedingungen für eine fortschreitende Verschärfung dieser Krümmungen mit deutlicherer Ausprägung der Konvexrotation, welche in den Anfangsstadien nicht sehr bemerkbar ist, günstig.

Bei im ganzen aufrechter Stellung des Rumpfstammes wirkt die Schwere, soweit sie am oberen Brustteil angreift, in einer Linie, welche die Wirbelsäule kreuzt und auf verschiedenen Seiten der beiden Krümmungen gelegen ist. In die gleiche Kraftlinie entfällt der Widerstand, der ihr von den Unterstützungspunkten her, durch das Becken hindurch, Gleichgewicht hält. Ebenso verhält es sich mit der Resultierenden eines in den beiden seitlichen Rumpfwänden wirkenden Muskelzuges. Der Zugwiderstand gegen den Fortschritt der Ausbiegung muß auch hier in demjenigen Teil des Bandapparates gelegen sein, welcher von der genannten Kraftlinie weiter entfernt ist als das Drucktrajektorium in der Körpersäule; es kommt hierfür wesentlich nur der in der Gegend der jenseitigen (konvexseitigen) Bogenhälften, Gelenk- und Querfortsätze gelegene Teil in Betracht, ferner die Spannung der Muskeln der konvexseitigen Rückenrinne. Ob am Brustteil außerdem der Widerstand der konvexseitigen Rippen gegen die Zusammenbiegung ihrer dorsalen Teile eine Rolle spielt, ist mir fraglich (s. o.). Auch wenn die untere Krümmung noch etwas vorwärts konvex, die obere etwas nach vorn konkav ist, können doch die oben erörterten Bedingungen für eine „Konvexrotation" (Verschiebung der vorderen Teile der Wirbel gegenüber den hinteren nach der Konvexität der seitlichen Biegung) gegeben sein. Sie werden namentlich auch dann gegeben sein, wenn die Kraftlinie der äußeren biegenden Kräfte zwar in einer Ebene liegt, welche annähernd sagittal zwischen beiden Krümmungen hindurch geht, in ihr aber etwas weiter nach vorn, vor den beiden Krümmungen gelegen ist. Diese Bedingung ist bei den Umständen, welche erfahrungsgemäß das Zustandekommen von Scoliose und zwar von Scoliosen mit doppelter Krümmung begünstigen, bei etwas vorgebeugter (kyphotischer) Haltung des Körpers erfüllt.

Damit ist nun nicht gesagt, daß auch von Anfang an, sobald überhaupt die doppelte Krümmung der Wirbelsäule, die sich mit der Zeit anatomisch fixiert, zustandekommt, der Einfluß zur Konvexrotation bereits wirksam ist. Ich möchte im Gegenteil eher annehmen, daß solches nicht der Fall ist, solange die eigenen Muskeln der Wirbelsäule mitwirken, um die Wirbelsäule in ihre doppelte Krümmung einzustellen und in derselben zu erhalten. Erst wenn eine aktive Anspannung der kurzen Wirbelsäulemuskeln an der Konkavseite der Krümmung hierzu nicht mehr nötig ist, und die äußeren, zwischen Becken und oberen Brustteil wirkenden Kräfte, insbesondere auch die zwischen diesen Teilen in einem Zuge ausgespannten Muskeln der Rumpfwand und die Schwere zur Fixierung der doppelten Biegung genügen, scheinen mir die Bedingungen zur sog. Konvexrotation erfüllt zu sein. Eine stärkere Anspannung der antagonistisch wirkenden kurzen, unmittelbar an der Wirbelsäule an der Konvexseite gelegenen Muskeln ist aller Wahrscheinlichkeit nach für das Zustandekommen der Konvexrotation von besonderer Bedeutung.

Die hier vorgetragene Lehre unterscheidet sich von der Theorie H. v. Meyers vor allem dadurch, daß sie neben den Kräften zur seitlichen Ausbiegung der Körpersäule (Seitenschübe der Druckspannungen) auch noch umgekehrt wirkende Seitenschübe der Konvexseite der scoliotischen Ausbiegung annimmt, welche auf die Seitenwand des Wirbelkanals und die Wirbeldornen einwirken und nach der Konkavseite der scoliotischen Krümmung hin gerichtet sind.

Soweit die Muskulatur bei dieser Lehre in Betracht kommt, ist ein prinzipieller Unterschied zu machen zwischen den Muskelzügen, welche über eine ganze Biegung der Wirbelsäule oder über zwei Biegungen hinweggehen und nur auf die Enden des Krümmungsbogens einwirken, und den kürzeren, unmittelbar an der Wirbelsäule gelegenen Muskeln. Die ersteren vereinigen sich in ihrer Wirkungsweise mit derjenigen der äußeren Kräfte, der Schwere und des Widerstandes, der Unterstützungspunkte. Die letzteren kommen einmal in Betracht hinsichtlich ihrer Aktion zur Einstellung der Wirbelsäule in die von den Umständen geforderte möglichst nützliche Form und Stellung, wobei im allgemeinen eine Konkavität nach ihrer Seite hin erzeugt wird; andererseits handelt es sich um ihre Funktion als Antagonisten, die nach Herstellung der Biegung an der Konvexseite zur Geltung kommt; sie helfen den Bogen entgegen den äußeren Kräften etc. feststellen und vermögen eventuell die Rückbewegung einzuleiten.

VIII. Statik des Beckens.

Vorbemerkungen.

Nachdem wir uns über die anatomischen Verhältnisse des Beckens und seiner Gliederungsstellen orientiert haben, müssen die in den letzteren möglichen Bewegungen resp. die in ihnen vorhandenen Bewegungsbeschränkungen untersucht werden. Da aber die tatsächlich stattfindenden Bewegungen nur klein sind, und aus dem Bau der Junkturen allein nicht mit genügender Sicherheit erschlossen werden können, so empfiehlt es sich, von vornherein auf die wirklich beim Lebenden auf das Becken einwirkenden Kräfte Rücksicht zu nehmen. Es fragt sich vor allem, wie bei den verschiedenen Ruhehaltungen die Widerstände der einzelnen Gliederungsstellen, und wie die einzelnen Skelettstücke in Anspruch genommen sind. Kaum an irgend einem Teil des Skelettes haben diese Fragen eine größere praktische Bedeutung als beim Becken, mit Rücksicht auf die Verhältnisse bei der Schwangerschaft und bei der Geburt. Deshalb ist es nicht zum verwundern, daß über die Mechanik des Beckens sehr viel nachgedacht und geschrieben worden ist. Doch herrscht auf diesem Gebiete noch keineswegs die wünschenswerte Klarheit. Neben richtigen Erwägungen machen sich viele mangelhafte und unzulängliche Auffassungen geltend. Die Lehre von der sog. Gewölbekonstruktion des Beckens ist nicht frei von Irrtümern. Ein irgendwie befriedigender Versuch, die Bedingungen des statischen Gleichgewichtes für beliebige Stellungen zu bestimmen und so das Problem in seinem ganzen Umfang, wenn auch nur in erster Annäherung, zu formulieren und zu behandeln, liegt nicht vor. Im folgenden werde ich mich bemühen, diese Lücke auszufüllen. Es erscheint mir durchaus notwendig und geboten, die Schwierigkeiten des Problems klarzulegen, statt über sie hinwegzugleiten. Für gewisse praktisch wichtige Fragen wird man sich zwar mit vereinfachenden Annahmen behelfen können und behelfen müssen. Es ist aber ein anderes, ob solche vereinfachende Annahmen gemacht werden auf Grund einer richtigen Einsicht in das gesamte Kräfteverhältnis oder auf Grund unklarer Vorstellungen. Auch der allgemeine Charakter der zu lösenden statisch mechanischen Aufgabe rechtfertigt die ausführliche Behandlung des Gegenstandes in unserem Lehrbuch.

Vor allem dürfen wir uns bei der Analyse der Bedingungen, die für die Feststellung der Skelettstücke des Beckens und für die Inanspruchnahme derselben und der Beckenjunkturen maßgebend sind, nicht auf eine einzige Stellung, etwa diejenige des aufrechten normalen Standes beschränken. Wir werden vielmehr zunächst nur die eine Voraussetzung

machen, daß die Unterstützung des Beckens und der darübergelegenen
Teile in irgend einer Art des Standes einzig durch die Widerstände des
Bodens von den Füßen her geschieht. Ist hier ein richtiger Einblick in
die statischen Verhältnisse gewonnen, so wird eine Beurteilung der-
selben bei anderen Arten der Unterstützung, beim Knien, Sitzen,
Liegen usw. leicht gelingen.

A. Theoretische Analyse.

α) Die äußeren Kräfte des Systems.

Wir können zur Untersuchung der Bedingungen für die Feststellung
der drei Beckenjunkturen die Wirbelsäule mit der ganzen von ihr getragenen Körpermasse (Brust, Hals, Kopf, obere Extremitäten, Teil
der Baucheingeweide und der Bauchwand) als in sich versteift ansehen,
ebenso jedes Hüftbein mit dem angrenzenden Bein und den von ihm
getragenen Baucheingeweiden. So gelangen wir zu der Vorstellung
von drei getrennten Partialmassen, die in den beiden Iliosacralgelenken
und in der Schamfuge verbunden sind.

Von den Einwirkungen des generellen abdominalen Druckes (siehe
Abschnitt Bauchwand) sehen wir in der folgenden Analyse ab; soweit
es sich um die Wirkung des Gewichtes des Bauchinhaltes auf das Becken
(Hüftbeine) handelt, sind nur die vertikalen Komponenten einigermaßen
berücksichtigt.

Vereinfachende Bezeichnungen.

Wir bezeichnen die drei Partialmassen als das (supracoxale) Oberstück
und als das linke und rechte (infrasacrale) Unterstück.

Das Gewicht des Gesamtkörpers sei G, der Schwerpunkt S,
die Schwere des Oberstückes sei O, der Schwerpunkt o,
die Schwere des linken Unterstückes U_l, der Schwerpunkt u_l,
die Schwere des rechten Unterstückes U_r, der Schwerpunkt u_r.

Zur Abkürzung der Darstellung seien noch folgende Buchstabenbezeichnungen
eingeführt.

J_r bedeute die Mitte der rechten, J_l die Mitte des linken Iliosacralgelenkes,
JJ die Verbindungslinie dieser Mitten (die gemeinsame Iliosacralgelenkachse JSA).
Mit H_l und H_r seien die Hüftgelenkmitten, mit HH sei die gemeinsame Hüftgelenk-
achse (Hüftlinie) bezeichnet. F_l und F_r sind die Angriffspunkte der Resultierenden
des Widerstandes am linken und rechten Fuß und auch zugleich (ungenau) die
Punkte, um welche sich die Beinlinien beim aufgesetzten Fuße drehen.

Unter Beinlinie verstehen wir die gerade Verbindungslinie der Hüftgelenk-
und der Fußgelenkmitte (H und F), W_l und W_r bedeutet den am linken und rechten
Fuß wirkenden Widerstand; die vertikalen Komponenten desselben sind W_{lv} und
W_{rv}, die horizontalen Komponenten W_{lh} und W_{rh}. Die beiden Fußwiderstände
leisten allein als äußere Kräfte der Schwere des ganzen Körpers Gleichgewicht;
ihre Kraftlinien müssen deshalb in der gleichen Vertikalebene mit der Schwerlinie
des Gesamtschwerpunktes S gelegen sein; diese Ebene heißt „Widerstandsebene".

Am Becken seien drei Hauptrichtungen unterschieden:

1. Die longitudinale Richtung, parallel der Langslinie der zwei ersten
Kreuzbeinwirbelkörper; das dafür verwendete Merkzeichen sei λ;

2. die bilaterale Richtung, quer zu der vorigen; für sie verwenden wir das
Merkzeichen β;

3. die dorsoventrale Richtung, ebenfalls quer zur Longitudinalrichtung;
für sie soll das Merkzeichen δ benutzt werden.

Ferner sind drei Hauptebenen des Beckens zu unterscheiden:

1. die bilaterale Längsebene B mit entsprechendem Merkzeichen B;

2. die sagittale Längsebene Σ mit entsprechendem Merkzeichen Σ;

3. die Transversalebene T (senkrecht zur Longitudinalrichtung) mit dem Merkzeichen T.

h als Merkzeichen bedeutet horizontal, v vertikal, s sagittal, f parallel einer Vertikalebene durch die Hüftlinie (frontal), fh horizontal-frontal, sh horizontal-sagittal.

Ferner sollen folgende Bezeichnungen gebraucht werden:

V_l für die Resultierende von W_{lv} und U_l,

V_r für die Resultierende von W_{rv} und U_v.

P_l und P_r für die in der Symphyse auf das linke und auf das rechte Unterstück einwirkende Kraft mit den Komponenten $P_{l\beta}$, $P_{l\delta}$, und $P_{l\lambda}$, resp. $P_{r\beta}$, $P_{r\delta}$ und $P_{r\lambda}$ Dagegen kann die Bedeutung der Bezeichnungen k_r und k_l, K_r und K_l, sowie von q_r und q_l erst im Laufe der folgenden Analyse gegeben werden.

Das Gewicht des ganzen Körpers verteilt sich nach bestimmtem Gesetz, welches einzig von der Konfiguration und Massenverteilung des Körpers gegenüber dem Boden und der Richtung der Schwere abhängt, auf die die beiden Unterstützungsflächen.

Die gegen die Füße wirkenden Widerstände des Bodens W_l und W_r müssen zusammen eine Resultierende geben, welche der Kraft G gleich aber entgegengesetzt gerichtet ist; daraus folgt, daß die Kraftlinien von W_l und W_r mit der Schwerlinie von G in dieselbe Vertikalebene fallen. Dabei könnten W_l und W_r beide vertikal nach oben gerichtet sein, oder die beiden Kräfte können aufwärts konvergieren oder divergieren; sie schneiden sich immer in der Lotrechten durch S. Die Körperlast kann gleichmäßig oder ungleich auf beide Füße verteilt sein. Als Grenzfall erscheint der Stand auf einem Fuß, bei welchem der Widerstand am Standbein $= - G$, am freien Bein aber $= o$ ist. Doch kann auch die Möglichkeit berücksichtigt werden, daß der Körperschwerpunkt über das Unterstüzungsareal der Füße hinausrückt; in diesem Fall kann der Körper noch festgestellt sein, wenn auf der anderen Seite, sagen wir am freien Bein, außer der Schwere noch eine weitere äußere Kraft nach unten wirkt. W ist dann an diesem Bein negativ, am Standbein aber $> G$, absolut genommen.

Beim Stand auf beiden Füßen kann an diesen außer dem vertikalen Druck gegen den Boden noch ein Seitenschub vorhanden sein. Das Genauere darüber wird bei der Lehre von der Feststellung des Hüftgelenkes beim Stand auf beiden Beinen auseinandergesetzt werden. Hier genügt die Erklärung, daß der Seitenschub an dem eigenen Fuß beim Stand auf horizontaler Unterlage stets gleich groß und entgegengesetzt dem Seitenschub am anderen Fuß sein muß. Die Seitenschübe können die Richtung nach dem Fuß der anderen Seite oder die entgegengesetzte Richtung haben. Den seltenen Fall, in welchem statt eines einfachen Seitenschubes an jedem Fuß ein horizontaler Drehungseinfluß (horizontales Kräftepaar) gegen den Boden wirkt. können wir vorläufig außer acht lassen; auch in diesem Fall muß die Einwirkung am linken Fuß derjenigen am rechten der Größe nach gleich, der Richtung nach entgegengesetzt sein. Die Seitenschübe und analogen Drehwirkungen müssen im Fall der Feststellung des Körpers jederseits durch entgegengesetzt gerichtete Horizontalkomponenten des Fußwiderstandes im Gleichgewicht gehalten sein. W_{rh} und W_{lh} halten sich am Körper selbst Gleichgewicht. Der Seitenschub kann durch die schräge Stellung der Beinlinien, er kann aber auch durch Anspannung der Ab- oder Adductoren des Hüftgelenkes oder entsprechende Bänderspannungen hervorgebracht resp. verändert sein. Diese Spannungen wirken jeweilen nur innerhalb des gleichen Unterstückes und nicht von einer Seite zur anderen hinüber; sie gehören zu den Mitteln der inneren Versteifung der Unterstücke und brauchen hier nicht weiter berücksichtigt zu werden.

Wir können nun für jedes Unterstück die Resultierende V ermitteln für die vertikale Komponente des vertikalen Fußwiderstandes W_v und das Gewicht des betreffenden Unterstückes U.

Das Gewicht und der Schwerpunkt des Unterstückes lassen sich allerdings nur approximativ feststellen, da die Größe und Anordnung des vom Hüftbein einer Seite getragenen Anteiles der Stammasse nur schätzungsweise bestimmt werden kann. Der Schwerpunkt muß ziemlich nahe der Mitte des Ober-

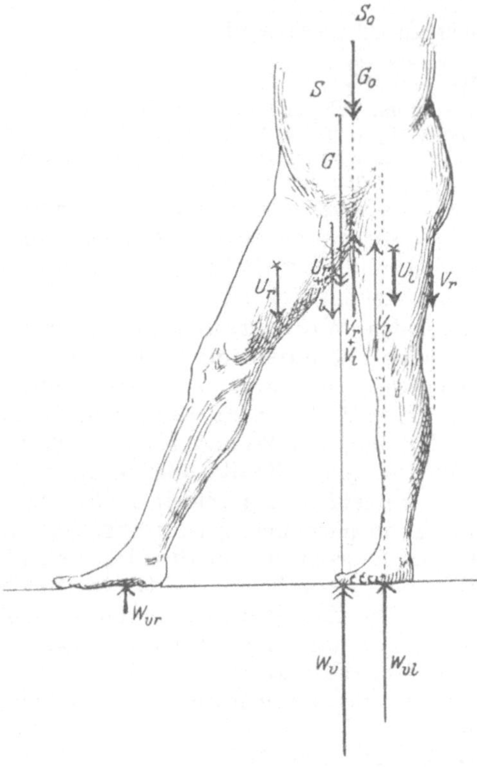

Fig. 154.

schenkels gelegen sein, indem der Schwerpunkt des gestreckten Beines allein ungefähr mit dem dritten Neuntelpunkt der Beinlinie, von oben an gezählt, zusammenfällt und nun noch das Gewicht des einen Hüftbeins mit seiner direkten Belastung hinzukommt. Nehmen wir an, es liege über die Größe von U und die Lage von u eine genügend genaue Bestimmung vor, und W_v sei für die betreffende Seite genau ermittelt, so gilt bezüglich V folgendes. Diese Resultierende muß mit U und W_v in der gleichen Vertikalebene gelegen sein. Ist W_v, wie dies gewöhnlich der Fall sein wird, aufwärts gerichtet, so muß die Kraftlinie von V auf der entgegengesetzten Seite von W_v im Vergleich zu der Schwerlinie durch U gelegen und aufwärts gerichtet sein, wenn W_v absolut $> U$ ist; dagegen auf der entgegengesetzten Seite von U im Vergleich zu W_v und

abwärts gerichtet, wenn U absolut $>$ Wv ist (siehe Allg. Teil S. 44).
Das Genauere ist nach bekannten Regeln leicht zu berechnen.

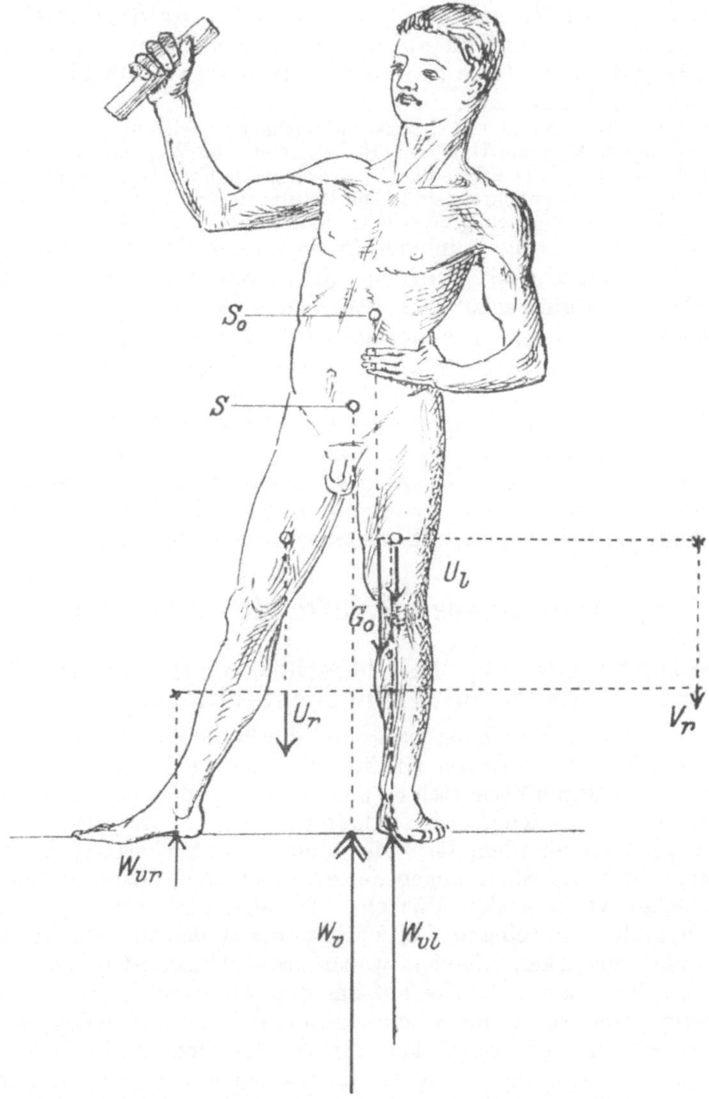

Fig. 155.

Es ist nun klar, daß V jederseits die vertikale äußere Kraft darstellt, welche vom Unterstück her auf das Oberstück und eventuell auch
auf das Unterstück der anderen Seite einwirkt, und welcher von diesen

Teilen her Gleichgewicht gehalten sein muß. V_l und V_r zusammen aber müssen durch Vermittelung der Iliosacralverbindungen dem Gewicht O des Oberstückes Gleichgewicht halten. V_l und V_r müssen also mit der Schwerlinie von O in der gleichen Vertikalebene gelegen sein und eine Resultierende geben, welche dem Gewicht O an Größe gleich, aber aufwärts gerichtet ist.

In den Figg. 139 und 140 sind zwei ähnliche Beispiele analysiert. V_r ist die Resultierende von W_{vr} und U_r, V_l die Resultierende von W_{vl} und U_l. (In Fig. 140 ist V_l nicht dargestellt, es würde hier V_l zwischen den Kraftlinien von W_{vl} und G_o gelegen und aufwärts gerichtet sein.) Die Resultante von V_r und V_l ist entgegengesetzt gerichtet und gleich groß wie G_o (das Gewicht des Oberstückes).

Indem nun aber die Beinlinien (in denen ungefähr die Schwerpunkte U_l und U_r gelegen sind) durchaus nicht notwendig mit der „Widerstandsebene" zusammenzufallen brauchen — sie können beispielsweise beide nach vorn oder nach hinten geneigt, oder die eine kann vorwärts, die andere rückwärts geneigt sein —, so fällt im allgemeinen die Vertikalebene $V_r V_l$ mit der Widerstandsebene nicht zusammen.

Die horizontalen Komponenten der Fußwiderstände, wenn solche vorhanden sind, lassen sich deshalb im allgemeinen nicht ohne weiteres mit V_l resp. V_r zu einer Resultierenden vereinigen. Es erscheint mir das Vorteilhafteste zu sein, wenn die beiden Einflüsse V und W_h auf jeder Seite zunächst getrennt weiterbehandelt werden.

β) Die inneren Kräfte des Systems.

1. Die zur Feststellung des Oberstückes notwendigen Widerstände in den Beckenjunkturen.

Dem Gewicht des Oberstückes muß durch die auf die beiden Unterstücke einwirkenden äußeren Kräfte durch die beiden Iliosakralgelenke hindurch, d. h. durch Vermittelung der in diesen Gelenken wachgerufenen inneren Kräfte Gleichgewicht gehalten werden. Zu diesen inneren Kräften gehören vor allem die Widerstände im Gelenk selbst, im weiteren Sinn aber auch die Spannungen der zwischen dem Oberstück und den Unterstücken verlaufenden Muskeln. Da aber die beiden Unterstücke in der Symphyse miteinander in Verbindung stehen und durch dieselbe aufeinander einwirken können, wobei unter Umständen ein Teil des Einflusses der äußeren Kräfte auf das eine Unterstück auf das andere übertragen wird, so ist nicht von vornherein zu entscheiden, wie sich die von den beiden Unterstücken her auf das Oberstück einwirkenden Kräfte in die Leistung des Widerstandes gegenüber dem Gewicht des Oberstückes teilen. Auch bedarf die Art und Weise, wie der an jedem Iliosacralgelenk wirksame Widerstand von seinen einzelnen Elementen übernommen wird, einer besonderen Prüfung.

Für die horizontalen Komponenten des auf die Unterschiede wirkenden Widerstandes, welche bei allfälligem Seitenschub vorhanden sein müssen, gilt es vor allem festzustellen, wie weit sie sich durch die Symphyse hindurch Gleichgewicht halten. So weit dies nicht geschieht,

müssen sie durch die beiden Iliosacralgelenke hindurch auf das Oberstück
einwirken und sich an demselben Gleichgewicht halten. Dem Gewicht des
Oberstückes kann natürlich nur durch die auf die Unterstücke einwirkenden vertikalen Kräfte V_r und V_l Gleichgewicht gehalten sein.

Es wäre ein verhängnisvoller Irrtum, wenn man sich vorstellen wollte,
daß sich die Last des Oberstückes durch die Iliosacralgelenke auf die
beiden Hüftbeine nach demselben Anteilverhältnis übertragen muß,
wie solches bei vollständiger Trennung und freiem Aufruhen auf
Unterstützungsflächen geschieht. Vielmehr ist denkbar, daß bei
genau derselben Stellung des Oberstückes das eine oder das andere der
beiden Hüftbeine ganz allein die Last trägt, auch wenn der Schwerpunkt
des Oberstückes sich nicht direkt senkrecht, sondern an der einen oder
anderen Seite über demselben befindet. Freilich müssen dann zwischen
Oberstück und Hüftbein zwei verschieden gerichtete resultierende
Widerstandskräfte wirksam sein, Druckwiderstand näher der Schwerlinie des Oberstückes und Zugwiderstand in weiter entfernter Kraftlinie.
(So kann ja auch ein Stuhl bei genau der gleichen aufrechten Stellung
an dem einen oder an dem anderen Bein hochgehalten werden, obschon
am frei auf einer Unterlage aufruhenden Gerät die Last sich nach ganz
bestimmtem Gesetz, das nur von der Massenverteilung und der Richtung
der Schwere abhängt, auf die Unterstützungspunkte verteilt).

Die einzige Bedingung für die vertikale Unterstützung
des Oberstückes ist also diejenige, daß die vertikalen Kräfte V_l und
V_r in der gleichen Vertikalebene mit der Schwerlinie des Oberstückes
wirken und eine Resultierende geben, welche der Schwere O des Oberstückes gleich und entgegengesetzt gerichtet ist und in die Lotrechte
durch S entfällt.

Es ist aber dabei nicht ausgeschlossen, daß eine vertikale Komponente von V_l durch die Symphyse hindurch auf das rechte Hüftbein
und durch dieses und das rechte Iliosacralgelenk hindurch oder umgekehrt ein Teil von V_r durch das linke Hüftbein und Iliosacralgelenk
auf das Oberstück einwirkt.

Indem die Widerstände der einen Iliosacralverbindung vermindert,
diejenigen der anderen entsprechend vermehrt sind, ist natürlich die
von beiden Unterstücken her auf das Oberstück übertragene Einwirkung
im ganzen die gleiche geblieben. Sie genügt nach wie vor, um der Schwere
des Oberstückes Gleichgewicht zu halten. In vielen Fällen beschränkt
sich die Einwirkung, welche in der Symphyse von einem Hüftbein auf
das andere und umgekehrt stattfindet, auf eine horizontale Kraft und
Gegenkraft, in anderen Fällen können aber auch vertikale resp. sagittale
Komponenten oder Drehungseinflüsse in Frage kommen. Die **Mitbeteiligung der Symphysis pubis** richtig zu beurteilen, bildet den schwierigsten Punkt des ganzen Problems der Beckenstatik.

2. Bedingungen der Feststellung der Unterstücke.

Zur Feststellung eines Unterstückes ist notwendig, daß den auf
dasselbe einwirkenden äußeren Kräften des Systems vom Rest des

Körpers (dem Oberstück und dem anderen Unterstück) her Gleichgewicht gehalten wird. Dies muß durch Vermittelung der im Iliosacralgelenk seiner Seite und der in der Symphyse wach gerufenen Widerstände geschehen. Und zwar muß man allen von der Symphyse her einwirkenden Kräften, nicht bloß den vertikalen genauer Rechnung tragen. Da sicher die Hauptwiderstände in der Iliosacralverbindung wirken, so empfiehlt es sich, die möglichen Bewegungen nach den Hauptrichtungen und Hauptebenen dieser Junktur zu zerlegen und ebenso mit den einwirkenden Kräften zu verfahren.

Einfluß der horizontalen Widerstände W_{rh} und W_{lh}.

Wir ersetzen W_i durch eine gleichgroße und gleichgerichtete Kraft W_{lh} im Punkte J der gleichen Seite, den wir uns mit dem Hüftbein starr verbunden denken, und durch ein Kräftepaar $W_h \cdot q$, wobei q den Abstand der Gelenkmitte J von W_h bedeutet.

W_h kann in eine durch J wirkende β-, δ- und λ-Komponente zerlegt werden, und das Kräftepaar nach den Hauptebenen des Beckens in eine B-, Σ- und T-Komponente. In Fig. 156 ist diese Zerlegung für W_{hr} vorgenommen.

Da $W_{hr} = W_{hl}$, so müssen die β- und σ-Komponenten dieser beiden Kräfte einander gleich und entgegengesetzt gerichtet sein; die β-Koponenten halten sich in der JJ-Linie durch das Kreuzbein hindurch Gleichgewicht. Ihnen entsprechend wird die Iliosacralverbindung in der Linie JJ auf Druck oder auch auf Zug in Anspruch genommen; im übrigen können wir diese Komponenten im folgenden außer Betracht lassen. Die σ-Komponenten nehmen die Abscherungswiderstände der Iliosacralgelenke (parallel den Gelenkflächen) in Anspruch. Durch Vermittelung derselben überträgt sich ihre Wirkung auf das Kreuzbein (vielleicht auch zum Teil durch Vermittelung der Widerstände der Symphyse auf das Hüftbein der anderen Seite und von da auf das Kreuzbein — der Endeffekt an letzterem bleibt derselbe). Die Einwirkungen beider Seiten sind in ihren sagittalen Komponenten gleich aber umgekehrt gerichtet; dieselben bilden im allgemeinen zusammen ein Kräftepaar, welche das Kreuzbein zu drehen strebt (nachdem sich die beiden Hüftbeine in sagittaler Richtung, wenn auch noch so wenig gegenüber dem Kreuzbein verschoben haben).

Nun wirken aber auf die beiden Unterstücke auch die Kräftepaare $W_{hl} \cdot q_l$ und $W_{hr} \cdot q_r$.

Diese letzteren Einwirkungen sind nicht notwendig gleich und dem Sinn nach entgegengesetzt, so daß sie sich durch das Kreuzbein und die Symphyse hindurch nicht notwendig Gleichgewicht zu halten brauchen. Sie wirken nicht einmal stets parallel derselben Ebene. Man erkennt aber, daß zusammen mit der aus den Einzelkräften W_h' sich ergebenden drehenden Einwirkung das Gleichgewicht hergestellt sein muß.

Das Hauptaugenmerk muß vor allem darauf gerichtet sein zu beurteilen, ob der an den Füßen vorhandene Widerstand gegen den Seitenschub für sich allein die Unterstücke unten gegeneinander oder voneinander dreht, und ob sich dieser Einfluß mehr parallel der bilateralen Längsebene des Beckens oder parallel der Querebene geltend macht. Eventuell, wenn die Drehungsebene schräg zur Sagittalebene steht, wird auch ein Einfluß zur sagittalen Drehung und Verschiebung der beiden Unterstücke gegeneinander und gegenüber dem Kreuzbein vorhanden sein. Ein Einfluß zur vorderen Gegeneinanderdrehung (Einwärtsrotation) der Unterstücke parallel der T-Ebene und zur Einwärtsdrehung (mit oberer Gegeneinanderbewegung) derselben parallel der B-Ebene ist gegeben bei auswärts gerichtetem Seitenschub.

Das Umgekehrte ist der Fall bei auseinander treibendem W_h.

Eine sagittale Drehung beiderseits in entgegengesetztem Sinn kann namentlich zur Geltung kommen, wenn das eine Bein vor, das andere zurückgestellt ist. Hier steht die Widerstandsebene schräg zur Sagittalebene.

Feststellung der Unterstücke gegenüber den Einwirkungen V_l resp. V_r.

Wir ersetzen V durch eine gleich gerichtete und gleich große Kraft V' welche nach der Mitte des Iliosacralgelenkes der gleichen Seite gerichtet ist und ein Kräftepaar V.z, wobei z den Abstand der Kraftlinie V von dieser Gelenkmitte bedeutet. In Fig. 156 ist diese Zerlegung für V_r vorgenommen.

Die Kraft V' in J läßt sich nach den Hauptrichtungen des Beckens in eine β-, δ- und λ-Komponente (oder in eine β- und eine σ-Komponente) zerlegen, das Kräftepaar V. z nach den Hauptebenen des Beckens in eine B-, T- und Σ-Komponente. Da keine Voraussetzung über die Stellung des Beckens gemacht ist, so wird auch die vertikale Kraft V im allgemeinen eine β-Komponente in J ergeben.

Wenn wir die Kraft V in dieser Weise ersetzen, so dürfen wir ohne allzu großen Fehler annehmen, daß der **Einzelkraft V'** (und der entsprechenden Gegenkomponente der Schwere) in allererster Linie durch die Widerstände der Iliosacralverbindung selbst Gleichgewicht gehalten wird. Dies ist unzweifelhaft für die β-Komponenten. Aber auch den σ-Komponenten gegenüber, welche parallel der Gelenkfläche abscherend wirken, sind so große Widerstände in diesem Gelenk vorhanden, daß die Mitbeteiligung der Symphyse kaum in Betracht kommt. Dabei braucht durchaus nicht in beiden Gelenken die Richtung der σ-Komponente dieselbe zu sein. Es ist sehr wohl möglich, daß sie ebenso wie V an der einen Seite (Standbein) nach oben, an der anderen (Spielbein) nach unten gerichtet ist. Die Kraft V wirkt allemal dann abwärts, wenn der vertikale Widerstand am Fuß der betreffenden Seite kleiner ist als das Gewicht des Unterstückes dieser Seite; dazu gehört natürlich auch der Fall, in welchem der Gesamtschwerpunkt über den anderen Fuß hinaus verlegt und das Gleichgewicht nur durch eine abwärts wirkende äußere Kraft an dem vom Schwerpunkt weiter abliegenden Beine gesichert wird. Eine geringe vertikale Verschiebung der beiden Hüftbeine gegenüber dem Kreuzbein

und gegeneinander, und eine geringe Abscherungsbeanspruchung
der Symphyse wird freilich gerade in diesen Fällen zu beobachten sein,
namentlich bei länger andauernder derartiger Inanspruchnahme. Bei
den gewöhnlichen aufrechten und annähernd symmetrischen Haltungen
sinkt das Kreuzbein im ganzen, wenn auch noch so wenig gegenüber
den Hüftbeinen nach unten.

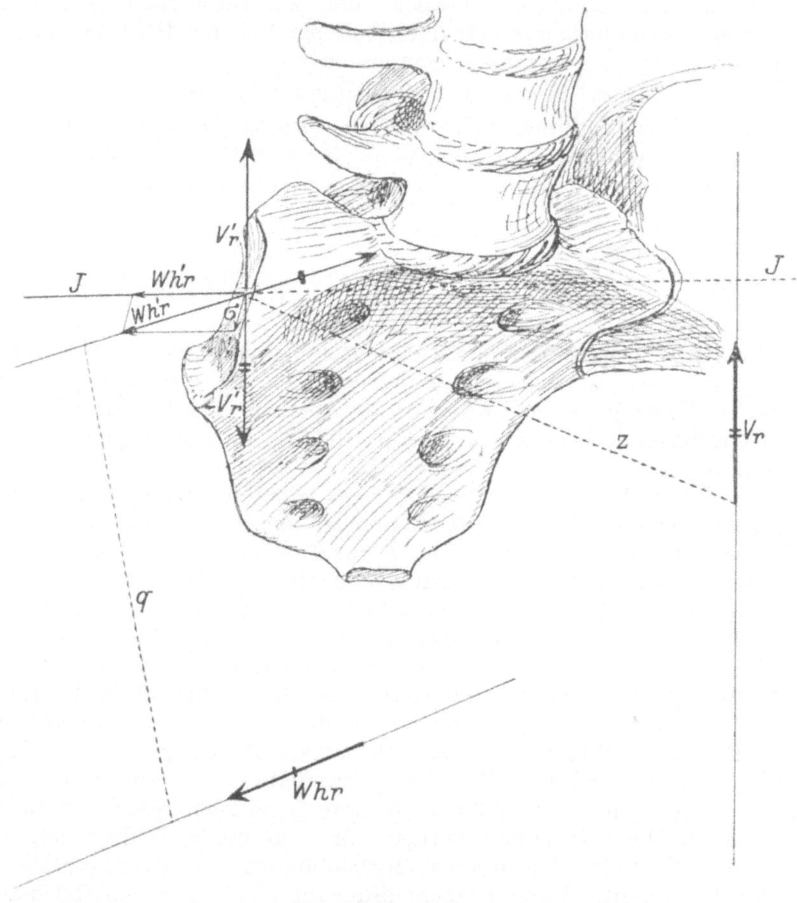

Fig. 156.

Auch den **sagittalen Kräftepaar-Komponenten**, welche sich aus
der angegebenen Ersetzung resp. Zerlegung von V ergeben, muß in
erster Linie durch die Iliosacralverbindung Widerstand geleistet werden,
vor allem dann, wenn dieselben auf beiden Seiten annähernd gleichgroß
sind und im gleichen Sinn drehend wirken. Eine größere Verschiedenheit
zwischen beiden Seiten ist gegeben, wenn V_r und V_1 zwar gleichweit
nach vorn oder hinten von der Iliosacrallinie entfernt aber erheblich

an Größe verschieden sind (bei ungleich belasteten Füßen), oder wenn sogar auf der einen Seite $V = 0$ oder negativ ist. Endlich kann es vorkommen, daß V_l vor JJ, dagegen V_r hinter dieser Linie vorbeigeht; oder umgekehrt. Solches ist der Fall, wenn das eine Bein vor, das andere zurückgestellt ist. In allen diesen Fällen größerer Verschiedenheit der sagittal drehenden Kräftepaare kann es wohl unter Umständen zu einer sagittalen Drehung der Hüftbeine gegeneinander und gegenüber der Wirbelsäule kommen. Eine solche Drehung muß im wesentlichen um JJ geschehen, entsprechend der Einrichtung der Iliosacralverbindung. Die Symphysenenden der Hüftbeine müßten dabei selbst bei geringer Winkeldrehung in erheblichem Grade aneinander in einer zu jener Achse windschiefen Richtung verschoben werden unter Inanspruchnahme der Abscherungswiderstände. Da diese Widerstände nicht unerheblich sind (es kommen namentlich die Bänder der Symphyse in Betracht) und den Iliosacralgelenken gegenüber an einem langen Hebelarm wirken, so ist in Wirklichkeit die in Rede stehende Sagittaldrehung der Hüftbeine gegeneinander eine beschränkte und gut gehemmte, während die gemeinsame Drehung gegenüber dem Kreuzbein in größerem Umfang möglich ist.

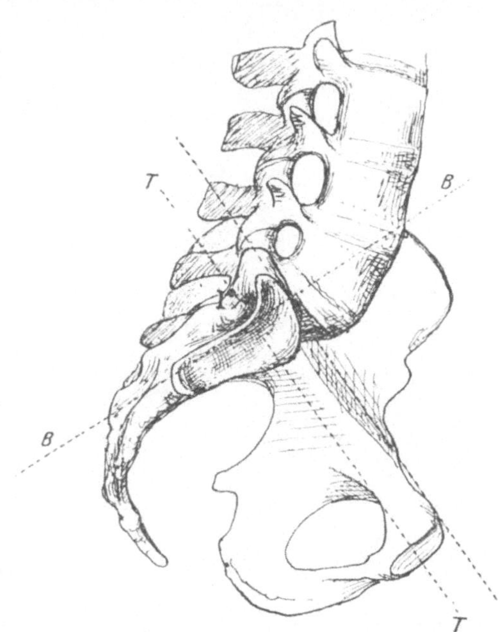

Fig. 157.

Von großer Wichtigkeit ist die richtige Beurteilung des **Drehungseinflusses senkrecht zur Sagittalebene**, resp. seiner beiden Komponenten, des drehenden Einflusses parallel der bilateralen Längsebene B und derjenigen parallel der Querebene T (Fig. 157). Am gleich oder stärker belasteten Fuß ist jedenfalls der vertikale Widerstand W größer als das Gewicht des betreffenden Unterstückes. Die Schwerlinie des letzteren und die Kraft V haben hier den Fuß zwischen sich. Steht die Beinlinie bei ungefähr gleicher Belastung beider Füße einwärts geneigt (Spreizstellung oder starke Beugung des Oberkörpers nach der Seite dieses Beines bei Ausweichen der Hüfte nach der entgegengesetzten Seite), so liegt die Kraftlinie von V nach außen vom Fuß und mehr oder weniger weit nach außen von der Mitte des Iliosacralgelenkes. Hier gibt die angenommene Zerlegung von V ein Kräftepaar, welches in frontaler Ebene oben herum nach innen dreht. Es zerlegt

sich in ein T-Kräftepaar, das bei in gewöhnlichem Sinn geneigtem
Becken das Unterstück parallel dieser Ebene nach außen, und ein
B-Kräftepaar, welches das Unterstück parallel der bilateralen Längs-
ebene des Beckens nach innen dreht. (Für die Bezeichnung der
Drehungsrichtung ist natürlich im ersten Fall die Bewegung der ven-
tralen, im zweiten Fall die Bewegung der cranialen Teile maßgebend.)
Je größer die Beckenneigung, desto größer (nach dem Cosinus des
Winkels) ist das T-Kräftepaar im Vergleich zum B-Kräftepaar.

Steht dagegen die Beinlinie nach außen geneigt (über dem
gleich- oder stärker belasteten Fuß (linke Seite Fig. 155), so geht die
Kraftlinie V nach innen am be-
treffenden Fuß vorbei. Dies ist
schon der Fall beim symmetrischen Stand mit zusammengeschlossenen Füßen, noch mehr
aber, wenn die Hüfte an der
Seite des stärker belasteten Beines nach dieser Seite durchgedrückt ist. Ebenso ist das Verhalten beim einwärtsgeneigten
Spielbein (rechtes Bein, Fig. 155).
Solches kommt also recht häufig
vor. In diesen Fällen nun kann
V nach innen von der Mitte
des Iliosacralgelenkes seiner
Seite gelegen sein. Es ergibt
sich dann ein frontales Kräftepaar, welches das Unterstück
oben herum nach außen zu
drehen strebt. Parallel der T-
Ebene hat es eine Komponente,

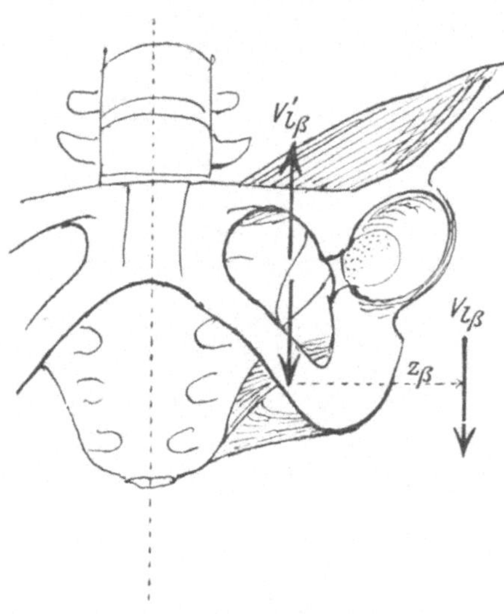

Fig. 158.

welche einwärts rotiert, und parallel der B-Ebene eine solche, welche
die cranialen Teile oben herum nach außen, die caudalen Teile aber
nach innen zu bringen sucht (axilaterale Auswärtsdrehung).

Die Drehung nach der äußeren oder inneren Längsseite des kleinen
Beckens (axilaterale Auswärts- oder Einwärtsdrehung) wird
vor allem durch die Widerstände der Iliosacraljunktur
selbst gehemmt. Zu den Bändern, welche sich bei dieser Drehung
spannen, gehören auch die Ligg. spinoso- und tuberoso-sacra; doch
hemmen sie zugleich die Auswärtsdrehung parallel der T-Ebene. Es
handelt sich dabei genauer gesagt um die Gegenwirkung gegen das
untere Element des Kräftepaares, dessen oberes Element durch die
Gelenkteile des Gelenkes gerichtet ist (Fig. 158). Das zweite Element
des Widerstandskräftepaares ist ein Druckwiderstand in den cranialen
Teilen der Iliosacraljunktur. Hier kann eine erhebliche Bewegung ohne
starkes Anwachsen des Widerstandes nicht stattfinden; die größere
Exkursion macht wohl die Gegend des Sitzhöckers.

Das Symphysenende aber macht bei reiner Axilateraldrehung nach innen sowohl als nach außen relativ geringe seitliche Exkursionen, so daß hierbei jedenfalls nur ganz unerhebliche Widerstände wachgerufen werden. Bei der Axilateraldrehung nach außen ist jedenfalls der Hauptwiderstand in der Iliosacraljunktur zu suchen (Druckwiderstand im caudalen Teil der Gelenkflächen, Anspannung der cranialen Bänder).

Dagegen spielt die Symphyse offenbar eine größere Rolle gegenüber den Einflüssen zur Drehung parallel der T-Ebene.

Hier wie bei der Sagittaldrehung ist eine geringe Exkursion im Iliosacralgelenk mit einem großen Ausschlag des Symphysenendes verbunden, da auch hier eine im Gelenk selbst gelegene Stelle die geringste Bewegung zeigen muß (Druckwiderstand und Anspannung der mächtigen dorsalen Bänder).

Die Erfahrung lehrt, daß nach Symphysenspaltung die Hüftbeine vorn bei einiger Gewaltanwendung etwas auseinandergezogen werden können, unter Umständen selbst um einige Zentimeter. Auch geht aus dem Verlauf der mächtigen dorsalen Bänder der Iliosacralverbindung hervor, daß einer Auswärtsdrehung der Hüftbeine parallel der Tranversalebene des Beckeneinganges ein geringerer Widerstand entgegengesetzt sein muß, als einer entgegengesetzten transversalen Drehung nach innen. Entfernt man nun z. B. auf der rechten Seite ein Stück des Os pubis neben der Symphyse und versucht, das Symphysenende des linken Hüftbeins über die Mittellinie des Beckens nach rechts zu bewegen, so konstatiert man, daß solches nur in geringem Umfang und entgegen stärkeren Widerständen der linken Iliosacralverbindung möglich ist. Wir schließen hieraus, daß eine stärkere transversale Einwärtsdrehung eines Hüftbeins auf die Dauer wesentlich durch die Widerstände in der eigenen Iliosacralverbindung, eine stärkere Auswärtsdrehung aber vor allem durch das Hüftbein und die Iliosacralverbindung der anderen Seite gehemmt wird. Eine „Pubektomie" würde danach eher mit der Gefahr einer zu großen Nachgiebigkeit im Sinn der Auswärtsdrehung der beiden Hüftbeine und der Vergrößerung der Diastase als mit der Gefahr einer zu starken Gegeneinanderdrehung durch äußere Einflüsse verbunden sein.

Andererseits ist nicht ausgeschlossen, daß bei anhaltender Einwirkung zur transversalen Auswärtsdrehung der Hüftbeine (resp. des ganzen Unterstückes) eine allmähliche Verstärkung des ventralen Bandapparates der Iliosacralverbindung innerhalb gewisser Grenzen zustande kommen kann. Es wird angegeben, daß Personen mit angeborener vorderer Spaltung des Beckenringes und erheblicher ventraler Diastase der Hüftbeine mitunter ganz gut stehen und gehen können. Hier geschieht die ganze Feststellung zwischen dem Hüftbein und dem Oberstück im Iliosacralgelenk der gleichen Seite. Ihr Becken verhält sich in dieser Hinsicht wie das ventral offene Becken des Vogels.

Wenn sich nun auch nach dem Angeführten einer Verschiebung des Ventralendes des Hüftbeins über die Mittellinie nach der anderen Seite bald stärkere Widerstände in seiner eigenen Sacralverbindung entgegenstellen, einer Verschiebung nach der eigenen Seite aber ein Widerstand im Iliosacralgelenk der anderen Seite, so sind doch wohl

kleine Verschiebungen ohne erhebliches Anwachsen des iliosacralen
Widerstandes möglich. Dies ist klar, wenn man bedenkt, daß einer
ganz beschränkten Verschiebung in den Iliosacralgelenken bereits eine
verhältnismäßig große Exkursion an der Symphyse entspricht. Es
können also sehr wohl die beiden Hüftbeine durch gleichgroße, an jedem
Unterstück nach der Symphyse hin wirkende Kräfte gegeneinander gepreßt oder auseinander gezogen werden, wobei sich diese Kräfte an der
Symphyse selbst durch Vermittelung ihrer Druck- oder Zugwiderstände
Gleichgewicht halten, unter entsprechender Entlastung der Iliosacralverbindung. Selbst ein einseitig stärkerer Druck oder Zug, wie er

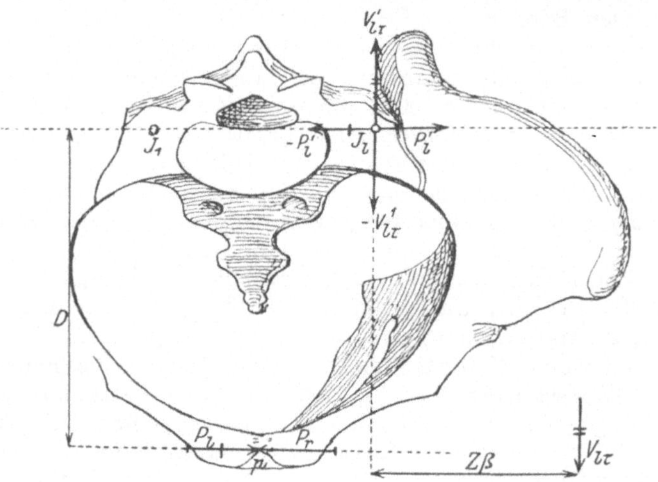

Fig. 159.

namentlich bei seitlich geneigtem Becken zustande kommt, kann bei
nur wenig über die Mittelebene des Kreuzbeins verschobener Symphyse
noch voll und ganz durch letztere auf die andere Seite übertragen
werden. Erst bei stärkerer Verschiebung der Symphyse nach einer
Seite, z. B. nach rechts, wird ein neuer Zuwachs in der nach rechts
wirkenden Komponente von V_1 nicht mehr voll auf die rechte Seite
übertragen, sondern im linken Iliosacralgelenk gehemmt werden usw.
Unter allen Umständen muß schließlich auch im Augenblick der Feststellung des Ganzen die in der Symphyse auf die linke Seite wirkende
Widerstandskraft P_1 gleichgroß und umgekehrt gerichtet sein wie die
auf die rechte Seite wirkende Widerstandskraft P_r.

Die Änderung, welche die Inanspruchnahme der Iliosacralverbindungen durch die Beteiligung der Symphyse
erfährt, läßt sich in folgender Weise klar machen (Fig. 159).

Es sei D der Abstand der Linie JJ von der Mitte p der Symphyse.
Mit P_1 bezeichnen wir die Kraft, welche durch die Symphyse auf das
linke Unterstück einwirkt, mit P_r ihre Gegenkraft $P_1 = - P_r$.

Statt der in der Symphyse auf das linke Unterstück wirkenden

Kraft P_l kann man sich drei Kräfte wirkend denken. Eine Kraft P_l in p, außerdem aber eine gleichgroße und gleich gerichtete Kraft P_l' im Punkt J_l. den man sich mit dem linken Unterstück starr verbunden denkt, und ihre Gegenkraft $-P_l'$ in J_l. Zwei dieser drei Kräfte, nämlich P_l in p und $-P_l'$ in J_l geben zusammen ein Kräftepaar, welches dem einwärts drehenden Einfluß von V_l entgegenwirkt. Um so viel muß das in der linken Iliosacralverbindung wachgerufene Widerstandskräftepaar geringer sein. Wird dasselbe dargestellt durch den Zug der dorsalen Bänder und den Druckwiderstand zwischen den ventralen Teilen der Gelenkflächen, so können beide Einflüsse um einen entsprechenden Betrag, der dem Kräftepaar $P_l.D$ entspricht, geringer sein. Außerdem ist noch eine Kraft P_l' in J_l neu hinzugekommen. Um diesen Betrag muß nun außerdem der zwischen den ventralen Teilen der Iliosacralgelenkflächen wirkende Druck geringer sein.

Genau dieselbe Änderung, nur in umgekehrter Richtung, wird am rechten Unterstück und hinsichtlich der Inanspruchnahme des rechten Iliosacralgelenkes durch die in der Symphyse wirkende Gegenkraft des Widerstandes $P_r = -P_l$ zustande gebracht. Es ist also völlig klar, daß zwar durch die Einwirkung beider Seiten aufeinander in der Symphyse die Inanspruchnahme beider Iliosacralgelenke verändert ist; aber die Änderungen auf beiden Seiten sind einander gleich und nur dem Sinn nach entgegengesetzt. Genau ebenso muß es sich mit den Gegenkräften der Widerstände der Iliosacralgelenke verhalten, durch welche sich die Einwirkung der Kräfte V_{lT} und V_{rT} auf das Oberstück überträgt. Erstens ist die resultierende, in der Linie JJ auf das Oberstück stattfindende Einwirkung, soweit es die hier berücksichtigten Kräfte anbetrifft, nach wie vor $= 0$. Zweitens ist der Unterschied zwischen den von beiden Unterstücken her auf das Oberstück einwirkenden Drehungseinflüssen parallel der T-Ebene nach wie vor genau derselbe. Es können die beiden Einflüsse einander gleich sein, oder sie können zusammen einen resultierenden Drehungseinfluß in bestimmten Sinne ergeben. Demselben muß nach wie vor durch einen umgekehrt wirkenden Drehungseinfluß der Schwere des Oberstückes Gleichgewicht gehalten werden. (Dabei ist natürlich vorausgesetzt, daß man den Einfluß der Schwere des Oberstückes durch zwei Kräfte $-V_l$ und $-V_r$ ersetzt und jede derselben in analoger Weise wie V_l resp. V_r zerlegt hat. Da wir in der vorausgehenden Betrachtung nur die T-Kräftepaare von V_l und V_r berücksichtigt haben, so handelt es sich bei der Gegenwirkung der Schwere natürlich auch nur um die entsprechenden Gegenkräftepaare.)

Die vorausgegangene Betrachtung erlaubt uns, den Sinn der queren Formveränderung und Verzerrung zu beurteilen, welche das Becken erfahren muß, wenn sich ein überwiegender Drehungseinfluß parallel der T-Ebene von einem der beiden Unterstücke her geltend macht, und wenn in den Iliosacralgelenken eine bemerkenswerte Nachgiebigkeit vorhanden ist. Ist z. B. links ein größerer einwärts drehender Einfluß vorhanden, so muß auch bei voller Starrheit der Skelettstücke die Symphyse mehr oder weniger nach rechts aus der Mittelebene des Kreuzbeins verschoben werden. Das linke Hüftbein (als Teil des linken Unterstückes) wird gegenüber dem Kreuzbein nach innen, das rechte aber nach außen (parallel der T-Ebene) gedreht werden. Das Becken wird parallel der T-Ebene schräg verzerrt, indem die dorsalen Teile nach links, die ventralen nach rechts rücken. Zugleich wird eine Neigung vorhanden sein zur besonderen Drehung des Kreuzbeins mit der Vorderseite nach dem linken Hüftbein hin, also nach demjenigen Hüftbein hin, welches vorn zur anderen Seite hinübergeht.

Es wurde bereits hervorgehoben, daß die beiden Kräfte V_l und V_r, die für die Inanspruchnahme der Iliosacralgelenke und der Symphyse allein in Betracht kommen, wenn ein Seitenschub an den Füßen nicht vorhanden ist, durchaus nicht immer nach außen von den Mitten der Iliosacralgelenke gelegen sind, sondern in sehr vielen Fällen ihre Kraftlinien nach innen von diesen Punkten haben. Nur im ersten Fall ergibt sich eine Einwirkung zur Auseinanderdrehung der beiden Hüftbeine und zur Inanspruchnahme der Symphyse auf Zug, in dem letzteren Fall aber werden umgekehrt die Hüftbeine und ihre Symphysenenden ventralerseits gegeneinander gedrängt und wird in der Symphyse ein Druckwiderstand hervorgerufen. Es kann auch vorkommen, daß beide Hüftbeine mit gleicher oder ungleicher Kraft nach einer und derselben Seite gedreht werden, wobei in der Symphyse Zug- oder Druckbeanspruchung vorhanden sein wird, je nachdem der Einfluß an dem vorn vorausgehenden Hüftbein oder an dem vorn nachfolgenden größer ist als an dem anderen. Am Kreuzbein und Oberstück muß dann ein Einfluß zur Gegendrehung nach der anderen Seite bemerkbar sein, und gerade in diesen Fällen wird bei Nachgiebigkeit der Bänder und namentlich auch bei plastischer Deformierbarkeit der Skelettstücke die schräge Verzerrung und die Drehung des Kreuzbeins nach demjenigen Hüftbein hin, welches vorn zur anderen Seite hinübergeht, bemerkbar sein. Die Bedingungen hierfür sind bisweilen gegeben, wenn V_l und V_r vor der Iliosacrallinie liegen und das Becken nach einer Seite geneigt ist, namentlich wenn diese Seite zugleich die Seite des stärker belasteten Fußes ist, was in der Regel zutrifft. In solchen Fällen hat natürlich die Schwere des Oberstückes einen Einfluß zur Drehung des Kreuzbeins parallel seiner nach vorn und nach der Seite abfallenden Querebene, und zwar nach der Seite hin, nach welcher diese Querebene abfällt. — Solche Erscheinungen machen sich namentlich geltend bei den besonderen Bedingungen der unteren Rumpfunterstützung, welche zur scoliotischen Verkrümmung der Wirbelsäule führen (s. Kapitel VII). Sie veranlassen die Entstehung des scoliotischen Beckens.

Das scoliotische Becken.

Nicht jede bleibende seitliche Verkrümmung der Wirbelsäule (Scoliose) ist notwendigerweise mit einer seitlichen Asymmetrie des Beckens verbunden. Die Bedingungen zur Verkrümmung der Wirbelsäule können sich unter Umständen allein in dem Bezirk oberhalb der Iliosacralverbindungen geltend machen, während das Kreuzbein und die Hüftbeine in normaler Weise von oben her belastet und von unten her unterstützt sind. Selbst bei einer tief in der Lendenwirbelsäule oder an der Iliolumbalgrenze liegende Asymmetrie der Wirbelsäule kann durch höhere seitliche Biegungen der Wirbelsäule eine annähernd aufrechte und gerade Stellung und Form des Rumpfes erzielt werden, so daß die Inanspruchnahme des Beckens in wesentlich normaler und symmetrischer Weise erfolgt. Als Beweis hierfür können jene Fälle

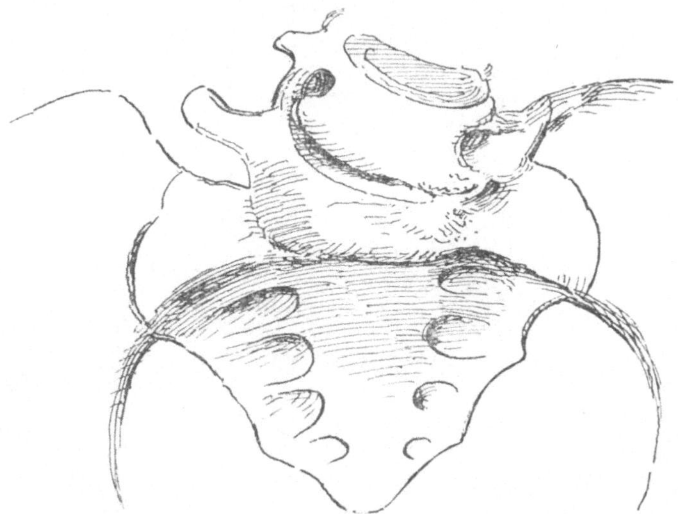

Fig. 160. Präparat Nr. 25 der Sammlung der Berner Frauenklinik. Assimilation des 5. Lendenwirbels linkerseits.

dienen, in welcher der letzte Lendenwirbel auf der einen Seite frei, auf der anderen Seite mit dem Kreuzbein verwachsen und in dasselbe gleichsam aufgenommen (assimiliert) ist. Es kann hier der 5. Lendenwirbel an einer frei gebliebenen Seite stark zusammengedrückt sein, unter Abbiegung des unteren Lendenteils nach dieser Seite, ohne daß eine erhebliche Asymmetrie des Beckens vorhanden ist.

Ich gebe nebenstehend zwei Abbildungen von Präparaten aus der Sammlung des Berner Frauenspitals. In Präparat Nr. 25 (Fig. 160) zeigt sich links eine beginnende Synostose zwischen dem 4. und 5. Lendenwirbel; fast vollendet, aber offenbar auch links zuerst aufgetreten ist die Synostose zwischen dem letzten Lendenwirbel und dem Kreuzbein. Im übrigen ist das Becken annähernd symmetrisch. Es spricht manches dafür, daß in diesem Fall die einseitige Synostose erst sekundär infolge der Abknickung der Wirbelsäule über dem Kreuzbein und zwar an der konkaven Seite der Abbiegung entstanden ist. (Ein weiteres Präparat, Nr. 131, der Sammlung des Berner Frauenspitals mit typischer und stark ausgeprägter S-förmiger seitlicher Verbiegung der Wirbelsäule weist ebenfalls ein fast vollkommen symmetrisches Becken auf.)

Eine mechanisch viel bedeutsamere Asymmetrie des Beckens, die sich von vornherein am Hauptbalken des Beckenringes geltend macht, besteht bei mangelhafter Breitenentwickelung der Massae laterales der ersten Kreuzbeinwirbel auf einer Seite (Naegelebecken). Präparat Nr. 28 (Fig. 161) ist ein Beispiel dafür. Hier ist der letzte (5.) Lendenwirbel im Kreuzbein aufgenommen (assimiliert). Seine linksseitige Massa lateralis und die linken Massae laterales der zwei ersten eigentlichen Sacralwirbel sind deutlich verschmälert. Die Asymmetrie des Beckens erstreckt sich auch auf die Hüftbeine, indem die Symphyse deutlich nach rechts verschoben und etwas nach links gedreht ist.

Bei ursprünglich normal und symmetrisch gebildetem Becken kann eine richtige scoliotische Beckenformation nur zustande kommen, wenn

Fig. 161. Präparat Nr. 28 der Sammlung der Berner Frauenklinik. Nägelebecken.

die oben erläuterten Verhältnisse einer asymmetrischen Inanspruchnahme durch andere Ursachen herbeigeführt sind und während längerer Zeit bestehen.

In vielen Fällen führt die gleiche Ursache (ungleiche Länge der beiden Beine, Schonung des einen Beines wegen Schmerzhaftigkeit usw.) entweder von vornherein zur seitlichen Schrägstellung des Beckens beim Stand, und zur kompensatorischen seitlichen Biegung der Wirbelsäule nach dem orthostatischen Prinzip, oder die einseitige Beckenunterstützung mit begleitender seitlicher Biegung der Wirbelsäule ist das Primäre, während eine absolute seitliche Schrägstellung des Beckens nicht notwendig von vornherein vorhanden zu sein braucht. Hier wie dort ist die Inanspruchnahme des Beckens eine asymmetrische. In anderen Fällen aber ist die seitliche Biegung der Wirbelsäule oberhalb des Beckens das Primäre, die asymmetrische seitliche Inanspruchnahme des Beckens und eventuelle Schrägstellung (namentlich im Stand) erweist sich als Folge davon, die unter gewissen Bedingungen auftritt.

Die Fortsetzung der seitlichen Biegung der Wirbelsäule auf das Kreuzbein kann immer nur dann erwartet werden, wenn wirklich eine asym-

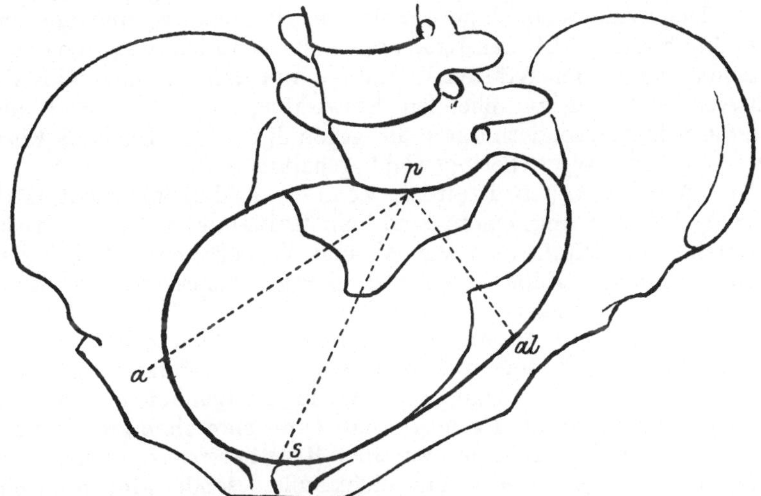

Fig. 162. Scoliotisches Becken. Schulmodell.

metrische Inanspruchnahme des Beckens gegeben ist. Im übrigen ist die oben hinsichtlich ihrer mechanischen Entstehungsursachen besprochene, schräge transversale Verzerrung des Beckeneinganges der hervortretende Charakterzug des sogenannten scoliotischen Beckens. Nebenstehende Abbildung eines Schulmodelles illustriert das Verhalten (Fig. 162).

3. Einfluß des Seitenschubes an den Füssen.

Wenn der Stand mit Seitenschub an den Füßen verbunden ist (z. B. Seitenschub nach außen bei gespreizten Beinen oder angespannten Beinspreizern oder gleichzeitiger Wirksamkeit beider Momente, Seitenschub nach innen resp. von einem Fuß gegen den anderen hin bei zusammengeschlossenen Füßen oder gekreuzten Beinlinien oder Anspannung der Adductoren), so kommt ein weiterer Finfluß zur Drehung sowohl parallel der bilateralen Längsebene als parallel der Querebene des kleinen Beckens hinzu.

Es wurde oben bereits auseinandergesetzt, wie der Einfluß der horizontalen Widerstände gegen einen allfällig an den Füssen vorhandenen Seitenschub des genaueren zu beurteilen ist. Eine größere Bedeutung hat im allgemeinen nur das aus W_h sich ergebende Kräftepaar zur Drehung parallel einer Ebene, welche durch W_h und das Iliosacralgelenk der gleichen Seite gelegt ist. Wenn die Beinlinien nicht gerade stark nach vorn und hinten divergieren, so steht diese Ebene annähernd senkrecht zur Sagittalebene; W_h ist häufiger nach innen gerichtet. Der Einfluß zerlegt sich dann in einen Einfluß (Kräftepaar), welcher die Unterstücke parallel der T-Ebene einwärts zu rotieren und parallel der B-Ebene (mit den oberen Teilen) auswärts gegen die Längsseite zu drehen strebt. Die Inanspruchnahme der Iliosacralverbindung und der Symphyse durch das T-Ebenen-Kräftepaar ist natürlich ganz analog zu beurteilen, wie bei den Kräften V_1 und V_r; nur daß hier einer allfälligen resultierenden einseitig drehenden Einwirkung auf das Becken nicht durch die Schwere, sondern durch die gegen J_1 und J_r wirkenden Einzelkräfte W_{rh}' und W_{lh}' Gleichgewicht gehalten wird.

Bei gespreizten Beinen ist, wenn die Adductoren nicht stärker als die Abductoren angespannt sind, ein Seitenschub nach außen vorhanden. Die Kraftlinien von V_1 und V_r befinden sich bei dieser Stellung, wenn die Füße annähernd gleich belastet sind, beiderseits nach außen von den Füßen. Soweit nur diese Kräfte in Betracht kommen, würde ein Einfluß zur Auseinanderbewegung der Tubera und der Symphysenenden der Hüftbeine vorhanden sein. Der Widerstand gegen den Seitenschub aber wirkt umgekehrt. Wenn die Beinlinien nicht allzusehr nach vorn oder hinten geneigt sind, kann man ohne großen Fehler die Kräfte W_h und V jederseits zu einer Resultierenden vereinigen, die aufwärts einwärts gerichtet ist und nicht außen, sondern innen an einer Achse vorbeigeht, welche durch die Iliosacralgelenkmitte der gleichen Seite longitudinal zum kleinen Becken verläuft, woraus zu ersehen ist, daß beide Kräfte zusammen das Unterstück parallel der T-Ebene nicht auswärts, sondern einwärts rotieren. Auch in diesem Fall ist die Symphyse nicht auf Zug, sondern auf Druck in Anspruch genommen. Dies ist um so eher der Fall, je mehr der Seitenschub nach außen durch Anspannung der Abductoren vergrößert ist.

Bei aufrechter symmetrischer Haltung fehlen die sagittalen Komponenten bei W_h und die bilateralen bei V'. Dies ist bereits eine große Vereinfachung; noch viel einfacher liegen die Dinge, wenn die Widerstandsebene mit den Beinebenen zusammenfällt. Dann lassen sich V und W_h zu einer Resultierenden vereinigen, die sich wie oben W_h und V für sich behandeln und durch eine Einzelkraft in J und ein resp. drei Kräftepaare ersetzen läßt.

4. Das Projektionsverfahren.

Ein Verfahren, welches unter Umständen bei der Analyse der am Becken wirkenden äußeren und inneren Kräfte gute Dienste leisten kann, ist das Projektionsverfahren. Dasselbe beruht auf folgenden Prinzipien.

1. Soll ein aus mehreren starren Körpern zusammengesetztes (mehrgliederiges) System festgestellt sein, so müssen sich an jedem Stück die an ihm angreifenden äußeren Kräfte des Systems und die von anderen Gliedern des Systems her einwirkenden Kräfte zusammen das Gleichgewicht halten.

2. Im Falle des statischen Gleichgewichtes besteht auch Gleichgewicht allein zwischen denjenigen Komponenten sämtlicher Kräfte, welche bei rechtwinkeliger Zerlegung in eine der drei Richtungen der Zerlegung entfallen.

3. Man kann sich jede auf das einzelne Glied einwirkende Kraft in der Richtung ihrer Kraftlinie mit ihrem Angriffspunkt bis in eine bestimmte Ebene dieses

Gliedes oder seiner starr gedachten Fortsetzung verschoben denken. Dadurch wird an der Wirkungsweise der Kraft, von den veranderten inneren Spannungen in dem starren Stück abgesehen, nichts geandert. Zerlegt man jede solche Kraft für den neuen Angriffspunkt rechtwinkelig in eine Komponente, welche in diese Ebene entfallt, und in eine zweite, welche auf ihr senkrecht steht, so halten sich alle Komponenten der letzten Art zusammen Gleichgewicht, dasselbe muß also auch mit den in die Ebene entfallenden Komponenten der Fall sein.

4. Jede der letztgenannten Komponenten kann in ihrer Kraftlinie mit ihrem Angriffspunkt bis zu der Stelle verschoben werden, welche die Projektion des wirklichen (ersten) Angriffspunktes auf diese Ebene darstellt. Reprasentiert man die Krafte in ihren Kraftlinien nach einheitlichem Maßstabe hinsichtlich ihrer Größe durch gerade Linien (Kraftvektoren), so ist jede der in die genannte Ebene entfallenden Komponenten an ihrem letzten Angriffspunkt die Projektion des Kraftvektors der ursprünglichen, nicht zerlegten und nicht verlegten Kraft auf die genannte Ebene. „Die Projektionen sämtlicher auf eines der Glieder wirkenden Kräfte auf eine beliebige, starr mit dem Glied verbunden gedachte Ebene halten sich zusammen Gleichgewicht".

5. Dieses Projektionsverfahren läßt sich für samtliche Stücke eines mehrgliederigen Systems in der Weise durchführen, daß die verschiedenen Projektionsebenen, in welchen gleichsam die Projektionen der Angriffspunkte der Krafte je eines Gliedes zu einem starren Diagramm verbunden sind, in die gleiche Ebene entfallen (Fig. 163). Das ganze System ist nur dann festgestellt, wenn die Projektionen sämtlicher Krafte (Kraftvektoren), die auf die einzelnen Glieder einwirken, einander jeweilen an den starren Projektionsebenen dieser Glieder (den Komplexen, die aus den gliedweise starr miteinander verbundenen Projektionspunkten der Angriffspunkte der Krafte gebildet sind) Gleichgewicht halten.

6. In einer solchen Projektion kommen alle Drehungseinflüsse parallel der Projektionsebene voll zur Geltung. Alle Kraftkomponenten senkrecht zur Projektionsebene fallen außer Betracht; sie können auch Drehungseinflüsse nur haben parallel zu Ebenen, welche zur Projektionsebene senkrecht stehen. Über diese gibt die vorhandene Projektion keine Auskunft. Es müßten drei zueinander senkrecht stehende Projektionen der genannten Art untersucht werden, um Aufschluß über das Verhalten sämtlicher Drehungseinflüsse zu bekommen.

Es ist mir nicht bekannt, daß dieses Verfahren, das ich als das „Projektionsverfahren" bezeichnen möchte, bei der Analyse der statischen Verháltnisse organischer gegliederter Systeme bis jetzt zur Verwendung gekommen ist.

Mit Hilfe des Projektionsverfahren lassen sich nun beispielsweise die Verhaltnisse der sagittalen Krafteinwirkungen auf das Becken für irgend eine Ruhestellung mit Nutzen studieren und übersichtlich graphisch darstellen. Steht der ganze Körper aufrecht und symmetrisch, so kann man sich die Projektionsdiagramme der Beine zu einem einzigen starren Stück vereinigt denken und die an beiden Unterstücken und an beiden Iliosacralgelenken wirkenden Kräfte paarweise vereinigen. Ist aber obige Bedingung nicht erfüllt, so sind die Projektionsebenen der drei Stücke mit ihren Angriffsprojektionen als drei getrennte Stücke zu behandeln.

Die Sagittalebenen-Projektion gibt namentlich Aufschluß über die besonderen Verhaltnisse, welche bei Verlegung des Schwerpunktes des Oberstückes nach vorn oder hinten, bei Vorbeugung und Rückbeugung des Rumpfes und bei nach vorn und hinten auseinanderstehenden Beinen gegeben sind. Wir ersehen aus derselben, wie sich die sagittale Beanspruchung auf die linke und rechte Ileosacralverbindung und eventuell auf die Symphysis pubis verteilt.

Die T-Ebenenprojektion gibt ganz besonders Auskunft darüber, wie die queren Kräfte von rechts nach links und umgekehrt wirken, und wie durch dieselben die Schamfuge und die beiden Iliosacralgelenke in Anspruch genommen werden.

Die Bedeutung der B-Ebenenprojektion liegt darin, daß sie uns über die Beanspruchung der beiden Iliosacralgelenke parallel der bilateralen Längsebene des Beckeneinganges Aufschluß gibt. Man darf natürlich nicht vergessen, daß jede der berücksichtigten Krafte in ihren dersoventralen, ihren von rechts nach links oder umgekehrt gerichteten und ihren longitudinalen Komponenten je in zwei verschiedenen Projektionssystemen vorkommt. Dem muß Rechnung getragen werden, wenn man als Fazit der Untersuchung die an jedem Iliosacralgelenk und an der Symphyse wirkenden resultierenden Widerstande beurteilen will. Es ist klar, daß diese Widerstände mit ihren longitudinalen Komponenten sowohl bei dem statischen Gleichgewicht der Σ- als der B-Ebenenprojektion, mit ihren dorsoventralen resp. ventrodorsalen Komponenten beim Gleichgewicht in der T-Ebenen- und in der Σ-Ebenenprojektion, mit ihren von rechts nach links oder von links nach rechts gerichteten Komponenten beim Gleichgewicht in der T-Ebenen- und in der B-Ebenenprojektion beteiligt sind.

Statt einer transversalen oder einer axilateralen Ebene kann auch jede andere zur Sagittalebene senkrecht stehende Ebene unter Umständen mit Nutzen als Projektionsebene gewählt werden. Bei völlig aufrechter und symmetrischer Körper-

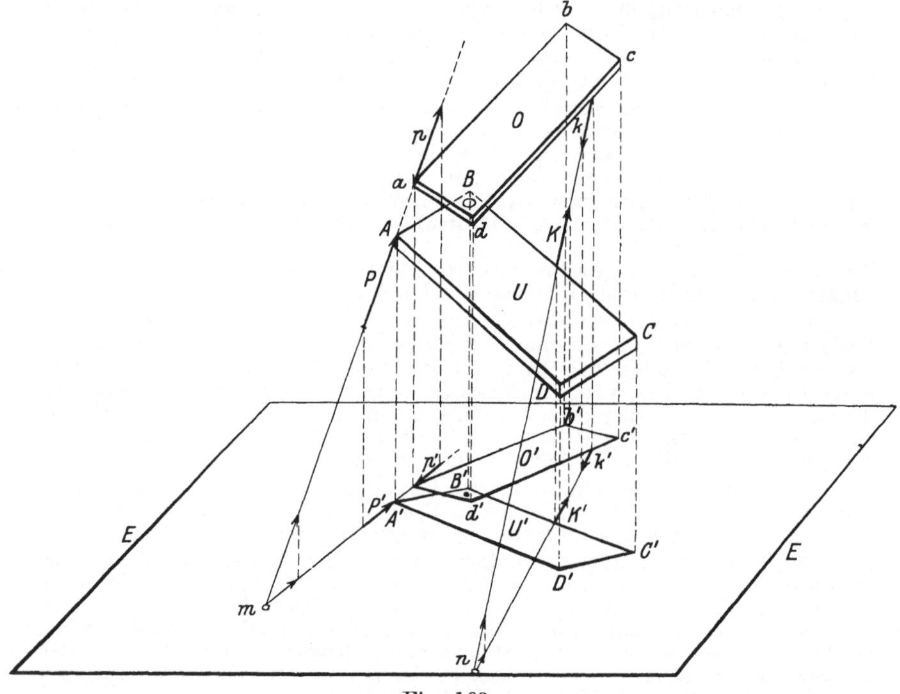

Fig. 163.

haltung z. B., wenn jederseits für die Iliosacralverbindung zwei aufwärts gerichtete Kräfte V_l und V_r und für das Hüftgelenk die zwei Kräfte v_l und v_r in Betracht kommen, ohne daß eine horizontale Widerstandskomponente am Fuß vorhanden ist, ist die Projektion auf eine vertikale, durch die JSA gehende Ebene sehr vorteilhaft. Da in ihr die JSA und die Symphysenmitte in der Regel nicht zusammenfallen, so gestattet sie den Einfluß von Kräften, welche in der Symphyse von einer Seite zur anderen wirken, auf die bilateralen Drehungen zu beurteilen; nur darf man nicht vergessen, daß solche Krafte dann außerdem mit weiter hinten angreifenden, ebenfalls in der Projektion berücksichtigten queren Kraften horizontale Drehungseinflüsse geben müssen. Zur Erganzung und Kontrolle müßte eine Projektion auf die Horizontalebene herangezogen werden. Es ist klar, daß bei wechselnder Beckenneigung die Frontalprojektion bald mehr der Transversalprojektion, bald mehr der axilateralen Projektion nahe steht.

B. Die Ínanspruchnahme der Beckenjunkturen.

α) Die Iliosacralgelenke.

Einrichtung des Iliosacralgelenkes. Bewegungsmöglichkeiten.

Gelenkflächen.

Die Gelenkfläche des Kreuzbeines ist, wie man zu sagen pflegt, ohrförmig. Es lassen sich an ihr ein cranialer und ein caudaler Schenkel unterscheiden. Der dorsale Rand der Gelenkfläche ist konkav eingebogen. Hinter dieser Einbiegung zeigt die Massa lateralis des ersten Kreuzbeinwirbels eine tiefe Grube, die wir Fossala sacralis nennen wollen.

Um diese Grube herum krümmt sich nun in der Regel der craniale, vom 1. Kreuzbeinwirbel gebildete Teil der **sacralen Gelenkfläche** im Bogen ventralerseits herum (Fig. 164). Und zwar zeigt sich dieser Teil der Gelenkfläche gewöhnlich dem dorsalen Rand entlang rinnenförmig vertieft (Bogenrinne). Die ventrale Wange dieser Rinne ist in der Mitte entsprechend der Linea arcuata interna am besten ausgebildet und springt hier sperrzahnartig nach außen vor (S).

Der vom 2. Kreuzbeinwirbel und meist auch noch etwas vom 3. gebildete caudale Teil der sacralen Gelenkfläche steht im ganzen fast sagittal und in flachem Winkel zu dem Hauptteil der Gelenkfläche, der im ganzen mit dem der anderen Seite caudalwärts konvergiert. Seine Längsränder springen etwas nach außen vor; namentlich aber ist der caudale Endrand wie ein kleiner auswärts vorspringender Sperrzahn gestaltet (S′).

Die Gelenkfläche des Hüftbeins paßt ziemlich gut auf die Gelenkfläche des Kreuzbeins. Doch erscheint sie um eine Spur weniger ausgedehnt. An gewissen Stellen des Randes, wechselnd je nach der vom Gelenk gestatteten Verschiebung, ist ein unbedeutendes Klaffen der Gelenkflächen zu bemerken. Der Bogenrinne der sacralen Gelenkfläche entspricht ein flacher Bogenwulst der iliacalen Gelenkfläche.

Das Vorhandensein der Bogenrinne und des Bogenwulstes, welche sich um die Fossula sacralis herumkrümmen, macht es wahrscheinlich, daß in dem Gelenk kleine Drehbewegungen möglich sind um eine Achse, welche beiderseits durch diese Grube geht. Diese Bewegung wäre ein Drehgleiten der Hüftbeine am Kreuzbein um die gemeinsame Iliosacralachse JJ. Ihre Exkursion kann allerdings nicht groß sein, da beim Rückgleiten des Hüftbeins die caudalen Teile der Gelenkflächen sofort aufeinanderstoßen. Beim Vorgleiten können sie sich etwas voneinander entfernen. Diese Bewegung muß aber, auch wenn sich hierbei keine Hemmungsflächen in den Weg stellen, bald

durch die Anspannung der kurzen und straffen Randbänder gehemmt
werden. Aber auch für eine sehr geringe mögliche Exkursion kann sehr
wohl zwischen den Hauptteilen der Gelenkfläche- ein regelmäßiges
und typisches Drehgleiten mit kongruenter Führung vorhanden sein.
Andererseits ist nicht zu verkennen, daß eine solche regelmäßige
Führung mitunter fehlt, indem Bogenrinne und Bogenwulst verflachen,

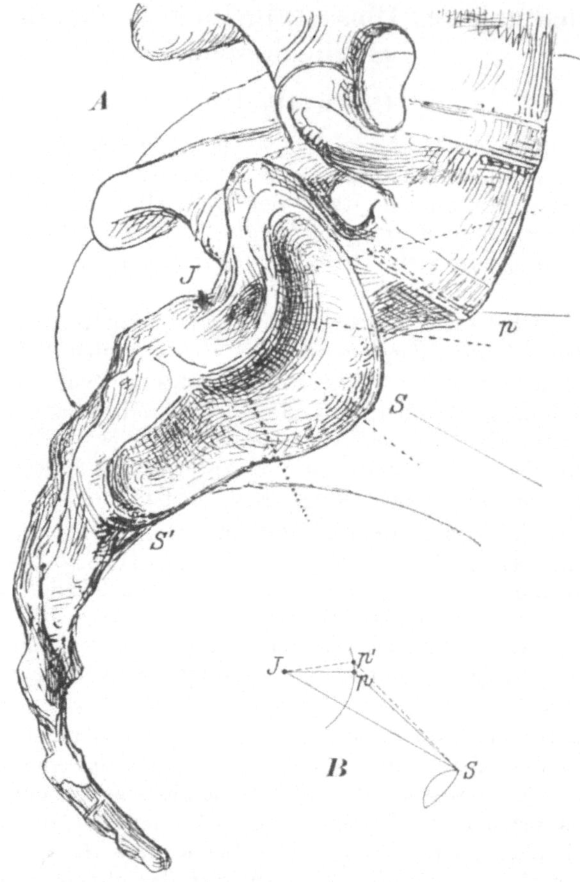

Fig. 164.

und statt dessen eine Mehrzahl kleinerer und unregelmäßigerer Er-
habenheiten und Vertiefungen der Fläche vorhanden sind. Drehende
Verschiebungen sind trotzdem vielleicht auch hier bei größerer Krafteinwirkung nicht vollkommen ausgeschlossen; es muß sich dann um
eine Art Hinüberholpern der einen Gelenkfläche über die Inkongruenzen
der anderen handeln.

In aller neuester Zeit haben Dieulafé und Saint - Martin an 59 Iliosacralgelenken die Verhältnisse der Gelenkflächen genauer untersucht. Sie bestätigen

die allgemein angenommene große Variabilität der Gestalt der Gelenkflächen
und das Vorhandensein aller Übergänge von Gelenkflächen mit typischer einheitlicher Krümmung (in einem Hauptteil) und bestimmter, wenn auch beschränkter
Möglichkeit kongruenten Gleitens bis zu ganz unregelmäßig gestalteten Gelenkflächen und solchen mit Verwachsungen. Die von den Autoren abgebildeten
Profile sind durch Schnitte gewonnen, welche ungefahr parallel der Beckeneingangsebene durch den zentralen Teil der Gelenkfläche, d. h. durch den 1. Kreuzwirbel oder den oberen Teil des linken Foramen sacrale gehen. Ich habe sie in
nebenstehender Figur in richtiger Orientierung nebeneinander gestellt. Sie nahern
sich fast immer im ganzen ventralwärts der Mittelebene. Eine mittlere Vorwölbung der iliacalen Gelenkfläche (Bogenwulst) gegen das Kreuzbein ist so gut wie
immer, wenn auch verschieden stark ausgeprägt.

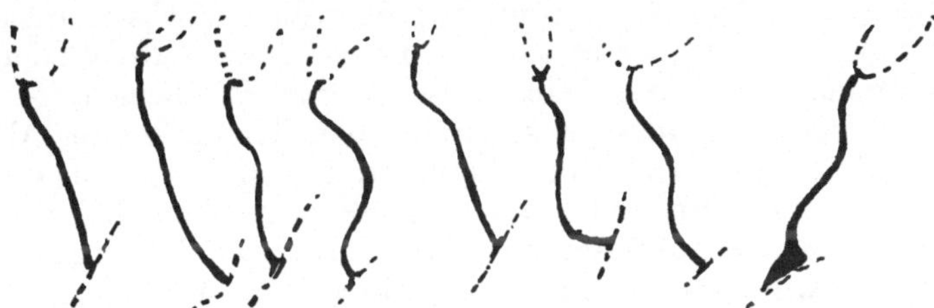

Fig. 165. Profile des rechten Iliosacralgelenkes von vorn. Umzeichnung nach
Dieulafé und St. Martin.

Die typische und regelmäßige Ausbildung der Bogenrinne und des
Bogenwulstes zeigt an, daß die sagittale Drehung die am besten vom
Gelenk zugelassene Drehung ist.

Wie sich deutlich konstatieren läßt, entfernt sich die Berührungsfläche im Hauptteil des Gelenkes cranialwärts von der Mittelebene.
H. Meyer zuerst hat sie deshalb mit einer Schraubenfläche verglichen. Versteht man unter einer linksgewundenen Schraubenfläche
eine solche, welche bei vertikaler Stellung der Schraubenachse vor
derselben herum nach links aufsteigt, so ist die rechtsseitige Berührungsfläche nach links, die linksseitige aber nach rechts gewunden.
Das Hüftbein wird also, wenn wirkliches Drehgleiten stattfindet, bei
der Vornüberdrehung des Kreuzbeins von der Mittelebene weg nach
außen gestoßen, wobei die caudalen Gelenkflächenteile des Gelenkes
etwas auseinandertreten müssen. Beim Rückgleiten aber (Aufrichtung
des Kreuzbeins) nähert sich das Hüftbein der Mittelebene, die caudalen Teile der Gelenkfläche schließen aufeinander und hemmen bald
die Bewegung.

Die Ausbildung der Bogenrinne und des Bogenwulstes ist nun aber
in ihrer besonderen Anordnung zum Lig. interosseum von Bedeutung
namentlich deshalb, weil sie zwar die Möglichkeit einer sagittalen Drehung
gibt, dabei aber die vertikale Parallelverschiebung des Kreuzbeins gegenüber dem Hüftbein zusammen mit jenem Bande
hindert, und zwar bei allen hauptsächlich in Betracht kommenden Beckenneigungen, in den verschiedenen Richtungen, welche
in der Fig. 164 durch punktierte Linien dargestellt sind.

Die gemeinsame Iliosacralachse JSA geht, wie wir gesehen haben,
durch den Wirbelkanal näher der caudalen als der cranialen Grenze

des 1. Sacralwirbelkörpers. Eine Ebene, welche durch JSA und den oberen Rand der Symphyse gelegt ist, entspricht ungefähr den Lineae innominatae der Hüftbeine und trifft die am meisten ventralwärts ragenden Punkte der Iliosacralgelenke, aber nicht das Promontorium resp. dessen am meisten ventralwärts gegen den oberen Symphysenrand vorgeschobenen Punkt. Letzterer liegt vielmehr um ca. 2 cm von jener Ebene nach oben vorn entfernt. Eine Ebene durch JSA (Punkt J in Fig. 164 B) und den Promontoriumpunkt (p) divergiert um mindestens 30^0 mit der erstgenannten Ebene durch JSA und den oberen Symphysenrand (S). Der Abstand des oberen Symphysenrandes von JSA ist ca. dreimal größer als der Abstand des Promontoriumpunktes von dieser Achse. Es ist klar, daß bei der Aufrichtungsdrehung des Kreuzbeins zwischen den Hüftbeinen, resp. bei der Vordrehung der Hüftbeine gegenüber dem Kreuzbein der Abstand des oberen Symphysenrandes vom Promontorium (ps = Conjugata vera) sich (zu p'S) vergrößern muß. Die Vergrößerung entspricht derjenigen des Sinus des Winkels pIS zum Sinus von p'IS. Die Conjugata vera des Beckeneinganges vergrößert sich also bei der Aufrichtung des Kreuzbeins im Becken. Dieser Umstand kann vom Geburtshelfer ausgenutzt werden, um bei engem Becken der Gebärenden den Eintritt des Kopfes des Kindes in den Beckeneingang zu erleichtern (Balandin 1871, Klein 1891, Walcker 1889). Dabei kommt in Betracht, daß gegen das Ende der Schwangerschaft der Bandapparat der Iliosacralgelenke etwas nachgiebiger, die Beweglichkeit etwas erhöht ist. Für gewöhnlich ist letztere sehr unbedeutend. Man findet öfters Gelenke von Erwachsenen, in denen trotz großen Kraftaufwandes kaum eine merkbare Verschiebung zu erzwingen ist.

Der Umfang der in den Iliosacralgelenken möglichen Aufrichtung des Kreuzbeins gegenüber den Hüftbeinen ist von Klein genauer untersucht worden. Er fand im Mittel für Krafteinwirkungen von 25 Kilo, die an der Symphyse angreifen, eine Verschiebungsmöglichkeit der Symphyse von 3,9 mm beim Mann, von 5,8 mm beim Weib. Bei allgemein zu weitem Becken war die Verschiebungsmöglichkeit geringer, bei allgemein verengtem Becken größer (bis 10,5 mm). (Die Gleitverschiebung in der Mitte der Bogenrinne des Kreuzbeins ist mindestens sechsmal geringer.) Die größte beobachtete Änderung unseres Winkels pts betrug $4^08'$—$5^012'$, bei einem Zug von 12—25 Kilo. Die Exkursion der Symphyse betrug dabei 11 bis 13 mm; bei stärkster Krafteinwirkung konnte die Exkursion fast auf das Dreifache gesteigert werden (12^0 und 3 cm).

Bei einer so starken Exkursion verlängert sich die Conjugata vera um fast 1 cm (von 10,1 auf 11 cm). Es kommen also auf 1 cm Exkursion der Symphyse ca. 3 mm Längenänderung der Conjugata vera.

Die Längenänderung muß natürlich um so größer sein, je mehr von vornherein das Promontorium aus der Achsenebene durch den oberen Symphysenrand herausgehoben (je größer der Winkel pIS) und je kürzer die Conjugata vera in der Mittelstellung ist (vgl. die ausführliche Besprechung des Gegenstandes im Lehrbuch von R. Fick, III. S. 446 ff.).

Natürlich verkleinern sich bei der Aufrichtung des Kreuzbeins zwischen den Hüftbeinen der sagittale Durchmesser des Beckenausganges, der Abstand des Kreuzbeinendes von der Symphyse und auch die Entfernung zwischen den Ursprungs- und Ansatzpunkten der Ligg. sacrospinosa und sacrotuberosa.

Bandapparat.

Die vordere und ventrale Kapselwand ist durch die kurzen Ligg. iliosacralia anteriora verstärkt. Auf der Höhe der Linea innominata haben sie einen etwas schrägen, kleinbeckenwärts absteigenden Verlauf vom Kreuzbein zum Hüftbein. Oberhalb des First divergieren sie von der Vorderseite der Massa lateralis des ersten Kreuzbeinwirbels nach dem Hüftbein hin; unter ihr konvergieren sie zum Hüftbein (Fig. 166).

Sehr viel stärker ist der Bandapparat an der dorsalen Seite des Gelenkes entwickelt. Es genügt nicht, ihn von der Oberfläche her zu präparieren. Man muß Kapsel und Bänder ringsum möglichst, ohne sie abzureißen, in der Fortsetzung der Gelenkspalte glatt durchschneiden und an beiden Stücken den Faserverlauf von der Schnittfläche aus verfolgen (Fig. 168).

Die dorsale Bandmasse füllt den Raum zwischen der eigentlichen Innenfläche der über das Kreuzbein dorsalwärts ragenden Partie des Darmbeines und den Massae laterales bis in die Flucht ihrer am meisten rückwärts ragenden Teile. Zu diesem Spatium interosseum gehört jene Grube des Kreuzbeines, welche dorsal von der Einbiegung der Kreuzbeingelenkfläche gelegen ist. Bei der Präparation der Faserung fällt sofort auf, daß es sich durchaus nicht um eine vollkommen geschlossene Bandmasse handelt. Vielmehr löst sich dieselbe in den mittleren Partien des Raumes und namentlich in dem Bereich jener

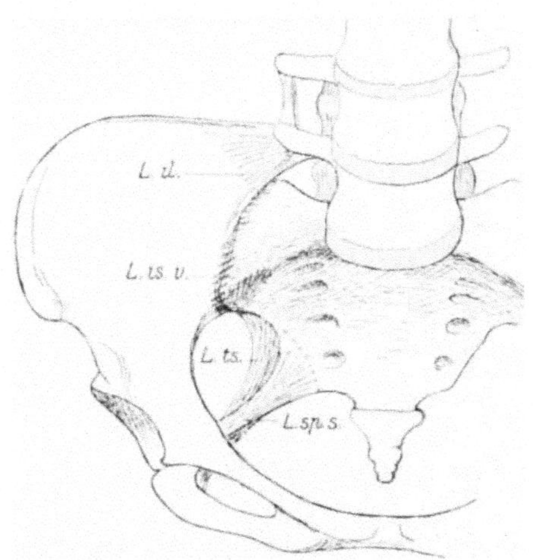

Fig. 166. Bander der Iliosacralverbindung von vorn. *L. il.* Lig. iliolumbale, *L. is. v.* Lig. iliosacrale ventrale, *L. ts.* Lig. tuberoso-sacrum, *L. sp. s.* Lig. spinosasacrum.

Grube in einzelne Blätter und Balken auf, welche durch beträchtliche Mengen von Fettgewebe voneinander getrennt sind. Sie bekommt stellenweise einen geradezu spongiösen Bau. Es lassen sich undeutlich begrenzte Blätter und Balkenzüge unterscheiden, welche annähernd in Längsebenen des Kreuzbeins verlaufen. Diese steigen nach dem Kreuzbein zu ventralwärts ein; in der Tiefe ist der schräge Verlauf im allgemeinen deutlicher ausgesprochen. Dabei laufen die Balken und Balkenzüge im allgemeinen auch caudalwärts und cranialwärts auseinander, so daß in der Tiefe der Grube die größten fettgefüllten Zwischenräume vorhanden sind. Am ventralen Rand der Grube, im Grund des Spatium interosseum ist die Fasermasse mehr geschlossen; ferner schließen sich die Fasern gegen den hinteren Rand der Grube zu einer ziemlich kompakten Platte kurzer Fasern zusammen, welche in ihrem Ansatz der vorragenden

Verbindungsstelle der Massae laterales des ersten und zweiten Sacralwirbels entspricht. Caudalwärts davon sind die oberflächlicheren Faserzüge des Spatium interosseum wieder durch fetthaltige Lücken unvollkommen getrennt. An der Innenfläche der dorsalen Partie des Darmbeins ragt eine flache zackige First vor (Crista interossea), welche in einiger Entfernung von dem caudalen Schenkel der Gelenkfläche nach der Spina posterior superior hinzieht. An ihrem am stärksten vorragenden vorderen Teil entspringen hauptsächlich die tiefen Fasern zum Außen- und Hinterrand jener sacralen Grube und mächtige tiefe Züge von Fasern, welche schräg caudalwärts zu der Massa lateralis des zweiten Sacralwirbels und zu der prominierenden Vereinigungsstelle der Massae laterales des zweiten und dritten Sacralwirbels hinziehen. An diese schließen sich kräftige Faserbündel, die im Umkreis der Spina posterior inferior entspringen und über den caudalen Umfang der Gelenkspalte zum Seitenrande des Kreuzbeins ziehen.

Vor der sacralen Grube ragt die Massa lateralis des rechten Kreuzbeinwirbels barrierenartig nach oben vor und kommt dem Darmbein auch noch oberhalb des cranialen Schenkels der Gelenkfläche nahe. Dieser engere Teil des Spatium interosseam ist durch eine fast kompakte Fasermasse ausgefüllt. Die oberflächlichen Fasern derselben verlaufen fast horizontal, die tieferen steigen stärker gegen das Kreuzbein ventralwärts ab; zugleich verlaufen sie im allgemeinen deutlich nach vorn, vom Hüftbein nach dem Kreuzbein hin.

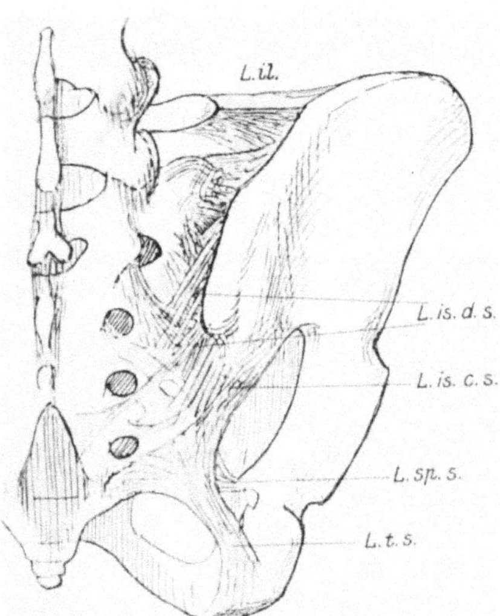

Fig. 167. Beckenbänder von hinten. *L. il.* Lig. iliolumbale, *L. is. d. s.* Lig. iliosacrale dorsale superficiale, *L. sp. s.* Lig. spinososacrum, *L. t. s.* Lig. tuberososacrum.

Dazu kommt nun endlich eine überall geschlossene kräftige dorsale Faserplatte, welche in den mittleren Abschnitten, wo die darunterliegende Fasermasse in Bündel und Blätter aufgelöst ist, stellenweise für sich abgegrenzt und von fetthaltigen Räumen unterminiert ist; cranialerseits aber fließt sie mit der vorhin beschriebenen Bandmasse zusammen. Ihre Fasern verlaufen hier fast in Querebenen des Kreuzbeins; caudal zeigen sie einen immer mehr longitudinalen Verlauf, indem sie zum Kreuzbein caudalwärts gehen; doch sind hie und da oberflächliche, umgekehrt schräg vorragende Faserzüge zu dorsalwärts vorragenden Stellen des Kreuzbeins mit ihnen verwoben. Die kaudalsten Fasern schließen sich an die tiefe Faserung an, die von der Crista interossea des Darmbeins zum Seitenrand des Kreuzbeins zieht. Außen am Caudalende des Gelenkes geht von der Spina posterior superior ein ganzes Blätterwerk von Fasern aus, welche sich caudalwärts an den Seitenrand des Kreuzbeins anheftet. (Mit der eigentlichen Bandmasse verschmelzen hinter dem

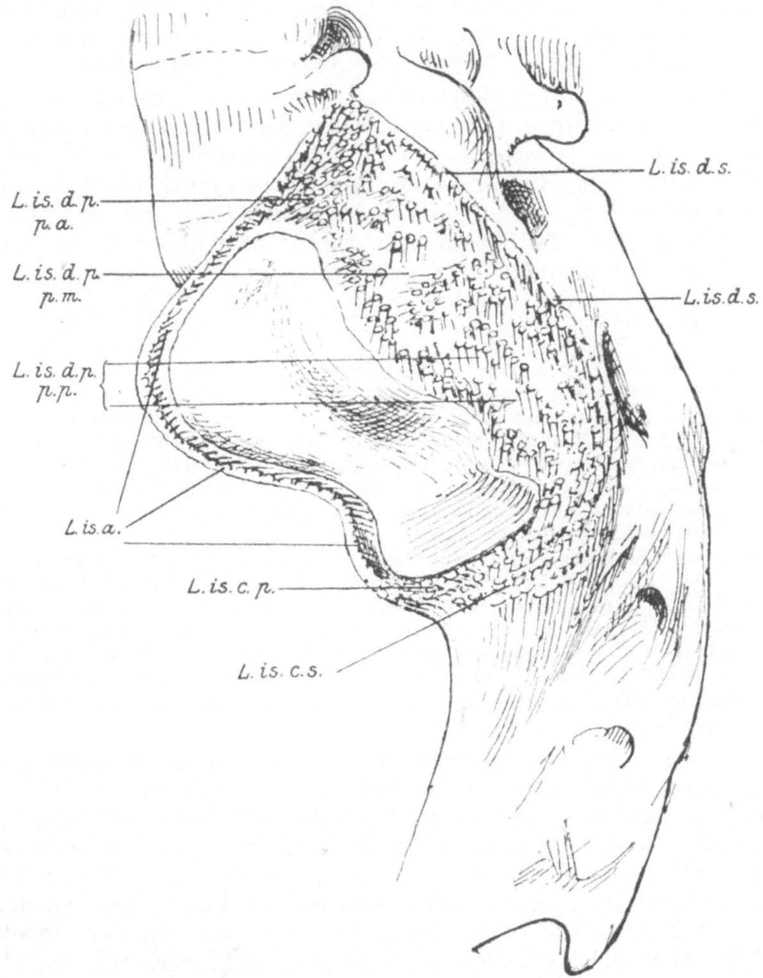

Fig. 168.   Karte der Iliosacralbänder.

Caudalende des Gelenkes auch noch die Fascien und Ursprungssehnen des M. erector trunci und des M. glutaeus maximus sowie das Lig. tuberososacrum.)

Aus der vorstehenden Beschreibung ergibt sich, daß die dorsale und caudale Bandmasse des Iliosacralgelenkes nur mit einiger Willkür in Unterabteilungen getrennt werden kann. Am ehesten scheint mir die Scheidung der dorsalen von der caudalen Partie gerechtfertigt. Ich möchte die von der Spina inferior entspringende Fasermasse als

Lig. iliosacrale caudale profundum bezeichnen; die darüberliegenden von der Spina superior entspringenden Faserzüge aber als Lig. iliosacrale caudale superficiale. Die ganze übrige Faserung ist dann dorsal gelegen. An ihr lassen sich eine Pars profunda und eine Pars superficialis unterscheiden (obschon die Trennung nicht überall eine vollkommene ist), also ein Lig. iliosacrale dorsale superficiale und ein Lig. iliosacrale dorsale profundum (s. interosseum s. str.). An der tiefen dorsalen Fasermasse endlich möchte ich eine Pars anterior, s. cranialis (neben der Crista superior der Massa lateralis des 1. Sacralwirbels), eine Pars media (im Bereich und namentlich am Außen- und Hinterrand der Sacralgewebe) und eine Pars posterior, s. caudalis (über dem hinteren Ende des Gelenkes) unterscheiden. Es sind aber diese drei Abteilungen voneinander und vom Lig. dorsale superficiale nur unvollkommen getrennt.

Unser Lig. iliosacrale caudale profundum, das unmittelbar an der Gelenkkapsel gelegen ist, möchte dem „unteren Kreuzdarmbeinband" (Lig. sacroiliacum distale) von R. Fick entsprechen, unser Lig. iliosacrale caudale superficiale aber dem Lig. ilio-sacrale posticum longum rectum dieses Autors. Unser Lig. dorsale superficiale ist ungefähr identisch mit den Ligg. ilio-sacralia postica brevia obliqua von R. Fick (Ligg. iliosacralia postica brevia und postica vaga früherer Autoren); doch rechnen wir die an der Spina post. inferior entspringenden dorsalen Fasern nicht hierher, sondern zum Lig. interosseum. Die meisten der oberflächlichen dorsalen Fasern enden am Kreuzbein außerhalb der Foramina sacralia posteriora; einige Züge greifen allerdings zwischen denselben etwas nach innen und decken sie teilweise kulissenartig.

Unser Lig. dorsale profundum entspricht im wesentlichen dem Lig. interosseum der Autoren. R. Fick bezeichnet dieses Band als eine Bandscheibe, die aus lauter kurzen, rundlichen, zum Teil sich kreuzenden Bündeln besteht, zwischen denen sich lockere Fettmassen befinden. Daß die Fasern und Bündel zum Kreuzbein (ventralwärts) absteigen, wurde fast von allen Autoren erkannt, dagegen ist der Verlauf schräg zur Längsrichtung des Kreuzbeins nicht genügend beachtet worden.

In Fig. 168 gebe ich eine Art Karte der um die Gelenkspalte herumliegenden Bänder.

Es scheint mir von besonderer Bedeutung zu sein, daß in der dorsalen Bandmasse Fasern vertreten sind, welche namentlich in der Pars cranialis zum Kreuzbein ventralwärts, cranialwärts verlaufen und Fasern, welche namentlich in der Pars caudalis nach dem Kreuzbein hin ventralwärts und caudalwärts ziehen. Den ersteren schließen sich die oberen Fasern des Lig. iliosacrale anterius, den letzteren die Fasern des Lig. dorsale superficiale hinsichtlich der Verlaufsrichtung an. In der Projektion auf die Sagittalebene treffen sich diese Faserrichtungen teils dorsal von der Fossula sacralis, teils in dieser selbst. Je nachdem die einen oder die anderen dieser Fasern stärker angespannt sind, kann sich ein mittlerer Zug ergeben in irgend einer Ebene, welche senkrecht zur Medianebene und zu den Bogenwülsten der Gelenkflächen durch die Fossulae sacrales geht, oder ein Zug in Ebenen, welche vor dem Fossulae sacrales nach rückwärts, oder hinter denselben nach vorn aufsteigen und welche eine Vor- und Rückdrehung des Kreuzbeins um JSA gegenüber den Hüftbeinen zu hemmen vermögen (s. u.).

Zu dem Bandapparat des Iliosacralgelenkes gehört auch noch das Lig. iliolumbale und die Ligg. spinoso- und tuberososacrum.

Das Lig. iliolumbale überspringt nicht bloß das Iliosacralgelenk, sondern auch die Lumbosacraljunktur. Es spannt sich vom Querfortsatz des 5. Lendenwirbels, fächerförmig sich ausbreitend, hinüber zum vorderen Rand der rauhen, das Kreuzbein dorsalwärts überragenden Fläche des Darmbeins. Die Hauptfaserung verläuft annähernd horizontal, in der Richtung des Querfortsatzes, also rückwärts auswärts zum Rand des Darmbeins. Er spannt sich bei seitlicher Drehung des 5. Lendenwirbels nach der anderen Seite und bei Vorneigung desselben. Bei der Rückbeugung der Lendenwirbelsäule spannen sich höchstens die zwei flügelartigen Randausbreitungen des Bandes, die dicht außerhalb der Massa lateralis des Kreuzbeins und an der Darmbeincrista nach vorn greifen.

Inanspruchnahme der Iliosacralverbindung.

An jedem Iliosacralgelenk müssen im allgemeinen bei Feststellung des Körpers im Stand oder beim Sitzen folgende Widerstände wachgerufen sein:

1. Ein Widerstand gegen Abscherung entlang der am besten vertikal verlaufenden Richtung der Trennungsfläche (zur Übertragung der Einwirkung V^1 auf das Oberstück). Im allgemeinen muß das Kreuzbein in einer Bewegung nach unten entlang dem gegenüberstehenden Knochen gehindert werden. Nur ausnahmsweise handelt es sich um Abscherung in entgegengesetztem Sinn, nämlich dann, wenn V abwärts gerichtet ist. Solches ist möglich an der Seite des Spielbeins, wenn das Unterstück teilweise am Kreuzbein sei es direkt, sei es indirekt durch Vermittelung der Symphyse und des Hüftbeins der anderen Seite aufgehängt ist, oder wenn das Unterstück ganz vom Kreuzbein getragen wird, oder wenn gar noch an ihm eine weitere äußere Kraft außer der Schwere nach unten wirkt.

   Gelegentlich kommen auch, bei schräg gestellten Beinebenen und vorhandenem Seitenschub, horizontale Abscherungswiderstände in Betracht zur Verhinderung der Verschiebung der einen Gelenkfläche an der anderen nach hinten oder vorn.

2. Widerstände vom Charakter eines Kräftepaares gegenüber einer sagittalen Drehung des Hüftbeins zum Kreuzbein und umgekehrt.

3. Widerstände vom Charakter eines Kräftepaares gegenüber der transversalen Drehung des Hüftbeins zum Kreuzbein.

4. Widerstände vom Charakter eines Kräftepaares gegenüber der axilateralen Drehung des Hüftbeins zum Kreuzbein.

Von den hier genannten Arten der Inanspruchnahme ist diejenige auf Abscherung an der Seite des stärker belasteten Fußes immer derart, daß ein Abwärtsgleiten des Kreuzbeins am Hüftbein vorhanden sein muß. An der Seite des weniger belasteten Fußes kann diese Art der Beanspruchung sich bis auf 0 vermindern oder sogar in die umgekehrte sich verwandeln; bei frei gehobenem Bein ist sie an der Seite des Spiel

beins immer umgekehrt gerichtet. Mit der Inanspruchnahme auf Wider-
stand gegen Abscherung kombinieren sich nun die übrigen Arten der
Inanspruchnahme auf Widerstand gegen Drehung in wechselnder Weise.
Während wir in der bisherigen Analyse die verschiedenen Arten der
Inanspruchnahme scharf getrennt haben, zeigt die Untersuchung der
Gelenkeinrichtung, daß die Elemente, welche den Abscherungswider-
stand leisten, auch zugleich bei der Verhinderung der Drehungen be-
teiligt sind.

Inanspruchnahme der Iliosacralverbindung auf Abscherung in annähernd vertikaler Richtung.

Je nach der Beckenneigung nimmt das best vertikale mittlere Profil
der Gelenkfläche des Iliosacralgelenkes einen anderen Verlauf, mehr
dorsoventral oder mehr craniocaudal. Nun zeigen offenbar die Iliosacralgelenke auf den verschiedenen Ebenen, welche durch die Iliosacralachse bei den verschiedenen vorkommenden Arten des Standes vertikal
geführt sind, ziemlich übereinstimmende Verhältnisse. Immer finden
wir oben im keilförmig verengten Zwischenraum zwischen Kreuzbein
und Hüftbein die Fasermasse des Lig. iliosacrale dorsale interosseum.

Eine vollständige Feststellung der Iliosacraljunktur gegenüber
zwei gleich großen Kräften, welche in vertikaler Richtung in der gleichen
Kraftlinie am Oberstück und an einem der Unterstücke gegeneinander
wirken, kann ohne wesentliche Drehungswiderstände im Gelenk stattfinden, wenn die Kraftlinie dieser Kräfte durch JSA und nahe an der
Gelenkspalte des Iliosacralgelenkes innen vorbeigeht.

Wir wollen uns vorstellen, daß solche Kräfte an dem völlig unbe-
anspruchten Gelenk zu wirken beginnen. Die Beckenneigung kann
soweit beliebig sein, daß die Vertikalebene durch die Fossulae sacrales
irgendwo zwischen den Sitzhöckern und der Leistengegend hindurch-
tritt. Immer trifft sie dann den Bogenwulst und die Bogenrinne quer.
Das Profil der Gelenkfläche, in welchem die genannte vertikale Achsenebene die Gelenkspalte schneidet, ist überall S-förmig, mit oberer Konkavität und unter Konvexität nach außen hin. Die obere Konkavität
ist bei jeder Lage der vertikalen Ebene zum Becken innerhalb der angegebenen Grenzen gut ausgeprägt, indem die dorsale Wange der sacralen
Bogenrinne im ganzen Verlauf der letzteren gut entwickelt ist. Die untere
auswärts gewendete Konvexität ist am besten vertreten, wenn die vertikale Achsenebene die Symphyse trifft, während sie mit der Zunahme
oder Abnahme der Beckenneigung immer mehr von unten her reduziert
erscheint. Es ist also immer ein oberer Teil des Profils vorhanden, an
welchem die obere Peripherie des Bogenwulstes des Hüftbeins die obere
Wange der sacralen Bogenrinne tragen kann, indem ihre Fläche nach
innen und oben gerichtet ist. Lassen wir die oben bezeichneten Kräfte
mit ihrer Einwirkung beginnen, so entsteht hier ein Druck und Gegendruck, der auf das Kreuzbein nach innen und oben, auf das Hüftbein
nach außen und unten einwirkt. Bei gleichem Geschehen in beiden
Iliosacralgelenken gleitet das Kreuzbein zwischen den Hüftbeinen,

wenn auch noch so wenig, nach unten, während die Hüftbeine vielleicht zunächst etwas auseinander gedrängt werden. Durch die Bewegung des Kreuzbeins gegenüber dem Hüftbein spannen sich aber die Ligg. dorsalia.

Die Resultierenden der Spannung ihrer vorwärts und rückwärts absteigenden Fasern liegen, man darf wohl annehmen in Ebenen, welche wesentlich mit der vertikalen Achsenebene übereinstimmen. Ihr Zug wirkt auf das Kreuzbein nach oben und außen, auf die Hüftbeine aber nach unten und innen. Da wir uns aber die Hüftbeine mit den Beinen starr verbunden und die Füße dem Boden aufgesetzt denken, so ist eine Gegeneinanderbewegung der beiden Hüftbeine mit den Ursprungsstellen der Ligg. interossea dorsalia nicht möglich, ohne daß unterhalb dieser Stellen die Gelenkflächen der Hüftbeine ebenfalls gegeneinander bewegt und stärker gegen das Kreuzbein gepreßt werden. Mit der Spannung jener Bänder wächst also zugleich der Druck an den Gelenkflächen, selbst für den Fall, daß die Gelenkflächen genau vertikal stehen oder nach unten divergieren, und daß durch die Abwärtsbewegung des Kreuzbeins allein der Abstand der Gelenkflächen jederseits gleich erhalten oder vergrößert würde.

Dabei ist nun noch folgendes zu berücksichtigen. Gegenüber dem Abwärtsgleiten des Kreuzbeins kommt auch der Reibungswiderstand in Betracht, der parallel der Berührungsfläche wirkt. Derselbe wächst bekanntlich mit dem Druck. Je mehr die Hüftbeine oben gegeneinander gezogen oder gedreht werden, desto größer wird der Druck zwischen den Gelenkflächen und zwar nicht bloß an der oberen Wange der Bogenrinne. Damit nimmt aber auch der Reibungswiderstand zu. So ist es möglich, daß der Gesamtwiderstand zwischen den sich berührenden Flächen selbst an den sagittal gestellten oder an abwärts etwas divergierenden Flächenteilen, an welchen der Druckwiderstand gegen das Kreuzbein für sich allein direkt nach innen oder nach innen und unten gerichtet wäre, eine Richtung nach oben und innen haben kann. Um so schneller wird bei der Abwärtsbewegung des Kreuzbeins der nötige Betrag des durch J nach oben wirkenden vertikalen Gesamtwiderstandes erreicht sein.

Der Umfang der in den Iliosacralgelenken möglichen Parallelverschiebung des Kreuzbeins gegenüber den Hüftbeinen ist von Klein genauer untersucht worden. Dieser Autor fand im Mittel für Krafteinwirkungen von 25 Kilo in der Richtung zwischen Symphyse und Iliosacralgelenken eine Exkursion von 1,5 mm, wovon vielleicht ein ganz kleiner Teil auf Vermehrung der Krümmung der Hüftbeine zu setzen ist.

Die seitliche Auseinanderdrängung der Hüftbeine kann daran keinen Teil haben. Das Kreuzbein wird zwischen den beiden Hüftbeinen solange nach unten einsinken, bis die wachgerufenen Gelenkwiderstände dem Gewicht des Oberstückes Gleichgewicht halten. An jedem einzelnen Iliosacralgelenk aber müssen die auf das Oberstück einwirkenden Gelenkwiderstände mit sämtlichen am Oberstück wirkenden äußeren Kräften (seinem Gewicht, dem Gewicht des damit verbundenen Unterstückes der anderen Seite und dem auf letzteres einwirkenden Fußwiderstand) im Gleichgewicht sein. Wenn in beiden Iliosacralgelenken Übereinstimmendes geschieht, so wird schließlich das Kreuzbein in beiden Iliosacralgelenken in übereinstimmender Weise festgestellt. Es hängt dabei weder einzig und allein an den Ligg. interossea, noch stützt es sich einzig und allein auf die Gelenkflächen des Hüftbeins, sondern beides zugleich findet statt. Fehlt ein typisch ausgebildeter Bogenwulst und sind statt dessen eine Mehrzahl kleinerer Vorragungen der Hüftbeingelenkfläche vorhanden, die wenigstens zum Teil unter äußere Vorragungen der sacralen Gelenkfläche greifen, so wiederholt sich hier an all den kleinen Unebenheiten, was auch an dem einzigen Bogenwulst geschieht. Selbst bei ziemlich ebenen und etwas nach unten divergierenden Berührungsflächen muß aber,

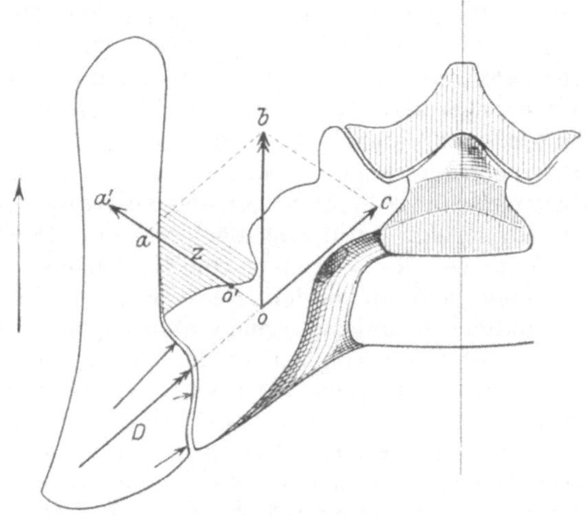

Fig. 169.

solange die Ligg. dorsalia schräg nach innen zum Kreuzbein absteigen, eine Klemmwirkung und eine tragende Komponente des Flächenwiderstandes zur Geltung kommen.

Da wir die von beiden Unterstücken her auf das Oberstück einwirkenden Kräfte mit V_r und V_l bezeichnet haben, so müssen $V_r + V_l$, zusammen der Kraft G_o, und V_r muß den Kräften G_o und V_l Gleichgewicht halten.

Die Bedingung der Feststellung des Körpers in den Iliosacralgelenken ist also, daß diese beiderseits von den Unterstücken her durch die Iliosacralgelenke auf das Oberstück einwirkenden Kräfte nach der Größe, Richtung und Kraftlinie die Einwirkungen V_r und V_l darstellen und zusammen der Schwere des Oberstückes Gleichgewicht halten.

Solange nun die Richtung des Zuges am Hüftbein in den dorsalen Bändern nach innen unten geht, die Richtung des resultierenden

Druckes aber vom Hüftbein gegen das Kreuzbein weniger stark nach innen absteigt, oder horizontal nach innen oder nach innen oben gerichtet ist, müssen sich die beiden auf das Kreuzbein einwirkenden Gelenkwiderstände nach innen von der Gelenkspalte treffen und können eine einwärts vom Gelenk gelegene, nach oben gerichtete vertikale Resultierende ergeben. In Fig. 169, ist die Mittelkraft der Druckeinwirkung mit D und die Zugeinwirkung auf das Kreuzbein mit o′a′ = oa bezeichnet; a′c′ in Fig. 170 ist Resultierende der Druckeinwirkung ad und der Zugeinwirkung AB = a′b′. Fig. 169 entspricht einem Frontalschnitt durch JSA bei normalem Stand. Fig. 170 einem Frontalschnitt durch JSA bei vertikal gestellter Beckeneingangsebene. Man kann auch annehmen, daß es sich in Fig. 170 um ein irgendwie sagittal

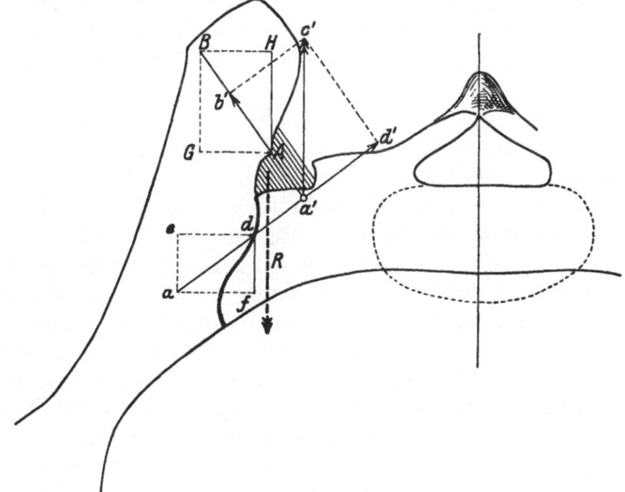

Fig. 170.

geneigtes Becken handelt, daß aber nur die parallel der Beckeneingangsebene in der Ebene der Lineae innominatae wirkenden Kräfte berücksichtigt sind.

Zerlegt man die vom Kreuzbein auf das Hüftbein wirkenden Gelenkwiderstände nach Fig. 170 in vertikale und horizontale Komponenten, so ergibt die mittlere Zugeinwirkung BA im Ligament und die mittlere Druckeinwirkung da an der Gelenkfläche eine gemeinsame, abwärts gerichtete Resultierende R und ein Kräftepaar BA—da, welches das Hüftbein oben herum nach innen zu drehen strebt. Eine solche ganz richtige Überlegung hat viele Autoren veranlaßt anzunehmen, daß die Feststellung des Kreuzbeins in den Iliosacralgelenken notwendig mit einem Auseinandertreten der Hüftbeine an ihren unteren Enden und an der Symphyse verbunden sein und in der Symphyse eine Zugbeanspruchung hervorrufen muß; nur durch den Zugwiderstand der Symphyse und des ventralen Gewölbebogens des Beckenringes werde die seitliche Drehung der Hüftbeine verhindert.

Nun ist aber völlig klar, daß eine am Unterstück wirkende Kraft V, welche nach Größe, Richtung und Kraftlinie $= a'c'$ (Fig. 170) ist, mit R zusammen ein Kräftepaar gibt, welches dem Kräftepaar GA—de Gleichgewicht hält, daß überhaupt das Unterstück unter dem Einfluß der vom Oberstück her einwirkenden Kraft $c'a'$ und der Gegenkraft $V = ac'$ vollständig im Gleichgewicht sein muß, ohne daß in der Symphyse oder anderswo eine weitere Einwirkung dazu nötig ist.

Mit der Größe der Kraft, welcher vom Unterstück her durch das Iliosacralgelenk hindurch Gleichgewicht gehalten werden muß ($c'a'$ in Fig. 170, bo in Fig. 169), resp. mit der Größe von V_r oder V_l ändert sich natürlich etwas der Betrag des Herabsteigens des Kreuzbeins am Hüftbeine; damit ändern sich zugleich nicht bloß die absoluten Beträge des wachgerufenen Zug- und Druckwiderstandes im Gelenk, sondern auch die Richtungen und Kraftlinien dieser Kräfte. Für den Druckwiderstand ist solches oben bereits erläutert worden. Was aber den Zugwiderstand in den dorsalen Ligamenten betrifft, so ist von der größten Bedeutung, daß diese nicht ein lineäres Band darstellen und nicht eine einzige ganz bestimmte Faserrichtung aufweisen, sondern einen Faserfilz mit nach innen und außen und mit nach vorn und hinten divergierenden Fasern darstellen, in welchem verschiedene resultierende Zugrichtungen möglich sind, je nachdem der Kreuzbeinansatz des Ligamentes sich mehr oder weniger nach unten und je nachdem er sich mehr oder weniger nach innen oder nach außen gegenüber dem Hüftbeinansatz verschoben hat. Dies macht verständlich, daß je nach Umständen der Schnittpunkt des resultierenden Zug- und Druckwiderstandes im Gelenk eine verschiedene Lage an der Innenseite des letzteren haben und in demselben eine nicht bloß nach der Größe, sondern auch nach der Richtung verschiedene Resultierende geben kann. Ober- und Unterstück können also im Iliosacralgelenk dem Prinzip nach in gleicher Weise, ohne Mitbeteiligung der Symphyse, einzig und allein durch die Zugbeanspruchung der dorsalen Bänder und den Druckwiderstand an den Gelenkflächen festgestellt werden bei verschiedener Lage und Richtung der Kraftlinie von V_r resp. V_l zum Gelenk, und bei verschiedener Größe dieser Kraft, wenn sie nur in nicht allzu großer Entfernung innen an dem Gelenk vorbei gegen das Oberstück aufsteigt. Die Feststellung des Gelenkes kann nach dem gleichen Prinzip auch dann noch geschehen, wenn infolge von seitlicher Neigung des Beckens die Kraft V schräg zur Sagittalebene des Beckens steht, oder wenn zu V eine aus dem Widerstand gegen den Seitenschub herrührende horizontale Komponente W_h' in der gleichen Kraftebene hinzukommt. Eine solche muß dann mit V zusammen die resultierend im Iliosacralgelenk auf das Oberstück wirkende Kraft K_r resp. K_l darstellen.

Es fragt sich nur, ob überhaupt und unter welchen Umständen eine solche Kraft K_r resp. K_l, für die bei fehlendem Seitenschub V_r

resp. V_l zu setzen ist, in nicht allzu großer Entfernung innen am Gelenk vorbei gegen das Oberstück gerichtet ist.

Bei symmetrischem Stand mit gespreizten Beinen ist solches nur möglich, wenn der Seitenschub an den Füßen nach außen durch die Anspannung der Abductoren des Hüftgelenkes noch vermehrt oder zum mindesten nicht durch die Anspannung der Hüftgelenkadductoren aufgehoben ist; obschon V dann nach außen von den Fußpunkten vorbeigeht (s. o.), kann durch Hinzutreten von W_h eine Resultierende K entstehen, welche innen am Iliosacralgelenk vorbei schräg nach innen aufsteigt. Wie aber verhält es sich bei der gewöhnlichen symmetrischen aufrechten Haltung mit aneinandergeschlossenen Beinen, wenn kein besonderer Seitenschub nach außen durch Anspannung der Abductoren hervorgerufen ist? Die Fußpunkte liegen hier mindestens so weit auseinander, als die Iliosacralgelenke selbst. Würden die Kraftlinien von V_r und V_l mit den Fußpunkten zusammenfallen, so würde hier eine Feststellung der Hüftgelenke nach obigem Prinzip bereits nicht mehr möglich sein. Indessen ist zu bedenken, daß der Schwerpunkt des Unterstückes sich bei eng zusammengeschlossenen Füßen etwas nach außen von dem betreffenden Fußpunkt befindet, die Kraftlinie V also nach innen davon gelegen sein muß. Eine Feststellung des Hüftgelenkes nach obigem Prinzip ohne Mitbeanspruchung der Symphyse ist also hier noch gerade möglich.

Diesen Fällen gegenüber stehen jene anderen Fälle, in welchen die Kraft V resp. K entweder durch das Gelenk selbst geht oder nach außen von demselben oder in größerer Entfernung nach innen von ihm vorbei nach oben gerichtet ist, sowie die Fälle, in welchen nicht das Oberstück zum größeren oder geringeren Teil vom Unterstück getragen wird, vielmehr das Umgekehrte zutrifft. In allen diesen Fällen muß die Feststellung des Iliosacralgelenkes gegenüber den in der gemeinsamen Achsenebene wirkenden Einzelkräften in anderer Weise, eventuell unter Mitbeanspruchung der Symphyse geschehen.

Zur ungefähren Orientierung diene folgendes. Wenn die Kraftlinie von V resp. K und ihrer vom Oberstück her entgegenwirkenden Gegenkraft außen am Gelenk liegt, so lassen sich diese gegeneinander wirkenden Kräfte am Unter- und Oberstück ersetzen durch je eine gleichgroße und gleich gerichtete Kraft und Gegenkraft innen am Gelenk, die sich beide durch das Gelenk hindurch in der oben beschriebenen Weise Gleichgewicht halten, und durch zwei Kräftepaare, welche das Ober- und Unterstück außen gegeneinander drehen. Diese Drehung muß verhindert werden durch neue Kräfte der Verbindung. Es müssen im dorsalen Teil des Iliosacralgelenkes die horizontalen queren Zugkomponenten der Bänderspannung vermindert, unmittelbar nach unten davon müssen zwischen den oberen Teilen der Gelenkflächen die horizontalen Druckkomponenten vermehrt sein, in der unteren Peripherie des Gelenkes aber resp. in der Symphyse und in den Ligg. spinoso- und tuberososacralia müssen Zugspannungen hinzukommen.

Das Umgekehrte wird der Fall sein, wenn die Kraftlinie von V resp. K weit nach innen vom Gelenk vorbeigeht; in diesem Fall ergibt sich ein Einfluß zur inneren Gegeneinanderdrehung des Ober- und Unterstückes, dem auch wieder durch neue Widerstände Gleichgewicht gehalten sein muß (Vermehrung der horizontalen queren Zugkomponenten in den dorsalen Bändern und Hinzufügung neuer horizontaler Druckkomponenten in der unteren Partie des Iliosacralgelenkes resp. in der Symphyse).

Ein wichtiges Ergebnis der vorausgehenden Betrachtung ist, daß **eine seitlich drehende Nebenwirkung auf das Unterstück seitens der beiden Kräfte, welche vom Oberstück und dem Unterstück her jederseits durch die Iliosacralverbindung aufeinander wirken, nur dann besteht, wenn sie mit ihrer Kraftlinie nicht unmittelbar nach innen an der Gelenkfläche vorbeigehen. Ein Einfluß zur Dehnung der Symphyse wird nur dann eintreten, wenn die Kraftlinie durch die Gelenkhöhle selbst oder nach außen von ihr vorbeigeht, ein Einfluß zur Kompression der Symphyse nur dann, wenn sie sich in größerer Entfernung nach innen vom Gelenk befindet.**

Wir haben in der vorangehenden Besprechung etwas weitschweifig sein müssen, weil gerade in der vorliegenden Frage noch vielfach unrichtige Anschauungen herrschen.

Inanspruchnahme des Iliosacralgelenkes bei Drehungen parallel der T- und der B-Ebene.

Die betreffenden drehenden Einflüsse können rein vorhanden und nur mit der Abscherungsbeanspruchung verbunden, oder miteinander oder mit sagittal drehendem Einfluß kombiniert sein.

Bei drehendem Einfluß in der bilateralen Längsebene (Axilateralebene) handelt es sich um einen Druckwiderstand in der ganzen Breite des cranialen resp. caudalen Endteiles der Gelenkflächen einerseits, eine Spannungszunahme in den caudalen Bändern mit Einschluß der langen Sitzbeinbänder, oder in den cranialen Bändern (mit Einschluß der Ligg. iliolumbalia) andererseits.

(Die Spannungszunahme in den langen Sitzbeinbändern hat zugleich eine Nebenwirkung zur Annäherung des Kreuzbeinendes und der Sitzbeine gegeneinander in sagittaler Richtung.)

Bei drehendem Einfluß in der Transversalebene wird der Widerstand der Symphyse das eine Mal gegen Zug, das andere Mal gegen Druck stärker in Anspruch genommen. Ein einseitig wirkender oder einseitig stärkerer Einfluß führt zu der früher geschilderten schrägen Verzerrung des Beckenringes. Was die Inanspruchnahme der Iliosacralgelenke betrifft, so führt eine wirkliche **Einwärtsdrehung des Hüftbeins** parallel der T-Ebene zur stärkeren Anspannung der **dorsalen Teile des Lig. interosseum,** der oberflächlichen dorsalen Bänder und des Lig. superius anterius, ferner zu vermehrtem Druckwiderstand in den Gelenkflächen, namentlich gegen den ventralen Rand hin. Beide Widerstandskategorien stellen gewissermaßen ein Widerstandskräftepaar vor. Das Gelenk leistet diesen Widerstand unbeschadet der Abscherungsfestigkeit mit Leichtigkeit. Anders steht es bei Inanspruchnahme durch Auswärtsdrehung des Hüftbeins parallel der T-Ebene. Hier wird das Lig. interosseum durch die dorsale Annäherung des Kreuzbeins und Hüftbeins auch für die Widerstandsleistung gegen vertikale Abscherung entspannt; andererseits muß der Druck im dorsalen Randteil der Gelenkfläche vermehrt werden, wodurch hier die vertikale Tragfähigkeit vergrößert wird. Die ventralen Bänder spannen sich. Es ist zu erwarten, daß bei solcher Beanspruchung, wenn sie stark ist und länger dauert, das Kreuzbein innen am Hüftbein tiefer ventralwärts in die Beckenhöhle einsinkt.

Man erkennt die Bedeutung des Zusammenhaltes des Beckens in der Symphyse. Der Zugwiderstand der Symphyse gewährt einen wichtigen Schutz gegen eine derartige Auswärtsdrehung der Hüftbeine, die sonst namentlich bei gleichmäßig gespreizten Beinen, angespannten Adductoren und stark geneigtem Becken besonders ausgiebig zustande kommen müßte.

Bei andauernd zur Seite geneigtem, an dieser Seite stärker unterstütztem Becken bietet, wie früher auseinandergesetzt wurde, vor allem das Iliosacralgelenk der stärker unterstützten Seite Schutz gegen die schräge Verzerrung des Beckenringes. Dadurch wird an der mehr belasteten, tieferliegenden Seite des Beckens die Möglichkeit des Absinkens des Kreuzbeins am Hüftbein vermindert.

Feststellung der Iliosacralgelenke gegenüber sagittaler Abscherung und sagittalem Drehungseinfluß.

Alle hier in Betracht kommenden Kräfte kommen in einer Projektion auf die Sagittalebene für sich allein zur Geltung. Bei der allgemeinen Behandlung der Aufgabe muß jede Seite für sich genommen werden. Es handelt sich jederseits um die Projektion V_σ der am Unterstück angreifenden Kraft V auf die Sagittalebene und eine in der gleichen Kraftlinie am Oberstück angreifende Komponente $-V_\sigma$ der Schwere des Oberstückes. Die Kräfte $V_{l\sigma}$ und $V_{r\sigma}$ wirken in der Regel, doch nicht immer an der gleichen Seite der Linie JJ, die in der Projektion als Punkt erscheint.

Man kann nun in der bisher geübten Weise V_σ und $-V_\sigma$ je durch drei Kräfte ersetzen und bekommt dann zwei in der gleichen Kraftlinie gegen J gerichtete Einzelkräfte $V_\sigma{}^1$ und $-V_\sigma{}^1$, welche den abscherenden Einfluß darstellen und zwei Kräftepaare $V_\sigma . z$ (wobei z den Abstand des Punktes J von V_σ bedeutet) und $-V_\sigma . z$. Doch wird der Widerstand gegen diese verschiedenen Einwirkungen im Gelenk nicht notwendig durch drei besondere Elemente geleistet; manchmal lassen sich z. B. die Widerstände zu zwei Resultierenden und ihren Gegenkraften vereinigen. Die Kraftlinien ihrer sagittalen Komponenten sind entweder einander parallel oder schneiden sich im gleichen Punkte.

1. Die Kraftlinie von V_σ befinde sich vor der Iliosacrallinie (Fig. 171). Dann wirkt ein Einfluß zur vorderen Gegeneinanderdrehung des Ober- und Unterstückes. Das Oberstück wird sich infolge davon stärker nach vorn neigen unter stärkerer Horizontalrichtung des Kreuzbeins. Letzteres ist verbunden

mit Rückwärtsgleiten der Bogenrinne des Kreuzbeins am Bogenwulst
des Hüftbeins resp. Vorgleiten des Bodenwulstes des Hüftbeins in der
Bogenrinne des Kreuzbeins. Das Hüftbein schraubt sich dabei etwas
nach außen. Geschähe dies in merkbarem Betrag, so müßten sich die
Ligg. iliolumbalia spannen und die Symphysis pubis würde der Quere
nach etwas gedehnt werden, wovon nicht die Rede sein kann. Was
die am einzelnen Gelenk gelegenen Bänder betrifft, so ist es ziemlich
gleichgültig, ob die Trennungsfläche genau sagittal steht oder nicht;
es kommt nur die Richtung der Fasern zur Gelenkspalte (Bogenrinne)

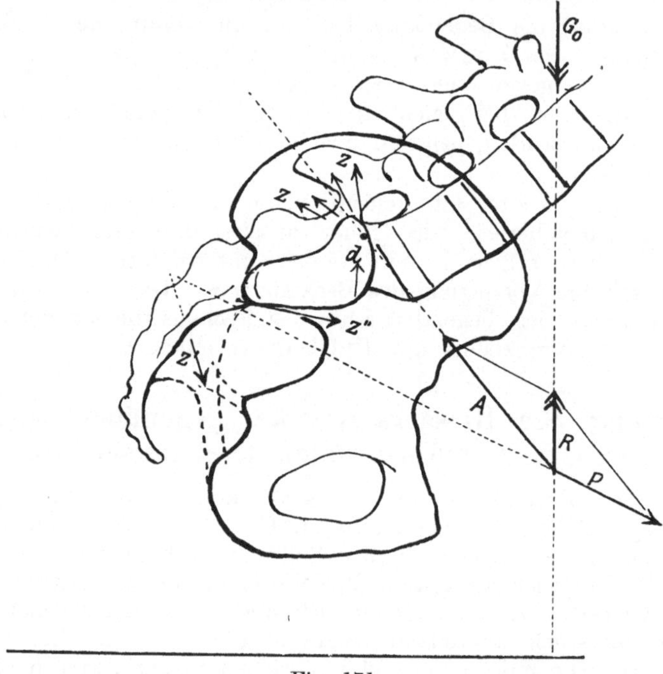

Fig. 171.

in Betracht. Es spannen sich bei dieser Drehung die unteren caudalen
kurzen Bänder; ferner muß die Spannung in den Ligg. spinoso sacrum
und tuberoso sacrum zunehmen, da sich das Kreuzbein hinten von dem
Sitzbein entfernt. Außerdem verlängern und spannen sich ganz besonders die vorderen Fasern des Lig. interosseum und die oberen Teile
des Lig. anterius. Für diesen Fall läßt sich die Widerstandsleistung
im Gelenk so analysieren, daß zwei resultierende Widerstandskräfte
auf das Kreuzbein einwirken, die sich nach vorn unten vom Gelenk
in der Kraftlinie der Schwere des Oberstückes schneiden (Fig. 171):
vorn oben am Gelenk ein auf das Kreuzbein aufwärts und rückwärts
wirkender Bänderzug, an der hinteren Peripherie des Gelenkes aber die
Spannung der kurzen Randbänder, welche das Kreuzbein nach unten
und vorn zurückhalten, und die Spannung der zwischen dem Kreuz-

bein und dem Sitzbein verlaufenden langen Bänder. Zu den Widerständen, welche vorn das Kreuzbein oben zurückhalten, gehört auch noch der verstärkte Flächendruck zwischen den vorderen Teilen des Bogenwulstes und der oberen Wange der Bogenrinne.

Bei stärkerer und anhaltender Beanspruchung des Gelenkes in diesem Sinn muß vorn das Kreuzbein tiefer ins Becken einsinken, hinten sich emporheben. Der dünnere Endteil des Kreuzbeins aber, an welchem sich die langen Sitzbeinbänder anheften, wird nachgeben und stärker nach der Beckenhöhle zu abgeknickt werden. Da diese Bänder schräg von außen nach hinten und innen gehen, so wird sich der Zug auch in einer Annäherung der Sitzbeine gegeneinander (Nebenwirkung) geltend machen.

2. Die Kraftlinie von V_σ befinde sich hinter der Iliosacrallinie (Fig. 172). In diesem Fall macht sich ein drehender Einfluß geltend zur vorderen Auseinanderdrehung des Ober- und Unterstückes resp. zu einer Aufrichtung des Kreuzbeins gegenüber dem Hüftbein, einem Drehgleiten seiner Bogenrinne entlang dem Bogenwulst des Hüftbeins nach vorn, resp. einem Rückgleiten des Bogenwulstes des Hüftbeins in der Bogenrinne des Kreuzbeins. Dabei schraubt sich das Hüftbein gegen die Mittelebene zurück; es stoßen bald die caudalen Teile der Gelenkflächen aufeinander,

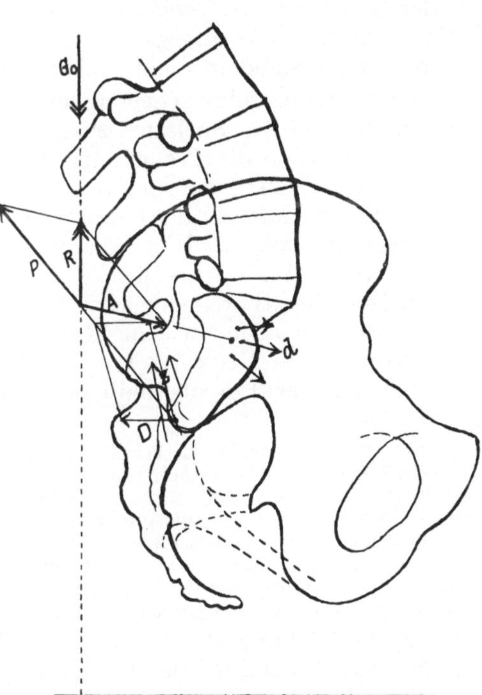

Fig. 172.

wobei ein rückwärts aufwärts gerichteter Druckwiderstand gegen die relativ nach unten bewegte Facette des Kreuzbeins wachgerufen wird.

Es spannen sich hierbei die umgekehrt schräg verlaufenden Fasern im Umkreis der Gelenkfläche, ganz besonders die langen oberflächlichen dorsalen Bänder, welche hinter der Achse vorbeigehen und hinter derselben das Kreuzbein und den postsacralen Teil des Hüftbeins zusammenhalten, auch wohl z. T. die hinteren Fasern des Lig. dorsale interosseum. Dazu kommt der Druckwiderstand, welchen der caudale Sperrzahn des Kreuzbeins bei seiner Bewegung nach vorn und unten am Hüftbein erfährt. Die Resultierende aller dieser Widerstände ist rückwärts aufwärts gerichtet. An dem Hauptteil der Gelenkfläche aber drängt in der Mitte und vorn die untere Wange der Kreuzbeinbogenrinne (Sperrzahn) stärker gegen den Bogenwulst des Hüftbeins. Der hierdurch erzeugte Druckwiderstand wirkt auf das Kreuzbein mehr nach unten und noch mehr nach vorn. Seine Kraftlinie schneidet die Kraftlinie der Schwere des Oberstückes oberhalb des caudalen Gelenkendes.

In beiden Fällen, mag die am Oberstück wirkende Kraft vor oder hinter JSA vorbeigehen, sind es die näher dieser Kraft gelegenen, an der gleichen Seite von JSA vorbeigehenden Bänder, in welchen der stärkere, das Kreuzbein nach oben (und nach der anderen Seite) zurückhaltende Widerstand wachgerufen wird, dem in beiden Fällen noch ein an der gleichen Seite von JSA vorbeigehender Druckwiderstand zu Hilfe kommt. Am entgegengesetzten Ende des Gelenkes wirkt ein kleinerer Widerstand in nicht vollkommen entgegengesetzter Richtung.

Wir haben bis jetzt angenommen, daß die Feststellung allein durch die Widerstände des Skelettes zustande kommt.

Indessen kann die Feststellung der iliosacralen Verbindung gegenüber der Einwirkung der Schwere auf das Oberstück und der Kraft K_r oder K_l am Hüftbein der betreffenden Seite auch unter **Mitwirkung von Muskeln** erfolgen. Hier kommt vor allem für die **Hemmung der Aufrichtung des Oberstückes** in Betracht die Spannung der vom Becken zum Brustkorb oder zur Wirbelsäule vor der Iliosacralgelenkachse vorbeiziehenden Muskeln (**Rectus abdominis, obliqui**), ferner eine Spannung im **Psoas major und minor**. Beim Psoas major ist natürlich nur der Teil oberhalb der Leiste für die Zugrichtung maßgebend.

Ersetzen wir auch bei Mitbeteiligung der Muskeln die Krafte der Verbindung zwischen Ober- und Unterstück (ihre Sagittalprojektionen) an jeder Seite durch zwei Kräfte und ihre Gegenkrafte, so ergibt sich natürlich (bei sonst gleichen Verhaltnissen) ein anderer Schnittpunkt derselben mit der Sagittalprojektion von K_r resp. K_l und eine etwas andere Richtung der im Gelenk nach unten wirkenden Kraft. Immer aber laufen die Kraftlinien der beiden resultierenden sagittalen Krafte der Verbindung von der gleichen Seite her schrag gegen die Sagittalprojektion von K_r resp. K_l und schneiden sich in derselben.

Zur Feststellung des Iliosacralgelenkes gegenüber Einflüssen, welche oberhalb desselben und vor ihm Hüftbein und Wirbelsäule einander zu nähern suchen, können von Muskeln beitragen:

1. der M. piriformis und die am Kreuzbeinrand resp. Lig. sacrotuberosum und am Rande des Steißbeins entspringenden Fasern des M. glutaeus maximus;
2. die am dorsalwärts überragenden Darmbeinteil entspringenden Anteile des M. erector trunci.

Zum Schluß sei darauf hingewiesen, daß der Einfluß der Schwere zur Aufrichtung des Kreuzbeins zwischen den Hüftbeinen meist mit einem Einfluß zur Rückdrehung des ganzen Rumpfes in den Hüftgelenken zusammenfällt, der Einfluß zur Vordrehung des Kreuzbeins in den Iliosacralgelenken ebenso mit einem Einfluß zur Vordrehung des Rumpfes in den Hüftgelenken. Der M. glutaeus maximus hemmt gleichzeitig beide Arten der Vordrehung, der M. psoas major teilweise beide Arten der Rückdrehung.

Die Längsspannung der Bauchdeckenmuskeln allerdings, sowie die Spannung des Psoas minor und der Darmbeinursprünge des Erector trunci hat nur Einfluß auf das Iliosacralgelenk (und die höher gelegenen Wirbeljunkturen).

Jedenfalls ändert sich bei der Mitwirkung der Muskeln für die gleichen Verhältnisse von K_r oder K_l in etwas die Inanspruchnahme der Skelettwiderstände der Iliosacralgelenke. Die beiden Resultierenden, durch welche sich an jedem Gelenk $G_{\sigma l}$ resp. $G_{\sigma r}$ auf das Hüftbein, resp. K_r oder K_l auf das Oberstück überträgt, haben dann etwas veränderte Kraftlinien und Größen.

γ) Bau und Inanspruchnahme der Symphyse.

R. Fick gibt in dem ersten Band des Handbuches der Anatomie und Mechanik der Gelenke eine erschöpfende Darstellung der anatomischen Verhältnisse der Scham- oder Schoßfuge, unter gründlicher Berücksichtigung der darauf bezüglichen Angaben früherer Autoren. Unter den letzteren verdienen namentlich Ch. Aeby und Hub. Luschka Berücksichtigung (s. das Literaturverzeichnis).

Die gegeneinander gewendeten Endflächen der Schambeine klaffen vorn auseinander. Sie sind von einer Schicht hyalinen Knorpels überzogen, der mit zunehmendem Alter dünner wird, entsprechend dem Fortschreiten der Verknöcherung an der Außenseite und einer faserigen Umwandlung, die von der Mitte der Symphyse aus um sich greift. Die auf solche Weise gebildete mittlere Faserschicht beginnt zuerst zwischen den einander am meisten genäherten Partien der Schambeinendflächen sich aufzulockern und aufzuweichen, bis schließlich eine wirkliche mittlere Gelenkspalte zur Ausbildung kommt. Nach Luschkas früheren Angaben tritt sie schon bald nach der Geburt auf, nach Aeby meist nicht vor dem 7. Lebensjahr, nach R. Fick in der Regel schon vom 2. Lebensjahr an.

Die zentrale Spalte kann in einzelnen Fällen durch eine faserknorplige Brücke in eine obere und untere Abteilung zerfallen (Luschka) oder sich an einer Seite gabeln (Aeby, Fick). Manche frühere Autoren waren der Meinung, daß sie nur beim Weibe vorkommt. Sie ist aber unzweifelhaft auch beim Mann in der Regel vorhanden und kann andererseits ausnahmsweise beim Weibe, selbst bei Schwangeren und Wöchnerinnen fehlen. Im Durchschnitt ist sie allerdings beim Weib und namentlich beim Weib, das geboren hat, und in der Schwangerschaft besser ausgebildet (Paré, Aeby, Luschka, R. Fick u. a.), unter Umständen so weit, daß sie sich durch die ganze Zwischenschicht zwischen den Knorpelplatten ausdehnt. Daß sich hieraus ein erheblicher Nutzen für die Erweiterungsfähigkeit des kleinen Beckens bei der Geburt ergibt, bestreitet schon Luschka. Man begnügt sich heute fast allgemein damit, die Erscheinung als eine Folge der größeren Blutfüllung und Lymphdurchtränkung des Beckens während der Schwangerschaft anzusehen, ohne ihr eine allzu große Bedeutung für den Geburtsakt zuzuschreiben. Unter den gleichen Gesichtspunkt fällt die Auflockerung der Weichteile der Articulatio sacroiliaca, die unter Umständen in der Schwangerschaft zu beobachten ist. R. Fick (1901) weist bezüglich der Symphyse darauf hin, daß auch veränderte statische Verhältnisse, eine stärkere Inanspruchnahme der Beckenverklammerung in der Symphyse im Spiele sein dürften und betont namentlich die veränderte Lage des Schwerpunktes in der Schwangerschaft. Wichtiger erscheint mir, daß gegen das Ende der Schwangerschaft eine raschere partielle Zunahme des intraabdominalen Druckes im kleinen Becken stattfindet (s. S. 67). Ich bin geneigt dem Druck der wachsenden Weichteile einen wichtigen Einfluß auf die Gestaltung des Skelettes zuzuschreiben. Es ist wohl denkbar, daß sich die Skelettstücke dabei nicht rasch genug den neuen Bedingungen anzupassen vermögen, die espandierende Wirkung sich also vornehmlich an den Junkturen geltend machen muß.

Luschka zeichnet in der unmittelbaren Umgebung der Gelenkspalte eine konzentrische Faserung (vgl. die Struktur der Zwischenwirbelscheiben). Mehr peripher verlaufen die Fasern der mittleren Schicht vorzugsweise quer. Die oberflächlichste Lage der Symphysenmasse wird durch eine Art Faserring gebildet, ähnlich demjenigen der Zwischenwirbelscheibe mit schichtweise verschieden schräg gerichteten Fasern (Weitbrecht, R. Fick). Hinten ist allerdings dieser Faserring nur wenig mächtig und von einer Seite zur anderen nur sehr schmal. Der hintere Rand der Schamfuge bildet einen nach der Beckenhöhle vorspringenden Wulst, der sich nach Poirier bei der Schwangerschaft vergrößert.

Oberflächliche, weiter über die Schambeine hinausgreifende Faserzüge sind als Schamfugenbänder beschrieben worden. Schon Luschka unterschied ein Lig. pubicum (Symphyseos) anticum, posticum, superius und inferius. Letzteres, das Lig. aracatum pubis liegt als mächtiger, scharf vortretender Strang im Angulus s. Arcus pubis.

Besonders mächtig ist die vordere Faserlage (Lamina tendinosa praepubica) mit mehr oder weniger stark schrägen gekreuzten Faserzügen. Ihr kommt in mechanischer Hinsicht offenbar die größte Bedeutung zu. Was im übrigen die mechanische Inanspruchnahme der Symphyse betrifft, so erhellt sie aus der vorangehenden Analyse der statischen Verhältnisse des Beckens zur Genüge.

δ) Die Junkturen am Steißbein.

Sie sind ohne größere Bedeutung für die Statik des Beckens und seien hier nur der Vollständigkeit wegen genannt. Es handelt sich um eine Junktur zwischen dem Steißbein und dem Kreuzbein und häufig auch noch um eine solche zwischen dem ersten und zweiten Steißbeinwirbel. Luschka hat in seiner Anatomie des Menschen die anatomischen Verhältnisse dieser Verbindungen genauer gewürdigt und gute Abbildungen der Hilfsbänder gegeben. Wir verweisen im übrigen, auch bezüglich der sacro-coccygealen Muskelchen, auf die Lehrbücher der deskriptiven Anatomie, auf Waldeyer (Top. Anat., Becken) und das Handbuch von R. Fick III.

ε) Kritische Bemerkungen zu den Lehren von der Feststellung und von der Gewölbekonstruktion des Beckens.

In den vorigen Auseinandersetzungen, in welchen zum ersten Male das Problem der Statik des Beckens beim Stand in seinem ganzen Umfang und in seiner ganzen Schwierigkeit behandelt ist, sind die nötigen Grundlagen zur kritischen Würdigung der bisherigen Lehren gegeben. Ich kann mich daher in dieser Hinsicht mit einigen Andeutungen begnügen:

Seit H. v. Meyers Darlegungen herrscht die Vorstellung, daß der Beckenring ein **Tonnengewölbe** darstellt, zu welchem das Kreuzbein zwischen den Iliosacraljunkturen den oberen Schlußstein bildet. Daß ein deutlicher keilförmiger Gewölbesteinschnitt in der Längsrichtung des ersten Kreuzbeinwirbels vorhanden ist, wird allgemein zugegeben. Das Kreuzbein verschmälert sich zwischen den Gelenkflächen caudalwärts. In Wirklichkeit gilt dies nur für den cranialen, größeren Teil der Gelenkfläche. Die ältere Annahme Meyers von einem regelwidrigen keilförmigen Zuschnitt des Schlußsteines, der es erleichtert, daß das Kreuzbein zwischen den Hüftbeinen hängt, gilt, wenn man die Richtung der Gelenkflächen im ganzen betrachtet, allenfalls für die Profile in Ebenen quer zu den ersten Kreuzbeinwirbeln. Doch ist solches nach den Abbildungen von Dieulafé und Saint-Martin zu schließen (s. o.) auch hier nicht immer der Fall. Für die Profile vertikaler frontaler Ebenen durch die Hauptgelenkflächen (bei aufrechtem Stand) haben Leßhaft, Faraboeuf, R. Fick und Waldeyer recht, wenn sie dieselben im ganzen eher nach unten konvergieren lassen (vgl. unsere Fig. 169 und 170). Die ganze Frage ist aber ziemlich bedeutungslos, weil selbst ventralwärts divergierende Querebenenprofile der Hüftbeingelenkfläche genügend viele direkt nach innen und nach innen und dorsal gewendete Stücke aufweisen, während andererseits die Gelenkflächen der Hüftbeine doch nirgends so stark nach oben gewendet sind, daß ohne die Anspannung der dorsalen resp. der cranialen Bänder und ohne den hiedurch vergrößerten Druck- und Reibungswiderstand die Feststellung des abwärts drängenden Kreuzbeins zwischen den Hüftbeinen möglich wäre.

Sehr wenig befriedigend sind nun die herrschenden Vorstellungen über die Art und Weise, wie das Beckengewölbe von oben belastet und von unten unterstützt ist.

Als Schwerpunkt der Belastung wird (wenn nicht etwa gar der Körperschwerpunkt) der Rumpfschwerpunkt genommen (Schwerpunkt des Rumpfes mit Hals, Kopf und Armen).

H. v. Meyer, der von seiner „militärischen Haltung" ausgeht, läßt die Lotrechte aus dem Rumpfschwerpunkt hinter unserer JSA vorbeigehen. R. Fick legt seinen Deduktionen die „Normalhaltung" nach Braune-Fischer zugrunde, bei welcher der Rumpfschwerpunkt

senkrecht über der gemeinsamen Hüftgelenkachse und etwas vor der
JSA gelegen ist.

In Wirklichkeit liegt der Schwerpunkt des in den Iliosacralgelenken
gehaltenen Oberstückes bei aufrechter Haltung etwas höher als der
„Rumpfschwerpunkt", indem ein nicht unbeträchtlicher Teil der Rumpflast direkt von den Hüftbeinen getragen wird und für jenes Oberstück
nicht in Betracht kommt. Der von den Autoren gemachte Fehler hat
nun allerdings keine allzu große praktische Bedeutung, indem eine
Lehre der Beckenstatik, die mit einer einzigen ganz bestimmten Lage
des Schwerpunktes des Oberstückes rechnet, sowieso auf einem viel zu
eng begrenzten Standpunkt steht.

H. v. Meyer trug der Lage der Iliosacralgelenke hinter den Hüftgelenkpfannen Rechnung und betrachtete die Hüftbeine als schräg
gestellte Wagebalken, welche auf den Schenkelköpfen durch die Belastung des hinteren Endes mit dem (halben) Rumpfgewicht und durch
die Zugeinwirkung der Ligg. iliofemoralia auf das vordere Ende im
Gleichgewicht gehalten sind. Dabei bestehen von den Angriffspunkten
der beiden Kräfte her Wirkungen gegen die gemeinsame Hüftgelenkachse,
welche zusammen abwärts gerichtete Resultierende ergeben, denen
von den Schenkelköpfen her Gleichgewicht gehalten wird. Die
Einwirkung, die vom Kreuzbein her gegen die Pfannen stattfindet,
hat außerdem jederseits eine nach außen gerichtete Komponente, welche
den Seitenschub im dorsalen Gewölbeschenkel darstellt. Ihr wird
durch die Spannung im ventralen Bogen des Beckenringes Gleichgewicht gehalten, so daß der Beckenring ein Tonnengewölbe (bowstring
Gewölbe) mit ventraler Verklammerung darstellt. Daß dieser Ring
in schräger Lage auf seitlichen Unterstützungspunkten unter Mitwirkung der Ligg. iliofemoralia balanciert, macht die Rumpfunterstützung zu einer besonders gut federnd gesicherten.

Leßhaft und R. Fick gehen offenbar von der Vorstellung aus,
daß ein senkrecht von oben in einem oberen Schlußstück
belastetes Gewölbe auch in der Vertikalebene der einwirkenden Last orientiert und unterstützt sein müsse. In der Tat
läßt sich durch die beiden Hüftgelenkmitten eine vertikale Becken-
schnittebene legen, welche bei sehr stark geneigtem Becken (67°) die
Massae laterales des 1. Kreuzbeinwirbels trifft, und auf welcher die Schnitt-
flächen der Hüftbeine und des Kreuzbeins annähernd im Halbkreis geordnet sind. In dieser Ebene soll nun die Belastung durch das Kreuzbein auf die Hüftbeine und auf die Hüftgelenkpfannen übertragen
werden. Diese Schnittebene trifft aber nicht die Symphyse; das Gewölbe erscheint vielmehr unten offen. Trotzdem nehmen Leßhaft
und R. Fick an, daß die nötige untere Verklammerung dieses Gewölbes
hauptsächlich, wenn nicht ausschließlich durch den ventralen Becken-
bogen und die Querspannung der Symphyse zustande komme. Die
beiden Autoren hätten anführen müssen, daß zu der vorderen Verklammerung notwendig auch noch Widerstände an der unteren und
hinteren Seite der Iliosacralgelenke hinzukommen müssen, welche das
Auseinandergehen der Tubera hindern.

Es leuchtet ein, daß die Gewölbetheorie von Leßhaft und R. Fick, insofern dabei mit einer am Kreuzbein angreifenden vertikalen Belastung gerechnet wird, um so weniger paßt, je geringer die Beckenneigung ist. Die Lehre von H. v. Meyer ist ihr gegenüber immer noch vorzuziehen.

In der Tat fällt der Beckenring mit seiner Gewölbekonstruktion im allgemeinen durchaus nicht mit der Frontalebene zusammen, welche durch die Linie der Belastung gelegt ist und auch nicht mit der Ebene der Resultierenden der an den Unterstücken und am Oberstück angreifenden äußeren Kräfte. Und wenn ein frontaler oberer Gewölbebogen vorhanden ist, so fehlt ihm die genügende untere Verklammerung. Wird andererseits der Beckenring der Quere nach als eine Gewölbekonstruktion aufgefaßt, wie dies seitens H. v. Meyer und vieler Geburtshelfer geschehen, so dient dieses Gewölbe nur den in die Querebene entfallenden Komponenten der einwirkenden Kräfte. Das Ringgewölbe wird schräg auf den Oberschenkelköpfen wie ein Wagebalken balanciert. Wie es durch die hiebei in Betracht kommenden Kräfte, die mehr oder weniger senkrecht zu seiner Ebene wirken, in Anspruch genommen wird, bleibt erst noch zu untersuchen. Man könnte für den Fall, daß der Rumpfschwerpunkt vorn liegt und die Streckmuskeln des Hüftgelenkes in Spannung sind, den dorsalen Teil des Ringes mit den Sitzbeinen zusammen als einen doppelschenkeligen Winkelhebel mit ventraler Verklammerung betrachten (Fig. 173 A).

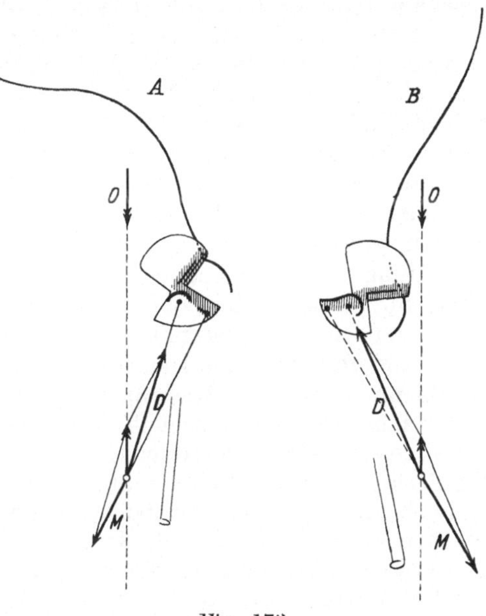

Fig. 173.

Zerlegt man die Belastung des Beckenringes durch das Oberstück in zwei Komponenten, von denen die eine in der Ebene des Beckenringes auf das Kreuzbein wirkt, so muß die zweite Komponente natürlich senkrecht zu der Ebene des Beckenringes an einem mit dem Kreuzbein starr verbunden gedachten Punkt angreifen. Sie hat mit den Hüftmuskeln der Gegenseite einen Einfluß zur Durchbiegung des Ringes über den Unterstützungspunkten der Femurköpfe. In diesem Sinn ist die Inanspruchnahme des Beckenringes von verschiedenen Geburtshelfern analysiert worden. Man hat auch im ganzen richtig den Einfluß der Vor- und Rücklagerung des Rumpfschwerpunktes (s. o.) auf die Drehung des Kreuzbeins zwischen den Hüftbeinen und die daherige Inanspruchnahme der Iliosacralverbindung gewürdigt.

Dagegen ist der Einfluß der in der Ebene des Beckenringes wirkenden Belastungskomponente im allgemeinen nicht vollkommen klargestellt worden. Man hat einen dorsalen bis zu den Hüftgelenkpfannen reichenden und einen ventralen Gewölbeschenkel unterschieden. Den Beckenring dachte man sich in den Hüftgelenken vertikal unterstützt, was streng genommen im allgemeinen nicht richtig ist, indem die vom Bein her auf das suprafemorale Stück einwirkenden Resultierenden im allgemeinen eben häufiger mit ihrer Kraftlinie neben der Hüftgelenkmitte vorbei als durch dieselbe hindurch gehen. In dem dorsalen Gewölbeschenkel bewirke nun die dorsoventrale Komponente der Belastung einen Seitenschub. Wie diesem Seitenschub Gleichgewicht gehalten wird, darüber gehen die Meinungen auseinander. Einige Autoren nahmen an, daß solches durch einen Druck der Schenkelköpfe in der Richtung des Schenkelhalses geschehe. Die Tatsache, daß bei auswärts gerichtetem Seitenschub die Einwirkung von den Beinen her bald einwärts bald auswärts gerichtet sein kann, und resultierend durchaus nicht durch die Hüftgelenkmitte zu gehen braucht, wurde nicht erkannt. R. Fick vertritt die mir unverständliche Ansicht, daß es wesentlich von der Knorpelbekleidung des Pfannendaches abhänge, ob der Druck der Schenkelköpfe direkt nach oben oder mehr nach innen gerichtet sei. Primär wirke er nach oben, sekundär aber könne er mehr nach innen gerichtet sein. Andere haben eine Inanspruchnahme des ventralen Beckenbogens auf Spannung in querer Richtung angenommen und sich dieselbe mitunter so gedacht, als ob die Schenkelköpfe im Raum festgestellt wären und ein Pivot bildeten, um welches sich die Hüftbeine parallel der Ebene des Beckeneinganges drehen müßten, wenn sie an ihren dorsalen Enden, beim Einsinken des Kreuzbeins in die Beckenhöhle ventralwärts und gegeneinander gezogen und einander wirklich genähert werden. Die Symphysenenden müßten dabei notwendigerweise unter Anspannung der Symphyse auseinanderweichen. Zugleich flache sich der ventrale Teil des Ringes ab, während die seitliche Biegung des Hüftbeins vergrößert werde. Bei abnormer Nachgiebigkeit des Beckenskelettes würden sich diese Veränderungen schärfer akzentuieren. Das Promontorium, aber auch die Gegend der Iliosacralgelenke springe tiefer ins Beckenlumen hinein vor usw. (Litzmann u. a.).

Andere Autoren haben die vom Bein her auf das Becken stattfindende Einwirkung auch wieder durch den Schenkelkopf und genau vertikal nach oben gehen lassen. Dem Seitenschub im dorsalen Gewölbeschenkel aber wird nach ihnen einzig durch den vorderen Gewölbebogen Widerstand geleistet (ventrale Verklammerung). Die Symphyse ist danach stets auf Zug in Anspruch genommen.

Eine Zugbeanspruchung der Symphyse wurde um so mehr von denjenigen angenommen, welche sich vorstellten, daß durch den Zug der Ligg. dorsalia interossea und den Druck seitens der Gelenkfläche des Kreuzbeins den Hüftbeinen eine Drehung im Sinn des Auseinanderrückens der Symphysenenden erteilt werde.

Unsere Analyse hat nun ergeben, daß die vom Bein her durch das Hüftbein gegen das Oberstück wirkende Kraft durchaus nicht immer

durch die Hüftgelenkmitte und durchaus nicht immer vertikal oder
sagittal gerichtet zu sein braucht; ein vertikaler Verlauf der Kraftlinie
nach oben durch die Hüftgelenkmitte kommt einzig und allein vor
bei der Braune-Fischerschen Normalhaltung, bei vollkommen parallel
gestellten Beinlinien. Daß es nicht zulässig ist, die Lehre von der Beanspruchung des Beckens auf eine so spezielle und im Leben gar nicht
so häufige Stellung zu begründen, ist klar. Berücksichtigt man die
welchselnde Lage und Richtung der Kraftlinie $(K_l$ oder $K_r)$, so erkennt
man, daß die Symphyse und der ventrale Ringabschnitt durchaus nicht
immer auf Zug in Anspruch genommen sind, sondern unter Umständen,
z. B. beim Stand auf gespreizten Beinen ohne Anspannung der Hüftgelenkadductoren, wenn also an den Füßen ein Seitenschub nach außen
zur Belastung hinzukommt, eine geringere oder größere Druckbeanspruchung des vorderen Beckenbogens vorhanden sein muß: Die knorpelige Natur der Symphyse spricht auch für die häufig vorkommende
Druckbeanspruchung.

Die vergleichende Anatomie läßt uns erkennen, daß bei festerer
Verbindung der Beckenplatte mit der Wirbelsäule der vordere Zusammen-
schluß entbehrlich ist. Beim Menschen, wo er vorhanden ist, handelt
es sich nicht um eine bloß ligamentöse Verbindung. Die synchondrotische
Natur der Symphyse wäre schon für sich allein geeignet, uns zu belehren,
daß es hier nicht bloß um eine Zugbeanspruchung handeln kann, sondern
daß häufig Druckeinwirkungen von einer Seite des Beckens zur anderen
Seite hinunter stattfinden müssen. Bei einseitiger Unterstützung des
Körpers bloß an einer Beckenseite resp. durch ein Bein kommt es außerdem zu Biegungen und abscherenden Einwirkungen. Auf letztere muß
besondere Rücksicht genommen werden bei Würdigung der in der
Symphyse vorhandenen Spaltbildungen.

In der bisherigen Analyse wurde den Wirkungen des intraabdominalen Druckes von mir nur insofern Rechnung getragen,
als durch Vermittelung desselben (vertikale Komponenten) ein Teil
der Last der Baucheingeweide auf die Hüftbeine übertragen wird.
Es wurde ferner nicht berücksichtigt, daß je nach der Stellung des
Beckens die Belastung der Hüftbeine durch Bauchinhalt eine ziemlich
verschiedene ist. In letzterer Hinsicht muß nachgetragen werden, daß
bei stark geneigtem Becken die Resultierende der vertikalen Belastung durch die Baucheingeweide für jedes Hüftbein mehr auf eine
in der vorderen Bauch- resp. Beckenwand gelegene Stelle, die wir
uns starr mit dem Hüftbein verbunden denken müssen, entfällt. Die
Darmbeinschaufeln sind mehr vertikal gestellt und tragen nicht direkt
einen Teil des Bauchinhaltes; sie sind nur indirekt durch die horizontalen Komponenten des intraabdominalen Druckes und durch die
Belastung und Spannung des hypogastrischen Teiles der Bauchwand
in Mitleidenschaft gezogen. Bei stark aufgerichtetem Becken
dagegen wenden sich die Innenflächen der Darmbeine nach oben, der
Angriffspunkt der Belastung an den Hüftbeinen wird mehr nach hinten
und außen verlegt und wirkt natürlich mehr in der Längsrichtung als
in der dorsoventralen Richtung des Beckens. Wenn wir uns nun das

Hüftbein mit dem Bein zu einer gemeinsamen Masse versteift denken, so muß der gemeinsame Schwerpunkt dieses infrasacralen Unterstückes etwas nach außen verlegt sein, die Resultierende V aber mehr nach innen zu liegen kommen. Der Unterschied muß sich am ganzen Unterstück als ein Einfluß zur axilateralen Auswärtsdrehung geltend machen. Dies wird deutlicher, wenn wir die am Bein wirkenden Kräfte (Widerstand des Bodens und Gewicht des Beines) für sich und die am Hüftbein und der auf ihm lastenden Masse wirkende Schwere für sich in Rechnung bringen. Dann ergibt sich für die letztere Einwirkung bei stark geneigtem Becken eher ein Einfluß zur axilateralen Einwärtsdrehung und namentlich zur transversalen Auswärtsrotation, während bei stark aufgerichtetem Becken eher ein Einfluß zur transversalen Einwärtsrotation und namentlich zur axilateralen Auswärtsdrehung vorhanden ist.

Neben den vertikalen Komponenten des intraabdominalen Druckes sind übrigens auch die horizontalen Komponenten, wenigstens für die Formgestaltung des Beckenringes nicht bedeutungslos.

Die Berücksichtigung aller dieser Verhältnisse ist notwendig, wenn wir ein Verständnis für die Entstehungsweise des kyphotischen Beckens gewinnen wollen.

Das kyphotische Becken

tritt in seiner Entwickelung auf als Begleiterscheinung einer Kyphose (Vorwärtsabknickung) im Lenden- oder unteren Brustteil. Damit der Oberkörper möglichst aufrecht bleibt, ist das Becken so stark aufgerichtet, daß die Lendenwirbelsäule unter der Abknickungsstelle rückwärts aufsteigt. Der Bauchinhalt lastet stärker auf den Darmbeinschaufeln (vertikale Komponenten des intraabdominalen Druckes). Es gehört in der Tat zu den Eigentümlichkeiten des kyphotischen Beckens, daß die Sitzhöcker einander genähert, die vorderen oberen Darmbeinstacheln weiter als gewöhnlich voneinander entfernt sind; die Hüftbeine zeigen sich entschieden axilateral auswärts gedreht.

In dem Lehrbuche von Winckel (II, 1905) wird angegeben, daß der Schwerpunkt des Körpers vor der gemeinsamen Hüftgelenkachse gelegen ist; deswegen sei die Beckenneigung vermindert und komme es zu einer leichten Beugung im Hüft- und Kniegelenk. Andererseits sollen doch die Ligg. iliofemoralia an der Vorderseite der Hüftgelenke gespannt sein. Diese Spannung sei nun Schuld an der axilateralen Auswärtsdrehung der Hüftbeine. Daß hier ein innerer Widerspruch vorliegt, ist klar. Soll wirklich die Zugwirkung der Ligg. iliofemoralia allein für die Feststellung der Hüftgelenke in Betracht kommen, in welchem Fall sich über eine seitwärts drehende Nebenwirkung auf die Hüftbeine diskutieren ließe, so muß der Schwerpunkt des suprafemoralen Körperabschnittes (nicht der Gesamtschwerpunkt!) über die gemeinsame Hüftgelenkachse nach hinten gebracht sein. Dazu ist wegen der Kyphose eine so starke Rückwartsdrehung des Beckens notwendig, daß sie ohne Beugung im Knie- und Fußgelenk nicht zu erreichen ist.

Jedenfalls befindet sich beim möglichst aufrechten Stand des kyphotischen der Schwerpunkt des supracoxalen Körperabschnittes vor den Iliosacralgelenken. An letzteren muß sich ein Einfluß geltend machen zur Vordrehung des Kreuzbeins zwischen den Hüftbeinen, wobei der sacrale Gelenkteil am Hüftbein, wenn auch noch so wenig, rückwärts gleitet.

Es ist nun eine irrtümliche Vorstellung, welche auf Breisky zurückgeht, daß sich dabei einzig infolge der Belastung in der Wirbelsäule, in der Richtung des oberen Schenkels der Kyphose eine Schubwirkung geltend mache, welche das Kreuzbein zwischen den Darmbeinen nach hinten hinaus treibe. In der Tat wird, so lange nicht von den Bauchdecken aus Kräfte rückziehend auf den Brustkorb wirken, der Schwere des Oberstückes in den Iliosacralgelenken Gleichgewicht gehalten durch ein Widerstandskräftepaar gegen die Vordrehung des Oberstückes und durch einen Widerstand gegen rein vertikale Abscherung nach unten. Allerdings wirkt die abscherende Kraft bei der aufgerichteten Stellung des Beckens weniger als gewöhnlich im Sinn einer Annäherung des Kreuzbeins an die Symphyse und mehr in der Längsrichtung des Kreuzbeins; das erklärt aber nicht, warum der gerade Durchmesser des Beckeneinganges vergrößert wird und warum die Körper der ersten Kreuzbeinwirbel zwischen den Flügeln und mit diesen zwischen den Darmbeinen geradezu nach hinten herausgetrieben sind (Breus und Kolisko). Auch soll ja das Promontorium nicht tiefer, sondern höher stehen als in der Norm. Dazu kommt eine Abflachung der promontoriellen, iliolumbalen Abknickung. Die Darmbeinschaufeln aber sind gegenüber der Seitenwand des kleinen Beckens stärker nach außen abgeknickt. Wie lassen sich alle diese Erscheinungen erklären?

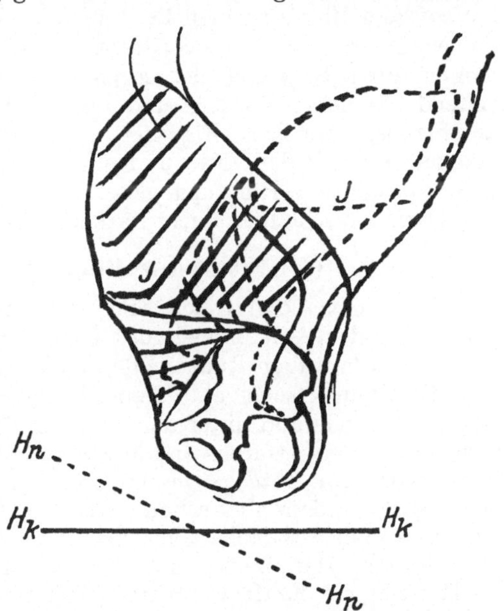

Fig. 174. Form- und Stellungsänderung bei der Kyphose; H_n Horizontalebene in der Norm, H_k Horizontalebene beim Stand mit Bezug auf den kyphotisch deformierten Stamm.

So weit ich sehe, können hierfür erstens die veränderten Verhältnisse des intraabdominalen Druckes in Betracht kommen. Vielleicht ist derselbe im ganzen wegen der Kyphose (Raumbeengung in der Bauchhöhle) etwas vermehrt; vor allem aber muß berücksichtigt werden, daß die Darmbeinschaufeln und namentlich das Kreuzbein wegen der Aufrichtung des Beckens relativ tiefer zu liegen kommen. Während bei stark geneigtem Becken die maximale auseinander treibende Kraft des abdominalen Druckes wesentlich über der Symphyse an der Vorderwand der Bauchhöhle und unterhalb des Promontorium an der

Hinterwand angreift, wirkt sie jetzt zwischen Symphyse und Promontorium. Wenn dieses Verhalten lange Zeit besteht, vermag es wohl die Form des Beckens im Sinn einer Rückwärtsverschiebung und Abflachung des Promontorium zu verändern.

Indessen möchte noch ein weiteres Moment von Bedeutung sein. Durch die kyphotische Abknickung der Wirbelsäule nach vorn wird der Brustteil des Stammes nach vorn umgelegt. Die vordere Bauchwand wird oben, am Rippen- und Brustbeinansatz und an der queren vorderen Beugungsfurche nach vorn gedrängt. Nur nach Maßgabe, wie dies durch die Anspannung der vorderen Bauchwand in mehr oder weniger horizontaler Richtung vom Leistenband und von den Darmbeinkämmen aus gehindert ist, kann sich durch die Wirbelsäule ein Seitenschub auf den unteren Schenkel der kyphotischen Knickung nach rückwärts geltend machen. Vordere und hintere Bauchwand werden gleichsam auseinander getrieben (Fig. 174). An der Bauchhöhle macht sich allmählich auch in der Mitte und unten, im Becken eine Verlängerung in antero-posteriorer Richtung geltend. Dieser Einfluß wirkt zugleich an den Darmbeinschaufeln einer stärkeren Umlegung nach außen entgegen.

(ζ Statik des Beckens beim Sitzen.

Wir müssen den freien Sitz ohne Anlehnen und das Sitzen mit Anlehnen oder Aufstemmen des über dem Becken gelegenen Körperabschnittes (mit dem Rücken oder der Brust, den Schultern, den Armen, dem Kopf) unterscheiden. Beim freien Sitzen kann ein aufwärts gerichteter Widerstand unter dem Becken, den Oberschenkeln, den Füßen vorhanden sein. Durch Andrängen mit den Füßen nach irgend einer Seite wird ein entgegengesetzt gerichteter horizontaler Widerstand hervorgerufen, dem aber schon durch eine Gegenkomponente des Widerstandes an der Sitzfläche Gleichgewicht gehalten ist. Nach unten wirkt das Gewicht der Beine und des suprafemoralen Körperabschnittes. Es läßt sich die Kraft k ermitteln, welche jederseits zur Unterstzützung des suprafemoralen Körperabschnittes zur Verfügung bleibt. Sobald diese Kraft nicht durch die gemeinsame Hüftgelenkachse gerichtet ist, sondern vor ihr emporsteigt, müssen am Hüftgelenk streckende Kräfte zur Feststellung desselben wirksam sein. Umgekehrt sind beugende Kräfte notwendig, wenn das Becken (vorn) noch einen Teil des Beingewichtes tragen muß. Die jederseits für das suprasacrale Oberstück verfügbare Kraft K kann durch die Sitzhöcker oder an irgend einer Seite derselben vorbei, vertikal oder schräg nach oben gerichtet sein. Auch beim Sitzen kann die Ungleichheit der Unterstützung beider Seiten so weit gehen, daß K auf der einen Seite = 0 oder negativ, d. h. abwärts gerichtet ist.

Im Prinzip liegen bezüglich der Inanspruchnahme der Iliosacralgelenke und der Symphyse die Verhältnisse genau ebenso wie beim Stand. Wirken am suprasacralen Oberstück außer der Schwere noch andere äußere Kräfte, z. B. Widerstände am Rücken, an den Armen, so müssen die von den Unterstücken her einwirkenden Kräfte auch ihnen Gleichgewicht halten.

Auf Einzelheiten soll an dieser Stelle nicht näher eingegangen werden.

η) Das Becken beim Liegen.

Über die Mannigfaltigkeit der hier möglichen Bedingungen gibt das Kapitel über die Liegestellungen einen Begriff. Die Unterstützung kann vorn, hinten oder seitlich geschehen; der ganze Rumpfrest mit Kopf und Armen kann auf der einen Seite, die Last der Beine auf der anderen Seite mit dem Becken (den Hüftbeinen) versteift sein. Im anderen extremen Fall hat der am Becken entwickelte Widerstand nur die Last des Beckens selbst oder eines Teiles desselben zu tragen; mitunter ist die Last des Beckenabschnittes ohne direkte Unterstützung einzig durch die übrigen Teile des Körpers hochgehalten. Jeder dieser Fälle bietet seine ihm eigenen besonderen Verhältnisse, die hier nicht weiter analysiert werden sollen.

C. Die Inanspruchnahme der einzelnen Skelettstücke.

Allgemeines.

Die Skelettstücke des Beckens sind so wenig wie andere Knochen vollkommen starr. Sie erfahren je nach den tatsächlich im Leben auf sie einwirkenden Kräften minimale äußere und innere Formveränderungen, mit denen Änderungen der inneren Spannungen einhergehen. Indem aber bei übermäßigen und anhaltenden äußeren Einwirkungen Materialumlagerungen stattfinden im Sinn der Verminderung von inneren Widerständen, wird die elastische Gleichgewichtsform verändert im Sinn der Annäherung an die zuvor mit inneren Spannungen und gestörtem innerem Gleichgewicht verbundene Form. Bei Fortdauer oder häufiger Wiederholung der gleichen Beanspruchung geht infolge davon die innere Formveränderung zunächst im gleichen Sinn weiter. So kann es durch Summierung kleinster bleibender Veränderungen zu deutlich wahrnehmbarer Deformierung kommen. Meist ändert sich wegen der Veränderung der Form auch die Inanspruchnahme, so daß die Richtung der Umformungen in komplizierter Weise wechselt. Von einfachen physikalischen Erscheinungen, etwa der elastischen Nachdehnung etc. unterscheidet sich der Vorgang wesentlich, da es sich um ein lebendes Gewebe mit besonderer vitaler Reaktionsweise handelt. (Dies gilt ebenfalls für die an den Weichteilen der Junkturen sich abspielenden Veränderungen.)

Die Veränderungen der Knochen sind mitunter derart, daß diese nunmehr besser als zuvor befähigt sind, die neue, abgeänderte Funktion zu leisten. Man kann dann mit W. Roux von einer funktionellen Anpassung sprechen. Wenn infolge von abnorm und atypisch abgeänderter mechanischer Inanspruchnahme eine erhebliche anatomische

Veränderung entsteht, so können Funktionen anderer Teile in nicht korrigierbarer Weise geschädigt werden; hierfür lassen sich gerade beim Becken gute Beispiele finden, Fälle, bei welchen der Geburtsapparat in nicht korrigierbarer Weise verschlechtert wird.

In anderen Fällen wird die schädigende Beanspruchung rechtzeitig unterbrochen und vielleicht durch eine gegenteilige ersetzt, wenn Unbequemlichkeiten und Schmerzen durch die primäre Deformation hervorgerufen wird.

Die Ermittelung der mechanischen Inanspruchnahme der einzelnen Skelettstücke des Beckens ist eine noch schwierigere Aufgabe als die Ermittelung der Bedingungen zur Feststellung in den Junkturen.

Hier kommt es auf die wirklichen Angriffspunkte der Kräfte an und ist es nicht mehr gestattet, die Kräfte beliebig zu zerlegen und die Angriffspunkte beliebig innerhalb der gleichen Skelettstückes in den Kraftlinien zu verschieben. Denn je nach dem Angriffspunkt müssen die inneren Spannungen und muß die Art der Durchbiegung und inneren Formveränderung ganz verschieden sein. Wenn trotzdem in der folgenden Untersuchung wenigstens gewisse Gruppen von Kräften zu einer einfachen Resultierenden zusammengenommen werden, so geschieht das doch mit einer gewissen Zurückhaltung und nur soweit, daß es möglich ist, die Modifikationen, welche sich aus dem tatsächlich breiteren Ursprungsgebiet der Kräfte ergeben, nachträglich zu berücksichtigen. Was das Kreuzbein betrifft, so habe ich auf die Abknickung eines Endes nach vorn infolge übermäßiger und anhaltender Anspannung der langen Sitzbeinbänder bereits hingewiesen. Im folgenden sollen uns vor allem die Deformationen, welche an den Hüftbeinen zutage treten, beschäftigen.

Durchbiegungen und Deformationen der Hüftbeine.

In der bisherigen Darstellung wurde das infrasacrale Unterstück jeder Seite als ein in sich festgestelltes Ganzes behandelt. Die an ihm wirkenden Kräfte wurden auf ein möglichst einfaches Schema zurückgeführt.

Bei der Beurteilung der Inanspruchnahme des Hüftbeins muß man nun aber die Einwirkungen, welche vom Bein herkommen, die Einwirkungen des intraabdominalen Druckes, die Spannungen der weichen Bauchdecken und des Beckenbodens und endlich die Einwirkung, welche durch die eigentliche Iliosacralverbindung und die Symphyse übermittelt ist, getrennt berücksichtigen.

Die vom Bein her stattfindende Einwirkung ist auch wieder in ihren wirklichen Komponenten zu untersuchen.

Die am Bein angreifenden äußeren vertikalen Kräfte, nämlich der vertikale Widerstand am Fuß und die Schwere geben zusammen eine Resultierende, welche meist nach oben, in einigen Fällen aber nach unten gerichtet ist. Dazu kommt der Widerstand gegen einen allfälligen Seitenschub. Wir denken uns den horizontalen Widerstand mit seinem Angriffspunkt in die gemeinsame Ebene der beiden anderen Kräfte

verlegt und nur mit der in diese Ebene entfallenden Komponente berücksichtigt. Durch Hinzufügung einer solchen Komponente bekommt
die Resultierende eine schräg nach oben einwärts oder auswärts gehende
Richtung. Dieselbe fällt im allgemeinen nicht mit der Beinlinie zusammen und braucht auch gar nicht durch die Hüftgelenkmitte zu
gehen. Sie läßt sich ersetzen durch eine nach der Hüftgelenkmitte mehr
oder weniger direkt nach oben gerichtete Druckkraft und eine exaxiale
Zugkraft, welche durch Bänder- oder Muskelzug vertreten sein kann.
Durch diese zwei Kräfte und ihre Gegenkräfte überträgt sich tatsächlich
die Einwirkung der äußeren Kräfte des Beins auf das Oberstück (Hüftbein). Das Gleichgewicht desselben wird durch die übrigen Kräfte
hergestellt (Einwirkung von der
Symphyse und dem Sacrum her,
Schwere des Hüftbeins und seiner
Belastung, Spannungen der Rumpfwand).

Ganz im allgemeinen und in
ihrer Gesamtheit genommen haben
die rings um das Hüftgelenk herum
und speziell an den beiden Fächerplatten des Hüftbeins angreifenden
Zugkräfte zusammen mit dem vom
Schenkelkopf her gegen die Pfanne
ausgeübten Druck einen Einfluß
zur Durchbiegung des Hüftbeins
(Verschiebung der Mitte gegenüber

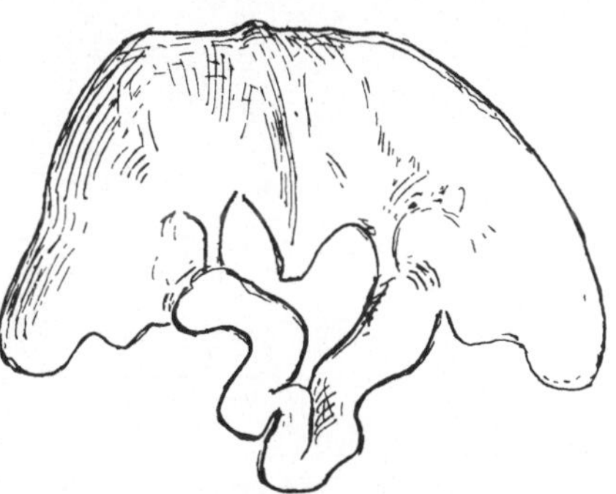

Fig. 175. Osteomalacisches Becken.
Umzeichnung nach Beyer.

den Enden) nach innen; demselben wird unter gewöhnlichen Verhältnissen durch die Festigkeit der Hüftbeine genügender Widerstand geleistet. In der normalen Entwickelungsmechanik des Beckens
stellt dieser Einfluß natürlich einen wichtigen Faktor dar. Bei abnormer Nachgiebigkeit und Plastizität der Skelettsubstanz oder besonderer Reaktionsweise der Wachstumszonen führt er zu einer entsprechenden Deformation der Hüftbeine. Die Pfannenteile beider
Seiten rücken gegeneinander. Der Symphysenflächenwinkel verkleinert
und verschärft sich; der Beckenring wird ventral schnabelartig verengt.
In Fällen hochgradiger Deformation, wie sie bei Rachitis und
Osteomalacie beobachtet sind, kommt es schließlich zu der bekannten W-Form (Figg. 175 und 176).

Auch anhaltendes Liegen auf der Seite, wobei der Widerstand der
Unterlage ganz besonders durch den Trochanter major und Schenkelhals
auf die Pfanne übertragen wird, das unten liegende Hüftbein im übrigen
durch das Eigengewicht des Beckens und seiner Füllung und durch die
teilweise am Becken angehängte Last des Rumpfes und des hochliegenden
Beines gegen die Unterlage gedrängt wird, kann zu einer ähnlichen
Deformation des unten liegenden Hüftbeins beitragen.

Zu den Biegungseinflüssen über die Fläche kommen nun aber
namentlich beim Sitzen und Stehen auch Einflüsse zur Verbiegung in
sagittalen Ebenen.

Eine kurze Andeutung wenigstens über die Art, wie alle diese Einwirkungen in genauerer Weise zu analysieren sind, soll im folgenden gegeben werden.

Es ist wie mir scheint möglich, die Durchbiegungen, welche das Hüftbein unter dem Einfluß der auf dasselbe einwirkenden Kräfte erfährt, nach drei Hauptebenen zu zerlegen. Jede Durchbiegung parallel einer der Hauptebenen kann man sich durch den Einfluß der zu dieser Ebene parallelen Kraftkomponenten entstanden denken unter der Voraussetzung, daß die Verschiebungen überhaupt gering sind und daß durch die Biegung in den beiden anderen Ebenen an der Dis-

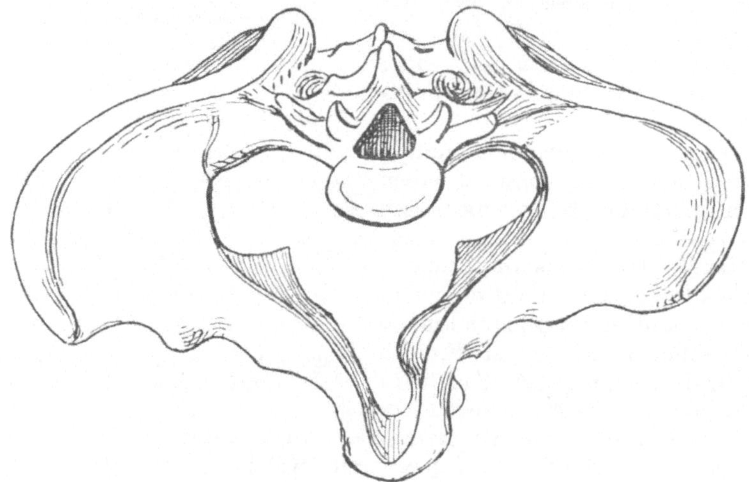

Fig. 176. Osteomalacisches Becken. Sammlung der Berner Frauenklinik.

position des Knochens und der Kräfte in der ersten Ebene nicht allzu viel verändert ist. Den parallel zu den anderen Hauptebenen wirkenden Kräftepaaren muß dabei in irgend einer Weise Gleichgewicht gehalten sein.

Danach wäre es nun möglich, nach dem früher schon erläuterten Projektionsverfahren den Einfluß der Kräfte zur Durchbiegung des Hüftbeins parallel den drei Hauptebenen des Beckens zu untersuchen und zu beurteilen. Bei dieser Frage ist ja gleichsam der einzelne Knochen für sich ein gegliedertes System, welches aus verschiedenen kleinen, elementaren, gegeneinander beweglichen, in sich selbst aber starren Teilen zusammengesetzt ist.

Wir beschränken uns auf die Untersuchung zweier Hauptfälle der sagittalen Durchbiegung, wobei wir das Eigengewicht des Hüftbeins und seine Belastung vernachlässigen.

a) Die Kraftlinie des Anteils der Schwere O_1 des suprasacralen Oberstückes, der vom linken Bein getragen wird, und der Resultierenden V_l, welche vom linken Bein her gegen das Becken wirkt, befinde sich vor dem Hüftgelenk und dem linken Iliosacralgelenk. (Fig. 177. In dieser Figur muß am oberen Kräfteparallelogramm der gemeinsame Angriffspunkt der Kräfte mit c, am unteren mit b, die untere Komponente an letzterem mit A, die obere mit B bezeichnet werden. Statt Q_1 schreibe O_1.) Es müssen dann hintere Muskeln des Hüftgelenkes angespannt sein, um das Hüftgelenk festzustellen. Ihre Zugrichtung gehe

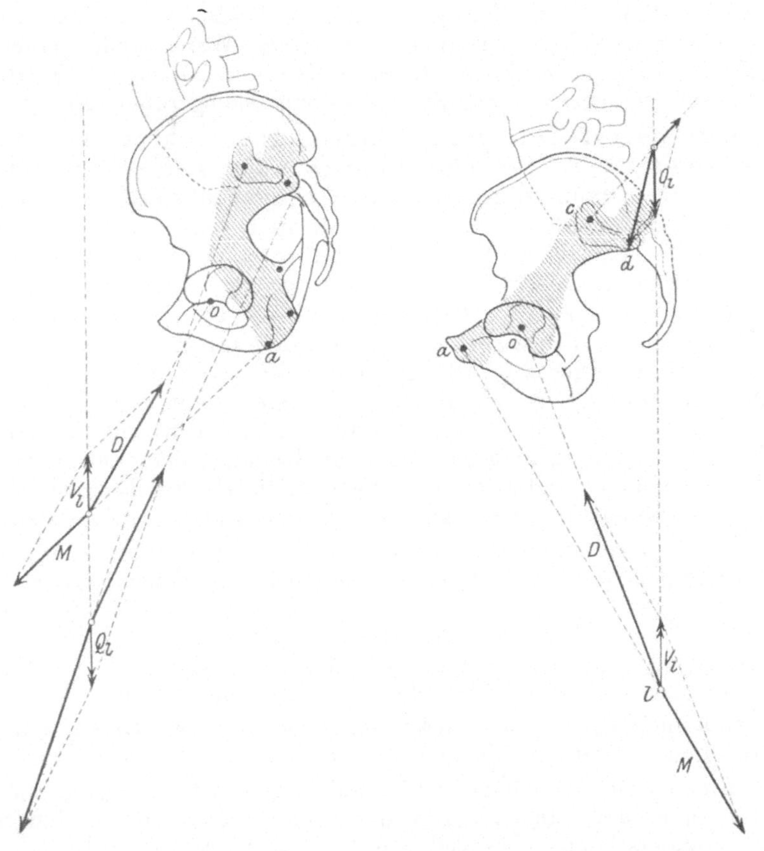

Fig. 177. Fig. 178.

durch den Punkt c der Kraftlinie von O_1. V_1 überträgt sich also auf das Hüftbein durch Vermittelung der Druckkraft D, welche durch die gemeinsame Hüftgelenkachse nach oben hinten auf das Hüftbein wirkt, und des Muskelzuges M, welcher in der Sitzbeingegend in a angreifend nach unten vorn zieht. Das Gewicht O_1 überträgt sich auf das Hüftbein durch Vermittelung einer gegen den Punkt b gerichteten abscherenden Kraft A im Iliosacralgelenk und eines Bänderzuges B, dessen Resultierende ebenfalls durch den Punkt b geht.

In Wirklichkeit haben die auf das Hüftbein wirkenden vier Kräfte M, D, A und B nicht bloß vier Angriffspunkte, sondern ausgebreitetere Angriffsgebiete; doch genügt die Annahme von bloß vier Angriffspunkten, um den Sinn der Durchbiegung verständlich zu machen. Wir nehmen an, daß es sich in der Fig. 177 um die sagittale Projektion der einwirkenden Kräfte handelt. Den Hauptwiderstand gegen die Durchbiegung leistet in vorliegendem Fall der mit nach rechts absteigenden Linien schraffierte, mächtig verdickte Teil des Hüftbeins; die anderen Abschnitte sind infolge seines Widerstandes erheblich entlastet. In den vorderen oberen Teilen des Balkens muß Druckwiderstand, in den hinteren Zugwiderstand wachgerufen sein.

b) Die Kraftlinie von O_1 und V_1 gehe hinter den beiden Gelenken vorbei. (Fig. 178.) In dieser Figur muß an dem unteren Kräfteparallelogramm der gemeinsame Angriffspunkt der Kräfte mit c, am oberen mit b, die obere Komponente in b muß mit B, die untere mit A bezeichnet sein. Es müssen die vorderen Muskeln des Hüftgelenkes angespannt sein. Ihre Zugrichtung gehe durch den Punkt c. V_1 überträgt sich auf das Hüftbein durch die Druckkraft D und den Muskelzug M, O_1 im Iliosacralgelenk durch die Kraft A, welche durch den Punkt b abwärts gerichtet ist, und die weiter vorn auf das Hüftbein nach oben hinten wirkende Kraft B, welche durch denselben Punkt geht. Hier leistet wohl der schraffierte Teil des Hüftbeins den hauptsächlichsten Widerstand gegen die Durchbiegung; der zum Sitzhöcker laufende Balken ist entlastet; und zwar ist im oberen Rand des Querbalkens Zugwiderstand, im unteren Rand Druckwiderstand wachgerufen.

Da der Widerstandsbalken mit den Angriffspunkten der sagittalen Kräftekomponenten und diesen selbst nicht in einer Sagittalebene liegt, so wirken natürlich die sagittalen Komponenten auch noch in anderen Ebenen durchbiegend; auch äußert sich die sagittale Verschiebung teilweise als Torsion. Die Art der seitlichen Durchbiegung muß aus der axilateralen Projektion erschlossen werden.

Es kann natürlich auch vorkommen, daß die zwei Paare von Krafteinwirkungen gleichsam übereinandergreifen.

Eine solche Betrachtung ist besonders geeignet, zu zeigen, daß bei relativ zu großer Nachgiebigkeit und Deformierbarkeit des Skelettes ganz besonders häufig eine bleibende Durchbiegung der Hüftbeine über die Schenkelköpfe hinüber in der Weise zustande kommen muß, daß die Pfannengegend nach dem Beckeninnern eingebogen wird. Diese Durchbiegung kann bald mehr in transversaler, bald mehr in axilateraler Richtung stattfinden. Die transversale Durchbiegung wird ganz besonders deutlich hervortreten, wenn auf die beiden Hüftbeine im ganzen ein Einfluß zur transversalen Einwärtsrotation wirksam ist, in welchem Falle ein stärkerer Gegendruck von der Symphyse her auf jeder Seite hinzukommt.

Wir können nun auch umgekehrt von der Kenntnis der zwei Resultierenden ausgehen, welche vom Bein her auf das Hüftbein einwirken.

Es sei die Resultierende des Muskel- oder Bänderzuges am Hüftgelenk
bekannt, — sie braucht durchaus nicht durch die Beinlinie zu gehen.
Die Druckkraft D liegt dann jedenfalls mit ihr und der Hüftgelenkmitte
in gleicher Ebene. Ungefähr in derselben Ebene wirken nun auch die
beiden Kräfte, durch welche sich am Iliosacralgelenk die Einwirkung
vom Oberstück her auf das Hüftbein überträgt. Sie müssen zusammen
in umgekehrtem Sinn drehend auf das Hüftbein wirken wie die vom
Bein her wirkenden Kräfte; so läßt sich einigermaßen der Sinn der
Hauptdurchbiegung erkennen.

Natürlich ist mit dem entgegengesetzten Drehungseinfluß auf die
auseinander liegenden Teile gewöhnlich auch eine starke Abscherungs-,
Zug- oder Druckbeanspruchung der zwischen ihnen liegenden Teile verbunden. Doch macht sich auch bei seitlich geneigtem und nur auf einer
Seite stärker unterstütztem Becken ein Druckwiderstand von der Symphyse her geltend. **Besonders hochgradige Fälle von transversaler Einbiegung der Hüftbeine in der Pfannengegend bilden
sich bei Osteomalacie und Rachitis.** Hier spielt offenbar die
Bettlage eine Rolle. Übrigens werden nicht bloß in der Seitenlage,
sondern auch in der Rückenlage die Hüftbeine ventral gegeneinander
gedrängt.

Was die **Sitzstellung** bei Unterstützung der Sitzhöcker betrifft,
so sind unter normalen Verhältnissen die Sitzhöcker weiter von der
Mittelebene entfernt als die Gelenkflächen der Iliosacralgelenke. Das
gesamte Sitzpolster hat im Mittel ebenfalls einen etwas weiteren
Abstand. Es wird sich also an den Hüftbeinen eher ein Einfluß zur
axilateralen Einwärtsdrehung als zur Auswärtsdrehung geltend machen.
Bei einseitiger Sitzunterstützung dagegen und Seitenneigung des Beckens
nach der unterstützten Seite hin, durch welche die Iliosacralgelenke
nach dieser Seite hin ziehen, ändert sich das Verhältnis so, daß sich
ein Einfluß zur axilateralen Auswärtsdrehung der Hüftbeine entwickelt. Tritt Knochendeformation hinzu, so äußert sie sich in einer
entsprechenden Ausbiegung des Hüftbeins. Die Gegenkräfte gegen die
Auswärtsneigung übermitteln sich durch die Iliosacralverbindung, aber
auch durch den stärkeren Zug der Muskeln (inkl. seitliche Bauchdeckenmuskeln) an der Seite, nach welcher hin das Becken geneigt ist. Die
Darmbeinschaufel dieser Seite wird zurückgehalten und mehr aufrecht
gestellt. Es ist aber klar, daß es unter den genannten Umständen zu
einer relativen Verschiebung des Sitzhöckers nach der Mittelebene des
Kreuzbeins und zu einer einseitigen Verengerung des Beckenausganges
kommen kann. Ebenso wirkt natürlich anhaltende Seitenlage bei
deformierbarem Skelett zur Verengerung des Beckeneinganges. Es
muß im übrigen in erster Linie den Klinikern vorbehalten bleiben, die
hier vorgetragenen Gesichtspunkte auf ihre Anwendbarkeit zur Erklärung der Beckendeformitäten zu prüfen.

Beim Sitzen wird vom Hüftbein ganz besonders der in Fig. 177 A
schraffiert gezeichnete Teil in Anspruch genommen, der aus dem hinteren
Abschnitt des Hauptbalkens des Beckenrings und aus dem von der

Hüftgelenkgegend zum Sitzhöcker verlaufenden Balken besteht. Waldeyer hat ihn treffend als „Sitzbalken" bezeichnet.

Knochentrajektorien.

Beyer hat den Versuch gemacht, die Übereinstimmung zwischen der Anordnung der Balkentrajektorien der Beckenknochen und der funktionellen Beanspruchung, an der natürlich im Prinzip nicht zu zweifeln ist, im einzelnen klarzulegen, sowohl für die normale Beanspruchung, als bei pathologisch deformierten Becken. Wegen der in verschiedenen Ebenen vor sich gehenden Durchbiegung und des räumlich komplizierten Verlaufes der Trajektorien ist solches ein schwieriges Unterfangen. Die bloße Beurteilung nach Serien von Sägeschnitten kann leicht irreführen. Es erscheint 'erwünscht, daß hier neue Methoden der Untersuchung und neue Gesichtspunkte der Betrachtung Platz greifen. Als Fingerzeig für die einzuschlagende Richtung seien folgende Bemerkungen aufgefaßt:

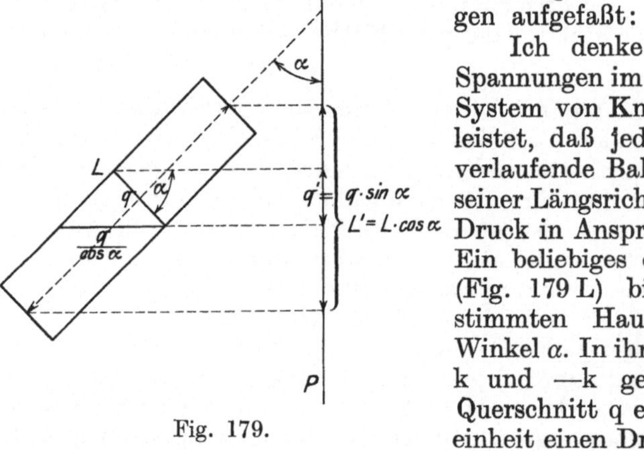

Fig. 179.

Ich denke mir die inneren Spannungen im Knochen durch ein System von Knochenbalken so geleistet, daß jedes einzelne isoliert verlaufende Balkenelement nur in seiner Längsrichtung, auf Zug oder Druck in Anspruch genommen ist. Ein beliebiges derartiges Element (Fig. 179 L) bilde mit einer bestimmten Hauptebene PP den Winkel α. In ihm wirken die Kräfte k und —k gegeneinander. Der Querschnitt q erleide pro Flächeneinheit einen Druck d. Projizieren wir nun die Kraftvektoren k und —k auf die betreffende Hauptebene, so erhalten wir zwei Projektionen k cos α und —k cos α. Denken wir uns in der Projektionsebene zwischen die Projektionen der beiden Endpunkte jenes Elementes einen Knochenbalken eingefügt von solcher Dicke, daß sein Querschnitt q' durch k cos α und —k cos α in der gleichen Weise wie jenes Element pro Flächeneinheit auf den Druck d in Anspruch genommen ist, so muß q' offenbar = q. cos α sein.

Wo drei oder mehr einzelne Balken im Winkel zusammenstoßen, halten sich die in ihnen wirkenden Spannungen Gleichgewicht. Es kann nun gezeigt werden, daß das gleiche auch mit den Projektionen dieser Kräfte der Fall sein muß.

Man kann sich also das ganze Trajektoriensystem auf eine Ebene projiziert resp. in dieser Ebene durch ein materielles Trajektoriensystem ersetzt denken, so daß in demselben jeder Balken einem Balken des

wirklichen Trajektoriensystems entspricht und hinsichtlich des Längs-
verlaufes seine Projektion darstellt, in der Länge aber je entsprechend
dem Faktor cos α kleiner ist. Verbindungen und Isolierungen müssen wie
im ersten System beschaffen sein. Wirken an diesem zweiten System
an den Punkten, welche den Projektionen der wirklichen Angriffspunkte
der Kräfte entsprechen, die Projektionen der Kräfte, so muß das gedachte Projektionstraktoriensystem überall genau in derselben Weise
in den sich entsprechenden Balkenquerschnitten in Anspruch genommen
sein, wie das wirkliche Trajektoriensystem. Man hat es aber bei
diesem Projektionsverfahren nur mit denjenigen Komponenten der
Kräfte zu tun, welche der Projektionsebene parallel laufen.

Das Röntgenbild eines Knochens gibt kein vollstandig adäquates Bild einer
solchen Projektion, indem dafür die Intensität des Schattens des einzelnen Balkens
dem Wert cos α proportional sein müßte, während sie theoretisch entsprechend
dem Wert $\dfrac{1}{\cos \alpha}$ sich verhält, also entsprechend dem Wert $\dfrac{1}{\cos^2}$ des Winkels α,
den der Balken mit der Projektionsebene bildet, zu groß ist.

Es kommen bei einer solchen Betrachtungsweise natürlich nur
Trajektorien in Betracht, welche zwischen den Angriffspunkten der
Kräfte verlaufen.

IX. Anhang. Der Stand der Vierfüßler.

Der Vergleich ist ein unentbehrliches Hilfsmittel zur wissenschaftlichen Erkenntnis auch auf dem Gebiete der maschinellen Einrichtungen der Organismen. Die Konstruktion der Körpermaschinerie des Menschen wird nicht annähernd vollkommen erkannt, werden, ohne den Ausblick auf die verwandten und abweichenden Verhältnisse bei den Tieren. Einrichtungen, welche beim Tier und beim Menschen in gleicher Weise vorkommen, dürfen nicht mit Verhältnissen in ursächlichem Zusammenhang gebracht werden, die sich nur beim Menschen finden. Andererseits müssen übereinstimmende Korrelationen bei sonst ganz verschiedenen Bedingungen als besonders bedeutungsvoll erscheinen. Eine genauere Untersuchung der statischen Verhältnisse des Körpers der Vierfüßler ist zwar schon allein dadurch gerechtfertigt, daß auch der Mensch unter Umständen die Stellung des Vierfüßlers einnimmt. Von besonderer Wichtigkeit aber möchte es sein, den Unterschieden in der Konstruktion nachzuspüren, welche mit der Verschiedenheit der gewöhnlichen Art des Standes in Zusammenhang stehen.

Man muß sich indessen klar darüber sein, daß nur eine gründliche und einigermaßen vollständige Analyse der statischen Verhältnisse des Vierfüßlerkörpers wirkliche Förderung bringen kann. Die in dieser Hinsicht bis jetzt vorliegenden Lösungen sind nicht völlig befriedigend. Hier gilt es deshalb vor allem die Fragen zu formulieren, das Ziel und die Methode der Untersuchung anzudeuten. Als einen Versuch nach dieser Richtung möge das folgende Kapitel aufgefaßt werden. Wir beschränken uns in demselben auf die Untersuchung der Bedingungen, unter welchen das Stammskelett der vierfüßigen Tiere beim Stand festgestellt ist, und haben dabei vor allem Typen wie das Pferd, das Rind, den Hund im Auge. Auch der Mensch, wenn er auf allen Vieren steht, gehört in den Kreis unserer Betrachtung.

α) Die äußeren Kräfte am ganzen Körper und am Stamm.

Zur Vereinfachung der analytischen Betrachtung denken wir uns den Stamm und die Extremitäten genau symmetrisch gestellt. Den Stamm betrachten wir zunächst als in sich gefestigt, indem wir später die Bedingungen seiner inneren Feststellung genauer prüfen werden. Ebenso nehmen wir die Extremitäten als in sich starr an. ohne uns um die Bedingungen der Feststellung ihrer intermediären Gelenke zu kümmern.

Dabei rechnen wir zur versteiften vorderen Extremität auch noch das Schultergelenk und das Schulterblatt.

Darnach besteht für uns der Tierkörper zunächst aus fünf starren, gegeneinander beweglichen Gliedern, dem Stamm und den vier Extremitäten, von welche letzteren sich je zwei symmetrisch verhalten und als starr miteinander verbunden gelten könnten. Jedenfalls vereinigen sich die an den vorderen und die an den hinteren Extremitäten wirkenden Kräfte bei der Projektion aller Kräfte auf die Medianebene, mit ihren sagittalen Komponenten je zu einer einfachen Kraft. Die Zahl der Partialmassen reduziert sich auf drei.

Die Verhältnisse sind fast übereinstimmend beim Stand der Vierfüßler und bei den Liegestützen des Menschen vorlings auf Armen und Beinen. Namentlich ist mit dem Stand der Vierfüßler gut vergleichbar die Liegestütze vorlings auf gestreckten Armen und auf den Knien oder auf den Füßen bei sehr stark gebeugter Hüfte (s. Figg. 184 u. 185).

Der Schwere des ganzen Körpers wird natürlich durch die vertikalen Widerstände des Bodens an den Unterstützungspunkten der vier Extremitäten Gleichgewicht gehalten. Die Last verteilt sich auf die Unterstützungsflächen der vorderen und der hinteren Extremitäten nach ganz bestimmtem, bekanntem Gesetz. Je näher der gemeinsame Schwerpunkt des Ganzen an die eine der beiden Unterstützungsflächen heranrückt, desto größer ist der Anteil der Belastung, der auf letztere entfällt. Neben den vertikalen Komponenten der äußeren Widerstände können aber auch horizontale wachgerufen sein: Widerstände gegen einen Seitenschub. Namentlich kommt für uns ein Seitenschub nach vorn und nach hinten in Betracht. Sowohl die seitlichen bilateralen als die sagittalen Komponenten der Seitenschubwiderstände an sämtlichen Unterstützungsstellen müssen je zusammen = o sein. Die allenfalls vorhandenen sagittalen Seitenschubwiderstände müssen demnach entweder an den vorderen Unterstützungsflächen nach hinten und an den hinteren nach vorn gerichtet sein, oder umgekehrt.

Die Mittellinie der vorderen und hinteren Stützen oder die „Beinlinien" können vertikal oder schräg stehen. Im folgenden soll nur die Neigung nach vorn oder hinten berücksichtigt werden.

Das Gewicht der beiden vorderen Extremitäten, die wir uns miteinander starrverbunden denken (mit Einschluß der Schulterblätter und der von ihnen getragenen Anteile der vorderen Stammextremitätenmuskeln) sei $= A$, dasjenige der beiden hinteren Extremitäten $= P$. Wir können uns das Gewicht der Stützen je in zwei Komponenten zerlegt denken, von welchen die eine im Fußpunkt der Extremität, die andere an der Verbindungsstelle der Beinstützen mit dem Stamm in der Verbindungsebene der beiden korrespondierenden Beinlinien angreift. A zerlegt sich in A_u und A_o, P in P_u und P_o (Fig. 180). Ebenso kann man sich das Gewicht des Stammes S für den Fall seiner inneren Versteifung ersetzt denken durch zwei Kräfte, von denen die eine S_a an den Verbindungsstellen des Stammes mit den vorderen Extremitäten, die andere S_p an seinen Verbindungsstellen mit den hinteren Extremitäten angreift. Durch die vorderen Verbindungsstellen hindurch wirkt nun also im ganzen eine Kraft $A_o + S_a$ nach unten, durch die hinteren Verbindungsstellen eine Kraft $P_o + S_p$. Beiden Einwirkungen zusammen muß durch die vertikalen Widerstände w_a und w_p Gleichgewicht gehalten werden. Es ist dabei völlig gleichgültig, ob man sich die Kräfte A_o, S_a, P_o und S_p in den Verbindungsstellen des Stammes mit den Extremitäten am ersteren oder am letzteren angreifend denkt. Im ersten Fall lassen

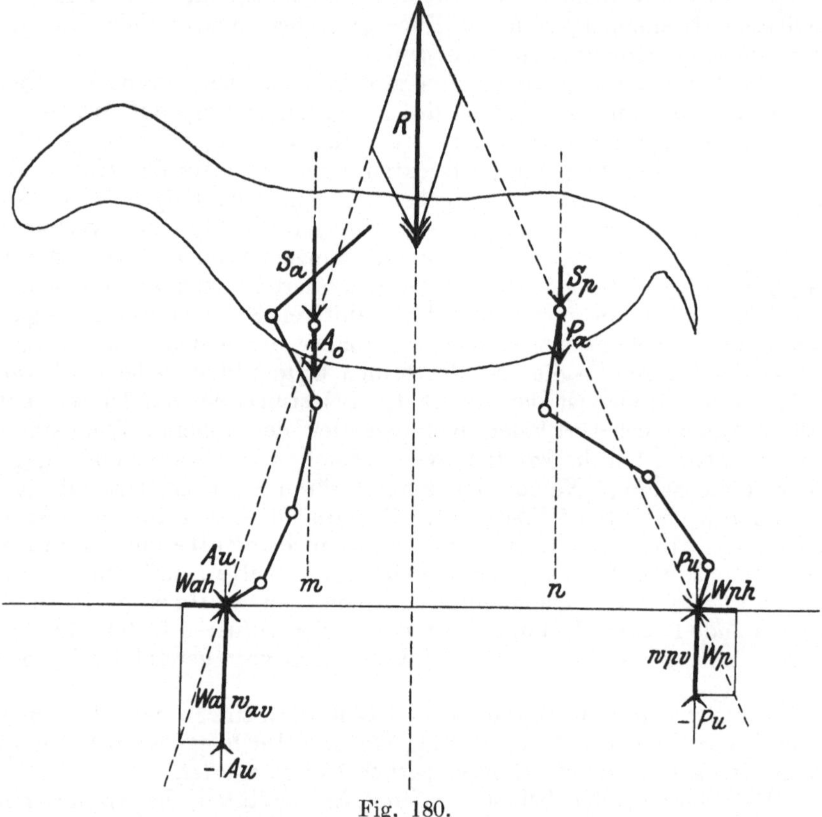

Fig. 180.

sie sich zu einer am Stamm angreifenden Resultierenden R vereinigen, die im Abstand m von den vorderen, im Abstand n von den hinteren Fußpunkten liegt. Es muß nun $w_a + w_p + R = o$ sein und $w_a \cdot m$ absolute genommen $= w_p \cdot n$.

Als Verbindungspunkte zwischen dem Stamm und den Extremitäten sind vorn die Angriffspunkte der Schulterhalfter am Stamm, hinten die Hüftgelenkmittelpunkte anzusehen.

Liegen diese Punkte vorn und hinten nicht genau senkrecht über den entsprechenden Fußpunkten, so ergibt sich aus den vertikalen Kräften allein ein Drehungseinfluß für die Beinstützen. Demselben kann in verschiedener Weise Gleichgewicht gehalten sein.

a) Schneiden sich die sagittalen Projektionen der vorderen und hinteren Beinlinien in der Kraftlinie R, so kann dieser letzteren Kraft Gleichgewicht gehalten sein durch zwei Kräfte, welche von den Fußpunkten her in den beiden Beinlinien nach oben wirken. Zu den Kräften w_a und W_p muß dann je eine horizontale Widerstandskomponente $W_{a \cdot h}$ und $W_{p \cdot h}$ hinzukommen. Denkt man sich die Kraft, die in den Beinlinien nach oben wirkt, in den Verbindungspunkten angreifend, so ergibt sich für letztere die gleiche Zerlegung in eine vertikale und horizontale Komponente. Es wirken also auch auf den Stamm die gleichen horizontalen

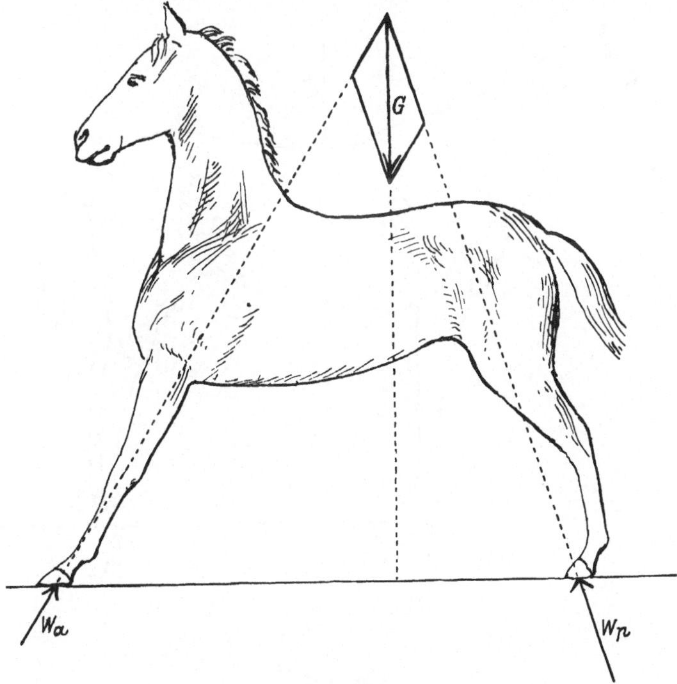

Fig. 181.

Komponenten von vorn und hinten her als Druck oder Zug gegeneinander und halten sich dort (bei gleichem Abstand vom Boden) unter Wachrufung entsprechender Druck- oder Zugwiderstände Gleichgewicht. Die Kraft R zerlegt sich also in zwei schräge, in der Richtung der Beinlinien gelegene, durch die letzteren nach den Fußpunkten hinwirkende Komponenten, die an den Füßen als Belastung und als Seitenschub zur Geltung kommen und welchen an den Füßen durch einen horizontalen und einen vertikalen Widerstand Gleichgewicht gehalten wird.

Denkt man sich die vertikalen, oben und unten auf die Extremität wirkenden Kräfte zu einem Kräftepaar vereinigt, so bilden andererseits der horizontale Widerstand am Fuß und die gleich große Gegenwirkung, welche vom Stamm her auf das obere Ende der Extremität statthat, ebenfalls ein Kräftepaar, welches jenem ersten Gleichgewicht halt.

In den Figg. 181—183 sind für das Pferd alle drei Fälle dargestellt, in welchen der Fußwiderstand genau in der Richtung der Beinlinien wirkt. Sollen die vorderen Beinstützen einzig durch die Anspannung des Serratushalfter zum Stamm festgestellt sein, so müssen sie sich in die Ebene des resultierenden Zuges der Serratushalfter einstellen. An den vorderen Fußpunkten wird der Seitenschub bald nach vorn (Fig. 181), bald nach hinten (Fig. 183) gerichtet sein. Hinten ist es umgekehrt.

b) Die genannten Bedingungen werden aber öfters nicht erfüllt, sein, so z. B. wenn nur vertikale Widerstände aus den Fußpunkten her-

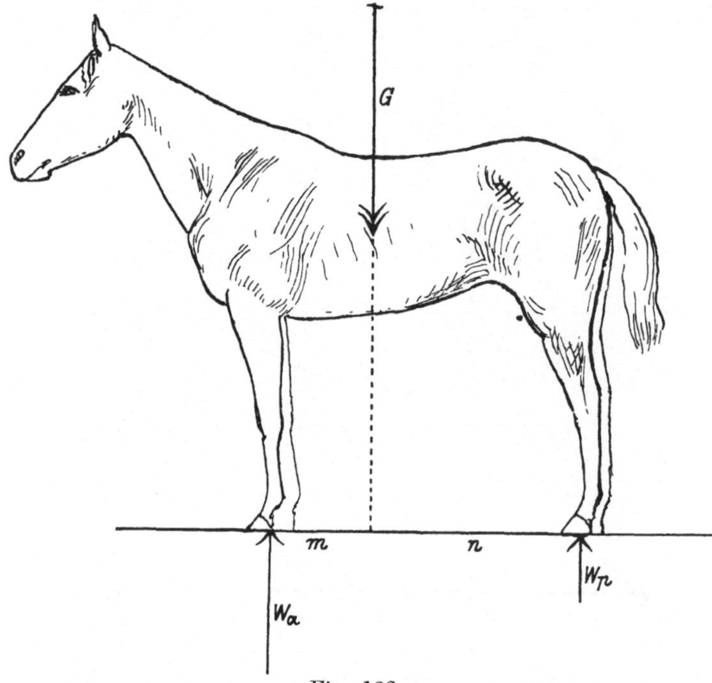

Fig. 182.

vorgerufen sind, die Beinlinien aber schräg stehen und überhaupt allemal dann, wenn die resultierenden Widerstände an den Fußpunkten, soweit sie nicht dazu dienen, die auf die Fußpunkte entfallenden Anteile der Beingewichte (bei obiger Zerlegung) zu tragen, nicht in den Beinlinien, sondern nach Stellen hin wirken, die vor oder hinter denselben gelegen sind. In allen Fällen geschieht die Übertragung dieser Resultierenden auf den Stamm in der Verbindung der Extremitäten mit dem Stamm nicht durch eine einzige Kraft, sondern durch zwei Kräfte, eine nach oben wirkende, jener Resultierenden näher gelegene, größere und eine zweite, kleinere Kraft, welche in größerer Entfernung von der Kraftlinie des Widerstandes in annähernd umgekehrter Richtung, also nach abwärts auf den Stamm einwirkt.

Solche zwei verschieden gerichtete Kräfte der Übertragung sind
an den Hüftgelenken gegeben in einer axialen, durch die gemeinsame
Hüftgelenkachse hindurch nach oben gehenden Druckeinwirkung und
in der Anspannung der Bänder oder Muskeln vor oder hinter der genannten bilateralen Achse. Aber auch an der Schulter stehen solche
Kräfte zur Verfügung, da ja die Verbindung und Kraftübertragung
außer durch den M. serratus anterior, dessen Kraftlinie durch das obere
Ende der Stütze geht, auch noch durch andere Kräfte bewerkstelligt wird.

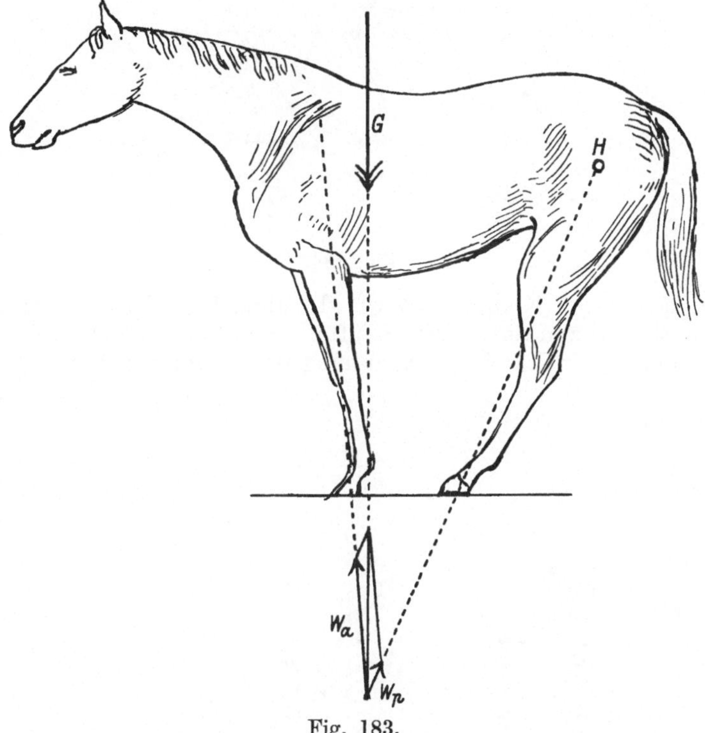

Fig. 183.

Beim Menschen kann z. B. sehr wohl in der Liegestütze durch den
M. serratus anterior (namentlich durch seinen caudalen Teil) der Stamm
gegen das Schulterblatt nach oben und etwas nach vorn gezogen werden,
während weiter cranial und ventral am Schulterblatt andere Muskeln
(Rhomboidei, Levator scapulae, cranialer Teil des Trapezius) den Stamm
gegen die Schulter nach unten und hinten ziehen. Bei genügendem
Überwiegen der Kräfte, welche caudalerseits den Stamm heben (Serratus) kann sehr wohl die Gesamteinwirkung auf den Stamm einer Resultierenden entsprechen, welche mit der Armlinie rückwärts divergierend
in der Richtung von den Handpunkten nach dem Stamm hin wirkt
(Fig. 184). W_a und W_p halten der Kraft R Gleichgewicht. W_a überträgt sich auf den Stamm durch den Zug im Serratus (k) und den Zug

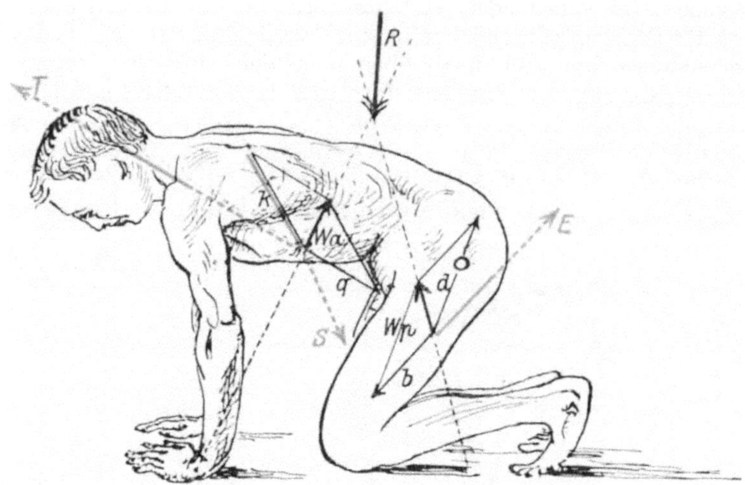

Fig. 184.

im Trapezius etc. (Komponente q). In ähnlicher Weise überträgt sich
W_p auf den Stamm durch zwei Kräfte, durch einen Druck d gegen das
Gelenk und durch die aktive Spannung der hinteren Hüftmuskeln (b).

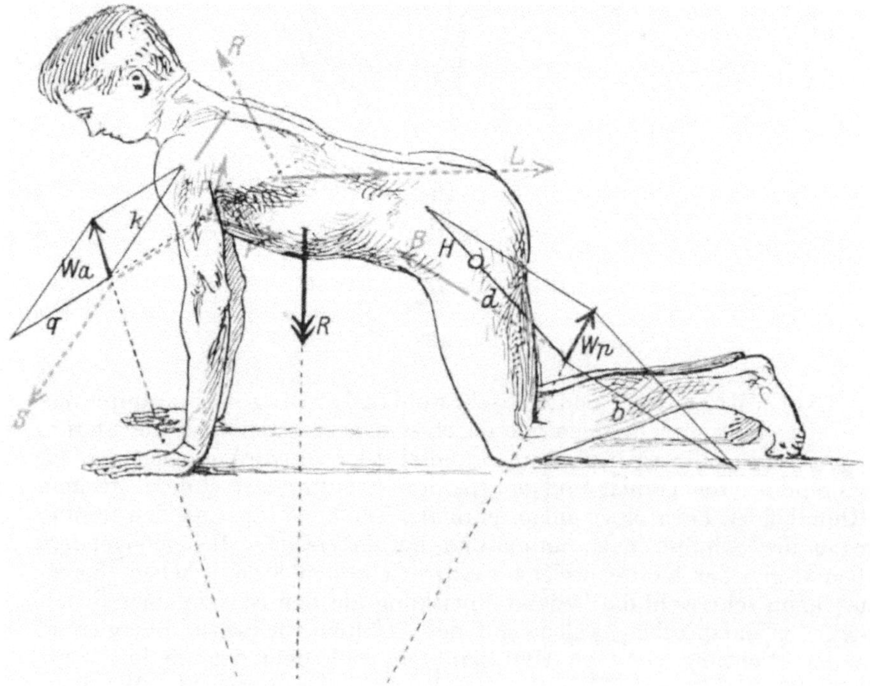

Fig. 185.

Ist dagegen die Spannung derjenigen Teile vermehrt, welche kranialwärts dem Stamm gegenüber der Basis scapulae nach hinten oben ziehen (vorderer Teil des Serratus anterior Fig. 185), und kommen kaudalwärts (und weiter unten) Kräfte hinzu, welche ihn mehr oder weniger horizontal nach vorn gegen das Gelenkende der Scapula oder den Arm hin drängen (Pectoralis minor, hintere Ränder der Pectoralis major und Latissimus dorsi), so entspricht das einer vor der Armlinie, von den

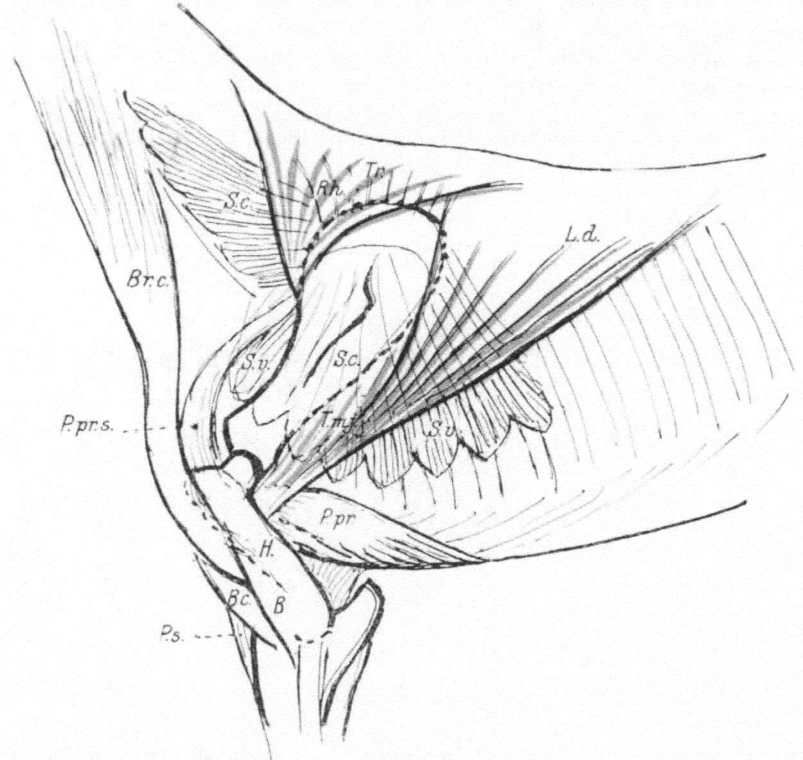

Fig. 186.   Schultermuskeln, Hund.

Handpunkten her auf den Stamm nach vorn oben wirkenden Resultierenden (Fig. 185). W_a überträgt sich hier auf den Stamm durch den Zug k im vorderen Teile der Schulterhalfter resp. des Serratus anterior s und durch die resultierende Zugspannung q des Latissimus dorsi L und des Rhomboidei R. W_p überträgt sich durch einen Druck d gegen das Hüftgelenk und durch eine Zugspannung b in den Beugemuskeln B des Hüftgelenkes.

Die Zugeinwirkung der von der Basis scapulae ausgehenden Schulterhalfter auf den Stamm ist zu vergleichen der Druckeinwirkung, welcher am Hüftgelenk durch den Gelenkmittelpunkt hindurch auf den Stamm ausgeübt wird; die Kräfte aber, welche nach vorn oder hinten vom Angriffspunkt der resultierenden Zugeinwirkung der Schulterhalfter vorbei vom Arm her auf den Stamm einwirken, haben ihr Analogon in dem Zug der Muskeln oder Bänder, welche vor oder hinter der gemeinsamen Hüftgelenkachse vom Bein auf den Stamm wirken.

Ähnliche Kombinationen wie beim Menschen sind auch bei den Vierfüßlern möglich. Wenn auch hier das Schulterblatt schmal ist und annähernd sagittal steht, und wenn auch eine Clavicula fehlt, können doch zu den Kräften, welche zwischen der Basis scapulae und dem Stamm wirken, solche hinzukommen, welche den vorderen oder den hinteren Winkel zwischen der vorderen Beinstütze und dem Stamm zu verkleineren streben. Sie geben mit den ersteren zusammen eine von den Fußpunkten her nach oben wirkende, aber mit den Beinlinien nach vorn oder hinten divergierende Resultante.

Zu den Kraften der ersten Art gehört die Spannung des M. serratus ventralis, welcher dem Serratus ant. des Menschen entspricht (Fig. 186). Die Richtung der

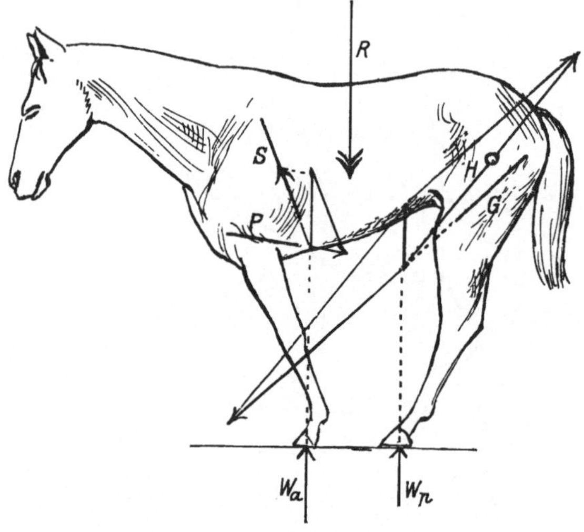

Fig. 187.

resultierend zwischen dem Ende der Beinstütze (Basis scapulae) und dem Stamm wirkenden Kraft, wird verschieden sein, je nachdem mehr die vordere oder mehr die hintere Partie des Muskels gespannt ist. Außerdem kommen in Betracht der M. serratus cervicalis, der mit dem M. levator scapulae des Menschen zu vergleichen ist, und die Mm. rhomboidei (thoracalis und cervicalis), sowie die thoracale Portion des Trapezius.

Tiefer unten an der Vorderbeinstütze greifen sowohl Muskeln an, welche den vorderen Winkel verkleinern konnen (M. trapezius cervicalis, M. brachio-cephalicus, vorderer Teil der Brustmuskeln) als solche, welche den hinteren Winkel verkleinern können (hinterer Teil der Brustmuskeln und Latissimus dorsi).

In nebenstehender Fig. 186 sind die Schultermuskeln des Hundes dargestellt. Sc. Scapula, Tr. Trapezius (rot), L. d. Latissimus dorsi (rot), S. c. Serratus cervicalis (cranialis) und S. v. Serratus ventralis, von den vorher genannten drei Gebilden, zum Teil bedeckt. H Humerus, Br. c. Brachio cephalicus, Bc. Biceps, B Brachialis, P. pr. s., P. pr. Pectorales.

An der Schulter handelt es sich also nicht immer um eine bloß vertikale Halfterunterstützung. Vielmehr kann die Unterstützung des

Stammes von der Vorderbeinstütze her auch in der Weise geschehen, daß der Brustteil hinten gehoben und vorn unten gesenkt wird, wie bei Fig. 187, oder der Einfluß geht umgekehrt auf Senkung hinten und Hebung vorn, wie bei Fig. 188, wobei die hinteren Muskeln (Latissimus dorsi) an der Wirbelsäule nach hinten über den Brustteil hinausgreifen und sie als Krafthebel benutzen. Die zueinander annähernd entgegengesetzt gerichteten ungleichen Einwirkungen auf den Stamm können durch eine einzige Resultierende ersetzt werden, wobei wir uns allerdings den vorderen Rumpfabschnitt resp. den ganzen Rumpf als in sich festgestellt denken müssen.

Bei annähernd vertikal gerichteten Widerständen an den Fußpunkten h und f der beiden Stützen, wenn kein wesentlicher

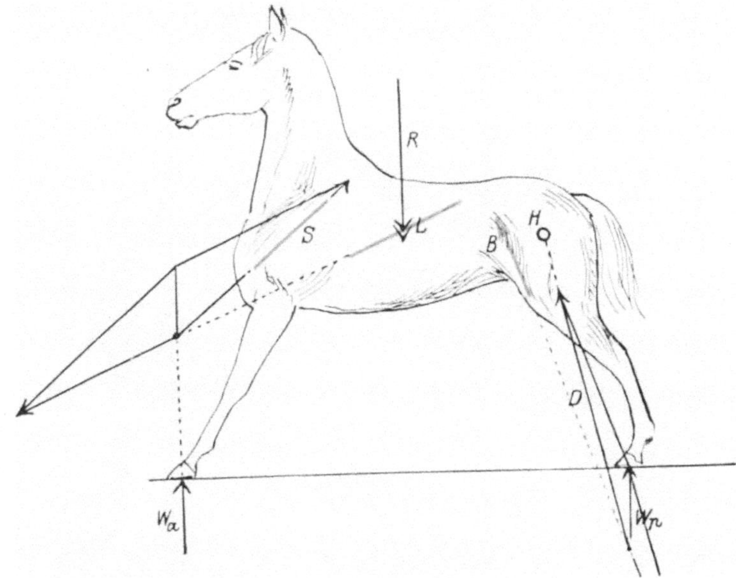

Fig. 188.

Seitenschub nach vorn und hinten in Frage kommt (z. B. bei glattem Boden), genügt die vertikale Einwirkung zwischen Stütze und Stamm bei vertikal gestellten Stützen zur Feststellung des Ganzen. Konvergieren die Beinlinien von vorn und hinten nach oben hin (Fig. 188), so müssen an den einander zugewendeten Seiten der Schulter und Hüftverbindung Kräfte zur Verkleinerung des Winkels zwischen Stützen und Stamm (resp. Kräfte, welche die Öffnung dieser Winkel verhindern) hinzukommen. Bei aufwärts divergierenden Stützen (Fig. 187) sind umgekehrt fixierende Kräfte an den voneinander abgewendeten Seiten der Verbindung.

Sind endlich die Stützen beide nach der gleichen Seite, entweder nach vorn (Fig. 189) oder nach hinten hin geneigt, so ist

Feststellung des ganzen Systems noch möglich, solange der gemeinsame Körperschwerpunkt noch über der gemeinsamen Unterstützungsfläche gelegen ist. Es müssen dann aber neben den auf den Stamm nach oben wirkenden Kräften der Verbindung (in S und H) noch fixierende Kräfte an derjenigen Seite der beiden Verbindungen wirksam sein, nach welcher hin die beiden Stützen geneigt sind.

Diese Betrachtungsweise orientiert auch über die wesentlichen Verhältnisse der Ortsbewegung durch Aktion in der Schulter und Hüftverbindung. Denkt man sich das System festgestellt und nun neue Spannungen

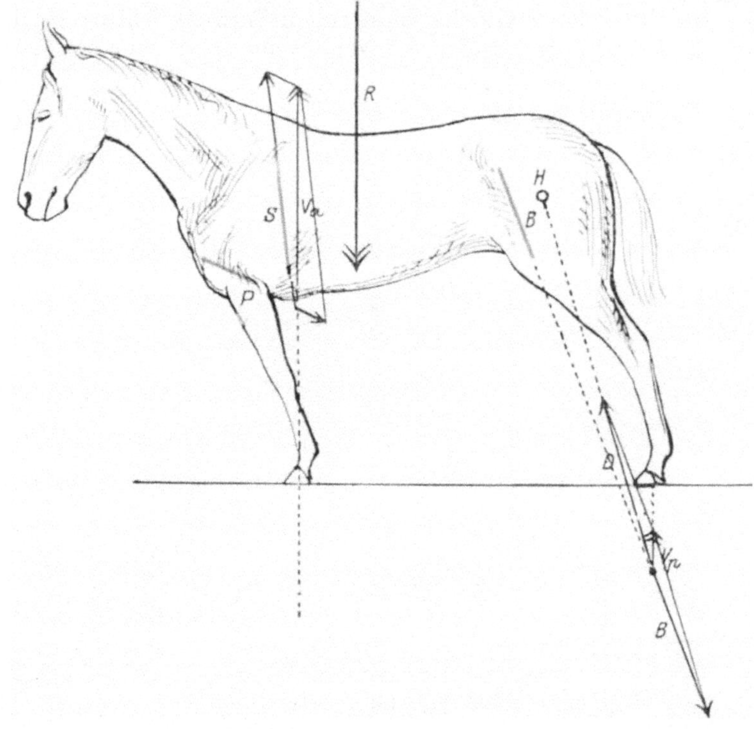

Fig. 189.

an der Vorderseite (im vorderen Winkel) der Verbindung zwischen Stützen und Stamm hinzugefügt, so wird dadurch ein neuer rückwärts gerichteter Widerstand an den beiden Fußpunkten erzeugt. Der lokomotorische Effekt auf die Bewegung der Gesamtmasse muß eine Beschleunigung nach hinten sein. Die Wirkung der neuen Spannungen an der Schulter und Hüfte zur Drehung des Stammes im Sinn einer Erhebung des hinteren Endes wird durch entgegengesetzt drehende Einwirkungen der Schwere aufgehoben. An beiden Verbindungsstellen verkleinern sich die vorderen Winkel, während der Stamm mit Schulter und Hüfte rückwärts geschoben wird.

Genau die umgekehrte Bewegung und lokomotorische Beschleunigung (nach vorn) kommt zustande, wenn neue Spannungen nicht an der Vorderseite, sondern hinten an den Verbindungen zwischen Stützen und Stamm hinzukommen. Dieser Fall ist in Fig. 190 dargestellt.

Der Stamm wird gleichsam, wie ein Schiffskörper durch die Ruder, durch neu hinzukommende Spannungen vorn an den Verbindungsstellen nach hinten, durch neu hinzukommende Spannung an der hinteren caudalen Seite der Verbindung dagegen nach vorn gehebelt. Man kann sich leicht davon überzeugen, daß bei dem Gang der Vierfüßler das Schulterblatt in erheblicher Weise mitbewegt wird und zwar geht es bei der Vorschiebung des Körpers an der Seite des Standbeines aus der vorwärts absteigenden in eine mehr vertikale Stellung über, wesentlich durch Rückbewegung des unteren Endes gegenüber dem Stamm. Bei der Vorführung des Vorderbeins nach vorn kehrt es in die vorwärts absteigende Stellung zurück. (Natürlich spielt außerdem noch die (axillare) Streckung und Beugung im Schultergelenk eine wichtige Rolle. Dazu kommt an beiden Extremitäten die Aktion an den intermediären Gelenken besonders am Ellbogen und Kniegelenk.) In Fig. 190 sind die für die Vorbewegung hauptsächlich beteiligten Muskelgruppen als farbige Linien eingezeichnet.

Die horizontalen Widerstände an den Fußpunkten geben bei der Vorbewegung zusammen mit den Widerständen gegen die Vorbewegung des Stammes Krafte-

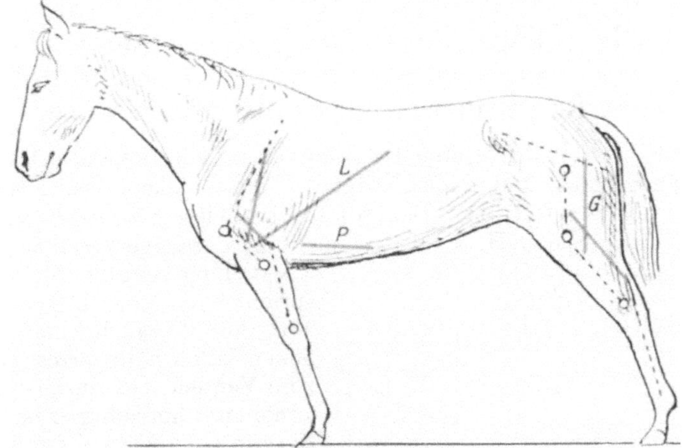

Fig. 190. Hauptmuskeln der Vorbewegung, Pferd. *L* Latissimus, *P* Pectoralis, *G* Glutaeus.

paare, welche den Körper zurückdrehen. Die Schwere aber (ihre Anteile in S und H) und die vertikalen Widerstände an den Fußpunkten geben die entgegengesetzt drehenden Kräftepaare, welche eine solche Drehung jeweilen verhindern oder wieder aufheben. Je größer der horizontale Widerstand gegen die Vorbewegung z. B. beim Ziehen ist, desto mehr müssen die Fußpunkte gegenüber dem Stamm im Mittel zurückgestellt sein. Dagegen ist die weitverbreitete Annahme, nach welcher die Schwere einen großen Teil der Arbeit zur Vorbewegung leistet, nicht richtig. — Die Anspannung der Rückzieher der Schulter und des Vorderbeines führt an sich zur Abwärtsausbiegung der Rumpfbrücke. Ihr wird durch eine stärkere Langsanspannung der ventralen Rumpfwand und der ventralen Halsmuskulatur entgegengewirkt. Vielleicht erklärt sich aus diesem Umstande die Tatsache, daß die Pferde beim Ziehen den Hals kraftvoll nach unten beugen.

Bei der vorausgehenden Beurteilung der von den Beinen her auf den Stamm einwirkenden Kräfte haben wir angenommen, der ganze Widerstand gegen die Füße übertrage sich auf den Stamm. Die betreffende Einwirkung besteht unter dieser Voraussetzung in einer Resultierenden, deren Kraftlinie durch den Fußpunkt geht. In Wirklichkeit wird uns

aber von jeder Extremität her nur diejenige Komponente des Fußwiderstandes auf den Stamm übertragen, welche nicht zur Unterstützung
des Beingewichtes selbst verwendet wird, resp. es wirkt gegen den Stamm
die Resultierende, welche sich aus der Einwirkung der ganzen Schwere
des Beins und des ganzen Fußwiderstandes ergibt. Diese Resultierende
hat notwendigerweise einen kleineren vertikalen Anteil als der Fußwiderstand (s. Fig. 180). Die Richtung derselben muß bei schräg gestellten Beinen eine andere sein als diejenige des Fußwiderstandes,
auch braucht die Kraftlinie nicht durch den betreffenden Fußpunkt zu
gehen. Die sämtlichen Einwirkungen von den Beinen auf dem Stamm
haben dann nur dem Gewicht des Stammes Gleichgewicht zu halten.
Die Kraftübertragung von den Extremitäten auf den Stamm geschieht
jedoch im übrigen nach der im vorigen erörterten Weise.

β) Die innere Versteifung des Stammes.

1. Das Konstruktionsprinzip der Stammwand.

Wir haben schon des öfteren den Stamm bezeichnet als einen elastisch-
muskulösen Schlauch mit eingeschalteten Skelettstücken, dessen Inneres
mit Eingeweiden gefüllt ist. Das gilt für die Tiere ebensogut wie für
den Menschen. Schon H. v. Meyer hat eine derartige vereinfachende
Vorstellung benutzt. M. v. Arx
spricht von einer Körperblase.
Man könnte auch einen läng-
lichen Ballon, halbstarres System,
zum Vergleich heranziehen. Bei
annähernd horizontaler Lage des
Stammes und Unterstützung
durch die Extremitäten liegt
nun die Wirbelsäule an der Oberseite, als eine gegliederte, druck-
feste, mehr oder weniger aufwärts
ausgebogene Kette (Druck-

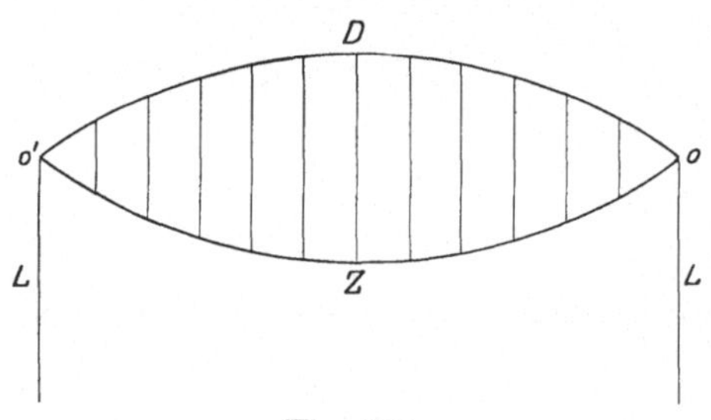

Fig. 191.

baum), während die untere oder Ventralseite der Stammwand als eine
hängende Kette oder Längsgurte erscheint, in welcher starre und
weiche Abschnitte aufeinander folgen.

Denkt man sich eine untere, hängende und eine obere, stehende
aufwärtskonvexe Kette an den Enden verbunden und eine Belastung
gleichmäßig auf beide Ketten und an jeder Kette gleichmäßig über der
Horizontalprojektion der Länge verteilt, die Endpunkte der Konstruktion aber unterstützt, so ist bei gleicher parabolischer Krümmung
die obere Kette festgestellt, wenn dem an ihren Enden horizontal
wirkenden Seitenschub durch eine horizontale Gegenkraft und durch
einen vertikalen Widerstand je der Hälfte der Belastung Gleichgewicht
gehalten ist. Ebenso verhält es sich mit der unteren Kette, mit dem
Unterschied, daß hier einem nach der Mittellinie der Konstruktion

wirkenden horizontalen Zug Gleichgewicht gehalten sein muß. Durch die Verbindung der Enden beider Ketten hält der Seitenschub in der oberen Kette den horizontalen Komponenten des Zuges in der unteren Kette Gleichgewicht. Die Endpunkte der Konstruktion brauchen also nur vertikal unterstützt zu sein (Fig. 191).

Sind die Glieder der Ketten überall gleich lang, so daß die Gliederungsstellen genau übereinander liegen, so kann man je zwei übereinander liegende Gliederungsstellen durch Vertikalstangen miteinander verbinden und es kann dann die Belastung der oberen oder unteren Gliederungsstelle beliebig mit ihrem Angriffspunkt in dieser Stange verschoben werden (parabolischer Träger ohne Diagonalverschränkung). Man ist im ersten Augenblick versucht anzunehmen, daß es sich beim horizontal liegenden, vorn und hinten unterstützten Stamm um dieses Prinzip der Konstruktion handelt, und daß die Rippen solche Zwischenstangen sind, durch welche die von der ventralen Längsgurte getragene Last z. T. an der Wirbelsäule aufgehängt ist, oder aber ein Teil des Gewichtes der Wirbelsäule und ihrer Belastung auf die ventrale Gurte übertragen wird. Man bemerkt aber bald die wichtigen Abweichungen von dem genannten Konstruktionsprinzip. Vor allem findet sich die Unterstützung nicht an den Stellen, wo sich die untere Längsgurte (vorn am Hals und Kopf und hinten am musculotendinösen caudalen Beckenabschluß) mit der Wirbelsäule zusammenschließt, sondern näher der Mitte des Stammes, an Stellen, wo die untere Längsgurte mit der Wirbelsäule vorn durch Rippen, hinten durch die Hüftbeine verspannt ist. Der horizontal gegen die vorderen Brustwirbel und die Hüftbeine gerichtete Seitenschub der oberen Kette (Wirbelsäule) kann dem umgekehrt gerichteten Seitenschub der unteren Kette also nur durch Vermittelung der Rippen resp. der Hüftbeine Gleichgewicht halten, was Verspannungen nötig macht, welche die Drehung dieser Zwischenstücke gegenüber der oberen und unteren Kette verhindern. Die darüber hinausgehenden Enden des Stammes fallen ganz aus dem Rahmen der Konstruktion heraus; sie verhalten sich wie angehängte Teile, und es ist für sie die Art ihrer Aufhängung resp. ihrer Versteifung mit dem Überbleibsel des parabolischen Trägers besonders zu untersuchen. Im weiteren zeigt die Wirbelsäule auch in ihrem Rumpfteil, zwischen den vorderen Brustwirbeln und den Hüftbeinen durchaus nicht immer die Verhältnisse einer aufwärts gewölbten oder auch nur einer gleichmäßig parabolisch gekrümmten oder geradlinigen Kette, und es läßt sich mit Sicherheit sagen, daß im allgemeinen bei ihrer Feststellung, bei welcher dem Einfluß der Schwere auf die obere Kette durch die Unterstützung seitens der Extremitäten und den Einfluß der Spannung der unteren Längsgurte Gleichgewicht gehalten wird, die einzelnen Glieder und Junkturen der Wirbelsäule nicht bloß auf Druck in der Längsrichtung von Wirbelkörper zu Wirbelkörper in Anspruch genommen sind.

Die untere Längsgurte spielt bei der Feststellung des Rumpfstammes allem Anschein nach die weniger wichtige Rolle, insofern als ihre direkte Belastung erheblich geringer ist als diejenige der Wirbelsäule. Aus allen diesen Gründen ist eine spezielle Untersuchung über die in der unteren Gurte, an den Zwischenstücken und an der Wirbelsäule in ihren verschiedenen Regionen wirkenden Kräfte unumgänglich notwendig.

Das Gewicht der Baucheingeweide lastet zum größten Teil auf der ventralen Becken- und Bauchwand. Soweit die weichen Bauchdecken in Betracht kommen, wird durch die Spannung derselben, wenn sie ventralwärts ausgebogen sind, Tragkraft entwickelt. Soweit Spannung in der Längsrichtung vorhanden ist, überträgt sie sich als Zug von vorn auf die ventrale Beckenwand und als Zug von hinten auf die ventrale Brustwand. Doch setzt sich der Zug in letzterer nicht ungeschwächt nach vorn fort, indem vor allem die sagittale Spannung des Zwerchfells einem Teil derselben Gleichgewicht hält resp. ihn um die Baucheingeweide herum bis zur Wirbelsäule fortleitet. Außerdem darf man aber nicht übersehen, daß die ventrale Bauchwand auch als Mitte einer queren Gurtung zu betrachten und durch Vermittelung der seitlichen Bauch- und hinteren Brustwand an die Wirbelsäule aufgehängt ist. Sie wird dadurch bezüglich der Längsspannung entlastet. Ein großer Teil der Last der Baucheingeweide wird durch Vermittelung dieser queren Gurtung von der Lenden und hinteren Brustwirbelsäule getragen.

2. Die Feststellung der Hüftbeine.

Die Hüftbeine stellen ein hinteres Zwischenstück zwischen der ventralen Rumpfwandgurte und der Wirbelsäule, aber auch zugleich ein Zwischenstück zwischen der hinteren Extremität und der übrigen Stammwand dar. Es wirken auf sie folgende Kräfte:

1. Die eigene Schwere und die direkte Eingeweidebelastung.

2. Die Spannung der weichen Bauchdecken. Beim gewöhnlichen Stand handelt es sich wesentlich um eine ventrale Längsspannung in den geraden Bauchmuskeln (L, Fig. 192) und um eine annähernd transversale Spannung, vermittelt durch den queren und die beiden schiefen Bauchmuskeln (T_v, Fig. 192).

3. Der Vorbewegung des Hüftbeins durch den Längszug in der Bauchwand kann Widerstand geleistet sein durch den longitudinalen Druckwiderstand D der Wirbelsäule am oberen Ende des Hüftbeins, und dem Einfluß zur Drehung im Sinn größerer Querstellung (herrührend von den Parallelkräften D und L im Abstand n) durch den in der Regel umgekehrt drehenden Einfluß der folgenden zwei Kräfte.

4. Durch die Iliosacraljunktur überträgt sich auf das Hüftbein ein Teil des Gewichtes der Wirbelsäule und ihrer Belastung (B, Fig. 192).

5. Von unten wirkt durch die Hüfte der für den Stamm verfügbare Teil V_p des vertikalen Fußwiderstandes. Die Resultierende sämtlicher am Hüftbein nach unten wirkender Kräfte sei $= R_p$; sie bildet mit V_p ein Kräftepaar mit dem Hebelarm m. Die vom Bein her auf den Stamm einwirkende Kraft ist im allgemeinen nach oben gerichtet; die Kraftlinie braucht weder genau durch die Hüftgelenkmitte, noch durch die Iliosacraljunktur zu gehen. Häufig liegt sie hinter der letzteren.

Fig. 192 zeigt, wie etwa in der Regel beim aufrechten Stand die Inanspruchnahme und Feststellung des Hüftbeins und seiner Junkturen sich gestaltet. Die wichtigsten oben und unten angreifenden Kräfte wirken dann offenbar ungefähr durch den vorwärts aufsteigenden Hauptbalken des Hüftbeins gegeneinander. Der zwischen dem Acetabulum und dem Iliosacralgelenk gelegene Teil des Hauptbalkens ist vielleicht

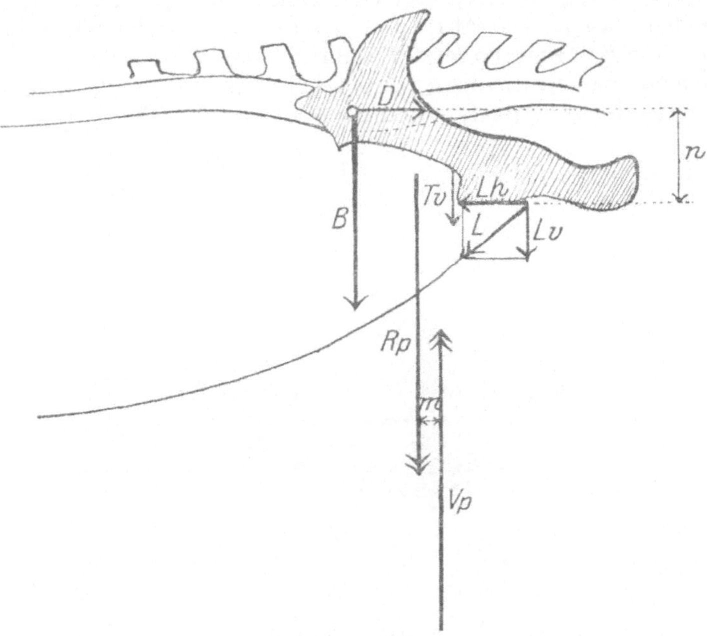

Fig. 192.

etwas stärker nach vorn gerichtet, entsprechend dem Umstand, daß bei der Vorbewegung des Körpers die Einwirkung vom Bein her mehr nach vorn gerichtet ist als im Mittel beim Stand mit vertikalen Beinlinien. Wenn die zwischen dem Hüftbeine und Wirbelsäule wirkende Kraft und Gegenkraft nicht durch die Articulatio sacro-iliaca, sondern vor oder hinter derselben vorbeigeht, müssen natürlich zur Feststellung besondere Verspannungen an der Vorder- oder an der Hinterseite des Gelenkes in Anspruch genommen sein.

3. Die ventrale und seitliche Brustwand.

(Vordere Zwischenstücke).

Auch wenn ein positiver allgemeiner Druck in der Bauchhöhle (gemessen durch den Druck an der höchsten Stelle der letzteren) nicht vorhanden ist (s. Kapitel II, S. 66), so besteht doch ein Belastungsdruck, der nach den tiefsten Stellen hin zunimmt. Durch die Spannung

der weichen Bauchdecken und des Zwerchfells überträgt sich das Gewicht der Baucheingeweide auf das Becken, die Lendenwirbelsäule,
die Rippen und das Brustbein. Auf das Brustbein wirkt die Spannung
der weichen Bauchdecken und zwar wesentlich durch Vermittelung der
Recti (Ra, Fig. 193) und der letzten Rippenknorpel als kaudalwärts
gerichteter Zug. Diese Zugeinwirkung wird unterstützt durch die
Spannung in den vorderen gegen die Linea alba und das Brustbein hin-
ziehenden Fasern des Obliquus internus. Andererseits überträgt
sich auf die falschen und letzten wahren Rippen, an den Rippenknochen
angreifend die Spannung des Obliquus externus (Oe) als ein
schräg rückwärts abwärts gegen die ventrale Mittellinie hin gerichteter

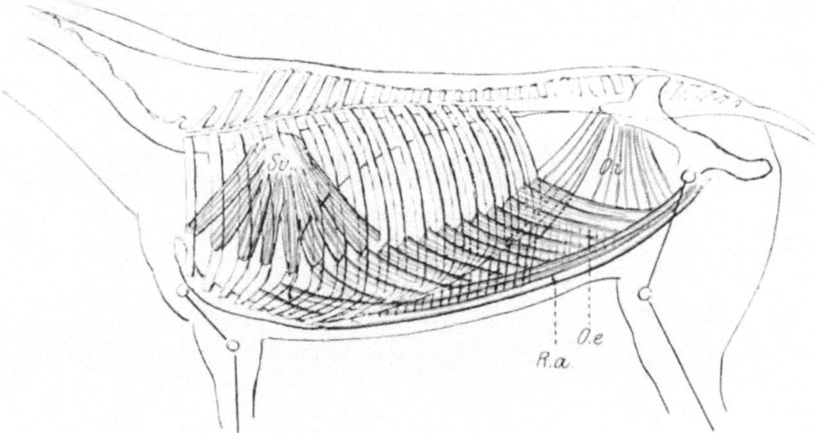

Fig. 193. Bauchgurte und Serratushalfter. Pferd.

Zug. Dazu kommt durch Vermittlung der Knorpel eine rückwärts auswärts gerichtete Schubeinwirkung auf die ventralen Enden der letzten
mit dem Brustbein direkt und indirekt knorpelig verbundenen Rippenknochen. Dem resultierenden Zug, welcher aus der Längsrichtung der
Rippenknochen caudalwärts abweicht, steht an der letzten wahren Rippe
und an allen folgenden falschen Rippen als direkt ventralwärts gerichtete Einwirkung, die von der Längsrichtung des Rippenknochens
etwas nach vorn abweicht, nur gegenüber die Spannung im M. transversus. Wir lassen den Einfluß zur Drehung um die costovertebralen
Drehungsachsen außer Betracht und zerlegen nur die auf die Rippenknochen einwirkenden Kräfte in die quer zum Rippenknochen gerichtete
und die in seine Längsrichtung entfallende Komponente. Die erstere
wird weiter zerlegt in den Anteil, welcher in die seitliche Rumpfwand
entfällt und in den nach dem Innern der Bauchhöhle gerichteten Anteil.
Dem letzteren sei durch den Gegendruck des Inhaltes der Bauchhöhle
Gleichgewicht gehalten. Quer zur Längsrichtung der Rippenknochen,
in der Richtung der seitlichen Bauchwand, wirkt der Transversus dem
Obliquus externus unzweifelhaft entgegen.

Außerdem wird man sich vorstellen müssen, daß es vor allem die Querspannung der Bauchwand und namentlich die Spannung des M. transversus ist, welche die Verkürzung des Längendurchmessers der Bauchhöhle resp. das Caudalwärtsgehen der in die Bauchwand eingeschalteten Rippenknorpel und ventralen Enden der Rippenknochen hindert.

Durch die Zusammenziehung des Transversus wird die Bauchblase verlängert, das Zwerchfell stärker in den Brustraum hineingewölbt; durch die Meridionalspannung des letzteren werden die Rippenenden cranialwärts gezogen. Dabei setzt sich also gleichsam ein Teil der Längsspannung der weichen Bauchdecken durch die ventralen Enden der letzten Rippen in das Zwerchfell fort, und nur ein Teil geht in der Rippenwand weiter. Soweit ersteres der Fall ist, hilft die Zwerchfellspannung den an den Rippen caudalwärts wirkenden Kräften Gleichgewicht halten. Für den in der Rippenwand weitergehenden Teil der Längsspannung aber gilt folgendes:

Nehmen wir für den normalen aufrechten Stand eine annähernd gleichmäßige mittlere Spannung in den Fasern der Bauchwandmuskeln an und stellen uns vor, daß auch die Intercostalmuskeln füglich einen ebenso großen mittleren Tonus aufweisen können, so folgt daraus, daß sich ein Teil der auf die hinteren Rippenknochen rückwärts einwirkenden Kraft durch die Intercostalmuskeln auf vordere Rippen fortsetzen kann, insbesondere auch auf die Rippen, welche von den Muskeln der weichen Bauchdecken (Obliquus externus) nicht mehr direkt erreicht werden. Berücksichtigt man das alles, so kommt man zu folgendem Schluß: An den hinteren Rippenknochen (der falschen und der letzten wahren Rippen) können sehr wohl die kaudalwärts und die kranialwärts ziehenden Kräfte im Gleichgewicht sein, die Rippenknochen sind dann wesentlich nur in ihrer Längsrichtung resp. in der Ebene ihrer Hauptkrümmung auf Zug in Anspruch genommen; sie sind mit ihrer Längsrichtung (Hauptebene) in die Richtung der resultierenden Zugeinwirkung eingestellt. Von den Einwirkungen zur In- und Exspiration sehen wir dabei ab, d. h. wir gehen bei unserer Betrachtung von der respiratorischen Mittel- und Ruhestellung aus.

Auf die vorderen wahren Rippen, welche von den Bauchmuskeln nicht mehr erreicht werden, muß nach dem vorigen trotzdem noch ein Teil der Spannung der Bauchwand, wesentlich in longitudinaler Richtung indirekt übertragen werden, einmal durch den Tonus der Intercostalmuskeln, zweitens durch Vermittelung des Brustbeins. Es ist aber zu berücksichtigen, daß auf der ventralen Brustwand (Sternum und Rippenknorpel) ein nicht unbeträchtliches Gewicht der Brusteingeweide lastet. Die ventrale Brustwand ist gleichsam zwischen den Enden der vorderen Rippenknochen aufgehängt und steigt zwischen ihnen, deutlich der Wirbelsäule sich nähernd nach vorn auf. So muß der auf sie wirkende Druck eine deutlich nach vorn unten gerichtete Komponente der Belastung darstellen (während die andere Komponente rückwärts abwärts gegen die Mittelteile des Zwerchfells wirkt und von der Bauchhöhle her im Gleichgewicht gehalten wird. Ich glaube deshalb annehmen zu müssen, daß der Druck des Brusthöhleninhaltes auf die ventrale Brustwand und auf die vorderen Rippenknochen im Sinn einer kranialen Ablenkung wirkt, so daß auch die vorderen Rippenknochen seitlich, trotz der auf sie übertragenen Einwirkung des Zuges der Bauchwand im Gleichgewicht sein und in die Resultierende der auf sie stattfindenden Einwirkungen eingestellt sein können. Die Intercostalmuskeln und Scaleni wären danach — immer für die Mittelstellung der Atmung — bei der Feststellung der Rippenknochen entgegen den Einflüssen, welche vom Gewicht der Rumpfeingeweide herrühren, nicht mehr beteiligt als durch ihren gewöhnlichen mittleren Tonus.

Die hier besprochene Frage scheint mir von großer Wichtigkeit für das Verständnis der Konstruktion der Rumpfwand und namentlich auch ihres Verhaltens bei der Atmung zu sein. In der Tat ließe sich die Möglichkeit einer Mitwirkung der Rippenbewegung zur Atmung nicht einsehen, wenn die Rippenknochen bei der gewöhnlichen Korperhaltung schon in der respiratorischen Ruhestellung in exspiratorischer Extremstellung passiv festgestellt oder durch Inspirationsmuskeln kranialwärts festgehalten wären, entgegen der in der Bauchwand wirkenden Spannung. Dies gilt für die Vierfüßler und für den Menschen in gleicher Weise.

Der Stamm, mit den Eingeweiden von den Extremitäten getrennt, stellt eine in sich versteifte Konstruktion dar. Einer in der ventralen und seitlichen Rumpfstammwand wirkenden Längsspannung, wenn eine solche bei der gewöhnlichen Stellung des Rumpfstammes vorhanden ist, wird jedenfalls durch den Druckwiderstand des von der Wirbelsäule gebildeten Druckbaumes Gleichgewicht gehalten sein müssen. Dabei ist aber zu berücksichtigen, daß Längskomponenten des rückwärts wirkenden Zuges der weichen Bauchdecken sich schon durch die schräg gestellten letzten Rippen auf die Wirbelsäule fortsetzen, und daß sich unter gewöhnlichen Verhältnissen nur ein geringer Teil der Längsspannung durch die Intercostalmuskeln auf die weniger schräg gestellten vorderen Rippen und durch sie auf die Wirbelsäule fortsetzt. Die Brustwirbelsäule wird also nach vorn zu immer weniger auf Druck in der Längsrichtung auf Grund der Längsspannung der ventralen Stammwand in Anspruch genommen.

Wir haben nun aber noch zu untersuchen, wie der von den hinteren Extremitäten nicht getragene Teil der Last des Stammes an der Brust durch die vorderen Extremitäten unterstützt, und wie dabei die Konstruktion der Rumpfstammwand in Anspruch genommen wird. Es handelt sich hier um das Gewicht der Brustwand und der Brusteingeweide; um den Anteil des Gewichtes der Bauchwand und der Baucheingeweide, der sich durch die Spannung der Bauchwand auf die Brustwand überträgt (die vertikalen Komponenten dieser Einwirkung), endlich um das ganze Gewicht des Halses und Kopfes und dasjenige der Brust- und Lendenwirbelsäule mit ihrer direkten Belastung, soweit es nicht vom Hüftbein getragen wird.

Wie bereits auseinander gesetzt wurde, hängt der Stamm vorn zwischen den Schultern und wird durch die wesentlich vom Serratus ventralis gebildete Schulterhalfter getragen. Die Angriffspunkte dieser Unterstützung sind die sog. „Serratusrippen".

Die Rippenknochen verlaufen beim vierfüßigen Tier im allgemeinen etwas rückwärts absteigend. Nur die vordersten Rippen haben bei der Betrachtung von der Seite her einen mehr vertikalen und an den vordersten Rippen sogar mitunter einen leicht nach vorn absteigenden Verlauf. Der an den unteren Enden der vorderen Rippenknochen (der 7 ersten beim Hund, der 8 ersten beim Pferd) entspringende M. serratus ventralis hat bei gleichmäßiger Spannung, beim aufrechten normalen Stand mit senkrecht gestellten Vorderbeinen eine vertikale Resultierende, die gegenüber den vordersten Rippen aufsteigend etwas nach vorn, gegenüber den hinteren Serratusfasern aufsteigend nach hinten abweicht (Fig. 193). Die vorderen Zacken des Muskels ziehen an ihren Rippen rückwärts, die hinteren desgleichen vorwärts. Indem aber unten, ziemlich zwischen die Ansatzpunkte der Serratuszacken das Sternum mit den Rippenknorpeln eingefügt ist und zwar die Rippenknorpel so, daß sie gegen das Sternum hin stark konvergieren, wird die ventrale Annäherung der Rippen gegeneinander ziemlich vollständig durch diesen zwischen eingeschalteten Teil verhindert. Dem geringeren Einfluß zur Annäherung der oberen Enden der Serratusrippen aneinander wird durch die zwischen eingelagerten Wirbel Gleichgewicht gehalten. So bildet der von den Serratusrippen und den zugehörigen Stücken des Brustbeins und der Wirbelsäule gebildete Komplex mit Bezug auf die Zugeinwirkung des Serratus ein annähernd starres Ganzes, an dem öfters keine besonderen exaxialen Kräfte an den Sternovertebralgelenken zur Verhinderung der Bewegung der Rippen gegeneinander nötig sind. Es brauchen bloß die vertikalen Zugkomponenten der an den einzelnen Rippen entspringenden Serratuszacken berücksichtigt zu werden.

Indessen kann es vorkommen, daß die mittlere Zugrichtung des Serratus naher dem vorderen oder näher dem hinteren Rande des Muskels gelegen ist, wie ein Blick auf die Figuren 181, 188 und 189 lehrt. In diesem Fall macht sich ein Einfluß zur Rückdrehung resp. der Vordrehung der Serratusrippen gegenüber der Wirbelsäule geltend, dem entweder durch stärkere Anspannung der vorn oder der hinten an den Costovertebralgelenken, zwischen der Wirbelsäule und den Rippen befindlichen Muskeln, unter Umständen auch (wenn hinten ein entgegengesetzter Einfluß zur Drehung des Hüftbeins gegenüber der Wirbelsäule vorhanden ist) durch stärkere Längsspannung in den weichen Bauchdecken Gleichgewicht gehalten werden kann.

Die ganze von den vorderen Beinstützen zu tragende Last ist, wenn wir vom Eigengewicht der Serratusrippenknochen und der damit unmittelbar verwachsenen Teile absehen, an diesen Rippen teils angehängt, teils oben, namentlich durch Vermittelung der Wirbelsäule aufgelegt. Unten angehängt ist die ventrale Brustwand mit ihrer Belastung; ferner wirken direkt an den Serratusrippen teilweise die vertikalen Komponenten des Zuges der weichen Bauchdecken, während sich ein anderer Teil schon rückwärts von den Serratusrippen auf die Wirbelsäule überträgt.

Wir haben nun genauer zu untersuchen, wie das Gewicht eines größeren Abschnittes der Wirbelsäule (vom Kopf bis zur Lendengegend) mit ihrer Belastung von den Serratusrippen getragen werden kann.

Wie wir später sehen werden, hängen gleichsam die hinteren Brustwirbel an ihrem vorderen Nachbarn. Den auf sie nach unten wirkenden

Kräften (Zug in den Rippen, Eigenschwere und fernere Belastung) wird von ihren vorderen Nachbarn her Gleichgewicht gehalten.

An den vorderen Rippen nun, an welchen der ventrale Serratus angreift (Serratusrippen), kommen neue Krafteinwirkungen hinzu. Hier wird das Gewicht, welches (durch Vermittelung der ventralen Rumpfwand) an einem Rippenknochenpaar aufgehängt ist, zusammen mit dem Gewicht des zugehörigen Wirbels, seiner direkten Belastung und der an ihm hinten angehängten Teile nicht mehr vollständig von dem nach vorn folgenden Wirbel, sondern z. T. von den an diesem Rippenpaar angreifenden Zacken des Serratus getragen. Es folgt schließlich nach vorn zu ein Rippenpaar und ein Wirbel, welche zwar noch zur Unterstützung weiter rückwärts liegender Teile beitragen, aber von den auf sie nach vorn folgenden Skeletteilen (Rippen und Wirbel) in keiner Weise mehr unterstützt werden, ja diesen selbst gegenüber den auf sie nach unten wirkenden Kräften zu Hilfe kommen. Dieser Wechsel möchte in der Regel an dem dritten und zweiten Brustwirbel gegeben sein. Den an der ersten Rippe und am ersten Brustwirbel abwärts wirkenden Kräften wird also zum Teil vom zweiten Brustwirbel her Gleichgewicht gehalten; weiter nach vorn zu trägt dann jeder hintere Wirbel seinen vorderen Nachbarn und durch dessen Vermittelung das Gewicht der ganzen vor ihm gelegenen Körpermasse.

Es ist klar, daß an den Serratusrippen die vertikale Komponente der Zugeinwirkung des Serratus jeweilen den vertikalen Komponenten sämtlicher an dem betreffenden Rippenknochen nach unten wirkender Kräfte Gleichgewicht halten muß. Die vertikale Komponente der Serratuseinwirkung ist an den hinteren Serratusrippen zunächst noch relativ gering wegen des schräg vorwärts aufwärts gerichteten Verlaufes der hintersten Serratusfasern. Das Maximum der Tragwirkung des Serratus ist erst im Bereich der vorderen Rippen gegeben. Dies sind die eigentlichen Tragrippen, denen durch Vermittelung ihrer Wirbelkörper eine große Last aufgebürdet ist. Sie entsprechen ihrer Verwendung als stützende Säulen in ihrem Bau (wie besonders Zschokke für das Pferd gezeigt hat) und in der Art ihrer Verbindung mit der Wirbelsäule.

4. Die Kräfte der Verbindung an einer ideellen queren Trennungsebene des Rumpfstammes.

Beim Stand auf allen Vieren muß der Schwerpunkt des Ganzen über dem Fußviereck (dem Umschließungspolygon, dessen Umfang durch die äußersten Verbindungsgeraden der Unterstützungspunkte gebildet ist) gelegen sein. Der vertikale Druck auf die Unterlage verteilt sich dann nach bestimmtem Gesetz auf die zwei vorderen und auf die zwei hinteren Fußpunkte, resp. auf den einfachen vorderen und hinteren Fußpunkt in der Projektion der Systempunkte und Kraftvektoren auf die Medianebene (Fig. 194).

Es sei S der gemeinsame Schwerpunkt, f_a der vordere, f_p der hintere Fußpunkt, m der Abstand des ersteren, n der Abstand des letzteren von der Schwerlinie; G bedeutet die Gesamtschwere des Körpers, G_a die

Belastung, welche auf die vorderen, G_p diejenige, welche auf die hinteren Fußpunkte entfällt. Es ist dann $G_a . m = G_p . n$ absolut genommen, und $G_a + G_p = G$. Die vertikalen Widerstände an den vorderen und hinteren Fußpunkten bezeichnen wir mit W_{av} und W_{pv}. Die entsprechende Figur wird sich jeder leicht konstruieren. Man kann sich nun den Rumpf des Vierfüßlers an irgend einer Stelle zwischen den vorderen und hinteren Extremitäten durch eine durchgehende quere Trennungsebene in ein Vorder- und in ein Hinterstück zerlegt denken. Die an der Trennungsebene vom Vorder- zum Hinterstück wirkenden inneren Kräfte der Verbindung müssen offenbar so beschaffen sein, daß sie der auf das Hinterstück einwirkenden Schwere und den vom Boden her auf die Hinterfüße einwirkenden Widerständen, also sämtlichen auf das Hinterstück einwirkenden äußeren Kräften Gleichgewicht halten. Analoges gilt für die auf das Vorderstück an der Trennungsfläche einwirkenden äußeren Kräfte. Die Gewichte des Vorder- und des Hinterstückes seien im allgemeinen mit γ_a und γ_p, ihre Schwerpunkte mit ς_a und ς_p, deren Entfernungen von der gemeinsamen Schwerlinie (in der Sagittalebenenprojektion) mit μ und ν bezeichnet. Es kann nun immer eine Trennungsebene so durch den Rumpf zwischen den vorderen und hinteren Unterstützungspunkten hindurch, oder durch die Vorder- oder Hinterbeine gelegt werden, **daß die Gewichte der beiden voneinander getrennten Körperabschnitte der Belastung der zugehörigen Fußpunkte entsprechen.** Es ist dann $\gamma_a = G_a$ und $\gamma_p = G_p$. Eine solche Trennungsebene bezeichnen wir als **Normalebene** (NN). Die äußeren vertikalen Kräfte (Schwere und vertikale Fußwiderstände), welche auf die beiden Stücke vor und hinter der Normalebene einwirken, halten sich an jedem derselben, von Drehungseinflüssen abgesehen, Gleichgewicht. **In der Normalebene kann demnach keine resultierende vertikale Einzelkraft von dem einen Stück aus auf das andere einwirken.** Geht die Normalebene quer oder vertikal durch den Rumpf, so kann von Abscherungseinflüssen in derselben keine Rede sein.

$$G_a . m = G_p . n \text{ (s. o.); es ist aber auch}$$
$$\gamma_a \cdot \mu = \gamma_p \cdot \nu.$$

Wenn man $G_a = \gamma_a$ und $G_p = \gamma_p$, so erhalt man durch Division der beiden Gleichungen

$$\frac{m}{\mu} = \frac{n}{\nu}.$$

Den Abstand $(m - \mu)$ der Fußpunkte des Vorderstückes von dessen Schwerlinie (in der Sagittalebenenprojektion) bezeichnen wir mit $\varkappa$, den Abstand $n - \nu$ der hinteren Fußpunkte von der Schwerlinie des Hinterstückes mit λ. Es läßt sich zeigen, daß auch $\gamma_a \cdot \varkappa = \gamma_p \cdot \lambda$ sein muß.

Diesen Relationen ist z. B. bei der Konstruktion der Fig. 194 bezüglich der Lage der Partialschwerpunkte und zu den Fußpunkten und zum Gesamtschwerpunkt Rechnung getragen. (Daß die Normalebene in dieser Figur genau durch den Schwerpunkt geht, ist rein zufällig, die Bezeichnung γ_a in der Abbildung ist zu ändern in γ_a').

Es sind dann drei Fälle denkbar.

Entweder liegt der Schwerpunkt des Vorderstückes genau über den vorderen Fußpunkten; dann muß auch der Schwerpunkt des Hinterstückes genau über den hinteren Fußpunkten liegen; oder beide Schwerpunkte liegen mit ihren Schwerlinien zwischen den Vorder- und Hinterfüßen; oder die Schwerlinie des Vorderstückes liegt vor den Vorderfüßen, diejenige des Hinterstückes hinter den Hinterfüßen. (Daß beide Partialschwerpunkte vor den zugehörigen Fußpunkten oder beide hinter denselben gelegen sind, ist mit der Bedingung der Feststellung des ganzen Körpers nicht vereinbar.)

Beim Pferd fällt bei parallel gestellten Beinen der Gesamtschwerpunkt ungefähr in die Mitte des Rumpfes, und die Vorder- und Hinterfüße sind ungefähr gleich belastet. Eine normale Trennungsebene (welche gelegentlich einmal durch den Schwerpunkt gehen kann), teilt den Körper so, daß die Schwerlinie des Hinterstückes vor den Hinterfüßen liegt. Es muß dann die Schwerlinie des Vorderstückes hinter den Vorderfüßen herabgehen. Erst wenn die Vorder- und Hinterfüße unter dem Leib einander genähert sind, kann allenfalls die Normebene so geführt werden, daß das Vorderstück für sich auf den Vorderfüßen, das Hinterstück für sich auf den Hinterfüßen ausbalanciert ist. Werden die Vorder- und Hinterfüße einander noch mehr genähert, so rückt der Schwerpunkt des Vorderstückes über die Vorderfüße hinaus nach vorn, derjenige des Hinterstücks über die Hinterfüße hinaus nach hinten.

Je stärker andererseits die vorderen und hinteren Beinlinien nach unten divergieren, desto größer wird der Abstand $\varkappa$, um welchen die Schwerlinie des Vorderstückes hinter den Vorderfüßen zurücksteht, und der Abstand λ, um welchen die Schwerlinie des Hinterstückes von den Hinterfüßen nach vorn entfernt ist. Weder das Vorderstück noch das Hinterstück können bei vertikalen Beinstützen oder bei nach unten divergierenden Beinlinien auf den zugehörigen Füßen für sich ausbalanciert sein.

Aus einer Stellung mit gleichmäßiger Belastung der Vorder- und Hinterfüße gelangt das Tier zu einer ungleichen Belastung beispielsweise, indem sich der Rumpf über den Füßen nach vorn schiebt. Es können dabei schließlich die Hinterfüße die hintersten Punkte des Körpers bilden. Auch in diesem Fall kann noch eine Trennungsebene gefunden werden, die ein auf den Vorderfüßen für sich ausbalanciertes Stück abtrennt; sie geht dann vor den Hinterfüßen durch die Hinterbeine; das übrigbleibende Hinterstück kann aber unmöglich für sich auf den Hinterfüßen äquilibriert sein. Und ließe sich bei ungleicher Belastung gelegentlich eine Trennungsebene finden, welche den Körper in zwei ausbalancierte Stücke trennt, so brauchen nur bei gleich bleibender Lastverteilung die Vorder- und Hinterfüße auseinander zu gehen oder sich einander zu nähern, damit im ersten Falle die auf den Füßen ausbalancierbaren Stücke nicht mehr den ganzen Körper ausmachen, sondern ein Zwischenstück zwischen sich lassen, im zweiten Fall aber ein mittleres Stück sowohl dem vorderen als dem hinteren ausbalancierten Stück angehört.

Wollte man sich beispielsweise bei abwärts divergierenden Beinlinien durch zwei Trennungsebenen ein Vorderstück und ein Hinterstück abgrenzen, welche über den Füßen ausbalanciert sind, so würde zwischen beiden Ebenen ein Zwischenstück übrig bleiben; die beiden ausbalancierten Stücke aber würden nicht der ganzen Belastung der Vorder- und Hinterfüße entsprechen.

Wir kommen also zu folgenden Schlüssen:

1. Für den Fall, daß eine Trennungsebene den Körper wirklich in zwei Stücke teilt, welche auf den zugehörigen Fußpunkten für sich ausbalanciert sind, wirken an der Trennungsfläche gar keine Kräfte von einem Stück zum anderen, sofern an den Füßen ein Seitenschub nicht vorhanden ist. Weder können hier vertikale Abscherungs-, noch können horizontale Zug- oder Druckwiderstände, oder Widerstandskräftepaare wachgerufen sein.

2. In der Regel teilt die normale Trennungsebene den Körper nur so, daß die Gewichte der beiden Stücke den Belastungen der zugehörigen Fußpunkte entsprechen und daß an der Trennungsfläche von einem Stück zum anderen keine resultierende vertikale Einzelkraft wirkt. Die beiden Stücke sind aber für sich auf ihren Fußpunkten nicht ausbalanciert, werden vielmehr durch den Einfluß der Schwere und des vertikalen Fußwiderstandes auseinander oder gegeneinander gedreht. Die Drehungsmomente ($\gamma_a.\varkappa$ und $\gamma_p.\lambda$) sind gleich groß aber entgegengesetzt gerichtet. Ihnen muß durch Widerstandskräftepaare Gleichgewicht gehalten werden, welche in der normalen Trennungsfläche von einem Stück zum anderen wirken. Allfällige horizontale sagittale Widerstände an den Füßen gegen Seitenschub machen annähernd horizontale sagittale Doppelwiderstände (Zug- und Druckwiderstände) in der normalen Trennungsebene notwendig.

3. In jeder Trennungsebene, welche vor oder hinter der Normalebene liegt, müssen vertikale Abscherungswiderstände und neue Widerstandskräftepaare wirksam sein.

Diese Sätze sollen im folgenden noch genauer erörtert und exemplifiziert werden.

Die hier aufgeführten Schlußfolgerungen sind wichtig im Hinblick auf die Untersuchungen von Zschokke, denen die Annahme zugrunde liegt, der Körper des Pferdes könne durch eine bestimmte Trennungsebene, welche den Rumpf im Lendenteil quer durchschneidet, in zwei auf ihren Fußpunkten ausbalancierte Stücke zerlegt werden, so daß an der Trennungsfläche weder Abscherungs- noch andere Widerstände wirken. Wir haben gezeigt, daß solches nur ausnahmsweise für den Fall des Standes auf abwärts gegeneinander in bestimmter Weise konvergierenden Beinstützen zutrifft. Beim gewöhnlichen Stand mit parallel gestellten Beinlinien kann davon keine Rede sein.

Eine Analyse der statischen Verhältnisse des Standes darf also nicht von der Zschokkeschen Voraussetzung ausgehen, sondern muß den allgemeinen wechselnden Bedingungen der Unterstützung in größerem Maße Rechnung tragen.

Für die folgenden näheren Ausführungen wollen wir uns auf Fälle beschränken, in welchen die Vorder- und Hinterfüße nicht allzu verschieden gestellt und belastet sind. Dann geht die Trennungsebene, welche den Körper in zwei Stücke teilt, deren Gewichte der Belastung der zugehörigen Füße entspricht, irgendwo zwischen der Schulter und dem Becken durch den Rumpf.

$\alpha\alpha$) Horizontale sagittale Widerstände an den Füßen gegen Seitenschub.

Gehen wir zunächst von dem in Fig. 180 dargestellten Fall aus, in welchem ein Seitenschub an den Füßen wirkt. In irgend einer Trennungsebene, welche durch den Rumpfstamm zwischen den Stellen, an welchen die von den Beinen her einwirken-

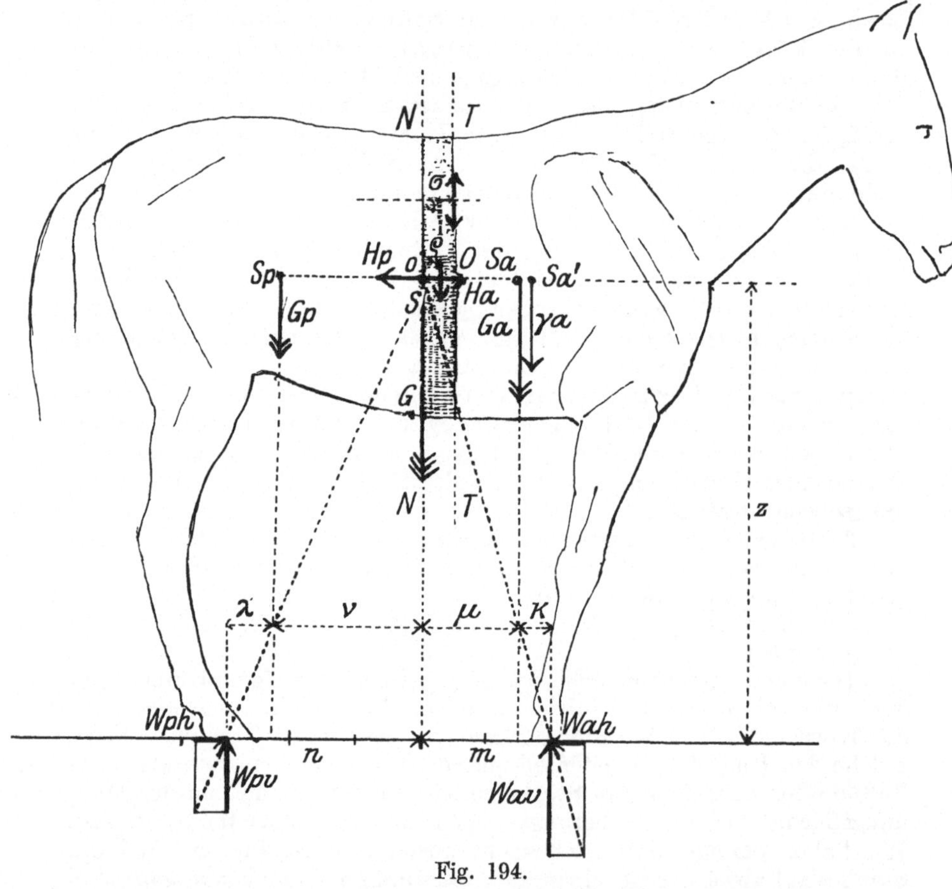

Fig. 194.

den Kräfte angreifen, hindurchgeht, muß vom Hinterstück auf das Vorderstück eine horizontale Kraft wirken, welche dem Seitenschub an den Vorderfüßen gleich ist. Eine gleich große entgegengesetzt gerichtete Gegenkraft wirkt vom Vorder- auf das Hinterstück; den Punkt der Trennungsfläche, durch welche die Resultierende dieses Druckes und Gegendruckes (bei dem in Fig. 183 dargestellten Fall würde es sich um einen Zug- und Gegenzug handeln) hindurchgeht, bezeichnen wir mit 0.

Unter allen Umständen, mag die Trennungsfläche durch den Rumpf weiter vorn oder weiter hinten liegen, bildet die in der Trennungsfläche auf das Vorderstück im Punkt 0, im Abstand z vom Boden wirkende horizontale Widerstandskraft H_a mit dem Widerstand gegen den Seitenschub an den Vorderfüßen $W_{a.h.}$ ein sagittal drehendes Kräftepaar vom Moment $H \cdot z$, dem in irgend einer Weise Gleichgewicht gehalten sein muß. Ebenso muß am Hinterstück einem gleich großen, entgegengesetzt drehenden Kräftepaar H.z Gleichgewicht gehalten sein.

Es leuchtet ein, daß die Kräftepaare, welche sich aus den horizontalen sagittalen Fußwiderständen und aus dem horizontalen sagittalen Widerstand in bestimmten einzelnen Fällen ergeben, dazu dienen können, um bei nicht ausbalanciertem Vorder- und Hinterstück den Drehungseinflüssen ($\gamma_a.\varkappa$ und $\gamma_p.\lambda$), welche von den vertikalen äußeren Kräften herrühren, Gleichgewicht zu halten. Solches möchte für den in Fig. 194 dargestellten Fall zutreffen.

Indessen haben die horizontalen Fußwiderstände durchaus nicht immer genau die zur Äquilibrierung der vor und hinter NN gelegenen Körperabschnitte.

In der Tat kann bei derselben bestimmten Stellung der Beinlinien die Größe des Seitenschubes nach vorn und hinten fast beliebig variieren, durch Anspannung der Muskeln, welche die Beinlinien unter dem Leib gegeneinander oder voneinander bewegen; damit ändert sich entsprechend der longitudinale Zug- oder Druckwiderstand im Rumpf und trotz des gegebenen Abstandes der Stelle, in welchen dieser Widerstand wirkt, die Größe von H.z. So kann H.z einen Wert bekommen, der dem Betrag $\gamma_a.\varkappa$ und $\gamma_p.\lambda$ absolute genommen durchaus nicht entspricht.

Für die Normalebene gilt folgendes:

a) Ein Seitenschub und ein longitudinaler Widerstand H im Rumpf können vollständig fehlen, während doch die beiden durch die Ebene NN getrennten Stücke durchaus nicht für sich auf ihren Fußpunkten ausbalanciert sind. Es sind also die Größen $\varkappa$ und λ nicht $= 0$. In diesem Fall muß in der Trennungsfläche NN vom Hinterstück auf das Vorderstück ein sagittales Widerstandskräftepaar wirken, welches dem Kräftepaar $G_a.\varkappa$ Gleichgewicht hält, und auf das Hinterstück ein Gegenwiderstandskräftepaar, welches dem Kräftepaar $G_p.\lambda$ entgegenwirkt. Umgekehrt kann ein Seitenschub vorhanden sein, während S_a und S_p direkt über f_a und f_p liegen, so daß die beiden Körperstücke auf ihren Fußpunkten ausbalanciert sind. In diesem Fall muß in der Ebene NN' annähernd horizontal ein Druck- und ein Zugwiderstand wirksam sein, um den horizontalen Fußwiderstand Gleichgewicht zu halten.

b) Ferner ist denkbar, daß zwar beide Stücke, vor und hinter NN, auf ihren Fußpunkten nicht ausbalanciert, und daß Seitenschübe vorhanden sind. Es ist aber H.z nicht genau $= G_a.\varkappa$ resp. $G_p.\lambda$. Man muß in diesem Fall den Widerstand gegen den Seitenschub in zwei Komponenten zerlegen, von denen die eine mit einer entsprechenden Kraft H_a resp. H_p, welche an der Trennungsfläche vom Hinterstück auf das Vorderstück resp. vom Vorderstück auf das Hinterstück in der Höhe z einwirkt, jenem Drehungseinfluß Gleichgewicht hält. Dem übrigbleibenden Betrag des horizontalen Fußwiderstandes kann nur dadurch Gleichgewicht gehalten werden, daß an der Trennungsfläche eine annähernd gleich gerichtete kleinere Kraft in größerer Entfernung vom Boden und eine annähernd entgegengesetzt gerichtete größere Kraft in geringerer Entfernung vom Boden auf das gleiche Stück einwirkt. Diese beiden Kräfte müssen sich mit dem Rest von W_{ah} oder W_{ph} im gleichen Punkt (oder bei horizontaler Richtung in unendlicher Entfernung) treffen und ihm dort Gleichgewicht halten.

Wird derjenige unter den beiden Widerständen der Trennungsfläche, welcher mit H_a resp. H_p gleich gerichtet ist, von derselben Stelle der Verbindung geleistet wie H_a resp. H_p, so reduziert sich der an der Trennungsfläche notwendige Widerstand auf zwei resultierende Widerstände, einen Druckwiderstand und einen Zugwiderstand, die dann parallel zueinander und horizontal gerichtet sein müssen. Die Kraftlinie des Zugwiderstandes wird je nach Umständen unterhalb oder oberhalb derjenigen des Druckwiderstandes gelegen sein müssen.

$\beta\beta$) Widerstände in Trennungsebenen vor oder hinter der Normalebene.

Geht man nun von der Bestimmung der „Normalebene" NN aus, denkt sich aber bei unveränderter Konfiguration die Trennungsebene aus NN nach hinten oder vorn verschoben und prüft auch für die neue Lage die nähere Inanspruchnahme, so ergibt sich folgendes:

Bei einer Verschiebung der Trennungsebene aus NN nach vorn (nach TT Fig. 194) verkleinert sich das Gewicht des Vorderstückes, während sich dasjenige des Hinterstückes um ebensoviel vergrößert. Die Schwerpunkte der beiden Stücke, S_a und S_p' sind gegenüber S_a und S_p verschoben, wenn auch weniger als die Trennungsebene gegenüber NN verschoben ist. Es ist gleichsam von dem vor NN gelegenen Vorderstück ein Abschnitt vom Gewicht ϱ abgetrennt und zum Hinterstück hinter NN hinzugefügt. Die Schwerlinie dieses Stückes liege um den Abstand σ hinter der Stelle der neuen Trennungsfläche, an welcher allfällige Abscherungswiderstände resultierend angreifen. Der Effekt der Abtrennung dieses Abschnittes von dem vor NN gelegenen Vorderstück wird wieder aufgehoben, und das neue Vorderstück wird im Gleichgewicht sein, wenn an der Stelle O der neuen Trennungsfläche vom neuen Hinterstück her ein Abscherungswiderstand nach unten wirkt, der $= \varrho$ ist, und venn außerdem vom Hinterstück her auf das Vorderstück in der neuen Trennungsfläche ein Widerstandskräftepaar einwirkt, dessen Moment $= \varrho.\sigma$ ist, und welches das neue Vorderstück sagittal oben herum nach dem Hinterstück hin dreht. Mit Bezug aber auf das ursprüngliche hinter NN gelegene Hinterstück wird der Effekt der Hinzufügung eines neuen Abschnittes vom Gewichte ϱ wieder aufgehoben, das ganze neue Hinterstück wird im Gleichgewicht sein, wenn an der neuen, mit dem Stück hinter NN starr verbundenen Trennungsfläche im Punkte O ein Abscherungswiderstand $= - \varrho$ vom Vorderstück her einwirkt und außerdem ein Widerstandskräftepaar vom Moment $- \varrho.\sigma$, welches das Hinterstück sagittal oben herum dem Vorderstück zudreht.

Diese Überlegung genügt, um zu zeigen, daß und in welcher Weise an jeder anderen Trennungsfläche vor oder hinter NN außer dem allfälligen horizontalen Widerstand H Abscherungswiderstände und immer zugleich auch neue Abdrehungswiderstände wachgerufen sein müssen.

Aus dem Angeführten ergibt sich, daß beim Stand mit nicht allzu ungleich belasteten Füßen immer eine quere Trennungsfläche NN des Rumpfes zwischen den Vorder- und Hinterbeinen gefunden werden kann. an welcher im ganzen kein Abscherungswiderstand zwischen dem Vorder- und Hinterstück vorhanden ist.

Dagegen kann an dieser Stelle sehr wohl noch ein annähernd horizontaler Druckwiderstand zugleich mit einem Zugwiderstand notwendig sein. In anderen Fällen bedarf es der Widerstände, welche als Kräftepaare das Vorder- und Hinterstück in der Mittelebene gegeneinander drehen. Endlich kann beides zugleich gefordert sein, ungleicher Zug- und Druckwiderstand neben Drehungswiderständen. In den letztgenannten Fällen kann der gesamte nötige Widerstand an zwei Hauptstellen durch einen Zug- und einen Druckwiderstand geleistet sein, von denen aber der eine größer sein muß als der andere.

Die Vorstellung von einer Zusammensetzung des Körpers aus einem Vorderstück und einem Hinterstück, die auf den Vorder- und Hinterfüßen genau ausbalanciert sind und in einer neutralen Grenzebene zusammentreffen, ist also selbst für den Stand mit annähernd gleich stark belasteten Beinen nicht allgemein zutreffend. Wir können wohl ein Vorderstück abgrenzen, welches auf den Vorderfüßen für sich allein in der Balance wäre und einen seinem Gewicht entsprechenden rein vertikalen Widerstand daselbst hervorrufen würde, und ebenso läßt sich ein ausbalanciertes Hinterstück abgrenzen. Die Grenzen fallen aber nicht notwendig zusammen und die Gewichte entsprechen nicht der auf die zugehörigen Fußpunkte entfallenden Belastung und nicht den hier wachgerufenen vertikalen Widerständen.

5. Inanspruchnahme der Wirbelsäule am ausbalancierten Vorderstück und Hinterstück.

$\alpha\alpha$) Das vordere ausbalancierte Stück.

Im Interesse der besseren Vergleichbarkeit unserer Ausführungen mit denjenigen von Zschokke wollen wir annehmen, daß die vorderen Beinlinien senkrecht stehen und mit der Ebene der mittleren Zugrichtung der Serratushalfter zusammenfallen. Es überträgt sich dabei die Unterstützung durch die Serratusrippen im Mittel in vertikaler Richtung auf die Wirbelsäule. Von der Zusammenpressung, welche die Wirbelsäule seitens der Serratusrippen infolge der Konvergenz der Faserrichtung des Serratus erfährt, können wir absehen.

Das betreffende Stück Wirbelsäule mit Belastung liegt wie ein Wagebalken über den Serratusrippen und überragt sie sowohl nach vorn als nach hinten. Natürlich müssen die Serratusrippen zusammen

mehr als das bloße Gewicht der zugehörigen Wirbel und ihrer direkten Belastung tragen. Nach der Mächtigkeit der Rippenknochen und der Richtung der Serratuszacken zu schließen, nimmt die Beteiligung der Serratusrippen von hinten nach vorn bis zur dritten und zweiten zu, ist aber an den ersten Rippen wieder geringer.

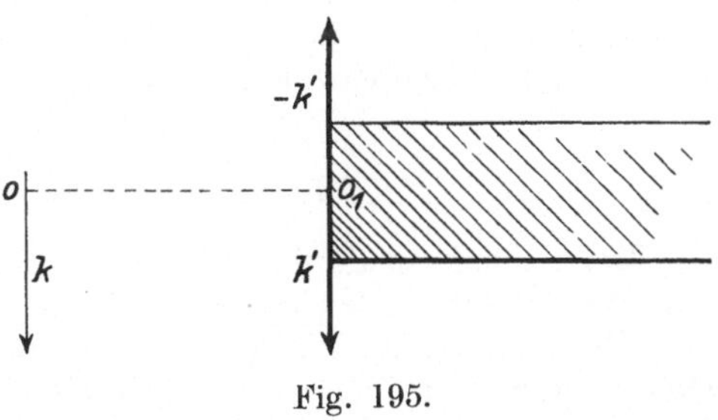

Fig. 195.

Daraus folgt, daß wenigstens mit Rücksicht auf die vertikale Unterstützung von dem zweiten Brustwirbel an nach vorn und nach hinten hin jeder folgende Wirbel, auch wenn er von einer Serratusrippe unterstützt wird, doch noch z. T. von seinem näher gegen den zweiten Brustwirbel hin gelegenen Nachbarn oder von diesem selbst getragen wird. Der vorderste Brustwirbel trägt das ganze Gewicht des über ihn herausragenden Teiles der Wirbelsäule und seiner Belastung und so trägt überhaupt vom zweiten Brustwirbel an nach beiden Seiten jeder folgende Wirbel die Last des über ihn hinausragenden Endes des ausbalancierten Stückes. Der Wirbel über den letzten Serratusrippen trägt ebenso das Gewicht des ganzen nach hinten folgenden Stückes der Wirbelsäule bis zum Ende des Vorderstückes mitsamt der zugehörigen Belastung usw.

Das allgemeine Kräfteschema für die Beanspruchung einer Wirbeljunktur ist folgendes (Fig. 195): Man denke sich an der von den Rippen und dem Hüftbein unterstützten Wirbelsäule resp. an dem unterstützten und ausbalancierten Vorder- oder Hinterteil derselben alle Junkturen festgestellt bis auf die eine, für welche die Bedingungen der Inanspruchnahme bei der Feststellung bestimmt werden sollen. Letztere trennt wieder den ausbalancierten Teil in ein Vorder- und Hinterstück. Ferner sei, als erster Fall angenommen, das vordere Stück sei festgestellt, das hintere werde durch die zu bestimmenden Kräfte der Junktur getragen. Die Schwerlinie des hinten angehängten Stückes gehe durch 0 (Fig. 195) und befinde sich im Abstand a von der Mitte 0' der Junktur; das Gewicht sei = k. Man kann sich nun am Vorderstück oder seiner gedachten starren Fortsetzung eine Kraft k' = k und eine Kraft —k' hinzugefügt denken, in einer Kraftlinie, welche durch —0' geht. k' repräsentiert den Einfluß zur Abscherung (eventuell mit einer Druck- oder Zugkomponente, wenn die Trennungsfläche der Junktur nach vorn oder nach hinten absteigt). Die Kräfte k in der Schwerlinie und —k' in der Junktur stellen das zur Abdrehung wirkende Kräftepaar vor, dem von der Junktur aus ebenfalls Gleichgewicht gehalten werden muß. Sein Moment ist = k.a.

Es fragt sich nun, wie ein Brustwirbel die vorn resp. hinten anschließenden Wirbel mit den damit verbundenen und versteiften Teilen ganz oder teilweise tragen kann. Es müssen also Abscherungswiderstände in vertikaler Richtung (resp. quer zur Wirbelsäule) und Abdrehungswiderstände parallel zur sagittalen Mittelebene in Wirksamkeit treten. Gegen Abdrehung leistet offenbar die Körpersäule einen longitudinalen Druckwiderstand. Der daneben noch nötige, annähernd longitudinale Zugwiderstand kann wohl kaum in genügender Weise durch die dorsalen Längsbänder der Körpersäule geliefert werden. Es stehen aber dafür außerdem zur Verfügung die mächtigen dorsalen Muskeln der Wirbelsäule und mächtige dorsale Bänder zwischen und über den Dornfortsätzen. Wie verhält es sich aber mit den Abscherungswiderständen?

Abscherungswiderstand.

Der nächste Gedanke geht dahin, auch die Festigkeit der Wirbeljunkturen gegen Abscherung auf Rechnung der Zwischenwirbelscheiben zu setzen. Vielleicht überwiegt im Mittel der dorsoventrale Querdurchmesser über den bilateralen; strukturell verhalten sich die Zwischenwirbelscheiben in allen Querrichtungen ungefähr gleich, während man doch eine besonders große Festigkeit gegenüber vertikaler Abscherung erwartet. Genügen sie wirklich, um allein den Abscherungswiderstand zu leisten?

Eine zweite Vermutung ist die, daß in dem Übereinandergreifen der Gelenkfortsätze eine Sperrzahnvorrichtung zur Verhinderung der Abscherung gegeben sein könnte. In der ganzen Länge der Wirbelsäule bei Mensch und Tier liegen die kranialen Gelenkfortsätze der Wirbel mehr oder weniger ventral zu den kaudalen Gelenkfortsätzen ihres vorderen Nachbars, so daß die Ventralabscherung des kranialen Wirbels gegenüber dem kaudalen Nachbarn überall mehr oder weniger gut und vollständig verhindert zu sein scheint. Diese Auffassung erscheint gestützt durch die Verhältnisse beim Menschen. Hier ist bei jedem Schritt und Sprung nach vorn das Beckenende der Wirbelsäule der zuerst von der unteren Extremität und vom Boden her in seiner Bewegung gehemmte Teil. Von ihm aus ergreift die Hemmung sukzessive die höher gelegenen Teile. Die eigentümliche Verzahnung der Wirbel durch ihre Gelenkfortsätze spielt dabei offenbar eine nützliche Rolle, deren Bedeutung nach unten zu immer deutlicher hervortritt. Man möchte auch glauben, daß in der Lendenwirbelsäule durch das seitliche Übergreifen der kranialen Gelenkfortsätze des oberen Nachbars die seitliche Abscherung kranialer Teile gegenüber den kaudalen Teilen bei extremer Beanspruchung verhindert wird.

Ein ähnliches Verhalten der Verzahnung läßt sich nun aber auch bei den Tieren konstatieren trotz der veränderten Stellung der Wirbelsäule. Trotzdem halte ich es nicht für zulässig, obige Vorstellung von dem Nutzen des Übereinandergreifens der Gelenkfortsätze zu verallgemeinern. Die vergleichende Untersuchung zeigt, daß die Art der Verzahnung durchaus nicht immer für die Verhinderung der hauptsächlich drohenden Abscherung günstig ist. Man müßte in dieser Beziehung ja erwarten, daß diejenigen Wirbel, welche von vorderen Wirbeln gehalten und getragen werden, mit ihren vorderen, kranialen Gelenkfortsätzen immer über die kaudalen Gelenkfortsätze des vorderen Nachbars übergreifen, was nicht der Fall ist. In der Schwanzregion z. B. ist auch bei sehr mächtiger Entwickelung die Verzahnung nicht umgekehrt wie bei den Lendenwirbeln. Ebensowenig an den Brustwirbeln, welche doch fast alle beim Stand auf allen Vieren oder auf den Vorderfüßen nach der vorangegangenen Auseinandersetzung von ihren vorderen Nachbarn getragen und gehalten werden.

Man muß also zu dem Schluß kommen, daß sich die Richtung der Gelenkspalten zwischen den aneinander stoßenden Gelenkfortsätzen, durch welche die Art ihres Übereinandergreifens bestimmt wird, nicht in erster Linie nach dem Nutzen für die Verhinderung der beim Stand (Einwirkung der Schwere) hauptsächlich in Frage kommenden Abscherung, sondern nach anderen Umständen richtet.

Es ist demzufolge auch nicht anzunehmen, daß die in Rede stehende Einrichtung etwa als unabhängige Variation entstanden und wegen ihres Nutzens beim Stehen als Sperrzahnsicherung gegen Abscherung erhalten geblieben und in ähnlicher Weise durch weitere Variation und Auslese vervollkommnet worden ist. Vielmehr muß die Richtung der sich ausbildenden Gelenkspalten nach einem allgemeineren Gesetz, in den Verhältnissen der vorausgehenden Entwickelung begründet sein. Wie schon an anderer Stelle auseinandergesetzt wurde, ist aller Wahrscheinlichkeit nach in erster Linie die frühzeitig zwischen den Wirbelanlagen mögliche, wenn auch noch so unbedeutende Bewegung maßgebend, wobei die Lage der Gelenke dorsal von den Drehungsachsen wichtig ist. Die Festigkeit der Wand des Wirbelkanals bleibt gegenüber den von allen Seiten her einwirkenden Einflüssen zur Verengerung durch die Berührung in den Gelenkfortsätzen gesichert und wird durch die Bewegungsgliederung nicht beeinträchtigt

So bleibt nichts anderes übrig als den Widerstand gegen die Abscherung, soweit er nicht durch die Zwischenwirbelscheiben geleistet wird, wesentlich in den Bändern zwischen den Wirbelbogen und Wirbeldornen und in den dorsalen Muskeln zu suchen. Was die Muskeln betrifft, so haben beispielsweise die transversospinalen Muskeln Komponenten, welche die Abscherung hinterer Wirbel gegen vordere hemmen, die spinotransversalen Muskeln aber wirken im allgemeinen umgekehrt. Was aber die Bänder betrifft, so können ernstlich nur die Bänder in der Dornfortsatzreihe in Betracht kommen, insofern nur sie schräg vorwärts oder rückwärts aufsteigende Fasern mit vertikalen Zugskomponenten besitzen. Durch vorwärts absteigende Fasern können vordere Wirbel von ihren hinteren Nachbarn getragen werden, durch rückwärts absteigende Fasern umgekehrt hintere Wirbel von ihren vorderen Nachbarn.

Nun zeigen die Ligg. interspinalia besonders beim Pferd von vorderen Brustwirbeln an rückwärts zu deutlich einen steil rückwärts absteigenden, ja stellenweise einen fast senkrechten Verlauf ihrer Faserung, die hier ziemlich stark entwickelt ist. Vorn am Widerrist und namentlich nach vorn vom dritten und zweiten Brustwirbeldorn sind vorwärts absteigende Fasersysteme stellenweise nachweisbar. Zschokke hat deshalb den Ligg. interspinalia in allererster Linie die Bedeutung zugeschrieben, daß sie die Abscherung zwischen den aufeinander folgenden Wirbeln hindern. Die Körpersäule kommt nach ihm hiefür kaum in Betracht.

Ich hege einige Zweifel an der vollkommenen Richtigkeit dieser Auffassung. Ich war erstaunt, die Ligg. interspinalia des Pferdes nicht so stark entwickelt zu finden, als nach der Theorie von Zschokke zu erwarten war. Auch entspricht, wie mir scheint, die Faserrichtung der Ligg. interspinalia zwar an manchen Stellen, aber nicht überall der zu erwartenden Abscherungsbeanspruchung. Bei einem großen ausgewachsenen Hund zeigten sich die Ligg. interspinalia auffällig schwach ausgebildet. Auch muß man bedenken, daß die Ligg. interspinalia die sagittalen Biegungen der Wirbelsäule zulassen müssen und sich erst in extremer Stellung genügend stark spannen um eine Abscherung des hinteren Wirbels am vorderen (oder umgekehrt) wirksam zu hindern.

Zschokke hat zwar mit der Wirbelsäule des Pferdes Versuche angestellt, welche zeigen, daß die Wirbelsäule nach Entfernung der Dornen einen großen Teil ihrer Tragfähigkeit einbüßt. Mit den Dornen wurden aber zugleich nicht bloß die Ligg. interspinalia sondern auch die supraspinalia, sowie das Nackenband entfernt. Es handelte sich hierbei also nicht bloß um die Einbuße an Abscherungsfestigkeit, sondern um die Verminderung der gesamten Biegungsfestigkeit (inkl. Widerstandsfähigkeit gegen Abdrehung). Die Rolle der Ligg. interspinalia als wichtigste oder alleinige Aufhängebänder für die Wirbel an ihrem vorderen oder hinteren Nachbarwirbel, dessen Dorn schräg über ihnen in die Höhe geht, scheint mir durch diese Versuche nicht erwiesen. Vielmehr nehme ich vorläufig an, es werde der Widerstand gegen die Abscherung höchstens teilweise durch die Ligg. interspinalia, z. T. aber doch auch durch die Zwischenwirbelscheiben und endlich ganz besonders durch die vertikalen Komponenten des Zuges der Ligg. supraspinalia und des Nackenbandes, sowie der Muskeln geleistet.

Der Widerstand gegen sagittale Abdrehung.

Außer den Abscherungswiderständen, welche nötig sind, um das Gewicht des einzelnen Wirbels mit der vorn oder hinten an ihm aufgehängten Belastung an dem nach hinten oder vorn folgenden Wirbel entgegen der Schwere zu halten, müssen, wie erwähnt auch Widerstände wirksam sein, welche seine Abdrehung nach vorn oder nach hinten verhindern. Hier können die Rippen beim geraden Stand in keiner Weise behilflich sein, es können vielmehr nur Widerstände der Wirbeljunkturen selbst, die Zwischenwirbelscheiben, sowie kurze und lange mehrgelenkige Bänder und Muskelkräfte in Frage kommen.

Der nötige Widerstand wird durch den wirklichen Beginn einer sagittalen Drehung des Vorderstückes in der Junktur hervorgerufen. Sie muß zur Zusammenpressung in der Längsrichtung der Wirbelkörper und zur horizontalen Entfernung der Dornen voneinander resp. zur Dehnung der dorsalen Bänder führen, letzteres soweit nicht Anspannung der dorsalen Muskeln an die Stelle tritt. Bei schräg verlaufenden dorsalen Bändern handelt es sich um die horizontalen resp. den Wirbelkörpern parallel laufenden longitudinalen Komponenten ihrer Spannung. Das Abdrehungsbestreben der Enden des Wirbelsäulebalkens ist an den beiden Schenkeln vor und hinter den tragenden Rippen und auch vor und hinter jenen mittleren, allein durch die Rippen unterstützten Brust-

wirbeln nach entgegengesetzter Seite gerichtet, seine Größe nimmt nach
den Enden hin ab, weil sowohl das Gewicht des betreffenden Endstückes
kleiner wird, als auch der Abstand seines Schwerpunktes von der betreffenden Junktur.

Gesamtwiderstand gegen Abscherung und Abdrehung.

Einfacher und bequemer ist es, die Einflüsse zur Abscherung und
Abdrehung nicht getrennt zu behandeln, sondern den Gesamtwiderstand
gegen die abbiegenden Einflüsse zu bestimmen. Das betreffende Verfahren soll in den zwei folgenden Beispielen erläutert werden.

Beispiel 1 (Fig. 196). Es seien die Widerstande zu bestimmen, welche von
dem ersten Brustwirbel P aus auf den letzten Halswirbel A einwirken müssen,

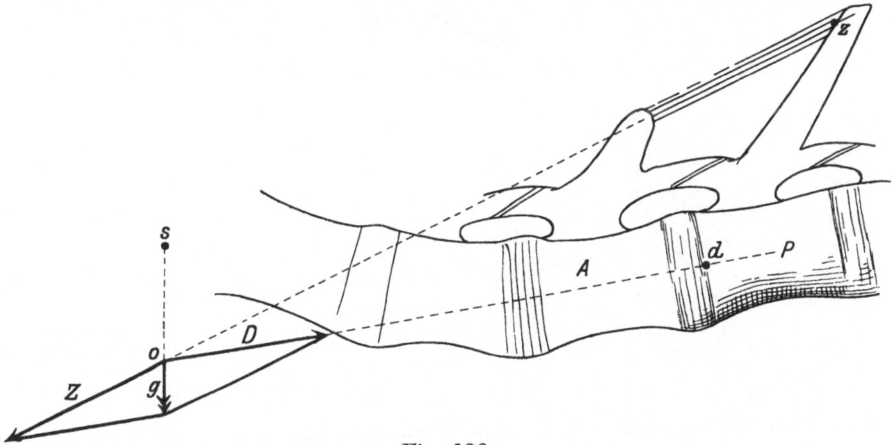

Fig. 196.

um letzteren und die ganze vor ihm befindliche, mit ihm versteifte Masse des
Halses und Kopfes zu tragen. Das Gewicht derselben sei G, der Schwerpunkt S.

Den Angriffspunkt von G denke man sich nach O verlegt, so daß eine Zerlegung möglich ist nach der Richtung der Mittellinie des ersten Brustwirbelkörpers
(Punkt d seiner Vorderflache und nach der Richtung des Lig. supraspinale zwischen
dem letzten Halswirbel und ersten Brustwirbel). Die Feststellung geschieht durch
entsprechenden Druckwiderstand der Körpersäule und durch Zugwiderstand
des genannten Lig. supraspinale.

Beispiel 2. Bestimmung der zur Feststellung des 1. Brustwirbels nötigen
Kräfte (Fig. 197). A sei der erste, P der zweite Brustwirbel. Auf A wirkt von
vorn die Zugspannung Z im Lig. supraspinale und der Druck D in der Mittellinie
des Wirbelkörpers.

Im Punkt o sei der Wirbel durch das erste Rippenpaar unterstützt mit einer
nach oben wirkenden Kraft t. Letztere zerlegt sich in die Komponente h, welche
dem axialen Druck D nach vorn entgegenwirkt, so daß nur noch D′ übrig bleibt.
S wirkt gegen die Spitze des Wirbeldorns und hält der Komponente S von Z Gleichgewicht, so daß nur noch der Zugwiderstand Z′ im folgenden Lig. supraspinale notwendig ist.

Das Eigengewicht des Wirbels A und seine direkte Belastung sei = g. Diese
Kraft zerlegt sich in die axiale Komponente d′, welche sich dem Druck D′ nach
hinten hinzugesellt, und in die Komponente z′, welche sich als Zugspannung in
der rückwärts aufsteigenden Faserung des Lig. interspinale auf den Dorn des folgenden
Wirbels B übertragt. [Man erkennt, daß diese Faserung nur einen kleinen Teil der

vor B gelegenen Körpermasse zu tragen hat.) Auf den Wirbel B wirken also von vorn her die Zugspannungen Z′ und z′ am Wirbeldorn und der axiale Druck D′ + d′ in der Körpersäule. Der letzte Halswirbel ist festgestellt, wenn diesen Einwirkungen vom zweiten Brustwirbel her Gleichgewicht gehalten ist.

Natürlich ist die Longitudinalspannung in der Ebene der Dornen und der Längsdruck in einer Längslinie der Wirbelkörper am größten an den mittleren Junkturen des unterstützten vorderen Teiles der Brustwirbelsäule. Infolge davon sehen wir das Kaliber der Körpersäule vom Lendenteil an bis zum vorderen Brustteil allmählich zunehmen

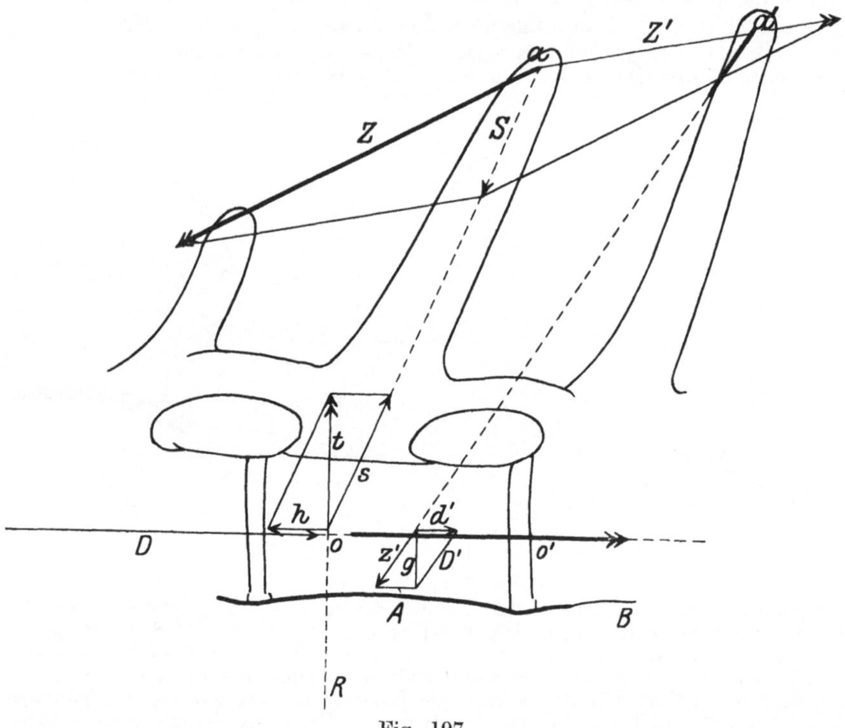

Fig. 197.

und ebenso im hinteren Halsteil nach eben denselben Brustwirbeln hin. (Aus anderen Gründen nimmt das Kaliber der Körpersäule am Hals gegen den Kopf hin wieder etwas zu, doch beruht die Mächtigkeit der Halswirbelkörper wesentlich auf ihrer größeren Länge und der mächtigen Entwickelung der leistenartigen Muskelfortsätze.)

Aus dem gleichen Grunde muß eine Verstärkung des dorsalen Bandapparates und der dorsalen Muskulatur von den beiden Enden des ausbalancierten Vorderteils der Wirbelsäule her nach der unterstützten Mitte hin erwartet werden. Prüfen wir in dieser Hinsicht die tatsächlichen Verhältnisse etwas näher, so ergibt sich folgendes:

Wir sehen in der Tat den dorsalen Bandapparat gegen den dritten, vierten, fünften Brustwirbeldorn hin von beiden Seiten her allmählich an Mächtigkeit zunehmen, namentlich in seinem supraspinalen Bandteil. Dieser rückt namentlich von hinten an nach jenen Wirbeln

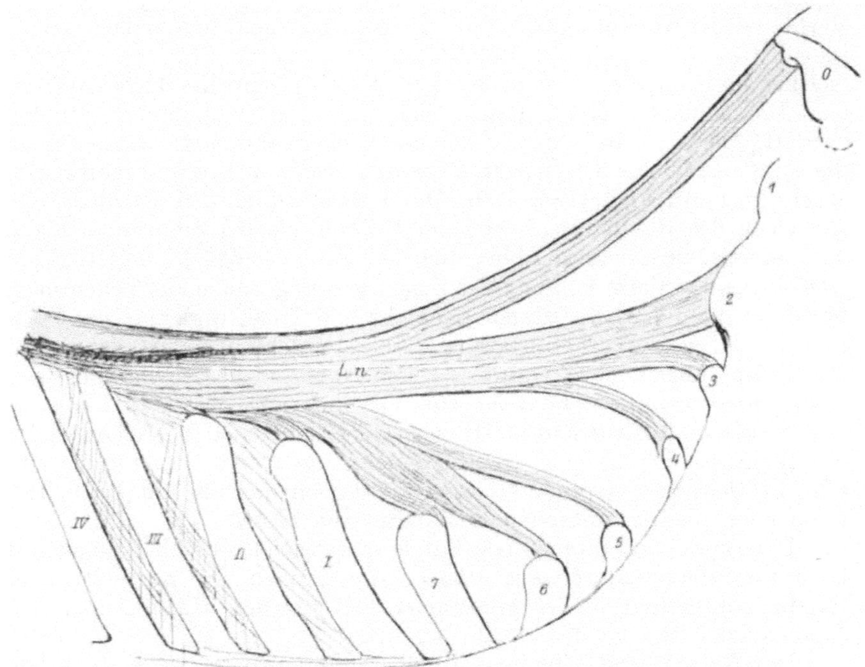

Fig. 198. Nackenband des Pferdes bei aufgerichtetem Hals.

hin mehr und mehr von der Körpersäule ab. Dies bedeutet eine Vergrößerung des Hebelarms der Widerstandskräftepaare, gibt aber zugleich

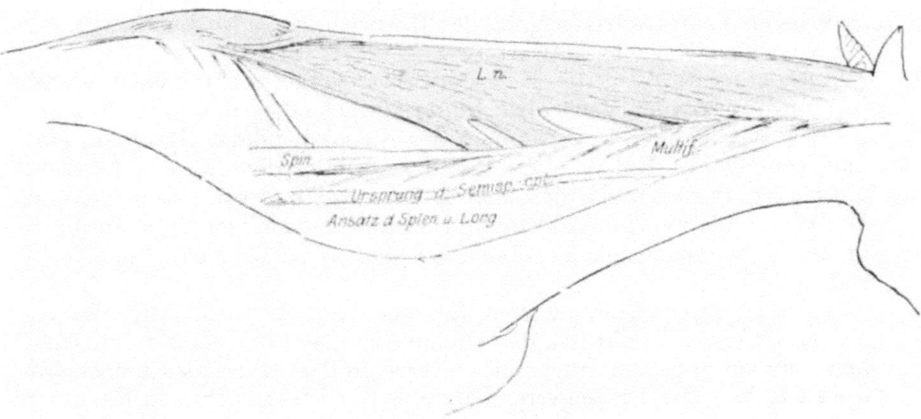

Fig. 199. Nackenband des Pferdes mit tiefen Rückenmuskeln, bei vorgestrecktem Hals.

noch den Vorteil, daß einer größeren Zahl von Band-, Sehnen- und Muskelfasern Raum zur Anheftung gewährt wird. Am Hals zeigt der supraspinale Randteil des dorsalen Bandapparates ein eigentümliches Verhalten als **Nackenband.** Von einem mächtigen, aus gelbem elastischem Gewebe gebildeten Randstrang im engeren Sinn des Wortes, welcher bis zum Hinterhaupt geht, hebt sich gegen die Wirbelsäule zu eine Doppelplatte heraus, welche sich weiterhin in mehreren Streifen sondert. Diese Streifen oder Zacken der Nackenbandplatte heften sich an die leistenartigen Dornfortsätze des fünften bis zweiten Halswirbels (Pferd, Figg. 198 u. 199). Durch diese Zipfel wird das allzuweite Abrücken des Randstranges von der Wirbelsäule bei gehobenem Halse verhindert, eine elegante Abbiegung desselben ermöglicht und zugleich eine sukzessive Verminderung der Zugeinwirkung mit jedem neuen nach vorn folgenden Wirbel zustande gebracht. Berücksichtigt man die Richtung des nötigen Abscherungswiderstandes, welche den Zwischenwirbelscheiben parallel dorsoventralwärts gehen muß, und die Größe des nötigen longitudinalen Zugwiderstandes zur Verhinderung der Abdrehung, so ergibt sich, daß die Richtung dieser Abzweigungen des Nackenbandes der Richtung des nötigen resultierenden Zugwiderstandes für die einzelnen Halswirbel entspricht. Übrigens kommen auch am Hals besondere, wenn auch niedrige interspinale Bandmassen hinzu.

Der supra- und interspinale Bandapparat zeichnet sich wie bekannt beim Vierfüßler dadurch aus, daß er zum großen Teil aus elastischer Bandmasse besteht. Dies gilt namentlich für den Halsteil und den supraspinalen Strang des Brustabschnittes.

Das Nackenband läßt eine große Dehnung zu bei relativ langsam zunehmender Spannung. Während zugleich die Länge des Halses zu der Höhe der vorderen Extremitäten in Korrelation steht, gestattet diese Beschaffenheit der Bandmasse, den Hals soweit zu senken, daß das Maul den Boden berührt. Das bloße Gewicht des Halses und Kopfes vermag freilich das Nackenband nur soweit zu dehnen, daß der Hals horizontal nach vorn gestreckt oder doch nur wenig gesenkt ist. Zur maximalen Ventralwärtsbeugung der Halswirbelsäule ist die Mitwirkung der ventralen Muskeln notwendig.

Andererseits kann der Hals horizontal vorgestreckt und aufwärts, ja unter Umständen nach oben hinten zurückgebogen werden, bei allmählicher Abnahme der Spannung des Nackenbandes. Natürlich wird die Hebung des Halses nur unter der Mithilfe der dorsalen Muskeln geschehen, die ebenfalls nur zum kleinen Teil zwischen benachbarten Wirbeln verlaufen, zum größeren Teil vielmehr am Widerrist entspringen und mit verschiedenen Portionen an den verschiedenen Halswirbeln enden.

Zur effektiven Hebung von Hals und Kopf ist notwendig, daß an den betreffenden Junkturen das Drehungsmoment der dorsalen Muskeln und Bänder in jedem Augenblick etwas größer ist als das umgekehrt drehende Moment der Schwere. Letzteres verkleinert sich jedoch mit der Hebung des Halses über die Horizontale. Wenn nun schon die Bänderspannung mit der Hebung abnimmt, so kann doch auch die Muskelspannung bei weitergehender Hebung geringer werden. Die Aufbiegung erfährt allerdings mehr und mehr eine Hemmung in dem wachsenden Abbiegungswiderstand der Wirbelsäule selbst (Zwischenwirbelscheiben usw.). Ferner ist zu berücksichtigen, daß zuletzt die Spannung des Nackenbandes rascher abnimmt, die Muskeln aber sich der Grenze ihrer Verkürzungsmöglichkeit nähern. So mag immerhin wenn nicht eine größere Muskelspannung so doch eine größere Innervationsanstrengung nötig sein, um den Hals mit dem Kopf hoch zu halten.

Wenn durch Vermittelung des Zuges der dorsalen Bänder und des Druckes in der Körpersäule die Wirbel des Widerristes die Last des Halses und Kopfes tragen, so müssen dieselben nicht bloß von unten her gestützt, sondern auch gegenüber der Vornüberdrehung festgestellt sein. Dies geschieht in erster Linie dadurch, daß sie auch rückwärts folgende Tiefe tragen und von ihnen her eine entgegengesetzt drehende Einwirkung erfahren. Nur für das Übergewicht der einen Einwirkung über die andere muß die Versteifung der Wirbel mit den Rippen und des Brustkorbes mit der Beinstütze aufkommen.

$\beta\beta$) Das hintere ausbalancierte Stück.

Wie sich ein vorderer größerer Teil der Wirbelsäule mit Belastung abgrenzen läßt, der bei aufrechter Stellung der vorderen Beinstützen und mittlerer vertikaler Richtung der von den Serratusrippen gewährten Unterstützung auf den Tragrippen balanciert, so läßt sich auch, aber nur für gewisse Fälle des Standes bei annähernd senkrecht stehenden Hinterbeinen, ein hinterer Teil der Wirbelsäule samt Belastung abgrenzen, welcher in den Iliosacralgelenken versteift ist. Der Schwerpunkt der ganzen Masse der Hinterbeine, der Hüftbeine, der zugehörigen Weichteile und der auf den Hüftbeinen direkt getragenen Baucheingeweide kann dabei als senkrecht über den hinteren Fußpunkten liegend angenommen werden. Von einer gewissen Stelle an müssen jedenfalls die Lendenwirbel mit ihrer Belastung von den hinteren Nachbarn und schließlich vom Becken getragen werden. Hier gelten dann ganz ähnliche Bedingungen für die Feststellung der Wirbeljunkturen, wie sie soeben für das vordere ausbalancierte Stück des Körpers und Stammes erläutert wurden. Eine gewisse Zunahme in der Mächtigkeit der Wirbelkörpersäule und des dorsalen Bandapparates, sowie der Dornen ist manchmal auch an der Lendenwirbelsäule nach dem Kreuzbein hin zu bemerken; vom Kreuzbein aus rückwärts aber, in der Schwanzwirbelsäule nimmt, wie zu erwarten, die Mächtigkeit der Wirbelsäule sukzessive ab.

Zschokke hat zuerst das Konstruktionsprinzip der Wirbelsaule und des Stammskelettes der Vierfüßler in manchen Hinsichten richtig erkannt und für das Pferd erlautert. Er zeigte, in welcher Weise die vorderen Rippen als Träger für die Wirbelsäule dienen, ohne dadurch gänzlich außer Stand gesetzt zu sein, zur Erweiterung des Brustraumes im bilateralen Querdurchmesser beizutragen; wie ferner an den vorderen Brustwirbeln einerseits die Last des Halses und Kopfes und andererseits die hinten anschließenden Teile der Rumpfbrücke angehängt sind, so daß „ein für sich äquilibrierter von den Vordergliedmassen getragener, vorderer „Brückenpfeiler" gebildet ist, während im hinteren Brückenpfeiler durch die hinteren Gliedmaßen, das Becken und die vorn anschließende Wirbelsäule (bis zum 14. Brustwirbel) mit ihrer Belastung dargestellt wird.

Zschokke hob ausdrücklich hervor, daß die Rumpfwirbelsäule durchaus nicht immer einen aufwärts konvexen Gewölbebogen darstellt, welcher imstande wäre, ohne innere Verspannung die Belastung zu tragen, vielmehr öfters geradlinig oder sogar nach unten ausgebogen verläuft.

Er suchte nachzuweisen, daß die Rumpfwirbelsäule als Fachwerkbau konstruiert ist, mit der Reihe der Wirbelkörper als Druckbaum, der wesentlich nur dem Horizontaldruck Widerstand zu leisten hat, und mit den Dornfortsätzen als schrägen Stützen, den Ligg. interspinosa als vertikalen Zugverbindungen und den Ligg. supraspinalia („Rückenteil des Lig. nuchae") als dem dorsalen Zugbaum.

Die große Bedeutung der Dornen und ihrer Bänder für die Tragfähigkeit der Rumpfwirbelsäule hat Zschokke in einem Versuche bestätigt gefunden (s. o.). (E. Zschokke, Weitere Untersuchungen über das Verhältnis der Knochenbildung zur Statik und Mechanik des Vertebratenskelettes. Preisschrift der Stiftung von Schnyder von Wartensee Zürich 1892.)

Wenn wir nun auch nicht in allen Punkten mit der Auffassung Zschokkes übereinstimmen und ganz besonders bestrebt sein müssen, der Lehre von der Statik des Vierfüßlerkörpers im Stand eine breitere Grundlage zu geben, so soll das Verdienst von Zschokke ausdrücklich anerkannt werden.

6. Allgemeinere Behandlung der Aufgabe.

Wir haben im vorigen angenommen, daß die auf den vorderen resp. hinteren Fußpunkten ausbalancierten Körperabschnitte vom übrigen Teil des Körpers in keiner Weise beeinflußt sind. Der an den Fußpunkten wirkende Widerstand ist dann rein vertikal und entspricht dem Gewicht des ausbalancierten Stückes. Dies setzt voraus, daß die beiden Stücke durch dieselbe Trennungsebene abgegrenzt und in derselben so verbunden sind, daß keine Widerstände irgendwelcher Art in ihr wirken. Diese Annahme hat Zschokke seiner Analyse zugrunde gelegt. Es wurde aber von uns bereits hervorgehoben, daß ein solches Verhalten, selbst beim gewöhnlichen Stand mit annähernd vertikal gestellten Beinlinien und annähernd gleichmäßig belasteten Füßen, nur in ganz besonderem Fall zutreffen kann. Es blieben also noch die abweichenden Möglichkeiten zu besprechen.

a) Wir haben gezeigt, daß sich immer eine quere Trennungsebene der Rumpfbrücke finden läßt, in welcher die Abscherungsbeanspruchung im ganzen = 0 ist. Die durch eine solche Trennungsebene voneinander getrennten Körperabschnitte sind aber im allgemeinen durchaus nicht jeder für sich auf ihren Fußpunkten ausbalanciert. Und selbst wenn dies hinsichtlich der vertikalen Einwirkungen der Schwere der Fall ist, so kann doch (infolge Anspannung von Muskeln, welche die Beinstützen gegeneinander ziehen oder auseinandertreiben) ein Seitenschub an den Füßen vorhanden sein, der dann an den Vorder- und Hinterfüßen gleiche Größe, aber entgegengesetzte Richtung haben muß. Um dem Fußwiderstand gegen diesen Seitenschub Gleichgewicht zu halten, müssen in der Trennungsfläche an einer höher und tiefer gelegenen Stelle zwei annähernd oder genau entgegengesetzte Widerstände von ungleicher Größe wirksam sein. Fällt die Trennungsebene in

die Lendengegend, so kommt wohl wesentlich ein Druckwiderstand
in der Längsrichtung und daneben entweder ein Spannungswiderstand
in den dorsalen Bändern und Muskeln der Wirbelsäule oder ein longitudinaler Zugwiderstand in der vorderen (und seitlichen) Bauchwand in Betracht. Der näher dem Boden wirkende Widerstand muß an jedem Stück
dem Seitenschub am Fuß gleich gerichtet sein und gegenüber dem weiter
dorsal wirkenden Widerstand das Übergewicht haben. Bei vertikal gestellten Beinlinien wirkt die Resultierende des Fußwiderstandes in diesem
Fall nicht in der Ebene der Beinlinien. Die Übertragung desselben auf
den Stamm wird dabei in der Regel durch zwei annähernd entgegengesetzte Kräfte geschehen müssen, wie früher dargelegt wurde. Wir haben
dann am Vorder- und Hinterstück des Stammes auch von den Beinen her
eine drehende Einwirkung, welche dem drehenden Einfluß, der an
der „Trennungsebene" vom anderen Körperstück aus einwirkt, Gleichgewicht hält. Ebenso wird zwischen den Tragrippen resp. den Hüftbeinen und der Wirbelsäule nicht mehr das einfache Verhältnis von
vertikal stützenden Trägern zu einem darüber gelegten Balken bestehen
können. Die Kraftlinien der resultierenden Unterstützung der Wirbelsäule am Vorder- und Hinterstück sind entweder nach oben konvergent
oder divergent. Die Übertragung der Unterstützung auf die Wirbel
geschieht also nicht bloß durch vertikal nach oben gerichteten Druck
in den Serratusrippen- und Iliosacralgelenken. Es müssen außerdem
im ersten Fall hinten an den Rippengelenken und vorn an den Iliosacralgelenken, im zweiten Fall aber umgekehrt vorn an den Rippengelenken und hinten an den Iliosacralgelenken besondere Spannungen
in Anspruch genommen sein.

An der Rumpfwirbelsäule muß sich im ersten Fall ein Einfluß zur Ausbiegung nach unten, im zweiten Fall ein solcher zur
Ausbiegung nach oben geltend machen.

b) Es bleiben noch die Fälle zu berücksichtigen, in denen die
Schwerpunkte des Vorder- und des Hinterstückes nicht senkrecht über den betreffenden Fußpunkten gelegen sind. Befindet
sich der Schwerpunkt des Vorderstückes nach hinten von den Vorderfüßen, so muß umgekehrt der Schwerpunkt des Hinterstückes vor den
Hinterfüßen gelegen sein. Die Momente der Kräftepaare $G_a \cdot a$ und
$G_p \cdot b$, welche von den Gewichten der beiden Stücke und den vertikalen
Fußwiderständen gebildet sind, müssen der Größe nach gleich sein,
aber in entgegengesetztem Sinn drehen. Welche horizontalen oder annähernd horizontalen Kräfte hier in der Trennungsfläche (in welcher
die Abscherungsbeanspruchung o ist) wirken müssen, wurde oben auseinandergesetzt.

Auch in diesen Fällen können wir ein auf den Vorderfüßen äquilibriertes
Vorderstück abgrenzen durch eine Trennungsfläche, welche durch die Vorderbeine
oder zwischen den Schultern und dem Rumpf hindurch geht, oder am Rumpf
einen mit den Schultern verbundenen Teil von dem übrigen, mit den Hinterbeinen
zusammenhängenden Rest trennt; und in ähnlicher Weise läßt sich ein auf den
Hinterfüßen äquilibriertes Stück begrenzen. Die Trennungsflächen fallen aber
nicht zusammen; entweder bleibt zwischen ihnen ein Zwischenstück übrig, welches
weder zum einen noch zum anderen ausbalancierten Stück gehört, oder das Zwischen-

stück zwischen den beiden Grenzflächen gehört zu jedem der beiden ausbalancierten Stücke. Das erstere ist beispielsweise der Fall, wenn die Vorder- und Hinterbeine vertikal stehen oder parallel der Mittelebene nach unten divergieren, das zweite, wenn sie abwärts in stärkerem Maße konvergieren. Nimmt man die beiden ausbalancierten Stücke als in sich völlig starr an, so ergibt sich für das Zwischenstück bei nach vorn und hinten auseinandergesprengten Füßen eine longitudinale Druckbeanspruchung und zugleich im Einfluß zur ventralen Ausbiegung mit den entsprechenden Biegungswiderstanden. Sind aber die Vorder- und Hinterfüße einander genähert, so muß das gemeinsame Zwischenstück nicht bloß einen longitudinalen Zugwiderstand leisten, sondern es erfährt zugleich einen Einfluß zur dorsalen Ausbiegung.

Einfluß der Bein- und Halsstellung.

Wir haben bezüglich der vom Bein her auf den Stamm einwirkenden Kräfte gezeigt, daß sie sich immer durch eine Einzelkraft ersetzen lassen, die aber nicht notwendigerweise vertikal und nicht notwendigerweise in der Ebene der vorderen oder der hinteren Beinlinien gelegen zu sein braucht. Zu den vertikalen aufwärts gerichteten Kräften, welche durch die Schulterhalfter resp. die Femurköpfe auf den Stamm wirken, kommen demnach unter Umständen noch andere Kräfte hinzu und zwar nicht bloß horizontale Komponenten, welche den horizontalen Widerständen an den Füßen entsprechen, sondern auch Kräftepaare. Es liegt in der Tat die Trennungsebene, welche den Körper in zwei Stücke zerlegt, deren Gewichte den vertikalen Belastungen der Vorder- und Hinterfüße entsprechen, und in welcher die Abscherungsbeanspruchung = 0 ist, bei gleicher Form des Rumpfstammes bald näher an den Vorder-, bald näher an den Hinterfüßen, je nach der Stellung der Beinlinien, und ebenso bald näher an den Serratustragrippen, bald näher an den Iliosacralgelenken; auch mit der Stellung des Halses und Kopfes, welche am Rumpfstamm ganz besonders die Massenverteilung beeinflußt, wechselt die Lage dieser Trennungsebene. Die in der Trennungsebene von einem Stück zum anderen wirkenden Kräfte hängen aber durchaus von diesen Umständen ab.

Zu anderen Resultaten kommt man, wenn man von der unrichtigen Vorstellung ausgeht, daß der ganze Rumpfstamm zwischen vier Punkten der Beinstützen gleichsam jederzeit freischwebend aufgehängt sei, nur durch diese vier Punkte von den Beinen aus durch Einzelkräfte beeinflußt werde und drehende Einwirkungen von ihnen her nicht erfahren könne, — oder wenn man zur Voraussetzung nimmt, die Wirbelsäule mit ihrer Belastung sei vorn von den Serratusrippen, hinten (in den Iliosacralgelenken) von den Hüftbeinen gleich einem Brückenkörper freischwebend getragen. Hierbei müßte man sich auch wieder vorstellen, daß von den Tragrippen und Hüftbeinen aus nur Einzelkrafte wirken, aber keine drehenden Einwirkungen auf die Wirbelsäule stattfinden. Sieht man von den horizontalen Komponenten ab, die sich von vorn und hinten her durch die Wirbelsäule Gleichgewicht halten (und den Widerstanden gegen die Seitenschübe an den Füßen entsprechen), so bleiben nur vertikale Komponenten, welche die Wirbelsaule mit ihren Belastungen zu tragen haben. Sie greifen stets an derselben Stelle an, während die allgemeine Behandlung des Problems zu der Einsicht führt, daß die resultierenden Einzelkräfte, durch welche vorn und hinten die Unterstützung der Wirbelsäule geschehen muß, bald vor, bald hinter einer bestimmten Serratusrippe und bald vor, bald hinter den Iliosacralgelenken an der Wirbelsäule angreifen. Ferner muß ausdrücklich hervorgehoben werden,

1. daß mit der Änderung der Stellung des Halses und Kopfes (Verschiebung des Schwerpunktes dieser Teile nach vorn oder hinten) die neutrale Stelle in der Wirbelsaule nach vorn oder hinten wandern muß,

2. daß die auf den Tragrippen und auf den Hüftbeinen ausbalancierten Stücke der Wirbelsaule mit ihrer Belastung durchaus nicht immer genau bis zu jener neutralen Stelle reichen, so daß auch hier (bei vorgestrecktem Hals und Kopf) ein Zwischenstück übrig bleiben muß, das weder zum vorderen noch zum hinteren ausbalancierten Stück gehört, oder (bei gehobenem Hals und Kopf) ein Zwischenstück, das beiden ausbalancierten Stücken gemeinsam ist. Dann werden in jener Querebene, in welcher jede Abscherungsbeanspruchung fehlt, Widerstände gegen Ventral- oder Dorsalausbiegung resp. gegen die Gegeneinander- oder Auseinanderdrehung der beiden, durch die neutrale Stelle getrennten Stücke vorhanden sein.

Wir müssen nun aber außerdem berücksichtigen, daß zu der Unterstützung seitens der Tragrippen und der Hüftbeine das eine Mal Zugspannungen hinzukommen, welche nach hinten von den Costovertebralgelenken und nach vorn von den Iliosacralgelenken zwischen den „Trägern" und der Wirbelsäule wirksam sind, das andere Mal aber Zugspannungen an der entgegengesetzten Seite dieser Gelenke. Beides geschieht in Abhangigkeit von der Stellung der Beinlinien und der Richtung der resultierenden Einwirkung, die von den Beinen her auf den Stamm stattfindet. Daraus ergeben sich neue Momente, welche die Wirbelsäule zwischen den Tragrippen und den Hüftbeinen das eine Mal nach unten, das andere Mal nach oben ausbiegen.

Um nur ein Resultat unserer allgemeineren und vollständigeren Behandlung des Problems hervorzuheben, welche mit den Ergebnissen von Zschokke in Widerspruch steht, so zeigt sich, daß es eine Junktur der Rumpfwirbelsäule, welche bei den verschiedenen Arten des Standes stets frei wäre von Abscherungsbeanspruchung (oder stets frei von Abbiegungswiderständen), nicht gibt. Mit jeder Änderung in der Stellung des Halses und Kopfes und mit jeder kleinen Änderung in der Stellung der Beinlinien parallel der Medianebene verschiebt sich die „neutrale Stelle", in welcher die Abscherungsbeanspruchung 0 ist, und an welcher sich die Richtung der Abscherung vom vorderen zum hinteren Wirbel umkehrt.

Wir haben ferner zu berücksichtigen, daß bei der Hauptbewegung des Körpers, seiner Vorbewegung im Schrittgang, Trab, Paß usw. die hinteren Muskeln zwischen den Beinstützen und dem Stamm die Hauptarbeit leisten. Sie agieren an der vorderen und hinteren Extremität übers Kreuz oder auf der gleichen Seite alternierend oder gleichzeitig, aber unter allen Umständen so, daß die Aufrichtungsdrehung, welche der Stamm dank der Aktion der hinteren Extremitäten (Extension im Hüftgelenk) erfährt, durch die Aufrichtung des Stammes zwischen den Schultern bei der Aktion der vorderen Extremitäten beschränkt und wieder aufgehoben wird: Auch dies kann nur geschehen durch Vermittelung von Einflüssen, welche vom Vorderstück auf das Hinterstück und umgekehrt einwirken.

Durch die lokomotorische Aktion der hinten zwischen der vorderen Extremität und dem Stamm gelegenen Muskeln zur Vorbewegung wird die Rumpfbrücke nach unten ausgebogen. Diesem Einfluß wird durch die Anspannung der ventralen zwischen Stamm und Halswirbelsäule gelegenen Muskeln entgegengewirkt. Man versteht deshalb, warum bei angestrengtem Ziehen der Hals kraftvoll gesenkt wird.

Wenn wir alles das zusammen nehmen, so werden wir nicht erwarten dürfen, an irgend einer Stelle der Rumpfwirbelsäule zwischen dem Becken und dem vorderen Brustteil einen gänzlichen Mangel an Abscherungsfestigkeit zu finden, sondern nur, daß sie in der Gegend der vorderen Lendenwirbelsäule nach beiden Richtungen (aufwärts und abwärts) am geringsten ist und von hier aus nach vorn und hinten zunimmt. Hinten handelt es sich ganz besonders um die Hemmung und Hinderung der Abwärtsbiegung vorderer Wirbel gegenüber hinteren Nachbarn, vorn muß besonders dafür gesorgt sein, daß nicht hintere Wirbel an vorderen ventralwärts gehen.

Eine eigentümliche Erscheinung ist, daß sich bei der Hebung der Halswirbelsäule die Brustwirbelsäule hinten senkt und sich mit der Lendenwirbelsäule tiefer nach unten ausbiegt. Man könnte versucht sein, dies auf die Erschlaffung des Nackenbandes und bei starker Hebung des Halses auch auf die Erschlaffung der dorsalen Muskeln zurückzuführen.

Zschokke konstatierte am lebenden Pferd die Aufrichtung nach vorn resp. die Rückwärtsneigung des dritten Brustwirbeldorns am Widerrist bei der Senkung und Hebung des Halses und eine Entfernung und Annäherung gegenüber dem Becken von 4—14 cm. Dem entsprach eine größte Exkursion der Lendenwirbelsäule von 3—6 cm zwischen Hoch- und Tieflage. Verstehe ich die Erklärung von Zschokke richtig, so nimmt er an, daß es sich bei der Hebung des Halses und Kopfes um eine Erschlaffung der ventralen Halsmuskeln handelt, so daß im dorsalen Bandapparat des Hals und Rückenteils die im hinteren Abschnitt hinter dem Widerrist das Übergewicht bekommt. Die Dornen des Widerristes gehen so lange rückwärts und der Rücken sinkt so lange ein, bis wieder Gleichgewicht hergestellt ist zwischen „der Spannung der oberen und unteren Halsmuskeln." Demgegenüber möchte ich betonen, daß sich bei gehobenem Halse die Zugspannung in den dorsalen Bändern vermindert die ventralen Zugwiderstände an der Körpersäule und in den ventralen Muskeln dagegen vergrößert sind.

Bei gleicher Stellung der Vorderbeinstützen verkürzt sich ferner der Hebelarm der Schwere des vorn von den Rippen getragenen Wirbelsäulestückes samt Belastung, während das Moment der Schwere am hinteren Schenkel verhältnismäßig unverändert bleibt, so daß vornehmlich aus diesem Grunde der Teil hinter dem Widerrist das Übergewicht bekommt und sinkt. — Ich vermute aber, daß noch ein anderes Moment in Frage kommt, nämlich eine aktive Verkürzung der dorsalen Muskeln nicht bloß des Hals-, sondern auch des Brust- und Lendenteils, gemäß dem Prinzip, daß zur Stellungsänderung eines Körperteils nicht bloß in den nächst gelegenen, sondern auch in weiter entfernten Junkturen nützliche aktive Bewegung stattfindet. Nur so ist zu erklären, daß ein Einsinken der Rumpfwirbelsäule auch bei energischem, ruckhaftem Aufrichten des Halses stattfindet und auch dann, wenn er aus gesenkter Stellung in die horizontal vorgestreckte Lage übergeführt wird.

X. Das Kiefergelenk.

a) Die anatomischen Beziehungen des Unterkiefers zu seiner Umgebung (schemat. Abbildung Fig. 206).

Das den Körper durchziehende Eingeweiderohr ist vor dem Rachen im vorderen Teil des ventralen Kopfgebietes in zwei Abteilungen getrennt, eine obere Abteilung, welche durch eine mediane Scheidewand in zwei Räume (Nasenhöhlen) geteilt ist, und eine nach unten davon gelegene Abteilung, die Mundhöhle. Im Bereich der **Nasenhöhle** legt sich die Schleimhaut unmittelbar dem Skelett an. Die von Knochen und Knorpel gebildete Scheidewand und die zum größten Teil knöchernen, nur zum kleinen Teil knorpligen seitlichen Skelettwände verbinden sich oben mit der Schädelbasis; ganz vorn stoßen sie direkt miteinander in dem schräg vorwärts absteigenden Nasenrücken zusammen. Unten setzen sie sich in den knöchernen Boden der Nasenhöhle fort, der als harter Gaumen zugleich die Decke für den zentralen Raum der Mundhöhle bildet. Am seitlichen und vorderen Umfang des harten Gaumens aber ragt der Alveolarfortsatz abwärts, in welchen als Derivate der unmittelbar anliegenden Mundhöhlenschleimhaut die Zähne eingefügt sind. Neben den oberen vorderen Teilen der seitlichen Nasenwand liegen die Augen mit den sie umgebenden Weichteilen; hinter diesen senkt sich die Schädelbasis, gleichsam vom Gehirn (Schläfenlappen) abwärts getrieben, als Wand der mittleren Schädelgrube jederseits nach unten, zur Bildung einer Hinteraußenwand der Augenhöhle. Ein Boden entsteht für die Augenhöhle durch seitliche Verdickung der seitlichen Nasenwand (Oberkieferkörper), die allerdings keine solide Knochenmasse darstellt, sondern von der Nasenhöhle aus pneumatisiert ist (Kieferhöhle). Der vom Oberkieferkörper gebildete verdickte Teil der seitlichen Nasenwand ist vor allem durch einen aufsteigenden Jochpfeiler und einen rückläufigen oder horizontalen Jochbogen mit dem Seitenrand der Schädelbasis verstrebt.

Der harte Gaumen und der Alveolarfortsatz des Oberkiefers bilden die Decke der **Mundhöhle**. Eine vordere und seitliche Wand der Mundhöhle und daran anschließend ein kleines Stück Hinterwand ist jederseits vor allem in einer muskulösen Grundschicht vertreten; ebenso der Boden der Mundhöhle. Zwischen die Grundschicht der Vorderseitenwand und des Bodens der Mundhöhle ist als wichtiger Skelettrahmen der Unterkieferkörper eingeschaltet. Hinten schlüpft er zwischen den Muskeln heraus; in seiner Fortsetzung aber mit Abknickung nach oben brückt der Kieferast, frei vom Rachen abge-

hoben zum Rand der Schädelbasis hinüber; die muskulöse Grundschicht der Seiten- und der Unterwand der Mundhöhle aber schließt
sich nach innen davon zusammen und setzt sich in die muskulöse
Grundschicht der Rachenwand fort (Fig. 200).

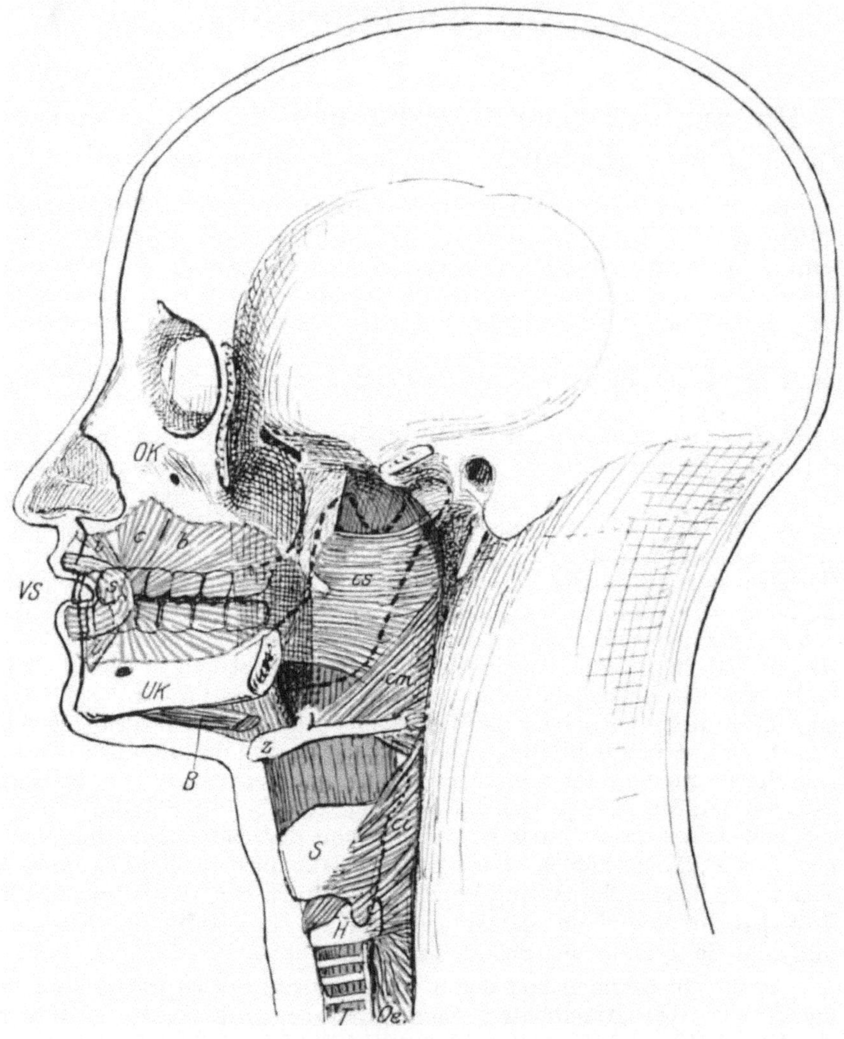

Fig. 200.

Die muskulöse Grundschicht der Mundhöhlenwand ist vorn in
der Mundöffnung durchbrochen. Sie wird am Rand der Öffnung von
dem Ringmuskel des Mundes (Fig. 200 s) gebildet; daran schließen
sich die Mm. incisivi (i), der M. caninus (c) und der M. buccina-

torius (b). Diese Muskelschicht heftet sich oben, am Oberkiefer-Nasenskelett an der Außenseite, nach oben vom Alveolarfortsatz und unten, am Unterkieferkörper ebenfalls an dessen Außenseite an; die muskulöse Grundschicht des Mundhöhlenbodens (B) aber spannt sich zwischen der inneren Breitseite des Unterkieferbogens und dem Zungenbein aus. So kommt es, daß beide Alveolarränder, des Ober- und des Unterkiefers mit ihrem Schleimhautüberzug und den von letzterem stammenden Zähnen in die Mundhöhle einragen und unvollständig einen zentralen Raum von einem peripheren seitlichen und vorderen Raum (Vestibulum) abtrennen. Hinter den beiden Zahnreihen wendet sich die muskulöse Grundschicht der Seitenwand nach innen um eine kleine Strecke weit eine Art frontal gestellte Hinterwand der Mundhöhle zu bilden. An sie schließt sich die wieder sagittal gestellte seitliche Rachenwand (ihre aus den Konstriktoren des Rachens cs, cm und ci gebildete muskulöse Grundschicht) an, so daß eine Art treppenförmiger Übergang von der seitlichen Mundhöhlenwand zu der Seitenwand des um die Hälfte engeren Rachens stattfindet.

So wird nun außen, zwischen dem Grundteil des Rachens und der Mundhöhle eine Art seitlicher Kehle gebildet, welche sich einerseits unten an die Kehle zwischen dem Mundhöhlenboden und der vorderen Rachenkehlkopfwand anschließt und andererseits auch noch weiter nach oben fortsetzt, indem hier der Oberkieferkörper über den Processus pterygoides und die seitliche Rachenwand seitlich vorragt. Die ganze seitliche Kehle wird vom Kieferast überbrückt und durch ihn sowie durch die ihm vorn und zu beiden Seiten angeschlossenen oberen Kiefermuskeln bis zu dem Griffelfortsatz und den hier entspringenden Muskeln des Paquetum Riolani der Hauptsache nach ausgefüllt. Ich habe den betreffenden seitlichen Raum als „Stylomaxillarraum" bezeichnet (Straßer, Anleitung zur Präparation des Halses und Kopfes 1906). Die vom Schlafenmuskel ausgefüllte seitliche Schläfeneinsenkung der Schädelkapsel stellt einen Auslaufer desselben dar.

Die Grundschicht des Bodens der Mundhöhle (ihres zentralen Raumes) wird vor allem von den Mm. mylohyoidei gebildet, an welche sich oben die Mm. geniohyoidei, unten die vorderen Bäuche der Mm. digastrici anschließen. Dieser Grundschicht des Bodens ist als muskulöser, von Schleimhaut überzogener Wulst die Zunge aufgesetzt.

Der zentrale Raum der Mundhöhle wird durch die gegeneinander ragenden Alveolarränder des Ober- und Unterkiefers mit ihrem Schleimhautüberzug und ihren Zahnreihen nur unvollkommen vom Vestibulum abgetrennt; zwischen dem „Gehege" der Zähne hindurch, und hinter den Zahnreihen hängen die Räume miteinander zusammen.

Von jenseits der Ansatzlinien der muskulösen Grundschicht der Vorderseitenwand, von den Außenseiten des Nasenskelettes und des Unterkieferkörpers her und über dessen Unterrand sowie über den Unterkieferast und den ihm aufgelagerten M. masseter hinüber ziehen zahlreiche Hautmuskeln und zieht die Haut selbst zum Mundrand. So wird die Wand der Mundhöhle vervollständigt.

Der Unterkiefer stellt einen Knochenbogen dar, welcher den Rachen und die Mundhöhle umgreift, oben beiderseits in die Schädelbasis eingelenkt, seitlich vom Rachen abgehoben, unten vorn in die Grundschicht der Wand der Mundhöhle eingeschaltet ist. Letzterer Teil,

der Unterkieferkörper, hat einen annähernd horizontalen Verlauf
und ist gegenüber dem Rest, den beiden Unterkieferästen in einer
Kantenkrümmung (Kieferwinkel) abgeknickt. Dazu kommt die gemeinsame Flächenkrümmung. Der Ast zeigt einen hinteren Randbalken,
der oben in einen schlanken Hals und einen namentlich nach den
Seiten ausladenden Gelenkkopf ausläuft. Unterhalb des Halses

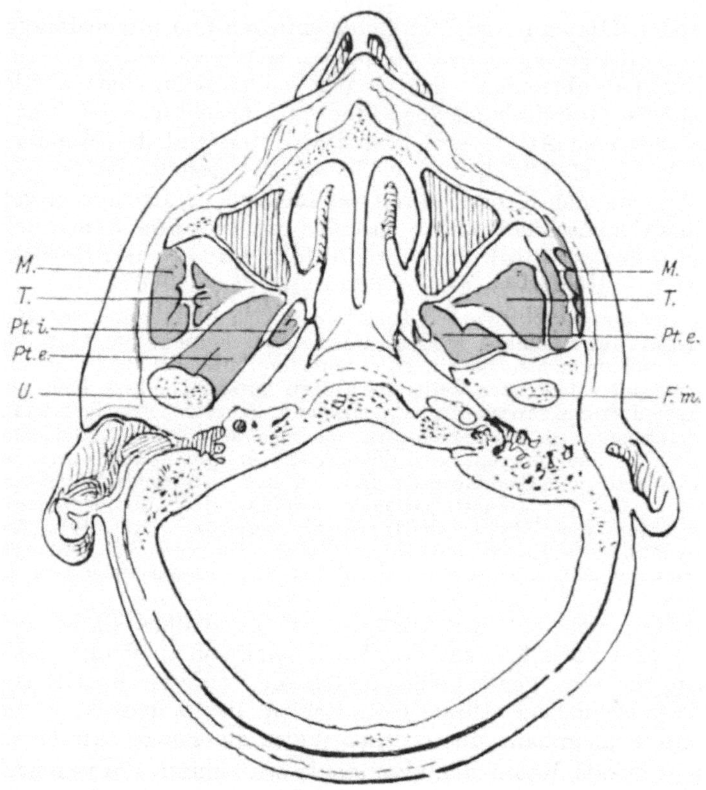

Fig. 201. Horizontalschnitt durch den Kopf in der Höhe des Kiefergelenkes.
Umzeichnung nach Braune.

verbreitert sich der Kieferast nach vorn und ist nach der Schläfen-
grube hin, zum zungenförmigen Processus coronoides ausgezogen, an welchem sich der Schläfenmuskel ansetzt. Die hauptsächlichen Kaumuskeln (obere Kaumuskeln) inserieren alle am Kieferast, liegen vor dem Kiefergelenk und bilden drei Schichten, welche
wie die Blätter eines Buches nach hinten und unten gegen den hinteren Randbalken des Kieferastes zusammenlaufen (Fig. 201). Der
Schläfenmuskel, der die Schläfeneinsenkung der Schädelkapsel ausfüllt
und an ihrem Grund, an der bedeckenden Schläfenfascie bis zum hori-

zontalen Jochbogen hin und an diesem selbst entspringt, bildet die mittlere ziemlich genau sagittal gestellte Schicht.

Ihm und dem Processus coronoides sind innen angelagert die beiden Pterygoidmuskeln, der Pterygoideus externus, der an der Schädelbasis nach außen vom Processus pterygoides und außen an dessen äußerer Lamelle entspringt, und wesentlich horizontal rückwärts auswärts zur Gelenkgegend hinzieht, und der Pterygoideus internus, der von der Innenfläche der gleichen Lamelle zur Innenseite des Kieferwinkels nach hinten und außen absteigt. Außen liegt der M. Masseter auf, der vom horizontalen Jochbogen zur Außenseite des Kieferwinkels absteigt.

Es ist klar, daß der Unterkiefer durch seine Bewegung in seinen beiden Gelenken gegenüber der Schädelkapsel und dem Oberkiefer-Nasenskelett die Annäherung und Entfernung der Zahnreihen bewerkstelligt und dabei zugleich den Boden der Mundhöhle hebt und senkt und die oberen und unteren Ansatzränder der weichen seitlichen und vorderen Mundhöhlenwand einander näher bringt resp. auseinander zieht. Dies ist die Hauptbewegung in den Kiefergelenken. Außerdem sind aber noch andere Bewegungen des Unterkiefers möglich, die wir als Nebenbewegungen bezeichnen wollen.

Dabei darf nicht übersehen werden, daß die seitliche und vordere Mundhöhlenwand (vorderer Teil der Backe und Lippen) und am Boden der Mundhöhle die Zunge besonderer Formveränderungen, abgesehen von den durch die Unterkieferbewegung verursachten, fähig sind und daß z. B. die Öffnung und der Schluß des Mundes und mannigfaltige Formveränderungen der Mundöffnungen bei der gleichen und bei verschiedenen Kieferstellungen erfolgen können. Wir haben also beispielsweise zwischen der Eröffnung und dem Schluß des Mundes und der Öffnungs- und Schließungsbewegung des Unterkiefers wohl zu unterscheiden.

β) Anatomie und Mechanik des Kiefergelenkes.

1. Anatomie.

Beide Kiefergelenke als Gelenke zwischen zwei in sich starren Körpern, dem Unterkiefer und dem übrigen Schädel gehören mechanisch zusammen; sie bilden zusammen, wie z. B. die beiden Atlantooccipitalgelenke eine bikapsuläre monokinetische Gelenkkombination. In einem der beiden Gelenke kann nicht Bewegung erfolgen, ohne daß sich der Unterkiefer im anderen Gelenk nach dem gleichen Gesetze bewegt, also um die gleiche Achse dreht oder die gleiche Parallelverschiebung mitmacht. Beide Gelenke sind im ganzen symmetrisch zueinander gebaut. Sie sind besonders eigenartig durch die eigentümliche Gestalt der cranialen Gelenkfläche und durch das Vorhandensein eines faserknorpeligen Meniscus.

Der craniale Gelenkkörper besteht aus einem hinteren, grubig vertieften Teil (Boden der Fossa mandibularis) und aus dem die

Vorderwand der Grube bildenden Tuberculum articulare. Der größere Durchmesser der Grube verläuft wesentlich quer, von außen nach innen und etwas nach hinten. Am mazerierten Schädel scheint ihre Hinterwand vom Os tympanicum gebildet. Doch beteiligt sich letzteres nicht an der Bildung der Pfanne; zwischen ihm und dem Gelenkkopf bleibt immer ein Zwischenraum, in welchem nicht bloß die hintere Kapselwand, sondern noch eine erhebliche Schicht von Weichteilen (ein Flügel der Parotis, sowie Gefäße und Nerven) Platz findet. Die

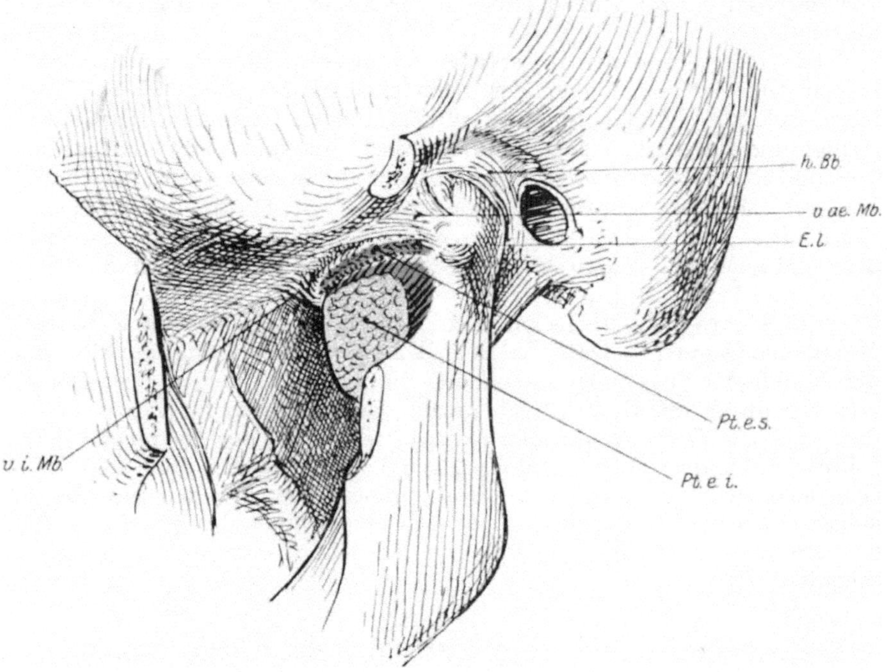

Fig. 202. Kiefergelenk mit dem Ansatz des M. pterygoideus externus, von außen, vorn und unten. *h. Bb.* Hinteres Bogenband. Für *v. ae. Mb.* setze: *v. ae. Kb.* Vorderes äußeres Kieferband, *E. l.* Eminentia lateralis, *Pt. e. s.* Pterygoideus externus pars superior, *Pt. e. i.* Pterygoideus externus pars inferior, *v. i. Mb.* Vorderes inneres oberes Meniscusband.

Grube erscheint in die hintere Wurzel des Jochbogens wie eingedrückt, so daß sowohl vorn als seitlich innen an derselben ein deutlicher Randwall gebildet wird. Die Gelenkfläche setzt sich aus der Grube unter Umwendung der Krümmung auf die Höhe des vorderen Randwalles und bis an seine Vorderseite fort, so daß dieser Wall zu dem quergestellten Tuberculum articulare wird.

Der Condylus articularis des Unterkiefers erscheint gegenüber dem Hals so gut wie gar nicht nach hinten, nur andeutungsweise nach vorn, ganz erheblich aber nach innen und außen, und zwar gewöhnlich am stärksten nach innen ausgeladen und gleicht von oben gesehen einem horizontal und quer zum Schädel gestellten, mit der Längsachse nach innen und nur wenig nach hinten gehendem Zylinder mit gerundeten Enden und ziemlich enger, von hinten nach vorn gehender, aufwärts gerichteter Konvexität (Kieferwalzen, R. Fick). Die Gelenkkapsel greift vorn über die stärkste vordere Ausladung des Gelenkfortsatzes hinaus nach unten, hinten erreicht sie nicht die gegenüber dem hinteren Rand des Kieferastes am meisten nach hinten ausgewölbte Stelle. Seitlich reicht sie nicht bis zur Achse der sagittalen Krümmung der Condylusgelenkfläche nach unten; vorn an der Außenseite erstreckt sie sich nur bis zum Epicondylus lateralis (Fig. 203 A und B). Sie entspringt hinten nah hinter dem Grund der Gelenkgrube und vorn vor der Wölbung des Tuberculum. Ein eigentliches Seitenband, wie es mitunter beschrieben und abgebildet worden ist, mit Fächerform und Verlauf der Fasern radiär zur Achse der sagittalen Condyluskrümmung besteht weder innen noch außen. Meist ist die Verstärkung der äußeren Kapselwand nur von wenigen sehnigen Fasern dargestellt, die in die lockere Gelenkkapsel eingewebt sind; und wenn das Ligament mitunter

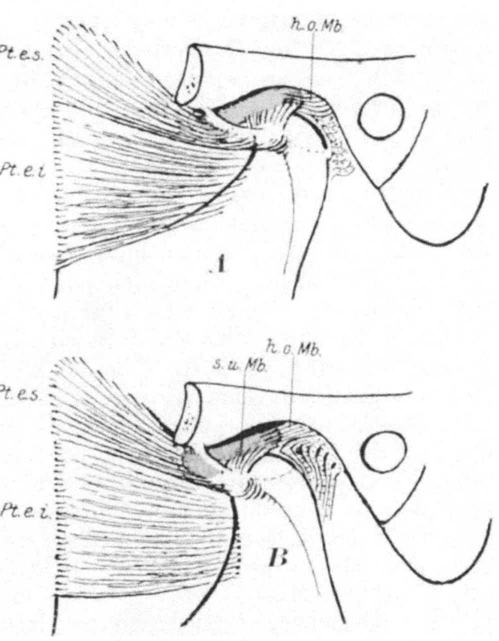

Fig. 203. Kiefergelenk von außen in Schlußstellung *A* und Öffnungsstellung *B*. Meniscus grün. Bezeichnungen *Pt. e. s.* und *Pt. e. i.* wie in Fig. 202, *s. u. Mb.* seitliches unteres Meniscusband, *h. o. Mb.* hinteres oberes Meniscusband.

auch deutlicher ausgesprochen ist, bleibt es doch immer so locker, daß es die ausgiebigsten physiologischen Ortsverschiebungen des Condylus erlaubt. Seine Fasern verlaufen wesentlich rückwärts absteigend. Ferrein, der zuerst ein äußeres Seitenband des Kiefergelenkes beschrieben hat, gab an, daß es sich erst unterhalb des Condylus ansetzt, eine Beschreibung, welcher R. Fick beipflichtet.

Das in Fig. 202 abgebildete Präparat zeigt als einzigen einigermaßen stärkeren Faserzug, der vom Unterkiefer zur Schädelbasis geht, ein fächerförmiges Band, welches in dem oberen Umfang des Epicondylus lateralis entspringt und von da in der äußeren vorderen Ecke des Gelenkes und in der vorderen Wand desselben zur Schädelbasis aufsteigt. Je mehr

seine Fasern in der vorderen Gelenkwand nach innen verlaufen, um so
mehr nähert sich ihre Richtung der horizontalen (vorderes äußeres
Kieferband: v. ae. kb). Der äußere Rand des Bandes ist auch in
Fig. 203 A und B zu sehen. Bei geschlossenen Kiefern, wenn der
Condylus des Unterkiefers hinter dem Tuberculum articulare steht
(s. u.), ist dieses Band nur mäßig gespannt; seine Spannung nimmt
zu, wenn in dieser Lage der Condylus um eine vertikale Achse nach
außen rotiert (Mahlbewegung). Andererseits spannt es sich auch, wenn
bei extrem starker Öffnungsbewegung der Unterkiefercondylus bis unter
das Tuberculum articulare vorrückt.

An dem gleichen Präparat ist eine Bogenfaserung zu sehen, welche
sich um den obersten Teil des Condylus hinten und außen herumschlingt
und an der Schädelbasis beginnt und endet (Fig. 202 h. Bb., hinteres
Bogenband). Sie spannt sich bei stärkster Schlußstellung des Unterkiefers.

An der Innenseite des Gelenkes ist als inneres Seitenband
ein Faserzug beschrieben worden, der innen an der Art. maxillaris int.
und hinten am Nervus alveolaris inferior, wo er in den Unterkiefer
eintritt, vorbei zieht, um sich am Rand des Foramen alveolare (Lin-
gula) anzusetzen. Dieser Faserzug ist sehr variabel und hat meist nur
den Charakter eines schwachen Fascienstreifens.

Der Meniscus teilt die Gelenkhöhle in zwei Kammern. Er stellt
eine zwischen den Condylus des Unterkiefers und die Schädelbasis
eingeschobene faserknorpelige Platte dar, welche ringsherum an ihrem
Rand mit der Gelenkkapsel verwachsen ist. Sie ist von vorn nach hinten
so lang, daß sie sich am abgelösten Unterkiefer der Gelenkfläche vom
vordersten bis zum hintersten Rande anlegen läßt. Der Meniscus ist
ganz besonders fest mit seinem Außenrand an die obere Peripherie
des Epicondylus lateralis angeheftet (Fig. 203 A und B: s. u. Mb.: seitliches unteres Meniscusband). In der Wand der über dem Meniscus
gelegenen Gelenkspalte ist besonders derjenige Teil verstärkt, welcher
den äußeren Teil des Hinterrandes des Meniscus mit der Schädelbasis
verbindet (hinteres oberes Meniscusband: h. o. Mb. in Fig. 203 A
und B), ferner annähernd gegenüber die Verbindung der hinteren inneren
Ecke des Meniscus mit der Schädelbasis (Fig. 202 v. i. Mb., vorderes
inneres oberes Meniscusband).

2. Die sagittale Bewegung des Unterkiefers.

Öffnungsbewegung.

Am Präparat läßt sich eine symmetrische sagittale Öffnungsdrehung ausführen, bei welcher die Köpfchen in den Gelenkgruben
bleiben und sich um eine gemeinsame horizontale frontale Achse drehen,
welche annähernd an der gleichen Stelle bleibt, und annähernd durch
die Mitten der Condylenwalzen geht. Sie fällt mit deren Krümmungsachse nicht genau zusammen. Deshalb ist eine solche Öffnungsdrehung
nicht möglich, ohne daß sich Kopf und Pfanne innen hinten einander

nähern und außen vorn auseinanderrücken.   Doch paßt sich der Meniskus diesen Abstandsänderungen an.

Daß beim Lebenden die Öffnungsbewegung nicht in dieser Weise geschieht, davon überzeugt man sich leicht durch direkte Inspektion bei mageren Personen; man sieht da deutlich und sofort bei Beginn der Bewegung das „Köpfchen" nach vorn und etwas nach unten treten, während die Haut zwischen ihm und der Ohrmuschel zu einer Grube eingezogen wird.

Legt man die nach oben sehenden Spitzen der drei ulnaren Finger auf den Jochbogen und die Zeigefingerspitze, dem dritten Finger hinten angeschlossen leicht auf die Grube vor dem Köpfchen bei geschlossenen Kiefern und läßt nun den Unterkiefer die Öffnungsbewegung ausführen, so fühlt man, wie das Köpfchen aus der Lage hinter der Zeigfingerspitze an dieser vorbei in eine Lage vor derselben rückt.   Die ganze Bewegung kann auf mindestens 1 cm in vielen Fällen geschätzt werden (Chissin, Arch. f. An. u. Phys. a. A. 1906).   Die Schneidezähne bewegen sich aus der Stellung im „Unterbiß", bei welchem ihre Kaukanten der Hinterfläche der Kronen der oberen Schneidezähne hinten anliegen, zunächst direkt senkrecht nach unten.

Daß die Condylen bei der Vorbewegung auf das Tuberculum nicht rein horizontal nach vorn gehen, sondern zugleich tiefer treten, kann keinem Anatomen entgangen sein.   Nach R. Fick hat bereits Monro 1744 die Vorwärtsabwärtsbewegung der Unterkieferköpfchen richtig erkannt.   H. v. Meyer spricht deutlich in seinem Lehrbuche (1861) von der Bewegung auf der schrägen Ebene der Tuberculumhinterseite und bemerkt (1873), daß der Unterkiefer sich dabei von den Zähnen des Oberkiefers entfernen müßte, auch wenn er sich rein translatorisch bewegte. Im einzelnen freilich lauten die Angaben der Autoren über den Verlauf der Öffnungsbewegung verschieden.   Auch ist diese Bewegung in verschiedener Weise analysiert und aus den Bedingungen des Gelenkes und der wirkenden Kräfte erklärt worden. H. v. Meyer läßt zuerst den Kiefer eine mehr translatorische Bewegung ausführen, wodurch das Lig. laterale in eine mehr senkrechte Stellung übergeführt und angespannt werde.   Erst jetzt sei die Drehung des Kiefers möglich, wobei der untere Ansatz des genannten Bandes zum Hypomochlion werde.

Hoffmann und Rauber lassen den Unterkiefer zuerst um die Condylenachse sich drehen, dann mit den Menisci im Gelenk sich vorschieben und zuletzt mit ihnen die Drehung um die Achse der Krümmung der Tubercula ausführen (!) Andere endlich, ohne genauere Angabe über das Verhalten des Meniscus nehmen an, daß eine resultierende Drehung um eine weiter nach unten vom Gelenk durch die Foramina mandibularia oder unmittelbar oberhalb derselben durchgehende Achse stattfinde.

Nach Henke (1863) handelt es sich um die Kombination zweier Bewegungen, einer Bewegung des Unterkiefers mit samt dem Meniscus um eine durch die Tubercula articularia gehende Drehungsachse und einer Drehung des Unterkiefers gegenüber dem Meniscus um die gemeinsame Condylenachse.   Nach dieser Lehre müßte die Condylenachse ihre Lage unter der Mitte des Meniscus beibehalten. Ähnlich wie Henke, nur ohne bestimmte Angabe über das Verhalten des Meniscus definiert R. Fick die Bewegung als eine Vorwärtsdrehung um die im Schädel feste Krümmungsachse der Tubercula, verbunden mit einer gleichzeitigen Rückwärtsdrehung um die gemeinsame Condylusachse.   Je nach dem Verhältnis der beiden Drehungsachsen liegt natürlich die resultierende momentane Drehungsachse verschieden weit vom Tuberculum entfernt.   Da die beiden Drehungen in entgegengesetztem Sinn verlaufen und die Rückwärtsdrehung das Übergewicht hat, so muß sie nach unten von der Tuberculum- und von der Condylusachse, aber jeweilen mit ihnen in der gleichen Ebene gelegen sein.

Auf jeden Fall kann die Öffnungsbewegung des Unterkiefers in jedem einzelnen Moment aufgefaßt werden als eine Drehung um eine bestimmte instantane Achse. Aufschluß über die Lage der instantanen Drehungsachse in den verschiedenen Phasen der Bewegung kann aber nur das Experiment geben.

Bestimmung der instantanen Drehungsachse.

Versuche am Präparat können den gewünschten Aufschluß nicht geben, da je nach der Krafteinwirkung die Bewegung eine verschiedene ist. Wenn man z. B. nur den Zug der Muskeln des Mundhöhlenbodens nachahmt, so bleibt, wie Chissin gezeigt hat, der Kopf in der Gelenkgrube. R. Breuer (Vortr. ung. Vierteljahrsschr. f. Zahnheilk. 1910) wendete einen am Kinn mehr direkt nach unten gehenden Zug an. Auch dies entspricht nicht den tatsächlichen Kraftverhältnissen beim Lebenden. Obschon Breuer Röntgenaufnahmen machte, können seine Versuche doch nicht entscheidend sein. Wallisch (His' Archiv 1909) versuchte die Bewegung am Lebenden zu bestimmen, indem er von einem an einem Zahn befestigten Schreibstift eine Bahnkurve aufschreiben ließ. Aber eine einzige Bahnkurve genügt natürlich nicht zur Bestimmung der Bewegung des Körpers parallel einer Ebene.

Ch. E. Luce hat 1889 (Boston medical Journal) die Bewegung des Unterkieferköpfchens genauer durch Momentphotographie festgestellt.

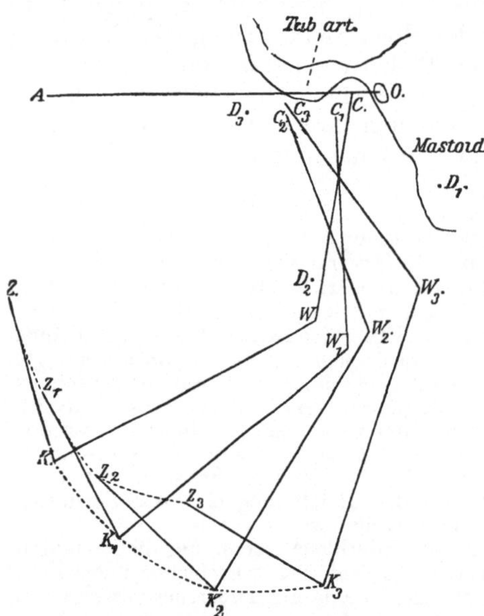

Fig. 204. Öffnungsbewegung nach Chissin. AO. Horizontale; $C, C_1. C_2$ etc. Condylus in der Schlußstellung und in den Phasen 1, 2 etc.; W Kieferwinkel, K Kinnpunkt, Z Mitte der unteren Schneidezahnkaukante.

Es gehört dazu die Bestimmung der Bahnkurven von mindestens zwei Punkten des Unterkiefers am Lebenden. Eine solche Bestimmung hat meines Wissens zuerst Chissin gemacht (1906). Er wählte als den einen Punkt die Mitte des Randes der unteren Schneidezähne, als zweiten Punkt den Kinnpunkt (Mitte des Kinns).

Die Lage dieser Punkte wurde für die Schlußstellung im Unterbiß, für eine extreme Öffnungsstellung und für zwei dazwischen liegende Stellungen bestimmt. Die Bahnkurve der beiden Punkte kann danach annähernd richtig durch Interpolation konstruiert werden (Fig. 204).

Errichtet man für einen bestimmten Moment der Bewegung an den Stellen, wo sich die beiden Punkte in diesem Augenblick befinden, Senkrechte auf ihren Bahnkurven, so entspricht der Schnittpunkt dieser Senkrechten der Lage der momentanen Drehungsachse. Nach diesem Prinzip ist die nebenstehende Figur 204 gewonnen. Vor allem zeigt sich, daß die Drehungsachsen ganz anders liegen als die Schnittpunkte der in den verschiedenen Stellungen verschieden verlaufenden Mittellinien des Kieferastes, und daß die instantane Achse der Drehung in auffälliger Weise wandert, in einer Achsenfläche, welche offenbar von der Gegend unter den Condylen aus durch die vordere Peripherie des Processus mastoides hindurch absteigt und sich weit unten herum krümmt, um nah über dem Kieferwinkel vorbei zur vorderen Peripherie des Gelenkes aufzusteigen, wo die Achse am Schlusse der Öffnungsbewegung gelegen ist. Ganz zum Schluß muß die Bewegung wohl wesentlich um die Condylenachse erfolgen, unter gleichzeitiger Annäherung der Condylen an die Tubercula (Kompression der Menisci?)

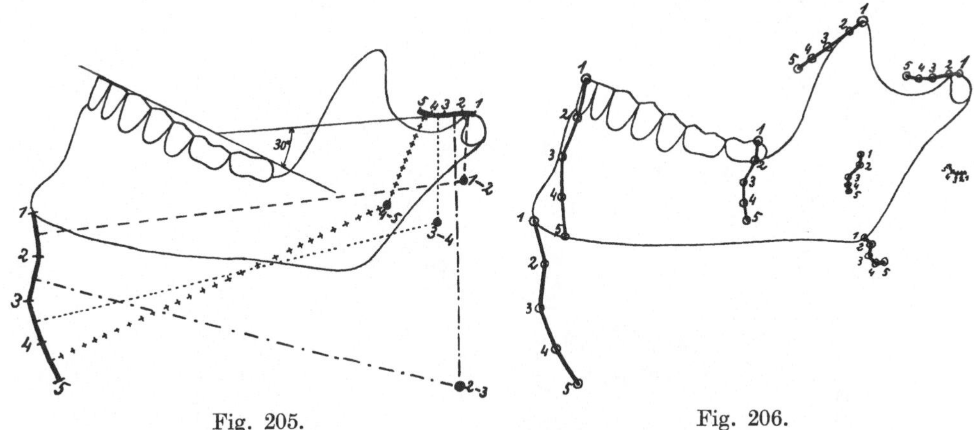

Fig. 205.   Fig. 206.

Herrn Prof. Gysi in Zürich verdanke ich den Hinweis auf ähnliche Feststellungen, welche seither durch Bennet (1898) und Gysi selbst gemacht worden sind. Beide bestimmten die Bahnkurven erstens des Kinnpunktes, zweitens des Condylenpunktes (äußerste Vorragung des Condylus). Freilich scheint mir die Wahl des letztgenannten Punktes nicht besonders glücklich zu sein, wegen der Kleinheit der Bewegungen und weil die Verschiebung des Condylenpunktes unter der Haut doch nicht mit genügender Genauigkeit ermittelt werden kann. Bennet befestigte zwei Glühlämpchen über den Gelenkköpfen und eines über dem Kinn und projizierte das Lichtbild und zwar durch eine seitlich vom Kopf angebrachte Linse auf eine sagittale Wand zur Beurteilung der symmetrischen Bewegungen, und durch eine vor dem Gesicht angebrachte Linse auf eine frontale, durch eine über dem Kopf angebrachte Linse auf eine horizontale Wand zur Beurteilung der asymmetrischen Bewegungen. Gysi hat die optische Methode Bennets durch eine graphische ersetzt, indem er statt der Glühlämpchen Bleistifte aufsetzte und durch sie die Bahnkurven beschreiben ließ. Seine Befunde bestätigen diejenigen von Bennet. Nebenstehend sind zwei Originalfiguren Gysis mit gütiger Erlaubnis des Autors wiedergegeben (Figg. 205 u. 206). Die Gesamtexkursion ist etwas geringer als bei Chissin, die Bewegung, in vier statt nur in drei Etappen zerlegt gibt die Bahnkurve der zwei Bestimmungspunkte und die zu den einzelnen Teilstücken zugehörigen Achsenpunkte. Sie lassen sich kaum mit den von Chissin gefundenen Achsenpunkten in die gleiche Kurve unterbringen; doch zeigt sich auch hier, daß die instantane Achse zunächst hinter dem Kiefer absteigt (allerdings auffällig weit), und dann (auffälligerweise in vorwärts konvexer Bahn) in den Unterkieferast (zur Gegend des Foramen alveolare) aufsteigt (Fig. 205).

In Fig. 206 sind auch die Bahnkurven des hinteren Endes der Kaufläche, des Kieferwinkels, des Foramen alveolare und des Processus coronoides hinzu konstruiert.

Ein ziemlich schwieriges Problem ist die Frage nach den Kräften, welche die charakteristische typische Öffnungsbewegung zustande bringen. Wenn wir die Drehung als eine Drehung um die Condylenachse auffassen, so müssen wir annehmen, daß mit derselben eine bestimmte,

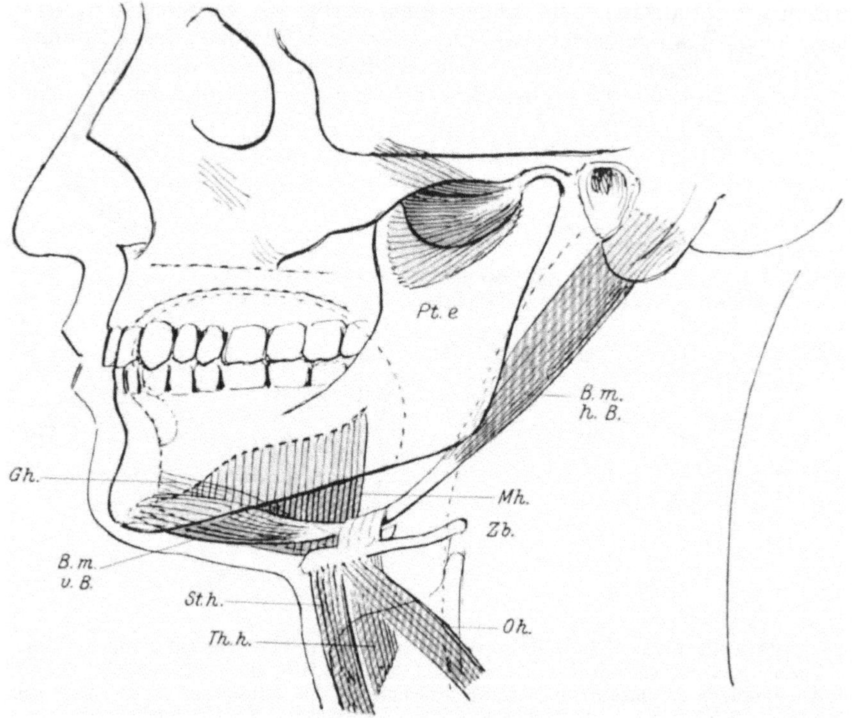

Fig. 207. Muskeln zur Kieferöffnung (Skelett durchscheinend gedacht); *Pt. e.* Pterygoideus externus, *B. m. h. B.* hinterer Bauch des Biventer mandibulae, *B. m. v. B.* vorderer Bauch, *Gh.* Geniohyoideus, *Mh.* Mylohyoideus, *St. h.* Sternohyoideus, *Th. h.* Thyreohyoideus, *Oh.* Omohyoideus, *Zb.* Zungenbein.

von Moment zu Moment wechselnde Translationsbewegung parallel der Medianebene verbunden ist, an welcher auch die Condylenachse teil nimmt. (Es erscheint mir eine solche Zerlegung zweckmäßiger als die von R. Fick befürwortete Zerlegung in eine Drehung um die Condylenachse und eine Drehung um die Krümmungsachse des Tuberkulum.)

Die Condylenachse verhält sich also wie eine freie Achse. Hier läßt die gewöhnlich übliche Kräftezerlegung im Stich resp. sie gibt keinen Aufschluß über die wirklich stattfindende Bewegung. Wohl aber kann die im allgemeinen Teil dieses Lehrbuches (S. 162 ff.) erläuterte Zerlegung unter Berücksichtigung des Perkussionszentrums mit Nutzen in Betracht kommen. (Siehe auch Chissin.)

Das Perkussionszentrum liegt in einer durch die gemeinsame Condylenachse und den Schwerpunkt gelegten Ebene median jenseits des Schwerpunktes. Man hat alle bewegenden Kräfte mit ihrem Angriffspunkt in ihrer Kraftlinie nach dieser Ebene zu verlegen und in eine Komponente nach der Condylenachse und nach der Ebene des Perkussionszentrum zu zerlegen. Es kommen natürlich nur die sagittalen Projektionen dieser Kräfte in Betracht. Die nach der Achse wirkenden Kräfte müssen in jedem Augenblick eine Resultierende geben, welche die Verschiebung des Köpfchens erklärt. Sie müssen im allgemeinen eine parallel der engsten Berührungs- oder Annäherungsstelle zwischen Kopf und Pfanne nach vorn und unten wirkende Komponente haben, so daß sich das Köpfchen entweder nach unten von der Pfanne abhebt oder bei Druck gegen dieselbe vorwärts abgleitet. Durch diese bewegende Einwirkung auf die Condylen wird die Drehung des Unterkiefers um die Condylenachse nicht wesentlich beeinflußt. Von allen wirkenden Kräften können für die Vor- und Abwärtsbewegung der Condylen, wie Chissin des genaueren gezeigt hat, nur in Betracht kommen die Zugwirkungen des Mm. pterygoidei externi und unter Umständen (z. B. bei aufrechtem Stand, im Anfang der Öffnungsbewegung) die Schwere. Weder ein Tonus in dem M. pterygoideus internus, im Temporalis oder Masseter, noch eine Spannung im Lig. collaterale, noch ein Zug in den Muskeln des Mundhöhlenbodens oder eine Kombination aller dieser Einwirkungen konnten ein derartiges Ausweichen nach vorn zustande bringen. Das Köpfchen geht auch vor, wenn die Schwere außer Betracht fällt.

Daraus ist auf eine aktive Mitwirkung der äußeren Pterygoidmuskeln bei der Öffnungsbewegung zu schließen, für die übrigens auch noch andere Überlegungen sprechen. Zu den für die Öffnungsbewegung wichtigen Muskeln gehören natürlich auch die Muskeln der Grundschicht des Mundhöhlenbodens (Mylohyoideus, Geniohyoideus und vorderer Bauch des Biventer mandibulae), welche den Kieferkörper rückwärts und abwärts gegen das Zungenbein ziehen, während letzteres durch die Unterzungenbeinmuskeln und durch den hinteren Bauch des Biventer mandibulae mit dem Stylohyoideus fest gehalten und auch etwas nach unten (und hinten) gezogen wird. (Eine übersichtliche Darstellung aller Kieferöffner ist in Fig. 207 gegeben.)

Die Hebe- oder Schließmuskeln des Kiefers liegen im allgemeinen näher am Kiefergelenk. Sie können dabei sehr wohl einen leichten Tonus haben, der die Condylen gegen die craniale Gelenkfläche drückt, wenn nur das Drehungsmoment der viel weiter entfernt angreifenden Muskeln des Mundhöhlenbodens mit Bezug auf die gemeinsame Condylenachse dem drehenden Einfluß dieses Tonus gegenüber das Übergewicht hat. Um so notwendiger ist aber dann die Mitwirkung des äußeren Pterygoidmuskels.

Verhalten des Meniscus.

Röntgenaufnahmen vom Lebenden, welche neben den Knochenschatten noch einen scharfen Schatten des Meniscus zeigen, sind wohl bis jetzt nicht gelungen. Kennt man aber einmal die Art der Bewegung des Unterkiefers und die wirkenden Kräfte genauer, dann kann man versuchen, sie am Bänderpräparat nachzuahmen und dabei das Verhalten des Meniscus zu beobachten. Unter allen Umständen rückt der Meniscus

bei der Öffnungsdrehung auf das Tuberculum vor und dreht sich die
Condylenwalze auf dem Meniscus. Es fragt sich nur, ob der Condylus
im ganzen seine Lage zum Meniscus beibehält oder hinter ihm zurückbleibt, oder ihm vorausgeht. Wird der Meniscus vom Unterkiefer bloß
mitgenommen durch Druck (Reibungswiderstand) oder durch den Zug
der vorderen Kapselwand, so ist wahrscheinlich, daß er nicht vollkommen
mitbewegt wird, sondern hinter der Condylenwalze zurückbleibt. Ist
aber eine Aktion des Pterygoideus externus mit im Spiel, und ahmt man
diese richtig am Bänderpräparat nach, so wird sich die Sache anders ge-
stalten. Nach den Darlegungen von Chissin bildet die hintere
Kapselwand zwischen Meniscus und Unterkiefer sozusagen eine direkte
sehnige Fortsetzung des Meniscus zum Unterkiefer, während der obere
Teil der hinteren Kapselwand zwischen Meniscus und Schädelbasis

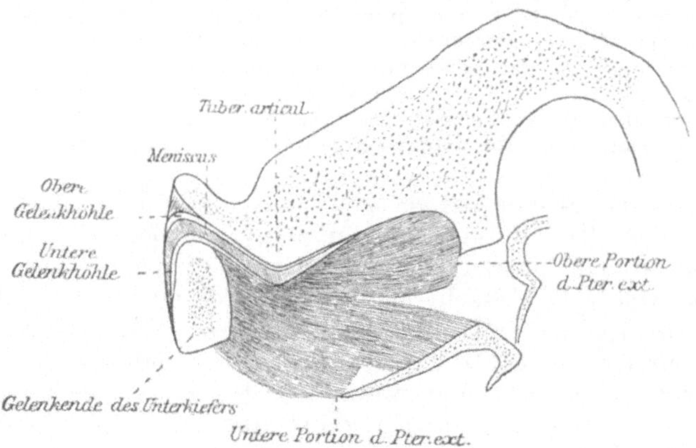

Fig. 208. Anatomisches Verhalten des Pterygoideus externus nach Chissin.

nur dünn ist. Die obere Portion des Pterygoideus externus, welche sich
vorn am Meniscus ansetzt, hat gleichsam ihre Fortsetzung in dem
Meniscus und der genannten Kapselverstärkung und schlingt sich um
die obere Wölbung des Condylus zwischen ihm und der Pfanne herum
(Fig. 208).

Ich finde nun allerdings öfters im Gegenteil ein hinteres oberes
Meniscusband ausgebildet, während die Hinterwand der unteren Gelenk-
kammer weich und zart ist (Fig. 203 A und B). Das Verhalten der
oberen Portion des Pterygoideus externus zum vorderen Rande des
Meniscus ist aus der Fig. 202 deutlich zu ersehen. Da in der Schlußstellung des Kiefers der Meniscus an der Schädelbasis zurückgeschoben
ist, so kann er nun jedenfalls zu Beginn der Öffnungsbewegung durch
die Kontraktion der genannten Muskelportion zwischen Kopf und
Pfanne etwas vorgezogen werden, unter Herabdrängung des Condylus
und gleichzeitigem Einfluß zur Drehung des Unterkiefers. Letzterer
rollt gegenüber dem Meniscus gleichsam etwas nach rückwärts. Alsbald aber spannt sich das untere äußere Meniscusband, so daß weiterhin

der Unterkiefer an seinem äußeren Epicondylus durch den Meniscus mit nach vorn gezogen wird. Die weitere Öffnungsdrehung ist nun ein Drehgleiten im „Unterkiefer-Meniscus-Gelenk“. Während sich nämlich die Kontraktionsmöglichkeit der oberen Portion des Pterygoideus und die Vorbewegungsmöglichkeit des Meniscus erschöpft, verkürzen sich die übrigen Öffnungsmuskeln noch weiter. Zum Schluß kann die untere, am Unterkiefer selbst angreifende Portion des Pterygoideus externus den Gelenkkopf noch etwas gegenüber dem Meniscus nach vorn ziehen.

Zu Beginn der Bewegung würde also der Meniscus der Verschiebung der Condylenwalze vorausgehen, gegen den Schluß aber würde letztere den Vorsprung wieder einholen. Das Verhalten des Meniscus und seines seitlichen unteren Halsbandes ist in Fig. 203 A und B dargestellt.

Kieferschluß.

Er wird selbst entgegen der Schwere und einem Tonus der Muskeln des Mundhöhlenbodens zustande gebracht durch die Gewalt der vor dem Kiefergelenk gelegenen „oberen Kaumuskeln“ mit Ausnahme des Pterygoideus externus. Eine Übersicht über diese Muskeln gibt die Fig. 209 (S. 490). Sie haben alle eine axiale Nebenwirkung, welche den Condylus gegen den Meniscus nach oben und hinten treibt. Der Meniscus, dessen vorderer Rand die Höhe des Tuberculum nicht überschritten hat, wird ebenfalls nach hinten gedrängt.

Die Gewalt der Kiefermuskeln zum Kieferschluß ist eine außerordentliche. Schon E. Weber berechnete nach den Querschnittsmaßen die disponible aktive Spannung dieser Muskeln im ganzen auf 400 kg. In besonderen Fällen (Zahnathleten) mag sie eine yiel größere sein (siehe R. Fick, Lehrbuch). Der Abstand dieser Muskeln von der Condylenachse ist bei stark geöffneten Kiefern relativ klein und nimmt bis zum Ende der Schießungsbewegung zu, was natürlich für das Kaugeschäft günstig ist.

Wenn sich beim Menschen der Kiefer nicht um eine zum Schädel festbleibende Condylenachse öffnet und schließt, sondern um eine wandernde Achse, welche unten herum durch den Kieferast zur vorderen Peripherie des Gelenkes aufsteigt, so hat dies entschieden den Vorteil, daß bei der Öffnungsbewegung eine stärkere Rückbewegung des Kieferwinkels und eine Einklemmung von Weichteilen des Halses zwischen ihm und der Wirbelsäule vermieden wird, eine Sorge, die bei den Vierfüßlern mit mehr horizontal getragener Wirbelsäule nicht so sehr in Betracht kommt. Doch liegt wohl der Hauptgrund zur Vorbewegung in der Schlaffheit resp. dem Fehlen von eigentlichen Seitenbändern und dies wieder ist nötig, um die seitlichen Drehungen des Kiefers zu ermöglichen, welche für die Mahlbewegung notwendig sind.

3. Seitendrehung des Unterkiefers (Mahlbewegung).

Die Möglichkeit zur seitlichen Drehung findet sich nur bei den Geschöpfen, welche ihre Nahrung (pflanzliche Kost) wirklich sorgfältig mit Hilfe von breitkronigen, vielhöckrigen Mahlzähnen zermalmen. Raubtiere haben, wie H. v. Meyer in seiner wichtigen Untersuchung über das Kiefergelenk bei den Säugetieren gezeigt hat, diese Seitendrehung nicht. Ihr Kiefergelenk ist ein gut schließendes Scharniergelenk. Das Wesentliche bei der Seitendrehung ist längst richtig erkannt worden, Während der eine Condylus — wir wollen ihn den „ruhenden" nennen —

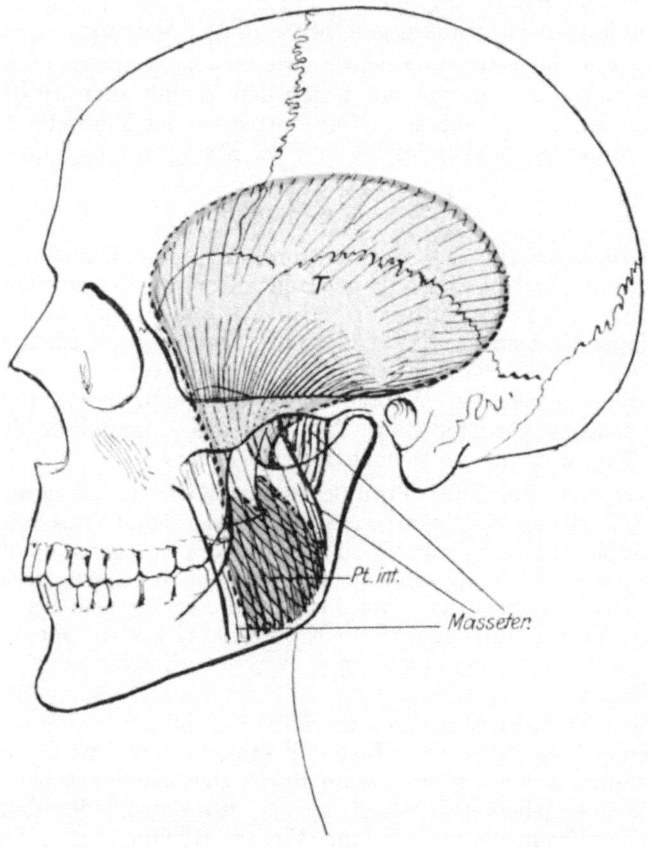

Fig. 209. Kieferschließmuskeln. (Oberflächliche Teile durchscheinend gedacht). Masseter schwarz. *T* Temporalis rot, *Pt. int.* Pterygoideus int. rot.

sich an Ort und Stelle um eine annähernd feste und vertikale Achse dreht, bewegen sich auch alle anderen Punkte in Kreislinien um diese Achse. Die Schneidezähne gehen bei der Drehung nach links nach dieser Seite und nur wenig nach vorn, der Condylus der anderen Seite muß direkt nach vorn gehen, oder genauer genommen, da hierfür das Tuberculum im Wege steht, nach vorn und etwas nach unten. Mit einer Drehung um eine genaue vertikale, durch den ruhenden linken Condylus gehende Achse, vermöge welcher die Schneidezähne horizontal bewegt würden, muß sich also eine Drehung um eine von vorn nach hinten ebenfalls durch den ruhenden Condylus gehende Achse

verbinden, dank welcher die Schneidezähne sich senken, wenn auch nur halb so viel als der rechte Condylus. Das Resultat ist eine Drehung um eine schräg von hinten nach vorn durch den linken Condylus aufsteigende Achse.

Es fragt sich nun, ob sich hierbei die Schneidezähne und der Eckzahn des Unterkiefers, welche bei geschlossenen Kiefern an die hintere Seite der oberen Zähne anstoßen, mindestens um soviel senken, daß sie um die seitlich im Wege stehenden Zähne des Oberkiefers (die unteren Schneidezähne um die Kaukante der oberen Schneidezähne, der untere Eckzahn um die hintere seitliche Kante der Spitze seines oberen Nachbarns unten herum) zur Seite geführt werden können (Fig. 210 A u. B). Bei der Mahlbewegung mit leerem Gang aus vollkommener Schlußstellung im „Unterbiß" (Normalbiß) muß sich wohl noch eine kleine Öffnungsbewegung des Unterkiefers hinzugesellen, damit solches

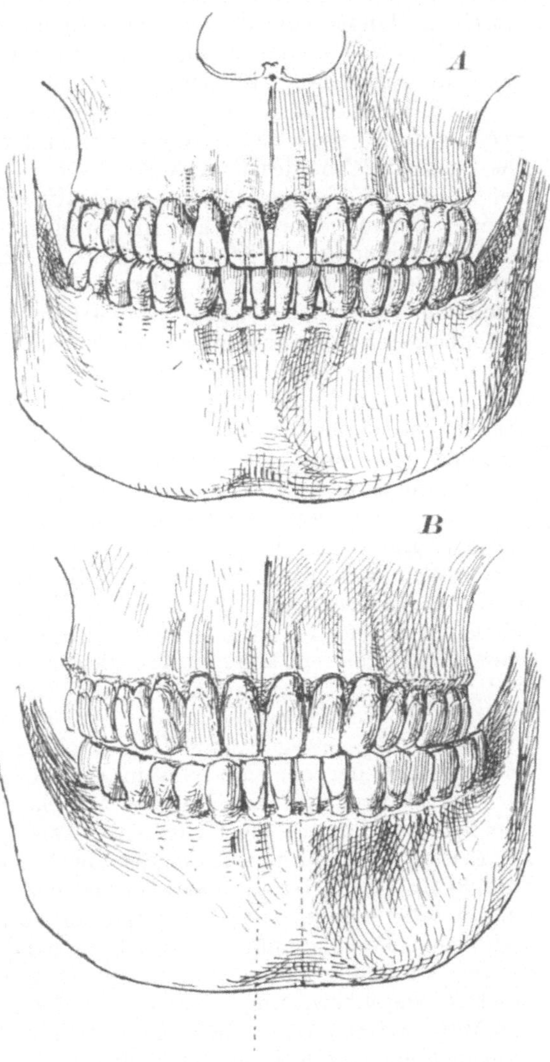

Fig. 210. Gebiß von vorn in Normalbißstellung *A* und in linksseitiger Mahlstellung *B*.

möglich ist. Nehmen wir an, daß diese kleine initiale Öffnungsbewegung um die Condylenachse (oder eine ihr sehr nah gelegene parallele Achse) geschieht, so verläuft nun die Achse der resultierenden Bewegung durch den in der Gelenkgrube verbleibenden Condylus von unten nach oben,

und zugleich etwas nach vorn und etwas nach außen. (Man muß z. B.
bei Drehung des Kiefers nach rechts von oben, von vorn und von
rechts her auf den in der Gelenkgrube verbleibenden rechten Condylus
hinsehen, damit jede der drei Komponenten der Drehung um die
vertikale, die horizontale sagittale und die bilaterale oder Condylenachse im Sinne des Uhrzeigers vor sich gehend erscheint.)

Andererseits ist zu berücksichtigen, daß bei dem Zermalmen der
Speisen doch gewöhnlich etwas zwischen den Mahlzähnen sich befindet.
Die Schneidezähne des Unterkiefers werden also von vornherein etwas
tiefer liegen, die Kiefer schon etwas geöffnet sein. Die beiden zuerst genannten Drehungen werden also für gewöhnlich genügen, um die Schneidezähne ungehindert zur Seite zu führen. Überhaupt aber wird man sich
vorzustellen haben, daß in jeder Phase der Seitenbewegung und der
Rückkehr zur Mittelstellung verschiedene Kombinationen der schrägen
Seitenbewegung um die sagittal nach vorn aufsteigende Achse mit kleinen
Öffnungs- oder Schließungsbewegungen des Unterkiefers vorkommen
und nötig sind, je nach der Dicke der irgendwo zwischen den Mahlzähnen befindlichen Schicht und der Möglichkeit, die Kauflächen vollkommen oder nur auf eine gewisse Distanz einander zu nähern.

Als reine und typische asymmetrische Seitenbewegung kann man
diejenige betrachten, welche bei leerem Gang unter Anstoßen der
Schneidezähne und des Eckzahnes der vorausgehenden Seite an ihre
oberen Nachbarn vor sich geht (Fig. 210 B). Wenn irgend wann, dann
muß bei dieser Bewegung ein genaueres Ineinandergreifen der Kauflächen der oberen und unteren Mahlzähne mit ihren Vorsprüngen und
Vertiefungen und ein kongruentes Gleiten der letzteren aneinander stattfinden. Es zeigt sich nun, daß in der Tat bei einem normalen Gebiß
eine solche Kongruenz vorhanden ist, aber nur an derjenigen Seite,
welche bei der Bewegung zur Seite nach außen geht, also an derjenigen
Seite, an welcher der Condylus in der Gelenkgrube verbleibt.

Der Unterkiefer kann aus der Mittelstellung bei vollkommen oder
annähernd vollkommenen Kieferschluß sowohl nach links als nach rechts
zur Seite gehen und darauf aus der abgelenkten Lage zur Mittelstellung
zurückkehren. Unter normalen Verhältnissen folgt darauf in der Regel
eine Seitenbewegung nach der entgegengesetzten Seite. Dies muß aber
nicht sein. Personen mit auf einer Seite defektem Mahlgebiß bevorzugen
die Seitendrehung nach der gesunden Seite und verlernen die entgegengesetzte Seitenbewegung. Aus der Seitenbewegung und der Rückkehr
zur Mittelstellung ergibt sich also der größere Nutzen offenbar an derjenigen Seite, auf welcher der Condylus in der Gelenkgrube verbleibt.

In der Mittelstellung liegen die äußeren Höcker der Mahlzähne
des Unterkiefers in den Gruben derjenigen des Oberkiefers, innen an
den äußeren Höckern der Oberkieferzähne (Fig. 211 R und L).

Bei der typischen Seitenbewegung bewegen sie sich an der Seite
des in der Gelenkgrube verbleibenden Condylus etwas nach außen und
unten, genau entlang den äußeren Höckern der oberen Zähne (Fig. 211,
linke Seite). Auch die inneren Höcker behalten dabei anfänglich noch
Fühlung miteinander. Die vorderen Facetten der äußeren Höcker der

Prämolaren gleiten hinten an den äußeren Höckern der entsprechenden oberen Zähne und ungefähr ebenso verhalten sich die vorderen und hinteren Außenhöcker der Mahlzähne zu den entsprechenden Höckern ihrer oberen Gegenzähne. — An der anderen Seite aber (Fig. 211 rechts und Fig. 212) bewegen sich die Prämolar- und Molarzähne mit stärkerem

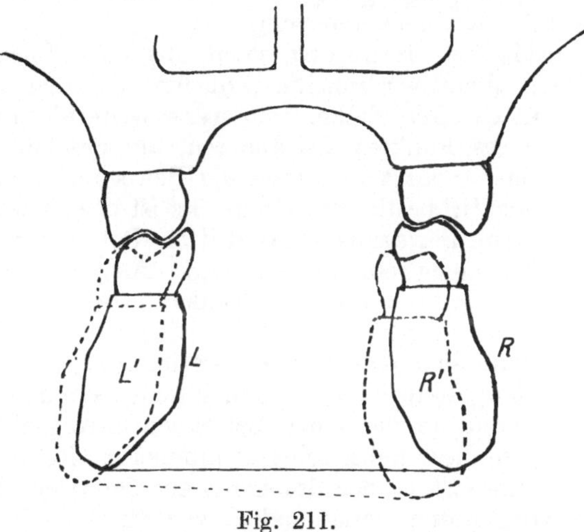

Fig. 211.

Ausschlag nach vorn, unten und innen und entfernen sich nicht bloß von den äußeren Höckern ihrer oberen Nachbarn, sondern auch von den inneren Höckern derselben. Es kommt an dieser Seite zu einem deutlichen Klaffen der Zahnreihen im Gebiete der Prämolar- und Molar-

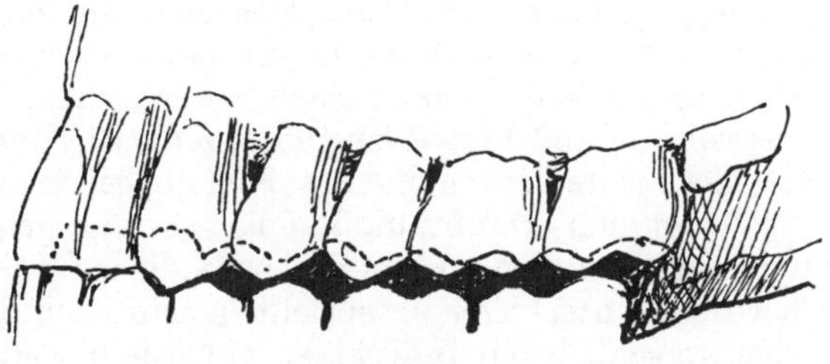

Fig. 212.

zähne, worauf zuerst Hesse aufmerksam gemacht hat. Für die hintersten Mahlzähne wird dieses Klaffen dadurch etwas vermindert, daß die Kaufläche etwas nach vorn absteigt, also etwas besser in der Richtung der Bewegung verläuft (Fig. 212).

Ein gut angepaßtes künstliches Gebiß muß so beschaffen sein, daß bei seitlicher Führung der Schneidezähne und des Eckzahnes der vorausgehenden Seite entlang der Rückseite der korrespondierenden Zähne aus der Normalbißstellung bis zu der Stellung, in welcher sich die

Kaukanten berühren, an der vorausgehenden Seite auch die äußeren
Höcker der Molar- und Prämolarzähne mit ihren gegeneinander gewendeten Flächen aneinander gleiten, entsprechend dem oben gezeich-
neten Schema. Bei der Bewegung nach der entgegengesetzten Seite
aus der Mittelstellung muß dagegen ein Klaffen stattfinden und darf
jedenfalls nirgends die Bewegung durch Aufeinanderstoßen der Kauflächen und Kaukanten gehemmt sein.

In kinematischer Hinsicht seien uns noch folgende Bemerkungen gestattet. Wenn wir annehmen dürfen, es bleibe ein Punkt des
einen Condylus an Ort und Stelle, und wenn weiterhin auch noch die
Bewegungsbahn eines Punktes des anderen, auf das Tuberkulum vor-
rückenden Condylus bekannt ist, kann die Bewegung des Unterkiefers
noch nicht als eindeutig bestimmt gelten. Es ist dazu noch die Kenntnis der gleichzeitigen Bewegung eines dritten Punktes nötig, der mit
jenen beiden nicht in einer geraden Linie liegt. Als solcher dritter Punkt
wird in praxi mit Vorteil die Mitte der Kaukante der Schneidezahnreihe
gewählt.

In der Tat kann sich ja mit einer bestimmten Stellungsänderung
der beiden Condylenpunkte resp. der gemeinsamen Condylenachse (Vor-
und Abwärtsbewegung an der einen Seite) jeden Augenblick eine bestimmte Drehung um diese Achse selbst kombinieren. Nehmen wir irgend
ein bestimmtes kleines Stück der Bewegung der Condylenachse, welches
in einer nach vorn unten verlaufenden, zur Mittelebene senkrechten
Ebene erfolgt, so muß es sich dabei um eine Drehung des Unterkiefers
handeln um eine Achse, welche in einer Ebene gelegen ist, die mit
der gemeinsamen Condylenachse zusammenfällt und zu ihrer Verschiebungsebene senkrecht steht. Sie braucht in dieser Ebene nicht notwendig zur gemeinsamen Condylenachse selbst senkrecht zu sein.
Steht sie schräg zu derselben, so kombiniert sich mit der Drehung
parallel der Bewegungsebene der Condylusachse um eine senkrecht
zu letzterer stehende Achse eine Drehung um die Condylusachse selbst,
bei welcher das Kinn nach oben oder nach unten geht.

Bei der Konstruktion und Einstellung eines Artikulators, welcher
die Verhältnisse der Seitenbewegung des Kiefers bei einer beliebigen
Person getreu nachzuahmen erlaubt, muß zunächst dafür gesorgt werden,
daß die Abstände der Condylenpunkte des beweglichen Teiles des Artikulators, welcher dem Unterkiefer entspricht, genau nach dem Abstand
derselben bei den verschiedenen Individuen eingestellt werden können.
Ferner muß die individuell verschiedene Bewegungsbahn des vorgehenden Condyluspunktes in jedem Fall genau bestimmt werden
und sie muß sich am Artikulator nachahmen und zwangsmäßig machen
lassen. Diese Bewegung wird im allgemeinen zu Anfang der Vorbewegung steiler nach unten gehen, dann aber allmählich langsamer nach
vorn absteigen. Weiter muß am Artikulator die Möglichkeit der
Kombination der Bewegung der Condylenachse mit Öffnungs- und
Schließungsbewegungen des Kiefers um diese Achse gegeben sein. Die
Bahnkurve des Schneidezahnpunktes (eventuell der Spitze des
unteren Eckzahns bei der Bewegung nach seiner Seite entlang dem

oberen Eckzahn) muß für den gegebenen Fall genau ermittelt und am feststehenden Teil des Artikulators in der richtigen Lage zu der Condylenachse in der Mittelstellung ausgesteckt werden, so daß sie als Führungslinie dienen kann. (In derselben Weise muß natürlich auch die Bahnkurve des vorgehenden Condylus am festen Teil des Artikulators im richtigen Abstand von dem unbewegten Condylenpunkt ausgesteckt sein.)

Die Abgüsse der vorhandenen brauchbaren Teile des Gebisses, nach welchen sich die neuen künstlichen Teile richten sollen, sind nun, sei es in den festen, sei es in den bewegten Teil des Artikulators an der richtigen Stelle einzufügen.

Indem nunmehr die Bewegung des Artikulators durch den einen festen Condylenpunkt und durch die zwei Bahnkurven und ihre sich entsprechenden Teilstücke, für die eine Seitenbewegung zwangsmäßig bestimmt ist, müssen die Bahnen resp. Flächen, welche von den bestimmenden Kauflächen der vorhandenen brauchbaren Teile des Gebisses in dem Gegenstück des Artikulators (resp. einer starr damit verbundenen Masse) beschrieben werden, ebenfalls bestimmt sein, so daß die neuen Gebißteile bis zu diesen Flächen hin, für die Seite des richenden Condylus einmodelliert werden können. Analoge Bestimmungen und Prozeduren sind für die andere Gebißseite notwendig.

Damit ist das Prinzip des Artikulators klar gelegt. Auf die Besprechung der verschiedenen Versuche zur technischen Verwirklichung soll hier nicht eingegangen werden.

— — — —

Wie bekannt wird die Form des Gebisses durch den Gebrauch beeinflußt. Das Vorwachsen der Zähne wird durch den Gegendruck in bestimmten Schranken gehalten. An den Zähnen selbst aber bilden sich Abnutzungs- und Abschleifungsflächen. Andererseits besteht ein ziemlich hoher Grad von Anpassungsfähigkeit der Kieferbewegung an Veränderungen des Gebisses.

Sie beruht vor allem

a) in der Möglichkeit verschiedenartiger Kombination zwischen der typischen Seitendrehung parallel der Verschiebungsebene der Condylenachse und der Drehung um die gemeinsame Condylenachse selbst,

b) in der Vernachlässigung der einen, weniger nützlichen Seitenbewegung,

c) in kleinen Anpassungen der Kiefergelenke.

Den Beweis, daß bei den Seitenbewegungen der eine Condylus an Ort und Stelle bleibt, gibt die Beobachtung des Lebenden. Man kann am Banderpräparat die Bewegung leicht, aber natürlich auch nur im groben nachahmen. Was Röntgenaufnahmen bei solchen Versuchen am Bänderpräparat (Breuer) für einen besonderen Wert haben sollen, ist mir nicht erfindlich. Keinesfalls kann am Bänderpräparat der Entscheid gefällt werden, ob die seiner Zeit von Gysi vertretene Behauptung richtig ist, daß bei der Mahlbewegung die Drehung um eine mediane, zwischen den Condylen hindurchgehende Achse stattfindet. Breuer glaubte nach seinen Röntgenaufnahmen vom Bänderpräparat Gysi recht geben zu müssen; aber die Aufnahmen beweisen das Gegenteil. Daß bei etwas vorgeschobenem Kiefer seitliche Drehungen möglich sind, und daß dann natürlich der Condylus der vorausgehenden Seite zurücktritt, während er an der nachfolgenden Seite noch etwas vorgehen kann, darauf hat R. Fick aufmerksam gemacht.

Neuerdings nimmt Gysi (nach brieflicher Mitteilung, der auch die Figg. 205 u. 206 entnommen sind), in Übereinstimmung mit den Beobachtungen von Bennet an, daß bei der Bewegung des Kinns nach einer Seite, während die Zähne in beständiger Artikulation bleiben, die beiden Condylen eine Bewegung nach dieser Seite ausführen. Der Condylus, von dem wir bis jetzt angenommen haben, daß er sich in der Gelenkgrube um sich selbst dreht, würde etwas nach außen rücken. Die Beobachtung scheint richtig zu sein, doch ist die in Rede stehende Verschiebung ganz unbedeutend. Sie erklärt sich als eine Nebenwirkung der Spannung des M. pterygoideus externus, welche den Condylus der einen Seite nach vorn zieht.

Nach Gysi läßt sich die Mahlbewegung des Menschen in drei Phasen zerlegen. In der ersten wird der Kiefer bei geschlossenen Lippen leicht geöffnet. Die Wangen werden dabei nach innen gesaugt und dadurch die Speisen unter die Zahnreihen geschoben.

Die zweite Phase besteht in einer Schließbewegung des Kiefers, verbunden mit Seitwärtsbewegung. Die Zähne kommen in Berührung in der Höcker- auf Höcker-Stellung (Spitzen der äußeren Höcker gegen Spitzen der äußeren Höcker an der vorausgehenden Seite); Gysi meint, daß auch an der nachfolgenden Kieferseite die Spitzen der äußeren Zahnhöcker der unteren Zähne die Spitzen der inneren Zahnhöcker der oberen Zähne berühren, was nicht richtig ist. Während dieser Schließbewegung „werden die weichen Bestandteile der Nahrung zerquetscht wie die Früchte unter der Fruchtpresse, so daß nur noch die zäheren Faserbestandteile zwischen den Zähnen bleiben, die sich jetzt in dieser Seitenbißstellung an möglichst vielen Punkten berühren sollen. In der dritten Phase gleiten die Zähne mit großer Kraft in ihre normale Okklusionsstellung (Höcker in Rinne) und nur diese dritte Phase des Kauaktes ist imstande, die zäheren Faserbestandteile zu zerschneiden".

Soweit es sich um die Kauseite handelt, an welcher der Condylus in der Gelenkgrube bleibt, möchte ich diese Darstellung für zutreffend halten. Jedenfalls geschieht die Rückführung der auswärts und abwärts geführten Zahnreihe zur mittleren Schlußstellung in einem einzigen kraftvollen Akt und stellt offenbar den wirksamsten Teil der Mahlbewegung dar. Schließt sich nun eine Exkursion des Unterkiefers nach der anderen Seite an, so entfernt sich diejenige untere Zahnreihe, welche vorher Mühlstein war, nach unten innen und vorn von ihrem Widerlager, um schließlich wieder in die Mittelstellung zu ihm zurückzukehren. Dies ermöglicht offenbar, daß wieder Speiseteile vom zentralen Mundraum her in beschränkter Menge und Größe zwischen die klaffenden Zahnreihen eindringen, während gleichzeitig auf der anderen Seite des Gebisses gemahlen wird. Für den ununterbrochenen Fortgang des Mahlgeschäftes ist also das Klaffen der Kauflächen in seinem Alternieren mit der eigentlichen „Mahlaktion" durchaus nützlich und notwendig. Ohne dasselbe müßte eine besondere Periode eingeschaltet sein, in welcher beiderseits die

Kauflächen durch eine Öffnungsbewegung des Kiefers voneinander
entfernt werden, um neuen Mahlstoff zwischen sie eindringen zu lassen.

Wenn auf diese Weise der Unterkiefer abwechselnd nach der einen
und nach der anderen Seite bewegt und auf beiden Seiten abwechselnd
gemahlen wird, so handelt es sich doch nicht um eine besonders glatte
und zusammenhängende Bewegung durch die Mittelstellung hindurch.
Die Mittelstellung ist eine Ruhestellung und meist auch eine

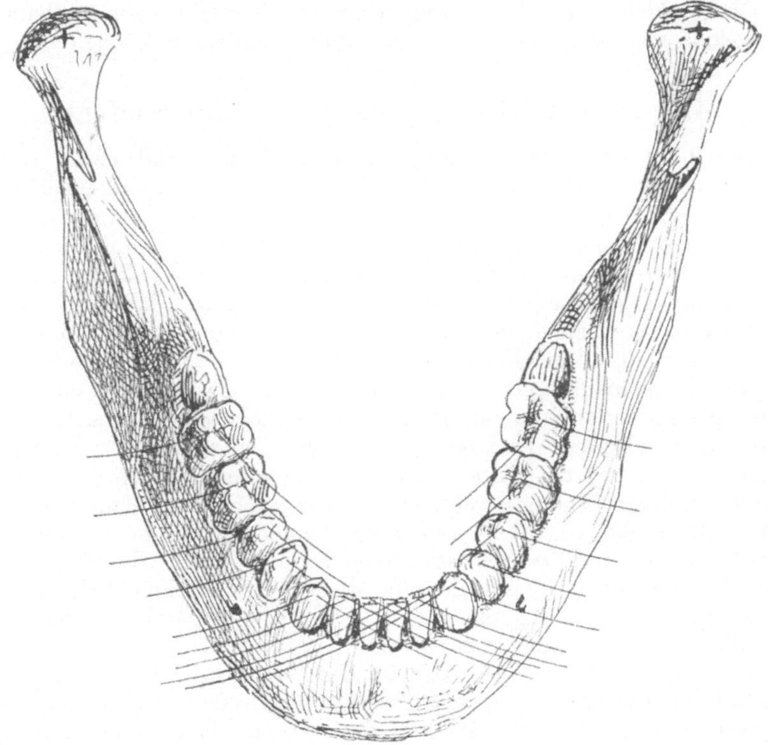

Fig. 213.

Hochstellung des Unterkiefers. Beim Durchgang durch dieselbe erschlafft der Pterygoideus externus der einen Seite und spannt sich auf
einmal sein Pendant auf der anderen Seite. Wir bemerken deutlich
den Wechsel der Innervation und der Bewegung.

Die einzelnen Unterkieferpunkte, welche bis jetzt Kreislinien beschrieben haben, um eine Achse, welche durch den einen Condylus nach
vorn aufsteigt, beginnt auf einmal eine Bewegung um eine durch den
Condylus der anderen Seite nach vorn aufsteigende Achse. Es ist klar,
daß die neue Bahn mit der bisherigen im allgemeinen einen Winkel
bilden muß (Fig. 213). Die bei der Bewegung von der einen Seite
zur anderen beschriebene Bahn muß aus zwei Bogen bestehen, welche

in der Mittellinie scharf gegeneinander abgeknickt sind. Die beiden
Bogen sind beim Kinn- oder mittleren Schneidezahnpunkt symmetrisch;
bei einem Mahlzahn aber stark asymmetrisch, die eine verläuft mehr
quer, die andere mehr längs zu der Zahnreihe usw. Keine derselben
ist genau horizontal.

Wiederkäuer und Einhufer zeigen nach H. v. Meyer deutlich neben
der Öffnungs- und Schließungsbewegung die Möglichkeit einer Seitenbewegung des Unterkiefers. Doch sind hier im Interesse der besonders
gut ausgebildeten Mahlbewegung besondere Einrichtungen vorhanden,
auf welche wir nicht näher an dieser Stelle eintreten können.

4. Vor- und Rückschiebung des Unterkiefers.

Sie kann nur einen Nutzen haben bei annähernd geschlossenen
Kiefern, indem sie die Art des Zubeißens namentlich bei den Schneide-
zähnen modifiziert. Statt daß wie bei der Normalstellung und dem
Normalbiß die Kaukante der unteren Schneidezähne an die Hinterseite
der Krone der oberen zu liegen kommt, kann sie der Kaukante der letzteren genau gegenübergestellt werden (Vorbiß), was bei gewisser Art
des Beissens (Zerbeißen) nützlich ist. Eine scharfe zerschneidende Einwirkung ist dadurch möglich gemacht, daß wie bei der Schere die Klingen,
so hier die Schneidezähne ohne Zwischenraum „scherend" aneinander
vorbei gehen, indem die untere Kaukante dicht der Hinterfläche der
oberen Schneidezähne entlang in die Höhe geführt wird. Eine noch
weitere Vorführung des Unterkiefers ist zwar möglich, doch anscheinend
ohne besonderen Nutzen, wenn nicht nachgewiesen werden kann, daß
eine umfängliche sagittale Bewegung beider Zahnreihen aneinander
zum Zermahlen der Speisen tatsächlich benutzt wird. Die Möglichkeit
dieser Vorführung ist demnach wenigstens teilweise bloße Folge der im
Interesse der Mahlbewegung notwendigen Verschieblichkeit einer jeden
der beiden Condyli nach vorn (s. u.).

Für den Affekt der Wut ist die Vorführung des Unterkiefers
geradezu charakteristisch. Man könnte daran denken, im Sinn von
Darwin, daß solches eine Geberde des Kampfes, der Vorbereitung auf
wirkliches Beißen ist. Andererseits läßt sich geltend machen, daß im
Zorn, in der Wut mehr oder weniger alle Muskeln in Spannung geraten,
bei den Kaumuskeln also neben den eigentlichen Schließern auch die
äußeren Pterygoidmuskeln angespannt sind.

Diese Muskeln sind es, welche allein die Vorschiebung des ganzen
Unterkiefers zustande bringen. Aus dem „Normalbiß" ist natürlich eine
direkte horizontale Vorführung nicht möglich; die Kaukanten der
unteren Schneidezähne müssen um diejenigen der oberen unten herum
gehen; sie bewegen sich also zunächst in vorwärts absteigender Bahn,
wie ja auch hinten der Kiefer wegen der Tubercula sich zugleich mit der
Vorbewegung senken muß. Zur Rückführung genügt es, daß die Anspannung der äußeren Pterygoidmuskeln nachläßt. Die Schließmuskeln
des Kiefers, auch der Masseter und der Pterygoideus internus haben einen
Einfluß zur Rückschiebung der Condylen in die Gelenkgrube. Von

einer Mitwirkung des Digastricus haben wir uns nicht mit Sicherheit überzeugen können.

Nach H. v. Meyer (Kiefergelenk) ist bei den Nagern die Vor- und Rückschiebung des Unterkiefers in besonders ausgiebiger Weise möglich, so daß geradezu sagittale Schlittenbahnen an der Schädelbasis für die Condylen gebildet sind.

5. Kaufestigkeit des Widerlagers.

Zum Schluß haben wir uns noch die Frage vorzulegen, welche Ansprüche an Festigkeit der oberen Kinnlade und der Schädelkapsel beim Kaugeschäft gestellt werden, und wie ihnen in der Konstruktion

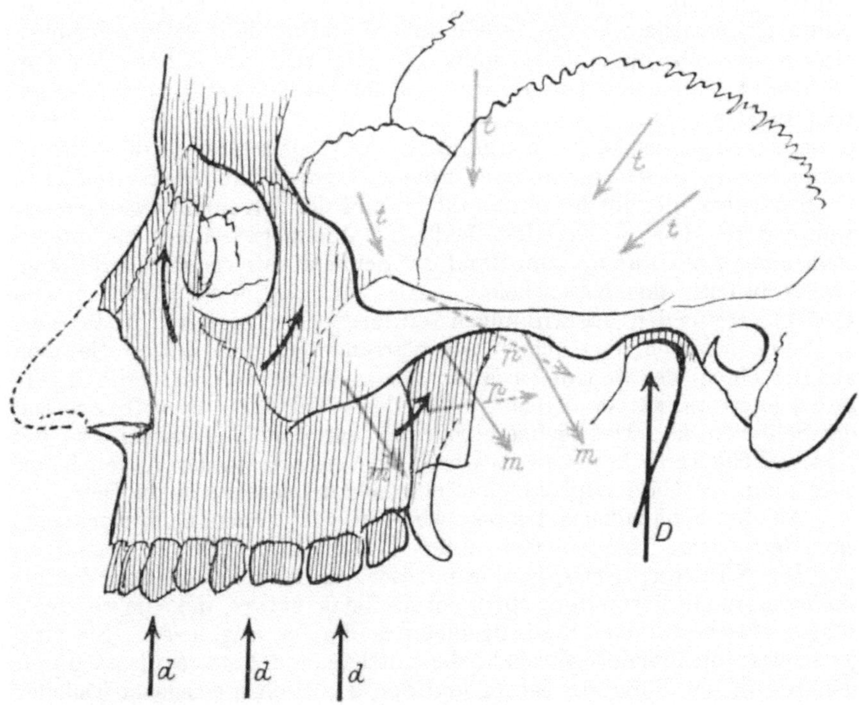

Fig. 214. Krafteinwirkung auf obere Kinnlade und Schädelbasis beim Kauen. Rote Pfeile *tt* Muskelzug im Temporalis, *pp* im Pterygoideus externus, *mm* im Masseter, *D* Druck gegen die Pfanne, *dd* Druck gegen die obere Kinnlade.

des oberen Abschnittes des Gesichtsskelettes und des Hirnschädels Rechnung getragen ist. Insbesondere kommen hier die gewaltigen Kraftleistungen in Betracht, welche die oberen Kaumuskeln zu entfalten vermögen (siehe S. 489). Es wirken dabei Zugkräfte auf die Schädelkapsel direkt oder durch Vermittelung des horizontalen Jochbogens und der Flügelgaumenfortsätze in der Richtung nach unten (rote Pfeile in Fig. 214), während in den Gelenken und im Gebiet der Zahnreihen, also im wesentlichen nach hinten und vorn von den Ursprungsstellen der oberen Kaumuskeln der Unterkiefer gegen das genannte Widerlager nach oben gepreßt wird (Pfeile d d d und D in Fig. 214). Es ist klar, daß die Stelle der Zugeinwirkung und die beiden Stellen der Druckeinwirkung zum mindesten auf jeder Seite im Skelett starr miteinander verbunden sein müssen, und daß der so gebildete Komplex genügend fest konstruiert sein muß, um dem außerordentlich kräftigen Einfluß zur Durchbiegung nach unten Widerstand zu leisten.

Der Alveolarfortsatz des Oberkiefers, welcher die obere Zahnreihe trägt, ist durch den Oberkieferkörper und die übrige seitliche Nasenwand, doch nicht überall in gleich fester Weise mit der Schädelkapsel verstrebt. Die einfache Platte des Oberkiefers neben der Incisura piriformis sowie die vordere äußere und die hintere Begrenzungslamelle der Oberkieferhöhle empfangen den von den Zähnen her einwirkenden Druck und leiten ihn wesentlich durch zwei voneinander getrennte Strebepfeiler weiter gegen den Rand der Schädelbasis. Der eine dieser Strebepfeiler ist der Stirnfortsatz des Oberkiefers mit dem Nasenbein (Stirnpfeiler), der andere ist der aufsteigende oder vertikale Jochpfeiler, der in der Hinteraußenwand der Augenhöhle gelegen ist, während der horizontale oder rückläufige Jochbogen, der vom unteren Teil seines Außenrandes zum Rand der Schädelbasis vor der Ohröffnung hinüberbrückt, das Nasenskelett mehr nur gegenüber seitlichen, das Gesicht treffenden Einwirkungen stützt. Eine weitere dritte Verstrebung zwischen dem oberen Alveolarrand und dem harten Gaumen auf der einen, der Schädelbasis auf der anderen Seite ist der Flügelgaumenfortsatz; er erreicht oben den verdickten mittleren Teil der Schädelbasis. Das Siebbeinlabyrinth mit dem Tränenbein und die Nasenscheidewand kommen als wirksame Verstrebung der oberen Kinnlade (und der Gaumenplatte) mit der Schädelbasis kaum in Betracht.

An der Schädelbasis können wir drei von hinten nach vorn aufeinanderfolgende Hauptplatten unterscheiden (Fig. 215):

Die Nackenplatte, welche mit der Wirbelsäule und den Wirbelsäulemuskeln in Verbindung steht, sowie eine mittlere und eine vordere Platte, welche an das Ventralgebiet des Kopfes angrenzen. Sie sind jederseits voneinander getrennt: die mittlere und hintere Platte durch den Bezirk der Foramina lacera und den dazwischen gelegenen Teil der Schläfenbeinpyramiden, die mittlere und die vordere durch die Fissura orbitalis superior; die unten an letztere angrenzende Pars orbitalis des großen Keilbeinflügels gehört mechanisch noch zur mittleren Platte. Die Stützpunkte, welche das Nasenskelett namentlich gegenüber dem Druck vom Unterkiefer her an der Schädelkapsel findet, liegen ausschließlich im Bereich der mittleren und vorderen Platte der Schädelbasis (in Fig. 215 schwarz markiert). Die Ansätze des Stirnpfeilers a, des vertikalen Jochpfeilers b und des horizontalen Jochbogens c liegen im Seitenrand dieses Gebietes, der Ansatz des Flügelgaumenfortsatzes liegt näher der Mitte am vorderen Ende des mächtigen mittleren Schädelbalkens, welcher zwischen den Foramina lacera und den

Pyramiden die mittlere Platte mit der Nackenplatte verbindet. (Eine zweite derartige konstruktive Verbindung besteht jederseits nach außen von den Foramina lacera.) Durch die gleichen Muskeln, welche den Unterkiefer gegen die obere Zahnreihe andrängen, wird auch der Gelenkfortsatz jederseits gegen die Schädelbasis gepreßt. Diese Druckstelle (e, Fig. 215) liegt ebenfalls am Außenrand der Schädelbasis (Fossa

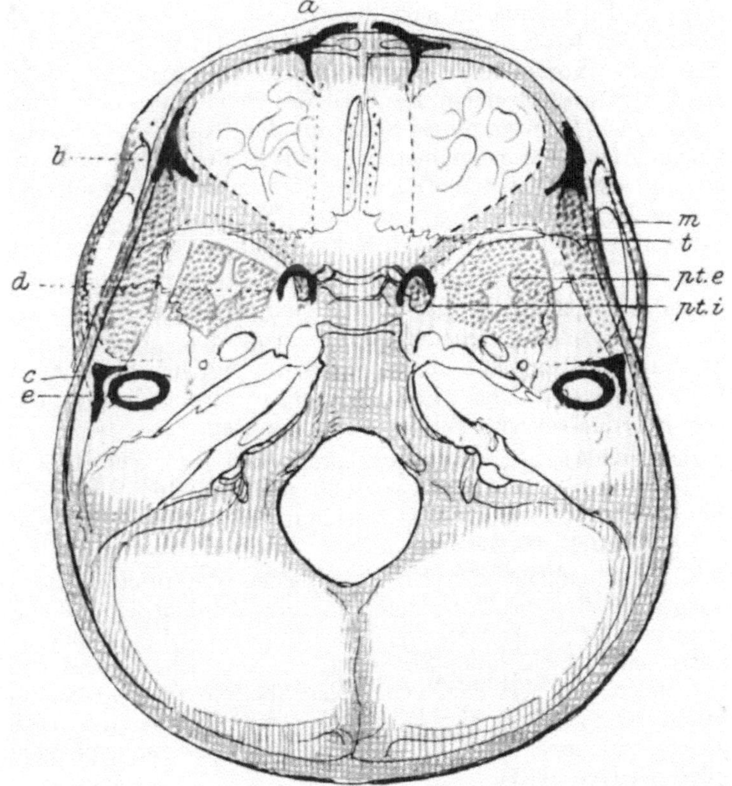

Fig. 215. Schädelbasis von oben. Schema zur Darstellung der Festigkeitsverhältnisse und der mechanischen Inanspruchnahme beim Kauen.

mandibularis), an und hinter der Ansatzstelle des horizontalen Jochbogens. In der Fig. 215 sind die für die Inanspruchnahme vom Unterkiefer (und vom Nackenstamm) her in Betracht kommenden Teile der Schädelbasis proportional ihrer Festigkeit dunkel (blau) schraffiert; die Stellen, wo hauptsächlich der Druck vom Unterkiefer her einwirkt, sind schwarz, die Ursprungsstellen der oberen Kaumuskeln aber sind durch rote Farbe gekennzeichnet.

Man erkennt wie das Ursprungsgebiet der Muskeln (die Angriffsstelle ihres Zuges an der Schädelbasis) vor der hinteren Druckstelle

des Unterkiefers e und wesentlich nach hinten vor den vorderen Druckstellen a, b und c, d gelegen ist. Es kommen für die Muskelursprünge in
Betracht: der Flügelgaumenfortsatz, der nach außen davon gelegene
Boden der mittleren Schädelgrube, der Schläfenbezirk der seitlichen
Wand der Schädelkapsel und des Seitenrandes der Schädelbasis, endlich
der horizontale Jochbogen und seine vorderen und hinteren Verbindungspunkte mit der Schädelbasis resp. dem aufsteigenden Jochpfeiler.

Im wesentlichen müssen sich die an jeder Seite vom Unterkiefer
her einwirkenden Kräfte an der entsprechenden Hälfte der Schädelbasis
in dem von der vordersten bis zur hintersten Druckstelle reichenden
Stück und dem angrenzenden Randteil des Schädelgewölbes Gleichgewicht halten; wir könnten dieses Stück als die „Kauplatte" bezeichnen.
Sie wird in Anspruch genommen wie ein in der Mitte unterstützter
Balken, nur mit umgekehrter Richtung der drei Hauptresultierenden,
indem ja in der Mitte ein Zug nach unten (Kaumuskeln) einwirkt, vorn
und hinten aber der Druck vom Unterkiefer her nach oben gerichtet ist.

Die vorderste Druckstelle a (Stirnpfeiler) ist mit den hinteren Teilen
der Kauplatte weniger durch das Orbitaldach als vielmehr hauptsächlich
durch den Randteil des Schädelgewölbes verstrebt. Es ist leicht einzusehen, daß jede Kauplatte in sich selbst wirklich genügende Festigkeit
besitzt, um den gewaltigen Anforderungen, die beim Kauen an sie gestellt werden, den nötigen Widerstand zu leisten.

Warum und wie nun die beiden Kauplatten unter sich und mit der
Nackenplatte verbunden und verstrebt sind, soll hier nicht erörtert
werden. Soviel ist klar, daß die Verbindung mit der Nackenplatte in
keiner Weise durch das Kaugeschäft in Anspruch genommen ist.

Über den maßgebenden Einfluß, welche die funktionelle Beanspruchung von seiten des Unterkiefers und der Kaumuskeln auf die Entwickelung des Nasenskelettes und namentlich auf die Ausbildung der
penumatischen Höhlen dieses Skelettes und der Schädelbasis gewinnt,
habe ich mich bei verschiedenen Gelegenheiten ausgeprochen (siehe
namentlich H. Straßer, Sur le développement des cavités nasales et
du squelette du nez. Bibl. univers., Arch. des Sciences physiques et
naturelles, Genève 1901).

XI. Die Stellungen und Bewegungen des Augapfels.

———

Die Gesetze der Einstellung der Augen und der Augenbewegungen sind von den Physiologen auf das Genaueste untersucht und theoretisch studiert worden. Im Hinblick auf die klassische Darstellung, welche der Gegenstand insbesondere in Hermanns Handbuch der Physiologie durch Hering erfahren hat, könnten wir hier auf seine Behandlung verzichten, wenn es sich dabei nicht um Fragen handelte, welche für die Gelenk- und Muskelmechanik von allgemeiner Bedeutung sind. Soweit solches der Fall ist, aber auch nur insoweit, soll die Lehre von den Augenbewegungen im folgenden Berücksichtigung finden.

1. Definitionen.

Unter Blicklinie verstehen wir mit Hering die optische Achse des Auges, welche die Macula lutea, die Stelle des schärftsten Sehens im Augenhintergrunde trifft.

Die Primärstellung der Blicklinie ist die Stellung, welche von letzterer bei aufrechter Haltung des Kopfes, beim Sehen gerade aus in die Ferne eingenommen wird. Die beiden Blicklinien verlaufen dann horizontal und zueinander und zur Mittelebene parallel. Die horizontale Ebene, welche durch beide Blicklinien in der Primärstellung gelegt ist, wird als primäre Blickebene bezeichnet.

Den größten, zur Blicklinie senkrecht gestellten Durchmesser der Hornhaut, der bei der „Primärstellung" des Auges senkrecht von oben nach unten geht, bezeichne ich im folgenden als primär vertikalen Hornhautdurchmesser (pv.Hd.) auch dann, wenn die Blicklinie eine andere Stellung eingenommen hat. Den dazu senkrecht stehenden größten horizontalen Querdurchmesser der Hornhaut bei der Primärstellung nenne ich den primär horizontalen Hornhautdurchmesser (ph.Hd). Die beiden Durchmesser stellen gewissermaßen ein Fadenkreuz dar, welches quer zur Blicklinie steht und dessen Mitte mit der Blicklinie zusammenfallen soll. Dieses Kreuz sei das „Hornhautkreuz" genannt.

Die Vorstellung, daß der Augapfel als ein annähernd starres, kugeliges Gebilde in dem umgebenden Fettpolster wie ein kugeliger Gelenkkopf in einer starren Pfanne ruhe und sich in derselben um seinen Mittelpunkt nach beliebigen Ebenen drehen könne, ist in verschiedenen Hinsichten nicht völlig zutreffend. Erstens ist der hierbei in Betracht kommende Teil des Bulbus nicht vollkommen kugelig. Zweitens ist das umgebende Weichteilpolster nicht völlig unverschieblich. Es konnten auch tatsächlich Verschiebungen des Augenmittelpunktes bei den Bewegungen des Auges konstatiert werden. Trotzdem ist es gestattet, die Fläche, welche von einem bestimmten Punkt der Blicklinie, den man sich mit dem Auge starr verbunden denkt, bei den Richtungsänderungen der Blicklinie beschrieben wird, als eine zum Kopf feste Kugelfläche zu denken, wenn man nur den Abstand des Punktes vom Auge genügend groß nimmt. Es verschwinden dann gegenüber diesem Abstand die kleinen Verschiebungen, welche der Mittelpunkt des Auges dem Kopf gegenüber erfahren kann. Wir nennen die genannte Fläche die Exkursionskugelfläche. Auf ihr kann man sich vor allem, in fester Lage zum Kopf einen größten horizontalen, einen größten frontalen und einen größten sagittalen Kreis gezogen denken. Ferner unterscheiden wir an ihr einen vordersten und einen hintersten Punkt usw.

Es kann aber nach irgend einem bestimmten Prinzip, in starrer Verbindung mit dem Kopf ein noch engeres Gradnetz, das aus zwei Systemen sich senkrecht kreuzender Linien besteht, in die Exkursionsfläche gelegt werden. Mit Hilfe dieses Gradnetzes läßt sich jeweilen die Stelle bezeichnen, an welcher die Blicklinie die Exkursionskugelfläche schneidet, wir nennen sie den „Blickpunkt“. Bei einer bestimmten Stellung der Blicklinie könnte nun das Auge immer noch in verschiedener Weise um diese Linie als Achse gedreht sein. Seine diesbezügliche Stellung ist jedenfalls bestimmt durch die Orientierung des Hornhautkreuzes, resp. eines ihm parallelen Kreuzes, das man sich im Blickpunkt befestigt denkt, zum Gradnetz der Exkursionskugel. Das Kreuz im Blickpunkt verläuft tangential zur Exkursionskugelfläche. Unter der Projektion des Hornhautkreuzes auf die Exkursionskugelfläche verstehen wir die Radiärprojektion, bei welcher der Mittelpunkt der Exkursionskugel Projektionszentrum ist. Eine Bewegung des Auges kann charakterisiert werden durch den Weg, welchen der Blickpunkt in der Exkursionskugelfläche beschreibt, und durch die zugehörigen sukzessiven Stellungen der Projektion des Hornhautkreuzes. Die Bewegung der Blicklinie läßt sich immer in so kleine Abschnitte zerlegen, daß die zugehörige Bewegung des Blickpunktes als Teil eines größten Kreises genommen werden kann. Ändert auf dieser Strecke das projizierte Hornhautkreuz seine Stellung zu der Bahnlinie des Blickpunktes nicht, so handelt es sich um eine bloße Drehung des Auges parallel diesem größten Kreis, um eine Achse, welche zu seiner Ebene senkrecht steht; irgend eine Drehung um die Blicklinie ist daneben nicht vorhanden. Verbindet sich aber mit der Bewegung des Blickpunktes im größten Kreis eine Drehung des Kreuzes zu demselben, so handelt es sich um die Kombination der Drehung um eine quer zur Blicklinie und zur Ebene ihrer Verschiebung verlaufende Achse mit einer Längsrotation um die Blicklinie, also um eine resultierende Drehung um eine schief zur Blicklinie stehende Achse.

2. Die wirklichen Stellungen des (isoliert bewegten) Auges.

Donders hat zuerst ausgesprochen, daß jeder Lage der Blicklinie eine ganz bestimmte Längsrotationsstellung entspricht (Donders' Gesetz nach Helmholtz). Jeder Lage des Blickpunktes im Exkursionfeld entspricht eine ganz bestimmte Stellung des projizierten Hornhautkreuzes.

Listing schloß, zunächst mehr in theoretischer Weise, daß bei irgend einer aus der Primärstellung abgelenkten Stellung der Blicklinie

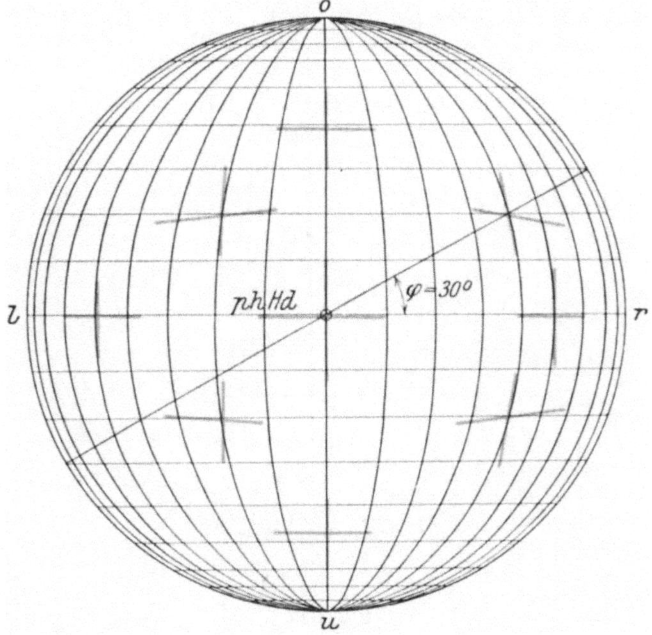

Fig. 216.

das Auge so gestellt sein muß, als ob die Blicklinie auf kürzestem Wege in die sekundäre Stellung übergeführt worden wäre, durch reine Drehung parallel einer größten Kreisebene um eine senkrecht zu diesem größten Kreis stehende Achse, ohne irgendwelche begleitende Drehung um die Blicklinie (Listings Gesetz).

Die größte Kreisebene, welche durch die Blicklinie in der Primärstellung und in jener sekundären Stellung bestimmt wird, ist immer eine dorsoventrale (antero-posteriore) Meridianebene der Exkursionskugel. Die Achse der Drehung liegt von Anfang an in dem frontalen größten Kreis dieser Kugel und verbleibt in demselben, auch wenn die

Äquatorialebene des Auges sich aus dieser Frontalebene herausdreht, indem ja auch diese Drehung um die gleiche Achse stattfindet. Die Achse verbleibt zugleich in der Frontalebene der Exkursionskugel und in der Äquatorialebene des Auges, entspricht also stets in abgelenkten Stellungen der Geraden, in welcher die Äquatorialebene des Auges die frontale größte Kreisebene der Exkursionskugel schneidet.

Prüfen wir nun, wie sich bei Einstellung des Auges nach dem Listingschen Gesetz die Projektion des Hornhautkreuzes auf die Exkursionskugelfläche zu dem Gradnetz dieser Fläche verhalten muß.

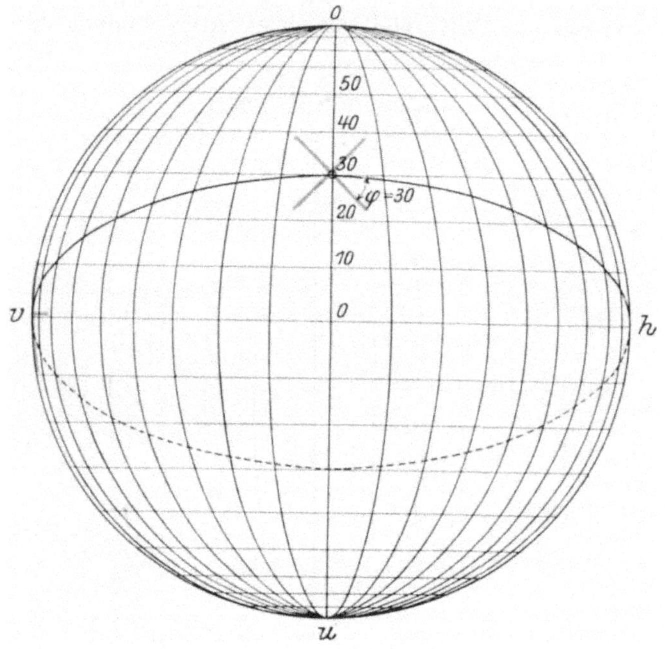

Fig. 217.

a) Das Gradnetz bestehe aus vertikalen Meridianen und horizontalen Parallelkreisen (entsprechend dem Gradnetz eines Erdglobus mit oberem und unterem Pol, Fig. 216).

1. Bewegung der Blicklinie aus der Primärstellung im horizontalen größten Kreis lr nach innen oder außen.

Der ph. Hd. fällt stets mit dem horizontalen größten Kreis, der pv. Hd. stets mit dem jeweiligen vertikalen Meridian der Blicklinie zusammen.

2. Bewegung im sagittalen größten Kreis ou der Exkursionskugel:

Der pv. Hd. fällt stets mit diesem größten Kreis, der ph. Hd. stets mit dem jeweiligen Parallelkreis der Blicklinie zusammen.

3. Schräge Bewegung in einem antero - posterioren Meridian (Fig. 216 und 217):

Der vorausgehende Schenkel der Projektion von ph. Hd. bilde mit der Bewegungsbahn des Blickpunktes in der Primärstellung den Winkel φ, der vorausgehende Schenkel der Projektion von p. v. Hd. bildet dann mit ihr auf der anderen Seite (nach welcher die Bewegungsbahn auf- oder absteigt) den Winkel 90^0—φ.

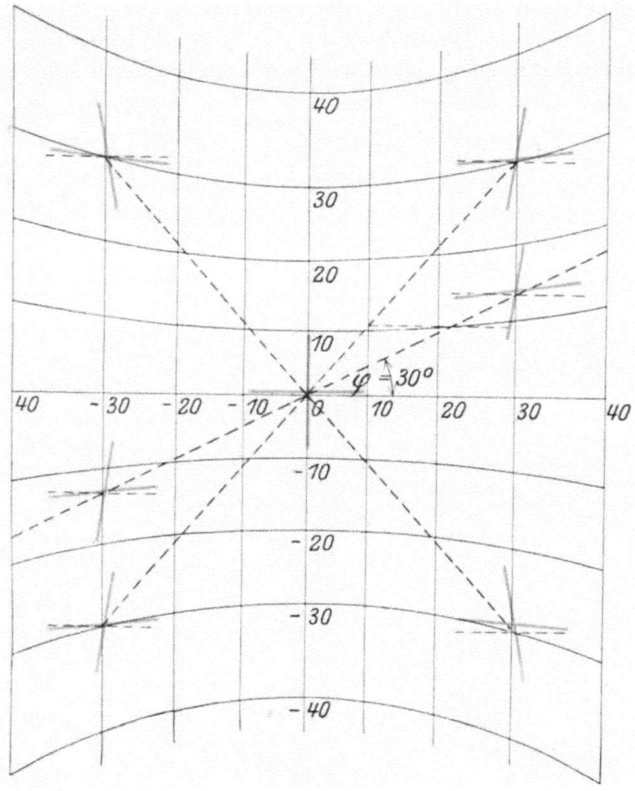

Fig. 218.

Diese Winkel bleiben bei reiner Drehung parallel dem anteroposterioren schrägen Meridiankreis unverändert. Da aber die Blickpunktbahn, wo sie den größten Frontalkreis der Exkursions- kugel erreichen würde, horizontal verläuft und mit einem horizontalen Parallelkreis zusammenfällt, so müßte dort der vorausgehende Schenkel der Projektion von ph. Hd. aus dem Parallelkreis um den Winkel φ nach dem größten Horizontalkreis zu abweichen (s. Fig. 217, Ansicht der Exkursionskugel von der linken Seite). Der vorausgehende Schenkel der Projektion von pv. Hd. aber müßte gegenüber dem Meridian dieser Stelle (dem größten Frontalkreis) im Sinn der Deklination einer Magnetnadel zum Erdpol nach der Seite, nach welcher die Bewegung weiter geht, um den Winkel φ abweichen. Auf dem Wege von der Primärstellung bis zum größten Frontalkreis muß sich diese **Drehung der Projektion des Hornhautkreuzes gegenüber den Meridianen und Parallelkreisen** allmählich vollziehen.

Denkt man sich durch den vordersten Punkt der Exkursionskugel eine Tangentenebene gelegt (Fig. 218) und auf dieselbe oder eine ihr parallel gestellte frontale Wand das Gradnetz der Exkursionskugelfläche in zentraler Projektion (vom Zentrum der Exkursionskugel aus) projiziert, so erscheinen in dieser Projektion alle vertikalen Meridiankreise als par-

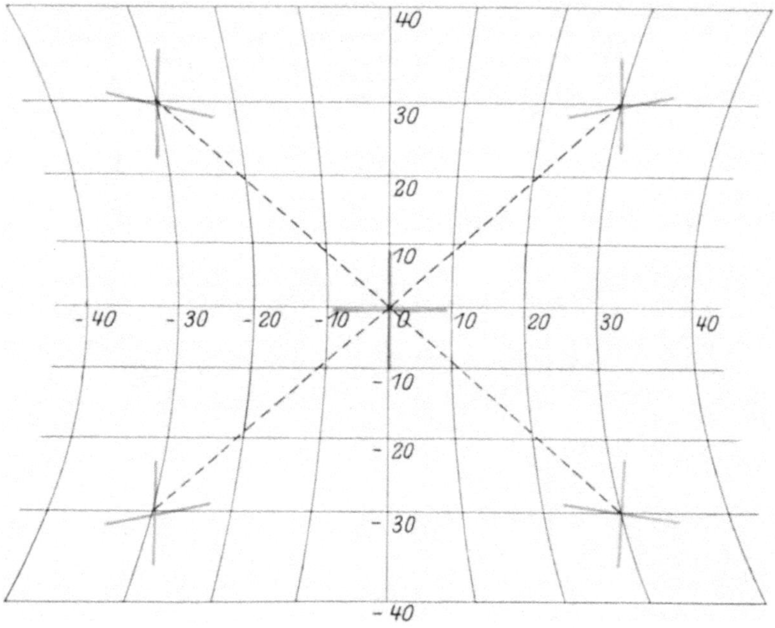

Fig. 219.

allele vertikale gerade Linien, die Parallelkreise aber als Hyperbeln, deren Scheitel von oben und unten her dem primären Blickpunkt zugekehrt sind und deren Krümmung um so stärker ist, je weiter der Scheitel vom primären Blickpunkt entfernt ist. Wie leicht ersichtlich, müssen in der frontalen Projektionsebene die vorausgehenden Schenkel der Projektionen des primär vertikalen und des primär horizontalen Hornhautdurchmessers in ähnlichem Sinn wie bei der Projektion auf die Exkursionskugelfläche (aber wegen der schrägen Projektion um einen etwas kleineren Winkelbetrag) von der Projektion der Meridiane und größtem Kreise abweichen (Fig. 218).

b) **Das Gradnetz bestehe aus bilateralen Meridianen und aus sagittalen Parallelkreisen.** Hier zeigt sich auch wieder bei

der fortschreitenden Drehung des Auges und der Blicklinie parallel
einem schrägen anteroposterioren Meridian eine Drehung der Projektion des Hornhautkreuzes, gegenüber den jeweiligen Meridianen
und Parallelkreisen des Blickpunktes, bei welcher die vorausgehenden
Schenkel sich von der Seite des benachbarten inneren oder äußeren
Poles der Exkursionskugel wegdrehen. Man braucht sich das Gradnetz
der Fig. 217 nur um 90⁰ so gedreht zu denken, daß die linke oder rechte
Seite des Gradnetzes zur oberen wird. Das Hornhautkreuz aber nehme

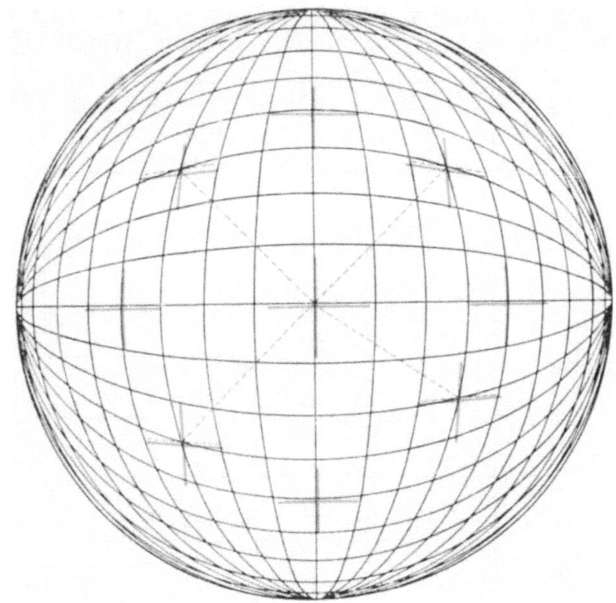

Fig. 220.

an dieser Drehung nicht teil resp. der mit pv.Hd. bezeichnete Schenkel
bleibt dabei vertikaler Schenkel u. s. w. Alle vorhin angestellten Be-
trachtungen lassen sich dann für diese neue Anordnung des Gradnetzes
zum Auge wiederholen. Hier ergibt die zentrale Projektion des Gradnetzes auf eine vordere frontale Wand parallele gerade aber horizontale
Linien für die bilateralen Meridiane und für die Parallelkreise Hyperbeln,
deren Scheitel von links und rechts her den Primärpunkt zugewendet
sind (Fig. 219). Die Projektion des Hornhautkreuzes auf eine solche
frontale Wand zeigt diesem Liniensystem gegenüber für die weiter von
der Primärstellung entfernten Lagen des Blickpunktes dem Sinn nach
die gleiche Abweichung wie bei der Projektion auf die Exkursionskugelfläche gegenüber dem Gradnetz der letzteren, indem sich die
vorausgehenden Schenkel außen herum nach der mittleren Vertikalen
des Liniennetzes hin (von der Achse und Konkavseite der Hyperbeln
weg nach der Konvexseite hin) drehen.

c) Das Gradnetz bestehe aus einem System vertikaler und einem System bilateraler Meridiane, die sich natürlich nicht überall genau senkrecht schneiden können (Fig. 220).

Die vorangehenden Schenkel der Projektion des Hornhautkreuzes müssen mit dem Abrücken des Blickpunktes von der Primärstellung im anteroposterioren schrägen Meridiankreis, mehr und mehr aus den jeweiligen beiden Meridianen des Blickpunktes gegeneinander zu (und im Sinn einer Deklination von den beiden Polen) nach der Seite hin, nach welcher die Bewegung stattfindet, abgelenkt erscheinen.

Dem Sinn nach die gleiche Ablenkung zeigt die Radiärprojektion des Hornhautkreuzes auf die vordere frontale Wand gegenüber der

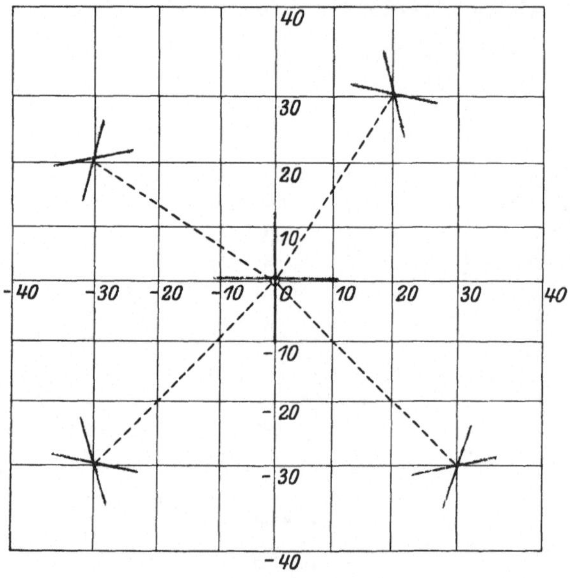

Fig. 221.

Projektion des Gradnetzes der Exkursionskugel auf diese Wand. Die vertikalen und bilateralen Meridiane der Exkursionskugel erscheinen in der Frontalebenen-Projektion als vertikale und als horizontale gerade Linien (Fig. 221).

d) Das Gradnetz bestehe aus horizontalen und sagittalen Parallelkreisen (die sich wieder nicht überall senkrecht schneiden können):

Auf der Exkursionskugelfläche weichen mit fortschreitender schräger Ablenkung der Blicklinien die vorausgehenden Schenkel der Projektion des Hornhautkreuzes mehr und mehr gegenüber den jeweiligen Parallelkreisen des Blickpunktes nach dem größten Sagittalkreis und Horizontalkreis hin ab (Fig. 222).

Gleichen Sinn hat die Ablenkung in der Frontalebenenprojektion, in welcher die sagittalen und horizontalen Parallelkreise als Scharen von

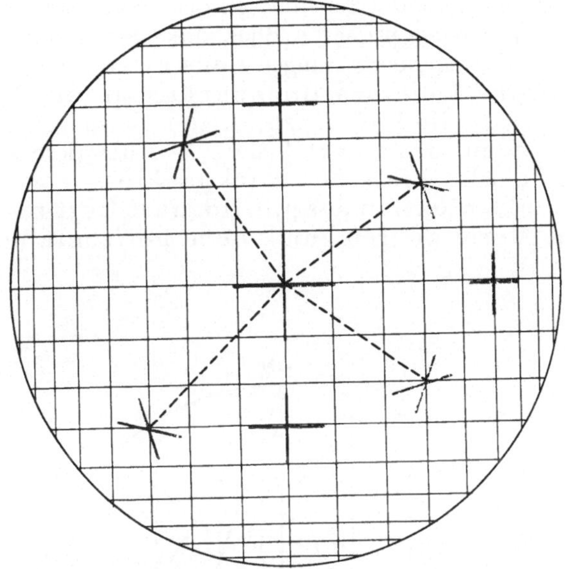

Fig. 222.

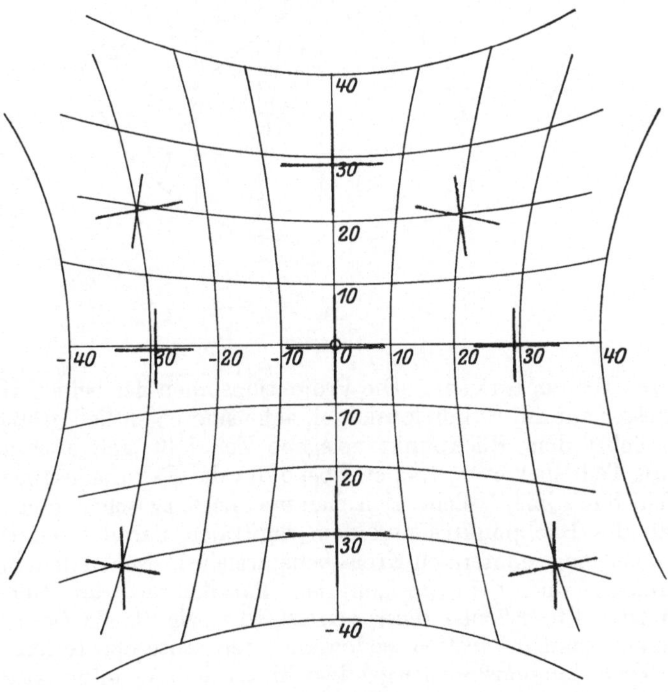

Fig. 223.

Hyperbeln erscheinen, deren Scheitel von oben und unten, und von links und rechts her gegen den primären Blickpunkt gerichtet sind (Fig. 223).

Aus diesen Auseinandersetzungen ergibt sich nun folgender Schluß: **Für irgend eine Lage des Blickpunktes in der Exkursionskugelfläche liegt die Radialprojektion des p.v.Hd. auf diese Fläche zwischen dem vertikalen Meridiankreis und dem sagittalen Parallelkreis des Blickpunktes.**

Die Radialprojektion des p.h.Hd. aber liegt zwischen dem bilateralen Meridiankreis und dem horizontalen Parallel-

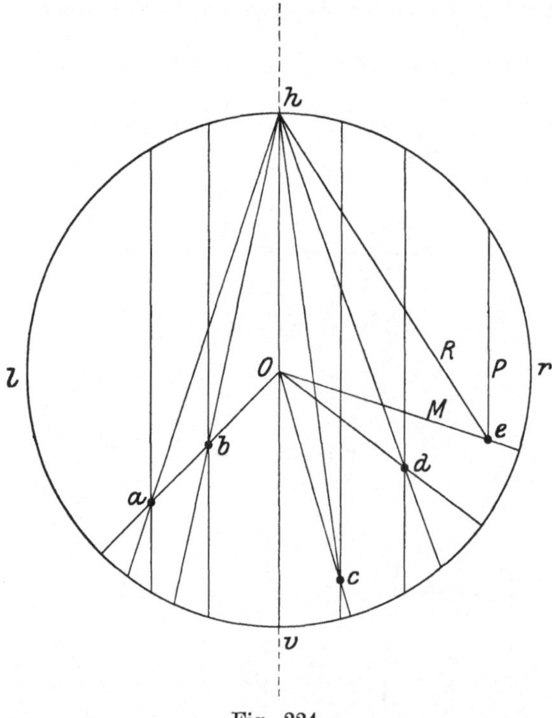

Fig. 224.

kreis des Blickpunktes. Die Projektionslinien der beiden Hornhautdurchmesser auf die Exkursionskugelfläche sind eigentlich größte Kreise. Der zunächst dem Blickpunkt gelegene Teil läßt sich aber auch auffassen als Teil einer in vertikaler Ebene um die Exkursionskugel herumlaufenden Kreislinie, welche zwischeninne liegt zwischen dem Vertikalmeridian des Blickpunktes und dem sagittalen Parallelkreis desselben, resp. als Teil einer bilateralen Kreisebene, welche zwischen dem bilateralen Meridiankreis und dem horizontalen Parallelkreis des Blickpunktes gelegen ist. Die Ebenen dieser Kreise, die wir als Zwischenkreise bezeichnen können, treffen jedenfalls den anteroposterioren Durchmesser der Exkursionskugel irgendwo hinter dem Mittelpunkt der Kugel in endlicher Entfernung von demselben.

Es ist klar, daß die beiden Zwischenkreise, die am Blickpunkt mit den Projektionen der beiden Hornhautdurchmesser zusammenfallen, sich senkrecht zueinander schneiden müssen. Solches ist nur dann der Fall, wenn der Zwischenkreis zwischen dem vertikalen Meridian des Blickpunktes und seinem vertikalen Parallelkreis überall vertikal, der Zwischenkreis zwischen dem bilateralen Meridian des Blickpunktes und seinem horizontalen Parallelkreis mit seiner Ebene bilateral steht, und wenn beide Zwischenkreise durch den occipitalen Pol der Exkursionskugel gehen. Solche Zwischenkreise nennen wir Richtungskreise.

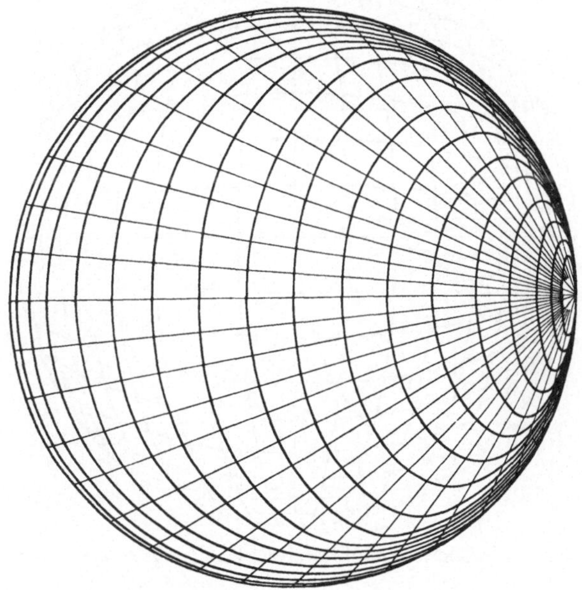

Fig. 225.   Vertikale und bilaterale Richtungskreise von außen.

In Fig. 224 (Exkursionskugel von oben gesehen) bedeuten a, b, c, d, e verschiedene Lagen der Blickpunkte; für jeden derselben ist der zugehörige vertikale Meridian M (vordere Hälfte), der zugehörige sagittale Parallelkreis P und der zugehörige vertikale Richtungskreis dargestellt.

Die beiden genannten Richtungskreise des Blickpunktes, von denen der eine vertikal (zur Horizontalebene senkrecht), der andere bilateral (zur Sagittalebene senkrecht) steht, können als Hauptrichtungskreise bezeichnet werden.

Fig. 225 zeigt die beiden Systeme von Hauptrichtungskreisen der Exkursionskugel von der Seite her; Fig. 226 zeigt sie von vorn her.

Man erkennt, daß sich die zwei Hauptrichtungskreise eines Punktes der Kugeloberfläche wirklich senkrecht kreuzen. Dagegen stehen die zugehörigen Kreisebenen nur für die mittelsten Kreise zueinander senkrecht. Die seitlichen Hauptkreisebenen schneiden sich nicht vollkommen senkrecht; doch ist für mittlere Stellungen der Blicklinie das Abweichen von dem rechtwinkeligen Zusammentreffen der Richtebenen nicht sehr erheblich.

Wenn der Blickpunkt von irgend einer Lage aus dem zugehörigen vertikalen Richtungskreis folgt, und das Auge sich dabei nach dem Listingschen Gesetz bewegt, so muß die Projektion von p. v. Hd. offenbar in diesem Richtungskreis verbleiben. Eine solche Bewegung des Auges ist eine Drehung parallel der Ebene des vertikalen Richtungskreises oder parallel einer größten Kreisebene, welche bei jeder Stellung des Blickpunktes den Ablenkungswinkel der Blicklinie halbiert. Letzteres geht bereits aus der Fig. 224 hervor, soll aber im folgenden noch genauer bewiesen werden. Für die Bewegung der Projektion von ph. Hd. entlang dem bilateralen Richtungskreis läßt sich Analoges

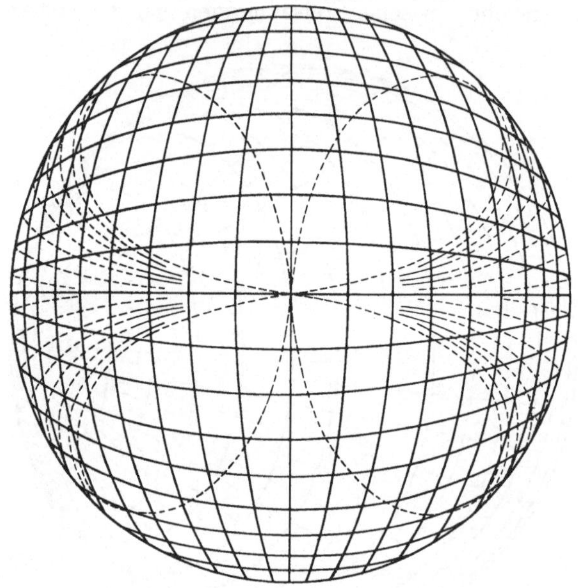

Fig. 226. Vertikale und bilaterale Richtungskreise von vorn.

sagen. Es handelt sich dabei um eine Drehung parallel diesem Richtungskreis oder parallel einem bilateralen größten Kreis, welcher ebenfalls den jeweiligen Ablenkungswinkel halbiert. Von irgend einer Ausgangsstelluug aus kann nun die Bewegung des Auges nach dem Listingschen Gesetz offenbar auch in der Weise erfolgen, daß sich zwei solche Drehungen, nach dem vertikalen und dem bilateralen Richtungskreis in beliebigem Verhältnis kombinieren. Die resultierende Drehung muß dann parallel einem größten Kreis erfolgen, welcher durch die Halbierungslinie des Ablenkungswinkels der Blicklinie geht, um eine Mittelpunktsachse, welche zu demselben senkrecht steht.

3. Nachweis, daß sich die Augenstellungen beim isoliert bewegten Auge wirklich nach dem Listingschen Gesetz verhalten.

Dieser Nachweis wird am einfachsten erbracht mit Hilfe der Nachbildermethode. Von dem einen Auge (das andere ist verdeckt) wird ein helles farbiges Kreuz auf dunklem Grunde anhaltend fixiert. Das

Auge muß sich dabei in Primärstellung befinden und das farbige Kreuz so gestellt sein, daß es der Radialprojektion des Hornhautkreuzes entspricht. Eine der Netzhautprojektion dieses Kreuzes entsprechende Netzhautstelle wird dabei so gereizt, daß bei Ablenkung der Blicklinie ein Nachbild in der Komplementärfarbe zur Wahrnehmung kommt. Dasselbe wird entsprechend dem Hornhautkreuz in den Raum resp. auf die Exkursionskugelfläche oder eine vor derselben aufgestellten frontale Wand projiziert. Es zeigen diese Projektionen gegenüber dem Gradnetz der Exkursionskugel resp. seiner Radialprojektion auf der vorderen frontalen Wand das Verhalten, welches im Fall der Gültigkeit des Listingschen Gesetzes nach den soeben ermittelten Feststellungen erwartet werden muß.

4. Überführung des Auges aus einer beliebigen Stellung in eine zweite beliebige Stellung.

Mag nun auch der Blickpunkt in der Exkursionskugelfläche eine ganz beliebige Bahn beschreiben, so läßt sich doch die Bewegung soweit in kleinere Abschnitte zerlegen, daß sie im einzelnen Abschnitt im größten Kreis erfolgt (Fig. 227 md). Jede derartige Bewegung läßt sich auffassen als das Resultat zweier Verschiebungen des Blickpunktes aus einer bestimmten Anfangslage in den Linien der beiden Richtkreise dieser Anfangslage (Zerlegung der Bewegung nach den beiden Hauptrichtungskreisen). Geschieht nun die Bewegung (mc) des Blickpunktes in dem bilateralen Richtungskreis der Anfangslage so, daß die Projektion von ph.Hd. fortwährend in demselben verbleibt, so fällt auch jederzeit die Projektion von pv.Hd. mit den jeweiligen vertikalen Richtungskreisen des Blickpunktes zusammen, da ja die zwei Systeme von Richtkreisen sich senkrecht schneiden. Analoges gilt für die Bewegung (mb) des Blickpunktes in einem vertikalen Richtungskreis; geschieht sie derart, daß pv.Hd. auch weiter mit ihm zusammenfällt, so stimmt ph.Hd. jederzeit mit dem zugehörigen bilateralen Richtkreis. (Beiläufig gesagt kann auch die Bewegung aus der Primärstellung in irgend einem größten Kreis analog zerlegt werden. Die beiden Richtkreise sind hier der vertikale und der horizontale Meridian).

Eine Bewegung des Blickpunktes und eines bestimmten Hornhautdurchmessers in einem Richtkreis ist nichts anderes als eine Drehung des Auges parallel diesem Richtungskreis, um einen zu ihm senkrecht stehenden Durchmesser des Auges. Das Listingsche Gesetz bleibt bei einer solchen Bewegung gewahrt. Es bleibt ebensowohl gewahrt, wenn die Bewegung des Auges eine Drehung parallel dem vertikalen Richtungskreis der betreffenden Ausgangs- oder Durchgangsstellung ist, als wenn sie parallel dem bilateralen Richtkreis geschieht, und demgemäß natürlich auch, wenn sie eine Kombination zweier kleiner Drehungen parallel den beiden Richtungskreisen darstellt. Andererseits läßt sich die Bewegung des Blickpunktes von m nach d, welche daraus resultiert, daß er

gleichsam von der Ausgangslage m aus zugleich im vertikalen Richtungskreis nach b und im bilateralen Richtungskreis nach c gelangt (Fig. 227),
auffassen als eine Bewegung in einem Richtungskreis des
Punktes m, der zwischen dem vertikalen und dem bilateralen Hauptrichtungskreis zwischeninne liegt und dessen Ebene durch die gleiche
Gerade mh geht, in welcher sich die Ebenen dieser beiden Kreise schneiden.
Sind die beiden Teilbewegungen Drehungen des Auges parallel den
beiden Ebenen des vertikalen und bilateralen Richtungskreises, so ist
natürlich die resultierende Drehung eine Drehung parallel einer inter-

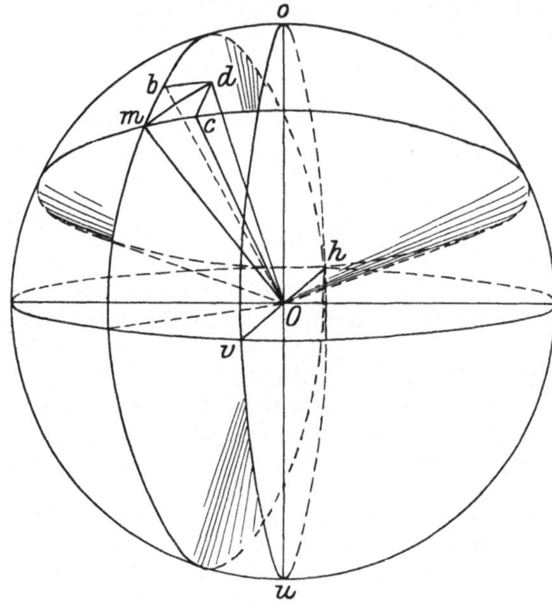

Fig. 227.

mediären Ebene, welche durch die Schnittlinie mh jener beiden Kreisebenen und die resultierende Blickpunktbahn md geht.

Sofern also bei der beliebigen Bewegung des Auges um einen bestimmten kleinen Betrag das Listingsche Gesetz gewahrt bleibt,
handelt es sich immer um die Drehung parallel einem
Richtungskreis, der durch die Anfangslage des Blickpunktes
und den hintersten Punkt der Exkursionskugel geht und
mit der Bewegungsbahn des Blickpunktes zusammenfällt
(s. Fig. 227).

Fig. 228 stellt einen Schnitt durch die Exkursionskugel dar, entsprechend dem anteroposterioren größten Kreis durch die abgelenkte
Lage m des Blickpunktes. h ist der hintere, v der vordere Punkt der
Exkursionskugel; die Bildebene entspricht also der Ablenkungsebene;

Winkel m o v $= \varphi$ ist der Ablenkungswinkel. Welche Richtung nun auch die Bahn des Blickpunktes in der Exkursionskugelfläche von m aus haben mag, so muß doch die Ebene des entsprechenden Richtungskreises durch die Gerade mh gehen; die dazu senkrecht stehende Drehungsachse trifft die Mitte des Richtungskreises, welche aber nur dann in der Geraden mh liegt, wenn die Ebene des Richtkreises auf derjenigen der Ablenkung der Blicklinie senkrecht steht; sie trifft ferner den Augenmittelpunkt. Sie muß aber jedenfalls in einer Ebene liegen, welche senkrecht zur Geraden mh durch deren Mitte m und den Augenmittelpunkt o geht. Es ist dieses eine größte Kreisebene, welche zur Halbierungs-linie oo¹ des Ablenkungs-winkels der Blicklinie senkrecht steht (**Achsen-ebene**, AA., Fig. 228). (Vgl. Helmholtz, 1896).

Zerlegung einer be-liebigen kleinen Augen-bewegung, in eine Dre-hung parallel der Ab-lenkungsebene und in eine Circumduktions-drehung.

In der Primärlage des Blickpunktes entspricht die Richtkreisachsenebene dem frontalen größten Kreis. Für jede abgelenkte Stellung aber läßt sich in der zugehörigen Richtkreisachsenebene stets eine durch den Mittelpunkt des Auges gehende Gerade finden, welche auf der anteroposterioren „Ablenkungsebene" senkrecht steht (Schnittlinie der Richtkreisachsenebene mit der Äquatorialebene des Auges). Die Drehung des Auges um diese Gerade ist eine reine Drehung um eine Querachse, ohne jede Längsrotation. Durch sie nähert sich die Blicklinie in der „anteroposterioren Ablenkungsebene" der Primärstellung direkt oder entfernt sich direkt von ihr.

Die wirkliche resultierende Drehung parallel dem resultierenden Richtungskreis, um die resultierende, dazu senkrecht stehende, in der Richtkreisachsenebene gelegene Achse läßt sich nun immer zerlegen in zwei Drehungen, die beide dem Listingschen Gesetz entsprechen, eine Drehung parallel der Ablenkungsebene, um die soeben genannte, zur Ablenkungsebene senkrecht stehende Querachse des Auges, die in die Richtkreisachsenebene entfällt, und eine zweite Drehung, um die dazu senkrecht stehende Mittelpunktsachse der Richtkreisachsenebene, parallel dem Richtungskreis, der zu der Ablenkungsebene senkrecht steht. Die erste Drehung ist die Drehung im größten Richtungskreise des Blickpunktes, der durch den

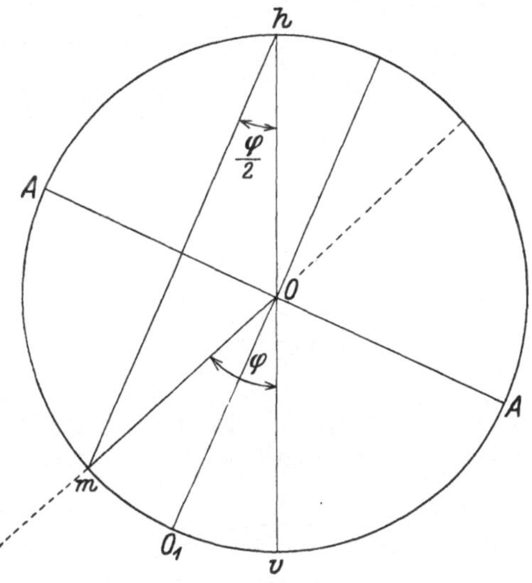

Fig. 228.

Mittelpunkt des Auges geht, die zweite geschieht im kleinsten Richtungskreis des Blickpunktes.

Die Achse der letzteren entspricht der Schnittlinie zwischen der Richtkreisachsenebene und der Ablenkungsebene; sie schneidet die Halbierungslinie des Ablenkungswinkels senkrecht und steht schief zu der Blicklinie selbst. Diese zweite Drehung führt die Blicklinie aus der Ablenkungsebene heraus; sie ist aber im allgemeinen keine reine Drehung des Auges um eine (äquatoriale) Querachse; mit ihr ist vielmehr um so mehr Längsrotation kombiniert, je größer der Ablenkungswinkel der Blicklinie ist; sie ist aber auch keine reine Raddrehung des Auges um den anteroposterioren Durchmesser der Exkursionskugel. Wir wollen sie als Circumduktionsbewegung nach dem Listingschen Gesetz bezeichnen, während die Raddrehung um die anteroposteriore Achse kurz als frontale Drehung bezeichnet werden soll.

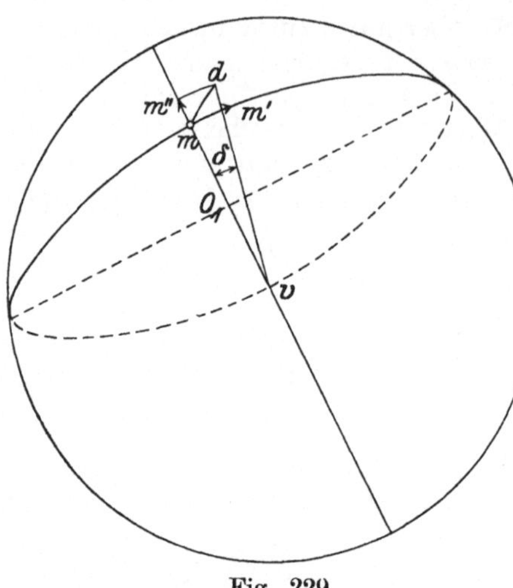

Fig. 229.

Es ist von besonderem Interesse, diese beiden Bewegungen genauer miteinander zu vergleichen.

Fig. 229 zeigt die Exkursionskugel von vorn. v ist der vordere Pol, m die abgelenkte Lage des Blickpunktes, der größte Kreis m v markiert die Ablenkungsebene. Bei einer sehr kleinen Bewegung von m nach m^1 senkrecht zur Ablenkungsebene ändert diese ihre Stellung um den kleinen Winkel δ.

In Fig. 230 ist die zu m gehörige Ablenkungsebene dargestellt. m o v $= \varphi$ ist der Ablenkungswinkel der Blicklinie m o. Wir könnten uns zunächst vorstellen, daß die Bewegung von m nach m^1 durch eine frontale

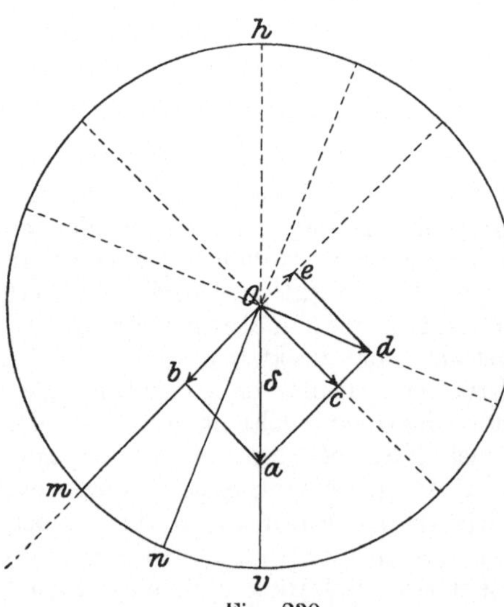

Fig. 230.

Drehung um die anteroposteriore Achse h v (Fig. 230) zustande kommt. Wir tragen den Winkelwert δ im Linienmaß o a von o aus auf diese

Achse auf; zerlegen wir nun die frontale Drehung δ in eine Drehung um die Längsachse (Blicklinie) des Auges m o und in eine Drehung um die quere äquatoriale Achse der Ablenkungsebene o c, so ist o b $= \delta . \cos \varphi$ das Maß für die Drehung um die Längsachse, o c $= \delta . \sin \varphi$ das Maß der Drehung um die Querachse.

Soll aber die gleiche Exkursion des Blickpunktes von m nach m^1 nach dem Listingschen Gesetz durch Circumduktionsdrehung um die Achse a d der Achsenebene geschehen, welche zu der Halbierungslinie on des Ablenkungswinkels φ senkrecht steht, so müßte um diese Achse eine Drehung $=$ od stattfinden, wobei der Punkt d in der Fortsetzung der Linie a c liegt . o d $= \dfrac{\delta . \sin \varphi}{\cos \varphi}$. Eine solche Drehung zerlegt sich in die Drehung o c $= \delta . \sin \varphi$ um die Querachse und in die Drehung o e um die Längsachse. Da $< $ d o e $= \varphi/_2$, so ist o e $=$ o d . tg $\varphi/_2 = \delta . \sin \varphi .$ tg $\varphi/_2$. Letztere Drehung ist aber dem Sinn nach entgegengesetzt der Längsrotation, welche bei der Frontaldrehung um den Winkel δ vor sich geht. Um eine solche Frontaldrehung in eine dem Listingschen Gesetz entsprechende Circumduktionsbewegung des Auges für die gleiche Exkursion der Blicklinie umzuwandeln, muß erstens die Längsrotation $\delta . \cos \varphi$ aufgehoben, zweitens noch eine entgegengesetzte Längsrotation $\delta . \sin \varphi .$ tg $\varphi/_2$ hinzugefügt werden.

Aus der frontalen Raddrehung des Auges um den anteroposterioren Durchmesser entsteht also eine reine Circumduktionsbewegung nach Listing, mit derselben (kleinen) Exkursion der Blicklinie dadurch, daß eine Längsrotation des Auges um die Blicklinie hinzugefügt wird, welche der in der frontalen Drehung inbegriffenen Längsrotation entgegengesetzt gerichtet ist und den Betrag

$$L = \delta \,(\cos \varphi + \sin \varphi . \text{tg } \varphi/_2) \text{ hat.}$$

Nun ist aber $\sin \varphi = 2 \sin \varphi/_2 . \cos \varphi/_2$, $\cos \varphi = \cos^2 \varphi/_2 - \sin^2 \varphi/_2$. Demnach ist

$$L = \delta \,(\cos^2 \varphi/_2 - \sin^2 \varphi/_2 + \dfrac{2 \sin \varphi/_2 . \cos \varphi/_2 . \sin \varphi/_2}{\cos \varphi/_2}$$
$$L = \delta \,(\cos^2 \varphi/_2 + \sin^2 \varphi/_2) = \delta .$$

In Worten:

Aus der frontalen Drehung um die anteroposteriore Achse wird eine reine Listingsche Circumduktion, indem in jedem Augenblick das Auge um soviel, als die Drehung um die anteroposteriore Achse nach der einen Seite hin beträgt, um die Längsachse (Blicklinie) nach der anderen Seite zurückgedreht wird.

Von der Notwendigkeit der Längsrotation als Begleiterscheinung der Circumduktion überzeugt man sich leicht durch folgende Betrachtung. Man denke sich in einem Kugelgelenk eine Radialbewegung der Längsachse aus der Mittelstellung im Betrag von 90° nach jeder Richtung möglich.

Die Circumduktion in der Grenzlage erfolgt dann in einem größten Kreis durch den Mittelpunkt des Kugelgelenkes. Die Richtung der Längsachse in der absoluten Mittelstellung (Primärstellung) gehe horizontal von hinten nach vorn. Das Gelenkende liege hinten. Bei horizontaler Ablenkung aus der Primärstellung um 90° nach rechts erlangt ein fest im Mobile gelegenes, quer durch die Längsachse gehendes, in der Primärstellung horizontal von links nach rechts verlaufendes Querstäbchen eine Richtung von vorn nach hinten. Bei Ablenkung aus der Primärstellung nach oben um 90° bleibt es horizontal von links nach rechts gerichtet. Soll nun das Mobile aus der erst genannten abgelenkten Stellung in die zweite direkt übergeführt werden, so muß notwendigerweise eine Drehung um die Längsachse stattfinden im Betrage von 90° in einem Sinn, welcher dem Sinn der Drehung der Ebene, welche durch die abgelenkte Längsachse und die Lage derselben in der Primärstellung geht, entgegengesetzt ist.

5. Grund und Bedeutung der Augeneinstellung nach dem Listingschen Gesetz.

Ich habe bei verschiedener Gelegenheit auf den fundamentalen Unterschied zwischen den organischen Gelenken und den Gelenken der Technik hingewiesen. Bei den ersteren ist eine vollkommene Trennung der gegeneinander bewegten Teile nicht möglich. Infolge davon handelt es sich bei ihnen nur um eine Hin- und Herbewegung. Eine fortlaufende gleichsinnige Drehung um eine Achse ist nicht möglich. Die in gleichem Sinn fortlaufenden Circumduktionsbewegungen um eine Gerade, welche in der Längsrichtung der Gelenkverbindung liegt, sind in Wirklichkeit nicht Drehungen um diese Gerade als Achse, sondern Kombinationen von Hin- und Herdrehungen um Achsen, welche zu dieser Geraden annähernd senkrecht verlaufen. So verhält es sich bei der Circumduktion des Vogelflügels, beim Arm- und Beinkreisen, oder wenn wir beim Sitzen den Oberkörper im Kreis herumführen. Die Vorderseite des Körpers bleibt im letztgenannten Beispiel immer nach vorn gerichtet, wobei sie allerdings bald mehr nach oben, bald mehr nach unten sieht. Nur auf eine bestimmte Weise kann die Circumduktion ausgeführt werden durch die Grenzlagen der Längsachse des bewegten Teiles, selbst in Gelenken, bei welchen in mittleren Lagen drei Grade der Freiheit der Bewegung um drei Hauptachsen gegeben sind. Doch ist in solchen Gelenken das Verhältnis der Drehung um die Längsachse und um die Querachse in der Regel bei dieser äußersten Circumduktion nicht genau überall dasselbe, sondern weist Unregelmäßigkeiten auf, entsprechend den Unregelmäßigkeiten in den Randteilen der Gelenkflächen und in der Anordnung der Bänder. Erfolgt die Circumduktion in engerer geschlossener Bahn, wobei sich die Längsachse in einem engeren Kegelmantel bewegt, dann sind in jeder Stellung Längsdrehungen aus einer mittleren Längsrotationsstellung nach beiden Seiten in bestimmtem Umfang möglich. Die mittleren Längsrotationsstellungen aber werden auch hier derart sein, daß sie aus der absoluten Mittelstellung des Mobile im Gelenk durch einfache Radialbewegung der Längsachse ohne erhebliche Längsrotation erreicht werden können. Wir werden solches beim Schulter- und Hüftgelenk bestätigt finden. Es müssen hier also wenigstens die mittleren Längsrotationsstellungen sämtlicher Radialstellungen der Längsachse annäherungsweise dem Listingschen Gesetze entsprechen. Die Circumduktion aus einer solchen mittleren Längsrotationsstellung in eine andere muß auch hier um so mehr mit einer bestimmten Längsrotation verbunden sein, mit umgekehrtem Sinn der Drehung im Vergleich zu der Drehung der Ebene, welche durch die abgelenkte Längsachse und die absolute Mittellage derselben geht, je größer die gleichzeitige Drehung der letztgenannten Ebene ist. Solange nun die Circumduktion in den äußersten Grenzlagen etwas unregelmäßig ist, in mittleren Lagen aber für jede Stellung der Längsachse etwelche Freiheit der Längsrotation besteht, ist es ziemlich gleichgültig, wie wir die Bewegung zerlegen, ob nach Meridianen und Parallelkreisen, oder nach Richtungskreisen, welche zwischen den vertikalen resp. den bilateralen Meridian- und Parallelkreisen der Exkursionskugel zwischeninne liegen, wenn nur die beiden Systeme von Kreislinien sich auf der Exkursionskugel senkrecht schneiden und für die Primär- und Mittelstellung der Längsachse größte Kreisebenen der Exkursionskugel darstellen. Die Bewegung parallel dem einen oder dem anderen, oder parallel den beiden Systemen von Kreislinien ist dann im allgemeinen keine genaue Radialbewegung um eine Querachse, sondern erfolgt um eine etwas schief gestellte Achse und schließt denjenigen Betrag von Längsrotation in sich, welcher notwendig ist, damit sich alle mittleren Längsrotationsstellungen wie direkte Radialablenkungsstellungen zur absoluten Mittelstellung verhalten.

Von vornherein durfte man erwarten, daß auch bei den Bewegungen des Augapfels das hier erörterte Allgemeingesetz der Stellungsänderungen in einem organischen Gelenk mit drei Graden der Freiheit gelten muß. Das Besondere des Falles besteht im folgenden:

1. In sämtlichen Stellungen der Blicklinie, von den äußersten Ablenkungslagen abgesehen sind zwar Längsrotationen von einer mittleren Längsrotationsstellung aus mechanisch möglich, sie werden auch gelegentlich beim binokulären Sehen ausgeführt. Beim unabhängig bewegten Auge aber ist diese Längsrotationsmöglichkeit überall, auch in mittleren Stellungen und in der absoluten Mittelstellung (Primärstellung) tatsächlich gleich 0 (Donders' Gesetz).

2. Die abgelenkten Stellungen verhalten sich zur absoluten Mittelstellung (Primärstellung) nicht bloß annäherungsweise, sondern ganz genau so, daß sie durch reine Radialdrehung um eine Querachse von der Primärstellung aus erreicht werden, sie verhalten sich genau nach dem Listingschen Gesetz.

3. Irgend eine kleine Bewegung des Augapfels von irgend einer Stellung aus ist eine Drehung parallel einem Richtungskreis des Blickpunktes, welcher den hinteren Pol der Exkursionskugel trifft. Neben der Drehung parallel einer Ebene, welche durch den anteroposterioren Durchmesser der Exkursionskugel geht, ist noch eine Bewegung möglich parallel dem dazu senkrecht stehenden Richtungskreis. Diese Bewegung ist die „reine Circumduktionsbewegung". Sie ist keine reine Drehung um eine äquatoriale quere Achse, sondern eine Drehung um die Halbierungslinie des Ablenkungswinkels und unterscheidet sich von einer reinen frontalen Drehung auf die oben näher bestimmte Weise.

4. Wenn wir die Bewegungen nicht in dieser Weise zerlegen wollen, nach dem anteroposterioren Meridian des Blickpunktes und dem senkrecht dazu stehenden Richtungskreis, sondern nach sich senkrecht kreuzenden Richtungskreisen, welche im vorderen Teil der Exkursionskugel möglichst horizontal und vertikal verlaufen, so müssen wir dafür ein **System bilateraler und ein System vertikaler Richtkreise wählen** (Helmholtz). Zwei solche Richtkreise irgend eines Punktes liegen intermediär zwischen dem vertikalen Meridian und sagittalen Parallelkreis, resp. dem bilateralen Meridian und horizontalem Parallelkreis des betreffenden Punktes.

Fragt man nun, durch welche Hilfsmittel eine derartige genaue Regulierung der Einstellung (im Sinn der Einschränkung der Bewegungs-

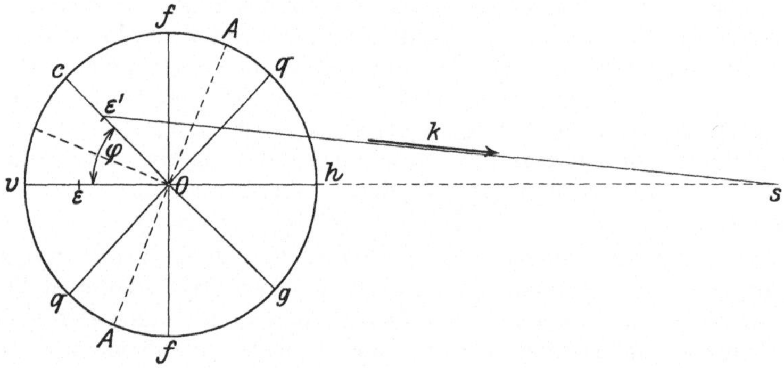

Fig. 231.

freiheit) erreicht wird, so findet man, daß es sich nicht um einen groben mechanischen Automatismus handeln kann. An eine **rein passive Hemmung** kleiner Längsrotationen in mittleren Stellungen ist nicht zu denken, da ja wie erwähnt solche Rotationen um die feste Blicklinie, in Abweichung von dem Dondersschen und Listingschen Gesetz tatsächlich vorkommen.

Eine zweite Möglichkeit, an welche gedacht werden kann, ist die **automatische Einstellung durch die Muskeln.**

Nehmen wir als **Beispiel den Rectus externus.** Wenn das Auge aus der Primärstellung nach oben gedreht ist, so verschiebt sich auch der Ansatz dieses Muskels nach oben. Wenn er nun durch stärkere Anspannung das Auge nach außen dreht, so ist dies jedenfalls eine Drehung aus der Ablenkungsebene der Blicklinie heraus; es handelt sich also um Circumduktion und es muß nach dem Listingschen Gesetz mit der Drehung um eine Querachse des Augapfels eine Drehung um seine Längsachse verbunden sein. Da die Ablenkungsebene sich oben herum nach außen dreht, so muß die begleitende Längsrotation oben herum nach innen gehen. In der Tat hat nun der Rectus externus an dem Auge, dessen Längsachse nach vorn aufsteigt, einen derartigen Drehungseinfluß.

Eine genauere Analyse lehrt aber folgendes (Fig. 231, linker Augapfel und Rectus externus von außen):

Wir nehmen an, der Drehungsmittelpunkt des Auges liege in der Mitte des Augapfels, h v sei die Blicklinie oder die Längsachse des Auges in der Primärstellung. g c sei die Stellung derselben bei einer Ablenkung um den Winkel φ nach oben. Der Ansatz des Rectus externus am Augapfel ε sei durch diese Ablenkung nach ε' verschoben, $\varepsilon's$ sei die abgelenkte Zugrichtung des Muskels, k das lineäre Maß für die in ihm wirkende Zugkraft. Diese läßt sich ersetzen durch eine gleichgerichtete, im Augenmittelpunkt angreifende Zugkraft und ein Kräftepaar in der schrägen durch $\varepsilon's$ und h v gelegten Ebene. Letzteres kann in zwei Komponenten zerlegt werden, von denen die eine in der sagittalen Halbierungsebene des Augapfels aufwärtsdrehend wirkt. Ihr werde durch die Spannung des Rectus inferior Gleichgewicht gehalten (falls sie bewegend wirkt, erfolgt die Drehung nach dem Listingschen Gesetz). Die andere Komponente wirkt in der horizontalen Halbierungsebene des Augapfels auswärts drehend um die vertikale Mittelpunktsachse ff.

Eine Auswärtsbewegung von c' darf aber tatsächlich nur nach dem Listingschen Gesetz erfolgen durch Drehung um die Achse AA, welche zur Halbierungslinie des Ablenkungswinkels φ senkrecht steht. Die Achse ff, um welche der Rectus externus das Auge zur Seite dreht, steht nun zur Längsachse des Auges stärker schief als die Achse AA der nach dem Listingschen Gesetz geforderten seitlichen (circumduktorischen) Bewegung. Die mit der Seitendrehung um ff verbundene Längsrotation (außen herum nach oben) ist also tatsächlich größer, als sie nach dem Listingschen Gesetz sein müßte, wenn keine anderen Muskeln als die Recti in Frage kommen. Eine Korrektur kann nur durch die Mm. obliqui erfolgen, deren Muskelschlinge stark quer zur Längsachse des Auges verläuft, — und zwar ist es der M. obliquus inferior, der im vorliegenden Fall einen Zuwachs an Spannung erfahren muß.

Eine ähnliche Konstruktion kann dazu dienen, um die Wirkungsweise des Rectus internus bei nach oben gedrehtem Auge oder um die Wirkung der beiden Muskeln bei abwärts gedrehtem Auge zu untersuchen. Immer ist die dem Auge erteilte Längsdrehung entgegengesetzt der Drehung der Ablenkungsebene, aber größer, als das Listingsche Gesetz es fordert, so daß einer der beiden Obliqui zur Korrektur mitwirken muß.

In ähnlicher Weise läßt sich der drehende Einfluß des Rectus superior und inferior bei einwärts oder auswärts aus der Primärstellung abgelenkter Blicklinie prüfen. Hier muß aber berücksichtigt werden, daß die Schlinge, welche von diesen beiden Muskeln gebildet wird, schon in der Primärstellung des Auges nicht in der größten sagittalen Kreisebene des Augapfels liegt, sondern davon hinten um 27—19⁰ nach innen abweicht. Es muß also schon für die reine Aufwarts- oder Abwärtsablenkung der Blicklinie aus der Primärstellung der Rectus externus mitwirken, und noch mehr muß solches der Fall sein, wenn die einwärts abgelenkte Blicklinie in einem vertikalen Richtkreis nach oben oder unten bewegt werden soll. Der übrig bleibende Einfluß zur vertikalen Drehung wirkt hier um eine Achse, welche zur Längsachse des Auges noch mehr schief steht, parallel einer Ebene, welche mit der Ebene des vertikalen Richtungskreises noch mehr divergiert. Die Längsrotation des Auges ist also um so mehr im Vergleich zu der vom Listingschen Gesetz geforderten (bei einwärts abgelenkter Blicklinie) zu groß. Um so größer muß auch die korrigierende Mitwirkung der Obliqui sein.

Die vorausgehende Betrachtung wird genügen, um darzutun, daß an eine automatische Einstellung des Auges nach dem Listingschen Gesetz durch die bei der Circumduktion beteiligten Recti nicht zu denken ist. Die Recti erfahren durch die Ablenkung der Blicklinie aus der Primärstellung nicht diejenige Lage- und Richtungsänderung und nicht diejenige Abänderung ihrer Drehungsmomente, welche nötig wäre, um die Circumduktion nach dem richtigen Verhältnis zwischen der Drehung des Auges um Querachsen und um die Längsachse auszuführen. Dazu ist ein kunstvolles Zusammenwirken der drei Muskelschlingen unumgänglich notwendig. Ein solches kann in seiner exakten Leistung nur durch eine nervöse Verknüpfung zwischen der Muskelanstrengung und dem Effekt derselben erworben sein (nervöse Regulation).

So gelangen wir zu der letzten zu entscheidenden Frage, derjenigen nach den Reizen, welche durch eine falsche, dem Listingschen Gesetz widersprechende Stellung und Bewegung des Auges ausgelöst werden und zur Korrektur der Stellung und Bewegung den Antrieb geben.

Man könnte vermuten, daß die Längsdrehung des Auges im Sehnerv oder an seinem Eintritt ins Auge Schmerzhaftigkeit hervorruft, oder zum mindesten irgendwelche sensible Nervenenden mechanisch reizt. Dafür ist durchaus kein Anhaltspunkt vorhanden.

Wenn wir diese Annahme verwerfen, so bleibt wohl kaum eine andere Möglichkeit, als den psychischen Akt der Bildbetrachtung verantwortlich zu machen und zu vermuten, daß in demselben im Zwang zur möglichst parallelen Verschiebung der Stelle des schärfsten Sehens vorhanden ist. In der Tat gibt die Bewegung des Auges nach dem Listingschen Gesetz die beste Parallelverschiebung des Bildes gegenüber der Macula und umgekehrt, welche bei der gekrümmten Gestalt des Augenhintergrundes und der zentrierten Augenbewegung überhaupt erreichbar ist.

Literaturverzeichnis.

Anatomische Lehrbücher und Atlanten.

Zusammenfassende Schriften über Muskel- und Gelenkmechanik.

Aus der großen Zahl der einschlägigen Werke seien hervorgehoben:

Winslow, J. B., Exposition anatomique de la structure du corps humain. Amsterdam 1743.

Barkow, L., Syndesmologie 1841.

Meyer, G. H., Lehrbuch der Anatomie des Menschen. 2. Aufl. 1861.

Henke, J. W., Handbuch der Anatomie und Mechanik der Gelenke. Leipzig und Heidelberg 1863.

Hyrtl, J., Lehrbuch der Anatomie des Menschen. 1. Aufl. 1846, letzte 1889.

— — Handbuch der topographischen Anatomie. 2. Aufl. 1853. 7. Aufl. 1882.

Duchenne, G. B., Physiologie des mouvements. Paris 1867. Deutsch von C. Wernicke. Kassel und Berlin. 1885.

Luschka, Hub. , Die Anatomie des Menschen. 1862—1869.

Aeby, Chr., Der Bau des menschlichen Korpers. 1871.

Henle, J., Handbuch der systematischen Anatomie des Menschen. 1871—1876.

Meyer, G. H., Die Statik und Mechanik des menschlichen Knochengerüstes. Leipzig 1873.

Krause, C. F. Th., Handbuch der menschlichen Anatomie. III. Aufl. 2. Bd. Durchaus neu bearbeitet von W. Krause. Hannover 1876.

Fick, A., Spezielle Bewegungslehre. Hermanns Handb. d. Physiol. Bd. 1. Leipzig 1879.

Quain - Hoffmann 1870, Hoffmann - Rauber 1886, Rauber 1903, Rauber-Kopsch, Lehrbuch der Anatomie des Menschen. In immer neuen Auflagen.

Pansch, A., Grundriß der Anatomie des Menschen. 3. Aufl. herausgeg. von L. Stieda. Berlin 1891.

v. Bardeleben, K., Lehrbuch der systematischen Anatomie des Menschen. 1906.

Merkel, Fr., Handbuch der topographischen Anatomie. 1885—1907.

Joeßel, G. und Waldeyer, W., Lehrbuch der topograph.-chirurg. Anatomie. 1884 bis 1899.

Toldt, C. (unter Mitwirkung von Dalla Rosa), Anatomischer Atlas für Studierende und Ärzte. 7. Aufl. 1911.

du Bois Reymond, R., Spezielle Muskelphysiologie oder Bewegungslehre. Berlin 1903.

— Spezielle Bewegungslehre mit Überblick über die Physiologie der Gelenke. Handb. d. Phys. d. Menschen von W. Nagel. Bd. 4_2. Braunschweig 1906 bis 1907.

Fick, R., Handbuch der Anatomie und Mechanik der Gelenke unter Berücksichtigung der bewegenden Muskeln. Bd. I Jena 1904. Anatomie der Gelenke. Bd. II 1910. Allgemeine Gelenk- und Muskelmechanik. Bd. III. 1912. Spezielle Gelenk- und Muskelmechanik. Mit sehr reichhaltigem Literaturverzeichnis im III. Bd. und zahlreichen weiteren Literaturangaben im Text. Hauptwerk.

Eisler, P., Die Muskeln des Stammes. 21. Lief. d. Handb. d. Anat. d. Menschen v. K. v. Bardeleben. Jena 1912. (Dieses gründliche Werk konnte im Text nicht mehr berücksichtigt werden.)

Von französischen Werken seien genannt:

Cruveilhier, J., Traité d'Anatomie descriptive. 4. Édition. Tome 1—3. .Paris 1863—71.

Sappey, C. Ph., Traité d'Anatomie descriptive. Tome 1—4. 4. Édition. 1888.

Poirier, P. et Charpy, A., Traité d'Anatomie humaine. 5 Tomes en 13 Vol. 2. Édition. Paris 1899—1907. (Zahlreiche Mitarbeiter unter Poiriers Direktion.)

Von englischen Werken:

Macalister, A., A text-book of human anatomy, systemiatic and topographical. London 1889.

I. Grundzüge der Anatomie der Stammwand.

Wirbelsäule.

Entwicklung:

Froriep, A., Zur Entwicklungsgeschichte der Wirbelsäule, insbes. des Atlas und der Occipitalregion. Arch. f. Anat. u. Entwicklungsgesch. 1883 u. 1886.

Rambaud, A., et Renault, Ch., Origine et développement des os. Paris 1864. Pol. Atlas.

Morita, S. (Tokio), Über die Ursache der Richtung und Gestalt der thorakalen Dornfortsätze der Säugetierwirbelsäule. Anat. Anzeig. 1912. (Diese Schrift konnte im Text nicht mehr berücksichtigt werden.)

Druckübertragung in der Wirbelsäule. Spondylolisthesis.

Freund, W. A., Über das sog. kyphotische Becken nebst Untersuchungen über Statik und Mechanik des Beckens. Gynäkol. Klinik. Bd. 2. Straßburg 1885.

Beyer, Heinr., Vorlesungen über allgemeine Geburtshilfe. 1. Bd. Heft 2. Das Becken und seine Anomalien. 1903.

Waldeyer, W., Becken, in Joeßels Topograph. Anat. 1899.

Neugebauer, Frz. L., Zur Entwickelungsgeschichte des spondylolisthetischen Beckens und seiner Diagnose. Halle und Dorpat 1882. Zahlreiche weitere Mitteilungen dieses Autors über den gleichen Gegenstand in Bd. 19, 20, 21, 22, 25 des Arch. f. Gynäk. u. a. a. O.

Straßer, H., Über Spondylolisthesis. Breslauer ärztl. Zeitschr. 1882. Nr. 3 u. 4.

Chiari, H., Die Ätiologie und Genese der sog. Spondylolisthesis lumbosacralis. Zeitschr. f. Heilk., (Forts. d. Prager Vierteljahrsschr. f. prakt. Heilkunde.) Bd. 13. Berlin 1892. Mit ausführlichem Literaturverzeichnis.

Waldeyer, l. c. S. 395.

II. Anatomie und Mechanik der Bauchwand.

Diaphragma pelvis.

Holl, M., Die Muskeln und Fascien des Beckenausganges. 4. Bd. II$_2$ (4. Liefer.) des Handb. d. Anat. d. Menschen von Bardeleben. 1897. (Sehr gründliche Behandlung der Anatomie des Diaphragma pelvis.)

Waldeyer, W., Abschnitt Becken in Jößels Topogr. Anat.

Weiche Bauchdecken.

Ramström, M., Untersuchungen und Studien über die Innervation des Peritoneum und der vorderen Bauchwand. Anat. Hefte 1905. Nr. 89.

Petersen, H., Unters. z. Entw. d. menschl. Beckens. Arch. f. Anat. u. Entwicklungsgesch. 1893.

Bolk, Louis, Beziehungen zwischen Skelett, Muskulatur und Nerven der Extremitäten, dargelegt am Beckengürtel, an dessen Muskulatur, sowie am Plexus lumbo-sacralis. Morphol. Jahrb. 1894. 21. Bd.

Eisler, P., Über die nächste Ursache der Linea semicircularis Douglasii. Verh. Anat. Ges. 12. Vers. 1898.
— Die Muskeln des Stammes. 1912, s. o. (im Text nicht mehr berücksichtigt).
Harleß, Lehrbuch der plastischen Anatomie. Stuttgart 1856.

Druckverhältnisse in der Bauchhöhle. Bauchatmung. Zwerchfell.

Haße, C.[1]), Über den Einfluß der Bewegungen des menschl. Zwerchfells. C. R. 8. Sitzung d. intern. med. Kongr. Kopenhagen 1884.
— Über die Bewegungen des Zwerchfells und über den Einfluß derselben auf die Unterleibsorgane. Arch. f. Anat. u. Entwicklungsgesch. 1886.
Beau et Maissiat, Recherches sur le mécanisme des mouvements respiratoires. Arch. gén. de médecine 1843.
Fick, A., Einige Bemerkungen über den Mechanismus der Atmung. Festschr. d. Ver. f. Naturk. Kassel 1880.
Gerhardt, C., Der Stand des Diaphragma. Zeitschr. f. klin. Med. 1860.
Senac, Mémoire sur le diaphragme. Acad. roy. des sciences Année 1829.
Hamernik, Das Herz und seine Bewegung. 1858.
Hyrtl, Topographische Anatomie.
Henke, Topographische Anatomie. 1884.
Teutleben, Die Ligamenta suspensoria diaphragmatis des Menschen. Zeitschr. f. Anat. u. Entwicklungsgesch. 1877.
Töpken, Ein Beitrag zur Bestimmung der Lage des Herzens beim Menschen. Arch. f. Anat. u. Entwicklungsgesch. 1885.
Hultkrantz, J. W., Über die respiratorischen Bewegungen des menschlichen Zwerchfells. Skandin. Arch. f. Physiol. 1890.

III. Rippenbewegung und Atmung.

Junkturen in der Vorderwand des Brustkorbes.

Tschaussow, M., Zur Frage über die Sternokostalgelenke und den Respirationtypus. Anat. Anzeig. 1891.
Ruge, G., Untersuchungen über Entwickelungsvorgänge am Brustbein und an der Sterncolavicularverbindung des Menschen. Morpholog. Jahrb. VI. 1880.
Ramband et Renaut, Origine et développement des os. Paris 1864.
Anthony, R., Du Sternum et ses connexions avec le membre thoracique. Paris 1898.
v. Bardeleben, Karl, Über Verbindungen zwischen dem 5. und 6., sowie zwischen dem 6. und 7. Rippenknorpel. Anat. Anzeig. 1898.
Louis, Recherches anat. pathol. sur la phthisie. 1825 und 1843.
Luschka, Die Verbindung des Handgriffes mit dem Korper des Brustbeins. Zeitschr. f. rat. Med. 1855.
Freund, W. A., Beiträge zur Histologie der Rippenknorpel im normalen und pathologischen Zustande. Breslau 1858.
— Der Zusammenhang gewisser Lungenkrankheiten mit primären Knorpelanomalien. Erlangen 1859.

Sternalwinkel. Phthisischer Habitus u. dgl.

Braune, W., Der Sternalwinkel (Angulus Ludovici) in anatomischer und klinischer Beziehung. Arch. f. Anat. u. Entwicklungsgesch. 1888.

[1]) **Anmerkung.** Mein Hinweis auf C. Haße S. 76 ist dahin zu korrigieren, daß dieser Autor 1884 eine direkte Erweiterung der Cava inferior am Foramen quadrilaterum durch die Kontraktion des Zwerchfells angenommen hat (die mir fraglich erscheint). In beiden Publikationen betont Haße, daß die Leber bei der Inspiration abgeflacht, ihre der unteren Fläche und dem Hilus benachbarte Partie gedehnt wird. Der Abfluß des Blutes aus dem Pfortadergebiet nach diesen Stellen sei bei der inspiratorischen Zwerchfellssenkung begünstigt. Bei der Exspiration aber werde das Blut von hier in die sich erweiternden Lebervenen gepreßt.

Rothschild, Der Sternalwinkel (Angulus Ludovici) in anatom.-physiol. und
pathol. Hinsicht. Frankfurt 1900.

Costovertebralgelenke. Bewegungsmöglichkeit der Rippen und des
Brustbeins.

Trendelenburg, De sterni costarumque in respiratione vera genuinaque motus
ratione. Göttingen 1779. (1750 und 1752, Schriften zum Streit zwischen
Haller und Hamberger.)
Helmholtz, H., Über die Bewegungen des Brustkastens. Verh. d. nat.-hist.
Vereins d. preuß. Rheinlande. 1856. Bd. 13. — Wissenschaftl. Abhandl.
1883. Bd. 2.
Meißner, Jahresber. über die Fortschr. d. Physiol. 1856 u. 1857 (Art. Respirations-
bewegung) u. Zeitschr. f. rat. Med. 1857.
Henke, W., Handb. d. Anat. u. Mechanik d. Gelenke. 1863 u. Topogr. Anat.
1884.
Volkmann, A. W., Zur Mechanik des Brustkorbes. Zeitschr. f. Anat. u. Ent-
wicklungsgesch. 1876.
Fick, R., Einiges über die Rippenbewegungen (mit Modelldemonstration). Verh.
anat. Ges. Würzburg. 1907.
— Handbuch d. Anat. u. Mechanik d. Gelenke. 1911. Bd. III.
v. Meyer, H., Der Mechanismus der Rippen etc. Arch. f. Anat. u. Entwicklungsgesch. 1885.

Elastische Gleichgewichtslage des Thorax und seiner Elemente.

Helmholtz 1856, s. o.
Henke, 1863, s. o., S. 86 und Topogr. Anat. S. 200.
Landerer, Alb., Über die Atembewegungen des Thorax. Arch. f. Anat. u. Ent-
wicklungsgesch. 1881.

Atembewegung (Brustatmung).

Fick, R., 1907 u. 1911, s. o.
v. Ebner, Victor, Versuche an der Leiche etc. Arch. f. Anat. u. Entwicklungs-
gesch. 1880..
Landerer, Alb., Die inspiratorische Wirkung des M. serratus post. inf., Arch.
f. Anat. u. Entwicklungsgesch. 1880, 1881, s. o.
Fick, A., Einige Bemerkungen über den Mechanismus der Atmung. Festschr.
d. Ver. f. Naturkunde. Kassel 1880. (Gesammelte Schriften, Bd. 3.)
— Würzburg. phys.-med. Gesellsch. 1896.
Rosenthal, Isidor, Abschnitt Atembewegungen in Hermanns Handb. d.
Physiol.
Tschaussow 1891, l. c.
Gregor, Arch f. Kinderheilk. XXXV; Anat. Anzeig. 1903. Bd. 22.
Hultkrantz, J. W., Über die respiratorischen Bewegungen des menschlichen
Zwerchfells. Skandinav. Arch. f. Physiol. 1890.
Sömmernig, Über die Wirkung der Schnürbrüste. Berlin 1797.
Mosso, A., Über die gegenseitigen Beziehungen der Brust- und Bauchatmung.
du Bois Reymonds Arch. f. Phys. 1878.
Beau et Maissiat, 1843, s. o.
v. Meyer, H., 1885, s. o.; Landerer 1881, s. o.
Bäumler, Ch., Beobachtungen und Geschichtliches über die Wirkung der
Zwischenrippenmuskeln. Inaug.-Dissert. Erlangen 1860.
Haße, C., Die Formen des menschlichen Körpers und die Formveranderungen bei
der Atmung. Text und 26 Tafeln. Jena, G. Fischer 1888—1890.
— Bemerkungen über die Atmung etc. Arch. f. Anat. u. Entwicklungsgesch.
1893.
— Über die Atembewegungen des menschlichen Körpers. Ebenda 1901.

Abnorme und normale Thoraxentwickelung.

Braune, Das Sternum, ein Hemmungsapparat der Rippenbewegung. Arch. f. Anat. u. Entwicklungsgesch. 1888.
Sandoz, Ch., Untersuchungen über die Bedeutung des Sternalwinkels bei Lungentuberkulose. Inaug.-Dissert. Basel 1907.
Hart, C. und Harris, P., Der Thorax phthisicus (eine anatomisch-physiologische Studie). Stuttgart 1908.
Hart, C., Die Disposition der Lungenspitzen zur tuberkulosen Phthise etc. Münch. med. Wochenschr. 1909.
Meltzer, The respiratory changes of the intrathoracic pressure. Journ. of Physiol. 1892. Vol. 13.
— Über die mechanischen Verhältnisse bei der Entstehung der Pneumonie. Med. Wochenschr. 1889.
Graf-Spee, Über die Entwickelung der Lungenspannung. Verh. anat. Gesellsch. Leipzig 1911.

Atemmuskeln.

Hamberger, Ehrhard, Dissertatio de respirationis mechanismo. 1727.
— De respir. mechan. et usu genuino una cumscript. Jena 1748.
— Physiologia med. Jena 1751.
v. Haller, Albr., Anmerkungen zu Boerhaaves Vorlesungen. 1739—1744.
— De respiratione experimenta anatomica. Opera minora I. Lausanne 1763.
— Mémoire sur plusieurs phénomènes de la respiration. Lausanne 1761.
— Elementa physiologiae. Lausanne 1761.
Fick, A., l. c. 1886.
Volkmann, A. W., Zur Theorie der Interkostalmuskeln. Zeitschr. f. Anat. u. Entwicklungsgesch. 1877.
Weidenfeld, S., Versuche über die respiratorische Reaktion der Interkostalmuskeln. Wien. Ber. 1892 u. 1893.
Ziemßen, Die Elektrizität in der Medizin. Berlin 1857.
Bäumler, Ch., Beobachtungen und Geschichtliches über die Wirkung der Zwischenrippenmuskeln. Inaug.-Dissert. Erlangen 1860.
Duchenne, De l'Electrisation localisée. Paris 1853.
— Physiologie des mouvements. Paris 1867. Übersetz. v. C. Wernicke. Kassel u. Berlin 1885.
Martin und Hartwell, On the respiratory function of the intercostal muscles. Journ. Physiol. 1879/80.
Lukjanow, Über die Veränderungen der Interkostalräume bei der Respiration als Beitrag zur Lehre von der Funktion der Interkostalmuskeln. Arch. d. ges. Phys. 1883. Bd. 30.
Meyer, G. H., Der Mechanismus der Rippen mit besonderer Rücksicht auf die Frage der Interkostalmuskeln. Arch. f. Anat. u. Entwicklungsgesch. 1885.
Bergandal und Bergmann, Zur Physiologie der Interkostalmuskeln. Skandin. Arch. f. Physiol. 1896.
Fick, R., Über Atemmuskeln. Anat. Anzeig. 1897. Bd. 14.
— Über die Atemmuskeln. Arch. f. Anat. u. Entwicklungsgesch. 1897. Suppl. Mit ausführlichem Literaturverzeichnis.
Weber, E. F., Anatomisch-physiol. Untersuchungen. Meckels Arch. f. Anat. u. Physiol. 1827.
— Art. Muskelbewegung in Wagners Handwörterbuch. 1846.
v. Ebner, Victor, Versuche an der Leiche über die Wirkung der Zwischenrippenmuskeln und der Rippenheber. Arch. f. Anat. u. Entwicklungsgesch. 1880.
Landerer, Alb., Die inspiratorische Wirkung des M. serratus post. inf. Arch. f. Anat. u. Entwicklungsgesch. 1880.
Gerhardt, Dietr., Über inspiratorische Einziehungen am Thorax. Zeitschr. f. klin. Med. 1895. Bd. 30.

Elastizität des Thorax und Schwere bei der Atmung.

Fick, A. 1880, s. o., Helmholtz 1856, Henke s. o., Landerer 1880.

Bewegung der Wirbelsaule bei der Atmung.

Hutchinson, On the respiratory function. Med. chir. transact. 1849/52. Vol. 29.
— Artikel Thorax in Todd., Cycloped. of Anat. and Physiol.

IV. Bewegungsmöglichkeiten der Wirbelsäule und des Stammes.

Zwischenwirbelscheiben.

Weber, E. H., Anatomisch-physiologische Untersuchungen. Meckels Arch. f.
   Anat. u. Physiol. 1827.
Hirschfeld, Nouvel aperçu sur les courbures de la colonne vertébrale. C. R. Soc.
   de Biol. 1847.
Meyer. G. H., Die Mechanik der Scoliose. Virchows Arch. 1866. Bd. 35.
Feßler, J., Festigkeit der menschlichen Gelenke mit besonderer Berücksichtigung
   des Bandapparates. München 1893.
de Fonteau, Hist. de l'acad. des sciences. Paris 1727. p. 16.
Hyrtl, Lehrbuch der Anatomie. 20. Aufl. Wien 1889. S. 367.
Meyer, G. H., s. o.
Merkel, Fr., Topogr. Anat. 2. Bd. S. 203.
Froriep, A., Zur Entwickelungsgeschichte der Wirbelsaule, insbes. des Atlas und
   der Occipitalregion. Arch. Anat. u. Entwicklungsgesch. 1883 u. 1886.
Schaffer, J., Die Rückensaite der Säugetiere nach der Geburt etc. Sitzungsber.
   akad. Wiss. Wien. Abt. 3. Bd. 119. 1910.
Luschka, Die Halbgelenke des menschlichen Korpers. Arch. d. Anat., Physiol.
   u. wiss. Med. 1855.
— Die Halbgelenke des menschlichen Körpers. Berlin 1858.

Bewegungsmöglichkeit in der Wirbelsaule am Banderpräparat.

Winslow, Sur les mouvements de la tête, du col et du reste de l'espine du dos.
   Mém. acad. des sciences. Paris 1730. Exposition anatomique 1752.
Cheselden, W., Anatomie des menschlichen Korpers. Aus dem Englischen über-
   setzt von A. F. Wolf. Göttingen 1790.
Barthez, P. J., Nouvelle mécanique des mouvements de l'homme et des animaux.
   Carcassonne 1798.
Lovett, R. W., Die Mechanik des normalen Wirbels und ihr Verhältnis zur Scoliose.
   Verhandl. d. deutschen Gesellsch. f. orthop. Chir. 1905.
Hughes, R. W., Die Drehbewegung der menschlichen Wirbelsaule. Arch. f. Anat.
   u. Entwicklungsgesch. 1892.
Virchow, H., Die Eigenform der menschlichen Wirbelsäule. Verh. anat. Gesellsch.
   Gießen 1909.
— Einzelbeträge bei der sagittalen Biegung der menschlichen Wirbelsaule. Verh.
   anat. Gesellsch. Leipzig 1911.
Novogrodsky, Morduch, Die Bewegungsmöglichkeit in der menschlichen Wirbel-
   säule. Inaug.-Dissert. Bern 1911.
Henke, W., Anat. u. Mechanik d. Gelenke. 1863.

Beobachtungen am Lebenden.

Löhr, Münchn. med. Wochenschr. 1890.
Virchow, H., Verh. d. Berliner anthrop. Gesellsch. 1894.
Neugebauer, Franz, Zur Entwickelungsgeschichte des spondylolisthetischen
   Beckens. 1882.
Volkmann, R., Über die Drehbewegungen des Körpers. Virchows Arch. 1872.
   56. Bd.

Gelenke am Atlas.

Gruber, W., Über den gesamten Apparat der Bänder zwischen dem Hinterhaupts-
   beine und den obersten Halswirbeln. Arch. f. Anat. u. wiss. Med. 1851.
Henke, W., Die Bewegungen zwischen Atlas und Epistropheus. Zeitschr. f. rat.
   Med. 1857. Bd. 2.

Henke, W., Die Bewegungen des Kopfes in den Gelenken der Halswirbelsäule. Ebenda. 1859. Bd. 7.
— Anat. u. Mechanik d. Gelenke. 1863.
Koster, De draing von het hoofd in de Articulatio atlanto-occipitalis. Nederl. Arch. 1873. Bd. 3.
Gerlach, Leo, Über die Bewegungen in den Atlasgelenken und deren Beziehung zu der Blutstromung in den Vertebralarterien. 1883.
Hultkrantz, I. Vilh., Zur Mechanik der Kopfbewegungen beim Menschen. Kungl. Svenska Vetenskapsakademien Handlingar. Bd. 49, 192. (Diese Abhandlung konnte im Text nicht mehr berücksichtigt werden).
Trolard, P., Les articulations de la tête avec la colonne vertébrale. Etude sur quelques points de ces articulations. Journ. Anat. Physiol. Tome 33. Paris.
Virchow, H., Über die sagittalflexorische Bewegung im Atlasepistropheusgelenk des Menschen. Arch. f. Anat. u. Entwicklungsgesch. 1909.
— Verschiedene Mitteilungen in d. Sitzungsber. naturf. Freunde Berlin. (Über sagittalflexorische Bewegung beim Biber, Spießhirsch, Moschustier, Känguru, Elefant.)
Gaupp, E., Über die Kopfgelenke der Säuger und des Menschen in morphologischer und funktioneller Beziehung. Verh. Anat. Gesellsch. Berlin 1905.

V. Stammmuskeln.

Steinemann, Jak., Rumpfübungen nach schwedisch-dänischem System in deutscher Turnsprache. Bern, A. Francke, 1910.
Duchenne, Physiol. des mouvements. 1867.
Volkmann, R., Über die Drehbewegungen des menschlichen Korpers. Virchows Arch. Bd. 56. 1872.
Henle, J., Handbuch d. syst. Anat. I_3 Muskellehre. 1871.
Virchow, H., Über die tiefen Rückenmuskeln des Menschen etc. Verh. Anat. Gesellsch. 21. Vers. Würzburg 1907.
Chappuis, Die morphologische Stellung der kleinen hinteren Kopfmuskeln. Inaug.-Dissert. Bern 1876; Zeitschr. f. Anat. u. Entwicklungsgesch.
Theile, Müllers Arch. 1830.
Hughes, R. W., Die Drehbewegung der menschlichen Wirbelsäule. Arch. f. Anat. u. Entwicklungsgesch. 1892.
Roux, W., Beiträge zur Morphologie der funktionellen Anpassung II. Über die Selbstregulation der morphologischen Länge der Skelettmuskeln des Menschen. Jenaische Zeitschr. f. Naturw. 1883 (auch ges. Abhandlungen II).
Resnitzky, Freyda, Torticollis. Inaug.-Dissert. Bern 1911.

VI. Rumpfhaltungen.

Normale Krümmungen der Wirbelsäule. Stehen.

Fick, R., Bemerkung zur Mechanik der Wirbelsaule. Verh. anat. Gesellsch. Tübingen 1899.
Merkel, Fr., Menschliche Embryonen verschiedenen Alters, auf Medianschnitten untersucht. Gottingen 1894.
Schnabel, F., Zur Mechanik der Wirbelsäule des Neugeborenen. Inaug.-Dissert. Freiburg i. Br. 1904.
Balandin, J., Beitrag zur Frage über die Entstehung der physiologischen Krümmung der Wirbelsäule beim Menschen. Virchows Arch. 1873. Bd. 57.
Meyer, G. H., Das aufrechte Stehen. Müllers Arch. f. Anat., Physiol. u. wiss. Med. 1853.
Horner, F., Über die normale Krümmung der Wirbelsäule. Ebenda. 1854.
Parow, W., Studien über die physikalischen Bedingungen der aufrechten Stellungen und der normalen Krümmungen der Wirbelsäule. Virchows Arch. 1864. Bd. 31.
Henke, W., Bemerkungen über die Beweglichkeit der Wirbelsäule und ihre Haltung beim Stehen und Gehen. Rostock 1871.

Staffel, Frz., Haltungstypen. Wiesbaden 1889.
v. Meyer, H., Das menschliche Knochengerüst, verglichen mit demjenigen der
    Vierfüßler. Arch. f. Anat. u. Entwicklungsgesch. 1891.
du Bois - Reymond, Beitrag zur Lehre vom Stehen. Verh. Phys. Gesellsch.
    Berlin 1896.
— Über die Grenzen der Unterstützungsfläche beim Stehen. Ebenda. 1899—1900
    u. Arch. f. Anat. u. Physiol. Physiol. Abt. 1900.

Lage des Gesamtschwerpunktes im Stand. Partialschwerpunkte.

Borelli, J. A., De motu animalium 1685. Lugd. Batav.
Harleß, Die statischen Momente der menschlichen Gliedmaßen. Abhandl. Kgl.
    bayr. Ak. d. Wiss. II. Kl. VIII. 1857.
Weber, W. und Weber, E., Mechanik der menschlichen Gehwerkzeuge. 1836.
v. Meyer, H., Die wechselnde Lage des Schwerpunktes im menschlichen Korper.
    Leipzig 1863.
Braune, W. und Fischer, O., Über den Schwerpunkt des menschlichen Körpers
    mit Rücksicht auf die Ausrüstung des deutschen Infanteristen. Abhandl.
    kgl. sächs. Gesellsch. d. Wiss. 1889.

Arten des Standes.

Weber, W. und Weber, E., 1836, s. o.
Henke, 1863, s. o.
Virchow, H., Über Gehen und Stehen. Sitzungsber. d. Würzburger physik.-med.
    Gesellsch. 1883.
Braune und Fischer, 1889, s. o.

Lendenkrümmung und Beckenneigung.

Meyer, G. H., Die Beckenneigung. Reicherts und du Bois Reymonds Arch.
    1861.
Duchenne, G. B., Physiologie der Bewegungen etc.
Lagneau, Bull. de la Soc. d'Anthrop. de Paris 1867.
Guerlain, Ebenda 1867.
Topinard, Eléments d'anthrop. gén. Paris 1885.
Turner, Wm. Sir., The Lumbar cruve of the Spinal Column in Several Races
    of Men. Journ. Anat. Physiol. 1886.
Hennig, C., Über die Beckenncigung bei verschiedenen Volkern. Korrespon-
    denzbl. d. deutschen anthrop. Ges. 15. Jahrg. 1884.
— Das Rassenbecken. Arch. f. Anthrop. Bd. 16. 1885. Mit ausgiebiger Literatur-
    angabe.
Blumenfeld, Arthur, Die Lendenkrümmung der Wirbelsäule bei verschiedenen
    Menschenrassen. Inaug.-Dissert. Berlin 1892.
Waldeyer, Abschnitt II, Becken 1899, in Joeßels Topogr. Anat. mit zahlreichen
    Litteraturangaben über das Rassebecken.
v. Luschan, Fr. (in G. Buschans Illustr. Volkerkunde. 5. Abschnitt: Afrika,
    1910), Starke Biegung der Lendenwirbelsaule und Steatopygie bei den Frauen
    der Hottentotten und Buschleute allgemein.

Verschiedenheit der Lendenkrümmung bei Mann und Weib.

Fürst, Livius, Die Maß- und Neigungsverhältnisse des Beckens etc. Leipzig
    1875.
Luschka, Anatomie des Menschen. Tübingen 1863.
Ravenel, M., Die Maßverhaltnisse der Wirbelsäule und des Rückenmarks beim
    Menschen. Zeitschr. f. Anat. u. Entwicklungsgesch. 1877.
Aeby, Chr., Die Altersverschiedenheiten der menschlichen Wirbelsäule. Ebenda
    1879.
Moser, E., Über das Wachstum der menschlichen Wirbelsäule. Inaug.-Dissert.
    Straßburg 1880.

Fischel, Alfr., Untersuchungen über die Wirbelsäule und den Brustkorb des Menschen. Anat. Hefte Bd. 31.

Körperhaltung der Schwangeren.

Kuhnow, Anna, Statisch-mechanische Untersuchung über die Haltung der Schwangeren. Inaug.-Dissert. Zürich 1889.

Stand bei Lahmung der Strecker oder Beuger der Wirbelsaule.

Duchenne, Physiologie des mouvements.

Vor- und Rückbeugung im Stamm.

Steinemann, Rumpfübungen, s. o.
Virchow, Hans, Zur Frage der Schlangenmenschen. Sitzungsber. Würzburger physik.-med. Gesellsch. 1884.
— Die Handstandkünstlerin Eugenie Petrescu. Ebenda. 1891.
— Schlangenmensch Solbrig-Nelson. Verh. Berliner Anthr. Gesellsch. 1886.
— Muskelmann Maul. Berliner klin. Wochenschr. 1892.

Symmetrische und asymmetrische Sitzhaltung.

Staffel, Frz., 1889, s. o.
Pansch, Ad., Anatomische Vorlesungen. I. Teil. Brust- und Wirbelsäule. Berlin 1884.
Schenk, Felix, Zur Schulbankfrage. Zeitschr. f. Schulgesundheitspflege. VII. 1884.
Scholder, Weith und Combe, Les déviations de la colonne vertébrale dans les écoles de Lausanne. Ann. Suisses d'hygiène scolaire. 1901.
Schenk, Felix, Beitrag zur Lösung der Frage: Steilschrift oder Schragschrift. Kocher-Festschrift 1891.
Staffel, Frz., Zur Hygiene des Sitzens, nebst einigen Bemerkungen zur Schulbank- und Hausschulbankfrage. Zentralbl. f. allg. Gesundheitspflege. III. Jahrg.
Schultheß, W., Untersuchung über die Wirbelsäulekrümmung sitzender Kinder, ein Beitrag zur Mechanik des Sitzens. Zeitschr. f. orthop. Chir. I. 1891.

Zusammenfassende Darstellungen über Rumpfhaltung und Rumpfbewegung.

Langer, C., Anatomie der äußeren Formen des menschlichen Korpers. Wien 1884.
Virchow, Hans, Beiträge zur Kenntnis der Bewegungen des Menschen. Sitzungsber. physik.-med. Gesellsch. Würzburg 1883.

VII. Verkrümmungen der Wirbelsäule.

Scoliosen myopathischen und neuropathischen Ursprungs.

Duchenne, Électrisation localisée. 1861.
Malgaigne, Leçons d'orthopédie. Paris 1862.
Eulenburg, Seitliche Rückgratsverkrümmungen. Berlin 1876.
Kirmisson, Des Scolioses liées à la paralysie infantile. Revue d'orthopédie chirurg. 1893.
Zuckerkandl und Erben, Zur Physiologie der willkürlichen Bewegungen. Wien. med. Wochenschr. 1896.
— Zur Physiologie der Rumpfbewegungen. Ebenda.
Arnd, C., Experimentelle Beiträge zur Lehre von der Scoliose etc. Arch. f. Orthopadie, Mechanotherapie und Unfallchirurgie. 1. Bd. 1902. Reichhaltiges Literaturverzeichnis.

Primäre Bildungsanomalien der Wirbelsäule. Numerische Variation.

Rosenberg, E., Über die Entwickelung der Wirbelsäule und des Centrale carpi des Menschen. Morphol. Jahrb. I. 1876.

Papillault, G., Variations numériques des vertèbres lombaires chez l'homme, leurs causes et leur rélation avec une anomalie musculaire exceptionelle. Bull. Soc. anthrop. Tome 9. Paris 1898.

Ancel, P. et Sincert, L., Variations numériques de la colonne vertébrale. C. R. de l'ass. anat. 3. Session. Lyon 1901.

— Sur les variations des Segments vertébraux-costaux chez l'homme. Bibl. anat. Nancy. 1902. Tome 10.

Dwight, Thomas, Numerical variation in the human Spine etc. Anat. Anzeig. 1901 u. 1906. Bd. 19 u. 28.

Tschugunow, S., Eine Hypothese über die Entwickelung der menschlichen Wirbelsäule, um die verschiedenen Zahlabweichungen zu erklären. Refer. von Stieda. Biol. Zentralbl. 1896. Bd. 18.

Kollmann, J., Varietäten an der Wirbelsäule des Menschen und ihre Deutung. Verh. d. 78. Vers. d. Gesellsch. d. Naturf. u. Ärzte 1907.

Böhm, Max, Über die Ursache der jugendlichen sog. habituellen Scoliose. Fortschritte auf d. Gebiete d. Röntgenstrahlen. Bd. 11. u. a. a. O.

Fischel, Alfr., Untersuchungen über die Wirbelsäule und den Brustkorb des Menschen. Anat. Hefte. 1906.

Sitz und Häufigkeitsverhältnisse der Scoliosen.

Scholder, Weith und Combe 1901, s. o.

Mayer, W., Untersuchungen über die Anfänge der seitlichen Wirbelsäuleverkrümmungen der Kinder, sowie über den Einfluß der Schreibweise auf dieselben. Münchn. med. Wochenschr. 1882.

Krug, W., Über Rückgratsverkrümmungen der Schulkinder. Jahrb. d. Kinderheilk. u. phys. Erziehung 1894.

Wisser, P., Untersuchungen über die Beschaffenheit der Wirbelsäule bei Schulkindern. Inaug.-Dissert. Würzburg 1891.

Schultheß, W., Über die Prädilektionsstellen der scoliotischen Abbiegungen an der Wirbelsäule nach Beobachtungen an 1140 Scoliosen. Orthop. Chir. Bd. 10. 1902.

Müller, Ernst, Über die Lage der scoliotischen Abbiegungen in den verschiedenen Altersjahren. Mitteil. a. d. orthopäd. Institut von Lüning und Schultheß. 1894.

Heß, C. Ernst,, Über die Lage der Abbiegungspunkte an der Wirbelsäule bei Seitwärtsbiegungen des Rumpfes etc. Mitteil. aus demselben Institut. 1905.

Schultheß, W., Klinische Beobachtungen über Formverschiedenheiten an 1137 Scoliosen. Zeitschr. f. orthop. Chir. Bd. 11.

Impressio aortica.

Sabatier, M., Traité d'anatomie. Paris 1781.

Hyrtl, Topogr. Anat. 1. Aufl. 1847.

Spuler, A., Über die Impressio aortica der Brustwirbelsäule. Verh. anat. Gesellsch. 17. Vers. Heidelberg 1903.

Gaupp, E., Historische Bemerkung über die Impressio aortica. Anat. Anzeig. 1903.

Tandler, Jul.; Hansen, Fr. C. C., Anat. Anzeig. 1904.

Nicolas, A., A propos de l'empreinte „aortique" des vertèbres thoraciques. Bibl. anat. 1904. Tome 12.

Péré, Aimé, Les courbures laterales normales du rachis humain. Thèse de Toulouse 1900.

Physiologische Scoliose. Rechts- und Linkshandigkeit.

Bichat, X., Recherches physiologiques sur la vie et la mort. III. Édition. Paris 1805.

Schultheß, W., im Handb. von Joachimsthal. 1905. S. 558 u. a. a. O.

Dareste, Hypothèse sur l'origine des droitiers et des gauchiers. Bull. Soc. Anthrop. Paris 1885.

Baldwin, James Mark, Die Entwickelung des Geistes beim Kinde und bei der Rasse. Deutsche Übersetzung. Berlin 1890.

Staffel, Fr., Über die statische Ursache des Schiefwuchses. Deutsche med. Wochenschr. 1885.

Wilson, Dan., The righthand; left handedness. London 1891.

Haße und Dehner, Unsere Truppen in körperlicher Beziehung. Arch. f. Anat. u. Entwicklungsgesch. 1893.

Merkel, Fr., Die Rechts- und Linkshändigkeit. Ergebn. d. Anat. u. Entwickelungsgesch. 1903. Bd. 13.

Cunningham, D. J., Right-handedness and left-brainedness. Journ. Anthr. Inst. of Great Britain and Ireland 1902.

v. Bardeleben, Über bilaterale Asymmetrie beim Menschen und beim höheren Tiere. Verh. anat. Ges. 23. Vers. 1909, 24. Vers. Brüssel 1910.

— Weitere Untersuchungen über Linkshändigkeit. Verh. anat. Gesellsch. 25. Vers. Leipzig 1911.

Gaupp, Über die Maß- und Gewichtsdifferenzen zwischen den Knochen der rechten und linken Extremitaten d. Menschen. Inaug.-Dissert. Breslau 1889.

— Über die Rechtshändigkeit des Menschen. 1909.

— Normale Asymmetrien. 1909.
Letzte beide Abhandlungen mit ausführlichem Literaturverzeichnis.

Stier, Ewald, Untersuchungen über Linkshandigkeit und funktionelle Differenzen der Hirnhälften, nebst einem Anhang über Linkshändigkeit in der deutschen Armee. Jena 1911.

Staffel, Fr., Über die statische Ursache des Schiefwuchses. Deutsche med. Wochenschr. 1885.

Einfluß asymmetrischer Sitzhaltung beim Schreiben etc., Berufsscoliosen, korrigierende Einflüsse.

Schenk, Fel., Beitrag zur Lösung der Frage: Steilschrift oder Schrägschrift. Kocher, Festschrift 1891.

Schultheß, W., Untersuchungen über die Wirbelsäulekrümmung sitzender Kinder, ein Beitrag zur Mechanik des Sitzens. Zeitschr. f. orthop. Chir. Bd. 1. 1891.

Staffel, Frz., Die menschlichen Haltungstypen und ihre Beziehungen zu den Rückgratsverkrümmungen. Wiesbaden 1889. (Ref. im Zentralbl. f. orthop. Chir. u. Mech. 1890.)

— Zur Hygiene des Sitzens etc., s. o.

Meyer, G. H., Die Mechanik des Sitzens mit besonderer Rücksicht auf die Schulbankfrage. Virchows Arch. 38. 1867.

Schenk, Fel., Zur Schulbankfrage. Zeitschr. f. Schulgesundheitspflege. VII. 1894.

Kocher, Th., Über die Schenksche Schulbank, eine klinische Vorlesung über Scoliose. Korrespondenzbl. f. Schweiz. Ärzte. 1887.

Schultheß, W., Beziehungen zwischen Schriftrichtung und Rückgratsverkrümmung. Jahrb. f. Schulgesundheitspflege. 1910. 2. Bd.

— Schule und Rückgratsverkrümmung. Rede am Deutschen Turnlehrertag. Darmstadt. Monatsschr. f. Turnwesen 1910. Verh. d. deutsch. Gesellsch. f. orthop. Chir. IX. 1910.

Scholder, Weith et Combe 1901, s. o.

Schultheß, W., Über eine Form von Berufsscoliose. Zeitschr. f. orthop. Chir. Bd. 12. 1910.

Klapp, Rud., Funktionelle Behandlung der Scoliose. 2. Aufl. 1910.

Zusammenfassende Arbeiten über Scoliose. Anatomie und Entwickelungsmechanismus der schwereren Formen.

Meyer, G. H., Die Mechanik der Scoliose. Virchows Arch. 1866. Bd. 35.

Hüter, C., Klinik der Gelenkkrankheiten. 1868.

Schildbach, Die Scoliose. 1872.

Dornblüth, Die Scoliose. Samml. klin. Vorträge. 1878. Nr. 172.

Lorenz, Pathologie und Therapie der seitlichen Rückgratsverkrümmung (Scoliosis). Wien 1886.

Kocher, Th., Über die Schenksche Schulbank etc. 1887, s. o.

Staffel, Frz., Die menschlichen Haltungstypen etc. 1889, s. o.

Nicoladoni, Die Architektur der scoliotischen Wirbelsäule. Wiener Denkschriften. 1889.

Judson, The rotatory element in lateral curvature of the spine. Medical record 1890.

Seeger, Pathologie und Therapie der Rückgratsverkrümmungen. Wien u. Leipzig 1890.

Albert, Ed., Zur Theorie der Scoliose. Wiener klin. Wochenschr. 1890.

— Zur Anatomie der Scoliose. Wiener klin. Rundschau 1895.

— Der Mechanismus der scoliotischen Wirbelsaule. Wien 1899.

Redard, J. P., Traité pratique des Déviations de la colonne vertébrale. Paris 1900. Mit ausführlichem Literaturverzeichnis.

Schultheß, W., Die Pathologie und Therapie der Rückgratsverkrümmungen. Handb. d. orthop. Chir. von Joachimsthal. 1905.

— Die Pathologie der Scoliose. Vortrag. IV. Kongr. d. Gesellsch. f. orthop. Chir. 1905.

Hohenegg, Spezielle Chirurgie, 1910.

Lubinus, J. H., Die Verkrümmungen der Wirbelsäule. Wiesbaden 1910.

Jach, G., Zeitschr. f. orthop. Chir. 1892. Bd. 1.

Steiner, Jakob, Klinische Studien über die Totalscoliose und die dabei beobachtete konkavseitige Torsion. Zeitschr. f. orthop. Chir. 1898.

Schultheß, W., Über die sogenannte konkavseitige Torsion der Wirbelsaule. Ebenda. 1907. Bd. 19.

VIII. Statik des Beckens.

Iliosacralgelenk.

Dieu-Lafé et St. Martin, Le type articulaire sacroiliaque. C. R. assoc. des anatomistes. 14. réunion. Rennes 1912. (Bibl. anat. Suppl. 1912.)

Waldeyer, W., Das Becken in Jößels Top. Anat. 1898.

v. Mayer, Herm., Der Mechanismus der Symphysis sacro-iliaca. Arch. f. Anat. u. Entwicklungsgesch. 1878.

Balandin, Tagbl. d. deutsch. Naturf.-Vers. Rostock 1871.

Klein, G., Zur Mechanik des Iliosacralgelenkes. Zeitschr. f. Geburtshilfe u. Gynäkol. 1891. Bd. 21.

Walcher, Zentralbl. f. Gynakol. 1889. Verh. d. deutsch. Gesellsch. f. Gynak. Bonn 1891.

Weitere Literatur s. bei R. Fick, 3. Bd. S. 751 und Waldeyer, Becken.

Symphysis pubis.

Luschka, Hub., Die Kreuzdarmbeinfuge und die Schambeinfuge des Menschen. Virchows Arch. 7. Bd.

— Die Halbgelenke des menschlichen Körpers. Berlin 1858.

— Anatomie des Menschen 2. Bd. Das Becken. Tübingen 1864.

Aeby, Chr., Über die Symphysis ossium pubis des Menschen etc. Zeitschr. f. wiss. Med. 1858.

Zulauf, K., Die Höhlenbildung im Symphysenknorpel. Arch. f. Anat. u. Entwicklungsgesch. 1901 (unter R. Fick).

Fick, R., Über die Höhlenbildung der Schamfuge. Anat. Anzeig. 1901.

Gewölbekonstruktion des Beckens. Deformitaten etc.

Meyer, G. H., Statik und Mechanik. 1873.

Leßhaft, P., Die Architektur des Beckens. Berlin 1861.

Litzmann, Conr. Theod., Die Formen des Beckens. Berlin 1861.

v. Winckel, Fr., Lehrbuch der Geburtshilfe. 1905. 2. Bd.

Breisky, Über den Einfluß der Kyphose auf die Beckengestalt. Zeitschr. d. Ges. d. Wiener Ärzte. 1865.

Freund, W. A., Über das sogenannte kyphotische Becken nebst Untersuchungen über Statik und Mechanik des Beckens. Gynakol. Klinik. Bd. 1. Straßburg 1885.

Beyer, Heinr., Vorlesungen über allgemeine Geburtshilfe. 1. Bd. Heft 2. Das Becken und seine Anomalien. Straßburg 1903.

Breus und Kolisko, Die pathologischen Beckenformen. Bd. 1. Wien 1900.

Waldeyer, W., Bd. 2, Becken in Jossels Topogr. Anat. (Pathologische Zustände des knöchernen und Bänderbeckens.)

Sellheim, H., Das Becken und seine Weichteile im Handb. d. Geburtshilfe von Fr. Winckel. 1904. Bd. 1.

IX. Stand der Vierfüßler.

v. Meyer, H., Das menschliche Knochengerüst, verglichen mit demjenigen der Vierfüßler. Arch. f. Anat. und Entwicklungsgesch. 1891. Anat. Abt.

Eichbaum, Beiträge zur Statik und Mechanik des Pferdeskeletts. Festschrift 1890.

Zschokke, E., Weitere Untersuchungen über das Verhaltnis der Knochenbildung zur Statik und Mechanik des Vertebratenskelettes. Preisschr. d. Stiftung Schnyder von Wartensee. Zürich 1892.

X. Kiefergelenk.

Ferrein, Sur les mouvements de la Machoire inférieure in Histoire de l'Acad. roy. des sciences. Année 1774.

Meyer, G. H., Lehrbuch der Anatomie des Menschen. 1861.

— Die Statik und Mechanik des menschlichen Knochengerüstes. 1873. S. 421 u. ff.

— Das Kiefergelenk. Arch. f. Anat. u. Phys. 1865.

Chissin, Chaim, Über die Öffnungsbewegung des Unterkiefers und die Beteiligung der äußeren Pterygoidmuskeln bei derselben. Arch. f. Anat. u. Entwicklungsgesch. 1906.

Breuer, Rich., Österreich.-ungarische Vierteljahrsschr. f. Zahnheilkunde 1910.

Wallisch, Das Kiefergelenk. Arch. f. Anat. u. Entwicklungsgesch. 1909 (vgl. auch osterr.-ungar. Vierteljahrsschr. f. Zahnkeilkunde. Bd. 19. 1903 u. Bd. 26. 1909.

Gysi, Beitrag zum Artikulationsproblem. Berlin 1908.

Hesse, Friedr., Zur Mechanik der Kaubewegungen des menschlichen Kiefers. Deutsche Monatsschr. f. Zahnheilkunde. 1897. Bd. 15.

Darwin, Ch., Der Ausdruck der Gemütsbewegungen etc.

Langer, C., Das Kiefergelenk des Menschen. Sitzber. K. Akad. Wiss. Wien 1880.

Metzger, Joh., Über den Luftdruck als mechanisches Mittel zur Fixation des Unterkiefers gegen den Oberkiefer im ruhenden Zustand. Arch. d. ges. Physiol. 1875. Bd. 10.

Graf Spee, Die Verschiebungsbahn des Unterkiefers am Schädel. Arch. f. Anat. u. Entwicklungsgesch. 1890.

Walker, W. E., Movements of the mandibular condyles and Dental Articulation. Dental Cosmos. 1896. Vol. 38. p. 197.

Zur Entwickelung und vergleichenden Anatomie des Kiefergelenkes und der Kaumuskeln.

Kjellberg, Kurt, Beiträge zur Entwickelungsgeschichte des Kiefergelenks. Morphol. Jahrb. 1904. Bd. 32.

Vinogradoff, Développement de l'articulation temporo-maxillaire chez l'homme dans la période intra-utérine. Thèse. Genève. Intern. Monatsschr. f. Anat. u. Physiol. 1910. Bd. 27.

Vitale, Giovanni, Anatomia e sviluppo della mandibola e dell' articolazione
　　mandibolare. Arch. ital. Anat. Embriol. 1908/09. Vol. 7.
Lubosch, W., Das Kiefergelenk der Saugetiere. Verh. d. Gesellsch. deutsch.
　　Naturf. u. Ärzte. 79. Vers. 1908.
— Universelle und spezialisierte Kaubewegungen bei Säugetieren. Biol. Zentralbl.
　　1907. Bd. 27.
Toldt, C., Der Winkelfortsatz des Unterkiefers beim Menschen und bei den Sauge-
　　tieren und die Beziehungen der Kaumuskeln zu denselben. Sitzungsber.
　　kgl. Akad. d. Wiss. Wien, math.-naturw. Kl. 1904. Bd. 63.

XI. Die Stellungen und Bewegungen des Augapfels.

Hering, Physiol. des Gesichtssinnes in Hermann's Handb. d. Physiol. I. 1879.
　　S. 452 u. ff., 468, 484, 512, 538 u. ff.
Donders, Holländ. Beiträge 1. Heft. S. 135. 1846.
Listing, s. Ruete, Lehrb. d. Ophthalmologie. S. 37, 2. Aufl. und Goettinger
　　Nachrichten 1869 Nr. 17.
v. Helmholtz, H., Handbuch der physiologischen Optik. 2. Aufl. Hamburg u.
　　Leipzig 1890.
Fischer, O., Kinematik organischer Gelenke. Braunschweig 1907. (Die Wissen-
　　schaft. Heft 18.)